今すぐ使えるかんたん

Imasugu Tsukaeru Kantan Series
AutoCAD Kanzen Guidebook

# AutoCAD

2023/2022対応版

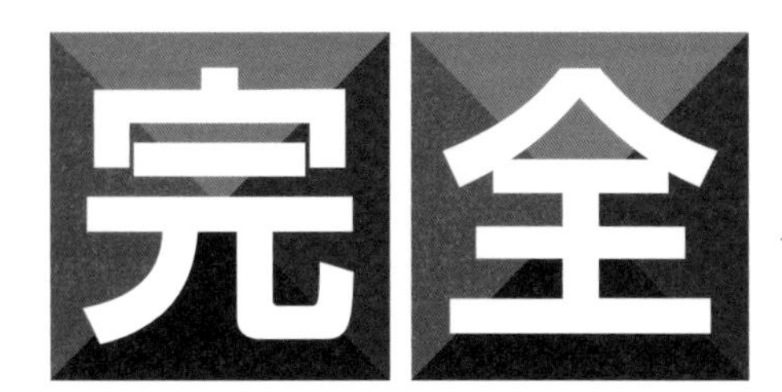

完全


# ガイドブック
## 困った解決&便利技


芳賀百合 著

JN016729



技術評論社

# 本書の使い方

- 本書は、AutoCAD の利用に関する質問に、Q&A 方式で回答しています。
- 目次などを参考にして、知りたい操作のページに進んでください。
- 画面を使った操作の手順を追うだけで、AutoCAD の操作がわかるようになっています。

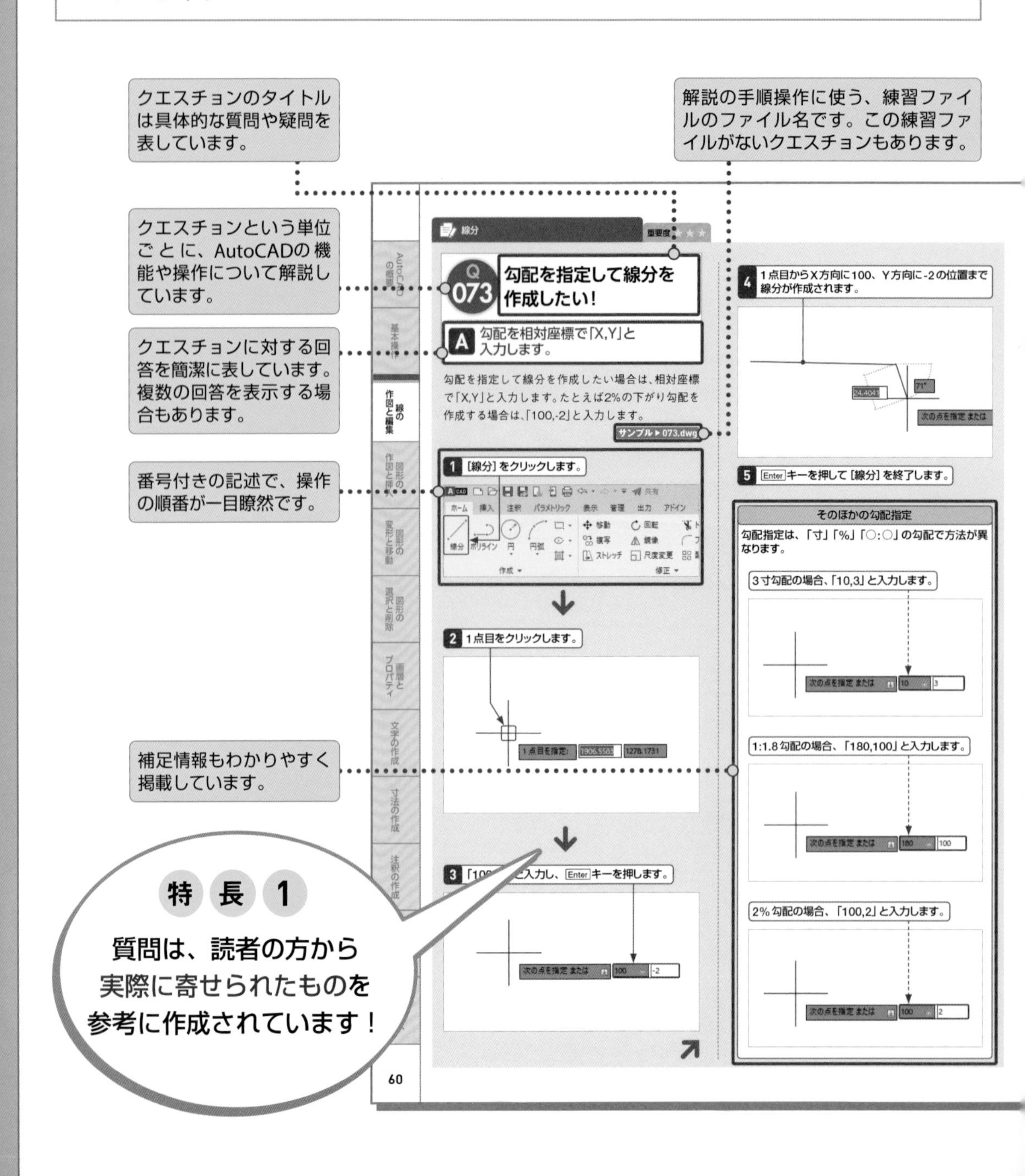

クエスチョンのタイトルは具体的な質問や疑問を表しています。
解説の手順操作に使う、練習ファイルのファイル名です。この練習ファイルがないクエスチョンもあります。
クエスチョンという単位ごとに、AutoCADの機能や操作について解説しています。
クエスチョンに対する回答を簡潔に表しています。複数の回答を表示する場合もあります。
番号付きの記述で、操作の順番が一目瞭然です。
補足情報もわかりやすく掲載しています。
特長1
質問は、読者の方から実際に寄せられたものを参考に作成されています！
線分
重要度
Q 073 勾配を指定して線分を作成したい！
A 勾配を相対座標で「X,Y」と入力します。
勾配を指定して線分を作成したい場合は、相対座標で「X,Y」と入力します。たとえば2%の下がり勾配を作成する場合は、「100,-2」と入力します。
サンプル ▶ 073.dwg
1 [線分] をクリックします。
2 1点目をクリックします。
3 「100,-2」と入力し、Enter キーを押します。
4 1点目からX方向に100、Y方向に-2の位置まで線分が作成されます。
5 Enter キーを押して [線分] を終了します。
そのほかの勾配指定
勾配指定は、「寸」「%」「○:○」の勾配で方法が異なります。
3寸勾配の場合、「10,3」と入力します。
1:1.8 勾配の場合、「180,100」と入力します。
2% 勾配の場合、「100,2」と入力します。
60

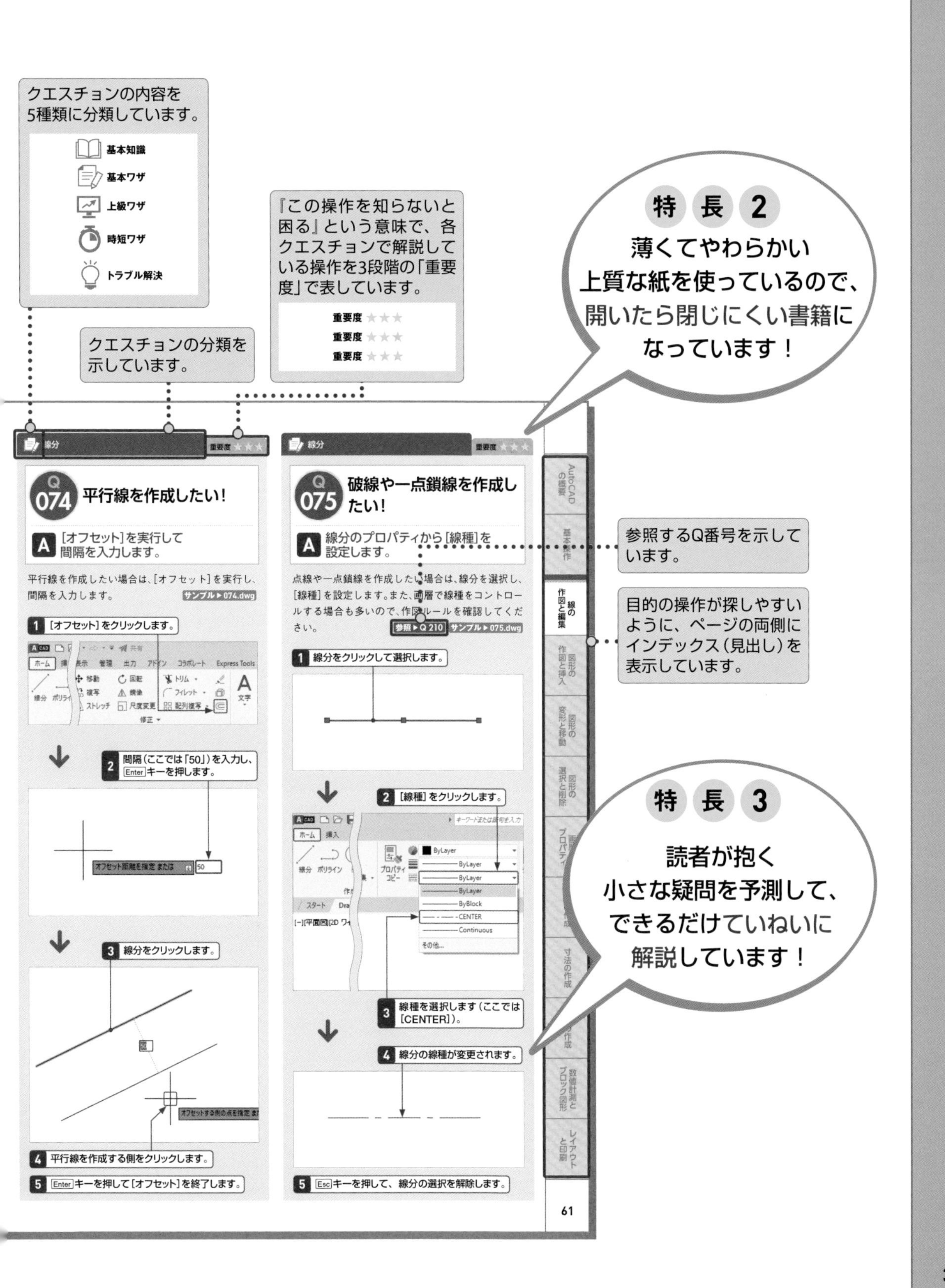
クエスチョンの内容を
5種類に分類しています。
基本知識
基本ワザ
上級ワザ
時短ワザ
トラブル解決
『この操作を知らないと困る』という意味で、各クエスチョンで解説している操作を3段階の「重要度」で表しています。
重要度
重要度
重要度
クエスチョンの分類を示しています。
特長2
薄くてやわらかい
上質な紙を使っているので、
開いたら閉じにくい書籍に
なっています！
参照するQ番号を示しています。
目的の操作が探しやすいように、ページの両側にインデックス（見出し）を表示しています。
特長3
読者が抱く
小さな疑問を予測して、
できるだけていねいに
解説しています！
線分
重要度
Q 074 平行線を作成したい！
A ［オフセット］を実行して間隔を入力します。
平行線を作成したい場合は、［オフセット］を実行し、間隔を入力します。
サンプル▶074.dwg
1 ［オフセット］をクリックします。
2 間隔（ここでは「50」）を入力し、Enterキーを押します。
3 線分をクリックします。
4 平行線を作成する側をクリックします。
5 Enterキーを押して［オフセット］を終了します。
Q 075 破線や一点鎖線を作成したい！
A 線分のプロパティから［線種］を設定します。
点線や一点鎖線を作成したい場合は、線分を選択し、［線種］を設定します。また、画層で線種をコントロールする場合も多いので、作図ルールを確認してください。
参照▶Q 210
サンプル▶075.dwg
1 線分をクリックして選択します。
2 ［線種］をクリックします。
3 線種を選択します（ここでは［CENTER］）。
4 線分の線種が変更されます。
5 Escキーを押して、線分の選択を解除します。
AutoCAD の概要
基本操作
線の作図と編集
図形の作図と挿入
図形の変形と移動
図形の選択と削除
寸法の作成
数値計測とブロック図形
レイアウトと印刷
61

Contents

CHAPTER

# 1 AutoCADの概要

## ★ 概要／用語



## ★ 準備



CHAPTER

# 2 基本操作

## ★ 基本操作

## ★ ファイル



## ★ 画面表示

CHAPTER

# 3 線の作図と編集

## 線分



## 連続線

## ★ 特殊な線



## ★ 線の編集



CHAPTER

# 4 図形の作図と挿入

## ★ 多角形



## ★ 円／円弧

Contents



## 特殊な図形



## 挿入

CHAPTER

# 5 図形の変形と移動

## ★ 変形



## ★ 回転／配置



## ★ 貼付け／変換



## ★ 表示



## ★ 移動／コピー

CHAPTER

# 6 図形の選択と削除

## ★ 図形選択



## ★ グループ



## ★ 削除

# 7 画層とプロパティ

## ★ 画層



## ★ プロパティ

Contents



CHAPTER

# 8 文字の作成

## 1 行文字



## マルチテキスト



## 文字スタイル



## 文字の編集

CHAPTER

# 9 寸法の作成

## ★ 寸法作成



## ★ 寸法線／寸法補助線



## ★ 寸法文字

## ★ 寸法スタイル



CHAPTER

# ⑩ 注釈の作成

## ★ 引出線



## ★ 表

## ★ 図面の縮尺



CHAPTER

# 11 数値計測とブロック図形

## ★ 計測／確認



## ★ ブロック

CHAPTER

# ⑫ レイアウトと印刷

## ★ レイアウト

## ★ 印刷

## ◎本書付属のCD-ROMに収録されているデータについて

本書付属のCD-ROMには、練習用ファイルが収録されています。パソコンに取り込んでご利用ください。

## ◎無償体験版のダウンロードについて

オートデスクでは30日間無償で利用できる「AutoCAD」(業種別ツールセットを含まない)の体験版を用意しています。無償体験版のダウンロードは、下記のページよりダウンロードできます。
ダウンロード方法、インストール方法はQ 004、Q 011を参照してください。

**・Autodesk AutoCAD 2023バージョン**
https://www.autodesk.co.jp/products/autocad/free-trial

## ◎本書で掲載しているAutoCAD 2023の画面について

AutoCAD 2023の初期状態ではダークモードで表示されます。本書では見やすさを考慮してライトモードで解説しています(Q040、Q041を参照)。また、ダイナミック入力はオンで解説をしています(Q020を参照)。

**ご注意:ご購入・ご利用の前に必ずお読みください**

- 本書に記載された内容は、情報の提供のみを目的としています。したがって、本書を用いた運用は、必ずお客様自身の責任と判断によって行ってください。これらの情報の運用の結果について、技術評論社および著者はいかなる責任も負いません。
- 本書記載の情報は、特に断りのない限り、2022年7月現在のものを掲載しております。OSやソフトウェアはバージョンアップされる場合があり、本書での説明とは機能内容や画面図などが異なってしまうこともあり得ます。あらかじめご了承ください。
- 本書はAutoCAD 2023バージョンとWindows 11を使用して操作方法を解説しています。
- 本書ではExcelとの連携を解説していますが、ExcelはMicrosoft 365 Apps for enterprise(バージョン2203 ビルド 16.0.15028.20178)64ビットを使用しています。そのため、お使いのExcelと画面表示が異なることがあります。
- 付属CD-ROMに収録のファイルは、一般的な環境においては特に問題のないことを確認しておりますが、万一障害が発生し、その結果いかなる損害が生じたとしても、小社および著者はなんら責任を負うものではありません。また生じた損害に対する一切の保証をいたしかねます。必ずご自身の判断と責任においてご利用ください。
- 付属CD-ROMに収録のファイルは、著作権法上の保護を受けています。収録されているファイルの一部、あるいは全部について、いかなる方法においても無断で複写、複製、再配布することは禁じられています。

以上の注意事項をご承諾いただいた上で、本書をご利用願います。これらの注意事項をお読みいただかずに、お問い合わせいただいても、技術評論社および著者は対処しかねます。あらかじめ、ご承知おきください。

1

# AutoCAD の概要

概要／用語　重要度★★★

## Q001 AutoCADとは？

**A** 図面を作成するソフトです。

AutoCADはオートデスクが開発・販売している図面を作成するソフトです。「CAD」とは「Computer Aided Design」の略で、コンピュータによる設計支援を意味します。
CADには汎用CADと専用CADがあり、汎用CADは特定の分野に限定せず、どの分野でも通用するCADです。それに対して、専用CADは建築や土木、機械など各分野に特化した機能を持っています。
AutoCADは建築・土木・機械など、どの分野にも使いやすい汎用CADですが、「業種別ツールセット」をインストールすると、各業種に合わせた追加の機能を利用できるようになっています。ただし、「業種別ツールセット」を使用するには、「AutoCAD Plus」の契約が必要です。

概要／用語　重要度★★★

## Q002 AutoCADとAutoCAD Plusの違いは？

**A** AutoCAD Plusには業界専用のツールセットが含まれています。

AutoCAD Plusには、7つの業界専用のツールセットが含まれており、建築、機械、電気制御、GIS、プラント、設備などに特化した作業が行えます。
たとえば、「Architecture ツールセット」では、壁やドア、窓などをすばやく配置したり、「Mechanical ツールセット」では、規格に準拠した部品のライブラリの使用や部品表を自動で作成したりする機能があります。
使用するにはhttps://manage.autodesk.com/home/にアクセスしてインストーラーをダウンロード、インストールを行うと、別のアプリケーションとして起動することが可能です。また、ツールセットによっては、AutoCAD上のリボンに追加される場合もあります。

概要／用語　重要度★★★

## Q003 AutoCADが使える環境は？

**A** ストレスなく操作するには高スペックのPCが必要です。

AutoCADを快適に操作するには、高スペックのPCが必要となります。推奨スペックの仕様を満たし、CADや映像編集などに利用されるワークステーションがおすすめです。
以下は、AutoCAD 2023の動作環境になります。

| | |
|---|---|
| オペレーティングシステム | 64ビット版 Microsoft Windows 11または10 |
| プロセッサ | **基本**：2.5～2.9GHzのプロセッサ<br>**推奨**：3GHz以上のプロセッサ |
| メモリ | **基本**：8GB<br>**推奨**：16GB |
| 画面解像度 | **従来型ディスプレイ**：<br>True Color対応1920×1080<br>**高解像度および4Kディスプレイ**：<br>最大3840×2160の解像度（対応するディスプレイ カードが必要） |
| ディスプレイカード | **基本**：<br>帯域幅29GB/秒の1GB GPU（DirectX 11互換）<br>**推奨**：<br>帯域幅106GB/秒の4GB GPU（DirectX 12互換） |
| ディスク空き容量 | 10.0GB |

なお、オートデスク製品のすべての動作環境は、同社のホームページでも確認することができます。

動作環境

主な製品

3ds Max
Alias 製品
AutoCAD
AutoCAD Architecture
AutoCAD Electrical
AutoCAD LT
AutoCAD Map 3D
AutoCAD Mechanical
AutoCAD Plant 3D
BIM Collaborate 製品
Civil 3D
Inventor
Maya
Moldflow Adviser
Moldflow Insight
Navisworks 製品
Revit
Vault 製品

すべての製品を表示

クラウド サービス

Drive
BIM 360
Build
Character Generator
Configurator 360
Constructware
Desktop App
Desktop Connector
Docs
DWG TrueView
EAGLE
FormIt
Fusion 360
Fusion 360 Manage
InfraWorks
Insight
ReCap
Collaboration for Revit
Revit Live
Takeoff
Tandem
Upchain

https://knowledge.autodesk.com/ja/support/system-requirements

概要／用語　重要度 ★★★

## Q 004 AutoCADを試しに使ってみたい！

**A** ホームページから体験版をダウンロードできます。

AutoCADを試しに使ってみたい場合は、30日間の無償体験版をダウンロードすることができます。スムーズにダウンロードするには、ハードディスクに十分な空き容量があるかを確認し、10Mbps以上のインターネット接続を使用してください。また、ダウンロードにはオートデスク アカウントが必要となるので、あらかじめ作成しておきます。

**1** https://accounts.autodesk.com/registerにアクセスし、名前や電子メールなどを入力して、アカウントを作成します。

アカウントを作成
名
姓
電子メール
電子メール(再入力)
パスワード
Autodesk の使用条件に同意し、プライバシー ステートメントを了承します。
アカウントを作成


**2** https://www.autodesk.co.jp/products/autocad/free-trialにアクセスし、[無償体験版のダウンロード]をクリックします。


AUTODESK
製品 サポート 学習 コミュニティ
AutoCAD
30 日間の AutoCAD 無償体験
設計の自動化やカスタマイズ、Web アプリとモバイル アプリと自在に連携ができる AutoCAD、および業種に特化した 7 つのツールセットをお試しください。
無償体験版のダウンロード
AutoCAD（オートキャド）とは?


概要／用語　重要度 ★★★

## Q 005 AutoCADの情報を確認するには？

**A** ヘルプメニューから確認します。

AutoCADの製品バージョンやライセンス情報を確認するには、[ヘルプ]の[▼]をクリックして確認します。

**1** [ヘルプ]の[▼]をクリックして、

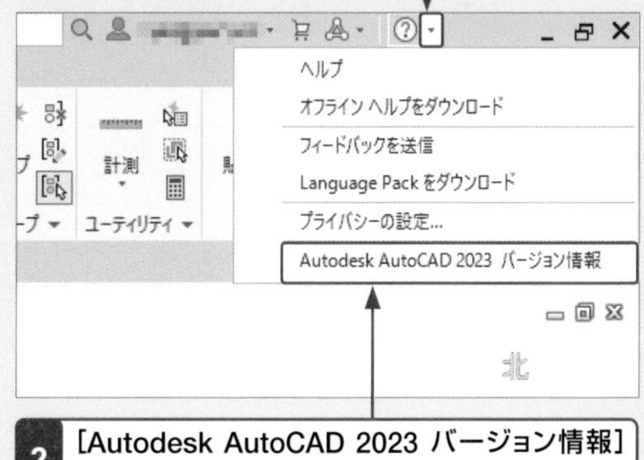

ヘルプ
オフライン ヘルプをダウンロード
フィードバックを送信
Language Pack をダウンロード
プライバシーの設定...
Autodesk AutoCAD 2023 バージョン情報
計測
ユーティリティ


**2** [Autodesk AutoCAD 2023 バージョン情報]を選択します。

**3** ここでバージョン情報を確認します。

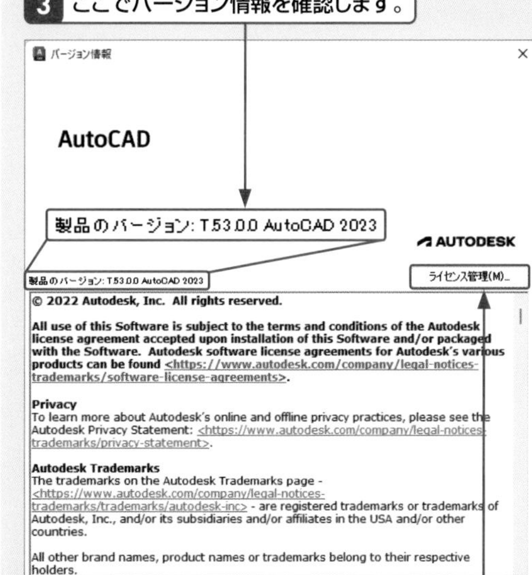

バージョン情報
AutoCAD
製品のバージョン: T.53.0.0 AutoCAD 2023
AUTODESK
ライセンス管理(M)...
© 2022 Autodesk, Inc. All rights reserved.
All use of this Software is subject to the terms and conditions of the Autodesk license agreement accepted upon installation of this Software and/or packaged with the Software. Autodesk software license agreements for Autodesk's various products can be found <https://www.autodesk.com/company/legal-notices-trademarks/software-license-agreements>.
Privacy
To learn more about Autodesk's online and offline privacy practices, please see the Autodesk Privacy Statement: <https://www.autodesk.com/company/legal-notices-trademarks/privacy-statement>.
Autodesk Trademarks
The trademarks on the Autodesk Trademarks page - <https://www.autodesk.com/company/legal-notices-trademarks/trademarks/autodesk-inc> - are registered trademarks or trademarks of Autodesk, Inc., and/or its subsidiaries and/or affiliates in the USA and/or other countries.
All other brand names, product names or trademarks belong to their respective holders.


**4** [ライセンス管理]をクリックすると、ライセンス情報を確認することができます。

# Q 006 コマンドとは？

**A** AutoCADで実行する命令のことです。

「コマンド」とは、AutoCADで実行する命令のことです。コマンドは、リボンからボタンをクリックするか、コマンド名をキーボードで入力し、Enterキーを押して実行します。
たとえば、線分のコマンド名は「LINE」なので、キーボードで「LINE」と入力し、Enterキーを押すと、線分コマンドが実行されます。コマンド名は大文字でも小文字でも問題ありません。
また、線分コマンドにはコマンドエイリアスというコマンド名のショートカットが登録されているので、「LINE」の代わりに「L」と入力してEnterキーを押すことにより、実行することも可能です。

● リボンから実行する場合

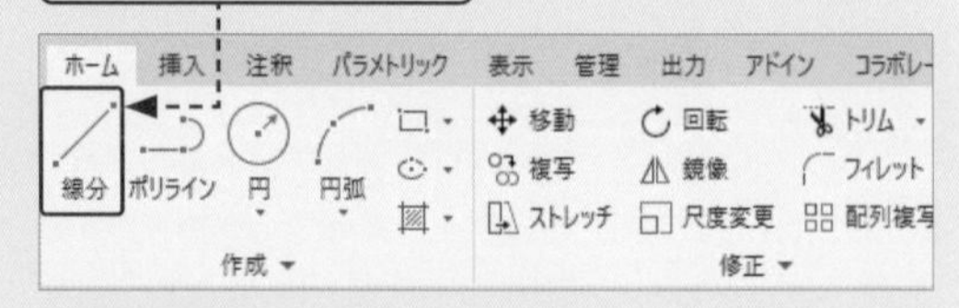
[線分] をクリックします。
ホーム
挿入
注釈
パラメトリック
表示
管理
出力
アドイン
線分
ポリライン
円
円弧
移動
回転
トリム
複写
鏡像
フィレット
ストレッチ
尺度変更
配列複写
作成
修正

● コマンド名を入力する場合

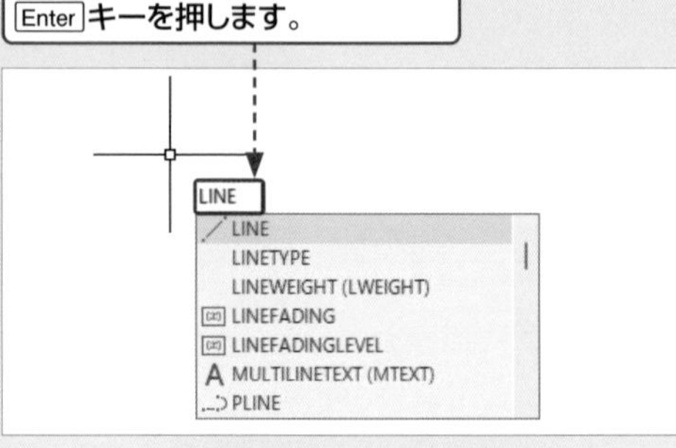
キーボードで「LINE」と入力し、Enterキーを押します。
LINE
LINE
LINETYPE
LINEWEIGHT (LWEIGHT)
LINEFADING
LINEFADINGLEVEL
MULTILINETEXT (MTEXT)
PLINE

# Q 007 プロンプトとは？

**A** AutoCADから表示されるメッセージです。

「プロンプト」とは、AutoCADがユーザーの入力を待っているときに表示されるメッセージのことです。AutoCADはユーザーにさまざまな要求を行うので、プロンプトに応えることにより、コマンドが実行されます。プロンプトは、カーソルの近くのツールチップやコマンドウィンドウに表示されます。

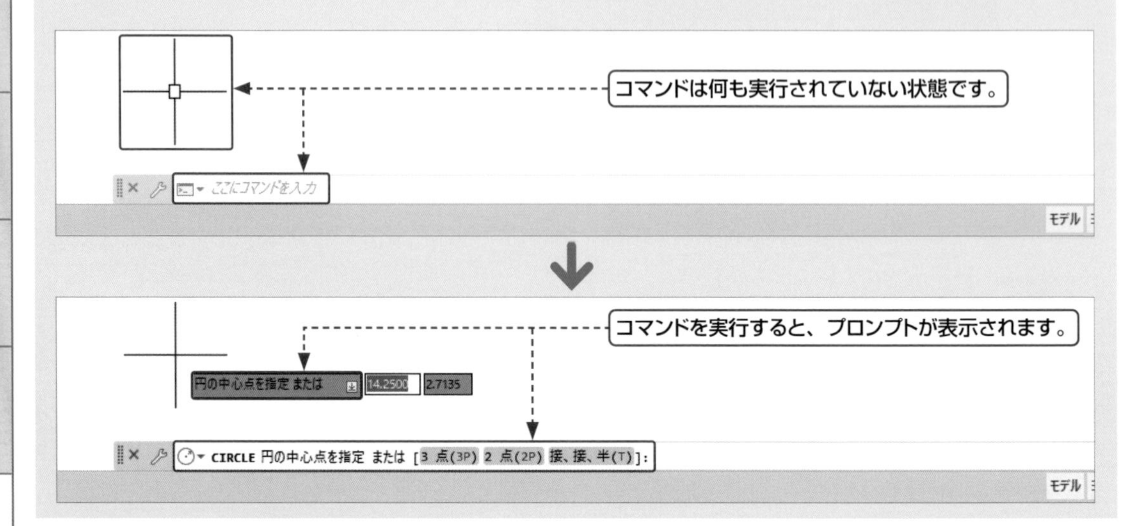
コマンドは何も実行されていない状態です。
ここにコマンドを入力
モデル
コマンドを実行すると、プロンプトが表示されます。
円の中心点を指定 または
14.2500
2.7135
CIRCLE 円の中心点を指定 または [3 点(3P) 2 点(2P) 接、接、半(T)]:
モデル

概要／用語　重要度 ★★★

## Q 008 オブジェクトとは？

**A** AutoCADの図形のことです。

「オブジェクト」とはAutoCADの図形のことで、作図領域に表示されるすべてのものをオブジェクトといいます。たとえば、プロンプトに「オブジェクトを選択」と表示された場合は、「図形を選択」という意味になります。

概要／用語　重要度 ★★★

## Q 009 システム変数とは？

**A** キーボードでAutoCADの設定を変更する方法です。

「システム変数」とは、動作環境や作図環境などに関する設定を行う数値や文字などの値です。たとえば直交モードのシステム変数は「ORTHOMODE」で、オンにする場合の値は「1」になります。

1 「ORTHOMODE」と入力し、Enter キーを押します。

2 「1」と入力し、Enter キーを押します。

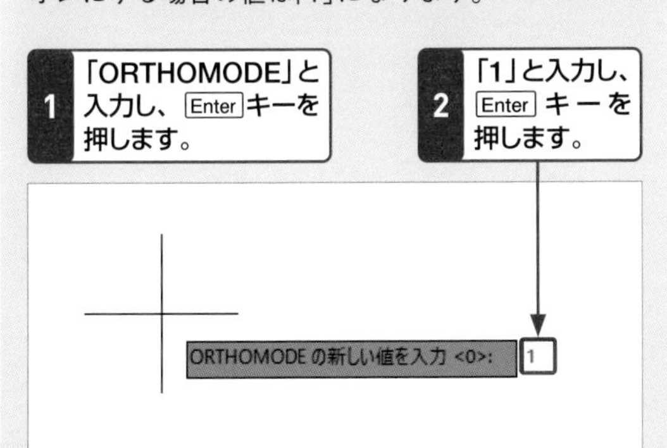
ORTHOMODE の新しい値を入力 <0>:
1

概要／用語　重要度 ★★★

## Q 010 オブジェクトスナップとは？

**A** 図形上の点の位置を指定する方法です。

「オブジェクトスナップ」とは、図形上の点（端点や交点、中心など）の位置を正確に指定する方法です。「O（オー）スナップ」と省略されることもあります。

端点：線分や円弧の両端点

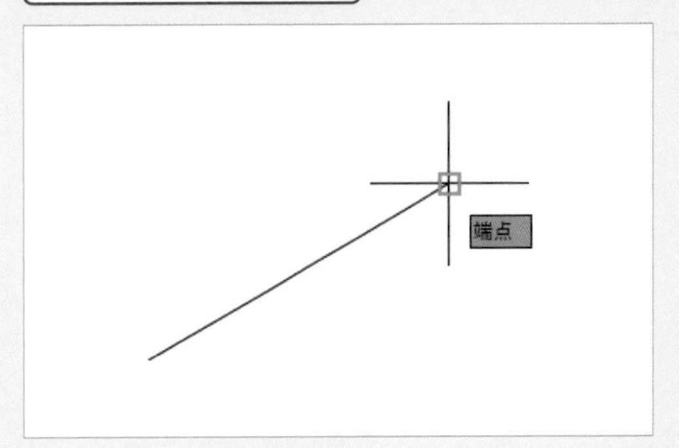
端点

交点：線分や円弧の交差点

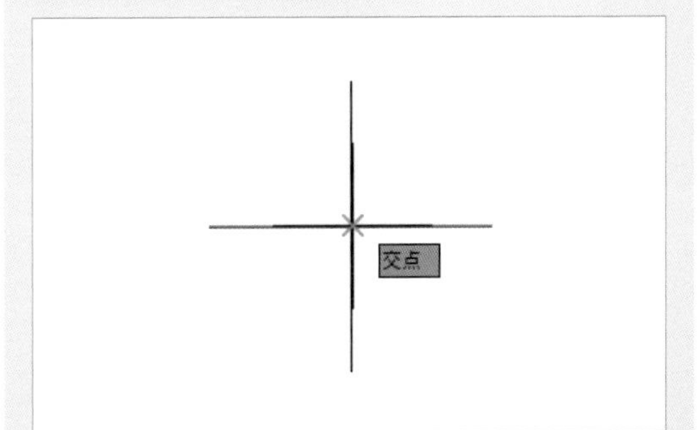
交点

中心：円や円弧の中心点

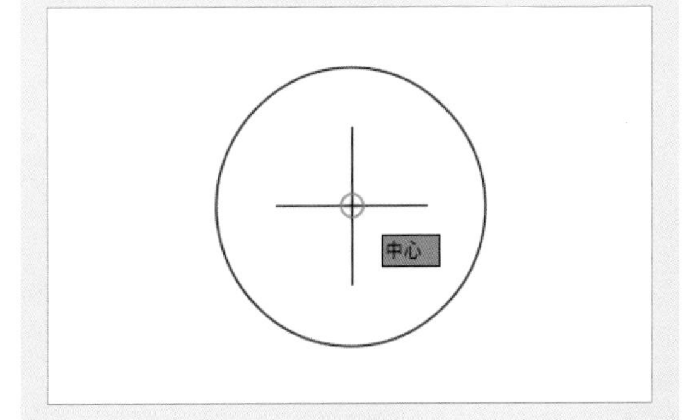
中心

準備 重要度 ★★★

# Q 011 インストール方法を知りたい！

## A インストーラーの保存先を確認します。

インストールを行うには、インストーラーの保存先を確認し、インストーラーをダブルクリックします。製品版のインストーラーはオートデスクアカウントのホームページからダウンロードできます。

参照▶Q 004

1 製品版のインストーラーを入手するには、https://manage.autodesk.com/home/にアクセスし、[すべての製品とサービス]→[AutoCAD]から[ダウンロード履歴]をクリックします。

AUTODESK
アカウント
ホーム
製品とサービス
すべての製品とサービス
ユーザ管理
ダウンロード履歴

2 [今すぐインストール]をクリックします。

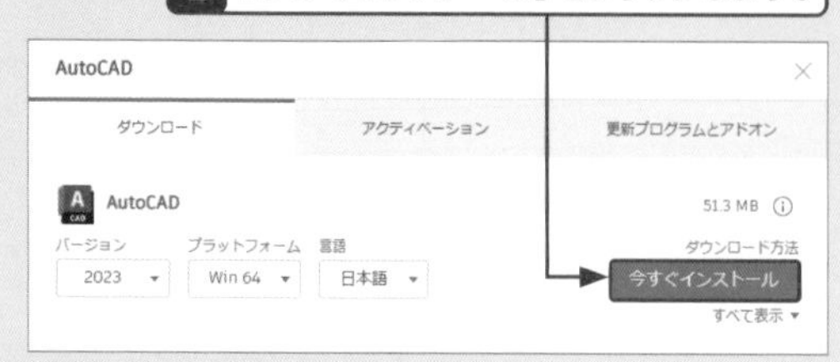
AutoCAD
ダウンロード
アクティベーション
更新プログラムとアドオン
AutoCAD
51.3 MB
バージョン
2023
プラットフォーム
Win 64
言語
日本語
ダウンロード方法
今すぐインストール
すべて表示

3 エクスプローラーでインストーラーをダブルクリックします。

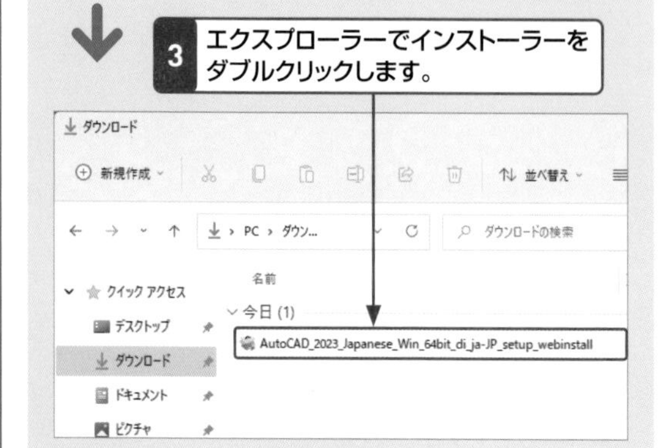
ダウンロード
新規作成
並べ替え
PC › ダウン...
ダウンロードの検索
クイック アクセス
デスクトップ
ダウンロード
ドキュメント
ピクチャ
名前
今日 (1)
AutoCAD_2023_Japanese_Win_64bit_dl_ja-JP_setup_webinstall

準備 重要度 ★★★

# Q 012 起動／終了方法を知りたい！

## A Windowsのスタートメニューから起動します。

AutoCADを起動するには、[スタート]をクリックして表示されるメニューから[AutoCAD]を選択します。終了するには、AutoCADの画面右上にある×ボタンをクリックします。

1 [スタート]をクリックし、

2 [すべてのアプリ]をクリックします。

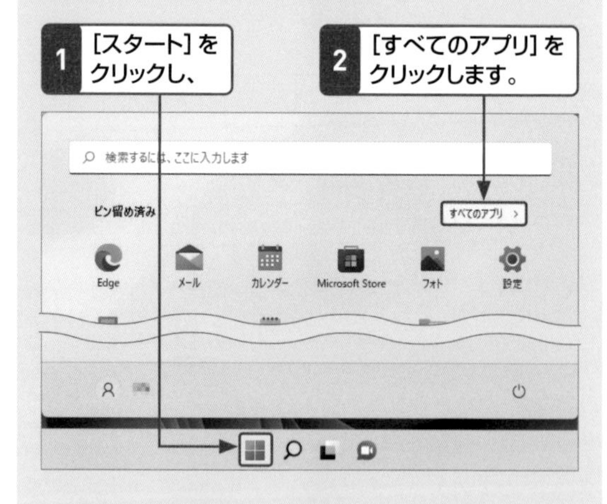
検索するには、ここに入力します
ピン留め済み
すべてのアプリ
Edge
メール
カレンダー
Microsoft Store
フォト
設定

3 [AutoCAD]フォルダをクリックし、[AutoCAD]をクリックします。

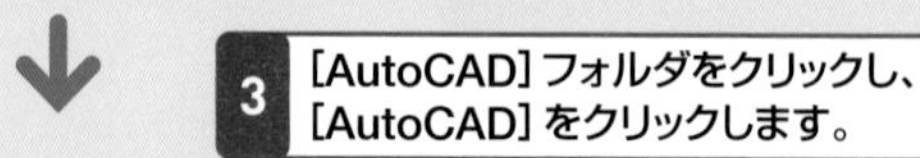
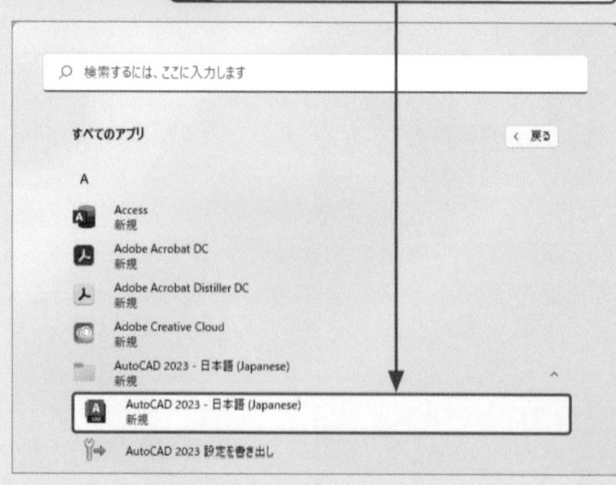
すべてのアプリ
戻る
Access
Adobe Acrobat DC
Adobe Acrobat Distiller DC
Adobe Creative Cloud
AutoCAD 2023 - 日本語 (Japanese)
AutoCAD 2023 設定を書き出し

4 終了するには、[×]をクリックします。

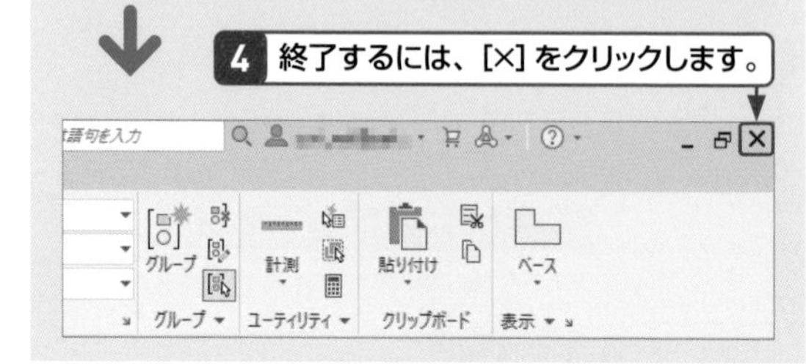
グループ
計測
貼り付け
ベース
ユーティリティ
クリップボード
表示

# 2

# 基本操作

基本操作　重要度 ★★★

# Q 013 操作を元に戻す／やり直すには？

**A** クイックアクセスツールバーのボタンを使用します。

操作を元に戻したい場合は、クイックアクセスツールバーの［元に戻す］をクリックします。右横の［▼］をクリックすると、複数の操作をまとめて元に戻すことができます。元に戻した操作をやり直したい場合には、［やり直し］をクリックします。

［元に戻す］をクリックすると、直前の状態に戻ります。

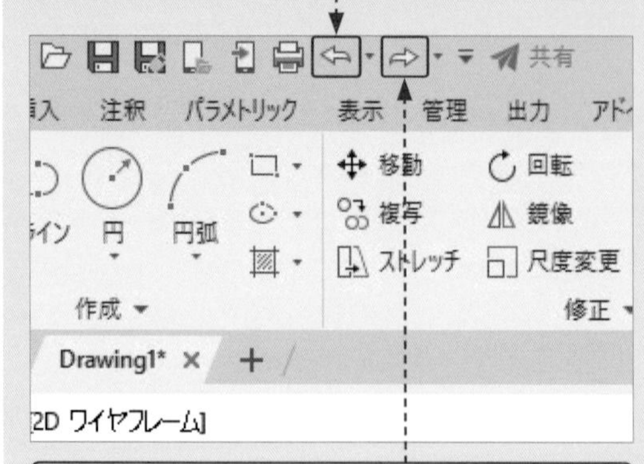
共有
注釈
パラメトリック
表示
管理
出力
移動
回転
複写
鏡像
ストレッチ
尺度変更
円
円弧
作成
修正
Drawing1*
2D ワイヤフレーム]

［やり直し］をクリックすると、元に戻した操作が取り消されます。

［▼］をクリックすると、複数の操作をまとめて元に戻すことができます。

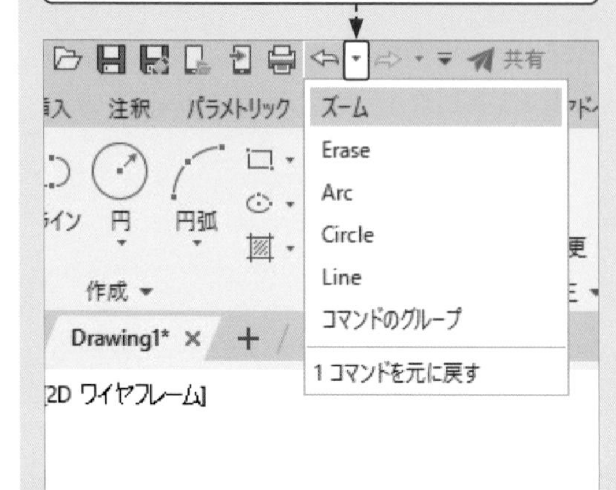
共有
注釈
パラメトリック
ズーム
Erase
Arc
Circle
Line
コマンドのグループ
1 コマンドを元に戻す
円
円弧
作成
Drawing1*
2D ワイヤフレーム]

基本操作　重要度 ★★★

# Q 014 操作をキャンセルするには？

**A** キーボードのEscキーを押します。

コマンドを実行し、プロンプトが表示されているときにEscキーを押すと、コマンドをキャンセルすることができます。また、窓選択や交差選択の矩形が表示されている場合も、Escキーを押すとキャンセルできます。

## ● キャンセル例①

1 コマンドが実行されているので、Escキーを押します。

2 コマンドがキャンセルされます。

ここにコマンドを入力

## ● キャンセル例②

1 窓選択の矩形が表示されているので、Escキーを押します。

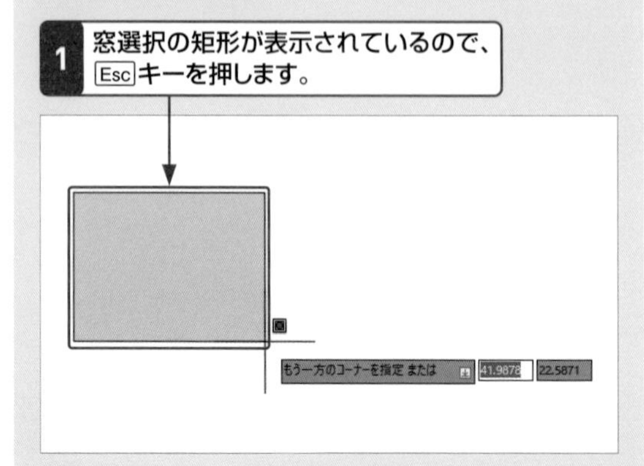
もう一方のコーナーを指定 または
41.9878
22.5871

2 窓選択がキャンセルされます。

基本操作　重要度 ★★★

# Q 015 設定を初期状態に戻したい！

**A** [設定を既定にリセット]を実行します。

AutoCADのさまざまな設定をインストール直後の初期状態に戻したい場合は、Windowsのスタートメニューから[設定を既定にリセット]を実行します。

1 [スタート]をクリックし、

2 [すべてのアプリ]をクリックします。

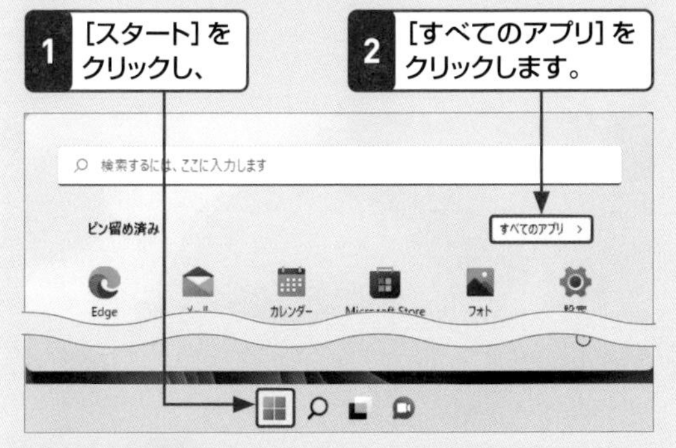

検索するには、ここに入力します
ピン留め済み
すべてのアプリ
Edge
カレンダー
Microsoft Store
フォト


3 [AutoCAD]フォルダをクリックし、[設定を既定にリセット]をクリックします。

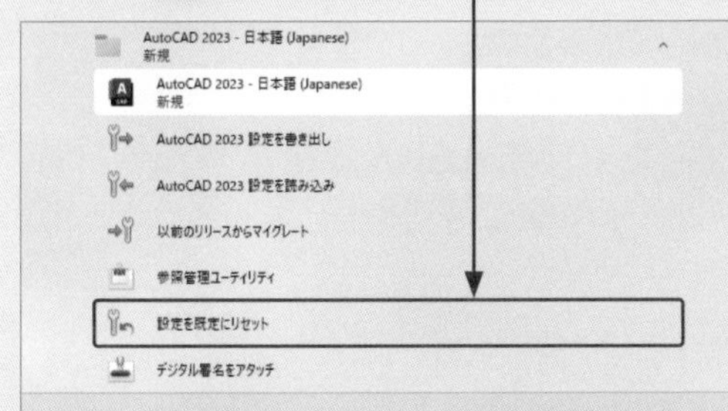

AutoCAD 2023 - 日本語 (Japanese)
新規
AutoCAD 2023 - 日本語 (Japanese)
新規
AutoCAD 2023 設定を書き出し
AutoCAD 2023 設定を読み込み
以前のリリースからマイグレート
参照管理ユーティリティ
設定を既定にリセット
デジタル署名をアタッチ


4 [バックアップ後にカスタム設定をリセット]をクリックし、バックアップデータの保存先やファイル名を指定します。

設定を既定にリセット - バックアップ

AutoCAD 2023 - 日本語 (Japanese) をリセットすると、ユーザ定義のカスタム設定やカスタム ファイルがすべて除去され、インストール直後の状態に復元されます。どのようにしますか?

注: リセットを行う前に、カスタム設定やカスタム ファイルをバックアップするようにしてください。ただし、すべてのカスタム設定がファイルに保存されているわけではないので、完全なバックアップを行えない場合があります。

→ バックアップ後にカスタム設定をリセット
カスタム設定ファイルを含めた ZIP ファイルを作成したのちに製品をリセットします。

→ カスタム設定をリセット
カスタム設定をバックアップせずに製品のリセットを行います。

5 「インストール直後の状態に戻されました。」と表示されたら、[OK]をクリックします。

基本操作　重要度 ★★★

# Q 016 使いたいコマンドを検索するには？

**A** アプリケーションメニューの[コマンドを検索]を使用します。

使いたいコマンドを検索するには、アプリケーションメニューの[コマンドを検索]に入力すると、コマンドの候補が一覧表示され、クリックして実行することができます。

1 [アプリケーションメニュー]をクリックします。

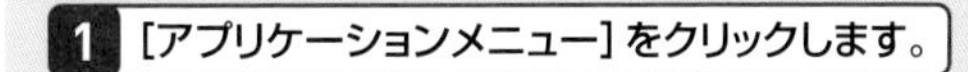

共有


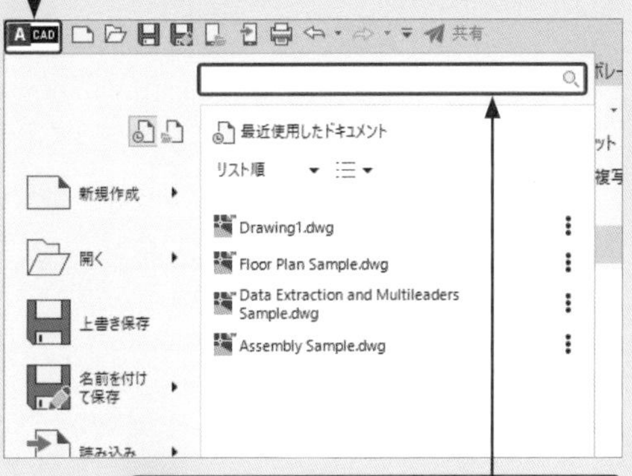

最近使用したドキュメント
リスト順
新規作成
開く
上書き保存
名前を付けて保存
読み込み
Drawing1.dwg
Floor Plan Sample.dwg
Data Extraction and Multileaders Sample.dwg
Assembly Sample.dwg


2 [コマンドを検索]に検索したい用語を入力します。

3 コマンドの候補が一覧表示されます。

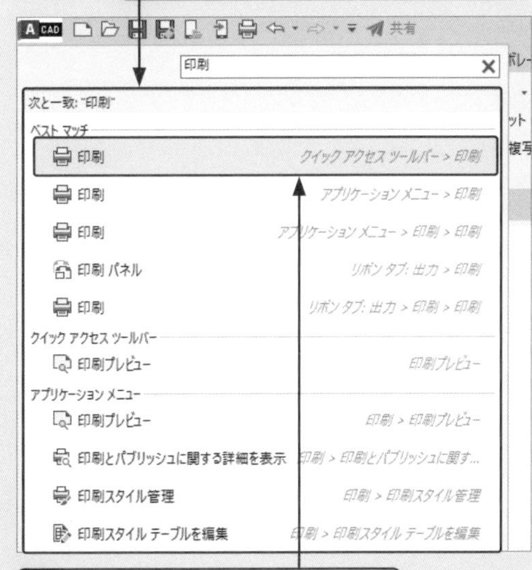

印刷
次と一致: "印刷"
ベスト マッチ
印刷　クイック アクセス ツールバー > 印刷
印刷　アプリケーション メニュー > 印刷
印刷　アプリケーション メニュー > 印刷 > 印刷
印刷 パネル　リボン タブ: 出力 > 印刷
印刷　リボン タブ: 出力 > 印刷 > 印刷
クイック アクセス ツールバー
印刷プレビュー　印刷プレビュー
アプリケーション メニュー
印刷プレビュー　印刷 > 印刷プレビュー
印刷とパブリッシュに関する詳細を表示　印刷 > 印刷とパブリッシュに関す...
印刷スタイル管理　印刷 > 印刷スタイル管理
印刷スタイル テーブルを編集　印刷 > 印刷スタイル テーブルを編集


4 実行するコマンドをクリックします。

基本操作　重要度 ★★★

## Q 017 コマンドの使用方法を調べたい!

**A** ボタンの上にカーソルを重ねます。

コマンドの使用方法を調べたい場合は、ボタンの上にカーソルを重ねると、ツールチップで簡単な説明を確認することができます。また、その状態で F1 キーを押すことにより、コマンドのヘルプを確認することも可能です。

**1** ボタンの上にカーソルを重ねます。

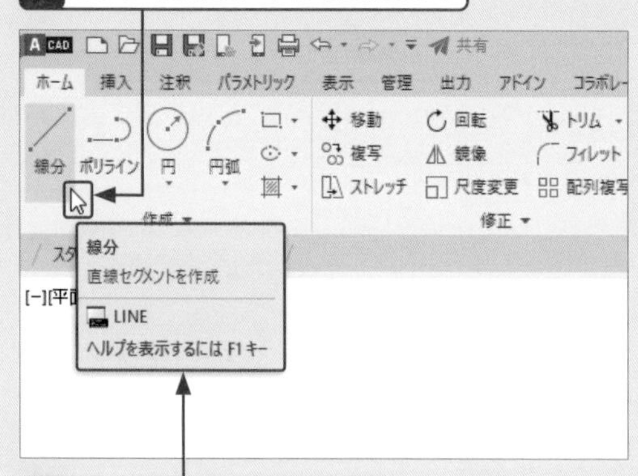

共有
ホーム
挿入
注釈
パラメトリック
表示
管理
出力
アドイン
コラボレー
移動
回転
トリム
複写
鏡像
フィレット
ストレッチ
尺度変更
配列複写
線分
ポリライン
円
円弧
作成
修正
線分
直線セグメントを作成
LINE
ヘルプを表示するには F1 キー


**2** ツールチップに簡単な説明が表示されます。

**3** F1 キーを押します。

**4** コマンドのヘルプが表示されます。

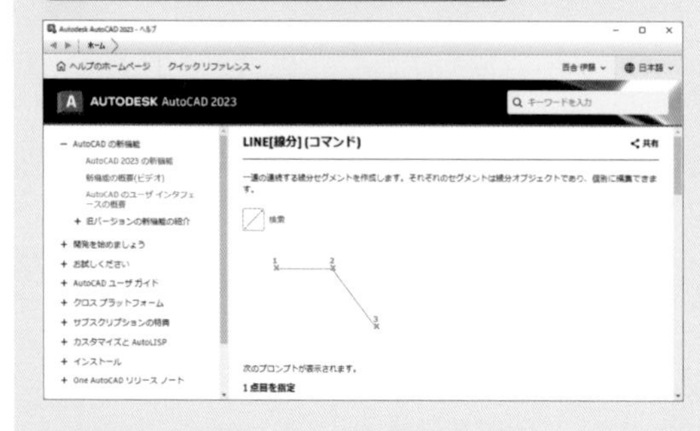

AUTODESK AutoCAD 2023
LINE[線分] (コマンド)


基本操作　重要度 ★★★

## Q 018 コマンドを省略形で簡単に実行したい!

**A** エイリアスを入力し、Enter キーを押します。

コマンドを簡単に実行するには、エイリアスという省略形をキーボードで入力し、Enter キーを押します。たとえば、[線分]は「L」、[移動]は「M」になります。入力するアルファベットは大文字でも小文字でも問題ありません。

**1** [線分]を実行する場合は、「L」と入力します。カーソルの近くに入力した値が表示されます。

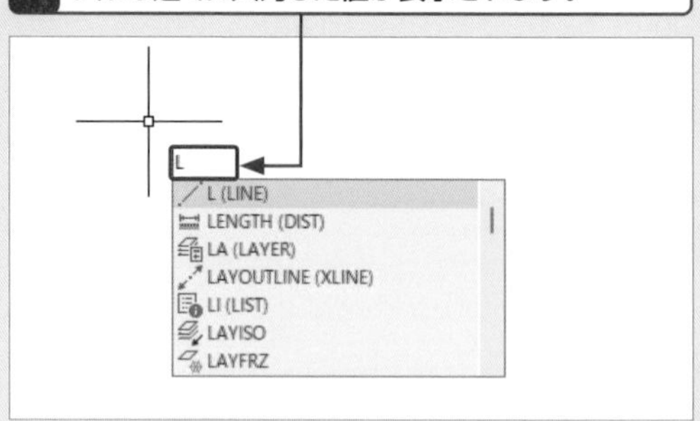

L
L (LINE)
LENGTH (DIST)
LA (LAYER)
LAYOUTLINE (XLINE)
LI (LIST)
LAYISO
LAYFRZ


**2** Enter キーを押します。

**3** [線分]が実行され、プロンプトに「1点目を指定」と表示されます。

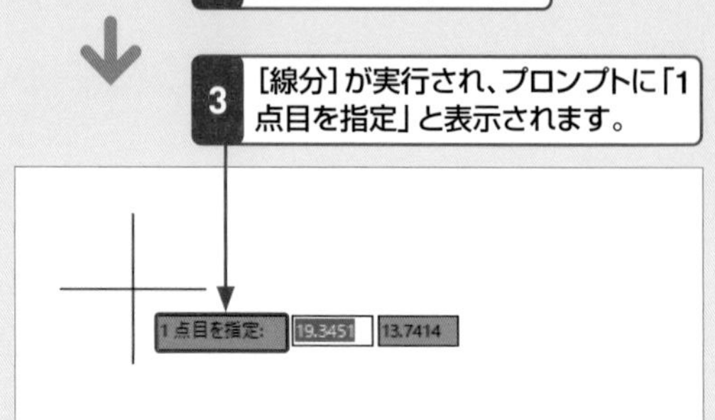

1 点目を指定:
19.3451
13.7414


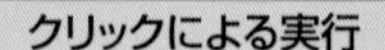

### クリックによる実行

コマンドの候補をクリックして実行することもできます。

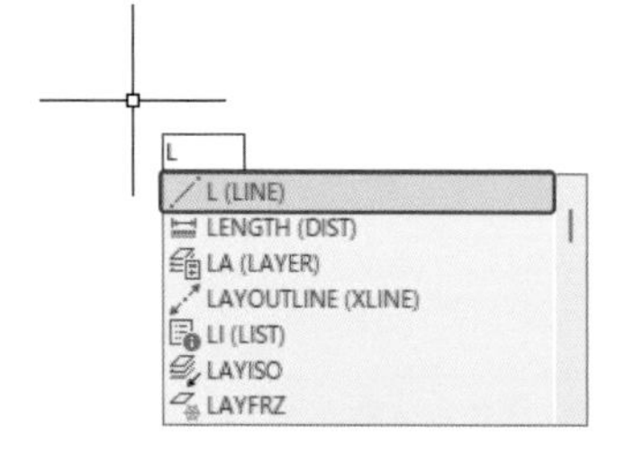

L
L (LINE)
LENGTH (DIST)
LA (LAYER)
LAYOUTLINE (XLINE)
LI (LIST)
LAYISO
LAYFRZ

# Q019 コマンドの省略形を変更したい!

## A [エイリアスを編集]を実行します。

コマンドの省略形を変更したい場合は、[エイリアスを編集]を実行します。メモ帳が起動し、acad.pgpファイルが表示されるので、編集後に上書き保存をしてください。ここでは、[円](CIRCLE)を「CI」に、[複写](COPY)を「C」に変更する方法を紹介します。

1 [管理]タブをクリックし、

2 [エイリアスを編集]をクリックします。

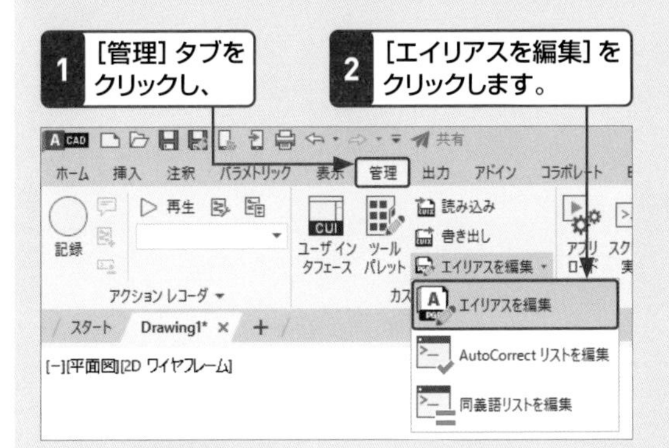

3 [編集]メニューから[検索する]をクリックします。

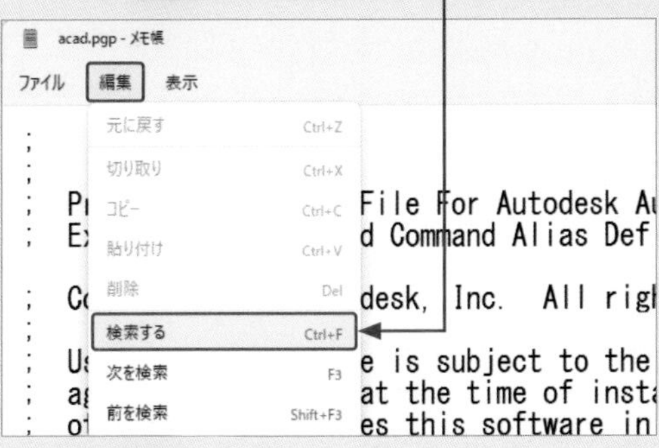

4 コマンド名(ここでは「CIRCLE」)を入力し、

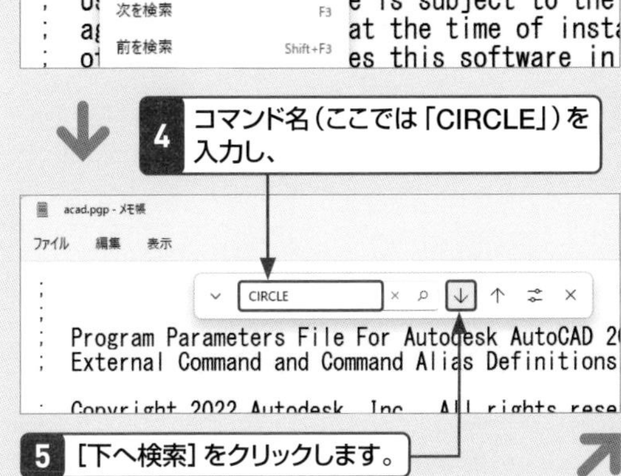

5 [下へ検索]をクリックします。

6 検索が終わったら[検索と置換の終了]をクリックします。

7 「C,」を「CI,」に変更します。

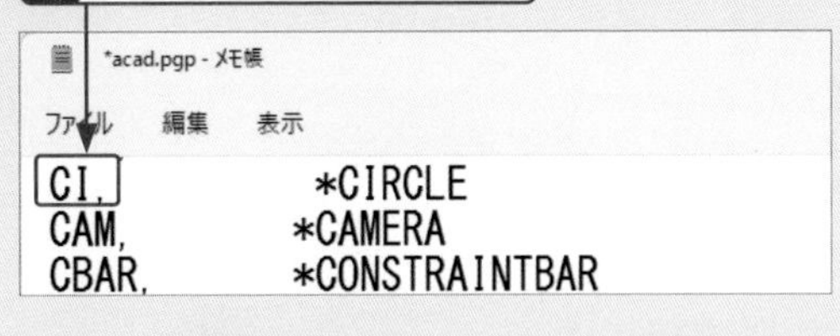

8 手順3～7にならって、「COPY」を検索します。

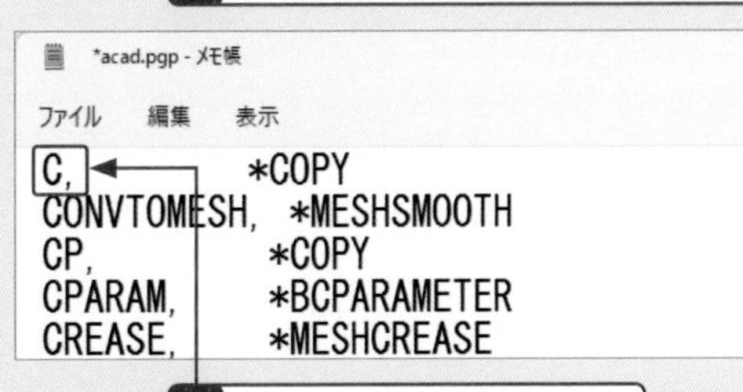

9 「CO,」を「C,」に変更します。

10 [ファイル]メニューから[保存]をクリックします。

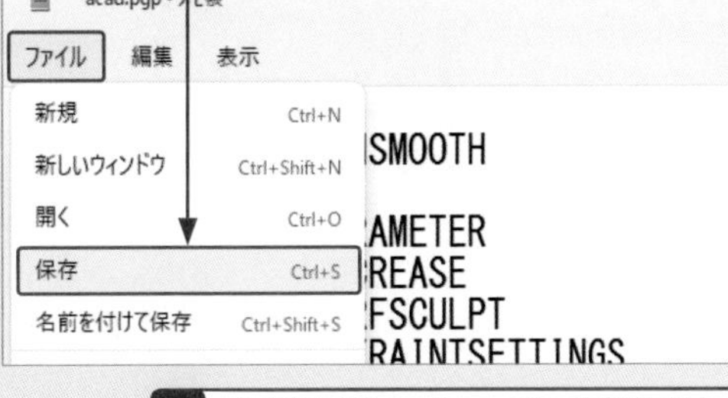

11 メモ帳を閉じ、AutoCADを再起動します。

12 「C」と入力し、Enterキーを押すと、[複写]が実行されます。

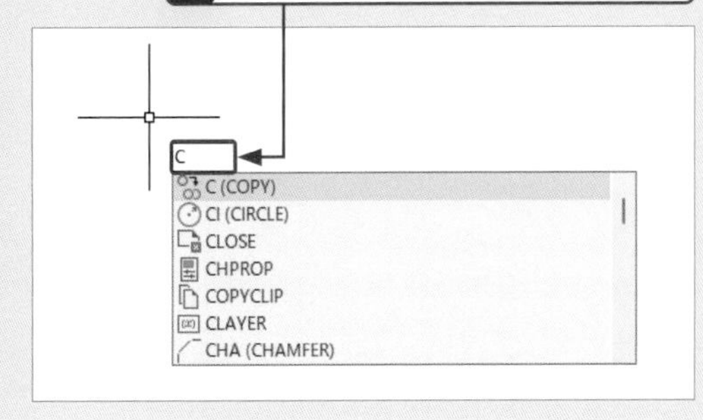

基本操作　重要度 ★★★

## Q 020 カーソルの近くにメッセージを表示したい！

**A** ［ダイナミック入力］をオンにします。

コマンドを実行したときに、カーソルの近くにプロンプトを表示したい場合は、［ダイナミック入力］をオンにします。

参照▶Q 007

**1** ステータスバーの一番右にある［カスタマイズ］をクリックします。

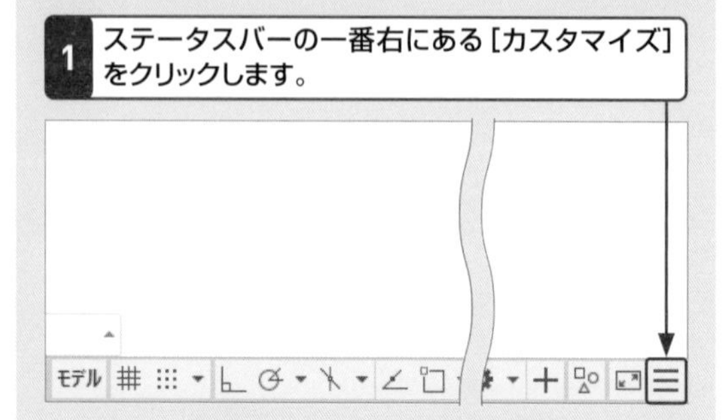
モデル

**2** ［ダイナミック入力］をクリックして、チェックを入れます。

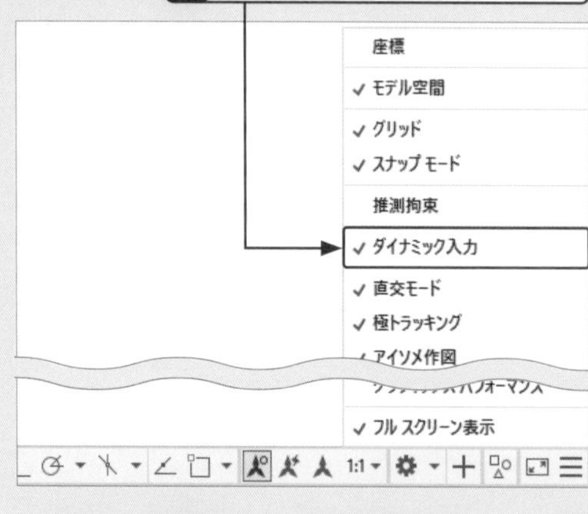
座標
モデル空間
グリッド
スナップ モード
推測拘束
ダイナミック入力
直交モード
極トラッキング
アイソメ作図
フル スクリーン表示
1:1

**3** ［ダイナミック入力］をクリックしてオンにします。オンにするとボタンが青く表示されます。

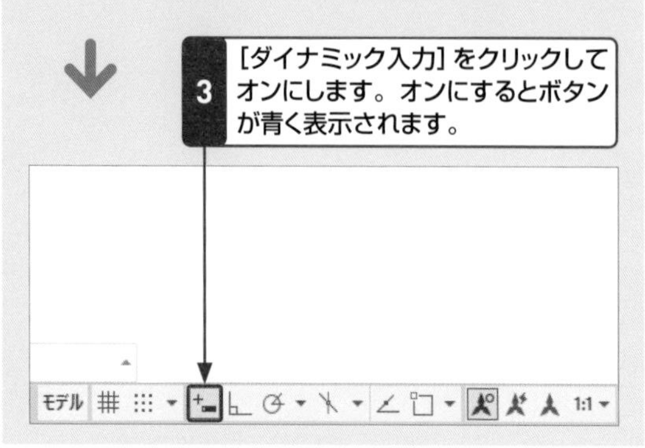
モデル
1:1

基本操作　重要度 ★★★

## Q 021 数値や座標値が入力できない！

**A** 数値や座標値は半角で入力します。

数値や座標値を入力したときに、入力ボックスが赤く表示されて入力ができない場合は、すべて半角で入力します。

**1** 座標値を入力する場合、「#100,100」を全角で入力すると、入力ボックスが赤く表示されます。

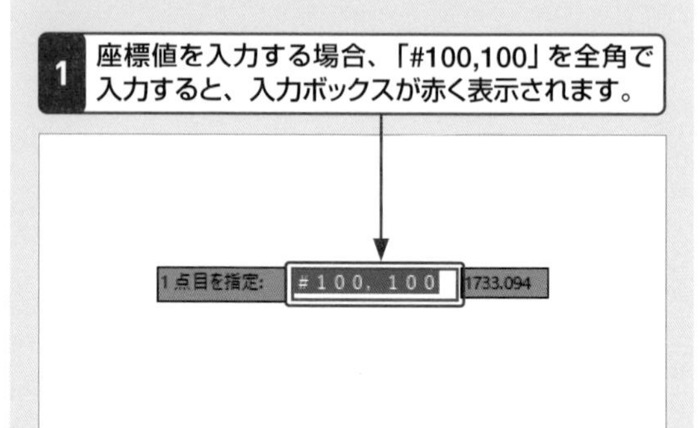
1 点目を指定:
＃１００，１００
1733.094

**2** キーボードの Delete キーを押して、入力値を削除します。

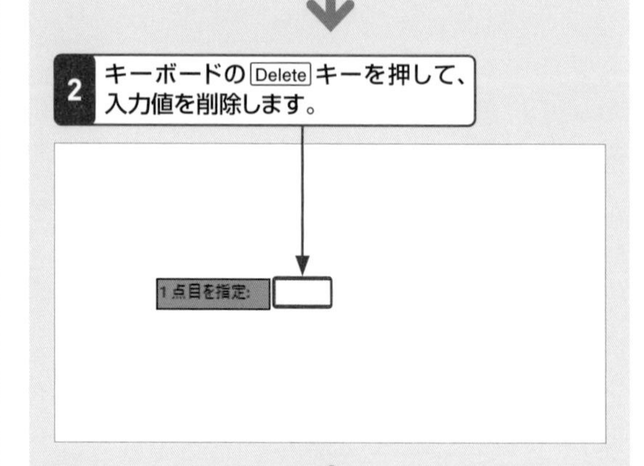
1 点目を指定:

**3** 半角で「#100,100」と入力します。

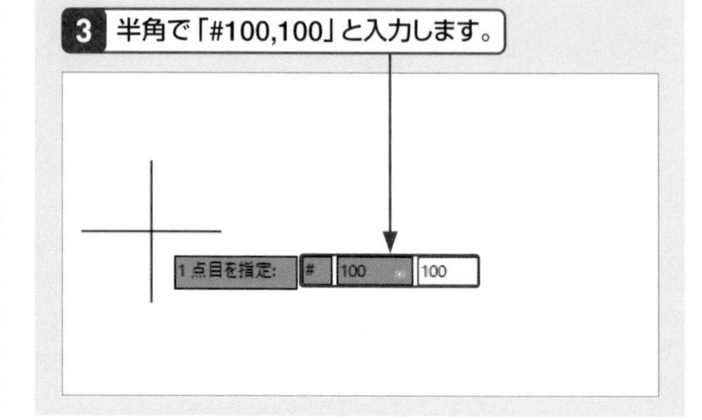
1 点目を指定:
#
100
100

基本操作 重要度 ★★★

# Q 022 オブジェクトスナップが表示されない!

**A [オブジェクトスナップ]をオンにします。**

オブジェクトスナップが表示されない場合は、[オブジェクトスナップ]をオンにして、その種類を設定します。たくさんの種類を選択すると、オブジェクトスナップが表示されにくくなってしまうので、3〜5種類を選択するようにしてください。

1 [オブジェクトスナップ] をクリックしてオンにします。オンにするとボタンが青く表示されます。

2 [▼] をクリックします。

3 使用するオブジェクトスナップをクリックしてチェックを入れます。

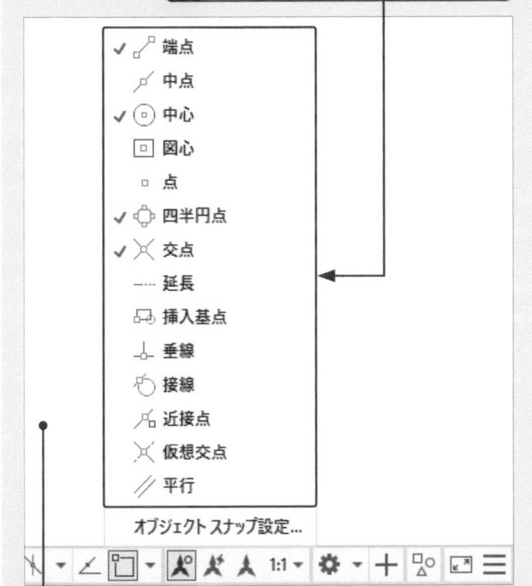
端点
中点
中心
図心
点
四半円点
交点
延長
挿入基点
垂線
接線
近接点
仮想交点
平行
オブジェクト スナップ設定...
1:1

4 作図領域をクリックして、メニューを閉じます。

基本操作 重要度 ★★★

# Q 023 目的のオブジェクトスナップが使えない!

**A 優先オブジェクトスナップを使用します。**

目的のオブジェクトスナップがうまく表れず使えない場合は、選択後の1回のみ使うことのできる優先オブジェクトスナップを使用します。

1 Shift キーを押しながら右クリックすると、優先オブジェクトスナップのメニューが表示されます。

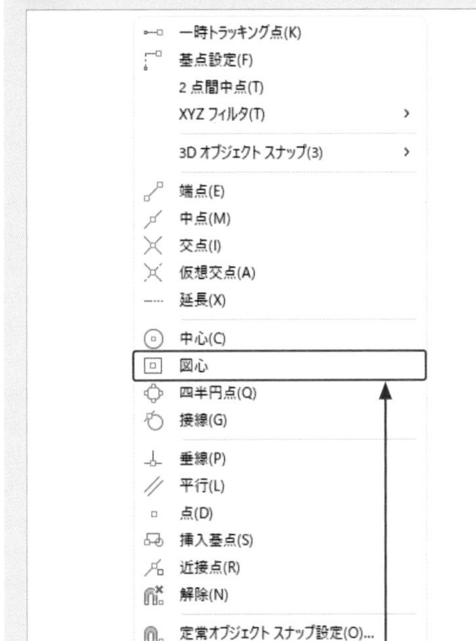
一時トラッキング点(K)
基点設定(F)
2 点間中点(T)
XYZ フィルタ(T)
3D オブジェクト スナップ(3)
端点(E)
中点(M)
交点(I)
仮想交点(A)
延長(X)
中心(C)
図心
四半円点(Q)
接線(G)
垂線(P)
平行(L)
点(D)
挿入基点(S)
近接点(R)
解除(N)
定常オブジェクト スナップ設定(O)...

2 使用するオブジェクトスナップをクリックします。

3 選択したオブジェクトスナップのみが使用できます。

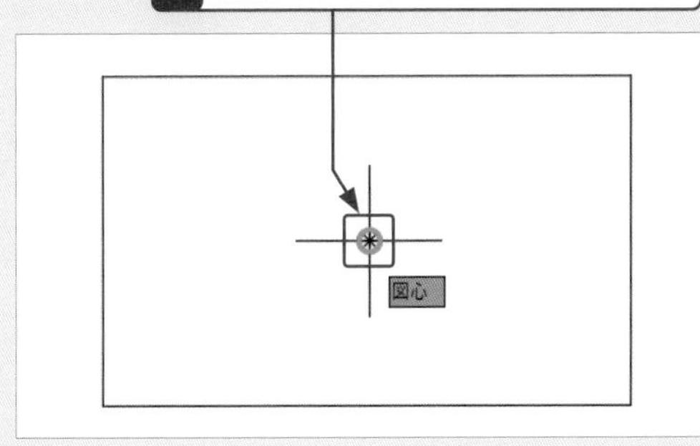
図心

ファイル　重要度 ★★★

## Q024 最近使用したファイルを開くには？

**A** [最近使用したドキュメント]を表示します。

最近使用したファイルを開くには、アプリケーションメニューの[最近使用したドキュメント]からファイルを選択します。

1 [アプリケーションメニュー]をクリックして、

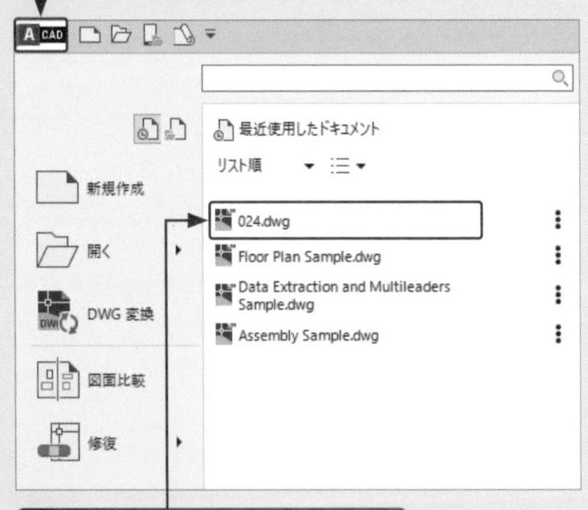

A CAD
最近使用したドキュメント
リスト順
新規作成
開く
DWG 変換
図面比較
修復
024.dwg
Floor Plan Sample.dwg
Data Extraction and Multileaders Sample.dwg
Assembly Sample.dwg


2 [最近使用したドキュメント]からファイルを選択します。

### 表示の切り替え

[▼]をクリックして表示されるメニューから、[小さいイメージ][大きいイメージ]を選択すると、プレビュー表示に変更することができます。

A CAD
コマンドを検索
最近使用したドキュメント
リスト順
新規作成
開く
DWG 変換
図面比較
修復
024.dwg
Floor Plan Sample.dwg
Data Extraction and Multileaders Sample.dwg


ファイル　重要度 ★★★

## Q025 AutoCADのファイルの拡張子は？

**A** AutoCADのファイルの拡張子はDWGです。

AutoCADのファイルの拡張子は「DWG」です。DWGにはバージョンがあり、上位バージョンのDWGを下位バージョンのAutoCADで開くことはできないので、ファイルをやり取りする場合には、注意が必要となります。

| AutoCADのバージョン | DWGのバージョン |
| --- | --- |
| 2023、2022、2021、2020、2019、2018 | 2018形式DWG |
| 2017、2016、2015、2014、2013 | 2013形式DWG |
| 2012、2011、2010 | 2010形式DWG |
| 2009、2008、2007 | 2007形式DWG |
| 2006、2005、2004 | 2004形式DWG |
| 2002、2000i、2000 | 2000形式DWG |

ファイル　重要度 ★★★

## Q026 テンプレートは何を選択する？

**A** メートル単位のテンプレートを選択してください。

ファイルを新規作成するときには、メートル単位のテンプレートを選択してください。ただし、社内用のテンプレートファイルが用意されている場合は、それを使用してください。以下はAutoCADに最初から用意されている、代表的なテンプレートです。

acadiso.dwt
　メートル単位、色従属印刷スタイルを使用。
acadISO -Named Plot Styles.dwt
　メートル単位、名前の付いた印刷スタイルを使用。
SXF_O_Scale_OO.dwt
　「CAD製図基準(案)平成16年6月国土交通省」に準拠した設定のテンプレートファイル。

ファイル　重要度 ★★★

# Q027 開けるファイルの種類は？

**A** DXF、PDF、DGNなどを読み込むことができます。

AutoCADで開けるファイルの種類は、「DXF」「PDF」「DGN」などがあります。DXFは［開く］から、PDF、DGNなどは［アプリケーションメニュー］から開きます。

## ●［開く］から開く

**1** ［開く］をクリックします。

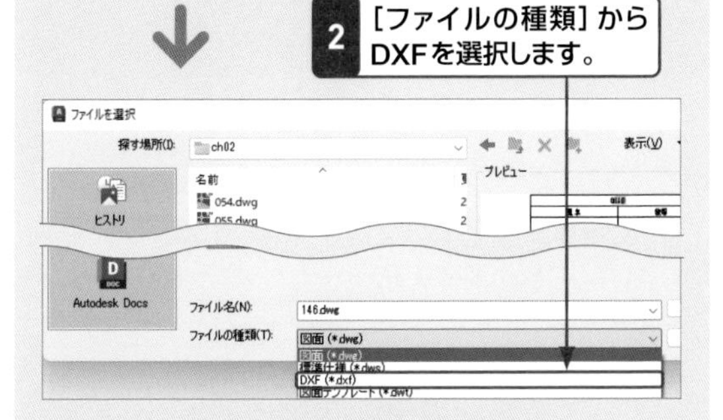
2 ［ファイルの種類］からDXFを選択します。
ファイルを選択
探す場所(I):
ch02
プレビュー
名前
054.dwg
ヒストリ
Autodesk Docs
ファイル名(N):
146.dwg
ファイルの種類(T):
図面 (*.dwg)
DXF (*.dxf)

## ●［アプリケーションメニュー］から開く

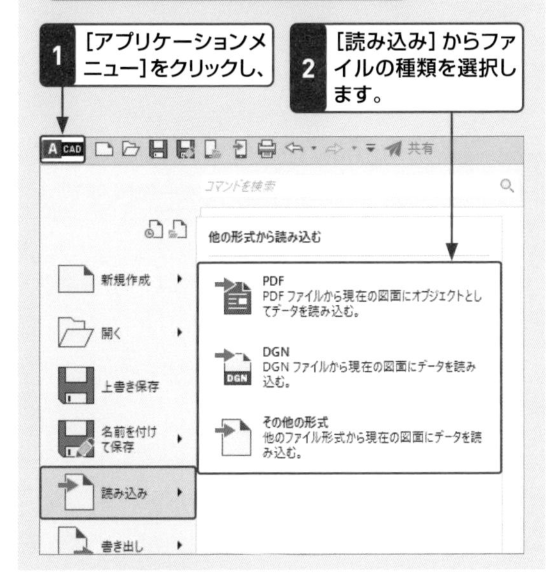
1 ［アプリケーションメニュー］をクリックし、
2 ［読み込み］からファイルの種類を選択します。
共有
コマンドを検索
他の形式から読み込む
新規作成
開く
上書き保存
名前を付けて保存
読み込み
書き出し
PDF
PDF ファイルから現在の図面にオブジェクトとしてデータを読み込む。
DGN
DGN ファイルから現在の図面にデータを読み込む。
その他の形式
他のファイル形式から現在の図面にデータを読み込む。

ファイル　重要度 ★★★

# Q028 保存できるファイルの種類は？

**A** DXF、PDF、DGNなどで保存することができます。

AutoCADで保存できるファイルの種類は、DXF、PDF、DGNなどがあります。DXFは［名前を付けて保存］から、PDF、DGNなどは［アプリケーションメニュー］から保存します。

## ● DXFは［名前を付けて保存］から保存する

**1** ［名前を付けて保存］をクリックします。

ホーム
挿入
注釈
パラメトリック
表示
管理
2 ［ファイルの種類］からDXFを選択します。
図面に名前を付けて保存
保存先(I):
ch02
名前
このフォルダーは空です。
プレビュー
ヒストリ
Autodesk Docs
ファイル名(N):
Drawing1.dxf
ファイルの種類(T):
AutoCAD 2018 DXF (*.dxf)

## ●もう1つの保存方法

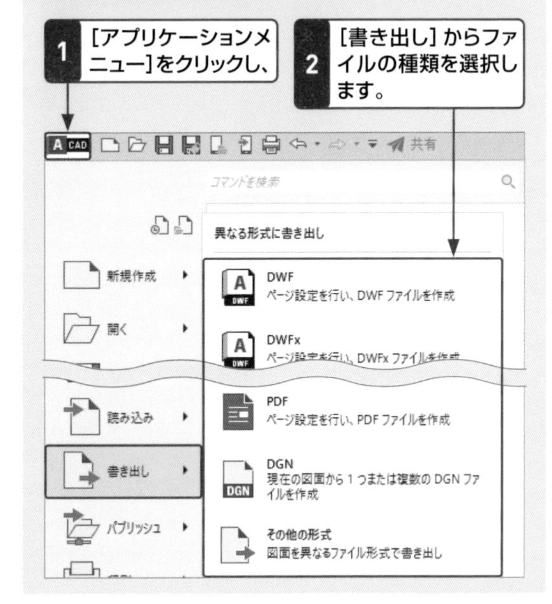
1 ［アプリケーションメニュー］をクリックし、
2 ［書き出し］からファイルの種類を選択します。
共有
コマンドを検索
異なる形式に書き出し
新規作成
開く
読み込み
書き出し
パブリッシュ
DWF
ページ設定を行い、DWF ファイルを作成
DWFx
PDF
ページ設定を行い、PDF ファイルを作成
DGN
現在の図面から 1 つまたは複数の DGN ファイルを作成
その他の形式
図面を異なるファイル形式で書き出し

ファイル　重要度 ★★★

## Q 029 ダイアログにファイルが表示されない!

**A** ファイルの種類を変更します。

[開く]のダイアログにファイルが表示されない場合は、[ファイルの種類]を変更します。DWGやDXF以外のファイルは、[アプリケーションメニュー]から選択してください。

### ● [開く]から変更する

**1** [開く]をクリックします。

**2** [ファイルの種類]からDWGやDXFを選択します。

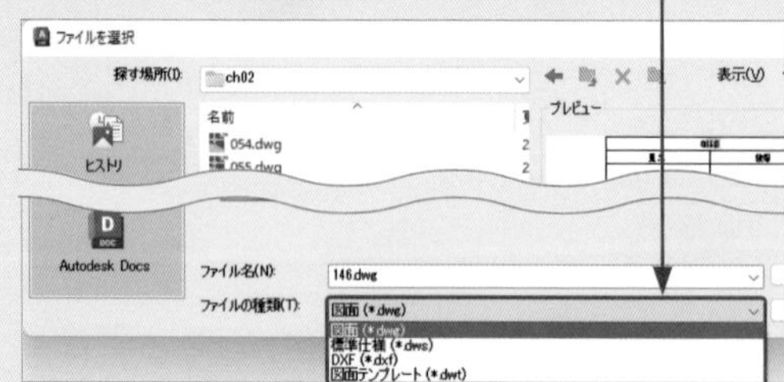
ファイルを選択
探す場所(I):
ch02
表示(V)
名前
054.dwg
プレビュー
ヒストリ
Autodesk Docs
ファイル名(N):
146.dwg
ファイルの種類(T):
図面 (*.dwg)
標準仕様 (*.dws)
DXF (*.dxf)
図面テンプレート (*.dwt)

### ● [アプリケーションメニュー]から変更する

**1** [アプリケーションメニュー]をクリックし、

**2** [読み込み]からファイルの種類を選択します。

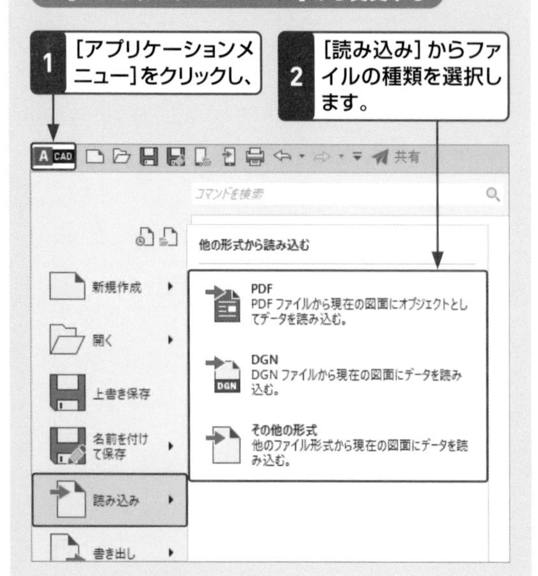
共有
コマンドを検索
他の形式から読み込む
新規作成
開く
上書き保存
名前を付けて保存
読み込み
書き出し
PDF
PDF ファイルから現在の図面にオブジェクトとしてデータを読み込む。
DGN
DGN ファイルから現在の図面にデータを読み込む。
その他の形式
他のファイル形式から現在の図面にデータを読み込む。

ファイル　重要度 ★★★

## Q 030 ファイルのダイアログが表示されない!

**A** システム変数「FILEDIA」を「1」に変更します。

ファイルを開く場合にダイアログが表示されず、プロンプトに「開く図面ファイル名を入力」と表示される場合は、システム変数「FILEDIA」を「1」に変更します。

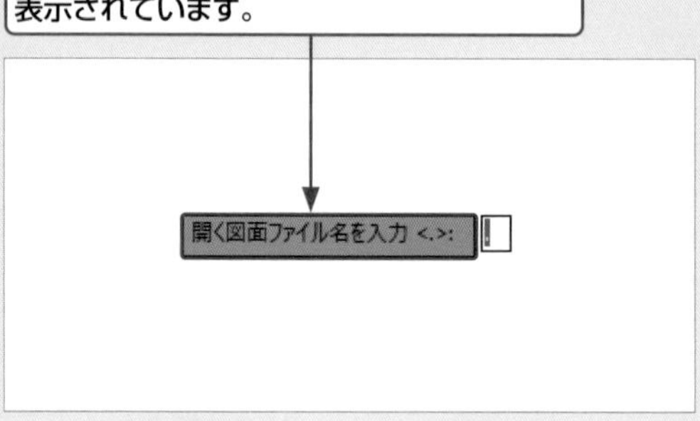
プロンプトに「開く図面ファイル名を入力」と表示されています。
開く図面ファイル名を入力 <.>:

**1** 「FILEDIA」と入力し、Enter キーを押します。

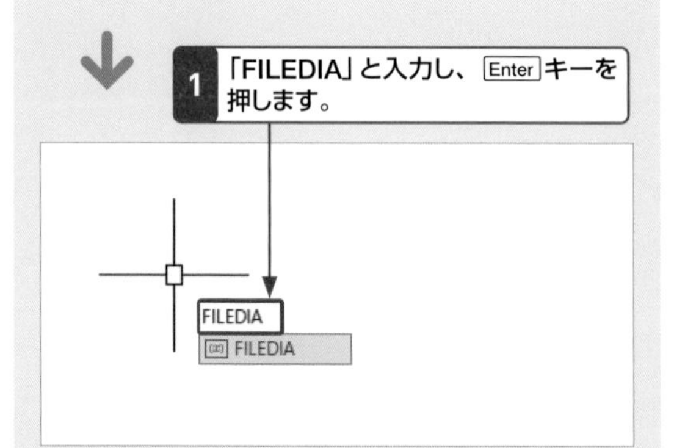
FILEDIA
FILEDIA

**2** 「1」と入力し、Enter キーを押します。

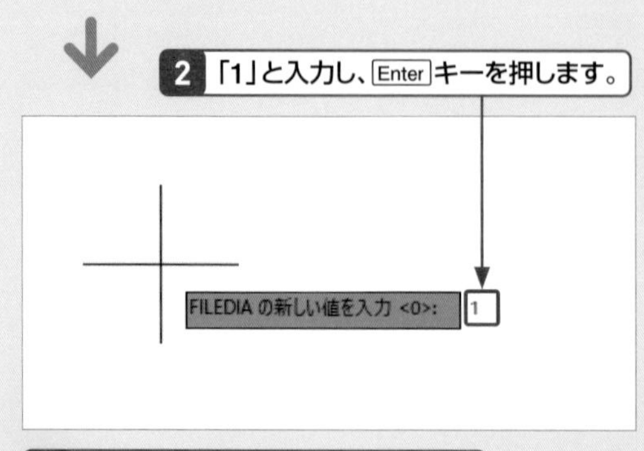
FILEDIA の新しい値を入力 <0>:
1

**3** [開く]を実行すると、ダイアログが表示されます。

ファイル　重要度 ★★★

## Q031 ファイルバージョンを指定して保存したい!

**A** [名前を付けて保存]で[ファイルの種類]を変更します。

ファイルのバージョンを指定して保存する場合は、[名前を付けて保存]を実行し、[ファイルの種類]を変更します。

参照▶Q 025

1 [名前を付けて保存]をクリックします。

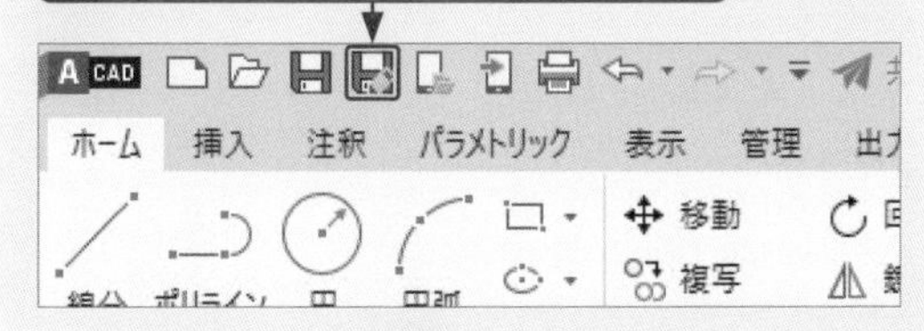
ホーム
挿入
注釈
パラメトリック
表示
管理
移動
複写

2 [ファイルの種類]をクリックします。

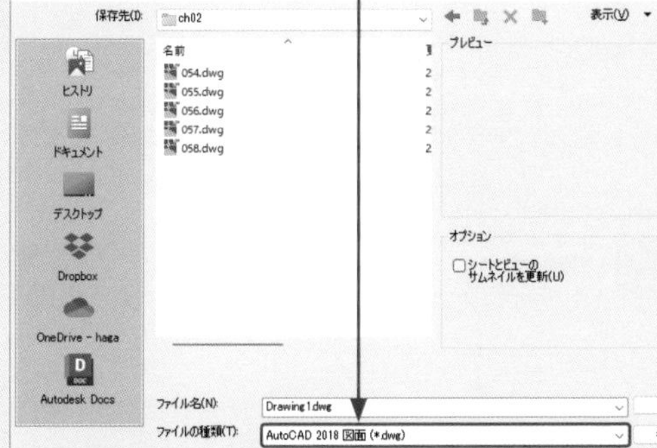
図面に名前を付けて保存
保存先(I):
ch02
名前
054.dwg
055.dwg
056.dwg
057.dwg
058.dwg
プレビュー
ヒストリ
ドキュメント
デスクトップ
Dropbox
OneDrive - haga
Autodesk Docs
オプション
シートとビューのサムネイルを更新(U)
ファイル名(N):
Drawing1.dwg
ファイルの種類(T):
AutoCAD 2018 図面 (*.dwg)

3 [ファイルの種類]の種類とバージョンを選択します。

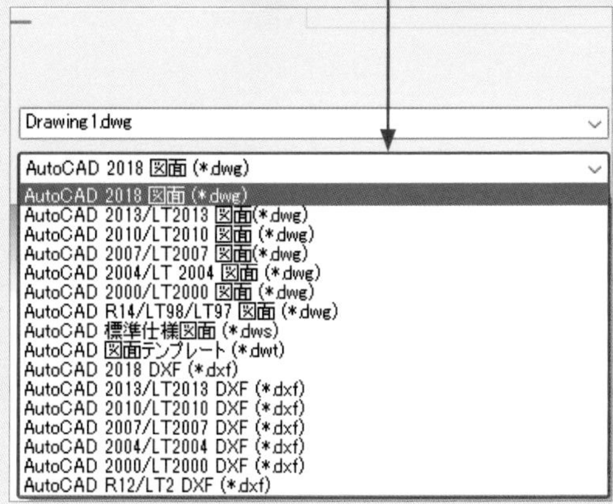
Drawing1.dwg
AutoCAD 2018 図面 (*.dwg)
AutoCAD 2018 図面 (*.dwg)
AutoCAD 2013/LT2013 図面(*.dwg)
AutoCAD 2010/LT2010 図面(*.dwg)
AutoCAD 2007/LT2007 図面(*.dwg)
AutoCAD 2004/LT 2004 図面 (*.dwg)
AutoCAD 2000/LT2000 図面 (*.dwg)
AutoCAD R14/LT98/LT97 図面 (*.dwg)
AutoCAD 標準仕様図面 (*.dws)
AutoCAD 図面テンプレート (*.dwt)
AutoCAD 2018 DXF (*.dxf)
AutoCAD 2013/LT2013 DXF (*.dxf)
AutoCAD 2010/LT2010 DXF (*.dxf)
AutoCAD 2007/LT2007 DXF (*.dxf)
AutoCAD 2004/LT2004 DXF (*.dxf)
AutoCAD 2000/LT2000 DXF (*.dxf)
AutoCAD R12/LT2 DXF (*.dxf)

ファイル　重要度 ★★★

## Q032 ファイルバージョンを一括変換したい!

**A** [DWG変換]を実行します。

複数ファイルのバージョンを一括変換したい場合は、[アプリケーションメニュー]から[DWG変換]を実行します。

1 ファイルをすべて閉じて、[スタート]タブのみが表示されている状態にします。

2 [アプリケーションメニュー]をクリックし、

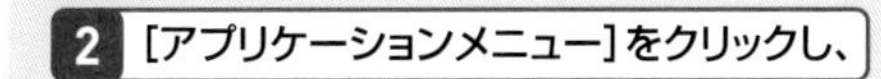

最近使用したドキュメント
リスト順
新規作成
開く
DWG 変換
図面比較
修復
Drawing1.dwg
024.dwg
Floor Plan Sample.dwg
Data Extraction and Multileaders Sample.dwg
Assembly Sample.dwg

3 [DWG変換]をクリックします。

4 [ファイルを追加]をクリックし、変換するファイルを選択します。

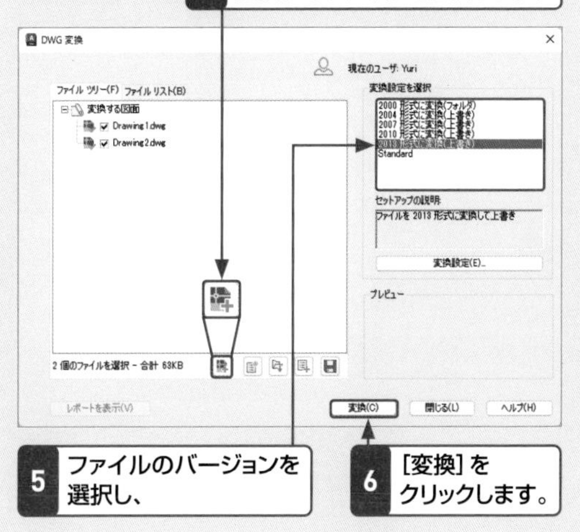
DWG 変換
現在のユーザ: Yuri
ファイル ツリー(F)
ファイル リスト(B)
変換する図面
Drawing1.dwg
Drawing2.dwg
変換設定を選択
Standard
セットアップの説明
変換設定(E)...
プレビュー
レポートを表示(V)
変換(C)
閉じる(L)
ヘルプ(H)

5 ファイルのバージョンを選択し、

6 [変換]をクリックします。

ファイル　重要度 ★★★

## Q 033 ファイルの容量を小さくしたい！

**A** ［名前削除］を実行します。

ファイルの容量を小さくしたい場合は、［名前削除］を実行し、使用していない画層やスタイル、ブロックなどの情報を削除します。

1 ［管理］タブをクリックし、

2 ［名前削除］をクリックします。

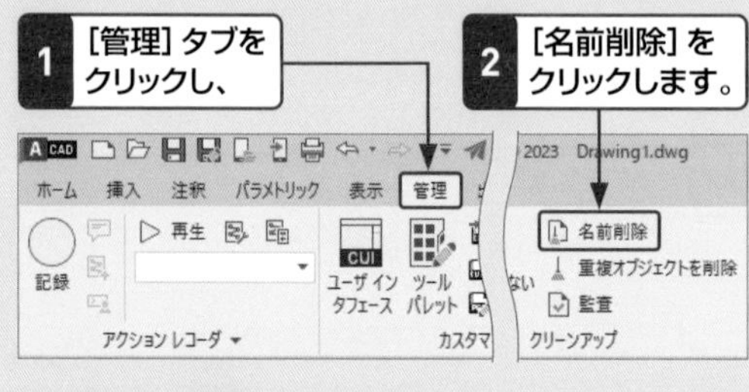
ホーム
挿入
注釈
パラメトリック
表示
管理
再生
記録
アクション レコーダ
ユーザ インタフェース
ツール パレット
カスタマ
名前削除
重複オブジェクトを削除
監査
クリーンアップ
2023 Drawing1.dwg

3 ［ネストされた項目も名前削除］にチェックを入れます。

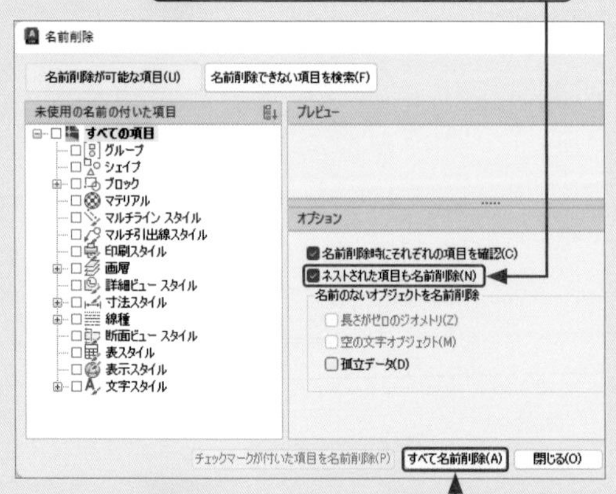
名前削除
名前削除が可能な項目(U)
名前削除できない項目を検索(F)
未使用の名前の付いた項目
プレビュー
すべての項目
グループ
シェイプ
ブロック
マテリアル
マルチライン スタイル
マルチ引出線スタイル
印刷スタイル
画層
詳細ビュー スタイル
寸法スタイル
線種
断面ビュー スタイル
表スタイル
表示スタイル
文字スタイル
オプション
名前削除時にそれぞれの項目を確認(C)
ネストされた項目も名前削除(N)
名前のないオブジェクトを名前削除
長さがゼロのジオメトリ(Z)
空の文字オブジェクト(M)
孤立データ(D)
チェックマークが付いた項目を名前削除(P)
すべて名前削除(A)
閉じる(O)

4 ［すべて名前削除］をクリックします。

5 ［チェックマークを付けたすべての項目を名前削除］をクリックします。

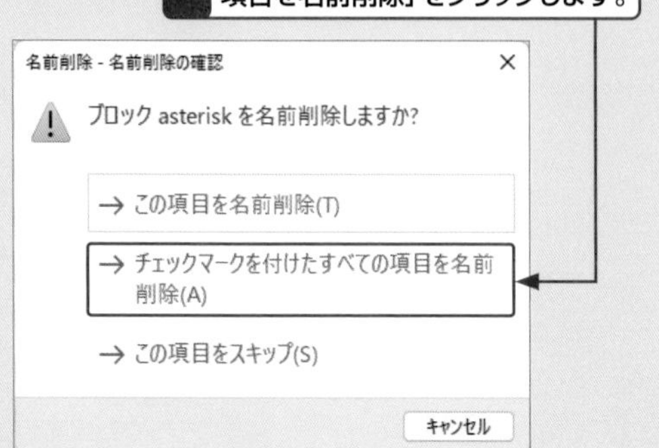
名前削除 - 名前削除の確認
ブロック asterisk を名前削除しますか?
→ この項目を名前削除(T)
→ チェックマークを付けたすべての項目を名前削除(A)
→ この項目をスキップ(S)
キャンセル

ファイル　重要度 ★★★

## Q 034 BAKファイルを開きたい！

**A** 拡張子をDWGに変更します。

上書き保存をするときに作成されるバックアップコピーの「BAK」ファイルを開きたい場合は、拡張子をBAKからDWGに変更します。

1 ファイルをクリックして選択し、

2 ［名前の変更］をクリックします。

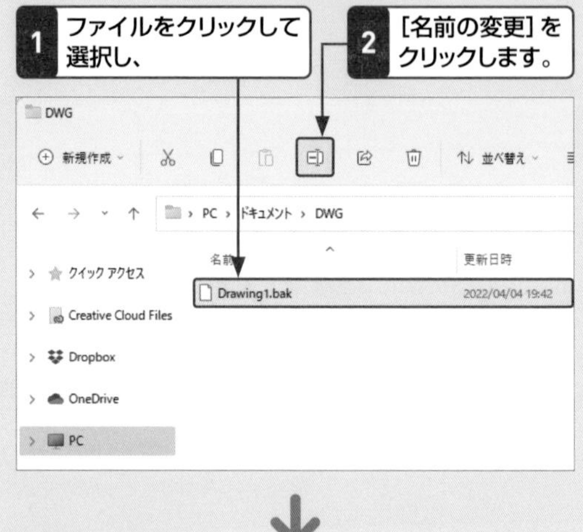
DWG
新規作成
並べ替え
PC › ドキュメント › DWG
名前
更新日時
クイック アクセス
Drawing1.bak
2022/04/04 19:42
Creative Cloud Files
Dropbox
OneDrive
PC

3 拡張子を「bak」から「dwg」に変更します。

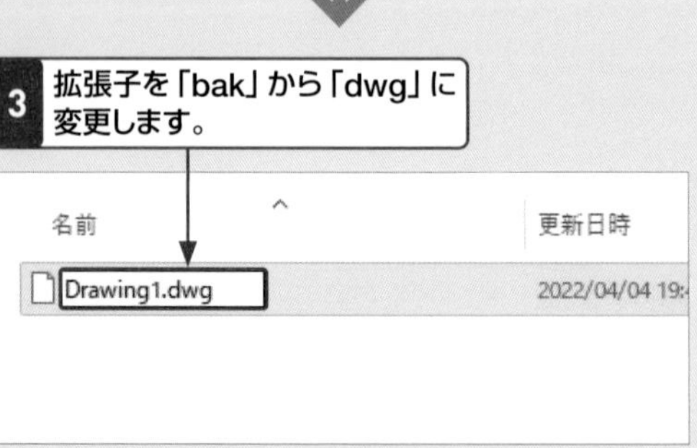
名前
更新日時
Drawing1.dwg

4 ［はい］をクリックします。

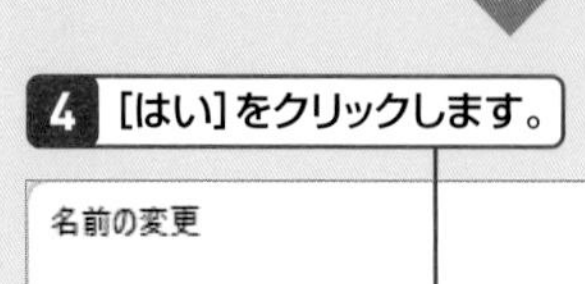
名前の変更
拡張子を変更すると、ファイルが使えなくなる可能性があります。
変更しますか?
はい(Y)
いいえ(N)

5 dwgファイルに変更されるので、AutoCADで開くことができます。

## Q 035 自動保存を設定したい！

**A [オプション]で自動保存の間隔を設定します。**

自動保存を設定するには、[アプリケーションメニュー]から[オプション]を実行し、自動保存の間隔を設定します。

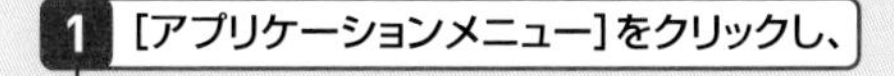
1 [アプリケーションメニュー]をクリックし、

2 [オプション]をクリックします。
3 [開く／保存]タブをクリックします。

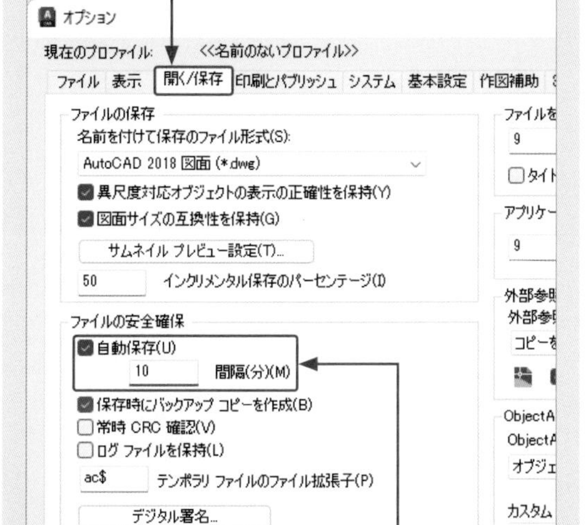
4 [自動保存]にチェックを入れ、保存間隔を入力します。

## Q 036 自動保存のファイルを開きたい！

**A [図面修復管理]パレットから開きます。**

自動保存のファイルは[図面修復管理]パレットから開くことができます。拡張子「SV$」のファイルが自動保存ファイルです。

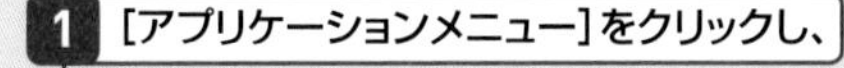
1 [アプリケーションメニュー]をクリックし、

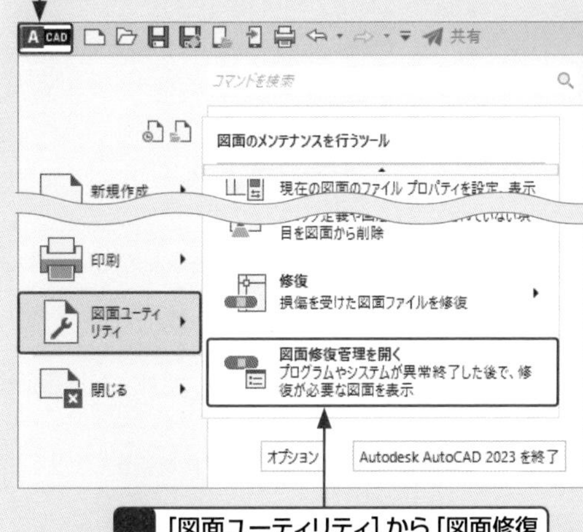
2 [図面ユーティリティ]から[図面修復管理を開く]をクリックします。

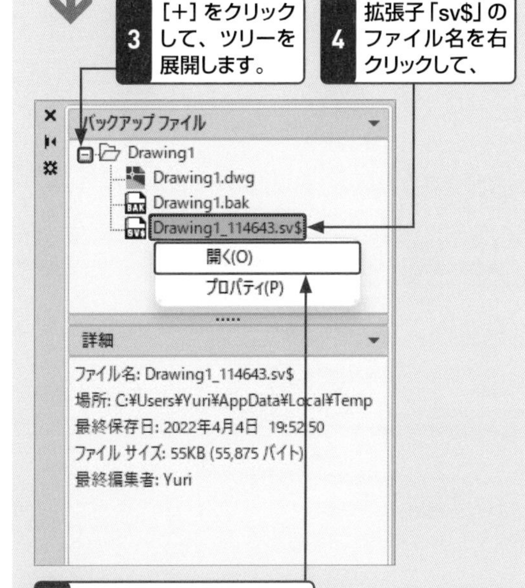
3 [+]をクリックして、ツリーを展開します。
4 拡張子「sv$」のファイル名を右クリックして、
5 [開く]をクリックします。

ファイル　重要度 ★★★

## Q 037 ファイルがエラーで開けない！

**A** [修復] を実行します。

ファイルがエラーで開けないときは、[アプリケーションメニュー] から [修復] を実行すると、エラーが修復されて開ける場合があります。

**1** [アプリケーションメニュー] をクリックし、

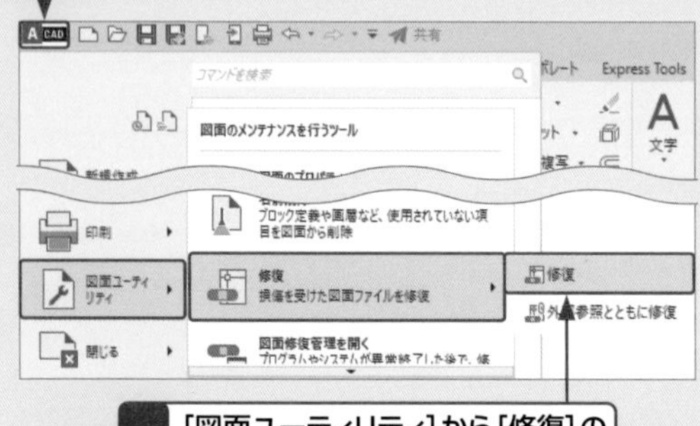
コマンドを検索
図面のメンテナンスを行うツール
Express Tools
文字
印刷
ブロック定義や画層など、使用されていない項目を図面から削除
図面ユーティリティ
修復
損傷を受けた図面ファイルを修復
修復
外部参照とともに修復
閉じる
図面修復管理を開く

**2** [図面ユーティリティ] から [修復] の [修復] をクリックします。

**3** エラーで開けないファイルを選択します。

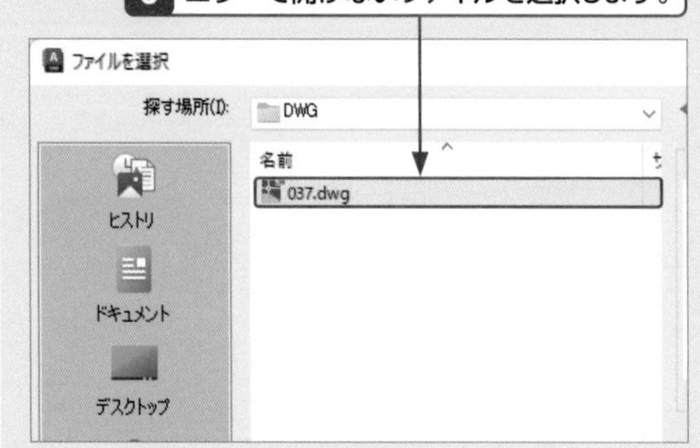
ファイルを選択
探す場所(I):
DWG
名前
037.dwg
ヒストリ
ドキュメント
デスクトップ

**4** [閉じる] をクリックすると、ファイルが開きます。

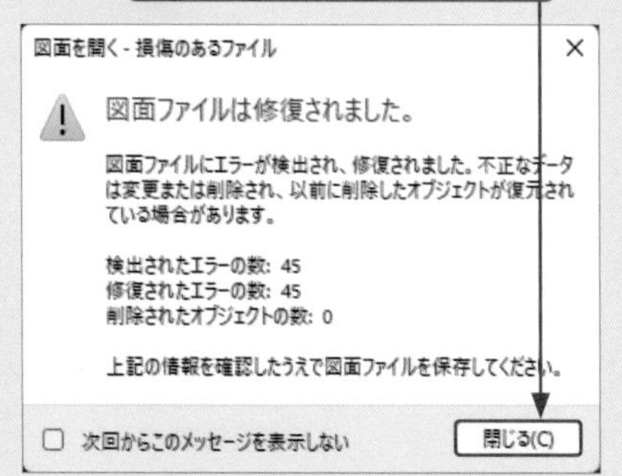
図面を開く - 損傷のあるファイル
図面ファイルは修復されました。
図面ファイルにエラーが検出され、修復されました。不正なデータは変更または削除され、以前に削除したオブジェクトが復元されている場合があります。
検出されたエラーの数: 45
修復されたエラーの数: 45
削除されたオブジェクトの数: 0
上記の情報を確認したうえで図面ファイルを保存してください。
次回からこのメッセージを表示しない
閉じる(C)

ファイル　重要度 ★★★

## Q 038 テンプレートを作成したい！

**A** ファイルの種類をDWTで保存します。

テンプレートを作成するには、画層、文字／寸法スタイル、線種などを設定し、ファイルの種類を「DWT」で保存します。

**1** [名前を付けて保存] をクリックします。

CAD
ホーム
挿入
注釈
パラメトリック
表示
管理

**2** [ファイルの種類] からDWTを選択し、ファイル名を入力して保存します。

図面に名前を付けて保存
保存先(I):
Template
ツール(L)
名前
PTWTemplates
SheetSets
acad -Named Plot Styles.dwt
acad -Named Plot Styles3D.dwt
acad.dwt
acad3D.dwt
acadISO -Named Plot Styles.dwt
acadISO -Named Plot Styles3D.dwt
acadiso.dwt
acadiso3D.dwt
LayerTemplate.ZIP
SXF_C_custom.dwt
SXF_C_Scale_1.dwt
SXF_C_Scale_10.dwt
ヒストリ
ドキュメント
デスクトップ
OneDrive
Dropbox
ファイル名(N):
○○用テンプレート
ファイルの種類(T):
AutoCAD 図面テンプレート (*.dwt)
保存(S)
キャンセル

**3** テンプレートの説明を入力し、

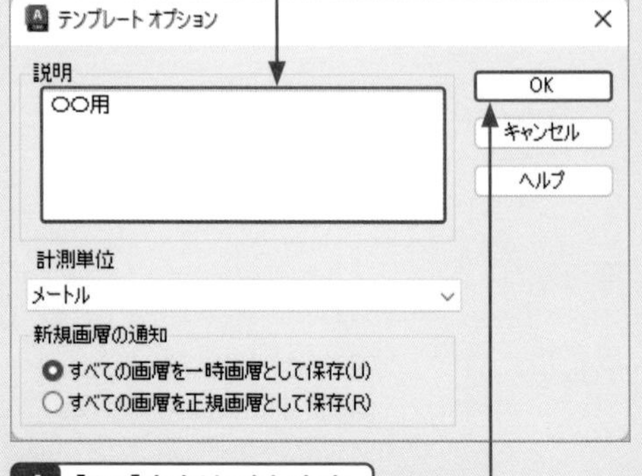
テンプレート オプション
説明
○○用
OK
キャンセル
ヘルプ
計測単位
メートル
新規画層の通知
すべての画層を一時画層として保存(U)
すべての画層を正規画層として保存(R)

**4** [OK] をクリックします。

**5** [新規作成] を実行すると、作成したテンプレートを選択することができます。

重要度 ★★★

# Q 039 画面各部の名称を知りたい!

**A** 画面各部の名称と機能を確認します。

AutoCADの画面は下図のような構成になっています。「アプリケーションメニュー」や「作図領域」などは本書の解説にも頻繁に出てくる用語なので、確認をしておきましょう。 参照▶Q 040,041

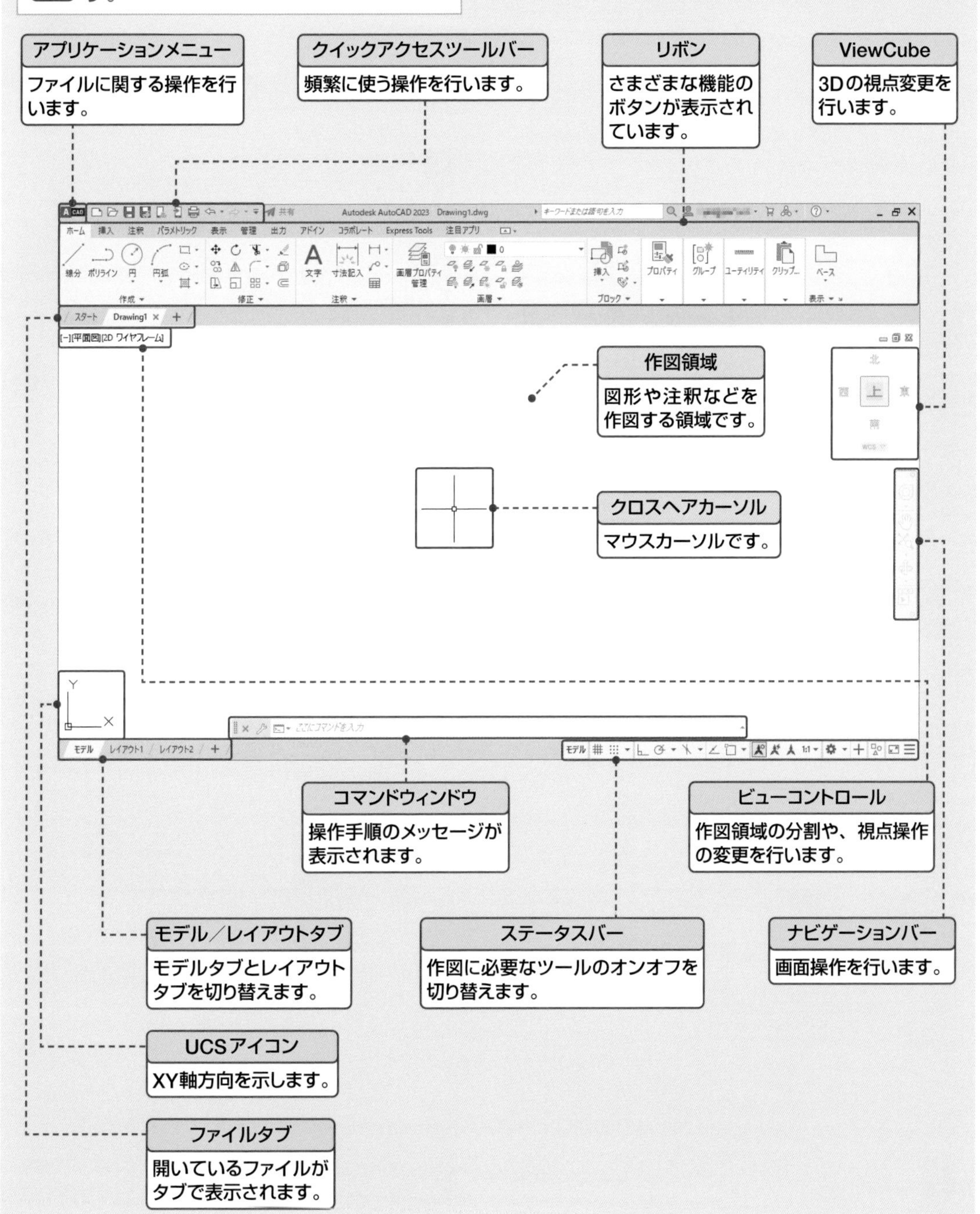

アプリケーションメニュー
ファイルに関する操作を行います。
クイックアクセスツールバー
頻繁に使う操作を行います。
リボン
さまざまな機能のボタンが表示されています。
ViewCube
3Dの視点変更を行います。
Autodesk AutoCAD 2023 Drawing1.dwg
作図領域
図形や注釈などを作図する領域です。
クロスヘアカーソル
マウスカーソルです。
コマンドウィンドウ
操作手順のメッセージが表示されます。
ビューコントロール
作図領域の分割や、視点操作の変更を行います。
モデル／レイアウトタブ
モデルタブとレイアウトタブを切り替えます。
ステータスバー
作図に必要なツールのオンオフを切り替えます。
ナビゲーションバー
画面操作を行います。
UCSアイコン
XY軸方向を示します。
ファイルタブ
開いているファイルがタブで表示されます。

画面表示　重要度 ★★★

## Q 040 作図領域の背景色を変更したい!

**A** [オプション]で共通の背景色を設定します。

作図領域の背景色を変更するには、[アプリケーションメニュー]から[オプション]を実行し、共通の背景色を設定します。3Dで表示したときの背景色を変更するには、手順4で[3D 平行投影]の[共通の背景色]を選択します。

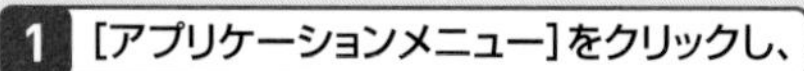

1 [アプリケーションメニュー]をクリックし、


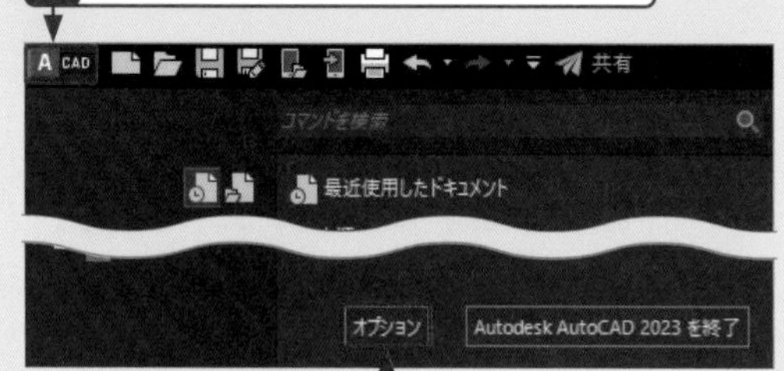

A CAD
共有
コマンドを検索
最近使用したドキュメント
オプション
Autodesk AutoCAD 2023 を終了


2 [オプション]をクリックします。

3 [表示]タブの[色]ボタンをクリックします。

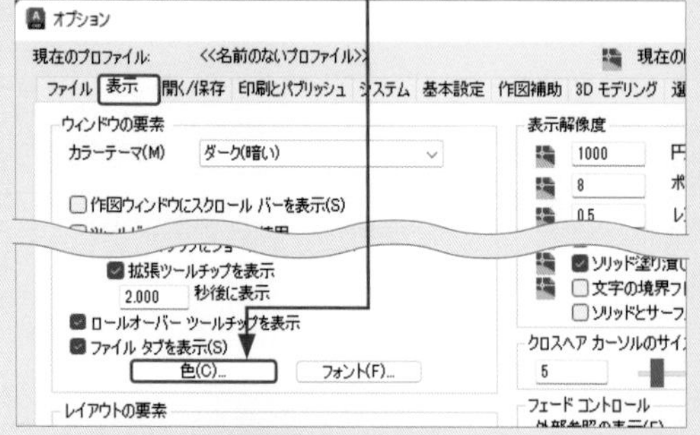

オプション
現在のプロファイル: <<名前のないプロファイル>>
ファイル 表示 開く/保存 印刷とパブリッシュ システム 基本設定 作図補助 3D モデリング
ウィンドウの要素
カラーテーマ(M) ダーク(暗い)
作図ウィンドウにスクロール バーを表示(S)
拡張ツールチップを表示
2.000 秒後に表示
ロールオーバー ツールチップを表示
ファイル タブを表示(S)
色(C)...
フォント(F)...
レイアウトの要素
表示解像度
1000
8
0.5
ソリッド塗り潰し
文字の境界フ
ソリッドとサーフ
クロスヘア カーソルのサイ
5
フェード コントロール

4 [2Dモデル空間]の[共通の背景色]をクリックし、


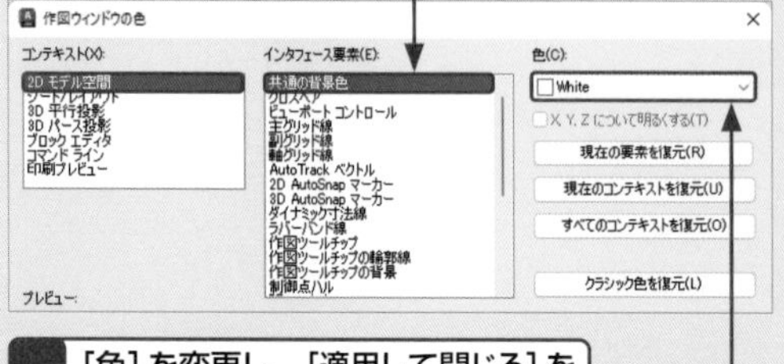

作図ウィンドウの色
コンテキスト(X):
2D モデル空間
シートレイアウト
3D 平行投影
3D パース投影
ブロック エディタ
コマンド ライン
印刷プレビュー
インタフェース要素(E):
共通の背景色
色(C):
White
現在の要素を復元(R)
現在のコンテキストを復元(U)
すべてのコンテキストを復元(O)
クラシック色を復元(L)
プレビュー:


5 [色]を変更し、[適用して閉じる]をクリックします。

画面表示　重要度 ★★★

## Q 041 リボンの背景色を変更したい!

**A** [オプション]でカラーテーマを設定します。

リボンの背景色を変更するには、[アプリケーションメニュー]から[オプション]を実行し、カラーテーマを設定します。

1 [アプリケーションメニュー]をクリックし、

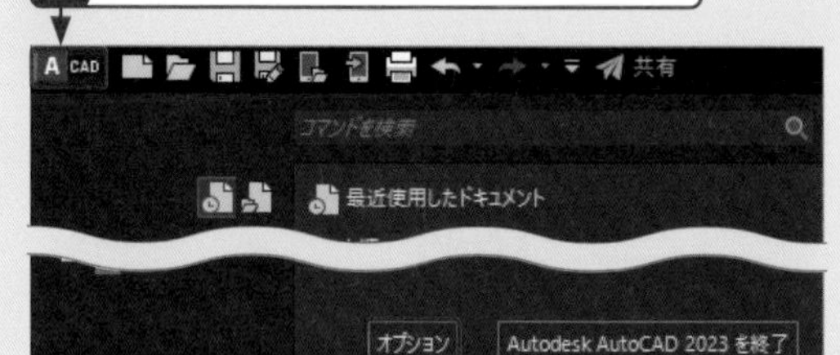

A CAD
共有
コマンドを検索
最近使用したドキュメント
オプション
Autodesk AutoCAD 2023 を終了


2 [オプション]をクリックします。

3 [表示]タブをクリックし、

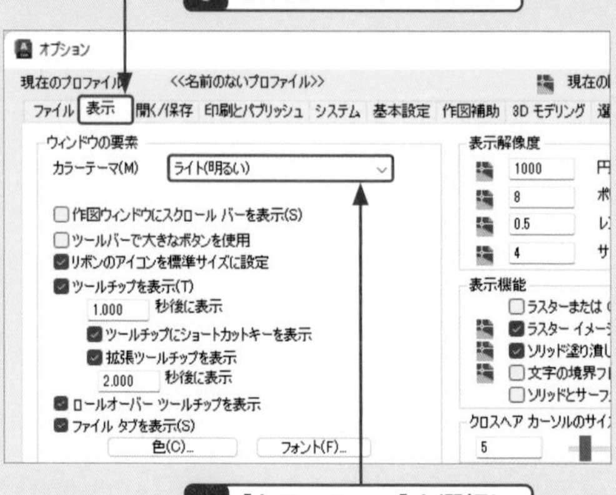

オプション
現在のプロファイル: <<名前のないプロファイル>>
ファイル 表示 開く/保存 印刷とパブリッシュ システム 基本設定 作図補助 3D モデリング
ウィンドウの要素
カラーテーマ(M) ライト(明るい)
作図ウィンドウにスクロール バーを表示(S)
ツールバーで大きなボタンを使用
リボンのアイコンを標準サイズに設定
ツールチップを表示(T)
1.000 秒後に表示
ツールチップにショートカットキーを表示
拡張ツールチップを表示
2.000 秒後に表示
ロールオーバー ツールチップを表示
ファイル タブを表示(S)
色(C)...
フォント(F)...
表示解像度
1000
8
0.5
4
表示機能
クロスヘア カーソルのサイ
5


4 [カラーテーマ]を選択し、[OK]をクリックします。

5 リボンの背景色が変更されます。

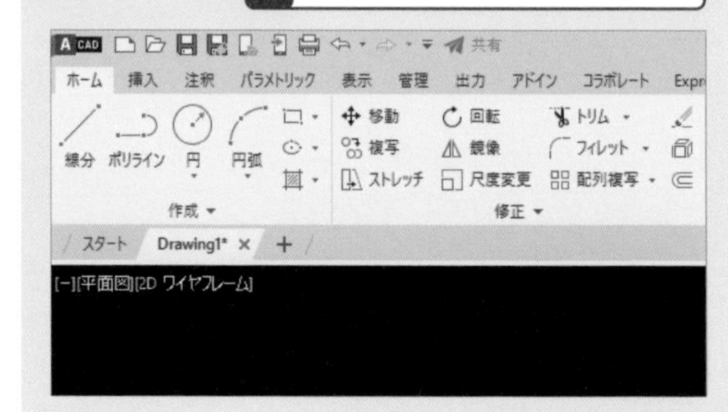

共有
ホーム 挿入 注釈 パラメトリック 表示 管理 出力 アドイン コラボレート
移動 回転 トリム
複写 鏡像 フィレット
ストレッチ 尺度変更 配列複写
線分 ポリライン 円 円弧
作成
修正
スタート Drawing1*
[-][平面図][2D ワイヤフレーム]

画面表示　重要度 ★★★

## Q 042 よく使うリボンパネルを画面に配置したい!

**A** [ユーザ インタフェース]で設定します。

よく使うリボンパネルをリボンタブに配置したい場合は、[ユーザ インタフェース]で設定します。

**1** [管理] タブの [ユーザ インタフェース] をクリックします。

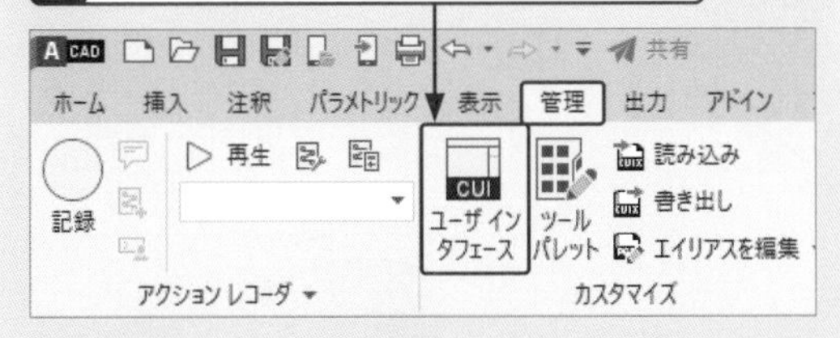

ホーム
挿入
注釈
パラメトリック
表示
管理
出力
アドイン
記録
再生
ユーザ インタフェース
ツール パレット
読み込み
書き出し
エイリアスを編集
アクション レコーダ
カスタマイズ


**2** 追加したいリボンパネルを [リボン] の [パネル] を展開して、探します。

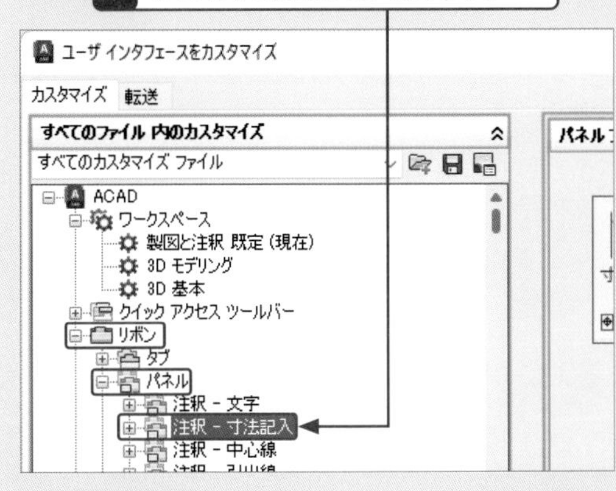

ユーザ インタフェースをカスタマイズ
カスタマイズ
転送
すべてのファイル 内のカスタマイズ
すべてのカスタマイズ ファイル
ACAD
ワークスペース
製図と注釈 既定 (現在)
3D モデリング
3D 基本
クイック アクセス ツールバー
リボン
タブ
パネル
注釈 - 文字
注釈 - 寸法記入
注釈 - 中心線


**3** 追加したいリボンタブを展開し、手順**2**のリボンパネルをドラッグ&ドロップします。

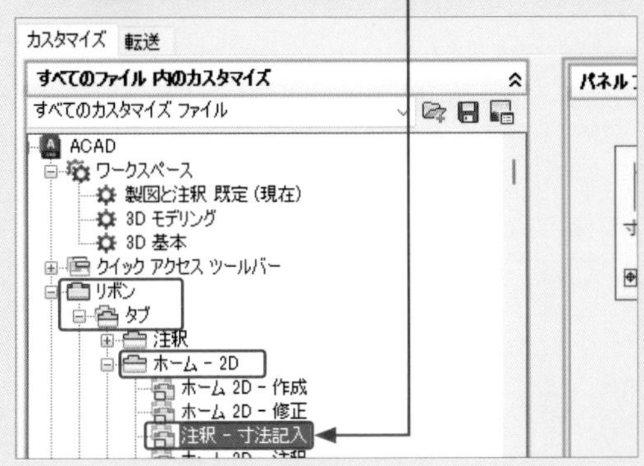

カスタマイズ
転送
すべてのファイル 内のカスタマイズ
すべてのカスタマイズ ファイル
ACAD
ワークスペース
製図と注釈 既定 (現在)
3D モデリング
3D 基本
クイック アクセス ツールバー
リボン
タブ
注釈
ホーム - 2D
ホーム 2D - 作成
ホーム 2D - 修正
注釈 - 寸法記入


画面表示　重要度 ★★★

## Q 043 リボンが消えてしまった!

**A** [フルスクリーン表示]を確認します。

リボンが画面から消えてしまった場合は、ステータスバーの [フルスクリーン表示] を確認します。[フルスクリーン表示] がオンになっていると、リボンが非表示になります。

リボンが画面から消えています。

**1** ステータスバーの [フルスクリーン表示] をクリックします。

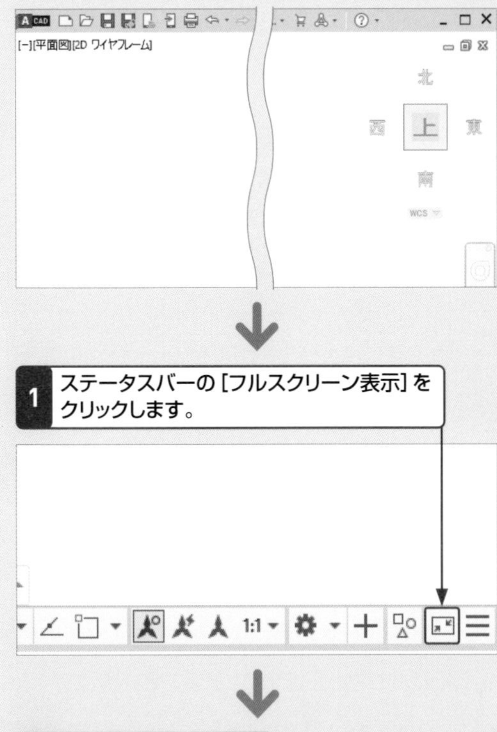

[-][平面図][2D ワイヤフレーム]
北
西
上
東
南
WCS
1:1


**2** リボンが表示されます。

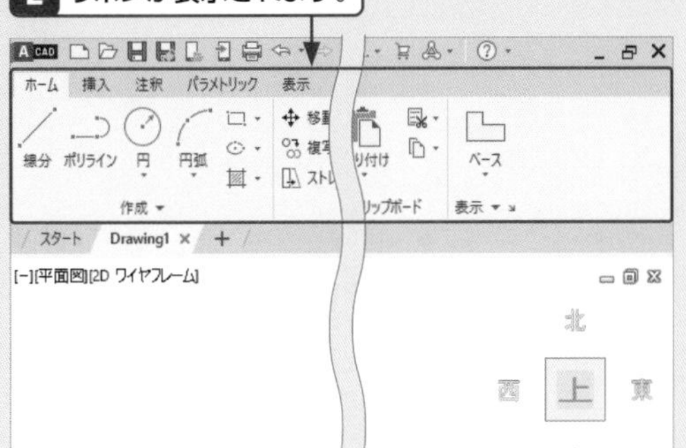

ホーム
挿入
注釈
パラメトリック
表示
線分
ポリライン
円
円弧
作成
ベース
表示
スタート
Drawing1
[-][平面図][2D ワイヤフレーム]
北
西
上
東

画面表示　重要度 ★★★

## Q 044 プロパティパレットを表示したい!

**A** [オブジェクトプロパティ管理]を実行します。

プロパティパレットを表示したい場合は、[オブジェクトプロパティ管理]を実行します。

**1** [表示]タブの[オブジェクトプロパティ管理]をクリックしてオンにします。青くなっている状態がオンです。

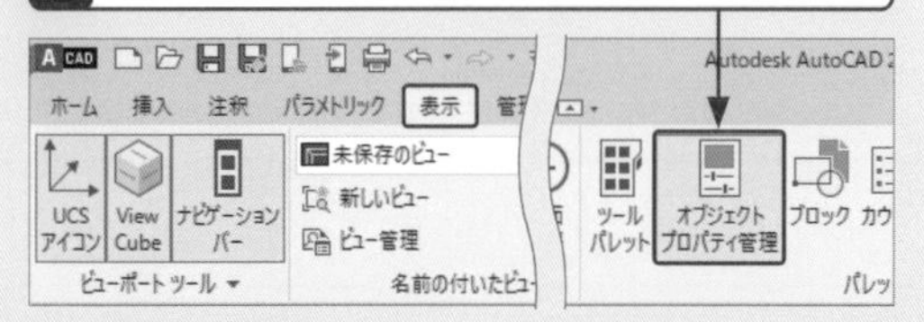
Autodesk AutoCAD
ホーム
挿入
注釈
パラメトリック
表示
UCS アイコン
View Cube
ナビゲーションバー
未保存のビュー
新しいビュー
ビュー管理
ビューポートツール
名前の付いたビュー
ツールパレット
オブジェクトプロパティ管理
ブロック
パレット

**2** プロパティパレットが表示されます。

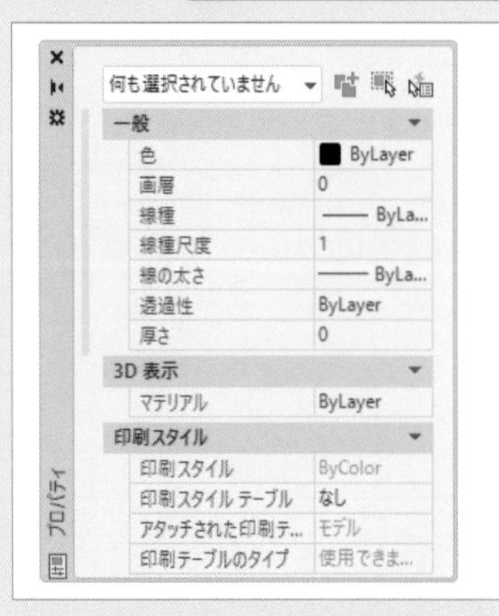
何も選択されていません
一般
色
ByLayer
画層
0
線種
ByLa...
線種尺度
1
線の太さ
透過性
厚さ
3D 表示
マテリアル
印刷スタイル
ByColor
印刷スタイル テーブル
なし
アタッチされた印刷テ...
モデル
印刷テーブルのタイプ
使用できま...
プロパティ

### プロパティパレットが隠れている場合

プロパティパレットが隠れている場合は、タイトルバーにカーソルを当てると表示されます。

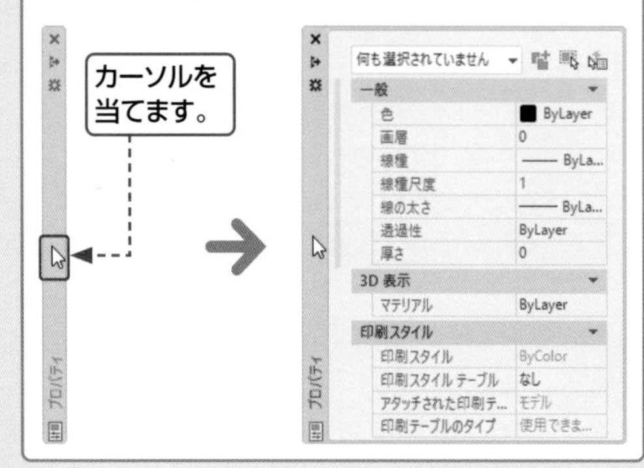
カーソルを当てます。
何も選択されていません
一般
3D 表示
印刷スタイル
プロパティ

画面表示　重要度 ★★★

## Q 045 格子状の表示やマウスの動きを解除したい!

**A** [グリッド]と[スナップ]をオフにします。

[グリッド]をオフにすると、画面に表示されている格子状のマス目が非表示になります。[スナップ]をオフにすると、マス目に合わせてマウスがカクカク動くのを解除します。ボタンがグレーで表示されている状態がオフです。

**1** [グリッド]をクリックしてオフにします。

**2** [スナップ]をクリックしてオフにします。

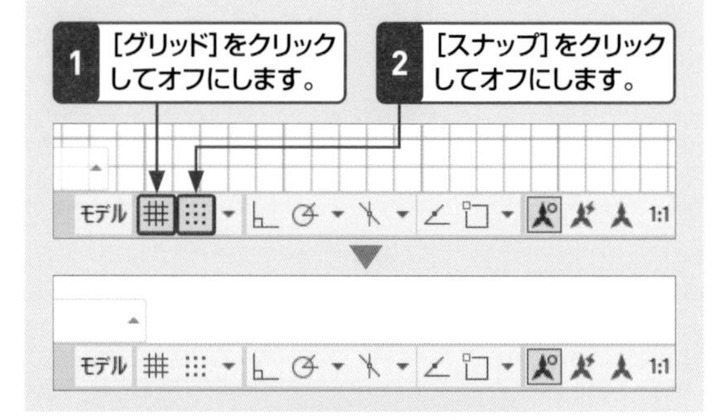
モデル
1:1

画面表示　重要度 ★★★

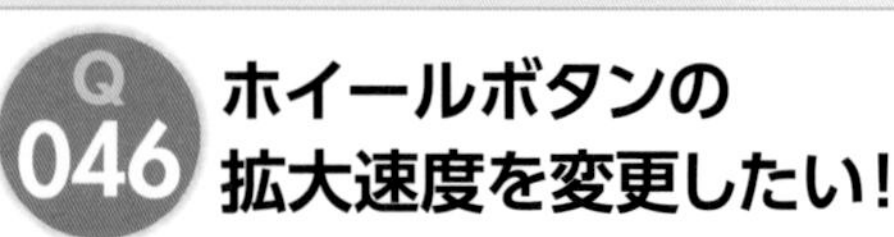

## Q 046 ホイールボタンの拡大速度を変更したい!

**A** システム変数「ZOOMFACTOR」の値を変更します。

ホイールボタンで画面の拡大／縮小をするときの速度を調整したい場合は、システム変数「ZOOMFACTOR」を3から100の整数値に設定します。初期値は60で、数値は大きいほど、大きく変化します。

**1** 「ZOOMFACTOR」と入力し、Enterキーを押します。

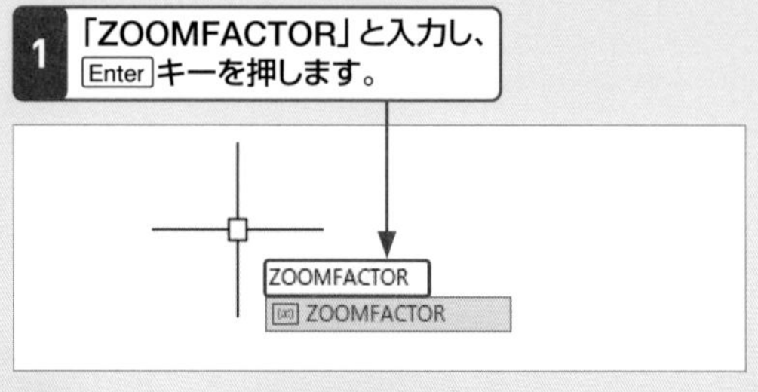
ZOOMFACTOR
ZOOMFACTOR

**2** 3から100の整数値を入力し、Enterキーを押して設定します。

# Q 047 ホイールボタンで拡大できない!

**A** マウスドライバをインストールします。

マウスドライバによっては、ホイールボタンに[中クリック]の設定がされていない場合があります。ここではマイクロソフト製のマウスの場合を説明しますが、他社製品の場合は、マウスドライバをインストールして、同様の設定画面からホイールボタンの設定を行ってください。

1 [スタート]をクリックし、

2 [すべてのアプリ]をクリックします。

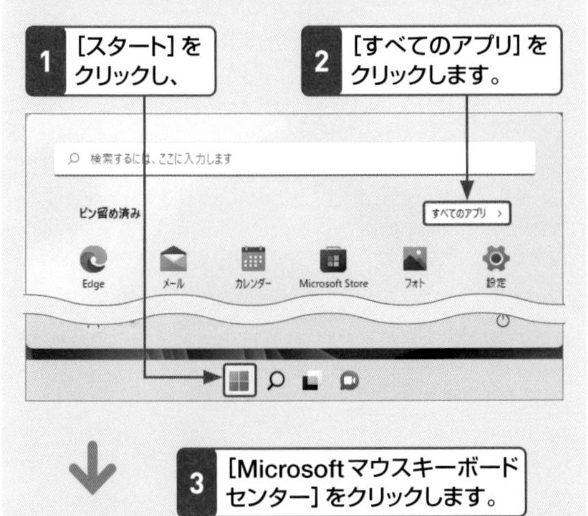
検索するには、ここに入力します
ピン留め済み
すべてのアプリ
Edge
メール
カレンダー
Microsoft Store
フォト
設定

3 [Microsoft マウスキーボードセンター]をクリックします。

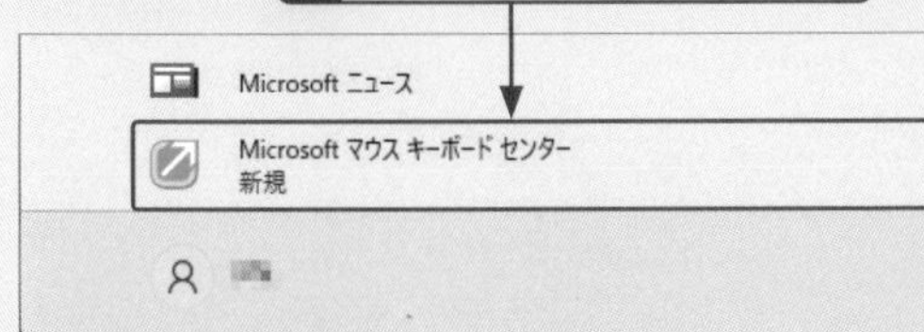
Microsoft ニュース
Microsoft マウス キーボード センター
新規

4 マウスの画像のホイールボタンをクリックします。

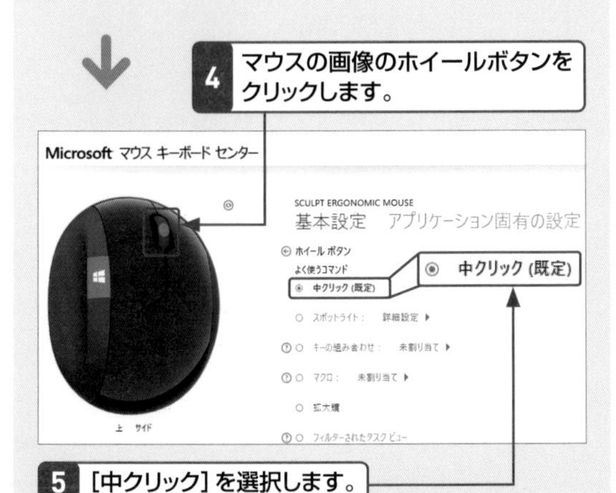
Microsoft マウス キーボード センター
SCULPT ERGONOMIC MOUSE
基本設定
アプリケーション固有の設定
ホイール ボタン
よく使うコマンド
中クリック (既定)
中クリック (既定)

5 [中クリック]を選択します。



# Q 048 図形の透明性を画面に表示したい!

**A** [透過性]をオンにします。

図形に設定した透明度を画面に表示したい場合は、ステータスバーの[透過性]をオンにします。ボタンが青く表示されている状態がオンです。

1 ステータスバーの一番右にある[カスタマイズ]をクリックします。

2 [透過性]をクリックして、チェックを入れます。

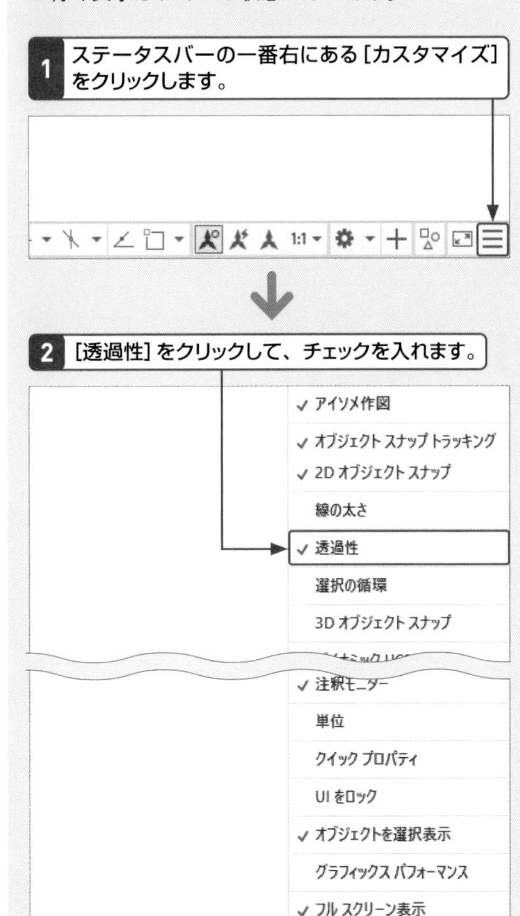
1:1
✓ アイソメ作図
✓ オブジェクト スナップ トラッキング
✓ 2D オブジェクト スナップ
線の太さ
✓ 透過性
選択の循環
3D オブジェクト スナップ
✓ 注釈モニター
単位
クイック プロパティ
UI をロック
✓ オブジェクトを選択表示
グラフィックス パフォーマンス
✓ フル スクリーン表示

3 [透過性]のボタンが選択された状態で表示(青く表示)されます。

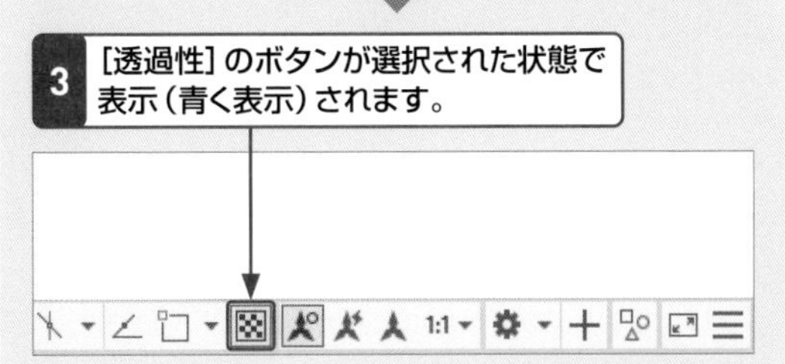
1:1

# Q 049 図形の線の太さを画面に表示したい！

**A** [線の太さ]をオンにします。

図形に設定した線の太さを画面に表示したい場合は、ステータスバーの[線の太さ]をオンにします。ボタンが青く表示されている状態がオンです。

**1** ステータスバーの一番右にある[カスタマイズ]をクリックします。

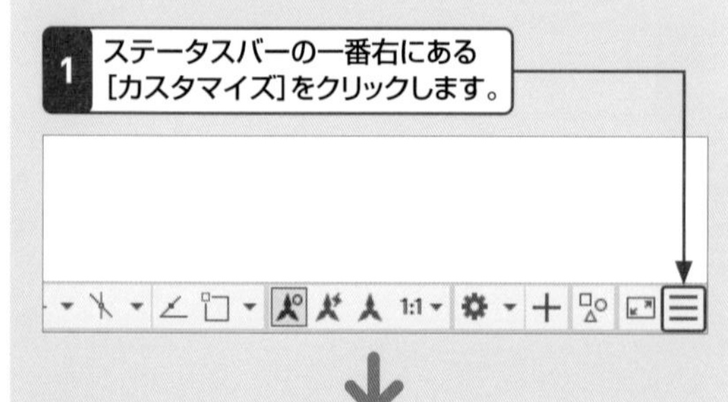

**2** [線の太さ]をクリックして、チェックを入れます。

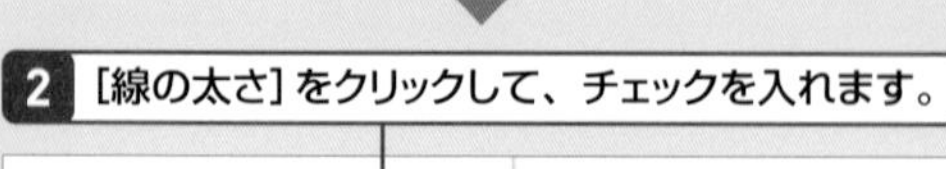
✓アイソメ作図
✓オブジェクト スナップ トラッキング
✓2D オブジェクト スナップ
✓線の太さ
透過性
選択の循環
3D オブジェクト スナップ
単位
クイック プロパティ
UI をロック
✓オブジェクトを選択表示
グラフィックス パフォーマンス
✓フル スクリーン表示

**3** [線の太さ]をクリックしてオンにします。

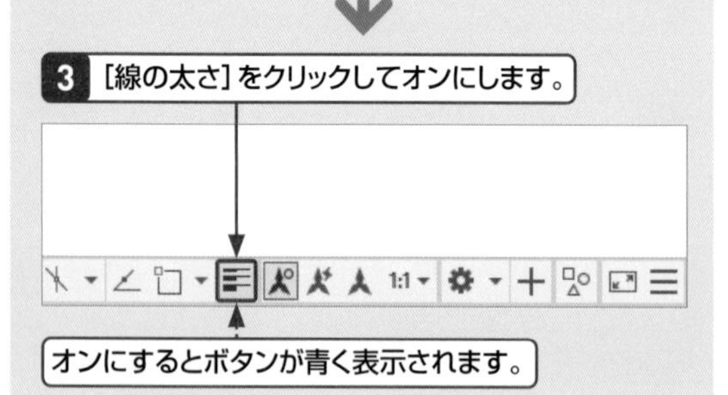

オンにするとボタンが青く表示されます。



# Q 050 図形の線の太さの表示を調整したい！

**A** [線の太さ設定]で表示倍率を調整します。

[線の太さ]をオンすると、初期値では0.3mm以上が太く表示されます。それより細い線を太く表示したい場合は、表示倍率を大きくして調整します。

**1** [線の太さ]を右クリックします。

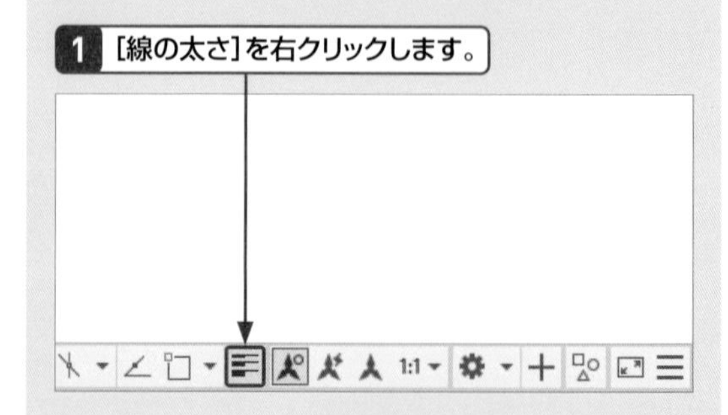

**2** [線の太さを設定]をクリックします。

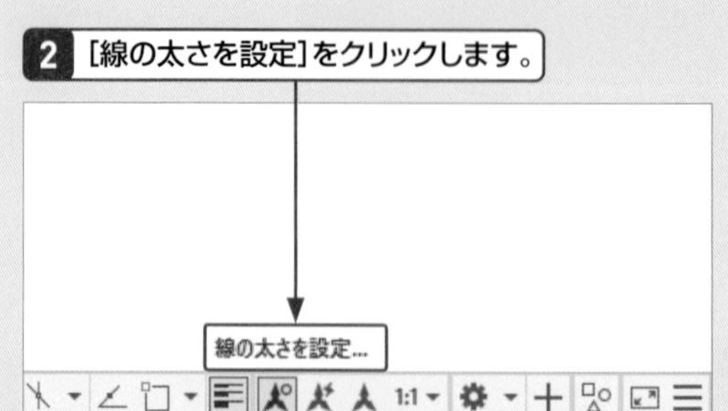

線の太さを設定...

**3** 細く表示されている線を太く表示したい場合は、[表示倍率を調整]のバーを最大側に動かします。

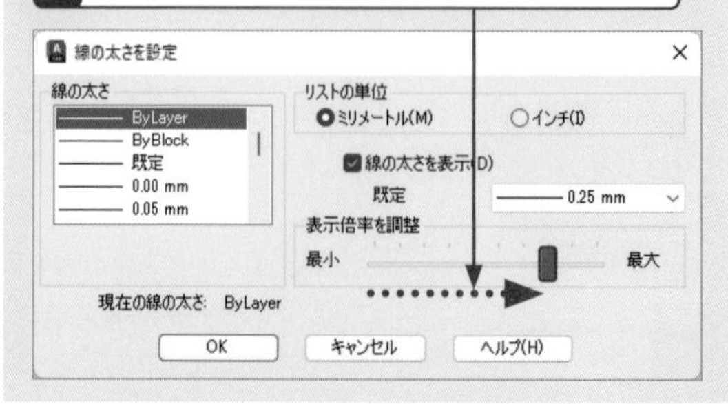
線の太さを設定
線の太さ
ByLayer
ByBlock
既定
0.00 mm
0.05 mm
リストの単位
ミリメートル(M)
インチ(I)
線の太さを表示(D)
既定
0.25 mm
表示倍率を調整
最小
最大
現在の線の太さ: ByLayer
OK
キャンセル
ヘルプ(H)

AutoCADの概要
基本操作
線の作図と編集
図形の作図と挿入
図形の変形と移動
図形の選択と削除
画層とプロパティ
文字の作成
寸法の作成
注釈の作成
数値計測とブロック図形
レイアウトと印刷

画面表示　重要度 ★★★

## Q 051 図面を並べて表示したい!

**A** [左右に並べて表示]を実行します。

複数の図面を並べて表示したい場合は、[表示]タブの[左右に並べて表示]を選択します。もとの表示に戻すには、図面ファイルのウィンドウに表示される[最大化]ボタンをクリックしてください。

1 [表示]タブをクリックし、

2 [左右に並べて表示]をクリックします。

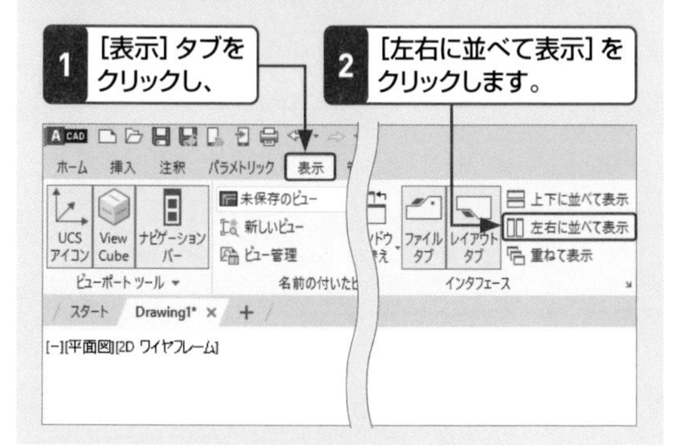

ホーム 挿入 注釈 パラメトリック 表示
UCS アイコン
View Cube
ナビゲーション バー
ビューポート ツール
未保存のビュー
新しいビュー
ビュー管理
名前の付いたビ
ファイル タブ
レイアウト タブ
上下に並べて表示
左右に並べて表示
重ねて表示
インタフェース
スタート
Drawing1*
[-][平面図][2D ワイヤフレーム]

画面表示　重要度 ★★★

## Q 052 図面を分割して表示したい!

**A** [ビューポート環境設定]を選択します。

1つの図面内を分割して表示したい場合は、[表示]タブの[ビューポート環境設定]から設定します。元に戻す場合は、[単一]を選択してください。

1 [表示]タブの[ビューポート環境設定]をクリックし、

2 [2分割:縦]など、分割したい設定を選択します。

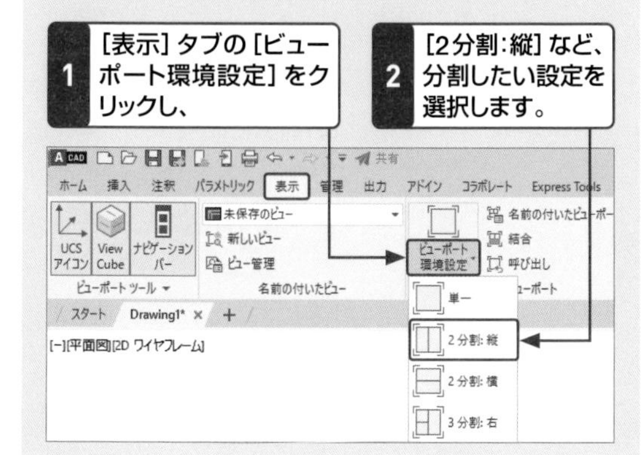

ホーム 挿入 注釈 パラメトリック 表示 管理 出力 アドイン コラボレート Express Tools
未保存のビュー
新しいビュー
ビュー管理
名前の付いたビュー
ビューポート 環境設定
名前の付いたビューポート
結合
呼び出し
単一
2 分割: 縦
2 分割: 横
3 分割: 右


画面表示　重要度 ★★★

## Q 053 リボンにUCSパネルを表示したい!

**A** [表示]タブで右クリックしてパネルを表示します。

リボンにUCSパネルを表示したい場合は、[表示]タブを右クリックしてパネルを表示します。UCSパネルは初期値では表示されていません。

1 [表示]タブを右クリックします。

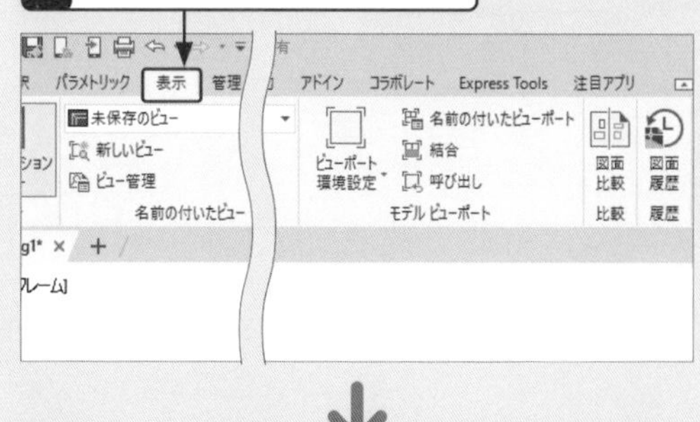

パラメトリック 表示 管理 アドイン コラボレート Express Tools 注目アプリ
未保存のビュー
新しいビュー
ビュー管理
名前の付いたビュー
ビューポート 環境設定
名前の付いたビューポート
結合
呼び出し
モデル ビューポート
図面 比較
図面 履歴


2 [パネルを表示]から[UCS]をクリックし、チェックを入れます。

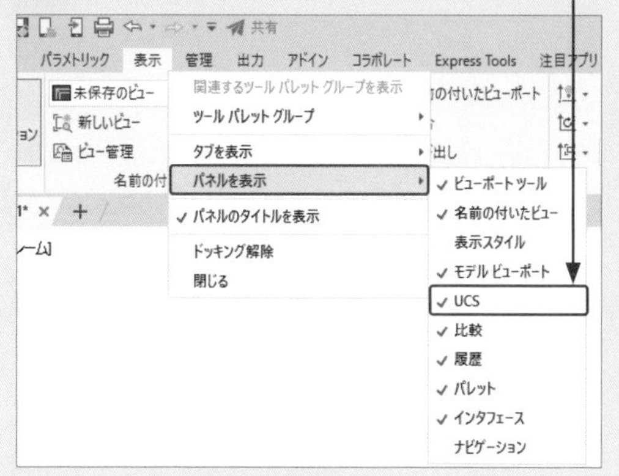

関連するツール パレット グループを表示
ツール パレット グループ
タブを表示
パネルを表示
パネルのタイトルを表示
ドッキング解除
閉じる
ビューポート ツール
名前の付いたビュー
表示スタイル
モデル ビューポート
UCS
比較
履歴
パレット
インタフェース
ナビゲーション

3 UCSパネルが表示されます。

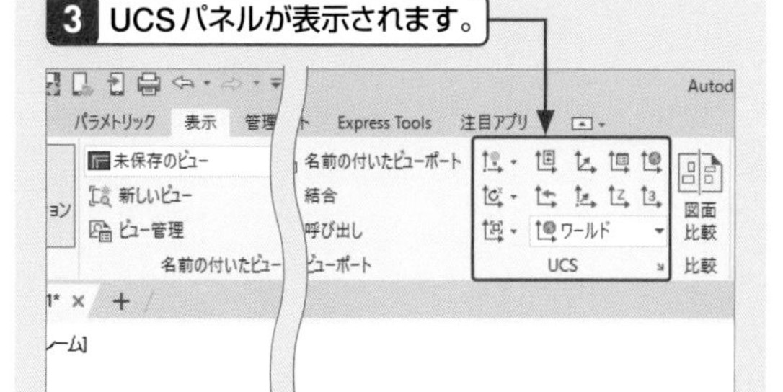

パラメトリック 表示 管理 Express Tools 注目アプリ
未保存のビュー
新しいビュー
ビュー管理
名前の付いたビュー
名前の付いたビューポート
結合
呼び出し
ワールド
UCS
図面 比較

# Q 054 画面を図面枠の方向に回転したい!

## A XY軸を図面枠の方向に設定して「PLAN」を実行します。

画面を図面枠の方向に回転したい場合は、UCSパネルでXY軸を図面枠の方向に設定し、「PLAN」(プランビュー)コマンドを実行します。 サンプル ▶ 054.dwg

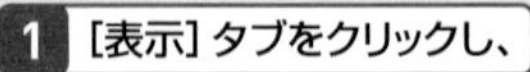

**1** [表示] タブをクリックし、

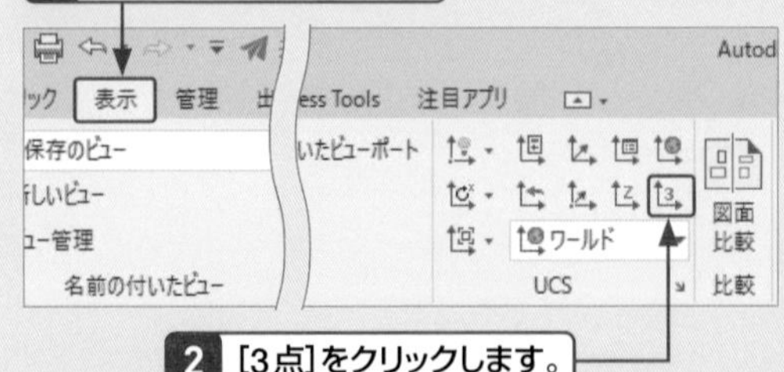

**2** [3点] をクリックします。

**3** 図枠の左下の点をクリックします。

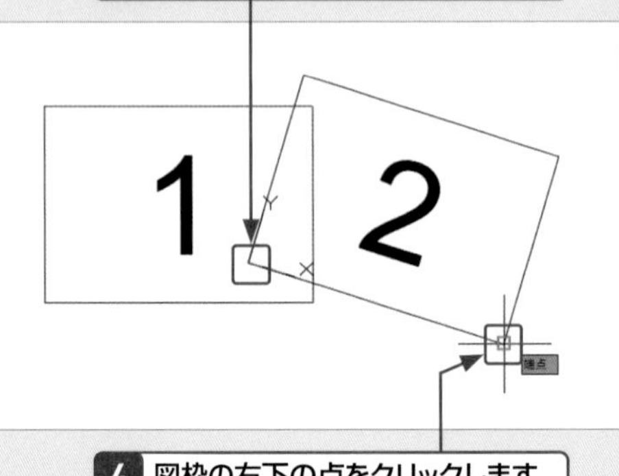

**4** 図枠の右下の点をクリックします。

**5** 図枠の左上の点をクリックします。

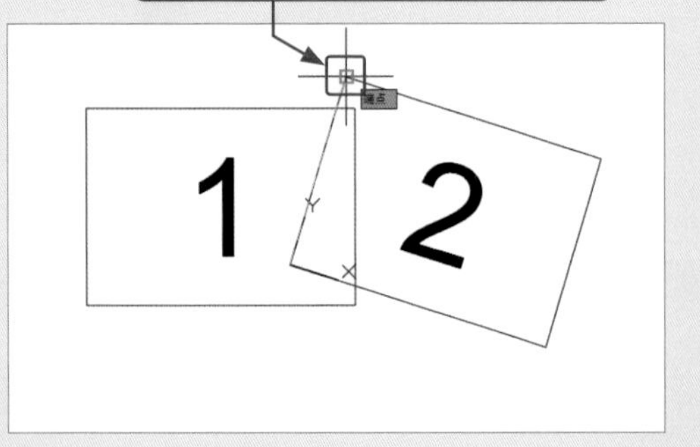

**6** XY軸が設定されます。

**7** 「PLAN」と入力し、Enterキーを押します。

**8** [現在のUCS] を選択します。

**9** XY軸が水平垂直方向になるように、画面が回転します。

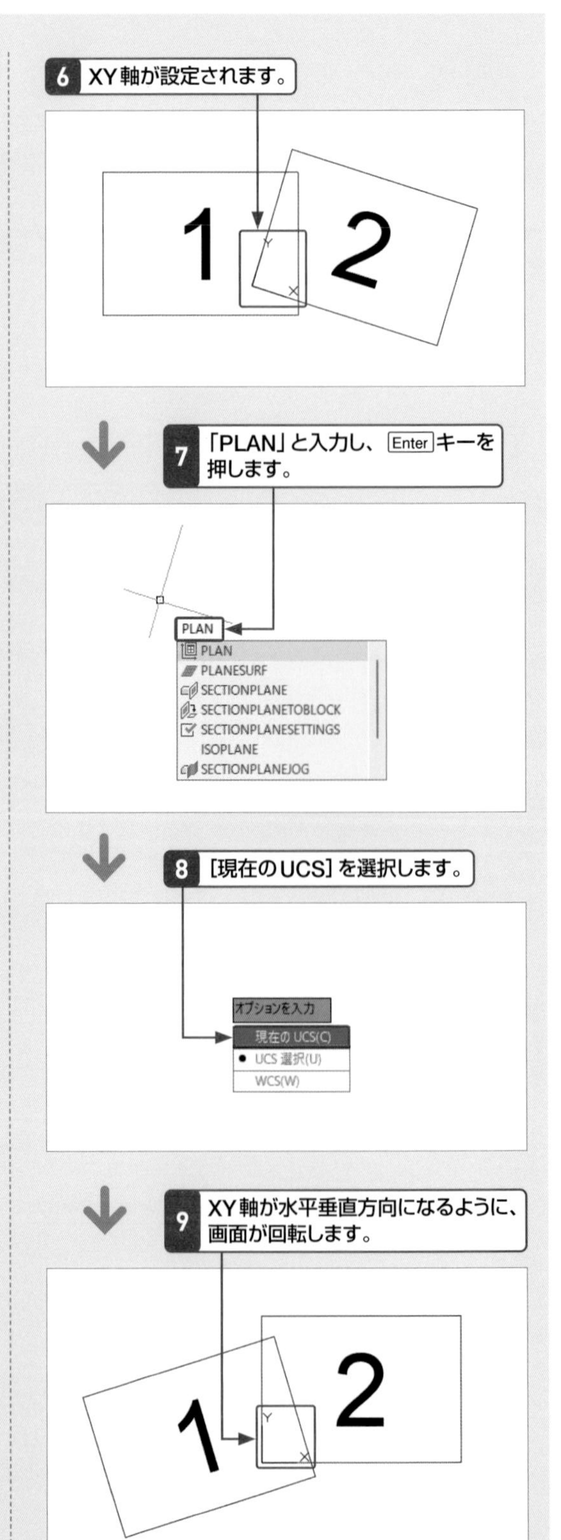

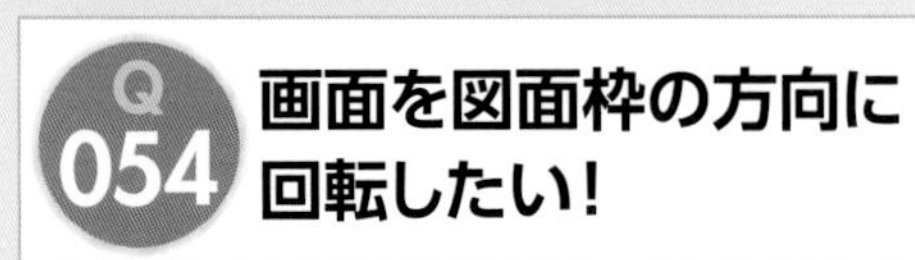

## Q055 画面の回転を戻したい！

**A 「PLAN」を実行して［WCS］を設定します。**

画面が回転している状態を元に戻したい場合は、「PLAN」（プランビュー）コマンドを実行し、［WCS］を選択します。WCS（ワールド座標系）は、図面の基準となる座標軸です。

サンプル ▶ 055.dwg

1 「PLAN」と入力し、Enterキーを押します。

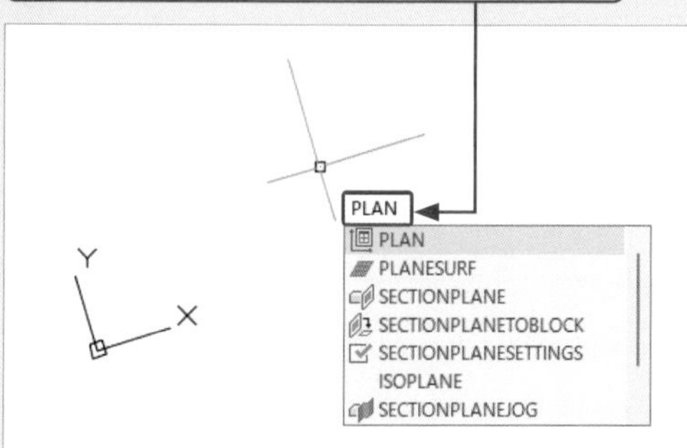
PLAN
PLAN
PLANESURF
SECTIONPLANE
SECTIONPLANETOBLOCK
SECTIONPLANESETTINGS
ISOPLANE
SECTIONPLANEJOG
Y
X

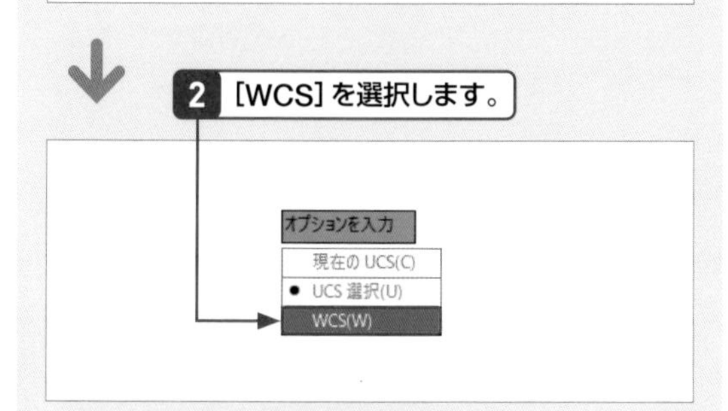
2 ［WCS］を選択します。
オプションを入力
現在の UCS(C)
UCS 選択(U)
WCS(W)

3 WCS（ワールド座標系）が画面の水平垂直方向になるように回転します。

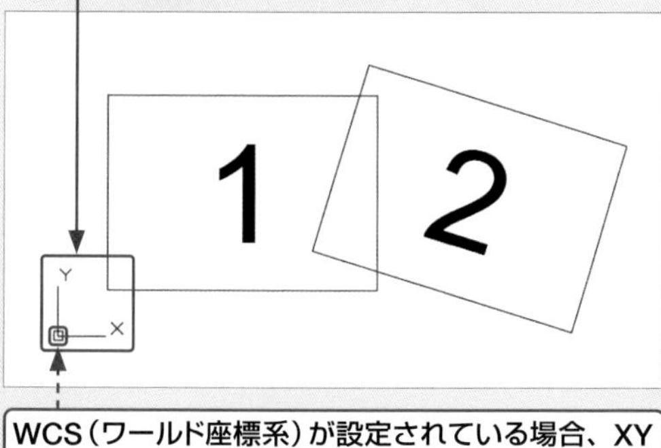
1
2
Y
X

WCS（ワールド座標系）が設定されている場合、XY軸の交点には、□が表示されます。



## Q056 画面とXY軸方向が違う！

**A ［UCS］パネルの［表示］を使用します。**

画面の水平垂直方向にXY軸を合わせたい場合は、［UCS］パネルの［表示］を使用します。

サンプル ▶ 056.dwg

1 XY軸が傾いています。

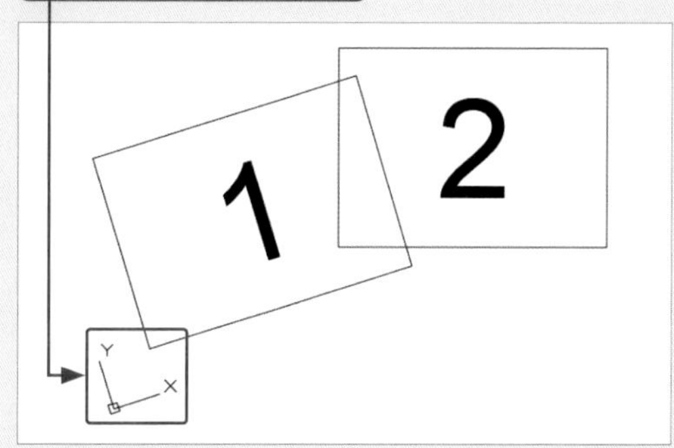
1
2
Y
X

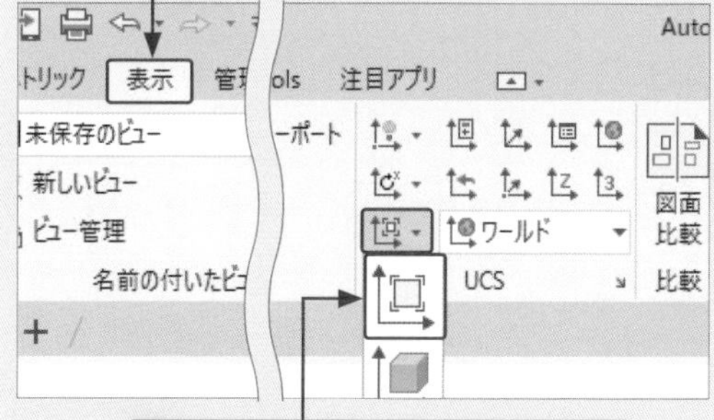
2 ［表示］タブをクリックし、
表示
注目アプリ
未保存のビュー
新しいビュー
ビュー管理
名前の付いたビュー
ワールド
UCS
図面比較
比較

3 ［表示］→［表示］をクリックします。

4 XY軸が画面の水平垂直方向になります。

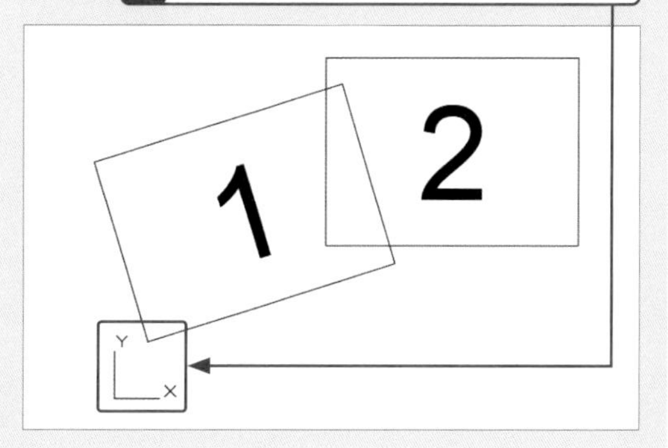
1
2
Y
X

画面表示　重要度 ★★★

# Q 057 XY軸を画面に表示したい!

**A [UCS定義管理]でUCSアイコンを表示します。**

XY軸をあらわすUCSアイコンを画面に表示したい場合は、[UCS定義管理]でUCSアイコンを表示します。なお、この操作を行う場合は、事前にUCSパネルをリボンに表示しておきます。

参照 ▶ Q 053　サンプル ▶ 057.dwg

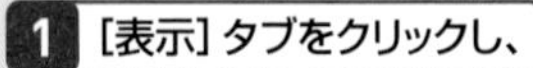
1 [表示]タブをクリックし、

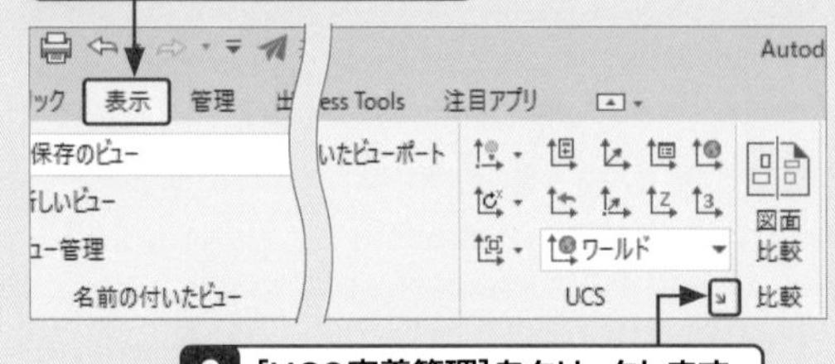
表示
管理
注目アプリ
保存のビュー
名前の付いたビュー
ワールド
UCS
図面比較
比較
2 [UCS定義管理]をクリックします。

3 [オン]にチェックを入れます。

UCS 定義管理
名前の付いた UCS　直交投影 UCS　設定
UCS アイコンの設定
☑ オン(O)
☑ UCS 原点に表示(D)
☐ アクティブなすべてのビューポートに適用(A)
☑ UCS アイコンの選択を許可(I)
☑ ビューポートと一緒に UCS を登録(S)
☐ UCS が変更された場合、プラン ビューに更新(U)
OK　キャンセル

4 UCSアイコンが表示されます。

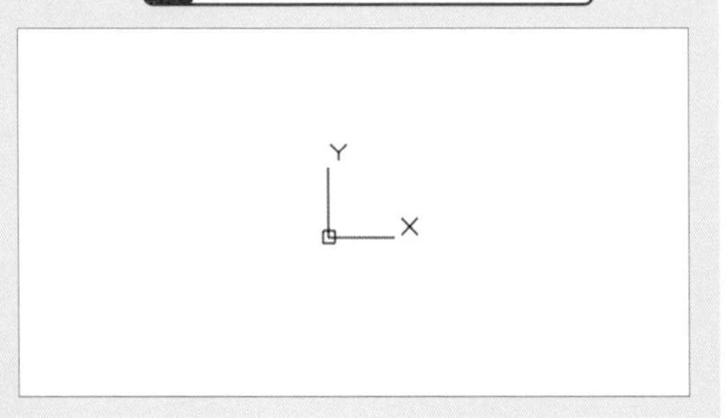
Y
X

画面表示　重要度 ★★★

# Q 058 UCSアイコンを原点に表示したい!

**A [UCS定義管理]で原点に表示します。**

XY軸の交点を画面の左下ではなく、原点(X=0、Y=0の位置)に表示したい場合には、[UCS定義管理]で設定します。ただし、画面上に原点が表示されていない場合は、UCSアイコンは画面の左下に表示されます。なお、この操作を行う場合は、事前にUCSパネルをリボンに表示しておきます。

参照 ▶ Q 053　サンプル ▶ 058.dwg

1 [表示]タブをクリックし、

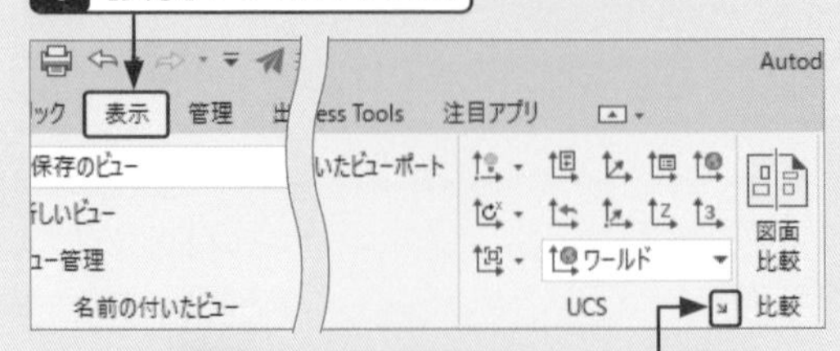
表示
管理
注目アプリ
保存のビュー
名前の付いたビュー
ワールド
UCS
図面比較
比較

2 [UCS定義管理]をクリックします。

3 [UCS原点に表示]にチェックを入れます。

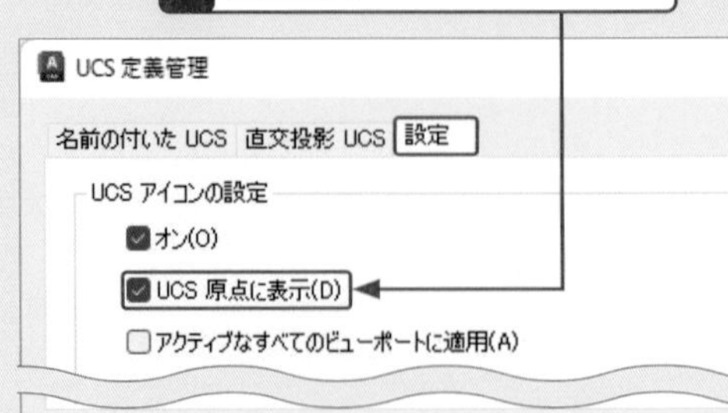
UCS 定義管理
名前の付いた UCS
直交投影 UCS
設定
UCS アイコンの設定
オン(O)
UCS 原点に表示(D)
アクティブなすべてのビューポートに適用(A)
OK
キャンセル

4 UCSアイコンが画面の左下ではなく、原点(X=0、Y=0の位置)に表示されます。

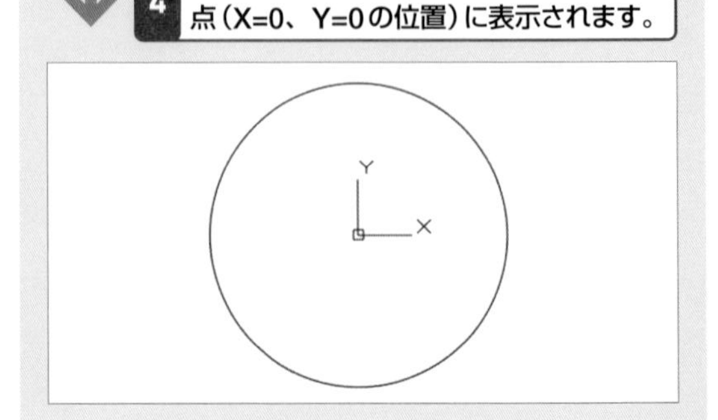
Y
X

画面表示　重要度 ★★★

## Q059 コマンドウィンドウの履歴を表示したい！

**A** F2キーを押します。

コマンドウィンドウの履歴はF2キーを押すと表示されるので、測定した長さや面積などをあとで確認しすることができます。履歴を閉じる場合は、再びF2キーを押してください。

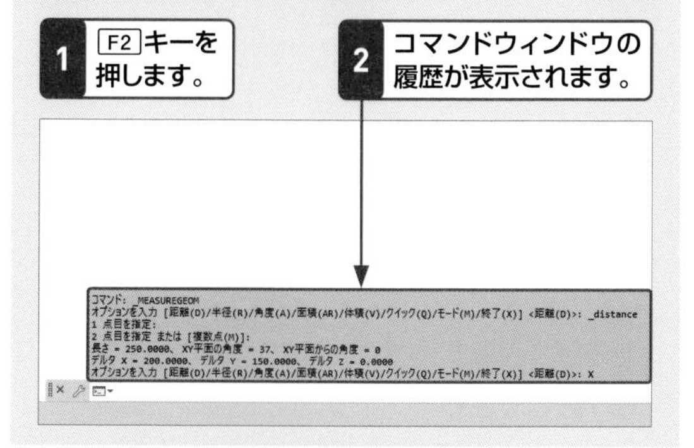

1 F2キーを押します。
2 コマンドウィンドウの履歴が表示されます。
コマンド: _MEASUREGEOM
オプションを入力 [距離(D)/半径(R)/角度(A)/面積(AR)/体積(V)/クイック(Q)/モード(M)/終了(X)] <距離(D)>: _distance
1 点目を指定:
2 点目を指定 または [複数点(M)]:
長さ = 250.0000、XY平面の角度 = 37、XY平面からの角度 = 0
デルタ X = 200.0000、デルタ Y = 150.0000、デルタ Z = 0.0000
オプションを入力 [距離(D)/半径(R)/角度(A)/面積(AR)/体積(V)/クイック(Q)/モード(M)/終了(X)] <距離(D)>: X

画面表示　重要度 ★★★

## Q060 コマンドウィンドウが消えてしまった！

**A** [表示]タブの[コマンドライン]で表示します。

画面の一番下に表示されているコマンドラインが消えてしまった場合は、[表示]タブの[コマンドライン]をクリックして表示します。

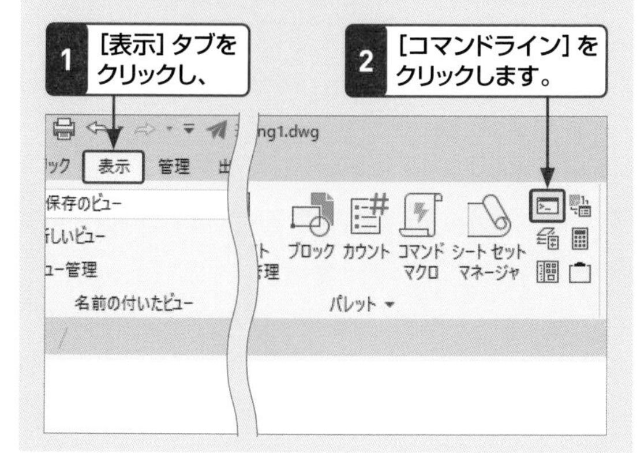

1 [表示] タブをクリックし、
2 [コマンドライン] をクリックします。
表示
管理
未保存のビュー
新しいビュー
ビュー管理
名前の付いたビュー
ブロック
カウント
コマンド マクロ
シート セット マネージャ
パレット


画面表示　重要度 ★★★

## Q061 図形が何も見えなくなった！

**A** [オブジェクト範囲ズーム]を実行します。

拡大／縮小ズームなどを行ったときに、図形が何も見えなくなってしまった場合は、[オブジェクト範囲ズーム]を実行すると、作図されている図形をすべて作図領域に表示できます。

1 [表示] タブをクリックし、

2 [ナビゲーションバー] をクリックしてオンにします。オンにすると青く表示されます。

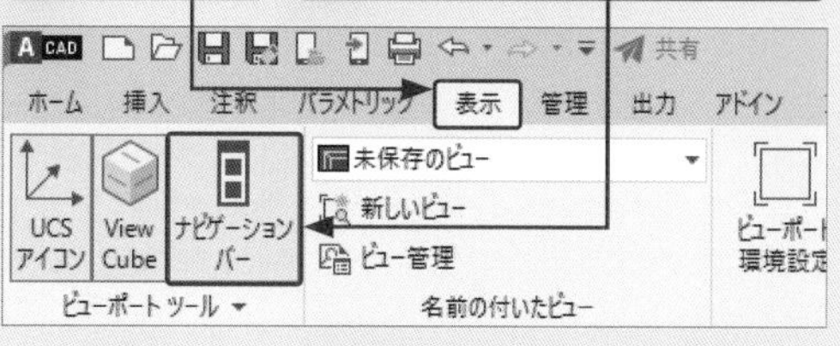

共有
ホーム
挿入
注釈
パラメトリック
表示
管理
出力
アドイン
UCS アイコン
View Cube
ナビゲーション バー
ビューポート ツール
未保存のビュー
新しいビュー
ビュー管理
名前の付いたビュー
ビューポート 環境設定


3 [▼] をクリックします。

4 [オブジェクト範囲ズーム] をクリックします。

オブジェクト範囲ズーム
窓ズーム
前画面ズーム
リアルタイム ズーム
図面全体ズーム
ダイナミック ズーム
倍率ズーム
中心点ズーム

5 作図されている図形がすべて画面に表示されるようにズームされます。

画面表示　重要度 ★★★

# Q 062 作成した図形だけが見えない!

**A 画層の表示／非表示を確認します。**

作成した図形が見えないときは、現在画層が非表示になっている場合があります。[画層]で現在画層の表示／非表示を確認してください。

1 [画層]の表示／非表示を確認します。ここでは、非表示になっています。

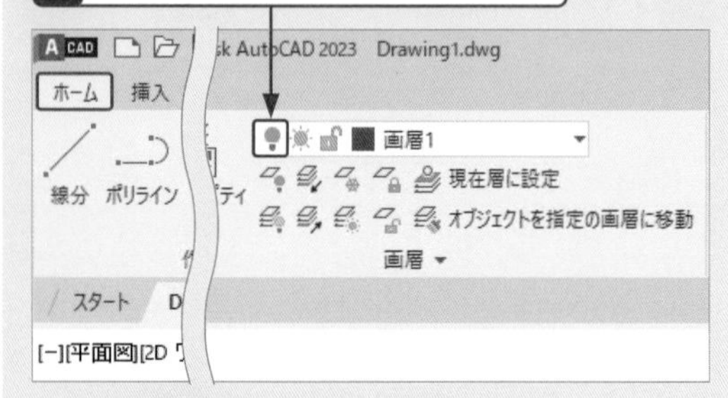

ホーム
挿入
画層1
現在層に設定
オブジェクトを指定の画層に移動
線分
ポリライン
画層
スタート


2 非表示になっている場合は、[画層]をクリックします。

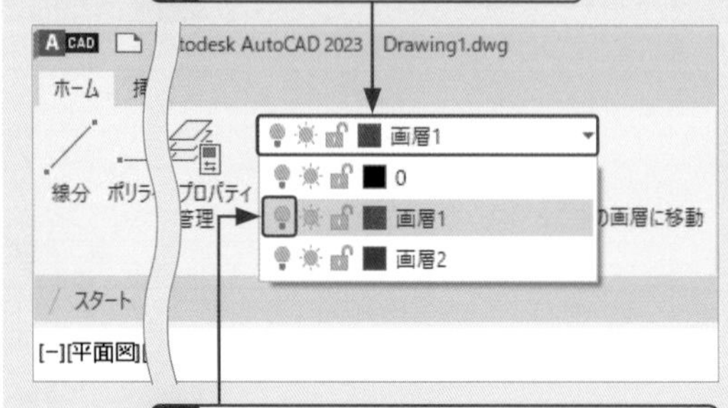

ホーム
画層1
0
画層1
画層2
線分
プロパティ
管理
スタート


3 現在画層の電球のマークをクリックして表示に切り替えます。再度、電球マークをクリックすると非表示になります。

4 非表示のまま作図されていた図形が表示されます。

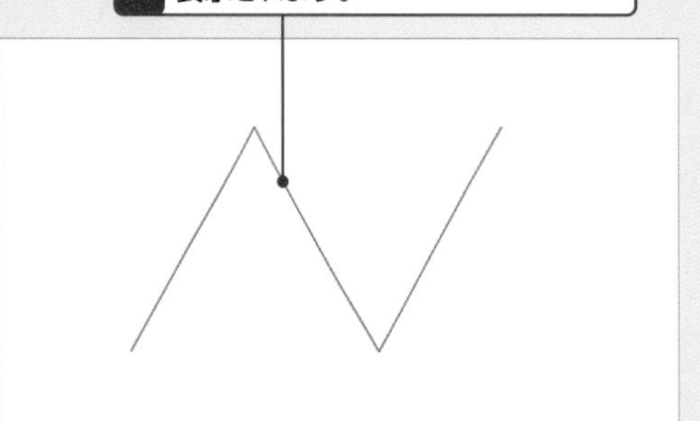

画面表示　重要度 ★★★

# Q 063 画面操作をボタンで操作したい!

**A ナビゲーションバーを表示します。**

画面の拡大／縮小や移動などの操作をボタンで操作する場合は、ナビゲーションバーから実行します。

1 [表示]タブの[ナビゲーションバー]をクリックしてオンにします。オンにすると青く表示されます。

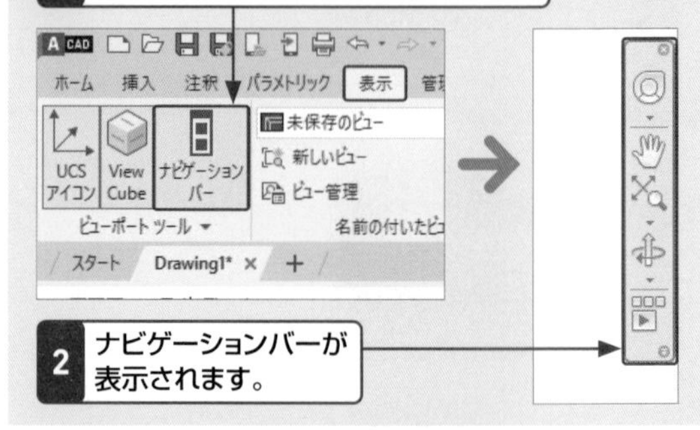

ホーム
挿入
注釈
パラメトリック
表示
UCS アイコン
View Cube
ナビゲーション バー
未保存のビュー
新しいビュー
ビュー管理
ビューポート ツール
スタート
Drawing1*

2 ナビゲーションバーが表示されます。

画面表示　重要度 ★★★

# Q 064 画面表示を軽くしたい!

**A 使用していない画層をフリーズします。**

画面の拡大／縮小や移動が重い場合は、画面の描画計算の対象外にするために、使用していない画層をフリーズすると、改善されることがあります。

1 [画層]をクリックします。

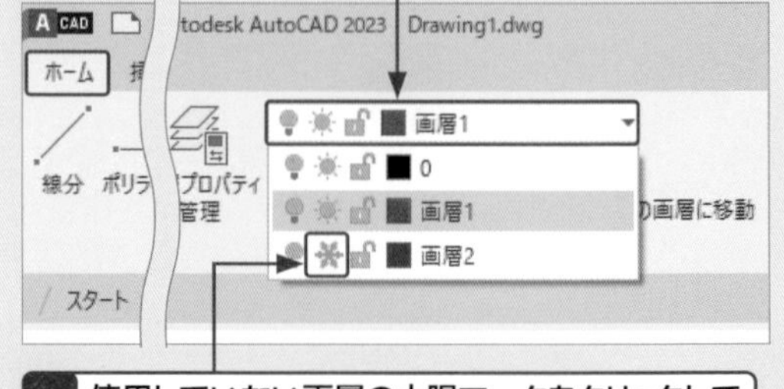

ホーム
画層1
0
画層1
画層2
線分
プロパティ
管理
スタート


2 使用していない画層の太陽マークをクリックして雪マークにすると、フリーズします。

# 3

# 線の作図と編集

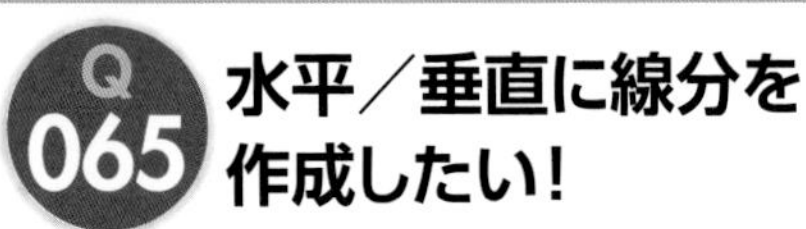

# Q 065 水平／垂直に線分を作成したい！

## A [直交モード]をオンにして線分を作成します。

水平／垂直に線分を作成したい場合は、[直交モード]をオンにして線分を作成します。[直交モード]はコマンド実行後でもオンにすることができます。

サンプル▶065.dwg

**1** [直交モード]をクリックしてオンにします。青くなっている状態がオンです。

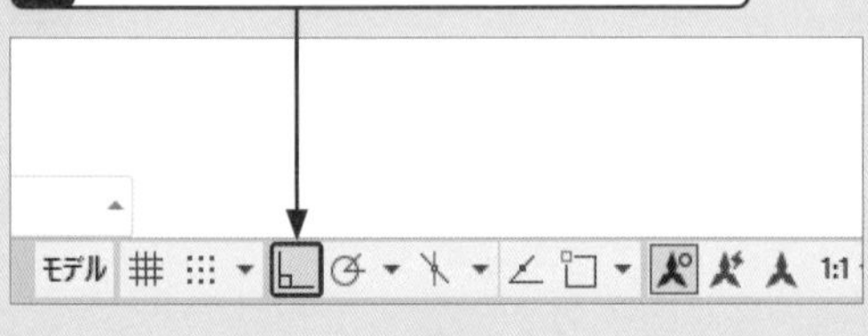
モデル
1:1

**2** [線分]をクリックします。

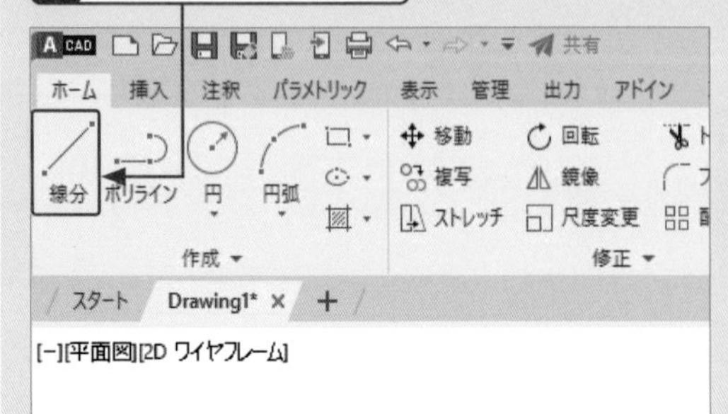
共有
ホーム
挿入
注釈
パラメトリック
表示
管理
出力
アドイン
線分
ポリライン
円
円弧
移動
回転
複写
鏡像
ストレッチ
尺度変更
作成
修正
スタート
Drawing1*
[−][平面図][2D ワイヤフレーム]

**3** 1点目をクリックします。

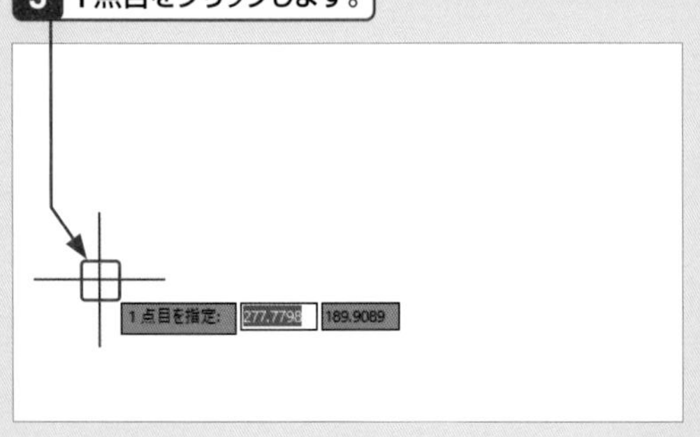
1点目を指定:
277.7798
189.9089

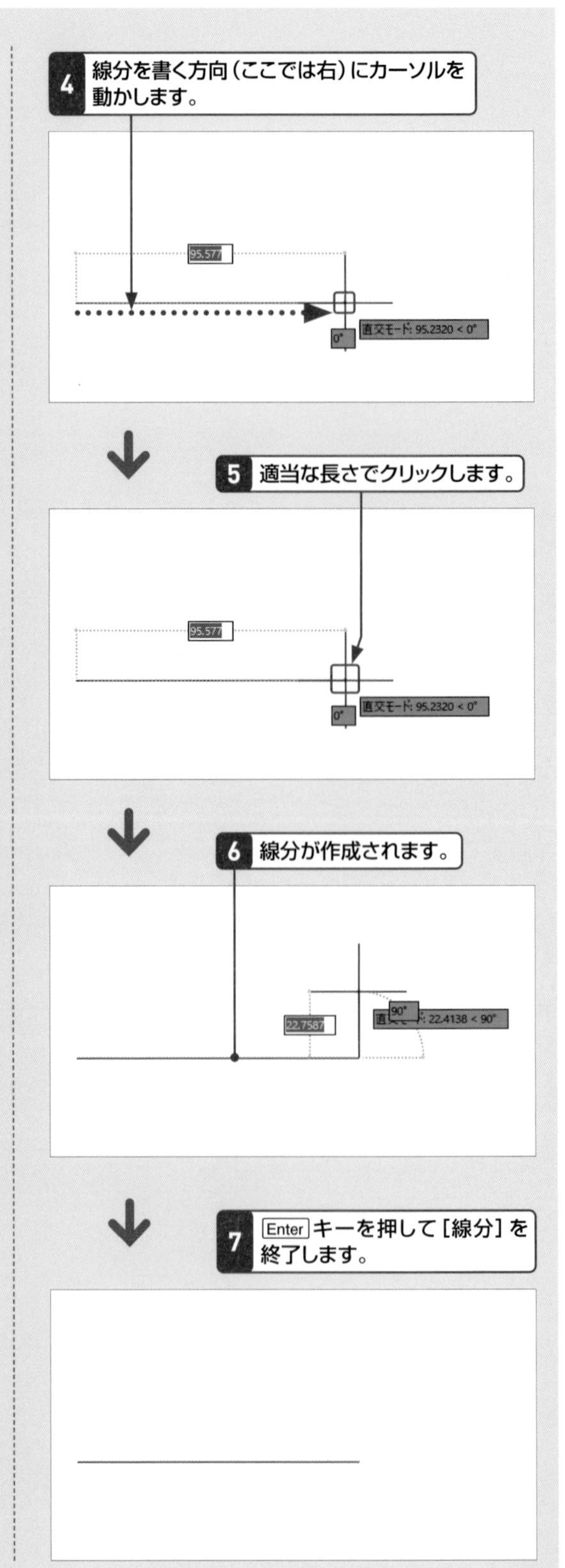
4 線分を書く方向（ここでは右）にカーソルを動かします。
95.577
直交モード: 95.2320 < 0°
0°
5 適当な長さでクリックします。
95.577
直交モード: 95.2320 < 0°
0°
6 線分が作成されます。
22.7587
90°
22.4138 < 90°
7 Enter キーを押して[線分]を終了します。

# Q 066 角度を指定して線分を作成したい!

**A** [極トラッキング]をオンにして線分を作成します。

角度を指定して線分を作成したい場合は、[極トラッキング]の角度を指定し、オンにして線分を作成します。

サンプル▶066.dwg

**1** [極トラッキング]をクリックしてオンにします。青くなっている状態がオンです。

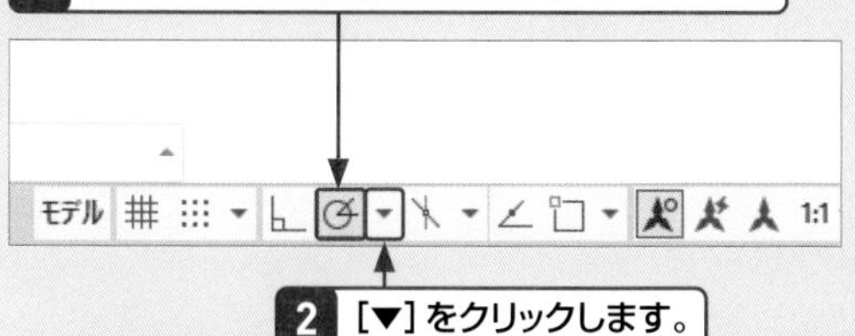

**2** [▼]をクリックします。

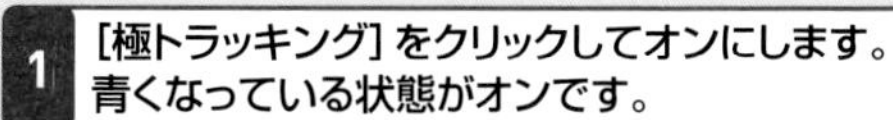

**3** 使用する角度をクリックします。

90, 180, 270, 360...
45, 90, 135, 180...
30, 60, 90, 120...
23, 45, 68, 90...
18, 36, 54, 72...
15, 30, 45, 60...
10, 20, 30, 40...
5, 10, 15, 20...
トラッキングの設定...

**4** [線分]をクリックします。

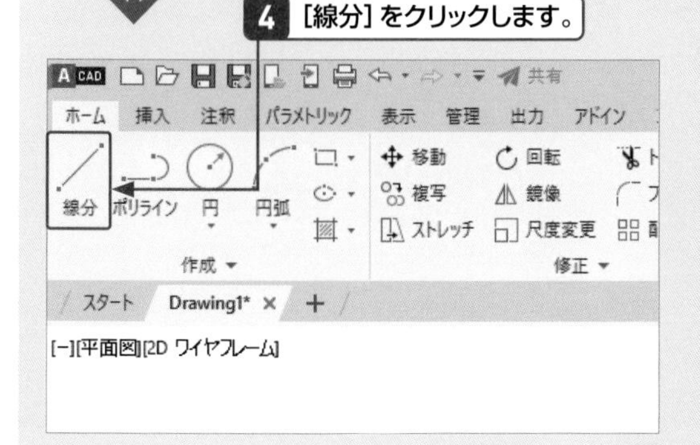
ホーム
挿入
注釈
パラメトリック
表示
管理
出力
アドイン
線分
ポリライン
円
円弧
移動
回転
複写
鏡像
ストレッチ
尺度変更
作成
修正
スタート
Drawing1*
[-][平面図][2D ワイヤフレーム]

**5** 1点目をクリックします。

**6** 線分を書く角度(ここでは30°)にカーソルを動かします。

**7** 位置合わせパスが表示されます。

**8** 長さ(ここでは「100」)を入力し、Enterキーを押します。

**9** 線分が作成されます。

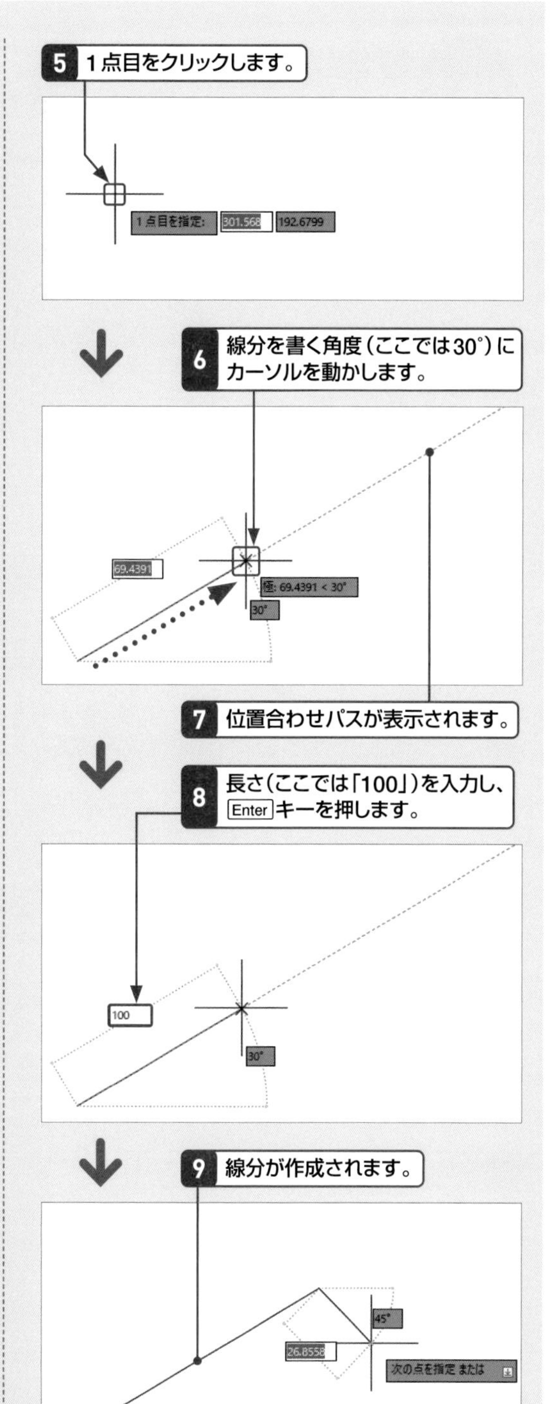
1 点目を指定:
301.568
192.6799
69.4391
極: 69.4391 < 30°
30°
100
30°
45°
26.8558
次の点を指定 または

**10** Enterキーを押して[線分]を終了します。

# Q 067 度分秒の角度を指定して線分を作成したい！

## A 長さの入力後にTabキーを押して角度を入力します。

度分秒の角度を指定して線分を作成する場合は、長さを入力したあとにTabキーを押して入力ボックスを切り替えてから、角度を入力します。度分秒は「度d分'秒"」と入力してください。　サンプル▶067.dwg

**1** [線分] をクリックします。

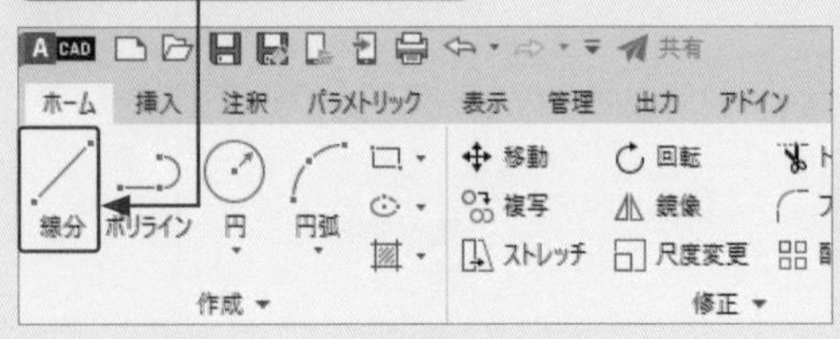
ホーム
挿入
注釈
パラメトリック
表示
管理
出力
アドイン
共有
線分
ポリライン
円
円弧
移動
回転
複写
鏡像
ストレッチ
尺度変更
作成
修正

**2** 1点目をクリックします。

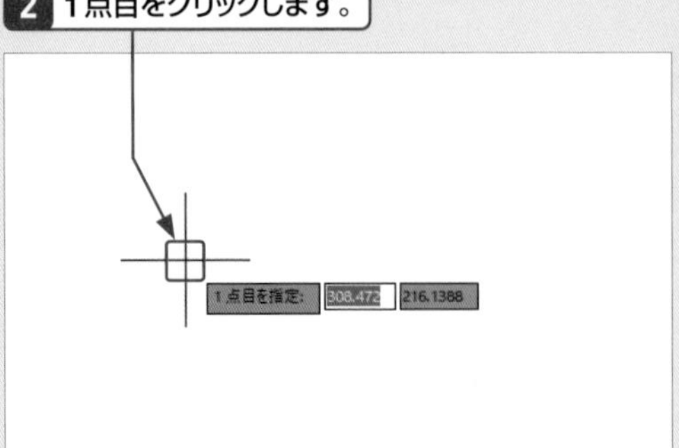
1点目を指定:
308.472
216.1388

**3** 長さ（ここでは「100」）を入力します。

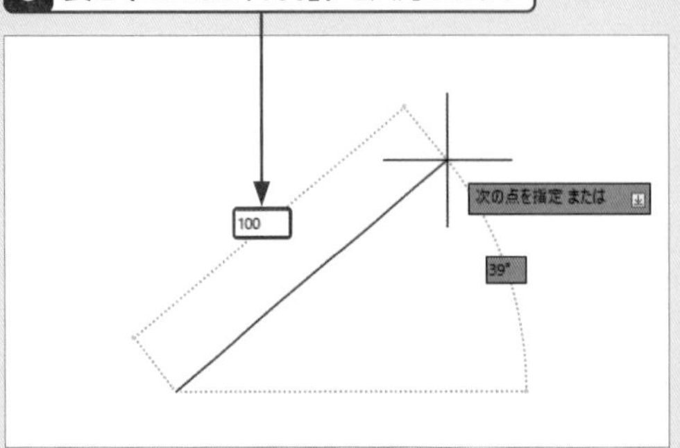
100
次の点を指定 または
39°

**4** Tabキーを押して入力ボックスを切り替えます。

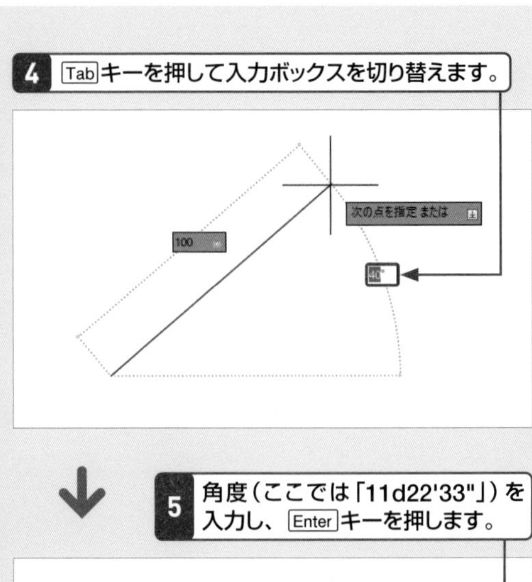
100
次の点を指定 または

**5** 角度（ここでは「11d22'33"」）を入力し、Enterキーを押します。

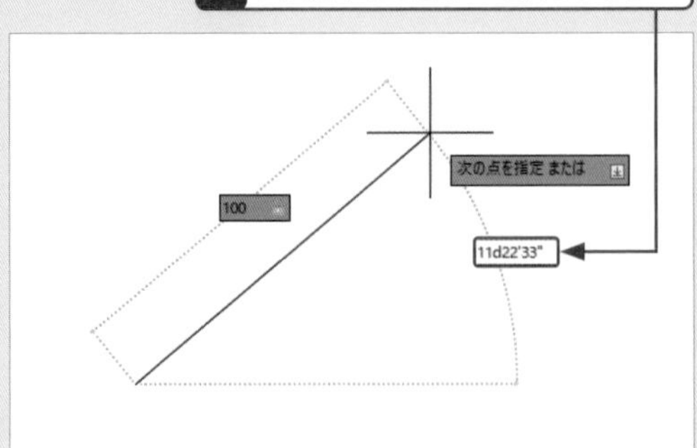
100
次の点を指定 または
11d22'33"

**6** 線分が作成されます。

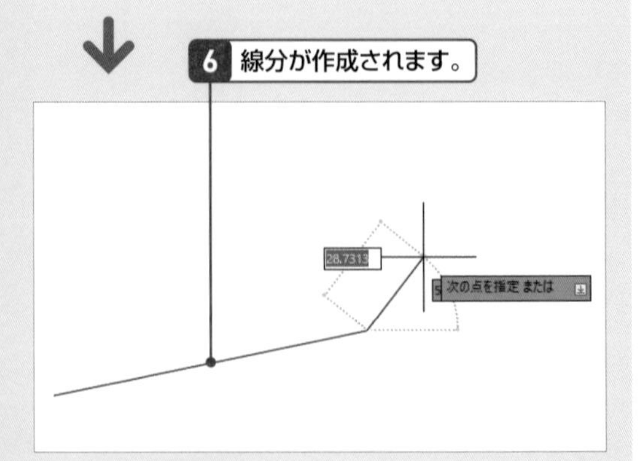
28.7313
次の点を指定 または

**7** Enterキーを押して [線分] を終了します。

# Q 068 長さを指定して線分を作成したい!

## A カーソルで方向を指示して長さを入力します。

長さを指定して線分を作成したい場合は、[直交モード]や[極トラッキング]をオンにし、カーソルで方向を指示して、長さを入力します。 サンプル▶068.dwg

1 [直交モード]または[極度ラッキング]をクリックしてオンにします。青くなっている状態がオンです。

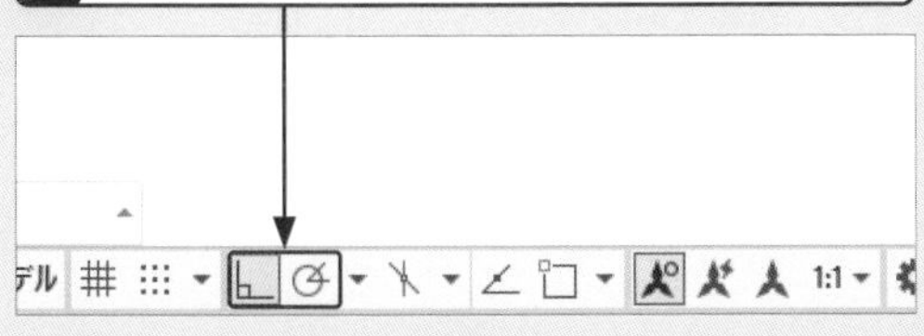

2 [線分]をクリックします。

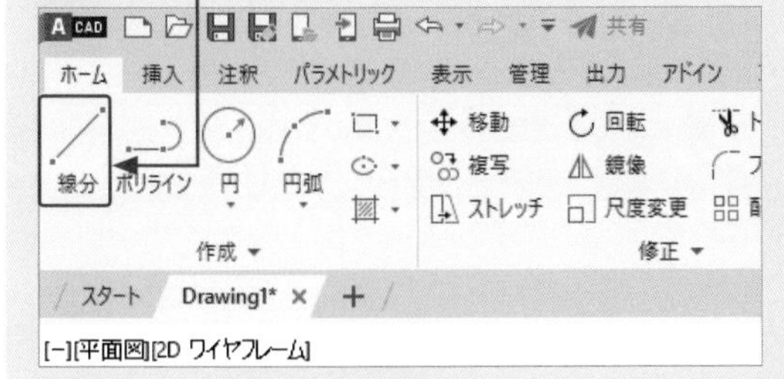
ホーム
挿入
注釈
パラメトリック
表示
管理
出力
アドイン
線分
ポリライン
円
円弧
移動
回転
複写
鏡像
ストレッチ
尺度変更
作成
修正
スタート
Drawing1*
[−][平面図][2D ワイヤフレーム]

3 1点目をクリックします。

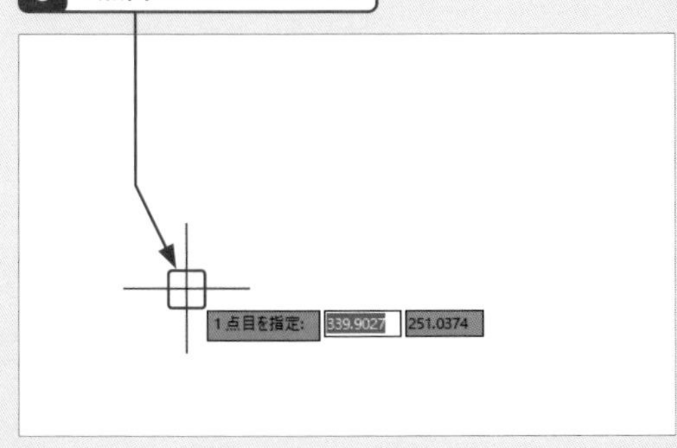
1点目を指定:
339.9027
251.0374

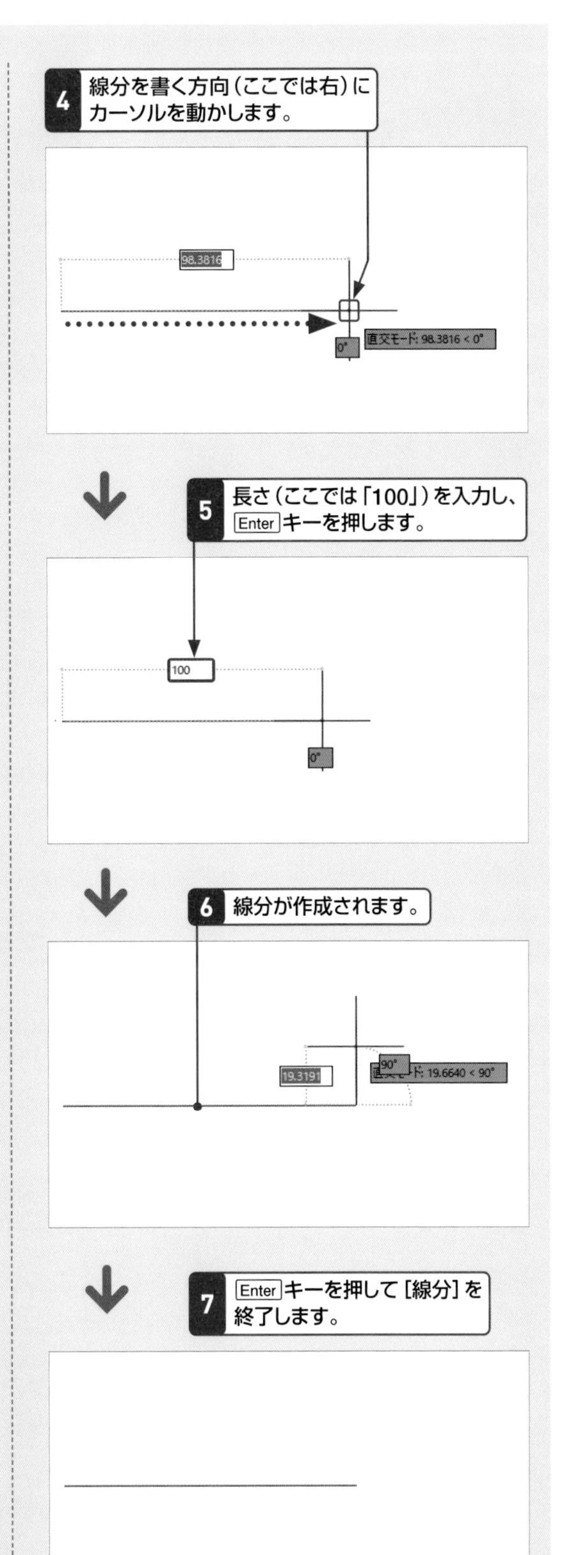
4 線分を書く方向(ここでは右)にカーソルを動かします。
98.3816
0°
直交モード: 98.3816 < 0°
5 長さ(ここでは「100」)を入力し、Enter キーを押します。
100
0°
6 線分が作成されます。
19.3191
90°
7 Enter キーを押して[線分]を終了します。

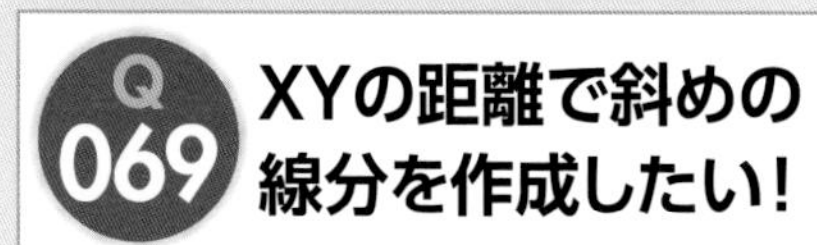

# XYの距離で斜めの線分を作成したい!

**A 相対座標で「X,Y」と入力します。**

XYの距離で斜めの線分を作成したい場合は、2点目に相対座標で「X,Y」と入力します。ただし、ダイナミック入力がオフの場合は「@X,Y」と入力してください。

サンプル▶069.dwg

**1** [線分] をクリックします。

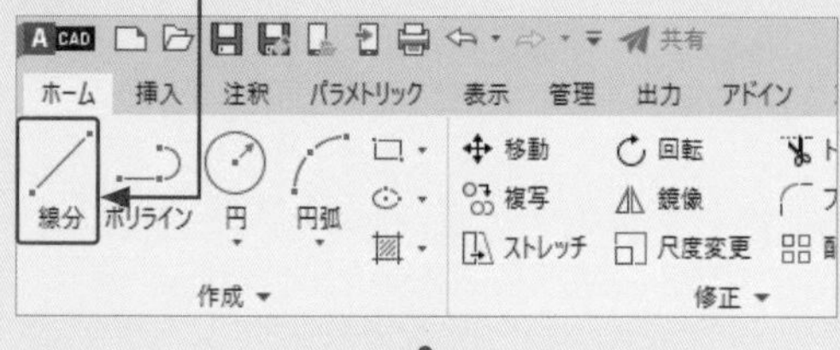
ホーム
挿入
注釈
パラメトリック
表示
管理
出力
アドイン
線分
ポリライン
円
円弧
移動
回転
複写
鏡像
ストレッチ
尺度変更
作成
修正
共有

**2** 1点目をクリックします。

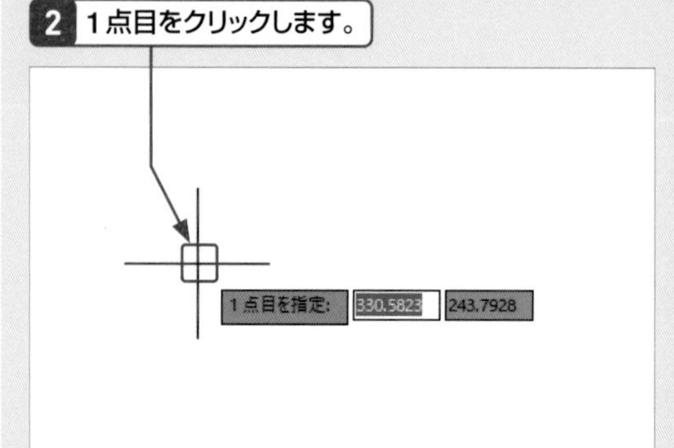
1 点目を指定:
330.5823
243.7928

**3** 「200,100」と入力し、Enter キーを押します。

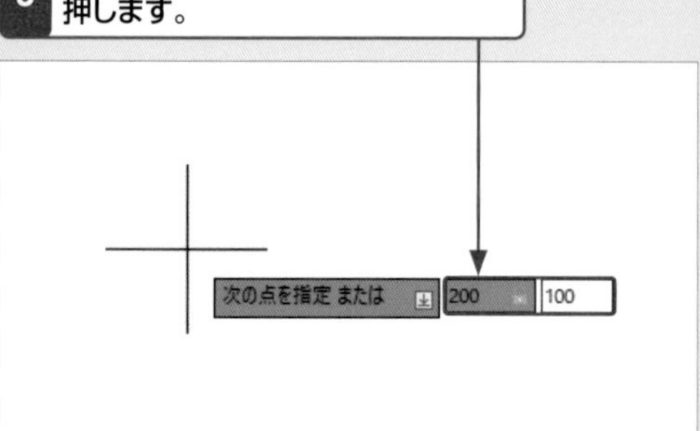
次の点を指定 または
200
100

**4** 1点目からX方向に200、Y方向に100の位置まで線分が作成されます。

**5** 「200,-100」と入力し、Enter キーを押します。

**6** 2点目からX方向に200、Y方向に-100の位置まで線分が作成されます。

**7** Enter キーを押して [線分] を終了します。

AutoCADの概要
基本操作
線の作図と編集
図形の作図と挿入
図形の変形と移動
図形の選択と削除
画層とプロパティ
文字の作成
寸法の作成
注釈の作成
数値計測とブロック図形
レイアウトと印刷

# Q 070 XY座標を指定して線分を作成したい！

## A 絶対座標で「#X,Y」と入力します。

XY座標を指定して線分を作成したい場合は、絶対座標で「#X,Y」と入力します。ただし、ダイナミック入力がオフの場合は「X,Y」と入力してください。

サンプル ▶ 070.dwg

**1** [線分] をクリックします。

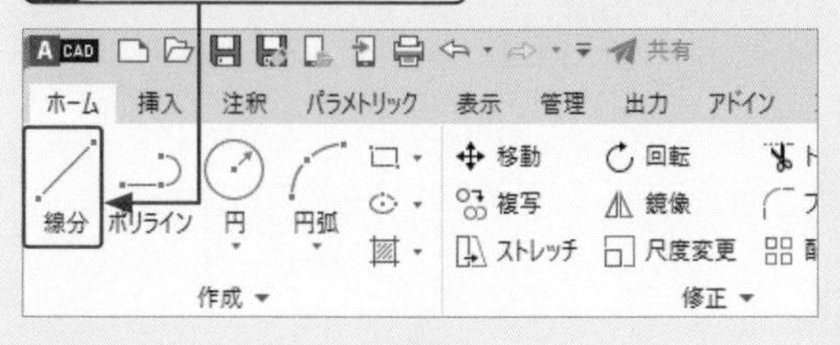
ホーム
挿入
注釈
パラメトリック
表示
管理
出力
アドイン
線分
ポリライン
円
円弧
移動
回転
複写
鏡像
ストレッチ
尺度変更
作成
修正
共有

**2** 「#0,0」と入力し、Enterキーを押します。「#」や「,」を入力すると、自動的に入力ボックスが移ります。

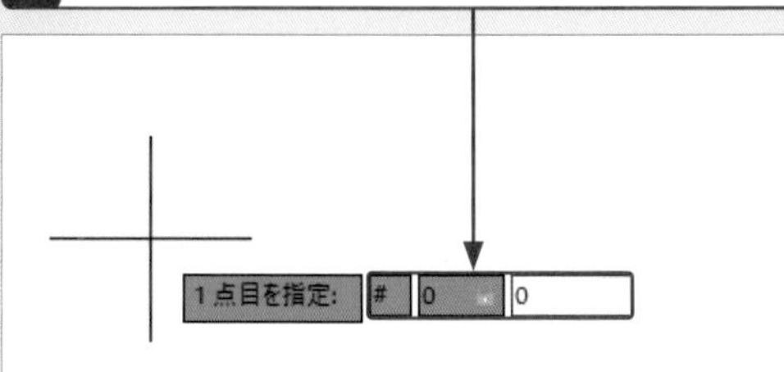
1点目を指定:
#
0
0

**3** X=0、Y=0（原点）が1点目として指定されます。

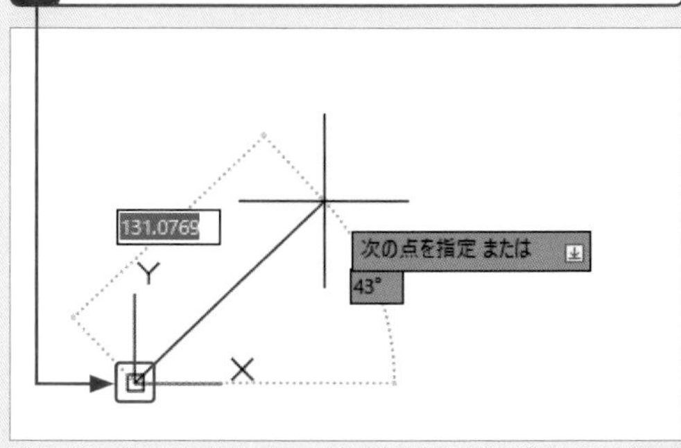
131.0769
次の点を指定 または
43°
Y
X

**4** 「#200,100」と入力し、Enterキーを押します。

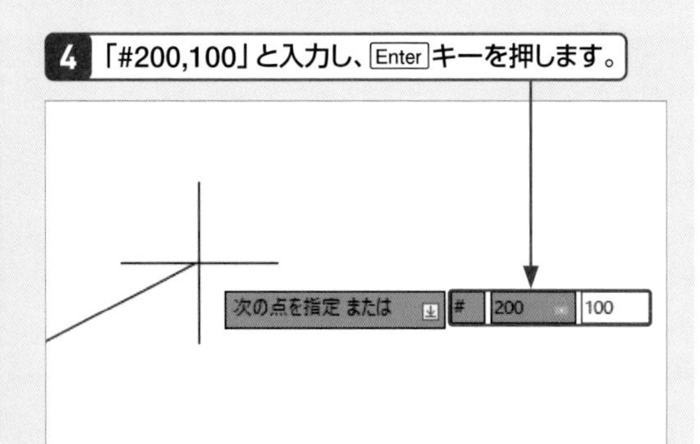
次の点を指定 または
#
200
100

**5** X=200、Y=100の位置まで線分が作成されます。

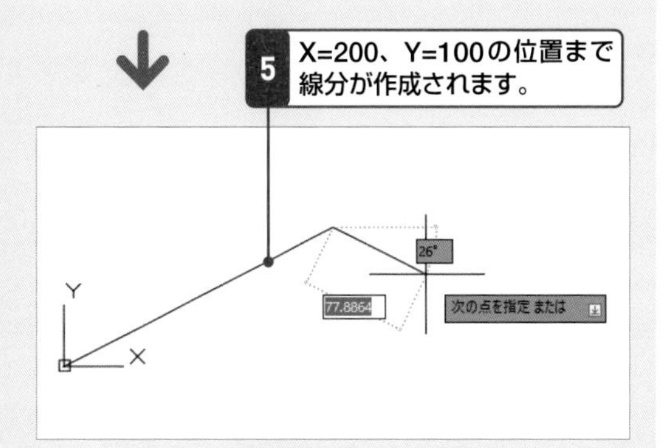
26°
77.8864
次の点を指定 または
Y
X

**6** 「#200,-100」と入力し、Enterキーを押します。

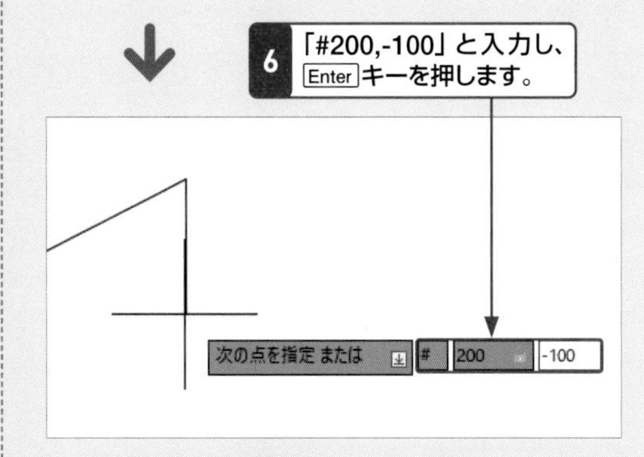
次の点を指定 または
#
200
-100

**7** X=200、Y=-100の位置まで線分が作成されます。

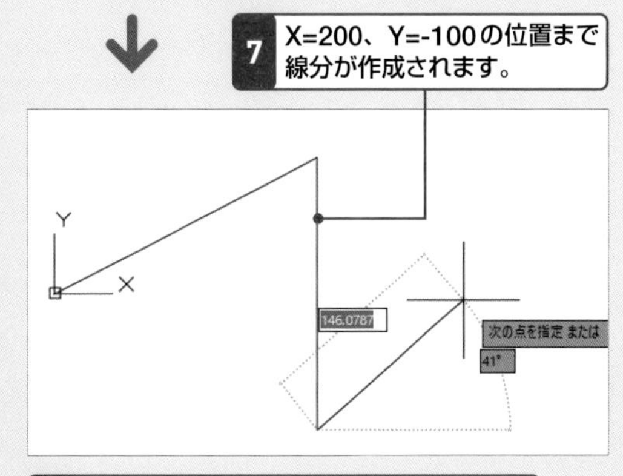
Y
X
146.0787
次の点を指定 または
41°

**8** Enterキーを押して [線分] を終了します。

# Q 071 斜め方向に固定して線分を作成したい！

## A UCS(ユーザ座標系)でXY軸を変更します。

斜め方向に固定して線分を作成したい場合は、UCS(ユーザ座標系)であらかじめ用意した図形に沿ってXY軸を変更し、直交モードを使用して線分を作成します。なお、この操作を行う場合は、事前にUCSパネルをリボンに表示しておきます。

参照▶Q 053 サンプル▶071.dwg

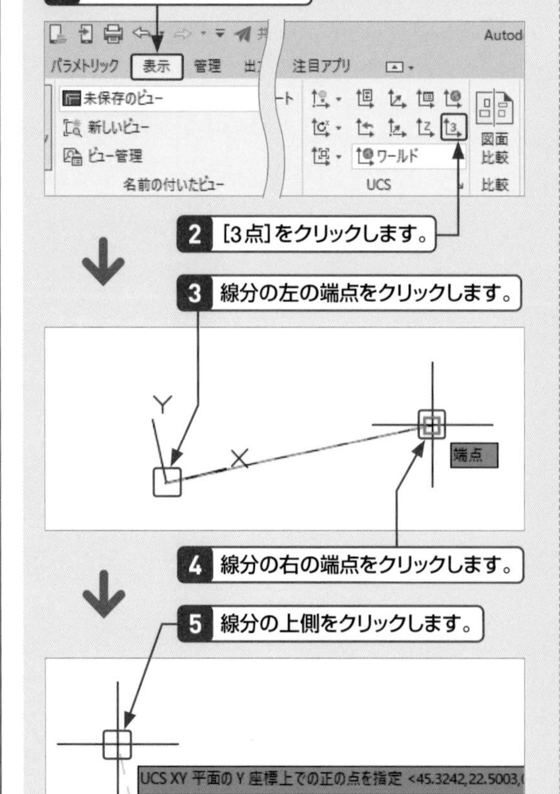

1 [表示] タブをクリックし、
パラメトリック
表示
管理
注目アプリ
未保存のビュー
新しいビュー
ビュー管理
名前の付いたビュー
ワールド
UCS
図面比較
比較
2 [3点]をクリックします。
3 線分の左の端点をクリックします。
Y
X
端点
4 線分の右の端点をクリックします。
5 線分の上側をクリックします。
UCS XY 平面の Y 座標上での正の点を指定 <45.3242,22.5003,(
Y
X


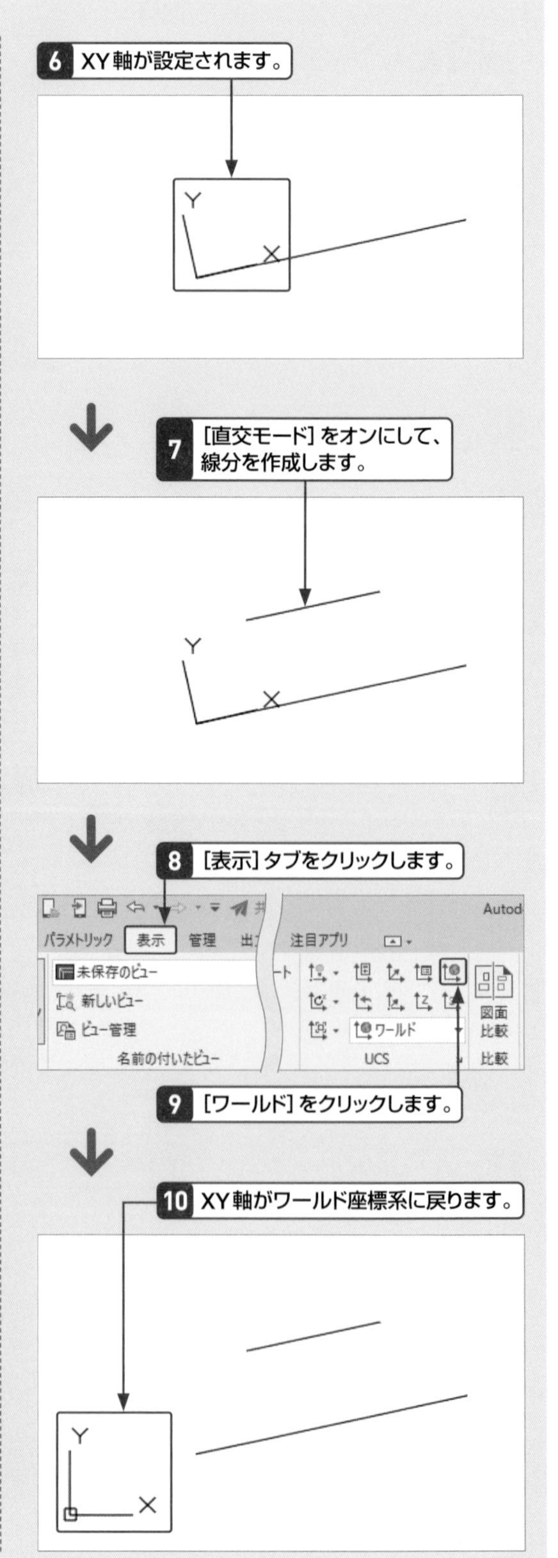

6 XY軸が設定されます。
Y
X
7 [直交モード] をオンにして、線分を作成します。
Y
X
8 [表示] タブをクリックします。
パラメトリック
表示
管理
注目アプリ
未保存のビュー
新しいビュー
ビュー管理
名前の付いたビュー
ワールド
UCS
図面比較
比較
9 [ワールド] をクリックします。
10 XY軸がワールド座標系に戻ります。
Y
X

# Q 072 Excelの値を使って線分を作成したい！

## A Excelのセルに相対座標を作成してコピー&ペーストします。

Excelに入力されている値を使用して線分を作成したい場合、セルに「@X,Y」と相対座標を作成してコピーし、[線分]を実行中に貼り付けると、相対座標を入力する代わりになります。

サンプル ▶ 072.dwg／072.xlsx

**1** Excelのセルに相対座標を作成します。

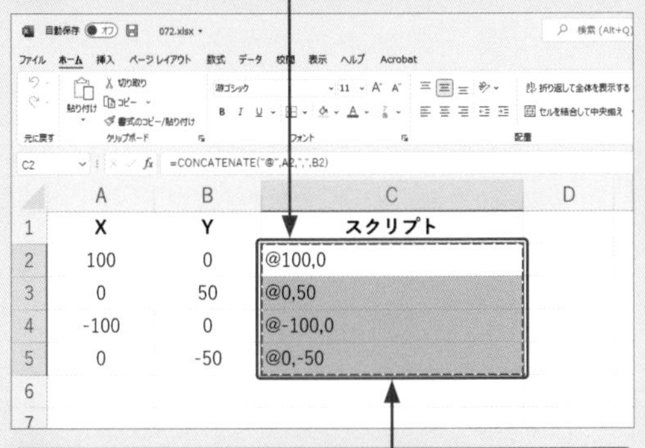

=CONCATENATE("@",A2,",",B2)
X
Y
スクリプト
100
0
@100,0
0
50
@0,50
-100
0
@-100,0
0
-50
@0,-50


**2** 相対座標が入力されているセルをコピーします。

**3** AutoCADで[直交モード][極トラッキング][オブジェクトスナップ]をオフにします。

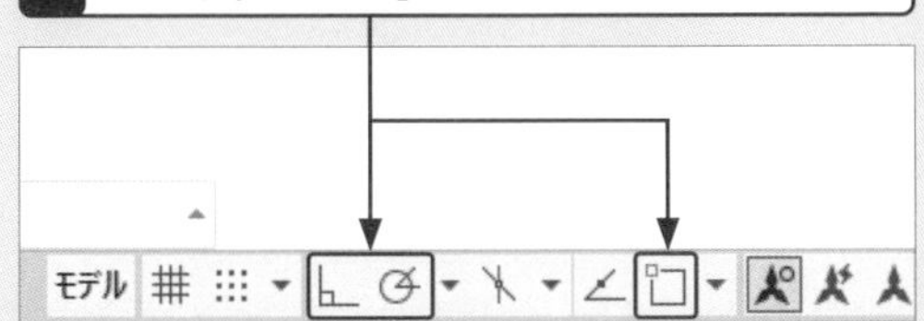
モデル

**4** [線分]をクリックします。

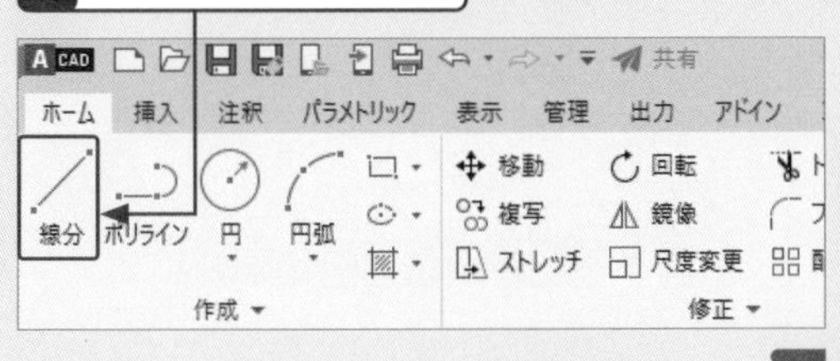

ホーム
挿入
注釈
パラメトリック
表示
管理
出力
アドイン
線分
ポリライン
円
円弧
移動
回転
複写
鏡像
ストレッチ
尺度変更
作成
修正


**5** 1点目をクリックします。

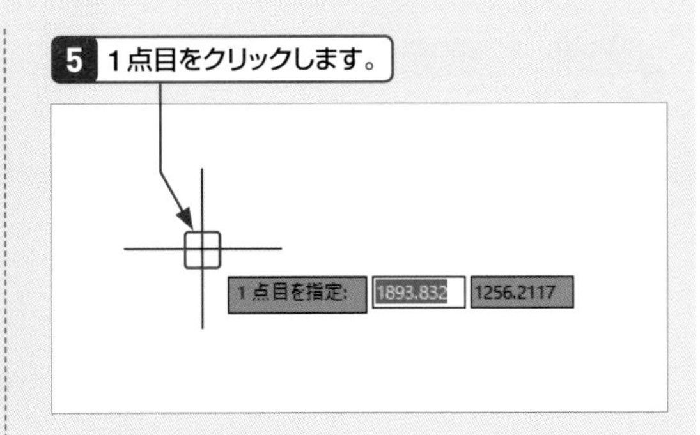

1点目を指定:
1893.832
1256.2117


**6** コマンドウィンドウをクリックします。

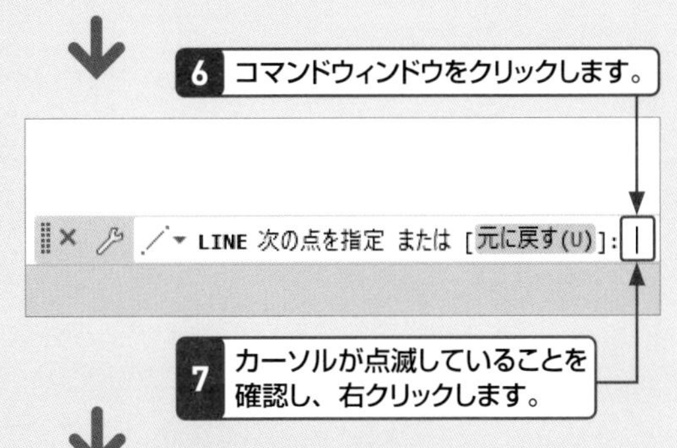
LINE 次の点を指定 または [元に戻す(U)]:

**7** カーソルが点滅していることを確認し、右クリックします。

**8** [貼り付け]を選択します。

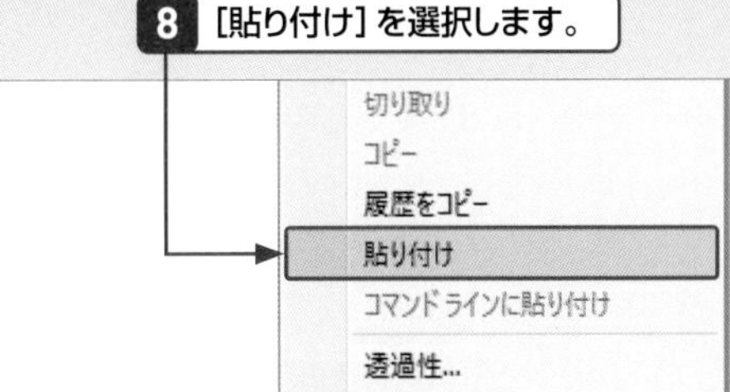

切り取り
コピー
履歴をコピー
貼り付け
コマンド ラインに貼り付け
透過性...
オプション...
たは [元に戻す(U)]:


**9** 線分が作成されます。

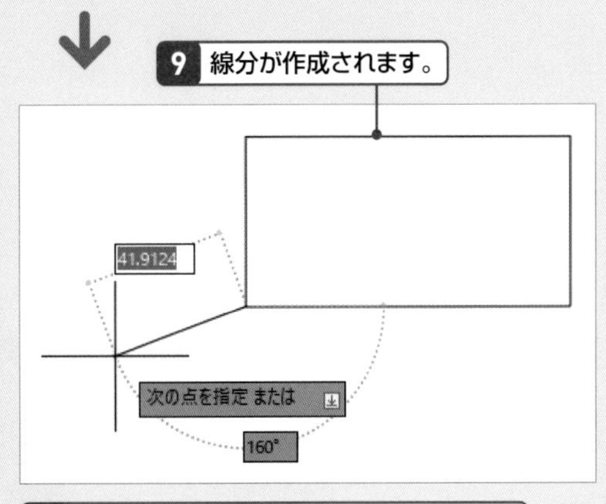

41.9124
次の点を指定 または
160°


**10** Enter キーを押して[線分]を終了します。

# Q 073 勾配を指定して線分を作成したい！

## A 勾配を相対座標で「X,Y」と入力します。

勾配を指定して線分を作成したい場合は、相対座標で「X,Y」と入力します。たとえば2%の下がり勾配を作成する場合は、「100,-2」と入力します。

サンプル▶073.dwg

**1** ［線分］をクリックします。

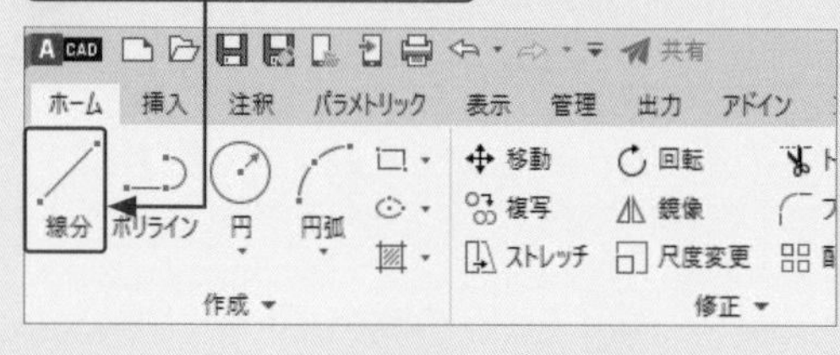

ホーム
挿入
注釈
パラメトリック
表示
管理
出力
アドイン
共有
線分
ポリライン
円
円弧
移動
回転
複写
鏡像
ストレッチ
尺度変更
作成
修正

**2** 1点目をクリックします。

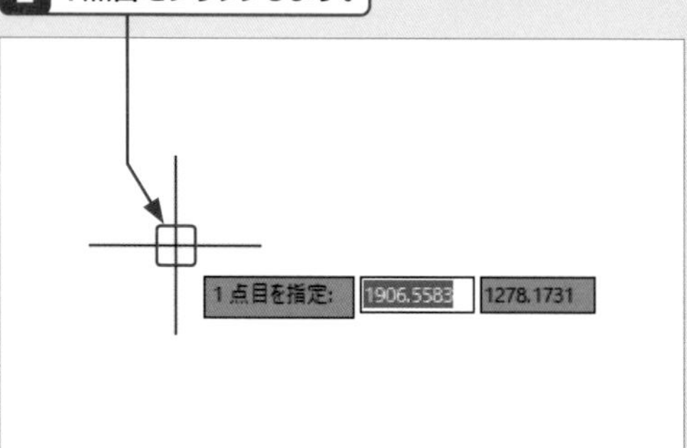

1点目を指定:
1906.5583
1278.1731

**3** 「100,-2」と入力し、Enterキーを押します。

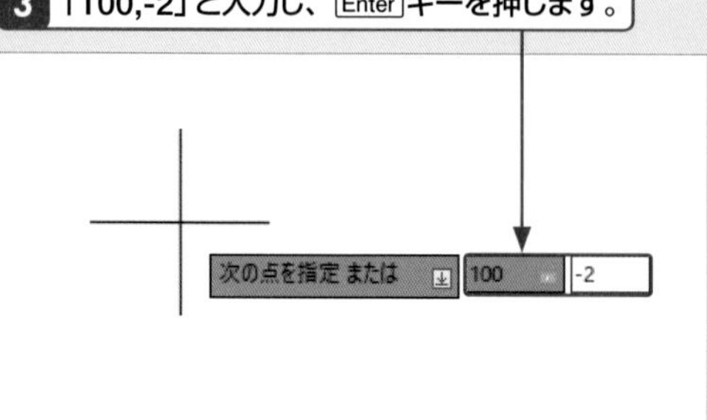

次の点を指定 または
100
-2


**4** 1点目からX方向に100、Y方向に-2の位置まで線分が作成されます。

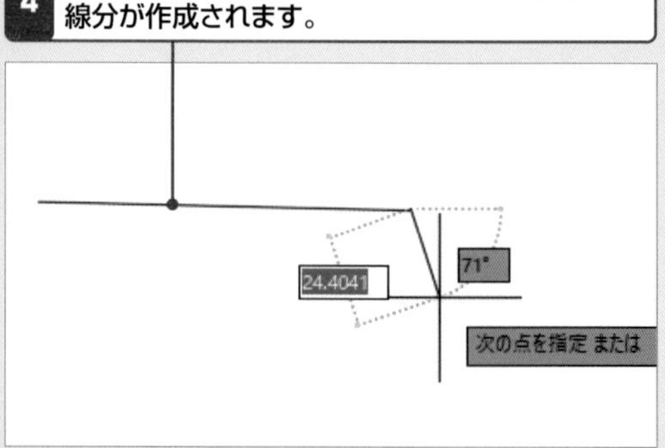

24.4041
71°
次の点を指定 または


**5** Enterキーを押して［線分］を終了します。

### そのほかの勾配指定

勾配指定は、「寸」「%」「○:○」の勾配で方法が異なります。

3寸勾配の場合、「10,3」と入力します。

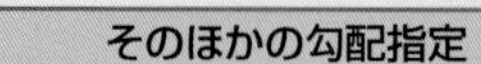

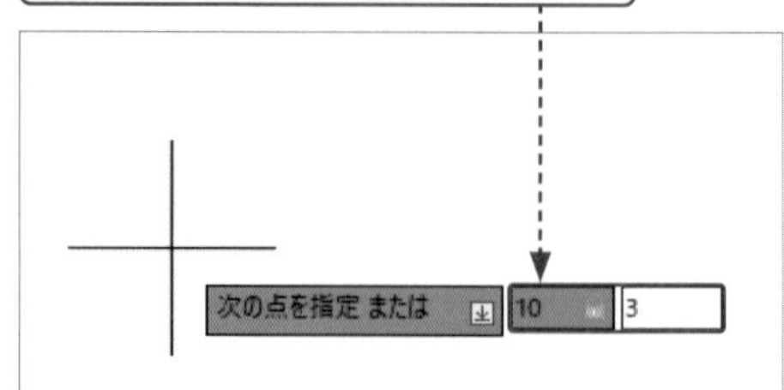

次の点を指定 または
10
3


1:1.8勾配の場合、「180,100」と入力します。

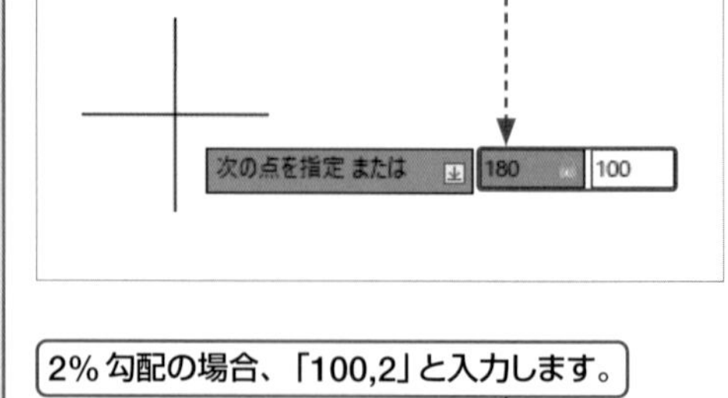

次の点を指定 または
180
100


2%勾配の場合、「100,2」と入力します。

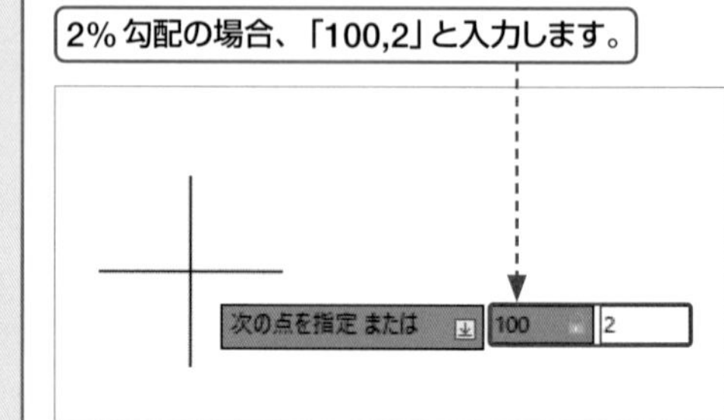

次の点を指定 または
100
2

線分　重要度 ★★★

# Q 074 平行線を作成したい!

## A [オフセット]を実行して間隔を入力します。

平行線を作成したい場合は、[オフセット]を実行し、間隔を入力します。 サンプル▶074.dwg

1 [オフセット]をクリックします。

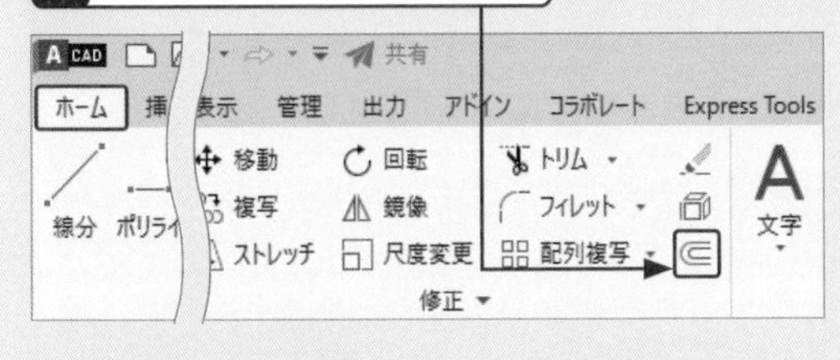

ホーム
移動
回転
トリム
複写
鏡像
フィレット
ストレッチ
尺度変更
配列複写
線分
文字
修正
Express Tools


2 間隔(ここでは「50」)を入力し、Enterキーを押します。

オフセット距離を指定 または
50


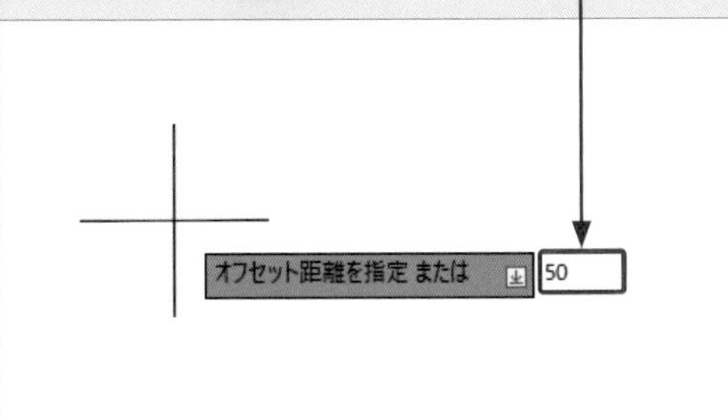

3 線分をクリックします。

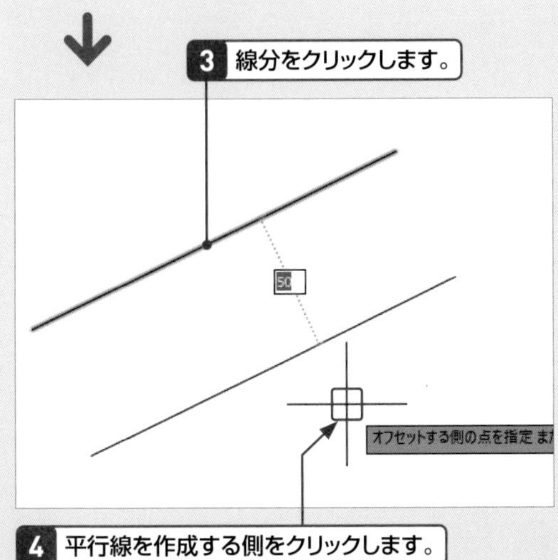

50
オフセットする側の点を指定


4 平行線を作成する側をクリックします。

5 Enterキーを押して[オフセット]を終了します。

線分　重要度 ★★★

# Q 075 破線や一点鎖線を作成したい!

## A 線分のプロパティから[線種]を設定します。

点線や一点鎖線を作成したい場合は、線分を選択し、[線種]を設定します。また、画層で線種をコントロールする場合も多いので、作図ルールを確認してください。 参照▶Q 210 サンプル▶075.dwg

1 線分をクリックして選択します。

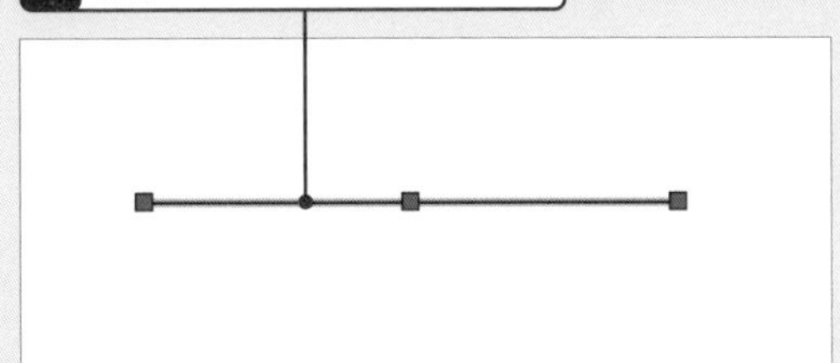

2 [線種]をクリックします。

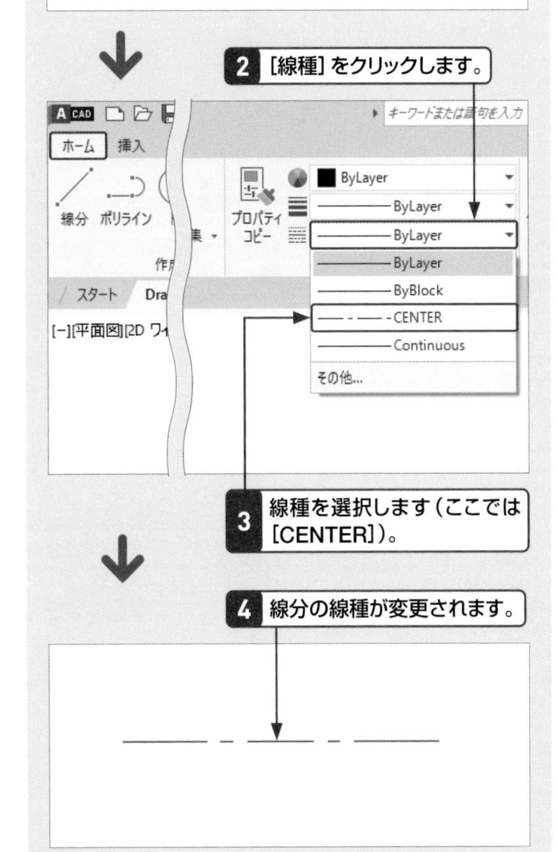

ホーム
挿入
線分
ポリライン
プロパティコピー
ByLayer
ByBlock
CENTER
Continuous
その他...
スタート


3 線種を選択します(ここでは[CENTER])。

4 線分の線種が変更されます。

5 Escキーを押して、線分の選択を解除します。

# Q076 印刷しない補助線を作成したい!

## A 印刷しない設定の画層に線分を作成します。

印刷しない補助線を作成したい場合は、印刷しない設定の画層に線分を作成します。 サンプル▶076.dwg

1 [画層プロパティ管理] をクリックします。

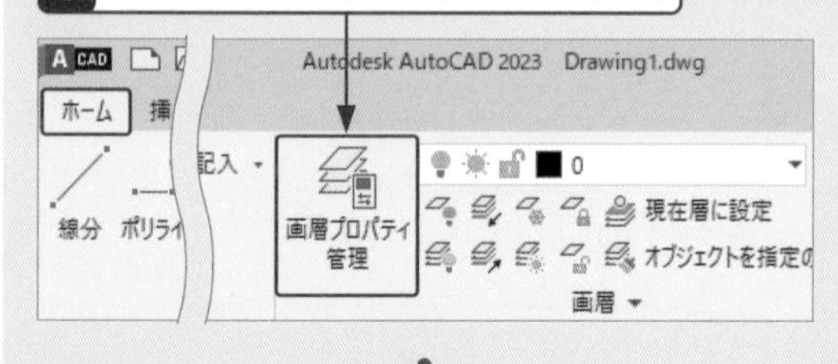

2 [新規作成] をクリックします。

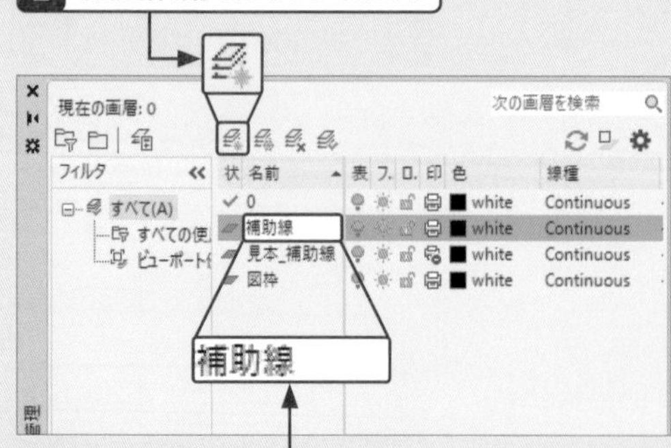

3 画層の名前(ここでは「補助線」)を入力します。

4 補助線に使用する画層(ここでは[補助線])の[印刷] をクリックし、オフにします。

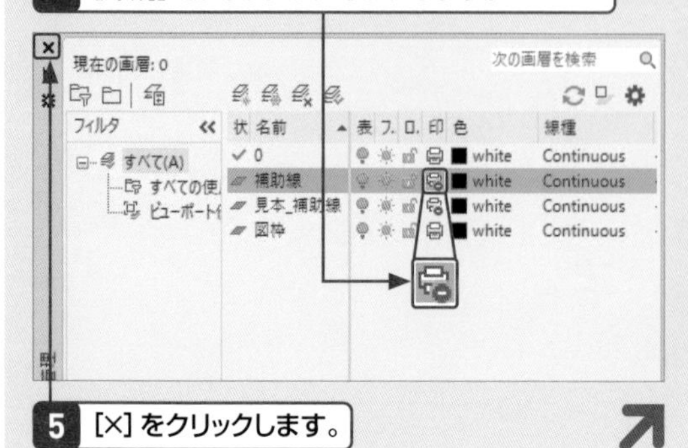

5 [×] をクリックします。

6 画層をクリックします。

7 補助線の画層(ここでは[補助線])を選択します。

8 [線分] をクリックします。

9 線分を作成します。

10 Enter キーを押して [線分] を終了します。

11 カーソルを図形に重ねます。

12 プロパティが表示され、印刷しない画層(ここでは[補助線])に線分が作成されたことが確認できます。

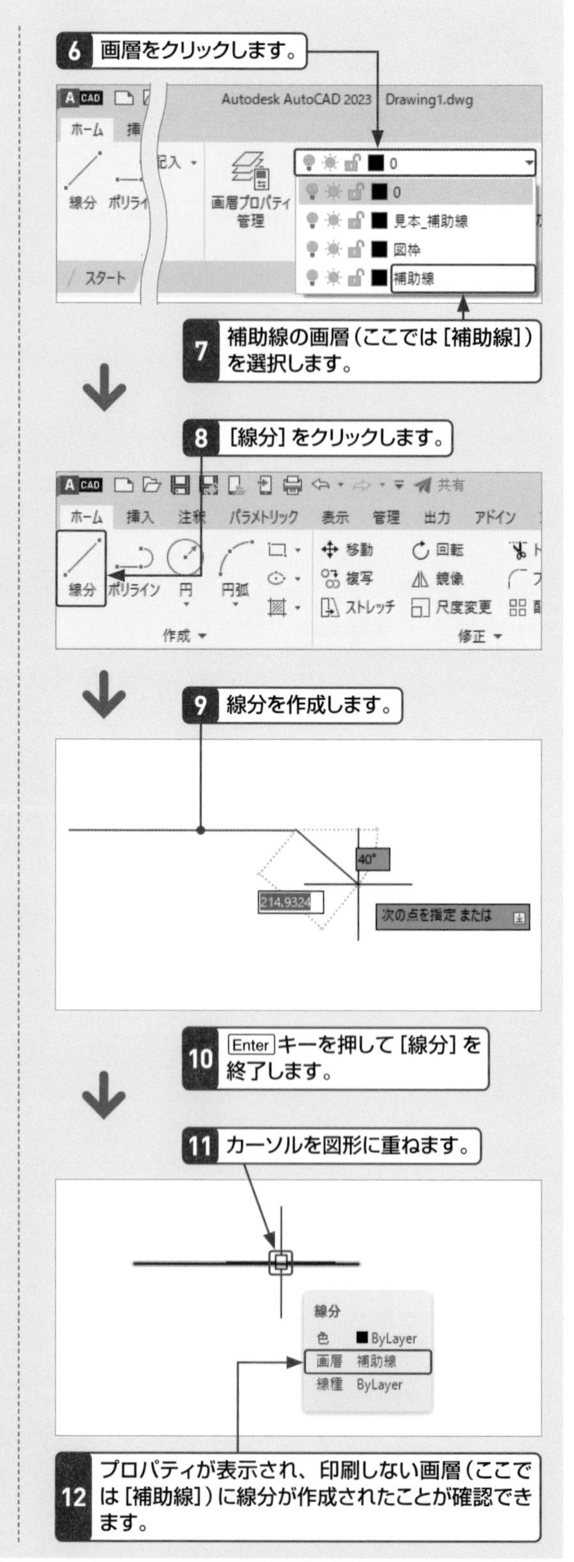

連続線　重要度 ★★★

# Q 077 連続線を作成したい!

## A ポリラインを作成します。

連続線を作成するには、ポリラインを作成します。ポリラインは線分と円弧からなる連続線で、長さや面積を計測することができます。 サンプル ▶ 077.dwg

1 [ポリライン]をクリックします。

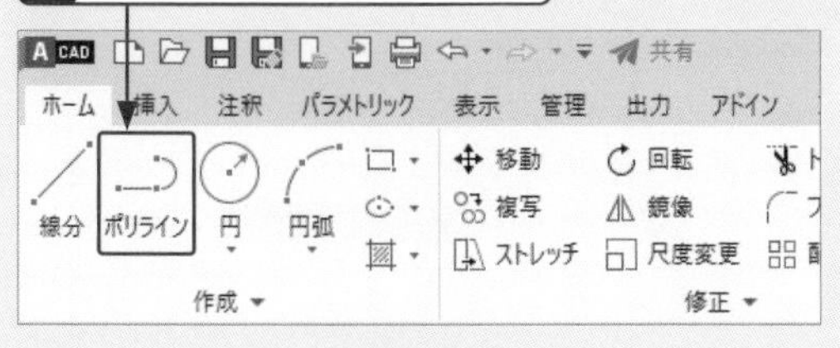

ホーム
挿入
注釈
パラメトリック
表示
管理
出力
アドイン
線分
ポリライン
円
円弧
移動
回転
複写
鏡像
ストレッチ
尺度変更
作成
修正

2 1点目をクリックします。

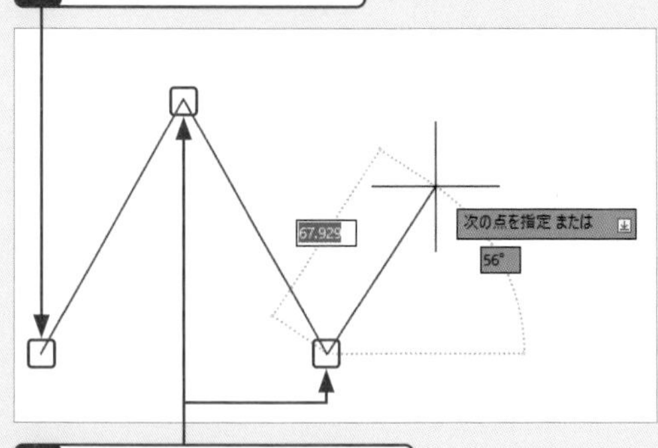

67.929
次の点を指定 または
56°


3 2点目以降をクリックします。

4 Enter キーを押して[ポリライン]を終了します。

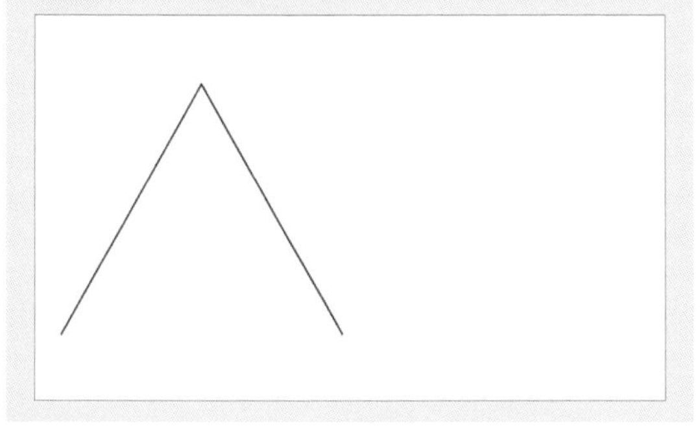

連続線　重要度 ★★★

# Q 078 線分とポリラインの違いは?

## A 単一線と連続線の違いです。

線分とポリラインの違いは、単一線か連続線かの違いです。[線分]コマンドで作成する線は、連続で作成しても単一線となります。 サンプル ▶ 078.dwg

[線分]コマンドで作成すると、1本ずつ別々の単一線となります。

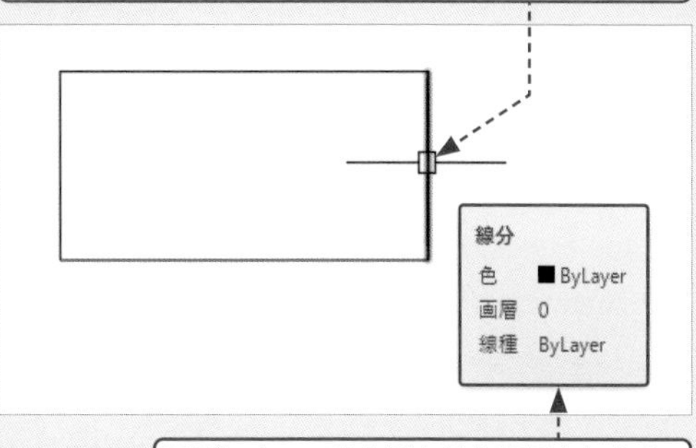

線分
色 ByLayer
画層 0
線種 ByLayer


図形にカーソルを重ねると表示されます。

[ポリライン]コマンドで作成すると、連続線となります。

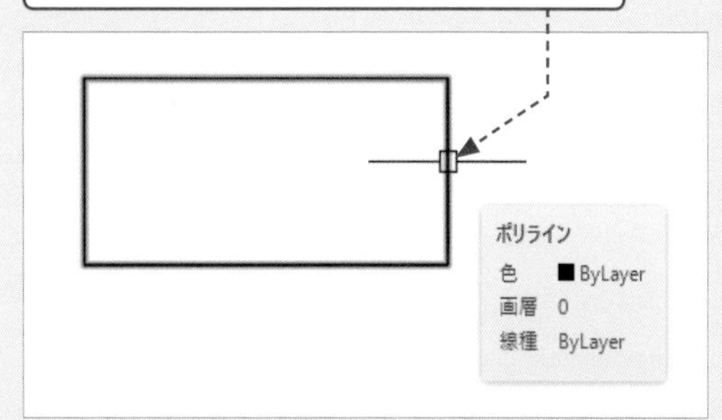

ポリライン
色 ByLayer
画層 0
線種 ByLayer


ポリラインには、円弧を含むことができます。

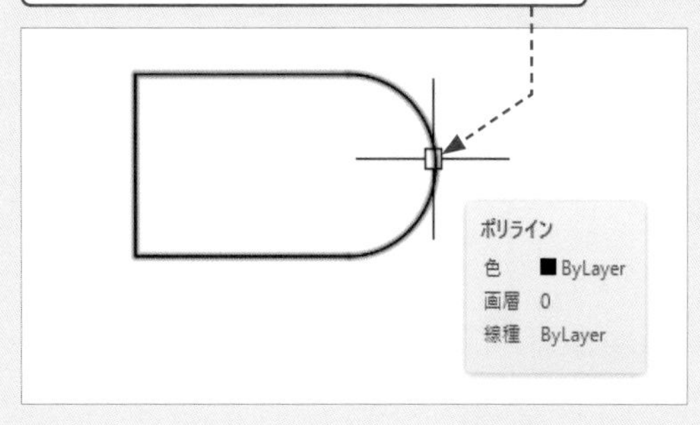

ポリライン
色 ByLayer
画層 0
線種 ByLayer

連続線　重要度 ★★★

# Q 079 線分や円弧をつなげて連続線にしたい!

## A [ポリライン編集]の[結合]オプションを使用します。

線分や円弧をつなげて1つの連続線にしたい場合は、[ポリライン編集]の [結合]オプションを使用します。オブジェクトの選択時に [一括] オプションを使用すると、許容値を設定して端点同士が離れている場合でもつなげることが可能です。

サンプル ▶ 079.dwg

1 [修正▼] → [ポリライン編集] をクリックします。

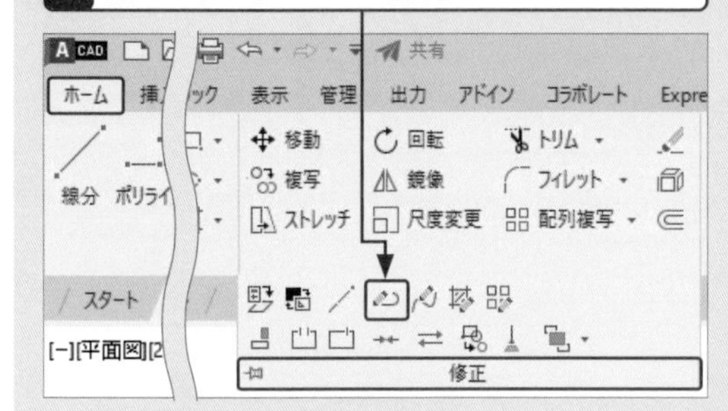

共有
ホーム
表示
管理
出力
アドイン
コラボレート
移動
回転
トリム
複写
鏡像
フィレット
ストレッチ
尺度変更
配列複写
線分
スタート
[−][平面図]
修正


2 作図領域を右クリックし、メニューから[一括] を選択します。

Enter(E)
キャンセル(C)
一括(M)
画面移動(P)
ズーム(Z)
SteeringWheels
クイック計算


3 つなげたい線分や円弧をすべて選択し、Enter キーを押します。

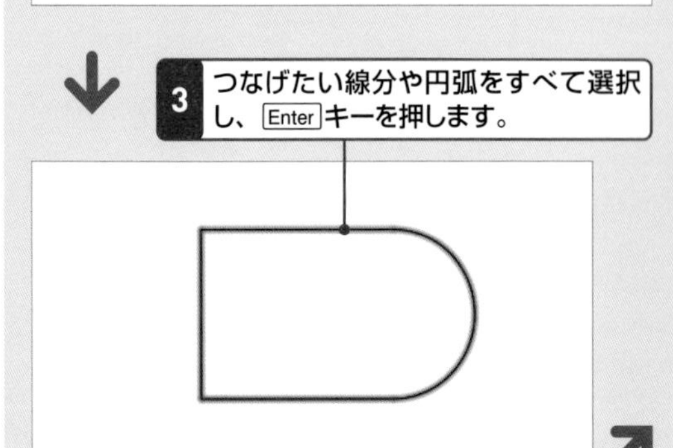

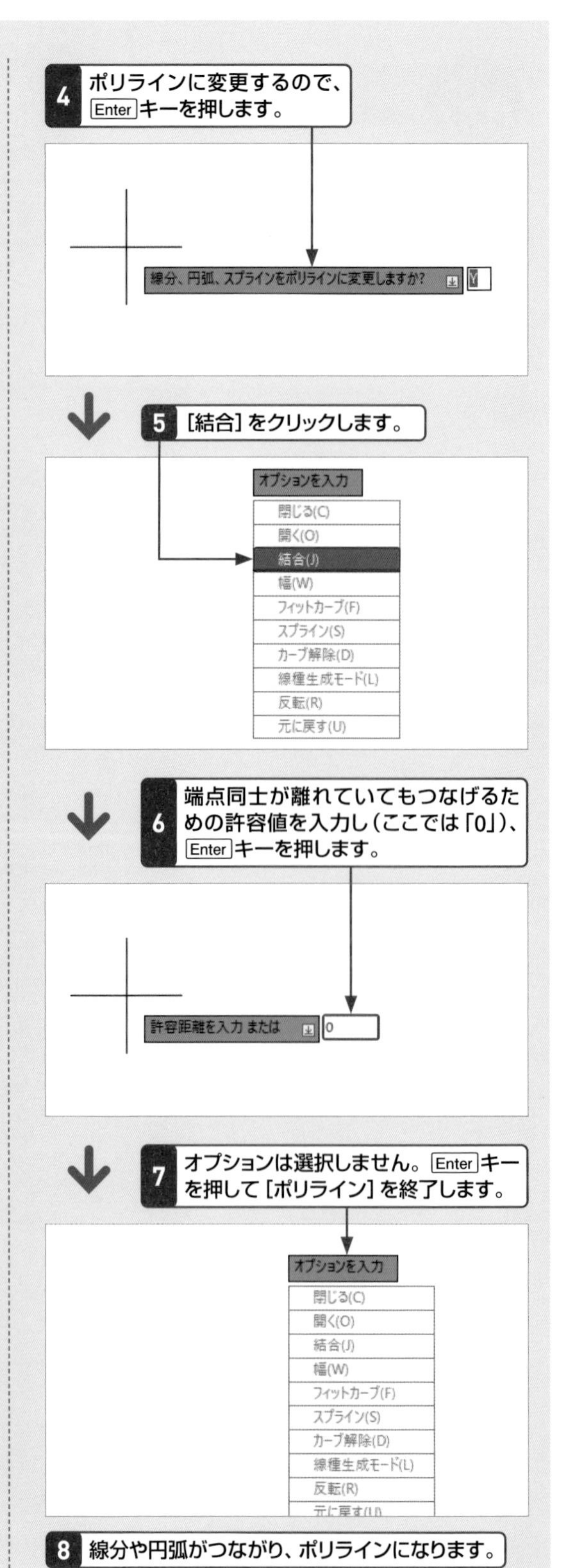

線分、円弧、スプラインをポリラインに変更しますか?
Y
オプションを入力
閉じる(C)
開く(O)
結合(J)
幅(W)
フィットカーブ(F)
スプライン(S)
カーブ解除(D)
線種生成モード(L)
反転(R)
元に戻す(U)
許容距離を入力 または
0


4 ポリラインに変更するので、Enter キーを押します。

5 [結合] をクリックします。

6 端点同士が離れていてもつなげるための許容値を入力し(ここでは「0」)、Enter キーを押します。

7 オプションは選択しません。Enter キーを押して [ポリライン] を終了します。

8 線分や円弧がつながり、ポリラインになります。

# Q 080 ポリラインの点を追加／削除したい！

## A グリップを使用します。

ポリラインの点を追加したり削除したりしたい場合は、ポリラインを選択したときに表示されるグリップを使用します。

サンプル▶080.dwg

1 ポリラインをクリックして選択します。

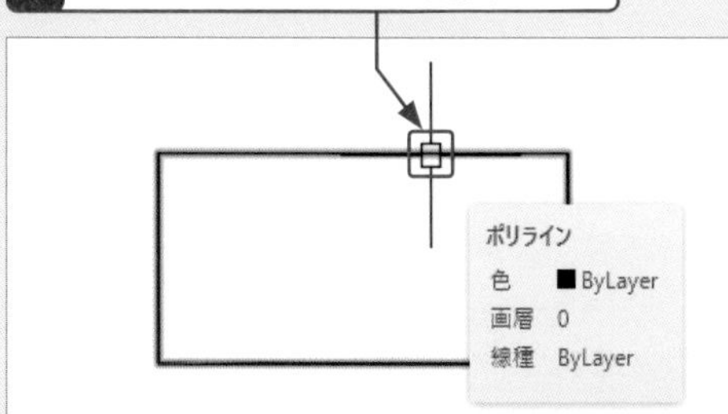
ポリライン
色 ByLayer
画層 0
線種 ByLayer

2 カーソルをグリップに重ねます（クリックはしません）。

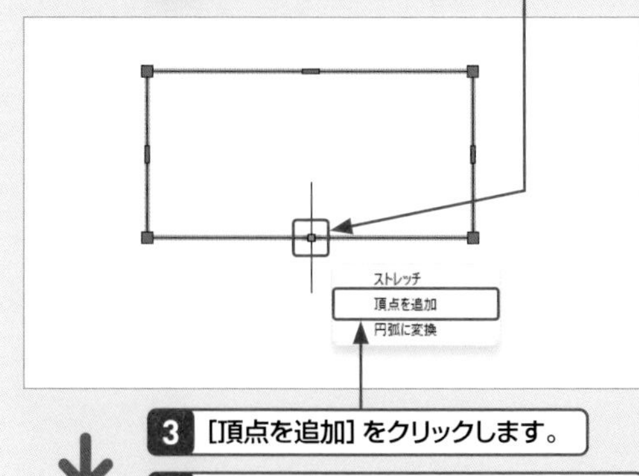
ストレッチ
頂点を追加
円弧に変換

3 ［頂点を追加］をクリックします。

4 追加する頂点の位置でクリックします。

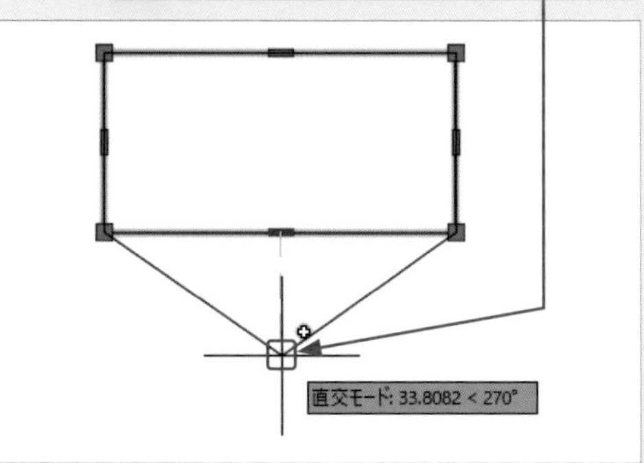
直交モード: 33.8082 < 270°

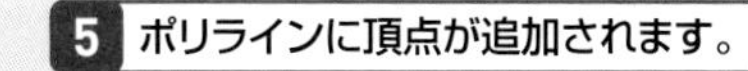

5 ポリラインに頂点が追加されます。

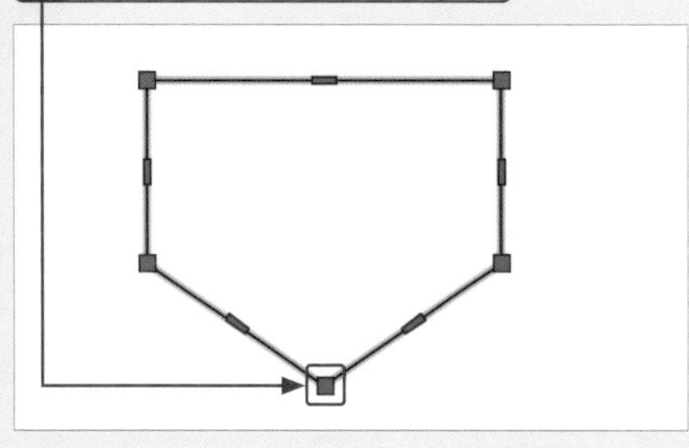

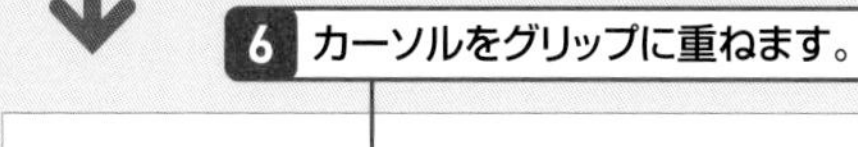

6 カーソルをグリップに重ねます。

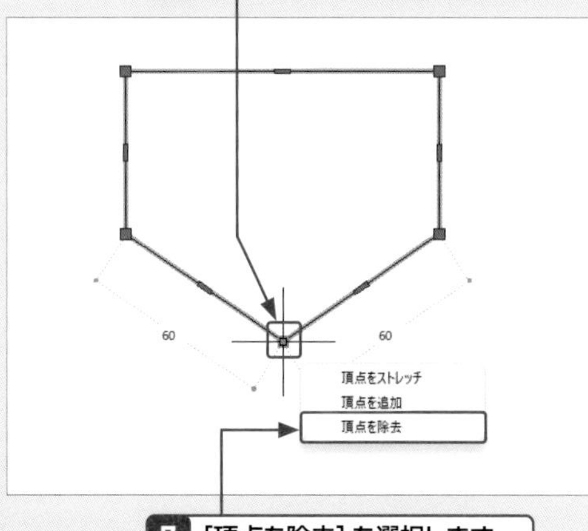
60
60
頂点をストレッチ
頂点を追加
頂点を除去

7 ［頂点を除去］を選択します。

8 ポリラインから頂点が削除されます。

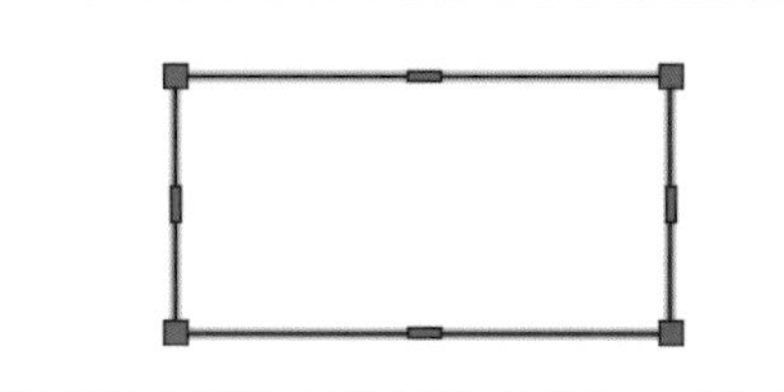

9 Escキーで選択を解除します。

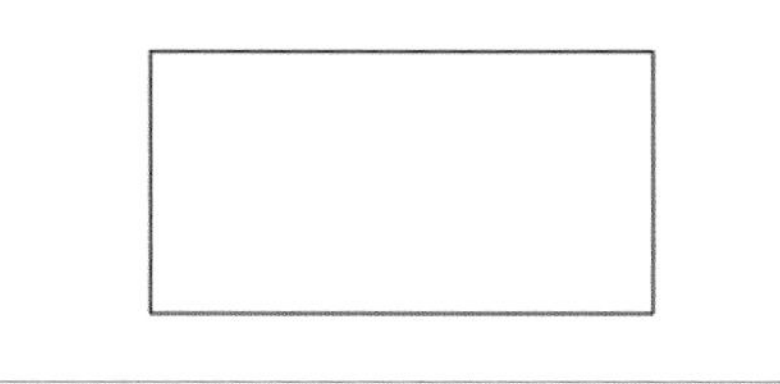

AutoCADの概要
基本操作
線の作図と編集
図形の作図と挿入
図形の変形と移動
図形の選択と削除
画層とプロパティ
文字の作成
寸法の作成
注釈の作成
数値計測とブロック図形
レイアウトと印刷

連続線 重要度 ★★★

## Q 081 ポリラインの一部分を削除したい!

**A** [トリム]で削除します。

ポリラインの一部分を削除したい場合は、[トリム]コマンドで切り取ることが可能です。

サンプル▶081.dwg

1 [▼]をクリックし、

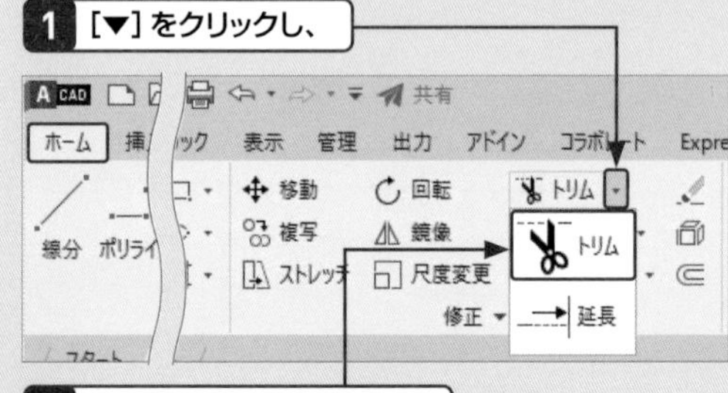

2 [トリム]をクリックします。

3 「オブジェクトを選択」と表示されている場合は、Enterキーを押します。

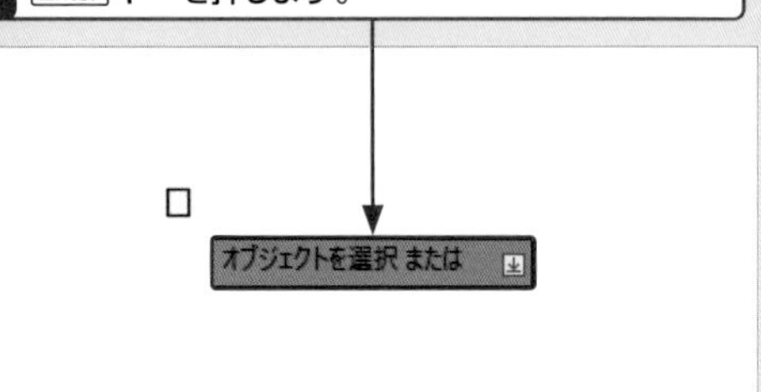
オブジェクトを選択 または

4 削除する部分をクリックします。

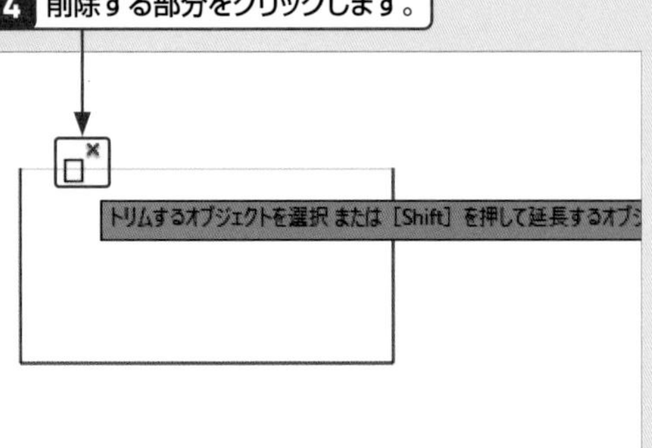
トリムするオブジェクトを選択 または [Shift] を押して延長するオブジ

5 Enterキーを押して[トリム]を終了します。

連続線 重要度 ★★★

## Q 082 ポリラインの一部分を選択したい!

**A** [分解]を実行して線分や円弧に変換します。

修正などの対象としてポリラインの一部分を選択したい場合は、[分解]を実行して、ポリラインを線分や円弧に変換します。

サンプル▶082.dwg

1 [分解]をクリックします。

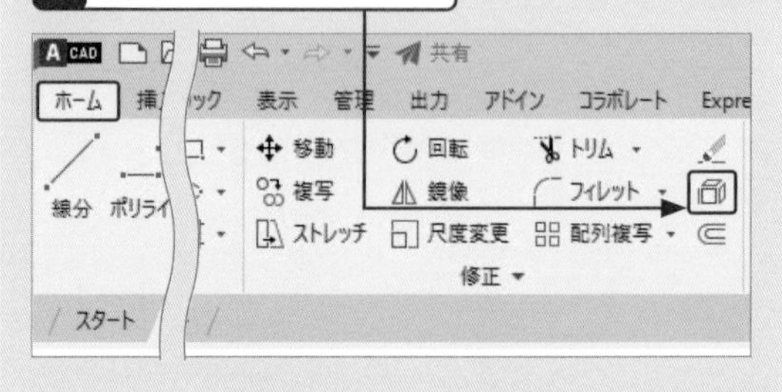

2 ポリラインを選択し、Enterキーを押します。

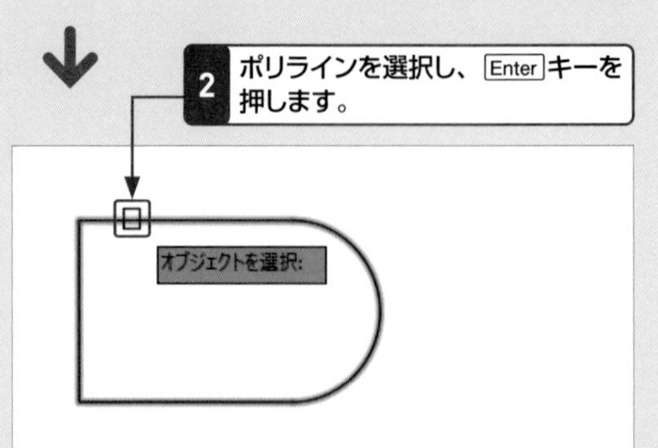
オブジェクトを選択:

3 線分や円弧に変換されます。

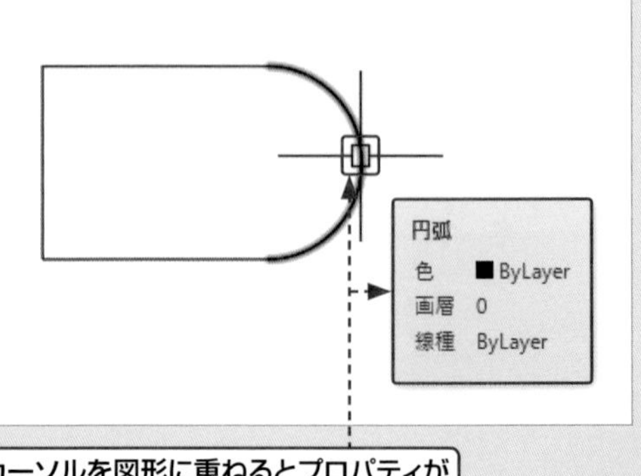
円弧
色 ByLayer
画層 0
線種 ByLayer

カーソルを図形に重ねるとプロパティが表示されます。

# Q 083 無限に伸びる線を作成したい!

**A** 構築線を作成します。

無限に伸びる線を作成するには、構築線を作成します。主に補助線として利用することが多く、線分にするには[トリム]コマンドなどを使用します。

サンプル ▶ 083.dwg

**1** [作成▼]→[構築線]をクリックします。

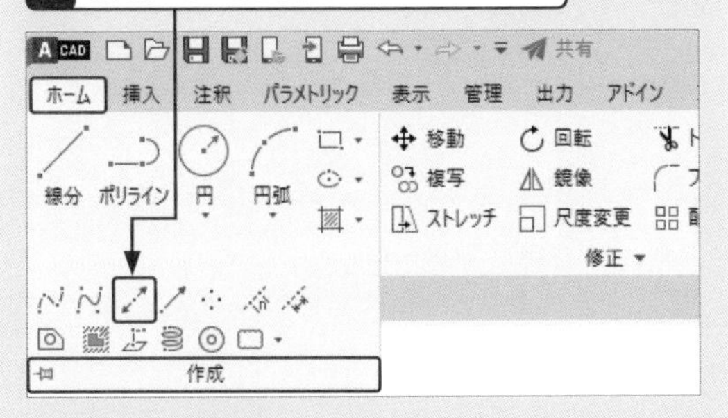

**2** 構築線の通過位置をクリックします。

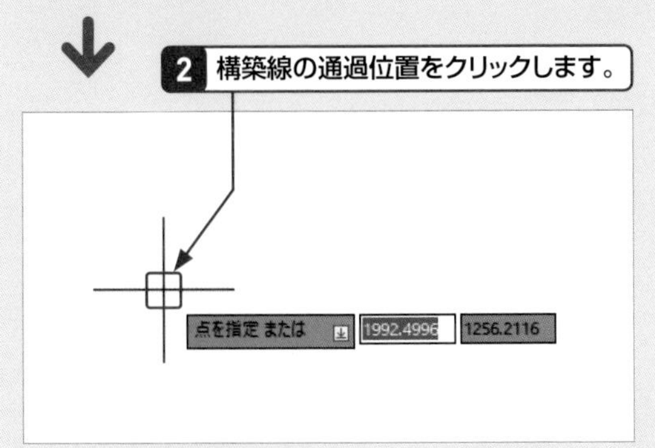
点を指定 または
1992.4996
1256.2116

**3** 構築線のもう1つの通過位置をクリックします。

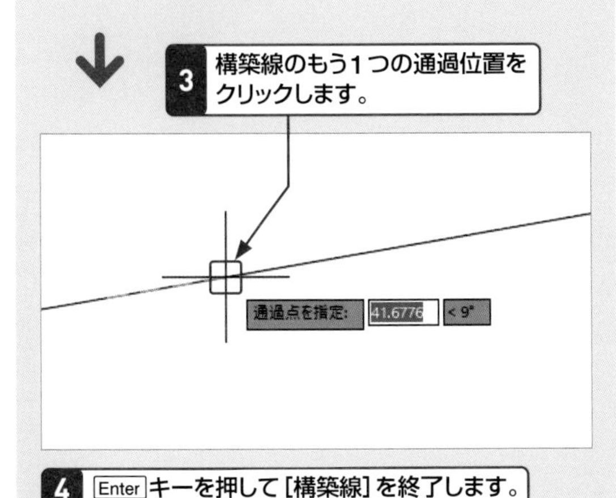
通過点を指定:
41.6776
< 9°

**4** Enter キーを押して[構築線]を終了します。



# Q 084 水平垂直な線を作成したい!

**A** [構築線]の[水平]または[垂直]オプションを使用します。

水平垂直な線を作成したい場合は、[構築線]の[水平]または[垂直]オプションを使用します。線分にするには[トリム]コマンドなどを使用します。

サンプル ▶ 084.dwg

**1** [作成▼]→[構築線]をクリックします。

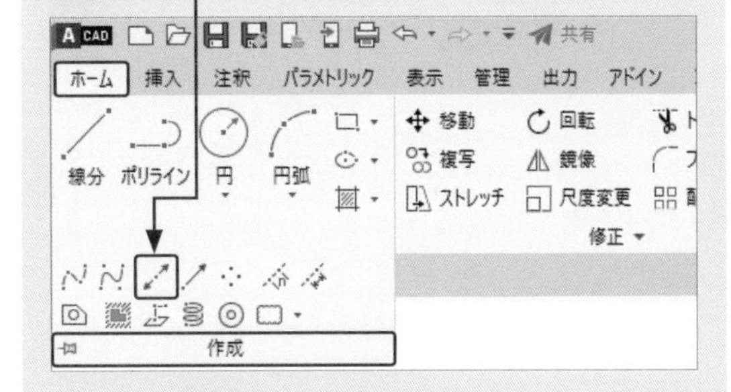

**2** 作図領域を右クリックし、メニューから[水平]を選択します。

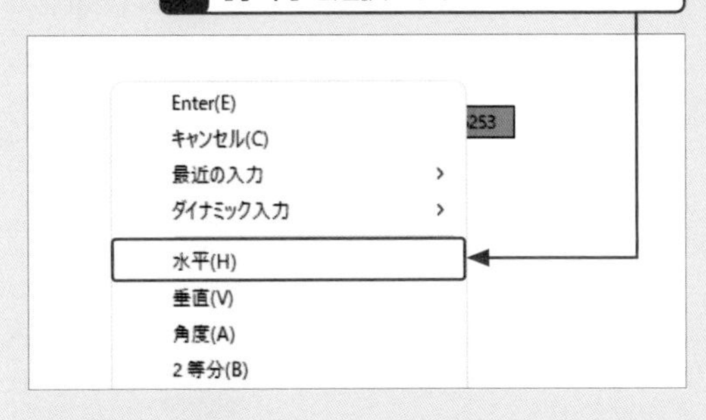
Enter(E)
キャンセル(C)
最近の入力
ダイナミック入力
水平(H)
垂直(V)
角度(A)
2 等分(B)

**3** 構築線を作成する点をクリックします。

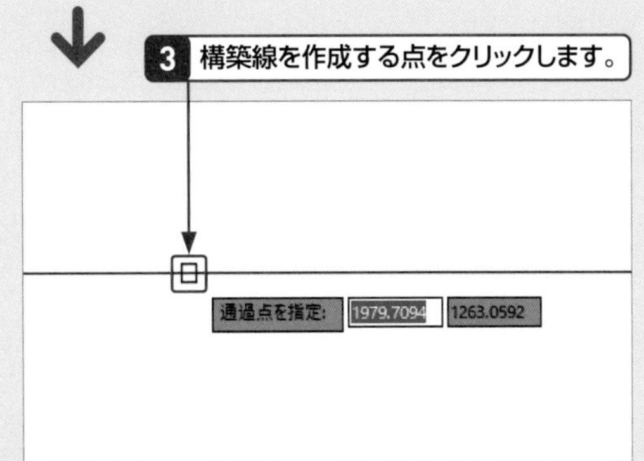
通過点を指定:
1979.7094
1263.0592

**4** Enter キーを押して[構築線]を終了します。

# Q 085 図形に垂直な線を作成したい!

## A [構築線]の[角度]オプションを使用します。

既に作成されている図形に垂直な線を作成したい場合は、[構築線]の[角度]オプションを使用します。

サンプル▶085.dwg

**1** [作成▼]→[構築線]をクリックします。

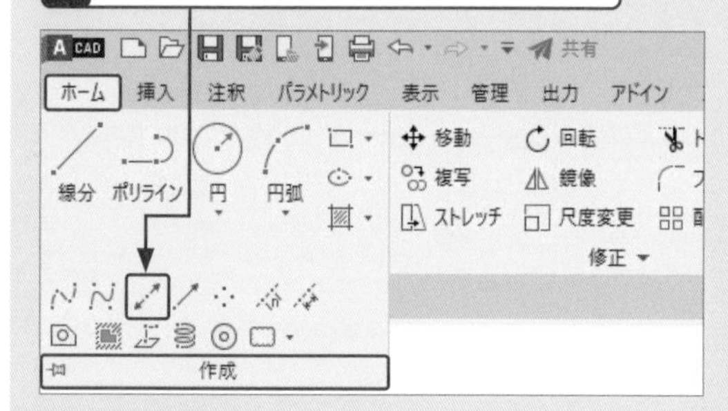

ホーム
挿入
注釈
パラメトリック
表示
管理
出力
アドイン
線分
ポリライン
円
円弧
移動
回転
複写
鏡像
ストレッチ
尺度変更
修正
作成


**2** 作図領域を右クリックし、メニューから[角度]を選択します。

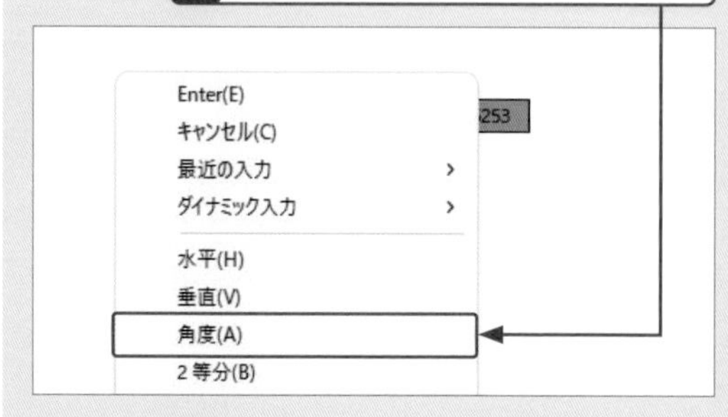

Enter(E)
キャンセル(C)
最近の入力
ダイナミック入力
水平(H)
垂直(V)
角度(A)
2 等分(B)


**3** 作図領域を右クリックし、メニューから[参照]を選択します。

Enter(E)
キャンセル(C)
最近の入力
参照(R)
優先オブジェクト スナップ(V)
画面移動(P)
ズーム(Z)
SteeringWheels
クイック計算


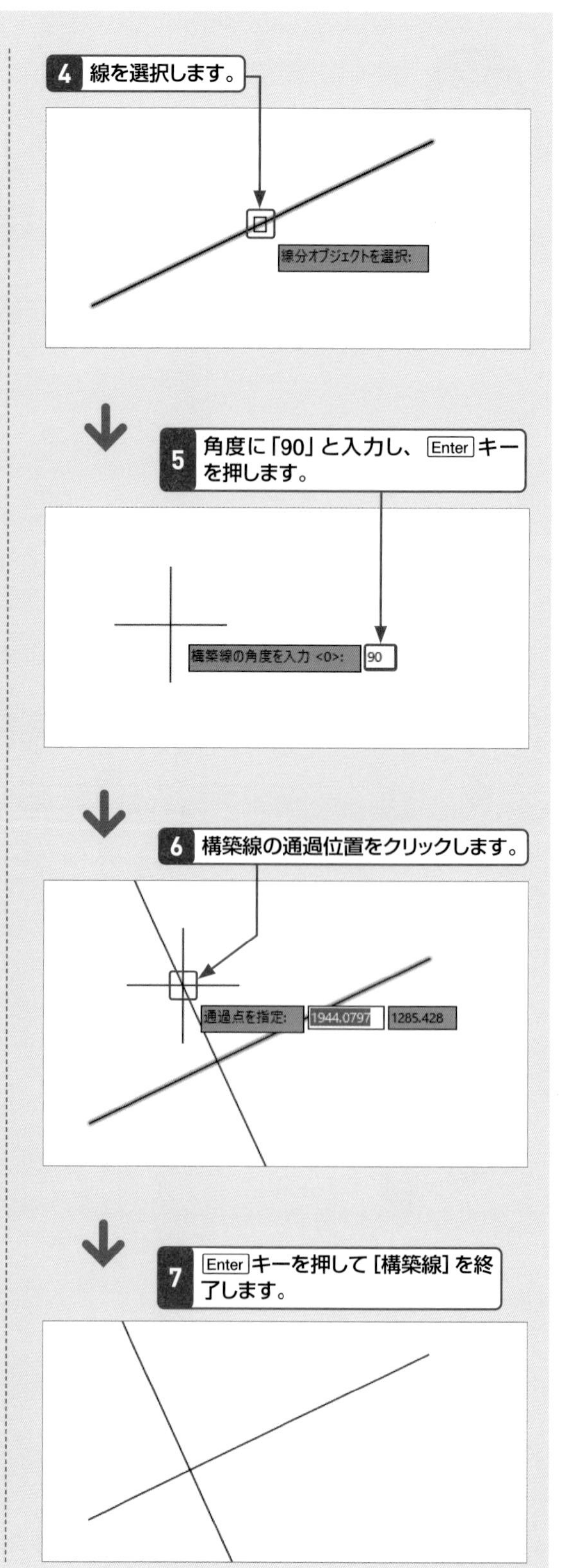

4 線を選択します。
線分オブジェクトを選択:
5 角度に「90」と入力し、Enterキーを押します。
構築線の角度を入力 <0>:
90
6 構築線の通過位置をクリックします。
通過点を指定:
1944.0797
1285.428
7 Enterキーを押して[構築線]を終了します。


AutoCADの概要
基本操作
線の作図と編集
図形の作図と挿入
図形の変形と移動
図形の選択と削除
画層とプロパティ
文字の作成
寸法の作成
注釈の作成
数値計測とブロック図形
レイアウトと印刷

# Q 086 2つの線の間に中心線を作成したい!

## A 中心線を作成します。

2本の線の間に中心線を作成したい場合は、[注釈] タブの [中心線] を実行して作成します。中心線の長さはグリップで変更することができます。

サンプル ▶ 086.dwg

1 [注釈] タブをクリックし、

ホーム
挿入
注釈
パラメ
注目アプリ
Autode
Standard
2.5
マルチ
テキスト
文字
法記入
中心
マーク
中心線
マルチ引出線


2 [中心線] をクリックします。

3 1本目の線分をクリックします。

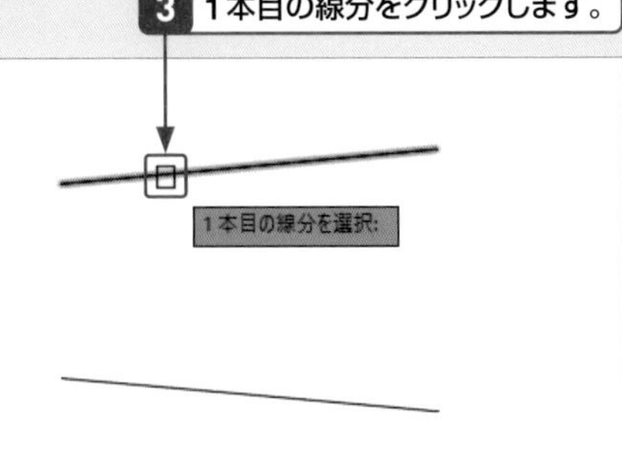

1本目の線分を選択:


4 2本目の線分をクリックします。

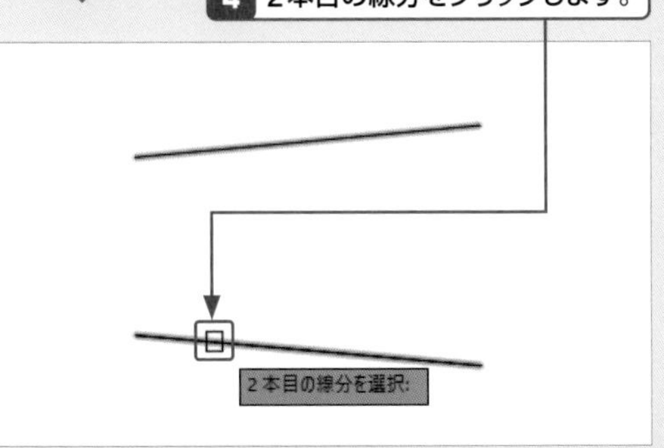

2本目の線分を選択:


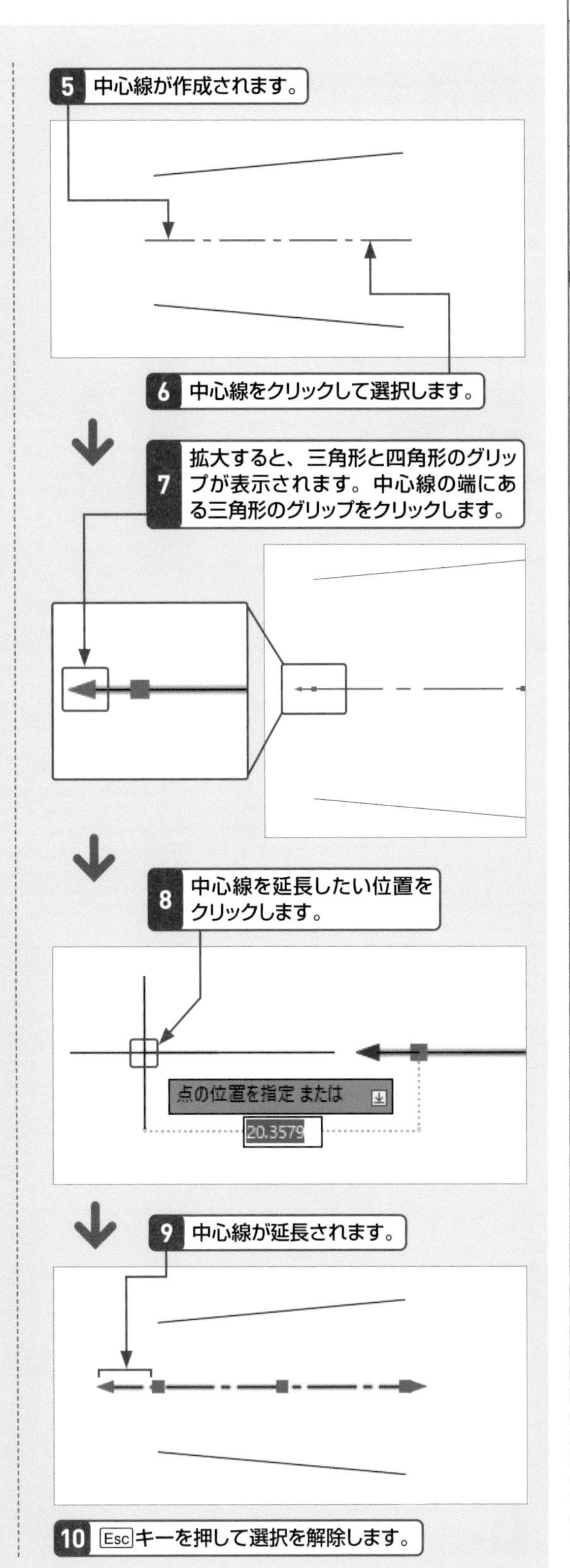

5 中心線が作成されます。

6 中心線をクリックして選択します。

7 拡大すると、三角形と四角形のグリップが表示されます。中心線の端にある三角形のグリップをクリックします。

8 中心線を延長したい位置をクリックします。


点の位置を指定 または
20.3579


9 中心線が延長されます。

10 Esc キーを押して選択を解除します。

AutoCAD の概要
基本操作
線の作図と編集
図形の作図と挿入
図形の変形と移動
図形の選択と削除
画層とプロパティ
文字の作成
寸法の作成
注釈の作成
数値計測とブロック図形
レイアウトと印刷

# Q 087 円に中心線を作成したい!

## A 中心マークを作成します。

円に中心線を作成したい場合は、[注釈] タブの [中心マーク] を実行して作成します。中心マークの長さはプロパティパレットで変更することができます。

サンプル ▶ 087.dwg

**1** [注釈] タブをクリックし、

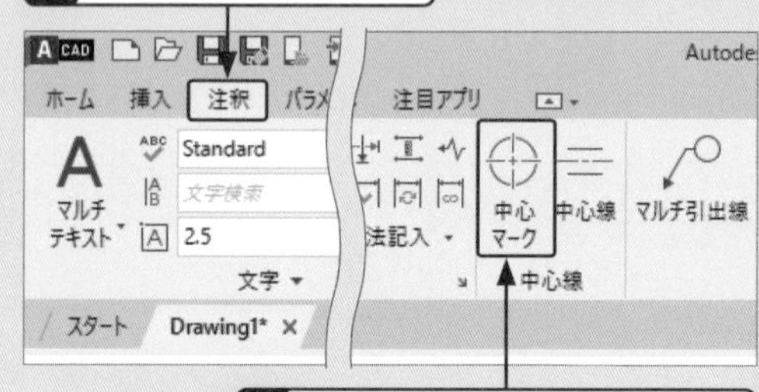

CAD
Autode
ホーム
挿入
注釈
パラメ
注目アプリ
マルチ
テキスト
Standard
文字検索
2.5
文字
法記入
中心
マーク
中心線
マルチ引出線
スタート
Drawing1*


**2** [中心マーク] をクリックします。

**3** 円をクリックして選択します。

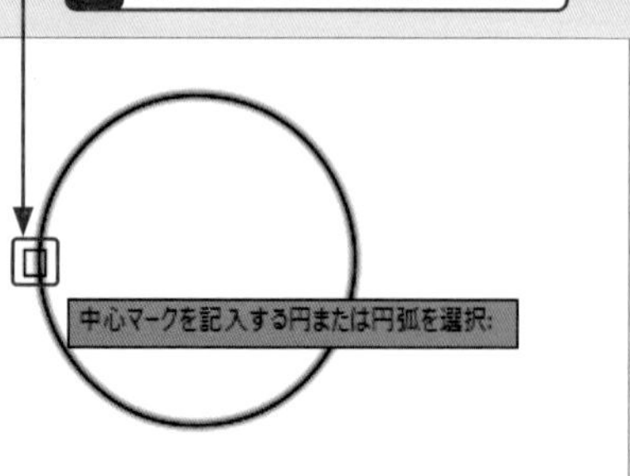

中心マークを記入する円または円弧を選択:


**4** 中心マークが作成されます。

**5** Enter キーを押して [中心マーク] を終了します。

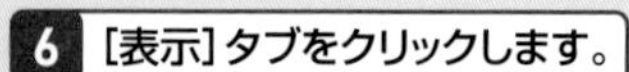

**6** [表示] タブをクリックします。

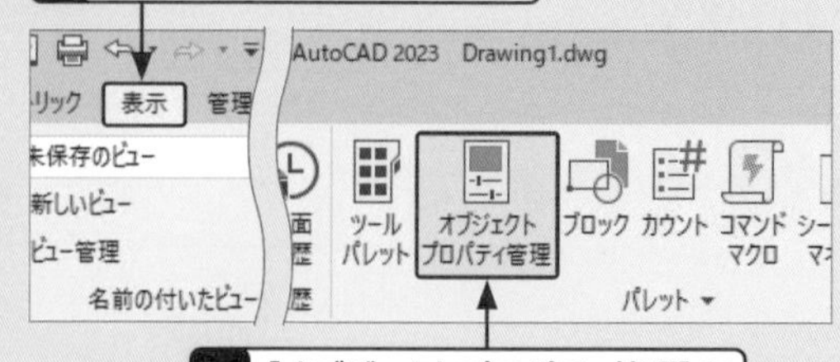

AutoCAD 2023 Drawing1.dwg
表示
管理
未保存のビュー
新しいビュー
ビュー管理
名前の付いたビュー
ツール
パレット
オブジェクト
プロパティ管理
ブロック
カウント
コマンド
マクロ
パレット


**7** [オブジェクトプロパティ管理] をクリックしてオンにします。

**8** 中心マークをクリックして選択します。

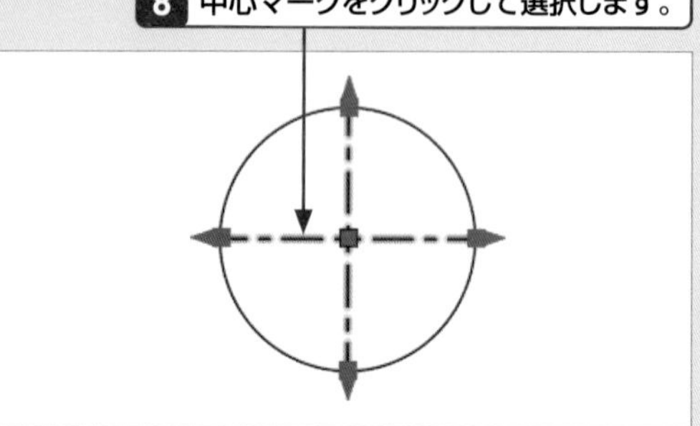

**9** 上下左右部の延長に長さ（ここでは「15」）を入力します。

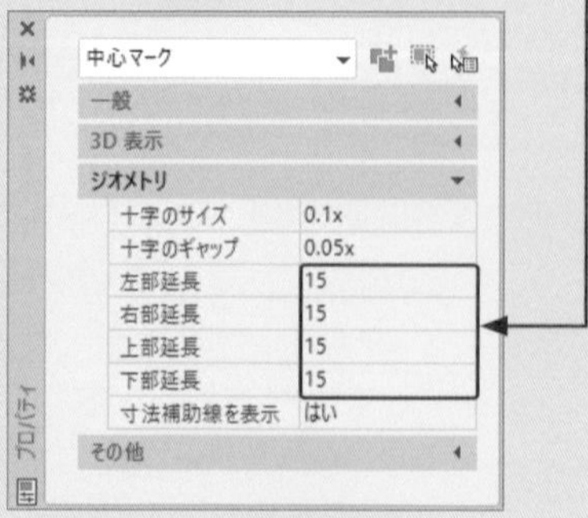

中心マーク
一般
3D 表示
ジオメトリ
十字のサイズ 0.1x
十字のギャップ 0.05x
左部延長 15
右部延長 15
上部延長 15
下部延長 15
寸法補助線を表示 はい
その他
プロパティ


**10** 中心マークが延長されます。

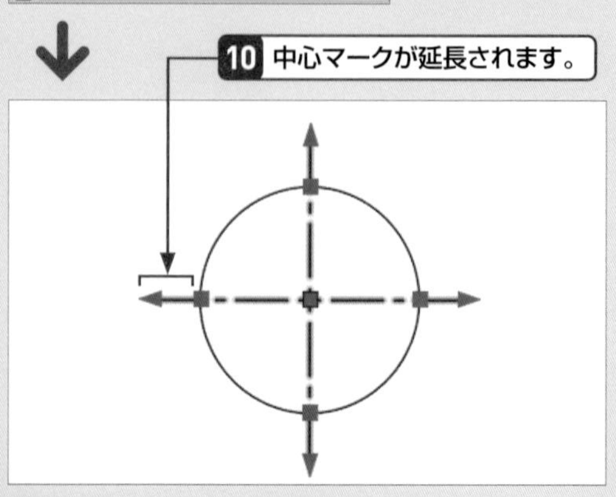

**11** Esc キーを押して選択を解除します。

AutoCAD の概要
基本操作
線の作図と編集
図形の作図と挿入
図形の変形と移動
図形の選択と削除
画層とプロパティ
文字の作成
寸法の作成
注釈の作成
数値計測とブロック図形
レイアウトと印刷

# Q 088 線を任意の図形まで伸ばしたい！

**A** [延長]の[境界エッジ]オプションを使用します。

線を任意の図形まで伸ばしたい場合は、[延長]を実行します。任意の図形は[境界エッジ]オプションを使用すると選択することが可能です。

サンプル ▶ 088.dwg

1 [▼]をクリックし、

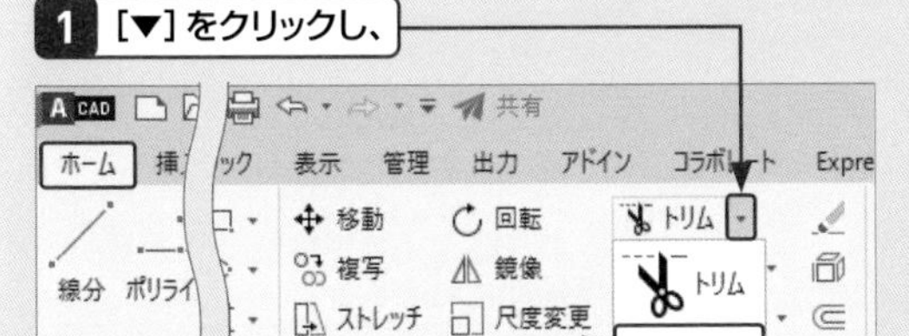

2 [延長]をクリックします。

3 「延長するオブジェクトを選択・・・」と表示されている場合は、右クリックします。

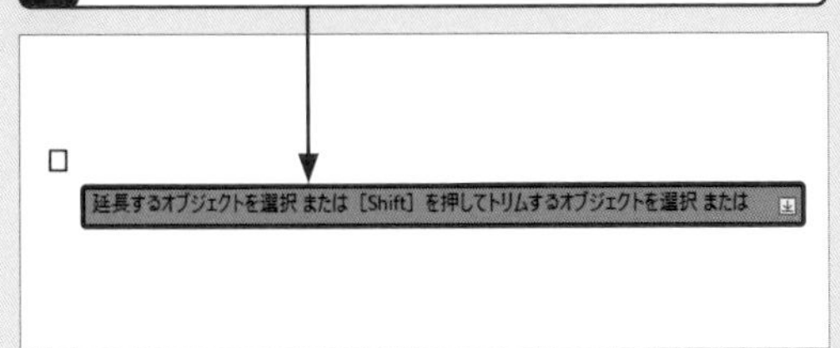

4 [境界エッジ]を選択します。

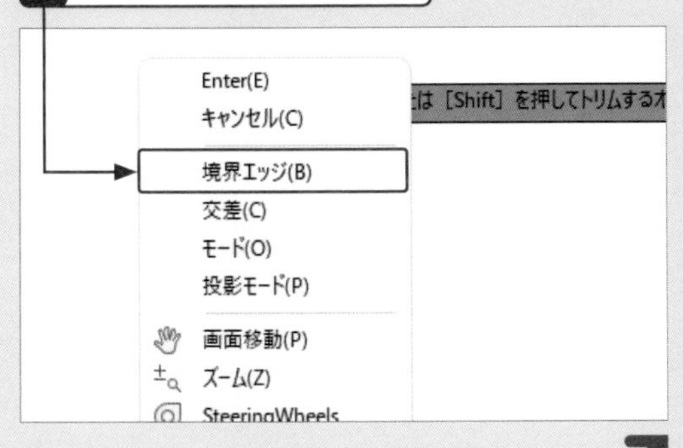

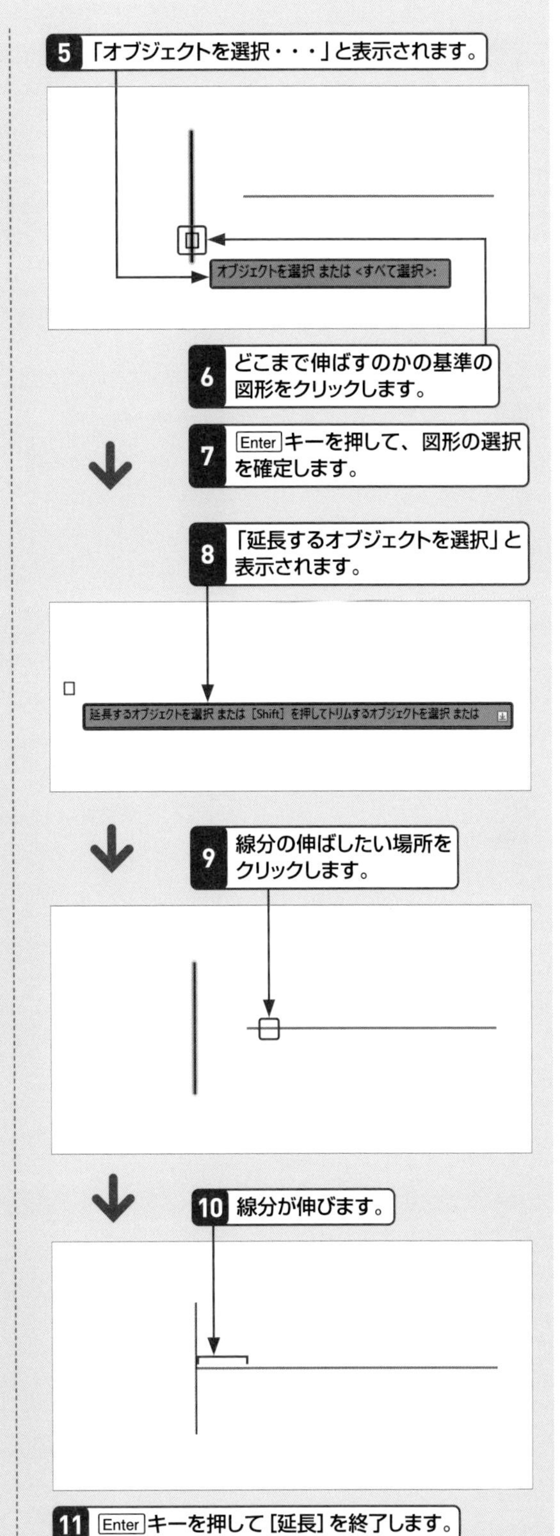

5 「オブジェクトを選択・・・」と表示されます。

6 どこまで伸ばすのかの基準の図形をクリックします。

7 Enter キーを押して、図形の選択を確定します。

8 「延長するオブジェクトを選択」と表示されます。

9 線分の伸ばしたい場所をクリックします。

10 線分が伸びます。

11 Enter キーを押して[延長]を終了します。

# Q 089 線を任意の図形まで切り取りたい!

## A [トリム]の[切り取りエッジ]オプションを使用します。

線を任意の図形まで切り取りたい場合は、[トリム]を実行します。任意の図形は[切り取りエッジ]オプションを使用すると選択することが可能です。

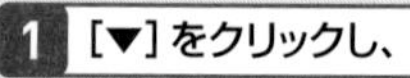
サンプル▶089.dwg

1 [▼]をクリックし、

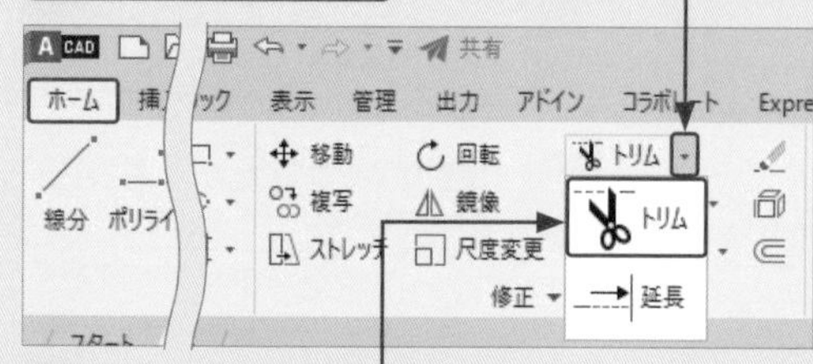
共有
ホーム
表示
管理
出力
アドイン
移動
回転
トリム
複写
鏡像
ストレッチ
尺度変更
線分
修正
延長

2 [トリム]をクリックします。

3 「トリムするオブジェクトを選択・・・」と表示されている場合は、右クリックします。

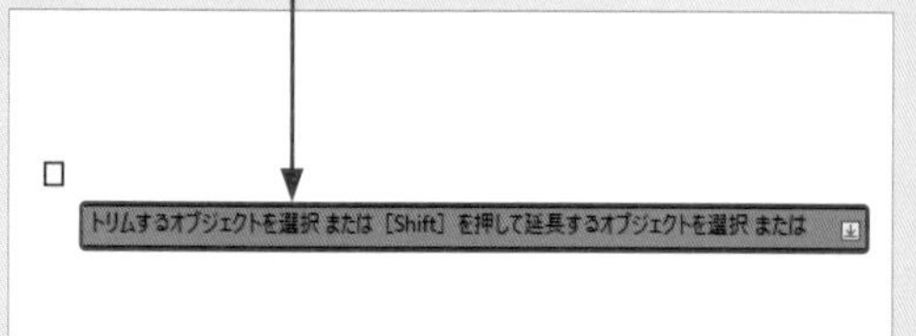
トリムするオブジェクトを選択 または [Shift] を押して延長するオブジェクトを選択 または

4 [切り取りエッジ]を選択します。

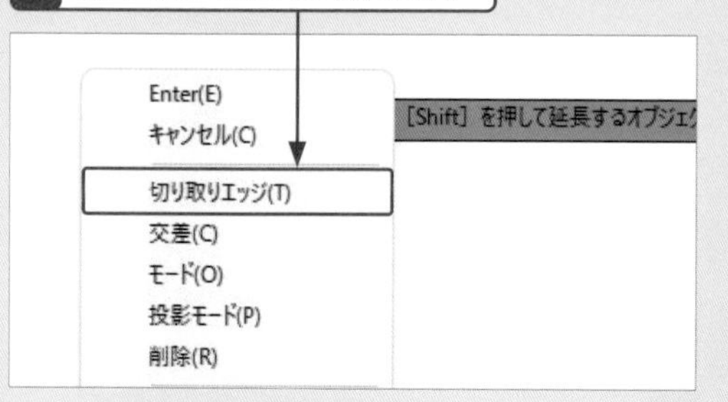
Enter(E)
キャンセル(C)
切り取りエッジ(T)
交差(C)
モード(O)
投影モード(P)
削除(R)
[Shift] を押して延長するオブジェク

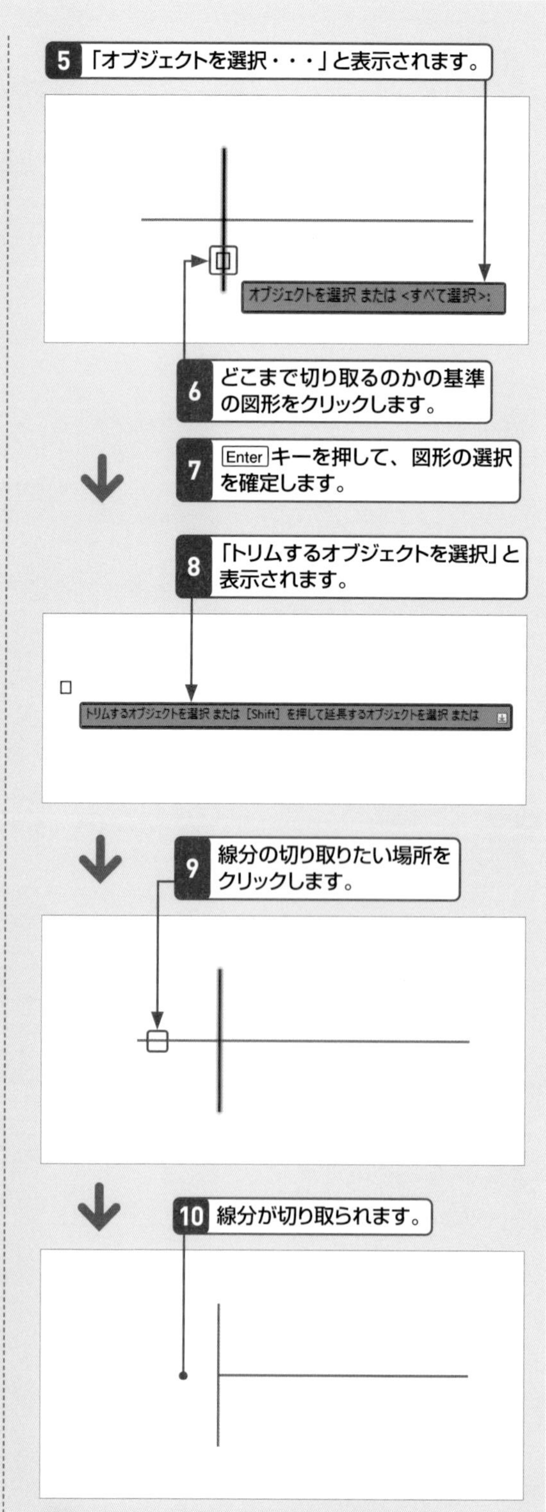
5 「オブジェクトを選択・・・」と表示されます。
オブジェクトを選択 または <すべて選択>:
6 どこまで切り取るのかの基準の図形をクリックします。
7 Enterキーを押して、図形の選択を確定します。
8 「トリムするオブジェクトを選択」と表示されます。
トリムするオブジェクトを選択 または [Shift] を押して延長するオブジェクトを選択 または
9 線分の切り取りたい場所をクリックします。
10 線分が切り取られます。
11 Enterキーを押して[トリム]を終了します。

AutoCADの概要
基本操作
線の作図と編集
図形の作図と挿入
図形の変形と移動
図形の選択と削除
画層とプロパティ
文字の作成
寸法の作成
注釈の作成
数値計測とブロック図形
レイアウトと印刷

重要度 ★★★

# Q 090 線を数値指定で長く／短くしたい！

## A [長さ変更]の[増減]オプションを使用します。

線の長さを数値指定で長く／短くしたい場合は、[長さ変更]を実行し、[増減]オプションを使用します。増減の長さにマイナスの数値を入力すると、短くなります。

サンプル ▶ 090.dwg

1 [修正▼]→[長さ変更]をクリックします。

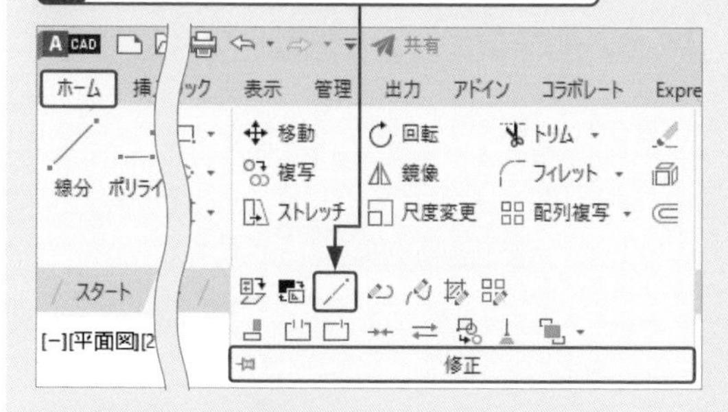

ホーム
表示
管理
出力
アドイン
コラボレート
移動
回転
トリム
複写
鏡像
フィレット
ストレッチ
尺度変更
配列複写
線分
修正
スタート


2 「計測するオブジェクトを選択」と表示されます。

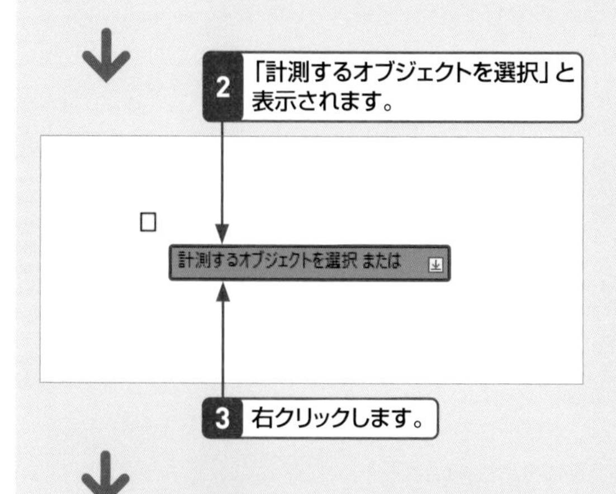

計測するオブジェクトを選択 または

3 右クリックします。

4 [増減]をクリックします。

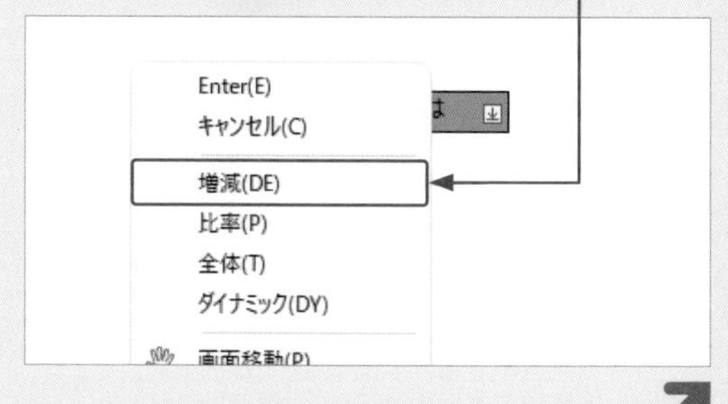

Enter(E)
キャンセル(C)
増減(DE)
比率(P)
全体(T)
ダイナミック(DY)


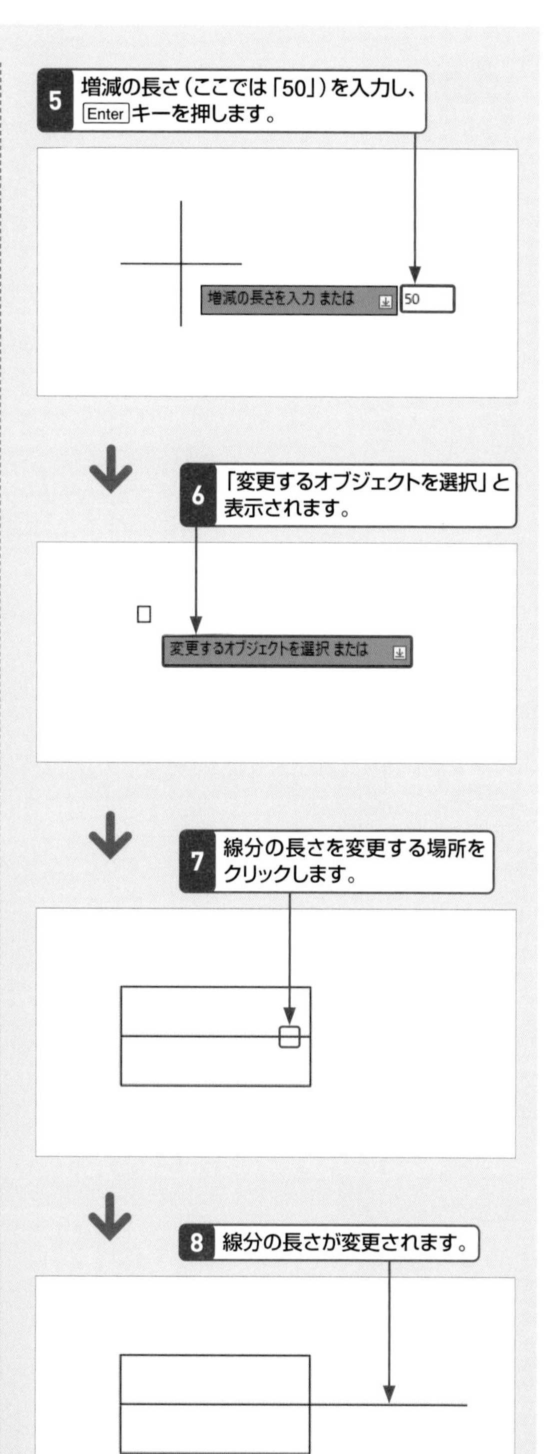

増減の長さを入力 または
50
変更するオブジェクトを選択 または


5 増減の長さ（ここでは「50」）を入力し、Enter キーを押します。

6 「変更するオブジェクトを選択」と表示されます。

7 線分の長さを変更する場所をクリックします。

8 線分の長さが変更されます。

9 Enter キーを押して[長さ変更]を終了します。

AutoCADの概要 / 基本操作 / 線の作図と編集 / 図形の作図と挿入 / 図形の変形と移動 / 図形の選択と削除 / 画層とプロパティ / 文字の作成 / 寸法の作成 / 注釈の作成 / 数値計測とブロック図形 / レイアウトと印刷

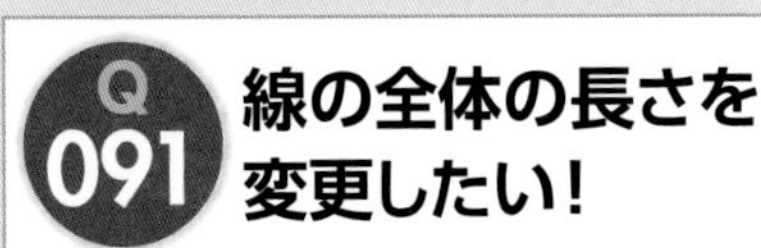

# Q 091 線の全体の長さを変更したい！

## A [長さ変更]の[全体]オプションを使用します。

線の全体の長さを変更したい場合は、[長さ変更]コマンドを実行し、[全体]オプションを使用します。

サンプル ▶ 091.dwg

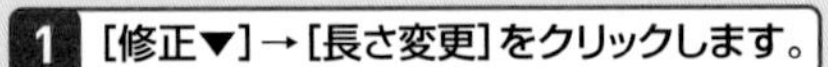

1 [修正▼]→[長さ変更]をクリックします。

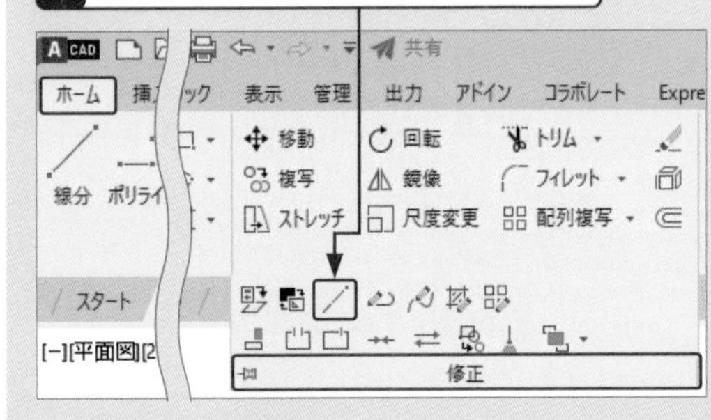

ホーム
表示
管理
出力
アドイン
コラボレート
移動
回転
トリム
複写
鏡像
フィレット
ストレッチ
尺度変更
配列複写
線分
スタート
修正


2 「計測するオブジェクトを選択」と表示されます。

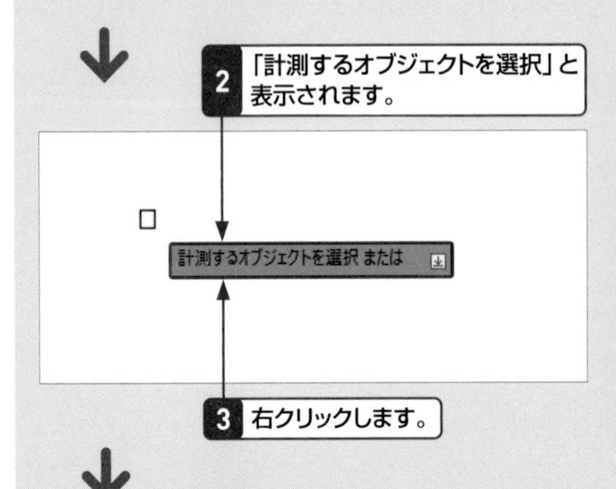

計測するオブジェクトを選択 または


3 右クリックします。

4 [全体]をクリックします。

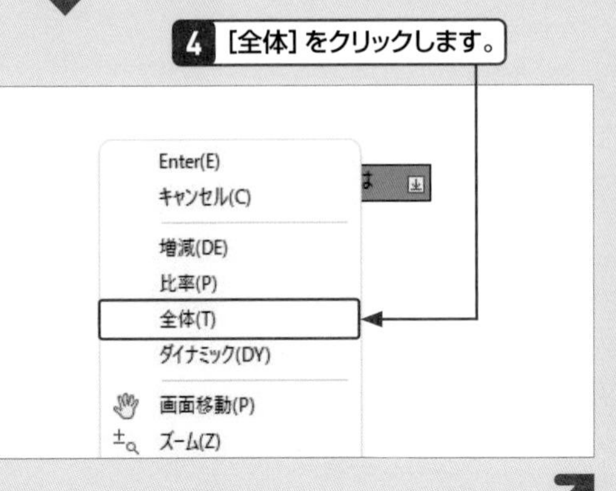

Enter(E)
キャンセル(C)
増減(DE)
比率(P)
全体(T)
ダイナミック(DY)
画面移動(P)
ズーム(Z)


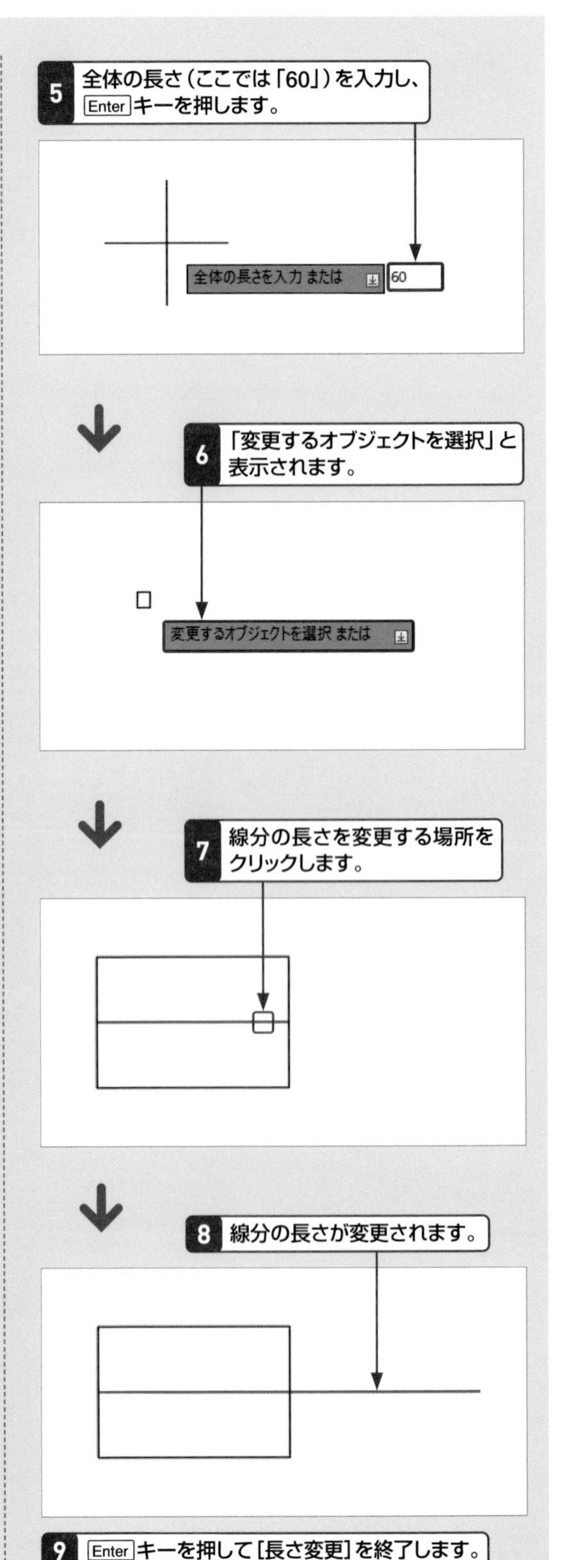

全体の長さを入力 または
60
変更するオブジェクトを選択 または


5 全体の長さ（ここでは「60」）を入力し、Enter キーを押します。

6 「変更するオブジェクトを選択」と表示されます。

7 線分の長さを変更する場所をクリックします。

8 線分の長さが変更されます。

9 Enter キーを押して[長さ変更]を終了します。

Q
092

# 線を2つに分けたい!

## A [点で部分削除]を実行します。

線を2つに分けたい場合は、[点で部分削除]を実行します。あらかじめ、分割する位置に目安となる図形を作成し、オブジェクトスナップなどで分割するとよいでしょう。

サンプル▶092.dwg

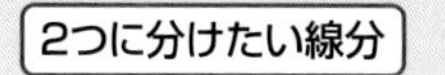
2つに分けたい線分

1 分割する位置に図形（ここでは線分）を作成します。

2 オブジェクトスナップをオンにします。

3 [▼]をクリックします。

4 使用するオブジェクトスナップを指定します（ここでは交点）。

端点
中点
中心
図心
点
四半円点
交点
延長
平行
オブジェクト スナップ設定...

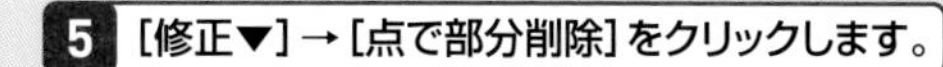
5 [修正▼]→[点で部分削除]をクリックします。

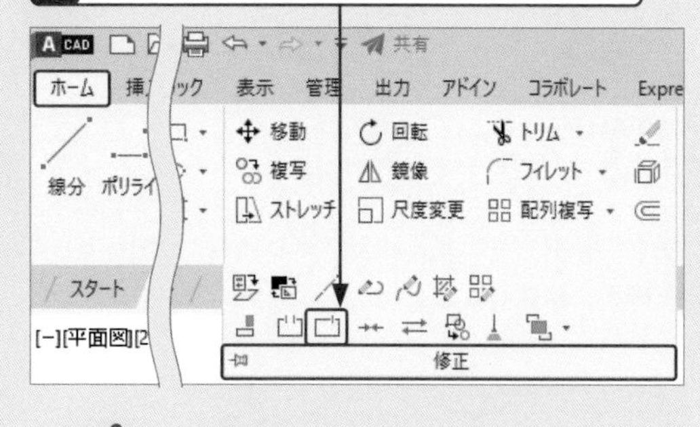
共有
ホーム
表示
管理
出力
アドイン
コラボレート
線分
移動
回転
トリム
複写
鏡像
フィレット
ストレッチ
尺度変更
配列複写
スタート
[−][平面図]
修正

6 分割する線分をクリックします。

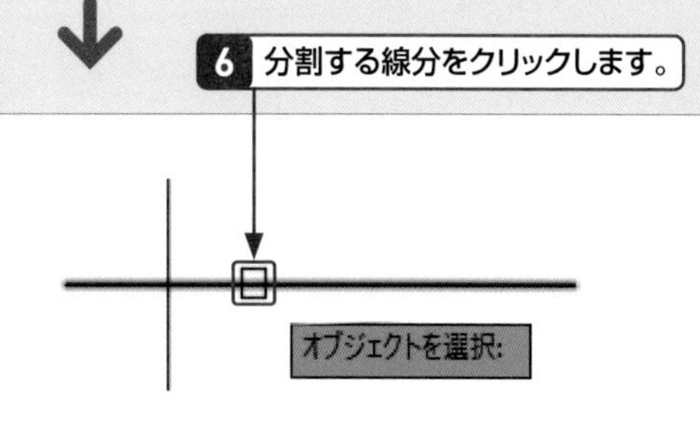
オブジェクトを選択:

7 分割位置をクリックします。

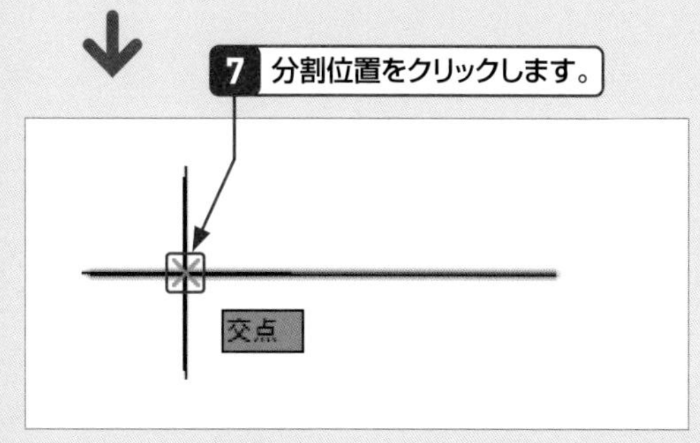
交点

8 線分が2つに分かれました。

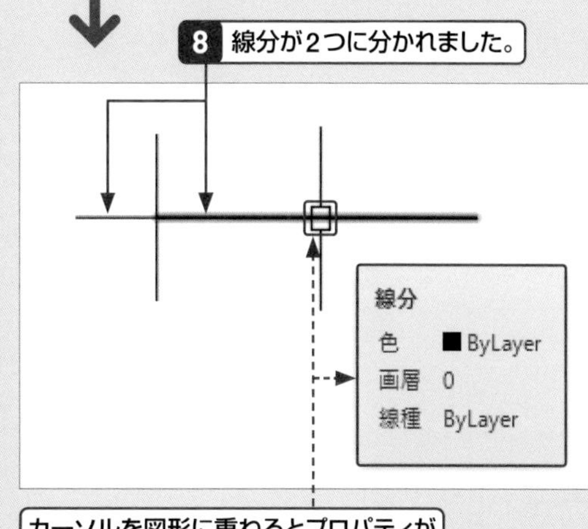
線分
色 ByLayer
画層 0
線種 ByLayer

カーソルを図形に重ねるとプロパティが表示されます。

AutoCAD の概要
基本操作
線の作図と編集
図形の作図と挿入
図形の変形と移動
図形の選択と削除
画層とプロパティ
文字の作成
寸法の作成
注釈の作成
数値計測とブロック図形
レイアウトと印刷

# Q 093 線を等分割したい!

## A [ディバイダ]を実行し点を線上に配置します。

線を等分割したい場合は、[ディバイダ]を実行し、点を線上に配置します。点の表示は[点スタイル管理]で変更します。実際に線分を分割するには、点の配置後に[点で部分削除]で分割してください。

参照▶Q 092 サンプル▶093.dwg

1 [ユーティリティ▼]→[点スタイル管理]をクリックします。

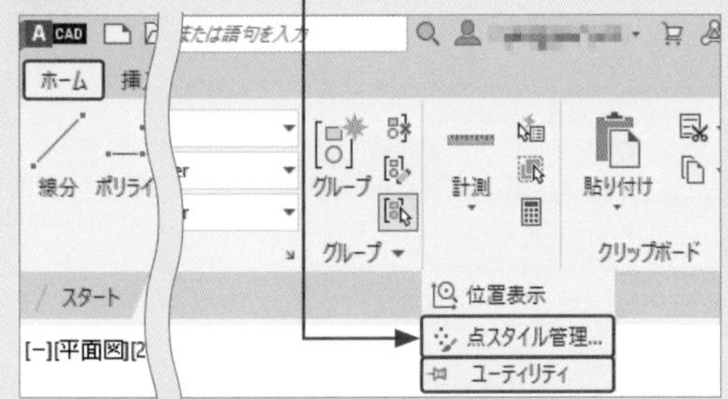
ホーム
線分
ポリライン
グループ
計測
貼り付け
グループ
クリップボード
スタート
[-][平面図]
位置表示
点スタイル管理...
ユーティリティ

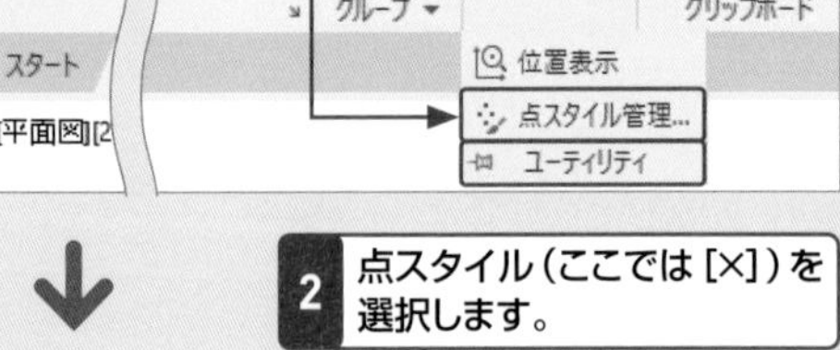

2 点スタイル(ここでは[×])を選択します。

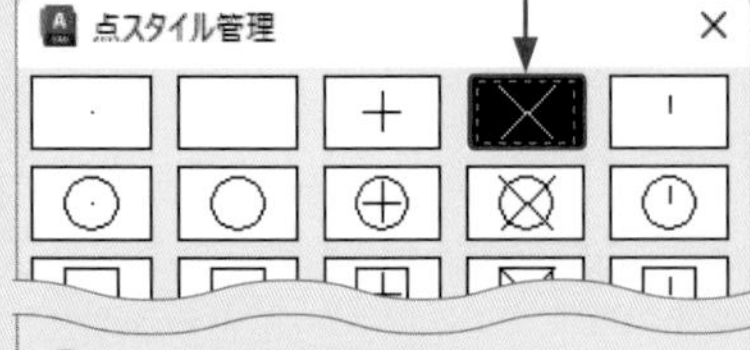
点スタイル管理

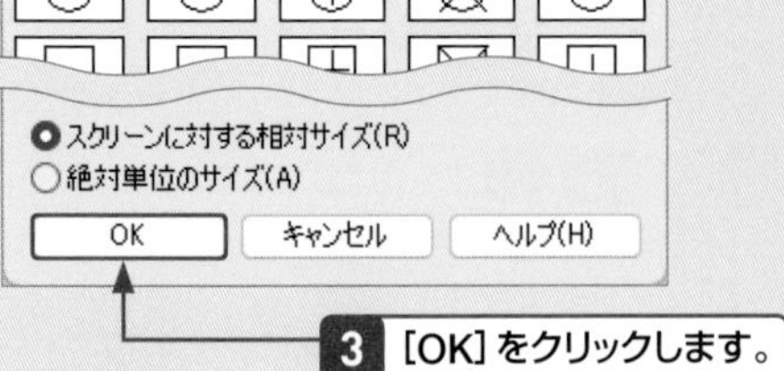
スクリーンに対する相対サイズ(R)
絶対単位のサイズ(A)
OK
キャンセル
ヘルプ(H)

3 [OK]をクリックします。

4 [作成▼]→[ディバイダ]をクリックします。

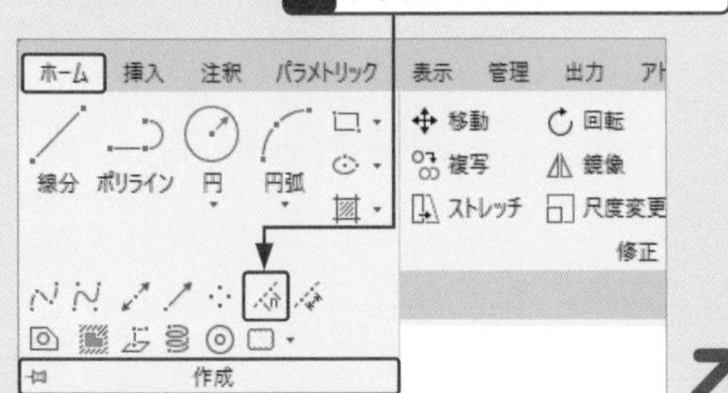
ホーム
挿入
注釈
パラメトリック
表示
管理
出力
線分
ポリライン
円
円弧
移動
回転
複写
鏡像
ストレッチ
尺度変更
修正
作成

5 分割する線分をクリックします。

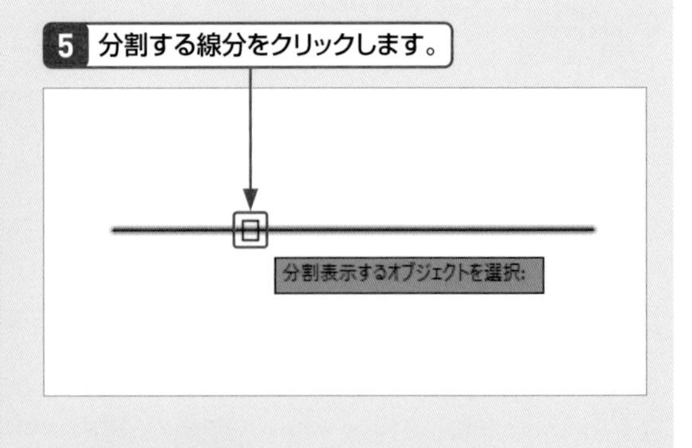
分割表示するオブジェクトを選択:

6 分割数(ここでは「5」)を入力し、Enterキーを押します。

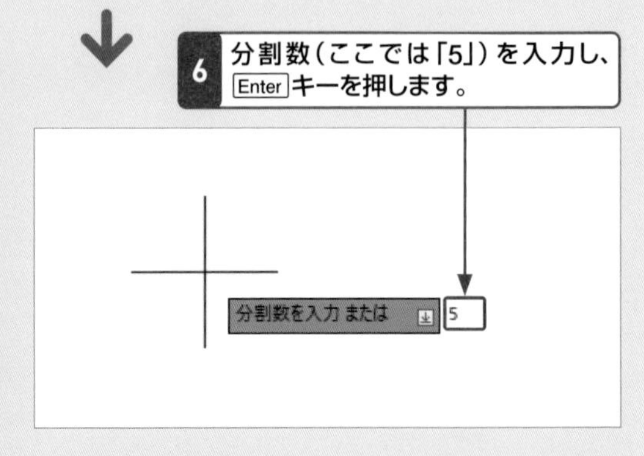
分割数を入力 または
5

7 分割位置に点が作成されます。

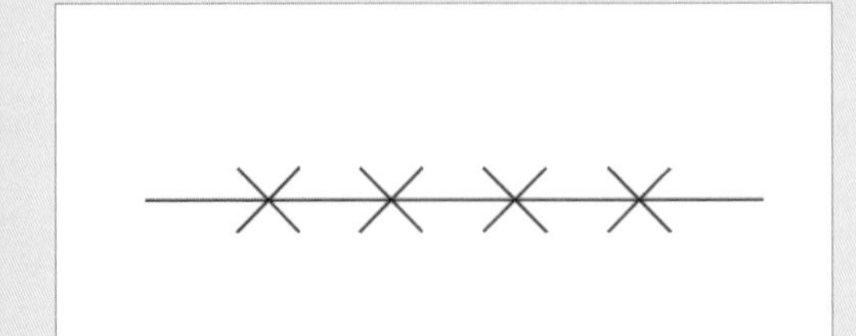

### [点で部分削除]で線分を分割するには

作成された点は、オブジェクトスナップの[点]を使用するとクリックすることができます。

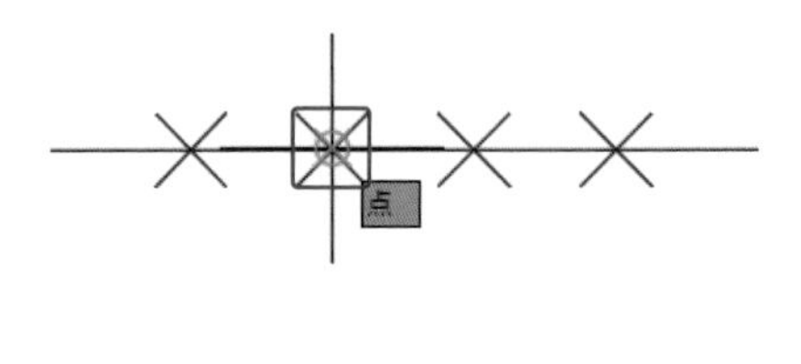
点



AutoCADの概要
基本操作
線の作図と編集
図形の作図と挿入
図形の変形と移動
図形の選択と削除
画層とプロパティ
文字の作成
寸法の作成
注釈の作成
数値計測とブロック図形
レイアウトと印刷

重要度 ★★★

# Q 094 線を一定の長さで分割したい!

**A** [計測]を実行し点を線上に配置します。

線を一定の長さで分割したい場合は、[計測]を実行し、点を線上に配置します。実際に線分を分割するには、点の配置後に[点で部分削除]で分割してください。点の表示は[点スタイル管理]で変更します。

参照▶Q 092 サンプル▶094.dwg

**1** [ユーティリティ▼]→[点スタイル管理]をクリックします。

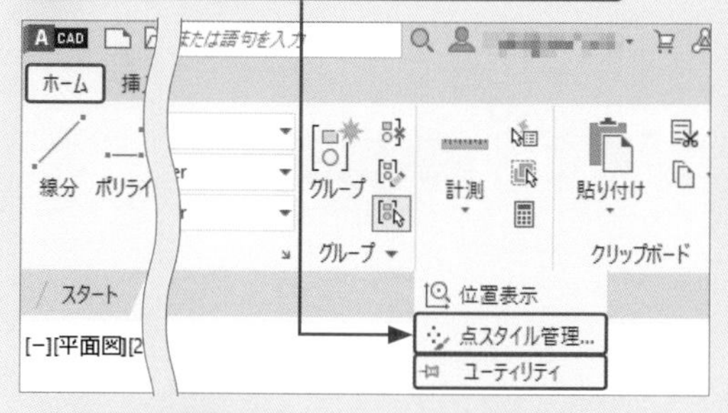

ホーム
線分
ポリライン
グループ
計測
貼り付け
グループ
クリップボード
スタート
[-][平面図][2
位置表示
点スタイル管理...
ユーティリティ


**2** 点スタイル(ここでは[×])を選択します。

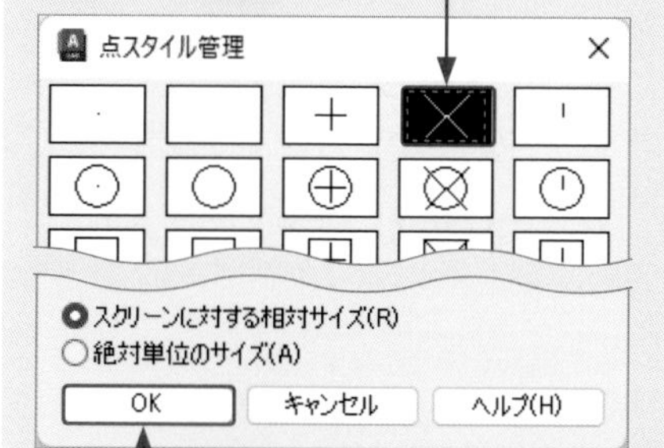

点スタイル管理
スクリーンに対する相対サイズ(R)
絶対単位のサイズ(A)
OK
キャンセル
ヘルプ(H)


**3** [OK]をクリックします。

**4** [作成▼]→[計測]をクリックします。

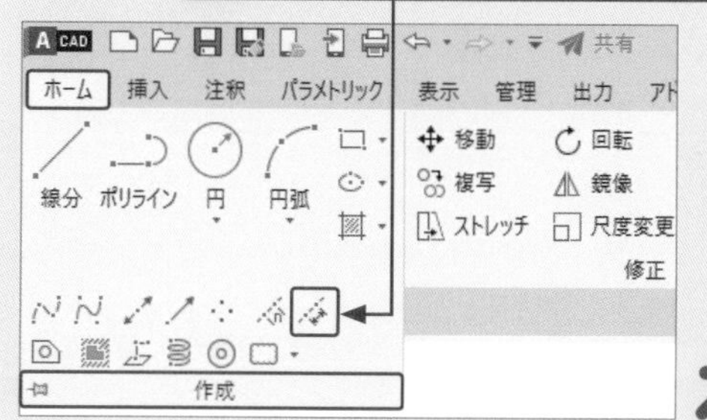

共有
ホーム
挿入
注釈
パラメトリック
表示
管理
出力
線分
ポリライン
円
円弧
移動
回転
複写
鏡像
ストレッチ
尺度変更
修正
作成


**5** 分割する線分をクリックします。

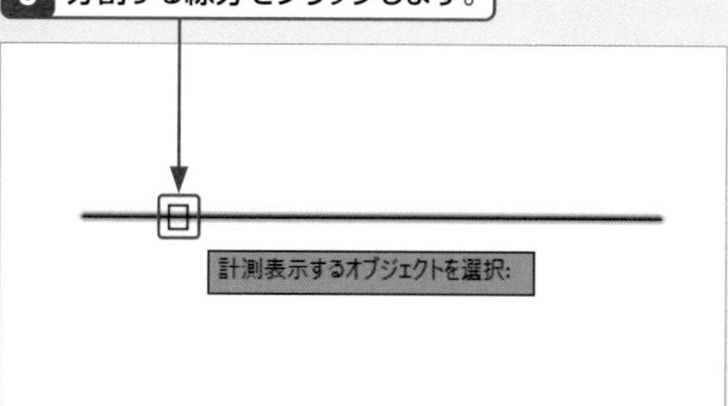

計測表示するオブジェクトを選択:


**6** 分割する長さ(ここでは「20」)を入力し、Enterキーを押します。

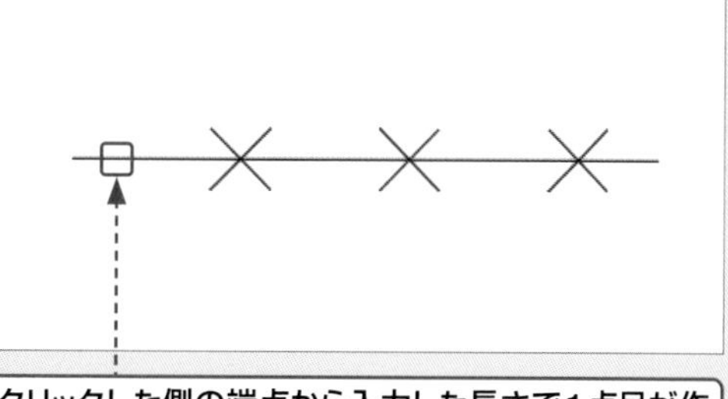

計測間隔を指定 または
20


**7** 分割位置に点が作成されます。

クリックした側の端点から入力した長さで1点目が作成されます。

### [点で部分削除]で線分を分割するには

作成された点は、オブジェクトスナップの[点]を使用するとクリックすることができます。

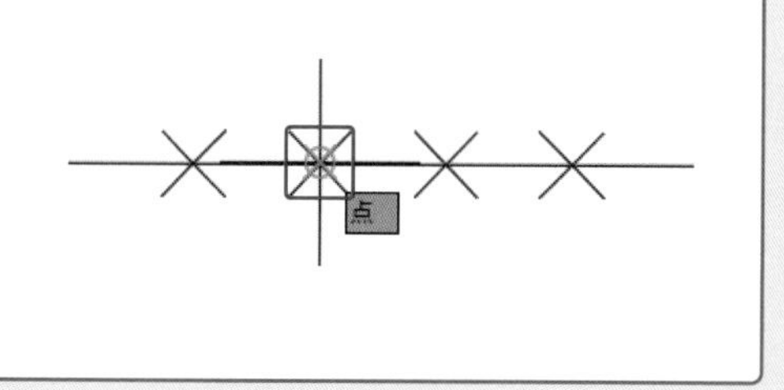

点

# Q 095 分割されている線を1本にしたい!

## A [結合]を実行します。

分割されている線を1本にしたい場合は、[結合]を実行します。このとき、1番最初に選んだ線分の画層やプロパティが適用されます。 サンプル▶095.dwg

線分が分割されています。

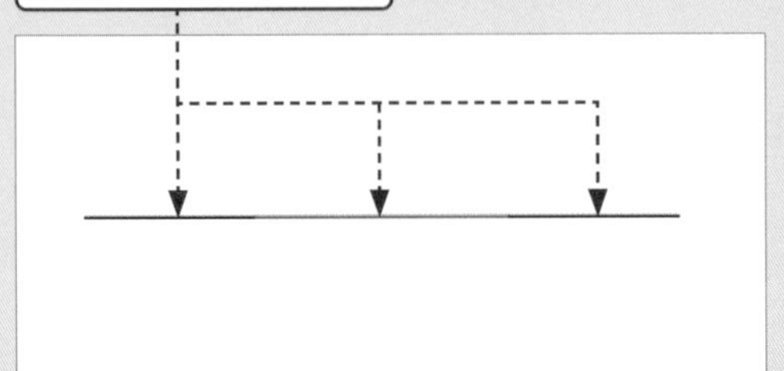

**1** [修正▼]→[結合]をクリックします。

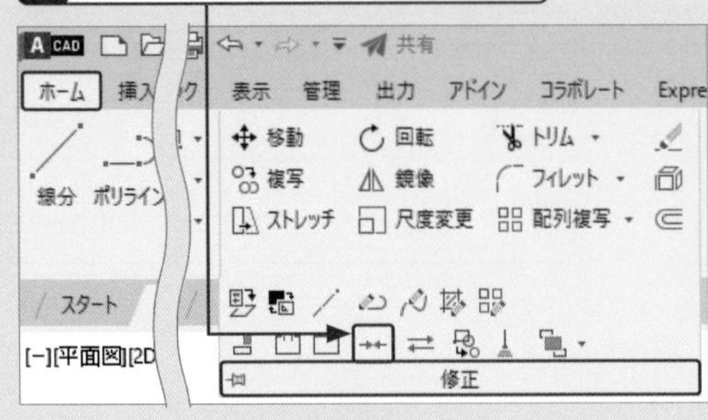
CAD
共有
ホーム
挿入
表示
管理
出力
アドイン
コラボレート
Expre
移動
回転
トリム
複写
鏡像
フィレット
ストレッチ
尺度変更
配列複写
線分
ポリライン
スタート
[–][平面図][2D
修正

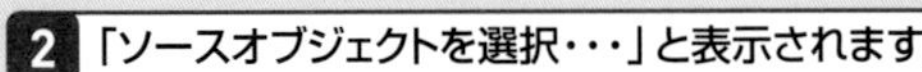
2 「ソースオブジェクトを選択・・・」と表示されます。

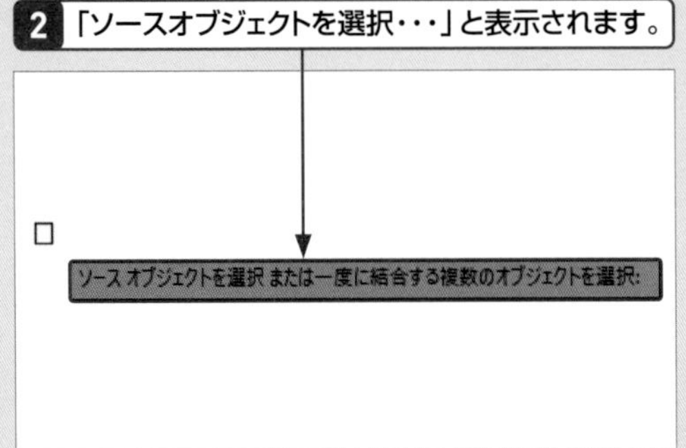
ソース オブジェクトを選択 または一度に結合する複数のオブジェクトを選択:

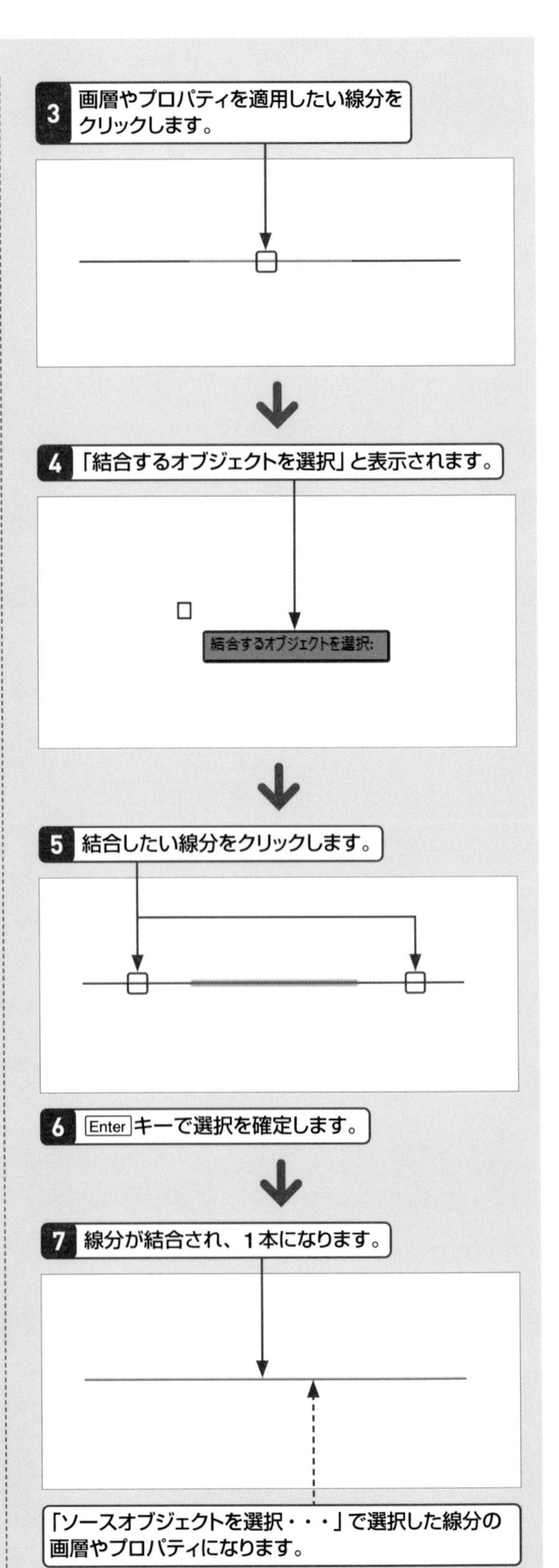
3 画層やプロパティを適用したい線分をクリックします。
4 「結合するオブジェクトを選択」と表示されます。
結合するオブジェクトを選択:
5 結合したい線分をクリックします。
6 Enter キーで選択を確定します。
7 線分が結合され、1本になります。
「ソースオブジェクトを選択・・・」で選択した線分の画層やプロパティになります。

AutoCADの概要
基本操作
線の作図と編集
図形の作図と挿入
図形の変形と移動
図形の選択と削除
画層とプロパティ
文字の作成
寸法の作成
注釈の作成
数値計測とブロック図形
レイアウトと印刷

# 4

# 図形の作図と挿入

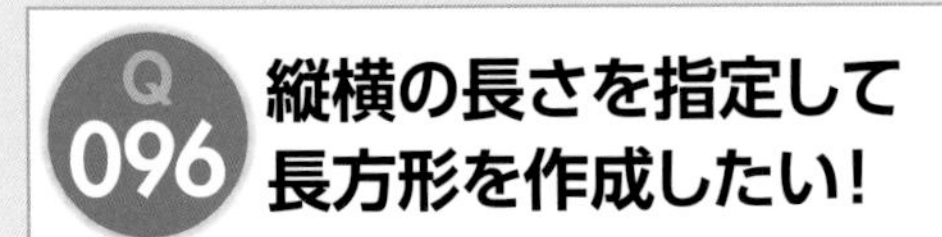
Q
096

# Q 096 縦横の長さを指定して長方形を作成したい！

**A** 2点目に相対座標で「X,Y」と入力します。

縦横の長さを指定して長方形を作成したい場合は、長方形の2点目に相対座標で「X,Y」と入力します。ただし、ダイナミック入力がオフの場合は「@X,Y」と入力してください。

サンプル▶096.dwg

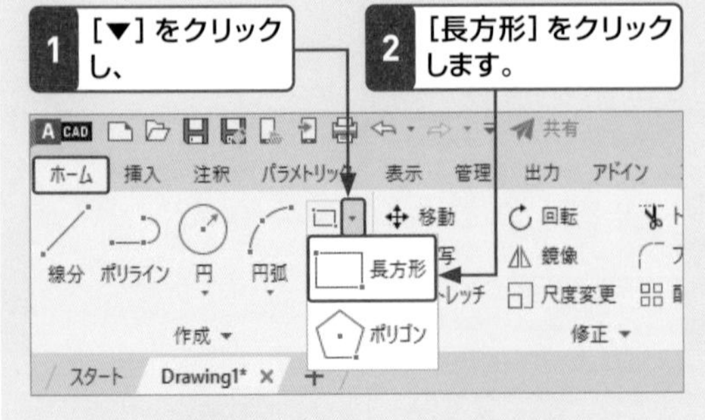
1 [▼] をクリックし、
2 [長方形] をクリックします。
ホーム
挿入
注釈
パラメトリック
表示
管理
出力
アドイン
共有
線分
ポリライン
円
円弧
長方形
ポリゴン
移動
回転
鏡像
尺度変更
作成
修正
スタート
Drawing1*

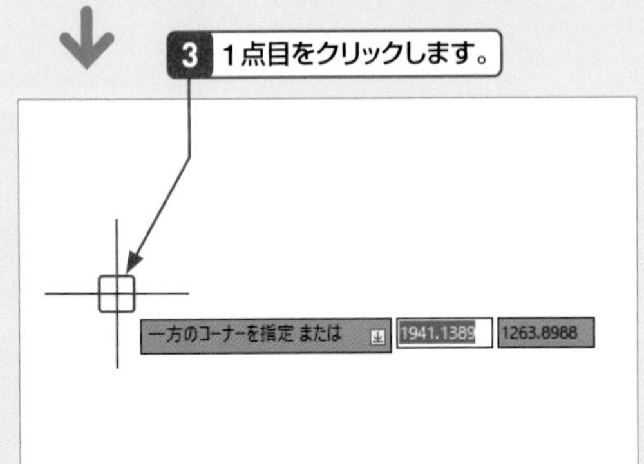
3 1点目をクリックします。
一方のコーナーを指定 または
1941.1389
1263.8988

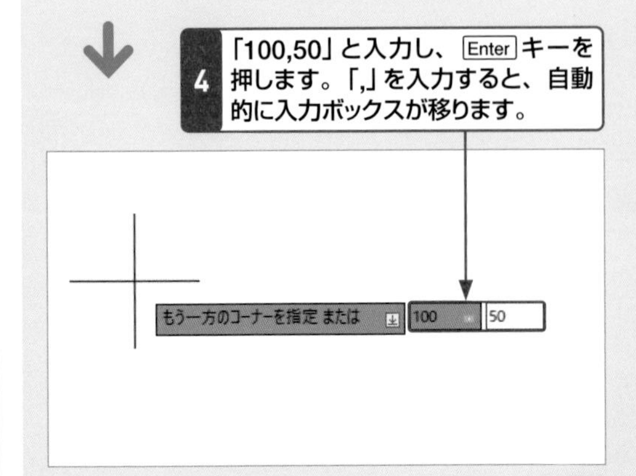
4 「100,50」と入力し、Enter キーを押します。「,」を入力すると、自動的に入力ボックスが移ります。
もう一方のコーナーを指定 または
100
50

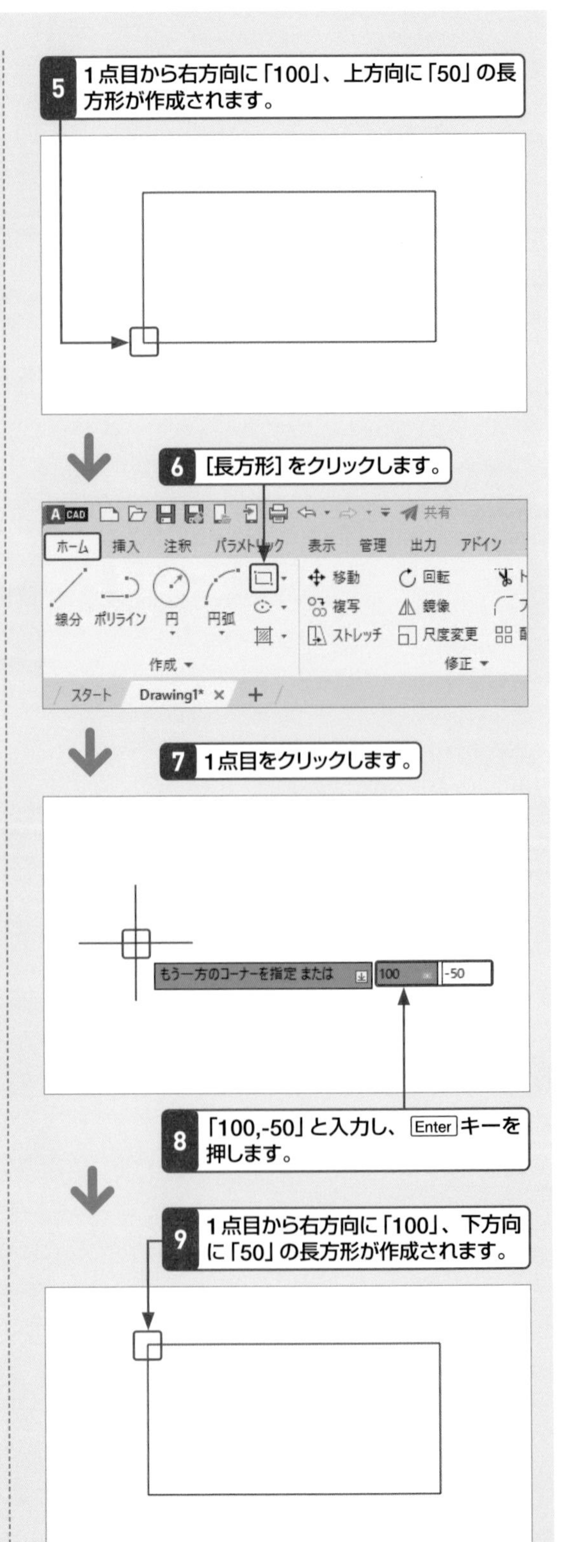
5 1点目から右方向に「100」、上方向に「50」の長方形が作成されます。
6 [長方形] をクリックします。
ホーム
挿入
注釈
パラメトリック
表示
管理
出力
アドイン
共有
線分
ポリライン
円
円弧
移動
複写
ストレッチ
回転
鏡像
尺度変更
作成
修正
スタート
Drawing1*
7 1点目をクリックします。
もう一方のコーナーを指定 または
100
-50
8 「100,-50」と入力し、Enter キーを押します。
9 1点目から右方向に「100」、下方向に「50」の長方形が作成されます。

# Q 097 斜めに長方形を作成したい！

## A UCS(ユーザ座標系)でXY軸を変更します。

斜め方向に長方形を作成したい場合は、UCS(ユーザ座標系)でXY軸を変更して作成します。なお、この操作を行う場合は、事前にUCSパネルをリボンに表示しておきます。 参照▶Q 053 サンプル▶097.dwg

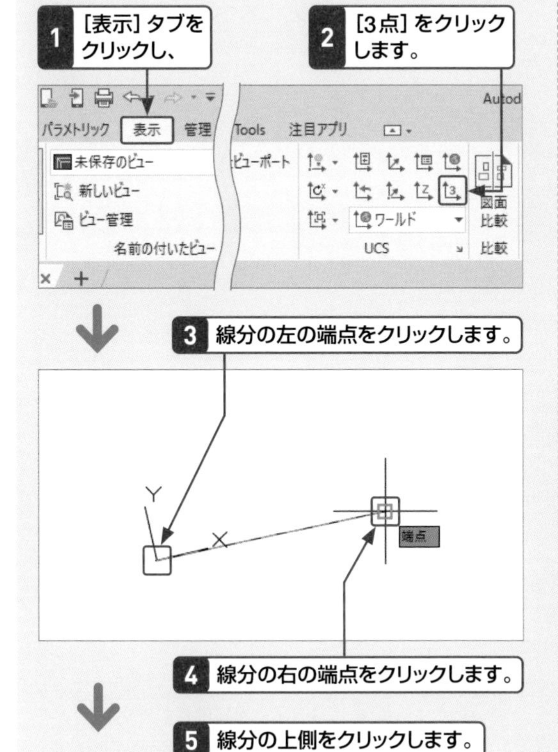

1 [表示] タブをクリックし、
2 [3点] をクリックします。
パラメトリック
表示
管理
Tools
注目アプリ
未保存のビュー
新しいビュー
ビュー管理
名前の付いたビュー
ビューポート
ワールド
UCS
図面比較
比較
3 線分の左の端点をクリックします。
端点
4 線分の右の端点をクリックします。


5 線分の上側をクリックします。

UCS XY 平面の Y 座標上での正の点を指定 <45.3242,22.5003,0.0000>

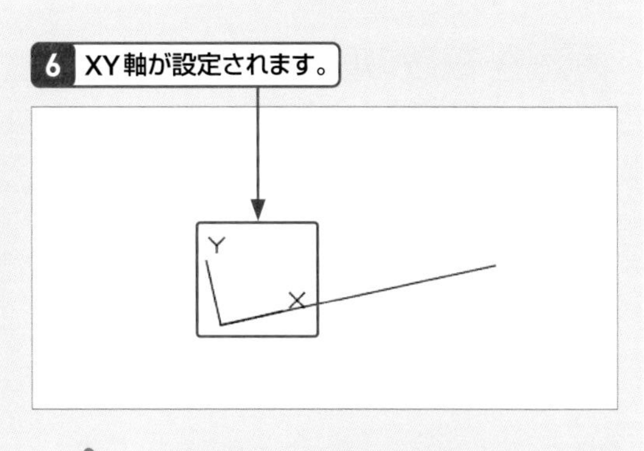

6 XY軸が設定されます。
Y
X


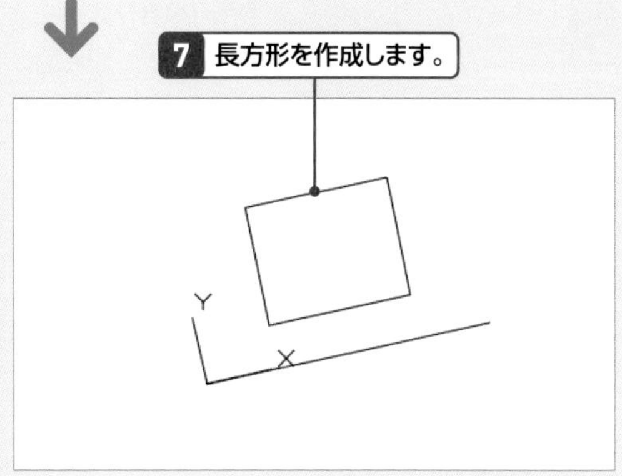

7 長方形を作成します。
Y
X


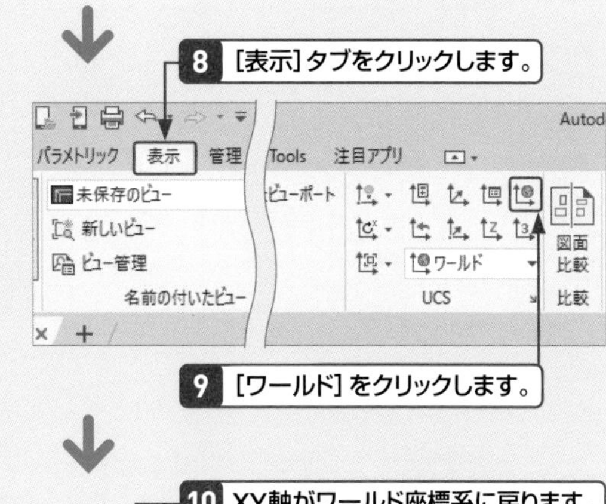

8 [表示] タブをクリックします。
パラメトリック
表示
管理
Tools
注目アプリ
未保存のビュー
新しいビュー
ビュー管理
名前の付いたビュー
ビューポート
ワールド
UCS
図面比較
比較
9 [ワールド] をクリックします。


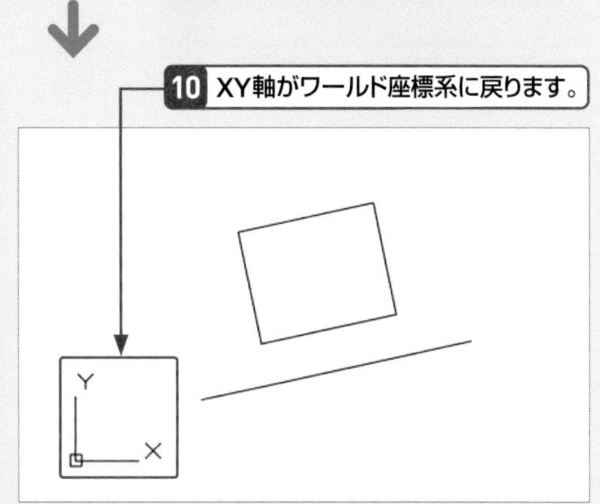

10 XY軸がワールド座標系に戻ります。
Y
X

# Q 098 複数の図形で囲まれた多角形を作成したい!

## A [境界作成]でポリラインを作成します。

複数の図形で囲まれた部分に多角形を作成するには、[境界作成]コマンドでポリラインを作成します。

サンプル ▶ 098.dwg

1 [▼]をクリックし、

2 [境界作成]をクリックします。

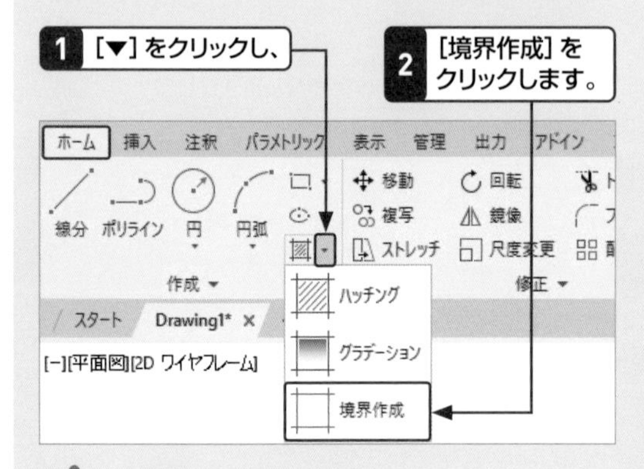

ホーム
挿入
注釈
パラメトリック
表示
管理
出力
アドイン
線分
ポリライン
円
円弧
移動
回転
複写
鏡像
ストレッチ
尺度変更
作成
修正
ハッチング
グラデーション
境界作成
スタート
Drawing1*
[−][平面図][2D ワイヤフレーム]


3 [新規境界セット作成]をクリックします。

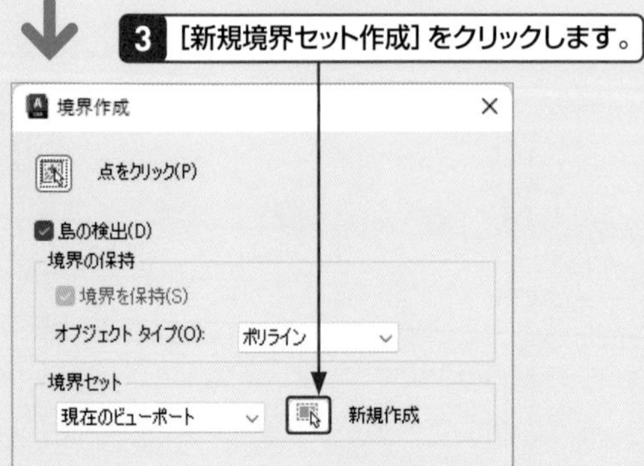

境界作成
点をクリック(P)
島の検出(D)
境界の保持
境界を保持(S)
オブジェクト タイプ(O):
ポリライン
境界セット
現在のビューポート
新規作成
OK
キャンセル
ヘルプ


4 多角形を作成する図形(ここでは5つの線分)を選択します。

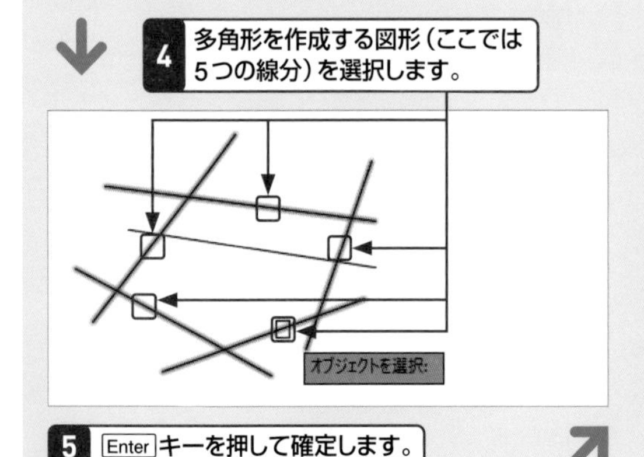

オブジェクトを選択:


5 Enter キーを押して確定します。

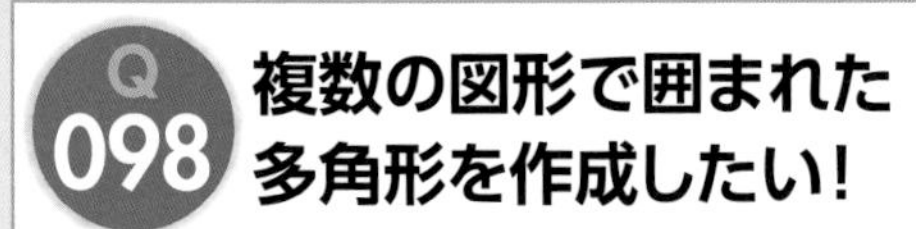

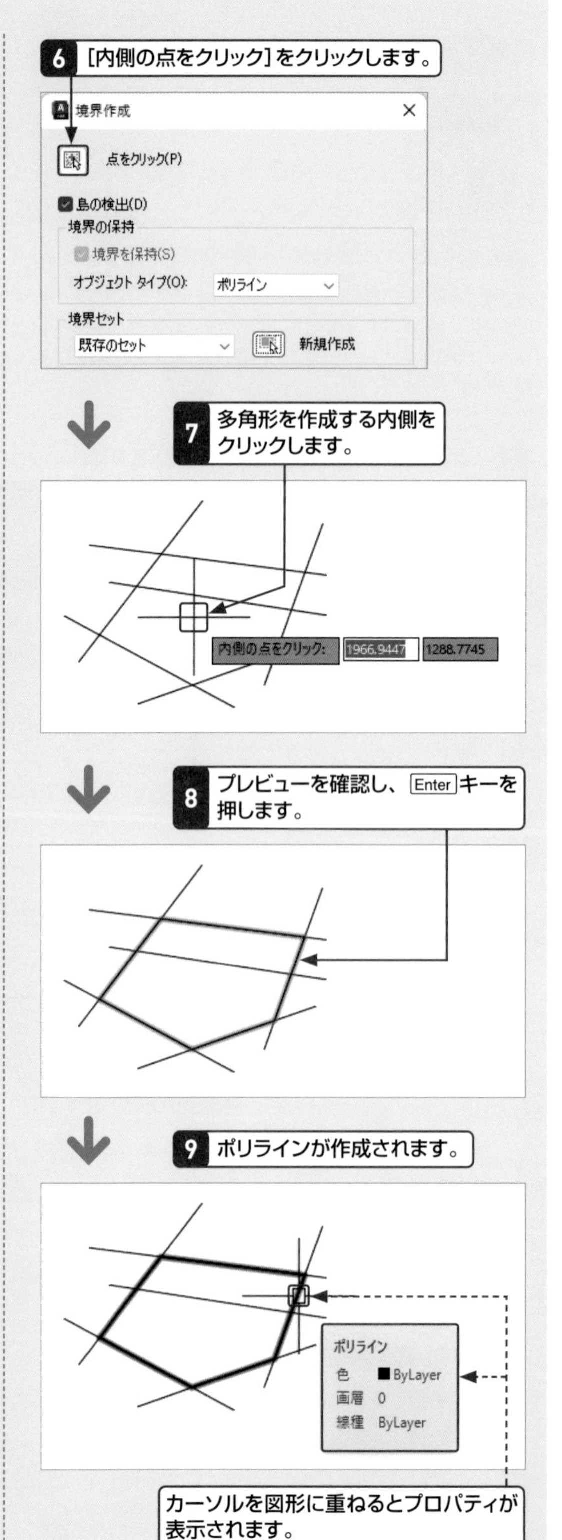

6 [内側の点をクリック]をクリックします。
境界作成
点をクリック(P)
島の検出(D)
境界の保持
境界を保持(S)
オブジェクト タイプ(O):
ポリライン
境界セット
既存のセット
新規作成
7 多角形を作成する内側をクリックします。
内側の点をクリック:
1966.9447
1288.7745
8 プレビューを確認し、Enter キーを押します。
9 ポリラインが作成されます。
ポリライン
色
ByLayer
画層
0
線種
ByLayer
カーソルを図形に重ねるとプロパティが表示されます。

# Q 099 正多角形を作成したい!

## A [ポリゴン]の[エッジ]オプションを使用します。

正多角形を作成したい場合は、[ポリゴン]の[エッジ]オプションを使用し、正多角形の一辺の長さを入力します。

サンプル ▶ 099.dwg

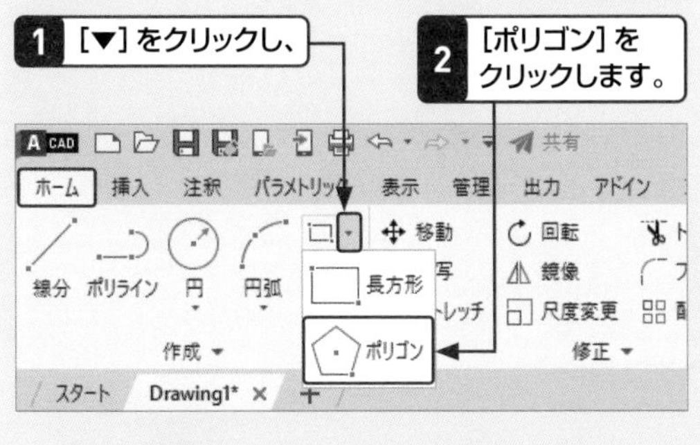
1 [▼] をクリックし、
2 [ポリゴン] をクリックします。
共有
ホーム
挿入
注釈
パラメトリック
表示
管理
出力
アドイン
移動
回転
鏡像
尺度変更
長方形
ポリゴン
線分
ポリライン
円
円弧
作成
修正
スタート
Drawing1*

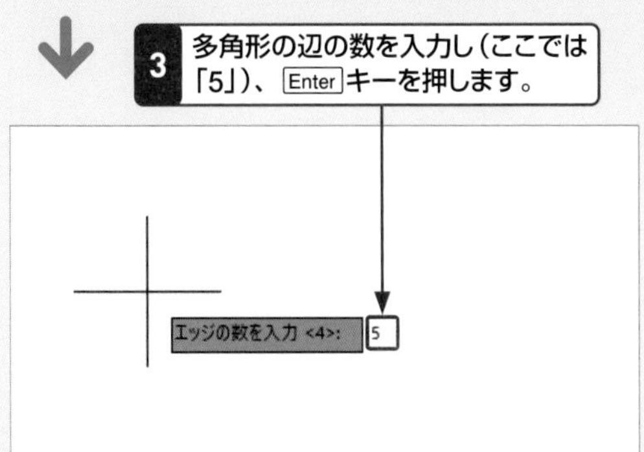
3 多角形の辺の数を入力し(ここでは「5」)、Enter キーを押します。
エッジの数を入力 <4>:
5

4 作図領域を右クリックし、メニューから[エッジ] を選択します。

Enter(E)
キャンセル(C)
最近の入力
ダイナミック入力
エッジ(E)
優先オブジェクト スナップ(V)
画面移動(P)
ズーム(Z)
SteeringWheels
クイック計算
89.2738

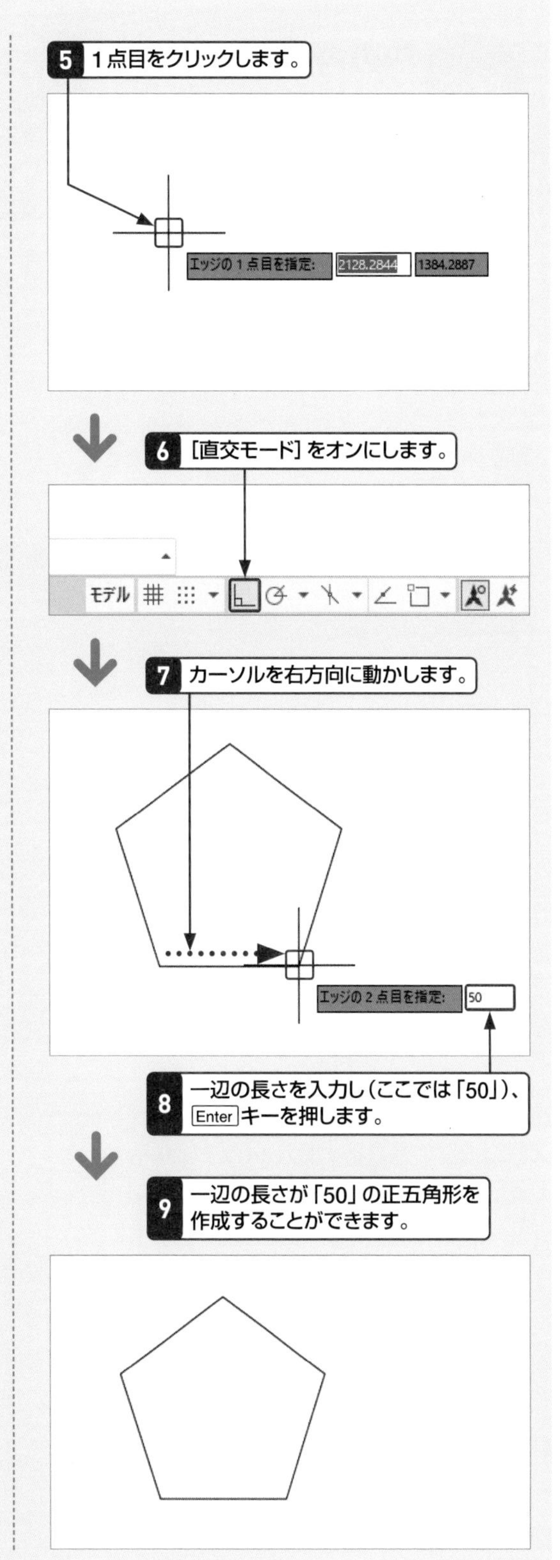
5 1点目をクリックします。
エッジの 1 点目を指定:
2128.2844
1384.2887
6 [直交モード] をオンにします。
モデル
7 カーソルを右方向に動かします。
エッジの 2 点目を指定:
50
8 一辺の長さを入力し(ここでは「50」)、Enter キーを押します。
9 一辺の長さが「50」の正五角形を作成することができます。

# Q100 円の内側に正多角形を作成したい!

## A [ポリゴン]の[内接]オプションを使用します。

円の内側に正多角形を作成したい場合は、[ポリゴン]の[内接]オプションを使用し、円の中心点と半径を指定します。また、[外接]オプションを使用すると、円に接する正多角形を作成することができます。

サンプル▶100.dwg

1 [▼]をクリックします。

2 [ポリゴン]をクリックします。

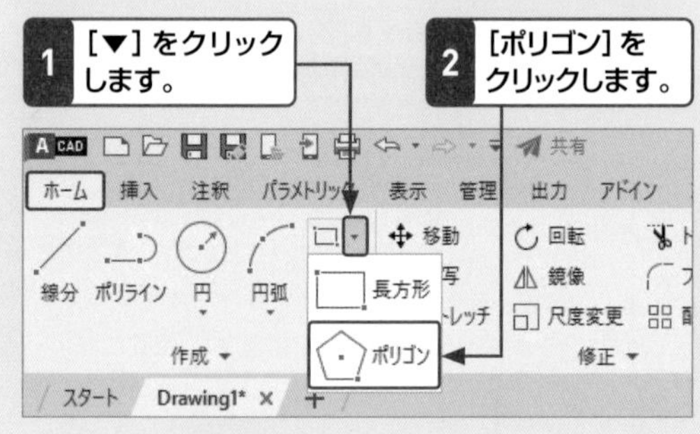
ホーム
挿入
注釈
パラメトリック
表示
管理
出力
アドイン
共有
線分
ポリライン
円
円弧
長方形
ポリゴン
移動
回転
鏡像
尺度変更
作成
修正
スタート
Drawing1*

3 多角形の辺の数を入力し(ここでは「5」)、Enterキーを押します。

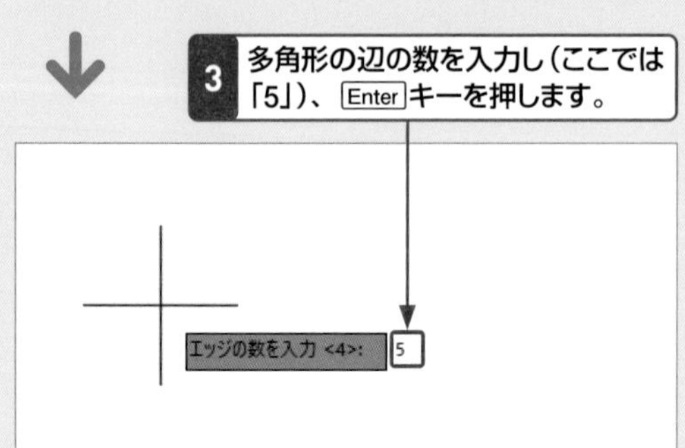
エッジの数を入力 <4>:
5

4 円の中心点をクリックします。中心のオブジェクトスナップが表示されない場合は、円周上にカーソルを当ててください。

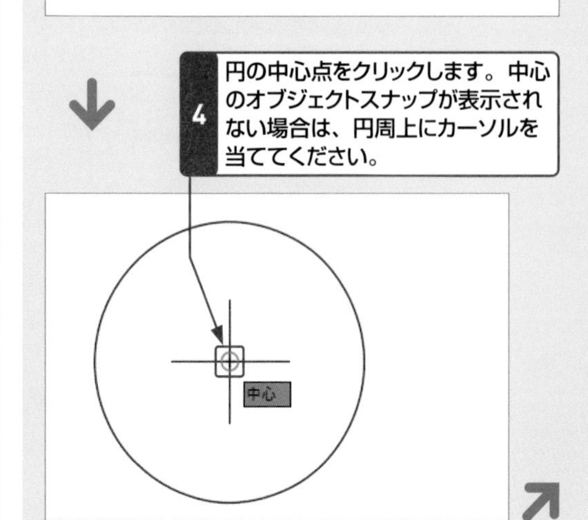
中心

5 [内接]をクリックして選択します。

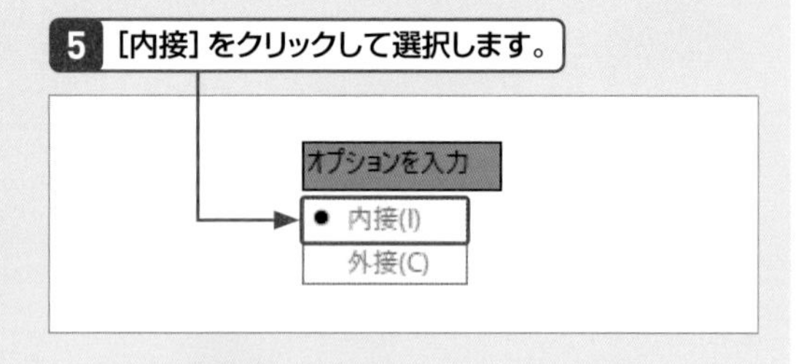
オプションを入力
内接(I)
外接(C)

6 円の半径を入力し(ここでは「50」を入力)、Enterキーを押します。

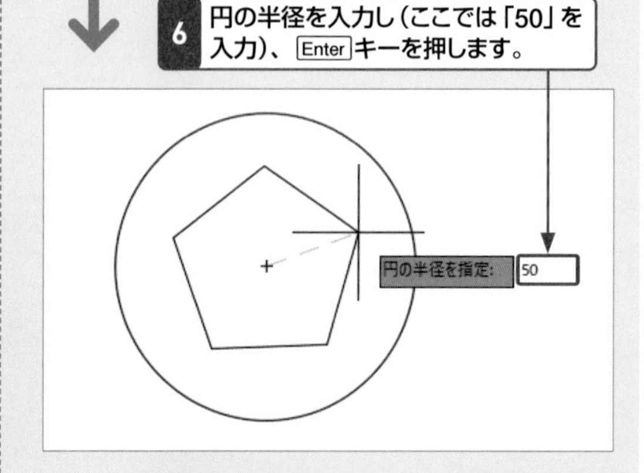
円の半径を指定:
50

7 円の内側に正五角形を作成することができます。

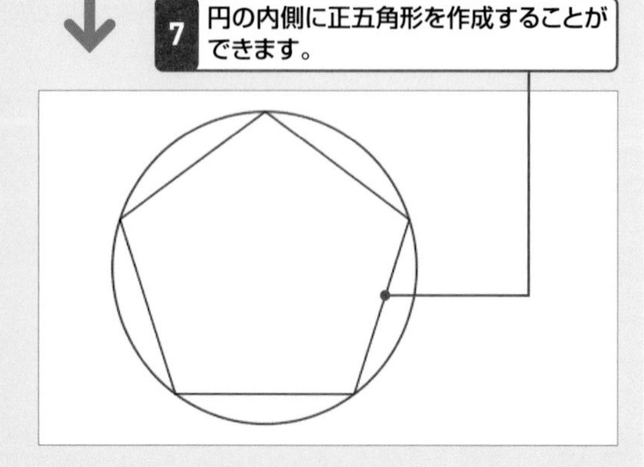

### [外接]オプション

[外接]オプションを使用した場合は、円に接する正多角形を作成することができます。

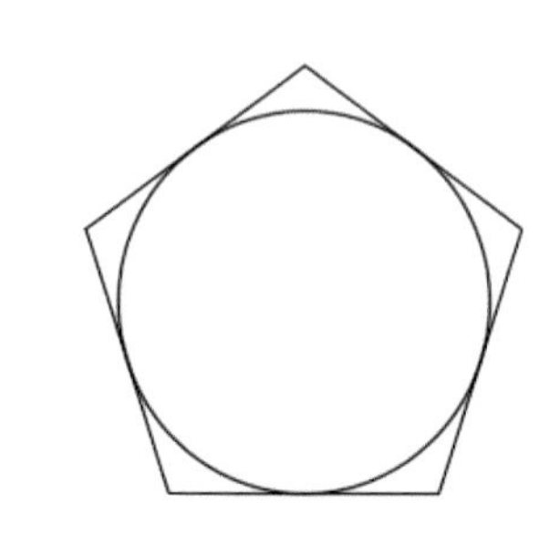

# Q 101 長方形や多角形を太く表示したい！

## A プロパティパレットの[グローバル幅]を変更します。

長方形や多角形を太く表示したい場合は、プロパティパレットでポリラインのプロパティである[グローバル幅]を変更します。既定値は「0」となっています。 サンプル▶101.dwg

1 [表示]タブをクリックします。

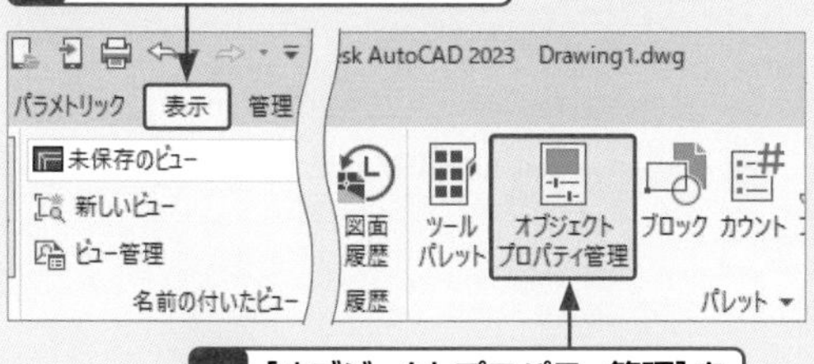
sk AutoCAD 2023　Drawing1.dwg
パラメトリック
表示
管理
未保存のビュー
新しいビュー
ビュー管理
名前の付いたビュー
図面履歴
履歴
ツールパレット
オブジェクトプロパティ管理
ブロック
カウント
パレット

2 [オブジェクトプロパティ管理]をクリックしてオンにします。

3 長方形（ポリライン）をクリックして選択します。

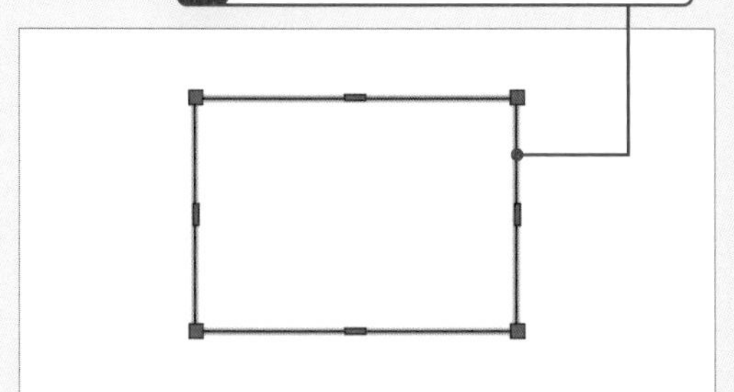

4 [グローバル幅]を入力し（ここでは「100」）、Enterキーを押します。

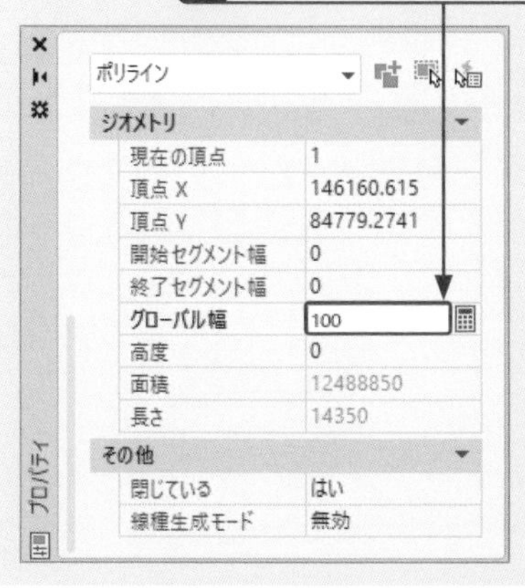
ポリライン
ジオメトリ
現在の頂点　1
頂点 X　146160.615
頂点 Y　84779.2741
開始セグメント幅　0
終了セグメント幅　0
グローバル幅　100
高度　0
面積　12488850
長さ　14350
その他
閉じている　はい
線種生成モード　無効
プロパティ

5 グローバル幅が適用され、太く表示されます。

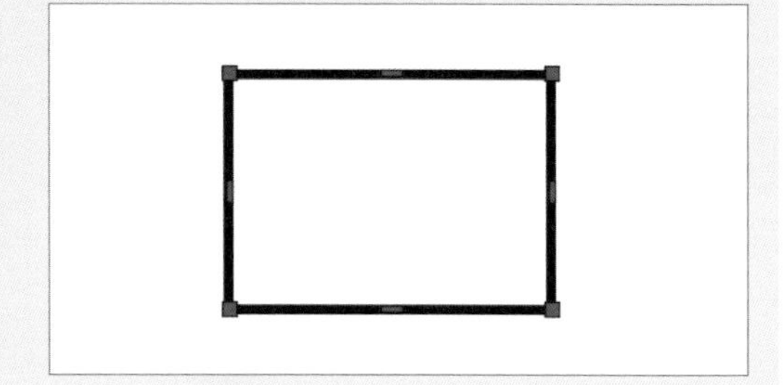

6 元に戻す場合は、[グローバル幅]に「0」を入力し、Enterキーを押します。

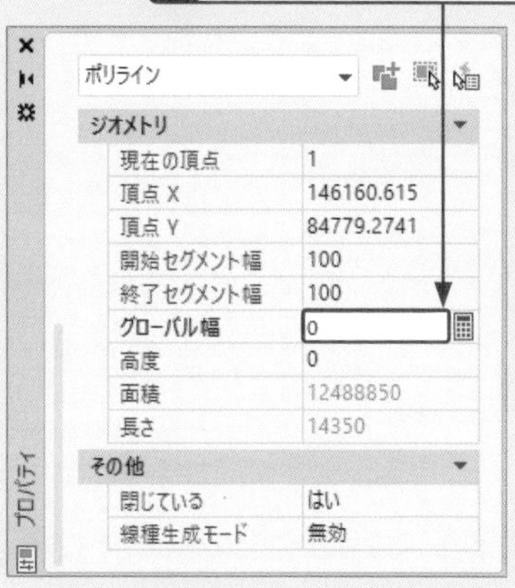
ポリライン
ジオメトリ
現在の頂点　1
頂点 X　146160.615
頂点 Y　84779.2741
開始セグメント幅　100
終了セグメント幅　100
グローバル幅　0
高度　0
面積　12488850
長さ　14350
その他
閉じている　はい
線種生成モード　無効
プロパティ

7 太さが元に戻ります。

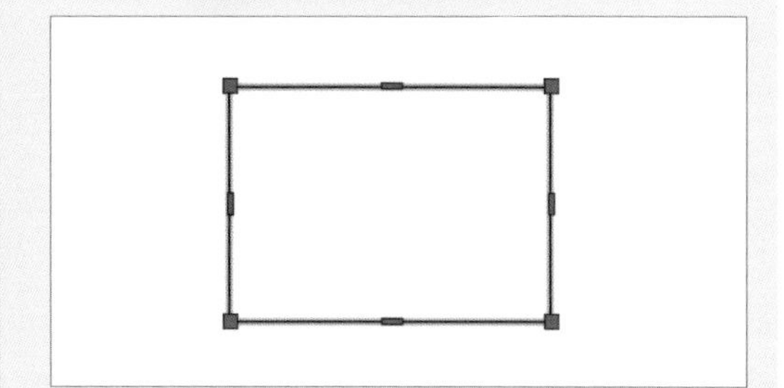

8 Escキーを押して選択を解除します。

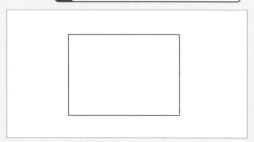

# Q 102 円を作成したい！

**A** リボンから円の作成方法を選択します。

円を作成するには、リボンから円の作成方法を選択します。中心点と半径や直径を入力する方法や、2本の線に接する円を作成する方法などがあります。

サンプル▶102.dwg

## ● [中心、半径] コマンドで作成する

1 [円▼] をクリックし、
2 [中心、半径] をクリックします。

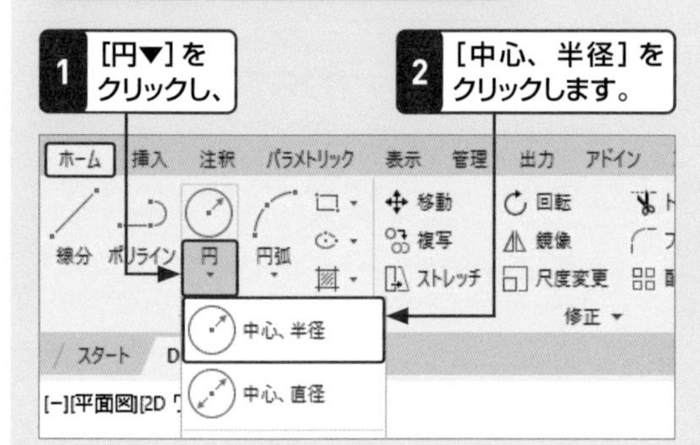

ホーム
挿入
注釈
パラメトリック
表示
管理
出力
アドイン
線分
ポリライン
円
円弧
移動
複写
ストレッチ
回転
鏡像
尺度変更
修正
中心、半径
中心、直径
スタート
[−][平面図][2D


3 円の中心点をクリックします。

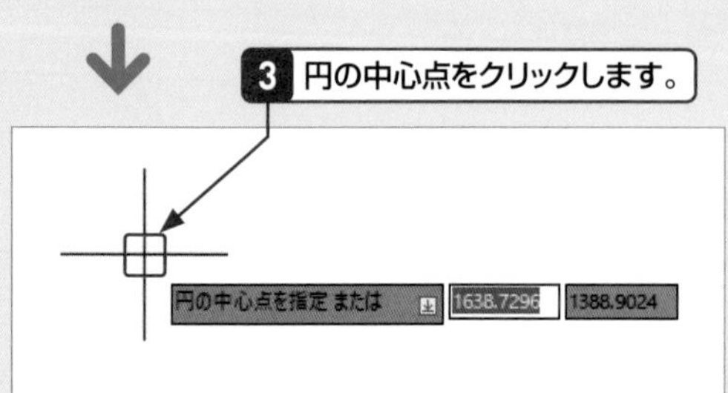

円の中心点を指定 または
1638.7296
1388.9024


4 半径を入力し（ここでは「50」）、Enter キーを押します。

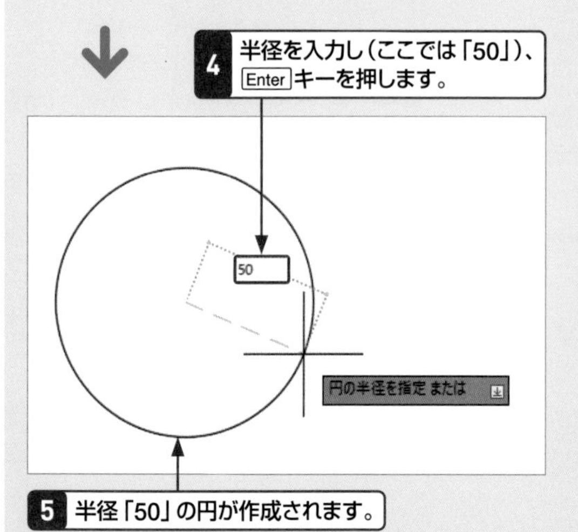

50
円の半径を指定 または


5 半径「50」の円が作成されます。

## ● [接点、接点、半径] コマンドで作成する

1 [円▼] をクリックします。
2 [接点、接点、半径] をクリックします。

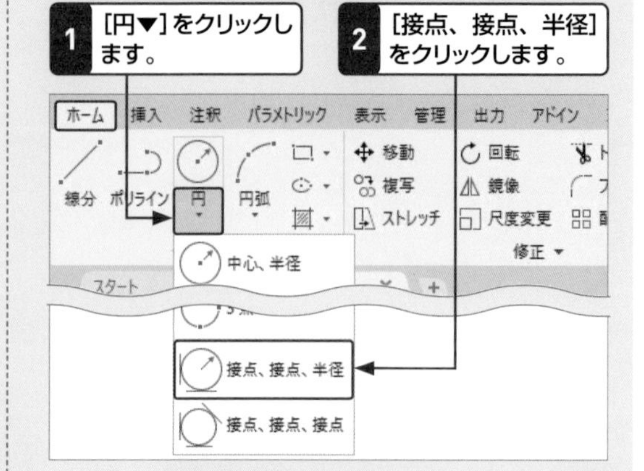

ホーム
挿入
注釈
パラメトリック
表示
管理
出力
アドイン
線分
ポリライン
円
円弧
移動
複写
ストレッチ
回転
鏡像
尺度変更
修正
中心、半径
スタート
接点、接点、半径
接点、接点、接点


3 円に接する線分を2つクリックします。

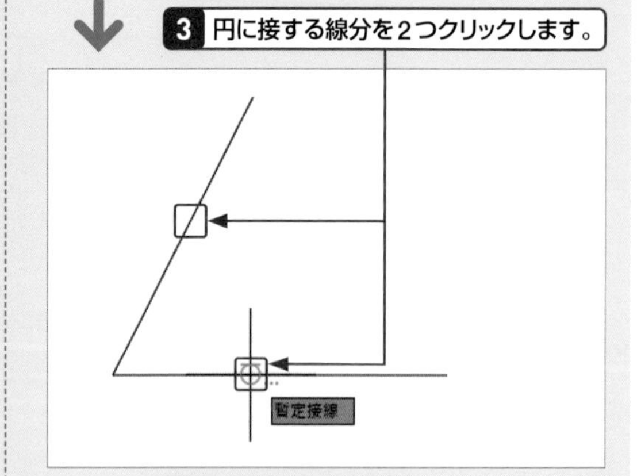

暫定接線


4 半径を入力し（ここでは「30」）、Enter キーを押します。

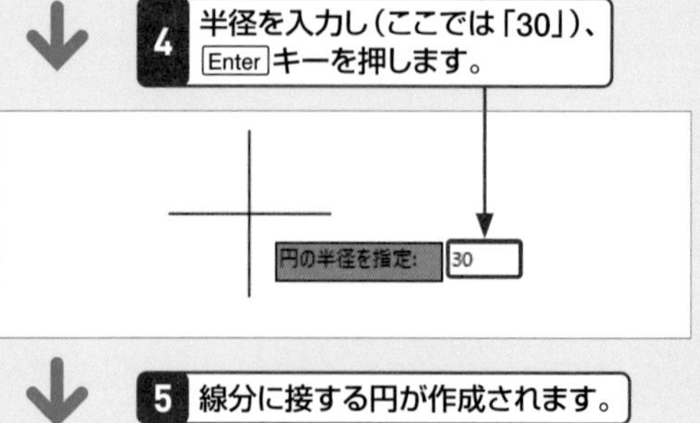

円の半径を指定:
30


5 線分に接する円が作成されます。

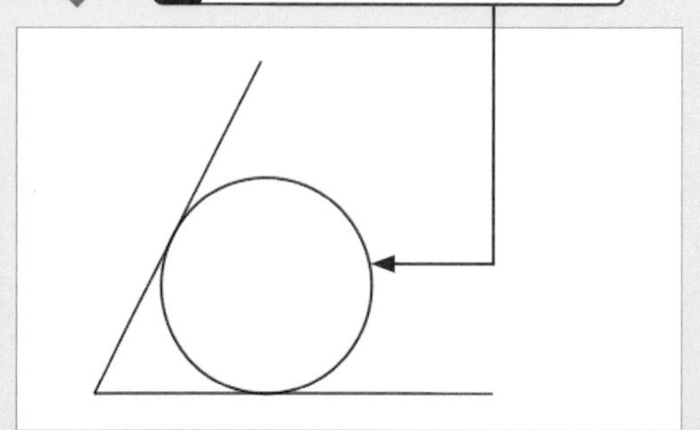

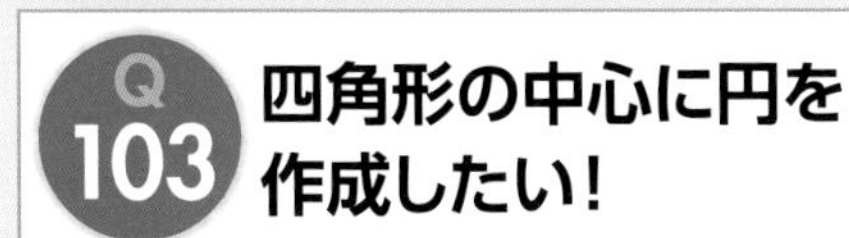

# Q103 四角形の中心に円を作成したい!

**A** オブジェクトスナップの[2点間中点]を使用します。

四角形の中心に円を作成したい場合は、オブジェクトスナップの[2点間中点]を使用し、2点間の中点を取得します。 サンプル▶103.dwg

1 [円▼]をクリックし、

2 [中心、半径]をクリックします。

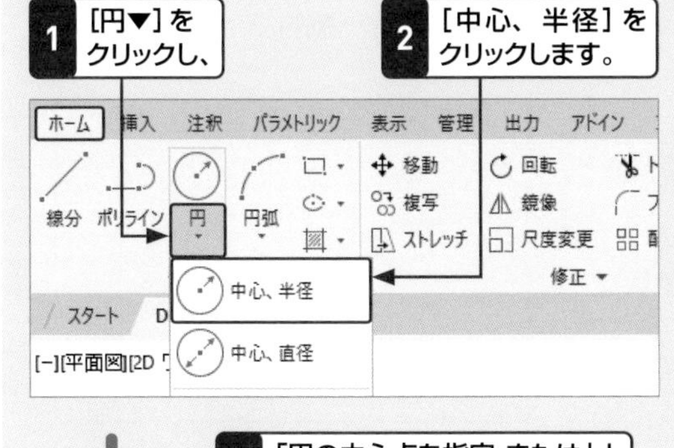

ホーム
挿入
注釈
パラメトリック
表示
管理
出力
アドイン
線分
ポリライン
円
円弧
移動
回転
複写
鏡像
ストレッチ
尺度変更
修正
中心、半径
中心、直径
スタート
[−][平面図][2D


3 「円の中心点を指定 または」と表示されます。

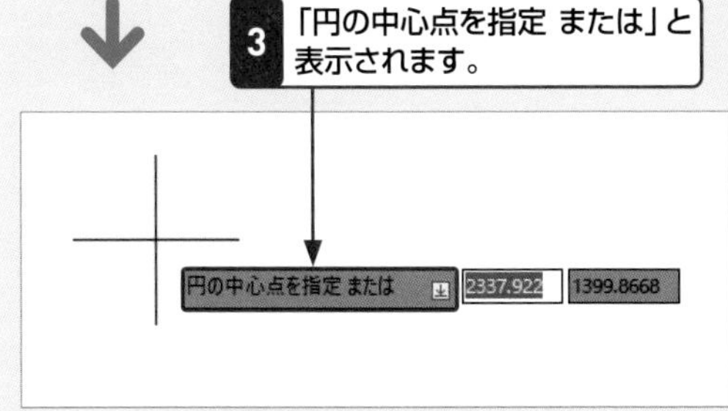

円の中心点を指定 または
2337.922
1399.8668


4 Shiftキーを押しながら右クリックします。

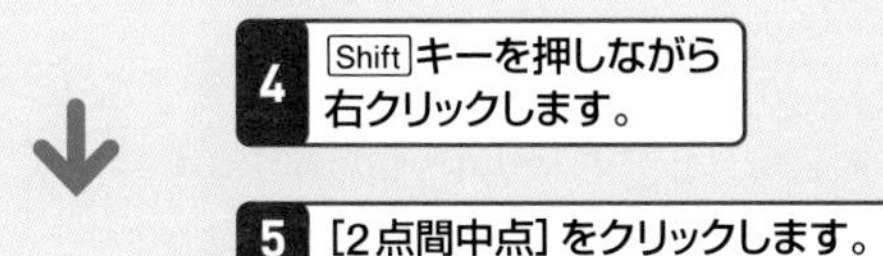

5 [2点間中点]をクリックします。

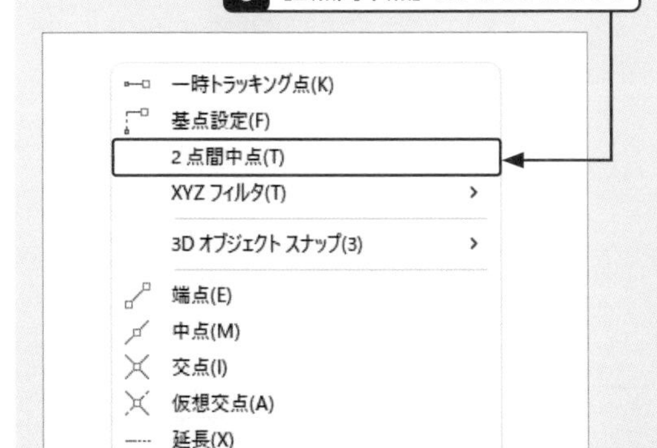

一時トラッキング点(K)
基点設定(F)
2 点間中点(T)
XYZ フィルタ(T)
3D オブジェクト スナップ(3)
端点(E)
中点(M)
交点(I)
仮想交点(A)
延長(X)
中心(C)
図心


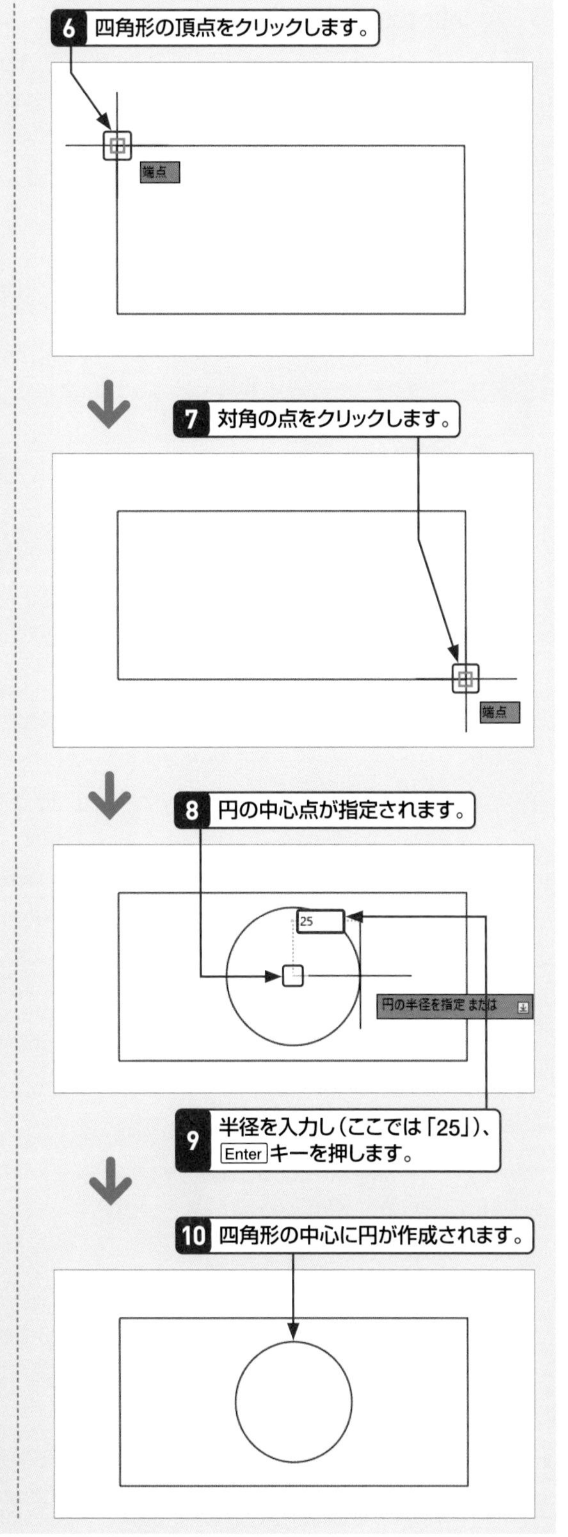

6 四角形の頂点をクリックします。
端点
7 対角の点をクリックします。
端点
8 円の中心点が指定されます。
25
円の半径を指定 または
9 半径を入力し(ここでは「25」)、Enterキーを押します。
10 四角形の中心に円が作成されます。

# Q 104 座標指定で円を作成したい！

## A UCSを設定し絶対座標で「#X,Y」と入力します。

座標指定で円を作成したい場合は、UCSで原点を指定し、絶対座標で「#X,Y」と入力します。ただし、ダイナミック入力がオフの場合は「X,Y」と入力してください。 サンプル▶104.dwg

1 [表示] タブをクリックし、

2 [原点] をクリックします。

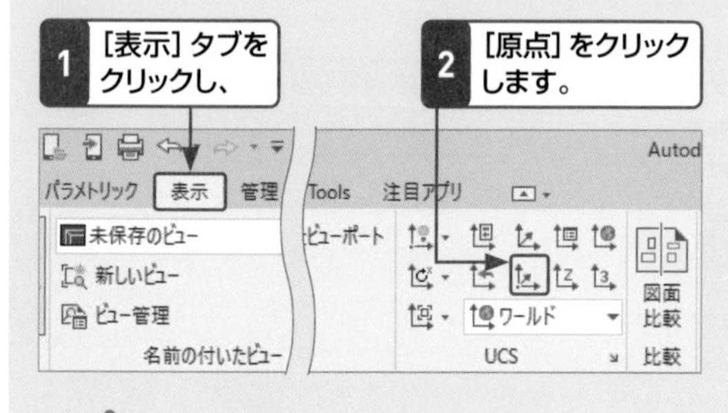

Autod
パラメトリック
表示
管理
Tools
注目アプリ
未保存のビュー
新しいビュー
ビュー管理
名前の付いたビュー
ビューポート
ワールド
UCS
図面
比較
比較


3 原点にしたい点をクリックします。

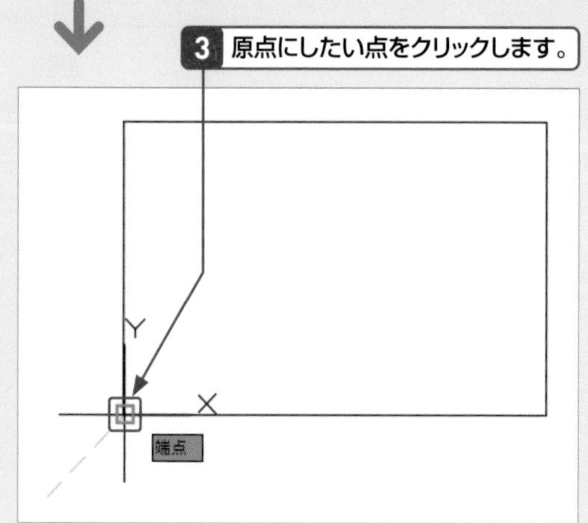

Y
X
端点


4 [ホーム] タブの [円▼] をクリックし、

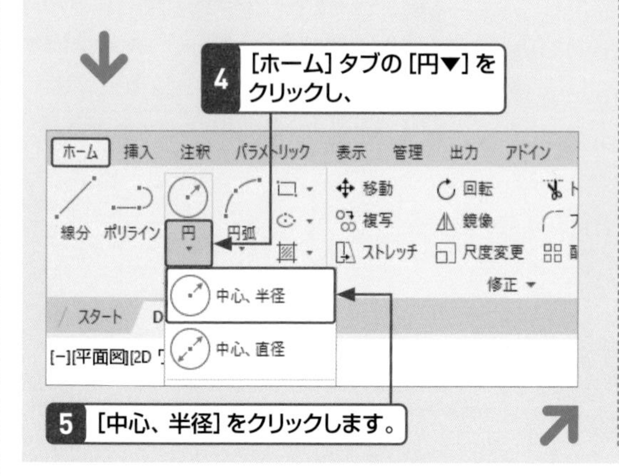

ホーム
挿入
注釈
パラメトリック
表示
管理
出力
アドイン
線分
ポリライン
円
円弧
移動
回転
複写
鏡像
ストレッチ
尺度変更
修正
中心、半径
中心、直径
スタート
[−][平面図][2D


5 [中心、半径] をクリックします。

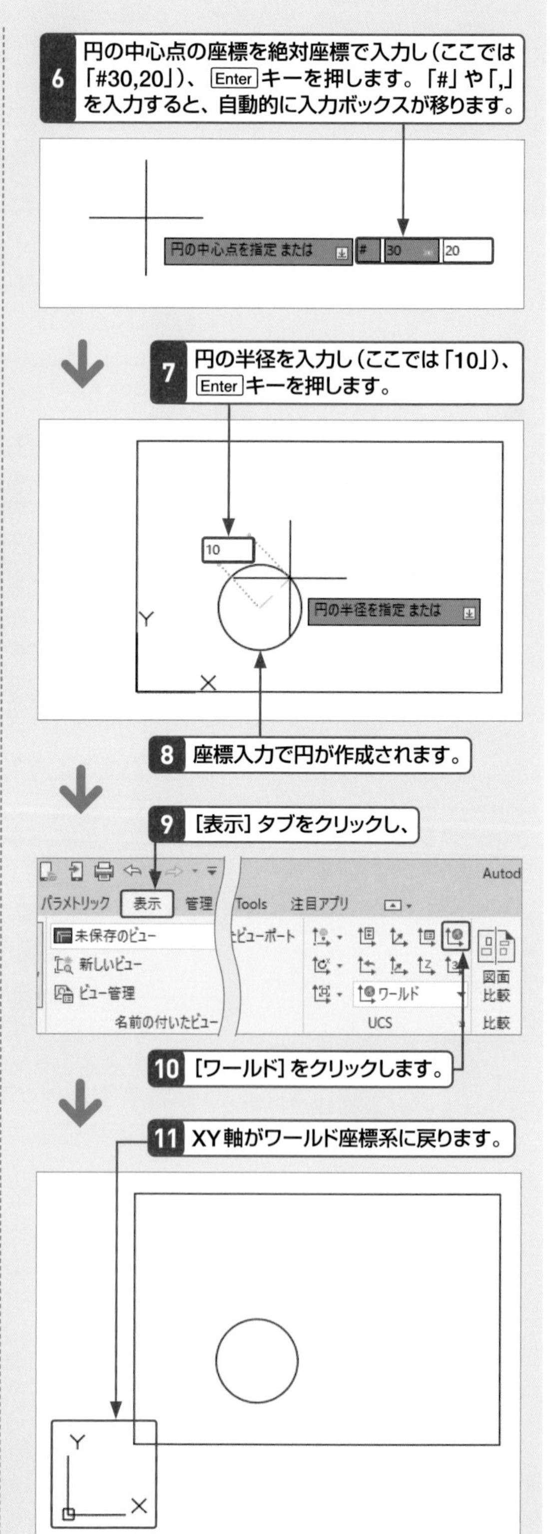

6 円の中心点の座標を絶対座標で入力し（ここでは「#30,20」）、Enter キーを押します。「#」や「,」を入力すると、自動的に入力ボックスが移ります。
円の中心点を指定 または
#
30
20
7 円の半径を入力し（ここでは「10」）、Enter キーを押します。
10
円の半径を指定 または
Y
X
8 座標入力で円が作成されます。
9 [表示] タブをクリックし、
Autod
パラメトリック
表示
管理
Tools
注目アプリ
未保存のビュー
新しいビュー
ビュー管理
名前の付いたビュー
ビューポート
ワールド
UCS
図面
比較
比較
10 [ワールド] をクリックします。
11 XY軸がワールド座標系に戻ります。
Y
X

# Q 105 半円を作成したい！

## A 円弧の［始点、終点、方向］で作成します。

半円を作成するには、リボンから円弧の［始点、終点、方向］を選択します。あらかじめ半円の直径部分を線分で作成しておくとよいでしょう。サンプル▶105.dwg

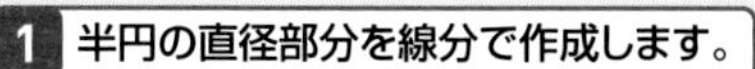
1 半円の直径部分を線分で作成します。

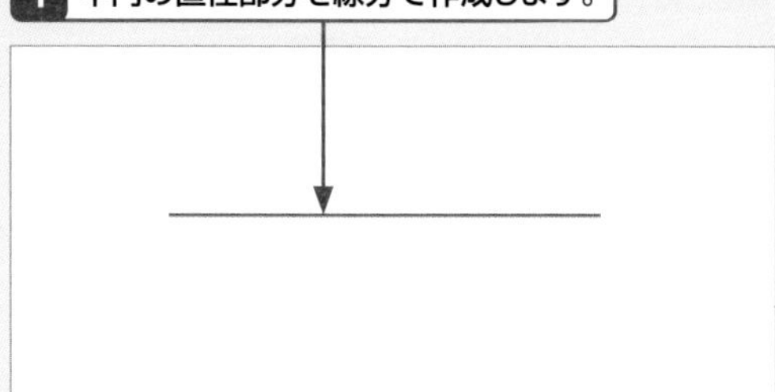

2 ［円弧▼］をクリックし、

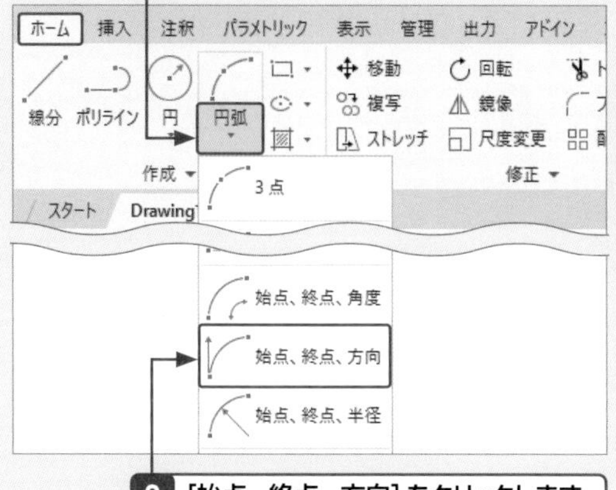
ホーム
挿入
注釈
パラメトリック
表示
管理
出力
アドイン
線分
ポリライン
円
円弧
移動
回転
複写
鏡像
ストレッチ
尺度変更
作成
修正
3 点
スタート
Drawing
始点、終点、角度
始点、終点、方向
始点、終点、半径

3 ［始点、終点、方向］をクリックします。

4 半円の始点をクリックします。

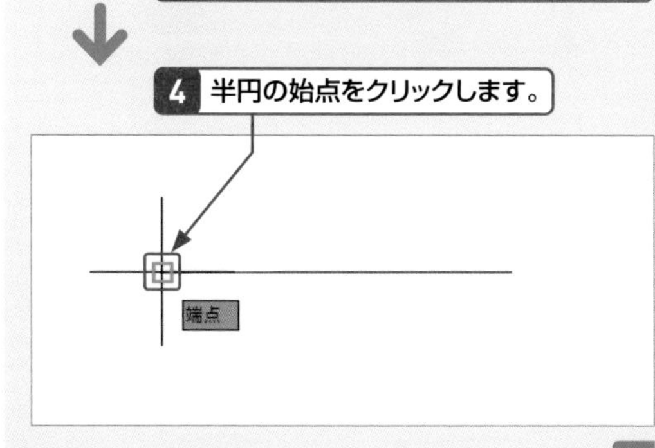
端点

5 半円の終点をクリックします。

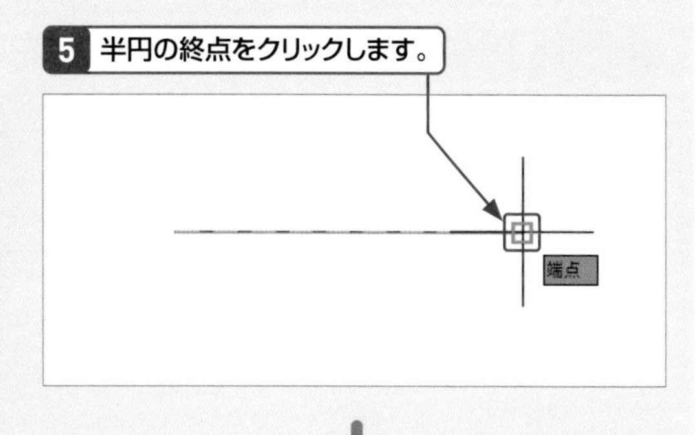
端点

6 ［直交モード］をオンにします。

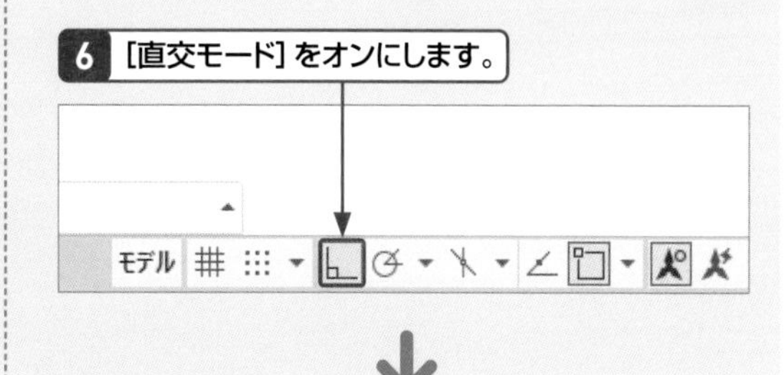
モデル

7 半円の方向をクリックします。

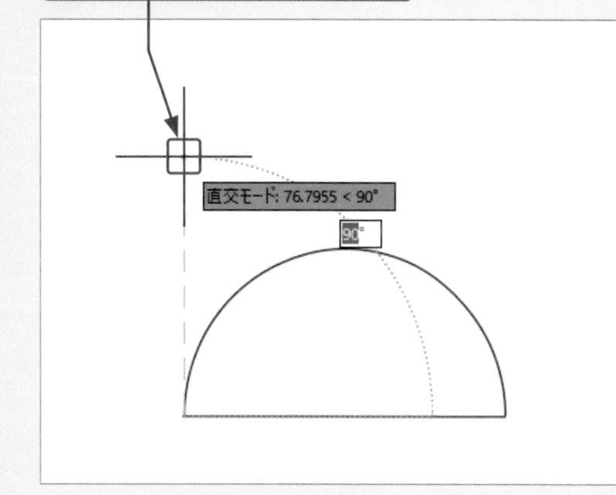
直交モード: 76.7955 < 90°
90°

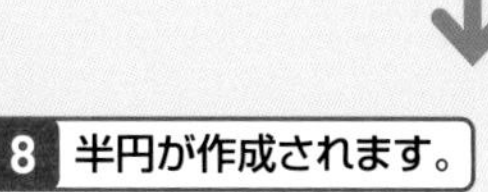
8 半円が作成されます。

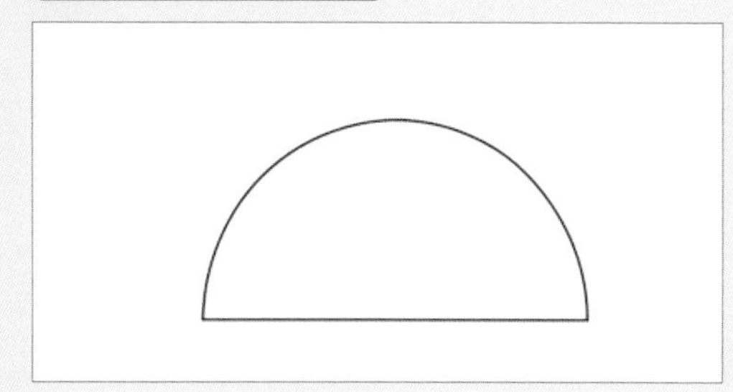

AutoCADの概要
基本操作
線の作図と編集
図形の作図と挿入
図形の変形と移動
図形の選択と削除
画層とプロパティ
文字の作成
寸法の作成
注釈の作成
数値計測とブロック図形
レイアウトと印刷

# Q106 円弧の長さを指定したい！

## A [長さ変更]の[全体]オプションを使用します。

円弧の長さを指定したい場合は、円弧を作成してから、[長さ変更]の[全体]オプションを使用します。

サンプル ▶ 106.dwg

1 長さを変更する円弧を作成します。

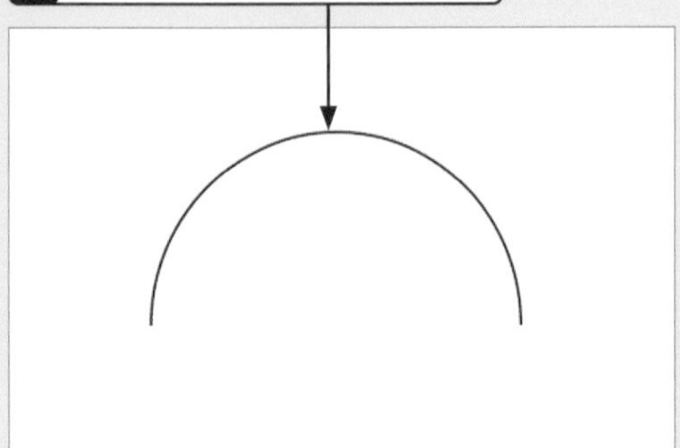

2 [修正▼]をクリックします。

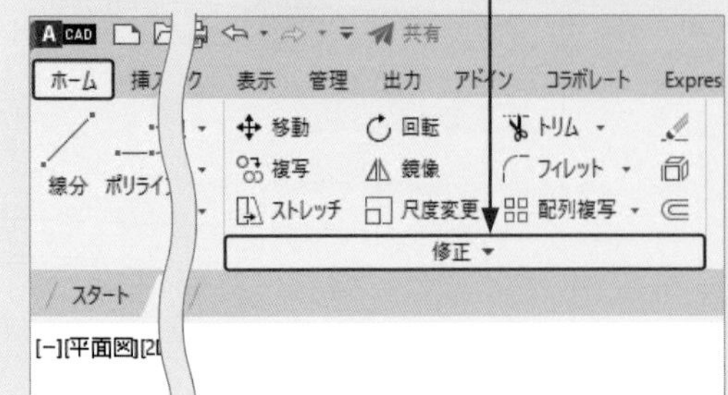

ホーム
表示
管理
出力
アドイン
コラボレート
移動
回転
トリム
複写
鏡像
フィレット
線分
ストレッチ
尺度変更
配列複写
修正
スタート
[−][平面図][2D

3 [長さ変更]をクリックします。

ホーム
表示
出力
アドイン
コラボレート
移動
回転
トリム
複写
鏡像
フィレット
線分
ストレッチ
尺度変更
配列複写
スタート
[−][平面図][2D
修正

4 作図領域を右クリックし、メニューから[全体]をクリックします。

Enter(E)
キャンセル(C)
増減(DE)
比率(P)
全体(T)
ダイナミック(DY)
画面移動(P)
ズーム(Z)
SteeringWheels


5 円弧の長さを入力し（ここでは「100」）、Enter キーを押します。

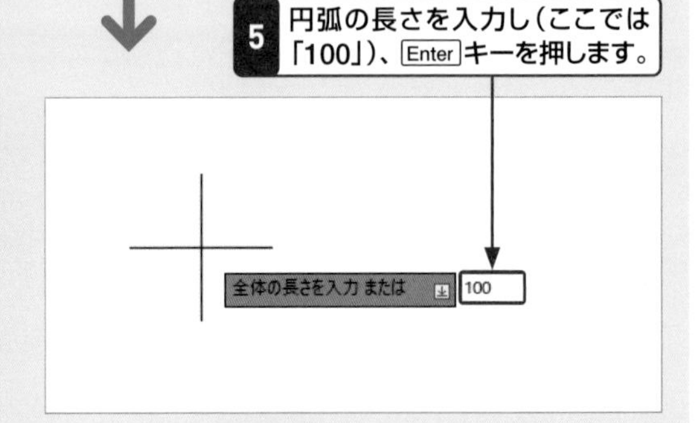

全体の長さを入力 または
100


6 円弧の長さを変更する側をクリックします。

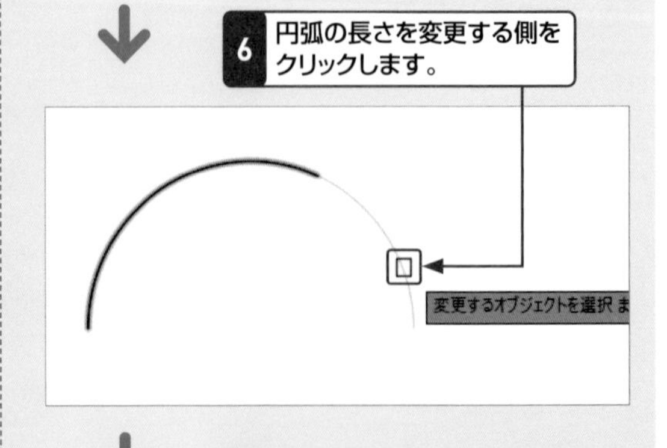

変更するオブジェクトを選択 ま


7 円弧の長さが変更されます。

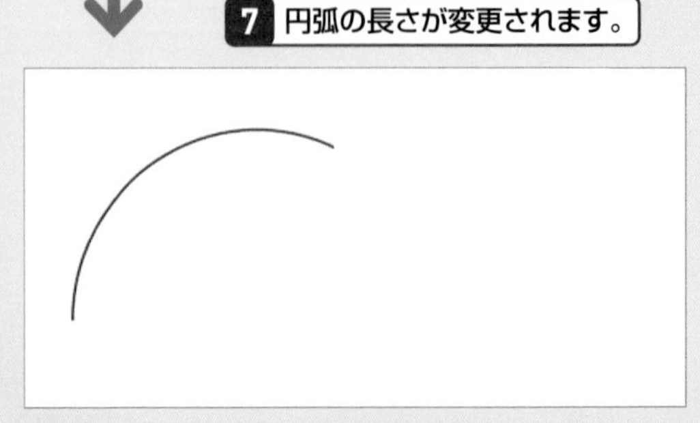

8 Enter キーを押して[長さ変更]を終了します。

# Q 107 円の直径や半径を変更したい！

## A プロパティパレットの[半径]や[直径]を変更します。

円の直径や半径を変更したい場合は、プロパティパレットで[半径]や[直径]を変更します。円は複数選択することが可能です。 サンプル▶107.dwg

**1** [表示]タブをクリックし、

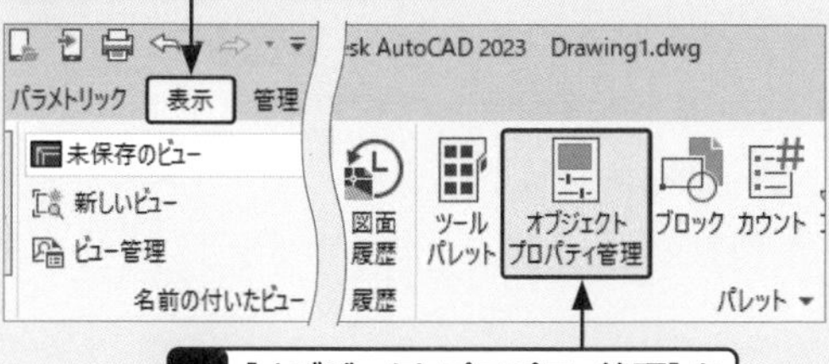
sk AutoCAD 2023 Drawing1.dwg
パラメトリック
表示
管理
未保存のビュー
新しいビュー
ビュー管理
名前の付いたビュー
図面履歴
履歴
ツールパレット
オブジェクトプロパティ管理
ブロック
カウント
パレット

**2** [オブジェクトプロパティ管理]をクリックしてオンにします。

**3** 円をクリックして選択します。

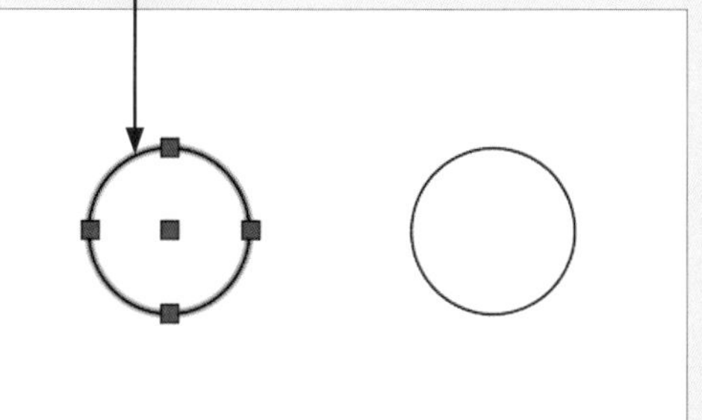

**4** 複数変更する場合は、続けてクリックして選択します。

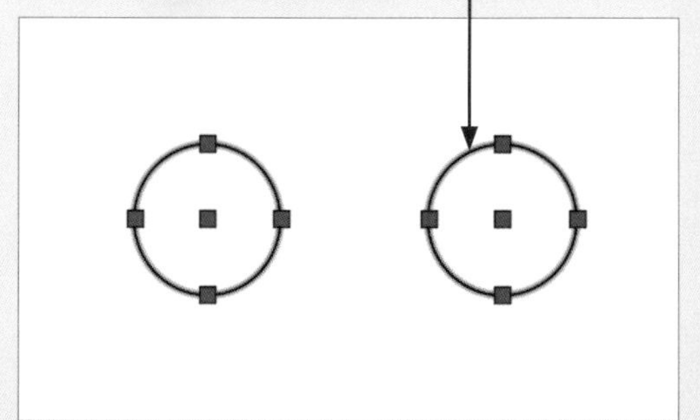

**5** [円(2)]と表示されています。( )には選択した円の数が表示されます。

円 (2)
一般
色 ByLayer
画層 0
線種 ByLayer
線種尺度 1
印刷スタイル ByColor
線の太さ ByLayer
透過性 ByLayer
ハイパーリンク
厚さ 0
3D 表示
マテリアル ByLayer
ジオメトリ
プロパティ

**6** [半径]を入力し(ここでは「30」)、Enterキーを押します。

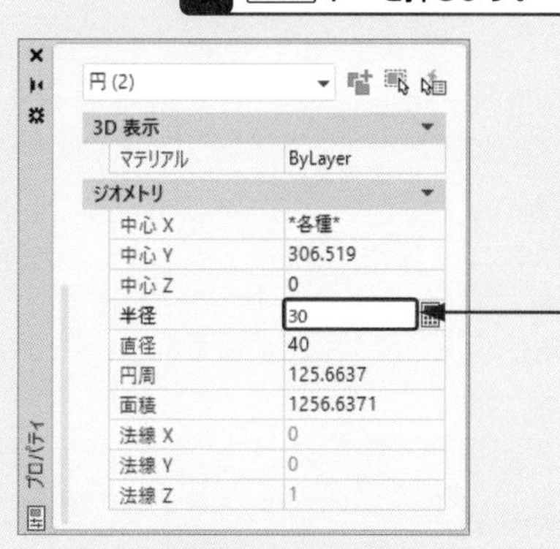
円 (2)
3D 表示
マテリアル ByLayer
ジオメトリ
中心 X *各種*
中心 Y 306.519
中心 Z 0
半径 30
直径 40
円周 125.6637
面積 1256.6371
法線 X 0
法線 Y 0
法線 Z 1
プロパティ

**7** 円の半径が変更されます。

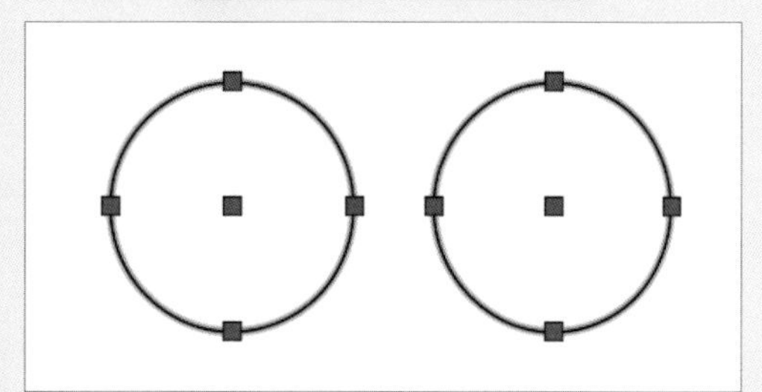

**8** Escキーを押して選択を解除します。

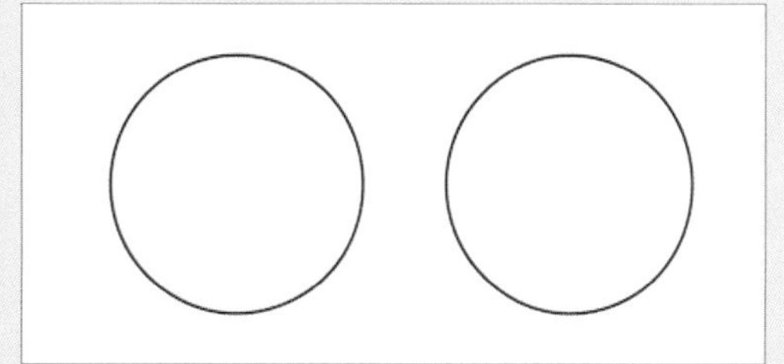

## Q 108 円に十字線を作成したい！

**A** オブジェクトスナップの［四半円点］を使用します。

円の東西南北の位置に十字線を作成するには、オブジェクトスナップの［四半円点］を使用します。

参照▶Q 010 サンプル▶108.dwg

1 ［オブジェクトスナップ］をオンにし、

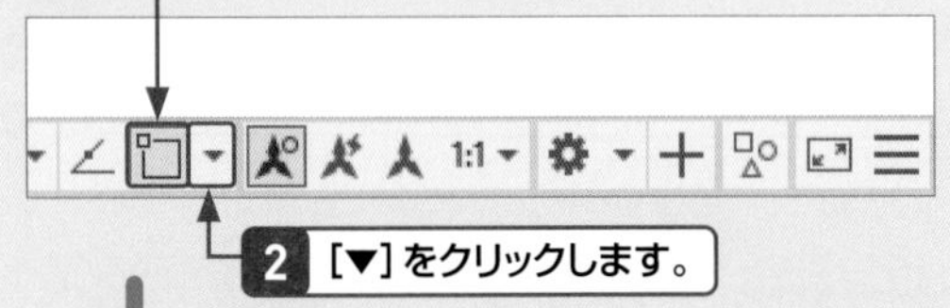

2 ［▼］をクリックします。

3 ［四半円点］にチェックを入れます。

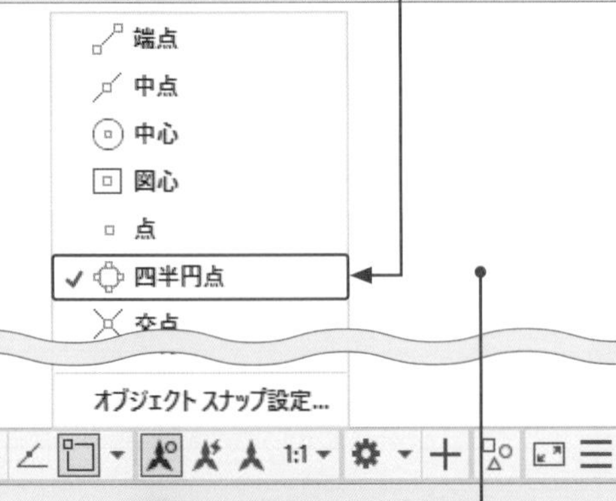
端点
中点
中心
図心
点
四半円点
交点
オブジェクト スナップ設定...

4 作図領域をクリックして、メニューを閉じます。

5 ［ホーム］タブの［線分］をクリックし、

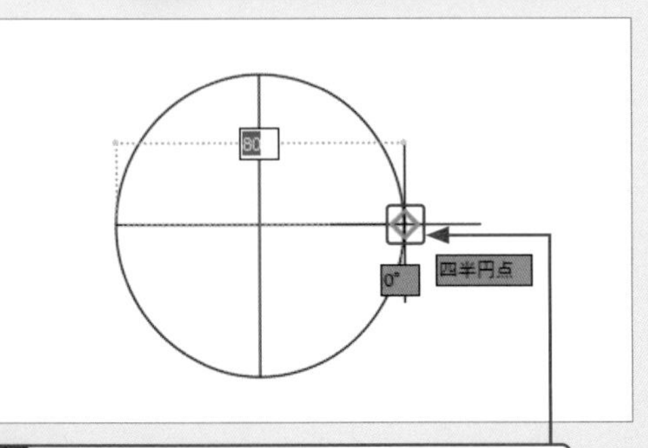
0°
四半円点

6 ［四半円点］のオブジェクトスナップを使って線分を作成します。



## Q 109 円弧を円にしたい！

**A** ［結合］の［閉じる］オプションを使用します。

円弧を円に変更するには、［結合］の［閉じる］オプションを使用します。

サンプル▶109.dwg

1 ［修正▼］→［結合］をクリックします。

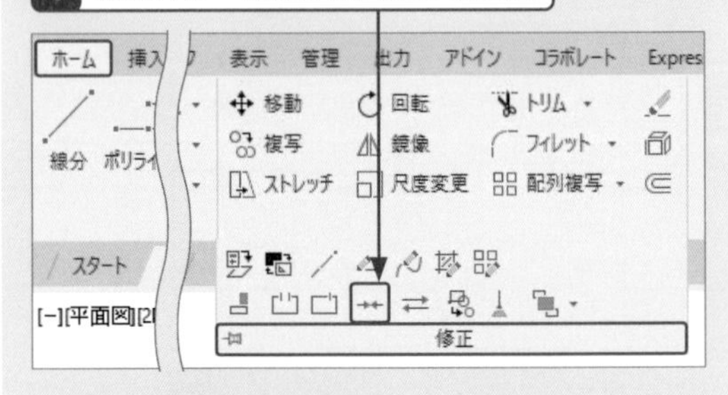
ホーム
挿入
表示
管理
出力
アドイン
コラボレート
Expres
線分
ポリライ
移動
回転
トリム
複写
鏡像
フィレット
ストレッチ
尺度変更
配列複写
スタート
[−][平面図][2
修正

2 円弧をクリックして選択し、Enterキーを押して確定します。

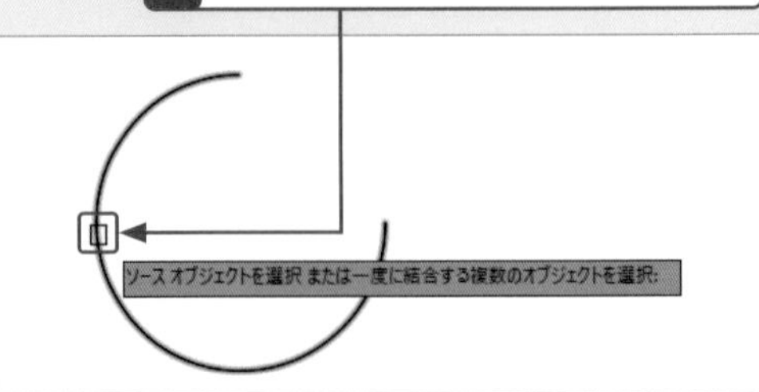
ソース オブジェクトを選択 または一度に結合する複数のオブジェクトを選択:

3 作図領域を右クリックし、メニューから［閉じる］を選択します。

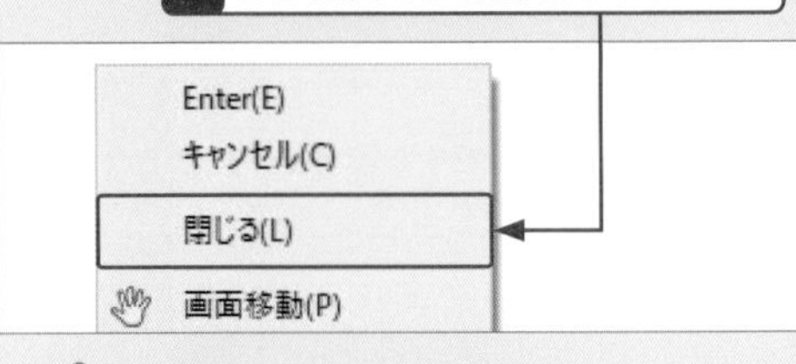
Enter(E)
キャンセル(C)
閉じる(L)
画面移動(P)

4 円弧が円に変更されます。

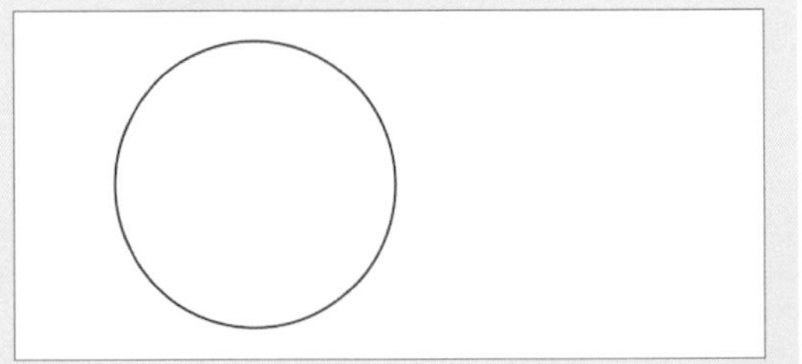

AutoCADの概要 基本操作 線の作図と編集 図形の作図と挿入 図形の変形と移動 図形の選択と削除 画層とプロパティ 文字の作成 寸法の作成 注釈の作成 数値計測とブロック図形 レイアウトと印刷

# Q110 楕円を作成したい!

## A リボンから楕円の作成方法を選択します。

楕円を作成するには、リボンから楕円の作成方法を選択します。楕円の中心を指定する方法や、軸を指定する方法などがあります。 サンプル▶110.dwg

1 [▼] をクリックし、
2 [中心記入] をクリックします。

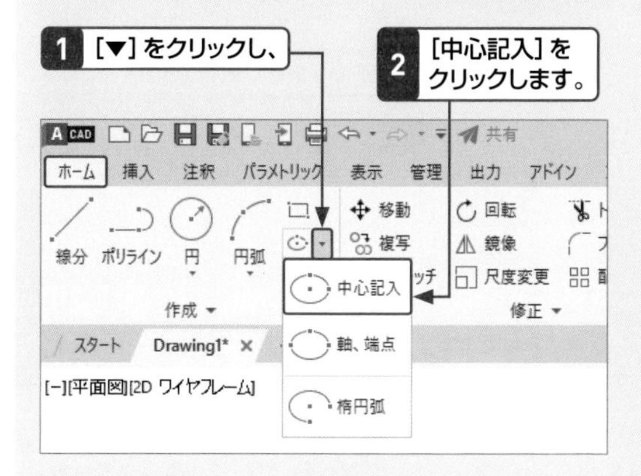
ホーム
挿入
注釈
パラメトリック
表示
管理
出力
アドイン
線分
ポリライン
円
円弧
移動
複写
回転
鏡像
尺度変更
中心記入
軸、端点
楕円弧
作成
修正
スタート
Drawing1*
[-][平面図][2D ワイヤフレーム]

3 楕円の中心点をクリックします。

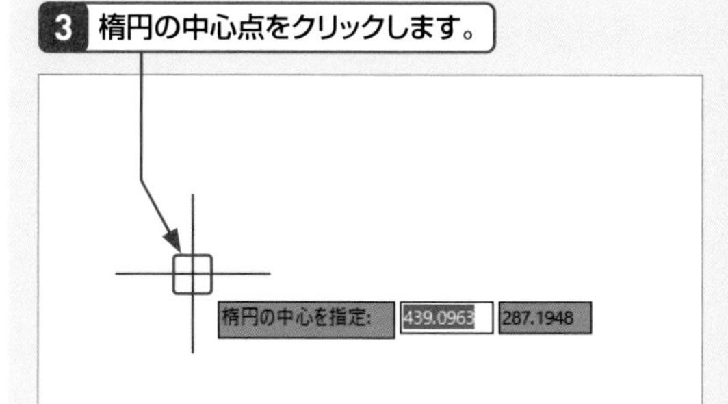
楕円の中心を指定:
439.0963
287.1948

4 [直交モード] をオンにします。

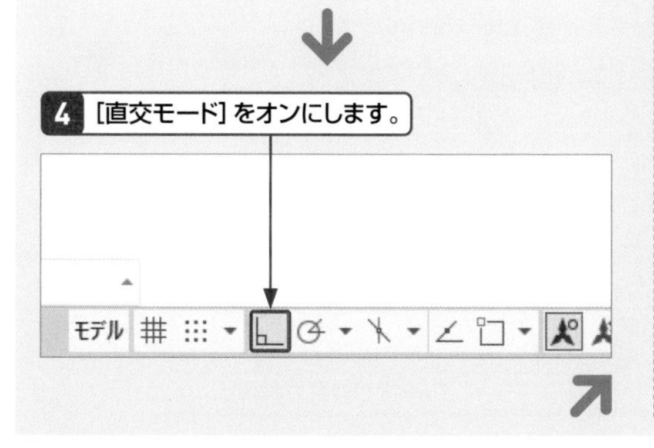
モデル

5 軸の方向(ここでは右)にカーソルを動かします。

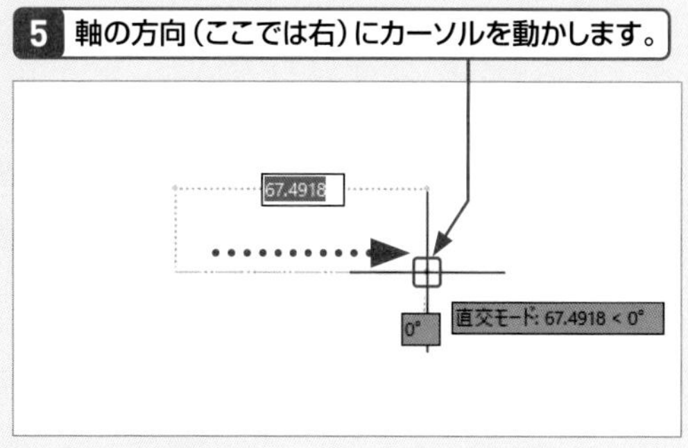
67.4918
0°
直交モード: 67.4918 < 0°

6 長さを入力し(ここでは「60」)、Enterキーを押します。

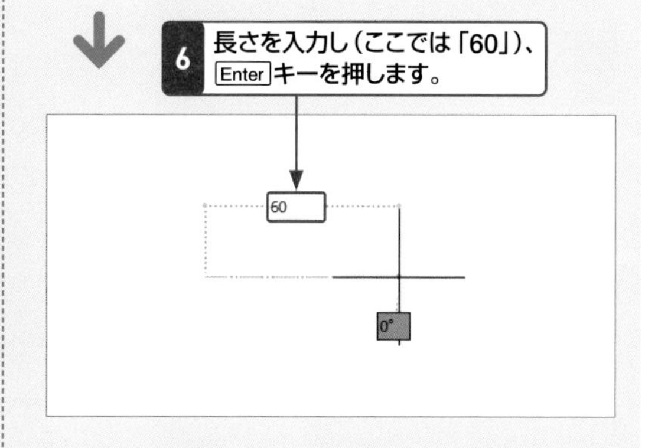
60
0°

7 もう一方の軸の長さを入力し(ここでは「40」)、Enterキーキーを押します。

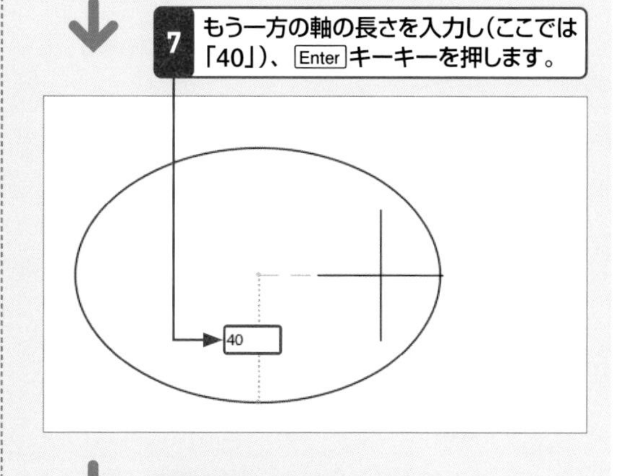
40

8 楕円が作成されます。

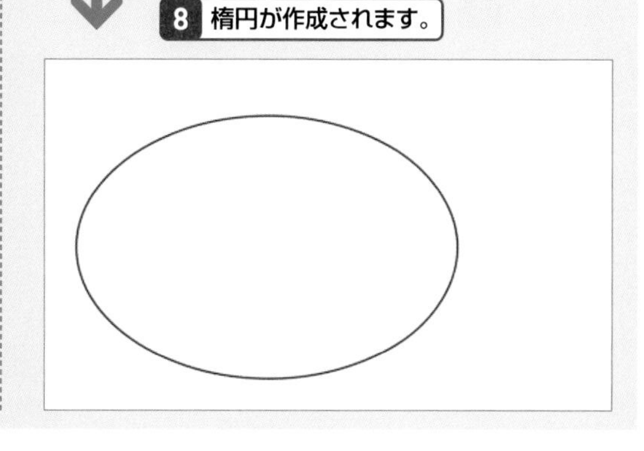

# Q111 自由曲線を作成したい!

## A スプラインを作成します。

自由曲線を作成するには、スプラインを作成します。細かい調整はグリップを使用してください。AutoCADで作成されるスプラインは、CADでよく使用されるNURBSです。　サンプル▶111.dwg

1 [作成▼]→[スプラインフィット]をクリックします。

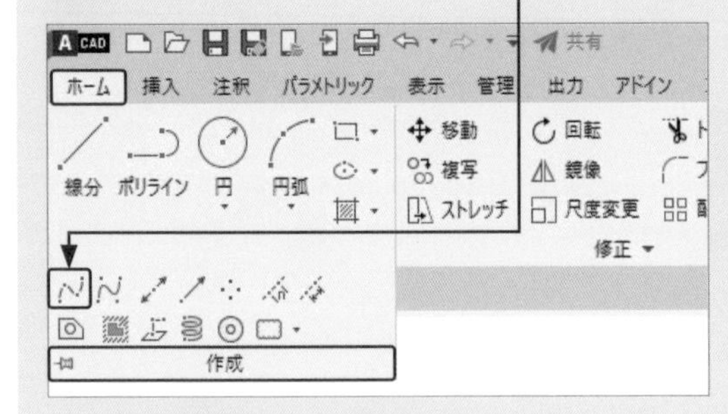

共有
ホーム
挿入
注釈
パラメトリック
表示
管理
出力
アドイン
線分
ポリライン
円
円弧
移動
回転
複写
鏡像
ストレッチ
尺度変更
修正
作成


2 スプラインが通る点をクリックします。

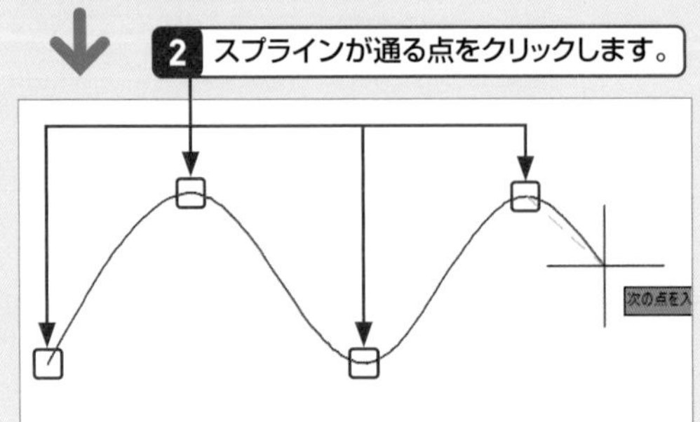

3 Enterキーを押して[スプラインフィット]を終了します。

4 スプラインが作成されます。

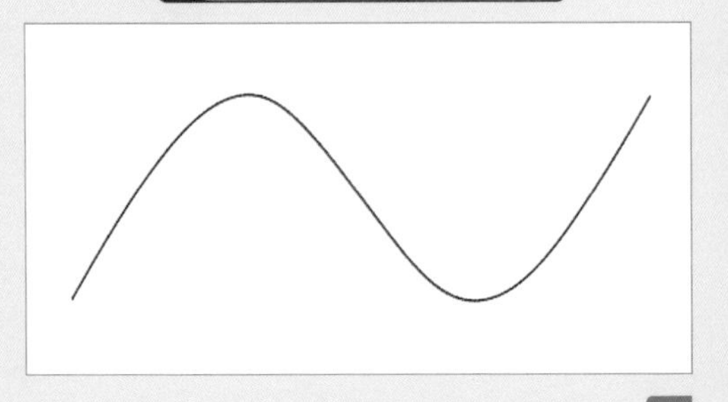

5 スプラインをクリックして選択します。

6 多機能グリップをクリックします。

7 [制御点]をクリックして選択します。

8 制御点をクリックします。

9 制御点を移動したい位置をクリックします。

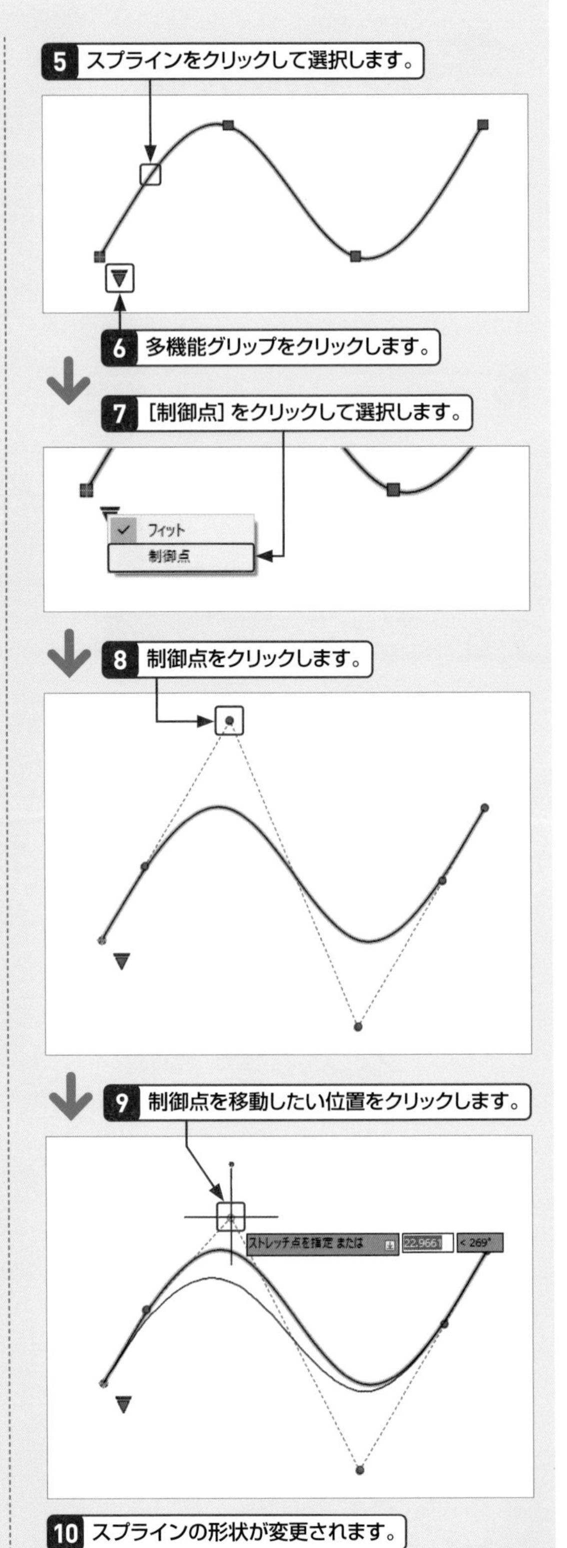

フィット
制御点
ストレッチ点を指定 または


10 スプラインの形状が変更されます。



AutoCADの概要　基本操作　線の作図と編集　図形の作図と挿入　図形の変形と移動　図形の選択と削除　画層とプロパティ　文字の作成　寸法の作成　注釈の作成　数値計測とブロック図形　レイアウトと印刷

# Q 112 曲線をポリラインに変換したい!

## A [スプライン編集]の[ポリラインに変換]を使用します。

スプラインをポリラインに変更するには、[スプライン編集]の[ポリラインに変換]を使用します。スプラインのままでは修正ができない場合や、ほかのファイル形式に変換する場合に利用してください。

参照▶Q 111　サンプル▶112.dwg

**1** [修正▼]→[スプライン編集]をクリックします。

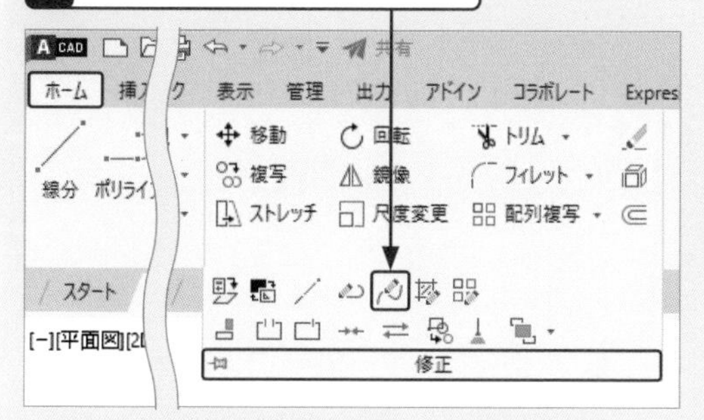
ホーム
挿入
表示
管理
出力
アドイン
コラボレート
線分
ポリライン
移動
回転
トリム
複写
鏡像
フィレット
ストレッチ
尺度変更
配列複写
スタート
[−][平面図][2D
修正

**2** スプラインをクリックして選択します。

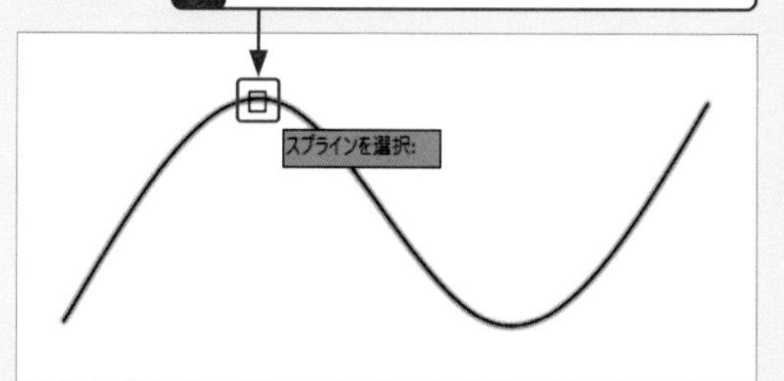
スプラインを選択:

**3** [ポリラインに変換]をクリックします。

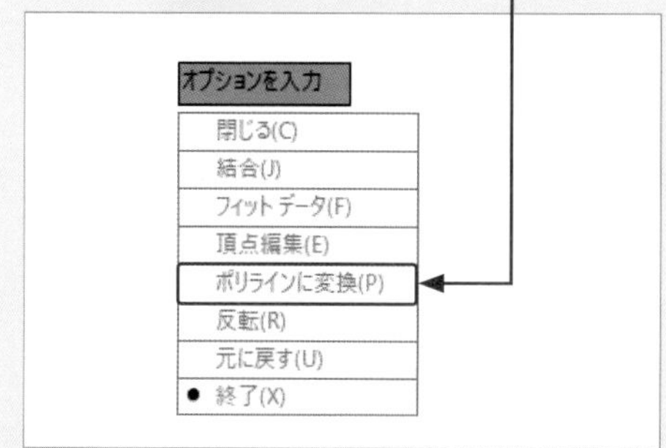
オプションを入力
閉じる(C)
結合(J)
フィットデータ(F)
頂点編集(E)
ポリラインに変換(P)
反転(R)
元に戻す(U)
● 終了(X)

**4** 精度を入力し（ここでは「10」）、Enter キーを押します。

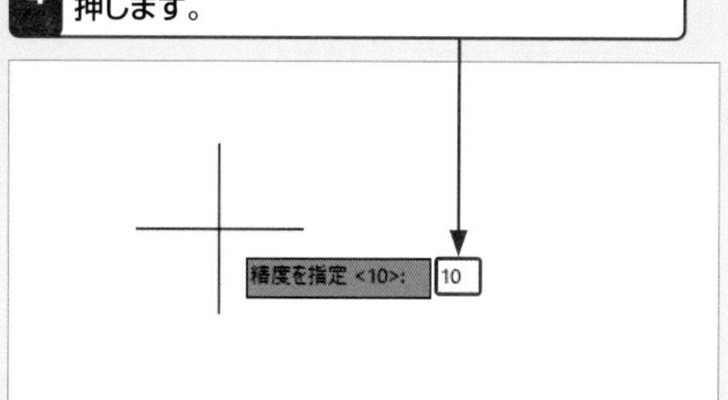
精度を指定 <10>:
10

**5** ポリラインに変換されます。

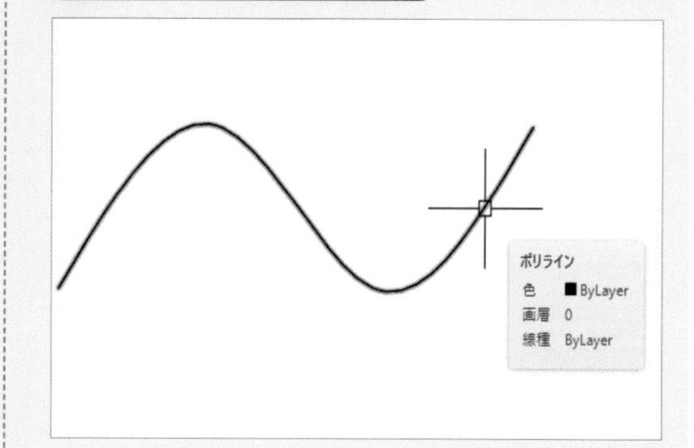
ポリライン
色 ByLayer
画層 0
線種 ByLayer

### 精度の設定

精度の数が多いと、ポリラインの頂点が多くなります。

精度を「10」にした場合

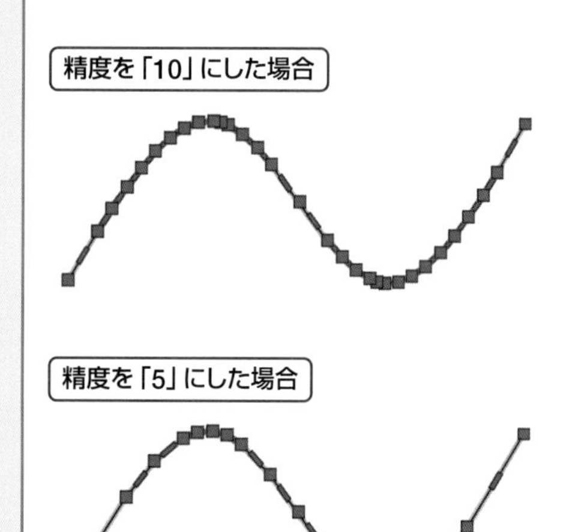

精度を「5」にした場合

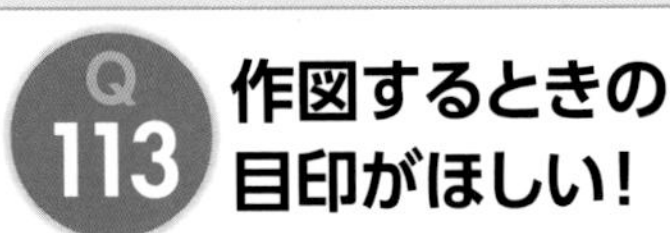

# Q 113 作図するときの目印がほしい!

**A 点を作成し[点]のオブジェクトスナップを使用します。**

作図するときに目印がほしい場合は、[複数点]で点を作成し、[点]のオブジェクトスナップで取得します。点の表示は[点スタイル]で変更します。

参照▶Q 022　サンプル▶113.dwg

**1** [ユーティリティ▼]をクリックします。

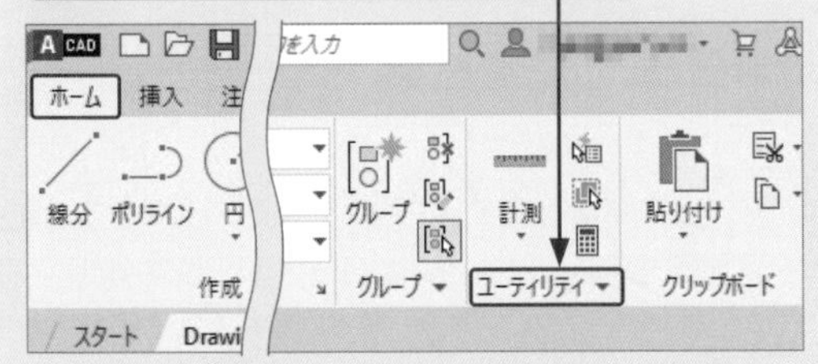

**2** [点スタイル管理]をクリックします。

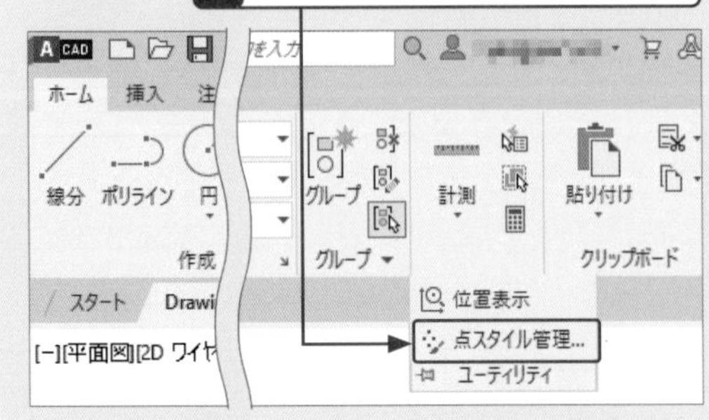

**3** 点スタイル(ここでは[×])を選択します。

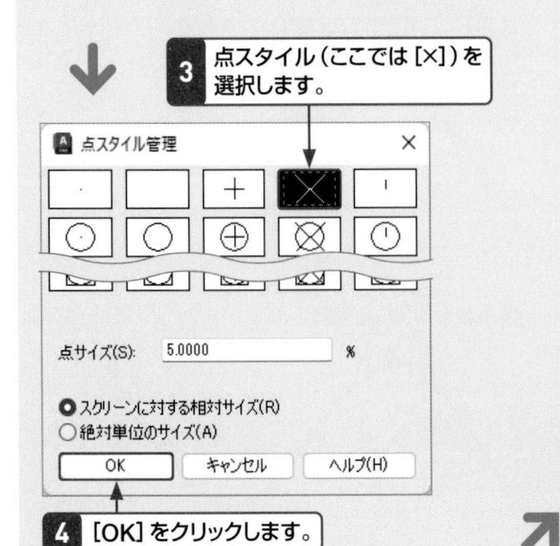

**4** [OK]をクリックします。

**5** [作成▼]→[複数点]をクリックします。

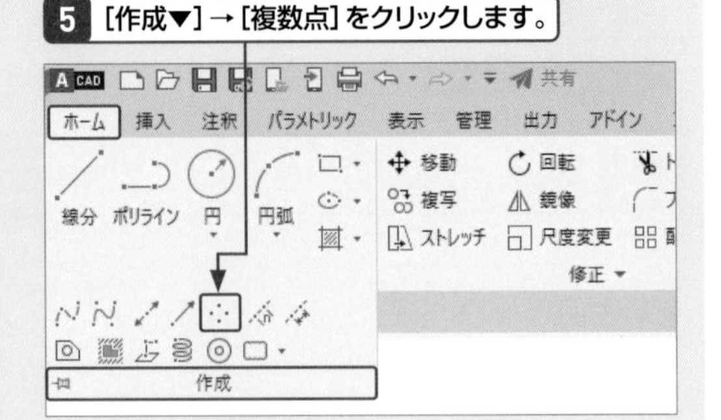

**6** 目印にしたい位置をクリックします。

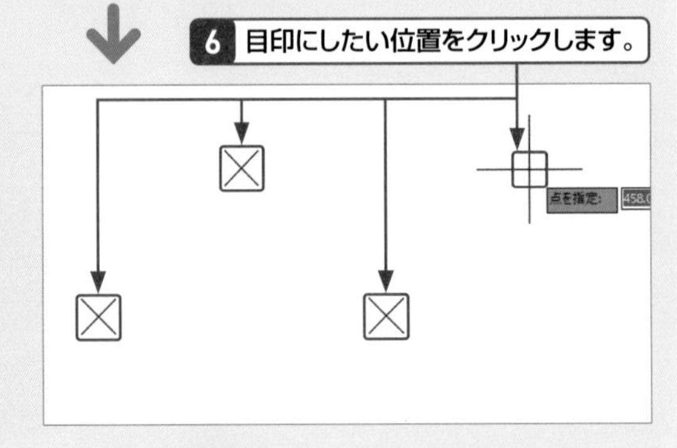

**7** Escキーを押して[複数点]を終了します。

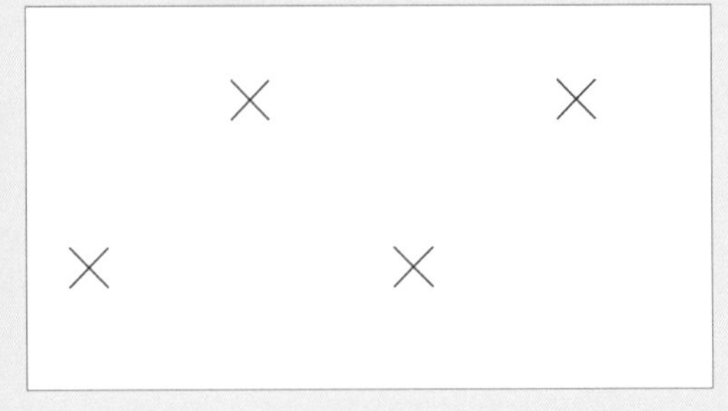

## 作成した点の取得

作成された点は、オブジェクトスナップの[点]を使用すると取得することができます。

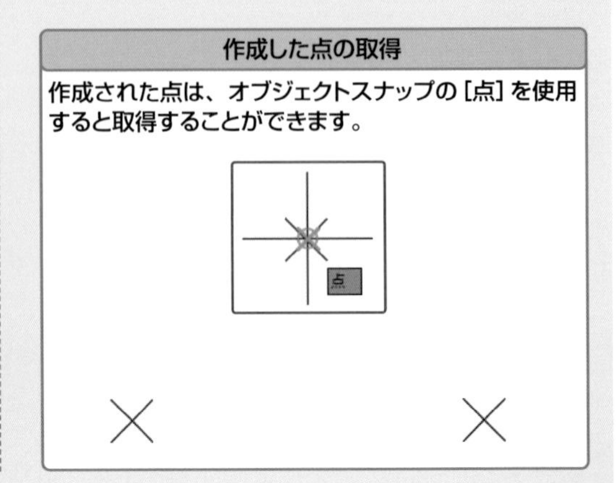

特殊な図形　重要度 ★★★

## Q 114 点が見えない!

**A [点スタイル管理]で点の種類を変更します。**

作成した点が画面上に見えないときは、点の種類を変更します。点の大きさを変更したい場合も、[点スタイル管理]で設定してください。

サンプル ▶ 114.dwg

点は作成されていますが、作図領域に何も表示されていない状態です。

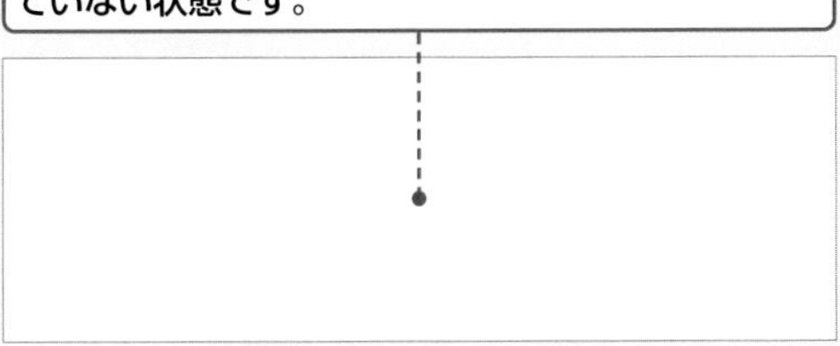

1 [ユーティリティ▼]→[点スタイル管理]をクリックします。

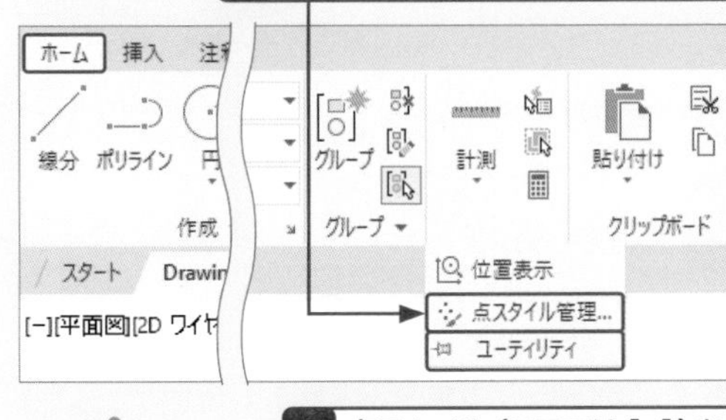

ホーム
挿入
線分
ポリライン
グループ
計測
貼り付け
作成
グループ
クリップボード
スタート
位置表示
点スタイル管理...
ユーティリティ
[−][平面図][2D ワイヤ


2 点スタイル(ここでは[×])を選択します。

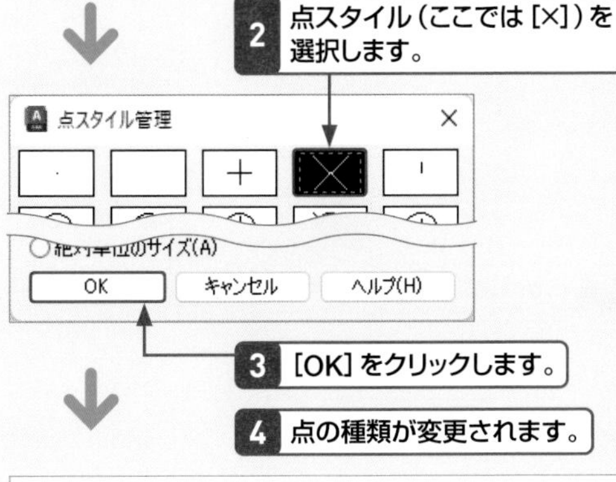

点スタイル管理
OK
キャンセル
ヘルプ(H)


3 [OK]をクリックします。

4 点の種類が変更されます。

特殊な図形　重要度 ★★★

## Q 115 点がクリックできない!

**A オブジェクトスナップで[点]を設定します。**

点にカーソルを近づけてもオブジェクトスナップが反応しない場合は、オブジェクトスナップの[点]を設定します。

参照 ▶ Q 010 サンプル ▶ 115.dwg

1 [オブジェクトスナップ]をオンにし、

2 [▼]をクリックします。

3 [点]にチェックを入れます。

4 作図領域をクリックして、メニューを閉じます。

5 オブジェクトスナップで点が取得できます。

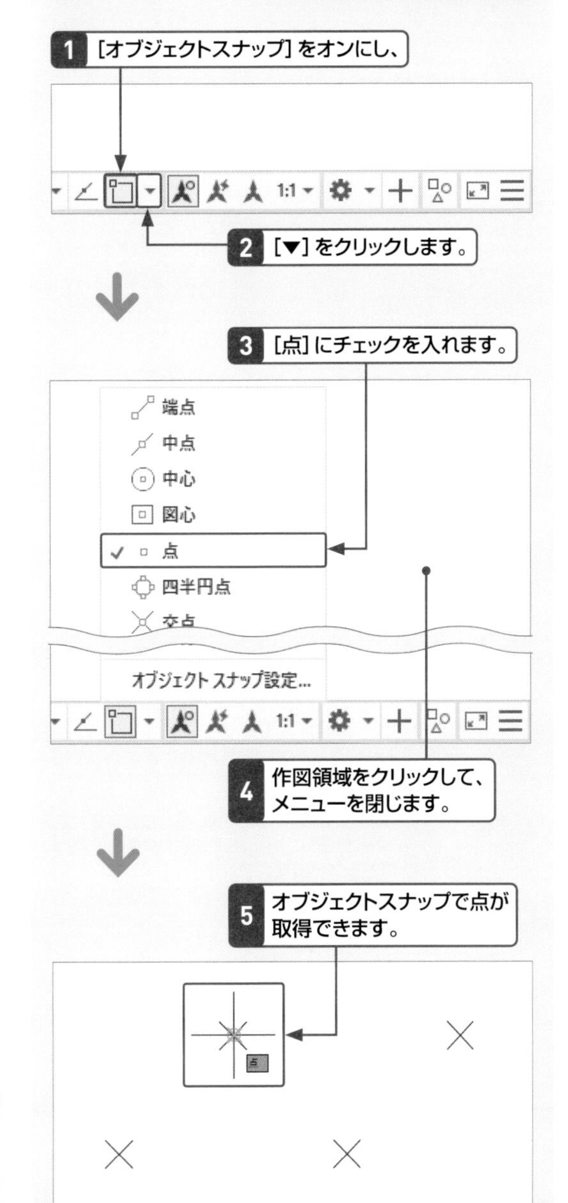

1:1
端点
中点
中心
図心
点
四半円点
オブジェクト スナップ設定...

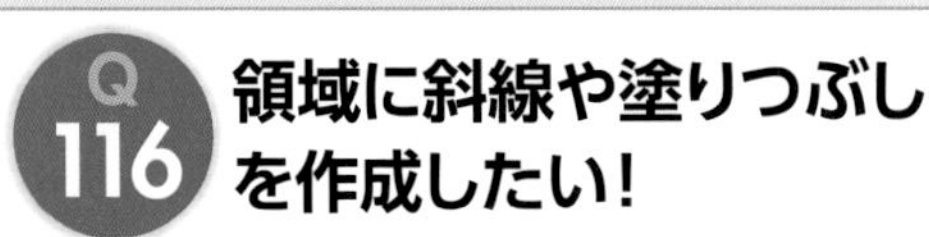

# Q116 領域に斜線や塗りつぶしを作成したい！

## A ハッチングを作成します。

領域に斜線や塗りつぶしを作成するには、ハッチングを作成します。ハッチングの種類は、斜線や塗りつぶしのほか、レンガや石の模様など、さまざまなものから選択することができます。　サンプル▶116.dwg

1 [▼]をクリックし、

2 [ハッチング]をクリックします。

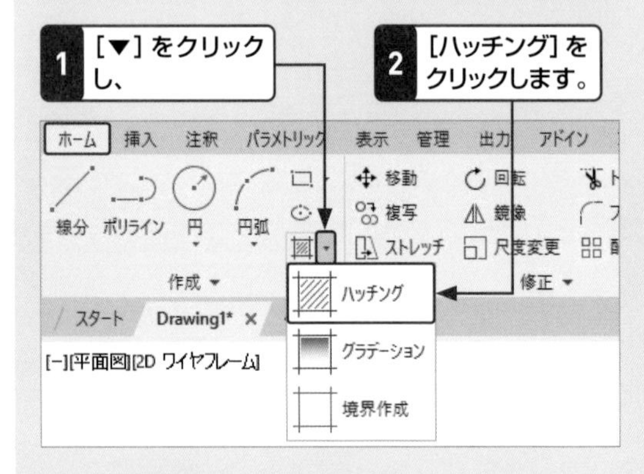
ホーム
挿入
注釈
パラメトリック
表示
管理
出力
アドイン
線分
ポリライン
円
円弧
移動
回転
複写
鏡像
ストレッチ
尺度変更
作成
修正
ハッチング
グラデーション
境界作成
スタート
Drawing1*
[−][平面図][2D ワイヤフレーム]

3 パターンを選択します（ここでは[ANSI31]）。

4 [点をクリック]をクリックします。

5 斜線や塗りつぶしを作成する領域内をクリックします。

共有
ホーム
挿入
管理
出力
アドイン
アプリ
ハッチング作成
点をクリック
ANSI31
ANSI32
角度
境界
パターン
プロパティ
内側の点をクリック または
909.2636
714.6038

6 ハッチングの間隔を広げる場合は、尺度を入力し（ここでは「5」）、Enterキーを押します。

7 尺度が適用されます。

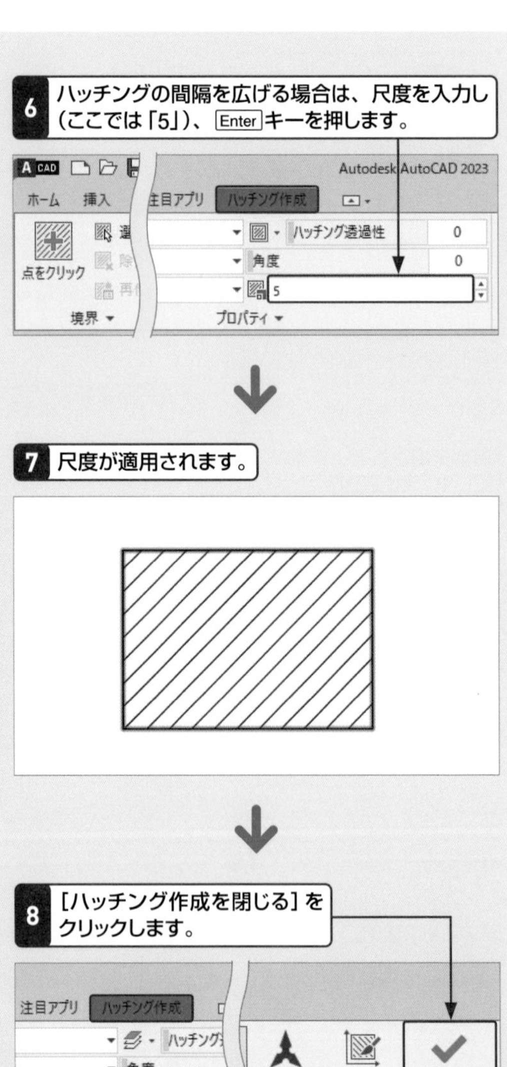
Autodesk AutoCAD 2023
ホーム
挿入
注目アプリ
ハッチング作成
点をクリック
ハッチング透過性
0
角度
0
5
境界
プロパティ

8 [ハッチング作成を閉じる]をクリックします。

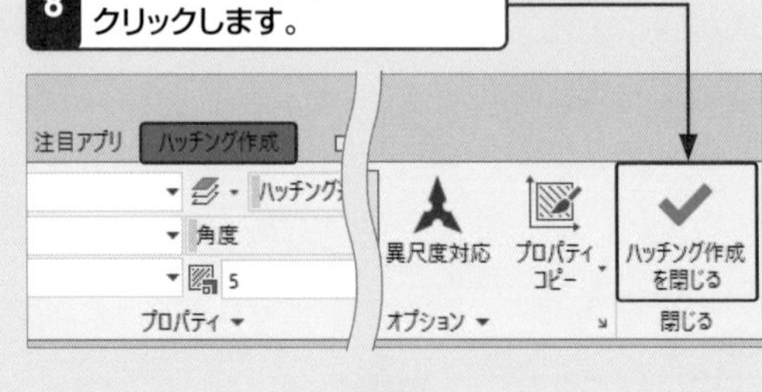
注目アプリ
ハッチング作成
角度
5
プロパティ
異尺度対応
プロパティコピー
ハッチング作成を閉じる
オプション
閉じる

9 ハッチングが作成されます。

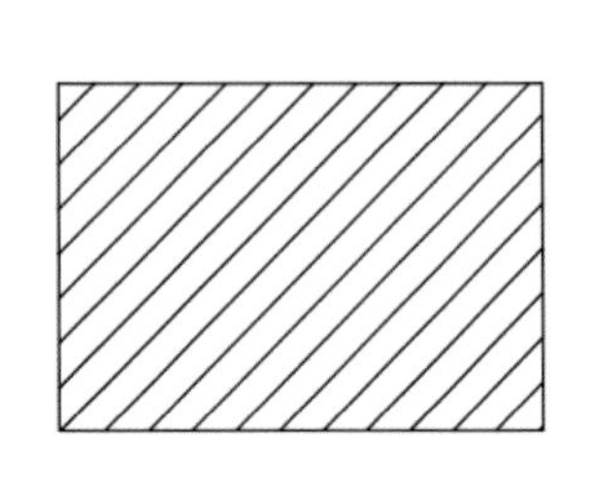

## Q117 ハッチングが見えない!

**A 「ハッチング パターン」の尺度を変更します。**

ハッチングが見えない場合は、「ハッチング パターン」の縮尺が適切ではないので、変更します。はじめに図面尺度の逆数を設定し、プレビューを見ながら調整するとよいでしょう。 サンプル ▶ 117.dwg

1 ハッチングをクリックして選択します。

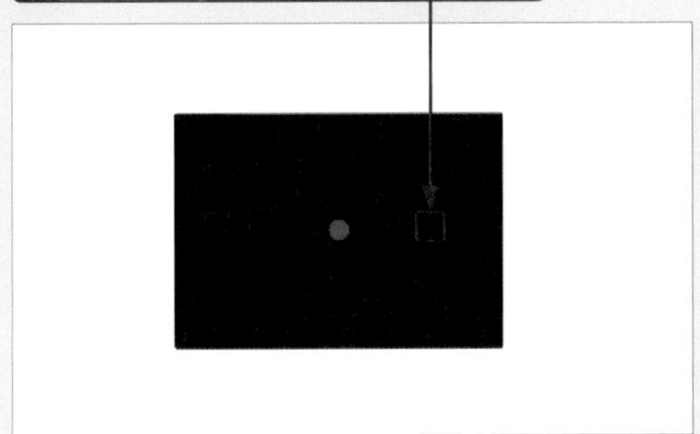

2 尺度を入力し（ここでは「200」）、Enter キーを押します。

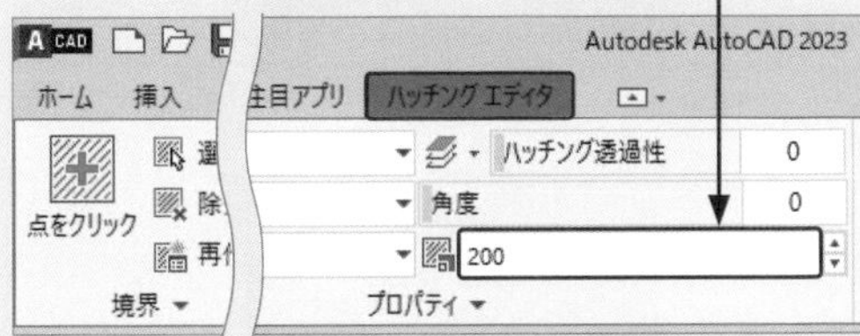

Autodesk AutoCAD 2023
ホーム
挿入
注目アプリ
ハッチング エディタ
点をクリック
ハッチング透過性
0
角度
0
200
境界
プロパティ


3 尺度が適用されます。

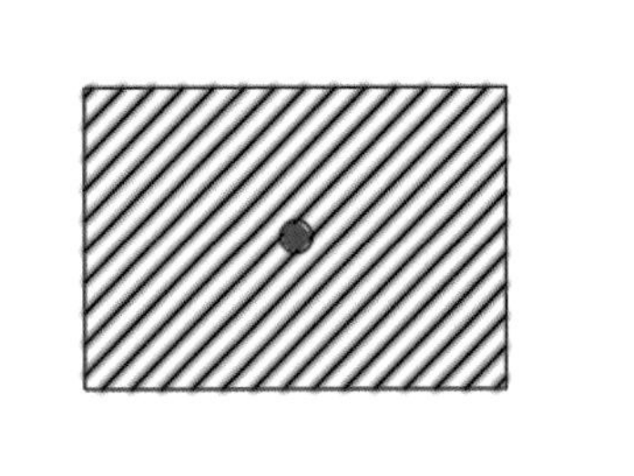

4 Esc キーで選択を解除します。



## Q118 ほかのハッチングをコピーしたい!

**A [プロパティコピー]を使用します。**

ほかのハッチングをコピーするには、[プロパティコピー]を実行し、コピー元のハッチングを選択します。画層や色などのプロパティもコピーされます。 サンプル ▶ 118.dwg

1 [プロパティコピー]をクリックします。

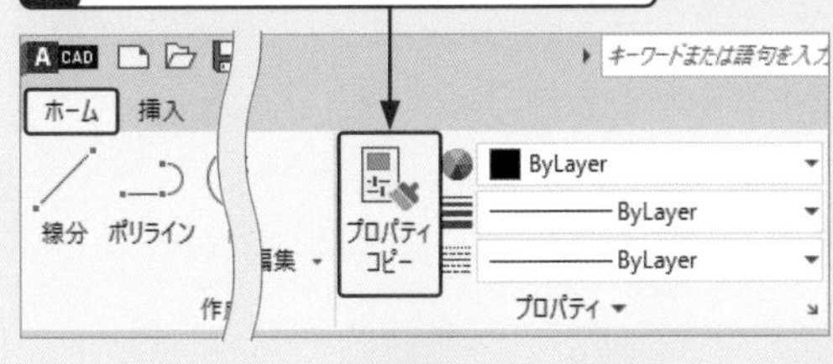

ホーム
挿入
線分
ポリライン
プロパティ コピー
ByLayer
ByLayer
ByLayer
プロパティ


2 コピー元のハッチングをクリックします。

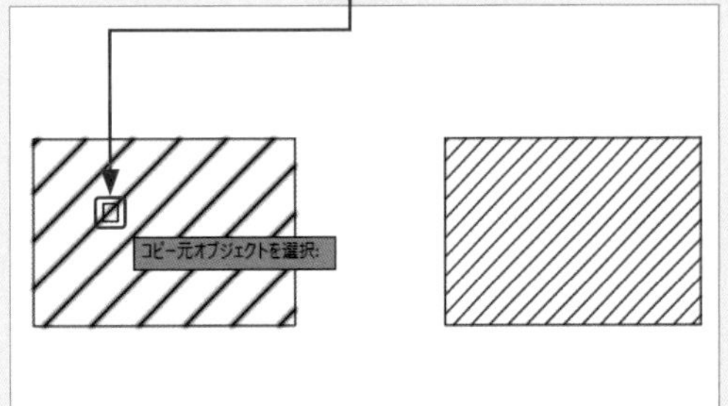

コピー元オブジェクトを選択:


3 コピー先のハッチングをクリックします。

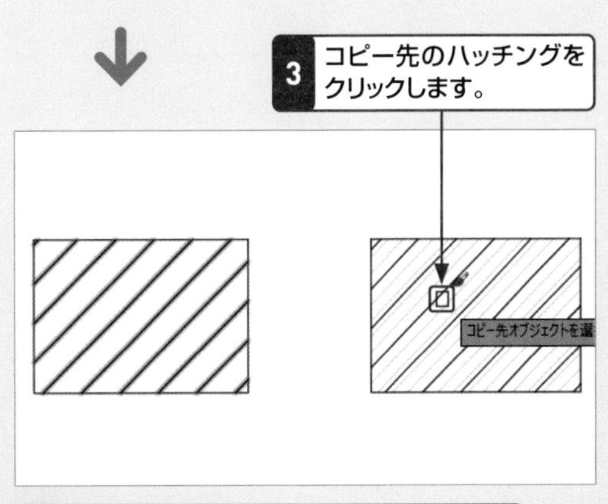

4 Enter キーを押して[プロパティコピー]を終了します。

# Q 119 面を作成したい!

## A リージョンを作成します。

面を作成するには、あらかじめポリラインで閉じた図形を作成し、その図形からリージョンを作成します。 参照▶Q 040 サンプル▶119.dwg

**1** [作成▼]→[リージョン]をクリックします。

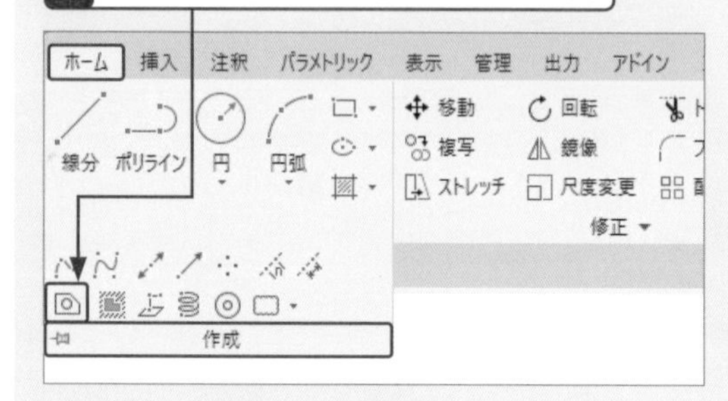

ホーム
挿入
注釈
パラメトリック
表示
管理
出力
アドイン
線分
ポリライン
円
円弧
移動
回転
複写
鏡像
ストレッチ
尺度変更
修正
作成


**2** ポリラインをクリックします。

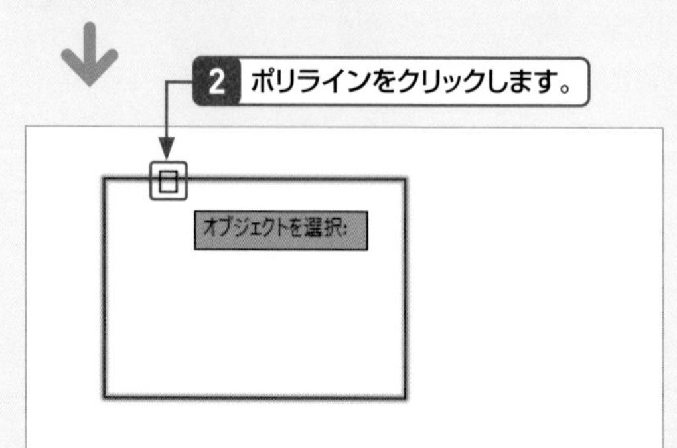

オブジェクトを選択:


**3** Enter キーを押して、図形の選択を確定します。

**4** リージョンに変換されます。

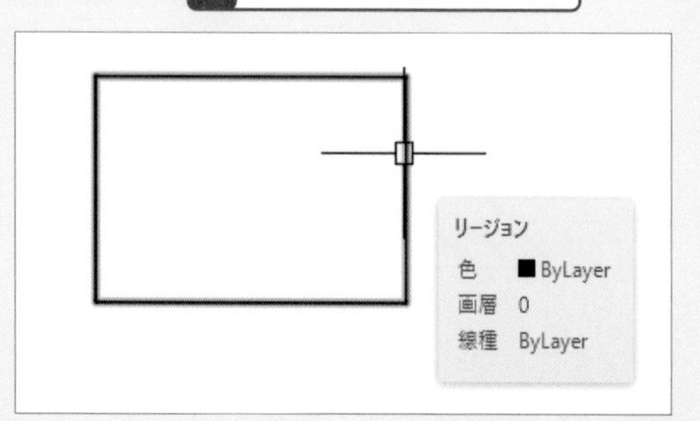

リージョン
色 ByLayer
画層 0
線種 ByLayer


**5** [表示スタイルコントロール]（ここでは[2D ワイヤフレーム]）をクリックします。

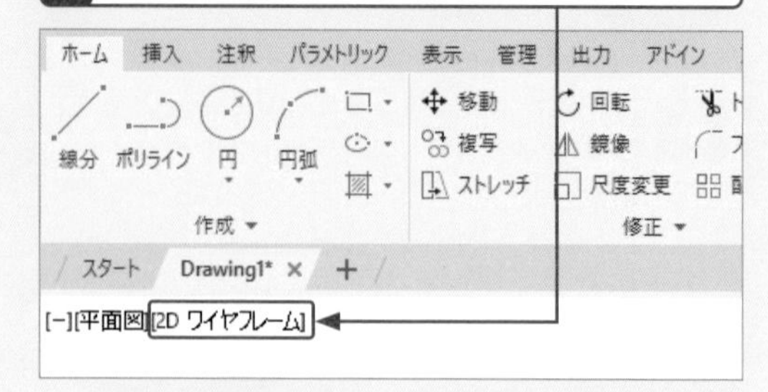

ホーム
挿入
注釈
パラメトリック
表示
管理
出力
アドイン
線分
ポリライン
円
円弧
移動
回転
複写
鏡像
ストレッチ
尺度変更
作成
修正
スタート
Drawing1*
[−][平面図][2D ワイヤフレーム]


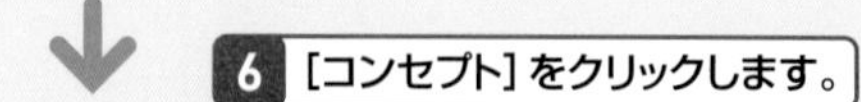

**6** [コンセプト]をクリックします。

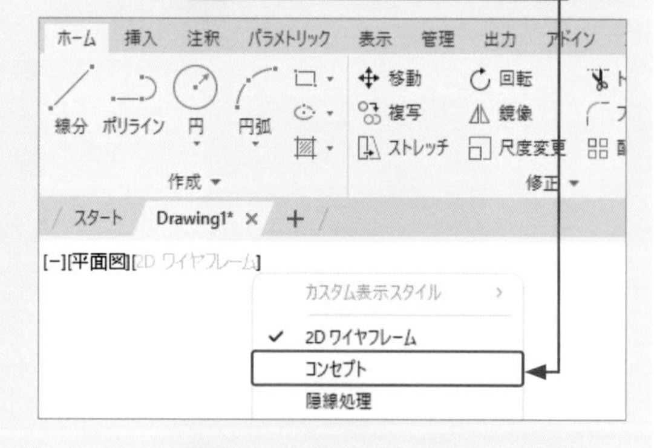

ホーム
挿入
注釈
パラメトリック
表示
管理
出力
アドイン
線分
ポリライン
円
円弧
移動
回転
複写
鏡像
ストレッチ
尺度変更
作成
修正
スタート
Drawing1*
[−][平面図][2D ワイヤフレーム]
カスタム表示スタイル
2D ワイヤフレーム
コンセプト
隠線処理


**7** 面であるリージョンが塗りつぶしで表示されます。

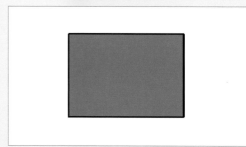

**8** [表示スタイルコントロール]を[2D ワイヤフレーム]に戻します。

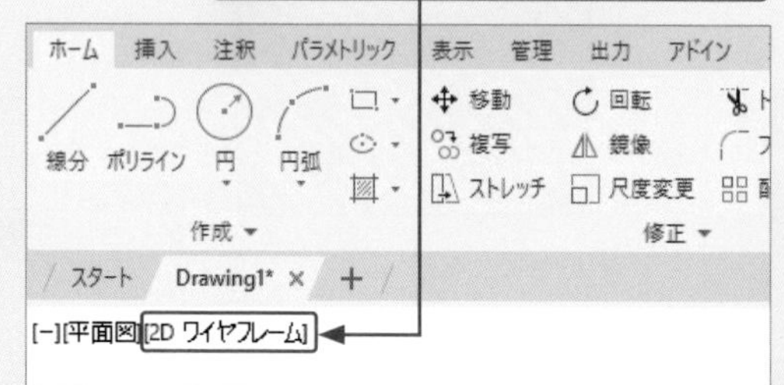

ホーム
挿入
注釈
パラメトリック
表示
管理
出力
アドイン
線分
ポリライン
円
円弧
移動
回転
複写
鏡像
ストレッチ
尺度変更
作成
修正
スタート
Drawing1*
[−][平面図][2D ワイヤフレーム]


AutoCADの概要
基本操作
線の作図と編集
図形の作図と挿入
図形の変形と移動
図形の選択と削除
画層とプロパティ
文字の作成
寸法の作成
注釈の作成
数値計測とブロック図形
レイアウトと印刷

# Q120 面を足したり引いたりしたい!

## A 「UNION」と「SUBTRACT」コマンドを使用します。

面を足したり引いたりするには、「UNION」(和)と「SUBTRACT」(差)コマンドを使用します。[製図と注釈]のワークスペースにはボタンが表示されていないので、コマンドを直接入力してください。

参照▶Q 040 サンプル▶120.dwg

1 「UNION」と入力し、Enterキーを押します。

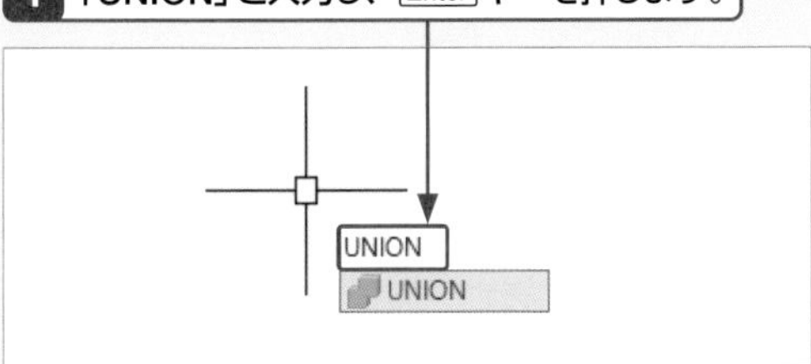
UNION
UNION

2 足したいリージョンを2つ以上選択します。

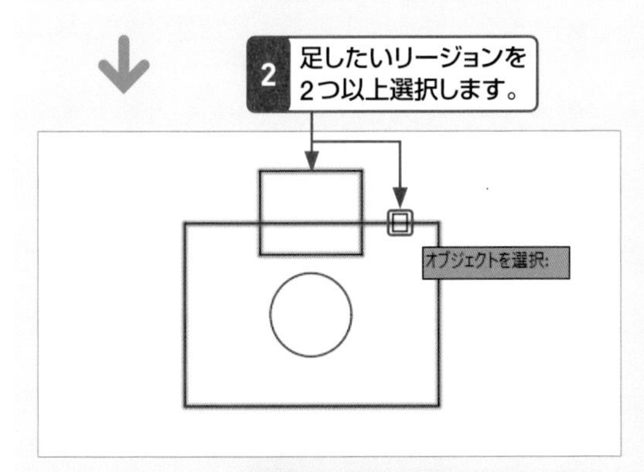
オブジェクトを選択:

3 Enterキーを押して、図形の選択を確定します。

4 1つのリージョンになります。

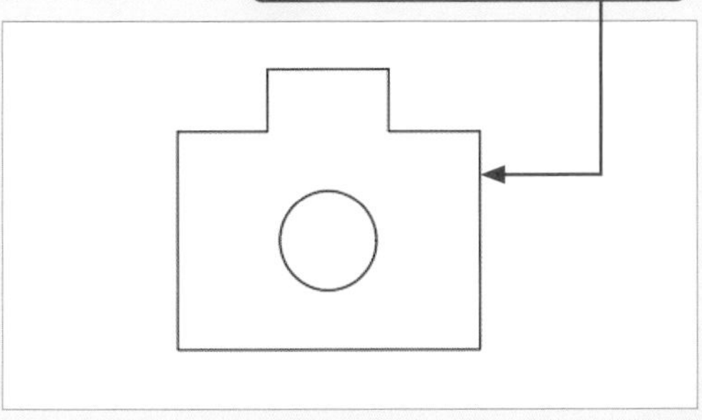

5 「SUBTRACT」と入力し、Enterキーを押します。

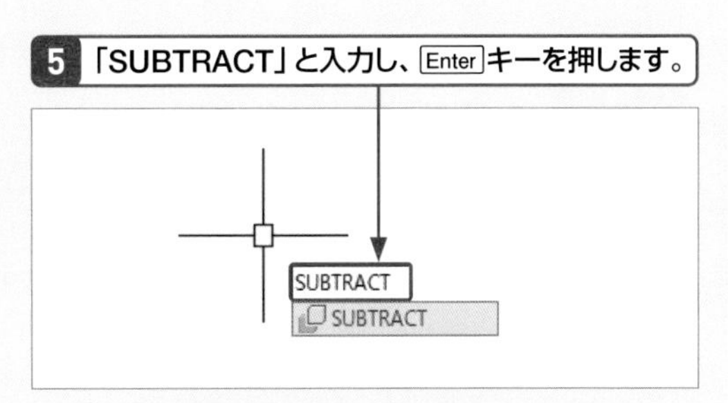
SUBTRACT
SUBTRACT

6 引く元のリージョンをクリックします。

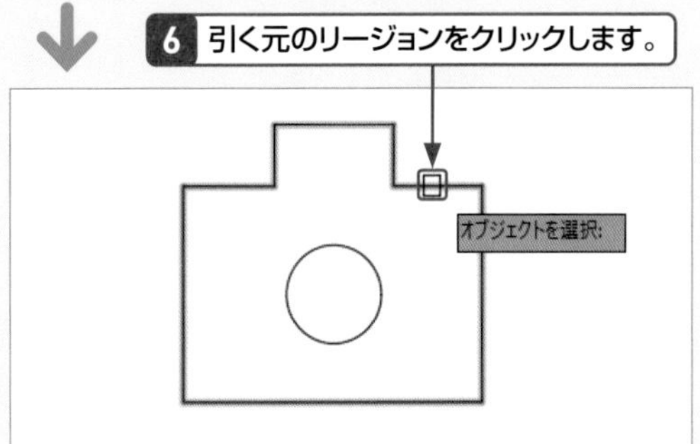
オブジェクトを選択:

7 Enterキーを押して、図形の選択を確定します。

8 引きたいリージョンをクリックします。

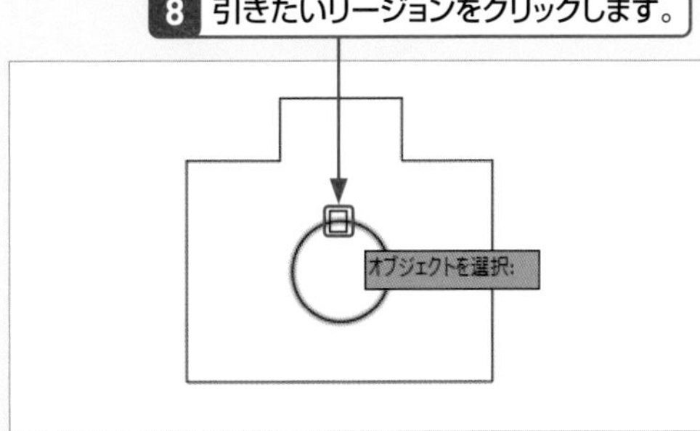
オブジェクトを選択:

9 Enterキーを押して、図形の選択を確定します。

10 リージョンの一部が削除されます。[表示スタイルコントロール]を[コンセプト]にして確認します。

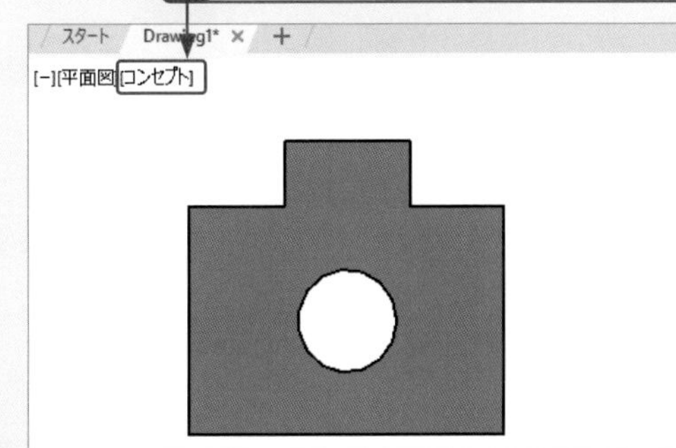
スタート
[-][平面図][コンセプト]

# Q 121 ほかの図面をそのまま貼り付けたい!

**A** エクスプローラーでドラッグ&ドロップします。

ほかの図面をそのまま貼り付けるには、Windowsのエクスプローラーでドラッグ&ドロップします。ドロップしたあとはブロック図形になっているので、修正するには分解をしてください。

サンプル▶121a.dwg／121b.dwg

**1** 貼付け先の図面ファイルを開きます。

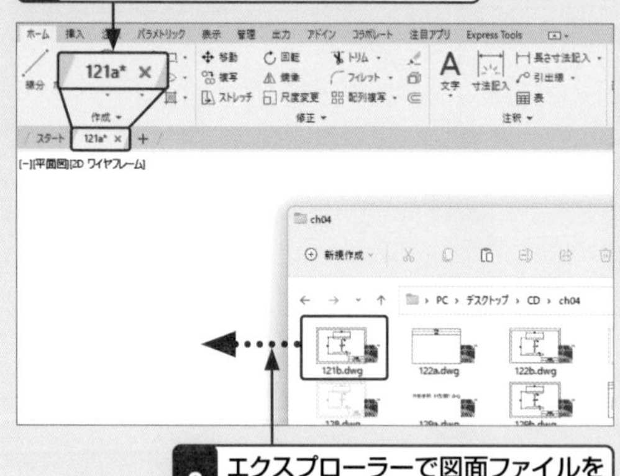

**2** エクスプローラーで図面ファイルをドラッグ&ドロップします。

**3** 挿入位置をクリックします。

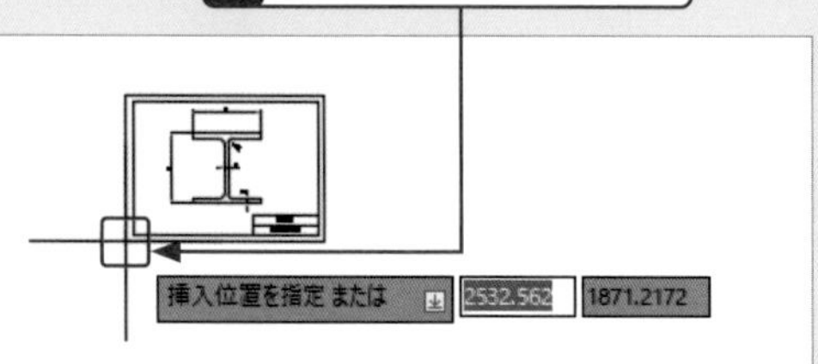
挿入位置を指定 または
2532.562
1871.2172

**4** X方向の尺度に「1」を入力し、Enterキーを押します。

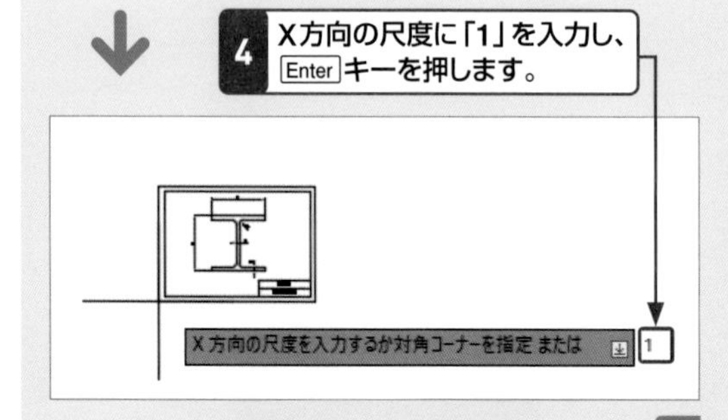
X 方向の尺度を入力するか対角コーナーを指定 または
1

**5** Y方向の尺度に「1」を入力し、Enterキーを押します。

**6** 回転角度に「0」を入力し、Enterキーを押します。

**7** 図面ファイルがブロックで挿入されます。

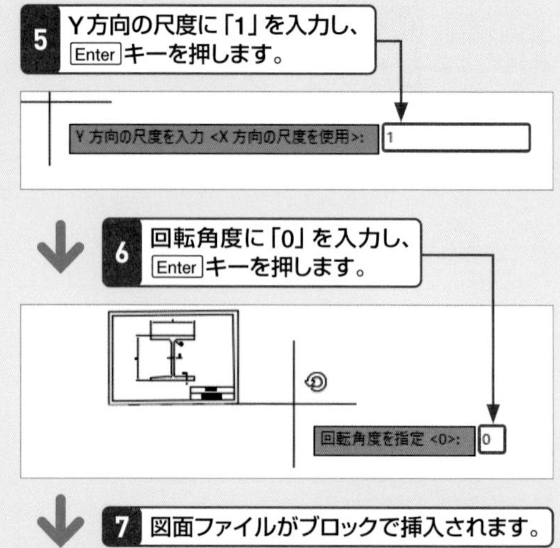
Y 方向の尺度を入力 <X 方向の尺度を使用>:
1
回転角度を指定 <0>:
0

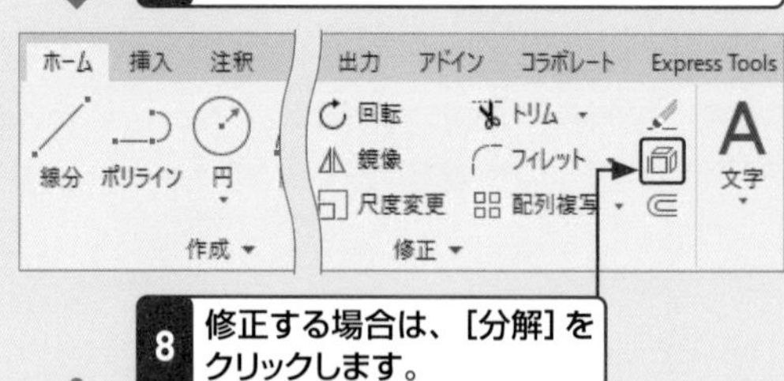
ホーム
挿入
注釈
出力
アドイン
コラボレート
Express Tools
線分
ポリライン
円
回転
鏡像
尺度変更
トリム
フィレット
配列複写
文字
作成
修正

**8** 修正する場合は、［分解］をクリックします。

**9** 挿入した図面をクリックし、Enterキーを押して選択を確定します。

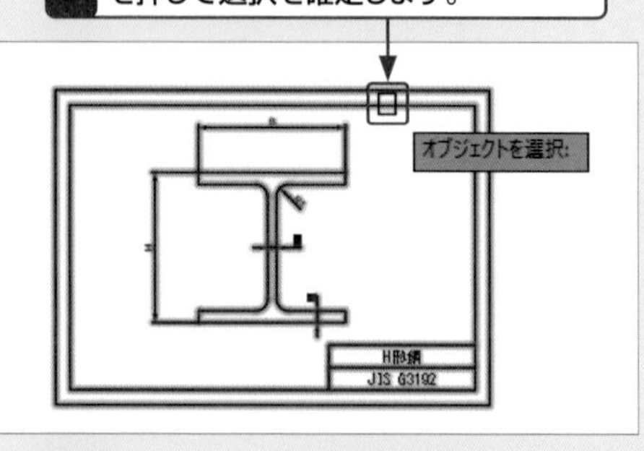
オブジェクトを選択:
H形鋼
JIS G3192

**10** カーソルを図形に重ねると、プロパティが表示され、ブロックが分解されたことが確認できます。

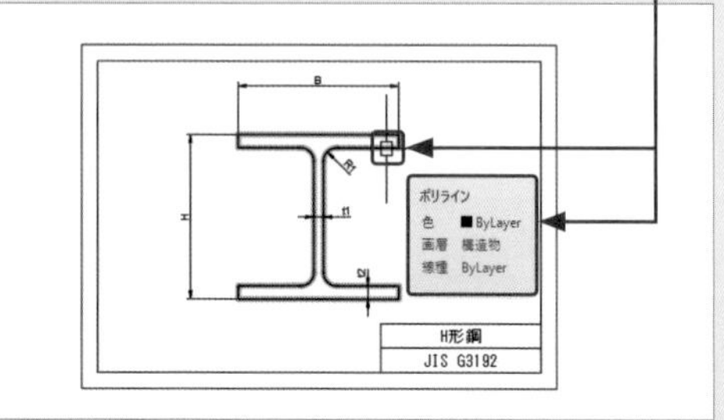
ポリライン
色 ByLayer
画層 構造物
線種 ByLayer
H形鋼
JIS G3192



AutoCADの概要 / 基本操作 / 線の作図と編集 / 図形の作図と挿入 / 図形の変形と移動 / 図形の選択と削除 / 画層とプロパティ / 文字の作成 / 寸法の作成 / 注釈の作成 / 数値計測とブロック図形 / レイアウトと印刷

# Q 122 ほかの図面をリンク貼り付けしたい！

## A 外部参照でアタッチします。

ほかの図面をリンク貼り付けするには、外部参照でアタッチします。参照された図面はファイル名や保存フォルダを変更すると表示されなくなるので、注意してください。

参照 ▶ Q 129 サンプル ▶ 122a.dwg ／ 122b.dwg

1 貼り付け先の図面を開きます。

2 ［挿入］タブをクリックし、

3 ［アタッチ］をクリックします。

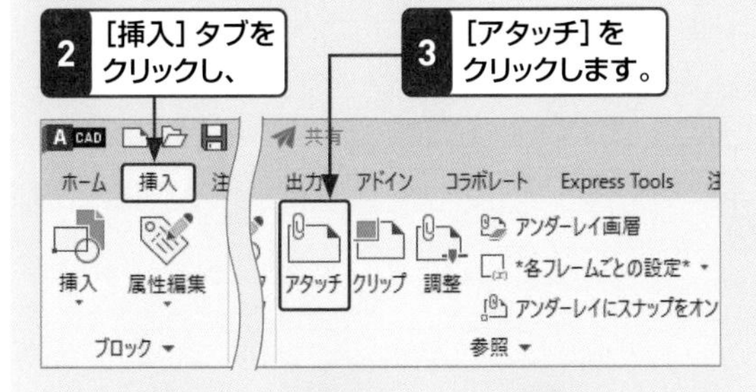

4 ［ファイルの種類］を［図面（*.dwg）］にします。

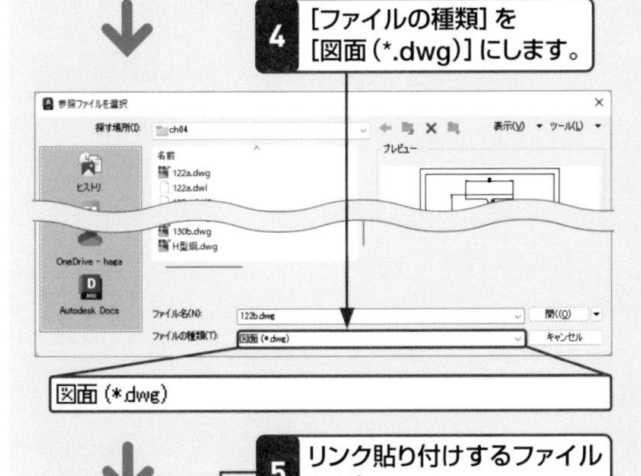
図面（*.dwg）

5 リンク貼り付けするファイルを選択します。

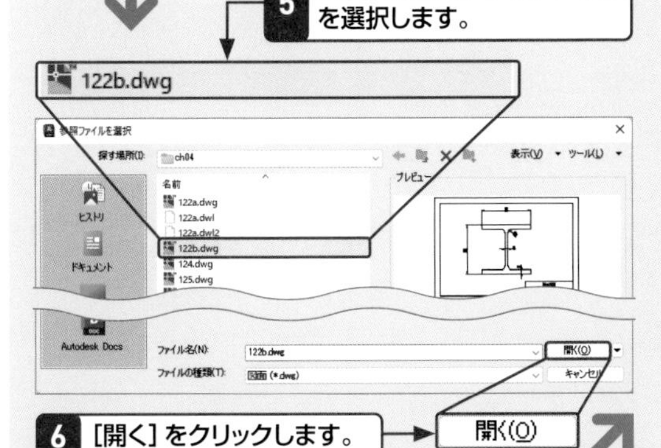
122b.dwg
開く(O)

6 ［開く］をクリックします。

7 ［尺度］の［画面上で指定］のチェックを外します。

8 ［X］、［Y］、［Z］に「1」を入力します。

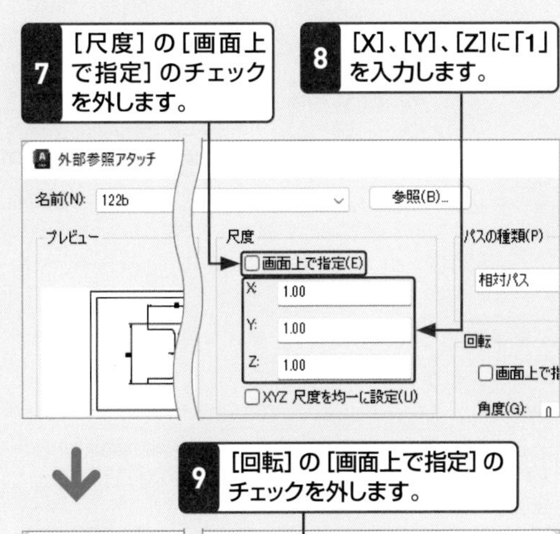

9 ［回転］の［画面上で指定］のチェックを外します。

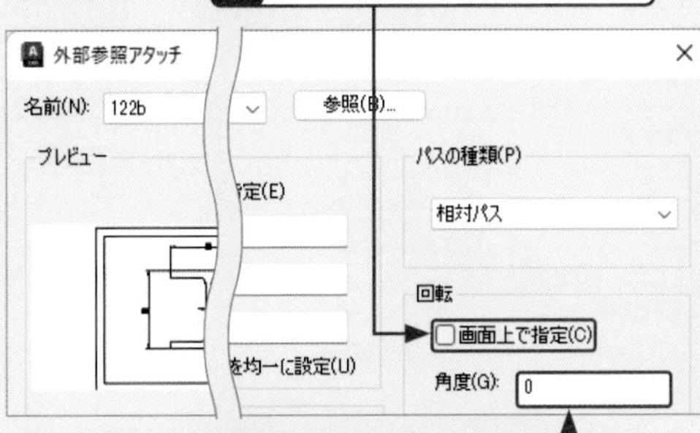

10 ［角度］に「0」を入力します。

11 ［挿入位置］の［画面上で指定］にチェックを入れます。

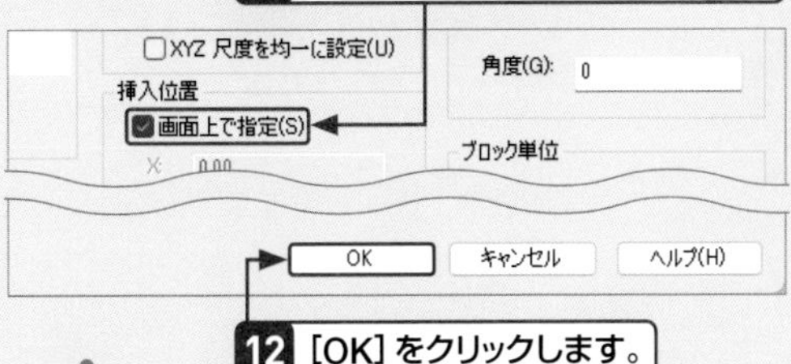

12 ［OK］をクリックします。

13 挿入位置をクリックします。

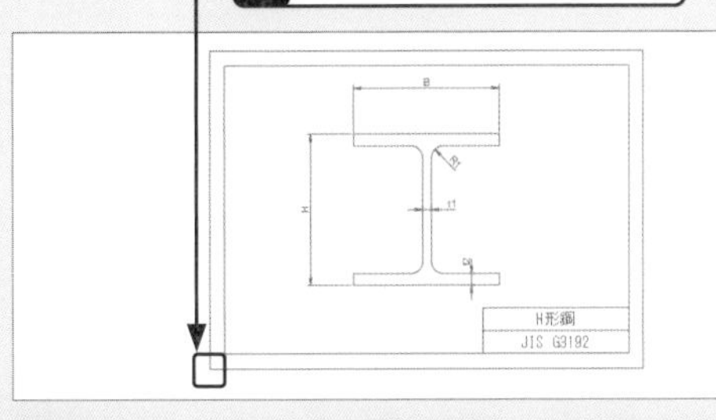

14 図面ファイルが外部参照でアタッチされます。［外部参照のフェード］がオンの場合、薄く表示されます。

# Q123 アタッチとオーバーレイの違いは？

**A 外部参照が入れ子になった場合は表示が異なります。**

外部参照のアタッチとオーバーレイは、外部参照が入れ子になったときに表示が違います。アタッチは入れ子にして使用することができますが、オーバーレイは入れ子にすることはできません。

外部参照のアタッチを実行すると、[参照の種類] から [アタッチ] か [オーバーレイ] を選択することができます。

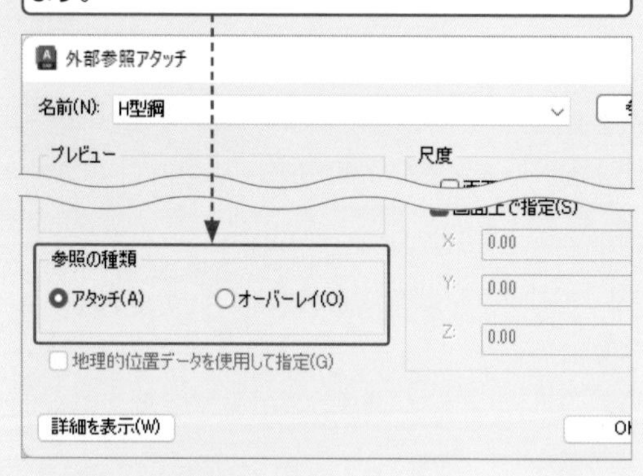

外部参照アタッチ
名前(N): H型鋼
プレビュー
尺度
画面上で指定(S)
X: 0.00
Y: 0.00
Z: 0.00
参照の種類
アタッチ(A)
オーバーレイ(O)
地理的位置データを使用して指定(G)
詳細を表示(W)


A.dwgをアタッチで外部参照した場合、入れ子を使用することができます。

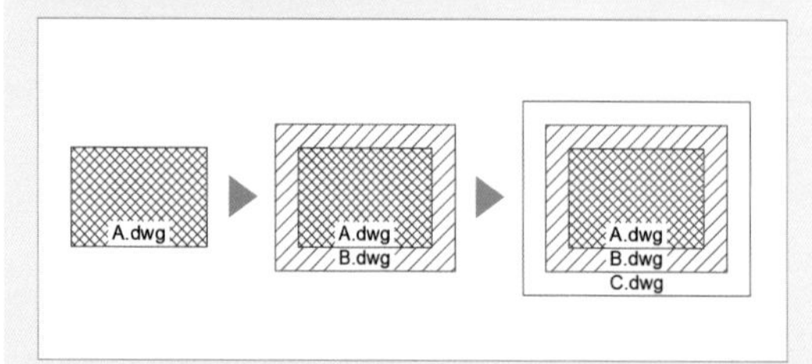

A.dwg
A.dwg
B.dwg
A.dwg
B.dwg
C.dwg


A.dwgをオーバーレイで外部参照した場合、入れ子を使用することはできません。

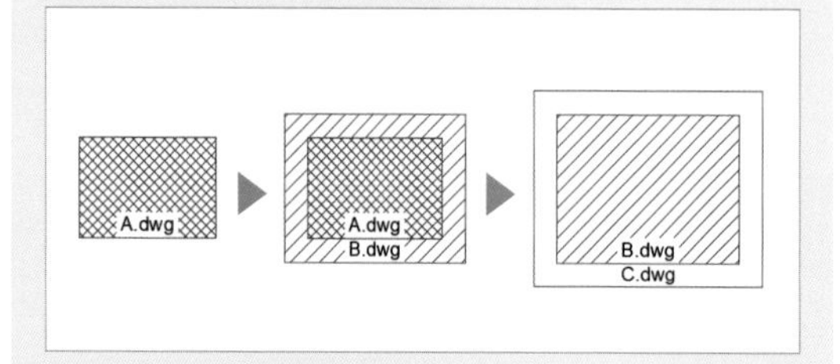

A.dwg
A.dwg
B.dwg
B.dwg
C.dwg




# Q124 外部参照を明るく表示したい！

**A [外部参照のフェード]をオフにします。**

外部参照としてアタッチされた図面が薄くフェード表示されている場合は、[外部参照のフェード]をオフにすると明るく表示されます。 サンプル ▶ 124.dwg

外部参照が薄くフェード表示されています。

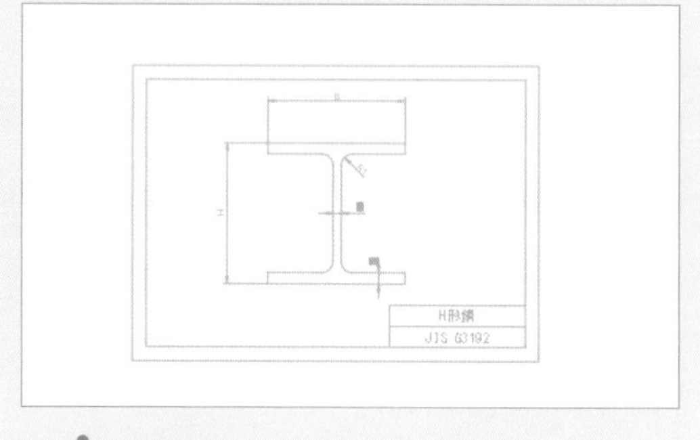

1 [挿入] タブをクリックし、

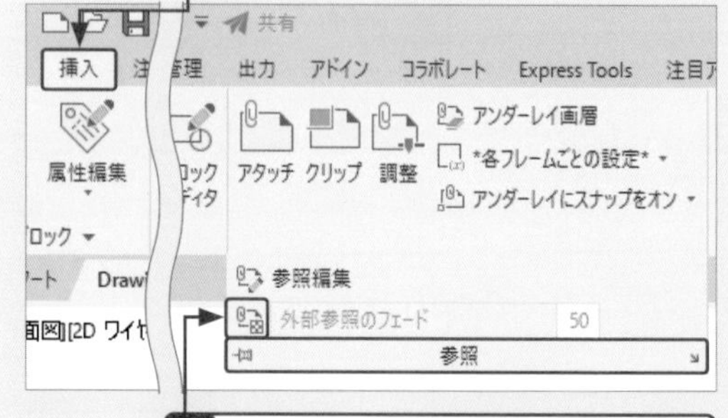

共有
挿入
管理
出力
アドイン
コラボレート
Express Tools
属性編集
アタッチ
クリップ
調整
アンダーレイ画層
*各フレームごとの設定*
アンダーレイにスナップをオン
参照編集
外部参照のフェード
50
参照


2 [参照▼] → [外部参照のフェード] をクリックしてオフにします。

3 フェード表示がオフになります。

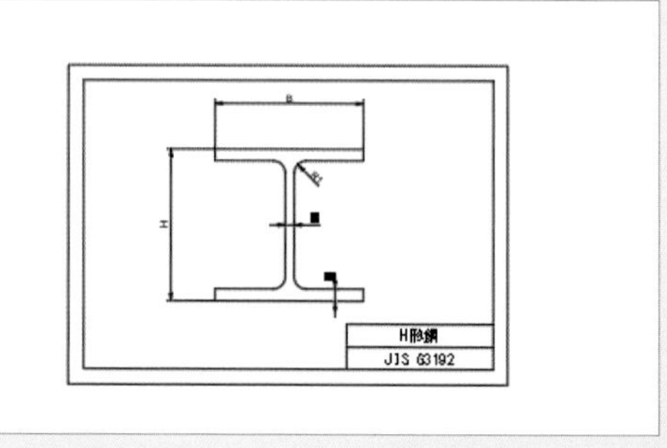

H形鋼
JIS G3192

## Q125 外部参照の一部を表示したい!

**A** [クリップ境界を作成]を使用します。

外部参照の一部を表示するには、[クリップ境界を作成]を使用し、矩形やポリゴン(多角形)で囲みます。

サンプル ▶ 125.dwg

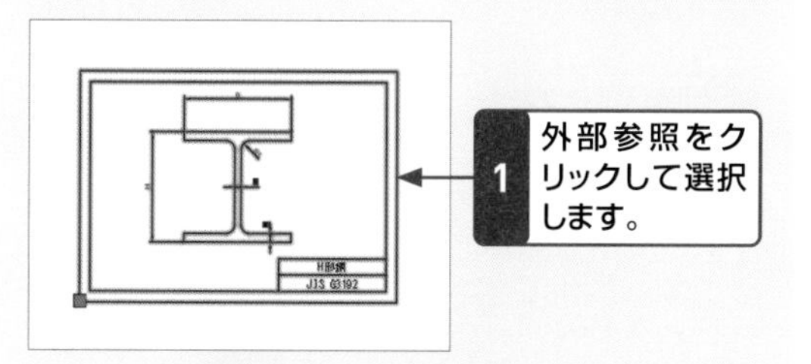
1 外部参照をクリックして選択します。

2 [クリップ境界を作成]をクリックします。

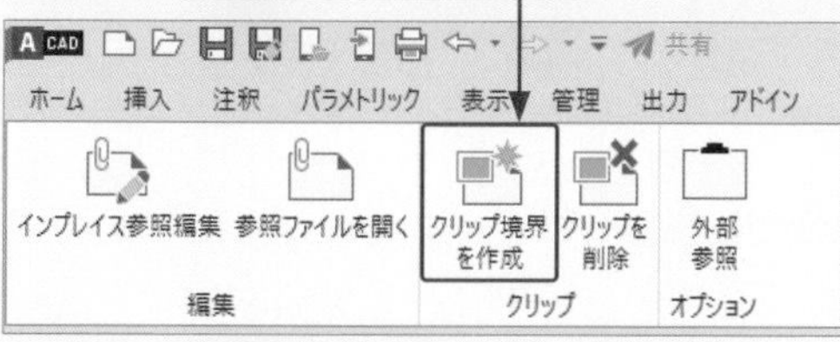
ホーム
挿入
注釈
パラメトリック
表示
管理
出力
アドイン
インプレイス参照編集
参照ファイルを開く
クリップ境界を作成
クリップを削除
外部参照
編集
クリップ
オプション

3 [矩形]をクリックします。

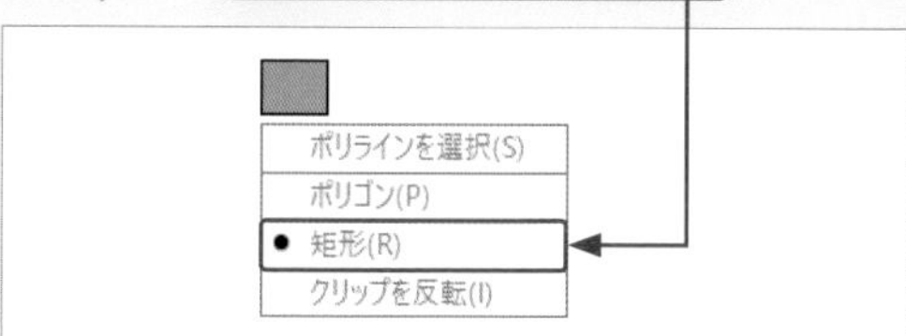
ポリラインを選択(S)
ポリゴン(P)
矩形(R)
クリップを反転(I)

4 表示する範囲を2点クリックします。

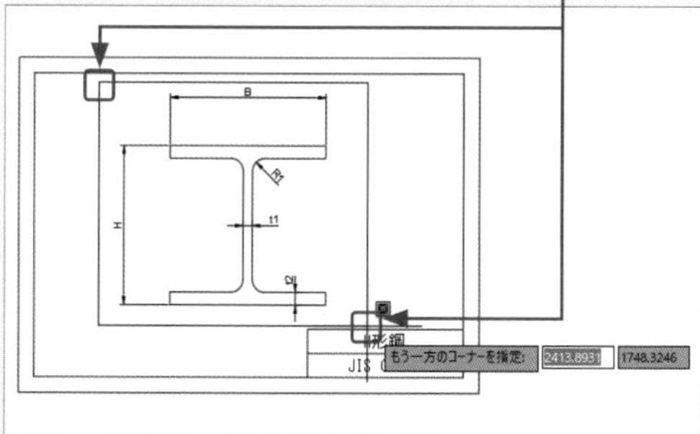

5 囲まれた範囲のみが表示されます。



## Q126 外部参照を分解したい!

**A** 外部参照パレットで[バインド]を使用します。

外部参照を分解するには、外部参照パレットで[バインド]を使用します。[個別バインド]は、画層名などにファイル名が付与されます。[挿入]は、画層名などがそのまま挿入されます。

サンプル ▶ 126.dwg

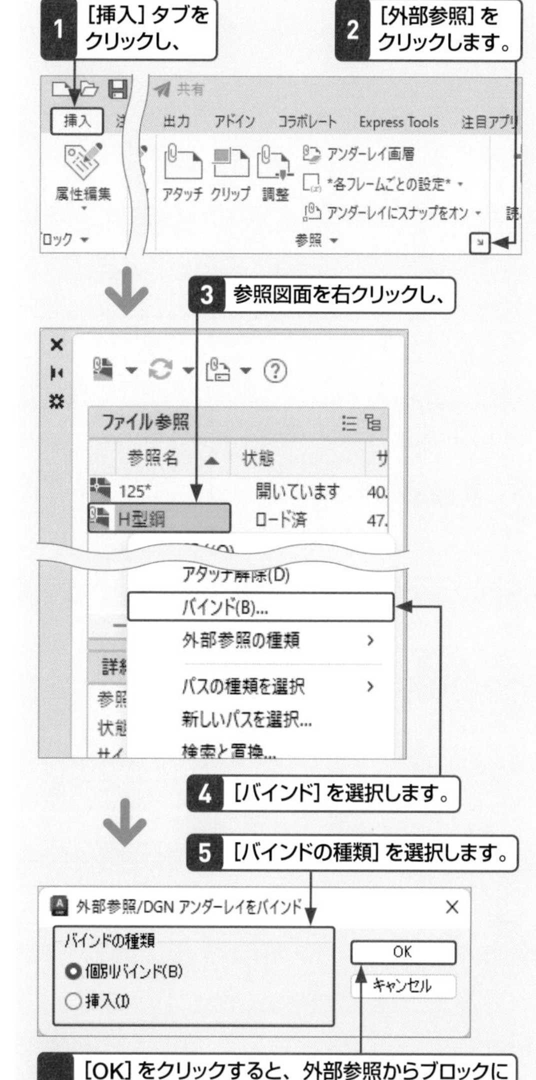
1 [挿入]タブをクリックし、
2 [外部参照]をクリックします。
挿入
出力
アドイン
コラボレート
Express Tools
属性編集
アタッチ
クリップ
調整
アンダーレイ画層
アンダーレイにスナップをオン
参照
3 参照図面を右クリックし、
ファイル参照
参照名
状態
125*
開いています
H型鋼
ロード済
アタッチ解除(D)
バインド(B)...
外部参照の種類
パスの種類を選択
新しいパスを選択...
4 [バインド]を選択します。
5 [バインドの種類]を選択します。
外部参照/DGN アンダーレイをバインド
バインドの種類
個別バインド(B)
挿入(I)
OK
キャンセル
6 [OK]をクリックすると、外部参照からブロックに変換されます。修正などを行う場合は[分解]を実行します。

AutoCADの概要
基本操作
線の作図と編集
図形の作図と挿入
図形の変形と移動
図形の選択と削除
画層とプロパティ
文字の作成
寸法の作成
注釈の作成
数値計測とブロック図形
レイアウトと印刷



## Q 127 外部参照を削除したい!

**A** 外部参照パレットで[アタッチ解除]を使用します。

外部参照を削除する場合、作図領域の外部参照を削除するのみでは情報が残ってしまうので、外部参照パレットで[アタッチ解除]を使用します。

サンプル ▶ 127.dwg

1 [挿入]タブをクリックし、

2 [外部参照]をクリックします。

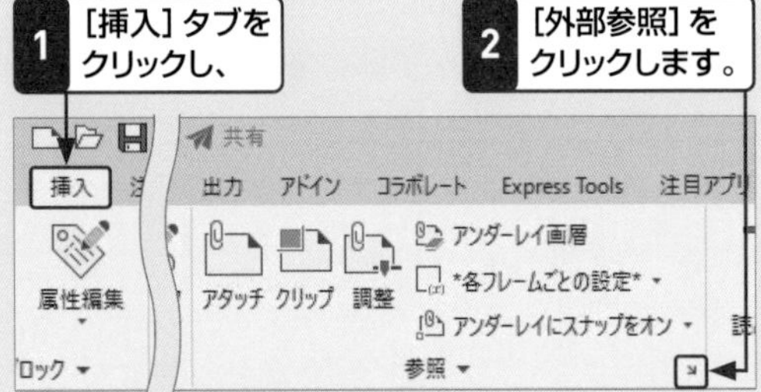
共有
挿入
出力
アドイン
コラボレート
Express Tools
注目アプリ
属性編集
アタッチ
クリップ
調整
アンダーレイ画層
*各フレームごとの設定*
アンダーレイにスナップをオン
ロック
参照

3 参照図面を右クリックします。

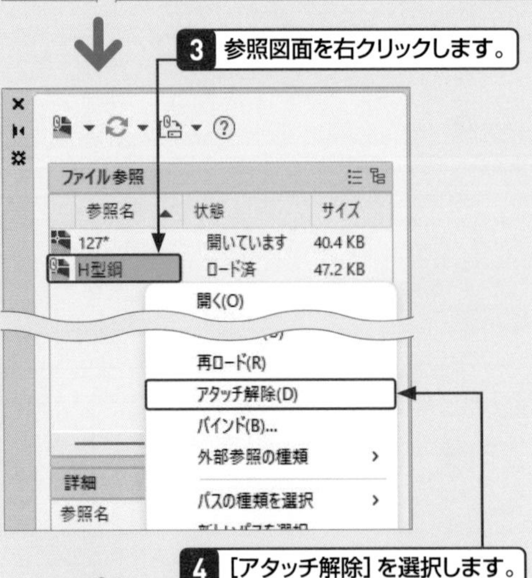
ファイル参照
参照名
状態
サイズ
127*
開いています
40.4 KB
H型鋼
ロード済
47.2 KB
開く(O)
再ロード(R)
アタッチ解除(D)
バインド(B)...
外部参照の種類
パスの種類を選択
詳細
参照名

4 [アタッチ解除]を選択します。

5 外部参照が削除されます。

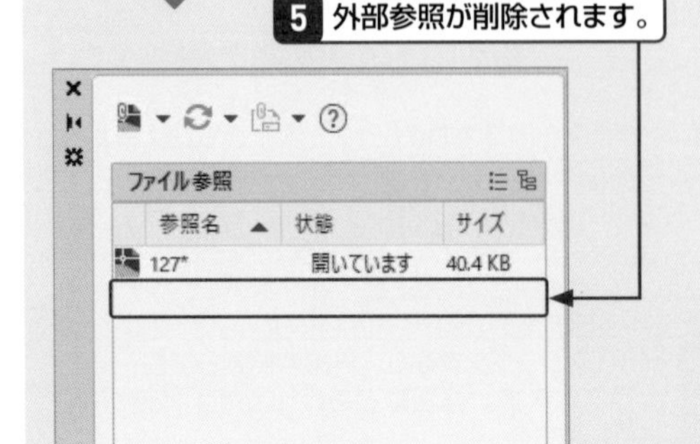
ファイル参照
参照名
状態
サイズ
127*
開いています
40.4 KB

挿入 重要度 ★★★

## Q 128 外部参照を表示／非表示したい!

**A** 外部参照パレットで[再ロード]／[ロード解除]を使用します。

一時的に外部参照を非表示にして作業をしたい場合は、外部参照パレットで[ロード解除]を使用します。再び表示するには[再ロード]を使用します。

サンプル ▶ 128.dwg

1 [挿入]タブをクリックし、

2 [外部参照]をクリックします。

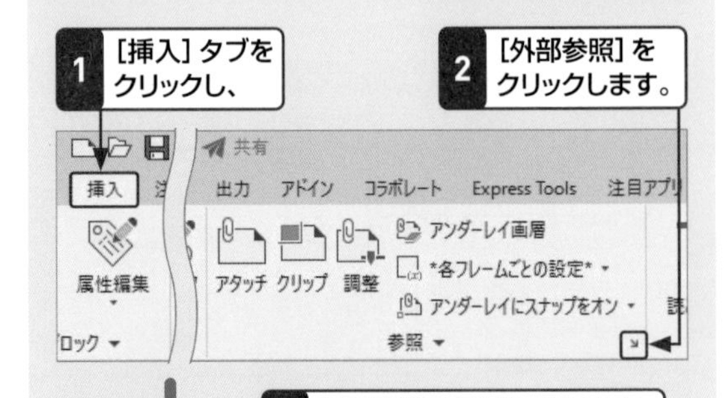
共有
挿入
出力
アドイン
コラボレート
Express Tools
注目アプリ
属性編集
アタッチ
クリップ
調整
アンダーレイ画層
*各フレームごとの設定*
アンダーレイにスナップをオン
ロック
参照

3 参照図面を右クリックします。

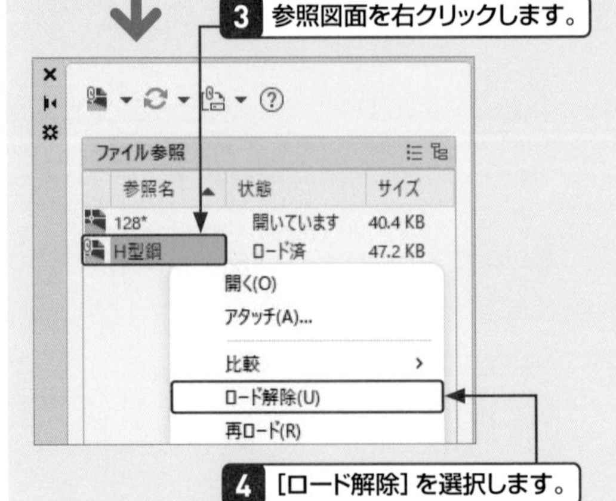
ファイル参照
参照名
状態
サイズ
128*
開いています
40.4 KB
H型鋼
ロード済
47.2 KB
開く(O)
アタッチ(A)...
比較
ロード解除(U)
再ロード(R)

4 [ロード解除]を選択します。

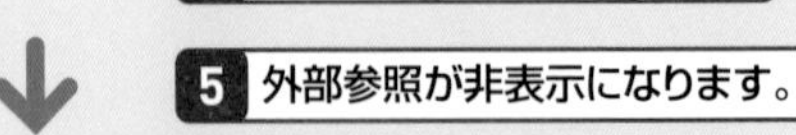

5 外部参照が非表示になります。

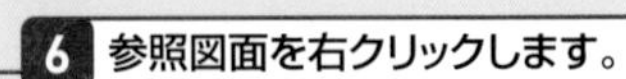

6 参照図面を右クリックします。

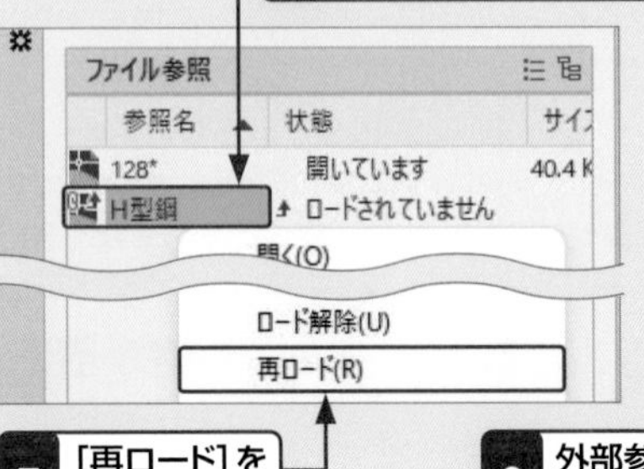
ファイル参照
参照名
状態
128*
開いています
H型鋼
ロードされていません
開く(O)
ロード解除(U)
再ロード(R)

7 [再ロード]を選択します。

8 外部参照が表示されます。

Q
129

## 外部参照が表示されない!

**A** 外部参照パレットで[保存パス]を変更します。

ファイルを開いた時に外部参照が表示されない場合は、外部参照パレットの[保存パス]で正しいパスを指定します。 サンプル▶129a.dwg／129b.dwg

外部参照の挿入位置に、「外部参照 パス」が文字列で表示されています。ファイルを開いたときにダイアログが表示される場合は、[見つからない参照ファイルを無視]を選択してください。

外部参照 .\H型鋼1.dwg

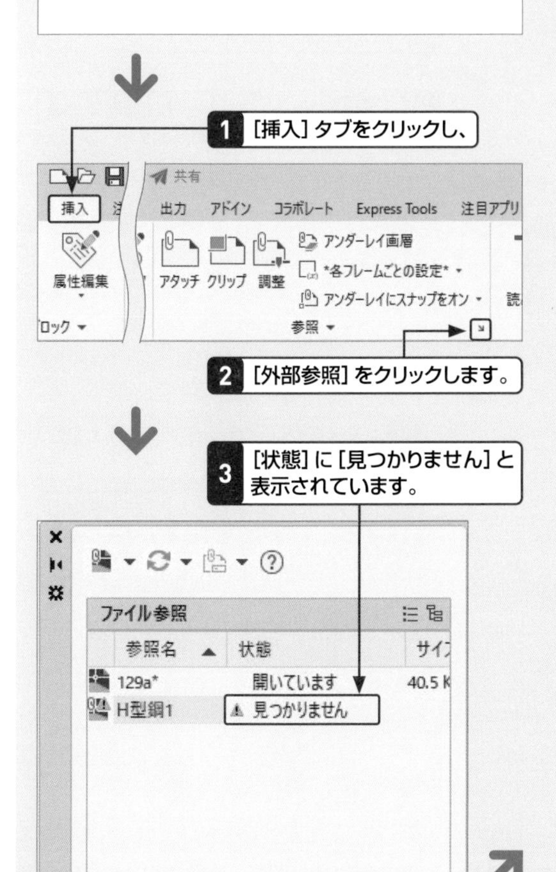
1 [挿入]タブをクリックし、
挿入
出力
アドイン
コラボレート
Express Tools
注目アプリ
共有
属性編集
アタッチ
クリップ
調整
アンダーレイ画層
*各フレームごとの設定*
アンダーレイにスナップをオン
参照
2 [外部参照]をクリックします。
3 [状態]に[見つかりません]と表示されています。
ファイル参照
参照名
状態
129a*
開いています
40.5 K
H型鋼1
見つかりません

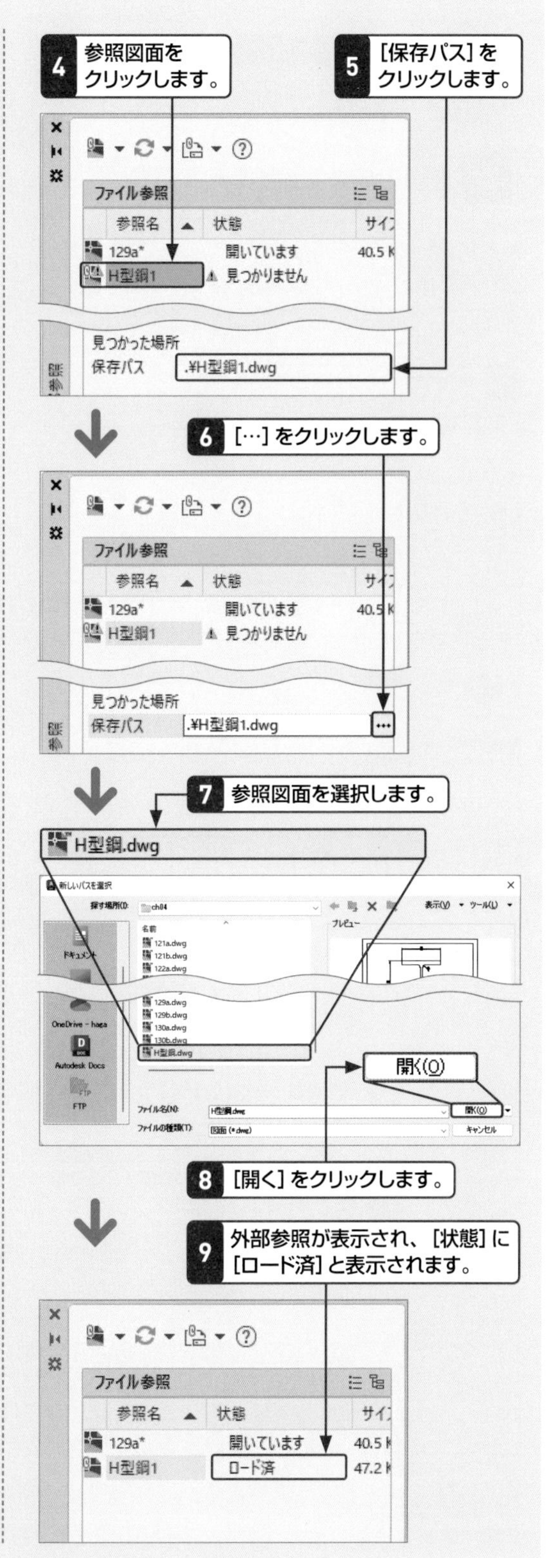
4 参照図面をクリックします。
5 [保存パス]をクリックします。
ファイル参照
参照名
状態
129a*
開いています
40.5 K
H型鋼1
見つかりません
見つかった場所
保存パス
.¥H型鋼1.dwg
6 […]をクリックします。
7 参照図面を選択します。
H型鋼.dwg
新しいパスを選択
129a.dwg
129b.dwg
130a.dwg
H型鋼.dwg
開く(O)
キャンセル
8 [開く]をクリックします。
9 外部参照が表示され、[状態]に[ロード済]と表示されます。
ロード済
47.2 K

# Q130 外部参照の大きさが違う！

## A 図面の単位を設定します。

外部参照をアタッチしたときに大きさが違って合わない場合は、アタッチする前に図面の単位を設定します。 参照▶Q 122 サンプル▶130a.dwg／130b.dwg

**1** 貼り付け先のファイルを開きます。

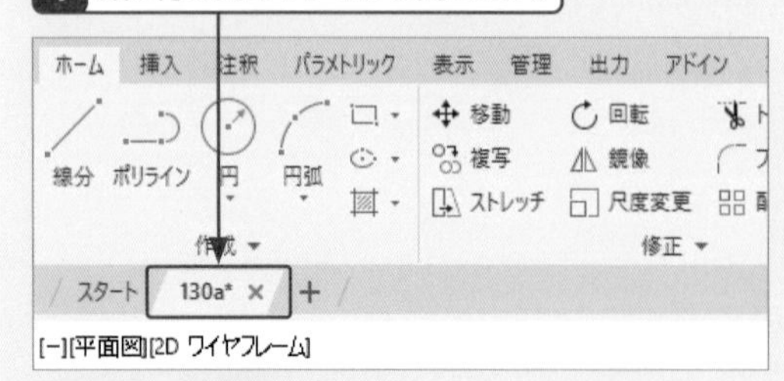

**2** [アプリケーションメニュー]をクリックし、

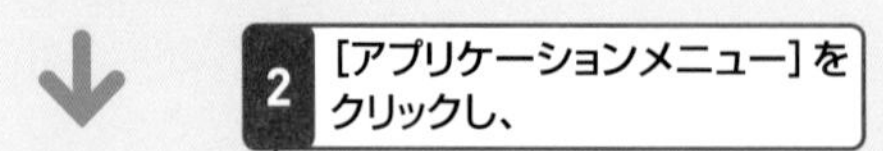

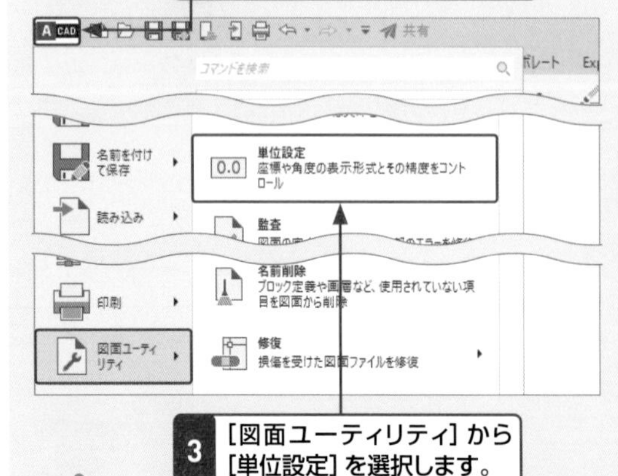

**3** [図面ユーティリティ]から[単位設定]を選択します。

**4** [挿入尺度]を確認します（ここでは「ミリメートル」に設定）。

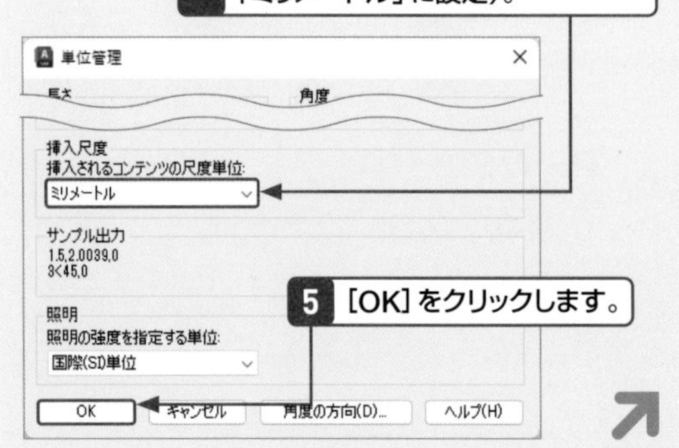

**5** [OK]をクリックします。

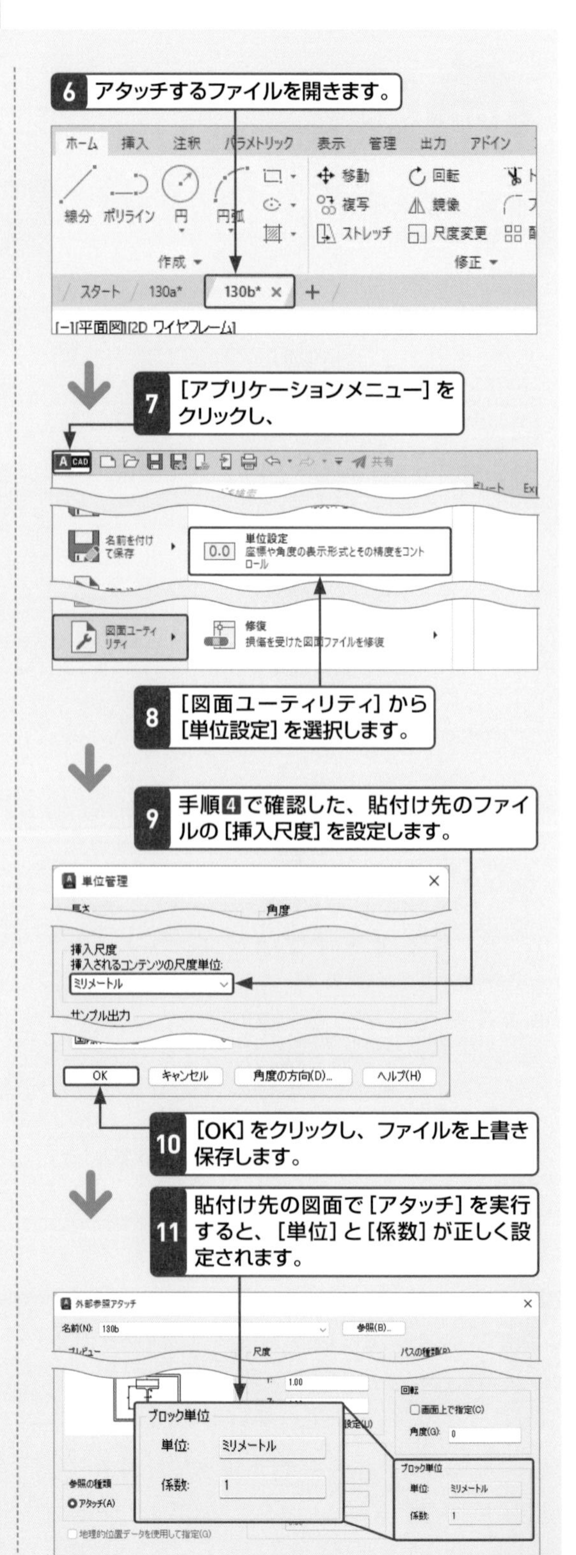

**6** アタッチするファイルを開きます。

**7** [アプリケーションメニュー]をクリックし、

**8** [図面ユーティリティ]から[単位設定]を選択します。

**9** 手順**4**で確認した、貼付け先のファイルの[挿入尺度]を設定します。

**10** [OK]をクリックし、ファイルを上書き保存します。

**11** 貼付け先の図面で[アタッチ]を実行すると、[単位]と[係数]が正しく設定されます。

5

# 図形の変形と移動

# Q131 図形の一部を水平／垂直に伸縮したい！

**A [直交モード]をオンにして[ストレッチ]を実行します。**

図形の一部を水平／垂直方向に伸縮したい場合は、[直交モード]をオンにして、[ストレッチ]を実行し、任意点と方向、長さを指定します。また、[ストレッチ]では、図形を交差選択する必要があります。

サンプル ▶ 131.dwg

1 [直交モード] をクリックしてオンにします。青くなっている状態がオンです。

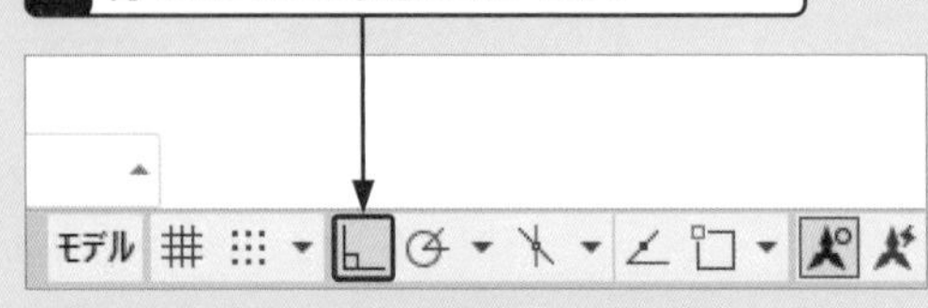
モデル

2 [ストレッチ] をクリックします。

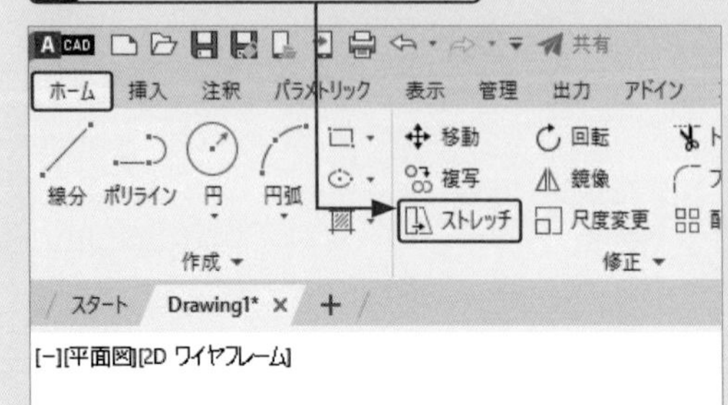
共有
ホーム
挿入
注釈
パラメトリック
表示
管理
出力
アドイン
線分
ポリライン
円
円弧
移動
回転
複写
鏡像
ストレッチ
尺度変更
作成
修正
スタート
Drawing1*
[−][平面図][2D ワイヤフレーム]

3 伸縮する場所よりも右側をクリックし、

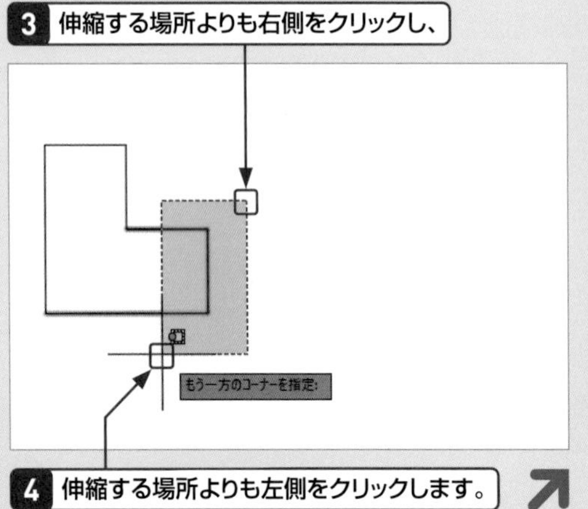
もう一方のコーナーを指定:

4 伸縮する場所よりも左側をクリックします。

5 図形が交差選択されます。

6 Enter キーを押して、選択を確定します。

7 任意点をクリックし、伸ばしたい方向（ここでは右）にカーソルを動かします。

8 長さ（ここでは「50」）を入力し、Enter キーを押します。

9 図形が伸縮されます。

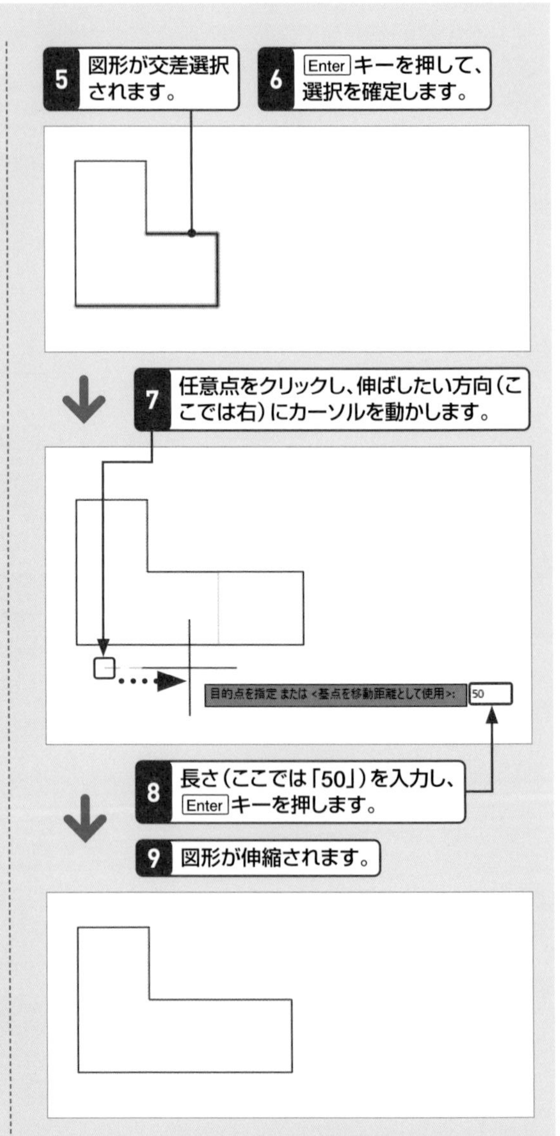
目的点を指定 または <基点を移動距離として使用>:
50

### [ストレッチ] の範囲選択

[ストレッチ] で図形を選択するには、右から左に囲み、領域が緑で表示される交差選択を行ってください。

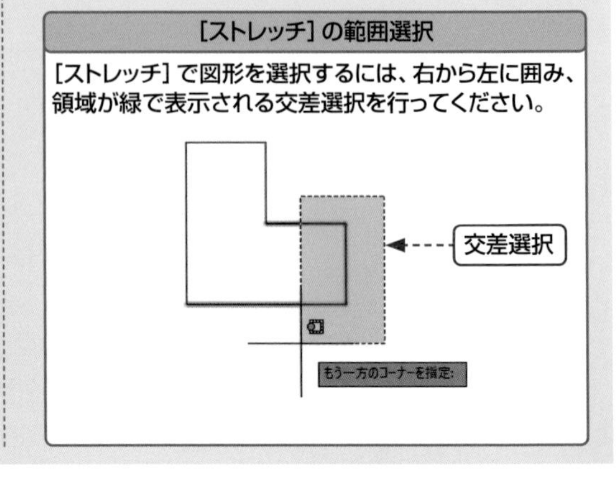
交差選択
もう一方のコーナーを指定:



AutoCADの概要　基本操作　線の作図と編集　図形の作図と挿入　図形の変形と移動　図形の選択と削除　画層とプロパティ　文字の作成　寸法の作成　注釈の作成　数値計測とブロック図形　レイアウトと印刷

# Q132 図形の一部を図形の点まで伸縮したい!

## A [オブジェクトスナップ]をオンにして[ストレッチ]を実行します。

図形の一部を図形の点まで伸縮したい場合は、[オブジェクトスナップ]をオンにして、[ストレッチ]を実行し、基点と目的点を指定します。また、[ストレッチ]では、図形を交差選択する必要があります。

サンプル ▶ 132.dwg

1 [オブジェクトスナップ]をクリックしてオンにします。オンにするとボタンが青く表示されます。

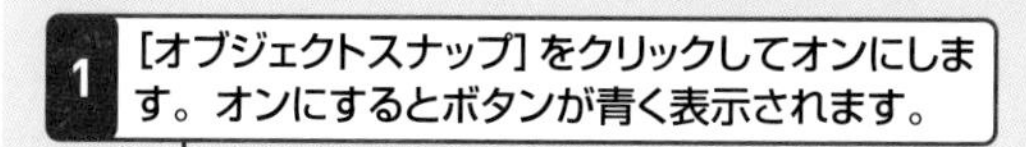

2 [▼]をクリックします。

3 使用するオブジェクトスナップ(ここでは[端点]と[垂線])にチェックを入れます。

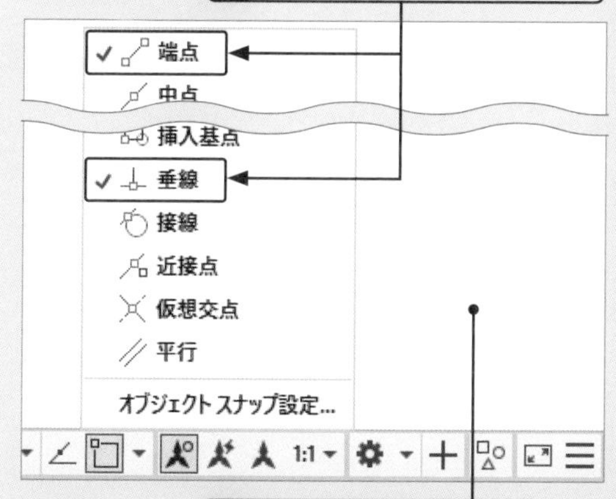

端点
中点
挿入基点
垂線
接線
近接点
仮想交点
平行
オブジェクト スナップ設定...


4 作図領域をクリックして、メニューを閉じます。

5 [ストレッチ]をクリックします。

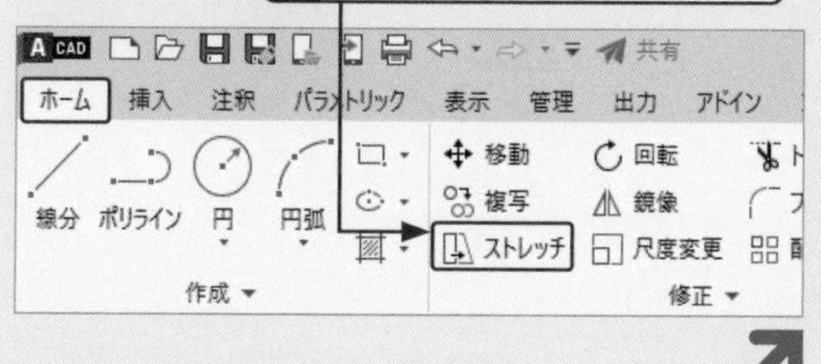

共有
ホーム
挿入
注釈
パラメトリック
表示
管理
出力
アドイン
移動
回転
複写
鏡像
ストレッチ
尺度変更
線分
ポリライン
円
円弧
作成
修正


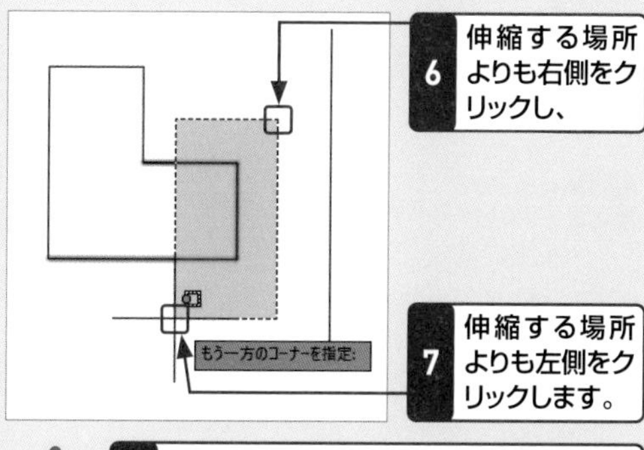

もう一方のコーナーを指定:


6 伸縮する場所よりも右側をクリックし、

7 伸縮する場所よりも左側をクリックします。

8 Enter キーを押して、選択を確定します。

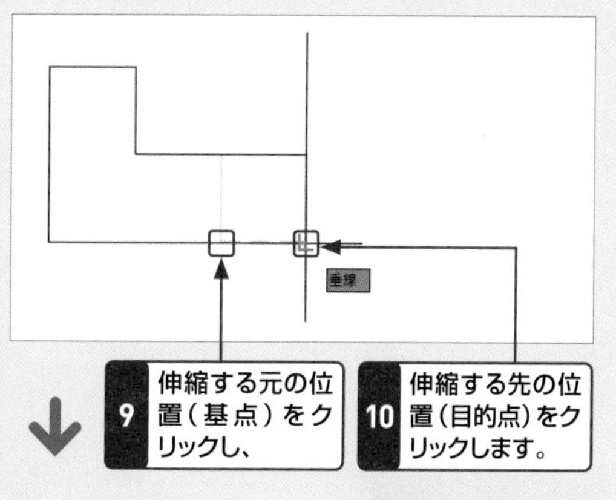

垂線


9 伸縮する元の位置(基点)をクリックし、

10 伸縮する先の位置(目的点)をクリックします。

11 図形が伸縮されます。

### [ストレッチ]の交差選択の範囲

[ストレッチ]の交差選択は、点線にかかる図形が伸縮、緑の範囲内の図形が移動します。

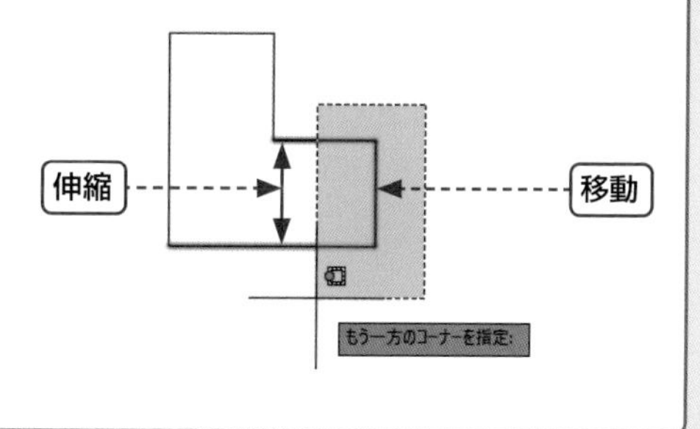

伸縮
移動
もう一方のコーナーを指定:

# Q133 角を丸めたい!

## A [フィレット]を実行します。

線分の間の角を丸めたい場合は、[フィレット]を実行します。半径を変更する場合は、[半径]オプションを使用してください。 サンプル▶133.dwg

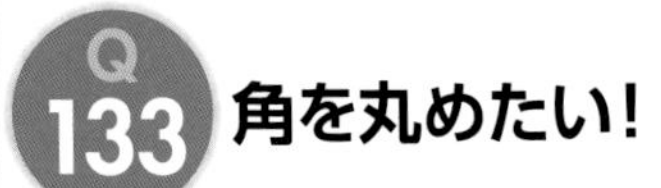
1 [▼]をクリックし、

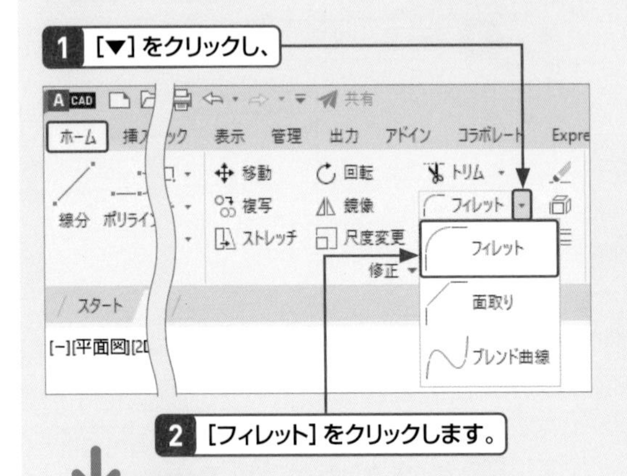
ホーム
移動
回転
トリム
複写
鏡像
フィレット
ストレッチ
尺度変更
修正
線分
ポリライン
スタート
面取り
ブレンド曲線

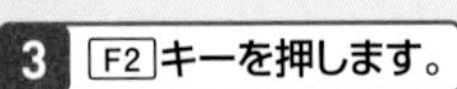
2 [フィレット]をクリックします。

3 F2 キーを押します。

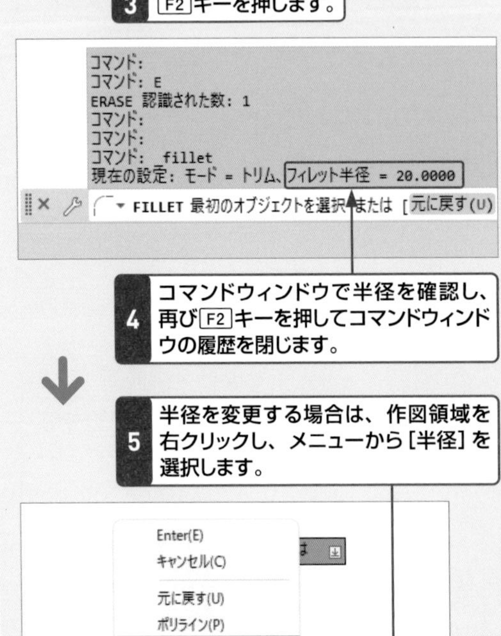
コマンド:
コマンド: E
ERASE 認識された数: 1
コマンド:
コマンド:
コマンド: _fillet
現在の設定: モード = トリム、フィレット半径 = 20.0000
FILLET 最初のオブジェクトを選択 または [元に戻す(U)
4 コマンドウィンドウで半径を確認し、再び F2 キーを押してコマンドウィンドウの履歴を閉じます。
5 半径を変更する場合は、作図領域を右クリックし、メニューから[半径]を選択します。
Enter(E)
キャンセル(C)
元に戻す(U)
ポリライン(P)
半径(R)
トリム(T)
複数(M)
画面移動(P)

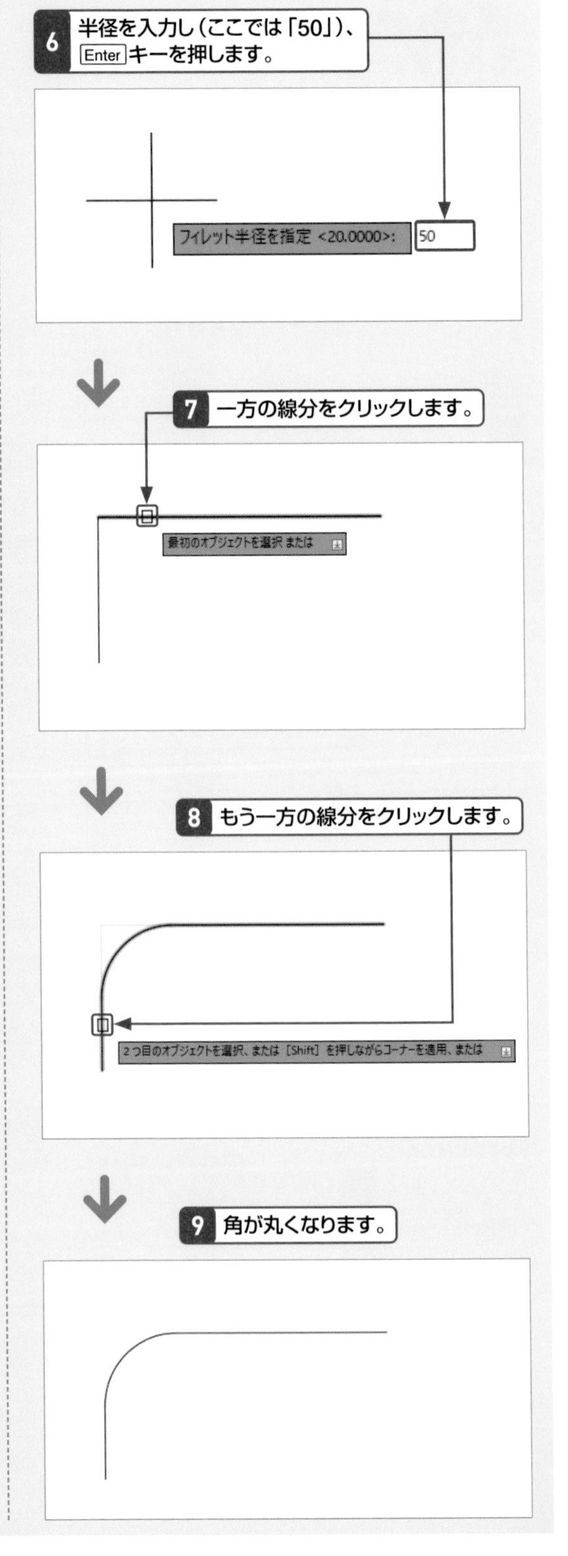
6 半径を入力し(ここでは「50」)、Enter キーを押します。
フィレット半径を指定 <20.0000>:
50
7 一方の線分をクリックします。
最初のオブジェクトを選択 または
8 もう一方の線分をクリックします。
2つ目のオブジェクトを選択、または [Shift] を押しながらコーナーを適用、または
9 角が丸くなります。

# Q 134 角を取りたい！

## A [面取り]を実行します。

線分の間の角を取りたい場合は、[面取り]を実行します。面取りの長さを変更する場合は、[距離]オプションを使用してください。 サンプル▶134.dwg

**1** [▼]をクリックし、

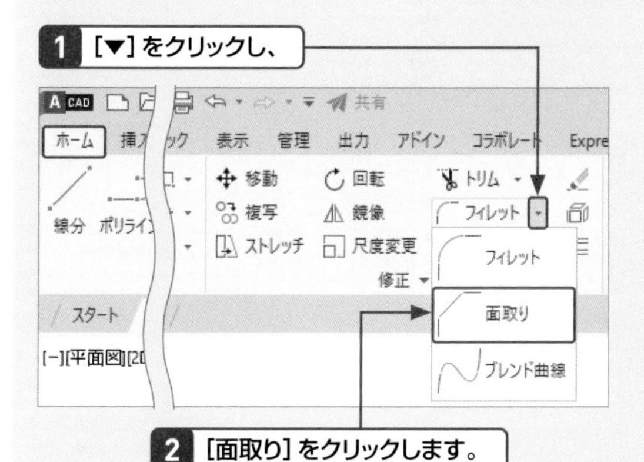

ホーム
表示
管理
出力
アドイン
コラボレート
移動
回転
トリム
複写
鏡像
フィレット
ストレッチ
尺度変更
修正
線分
面取り
ブレンド曲線
スタート


**2** [面取り]をクリックします。

**3** 作図領域を右クリックし、メニューから[距離]を選択します。

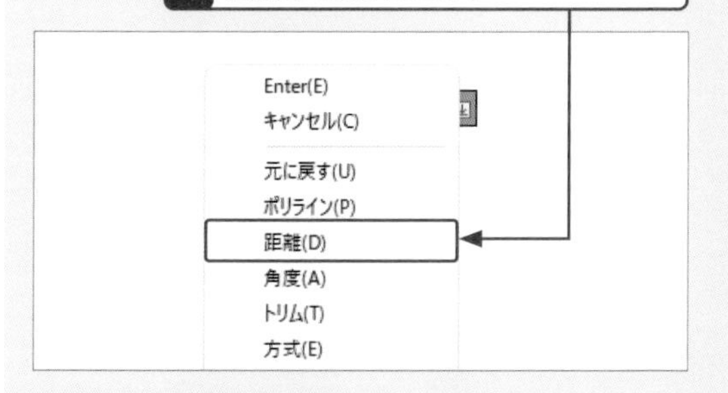

Enter(E)
キャンセル(C)
元に戻す(U)
ポリライン(P)
距離(D)
角度(A)
トリム(T)
方式(E)


**4** 面取りの長さを入力し（ここでは「50」）、Enterキーを押します。

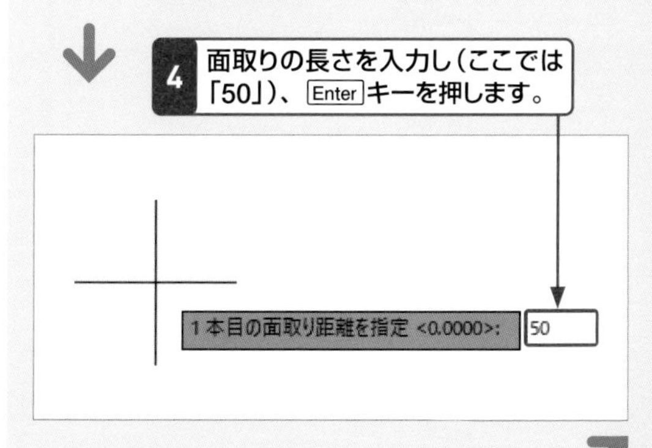

1 本目の面取り距離を指定 <0.0000>:
50


**5** もう一方の面取りの長さを入力し（ここでは「50」）、Enterキーを押します。

**6** 一方の線分をクリックします。

**7** もう一方の線分をクリックします。

**8** 角が取れます。

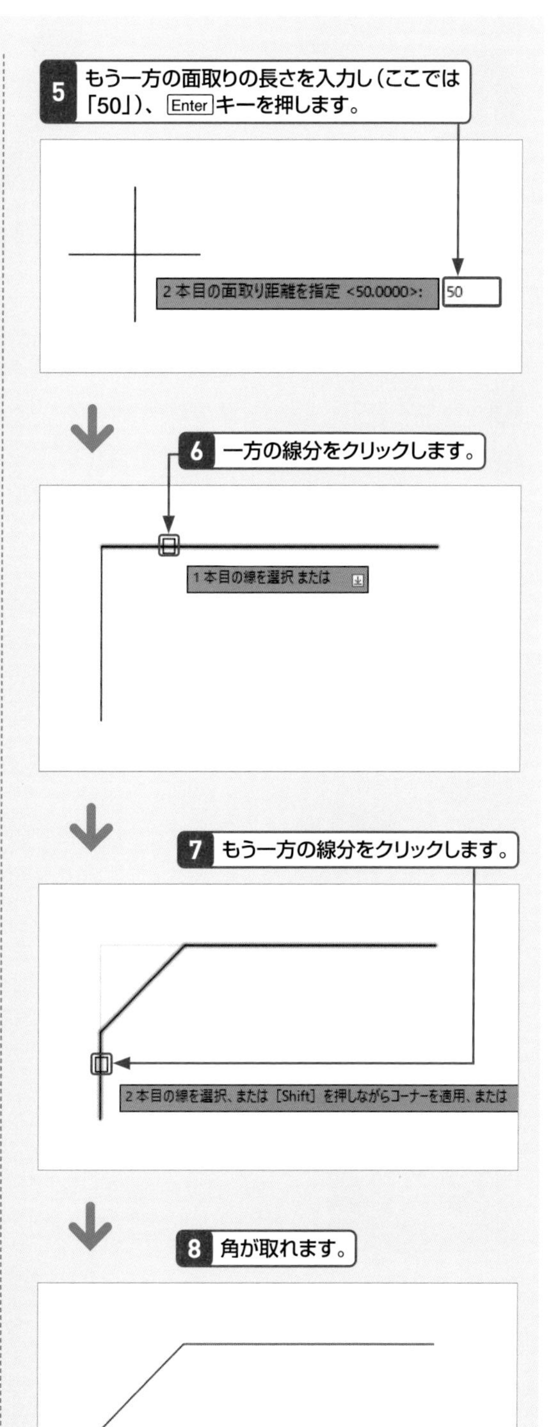

2 本目の面取り距離を指定 <50.0000>:
50
1 本目の線を選択 または
2 本目の線を選択、または [Shift] を押しながらコーナーを適用、または

重要度★★★

# Q 135 角を作成したい!

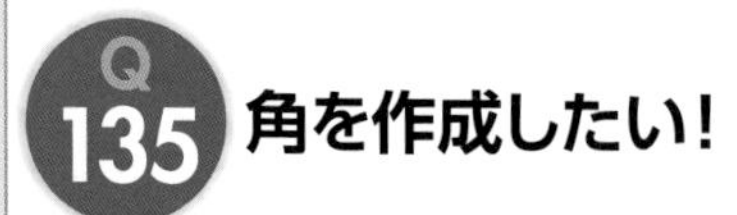

## A [フィレット]を実行してShiftキーを押しながら図形を選択します。

線分の間に角を作成したいときは、[フィレット]コマンドを実行し、2つ目の線分の選択でShiftキーを押しながら図形を選択します。 サンプル▶135.dwg

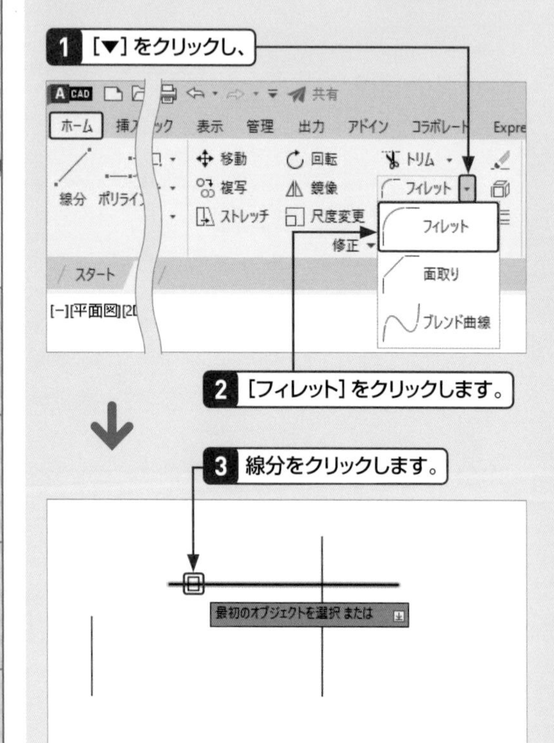
1 [▼]をクリックし、
ホーム
挿入
表示
管理
出力
アドイン
コラボレート
移動
回転
トリム
複写
鏡像
フィレット
線分
ポリライン
ストレッチ
尺度変更
修正
面取り
ブレンド曲線
スタート
[−][平面図][2D
2 [フィレット]をクリックします。
3 線分をクリックします。
最初のオブジェクトを選択 または

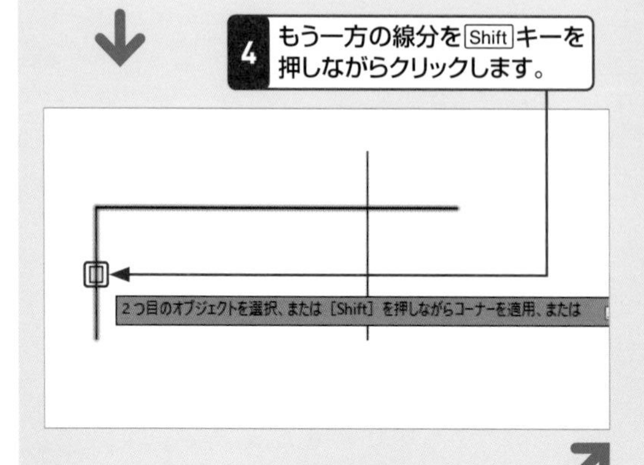
4 もう一方の線分をShiftキーを押しながらクリックします。
2つ目のオブジェクトを選択、または[Shift]を押しながらコーナーを適用、または

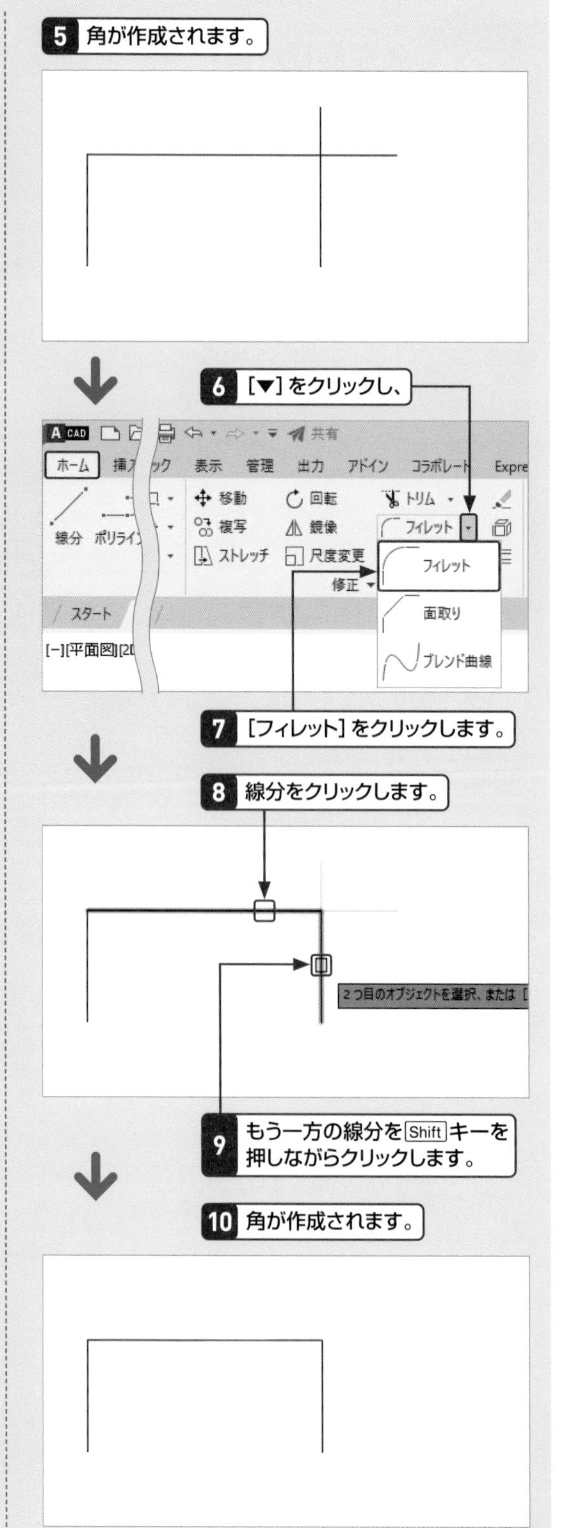
5 角が作成されます。
6 [▼]をクリックし、
ホーム
挿入
表示
管理
出力
アドイン
コラボレート
移動
回転
トリム
複写
鏡像
フィレット
線分
ポリライン
ストレッチ
尺度変更
修正
面取り
ブレンド曲線
スタート
[−][平面図][2D
7 [フィレット]をクリックします。
8 線分をクリックします。
2つ目のオブジェクトを選択、または
9 もう一方の線分をShiftキーを押しながらクリックします。
10 角が作成されます。

# Q 136 隅切りを作成したい!

## A [尺度変更]の[参照]オプションを使用します。

隅切りを作成するには、あらかじめ適当な長さの線分を作成し、[尺度変更]の[参照]オプションを使用して、隅切りの長さを指定します。

サンプル ▶ 136.dwg

1 円を適当な半径で作成します。

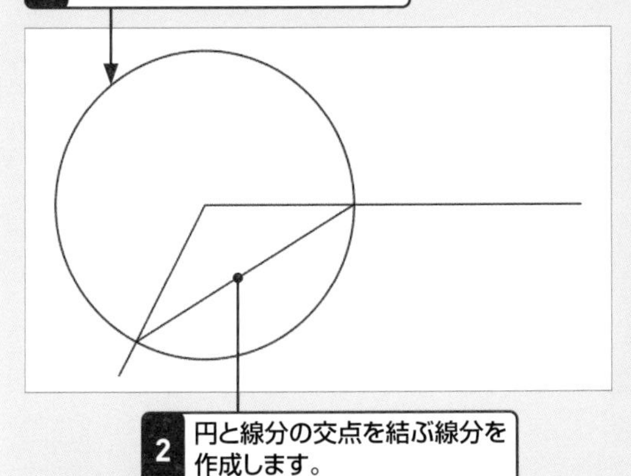

2 円と線分の交点を結ぶ線分を作成します。

3 円を削除します。

4 [尺度変更]をクリックします。

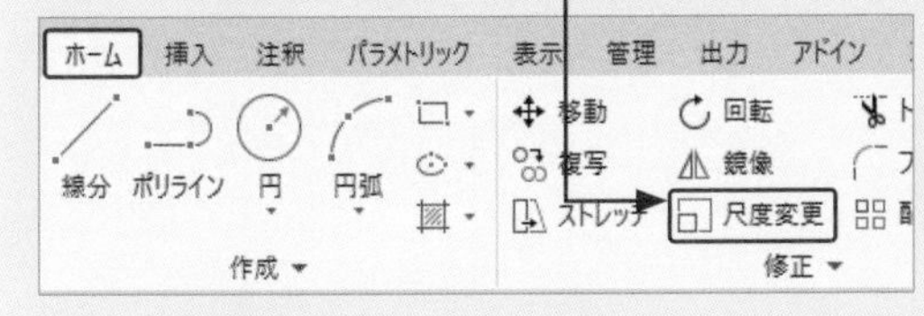

ホーム
挿入
注釈
パラメトリック
表示
管理
出力
アドイン
線分
ポリライン
円
円弧
作成
移動
回転
複写
鏡像
ストレッチ
尺度変更
修正


5 線分をクリックして選択し、Enterキーを押して確定します。

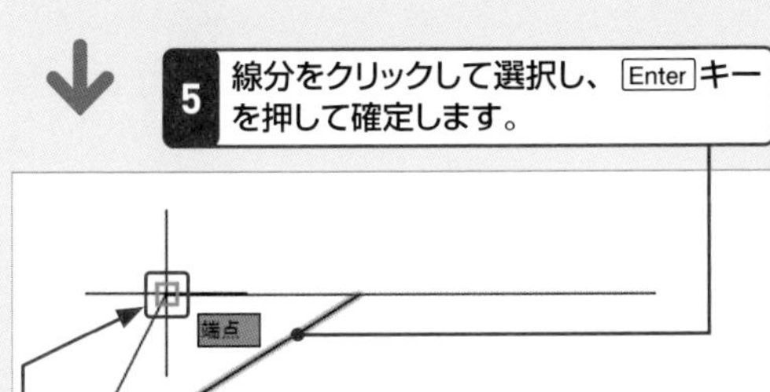

端点


6 隅切りの角をクリックします。

7 作図領域を右クリックし、メニューから[参照]を選択します。

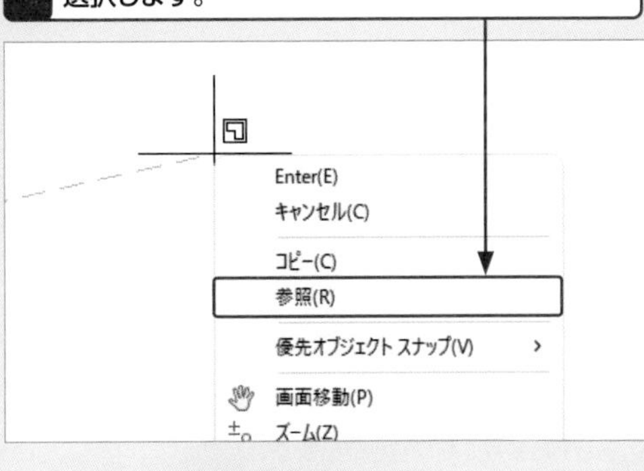

Enter(E)
キャンセル(C)
コピー(C)
参照(R)
優先オブジェクト スナップ(V)
画面移動(P)
ズーム(Z)


8 参照する長さとして2点をクリックします。

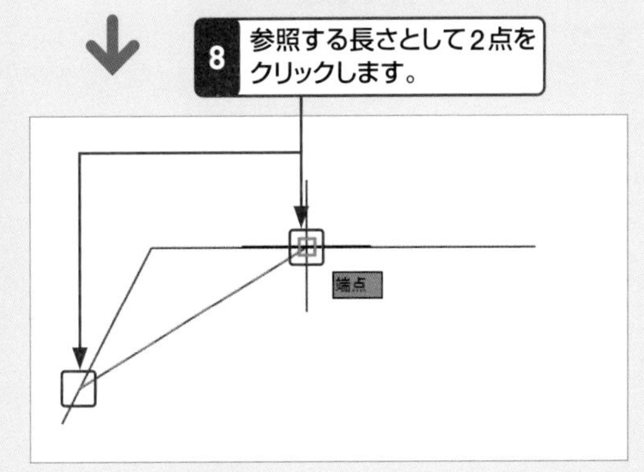

端点


9 隅切りの長さを入力し(ここでは「5000」)、Enterキーを押します。

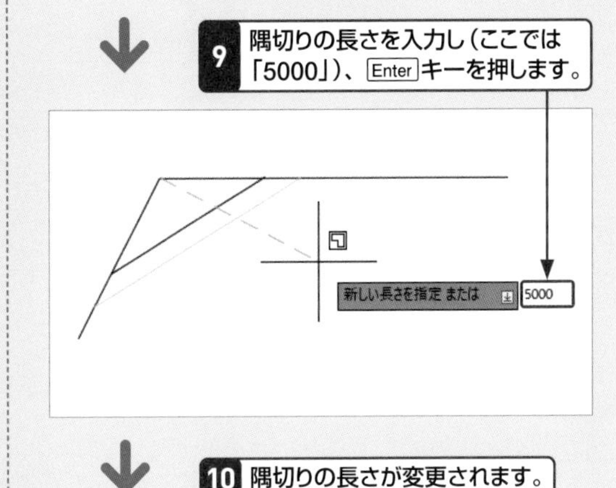

新しい長さを指定 または
5000


10 隅切りの長さが変更されます。

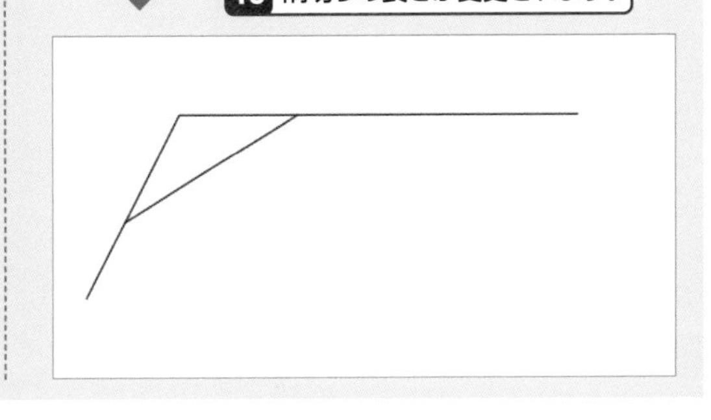

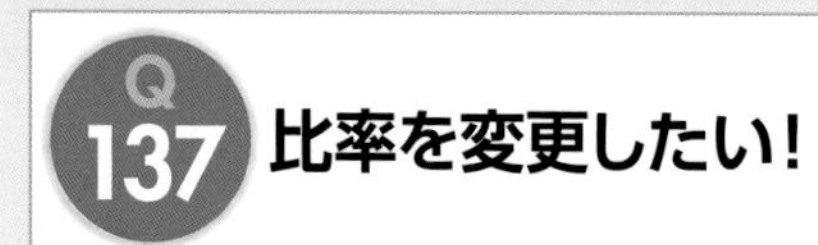

# Q137 比率を変更したい!

## A [尺度変更]を実行します。

図形の比率を変更するには、[尺度変更]を実行して、比率を数値入力します。小さくしたい場合は、「1」より小さい小数か分数で入力してください。

サンプル▶137.dwg

**1** [尺度変更]をクリックします。

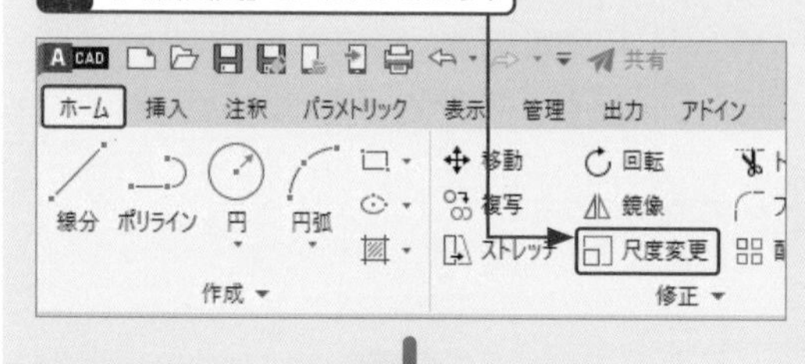

共有
ホーム
挿入
注釈
パラメトリック
表示
管理
出力
アドイン
線分
ポリライン
円
円弧
移動
回転
複写
鏡像
ストレッチ
尺度変更
作成
修正


**2** 図形をクリックして選択します。

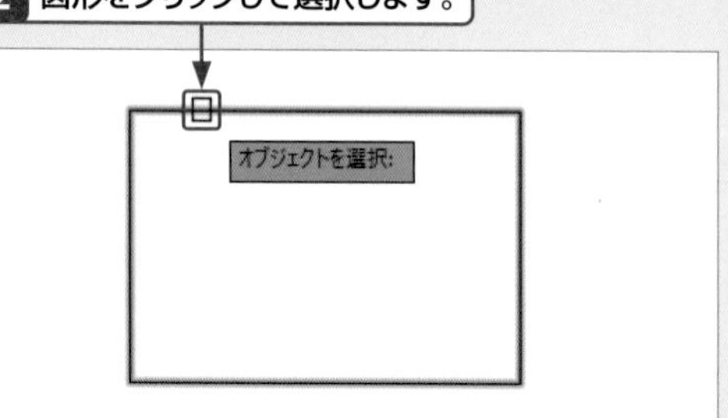

オブジェクトを選択:


**3** Enter キーを押して、選択を確定します。

**4** 比率を変更する基点をクリックします。

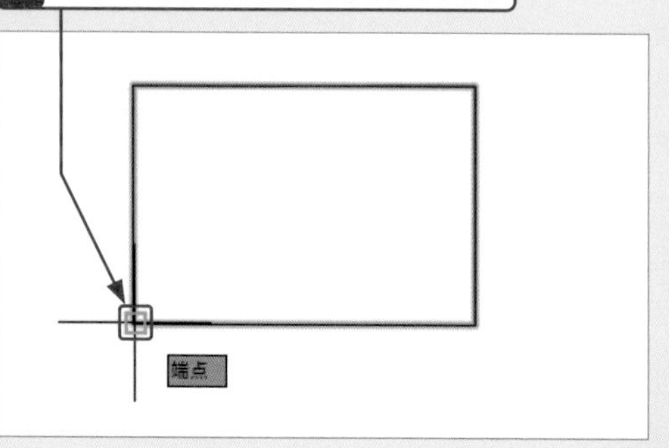

端点


**5** 比率を入力し（ここでは「0.5」）、Enter キーを押します。

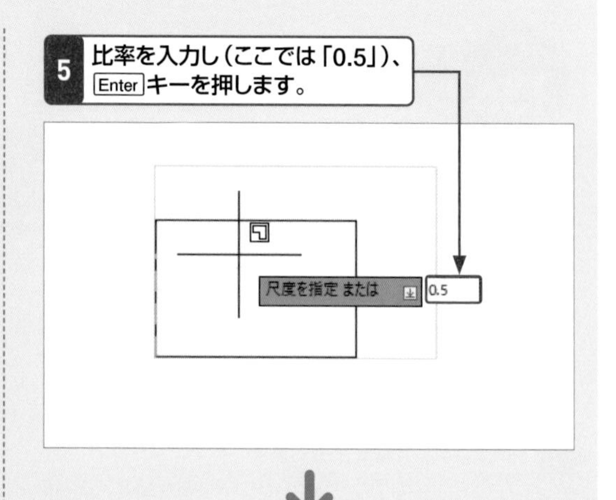

尺度を指定 または
0.5


**6** 比率が変更されます。

### 比率と基点

比率は、基点の位置を元に変更されます。下図の図形で右上を基点とした場合は以下のようになります。

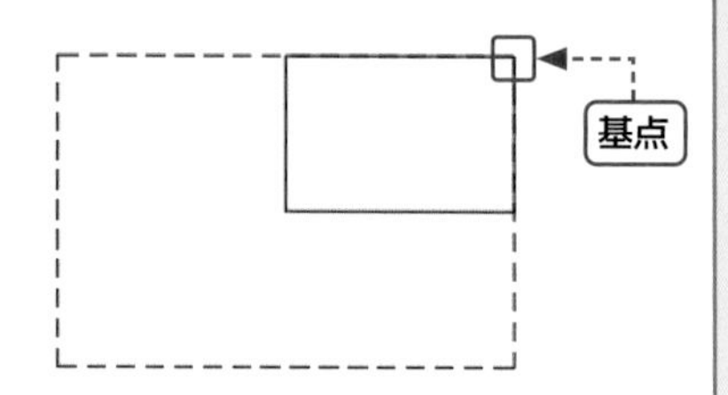

基点


下中央を基点とした場合は、以下のようになります。

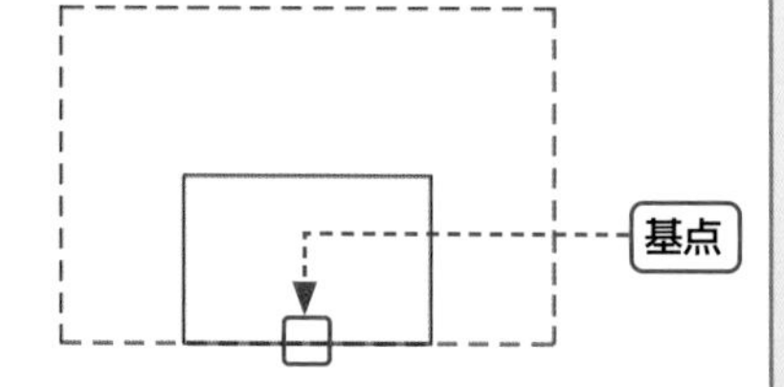

基点

# Q138 縦方向のみ比率を変えたい!

**A** ブロックに変換してプロパティパレットの[尺度Y]を変更します。

縦方向のみ比率を変えたい場合は、ブロックに変換してから、プロパティパレットの[尺度Y]を変更します。

サンプル▶138.dwg

**1** [コピークリップ]→[コピークリップ]をクリックします。

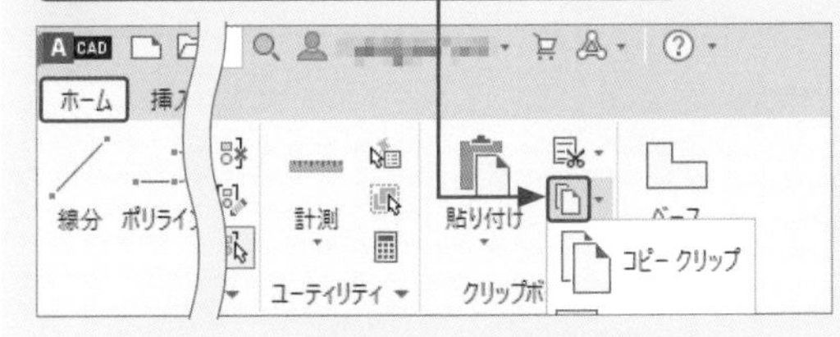
ホーム
線分
ポリライン
計測
ユーティリティ
貼り付け
クリップボ
ベース
コピー クリップ

**2** 図形をクリックして選択します。

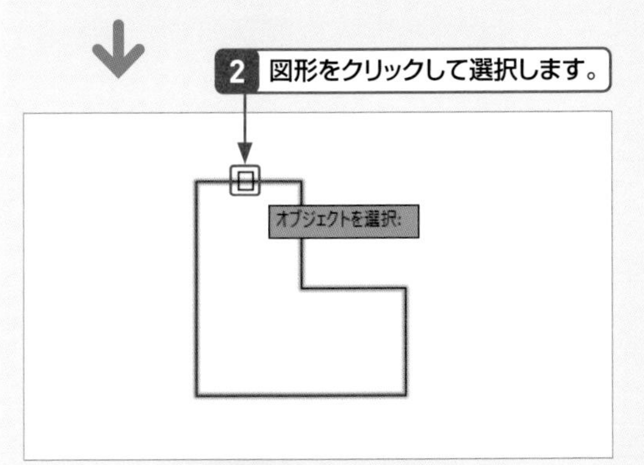
オブジェクトを選択:

**3** Enterキーを押して、選択を確定します。

**4** [貼り付け▼]をクリックし、

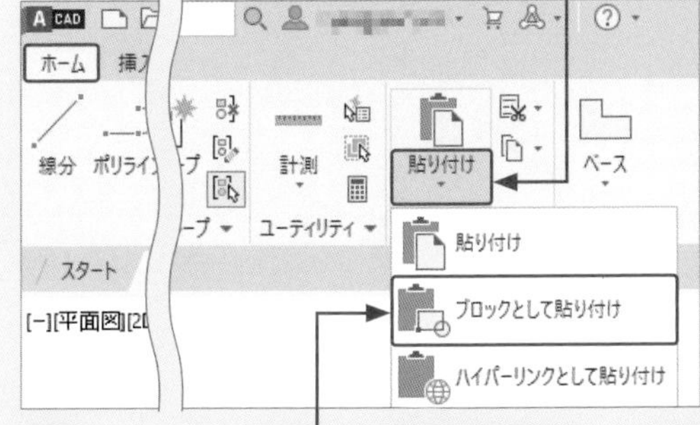
ホーム
線分
ポリライン
計測
ユーティリティ
貼り付け
ベース
スタート
[−][平面図][2D
ブロックとして貼り付け
ハイパーリンクとして貼り付け

**5** [ブロックとして貼り付け]を選択します。

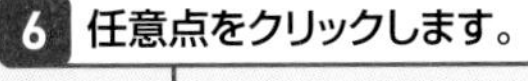

**6** 任意点をクリックします。

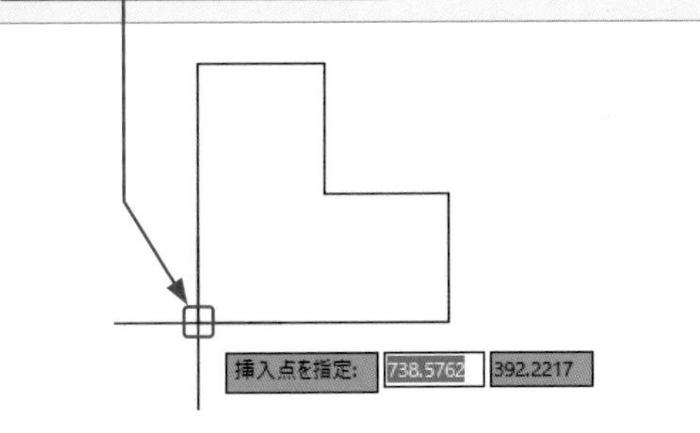
挿入点を指定:
738.5762
392.2217

**7** [表示]タブをクリックします。

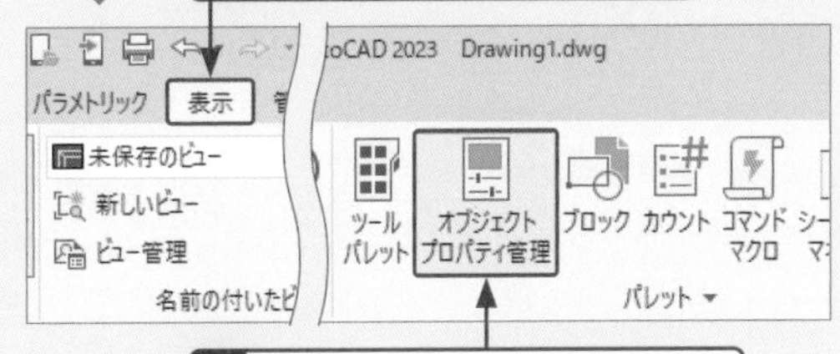
AutoCAD 2023 Drawing1.dwg
パラメトリック
表示
未保存のビュー
新しいビュー
ビュー管理
名前の付いたビ
ツール パレット
オブジェクト プロパティ管理
ブロック
カウント
コマンド マクロ
パレット

**8** [オブジェクトプロパティ管理]をクリックしてオンにします。

**9** ブロックをクリックして選択します。

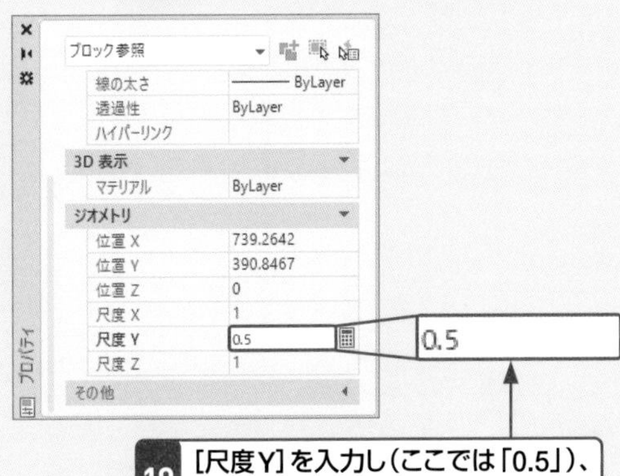
ブロック参照
線の太さ ByLayer
透過性 ByLayer
ハイパーリンク
3D 表示
マテリアル ByLayer
ジオメトリ
位置 X 739.2642
位置 Y 390.8467
位置 Z 0
尺度 X 1
尺度 Y 0.5
尺度 Z 1
その他
プロパティ
0.5

**10** [尺度Y]を入力し(ここでは「0.5」)、Enterキーを押します。

**11** 縦方向のみ比率が変わります。

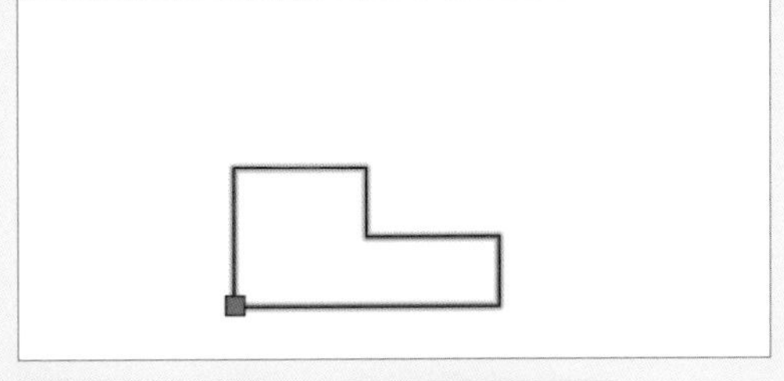

**12** Escキーを押して、選択を解除します。

# Q139 回転と比率の変更を同時にしたい！

## A [両端揃え]を実行します。

回転と比率の変更を同時にするには、[両端揃え]を実行、2つの位置合わせの点を指定し、「位置合わせ点にオブジェクトを尺度変更しますか ？」のメッセージで[はい]を選択します。 サンプル▶139.dwg

1 [修正▼]→[両端揃え]をクリックします。

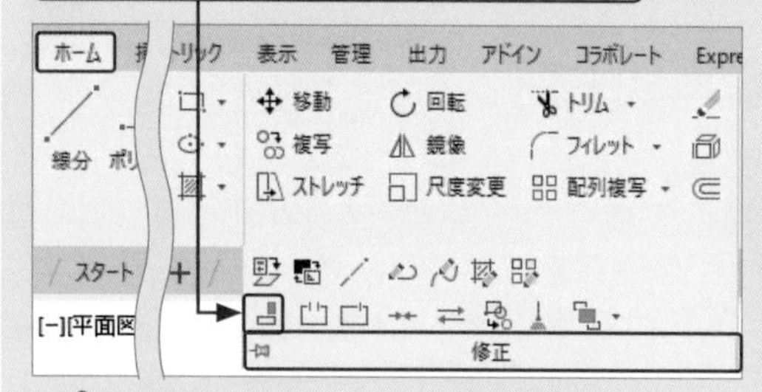
ホーム
表示
管理
出力
アドイン
コラボレート
移動
回転
トリム
複写
鏡像
フィレット
ストレッチ
尺度変更
配列複写
線分
スタート
[−][平面図
修正

2 図形をクリックして選択します。

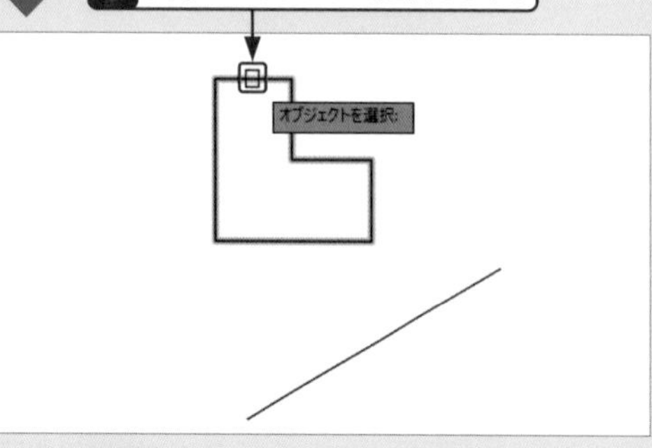
オブジェクトを選択:

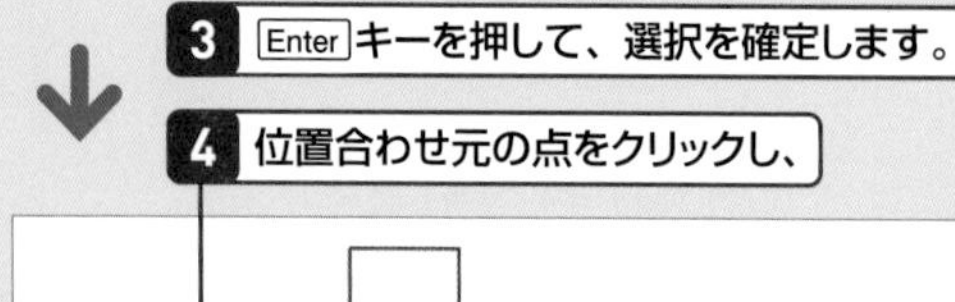

3 Enter キーを押して、選択を確定します。

4 位置合わせ元の点をクリックし、

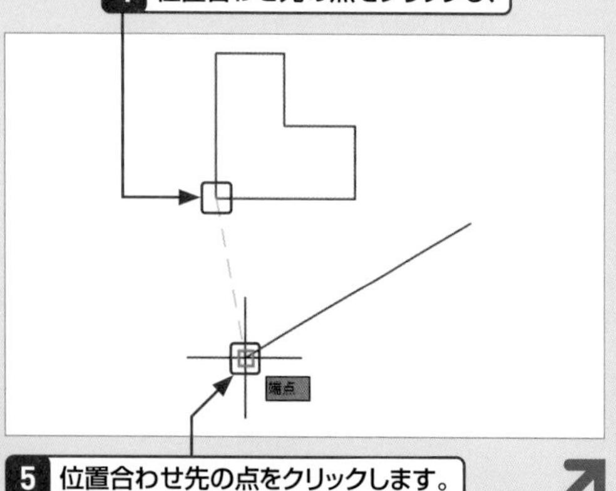
端点

5 位置合わせ先の点をクリックします。

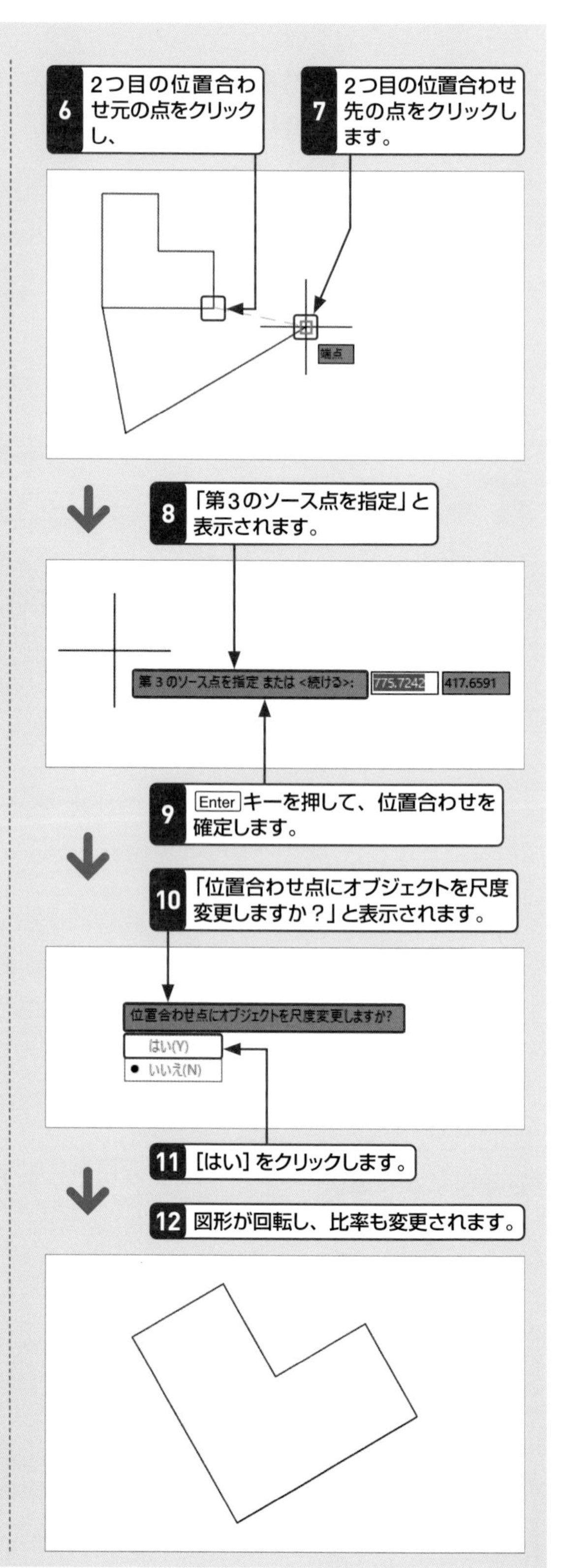
端点
第 3 のソース点を指定 または <続ける>:
775.7242
417.6591
位置合わせ点にオブジェクトを尺度変更しますか?
はい(Y)
いいえ(N)

6 2つ目の位置合わせ元の点をクリックし、

7 2つ目の位置合わせ先の点をクリックします。

8 「第3のソース点を指定」と表示されます。

9 Enter キーを押して、位置合わせを確定します。

10 「位置合わせ点にオブジェクトを尺度変更しますか？」と表示されます。

11 [はい]をクリックします。

12 図形が回転し、比率も変更されます。

# Q140 角度を指定して回転したい！

## A [回転]を実行し回転の中心を指定して角度を入力します。

角度を指定して回転するには、[回転]を実行し、回転の中心を指定して角度を入力します。時計回りに回転する場合、角度は「—」(マイナス)を付けてください。　サンプル▶140.dwg

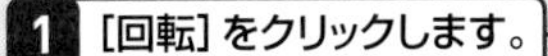

1 [回転]をクリックします。

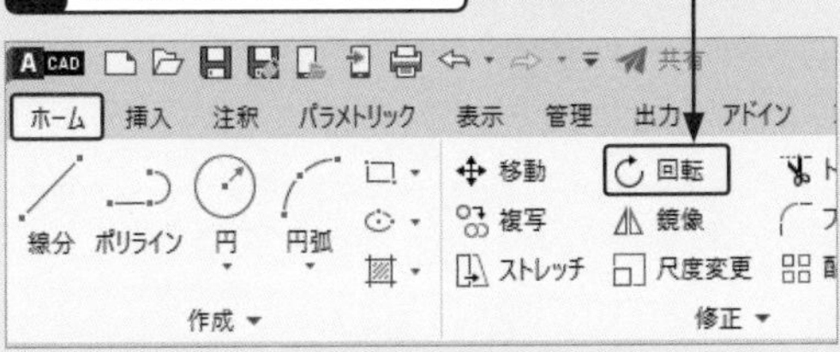

共有
ホーム
挿入
注釈
パラメトリック
表示
管理
出力
アドイン
線分
ポリライン
円
円弧
移動
回転
複写
鏡像
ストレッチ
尺度変更
作成
修正


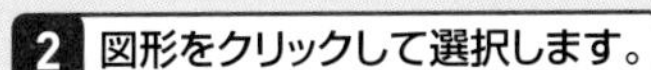

2 図形をクリックして選択します。

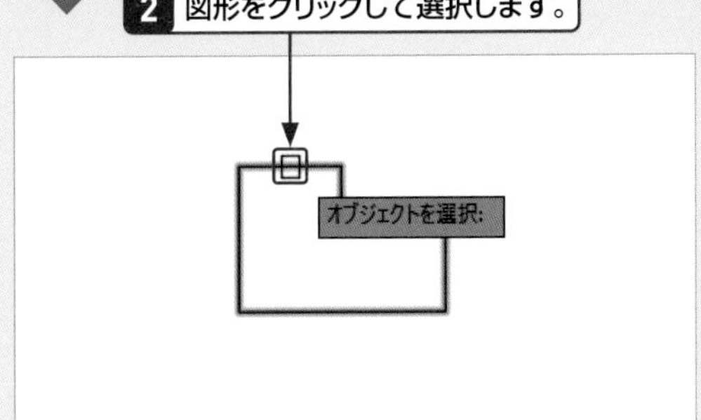

オブジェクトを選択:


3 Enterキーを押して、選択を確定します。

4 回転の中心点をクリックします。

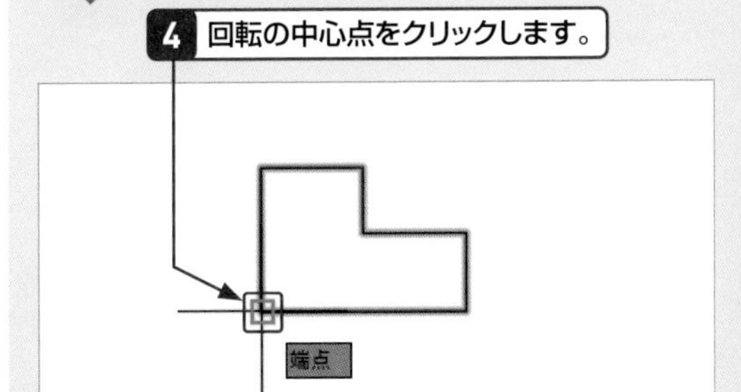

端点


5 角度を入力し(ここでは「30」)、Enterキーを押します。

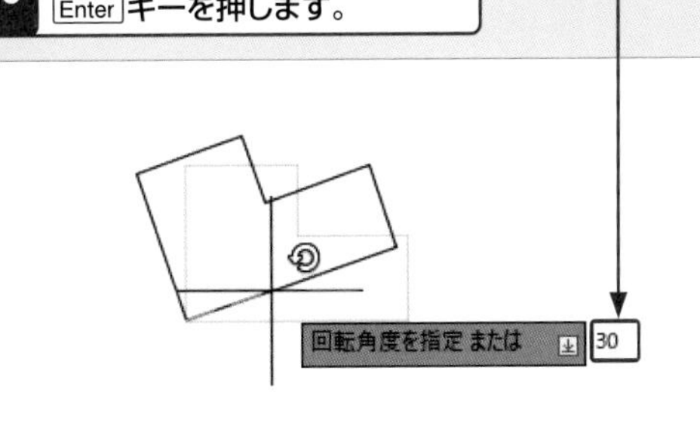

回転角度を指定 または
30


6 図形が回転します。

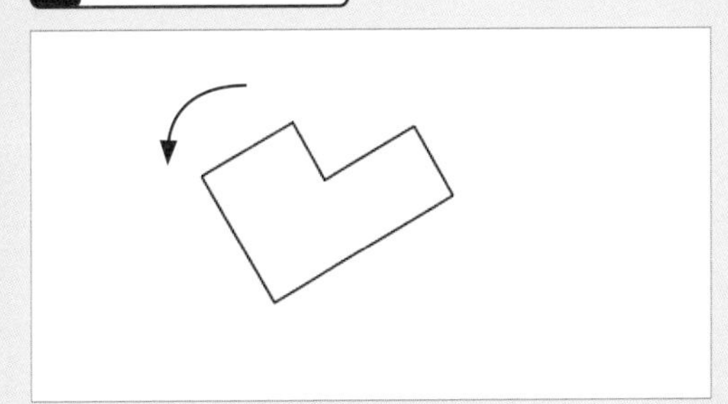

### 時計回りの回転

時計回りに回転する場合は、角度に「−」(マイナス)を入力します。

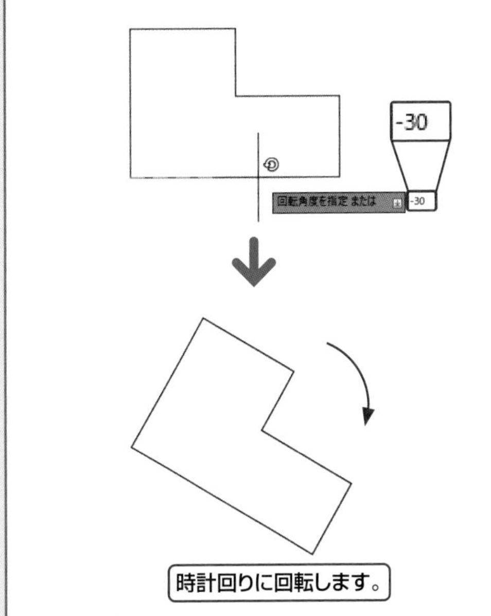

-30
回転角度を指定 または
-30
時計回りに回転します。

# Q 141 ほかの図形に合わせて回転したい！

**A** [回転]の[参照]オプションを使用します。

ほかの図形に合わせた角度に回転するには、[回転]の[参照]オプションを使用し、参照する角度と回転角度を点で指示します。　サンプル▶141.dwg

**1** [回転]をクリックします。

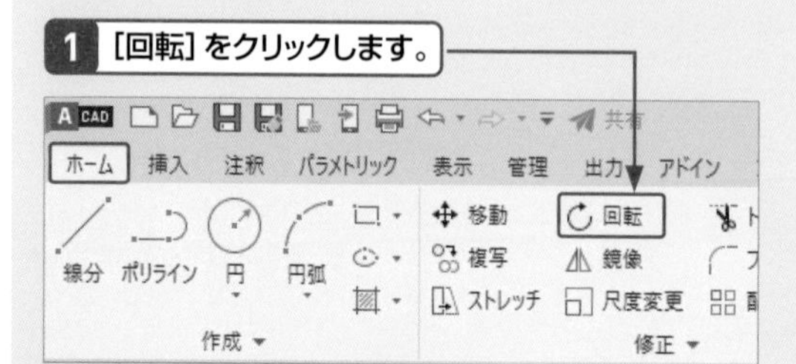
ホーム
挿入
注釈
パラメトリック
表示
管理
出力
アドイン
線分
ポリライン
円
円弧
移動
回転
複写
鏡像
ストレッチ
尺度変更
作成
修正

**2** 図形をクリックして選択します。

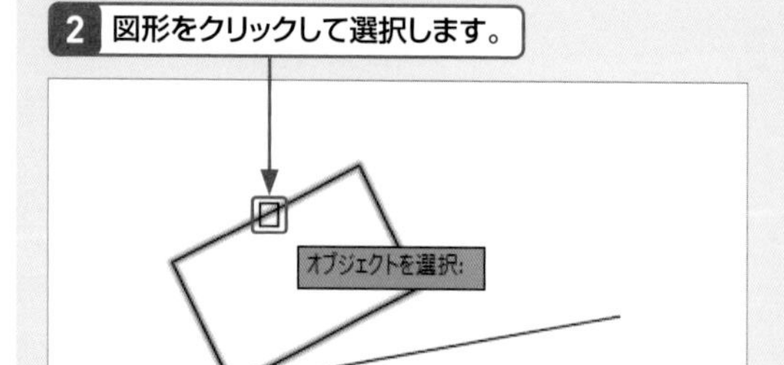
オブジェクトを選択:

**3**  キーを押して、選択を確定します。

**4** 回転の中心点をクリックします。

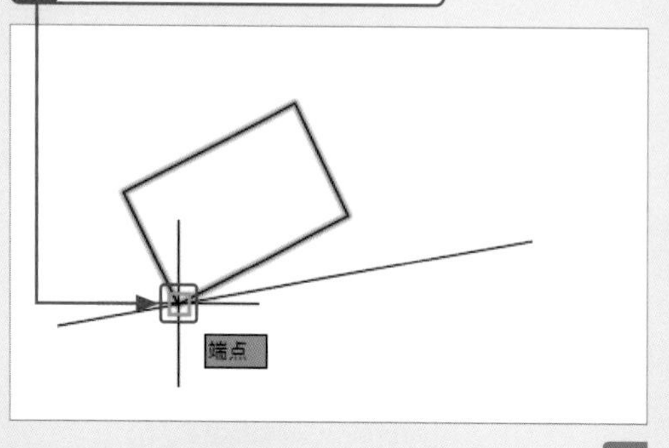
端点

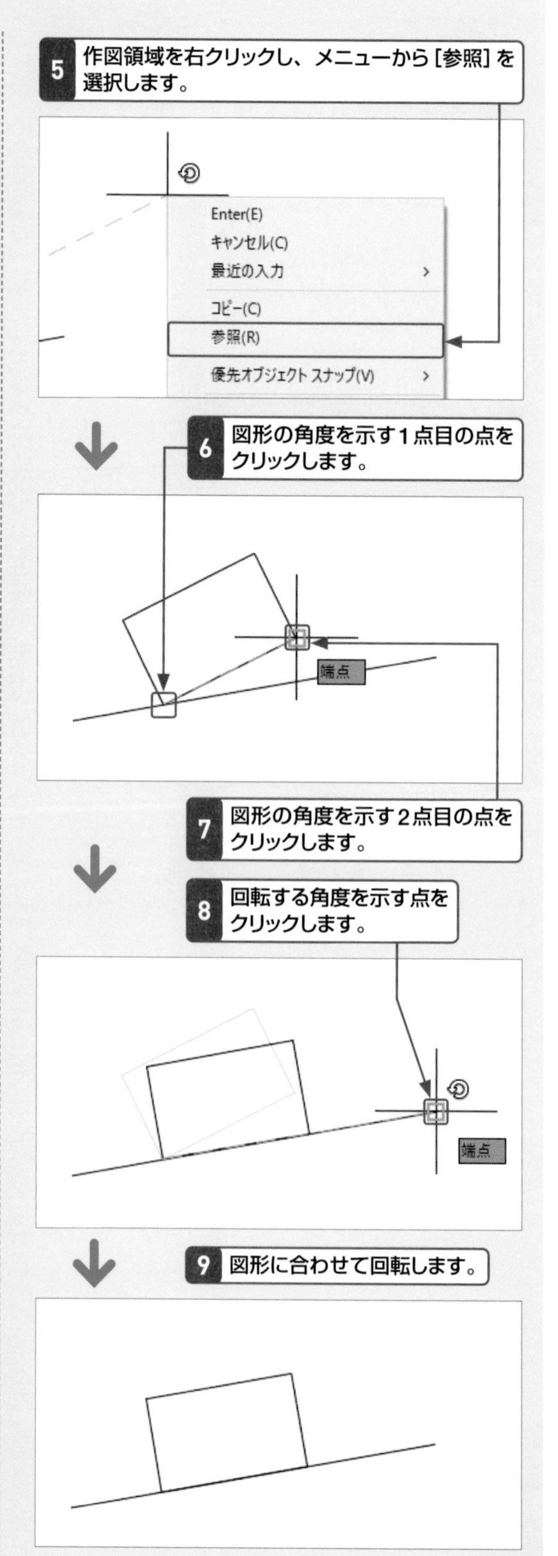
5 作図領域を右クリックし、メニューから［参照］を選択します。
Enter(E)
キャンセル(C)
最近の入力
コピー(C)
参照(R)
優先オブジェクト スナップ(V)
6 図形の角度を示す1点目の点をクリックします。
端点
7 図形の角度を示す2点目の点をクリックします。
8 回転する角度を示す点をクリックします。
端点
9 図形に合わせて回転します。

## Q142 度分秒で角度を入力したい!

**A 「度d分'秒"」と入力します。**

度分秒で角度を入力したい場合は、「0d00'00"」と入力します。「'」は Shift + 7 キー、「"」は Shift + 2 キーです。なお、テンキーの 7、2 は使用できないので注意してください。 サンプル▶142.dwg

1 [回転] をクリックします。

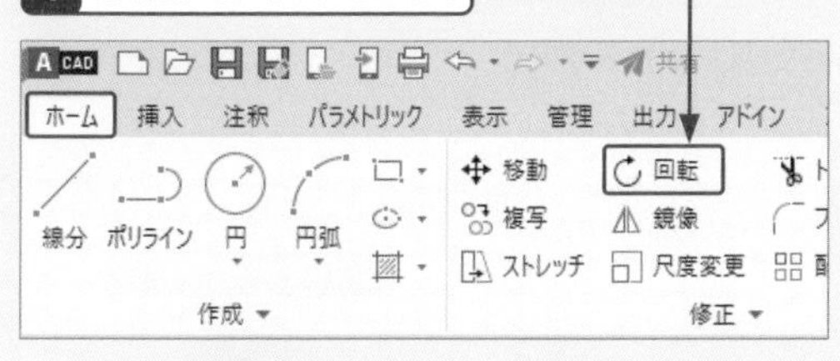
ホーム
挿入
注釈
パラメトリック
表示
管理
出力
アドイン
線分
ポリライン
円
円弧
移動
回転
複写
鏡像
ストレッチ
尺度変更
作成
修正

2 図形をクリックして選択し、Enter キーを押して確定します。

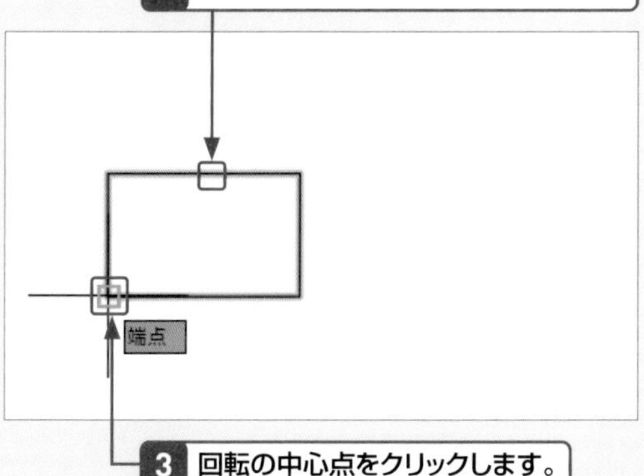
端点

3 回転の中心点をクリックします。

4 角度を入力し（ここでは「12d34'56"」）、Enter キーを押します。

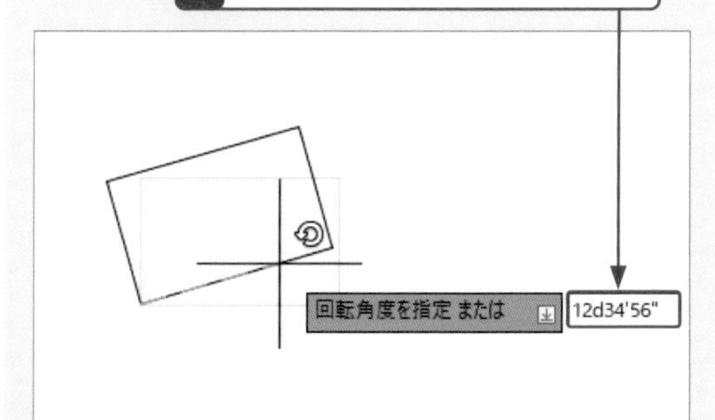
回転角度を指定 または
12d34'56"

5 度分秒で入力した角度で図形が回転します。



## Q143 元の図形を残して回転したい!

**A [回転]の[コピー]オプションを使用します。**

元の図形を残して回転したい場合は、[回転]の[コピー]オプションを使用します。 サンプル▶143.dwg

1 [回転] をクリックします。

2 図形をクリックして選択し、Enter キーを押して確定します。

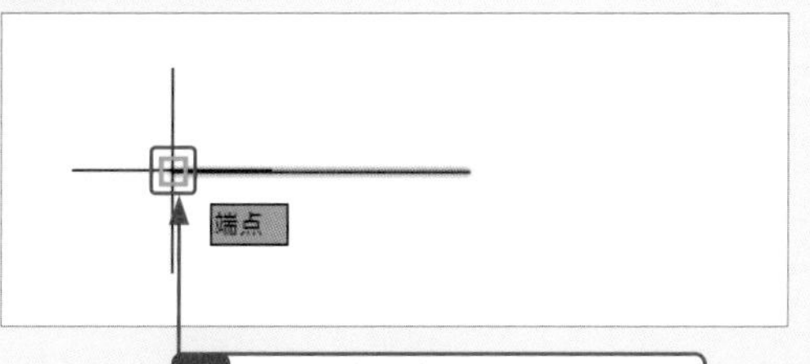
端点

3 回転の中心点をクリックします。

4 作図領域を右クリックし、メニューから [コピー] を選択します。

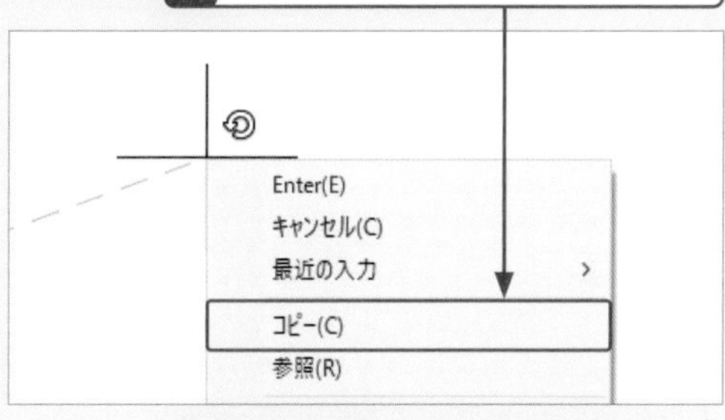
Enter(E)
キャンセル(C)
最近の入力
コピー(C)
参照(R)

5 角度を入力し（ここでは「30」）、Enter キーを押します。

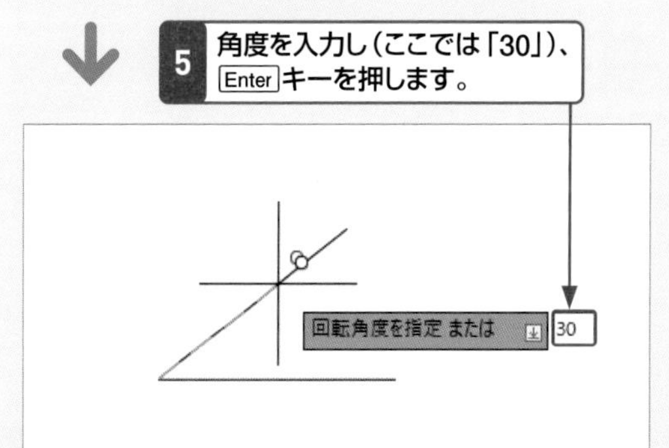
回転角度を指定 または
30

6 元の図形はそのままで、コピーされた図形が回転します。

# Q144 反転したい!

## A [鏡像]を実行して対象軸を2点で指定します。

図形を反転するには、[鏡像]を実行し、対象軸を2点で指定します。対称軸には線分の端点などを使用することができますが、ない場合は直交モードを使用するとよいでしょう。 サンプル▶144.dwg

1 [直交モード]をクリックしてオンにします。青くなっている状態がオンです。

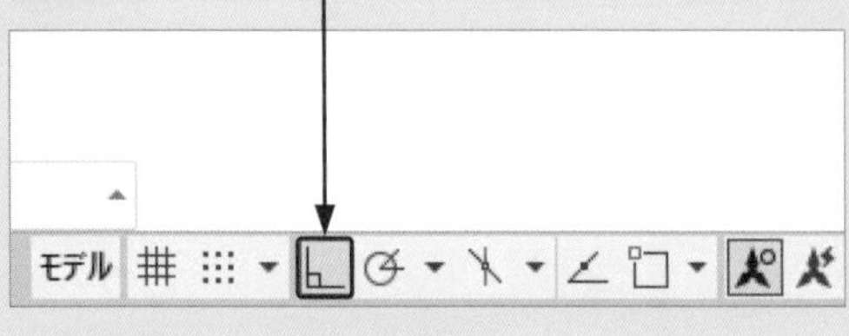
モデル

2 [鏡像]をクリックします。

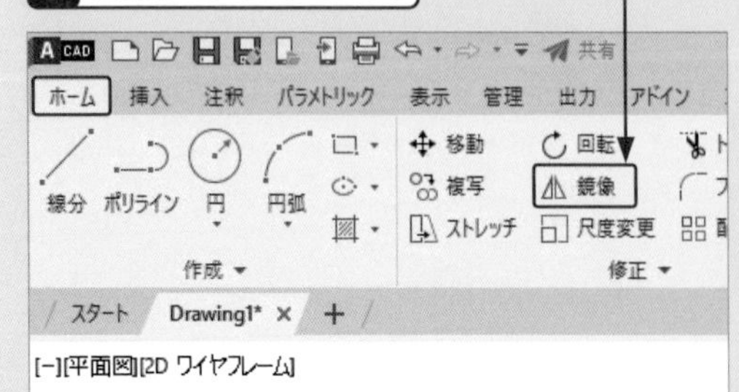
共有
ホーム
挿入
注釈
パラメトリック
表示
管理
出力
アドイン
線分
ポリライン
円
円弧
移動
回転
複写
鏡像
ストレッチ
尺度変更
作成
修正
スタート
Drawing1*
[−][平面図][2D ワイヤフレーム]

3 図形をクリックして選択します。

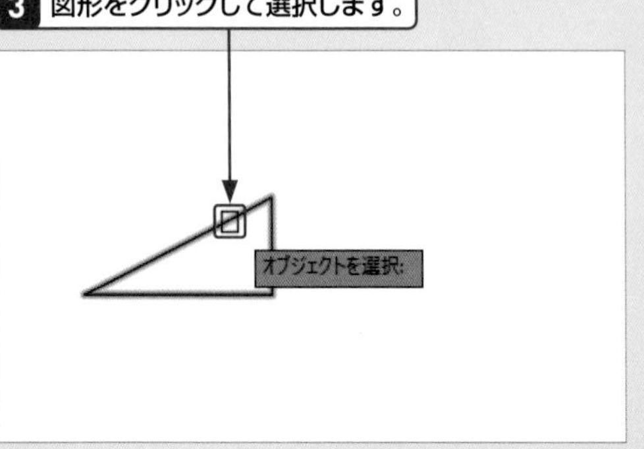
オブジェクトを選択:

4 Enter キーを押して、選択を確定します。

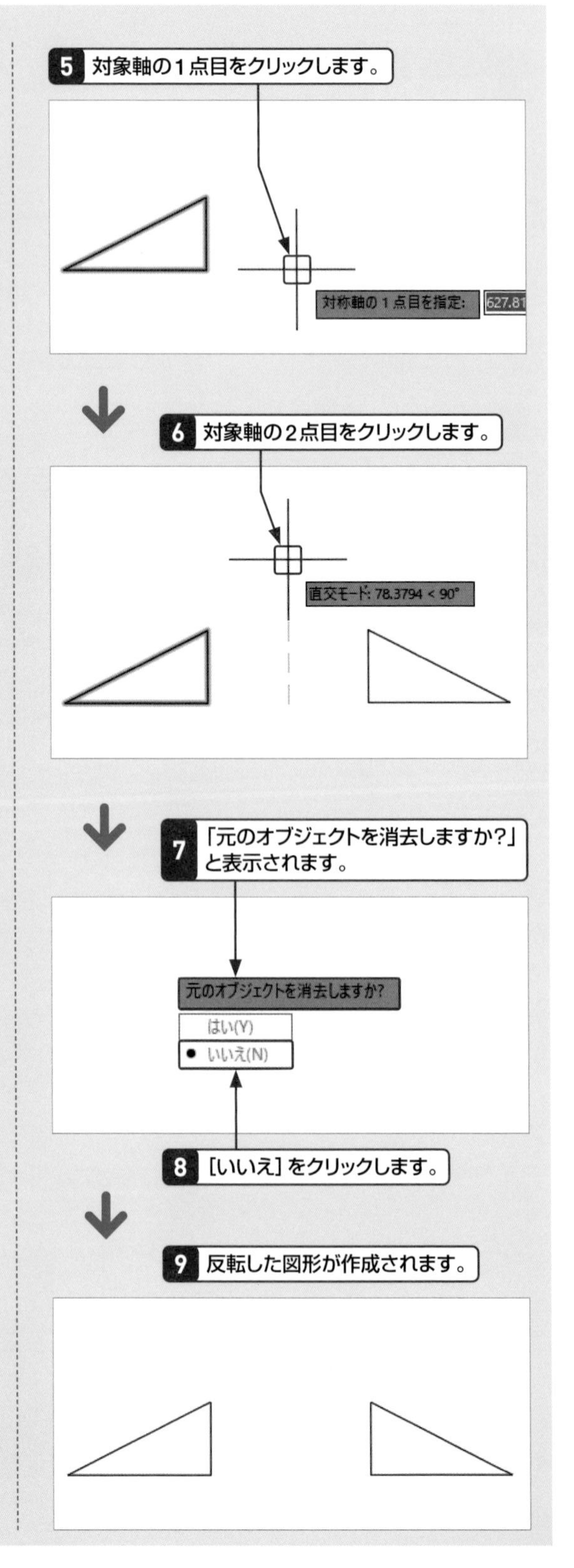
対称軸の 1 点目を指定:
627.81
直交モード: 78.3794 < 90°
元のオブジェクトを消去しますか?
はい(Y)
いいえ(N)

5 対象軸の1点目をクリックします。

6 対象軸の2点目をクリックします。

7 「元のオブジェクトを消去しますか?」と表示されます。

8 [いいえ]をクリックします。

9 反転した図形が作成されます。

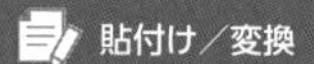

# Q 145 画像を貼り付けたい！

## A ［アタッチ］を実行してリンク貼り付けをします。

画像を貼り付けるには、［アタッチ］を実行し、画像ファイルを選択します。リンクで貼り付けされるので、画像ファイルの名前や保存フォルダは変更しないようにしてください。 サンプル ▶ 145.dwg／145.jpg

1 ［挿入］タブをクリックします。

2 ［アタッチ］をクリックします。

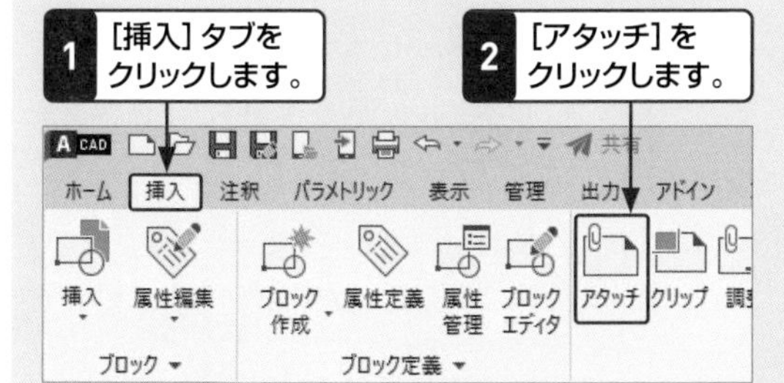
ホーム
挿入
注釈
パラメトリック
表示
管理
出力
アドイン
挿入
属性編集
ブロック作成
属性定義
属性管理
ブロックエディタ
アタッチ
クリップ
ブロック
ブロック定義

3 ［ファイルの種類］を［すべてのイメージファイル］にします。

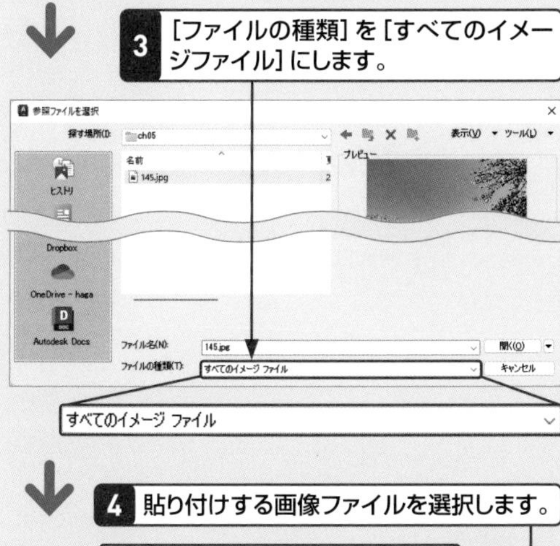
参照ファイルを選択
すべてのイメージ ファイル

4 貼り付けする画像ファイルを選択します。

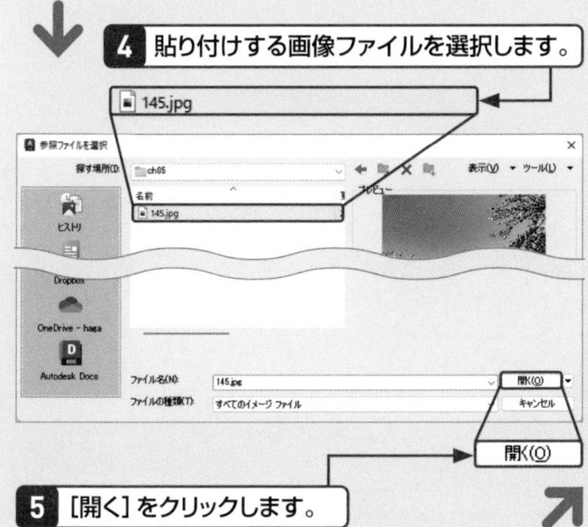
145.jpg
参照ファイルを選択
開く(O)

5 ［開く］をクリックします。

6 ［尺度］の［画面上で指定］にチェックを入れます。

7 ［回転］の［画面上で指定］のチェックを外し、「0」を入力します。

8 ［挿入位置］の［画面上で指定］にチェックを入れます。

9 ［OK］をクリックします。

10 挿入位置をクリックします。

11 大きさのプレビューを確認し、クリックします。

12 画像が貼り付けられます。

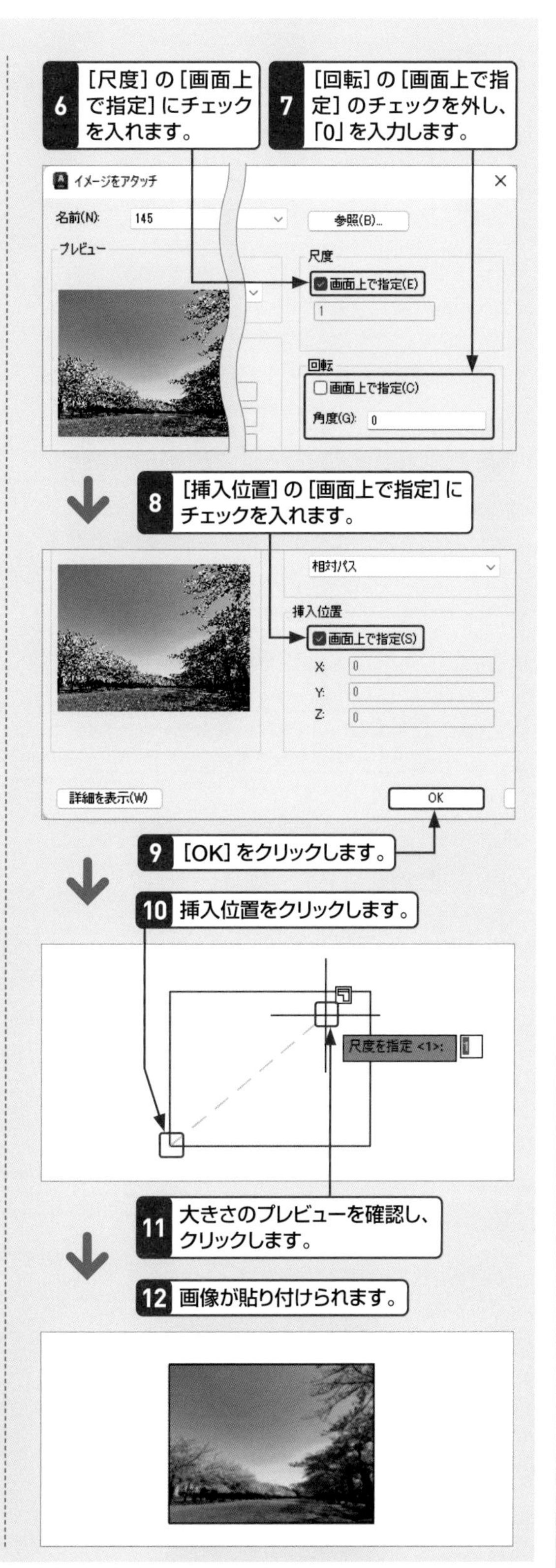
イメージをアタッチ
名前(N): 145
参照(B)...
プレビュー
尺度
画面上で指定(E)
回転
画面上で指定(C)
角度(G): 0
相対パス
挿入位置
画面上で指定(S)
詳細を表示(W)
OK
尺度を指定 <1>:

## Q 146 PDFファイルを貼り付けたい！

### A [アタッチ]を実行してリンク貼り付けをします。

PDFを貼り付けるには、[アタッチ]を実行し、PDFファイルを選択します。リンクで貼り付けされるので、PDFファイルの名前や保存フォルダは変更しないようにしてください。 サンプル▶146.dwg／146.pdf

1 [挿入]タブをクリックします。

2 [アタッチ]をクリックします。

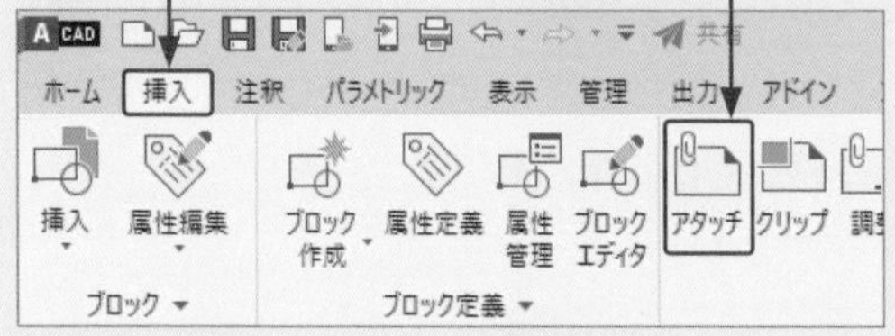

ホーム
挿入
注釈
パラメトリック
表示
管理
出力
アドイン
挿入
属性編集
ブロック作成
属性定義
属性管理
ブロックエディタ
アタッチ
クリップ
ブロック
ブロック定義


3 [ファイルの種類]を[PDFファイル(*.pdf)]にします。

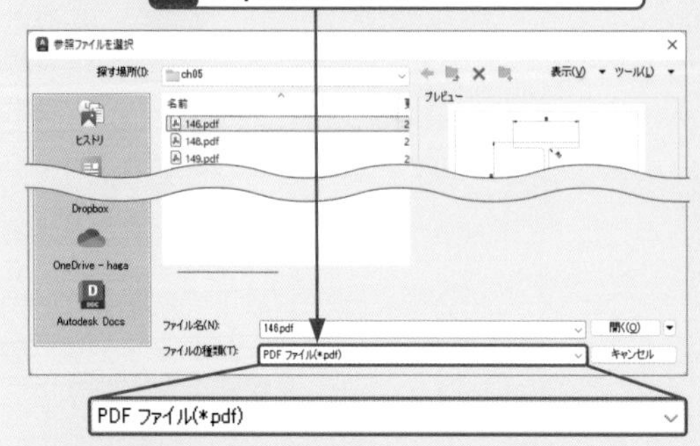

参照ファイルを選択
探す場所(I):
ch05
名前
146.pdf
148.pdf
149.pdf
プレビュー
ヒストリ
Dropbox
OneDrive - haga
Autodesk Docs
ファイル名(N):
146.pdf
ファイルの種類(T):
PDF ファイル(*.pdf)
開く(O)
キャンセル
PDF ファイル(*.pdf)


4 貼り付けするPDFファイルを選択します。

146.pdf


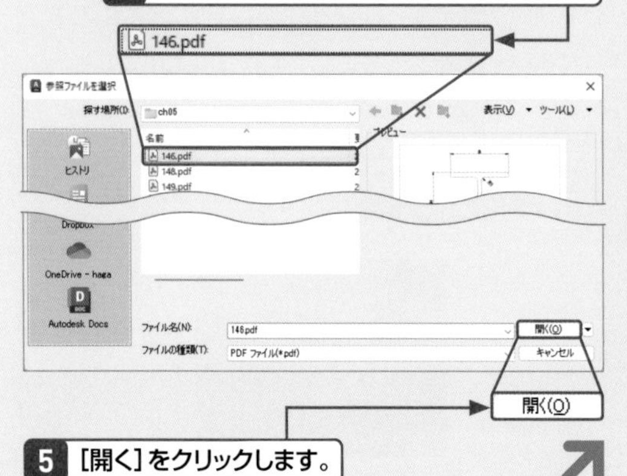

参照ファイルを選択
探す場所(I):
ch05
名前
146.pdf
148.pdf
149.pdf
ヒストリ
Dropbox
OneDrive - haga
Autodesk Docs
ファイル名(N):
146.pdf
ファイルの種類(T):
PDF ファイル(*.pdf)
開く(O)
キャンセル


5 [開く]をクリックします。

6 [尺度]の[画面上で指定]のチェックを外し、図面縮尺の逆数（ここでは「1」）を入力します。

PDF アンダーレイをアタッチ
名前(N):
146
参照(B)...
尺度
画面上で指定(E)
1


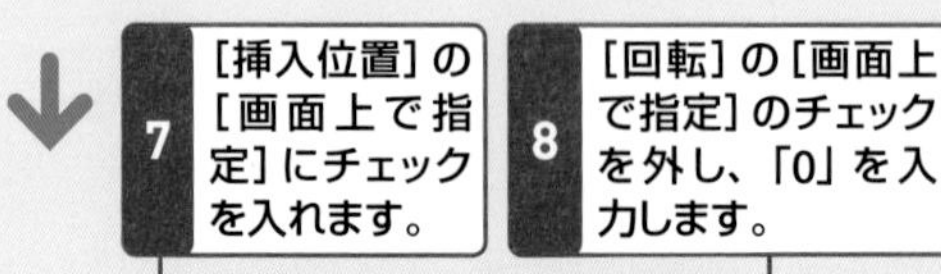

7 [挿入位置]の[画面上で指定]にチェックを入れます。

8 [回転]の[画面上で指定]のチェックを外し、「0」を入力します。

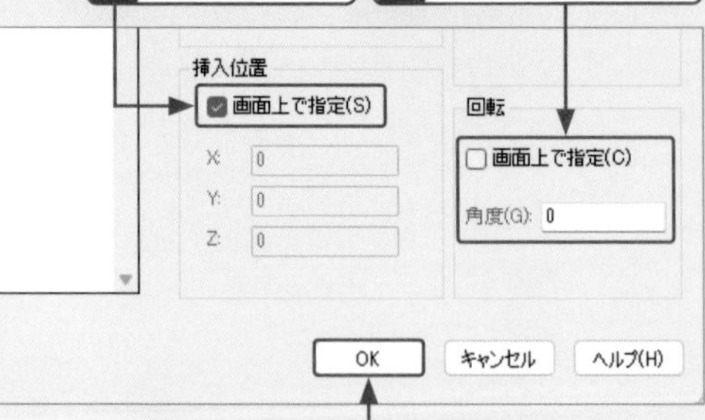

挿入位置
画面上で指定(S)
X:
Y:
Z:
回転
画面上で指定(C)
角度(G):
0
OK
キャンセル
ヘルプ(H)


9 [OK]をクリックします。

10 挿入位置をクリックします。

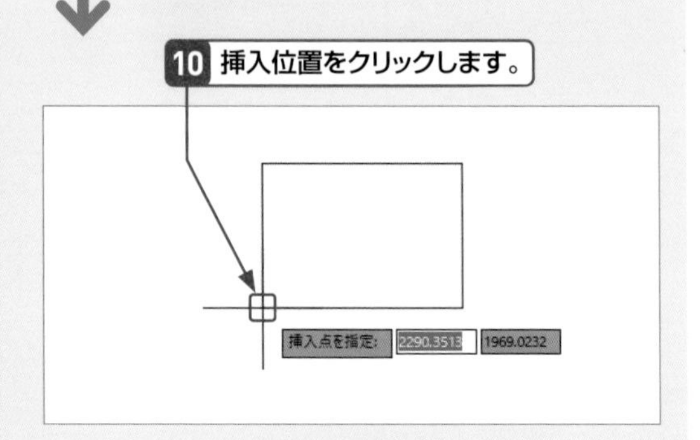

挿入点を指定:
2290.3513
1969.0232

11 PDFファイルが貼り付けられます。

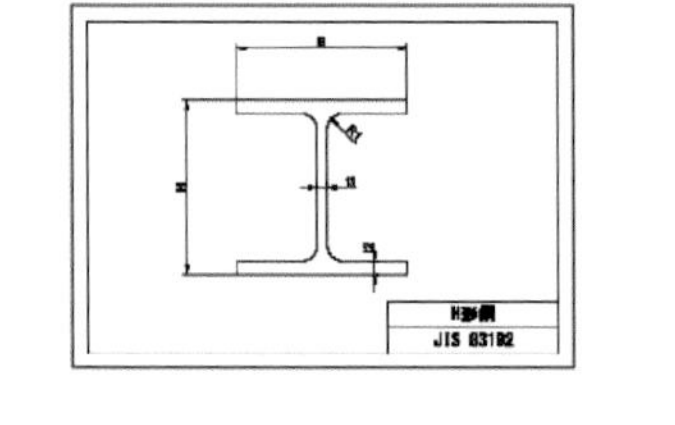

# Q 147 画像やPDFの位置を図形と合わせたい！

## A ［両端揃え］を実行します。

画像やPDFの位置を図形と合わせるには、［両端揃え］を実行、2つの位置合わせの点を指定し、「位置合わせ点にオブジェクトを尺度変更しますか？」のメッセージで［はい］を選択します。なお、ここでの画像は任意のものを利用してください（画像出典：地理院タイル）。

1 ［修正▼］→［両端揃え］をクリックします。

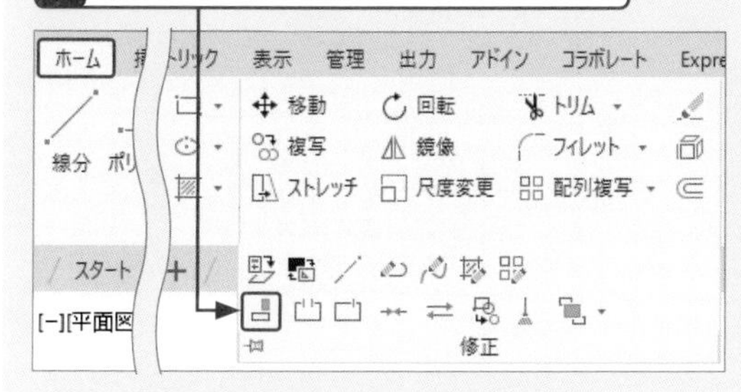

2 画像やPDFをクリックして選択します。

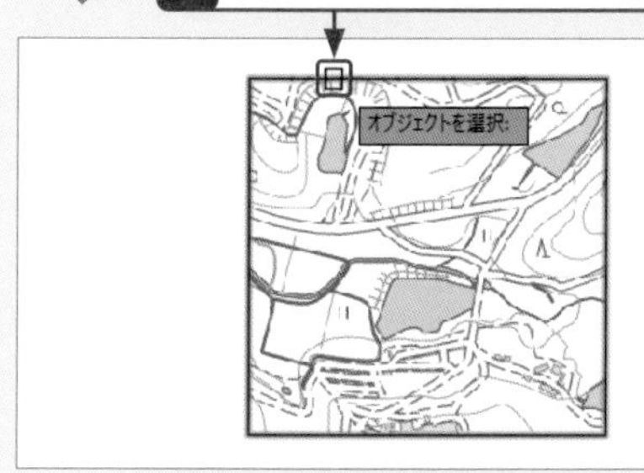
オブジェクトを選択:

3 Enterキーを押して、選択を確定します。

4 位置合わせ元の点をクリックし、

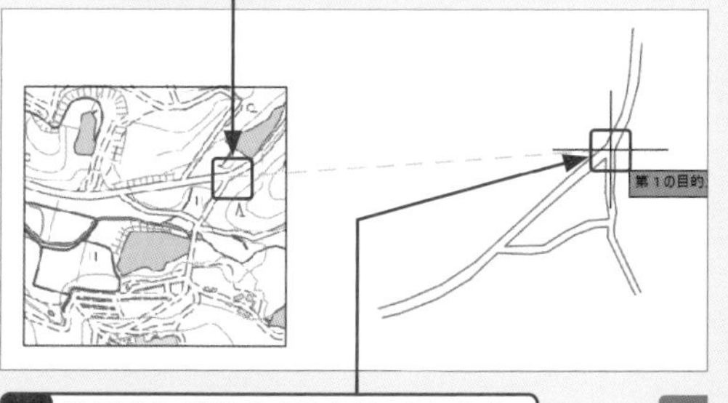

5 位置合わせ先の点をクリックします。

6 2つ目の位置合わせ元の点をクリックし、

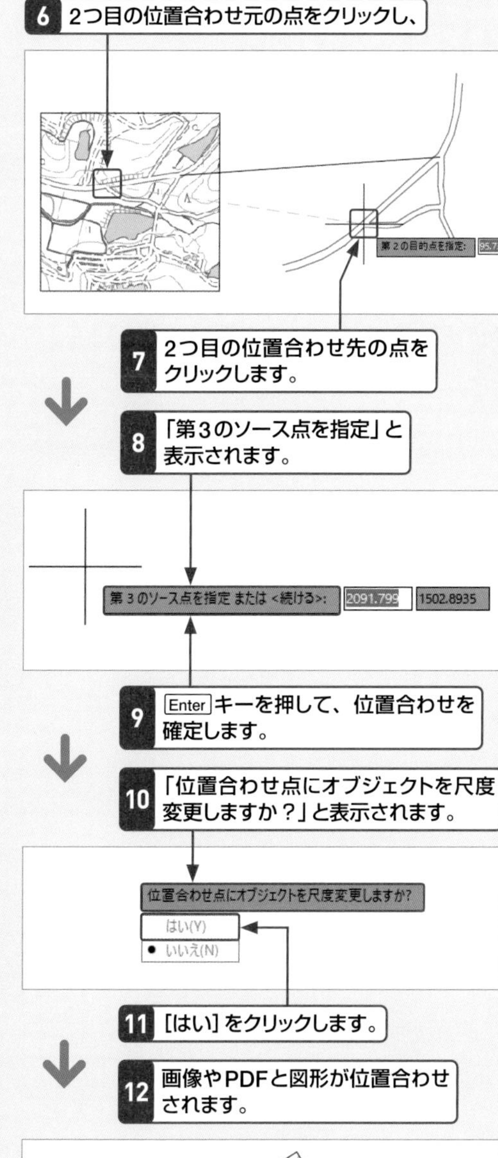

7 2つ目の位置合わせ先の点をクリックします。

8 「第3のソース点を指定」と表示されます。

9 Enterキーを押して、位置合わせを確定します。

10 「位置合わせ点にオブジェクトを尺度変更しますか？」と表示されます。

11 ［はい］をクリックします。

12 画像やPDFと図形が位置合わせされます。

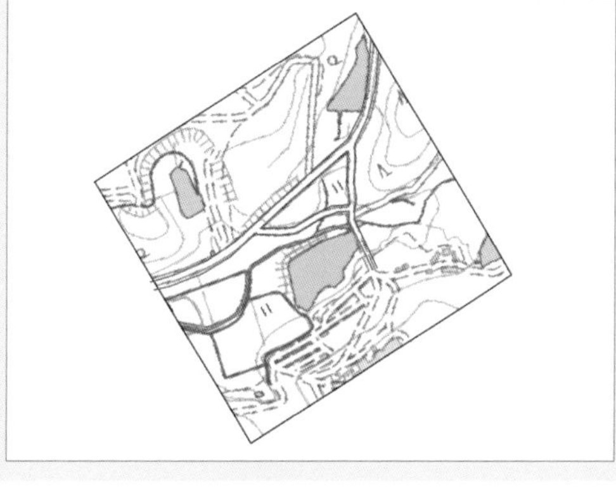

# Q148 画像やPDFの一部を表示したい！

**A** [クリップ境界を作成]を実行します。

画像の一部を表示するには、[クリップ境界を作成]を実行し、表示する範囲を囲みます。

サンプル▶148.dwg／148.pdf

1 画像やPDFをクリックして選択し、

2 [クリップ境界を作成]をクリックします。

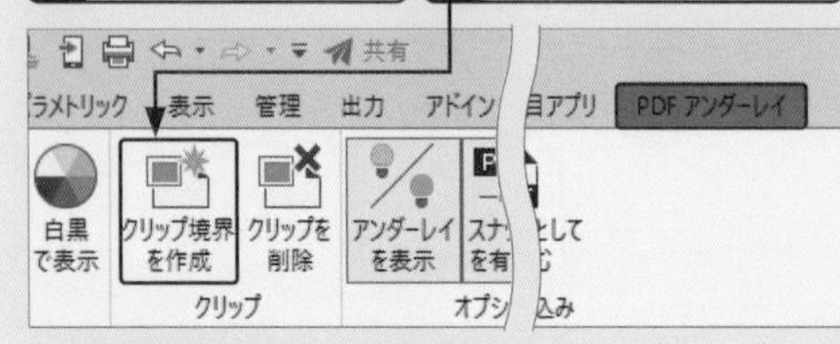

共有
パラメトリック
表示
管理
出力
アドイン
アプリ
PDF アンダーレイ
白黒で表示
クリップ境界を作成
クリップを削除
アンダーレイを表示
クリップ


3 表示する範囲の1点目をクリックし、

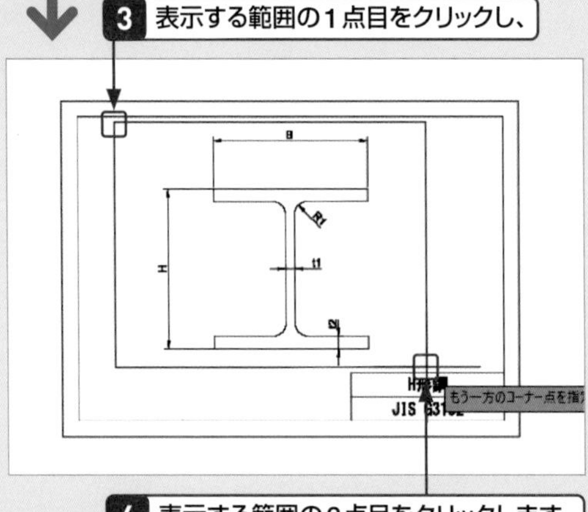

もう一方のコーナー点を指定
JIS G3192


4 表示する範囲の2点目をクリックします。

5 囲んだ範囲のみが表示されます。

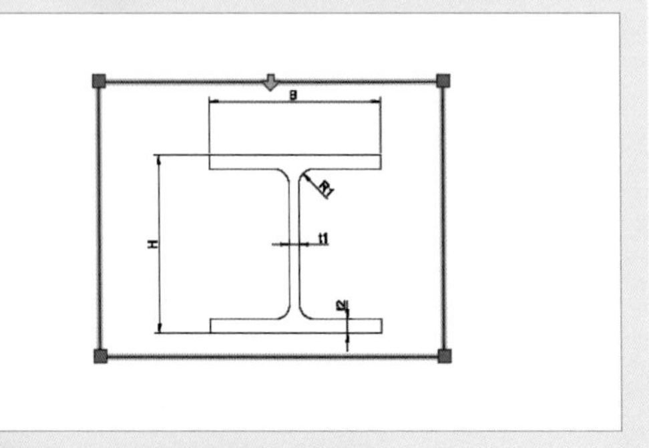

6 Esc キーで選択解除します。

# Q149 画像やPDFの境界線を非表示にしたい！

**A** システム変数を変更します。

画像などの境界線を非表示にするには、システム変数を変更します。画像の場合は「IMAGEFRAME」を「0」に、PDFの場合は「PDFFRAME」を「0」に設定します。再び表示するには「2」に設定をしてください。

サンプル▶149.dwg

1 「IMAGEFRAME」または「PDFFRAME」と入力し（練習ファイルの場合は「PDFFRAME」）、Enter キーを押します。

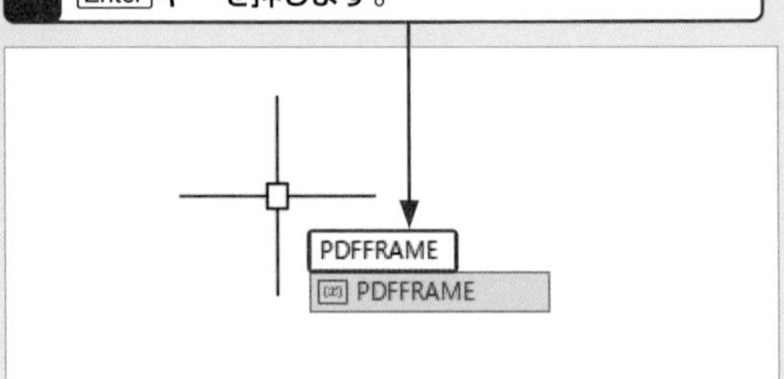

PDFFRAME
PDFFRAME


2 練習ファイルの場合は「0」と入力し、Enter キーを押します。

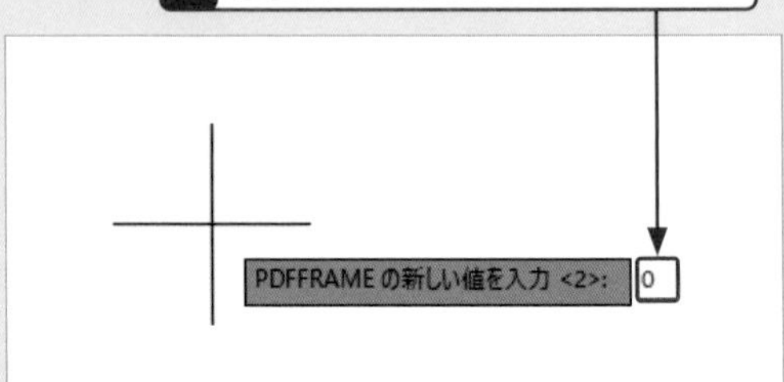

PDFFRAME の新しい値を入力 <2>:
0

3 画像やPDFの境界線が非表示になります。

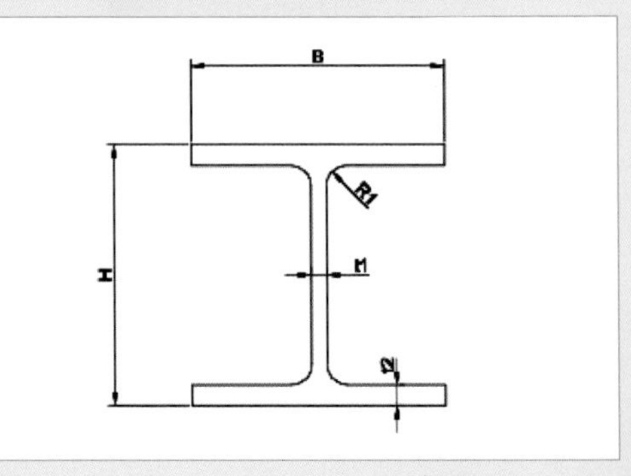



AutoCADの概要 基本操作 線の作図と編集 図形の作図と挿入 図形の変形と移動 図形の選択と削除 画層とプロパティ 文字の作成 寸法の作成 注釈の作成 数値計測とブロック図形 レイアウトと印刷

# Q 150 PDFを図形に変換したい！

## A [PDF読み込み]を実行します。

PDFを線分や円弧などの図形に変換したい場合は、[PDF読み込み]を実行します。なお、スキャナーで読み込んだ図面のPDFなどは図形に変換することができないので、注意してください。

サンプル ▶ 150.dwg／150.pdf

1 [挿入]タブをクリックし、

2 [PDF読み込み]をクリックします。

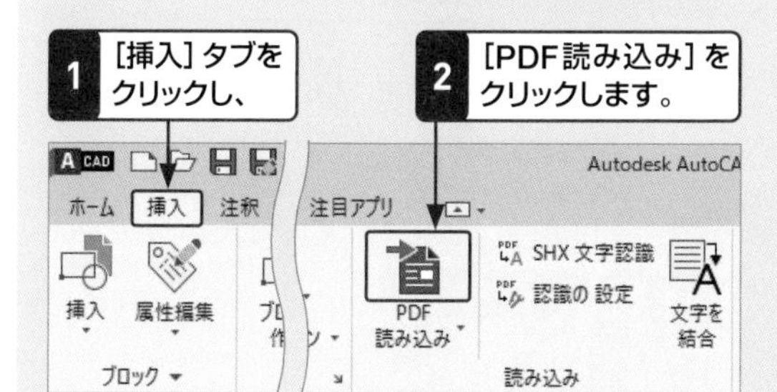

3 PDFファイルを選択します。

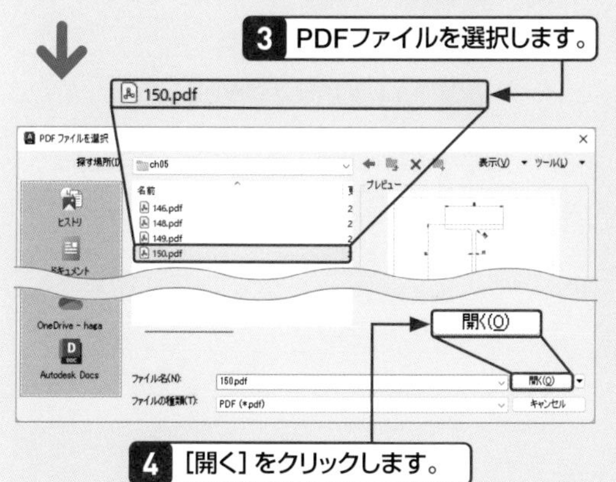

4 [開く]をクリックします。

5 [画面上で挿入点を指定]にチェックを入れます。

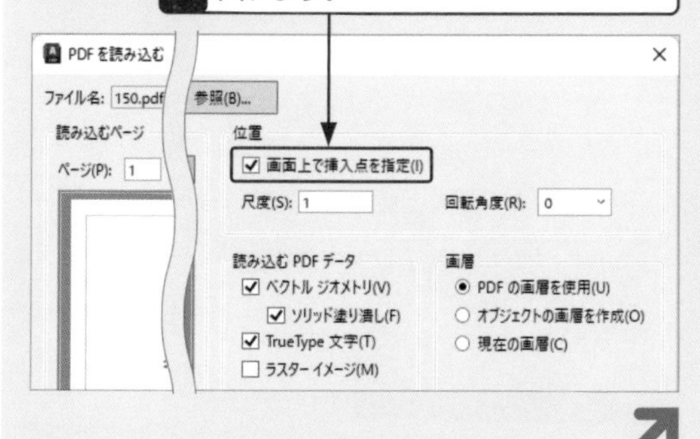

6 [OK]をクリックします。

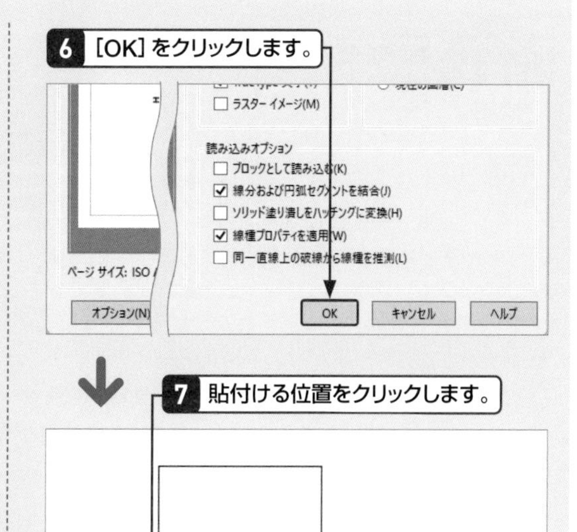

7 貼付ける位置をクリックします。

8 PDFが貼り付けられます。

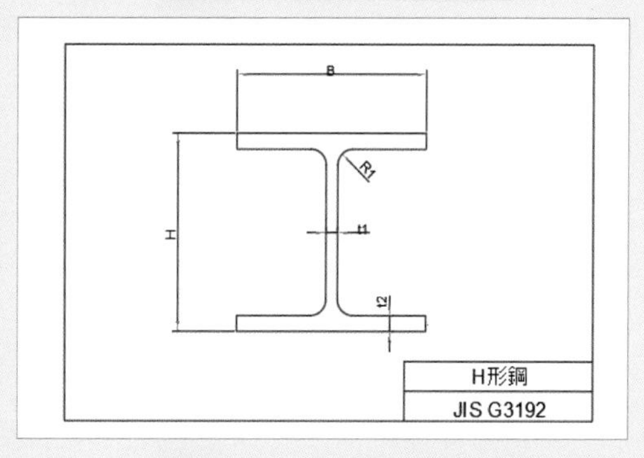

9 カーソルを図形に重ねてプロパティを表示し、ポリラインなどの図形になっていることを確認します。

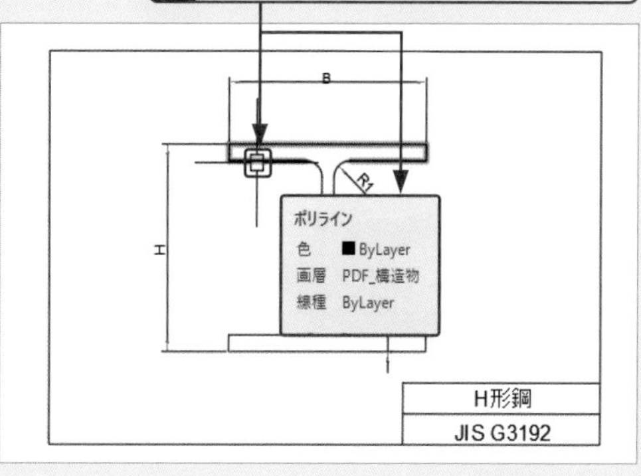

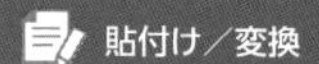

# Q151 図形を一部だけ隠したい!

## A [ワイプアウト]を実行します。

図形を一部だけ隠したい場合は、あらかじめ隠す場所にポリラインを作成し、[ワイプアウト]を実行します。境界線は非表示にすることができますが、選択できなくなるので注意をしてください。

サンプル▶151.dwg

1 [作成▼]→[ワイプアウト]をクリックします。

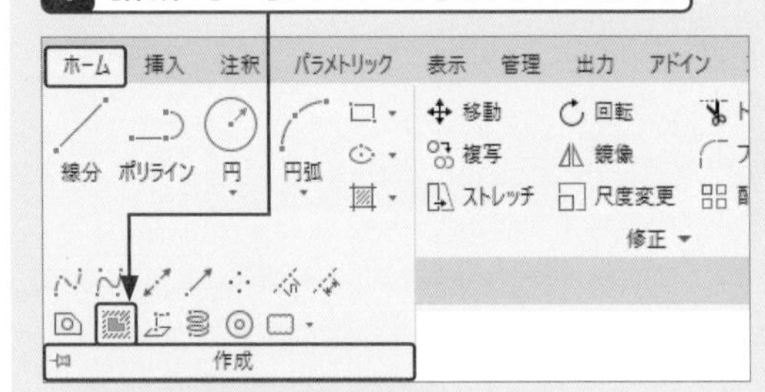

ホーム
挿入
注釈
パラメトリック
表示
管理
出力
アドイン
線分
ポリライン
円
円弧
移動
回転
複写
鏡像
ストレッチ
尺度変更
修正
作成


2 作図領域を右クリックし、メニューから[ポリライン]を選択します。

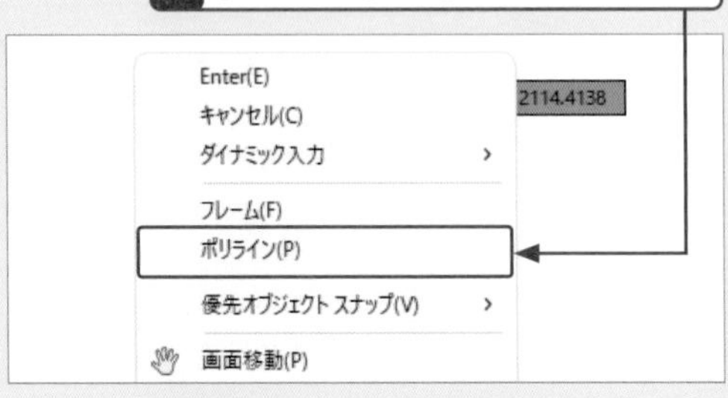

Enter(E)
キャンセル(C)
ダイナミック入力
フレーム(F)
ポリライン(P)
優先オブジェクト スナップ(V)
画面移動(P)
2114.4138


3 ポリラインをクリックします。

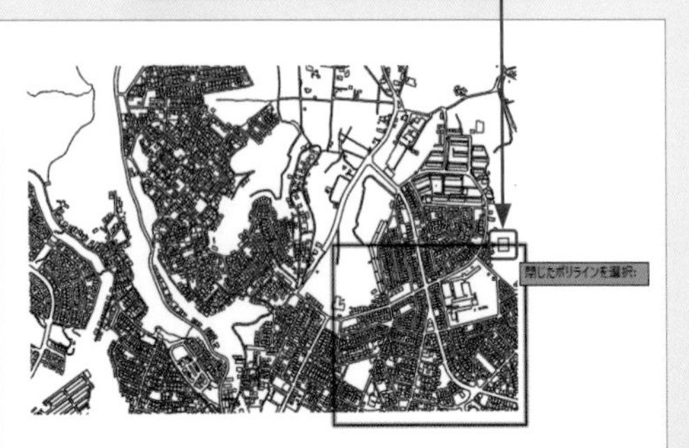

閉じたポリラインを選択:


4 「ポリラインを削除しますか？」と表示されます。

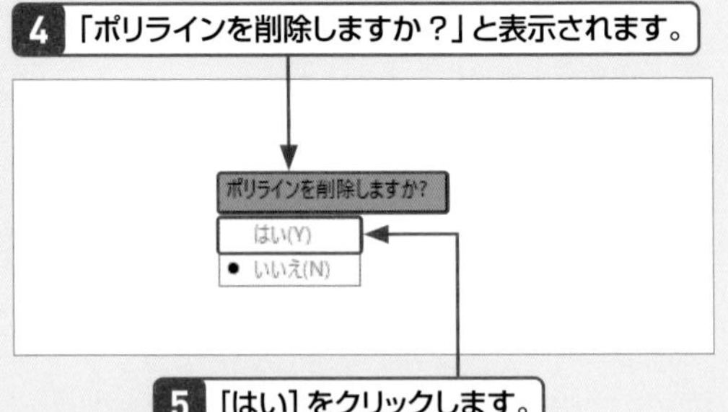

ポリラインを削除しますか?
はい(Y)
いいえ(N)


5 [はい]をクリックします。

6 ワイプアウト図形が作成され、一部が隠れます。

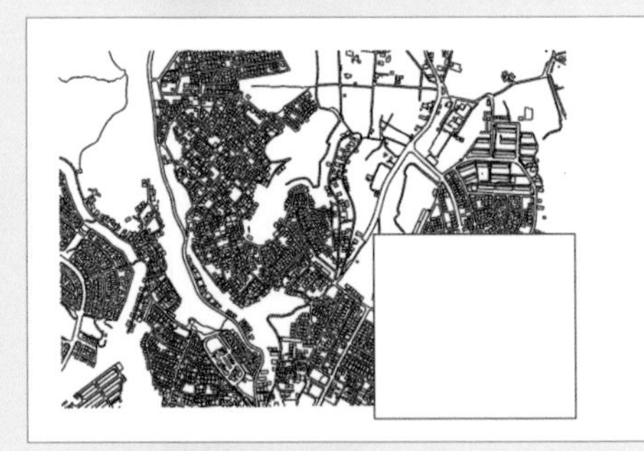

7 [ワイプアウト]をクリックします。

8 作図領域を右クリックし、メニューから[フレーム]を選択します。

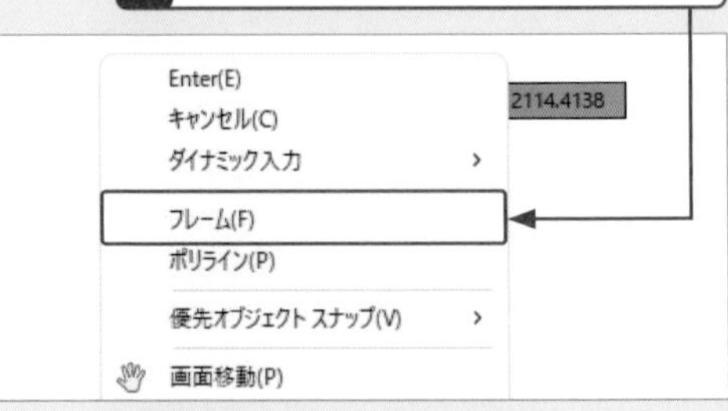

Enter(E)
キャンセル(C)
ダイナミック入力
フレーム(F)
ポリライン(P)
優先オブジェクト スナップ(V)
画面移動(P)
2114.4138


9 [非表示]をクリックすると、境界線が非表示になります。

表示　重要度 ★★★

# Q152 図形が重なって見えない!

**A** 図形の表示順序を変更します。

図形が重なって見えない場合は、[最前面へ移動][最背面へ移動]などを実行し、表示順序を変更します。

サンプル ▶ 152.dwg

1 [修正▼]→[▼]をクリックし、

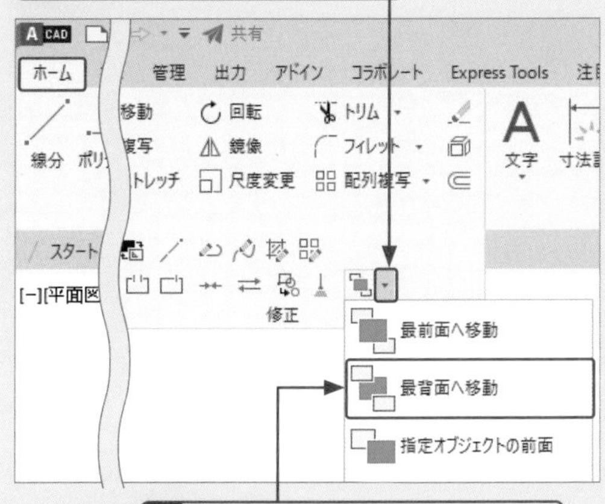

ホーム
管理
出力
アドイン
コラボレート
Express Tools
移動
回転
トリム
複写
鏡像
フィレット
ストレッチ
尺度変更
配列複写
線分
文字
スタート
[−][平面図
修正
最前面へ移動
最背面へ移動
指定オブジェクトの前面


2 [最背面へ移動]をクリックします。

3 最背面へ移動する図形を選択します。

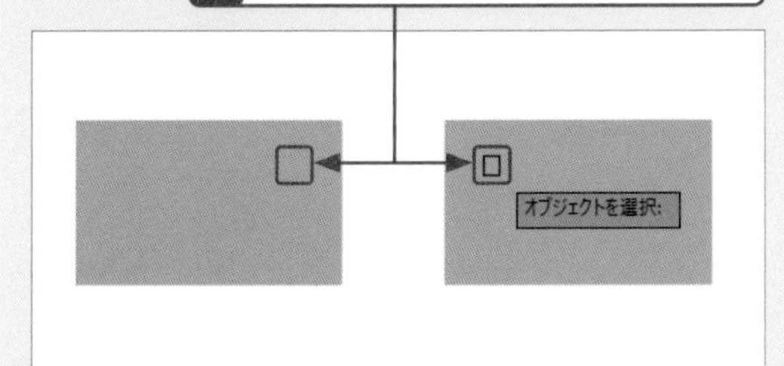

オブジェクトを選択:


4 Enter キーを押して、選択を確定します。

5 選択した図形が最背面へ移動します。ここでは、隠れていた文字が見えるようになります。

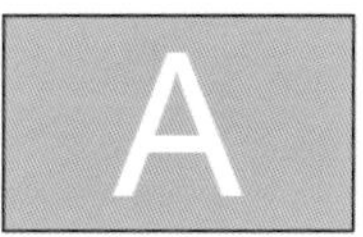

A


B

表示　重要度 ★★★

# Q153 ハッチングに隠れて図形が見えない!

**A** 図形の表示順序を変更します。

ハッチングに隠れて図形が見えない場合は、[ハッチングを背面に移動]を実行し、表示順序を変更します。

サンプル ▶ 153.dwg

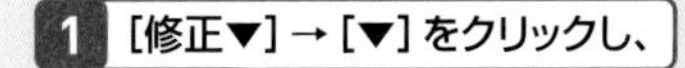

1 [修正▼]→[▼]をクリックし、

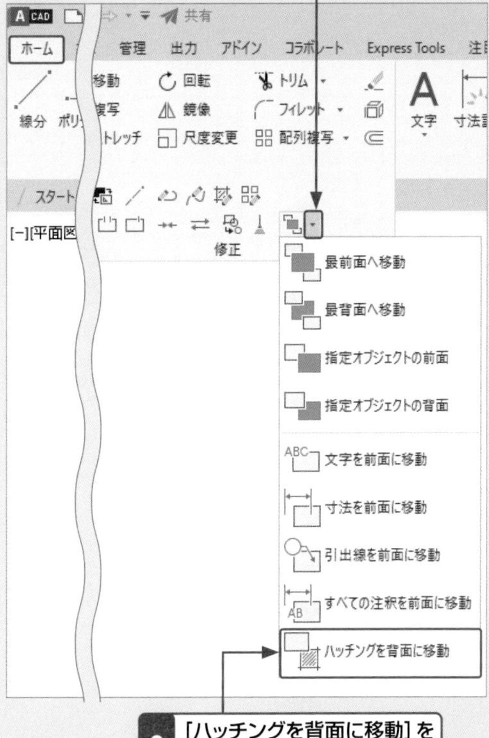

ホーム
管理
出力
アドイン
コラボレート
Express Tools
移動
回転
トリム
複写
鏡像
フィレット
ストレッチ
尺度変更
配列複写
線分
文字
スタート
[−][平面図
修正
最前面へ移動
最背面へ移動
指定オブジェクトの前面
指定オブジェクトの背面
文字を前面に移動
寸法を前面に移動
引出線を前面に移動
すべての注釈を前面に移動
ハッチングを背面に移動


2 [ハッチングを背面に移動]をクリックします。

3 ハッチングが最背面に移動します。ここでは、隠れていた文字が見えるようになります。

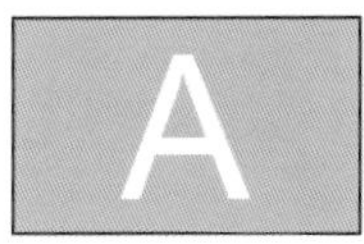

A


B

# Q 154 図形を表示／非表示したい!

## A [オブジェクトの選択表示]を実行します。

図形の表示／非表示は［オブジェクトの選択表示］で行うことができます。ファイルを閉じて開き直すと非表示にした図形は再び表示されるので、作業中の一時的な操作として利用してください。

サンプル▶154.dwg

**1** 表示したい図形を1つクリックして選択します。

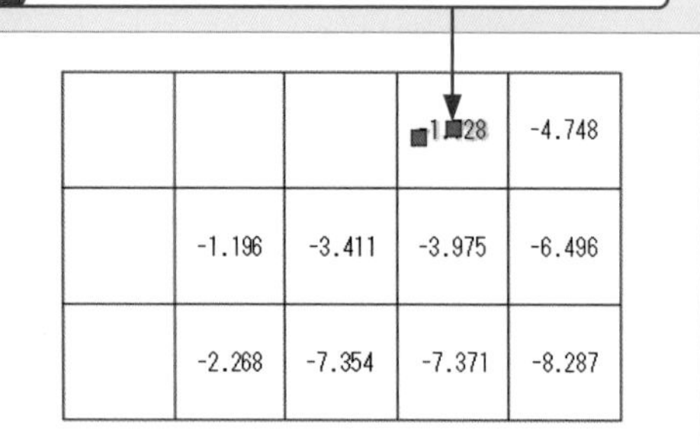
■1■28
-4.748
-1.196
-3.411
-3.975
-6.496
-2.268
-7.354
-7.371
-8.287

**2** 作図領域を右クリックし、メニューから［類似オブジェクトを選択］をクリックします。

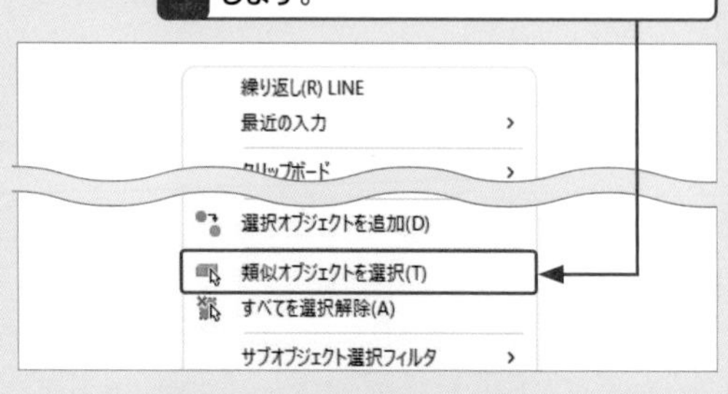
繰り返し(R) LINE
最近の入力
クリップボード
選択オブジェクトを追加(D)
類似オブジェクトを選択(T)
すべてを選択解除(A)
サブオブジェクト選択フィルタ

**3** 類似した図形が選択されます。

| | | | ■1■28 | ■4■48 |
|---|---|---|---|---|
| | ■1■96 | ■3■11 | ■3■75 | ■6■96 |
| | ■2■68 | ■7■54 | ■7■71 | ■8■87 |

**4** 作図領域を右クリックし、メニューから［選択表示］の［オブジェクトを選択表示］をクリックします。

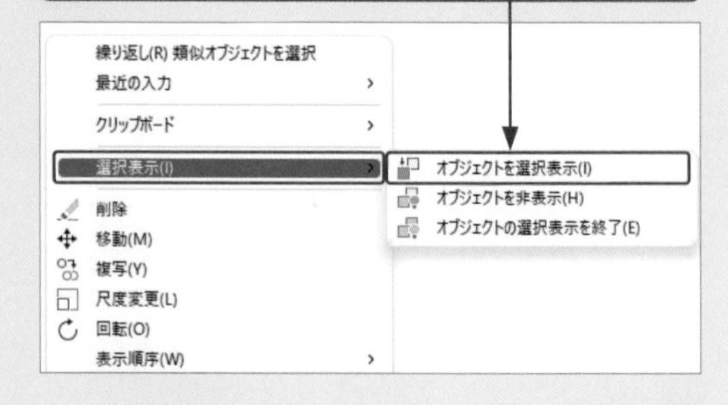
繰り返し(R) 類似オブジェクトを選択
最近の入力
クリップボード
選択表示(I)
オブジェクトを選択表示(I)
オブジェクトを非表示(H)
オブジェクトの選択表示を終了(E)
削除
移動(M)
複写(Y)
尺度変更(L)
回転(O)
表示順序(W)

**5** 選択した図形（ここでは文字）のみが表示されます。

| | | | | |
|---|---|---|---|---|
| | | | -1.728 | -4.748 |
| | -1.196 | -3.411 | -3.975 | -6.496 |
| | -2.268 | -7.354 | -7.371 | -8.287 |

**6** 作図領域を右クリックし、メニューから［選択表示］の［オブジェクトの選択表示を終了］をクリックします。

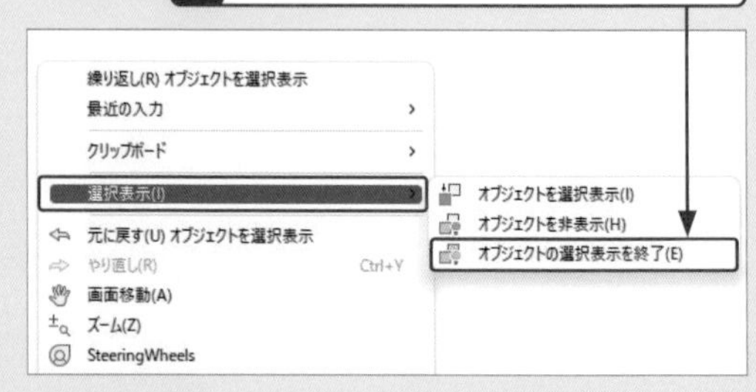
繰り返し(R) オブジェクトを選択表示
最近の入力
クリップボード
選択表示(I)
オブジェクトを選択表示(I)
オブジェクトを非表示(H)
オブジェクトの選択表示を終了(E)
元に戻す(U) オブジェクトを選択表示
やり直し(R)
Ctrl+Y
画面移動(A)
ズーム(Z)
SteeringWheels

**7** 非表示にした図形が表示されます。

| | | | -1.728 | -4.748 |
|---|---|---|---|---|
| | -1.196 | -3.411 | -3.975 | -6.496 |
| | -2.268 | -7.354 | -7.371 | -8.287 |

# Q155 水平／垂直に移動／コピーしたい！

## A [直交モード]をオンにして[移動]または[複写]を実行します。

水平／垂直に移動／コピーするには、[直交モード]をオンにして[移動]または[複写]を実行します。[直交モード]はコマンド実行後でもオンにすることができます。 サンプル▶155.dwg

1 [直交モード]をクリックしてオンにします。青くなっている状態がオンです。

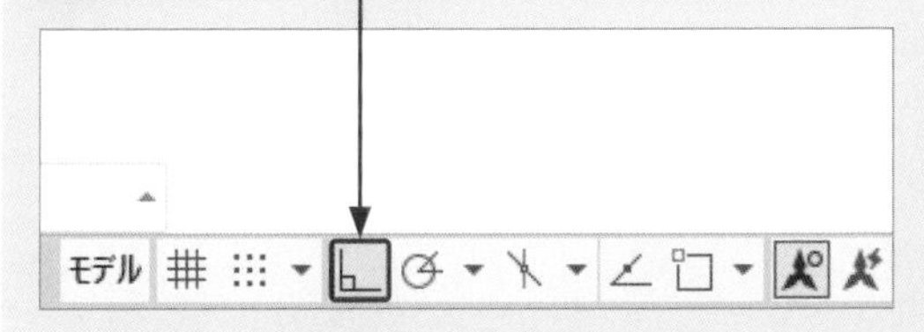
モデル

2 [移動]または[複写]をクリックします。

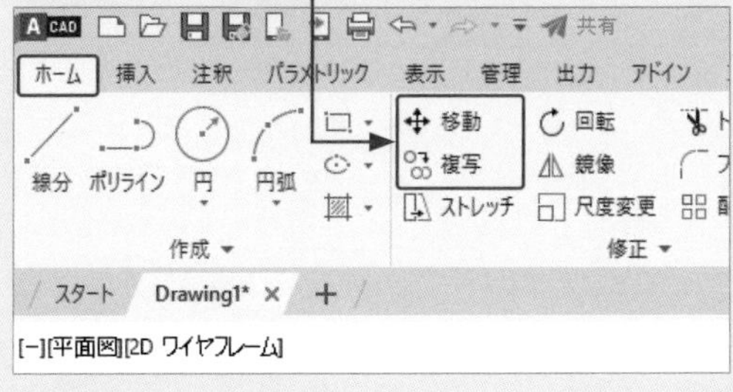
ホーム
挿入
注釈
パラメトリック
表示
管理
出力
アドイン
線分
ポリライン
円
円弧
移動
複写
ストレッチ
回転
鏡像
尺度変更
作成
修正
スタート
Drawing1*
[−][平面図][2D ワイヤフレーム]

3 図形をクリックして選択し、Enterキーを押して確定します。

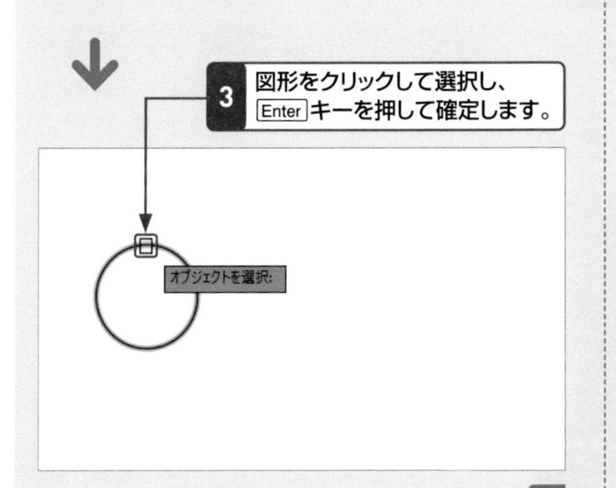
オブジェクトを選択:

4 移動／コピーの基準となる適当な点をクリックし、

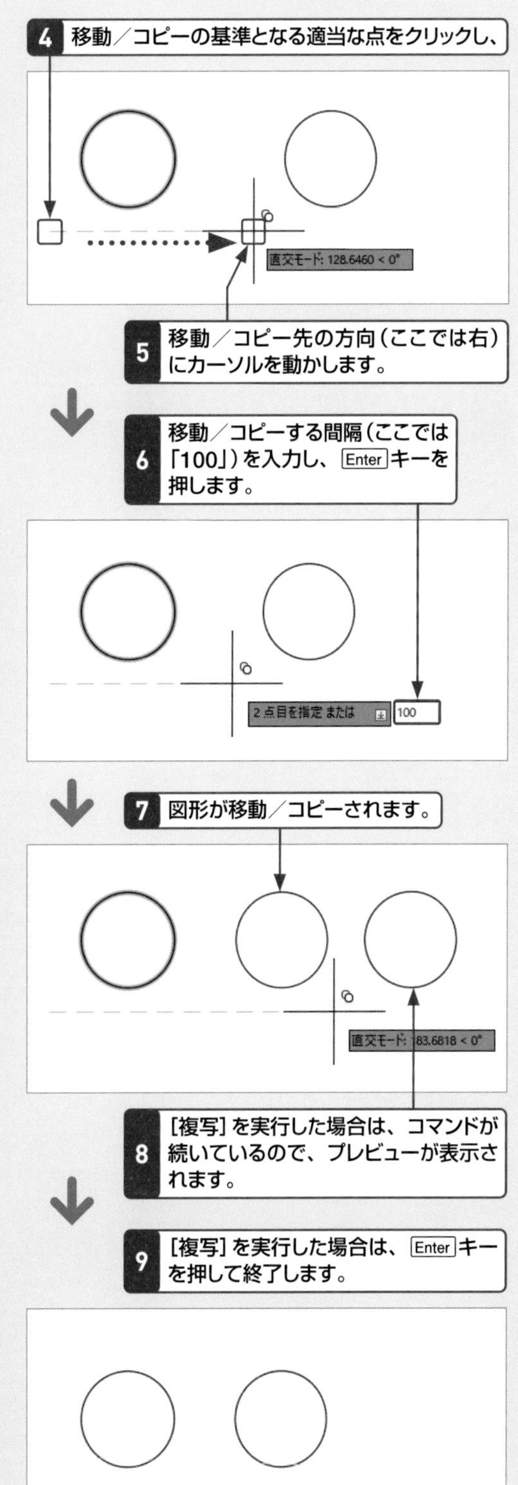
直交モード: 128.6460 < 0°
2 点目を指定 または
100
直交モード: 183.6818 < 0°

5 移動／コピー先の方向（ここでは右）にカーソルを動かします。

6 移動／コピーする間隔（ここでは「100」）を入力し、Enterキーを押します。

7 図形が移動／コピーされます。

8 [複写]を実行した場合は、コマンドが続いているので、プレビューが表示されます。

9 [複写]を実行した場合は、Enterキーを押して終了します。

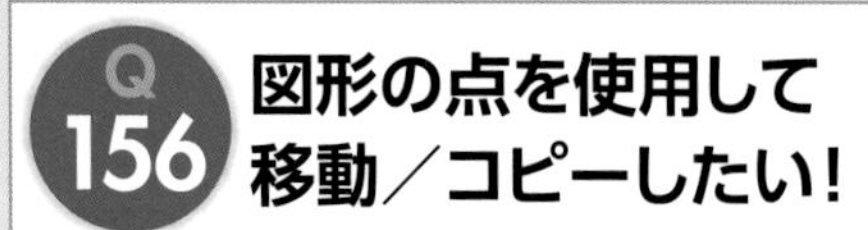

# Q156 図形の点を使用して移動／コピーしたい!

## A [オブジェクトスナップ]をオンにします。

図形の点を使用して移動／コピーするには、使用するオブジェクトスナップを選択し、[オブジェクトスナップ]をオンにして、[移動]または[複写]を実行します。 サンプル▶156.dwg

1 [オブジェクトスナップ]をクリックしてオンにします。オンにするとボタンが青く表示されます。

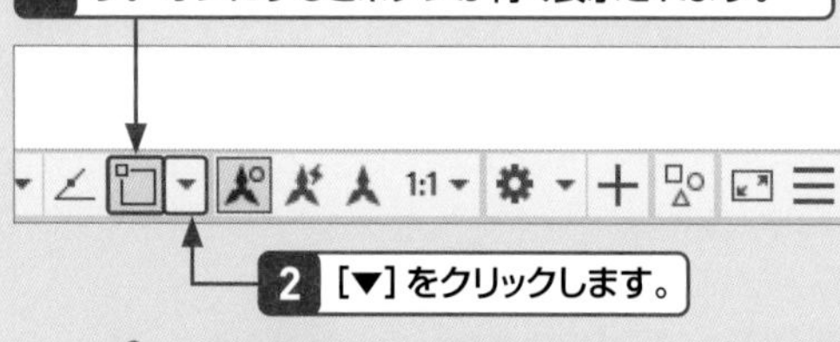

2 [▼]をクリックします。

3 使用するオブジェクトスナップにチェックを入れます(ここでは[端点]と[四半円点])。

端点
中点
中心
図心
点
四半円点
交点
オブジェクト スナップ設定...

4 作図領域をクリックして、メニューを閉じます。

5 [移動]または[複写]をクリックします。

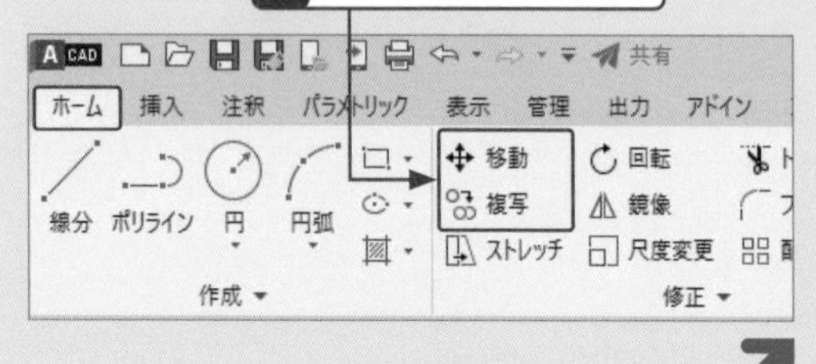
共有
ホーム
挿入
注釈
パラメトリック
表示
管理
出力
アドイン
移動
複写
回転
鏡像
ストレッチ
尺度変更
線分
ポリライン
円
円弧
作成
修正

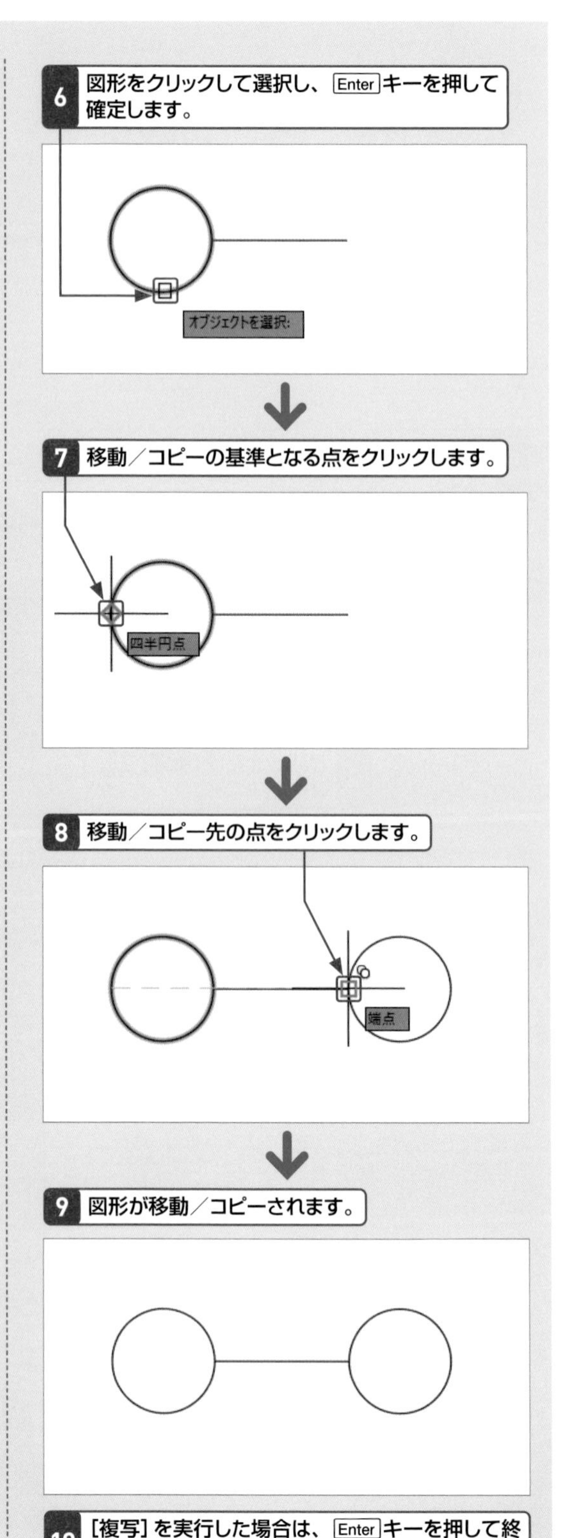
オブジェクトを選択:
四半円点
端点

6 図形をクリックして選択し、Enterキーを押して確定します。

7 移動／コピーの基準となる点をクリックします。

8 移動／コピー先の点をクリックします。

9 図形が移動／コピーされます。

10 [複写]を実行した場合は、Enterキーを押して終了します。



AutoCADの概要 / 基本操作 / 線の作図と編集 / 図形の作図と挿入 / 図形の変形と移動 / 図形の選択と削除 / 画層とプロパティ / 文字の作成 / 寸法の作成 / 注釈の作成 / 数値計測とブロック図形 / レイアウトと印刷

# Q157 ほかの図面ファイルからコピーしたい!

**A** [基点コピー]と[貼り付け]を実行します。

ほかの図面から図形をコピーするには、コピー元の図面で[基点コピー]を実行し、コピー先の図面で[貼り付け]を実行します。

サンプル▶157a.dwg/157b.dwg

**1** コピー元のファイルを表示します。

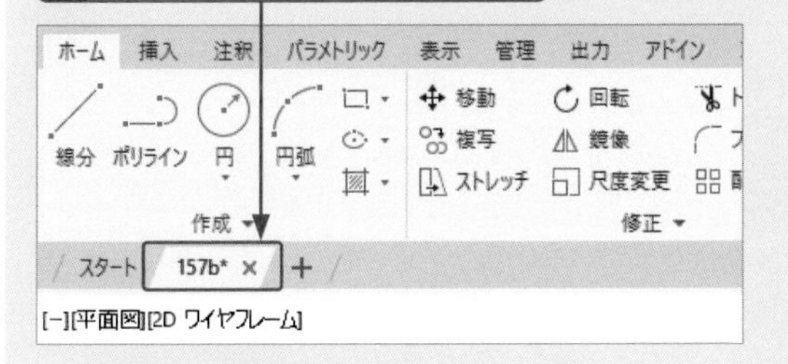

**2** 作図領域を右クリックし、メニューから[クリップボード]の[基点コピー]をクリックします。

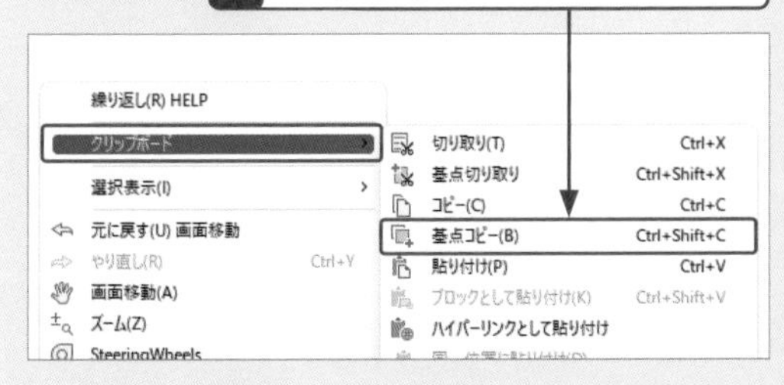

**3** コピーの基準となる点をクリックします。

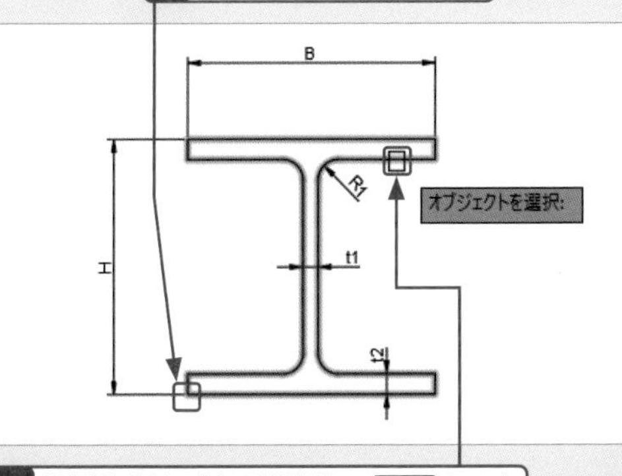

B
R1
オブジェクトを選択:
t1
H
t2


**4** 図形をクリックして選択し、Enter キーを押して確定します。

**5** コピー先のファイルを表示します。

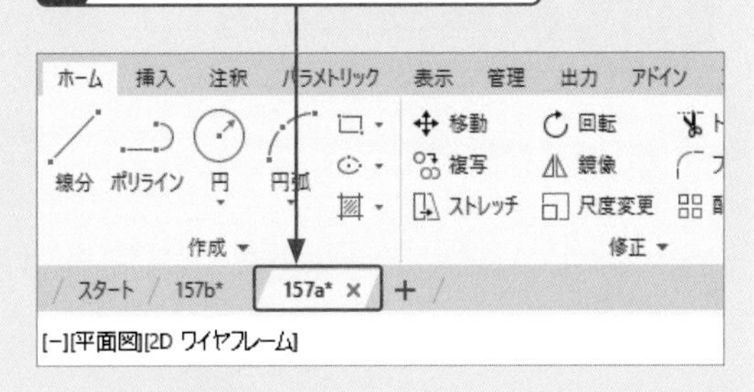

**6** 作図領域を右クリックし、メニューから[クリップボード]の[貼り付け]をクリックします。

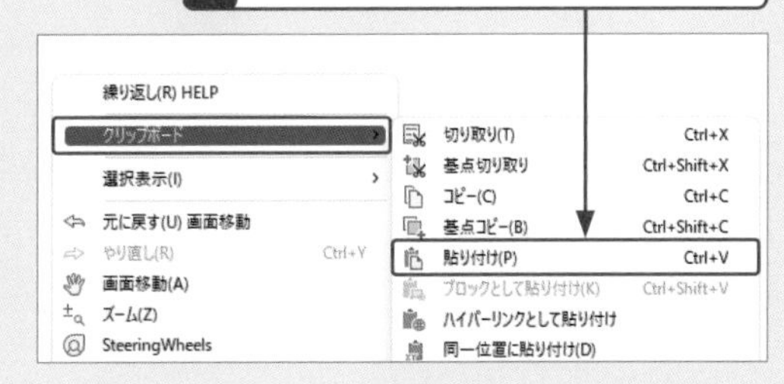

**7** コピー先の点をクリックします。

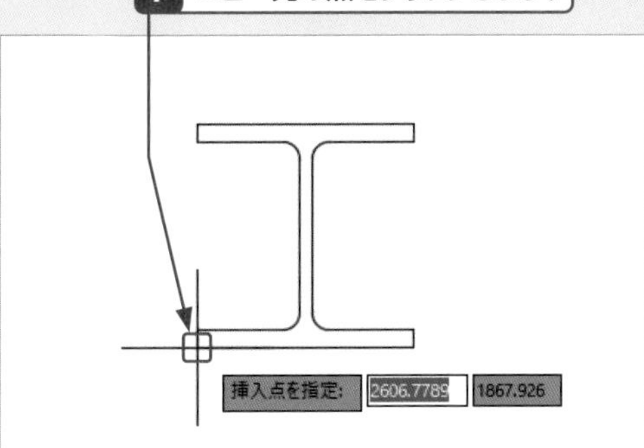

挿入点を指定:
2606.7789
1867.926


**8** 図形が貼り付けられます。

### [貼り付け]メニューが選択できない場合

[貼り付け]がグレーアウトして選択できない場合は、リボンの[貼り付け]を使用してください。

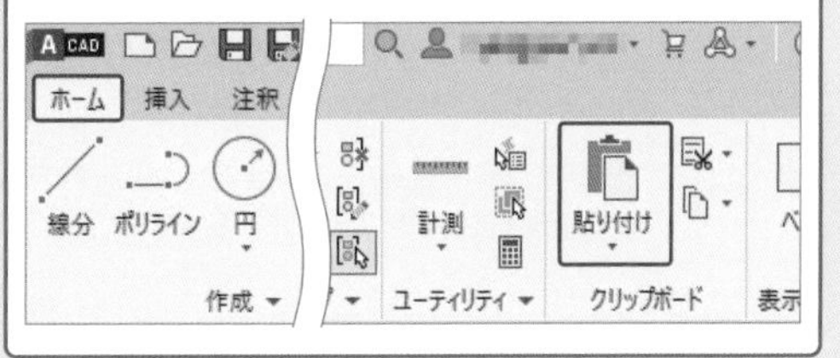

# Q 158 縦横に並べたい！

## A ［矩形状配列複写］を実行します。

図形を縦横に並べるには、［矩形状配列複写］を実行します。並んだ図形は［配列複写(矩形状)］というグループになるので、1つずつの図形にしたい場合は、［分解］を実行してください。

サンプル ▶ 158.dwg

1 ［▼］をクリックし、

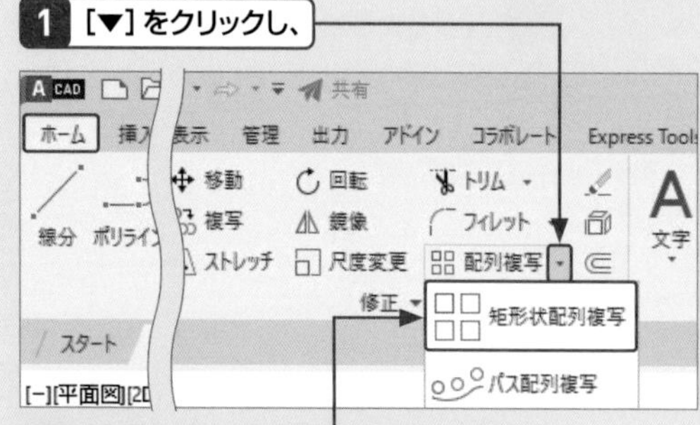

2 ［矩形状配列複写］をクリックします。

3 図形をクリックして選択し、Enter キーを押して確定します。

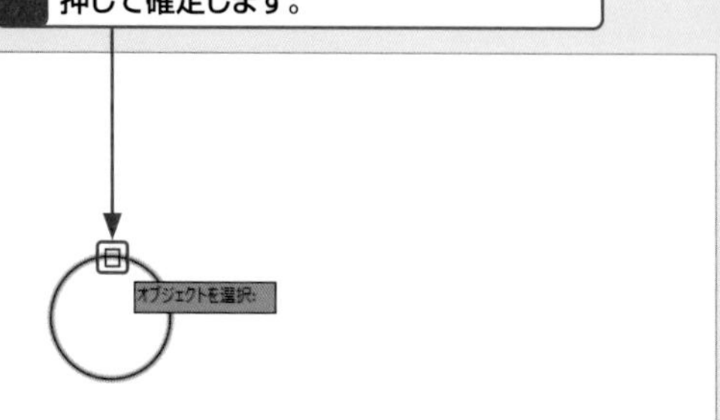

4 ［列］に並べる数を入力し(ここでは「4」)、

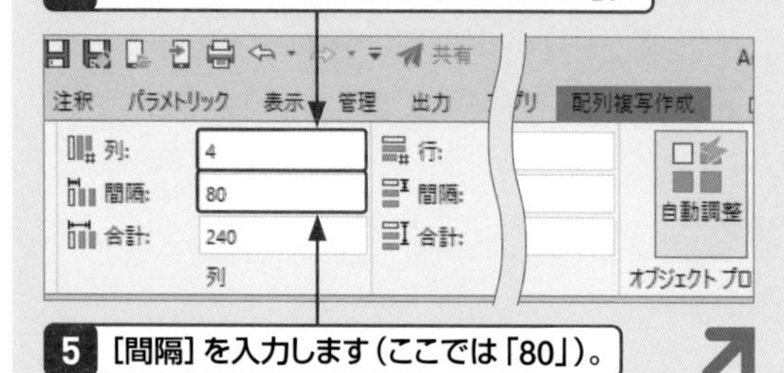

5 ［間隔］を入力します(ここでは「80」)。

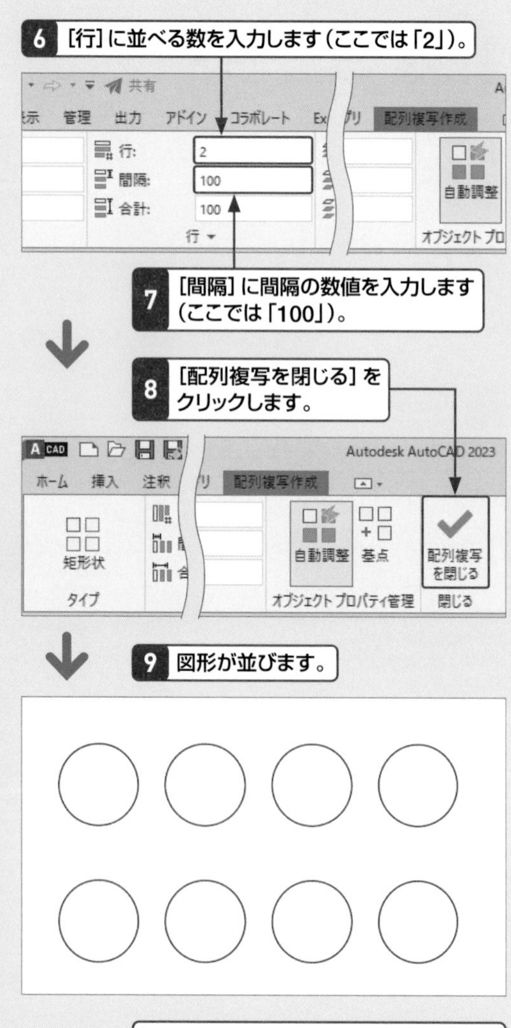

6 ［行］に並べる数を入力します(ここでは「2」)。

7 ［間隔］に間隔の数値を入力します(ここでは「100」)。

8 ［配列複写を閉じる］をクリックします。

9 図形が並びます。

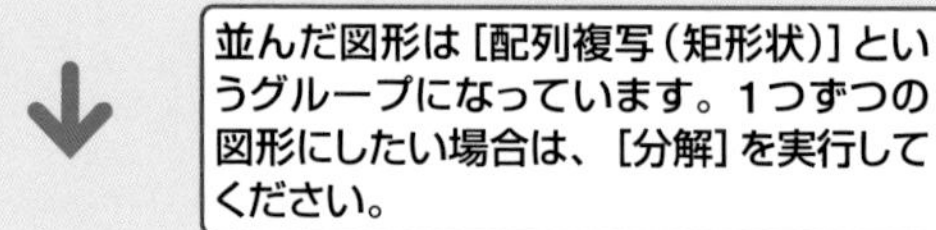

並んだ図形は［配列複写(矩形状)］というグループになっています。1つずつの図形にしたい場合は、［分解］を実行してください。

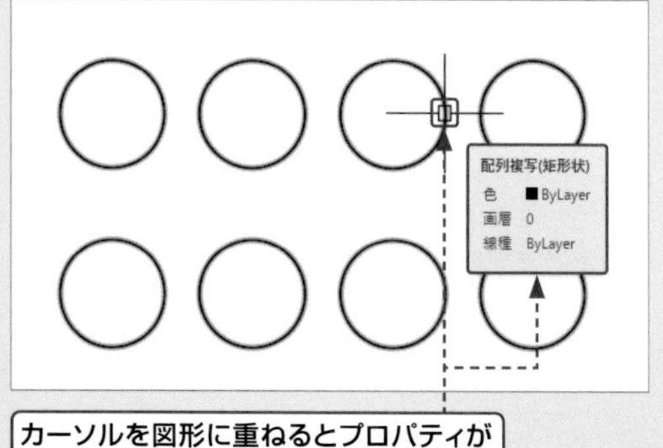

カーソルを図形に重ねるとプロパティが表示されます。



AutoCADの概要　基本操作　線の作図と編集　図形の作図と挿入　図形の変形と移動　図形の選択と削除　画層とプロパティ　文字の作成　寸法の作成　注釈の作成　数値計測とブロック図形　レイアウトと印刷

# Q 159 回転して並べたい!

## A [円形状配列複写] を実行します。

図形を回転して並べるには、[円形状配列複写] を実行します。並んだ図形は [配列複写(円形状)] というグループになるので、1つずつの図形にしたい場合は、[分解] を実行してください。

サンプル ▶ 159.dwg

1 [▼] をクリックし、

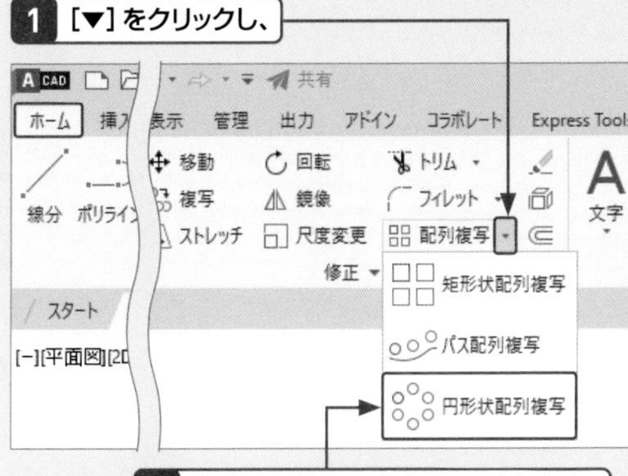

2 [円形状配列複写] をクリックします。

3 図形をクリックして選択し、Enter キーを押して確定します。

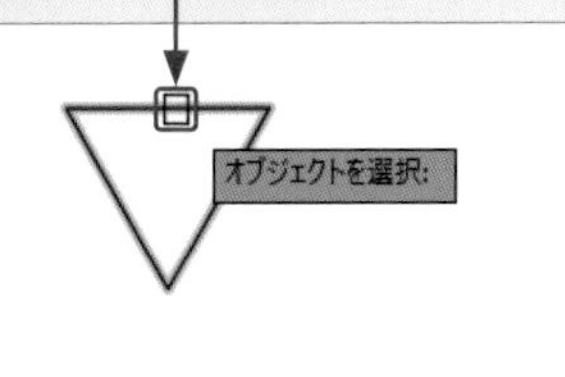

4 回転の中心点をクリックします。

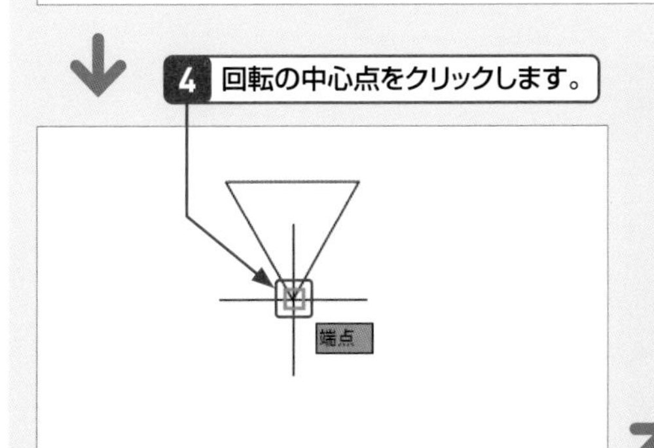

5 [項目] に並べる数を入力し(ここでは「4」)、

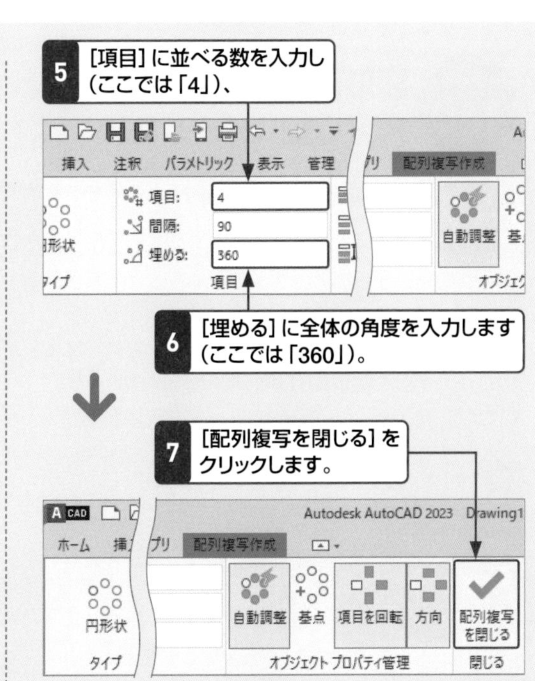

6 [埋める] に全体の角度を入力します(ここでは「360」)。

7 [配列複写を閉じる] をクリックします。

8 図形が並びます。

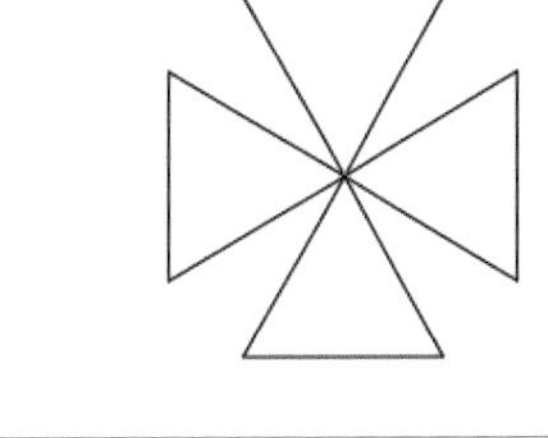

並んだ図形は [配列複写(円形状)] というグループになっています。1つずつの図形にしたい場合は、[分解] を実行してください。

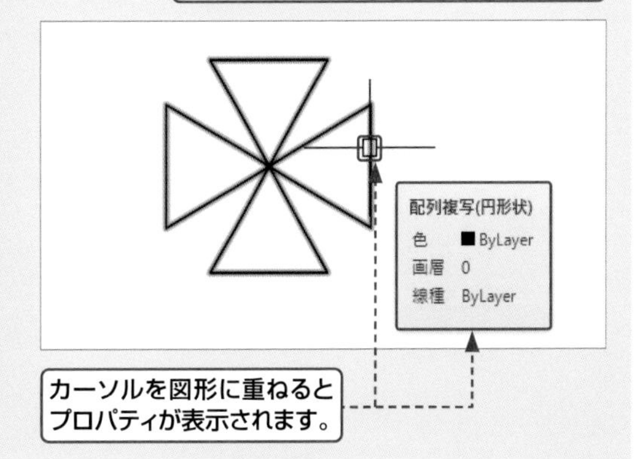

カーソルを図形に重ねるとプロパティが表示されます。

# Q 160 図形に沿って数を指定してコピーしたい！

## A ［パス配列複写］の［ディバイダ］を使用します。

図形に沿って数を指定してコピーするには、［パス配列複写］を実行し、［ディバイダ］を使用します。並んだ図形は［配列複写(パス)］というグループになるので、1つずつの図形にしたい場合は、［分解］を実行してください。　サンプル ▶ 160.dwg

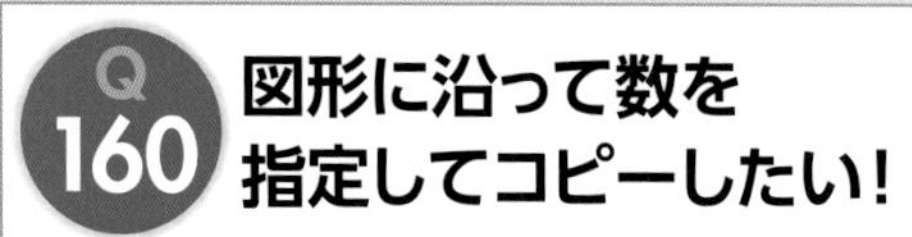

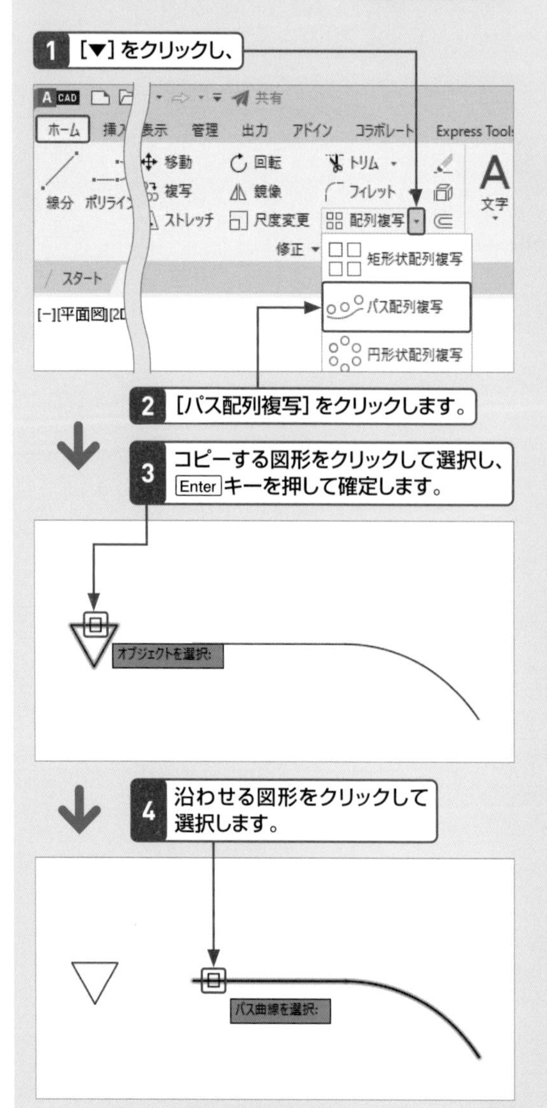
1 ［▼］をクリックし、
2 ［パス配列複写］をクリックします。
3 コピーする図形をクリックして選択し、Enterキーを押して確定します。
4 沿わせる図形をクリックして選択します。
オブジェクトを選択:
パス曲線を選択:
矩形状配列複写
パス配列複写
円形状配列複写

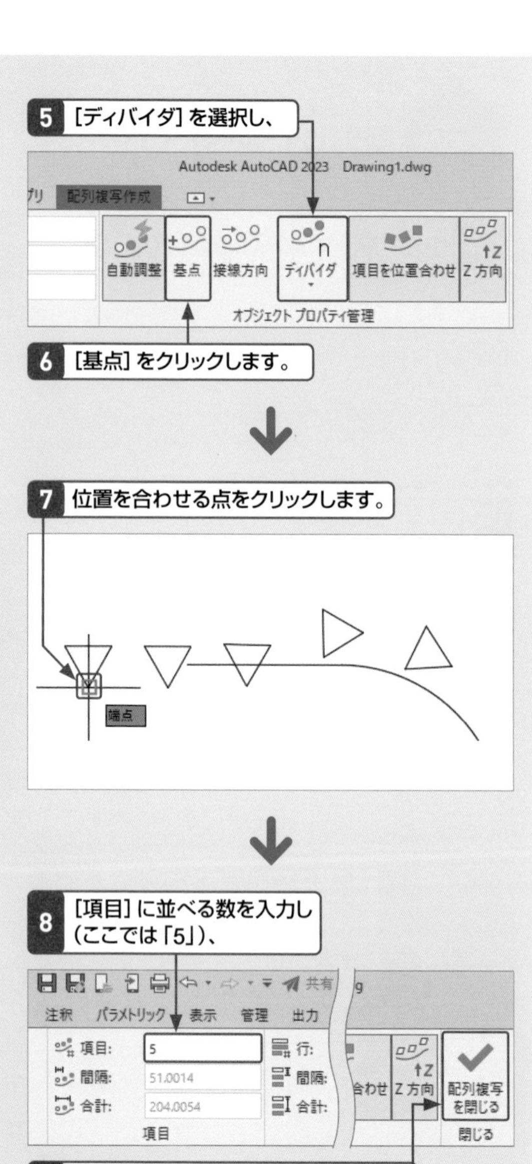
5 ［ディバイダ］を選択し、
6 ［基点］をクリックします。
7 位置を合わせる点をクリックします。
Autodesk AutoCAD 2023 Drawing1.dwg
配列複写作成
自動調整
基点
接線方向
ディバイダ
項目を位置合わせ
Z 方向
オブジェクト プロパティ管理
端点

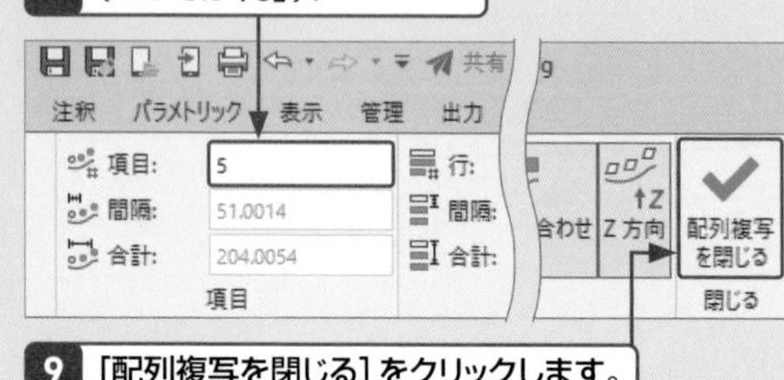
8 ［項目］に並べる数を入力し（ここでは「5」）、
項目:
間隔:
合計:
行:
配列複写を閉じる
閉じる

9 ［配列複写を閉じる］をクリックします。

10 図形が並びます。

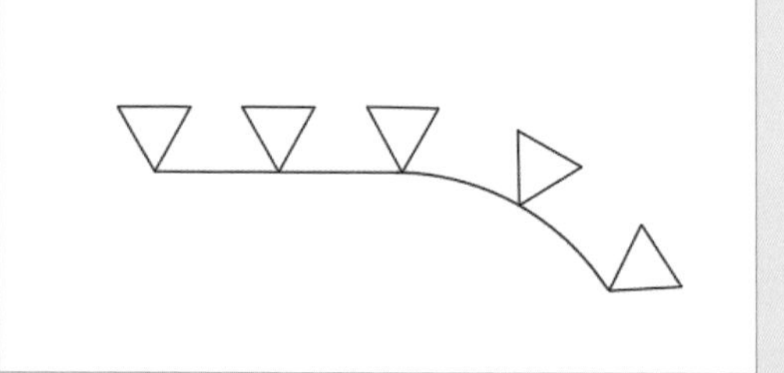

# Q161 図形に沿って一定の間隔でコピーしたい！

**A** [パス配列複写]の[メジャー]を使用します。

図形に沿って一定の間隔でコピーするには、[パス配列複写]を実行し、[メジャー]を使用します。並んだ図形は[配列複写(パス)]というグループになるので、1つずつの図形にしたい場合は、[分解]を実行してください。 サンプル▶161.dwg

1 [▼]をクリックし、

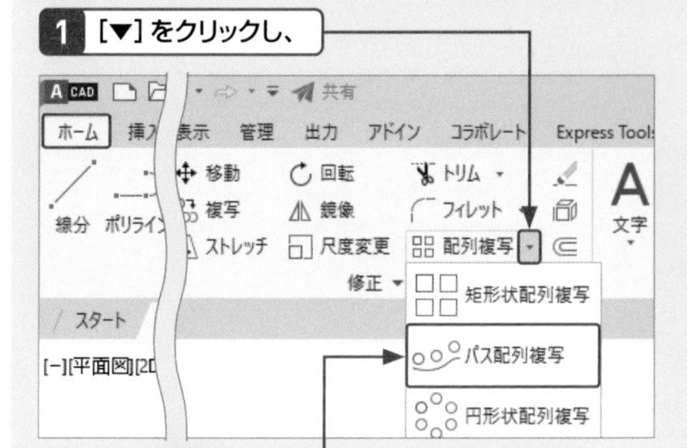

共有
ホーム
挿入
表示
管理
出力
アドイン
コラボレート
Express Tools
線分
ポリライン
移動
回転
トリム
複写
鏡像
フィレット
ストレッチ
尺度変更
配列複写
文字
修正
矩形状配列複写
パス配列複写
円形状配列複写
スタート
[-][平面図][2D


2 [パス配列複写]をクリックします。

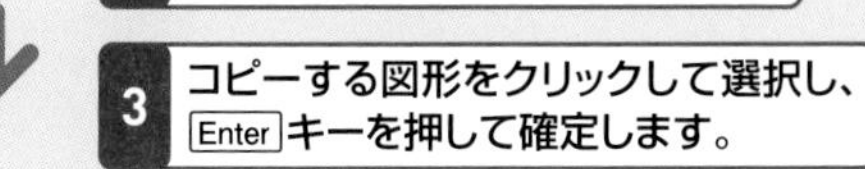

3 コピーする図形をクリックして選択し、Enterキーを押して確定します。

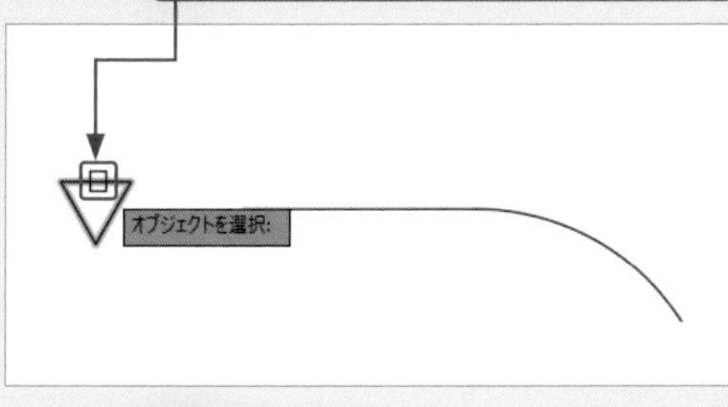

オブジェクトを選択:


4 沿わせる図形をクリックして選択します。

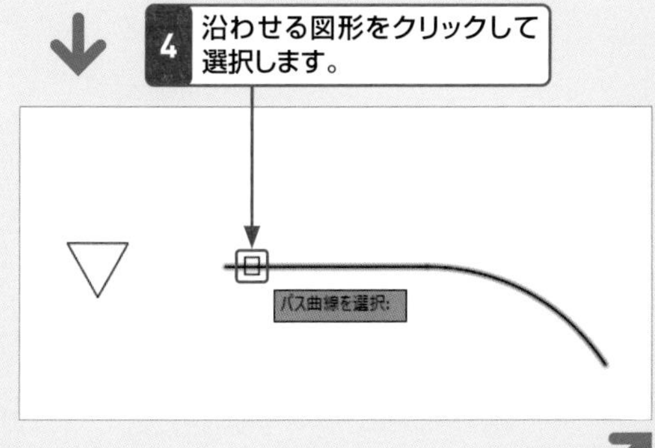

パス曲線を選択:


5 [メジャー]を選択し、

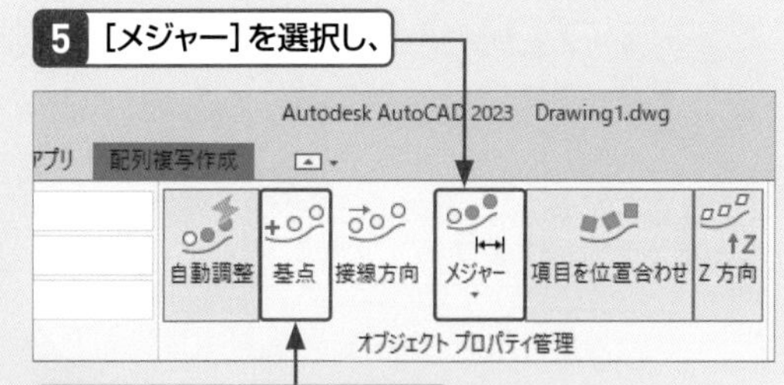

Autodesk AutoCAD 2023 Drawing1.dwg
アプリ
配列複写作成
自動調整
基点
接線方向
メジャー
項目を位置合わせ
Z 方向
オブジェクト プロパティ管理


6 [基点]をクリックします。

7 位置を合わせる点をクリックします。

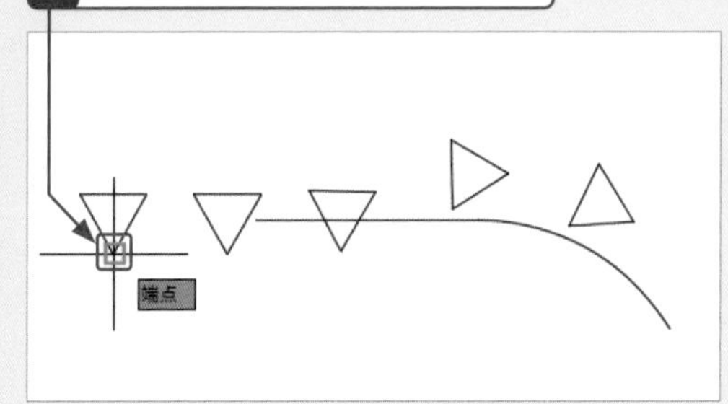

端点

8 [間隔]を入力し(ここでは「45」)、

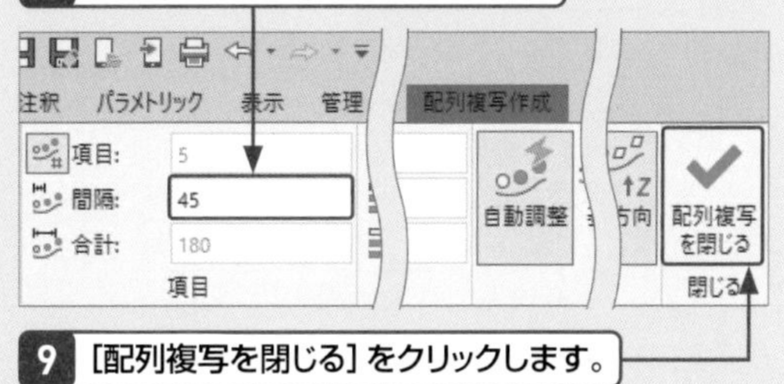

注釈
パラメトリック
表示
管理
配列複写作成
項目:
5
間隔:
45
合計:
180
項目
自動調整
方向
配列複写を閉じる
閉じる


9 [配列複写を閉じる]をクリックします。

10 図形が並びます。

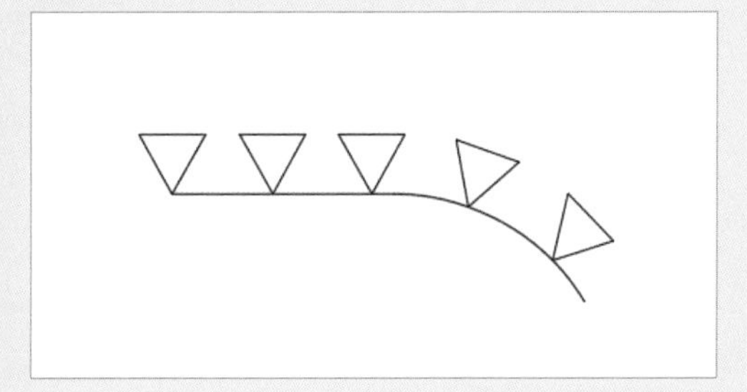

# Q 162 ブロックや外部参照の図形をコピーしたい！

**A** ［ネストされたオブジェクトを複写］を実行します。

ブロックや外部参照の中の一部の図形をコピーするは、［ネストされたオブジェクトを複写］を実行します。

サンプル ▶ 162.dwg

ブロックや外部参照の一部にコピーしたい図形があります。

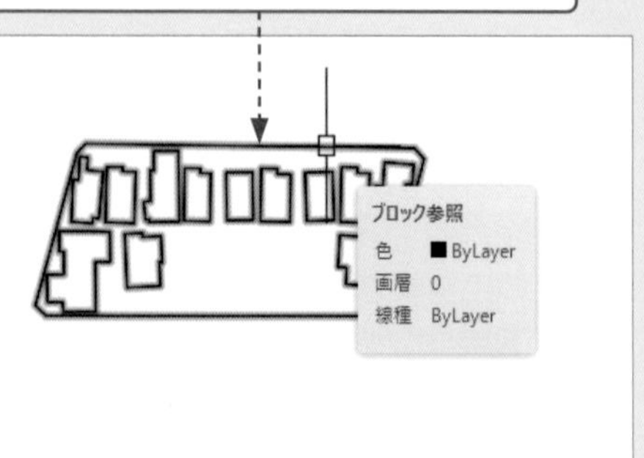

ブロック参照
色 ByLayer
画層 0
線種 ByLayer

**1** ［修正▼］をクリックします。

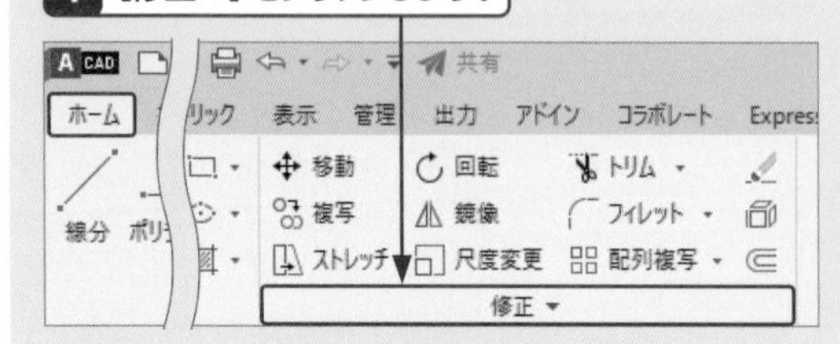

共有
ホーム
表示
管理
出力
アドイン
コラボレート
移動
回転
トリム
複写
鏡像
フィレット
ストレッチ
尺度変更
配列複写
線分
修正▼

**2** ［ネストされたオブジェクトを複写］をクリックします。

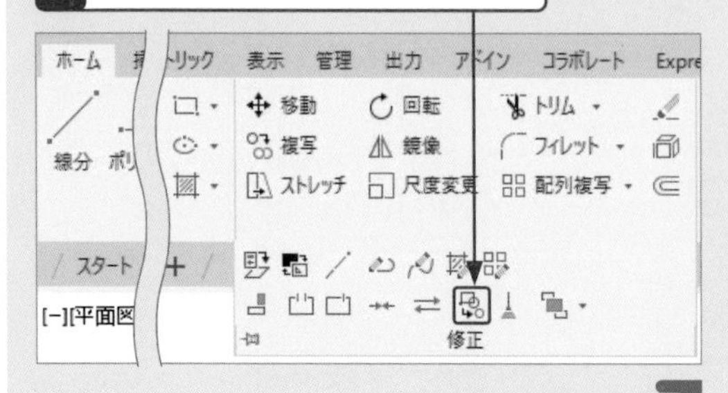

ホーム
表示
管理
出力
アドイン
コラボレート
移動
回転
トリム
複写
鏡像
フィレット
ストレッチ
尺度変更
配列複写
線分
スタート
[−][平面図
修正


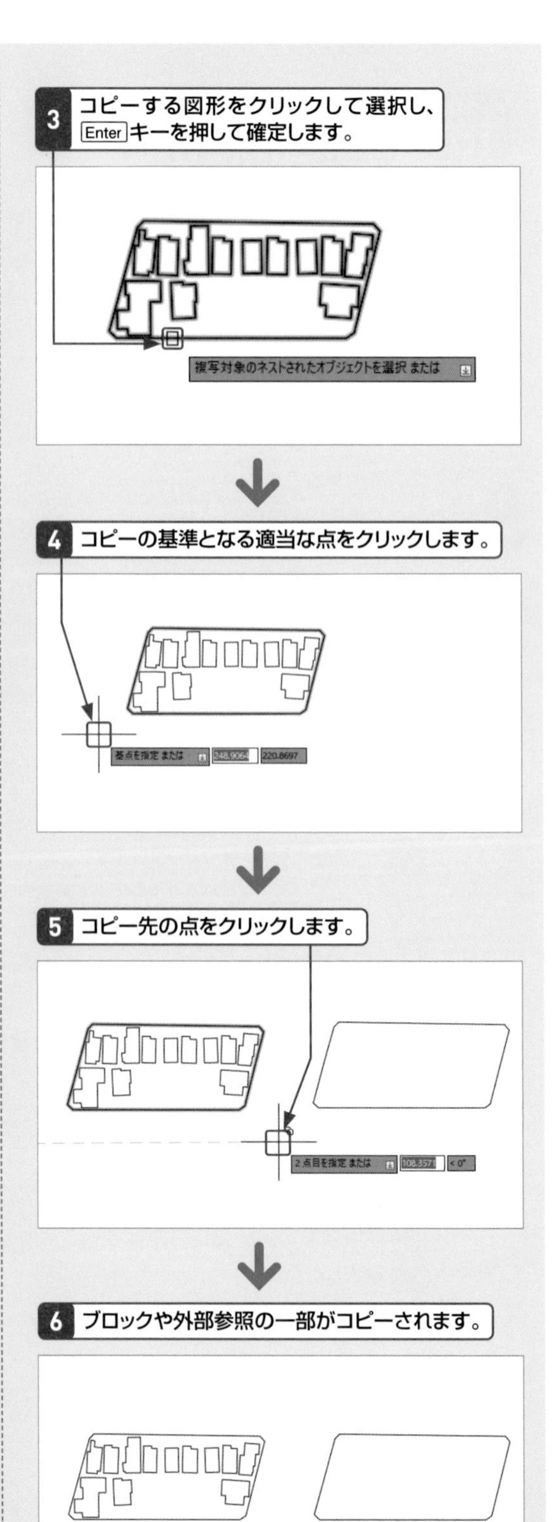

**3** コピーする図形をクリックして選択し、Enter キーを押して確定します。


複写対象のネストされたオブジェクトを選択 または


**4** コピーの基準となる適当な点をクリックします。

**5** コピー先の点をクリックします。

**6** ブロックや外部参照の一部がコピーされます。

# 6

# 図形の選択と削除

# Q 163 複数の図形をまとめて選択したい!

## A 窓選択/交差選択をします。

複数の図形を選択するには、矩形で図形を囲みます。左から右に囲むと領域が青く表示され、領域に完全に入っていると選択される「窓選択」となります。右から左に囲むと領域が緑で表示され、一部でも領域に入っていると選択される「交差選択」となります。

サンプル▶163.dwg

1 窓選択を始めるため、選択する図形の左側でクリックします。

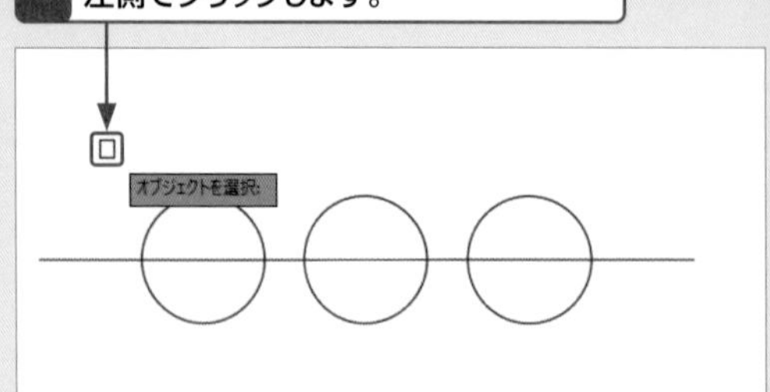
オブジェクトを選択:

2 カーソルを右側に動かすと、領域が青く表示されます。

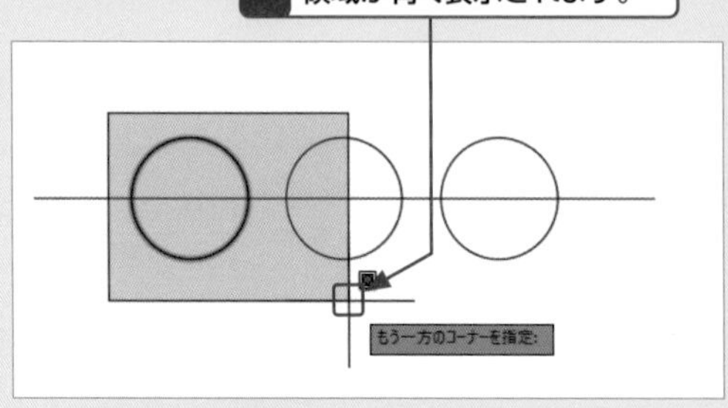
もう一方のコーナーを指定:

3 選択する図形が領域に完全に入る位置でクリックします。

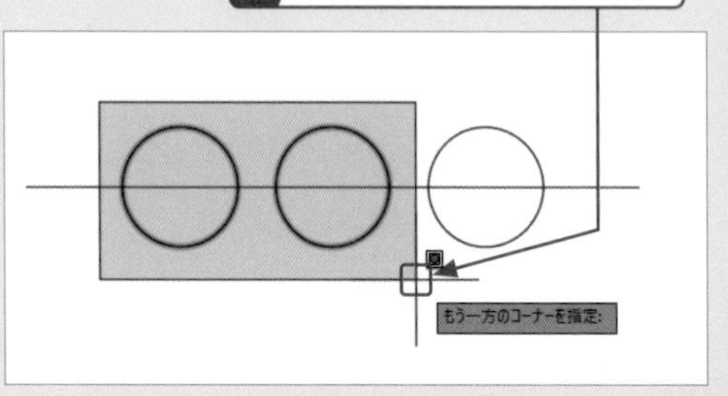
もう一方のコーナーを指定:

4 窓選択が終了し、領域に完全に入っている図形が選択されます。

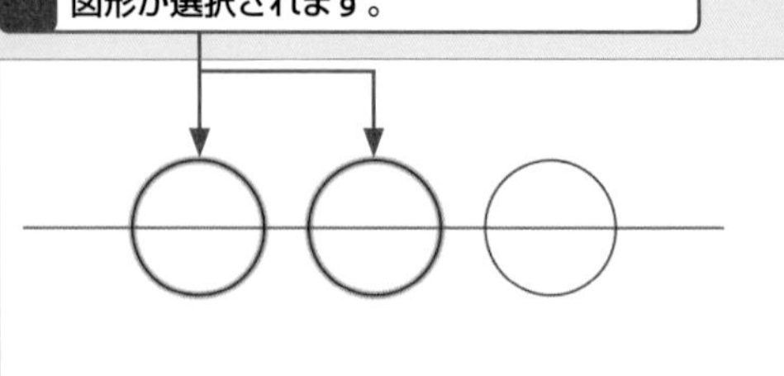

5 交差選択を始めるため、選択する図形の右側でクリックします。

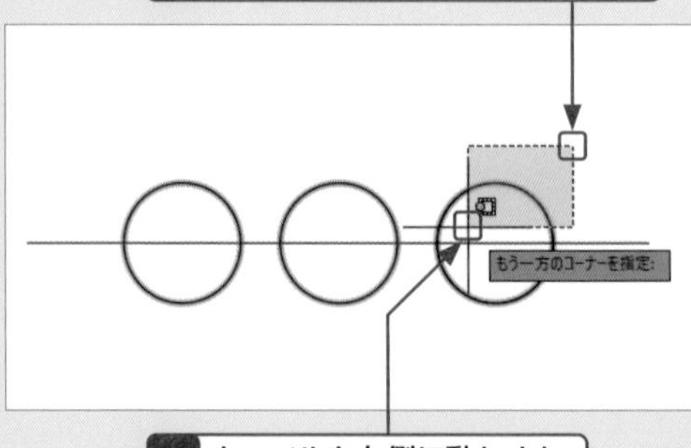
もう一方のコーナーを指定:

6 カーソルを左側に動かすと、領域が緑で表示されます。

7 選択する図形が領域に一部でも入る位置でクリックします。

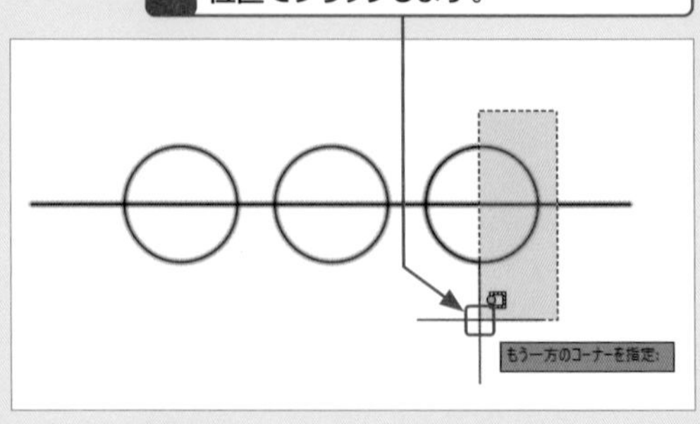
もう一方のコーナーを指定:

8 交差選択が終了し、領域に一部でも入っている図形が選択されます。

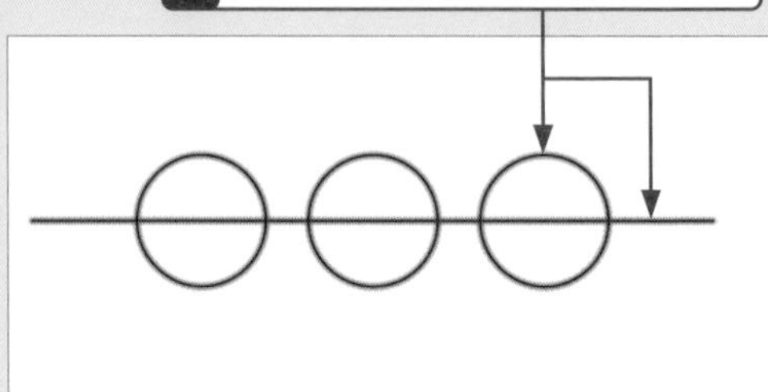

# Q 164 多角形で囲って図形を選択したい!

## A ポリゴン窓選択/ポリゴン交差選択をします。

多角形で囲って図形を選択するには、ポリゴン窓選択/ポリゴン交差選択をします。コマンド実行中に、「オブジェクトを選択」と表示されているのを確認し、ポリゴン窓選択の場合は「wp」、ポリゴン交差選択の場合は「cp」と入力します。 サンプル▶164.dwg

1 コマンド実行中に([移動]コマンドなど)「オブジェクトを選択」と表示されます。

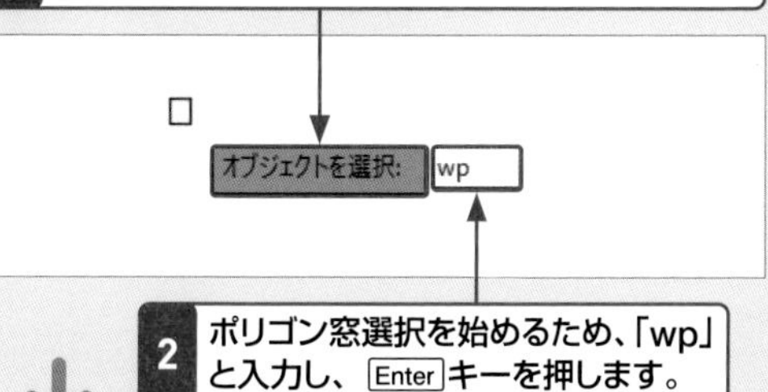
オブジェクトを選択:
wp

2 ポリゴン窓選択を始めるため、「wp」と入力し、Enterキーを押します。

3 選択する図形の外側でクリックします。

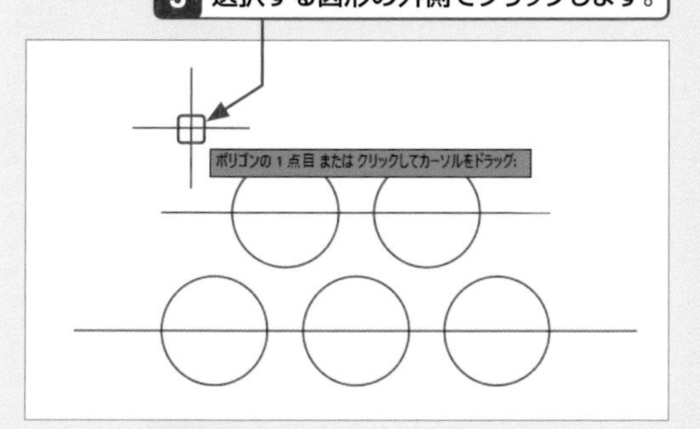
ポリゴンの1点目 または クリックしてカーソルをドラッグ:

4 多角形で囲むように何点かクリックします。領域が青く表示されます。

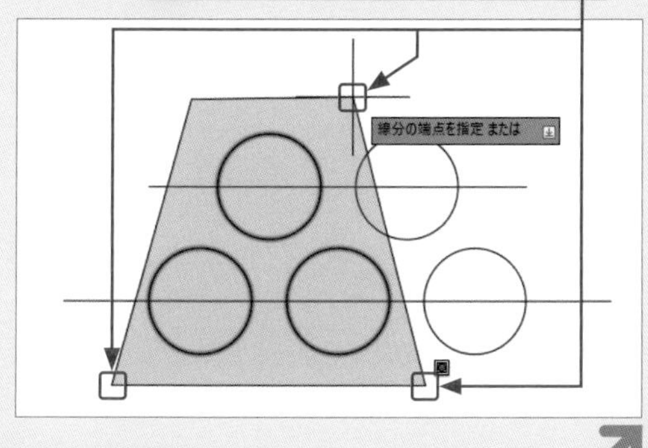
線分の端点を指定 または

5 Enterキーを押して、ポリゴン窓選択を確定すると、図形が選択されます。

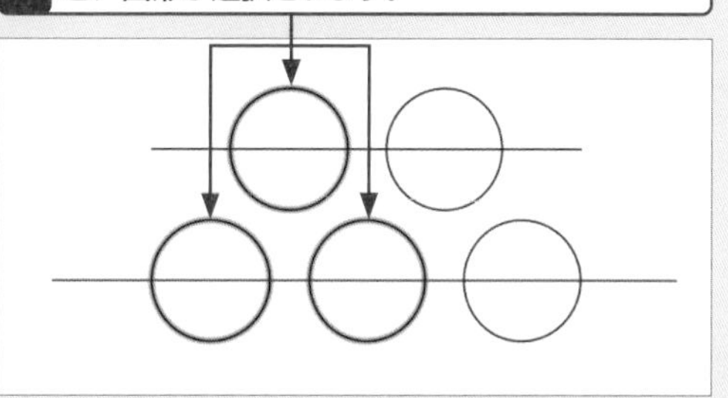

6 「オブジェクトを選択」と表示されます。

7 ポリゴン交差選択を始めるため、「cp」と入力し、Enterキーを押します。

8 選択する図形の外側でクリックします。

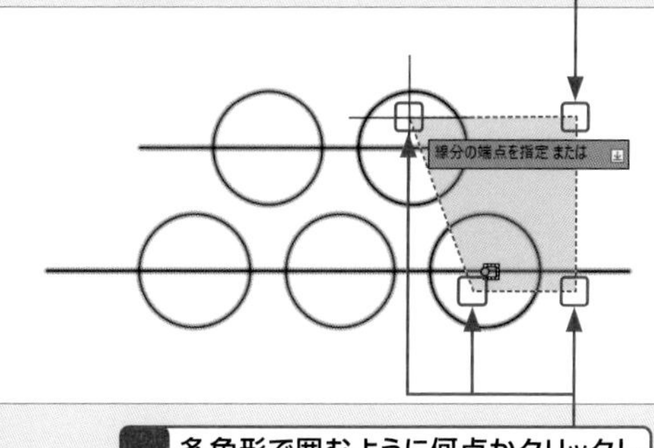
線分の端点を指定 または

9 多角形で囲むように何点かクリックします。領域が緑で表示されます。

10 Enterキーを押して、ポリゴン交差選択を確定すると、図形が選択されます。

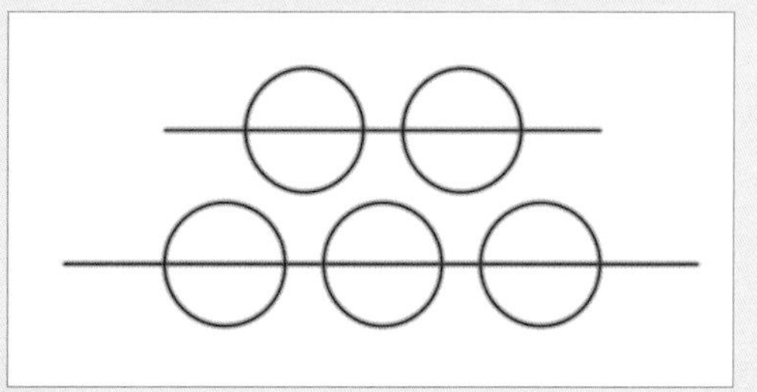

11 Enterキーを押して図形の選択を確定し、コマンドを続けます。

# Q 165 自由な形状で囲って図形を選択したい!

## A 領域をドラッグして囲んで投げ縄選択をします。

自由な形状で囲って図形を選択するには、領域をドラッグして囲んで、投げ縄選択をします。また、窓/交差は、Spaceキーを押すと切り替えることができます。

サンプル▶165.dwg

**1** 選択する図形の左側でドラッグを開始します。

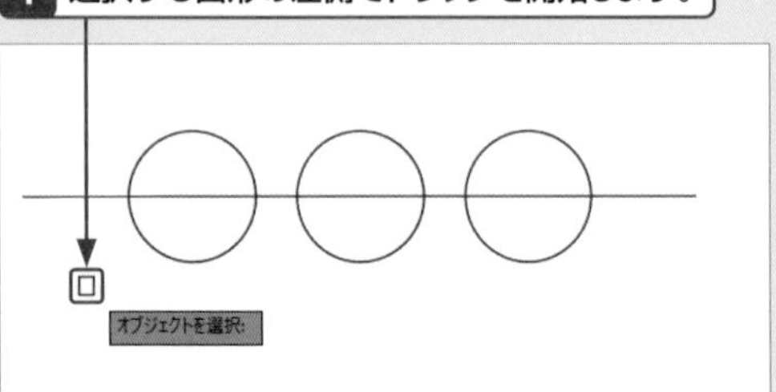
オブジェクトを選択:

**2** 右側にドラッグすると、領域が青く表示されます。

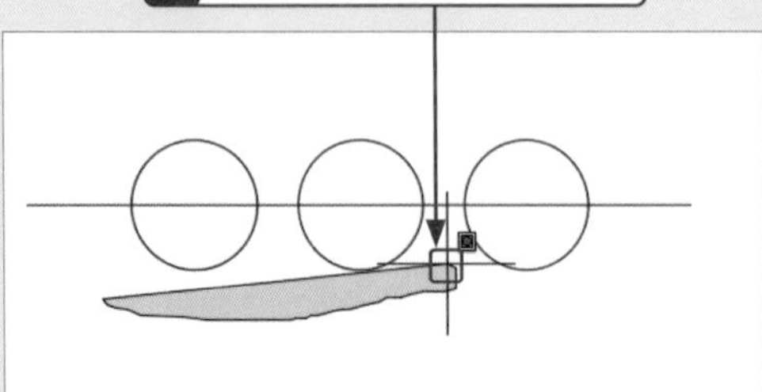

**3** 領域が青くならない場合は、Spaceキーを押して、窓と交差を切り替えます。

**4** 選択する図形が領域に完全に入る位置でマウスを離します。

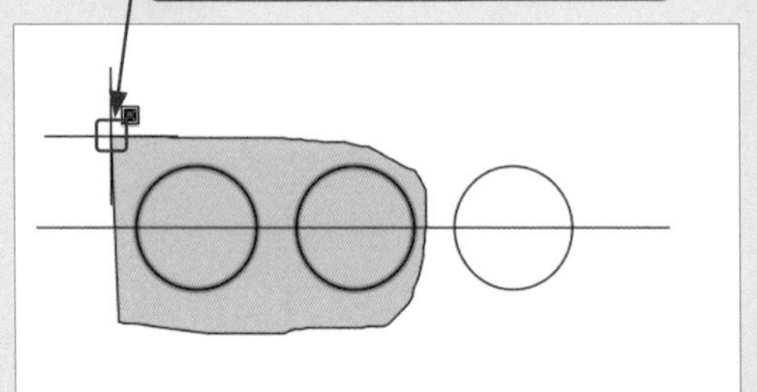

**5** 領域に完全に入っている図形が選択されます。

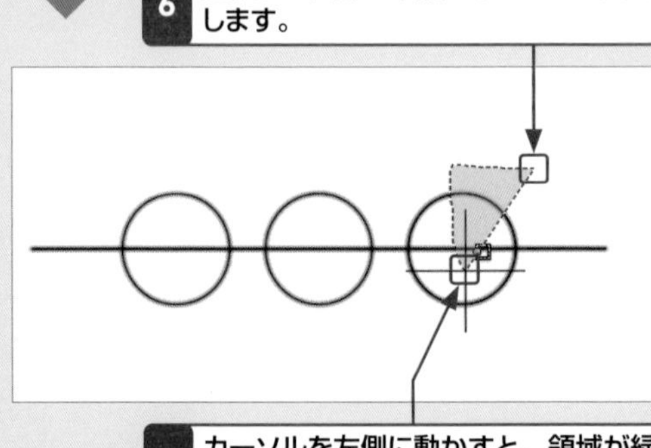

**6** 選択する図形の右側でドラッグを開始します。

**7** カーソルを左側に動かすと、領域が緑で表示されます。領域が緑にならない場合は、Spaceキーを押して、窓と交差を切り替えます。

**8** 選択する図形が領域に一部でも入る位置でマウスを離します。

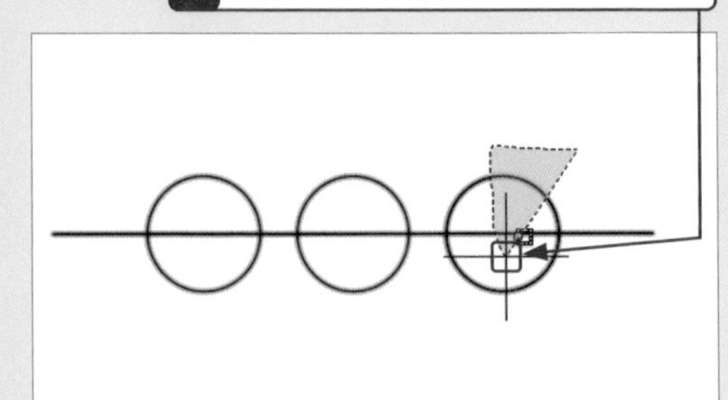

**9** 領域に一部でも入っている図形が選択されます。

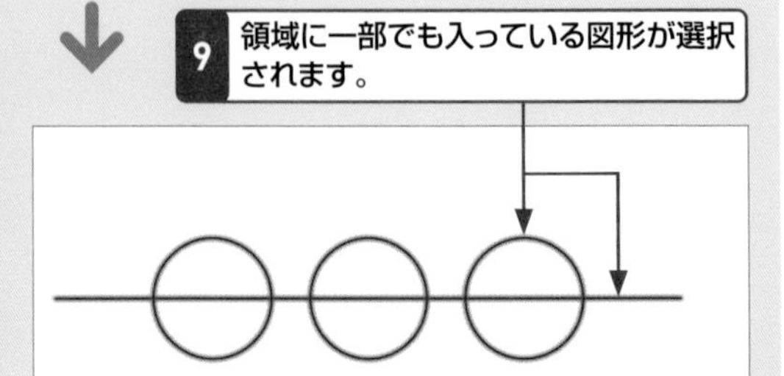

# Q 166 こまかい場所の図形を選択したい！

## A 「フェンス選択」をします。

こまかい場所を選択するには、線で図形を選択する「フェンス選択」をします。フェンス選択は［トリム］コマンドで図形を切り取る場合に活用するとよいでしょう。

サンプル ▶ 166.dwg

1 ［▼］をクリックし、

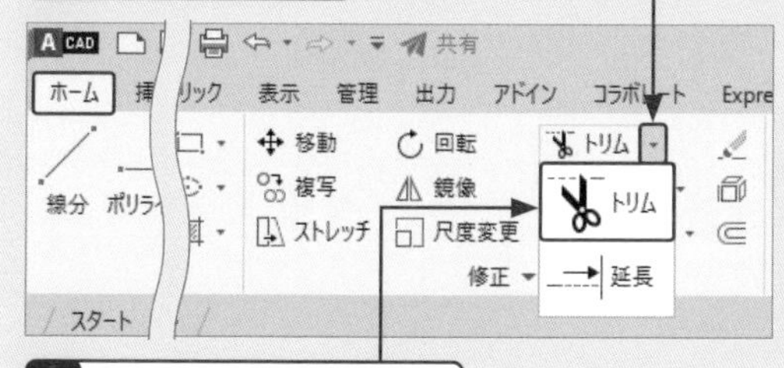

2 ［トリム］をクリックします。

3 「トリムするオブジェクトを選択・・・」と表示されている場合は、右クリックします。

4 ［切り取りエッジ］を選択します。

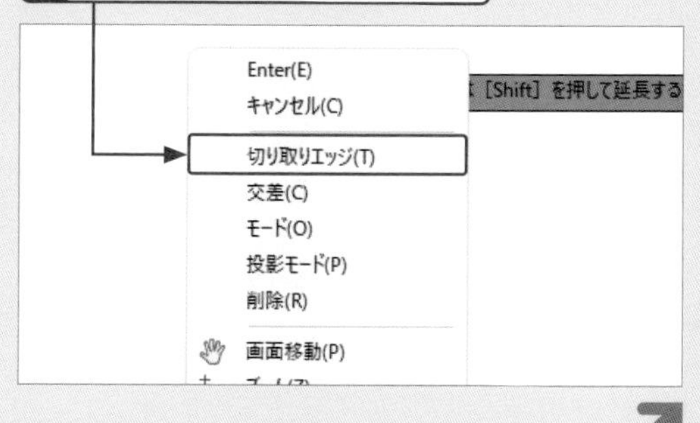

Enter(E)
キャンセル(C)
切り取りエッジ(T)
交差(C)
モード(O)
投影モード(P)
削除(R)
画面移動(P)


5 切り取りの基準の図形を選択し、Enter キーを押して確定します。

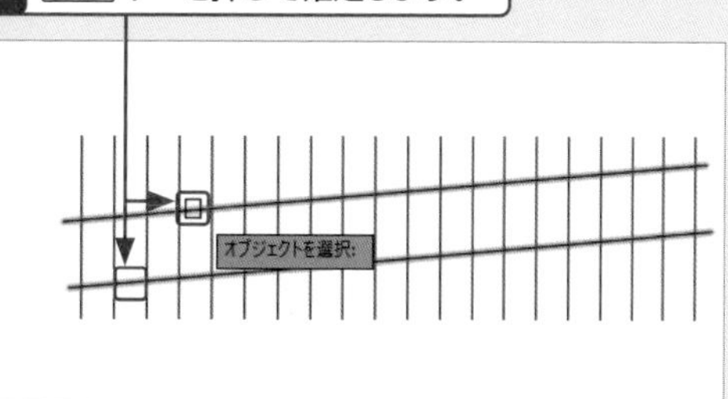

オブジェクトを選択:


6 「トリムするオブジェクトを選択」と表示されます。

7 「f」と入力し、Enter キーを押します。

8 図形を選択するフェンス線分をクリックで作成します。

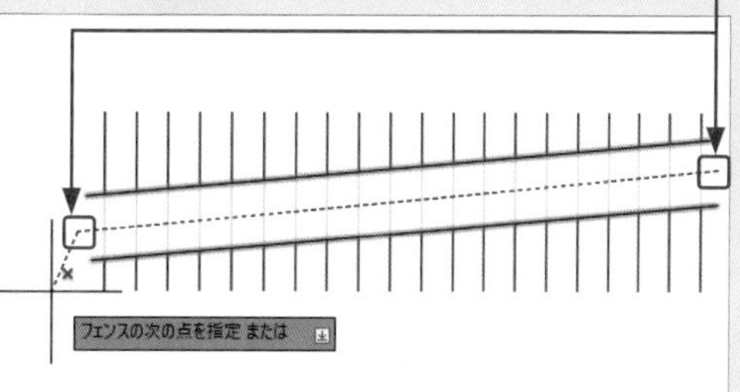

フェンスの次の点を指定 または


9 Enter キーでフェンス線分の作成を確定します。

10 フェンス線分上の図形が選択され、切り取られます。

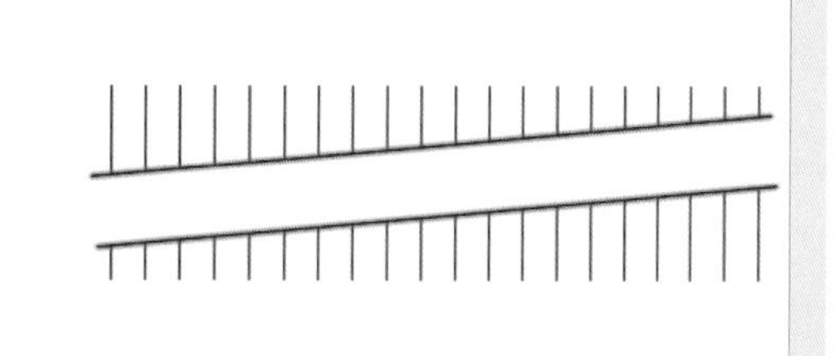

11 Enter キーを押して［トリム］を終了します。

図形選択　重要度 ★★★

# Q 167 すべての図形を選択したい！

## A 図形の選択で「ALL」と入力します。

すべての図形を選択するには、図形を選択するときに、「ALL」と入力します（小文字でも可）。ただし、ロックやフリーズされている画層の図形は選択されません。

サンプル ▶ 167.dwg

1 ［画層］をクリックし、

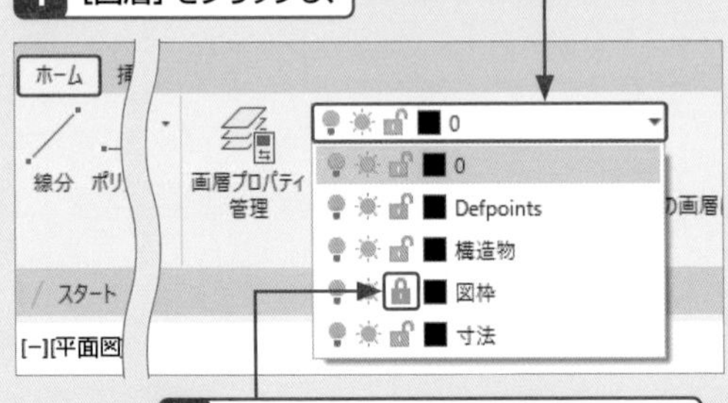

ホーム
線分
画層プロパティ管理
0
Defpoints
構造物
図枠
寸法
スタート


2 ロックされている画層を確認します。

3 コマンド実行中に（［移動］コマンドなど）「オブジェクトを選択」と表示されます。

オブジェクトを選択:
all


4 「all」と入力し、Enter キーを押します。

5 ロックやフリーズされている画層以外の図形が選択されます。

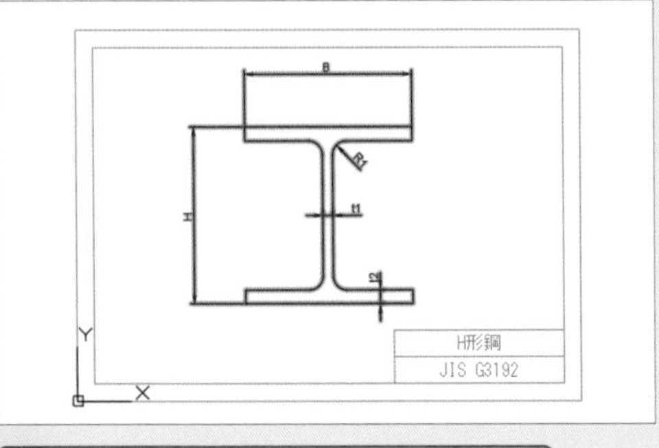

H形鋼
JIS G3192


6 Enter キーを押して図形の選択を確定し、コマンドを続けます。

図形選択　重要度 ★★★

# Q 168 図形の選択を一部だけ解除したい！

## A Shift キーを押しながら図形を選択します。

図形の選択を一部だけ解除するには、Shift キーを押しながら図形を選択します。解除する図形の選択には窓選択や交差選択などを使用することもできます。

サンプル ▶ 168.dwg

1 図形をクリックして選択します。

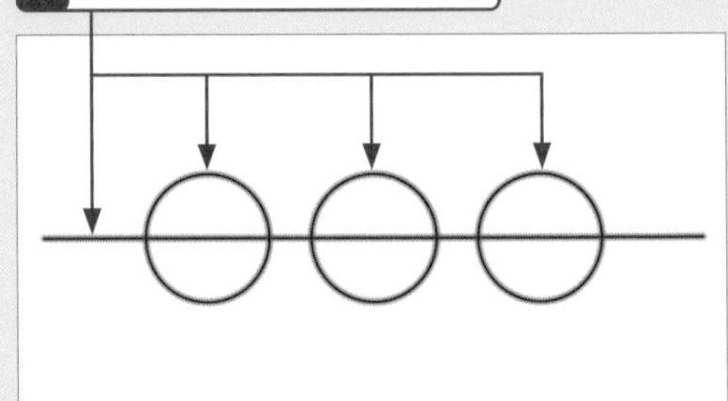

2 Shift キーを押しながら、図形を選択します。窓選択や交差選択を使うこともできます。

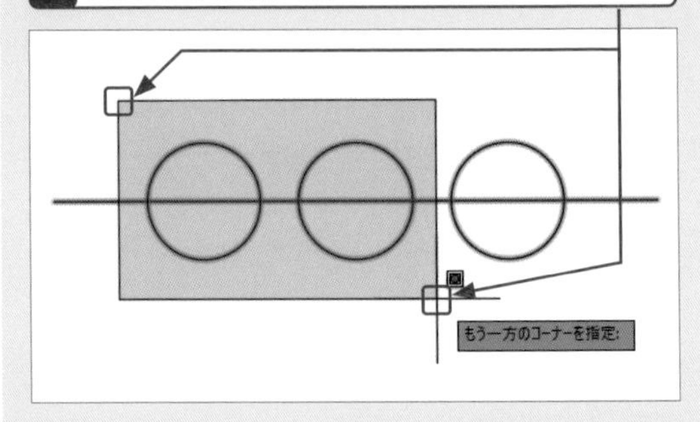

もう一方のコーナーを指定:

3 選択が解除されます。

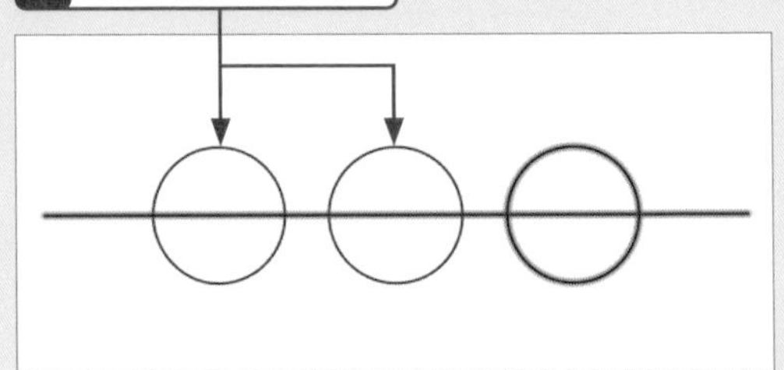

# Q 169 重なっている図形を選択したい!

## A [選択の循環]をオンにします。

重なっている図形を選択するには、ステータスバーの［選択の循環］をオンにします。ただし、［選択の循環］は初期値では表示されていません。

サンプル▶169.dwg

1 ステータスバーの一番右にある［カスタマイズ］をクリックします。

2 ［選択の循環］をクリックして、チェックを入れます。

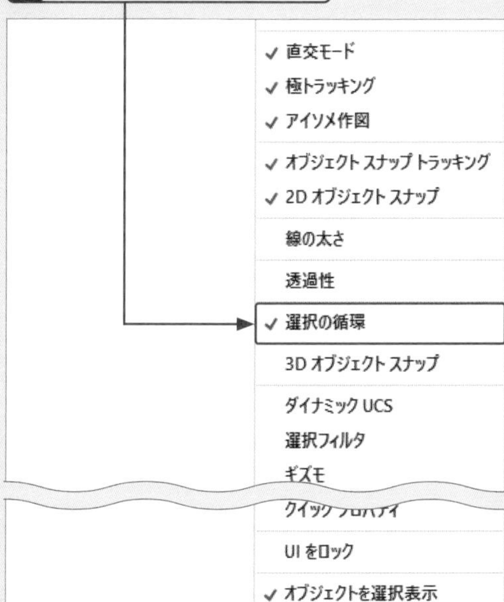
✓ 直交モード
✓ 極トラッキング
✓ アイソメ作図
✓ オブジェクト スナップ トラッキング
✓ 2D オブジェクト スナップ
線の太さ
透過性
✓ 選択の循環
3D オブジェクト スナップ
ダイナミック UCS
選択フィルタ
ギズモ
UI をロック
✓ オブジェクトを選択表示
グラフィックス パフォーマンス
✓ フル スクリーン表示

3 ［選択の循環］をクリックしてオンにします。オンにするとボタンが青く表示されます。

4 重なっている図形をクリックします。

5 重なっている図形の一覧が表示されます。

6 一覧から選択したい図形をクリックします。

7 重なっている図形が選択されます。

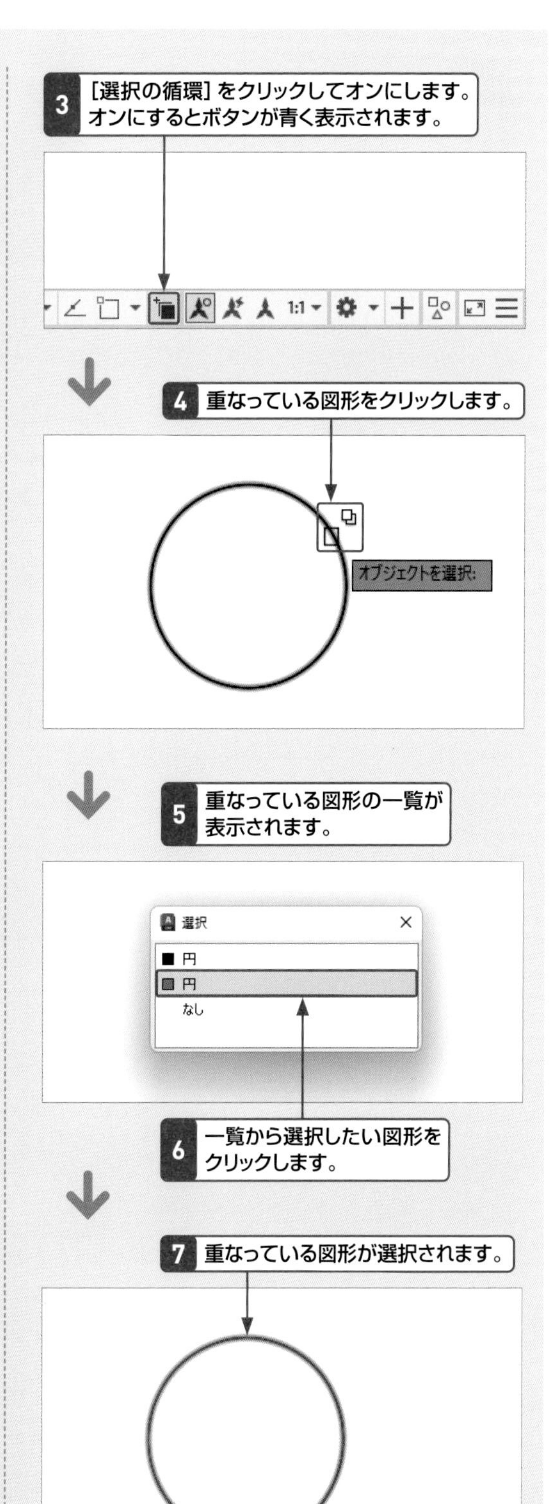
オブジェクトを選択:
選択
円
円
なし

# Q170 同じ図形を選択したい！

## A [類似オブジェクトを選択]を実行します。

同じ図形を選択するには、修正コマンド（移動や複写など）の実行前に右クリックメニューから［類似オブジェクトを選択］を実行します。また、設定を変更するには、コマンドを入力して実行します。

サンプル▶170.dwg

### ● ［類似オブジェクトを選択］コマンドを利用する

1 図形をクリックして選択します。

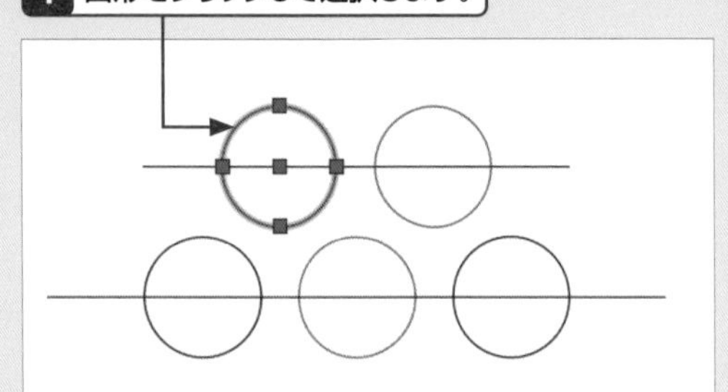

2 作図領域を右クリックし、メニューから［類似オブジェクトを選択］をクリックします。

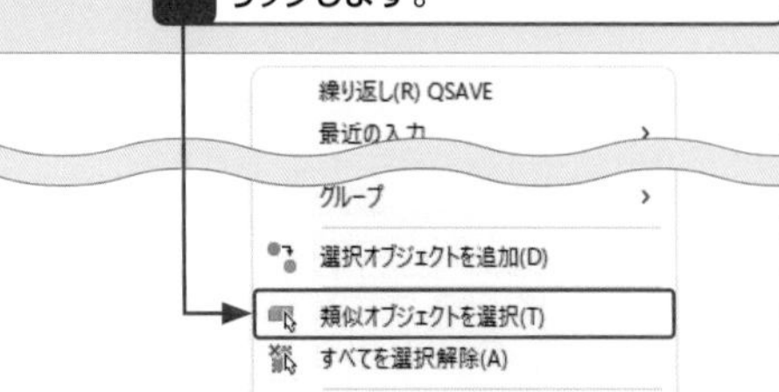

繰り返し(R) QSAVE
最近の入力
グループ
選択オブジェクトを追加(D)
類似オブジェクトを選択(T)
すべてを選択解除(A)


3 類似した図形が選択されます。

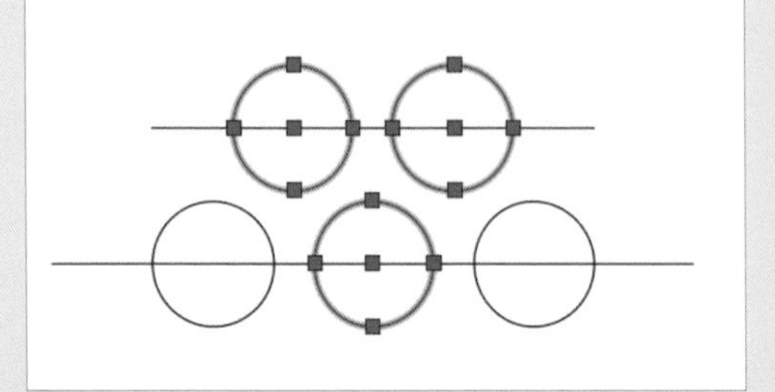

4 選択された状態で、修正コマンド（移動や複写など）を実行します。

### ● 類似オブジェクトの選択設定を行う

1 「SELECTSIMILAR」と入力し、Enterキーを押します。

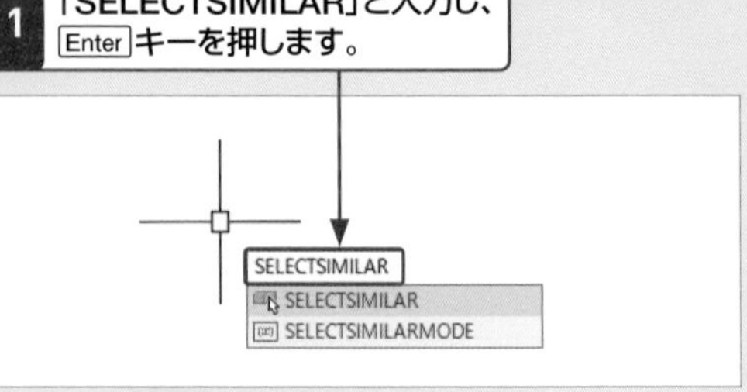

SELECTSIMILAR
SELECTSIMILAR
SELECTSIMILARMODE


2 作図領域を右クリックし、メニューから［設定］をクリックします。

Enter(E)
キャンセル(C)
設定(SE)
画面移動(P)
ズーム(Z)
SteeringWheels
クイック計算


3 選択の基準になるものにチェックを入れ、

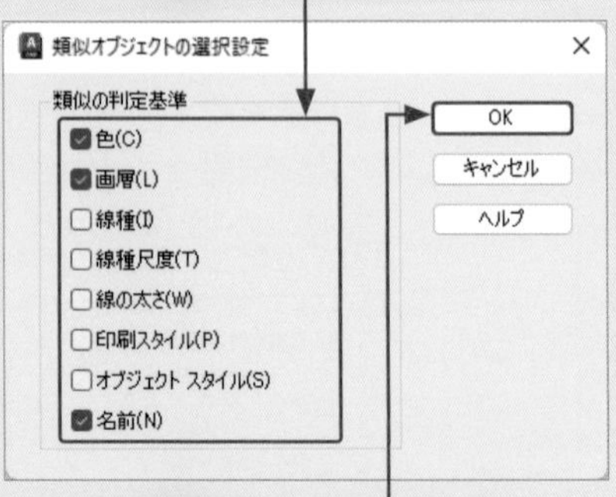

類似オブジェクトの選択設定
類似の判定基準
色(C)
画層(L)
線種(I)
線種尺度(T)
線の太さ(W)
印刷スタイル(P)
オブジェクト スタイル(S)
名前(N)
OK
キャンセル
ヘルプ


4 ［OK］をクリックします。

5 図形をクリックして選択し、Enterキーを押して確定します。

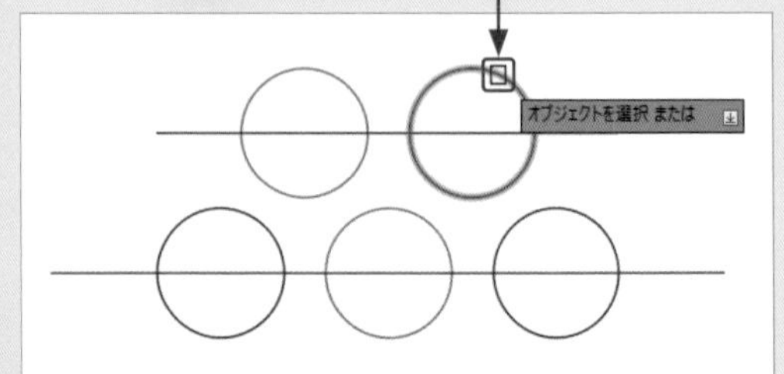

オブジェクトを選択 または


6 選択の基準の設定により、図形が選択されます。

# Q 171 条件を指定して図形を選択したい!

**A [クイック選択]を実行します。**

図形の種類や画層、色などの条件から図形を選択するには、[クイック選択]を実行し、図形を選択したあとに修正コマンド(移動や複写など)を実行します。

サンプル▶171.dwg

## 条件の指定方法 その①

1 [クイック選択]をクリックします。

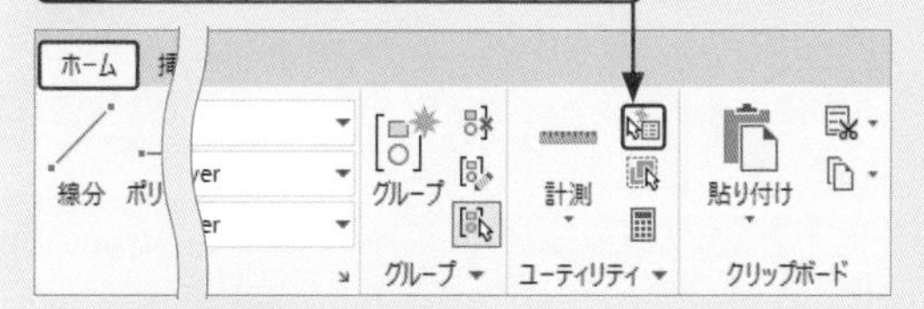

2 条件を指定します。ここでは、図面全体から線分をすべて選択します。

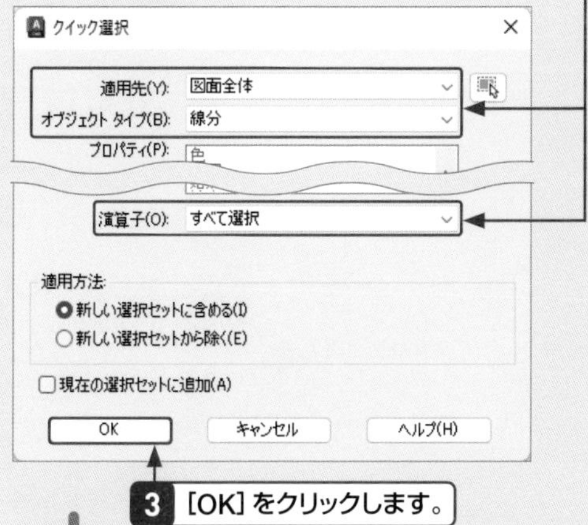
クイック選択
適用先(Y): 図面全体
オブジェクト タイプ(B): 線分
プロパティ(P): 色
演算子(O): すべて選択
適用方法:
新しい選択セットに含める(I)
新しい選択セットから除く(E)
現在の選択セットに追加(A)
OK
キャンセル
ヘルプ(H)

3 [OK]をクリックします。

4 線分がすべて選択されます。

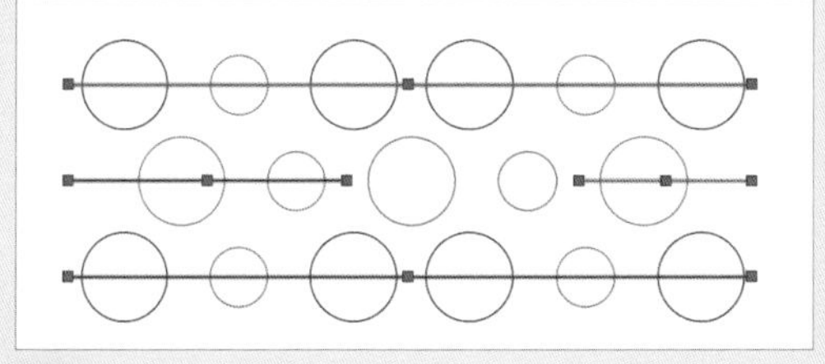

5 選択された状態で、修正コマンド(移動や複写など)を実行します。

## 条件の指定方法 その②

1 [クイック選択]をクリックします。

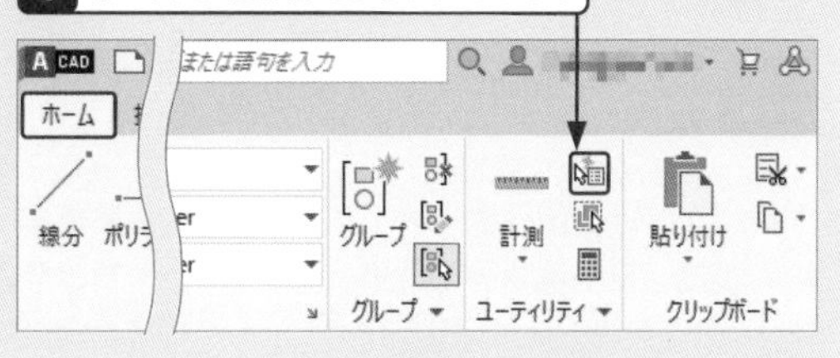

2 条件を指定します。ここでは、図面全体から半径20の円を選択します。

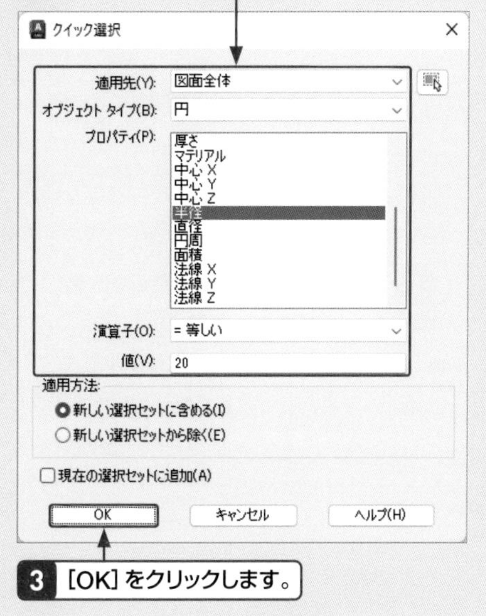
クイック選択
適用先(Y): 図面全体
オブジェクト タイプ(B): 円
プロパティ(P):
厚さ
マテリアル
中心 X
中心 Y
中心 Z
半径
直径
円周
面積
法線 X
法線 Y
法線 Z
演算子(O): = 等しい
値(V): 20
適用方法:
新しい選択セットに含める(I)
新しい選択セットから除く(E)
現在の選択セットに追加(A)
OK
キャンセル
ヘルプ(H)

3 [OK]をクリックします。

4 半径が20の円が選択されます。

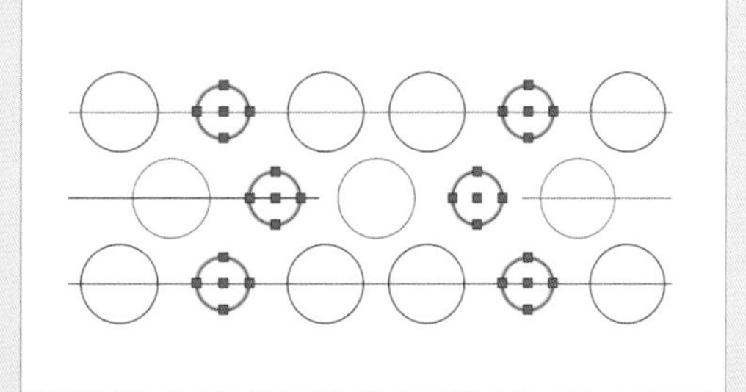

5 選択された状態で、修正コマンド(移動や複写など)を実行します。

# Q 172 いろいろな条件を指定して図形を選択したい!

## A [オブジェクト選択フィルタ]を実行します。

クイック選択では指定できない、いろいろな条件を指定して図形を選択するには、[オブジェクト選択フィルタ]を使います。「FILTER」と入力してコマンドを実行してください。 サンプル▶172.dwg

1 「FILTER」と入力し、Enterキーを押します。

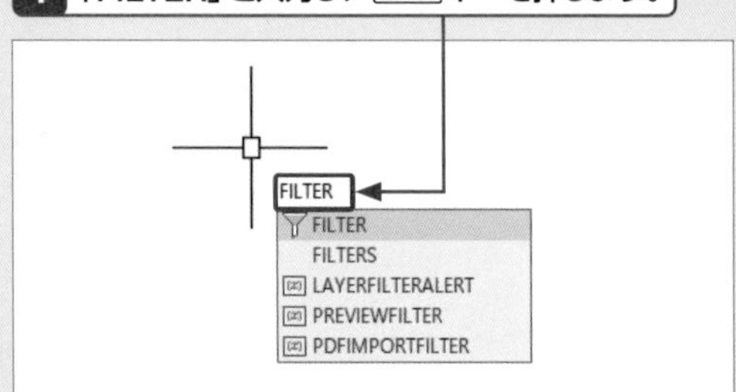
FILTER
FILTER
FILTERS
LAYERFILTERALERT
PREVIEWFILTER
PDFIMPORTFILTER

2 [選択したオブジェクトを追加] をクリックします。

オブジェクト選択フィルタ
選択フィルタ
3D 面
選択(E)...
項目編集(I)
削除(D)
フィルタ管理
現在(U):
*名前なし
名前を付けて保存(V):
リストに追加(L):
置き換え(S)
選択したオブジェクトを追加 <
適用(A)
キャンセル

3 条件の参考にする図形をクリックします。

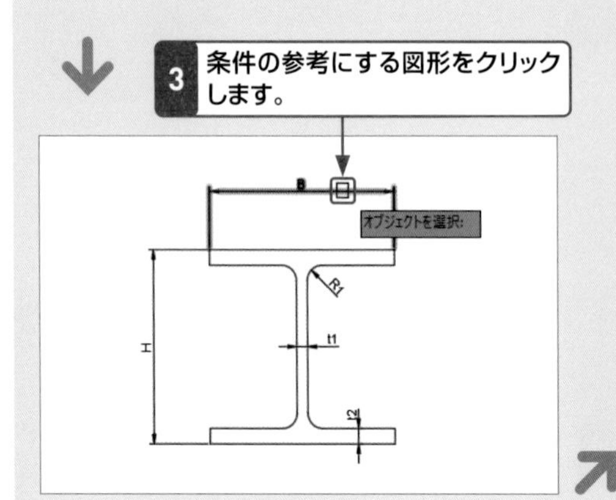
B
オブジェクトを選択:
R1
H
t1
t2

4 必要のない条件をクリックします。

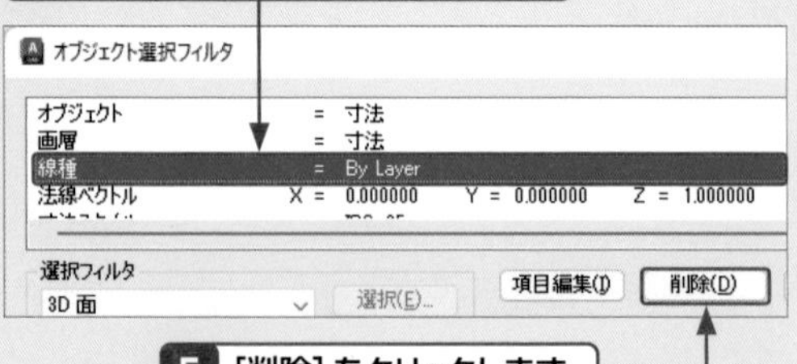
オブジェクト選択フィルタ
オブジェクト = 寸法
画層 = 寸法
線種 = By Layer
法線ベクトル X = 0.000000 Y = 0.000000 Z = 1.000000
選択フィルタ
3D 面
選択(E)...
項目編集(I)
削除(D)

5 [削除] をクリックします。

6 同様に必要のない条件をすべて削除します。

7 必要な条件だけを残します。

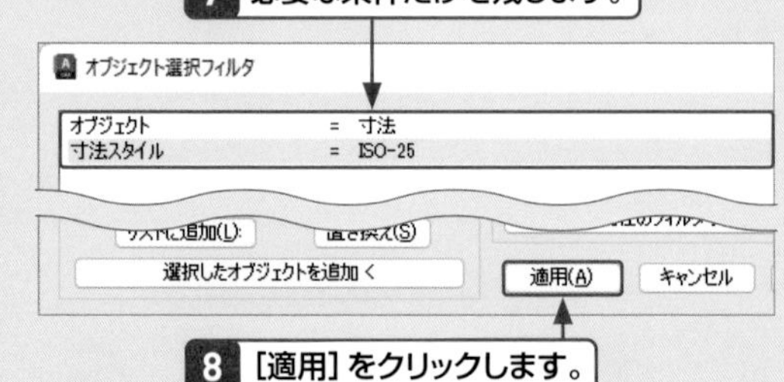
オブジェクト選択フィルタ
オブジェクト = 寸法
寸法スタイル = ISO-25
選択したオブジェクトを追加 <
適用(A)
キャンセル

8 [適用] をクリックします。

9 条件指定をする図形を窓や交差で選択し、Enterキーを押して確定します。

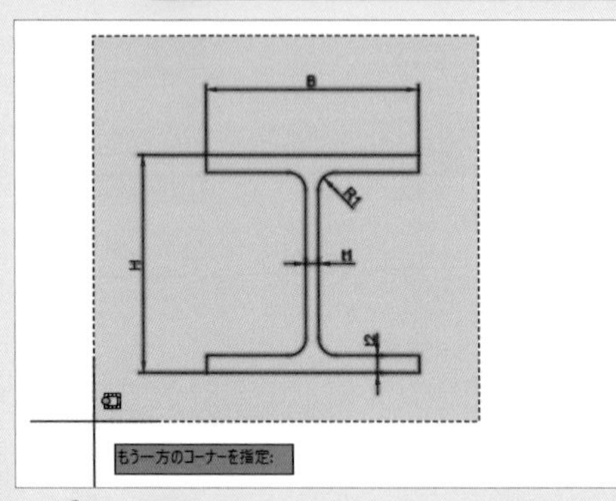
B
H
R1
t1
t2
もう一方のコーナーを指定:

10 指定した条件で図形が選択されます。

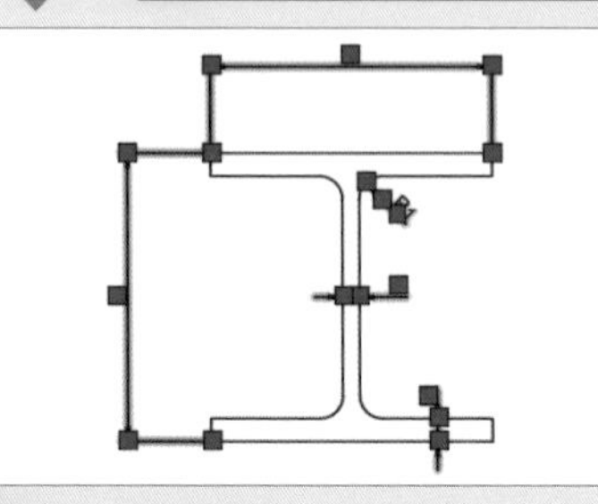

11 選択された状態で、修正コマンド(移動や複写など)を実行します。



AutoCADの概要 基本操作 線の作図と編集 図形の作図と挿入 図形の変形と移動 図形の選択と削除 画層とプロパティ 文字の作成 寸法の作成 注釈の作成 数値計測とブロック図形 レイアウトと印刷

図形選択 重要度 ★★★

# Q173 選択のボックスカーソルを大きくしたい!

**A [ピックボックスサイズ]を変更します。**

図形を選択するときのボックスカーソルが小さくて選択が困難なときは、オプションから[ピックボックスサイズ]を変更して大きくします。

1 作図領域を右クリックし、メニューから[オプション]をクリックします。

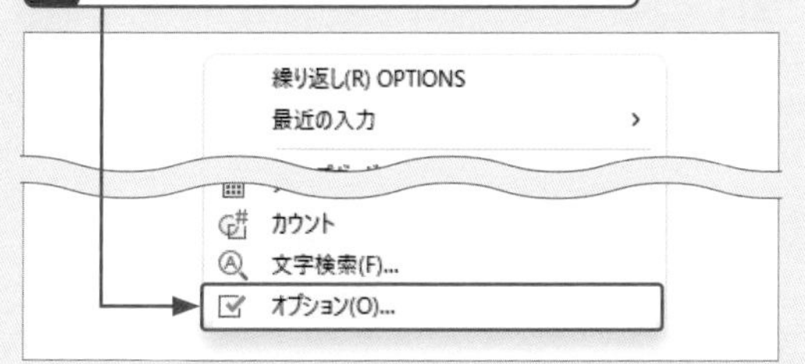
繰り返し(R) OPTIONS
最近の入力
カウント
文字検索(F)...
オプション(O)...

2 [選択]タブをクリックし、

3 [ピックボックスサイズ]を右に少し動かして、

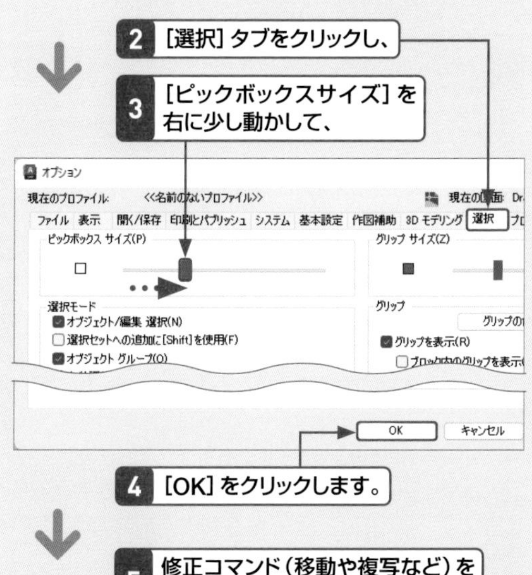
オプション
現在のプロファイル: <<名前のないプロファイル>>
ファイル 表示 開く/保存 印刷とパブリッシュ システム 基本設定 作図補助 3D モデリング 選択
ピックボックス サイズ(P)
グリップ サイズ(Z)
選択モード
オブジェクト/編集 選択(N)
選択セットへの追加に[Shift]を使用(F)
オブジェクト グループ(O)
グリップ
グリップを表示(R)
OK
キャンセル

4 [OK]をクリックします。

5 修正コマンド(移動や複写など)を実行します。

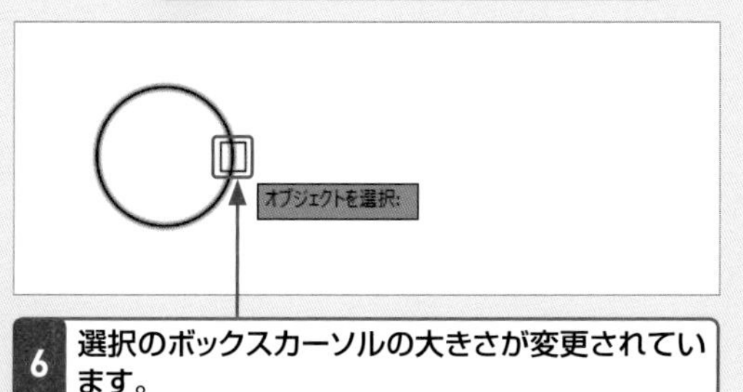
オブジェクトを選択:

6 選択のボックスカーソルの大きさが変更されています。

図形選択 重要度 ★★★

# Q174 図形が1つしか選択できなくなった!

**A システム変数「PICKADD」を「2」に変更します。**

連続して図形を選択したときに、事前に選択した図形が解除されてしまう場合は、システム変数「PICKADD」を「2」に変更します。

1 「PICKADD」と入力し、Enterキーを押します。

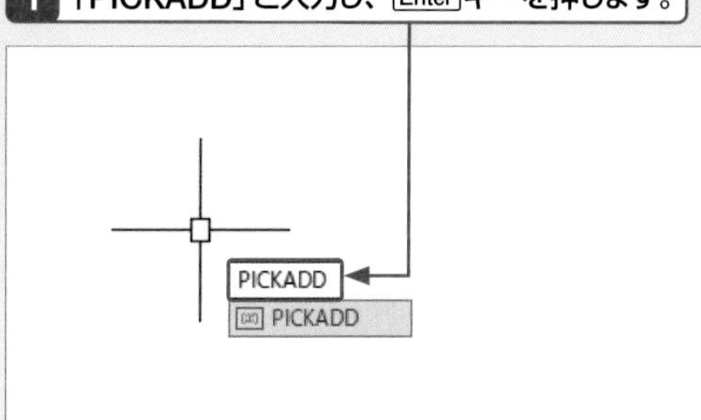
PICKADD
PICKADD

2 「2」と入力し、Enterキーを押します。

PICKADD の新しい値を入力 <0>:
2

3 修正コマンド(移動や複写など)を実行します。

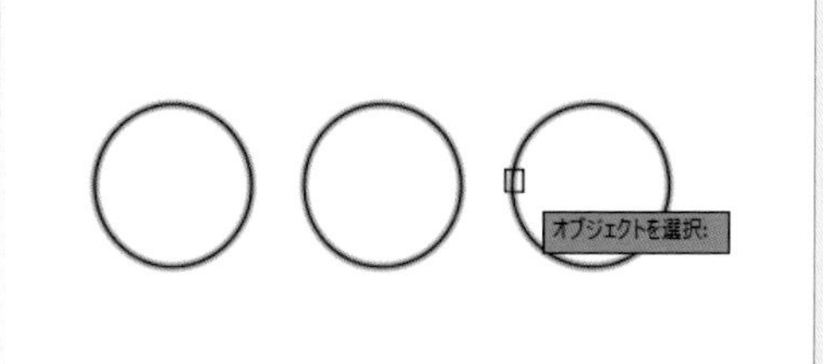
オブジェクトを選択:

4 連続して図形が選択されます。

## Q 175 図形をグループ化したい!

**A** [グループ]を実行します。

図形をグループ化するには、[グループ]を実行します。グループ化することにより、[移動]や[複写]などの図形の選択が効率的になります。

サンプル ▶ 175.dwg

**1** [グループ]をクリックします。

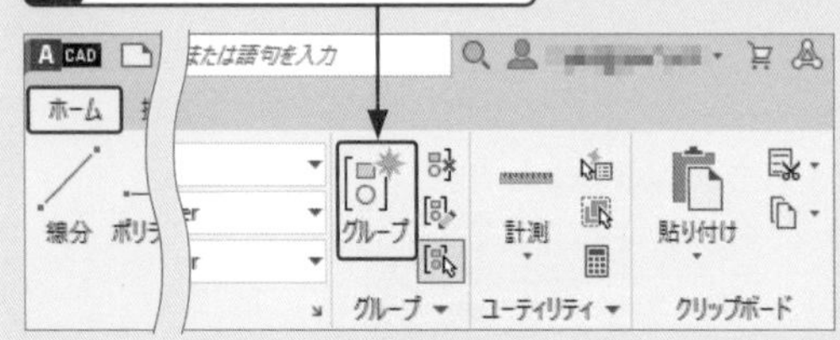
ホーム
線分
ポリラ
グループ
計測
貼り付け
グループ
ユーティリティ
クリップボード

**2** 図形を選択し、Enterキーを押して確定します。

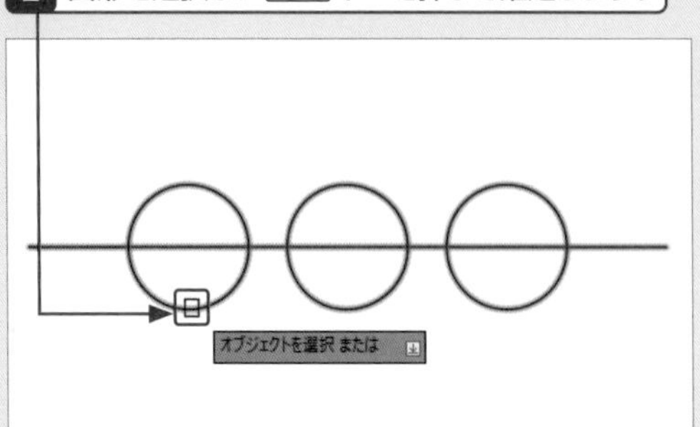
オブジェクトを選択 または

**3** 図形がグループ化されます。

**4** クリックして選択すると、グループの図形がすべて選択されます。

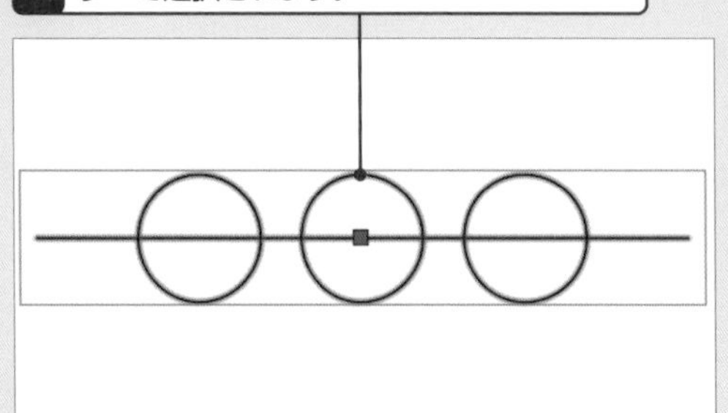



## Q 176 グループを分解したい!

**A** [グループを解除]を実行します。

グループを分解するには、[グループを解除]を実行します。

参照 ▶ Q 177 サンプル ▶ 176.dwg

**1** [グループを解除]をクリックします。

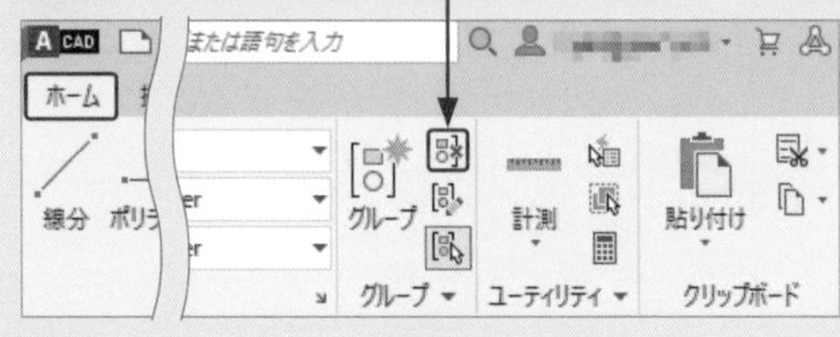
ホーム
線分
ポリラ
グループ
計測
貼り付け
グループ
ユーティリティ
クリップボード

**2** グループの図形をクリックして選択します。

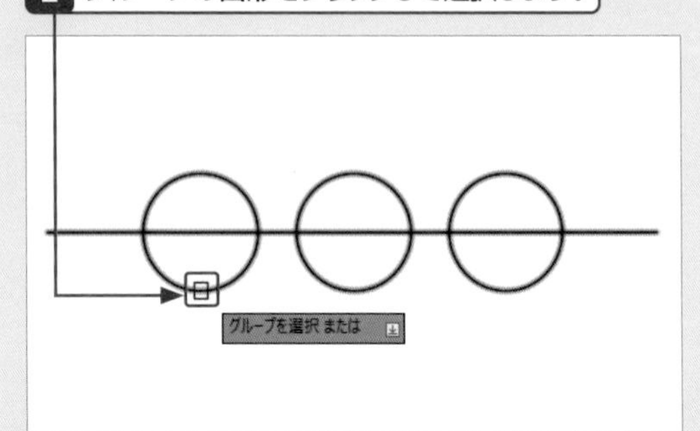
グループを選択 または

**3** グループが解除され、図形ごとに選択されるようになります。

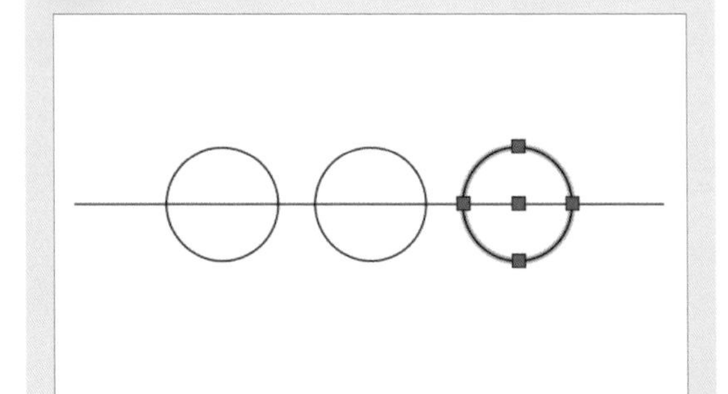

AutoCADの概要
基本操作
線の作図と編集
図形の作図と挿入
図形の変形と移動
図形の選択と削除
画層とプロパティ
文字の作成
寸法の作成
注釈の作成
数値計測とブロック図形
レイアウトと印刷

## Q 177 グループの一部の図形を選択したい!

**A** [グループ選択]をオフにします。

グループの中の一部の図形を選択したい場合、グループを解除せずとも、[グループ選択]をオフにすることによって選択できます。 サンプル▶177.dwg

図形がグループ化されています。

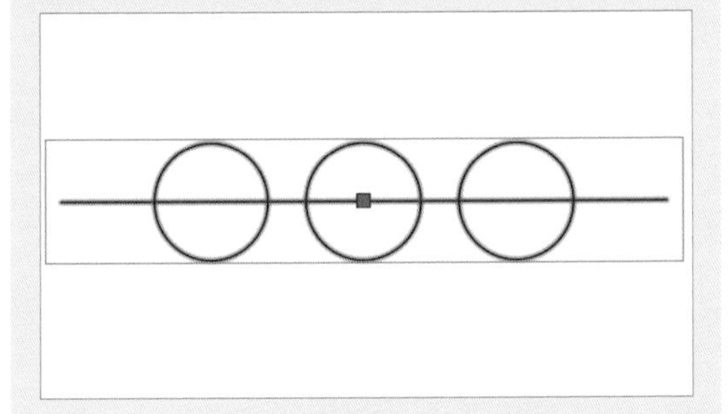

1 [グループ選択] をクリックしてオフにします。グレーで表示されている状態がオフです。

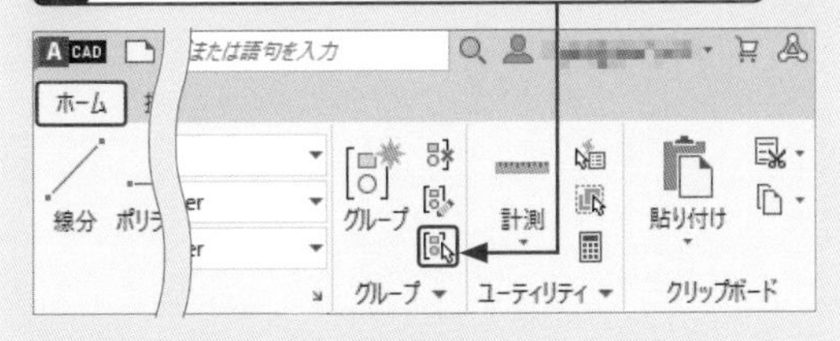

または語句を入力
ホーム
線分
グループ
計測
貼り付け
グループ
ユーティリティ
クリップボード

2 グループ解除されたように図形が選択できます。

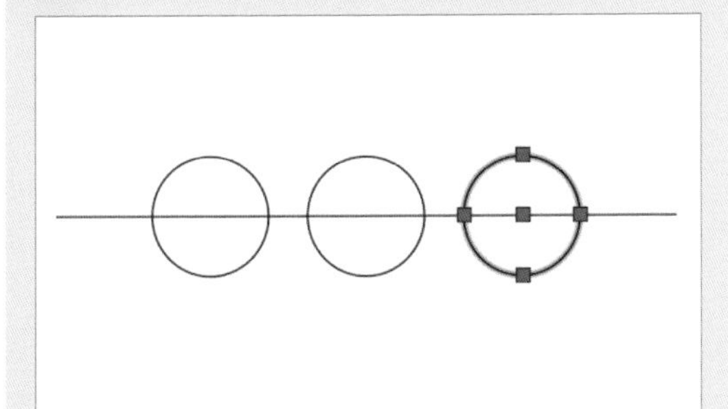



## Q 178 グループでの選択ができない!

**A** [グループ選択]をオンにします。

グループにしたにもかかわらず、グループでの選択ができない場合は、[グループ選択]をオンにします。 サンプル▶178.dwg

グループ化されているにもかかわらず、図形ごとに選択されます。

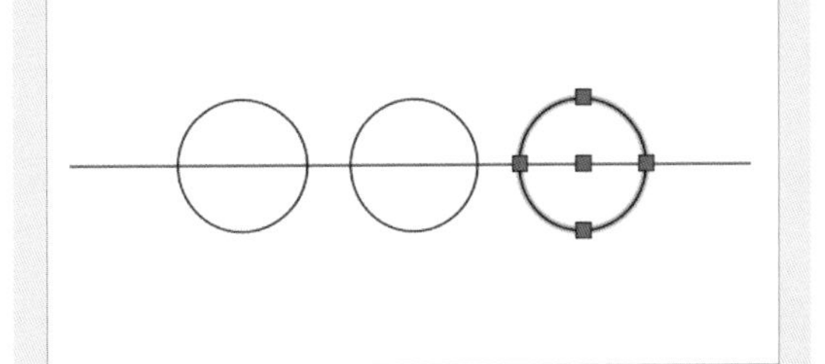

1 [グループ選択] をクリックしてオンにします。青くなっている状態がオンです。

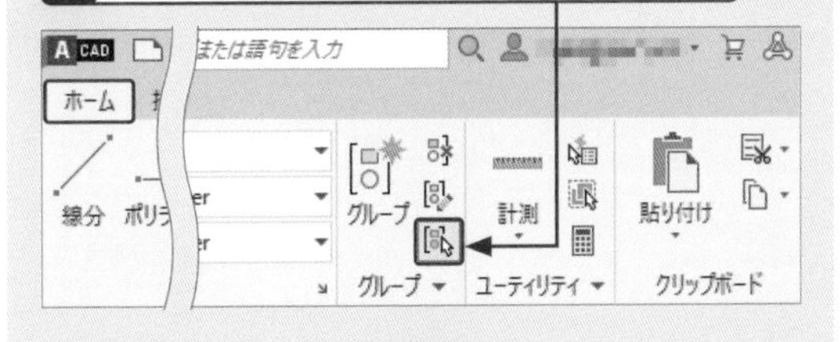

または語句を入力
ホーム
線分
グループ
計測
貼り付け
グループ
ユーティリティ
クリップボード

2 グループで選択できます。

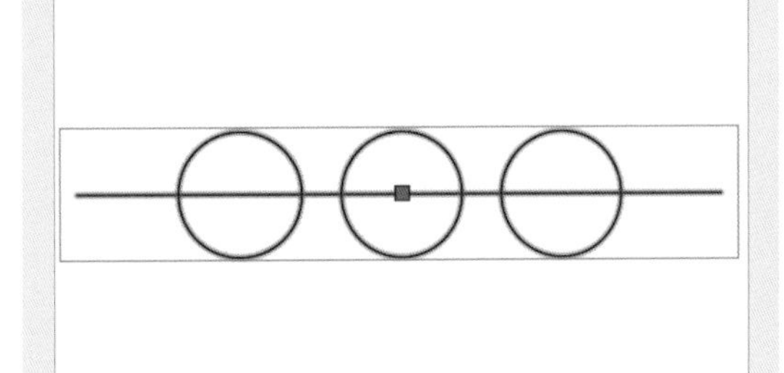

## Q179 図形を削除したい!

**A** [削除]を実行します。

図形を削除するには、[削除]を実行し、クリックや窓選択／交差選択などを使用して図形を選択します。また、あらかじめ図形を選択してから[削除]を実行する方法もあります。 サンプル▶179.dwg

1 [削除]をクリックします。

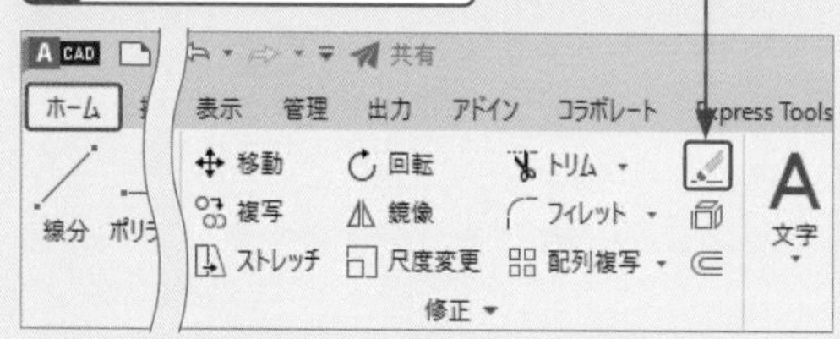
共有
ホーム
表示
管理
出力
アドイン
コラボレート
Express Tools
移動
回転
トリム
複写
鏡像
フィレット
ストレッチ
尺度変更
配列複写
線分
文字
修正

2 クリックや窓選択／交差選択などで図形を選択します。

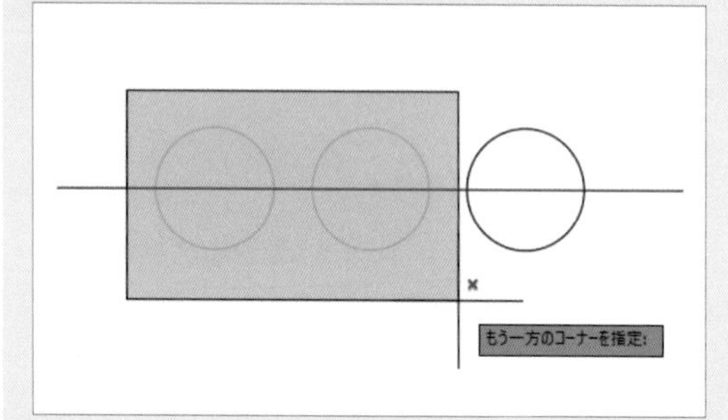
もう一方のコーナーを指定:

3 Enter キーを押して確定すると、選択した図形が削除されます。

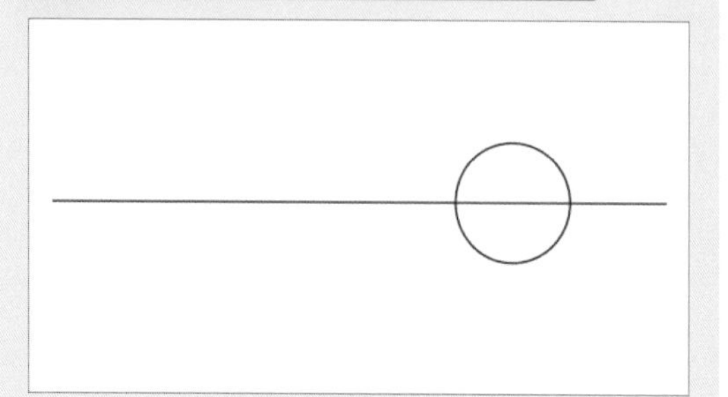



## Q180 不要な設定を削除したい!

**A** [名前削除]を実行します。

不要な設定を削除するには、[名前削除]を実行し、使用していない画層やスタイル、ブロックなどの情報を削除します。 サンプル▶180.dwg

1 [管理]タブをクリックします。

Autodesk AutoCAD 2023 Drawing1.dwg
表示
管理
出力
ユーザ インタフェース
ツール パレット
カスタマイズ
名前削除できない項目を検索
名前削除
重複オブジェクトを削除
監査
クリーンアップ

2 [名前削除]をクリックします。

3 [ネストされた項目も名前削除]にチェックを入れ、

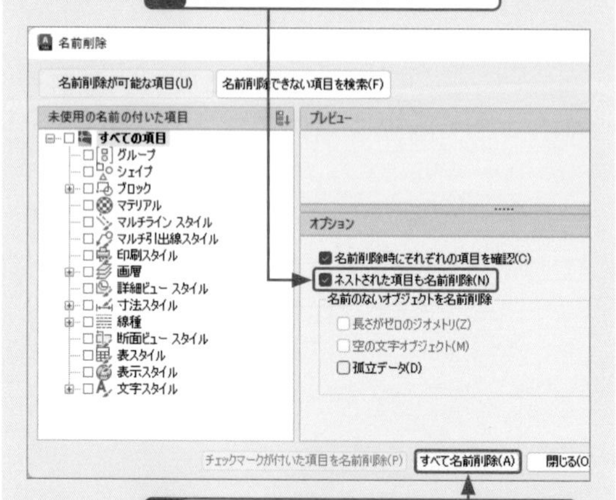
名前削除
名前削除が可能な項目(U)
名前削除できない項目を検索(F)
未使用の名前の付いた項目
プレビュー
すべての項目
グループ
シェイプ
ブロック
マテリアル
マルチライン スタイル
マルチ引出線スタイル
印刷スタイル
画層
詳細ビュー スタイル
寸法スタイル
線種
断面ビュー スタイル
表スタイル
表示スタイル
文字スタイル
オプション
名前削除時にそれぞれの項目を確認(C)
ネストされた項目も名前削除(N)
名前のないオブジェクトを名前削除
長さがゼロのジオメトリ(Z)
空の文字オブジェクト(M)
孤立データ(D)
チェックマークが付いた項目を名前削除(P)
すべて名前削除(A)

4 [すべて名前削除]をクリックします。

5 [チェックマークを付けたすべての項目を名前削除]をクリックします。

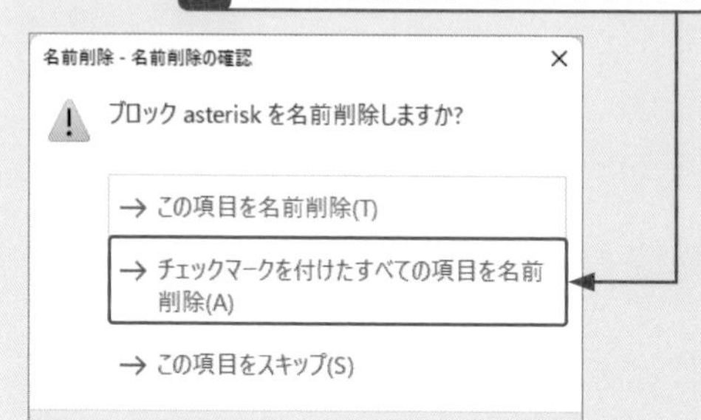
名前削除 - 名前削除の確認
ブロック asterisk を名前削除しますか?
→ この項目を名前削除(T)
→ チェックマークを付けたすべての項目を名前削除(A)
→ この項目をスキップ(S)



AutoCAD の概要 / 基本操作 / 線の作図と編集 / 図形の作図と挿入 / 図形の変形と移動 / 図形の選択と削除 / 画層とプロパティ / 文字の作成 / 寸法の作成 / 注釈の作成 / 数値計測とブロック図形 / レイアウトと印刷

# Q 181 画層を指定して図形を削除したい！

## A [クイック選択]で図形を選択します。

画層を指定して図形を削除するには、[クイック選択]を実行し、条件を指定して図形を選択した後、[削除]を実行します。 サンプル ▶ 181.dwg

**1** [クイック選択]をクリックします。

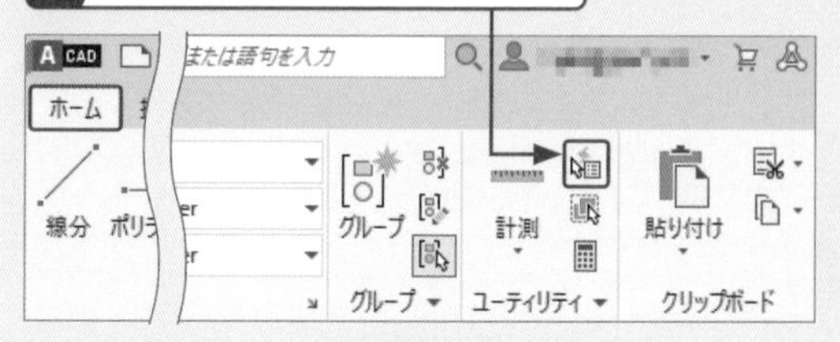

**2** [プロパティ]から[画層]を選択し、

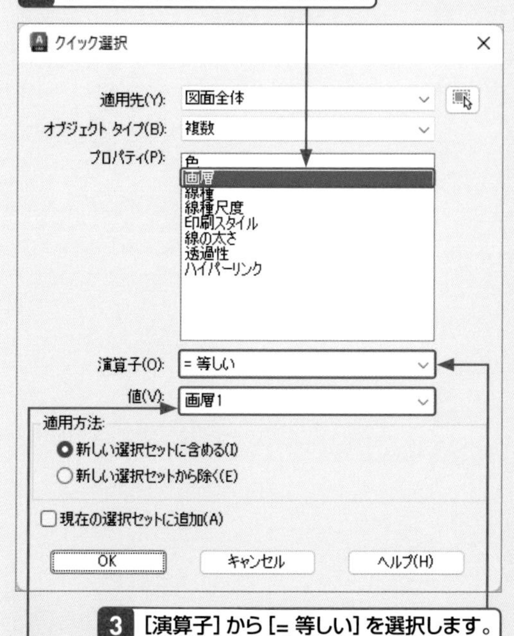
クイック選択
適用先(Y): 図面全体
オブジェクト タイプ(B): 複数
プロパティ(P): 色
画層
線種
線種尺度
印刷スタイル
線の太さ
透過性
ハイパーリンク
演算子(O): = 等しい
値(V): 画層1
適用方法:
新しい選択セットに含める(I)
新しい選択セットから除く(E)
現在の選択セットに追加(A)
OK
キャンセル
ヘルプ(H)

**3** [演算子]から[= 等しい]を選択します。

**4** [値]から画層名を選択します(ここでは「画層1」)。

**5** [OK]をクリックします。

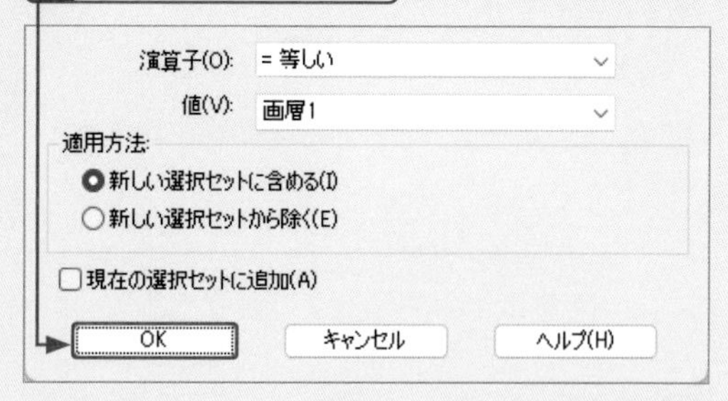

**6** 指定された画層の図形が選択されます。

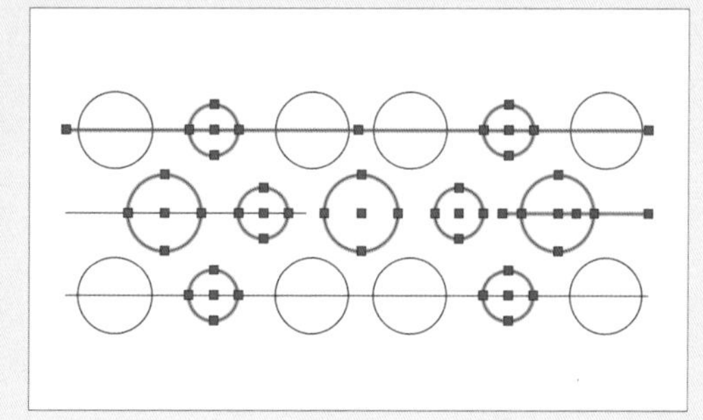

**7** [削除]をクリックします。

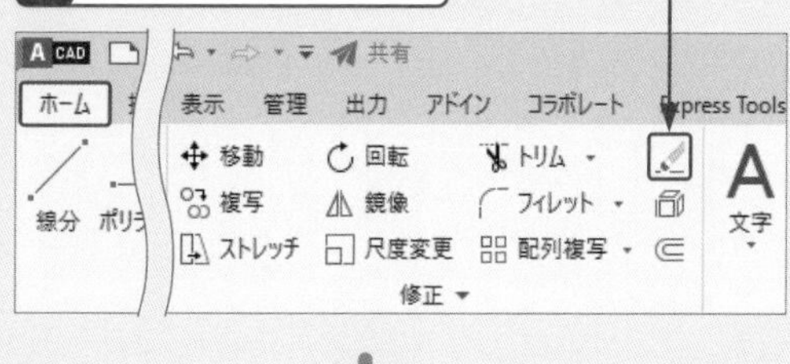

**8** 図形が削除されます。

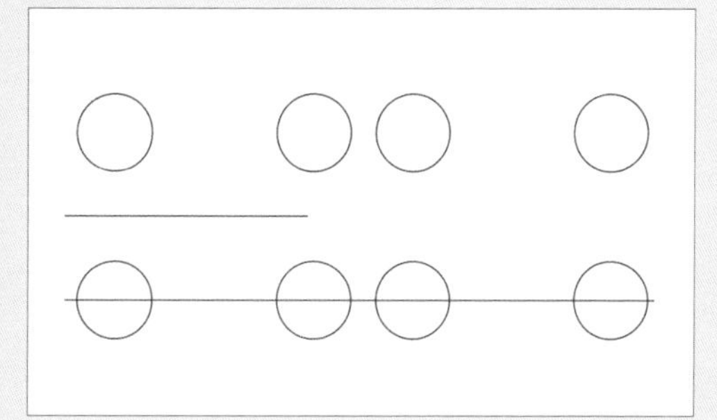

# Q 182 重なっている同じ図形を削除したい！

**A** [重複オブジェクトを削除]を実行します。

重なっている同じ図形を削除するには、[重複オブジェクトを削除]を実行します。[重複オブジェクトを削除]のダイアログではさまざまなオプションを選択することが可能です。 サンプル▶182.dwg

**1** [修正▼]→[重複オブジェクトを削除]をクリックします。

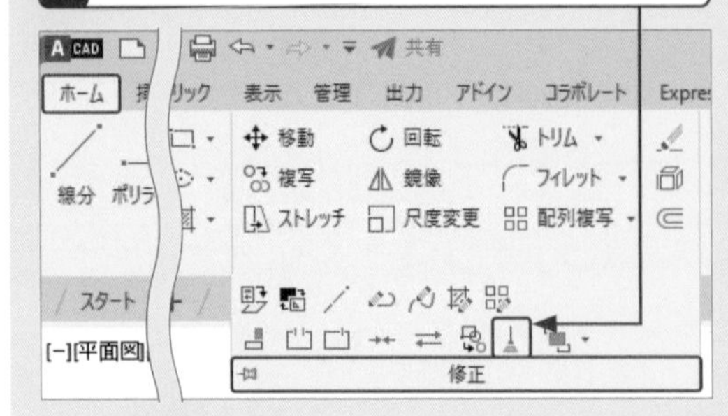

**2** 窓選択／交差選択などで、削除を行う図形を選択し、Enterキーで確定します。

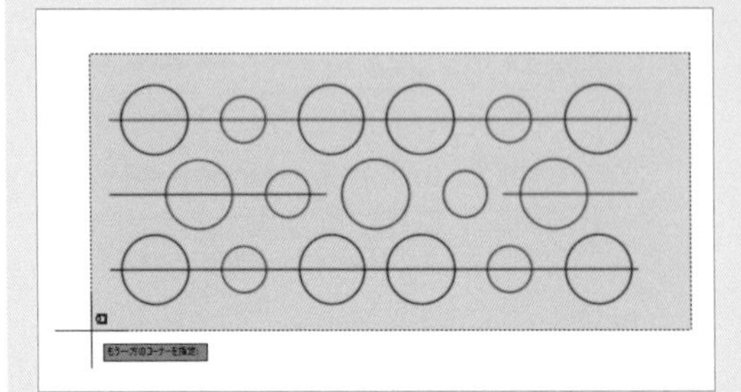

**3** [OK]をクリックします。

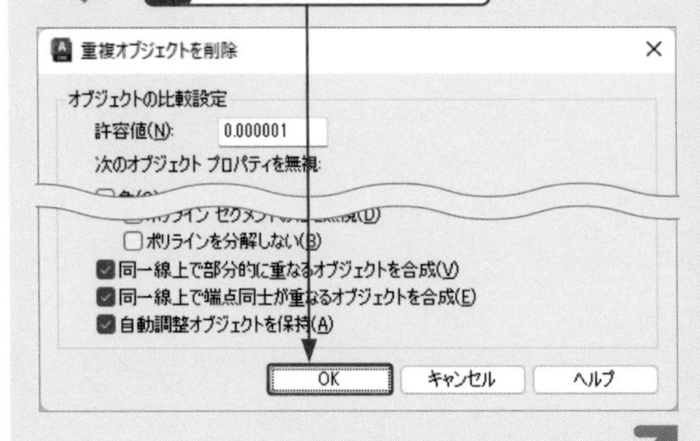
重複オブジェクトを削除
オブジェクトの比較設定
許容値(N): 0.000001
次のオブジェクト プロパティを無視:
ポリラインを分解しない(B)
同一線上で部分的に重なるオブジェクトを合成(V)
同一線上で端点同士が重なるオブジェクトを合成(E)
自動調整オブジェクトを保持(A)
OK
キャンセル
ヘルプ

**4** コマンドウィンドウより、重複図形が削除されたことが確認できます。

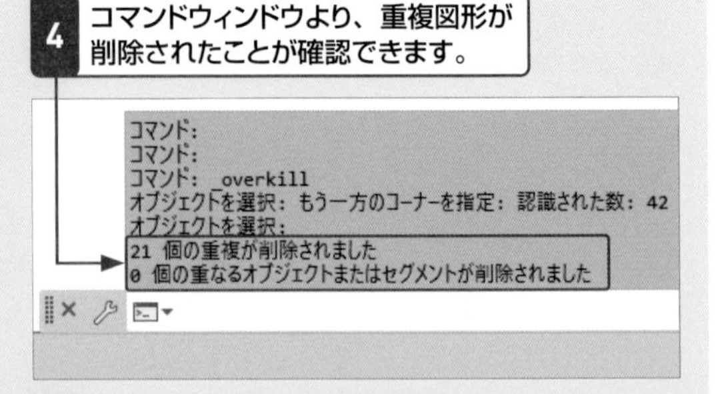
コマンド:
コマンド:
コマンド: _overkill
オブジェクトを選択: もう一方のコーナーを指定: 認識された数: 42
オブジェクトを選択:
21 個の重複が削除されました
0 個の重なるオブジェクトまたはセグメントが削除されました

**5** 重なっている図形が削除されます。

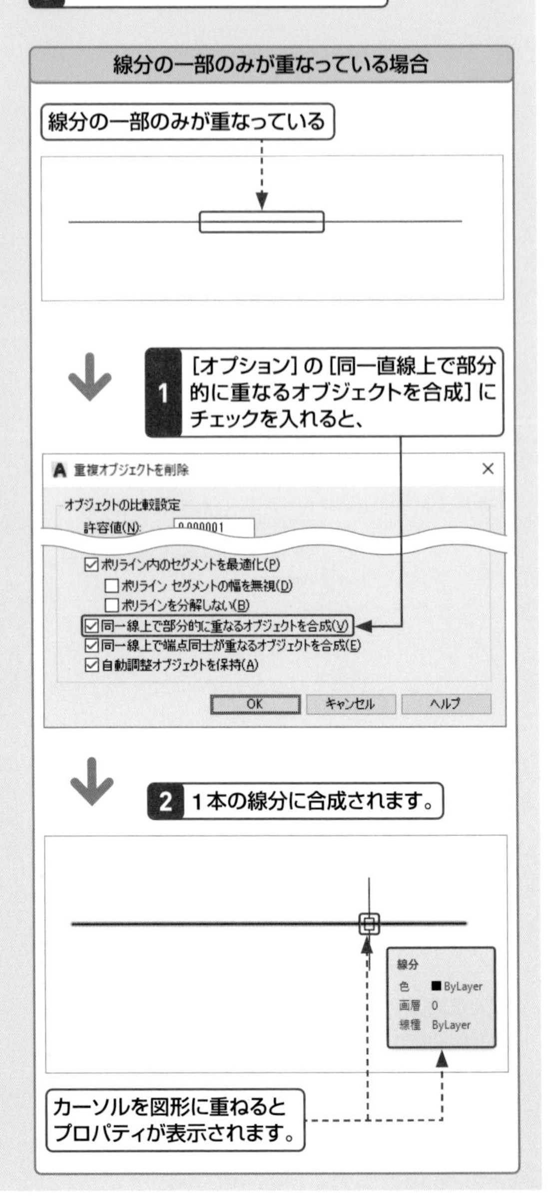
線分の一部のみが重なっている場合
線分の一部のみが重なっている
1 [オプション]の[同一直線上で部分的に重なるオブジェクトを合成]にチェックを入れると、
重複オブジェクトを削除
オブジェクトの比較設定
許容値(N):
ポリライン内のセグメントを最適化(P)
ポリライン セグメントの幅を無視(D)
ポリラインを分解しない(B)
同一線上で部分的に重なるオブジェクトを合成(V)
同一線上で端点同士が重なるオブジェクトを合成(E)
自動調整オブジェクトを保持(A)
OK
キャンセル
ヘルプ
2 1本の線分に合成されます。
線分
色 ByLayer
画層 0
線種 ByLayer
カーソルを図形に重ねるとプロパティが表示されます。

# 電脳会議 DENNOUKAIGI

一切無料

## 今が旬の情報を満載してお送りします！

『電脳会議』は、年6回の不定期刊行情報誌です。A4判・16頁オールカラーで、弊社発行の新刊・近刊書籍・雑誌を紹介しています。この『電脳会議』の特徴は、単なる本の紹介だけでなく、著者と編集者が協力し、その本の重点や狙いをわかりやすく説明していることです。現在200号を超えて刊行を続けている、出版界で評判の情報誌です。

## 毎号、厳選ブックガイドもついてくる!!

『電脳会議』とは別に、テーマごとにセレクトした優良図書を紹介するブックカタログ（A4判・4頁オールカラー）が同封されます。

# 7

# 画層とプロパティ

画層　重要度★★★

## Q183 画層とは？

**A** 図形をグループ分けした層のことです。

「画層」とは、透明なシートの層をイメージするもので「レイヤ」とも呼ばれます。寸法／計画線／図枠などの図形要素を管理しやすいように、層ごとに作図することで、色や線種、線の太さの設定や、表示／非表示を画層別に制御することができます。

要素ごとに画層を分けて作図します。

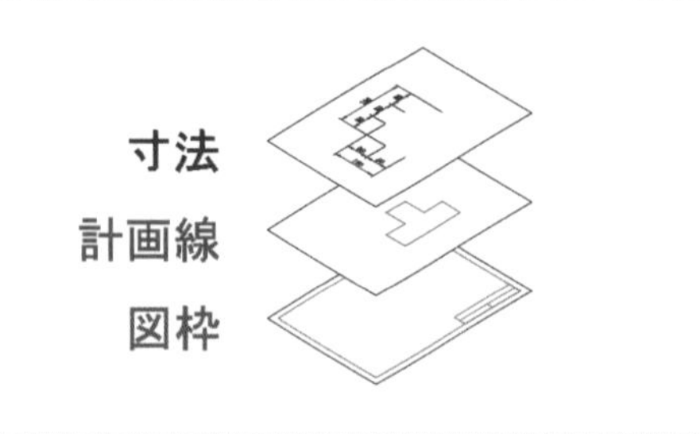

寸法
計画線
図枠

画層をすべて重ねて完成図面とするイメージです。

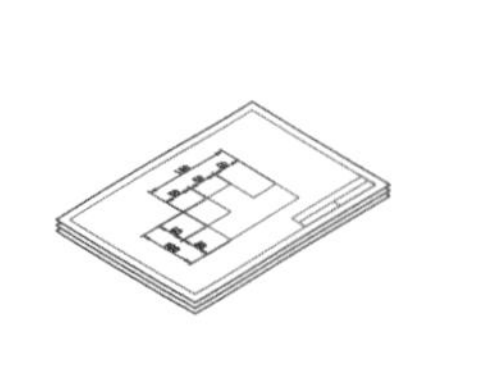

画層ごとに表示／非表示を制御できます。

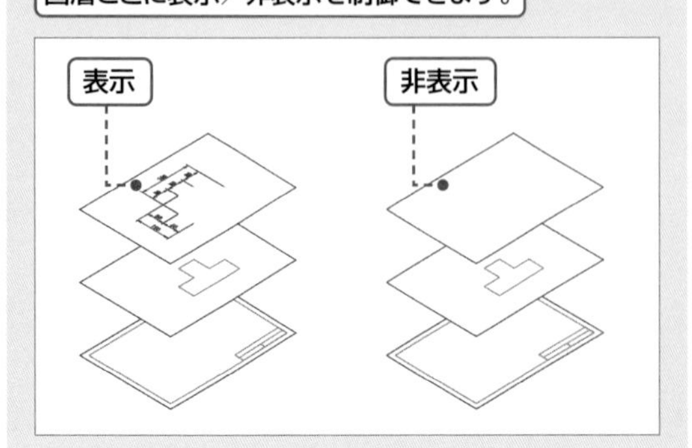

表示
非表示


画層　重要度★★★

## Q184 画層を新規作成したい！

**A** [画層プロパティ管理]の[新規作成]を実行します。

画層を新規作成するには、[画層プロパティ管理]の[新規作成]を実行し、名前や色、線種などを設定します。 参照▶Q 210 サンプル▶184.dwg

1 [画層プロパティ管理]をクリックします。

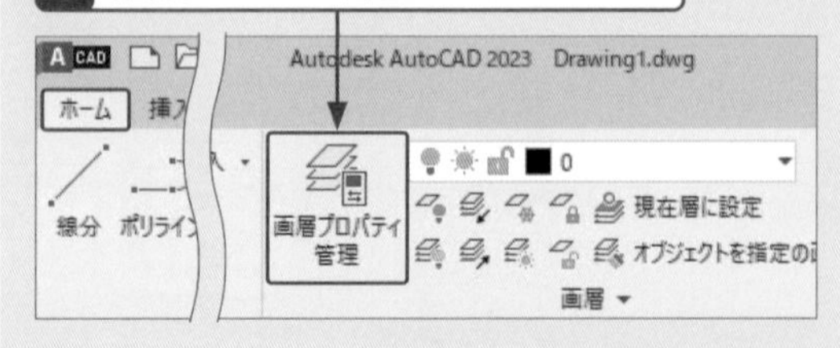

Autodesk AutoCAD 2023 Drawing1.dwg
ホーム
線分
画層プロパティ管理
現在層に設定
画層


2 [新規作成]をクリックします。

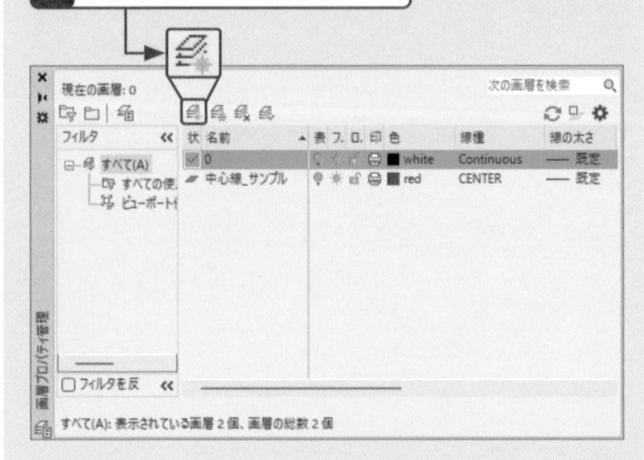

現在の画層: 0
フィルタ
状 名前
表 フ. ロ. 印 色
線種
線の太さ
すべて(A)
white
Continuous
既定
中心線_サンプル
red
CENTER
すべて(A): 表示されている画層 2 個、画層の総数 2 個


3 画層の名前、色、線種、線の太さなどを設定します。

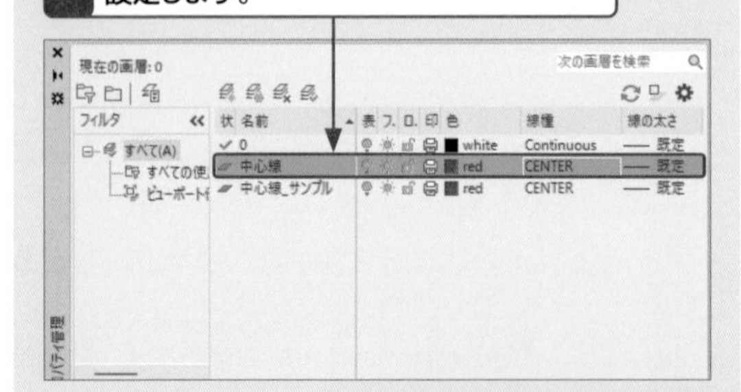

現在の画層: 0
フィルタ
状 名前
線種
線の太さ
すべて(A)
white
Continuous
中心線
red
CENTER
既定
中心線_サンプル

# Q 185 ほかの図面の画層をコピーしたい!

## A [DesignCenter]を使用します。

ほかの図面の画層をコピーするには、コピー元の図面を開き、[DesignCenter]を使用して画層を追加します。

サンプル ▶ 185a.dwg, 185b.dwg

1 コピー元のファイルを開きます。

2 コピー先のファイルを表示します。

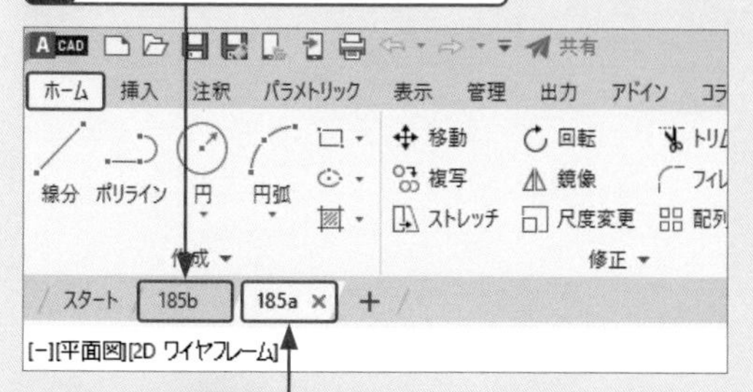

3 [表示] タブをクリックします。

4 [DesignCenter] をクリックしてオンにします。

5 [開いている図面] をクリックします。

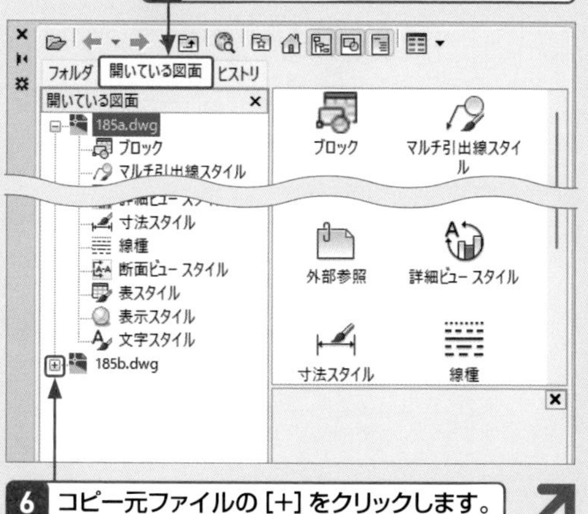

6 コピー元ファイルの [+] をクリックします。

7 [画層] をクリックします。

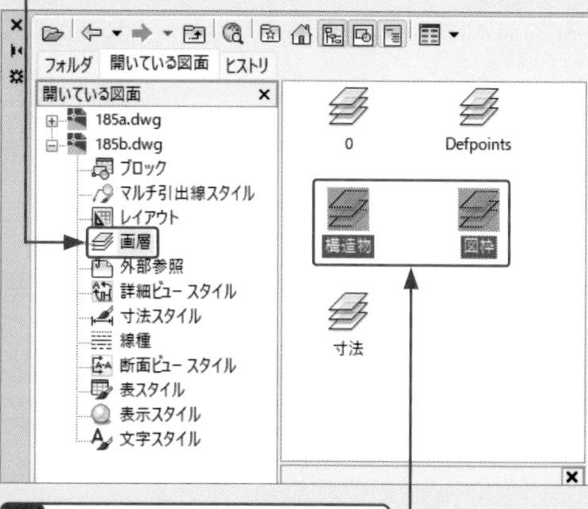

8 追加したい画層を選択します。

9 右クリックメニューから、[画層を追加] を選択します。

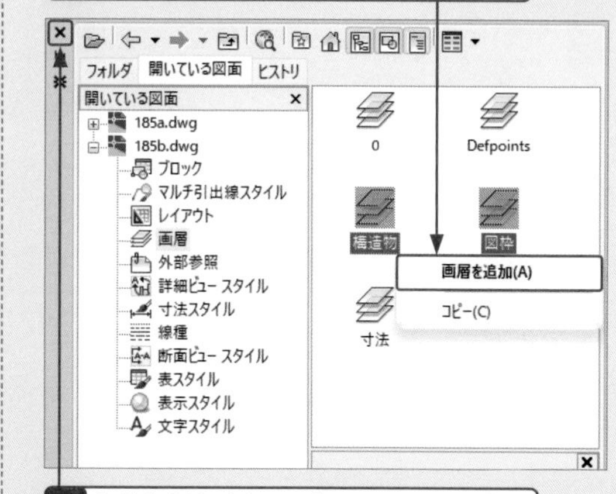

10 [×] をクリックして、[DesignCenter] を閉じます。

11 画層が追加されます。

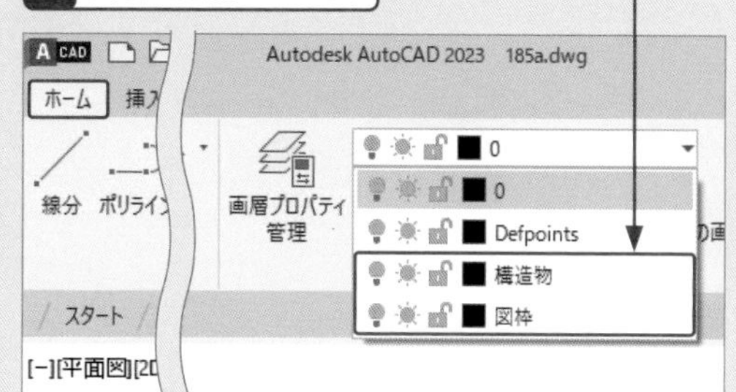

画層　重要度 ★★★

## Q 186 作成する図形の画層を設定したい！

**A 作成前に［画層］から画層名を選択します。**

図形の画層を設定するには、作成のコマンドを実行する前に、［画層］から画層名をクリックして選択します。　サンプル▶186.dwg

**1** コマンドが実行されていない状態を、コマンドウィンドウで確認します。

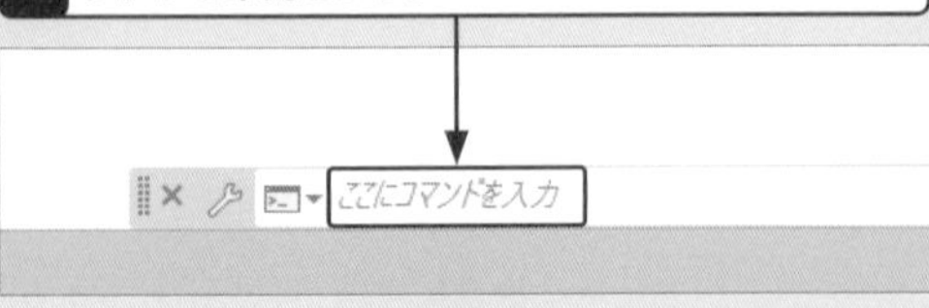
ここにコマンドを入力

**2** ［画層］をクリックし、

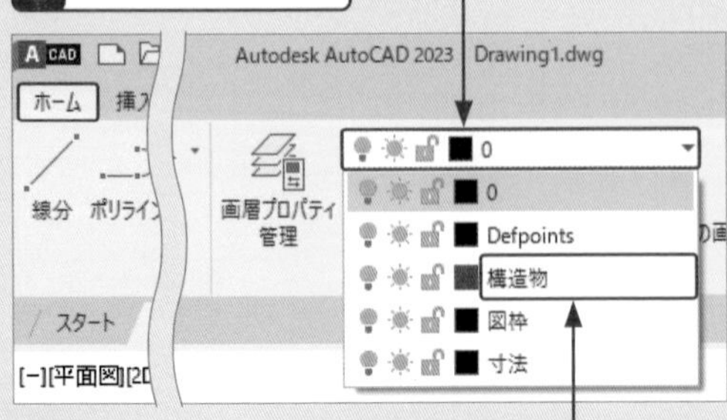
Autodesk AutoCAD 2023　Drawing1.dwg
ホーム
線分
ポリライン
画層プロパティ管理
0
Defpoints
構造物
図枠
寸法
スタート
[−][平面図][2D

**3** 画層名（ここでは「構造物」）をクリックします。

**4** 選択した画層が現在画層になります。

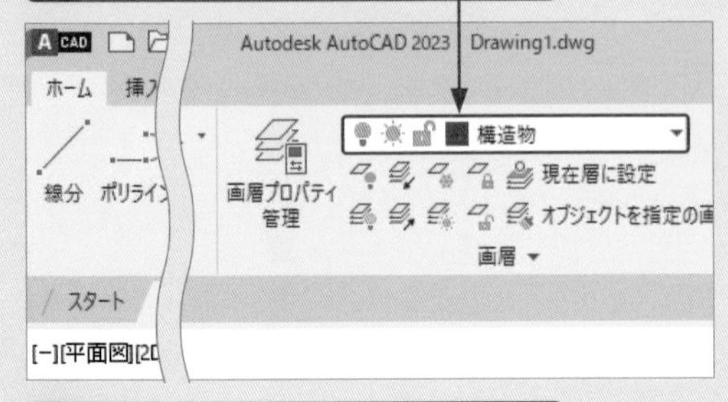
Autodesk AutoCAD 2023　Drawing1.dwg
ホーム
線分
ポリライン
画層プロパティ管理
構造物
現在層に設定
オブジェクトを指定の画
画層
スタート
[−][平面図][2D

**5** 作成コマンド（線分やポリラインなど）を実行します。

画層　重要度 ★★★

## Q 187 作成した図形の画層を変更したい！

**A 図形を選択し、［画層］から画層名を選択します。**

図形の画層を変更するには、コマンドが実行されていない状態で図形を選択し、［画層］から画層名を選択します。　サンプル▶187.dwg

**1** コマンドが実行されていない状態を、コマンドウィンドウで確認します。

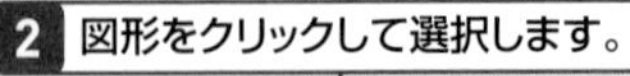

**2** 図形をクリックして選択します。

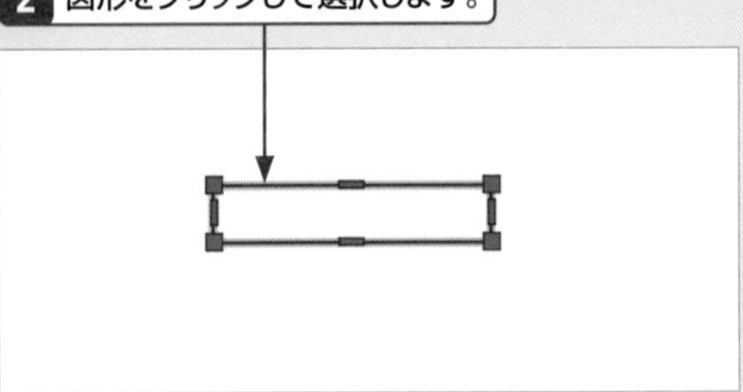

**3** ［画層］をクリックし、

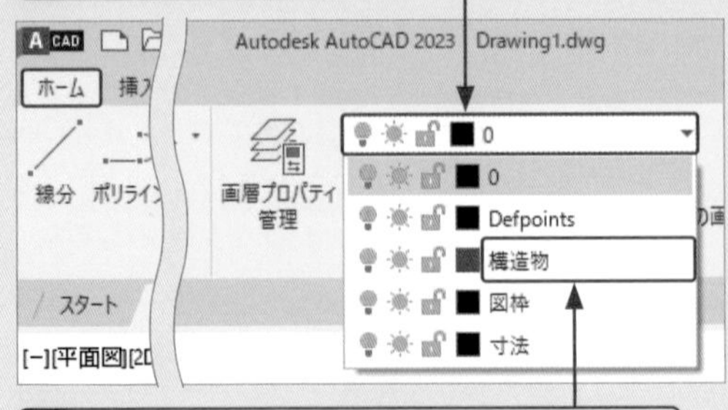
Autodesk AutoCAD 2023　Drawing1.dwg
ホーム
線分
ポリライン
画層プロパティ管理
0
Defpoints
構造物
図枠
寸法
スタート
[−][平面図][2D

**4** 画層名（ここでは「構造物」）をクリックします。

**5** 図形の画層が変更されます。

**6** Escキーを押して、図形の選択を解除します。

# Q 188 ほかの図形から画層をコピーしたい!

## A [プロパティコピー]を実行します。

ほかの図形から画層をコピーするには、[プロパティコピー]を実行します。また、[設定]オプションを使用すると、コピーする内容を選択することができます。

サンプル▶188.dwg

### ● 画層のコピー方法 その①

1 [プロパティコピー]をクリックします。

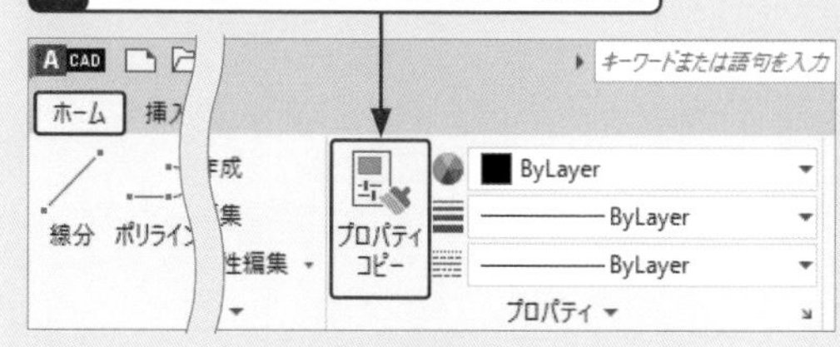
ホーム
挿入
線分
ポリライン
プロパティ
コピー
ByLayer
プロパティ

2 コピー元の図形をクリックして選択します。

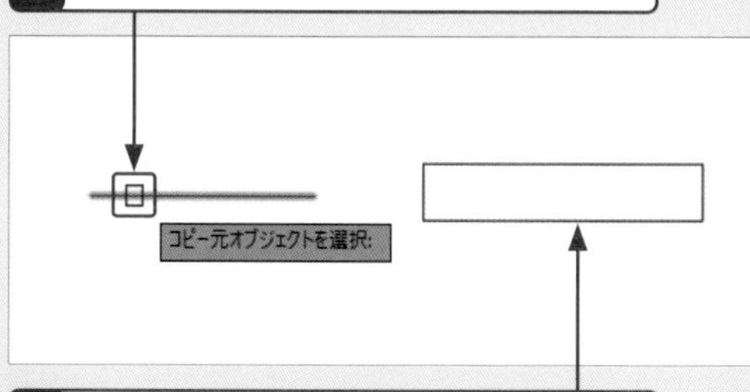
コピー元オブジェクトを選択:

3 コピー先の図形をクリックして選択します。

4 画層がコピーされます。

5 Enterキーを押して[プロパティコピー]を終了します。

### ● 画層のコピー方法 その②

1 [プロパティコピー]をクリックします。

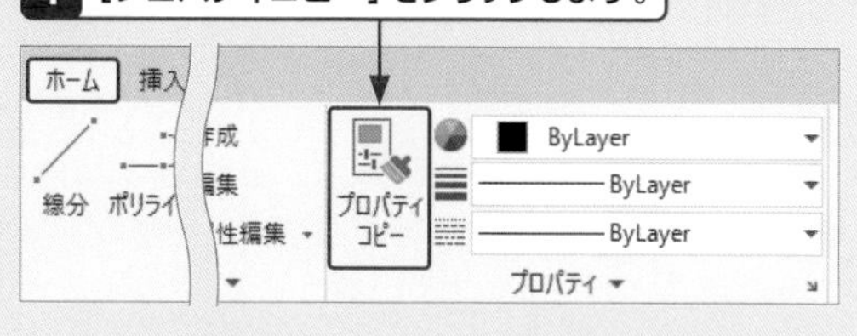
ホーム
挿入
線分
ポリライ
プロパティ
コピー
ByLayer
プロパティ

2 コピー元の図形を選択します。

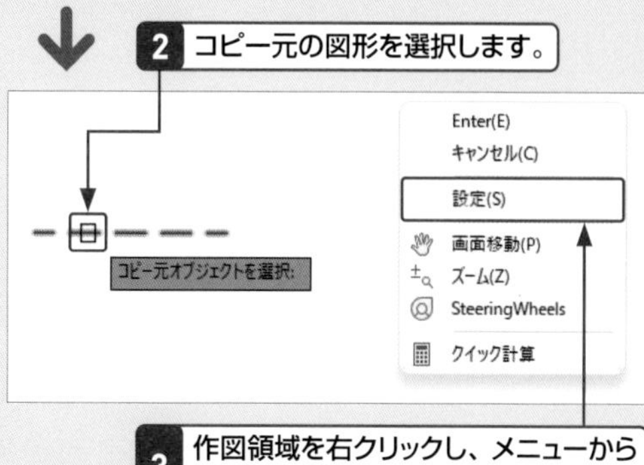
Enter(E)
キャンセル(C)
設定(S)
画面移動(P)
ズーム(Z)
SteeringWheels
クイック計算
コピー元オブジェクトを選択:

3 作図領域を右クリックし、メニューから[設定]を選択します。

4 コピーをしたくないプロパティのチェックを外し(ここでは[線種])、

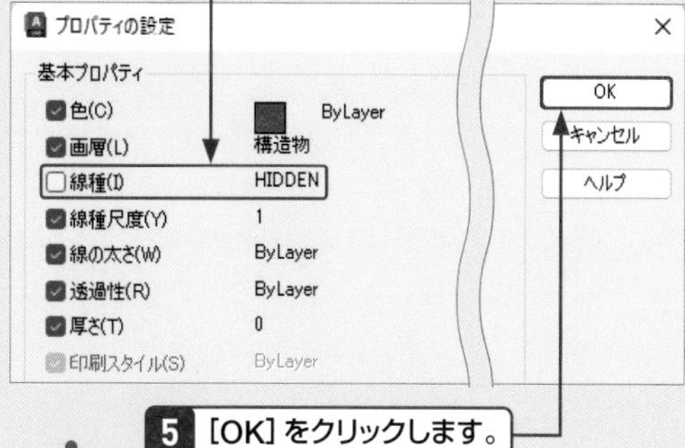
プロパティの設定
基本プロパティ
色(C) ByLayer
画層(L) 構造物
線種(I) HIDDEN
線種尺度(Y) 1
線の太さ(W) ByLayer
透過性(R) ByLayer
厚さ(T) 0
印刷スタイル(S) ByLayer
OK
キャンセル
ヘルプ

5 [OK]をクリックします。

6 コピー先の図形を選択します。

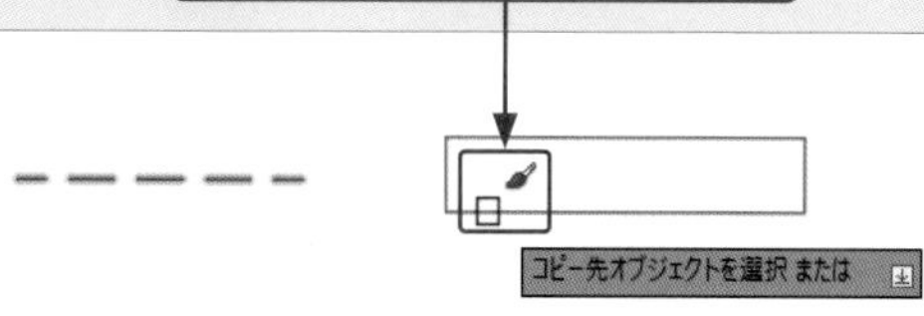
コピー先オブジェクトを選択 または

7 設定内容のプロパティがコピーされます(ここでは線種以外)。

8 Enterキーを押して[プロパティコピー]を終了します。

# Q 189 画層を表示／非表示したい！

## A ［画層］の［画層の表示／非表示］をクリックします。

画層を表示／非表示するには、［画層］の［画層の表示／非表示］をクリックして切り替えます。電球が黄色い状態が表示、暗い状態が非表示です。

サンプル▶189.dwg

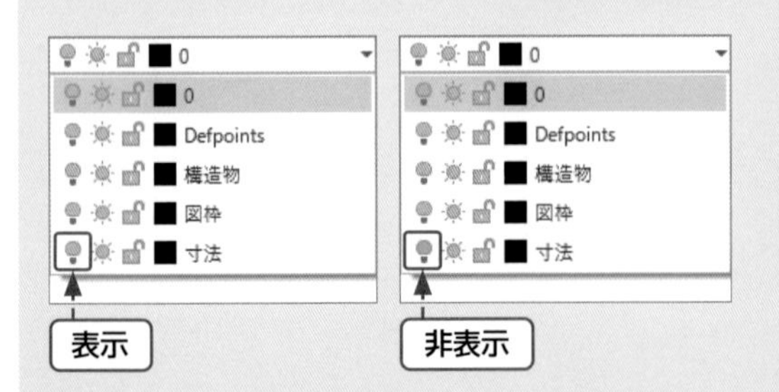

0
Defpoints
構造物
図枠
寸法
表示
非表示


**1** 「寸法」画層の図形が表示されています。

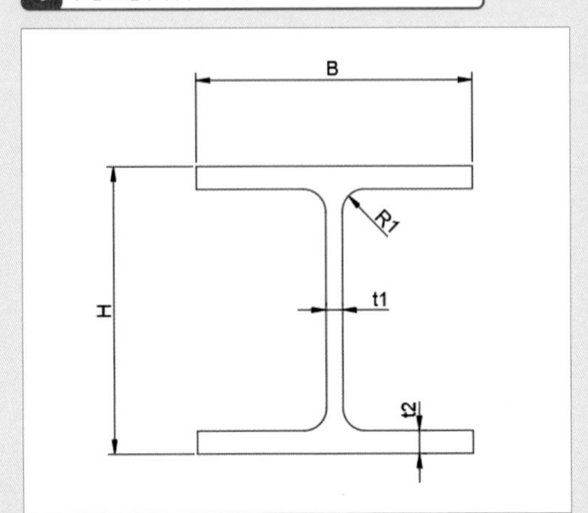

B
R1
H
t1
t2


**2** ［画層］をクリックします。

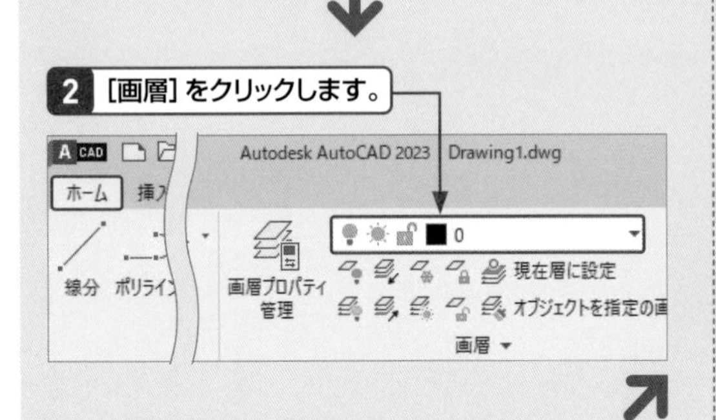

Autodesk AutoCAD 2023 Drawing1.dwg
ホーム
挿入
線分
ポリライン
画層プロパティ管理
現在層に設定
オブジェクトを指定の画
画層


**3** ［画層の表示／非表示］をクリックします。

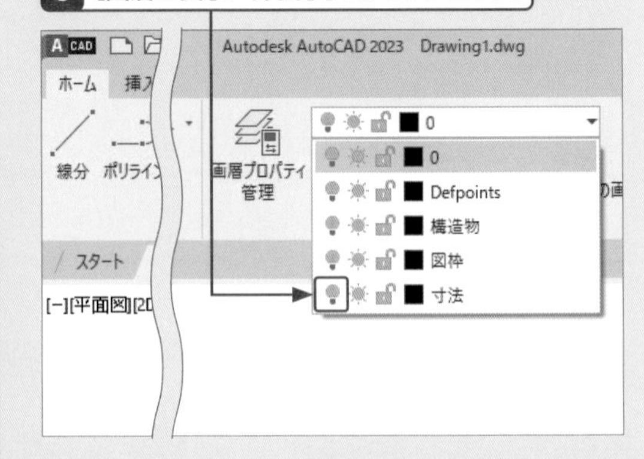

Autodesk AutoCAD 2023 Drawing1.dwg
ホーム
線分
ポリライン
画層プロパティ管理
0
Defpoints
構造物
図枠
寸法
スタート
[−][平面図][2D


**4** 画層が非表示になります。

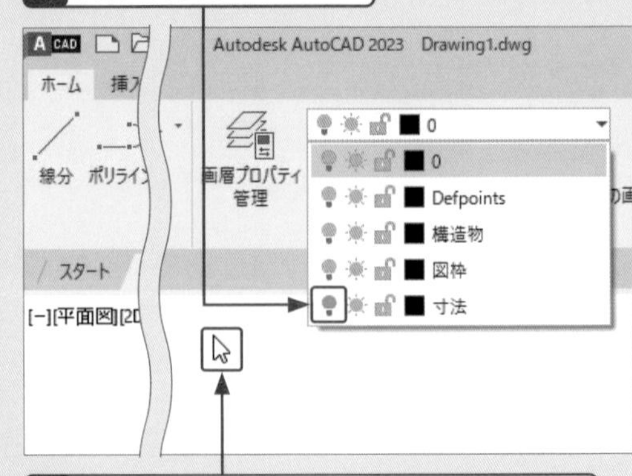

Autodesk AutoCAD 2023 Drawing1.dwg
ホーム
線分
ポリライン
画層プロパティ管理
0
Defpoints
構造物
図枠
寸法
スタート
[−][平面図][2D

**5** 作図領域をクリックして、［画層］を閉じます。

**6** 「寸法」画層の図形が非表示になったことを確認します。

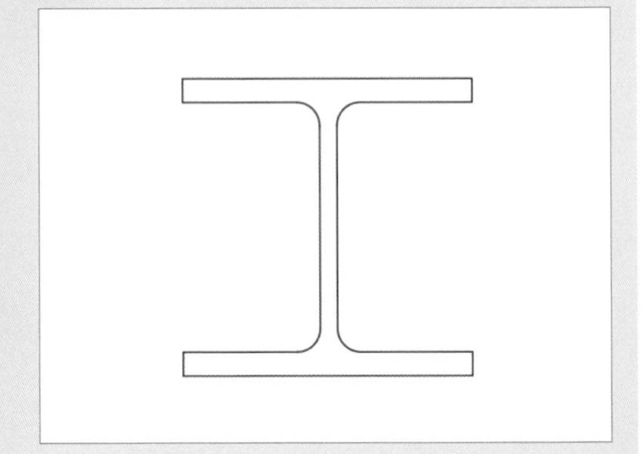

画層　重要度 ★★★

## Q190 図形を指定して画層を非表示にしたい！

**A** [非表示]を実行します。

図形を指定し、その図形の画層を非表示にするには、[非表示]を実行します。　サンプル▶190.dwg

**1** [非表示]をクリックします。

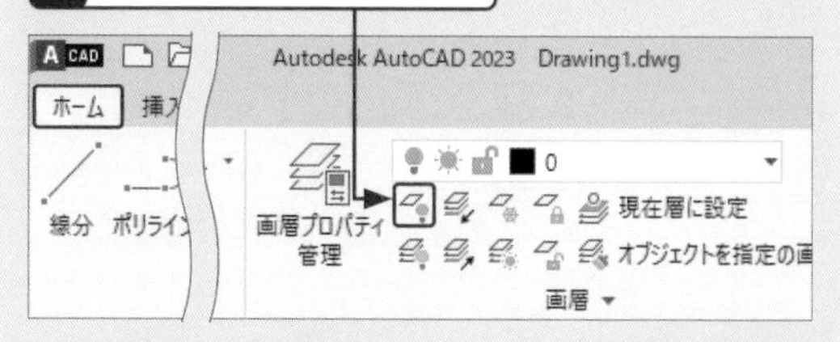

Autodesk AutoCAD 2023　Drawing1.dwg
ホーム
線分
ポリライン
画層プロパティ管理
現在層に設定
オブジェクトを指定の画
画層


**2** 図形をクリックして選択します。

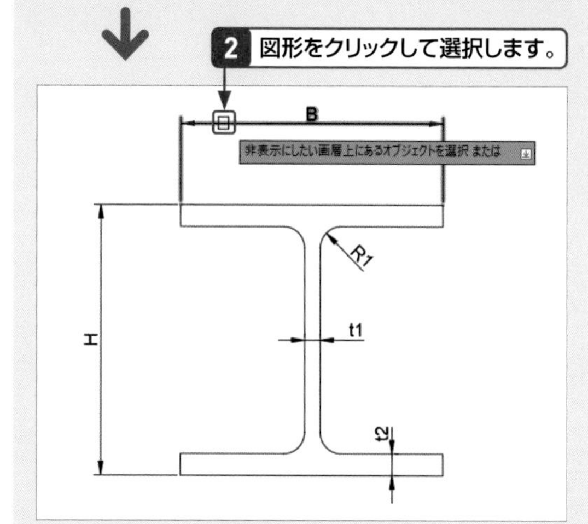

B
非表示にしたい画層上にあるオブジェクトを選択 または
R1
t1
H
t2


**3** 選択した図形の画層が非表示になります。

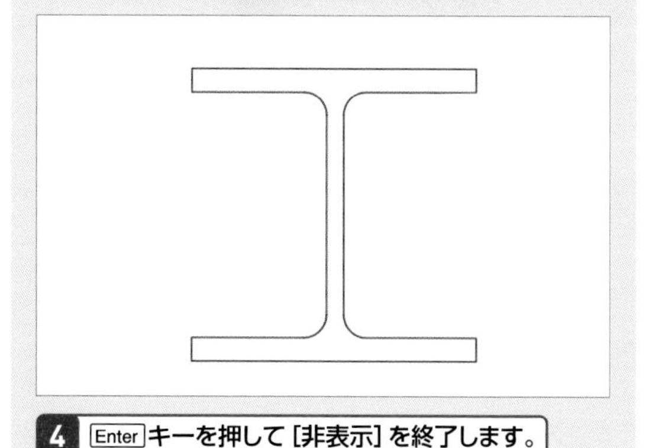

**4** Enter キーを押して[非表示]を終了します。

画層　重要度 ★★★

## Q191 すべての画層を表示したい！

**A** [全画層表示]を実行します。

非表示にした画層をすべて表示するには、[全画層表示]を実行します。　サンプル▶191.dwg

**1** [画層]をクリックし、

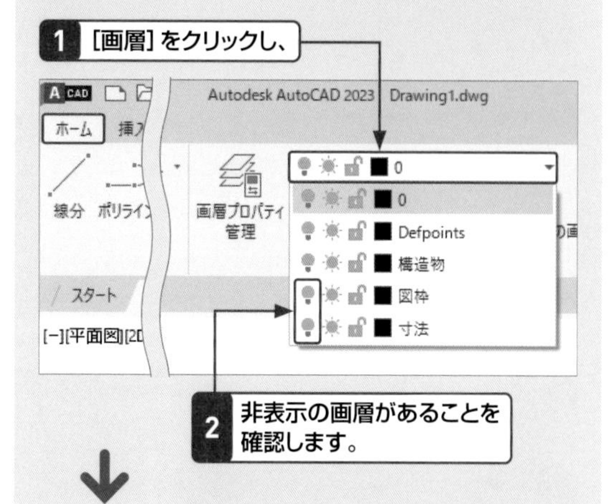

Autodesk AutoCAD 2023　Drawing1.dwg
ホーム
線分
ポリライン
画層プロパティ管理
0
Defpoints
構造物
図枠
寸法
スタート
[−][平面図][2D


**2** 非表示の画層があることを確認します。

**3** [全画層表示]をクリックします。

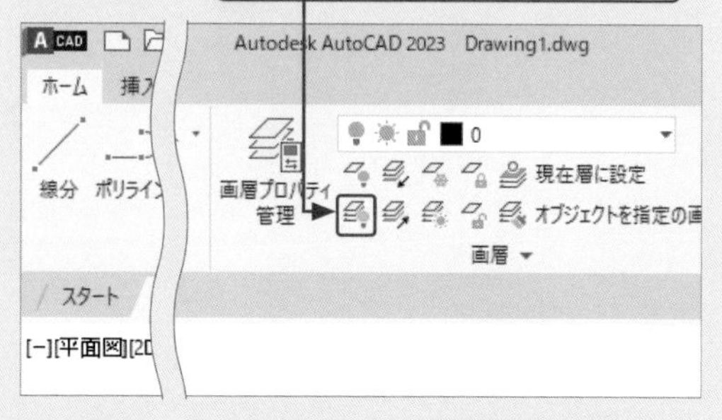

Autodesk AutoCAD 2023　Drawing1.dwg
ホーム
線分
ポリライン
画層プロパティ管理
現在層に設定
オブジェクトを指定の画
画層
スタート
[−][平面図][2D


**4** [画層]をクリックすると、

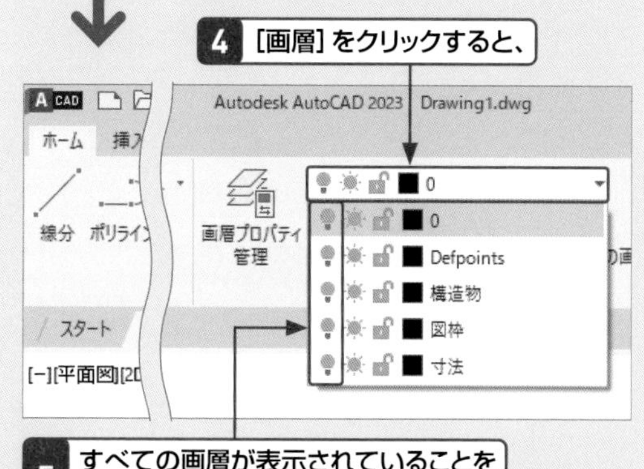

Autodesk AutoCAD 2023　Drawing1.dwg
ホーム
線分
ポリライン
画層プロパティ管理
0
Defpoints
構造物
図枠
寸法
スタート
[−][平面図][2D


**5** すべての画層が表示されていることを確認できます。

# Q 192 指定した図形の画層以外を非表示にしたい！

## A [選択表示]の[非表示]オプションを使用します。

指定した図形の画層以外を非表示にするには、[選択表示]の[非表示]オプションを使用します。[非表示]オプションは一度設定すれば、その後は継続されます。 サンプル ▶ 192.dwg

**1** [選択表示]をクリックします。

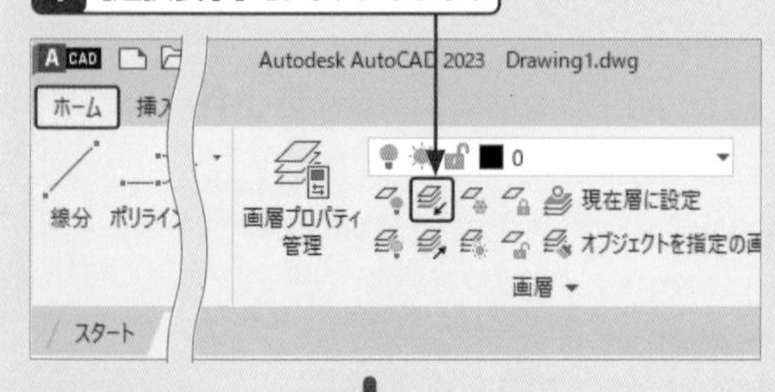
Autodesk AutoCAD 2023　Drawing1.dwg
ホーム
線分
ポリライン
画層プロパティ管理
現在層に設定
オブジェクトを指定の画
画層
スタート

**2** 作図領域を右クリックし、メニューから[設定]を選択します。

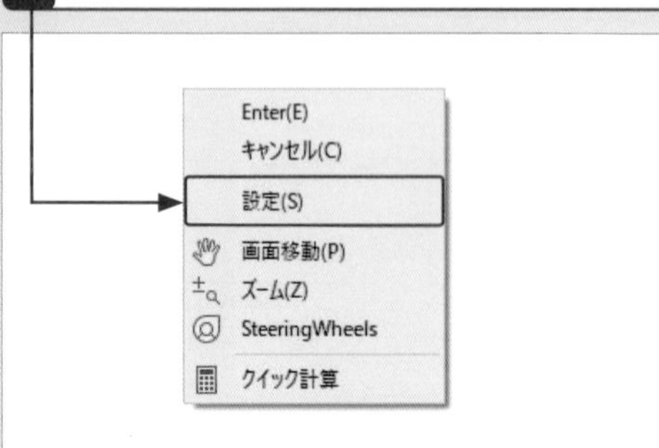
Enter(E)
キャンセル(C)
設定(S)
画面移動(P)
ズーム(Z)
SteeringWheels
クイック計算

**3** [非表示]をクリックします。

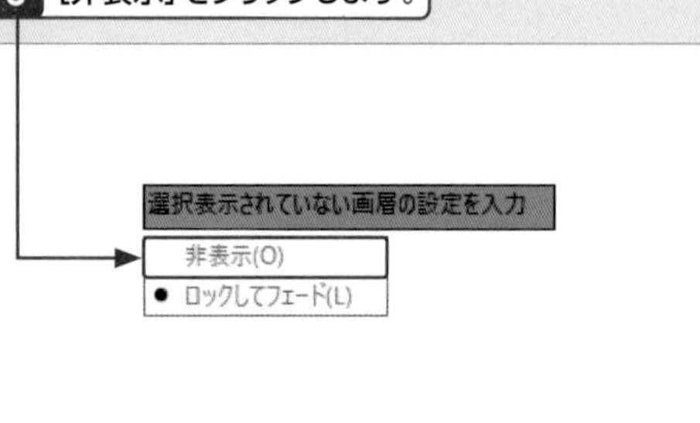
選択表示されていない画層の設定を入力
非表示(O)
ロックしてフェード(L)

**4** [非表示]をクリックします。

ペーパー空間ビューポートを使用時の設定
現在のビューポートでフリーズ(V)
● 非表示(O)

**5** 図形をクリックして選択します。

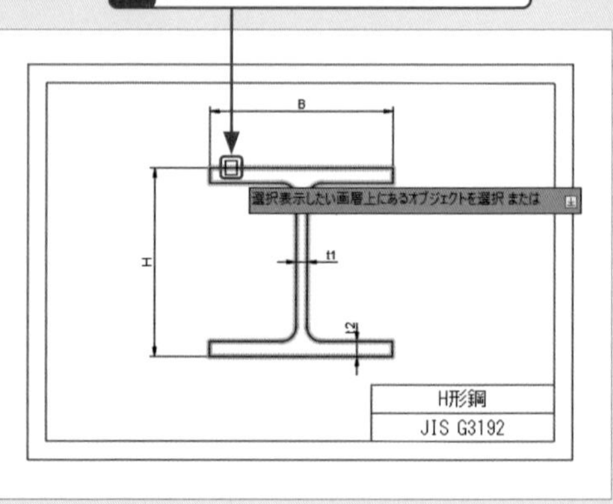
B
H
t1
t2
選択表示したい画層上にあるオブジェクトを選択 または
H形鋼
JIS G3192

**6** Enter キーを押して[選択表示]を終了します。

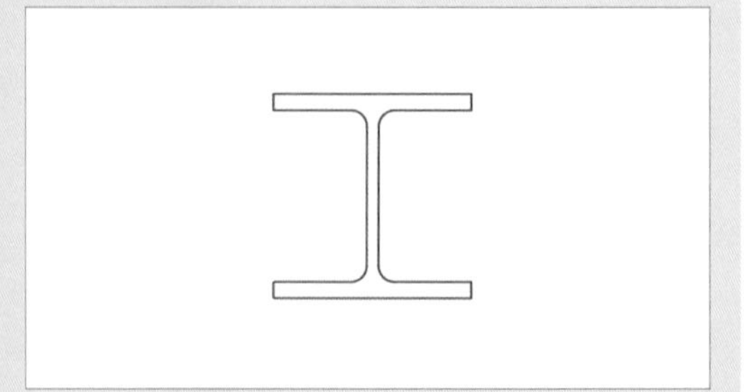

**7** 選択した図形の画層以外が非表示になります。

**8** 元の画層状態に戻すには、[選択表示解除]をクリックします。

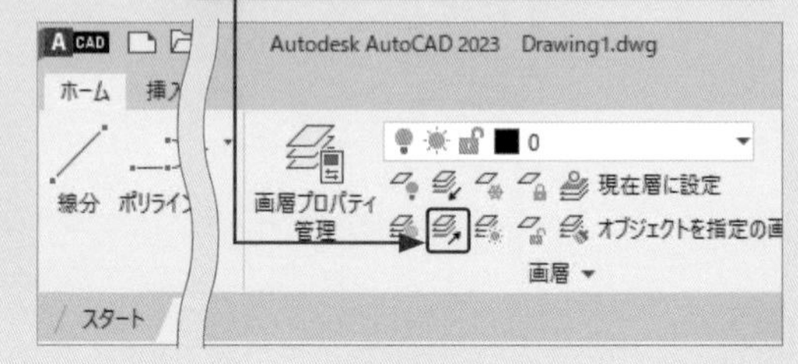
Autodesk AutoCAD 2023　Drawing1.dwg
ホーム
線分
ポリライン
画層プロパティ管理
現在層に設定
オブジェクトを指定の画
画層
スタート

# Q 193 画層の状態を保存／読み込みしたい！

## A [画層状態を新規作成]を実行します。

画層の状態を保存するには、[画層状態を新規作成]を実行し、名前をつけて保存します。読み込むには、[画層状態]からその名前を選択します。

サンプル▶193.dwg

1 [画層▼]をクリックします。

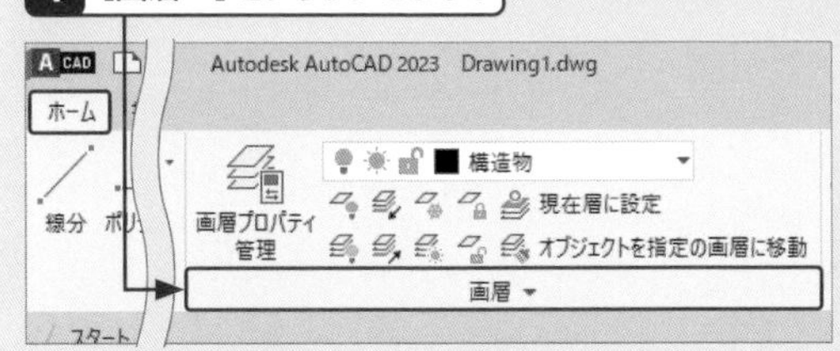
Autodesk AutoCAD 2023　Drawing1.dwg
ホーム
線分
構造物
現在層に設定
画層プロパティ管理
オブジェクトを指定の画層に移動
画層▼

2 [未保存の画層状態]をクリックします。

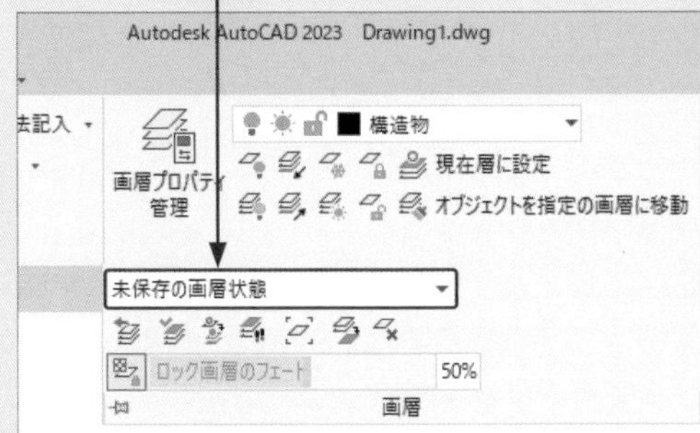
Autodesk AutoCAD 2023　Drawing1.dwg
構造物
現在層に設定
画層プロパティ管理
オブジェクトを指定の画層に移動
未保存の画層状態
ロック画層のフェード
50%
画層

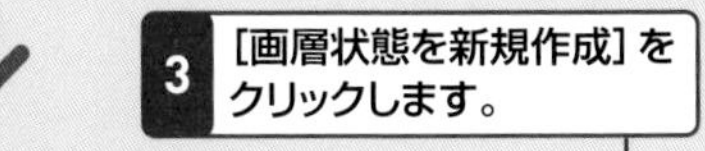
3 [画層状態を新規作成]をクリックします。

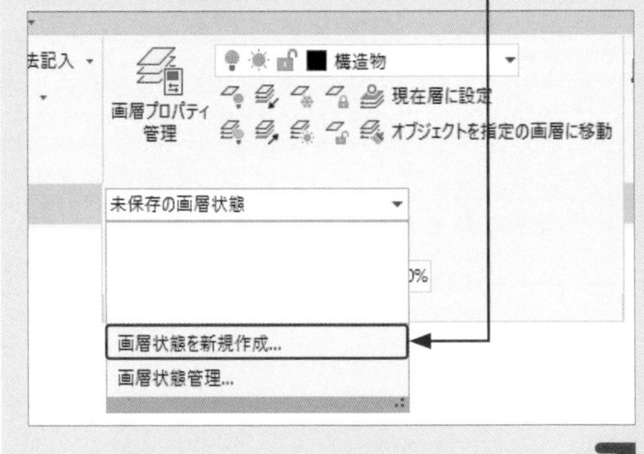
構造物
現在層に設定
画層プロパティ管理
オブジェクトを指定の画層に移動
未保存の画層状態
画層状態を新規作成...
画層状態管理...

4 [新しい画層状態名]に名前を入力し（ここでは「構造物」）、

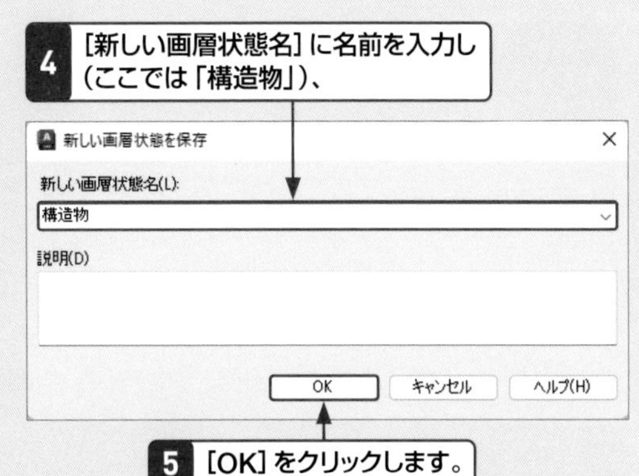
新しい画層状態を保存
新しい画層状態名(L):
構造物
説明(D)
OK
キャンセル
ヘルプ(H)

5 [OK]をクリックします。

6 画層の表示／非表示などを変更します。

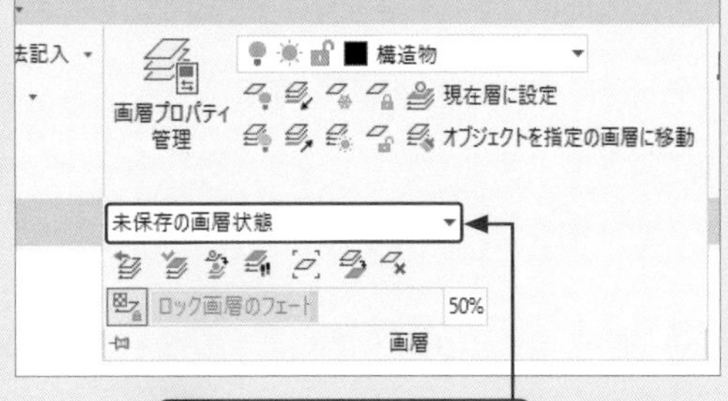
構造物
現在層に設定
画層プロパティ管理
オブジェクトを指定の画層に移動
未保存の画層状態
ロック画層のフェード
50%
画層

7 [未保存の画層状態]をクリックします。

8 保存した画層状態（ここでは[構造物]）をクリックします。

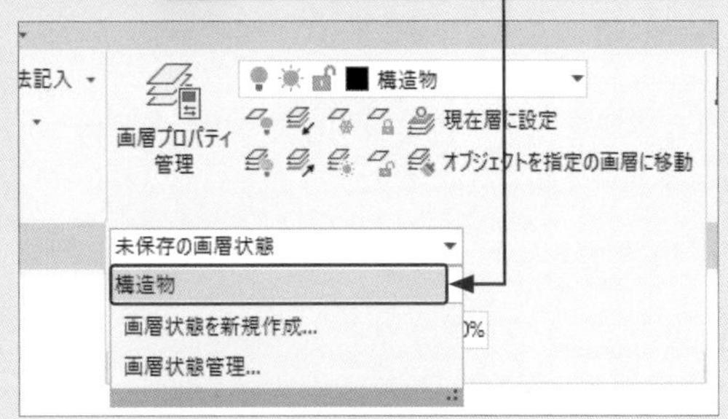
構造物
現在層に設定
画層プロパティ管理
オブジェクトを指定の画層に移動
未保存の画層状態
構造物
画層状態を新規作成...
画層状態管理...

9 保存した画層状態が読み込まれます。

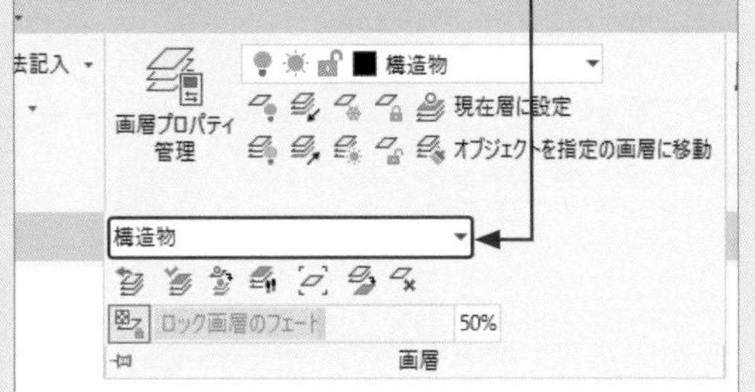
構造物
現在層に設定
画層プロパティ管理
オブジェクトを指定の画層に移動
構造物
ロック画層のフェード
50%
画層

# Q 194 印刷しない画層を作成したい!

## A 画層を印刷しない設定にします。

印刷しない補助線などの画層を作成するには、画層を印刷しない設定に変更すると、作図領域では表示されていても、印刷されないようにできます。

参照▶Q 210 サンプル▶194.dwg

**1** [画層プロパティ管理] をクリックします。

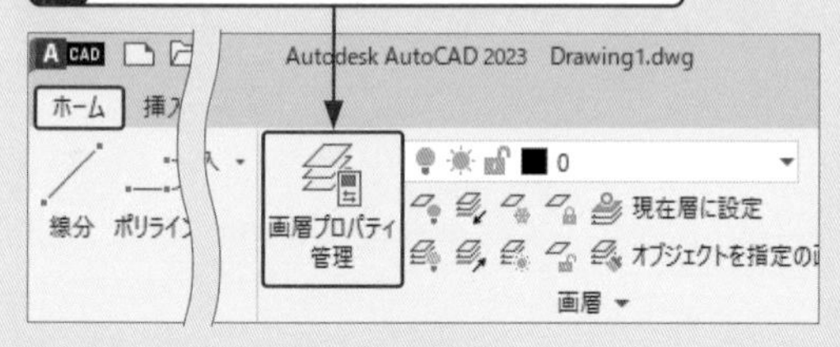
Autodesk AutoCAD 2023 Drawing1.dwg
ホーム
挿入
線分
ポリライン
画層プロパティ管理
現在層に設定
オブジェクトを指定の
画層

**2** [新規作成] をクリックします。

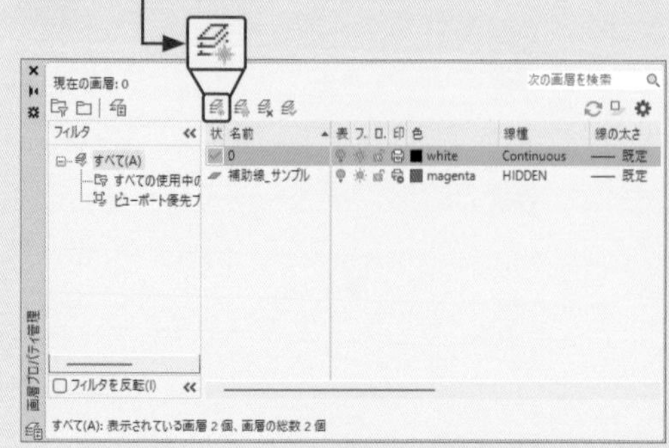
現在の画層: 0
次の画層を検索
フィルタ
すべて(A)
すべての使用中の
ビューポート優先
状 名前 表 フ. ロ. 印 色 線種 線の太さ
0 white Continuous 既定
補助線_サンプル magenta HIDDEN 既定
フィルタを反転(I)
すべて(A): 表示されている画層 2 個、画層の総数 2 個

**3** 画層の名前(ここでは「補助線」)を入力します。

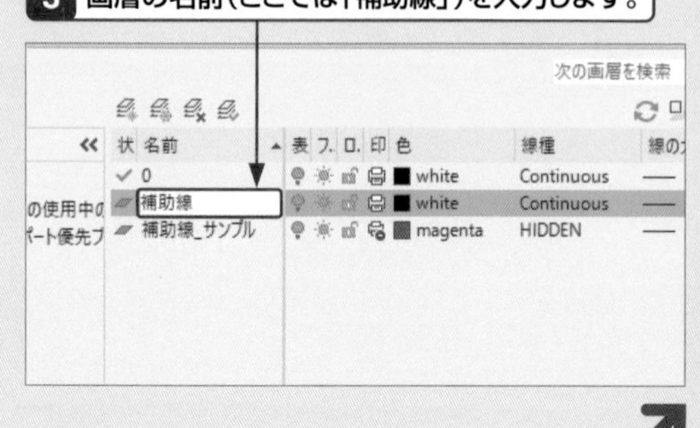
次の画層を検索
状 名前 表 フ. ロ. 印 色 線種
0 white Continuous
補助線 white Continuous
補助線_サンプル magenta HIDDEN

**4** 色や線種を設定します。

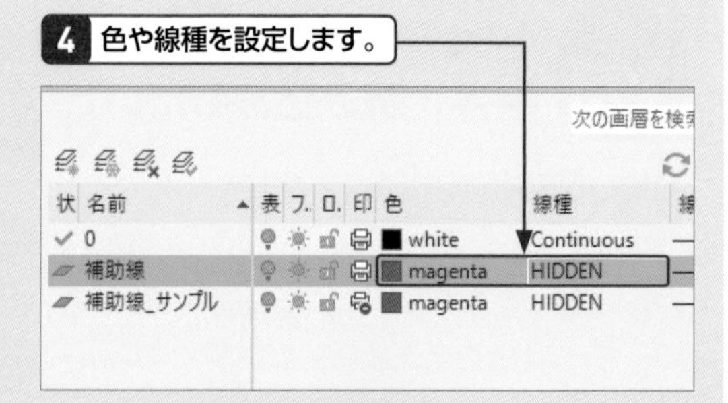
次の画層を検索
状 名前 表 フ. ロ. 印 色 線種
0 white Continuous
補助線 magenta HIDDEN
補助線_サンプル magenta HIDDEN

**5** 印刷のアイコンをクリックします。

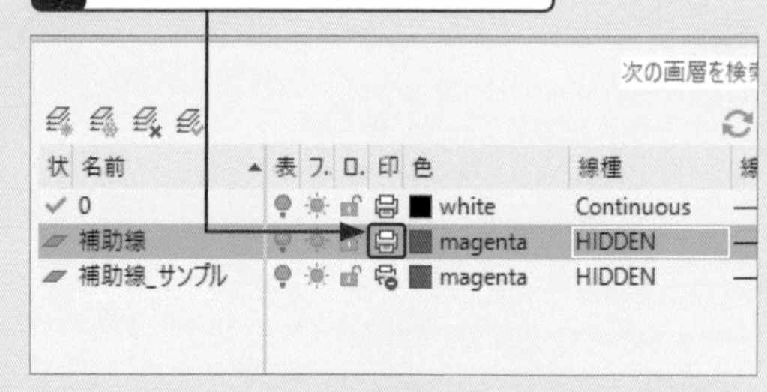
次の画層を検索
状 名前 表 フ. ロ. 印 色 線種
0 white Continuous
補助線 magenta HIDDEN
補助線_サンプル magenta HIDDEN

**6** 印刷しないアイコンに変更されます。

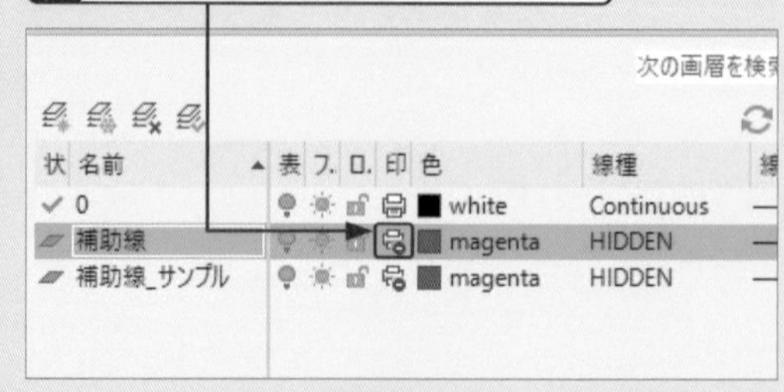
次の画層を検索
状 名前 表 フ. ロ. 印 色 線種
0 white Continuous
補助線 magenta HIDDEN
補助線_サンプル magenta HIDDEN

**7** [×] をクリックして閉じます。

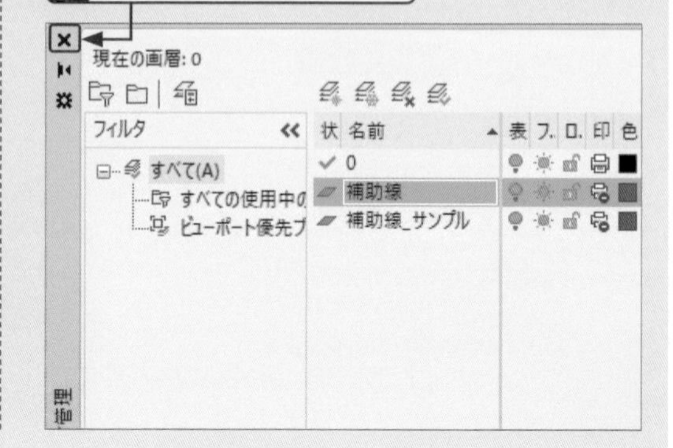
現在の画層: 0
フィルタ
すべて(A)
すべての使用中の
ビューポート優先
状 名前 表 フ. ロ. 印 色
0
補助線
補助線_サンプル

# Q195 各画層に書かれている図形を確認したい!

## A [画層閲覧]を実行します。

各画層に書かれている図形を確認するには、[画層閲覧]を実行します。リストから画層の表示/非表示を設定し、画層の図形を確認することができます。

サンプル▶195.dwg

1 [画層▼]をクリックします。

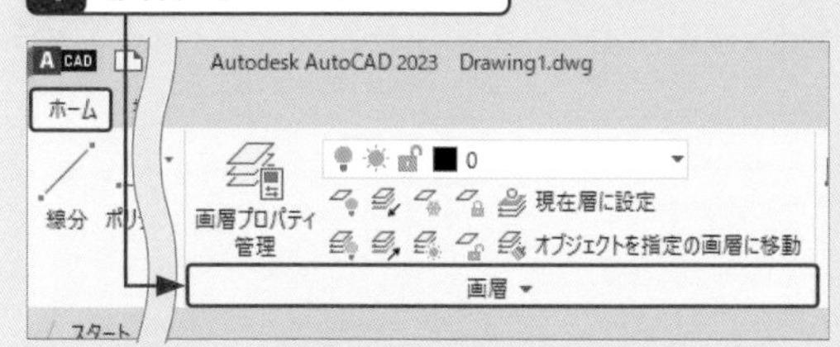
Autodesk AutoCAD 2023 Drawing1.dwg
ホーム
線分
画層プロパティ管理
現在層に設定
オブジェクトを指定の画層に移動
画層▼

2 [画層閲覧]をクリックします。

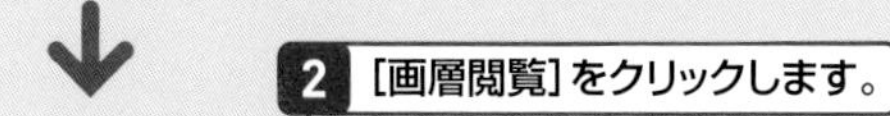

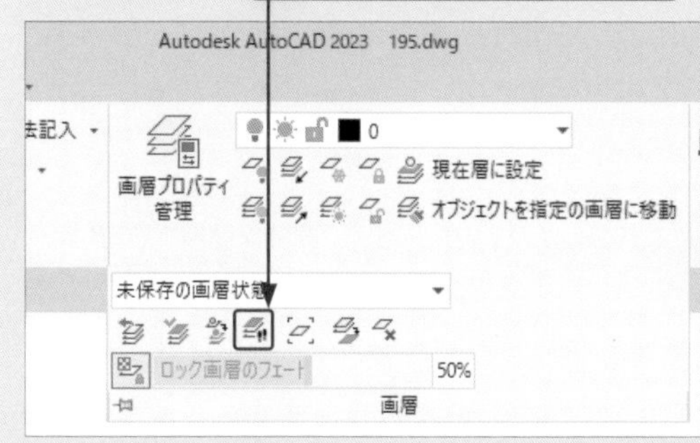
Autodesk AutoCAD 2023 195.dwg
画層プロパティ管理
現在層に設定
オブジェクトを指定の画層に移動
未保存の画層状態
ロック画層のフェード
50%
画層

3 画層の一覧が表示されます。

画層閲覧 - 画層: 5
フィルタ(F)
0
Defpoints
構造物
図枠
寸法
名前削除(P)
終了時に復元(R)
ヘルプ(H)
閉じる(C)

4 選択されている画層の図形が作図領域に表示されています。

5 一覧から画層をクリックして選択します。

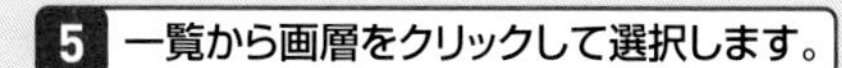

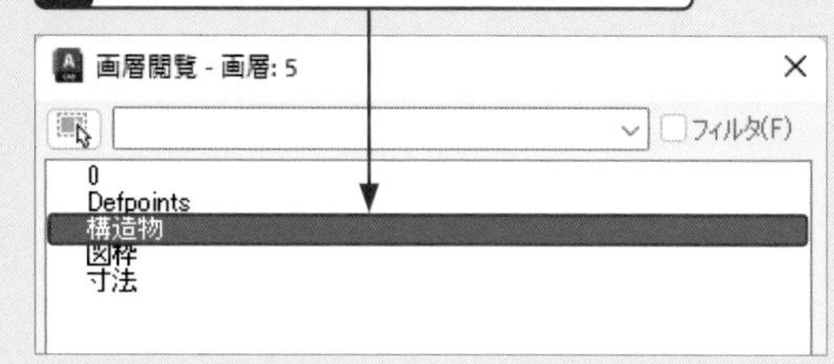
画層閲覧 - 画層: 5
フィルタ(F)
0
Defpoints
構造物
図枠
寸法

6 選択した画層の図形が表示されます。

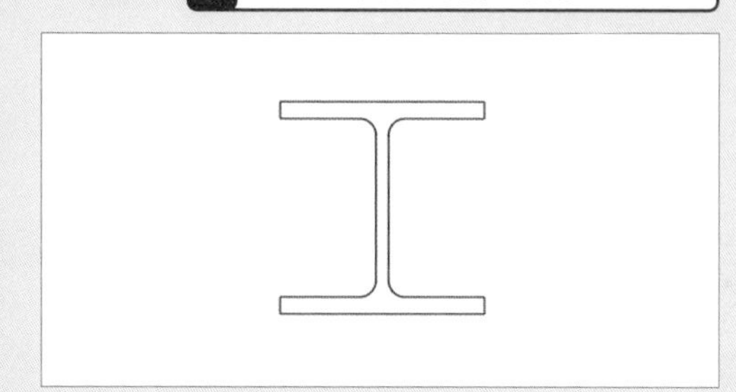

7 [終了時に復元]にチェックを入れ、

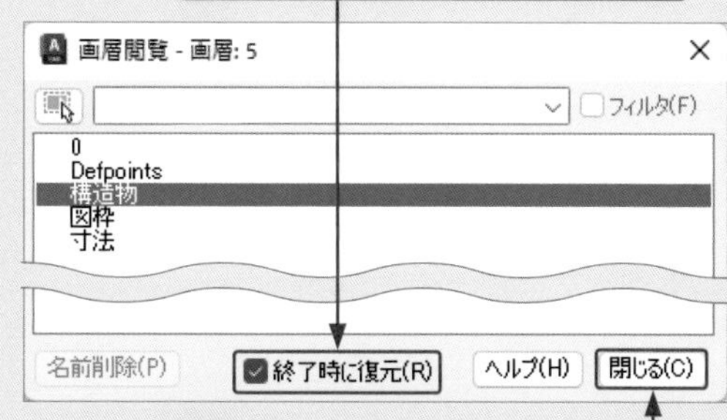
画層閲覧 - 画層: 5
フィルタ(F)
0
Defpoints
構造物
図枠
寸法
名前削除(P)
終了時に復元(R)
ヘルプ(H)
閉じる(C)

8 [閉じる]をクリックします。

9 画層の状態が[画層閲覧]の実行前に戻ります。

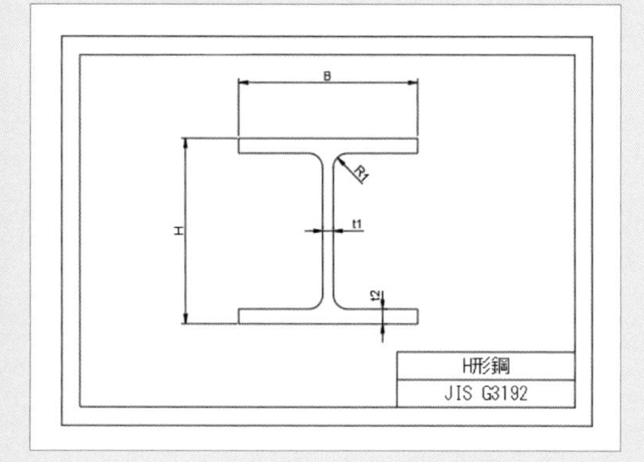
B
H
t1
t2
H形鋼
JIS G3192

# Q 196 画層をグループ化したい!

**A** グループフィルタを使用します。

画層をグループ化したい場合は、[画層プロパティ管理] を実行し、[グループフィルタを新規作成] を使用します。設定したフィルタはリボンの [画層] に反映することができます。 サンプル▶196.dwg

**1** [画層] をクリックし、図面ファイルに存在するすべての画層が表示されていることを確認します。

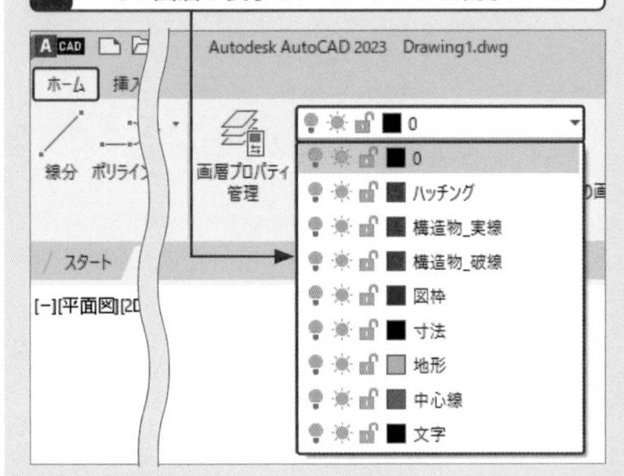

Autodesk AutoCAD 2023 Drawing1.dwg
ホーム
線分
ポリライン
画層プロパティ管理
0
ハッチング
構造物_実線
構造物_破線
図枠
寸法
地形
中心線
文字
スタート


**2** [画層プロパティ管理] をクリックします。

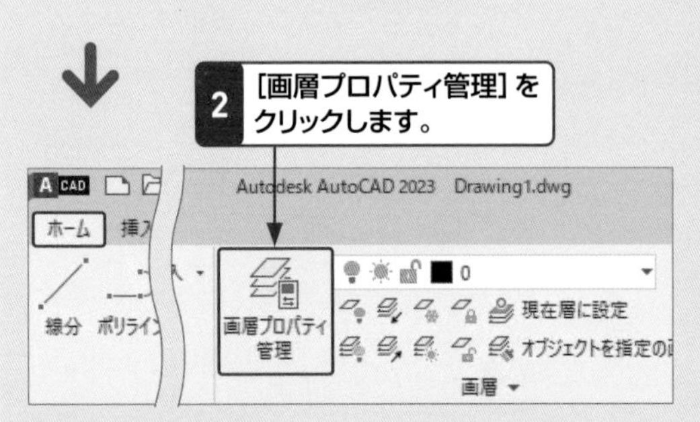

Autodesk AutoCAD 2023 Drawing1.dwg
ホーム
線分
ポリライン
画層プロパティ管理
現在層に設定
オブジェクトを指定の
画層


**3** [グループフィルタを新規作成] をクリックし、

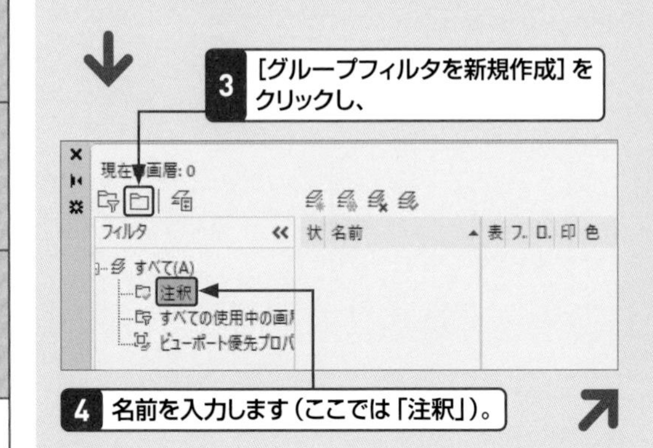

現在の画層: 0
フィルタ
状 名前
表 フ. ロ. 印 色
すべて(A)
注釈
すべての使用中の画
ビューポート優先プロパ


**4** 名前を入力します (ここでは「注釈」)。

**5** [すべて] をクリックします。

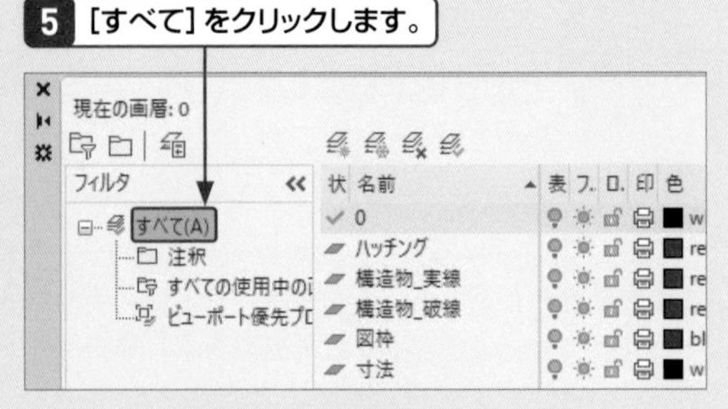

現在の画層: 0
フィルタ
すべて(A)
注釈
すべての使用中の
ビューポート優先プロ
状 名前
0
ハッチング
構造物_実線
構造物_破線
図枠
寸法

**6** グループ化したい画層を作成したフィルタへドラッグ&ドロップします。

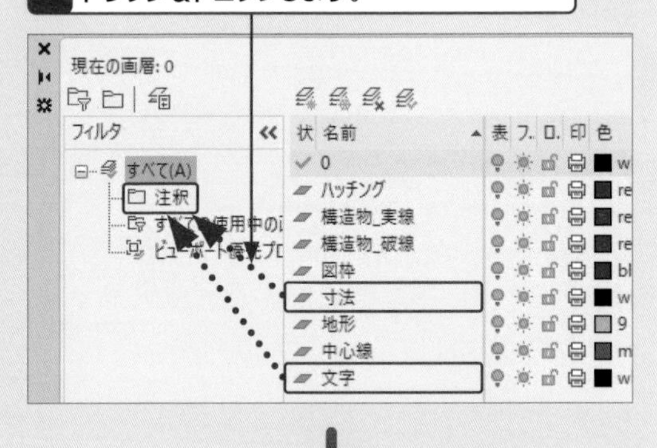

現在の画層: 0
フィルタ
すべて(A)
注釈
状 名前
0
ハッチング
構造物_実線
構造物_破線
図枠
寸法
地形
中心線
文字

**7** 作成したフィルタをクリックします。

**8** 画層が追加されていることを確認します。

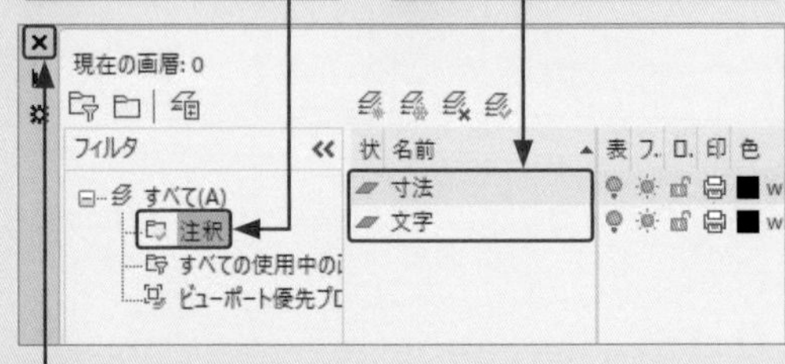

現在の画層: 0
フィルタ
すべて(A)
注釈
すべての使用中の
ビューポート優先プロ
状 名前
寸法
文字


**9** [×] をクリックして閉じます。

**10** フィルタの画層のみが表示されます。

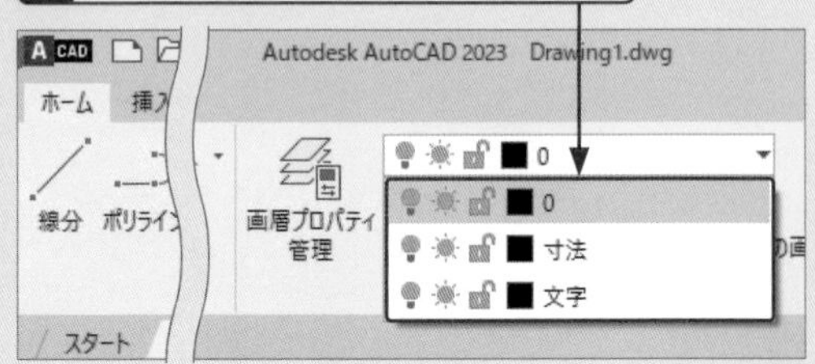

Autodesk AutoCAD 2023 Drawing1.dwg
ホーム
線分
ポリライン
画層プロパティ管理
0
寸法
文字
スタート

# Q197 画層を条件によってグループ化したい!

## A プロパティフィルタを使用します。

画層を条件によってグループ化したい場合は、[画層プロパティ管理]を実行し、[プロパティフィルタを新規作成]を使用します。設定したフィルタはリボンの[画層]に反映することができます。

サンプル▶197.dwg

1 [画層]をクリックし、図面ファイルに存在するすべての画層が表示されていることを確認します。

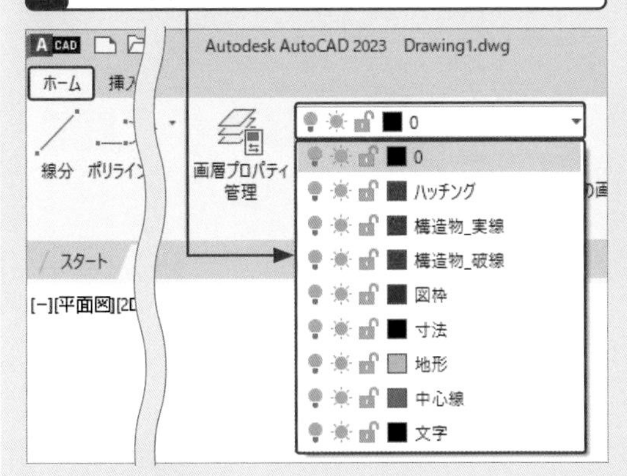

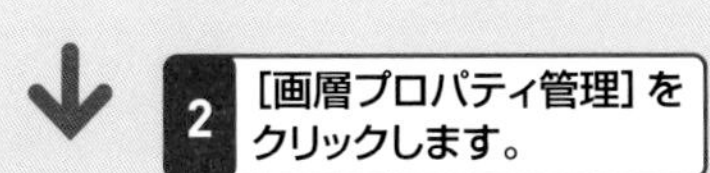

2 [画層プロパティ管理]をクリックします。

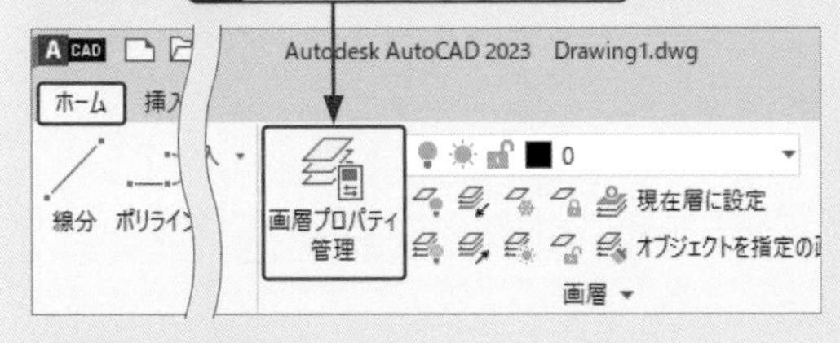

3 [プロパティフィルタを新規作成]をクリックします。

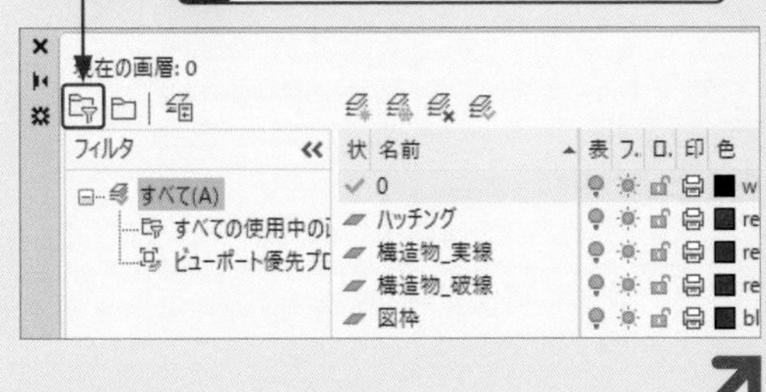

4 [フィルタ名]に名前を入力します(ここでは「赤」)。

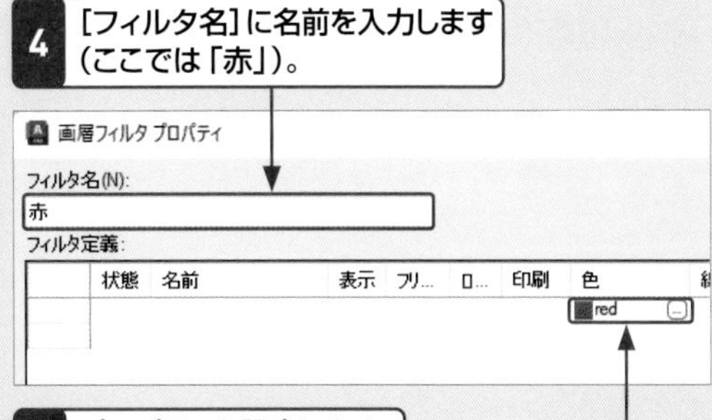

5 プロパティを設定します。

6 [OK]をクリックします。

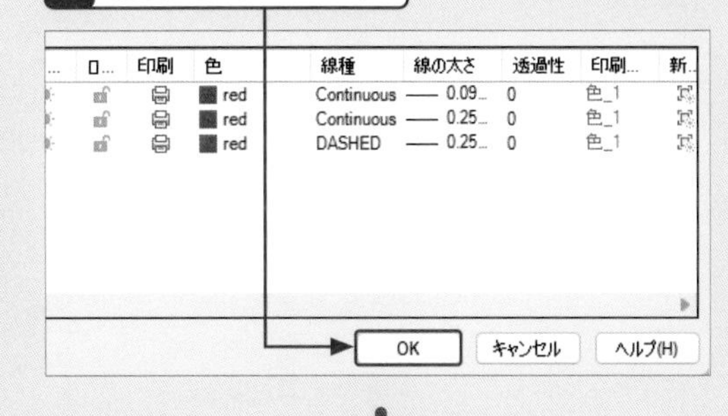

7 作成したフィルタをクリックし、

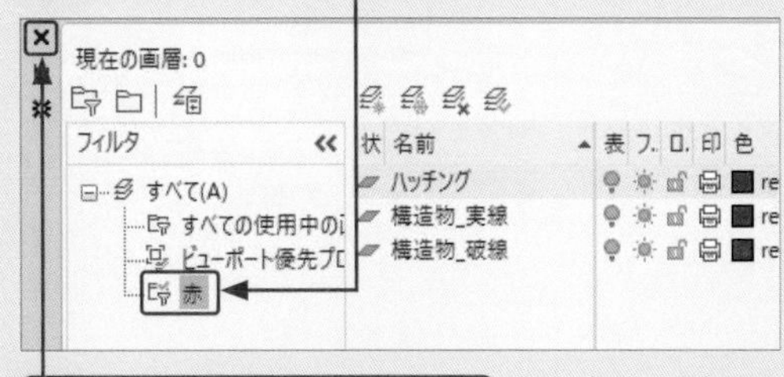

8 [×]をクリックして閉じます。

9 フィルタの画層のみが表示されます。

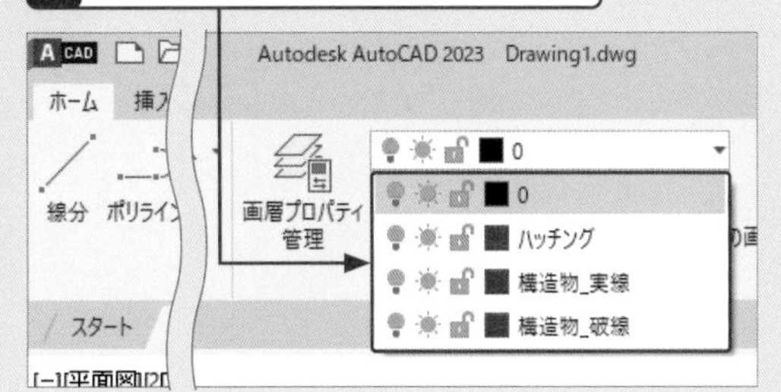

# Q198 外部参照の画層をリボンに表示したくない！

## A [画層プロパティ管理]の[フィルタを反転]を使用します。

外部参照の画層をリボンに表示したくない場合は、[画層プロパティ管理]でフィルタから［外部参照］を選択し、[フィルタを反転]にチェックを入れます。

サンプル ▶ 198.dwg

**1** ［画層］をクリックし、図面ファイルに存在するすべての画層が表示されていることを確認します。

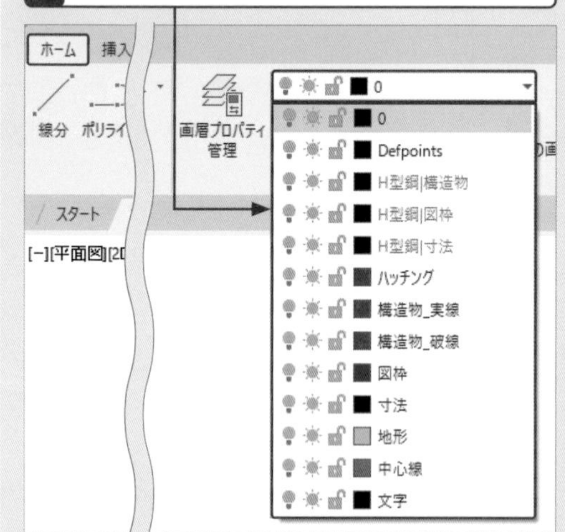
ホーム
挿入
線分
ポリライ
画層プロパティ
管理
0
Defpoints
H型鋼|構造物
H型鋼|図枠
H型鋼|寸法
ハッチング
構造物_実線
構造物_破線
図枠
寸法
地形
中心線
文字
スタート
[−][平面図][2D

**2** ［画層プロパティ管理］をクリックします。

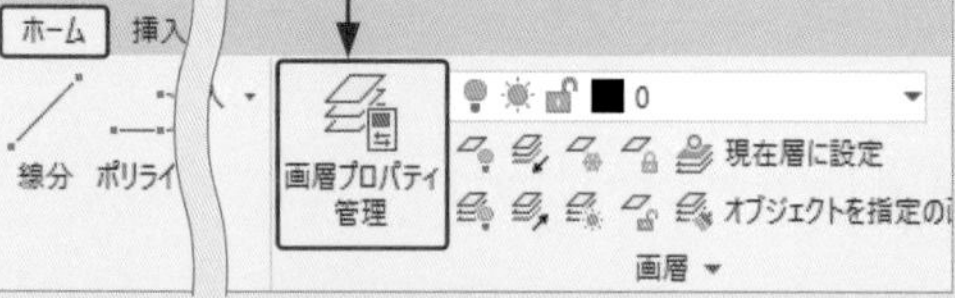
ホーム
挿入
線分
ポリライ
画層プロパティ
管理
0
現在層に設定
オブジェクトを指定の
画層

**3** ［外部参照］をクリックします。

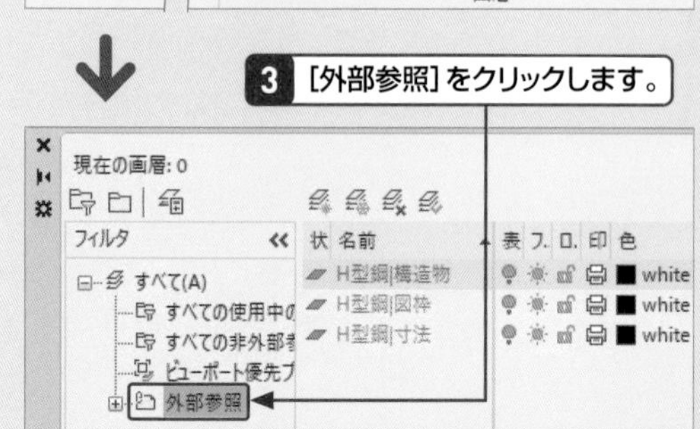
現在の画層: 0
フィルタ
すべて(A)
すべての使用中の
すべての非外部参
ビューポート優先フ
外部参照
状
名前
表
フ.
ロ.
印
色
H型鋼|構造物
H型鋼|図枠
H型鋼|寸法
white
white
white

**4** ［フィルタを反転］にチェックを入れます。

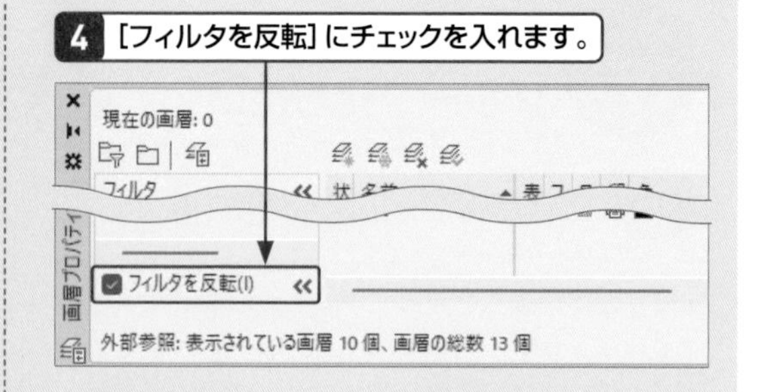
現在の画層: 0
フィルタ
画層プロパティ
フィルタを反転(I)
外部参照: 表示されている画層 10 個、画層の総数 13 個

**5** 外部参照以外の画層が表示されます。

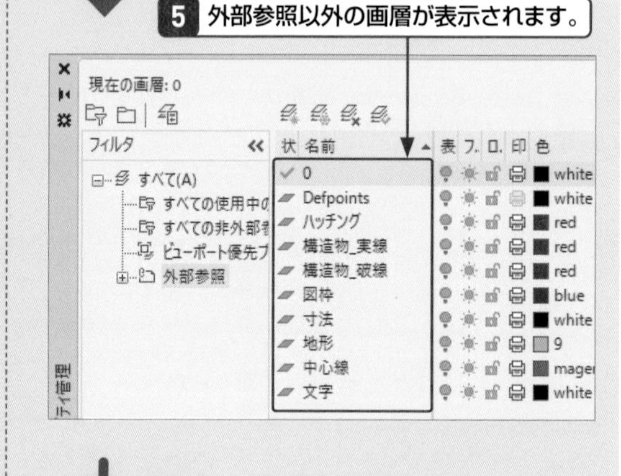
現在の画層: 0
フィルタ
すべて(A)
すべての使用中の
すべての非外部参
ビューポート優先フ
外部参照
状
名前
表
フ.
ロ.
印
色
0
Defpoints
ハッチング
構造物_実線
構造物_破線
図枠
寸法
地形
中心線
文字
white
white
red
red
red
blue
white
9
white
ティ管理

**6** ［×］をクリックして閉じます。

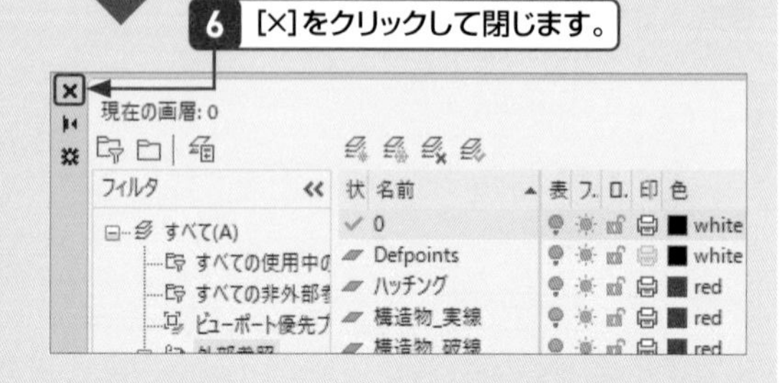
現在の画層: 0
フィルタ
すべて(A)
すべての使用中の
すべての非外部参
ビューポート優先フ
状
名前
表
フ.
ロ.
印
色
0
Defpoints
ハッチング
構造物_実線
white
white
red
red

**7** 外部参照の画層以外が表示されます。

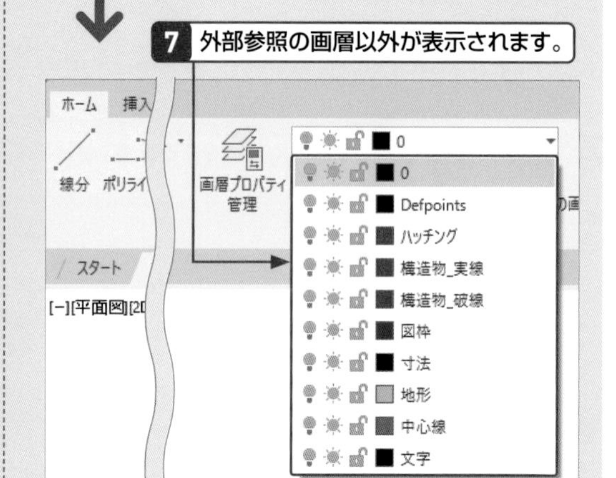
ホーム
挿入
線分
ポリライ
画層プロパティ
管理
0
Defpoints
ハッチング
構造物_実線
構造物_破線
図枠
寸法
地形
中心線
文字
スタート
[−][平面図][2D

AutoCADの概要
基本操作
線の作図と編集
図形の作図と挿入
図形の変形と移動
図形の選択と削除
画層とプロパティ
文字の作成
寸法の作成
注釈の作成
数値計測とブロック図形
レイアウトと印刷

# Q 199 図形が編集されないようにしたい！

## A 画層をロックします。

図形が編集されないようにするには、画層をロックします。ロックした画層の図形にカーソルを近づけると、鍵のマークが表示されます。 サンプル ▶ 199.dwg

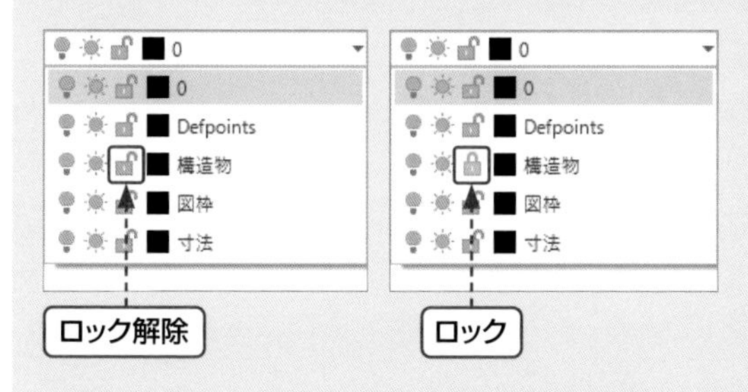

0
Defpoints
構造物
図枠
寸法
ロック解除
ロック


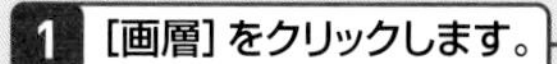

1 ［画層］をクリックします。

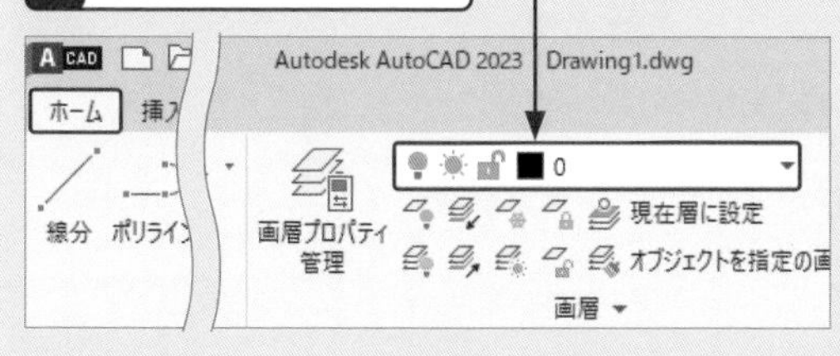

Autodesk AutoCAD 2023 Drawing1.dwg
ホーム
線分
ポリライン
画層プロパティ管理
現在層に設定
オブジェクトを指定の画
画層

2 ［画層をロックまたはロック解除］をクリックします。

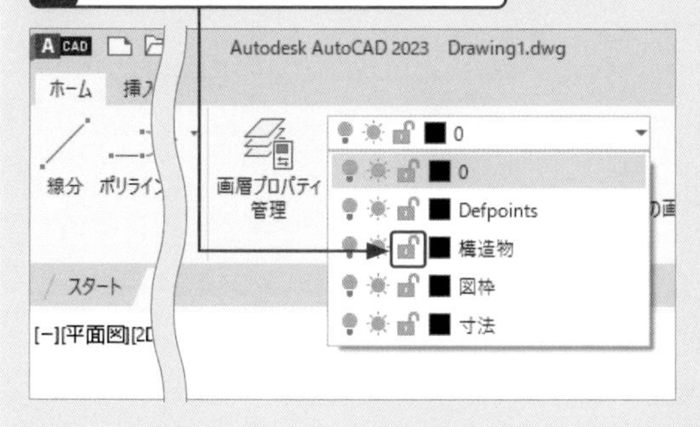

Autodesk AutoCAD 2023 Drawing1.dwg
ホーム
線分
ポリライン
画層プロパティ管理
0
Defpoints
構造物
図枠
寸法
スタート
[−][平面図][2D

3 画層がロックされます。

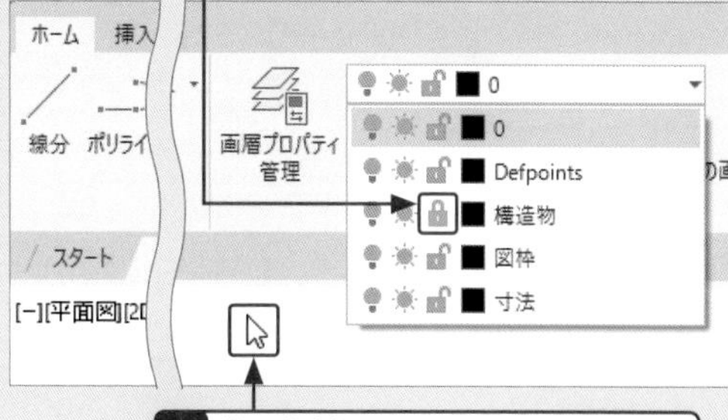

ホーム
線分
画層プロパティ管理
0
Defpoints
構造物
図枠
寸法
スタート


4 作図領域をクリックして、［画層］を閉じます。

5 ロックした画層の図形にカーソルを近付けると、鍵のマークが表示されます。

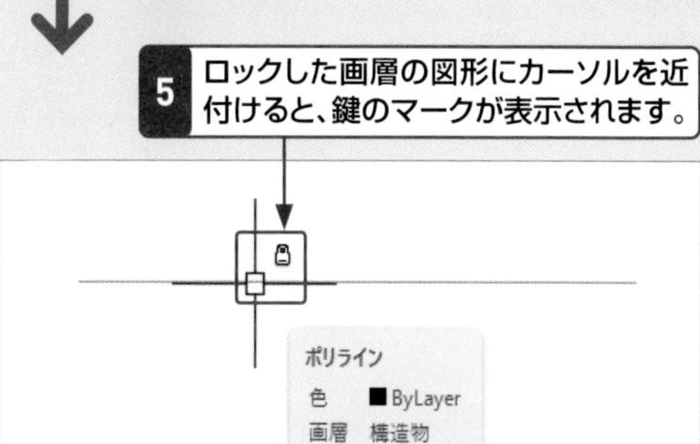

ポリライン
色 ByLayer
画層 構造物
線種 ByLayer

6 ［画層をロックまたはロック解除］をクリックします。

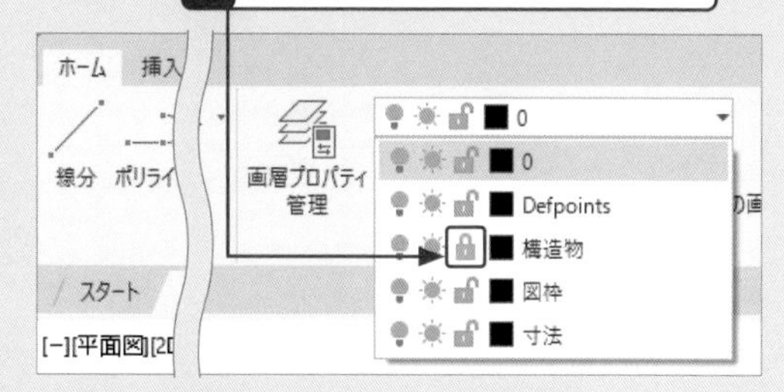

ホーム
線分
画層プロパティ管理
0
Defpoints
構造物
図枠
寸法
スタート

7 画層がロック解除されます。

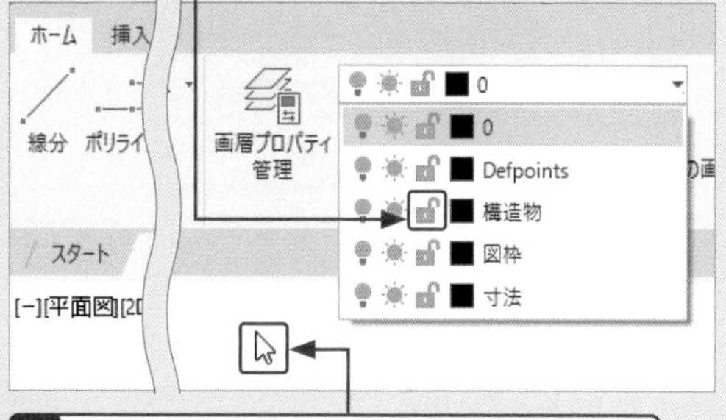

ホーム
線分
画層プロパティ管理
0
Defpoints
構造物
図枠
寸法
スタート


8 作図領域をクリックして、［画層］を閉じます。

AutoCAD の概要 / 基本操作 / 線の作図と編集 / 図形の作図と挿入 / 図形の変形と移動 / 図形の選択と削除 / 画層とプロパティ / 文字の作成 / 寸法の作成 / 注釈の作成 / 数値計測とブロック図形 / レイアウトと印刷

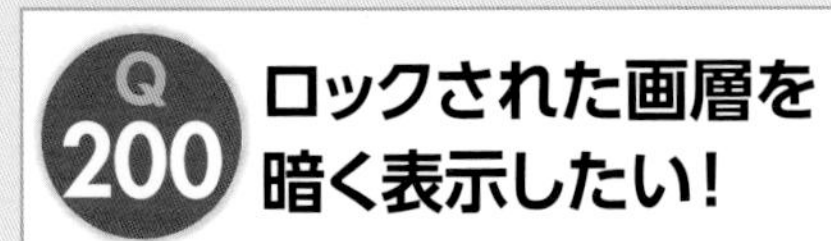

# Q 200 ロックされた画層を暗く表示したい!

## A [ロック画層のフェード]を設定します。

ロックされた画層を暗く表示(フェード表示)したい場合は、[ロック画層のフェード]をオンにし、フェード率をコントロールします。　サンプル ▶ 200.dwg

1 [画層]をクリックします。

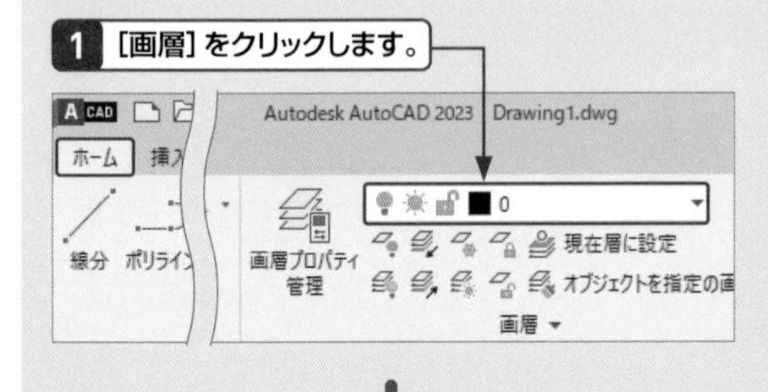

Autodesk AutoCAD 2023　Drawing1.dwg
ホーム
挿入
線分
ポリライン
画層プロパティ管理
0
現在層に設定
オブジェクトを指定の画
画層


2 [画層をロックまたはロック解除]をクリックします。

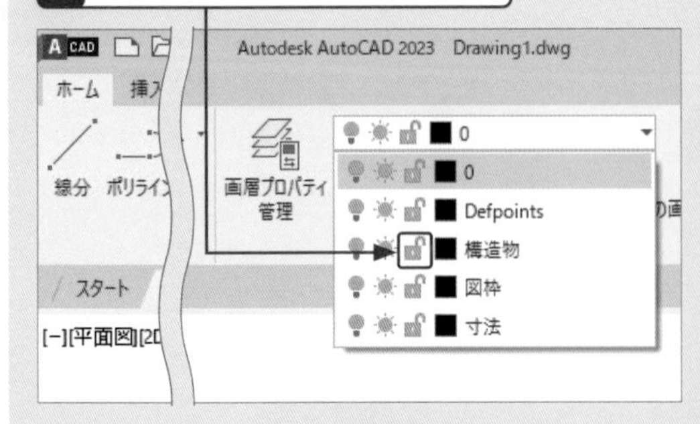

Autodesk AutoCAD 2023　Drawing1.dwg
ホーム
線分
ポリライン
画層プロパティ管理
0
Defpoints
構造物
図枠
寸法
スタート
[-][平面図][2D


3 画層がロックされます。

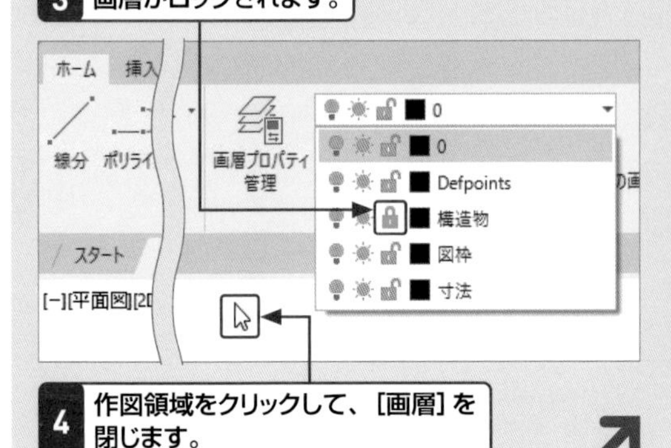

ホーム
挿入
線分
ポリライン
画層プロパティ管理
0
Defpoints
構造物
図枠
寸法
スタート
[-][平面図][2D


4 作図領域をクリックして、[画層]を閉じます。

5 [画層▼]をクリックします。

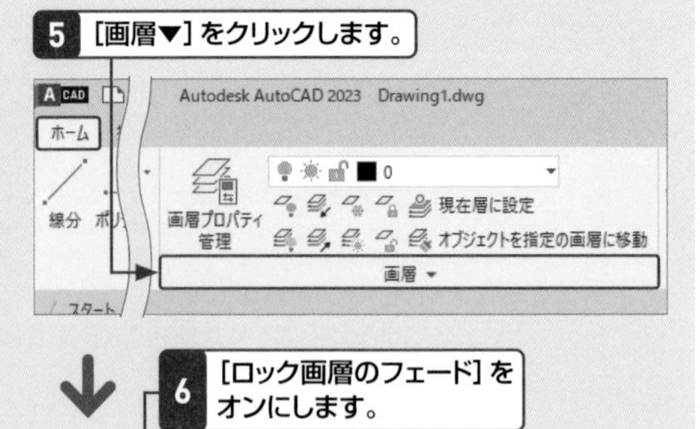

Autodesk AutoCAD 2023　Drawing1.dwg
ホーム
線分
画層プロパティ管理
0
現在層に設定
オブジェクトを指定の画層に移動
画層
スタート


6 [ロック画層のフェード]をオンにします。

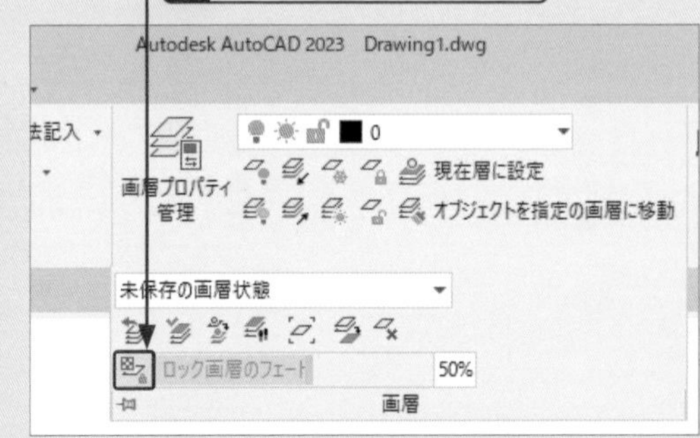

Autodesk AutoCAD 2023　Drawing1.dwg
寸法記入
画層プロパティ管理
0
現在層に設定
オブジェクトを指定の画層に移動
未保存の画層状態
ロック画層のフェード
50%
画層


7 [ロック画層のフェード]のフェード率を入力します(ここでは「70」)。

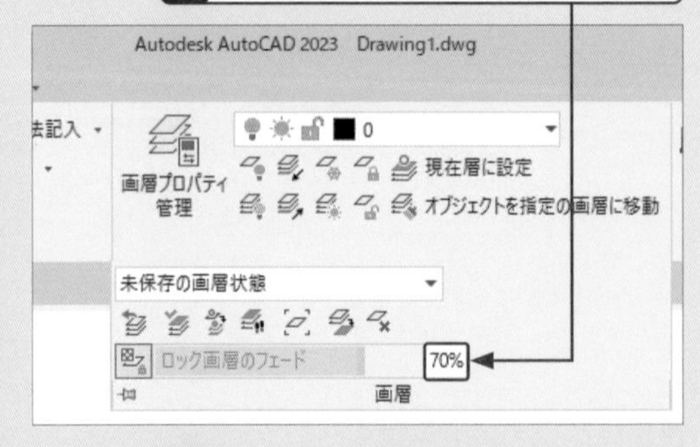

Autodesk AutoCAD 2023　Drawing1.dwg
寸法記入
画層プロパティ管理
0
現在層に設定
オブジェクトを指定の画層に移動
未保存の画層状態
ロック画層のフェード
70%
画層


8 ロックした画層の図形が暗く表示(フェード表示)されます。

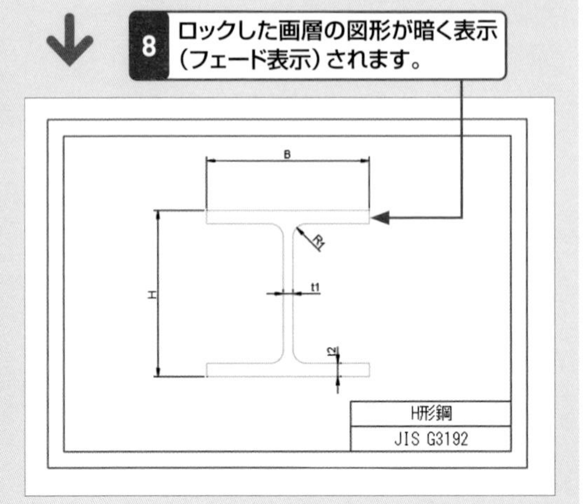

B
R1
t1
H
t2
H形鋼
JIS G3192


AutoCADの概要
基本操作
線の作図と編集
図形の作図と挿入
図形の変形と移動
図形の選択と削除
画層とプロパティ
文字の作成
寸法の作成
注釈の作成
数値計測とブロック図形
レイアウトと印刷

# Q 201 画層の一覧をExcelに貼り付けたい！

## A [画層プロパティ管理]を使用します。

画層の一覧をExcelに貼り付けるには、[画層プロパティ管理]で画層のリストをCtrlキー＋Cキーでコピーし、Excelに貼り付けます。 サンプル▶201.dwg

1 [画層プロパティ管理]をクリックします。

2 画層をすべて選択します。

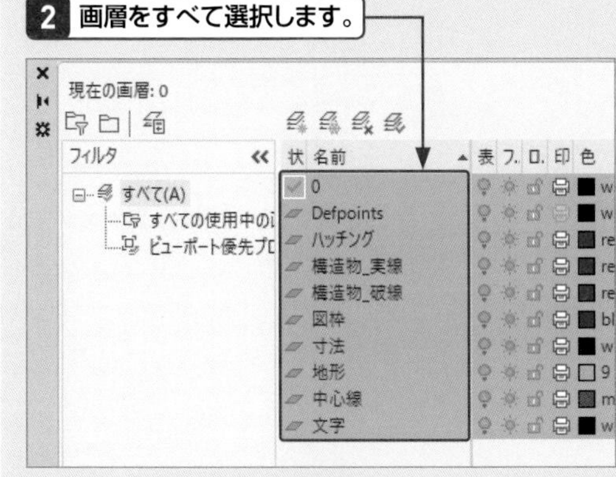

3 Ctrl＋Cキーを押して、コピーします。

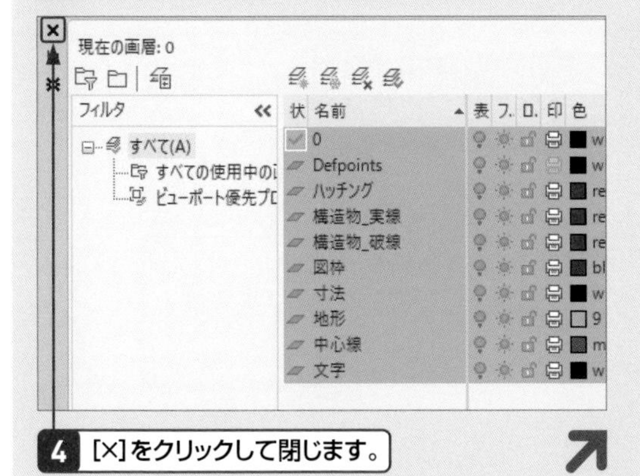

4 [×]をクリックして閉じます。

5 Excelを起動し、貼り付けるファイルを開きます。

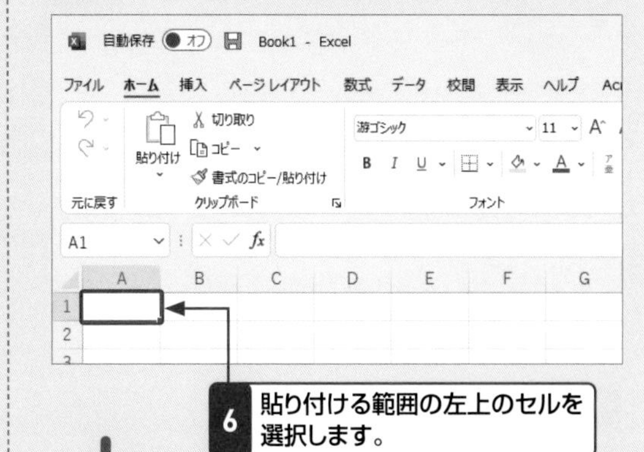

6 貼り付ける範囲の左上のセルを選択します。

7 [貼り付け]をクリックします。

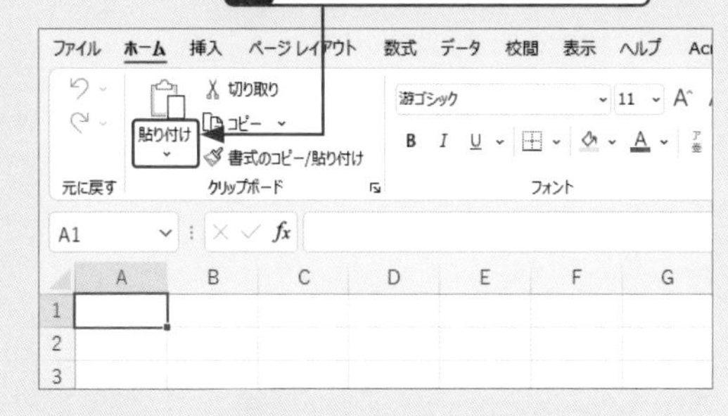

8 [貼り付け先の書式に合わせる]をクリックします。

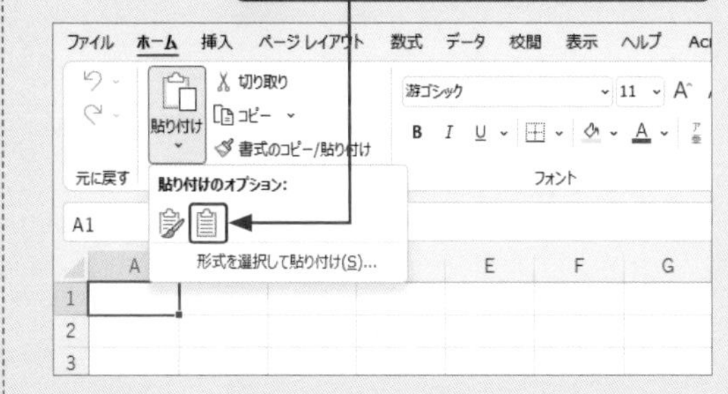

9 画層のリストが貼り付けられます。

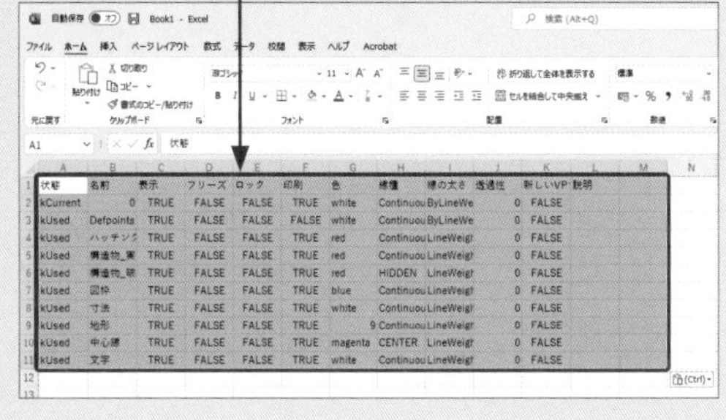

プロパティ　重要度 ★★★

## Q 202 プロパティとは？

**A 画層や色・線種など図形が保持する情報です。**

プロパティとは、画層や色、線種など、図形が保持する情報です。図形の種類別に特殊なプロパティもあります。[オブジェクトプロパティ管理] などで変更することが可能です。

サンプル ▶ 202.dwg

1 [表示] タブをクリックします。

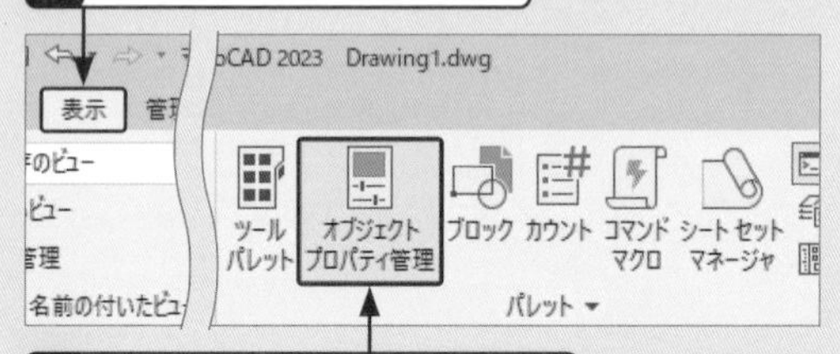
oCAD 2023　Drawing1.dwg
表示
管理
ツール パレット
オブジェクト プロパティ管理
ブロック
カウント
コマンド マクロ
シート セット マネージャ
名前の付いたビュー
パレット

2 [オブジェクトプロパティ管理] をクリックしてオンにします。

3 図形をクリックして選択します。

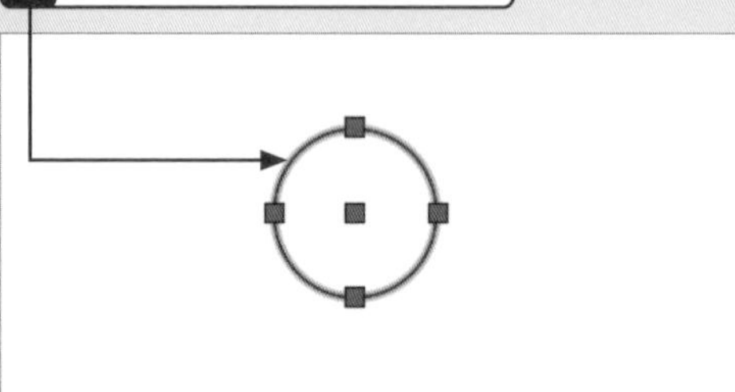

4 さまざまなプロパティが表示されます。

円
一般
色　ByLayer
画層　構造物_実線
線種　ByLayer
線種尺度　1
印刷スタイル　ByColor
線の太さ　ByLayer
透過性　ByLayer
ハイパーリンク
厚さ　0
3D 表示
マテリアル　ByLayer
プロパティ

プロパティ　重要度 ★★★

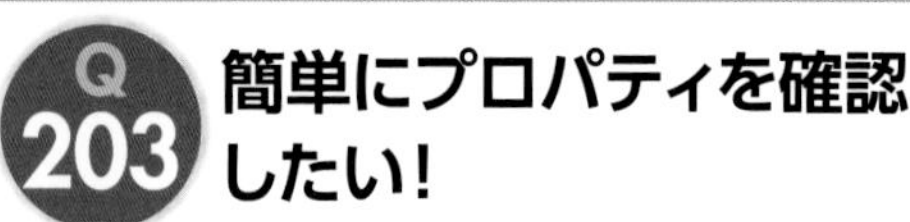

## Q 203 簡単にプロパティを確認したい！

**A [ロールオーバーツールチップを表示] を設定します。**

簡単にプロパティを確認するには、[ロールオーバーツールチップを表示] を設定すると、カーソルを図形に近づけたときに、プロパティが表示されます。

サンプル ▶ 203.dwg

1 [アプリケーションメニュー] をクリックし、

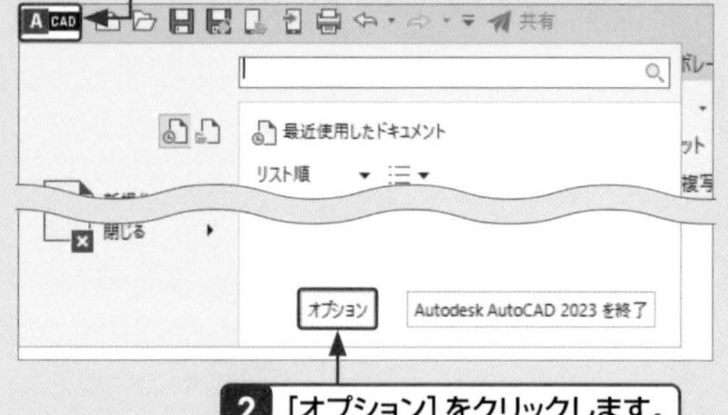
共有
最近使用したドキュメント
リスト順
閉じる
オプション
Autodesk AutoCAD 2023 を終了

2 [オプション] をクリックします。

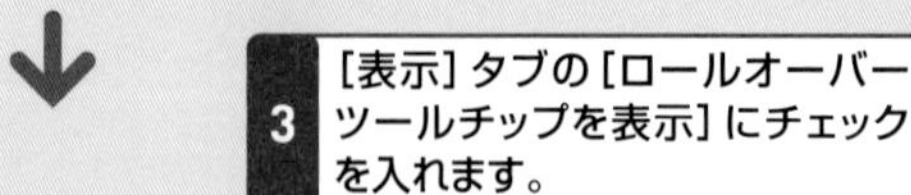

3 [表示] タブの [ロールオーバーツールチップを表示] にチェックを入れます。

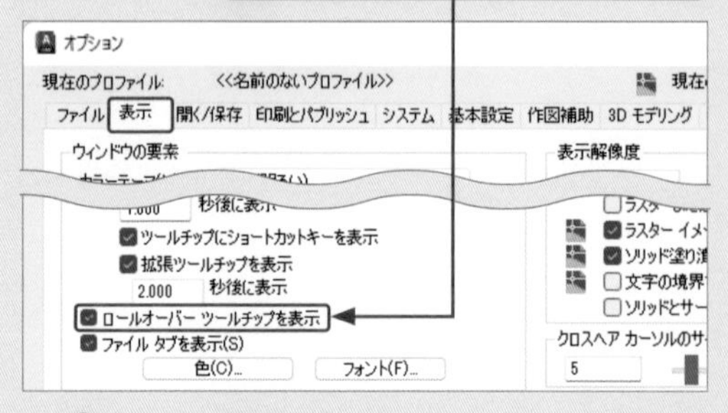
オプション
現在のプロファイル:　<<名前のないプロファイル>>
ファイル　表示　開く/保存　印刷とパブリッシュ　システム　基本設定　作図補助　3D モデリング
ウィンドウの要素
表示解像度
秒後に表示
ツールチップにショートカットキーを表示
拡張ツールチップを表示
2.000　秒後に表示
ロールオーバー ツールチップを表示
ファイル タブを表示(S)
色(C)...
フォント(F)...
ラスター イメ
ソリッド塗り
文字の境界
ソリッドとサー
クロスヘア カーソルのサ

4 図形にカーソルを近づけます。

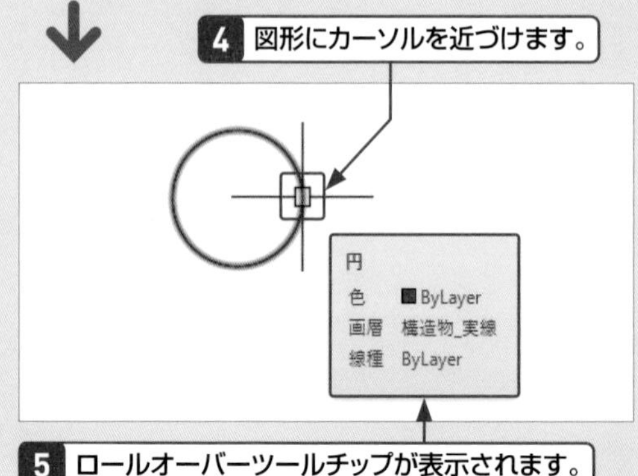
円
色　ByLayer
画層　構造物_実線
線種　ByLayer

5 ロールオーバーツールチップが表示されます。

プロパティ　重要度★★★

## Q 204 作成する図形の色を設定したい!

**A** コマンドの実行前に[オブジェクトの色]を設定します。

作成する図形の色を設定するには、コマンドの実行前に[オブジェクトの色]を設定します。

参照▶Q 216,324　サンプル▶204.dwg

1 [オブジェクトの色]をクリックし、

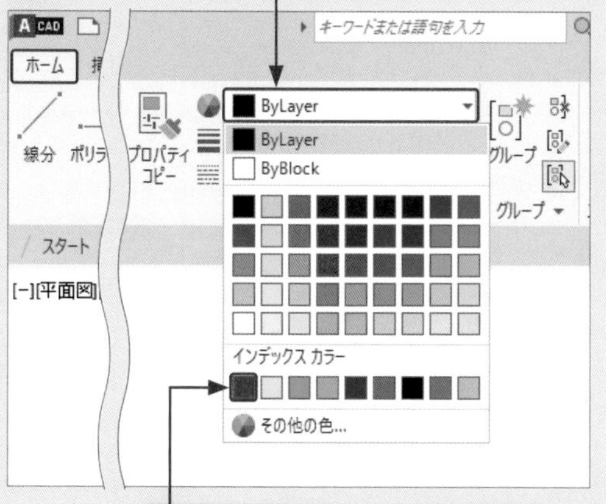
キーワードまたは語句を入力
ホーム
線分
ポリライ
プロパティコピー
ByLayer
ByLayer
ByBlock
インデックス カラー
その他の色...
グループ
スタート
[-][平面図]

2 色を設定します(ここでは[赤])。

3 作成コマンドを実行します(ここでは[線分])。

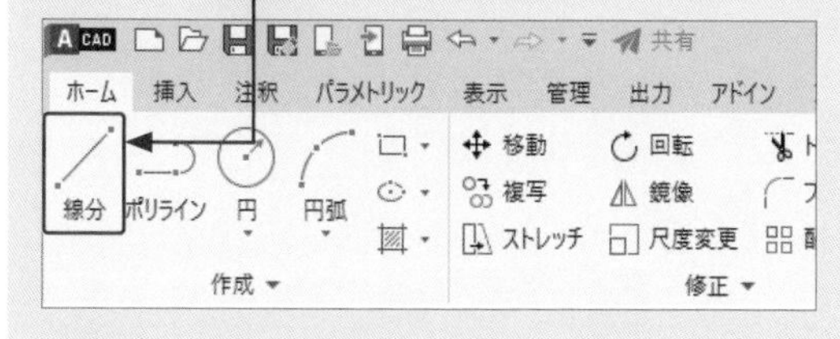
共有
ホーム
挿入
注釈
パラメトリック
表示
管理
出力
アドイン
線分
ポリライン
円
円弧
移動
回転
複写
鏡像
ストレッチ
尺度変更
作成
修正

4 設定した色で図形が作成されます。

プロパティ　重要度★★★

## Q 205 作成した図形の色を変更したい!

**A** 図形を選択して[オブジェクトの色]を変更します。

作成した図形の色を変更するには、図形を選択し、[オブジェクトの色]を設定します。

参照▶Q 216,324　サンプル▶205.dwg

1 図形をクリックして選択します。

2 [オブジェクトの色]をクリックし、

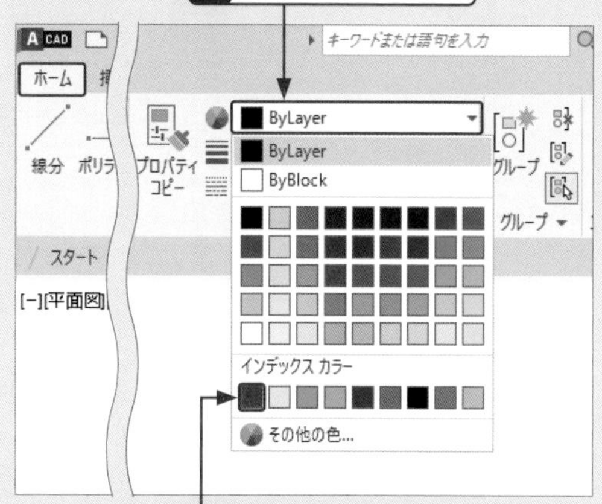
キーワードまたは語句を入力
ホーム
線分
ポリライ
プロパティコピー
ByLayer
ByLayer
ByBlock
インデックス カラー
その他の色...
グループ
スタート
[-][平面図]

3 色を設定します(ここでは[赤])。

4 Escキーを押して図形の選択を解除します。

5 図形の色が変更されます。

## Q 206 RGB色を指定したい！

**A** [色選択]ダイアログの[True Color]タブで選択します。

RGB色を指定するには、[色選択]ダイアログの[True Color]タブで、赤／緑／青の番号を設定します。

参照▶Q 370 サンプル▶206.dwg

1 [表示]タブをクリックします。

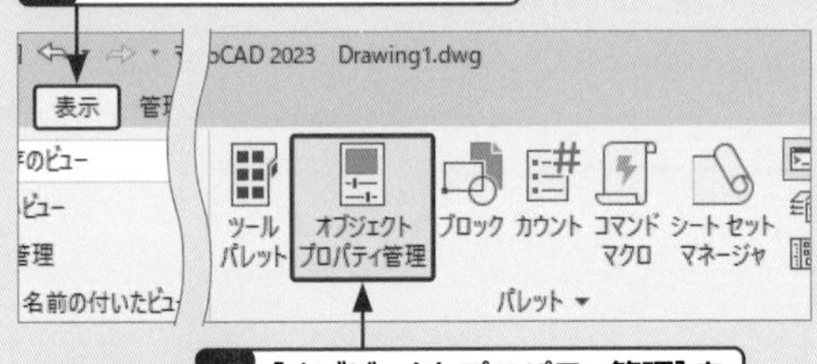

oCAD 2023　Drawing1.dwg
表示
ツール パレット
オブジェクト プロパティ管理
ブロック
カウント
コマンド マクロ
シート セット マネージャ
名前の付いたビュー
パレット


2 [オブジェクトプロパティ管理]をクリックしてオンにします。

3 図形をクリックして選択し、

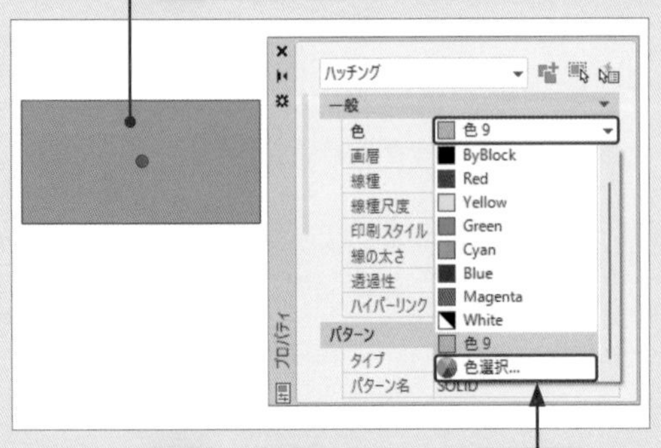

ハッチング
一般
色
色 9
画層
線種
線種尺度
印刷スタイル
線の太さ
透過性
ハイパーリンク
ByBlock
Red
Yellow
Green
Cyan
Blue
Magenta
White
パターン
タイプ
パターン名
色選択...
プロパティ


4 [色]をクリックし、[色選択]を選択します。

5 [True Color]タブをクリックします。

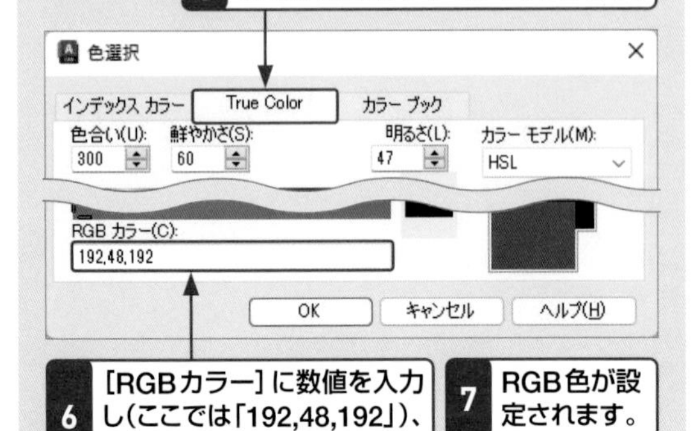

色選択
インデックス カラー
True Color
カラー ブック
色合い(U):
300
鮮やかさ(S):
60
明るさ(L):
47
カラー モデル(M):
HSL
RGB カラー(C):
192,48,192
OK
キャンセル
ヘルプ(H)


6 [RGBカラー]に数値を入力し(ここでは「192,48,192」)、[OK]をクリックします。

7 RGB色が設定されます。

プロパティ　重要度 ★★★

## Q 207 色を透明にしたい！

**A** プロパティパレットの[透明性]を設定します。

色を透明にするには、プロパティパレットの[透明性]を設定します。

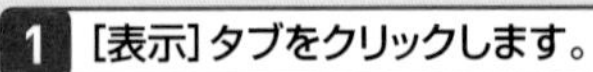
参照▶Q 048 サンプル▶207.dwg

1 [表示]タブをクリックします。

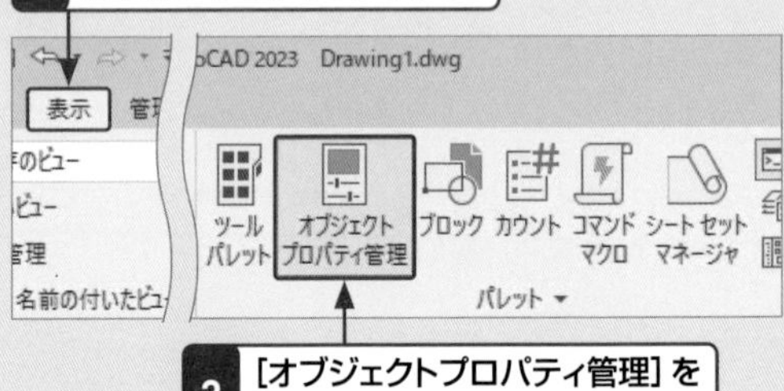

oCAD 2023　Drawing1.dwg
表示
ツール パレット
オブジェクト プロパティ管理
ブロック
カウント
コマンド マクロ
シート セット マネージャ
名前の付いたビュー
パレット


2 [オブジェクトプロパティ管理]をクリックしてオンにします。

3 図形をクリックして選択し、

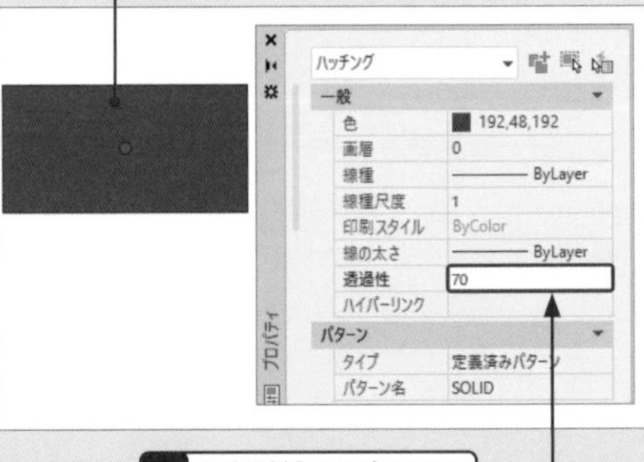

ハッチング
一般
色
192,48,192
画層
0
線種
ByLayer
線種尺度
1
印刷スタイル
ByColor
線の太さ
ByLayer
透過性
70
ハイパーリンク
パターン
タイプ
定義済みパターン
パターン名
SOLID
プロパティ


4 [透明性]を入力します(ここでは「70」)。

5 Escキーを押して選択を解除します。

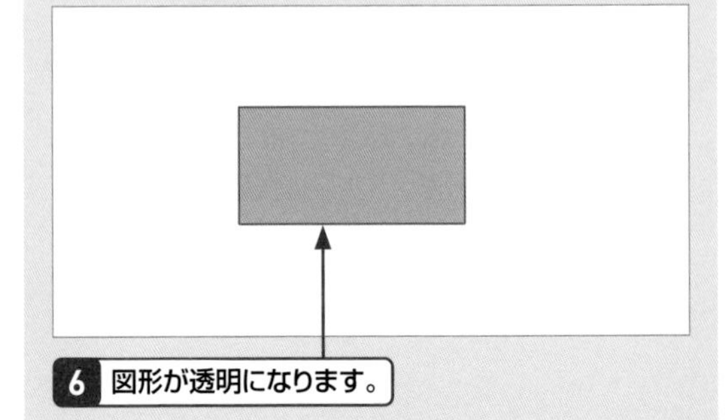

6 図形が透明になります。

AutoCADの概要
基本操作
線の作図と編集
図形の作図と挿入
図形の変形と移動
図形の選択と削除
画層とプロパティ
文字の作成
寸法の作成
注釈の作成
数値計測とブロック図形
レイアウトと印刷

プロパティ　重要度 ★★★

# Q 208 作成する図形の線種を設定したい！

**A** コマンドの実行前に［線種］を設定します。

作成する図形の線種を設定するには、コマンドの実行前に［線種］を設定します。

参照▶Q 216,324 サンプル▶208.dwg

**1** ［線種］をクリックします。

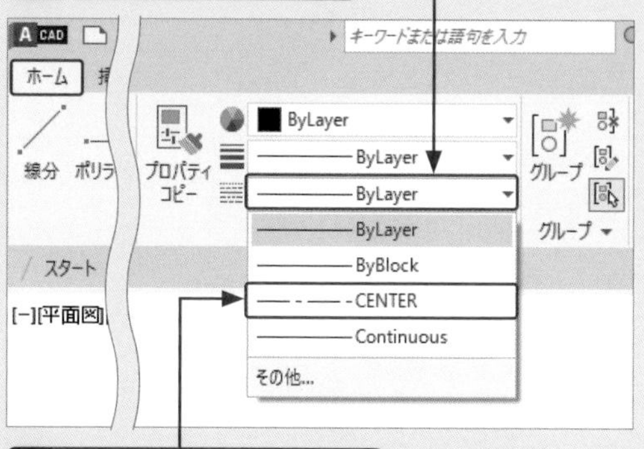
キーワードまたは語句を入力
ホーム
線分
ポリラ
プロパティ
コピー
ByLayer
ByLayer
ByLayer
ByLayer
ByBlock
CENTER
Continuous
その他...
グループ
スタート
[−][平面図]

**2** 線種を設定します（ここでは［CENTER］）。

**3** 作成コマンドを実行します（ここでは［線分］）。

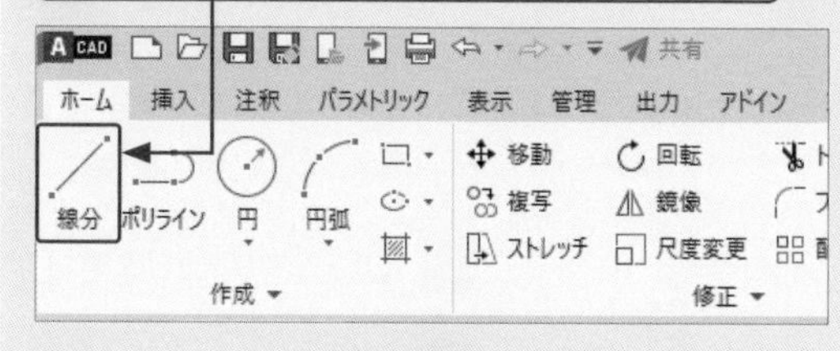
共有
ホーム
挿入
注釈
パラメトリック
表示
管理
出力
アドイン
線分
ポリライン
円
円弧
移動
回転
複写
鏡像
ストレッチ
尺度変更
作成
修正

**4** 設定した線種で図形が作成されます。

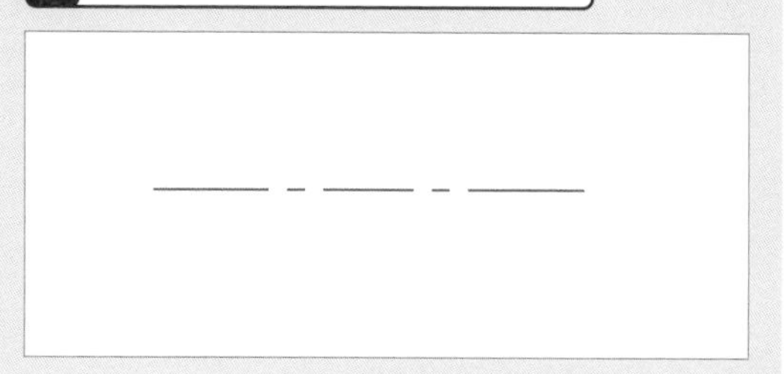

プロパティ　重要度 ★★★

# Q 209 作成した図形の線種を変更したい！

**A** 図形を選択して［線種］を変更します。

作成した図形の線種を変更するには、図形を選択し、［線種］を設定します。

参照▶Q 216,324 サンプル▶209.dwg

**1** 図形をクリックして選択します。

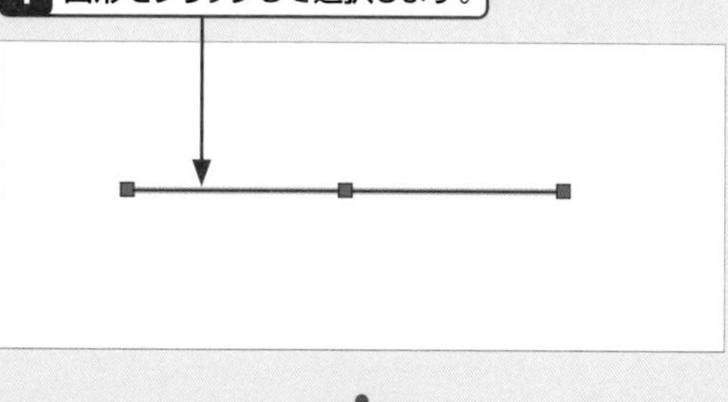

**2** ［線種］をクリックします。

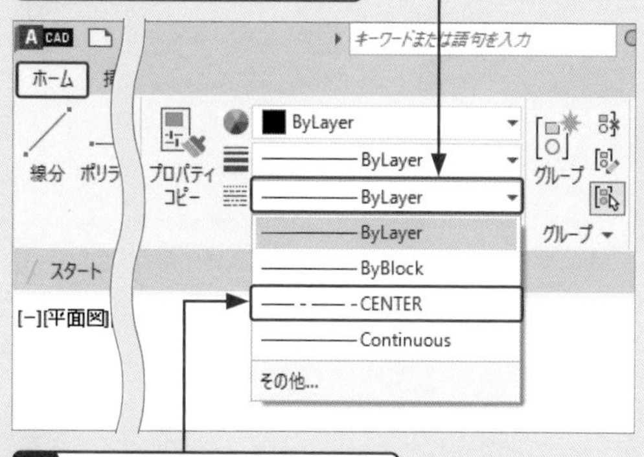
キーワードまたは語句を入力
ホーム
線分
ポリラ
プロパティ
コピー
ByLayer
ByLayer
ByLayer
ByLayer
ByBlock
CENTER
Continuous
その他...
グループ
スタート
[−][平面図]

**3** 線種を設定します（ここでは［CENTER］）。

**4** Escキーを押して図形の選択を解除します。

**5** 図形の線種が変更されます。

# Q 210 選択したい線種がない!

## A 線種をロードします。

選択したい線種がない場合は、線種ファイルから線種をロードする必要があります。メートル単位の線種は[acadiso.lin]、「CAD製図基準(案)平成16年6月国土交通省」に準拠するには[sxf.lin]を選択してください。

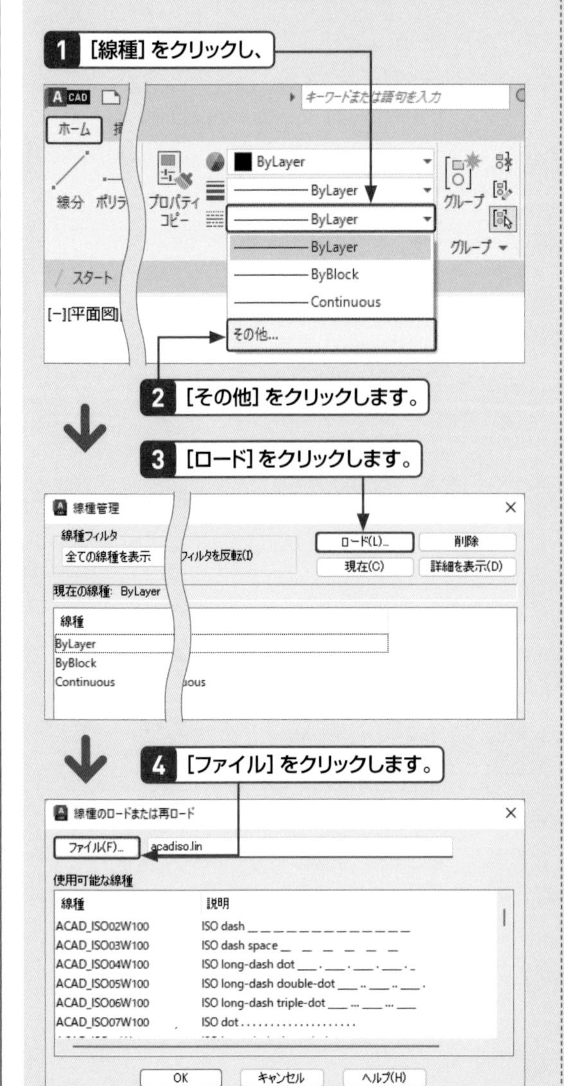
1 [線種]をクリックし、
2 [その他]をクリックします。
3 [ロード]をクリックします。
4 [ファイル]をクリックします。

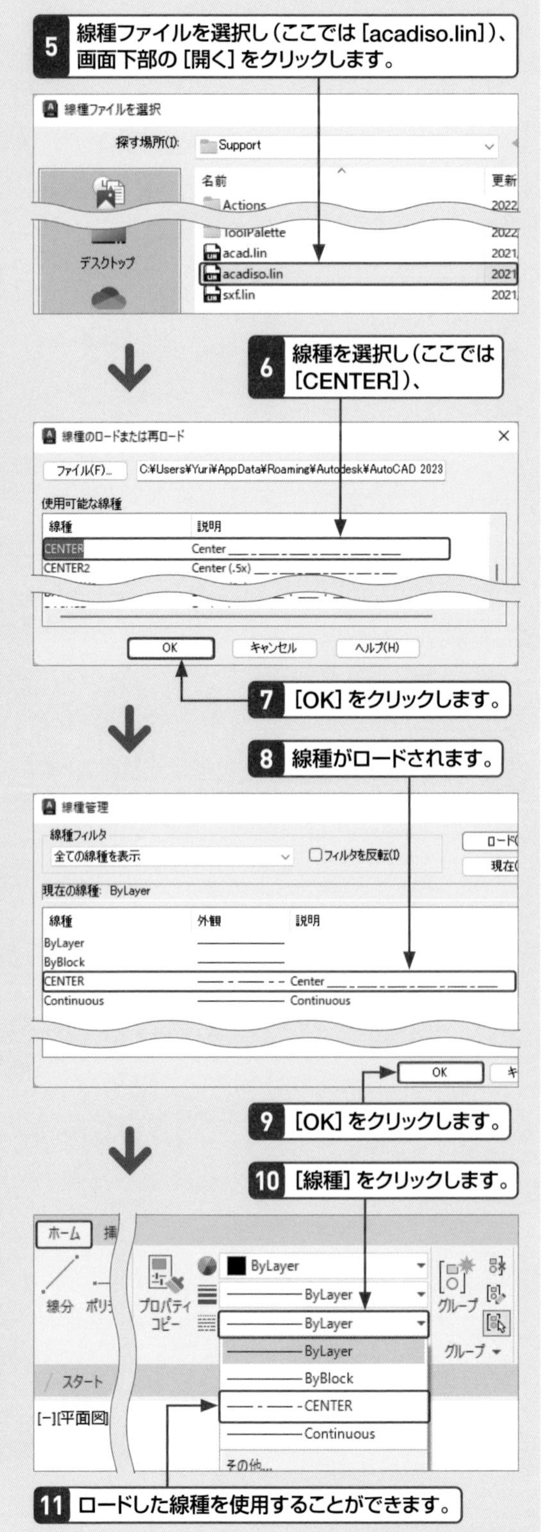
5 線種ファイルを選択し(ここでは[acadiso.lin])、画面下部の[開く]をクリックします。
6 線種を選択し(ここでは[CENTER])、
7 [OK]をクリックします。
8 線種がロードされます。
9 [OK]をクリックします。
10 [線種]をクリックします。
11 ロードした線種を使用することができます。

プロパティ　重要度 ★★★

## Q211 図面全体の線種の間隔を変更したい！

**A** [グローバル線種尺度]を設定します。

図面全体の線種の間隔を変更するには、[グローバル線種尺度]を設定します。値は図面の縮尺の逆数を入力してください（1:100の図面なら100）。

サンプル▶211.dwg

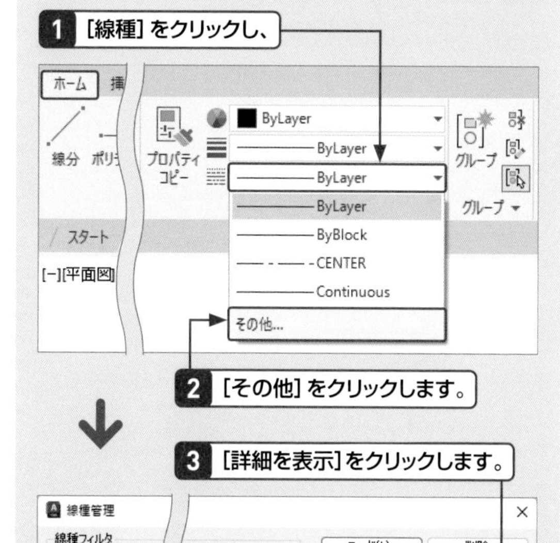
1 [線種]をクリックし、
ホーム
線分
ポリ
プロパティ
コピー
ByLayer
ByLayer
ByLayer
ByLayer
ByBlock
CENTER
Continuous
その他...
グループ
スタート
[–][平面図]
2 [その他]をクリックします。
3 [詳細を表示]をクリックします。

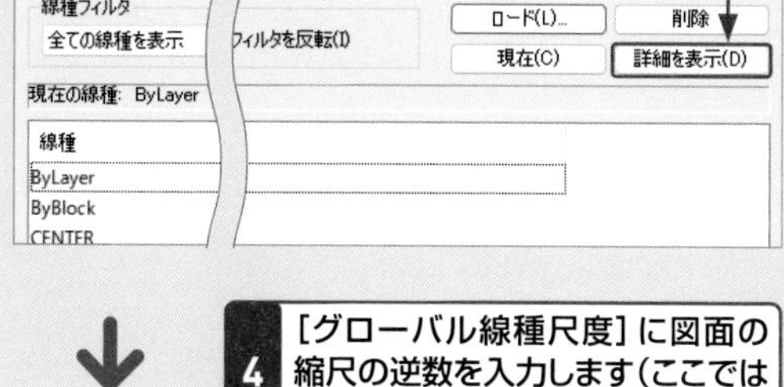
線種管理
線種フィルタ
全ての線種を表示
フィルタを反転(I)
ロード(L)...
削除
現在(C)
詳細を表示(D)
現在の線種: ByLayer
線種
ByLayer
ByBlock
CENTER

4 [グローバル線種尺度]に図面の縮尺の逆数を入力します（ここでは「100」）。

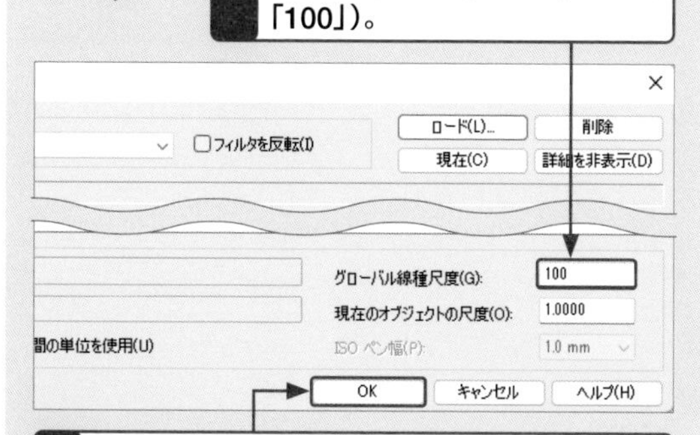
フィルタを反転(I)
ロード(L)...
削除
現在(C)
詳細を非表示(D)
グローバル線種尺度(G):
100
現在のオブジェクトの尺度(O):
1.0000
ISO ペン幅(P):
1.0 mm
間の単位を使用(U)
OK
キャンセル
ヘルプ(H)

5 [OK]をクリックすると、図面全体の線種の間隔が変更されます。

プロパティ　重要度 ★★★

## Q212 任意の図形のみ線種の間隔を変更したい！

**A** プロパティパレットの[線種尺度]を設定します。

任意の図形のみ線種の間隔を変更するには、プロパティパレットの[線種尺度]を設定します。1より大きいと線種の間隔が広く、1より小さい（1以下の小数点）と線種の間隔が狭くなります。

サンプル▶212.dwg

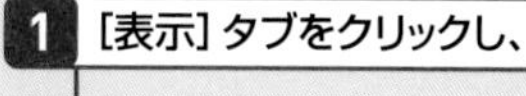
1 [表示]タブをクリックし、

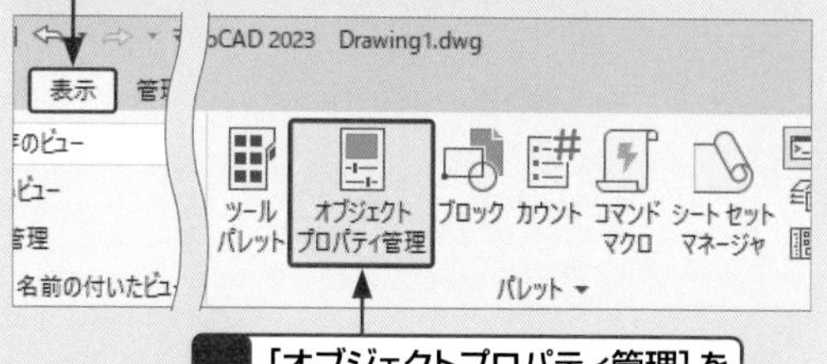
CAD 2023 Drawing1.dwg
表示
ツール
パレット
オブジェクト
プロパティ管理
ブロック
カウント
コマンド
マクロ
シート セット
マネージャ
パレット
名前の付いたビュ

2 [オブジェクトプロパティ管理]をクリックしてオンにします。

3 図形を選択します。

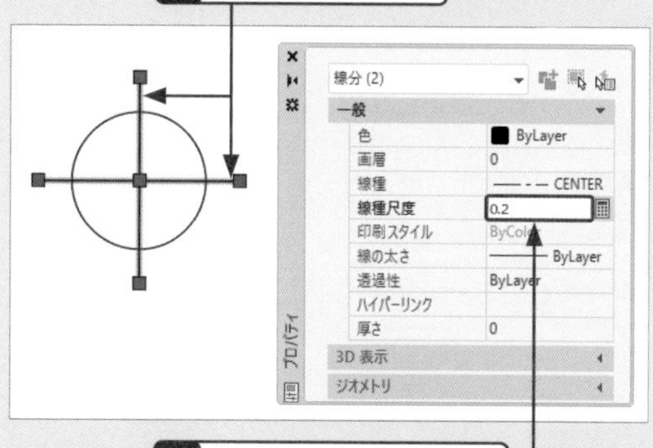
線分 (2)
一般
色
ByLayer
画層
0
線種
CENTER
線種尺度
0.2
印刷スタイル
ByColor
線の太さ
ByLayer
透過性
ByLayer
ハイパーリンク
厚さ
0
3D 表示
ジオメトリ
プロパティ

4 [線種尺度]を入力します（ここでは「0.2」）。

5 Escキーを押して選択を解除します。

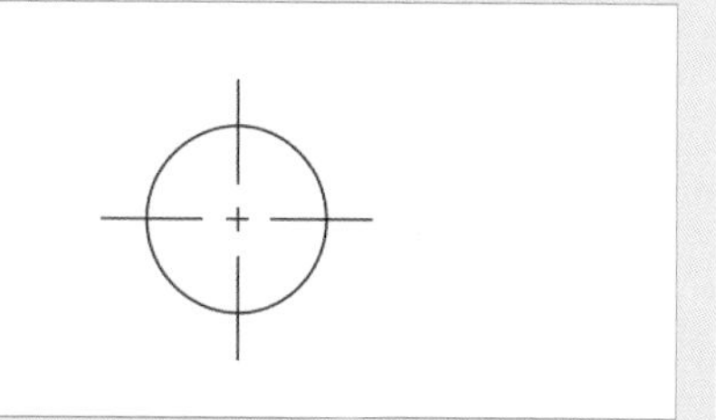

6 [線種尺度]が変更されます。

プロパティ　重要度 ★★★

# Q 213 線種がすべて実線になってしまう!

**A [グローバル線種尺度]を設定します。**

線種がすべて実線になってしまう場合は、[グローバル線種尺度]の値を変更します。値は図面の縮尺の逆数を入力してください(1:100の図面なら100)。

サンプル ▶ 213.dwg

1 [線種] をクリックし、

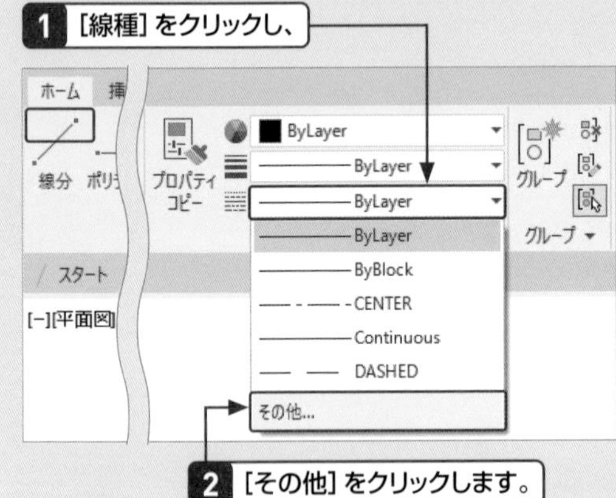
ホーム
線分
ポリラ
プロパティ
コピー
ByLayer
ByLayer
ByLayer
ByLayer
ByBlock
CENTER
Continuous
DASHED
その他...
グループ
スタート
[−][平面図]

2 [その他] をクリックします。

3 [詳細を表示] をクリックします。

4 [グローバル線種尺度] に図面の縮尺の逆数を入力します(ここでは「100」)。

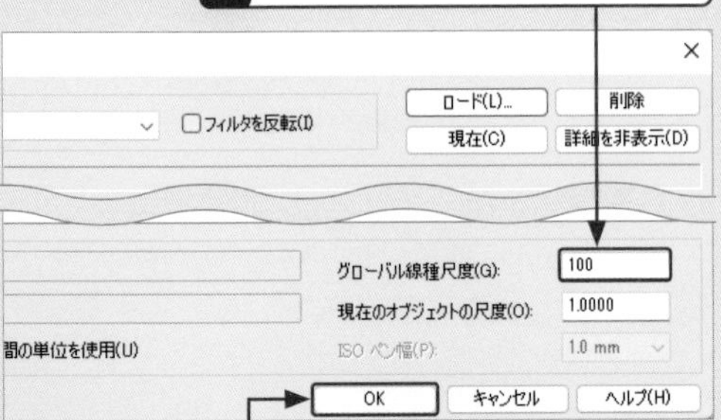
ロード(L)...
削除
フィルタを反転(I)
現在(C)
詳細を非表示(D)
グローバル線種尺度(G):
100
現在のオブジェクトの尺度(O):
1.0000
ISO ペン幅(P):
1.0 mm
OK
キャンセル
ヘルプ(H)

5 [OK]をクリックすると線種の間隔が変更され、実線以外の線種も表示されます。

プロパティ　重要度 ★★★

# Q 214 ポリラインの線種が表示されない!

**A プロパティパレットの[線種生成モード]を[有効]に変更します。**

ポリラインの頂点の間隔が狭くて線種が表示されない場合は、プロパティパレットの[線種生成モード]を[有効]に変更します。

サンプル ▶ 214.dwg

1 [表示] タブをクリックし、

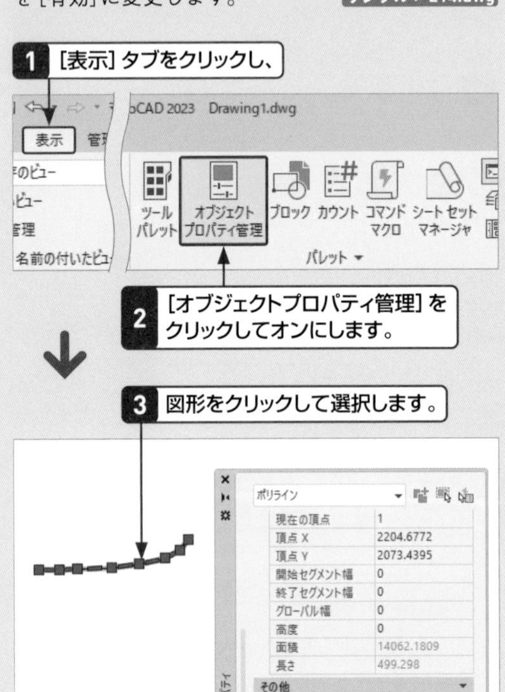
表示
ツール パレット
オブジェクト プロパティ管理
ブロック
カウント
コマンド マクロ
シート セット マネージャ
パレット
ポリライン
現在の頂点
頂点 X
2204.6772
頂点 Y
2073.4395
開始セグメント幅
終了セグメント幅
グローバル幅
高度
面積
14062.1809
長さ
499.298
その他
閉じている
いいえ
線種生成モード
有効

2 [オブジェクトプロパティ管理] をクリックしてオンにします。

3 図形をクリックして選択します。

4 [線種生成モード] を [有効] にします。

5 Esc キーを押して選択を解除します。

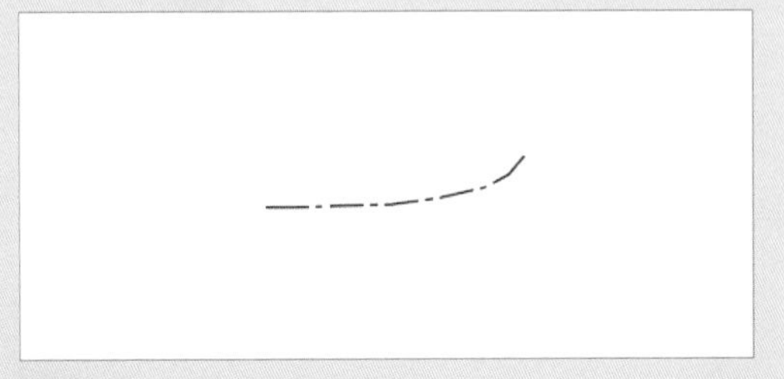

6 線種が表示されます。

# Q 215 ほかの図形からプロパティをコピーしたい!

**A** [プロパティコピー]を実行します。

ほかの図形からプロパティをコピーするには、[プロパティコピー]を実行します。また、[設定]オプションを使用すると、コピーする内容を選択することができます。

サンプル▶215.dwg

## ● プロパティのコピー方法 その①

**1** [プロパティコピー]をクリックします。

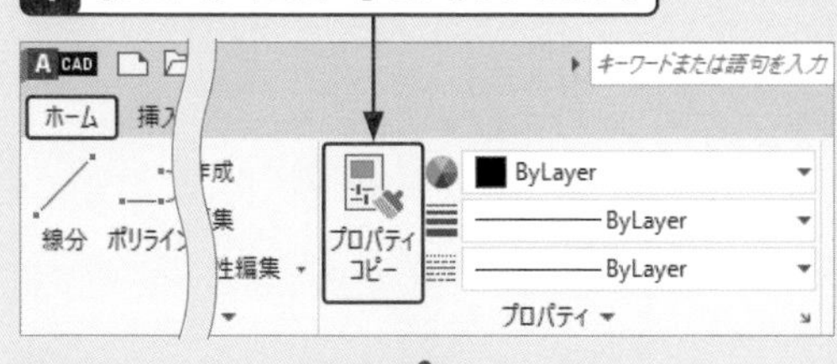

**2** コピー元の図形をクリックして選択します。

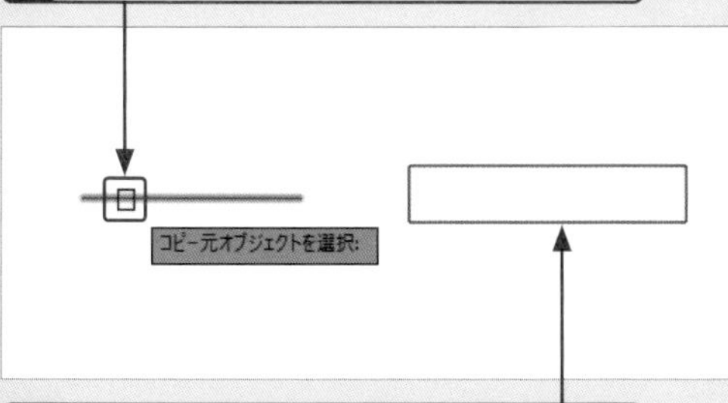

**3** コピー先の図形をクリックして選択します。

**4** プロパティがコピーされます。

**5** Enter キーを押して[プロパティコピー]を終了します。

## ● プロパティのコピー方法 その②

**1** [プロパティコピー]をクリックします。

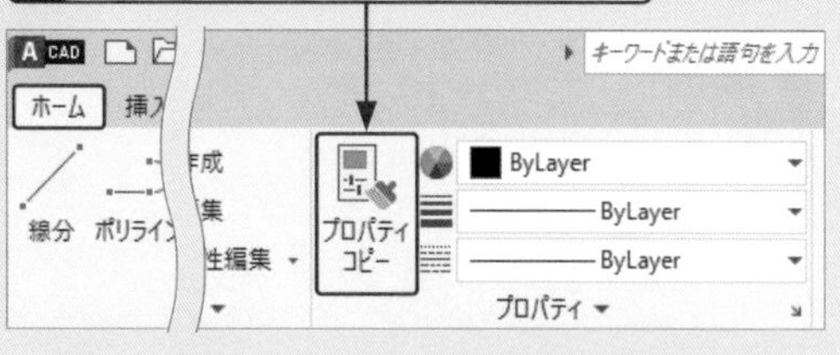

**2** コピー元の図形を選択します。

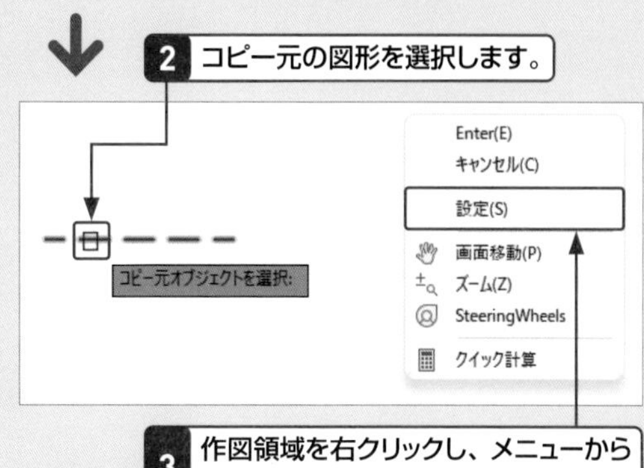

**3** 作図領域を右クリックし、メニューから[設定]を選択します。

**4** コピーをしたくないプロパティのチェックを外します(ここでは[線種])。

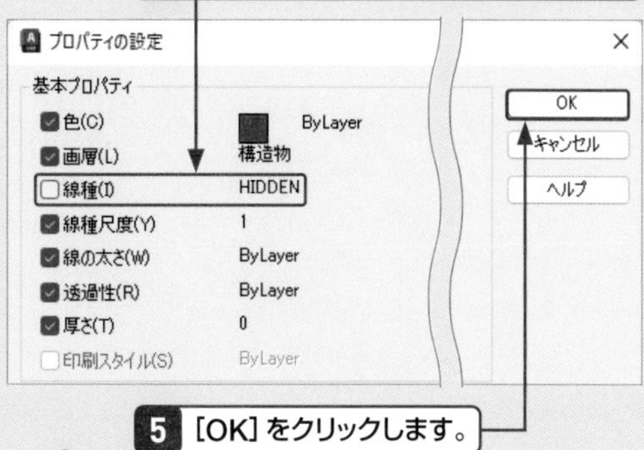

**5** [OK]をクリックします。

**6** コピー先の図形をクリックして選択します。

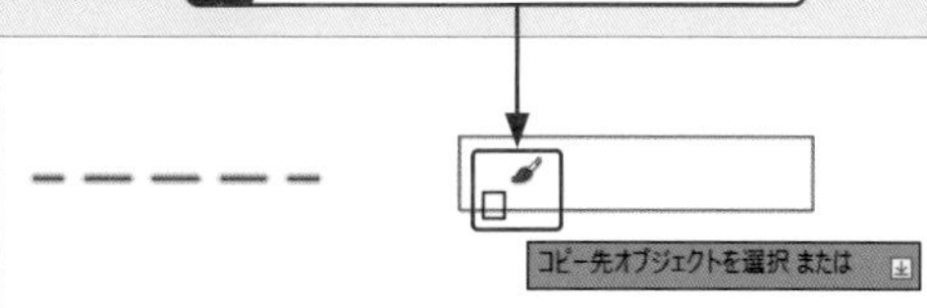

**7** 設定内容のプロパティがコピーされます(ここでは線種以外)。

**8** Enter キーを押して[プロパティコピー]を終了します。

プロパティ　重要度 ★★★

## Q216 ByLayerとは？

**A 画層によってコントロールされるプロパティです。**

「ByLayer」とは、画層によってコントロールされるプロパティです。図形の色や線種が[ByLayer]となっている場合は、画層を変更すると、色や線種も変更されることになります。 サンプル▶216.dwg

**1** カーソルを図形に重ねてプロパティを表示し、色、線種が[ByLayer]となっていることを確認します。

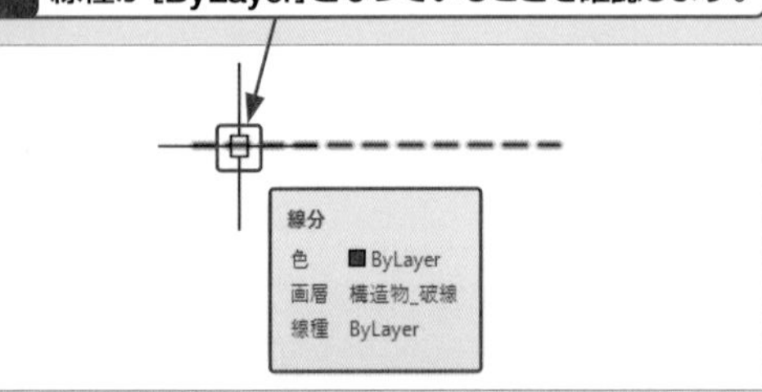
線分
色 ByLayer
画層 構造物_破線
線種 ByLayer

**2** プロパティパレットなどで画層を変更します。

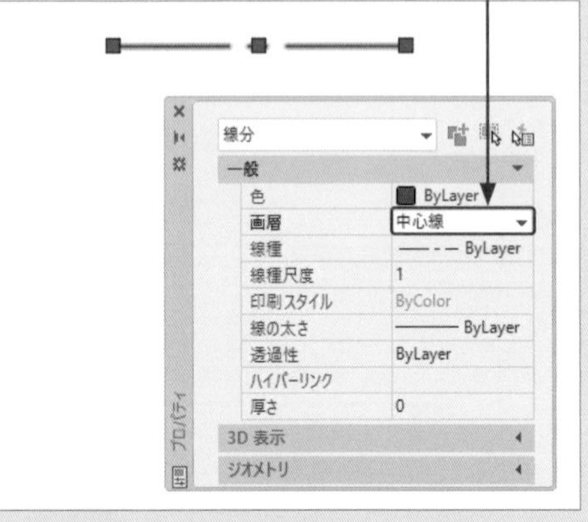
線分
一般
色 ByLayer
画層 中心線
線種 ByLayer
線種尺度 1
印刷スタイル ByColor
線の太さ ByLayer
透過性 ByLayer
ハイパーリンク
厚さ 0
3D 表示
ジオメトリ
プロパティ

**3** カーソルを図形に重ねてプロパティを表示し、画層の設定により色や線種が変更されていることを確認します。

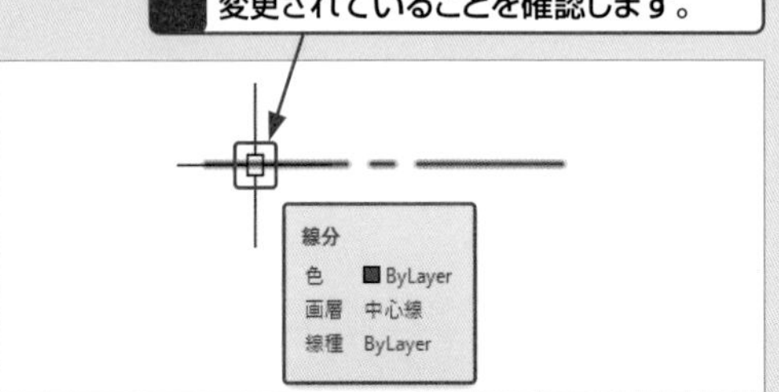
線分
色 ByLayer
画層 中心線
線種 ByLayer

プロパティ　重要度 ★★★

## Q217 プロパティのすべてをByLayerに変換したい！

**A [ByLayerに変更]を実行します。**

図形のプロパティをすべてByLayerに変換したい場合は、[ByLayerに変更]を実行します。このコマンドを使用すると、ブロック内の図形もByLayerに変更することが可能です。 サンプル▶217.dwg

**1** [修正▼]→[ByLayerに変更]をクリックし、

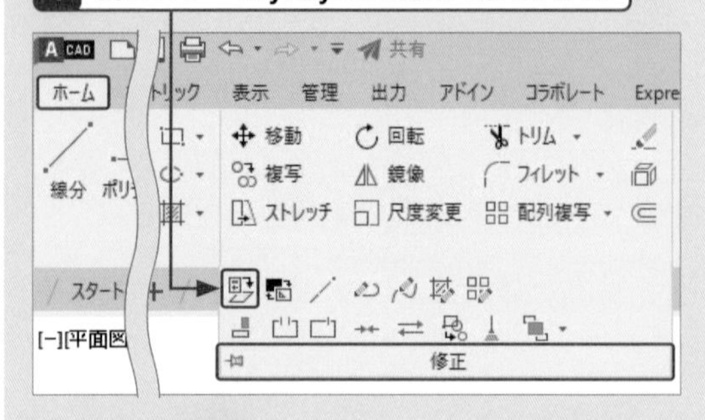
共有
ホーム
表示
管理
出力
アドイン
コラボレート
移動
回転
トリム
複写
鏡像
フィレット
線分
ストレッチ
尺度変更
配列複写
スタート
[-][平面図
修正

**2** ByLayerにしたい図形を選択し（サンプルでは4つの線分）、Enterキーを押して確定します。

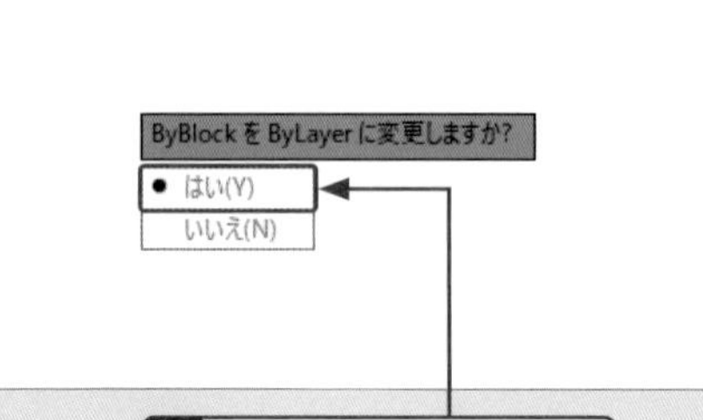
ByBlock を ByLayer に変更しますか?
はい(Y)
いいえ(N)

**3** [はい]をクリックします。

**4** [はい]をクリックします。

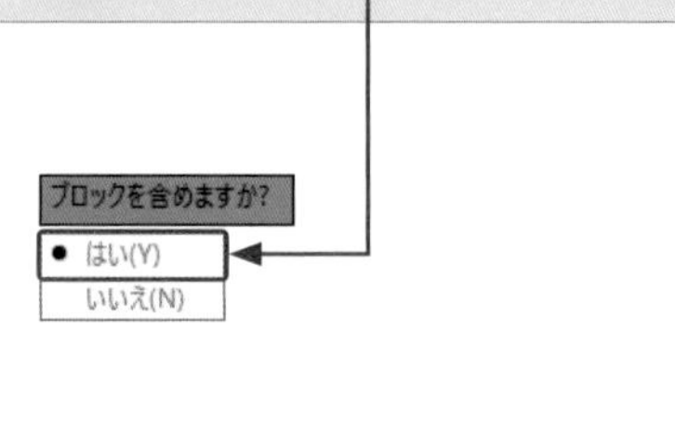
ブロックを含めますか?
はい(Y)
いいえ(N)

**5** 選択した図形のプロパティがByLayerに変更されます。

# 8

# 文字の作成

# Q 218 1行の文字を作成したい!

## A [文字記入]を実行します。

1行の文字を作成するには、[文字記入]を実行し、基準点、大きさ、記入方向を入力します。

参照▶Q 224 サンプル▶218.dwg

1 [文字▼]をクリックし、

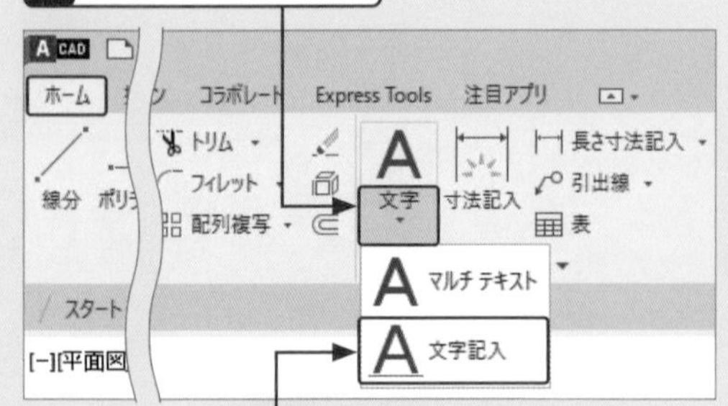

ホーム
コラボレート
Express Tools
注目アプリ
トリム
フィレット
配列複写
線分
ポリラ
文字
寸法記入
長さ寸法記入
引出線
表
マルチ テキスト
文字記入
スタート
[-][平面図


2 [文字記入]をクリックします。

3 作図領域を右クリックし、メニューから[位置合わせオプション]を選択します。

Enter(E)
キャンセル(C)
ダイナミック入力
位置合わせオプション(J)
文字スタイル変更(S)
優先オブジェクト スナップ(V)
画面移動(P)
ズーム(Z)
SteeringWheels
クイック計算


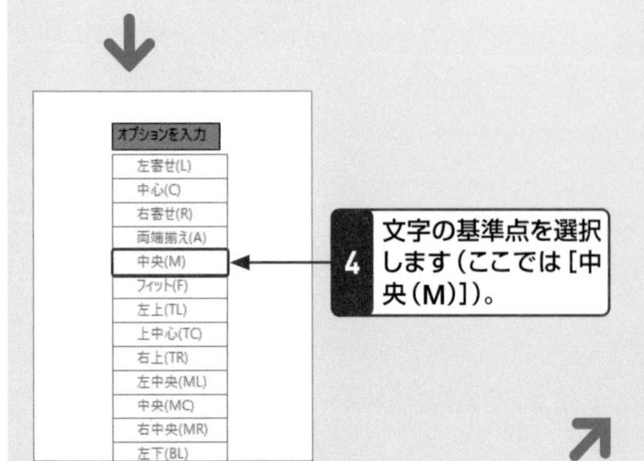

オプションを入力
左寄せ(L)
中心(C)
右寄せ(R)
両端揃え(A)
中央(M)
フィット(F)
左上(TL)
上中心(TC)
右上(TR)
左中央(ML)
中央(MC)
右中央(MR)
左下(BL)


4 文字の基準点を選択します(ここでは[中央(M)])。

5 基準となる位置をオブジェクトスナップで(ここでは中点)クリックします。

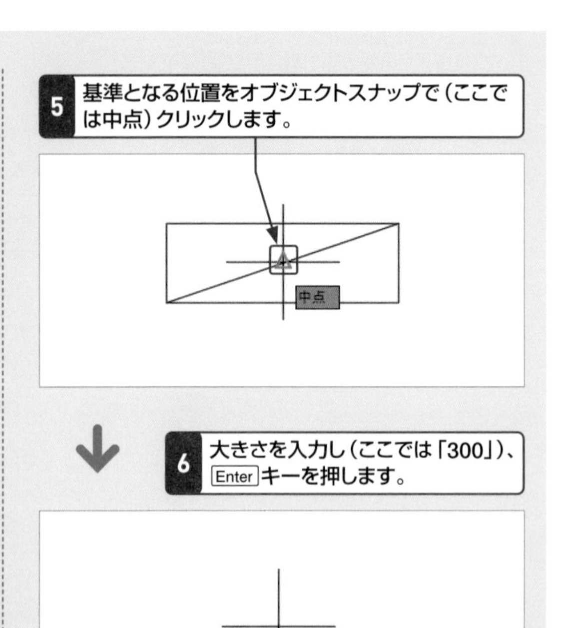

中点


6 大きさを入力し(ここでは「300」)、Enterキーを押します。


高さを指定 <2.5000>:
300


7 記入方向を角度で入力し(ここでは「0」)、Enterキーを押します。

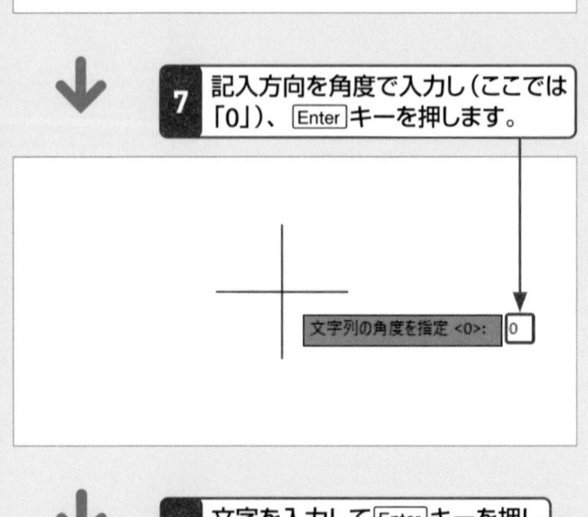

文字列の角度を指定 <0>:
0


8 文字を入力してEnterキーを押して改行します。

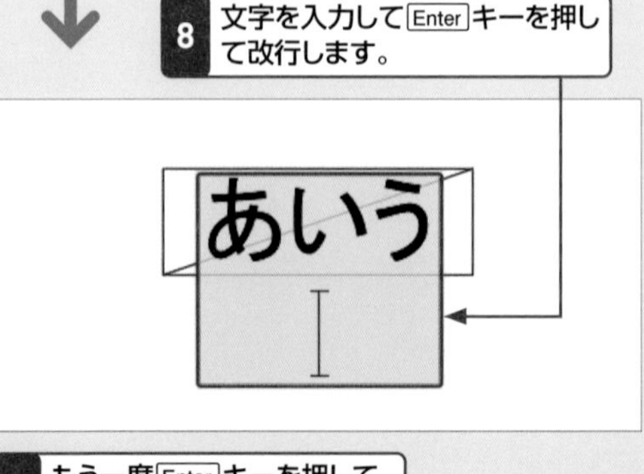

あいう


9 もう一度Enterキーを押して、[文字記入]を終了します。

# Q 219 図形に沿って斜めの文字を作成したい！

## A UCS（ユーザ座標系）でXY軸を変更します。

斜め方向に文字を作成したい場合は、UCS（ユーザ座標系）でXY軸を変更して作成します。

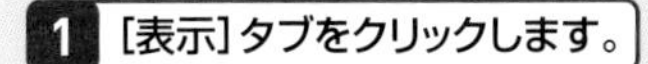
参照▶Q 053,218
サンプル▶219.dwg

**1** ［表示］タブをクリックします。

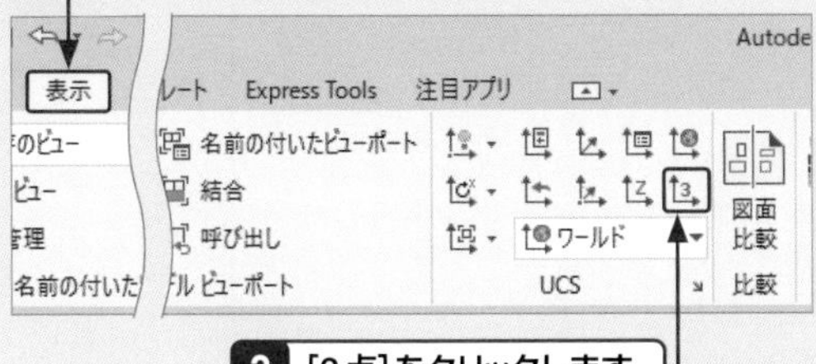
表示
レート Express Tools 注目アプリ
名前の付いたビューポート
結合
呼び出し
ワールド
UCS
図面比較
比較

**2** ［3点］をクリックします。

**3** 線分の左の端点をクリックします。

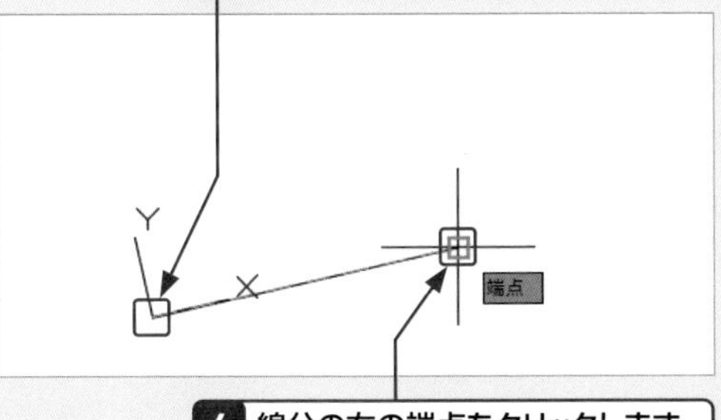
Y
端点

**4** 線分の右の端点をクリックします。

**5** 線分の上側をクリックします。

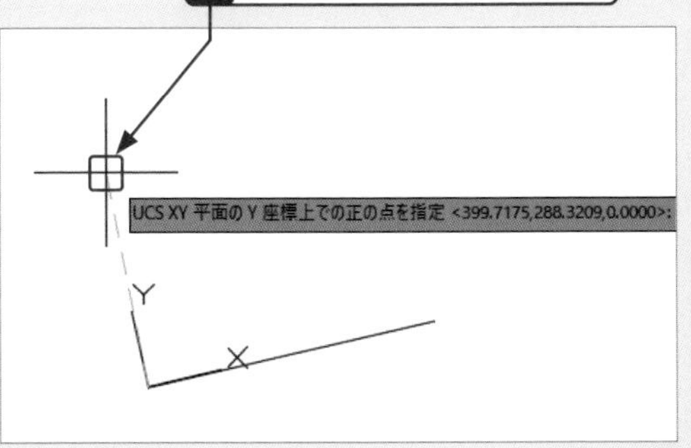
UCS XY 平面の Y 座標上での正の点を指定 <399.7175,288.3209,0.0000>:
Y

**6** XY軸が設定されます。

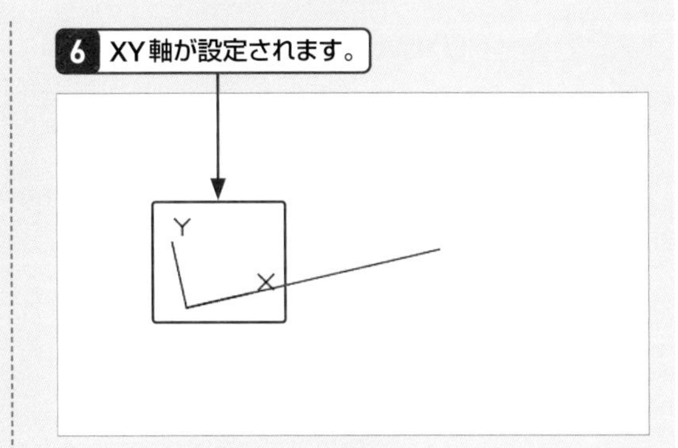
Y

**7** 文字を作成します。

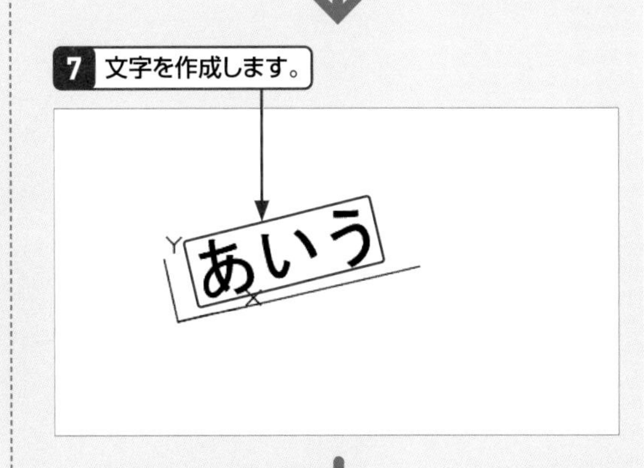
あいう

**8** ［表示］タブをクリックします。

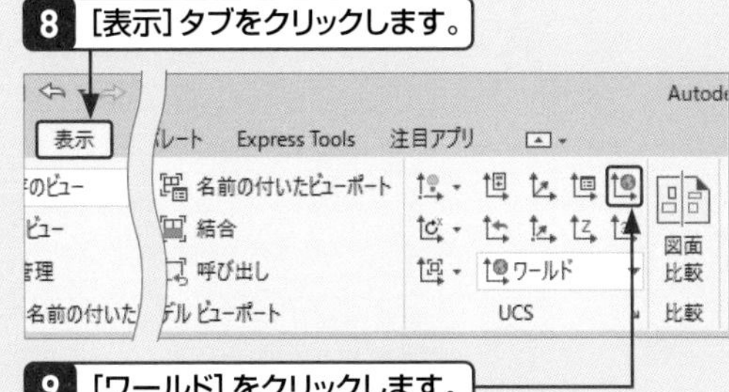
表示
レート Express Tools 注目アプリ
名前の付いたビューポート
結合
呼び出し
ワールド
UCS
図面比較
比較

**9** ［ワールド］をクリックします。

**10** XY軸がWCS（ワールド座標系）に戻ります。

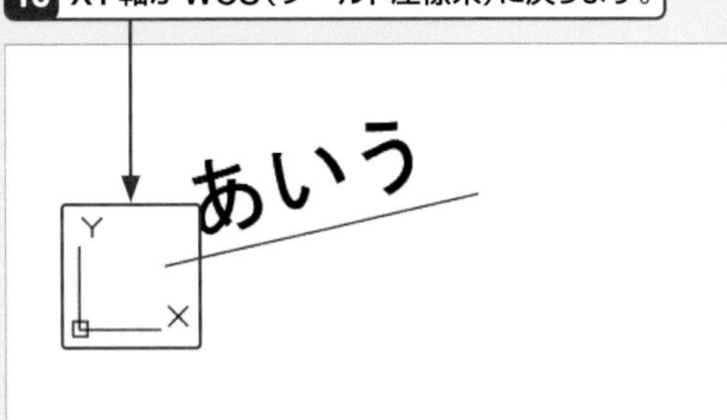
あいう
Y

# Q 220 円の中心に文字を移動したい！

## A オブジェクトスナップの［挿入基点］を使用します。

円の中心に文字を移動するには、［移動］コマンドを実行し、オブジェクトスナップの［挿入基点］を使用して、文字の基準点を取得します。文字の基準点は文字の周囲にカーソルを当てると取得できます。

サンプル ▶ 220.dwg

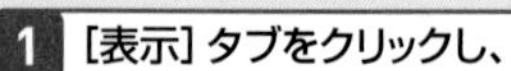

1 ［表示］タブをクリックし、

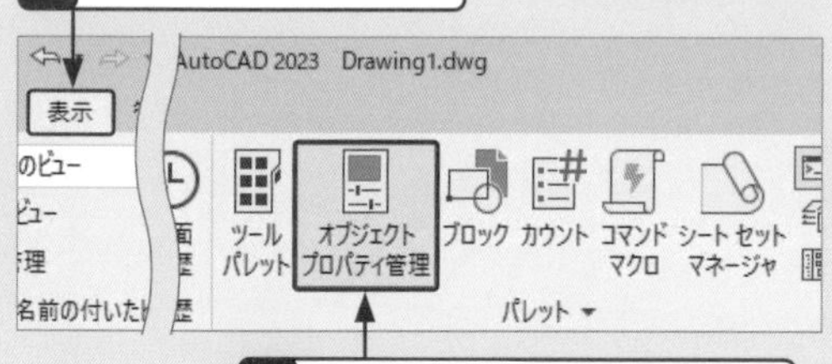
AutoCAD 2023 Drawing1.dwg
表示
ツール パレット
オブジェクト プロパティ管理
ブロック
カウント
コマンド マクロ
シート セット マネージャ
パレット

2 ［オブジェクトプロパティ管理］をクリックしてオンにします。

3 文字をクリックして選択します。

4 ［位置合わせ］から［中央（M）］を選択します。

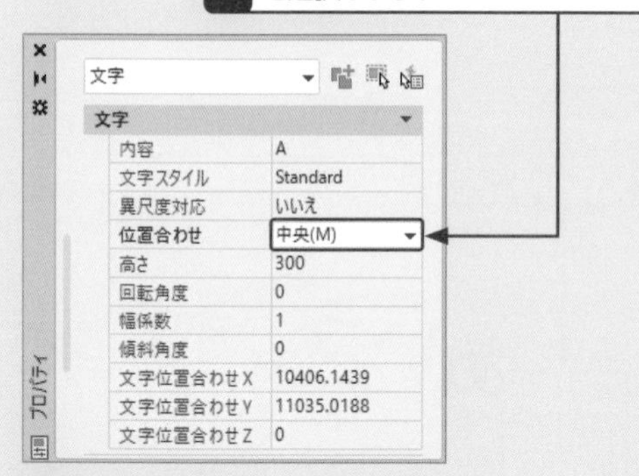

| 文字 | |
|---|---|
| 内容 | A |
| 文字スタイル | Standard |
| 異尺度対応 | いいえ |
| 位置合わせ | 中央(M) |
| 高さ | 300 |
| 回転角度 | 0 |
| 幅係数 | 1 |
| 傾斜角度 | 0 |
| 文字位置合わせX | 10406.1439 |
| 文字位置合わせY | 11035.0188 |
| 文字位置合わせZ | 0 |

5 Escキーを押して、文字の選択を解除します。

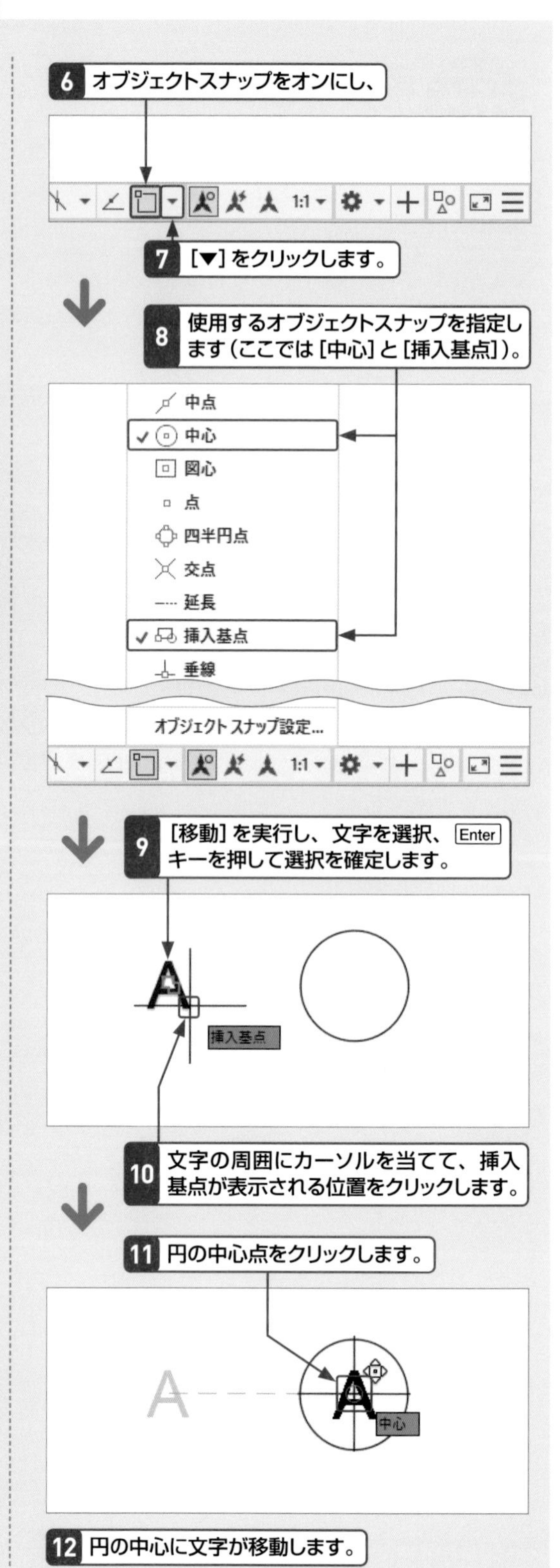
6 オブジェクトスナップをオンにし、
7 ［▼］をクリックします。
8 使用するオブジェクトスナップを指定します（ここでは［中心］と［挿入基点］）。
中点
中心
図心
点
四半円点
交点
延長
挿入基点
垂線
オブジェクト スナップ設定...
9 ［移動］を実行し、文字を選択、Enterキーを押して選択を確定します。
挿入基点
10 文字の周囲にカーソルを当てて、挿入基点が表示される位置をクリックします。
11 円の中心点をクリックします。
中心
12 円の中心に文字が移動します。

# Q 221 四角形の中心に文字を移動したい！

## A オブジェクトスナップの[挿入基点]と[2点間中点]を使用します。

四角形の中心に文字を移動するには、[移動] コマンドを実行し、オブジェクトスナップの [挿入基点] と [2点間中点] を使用して、文字の基準点と四角形の中心を取得します。 サンプル▶221.dwg

1 [表示] タブをクリックし、

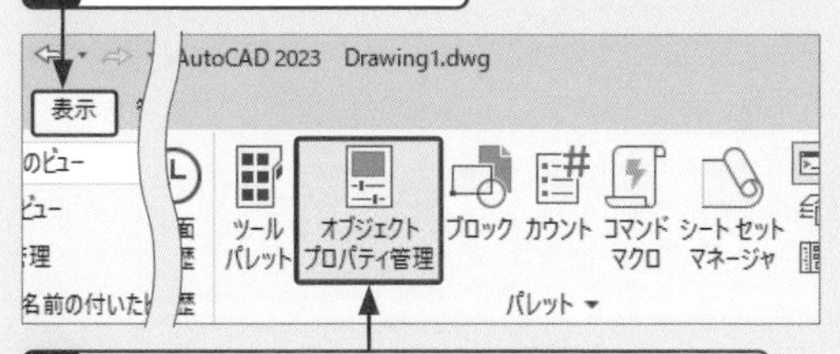

2 [オブジェクトプロパティ管理] をクリックしてオンにします。

3 文字を選択し、[位置合わせ] から [中央（M）] を選択します。

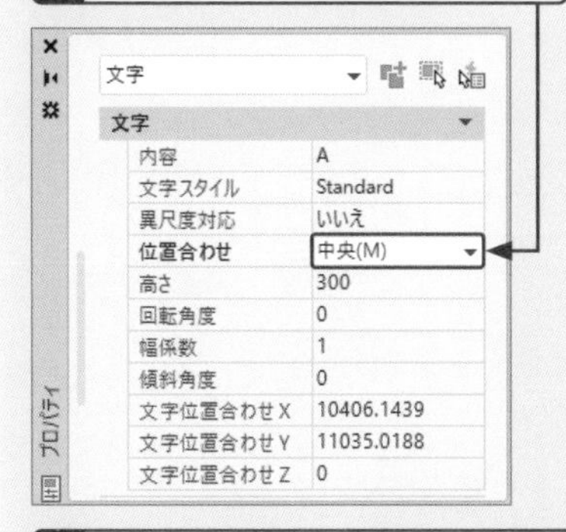

4 Escキーを押して、文字の選択を解除します。

5 オブジェクトスナップをオンにします。

6 [▼] をクリックします。

7 使用するオブジェクトスナップを指定します（ここでは [端点] と [挿入基点]）。

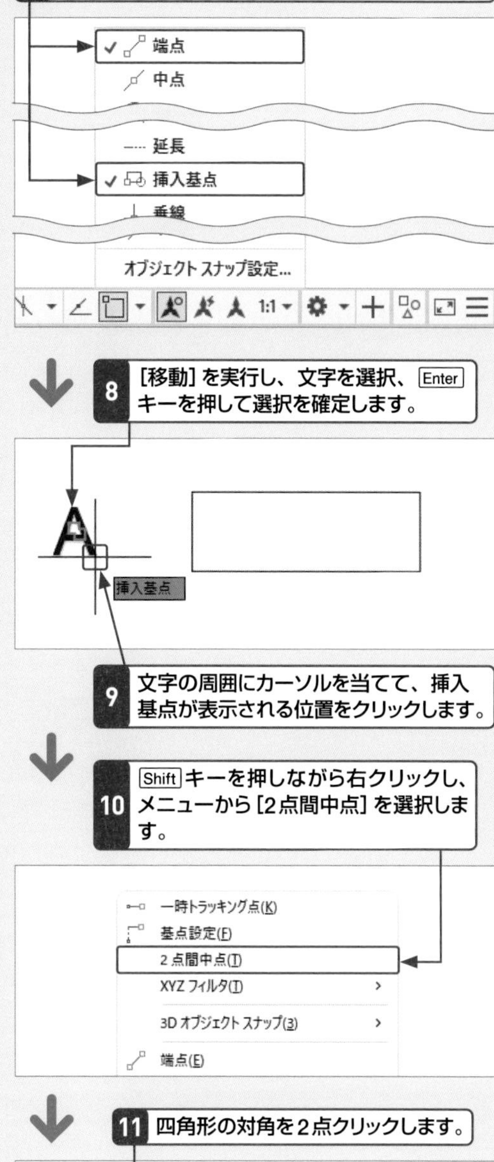

8 [移動] を実行し、文字を選択、Enterキーを押して選択を確定します。

9 文字の周囲にカーソルを当てて、挿入基点が表示される位置をクリックします。

10 Shiftキーを押しながら右クリックし、メニューから [2点間中点] を選択します。

11 四角形の対角を2点クリックします。

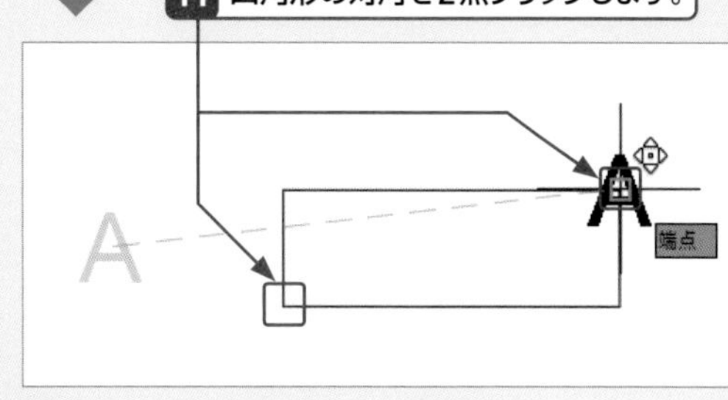

12 文字が四角形の中心に移動します。

1行文字　重要度 ★★★

## Q 222 文字の大きさの入力値を知りたい！

**A 図面の縮尺と印刷時の文字の大きさから計算します。**

文字の大きさの入力値は、「図面の縮尺の逆数」×「印刷時の文字の大きさ」で計算します。たとえば、1:100の図面で文字の大きさが3mmの場合、100×3で、入力値は300となります。

● 1:100の図面で文字の大きさが3mmの場合

文字の大きさの入力値は「300」となります。

高さを指定 <2.5000>: 300

● 1:250の図面で文字の大きさが3mmの場合

文字の大きさの入力値は「750」となります。

高さを指定 <2.5000>: 750

● 1:250の図面で文字の大きさが5mmの場合

文字の大きさの入力値は「1250」となります。

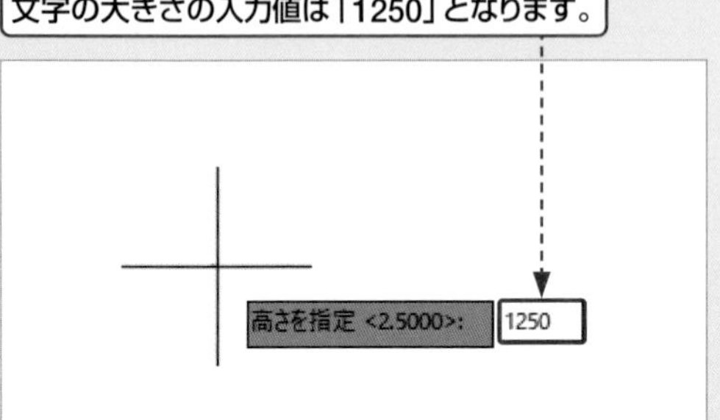
高さを指定 <2.5000>:
1250

1行文字　重要度 ★★★

## Q 223 文字を作成する画層を設定したい！

**A ［文字画層の優先］を設定します。**

文字を作成する画層設定するには、［文字画層の優先］を設定します。現在画層にかかわらず、文字の画層をコントロールすることができます。

サンプル ▶ 223.dwg

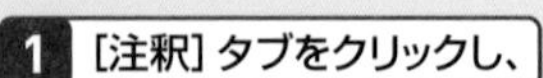
1 ［注釈］タブをクリックし、

2 ［文字▼］をクリックします。

3 ［文字画層の優先］から画層を選択します。

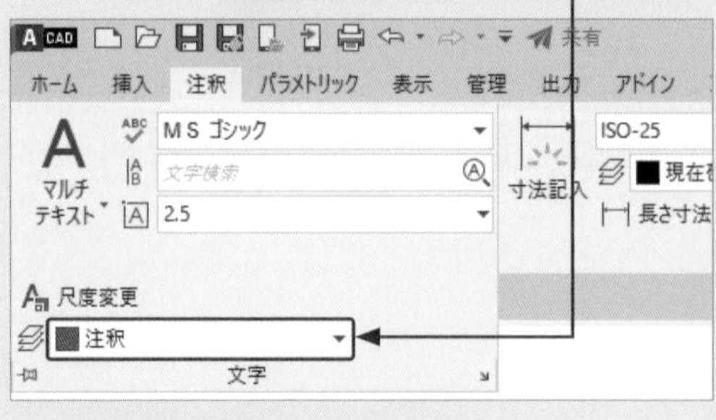
共有
ホーム
挿入
注釈
パラメトリック
表示
管理
出力
アドイン
マルチ テキスト
MS ゴシック
文字検索
2.5
寸法記入
ISO-25
長さ寸法
尺度変更
注釈
文字

4 文字を作成します。

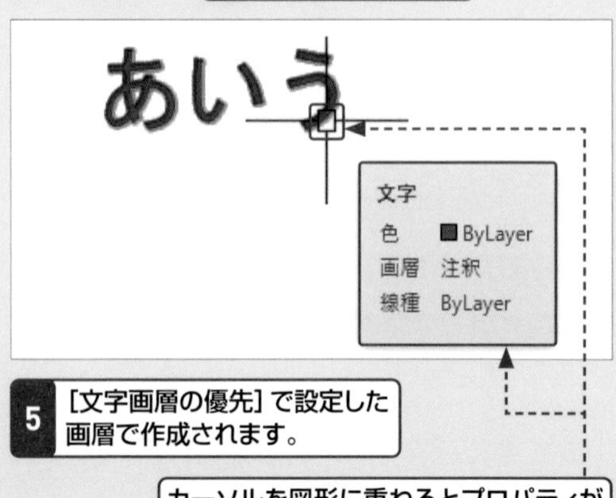
あいう
文字
色 ByLayer
画層 注釈
線種 ByLayer

5 ［文字画層の優先］で設定した画層で作成されます。

カーソルを図形に重ねるとプロパティが表示されます。

# Q 224 複数行の文字を作成したい！

## A [マルチテキスト]を実行します。

複数行の文字を作成するには、[マルチテキスト]を実行します。マルチテキストでは、テキストエディタを使用して、太字にするなどのさまざまな文字の装飾をすることができます。　サンプル▶224.dwg

1 [文字▼] をクリックし、

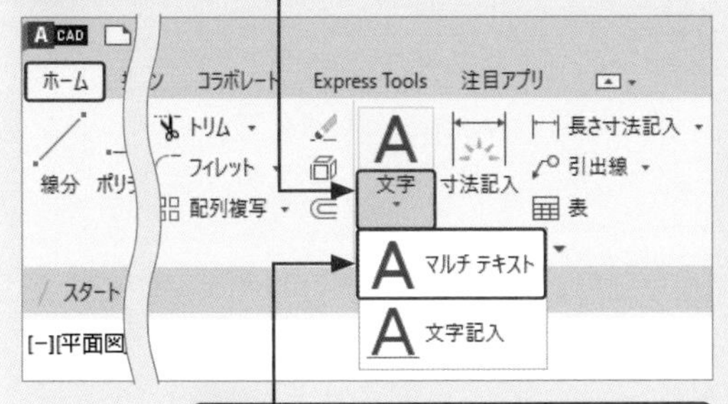
ホーム
コラボレート
Express Tools
注目アプリ
トリム
フィレット
配列複写
線分
文字
寸法記入
長さ寸法記入
引出線
表
マルチ テキスト
文字記入
スタート
[−][平面図]

2 [マルチテキスト] をクリックします。

3 文字を作成する範囲を2点クリックします。

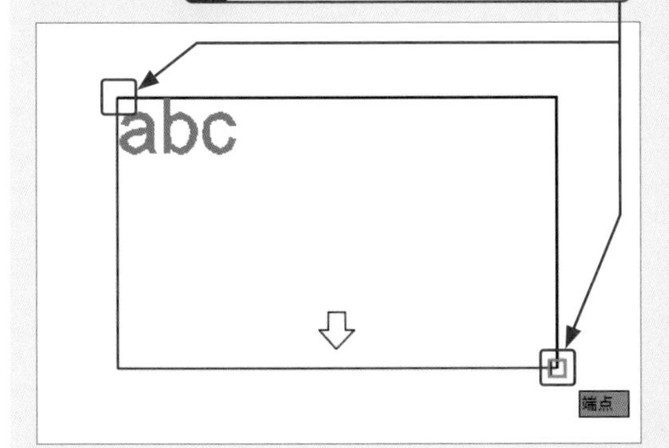
abc
端点

4 テキストエディタが表示されます。

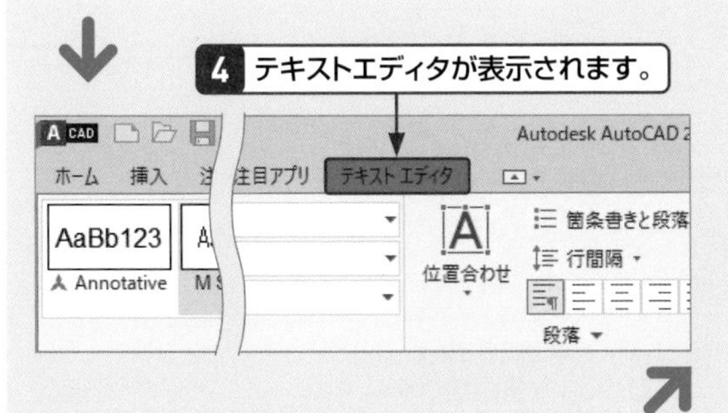
Autodesk AutoCAD
ホーム
挿入
注目アプリ
テキスト エディタ
AaBb123
Annotative
位置合わせ
箇条書きと段落
行間隔
段落

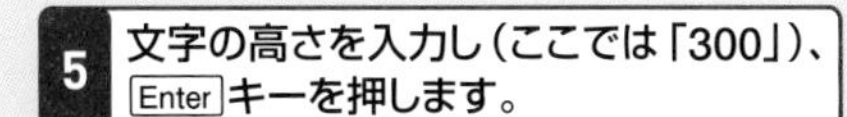

5 文字の高さを入力し（ここでは「300」）、Enterキーを押します。

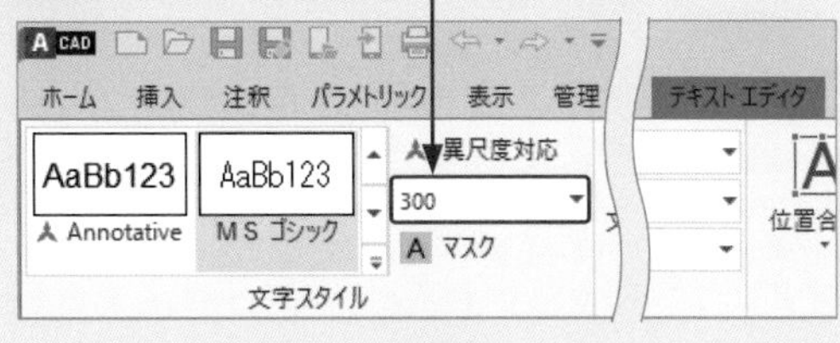
ホーム
挿入
注釈
パラメトリック
表示
管理
テキスト エディタ
AaBb123
Annotative
AaBb123
MS ゴシック
異尺度対応
300
マスク
文字スタイル
位置合

6 文字を入力します。

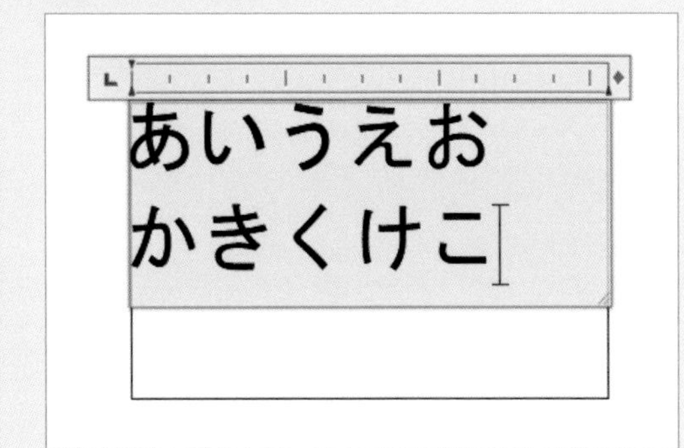
あいうえお
かきくけこ

7 [テキストエディタを閉じる] をクリックします。

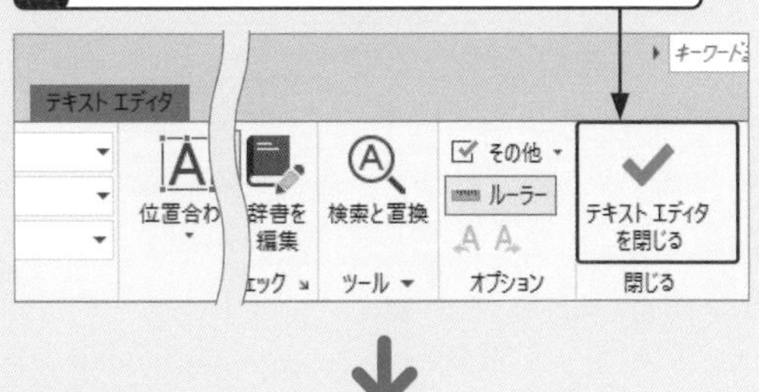
キーワード
テキスト エディタ
位置合わ
辞書を編集
検索と置換
その他
ルーラー
テキスト エディタを閉じる
ツール
オプション
閉じる

8 複数行の文字（マルチテキスト）が作成されます。

あいうえお
かきくけこ

マルチテキスト　重要度 ★★★

## Q 225 文字とマルチテキストの違いは？

**A** マルチテキストは複数行の文字の作成や詳細な書式設定が可能です。

文字図形には「文字」と「マルチテキスト」の2種類があり、マルチテキストは複数行の文字の作成が可能です。また、テキストエディタで太字にしたり、下線を引いたりなど、詳細な書式設定ができます。

参照▶Q 287　サンプル▶225.dwg

**1** マルチテキストをダブルクリックします。

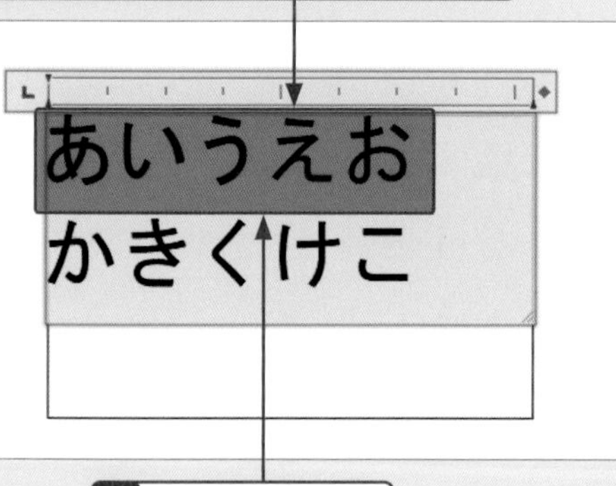
あいうえお
かきくけこ

**2** 文字を選択します。

**3** ［下線］をクリックします。

共有
出力　アドイン　コラボレート　Express Tools　注目アプリ　テキスト エディタ
B I U
MS ゴシック
ByLayer
0
書式コピー　位置合
書式設定

**4** 選択した文字に下線が引かれます。

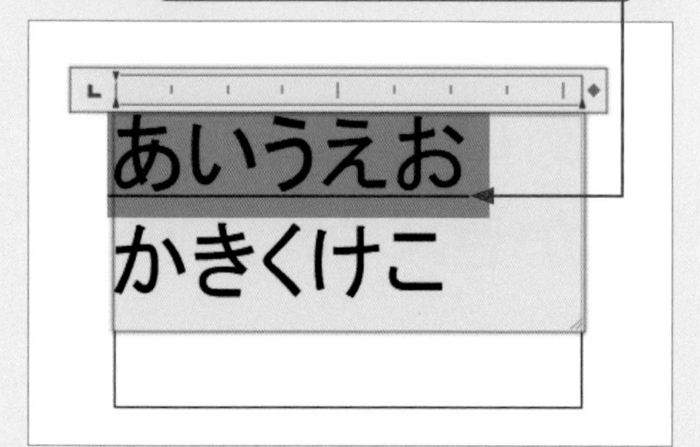
あいうえお
かきくけこ

マルチテキスト　重要度 ★★★

## Q 226 マルチテキストを文字に変換したい！

**A** ［分解］を実行します。

マルチテキストを文字に変換するには、［分解］を実行します。その際、複数行の場合は1行ずつの文字に、文字の大きさや書式設定が違う場合は、それぞれに文字が分かれます。

サンプル▶226.dwg

**1** ［分解］をクリックします。

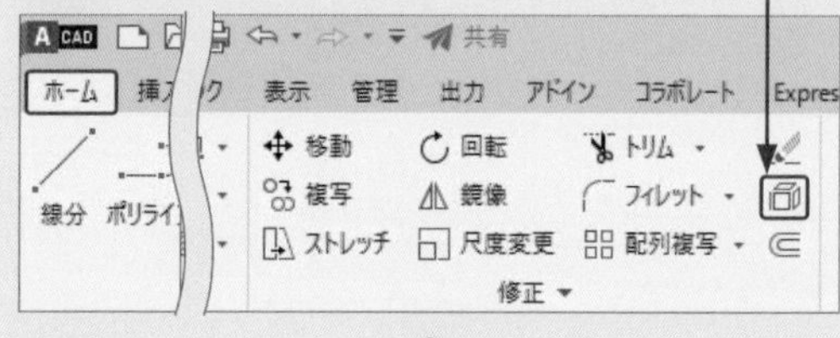
共有
ホーム　挿入　表示　管理　出力　アドイン　コラボレート　Expres
移動　回転　トリム
複写　鏡像　フィレット
線分　ポリライン　ストレッチ　尺度変更　配列複写
修正

**2** マルチテキストをクリックして選択し、Enter キーを押して確定します。

あいうえお
オブジェクトを選択:
かきくけこ

**3** 複数行は1行ずつに、また、書式設定などにより、それぞれに文字に変換されます。

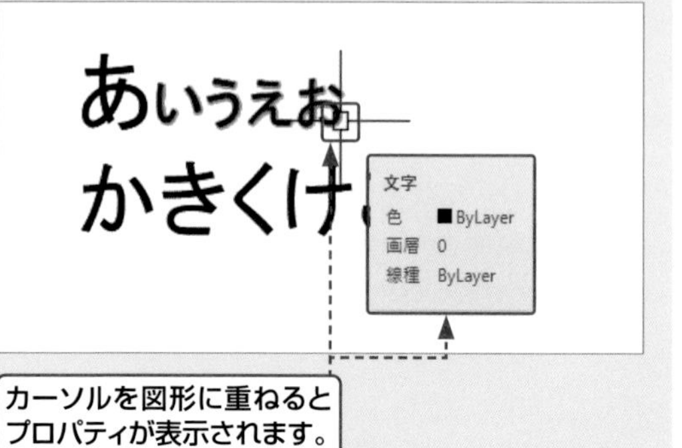
あいうえお
かきくけ
文字
色 ByLayer
画層 0
線種 ByLayer

カーソルを図形に重ねるとプロパティが表示されます。

# Q 227 文字をマルチテキストに変換したい！

**A** [文字を結合]を実行します。

文字をマルチテキストに変換するには、[文字を結合]を実行します。また、[設定]オプションを使用すると、文字を1行にするか複数行にするかなどを選択することが可能です。

サンプル▶227.dwg

1 文字がいくつかに分かれています（ここでは3つ）。

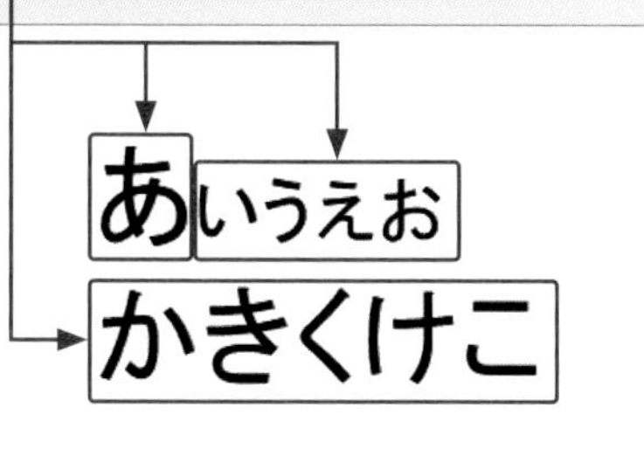

あ
いうえお
かきくけこ


2 [挿入]タブをクリックし、

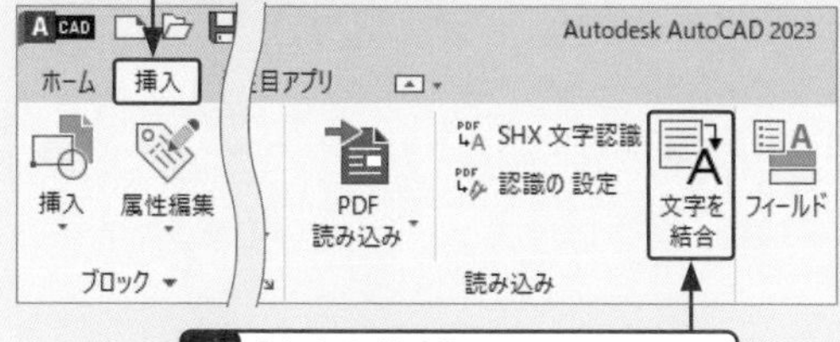

Autodesk AutoCAD 2023
ホーム
挿入
目アプリ
挿入
属性編集
ブロック
PDF
読み込み
SHX 文字認識
認識の 設定
文字を
結合
フィールド
読み込み


3 [文字を結合]をクリックします。

4 作図領域を右クリックし、メニューから[設定]を選択します。

Enter(E)
キャンセル(C)
設定(SE)
画面移動(P)
ズーム(Z)
SteeringWheels
クイック計算

5 マルチテキストに変換する際の設定を選択します。

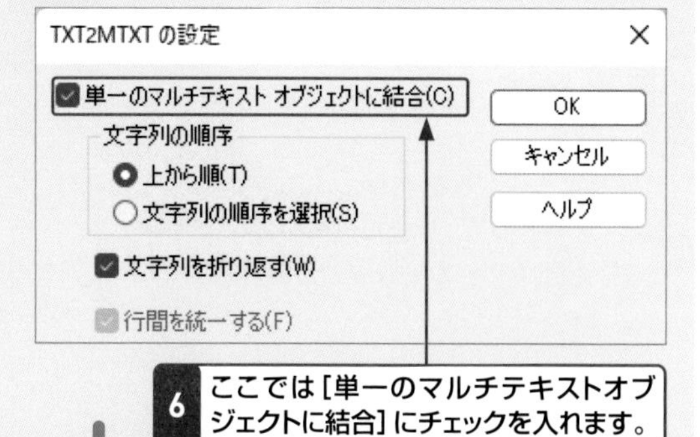

TXT2MTXT の設定
単一のマルチテキスト オブジェクトに結合(C)
OK
キャンセル
ヘルプ
文字列の順序
上から順(T)
文字列の順序を選択(S)
文字列を折り返す(W)
行間を統一する(F)


6 ここでは[単一のマルチテキストオブジェクトに結合]にチェックを入れます。

7 [OK]をクリックします。

8 文字を選択します（ここでは3つ）。

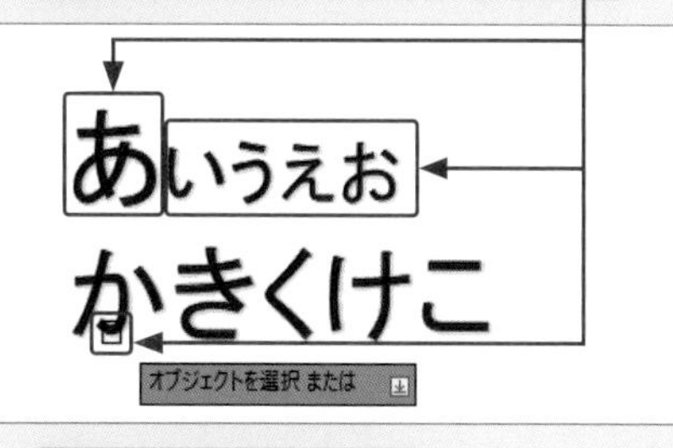

あ
いうえお
かきくけこ
オブジェクトを選択 または


9 Enter キーを押して、選択を確定します。

10 マルチテキストに変換されます。また、ここでは設定により、3つの文字が1つに結合されます。

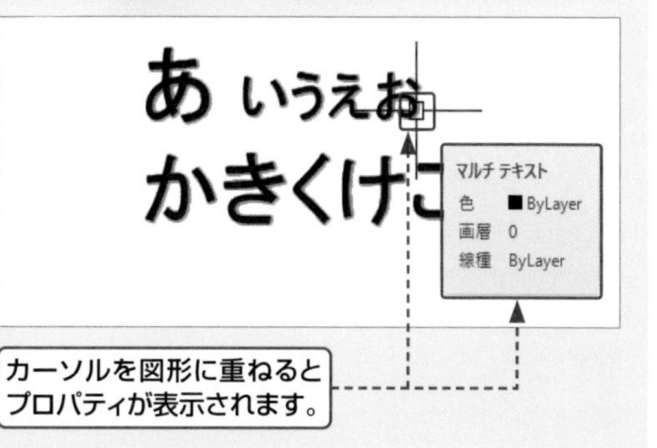

あ いうえお
かきくけこ
マルチ テキスト
色
ByLayer
画層
0
線種
ByLayer


カーソルを図形に重ねるとプロパティが表示されます。

文字スタイル　重要度 ★★★

## Q 228 作成する文字のスタイルを設定したい！

**A** ［文字スタイル］を設定します。

文字スタイルを設定するには、文字を作成する前に、［文字スタイル］から文字スタイルを選択します。その際、文字スタイルはあらかじめ作成しておく必要があります。

サンプル ▶ 228.dwg

1 ［注釈］タブをクリックし、

2 ［文字スタイル］をクリックします。

3 文字スタイルを選択します。

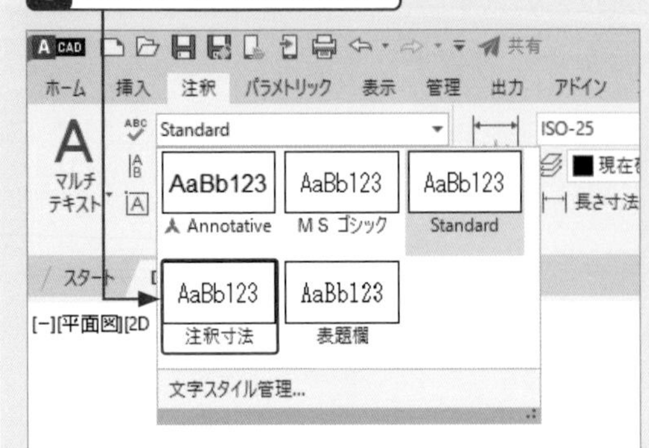
Annotative
ＭＳ ゴシック
Standard
注釈寸法
表題欄
文字スタイル管理...

4 文字スタイルが設定されます。

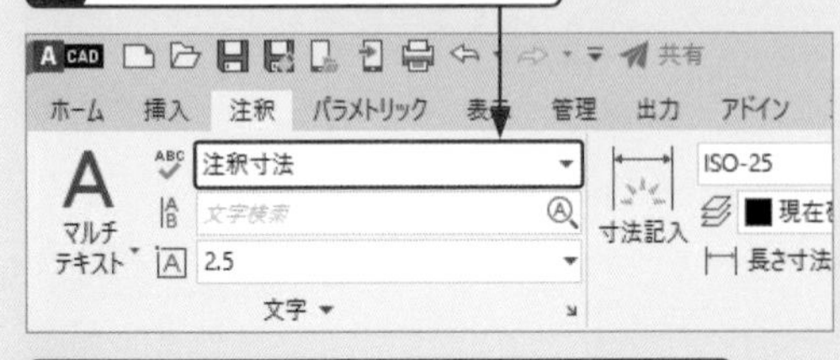

5 ［文字記入］や［マルチテキスト］を実行し、文字を作成します。

文字スタイル　重要度 ★★★

## Q 229 作成した文字のスタイルを変更したい！

**A** プロパティパレットの［文字スタイル］を変更します。

文字スタイルを変更するには、コマンドが実行されていない状態で文字を選択し、プロパティパレットの［文字スタイル］から文字スタイルを選択します。

サンプル ▶ 229.dwg

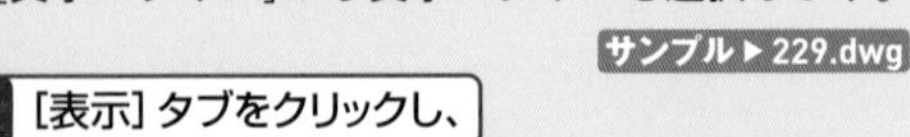

1 ［表示］タブをクリックし、

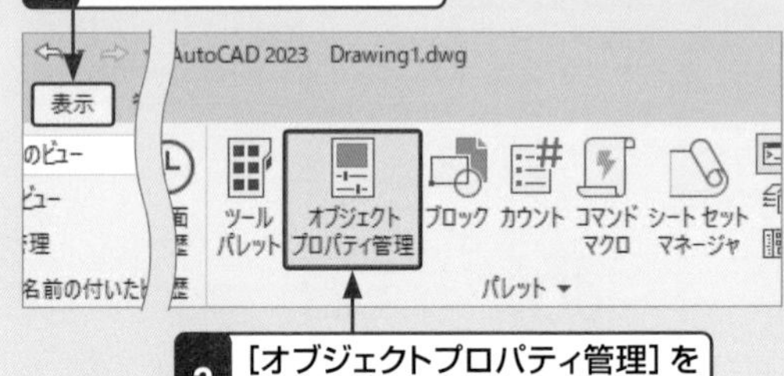
AutoCAD 2023 Drawing1.dwg
表示
ツール パレット
オブジェクト プロパティ管理
ブロック
カウント
コマンド マクロ
シート セット マネージャ
パレット

2 ［オブジェクトプロパティ管理］をクリックしてオンにします。

3 文字をクリックして選択し、

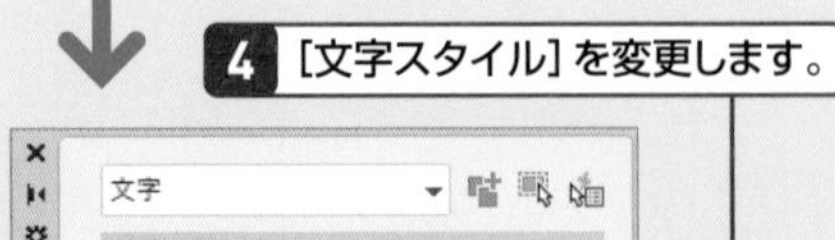

4 ［文字スタイル］を変更します。

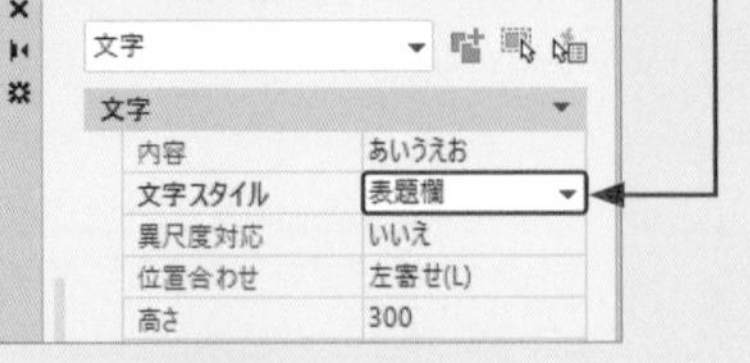
文字
内容　あいうえお
文字スタイル　表題欄
異尺度対応　いいえ
位置合わせ　左寄せ(L)
高さ　300

5 Esc キーを押して文字の選択を解除します。

あいうえお

6 文字スタイルが変更されます。

# Q 230 文字のフォントを変更したい！

## A 文字スタイルを確認して[文字スタイル管理]を実行します。

文字のフォントを変更するには、その文字の文字スタイルを確認し、[文字スタイル管理]を実行します。ただし、同じ文字スタイルの文字はすべてフォントが変更されるので注意してください。

サンプル ▶ 230.dwg

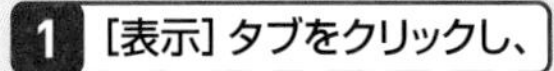

1 [表示]タブをクリックし、

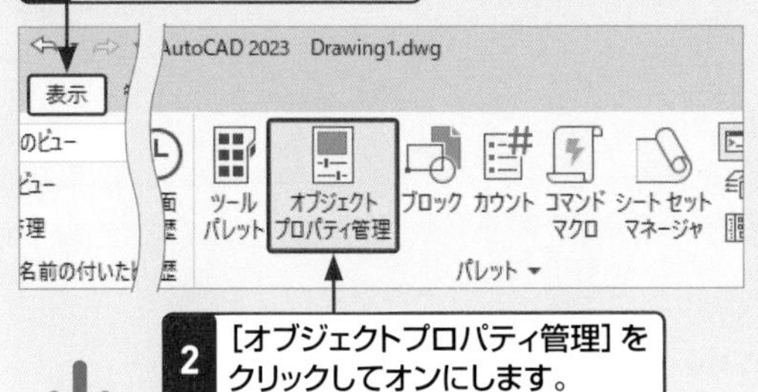

2 [オブジェクトプロパティ管理]をクリックしてオンにします。

3 文字をクリックして選択し、

4 [文字スタイル]を確認します。

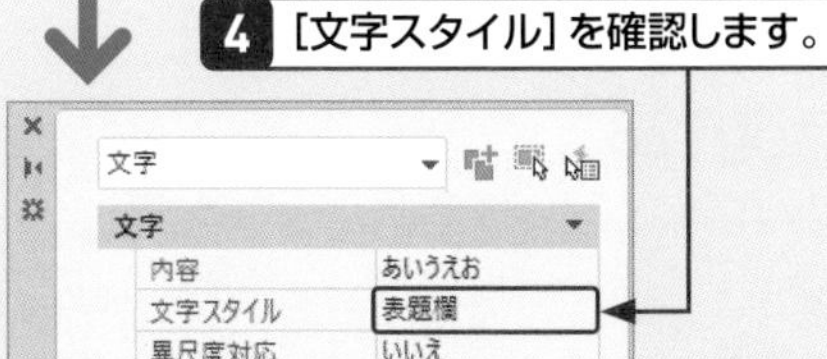

5 Esc キーを押して文字の選択を解除します。

6 [注釈]タブをクリックし、

7 [文字スタイル管理]をクリックします。

8 確認した文字スタイルを選択します。

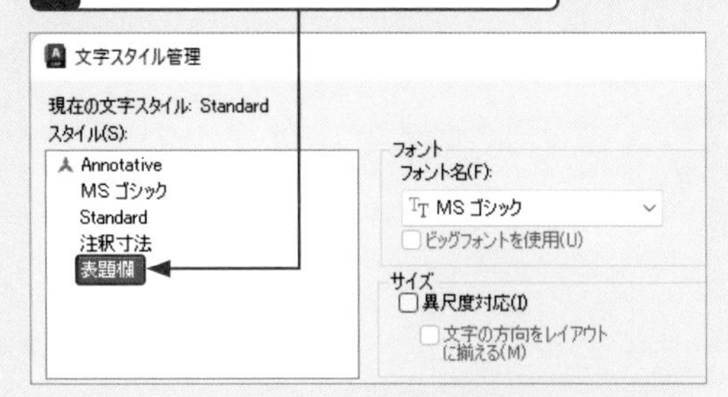

9 フォントを変更します（ここでは[MS明朝]）。

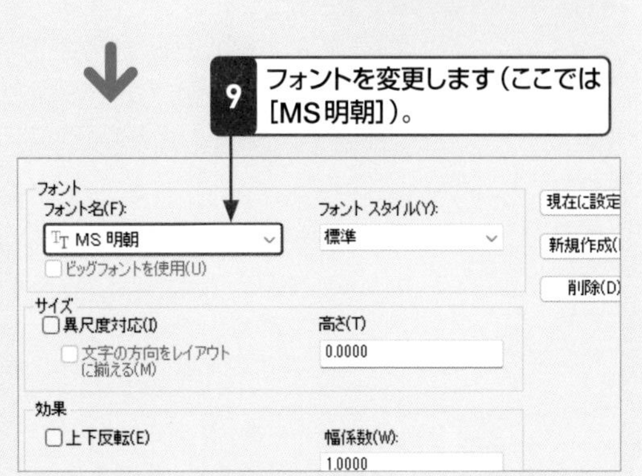

10 [適用]をクリックし、

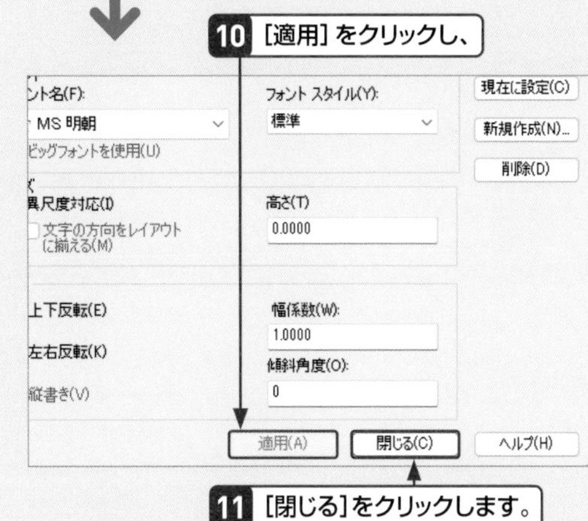

11 [閉じる]をクリックします。

12 文字のフォントが変更されます。

あいうえお

# Q 231 用途別に文字の設定をしたい！

## A 用途別の文字スタイルを作成します。

用途別に文字の設定をしたい場合は、用途別の文字スタイルを作成します。たとえば表題欄と注釈や寸法の文字スタイルを作成することにより、フォントを使い分けることができます。

参照▶Q 228,229 サンプル▶231.dwg

1 [注釈] タブをクリックし、

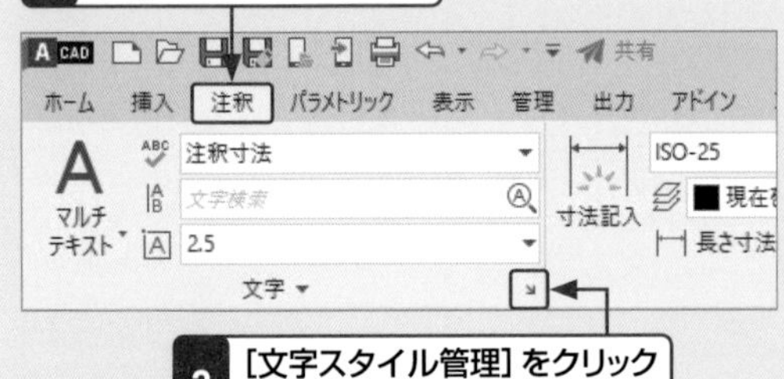
ホーム
挿入
注釈
パラメトリック
表示
管理
出力
アドイン
注釈寸法
文字検索
2.5
マルチ テキスト
文字
寸法記入
ISO-25
長さ寸法

2 [文字スタイル管理] をクリックします。

3 [新規作成] をクリックします。

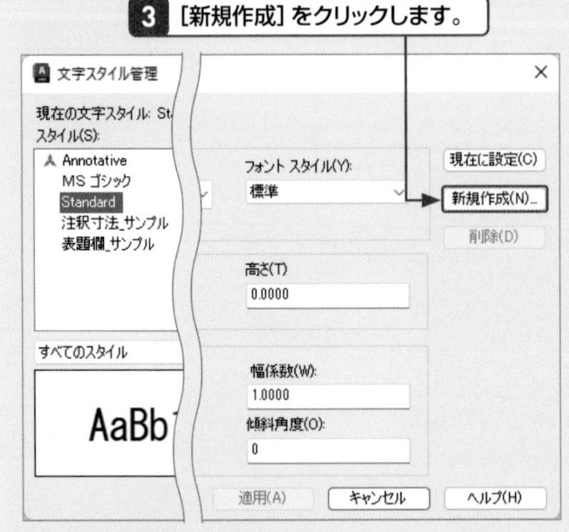
文字スタイル管理
現在の文字スタイル: St
スタイル(S):
Annotative
MS ゴシック
Standard
注釈寸法_サンプル
表題欄_サンプル
フォント スタイル(Y):
標準
現在に設定(C)
新規作成(N)...
削除(D)
高さ(T)
0.0000
すべてのスタイル
幅係数(W):
1.0000
傾斜角度(O):
0
AaBb
適用(A)
キャンセル
ヘルプ(H)

4 [スタイル名] を入力します（ここでは「表題欄」）。

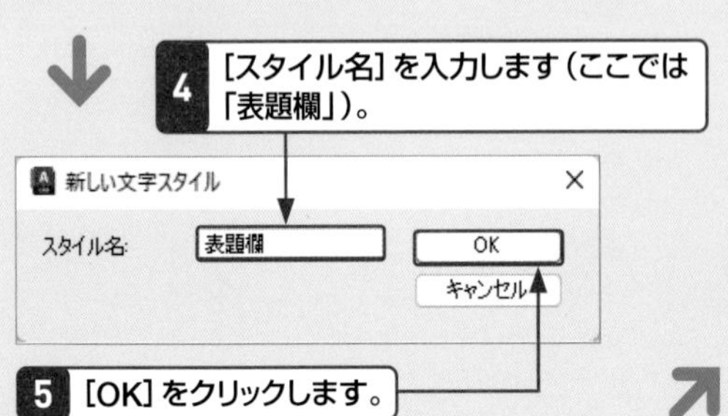
新しい文字スタイル
スタイル名:
表題欄
OK
キャンセル

5 [OK] をクリックします。

6 フォントを設定し（ここでは [MS明朝]）、

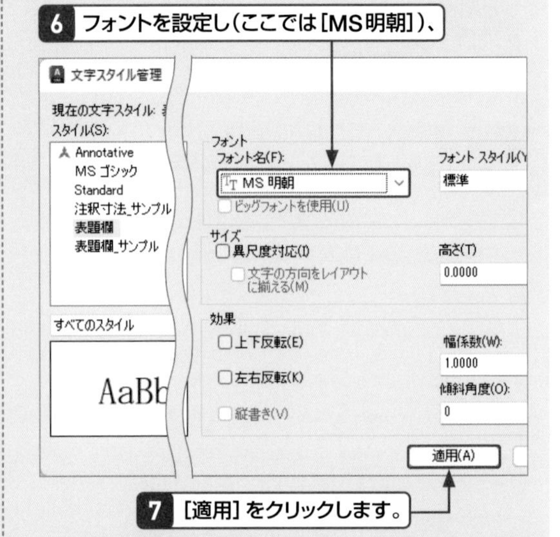
文字スタイル管理
現在の文字スタイル:
スタイル(S):
Annotative
MS ゴシック
Standard
注釈寸法_サンプル
表題欄
表題欄_サンプル
フォント
フォント名(F):
MS 明朝
ビッグフォントを使用(U)
フォント スタイル(Y
標準
サイズ
異尺度対応(I)
文字の方向をレイアウトに揃える(M)
高さ(T)
0.0000
すべてのスタイル
効果
上下反転(E)
左右反転(K)
縦書き(V)
幅係数(W):
1.0000
傾斜角度(O):
0
AaBb
適用(A)

7 [適用] をクリックします。

8 ほかの文字スタイルも作成します（ここでは名前に「注釈寸法」を入力、フォントは「MSゴシック」を指定）。

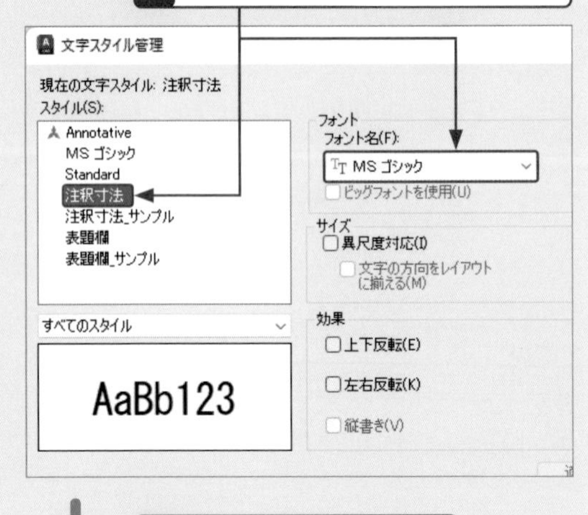
文字スタイル管理
現在の文字スタイル: 注釈寸法
スタイル(S):
Annotative
MS ゴシック
Standard
注釈寸法
注釈寸法_サンプル
表題欄
表題欄_サンプル
フォント
フォント名(F):
MS ゴシック
ビッグフォントを使用(U)
サイズ
異尺度対応(I)
文字の方向をレイアウトに揃える(M)
すべてのスタイル
効果
上下反転(E)
左右反転(K)
縦書き(V)
AaBb123

9 [閉じる] をクリックします。

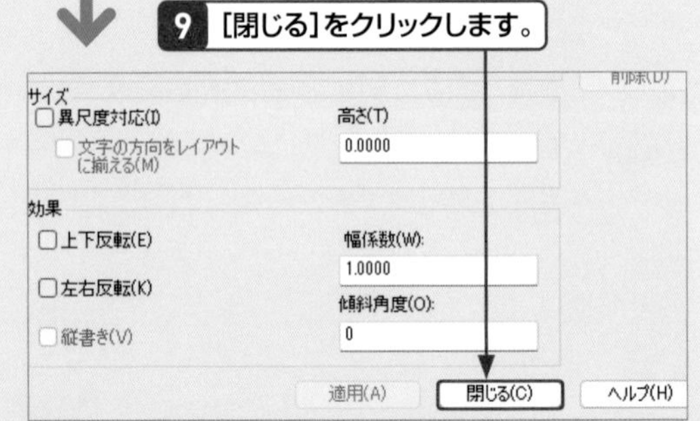
サイズ
異尺度対応(I)
文字の方向をレイアウトに揃える(M)
高さ(T)
0.0000
効果
上下反転(E)
左右反転(K)
縦書き(V)
幅係数(W):
1.0000
傾斜角度(O):
0
適用(A)
閉じる(C)
ヘルプ(H)

10 用途別の文字スタイルが作成されます。

11 文字スタイルを設定し、文字を作成します。

# Q 232 縦書きの文字を作成したい！

## A 文字スタイルに縦書き用のフォントを設定します。

縦書きの文字を作成するには、文字スタイルに縦書き用のフォントを設定します。縦書き用のフォントは「@MSゴシック」や「@MS明朝」など、「@」がついています。 サンプル ▶ 232.dwg

1 [注釈] タブをクリックし、

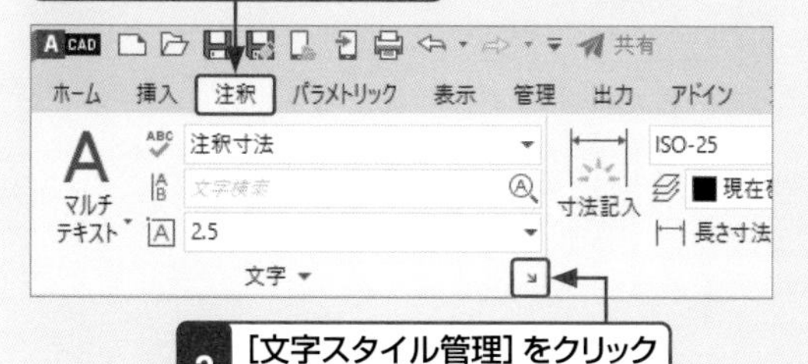

ホーム 挿入 注釈 パラメトリック 表示 管理 出力 アドイン
注釈寸法
文字検索
2.5
マルチ テキスト
寸法記入
ISO-25
長さ寸法
文字


2 [文字スタイル管理] をクリックします。

3 [新規作成] をクリックします。

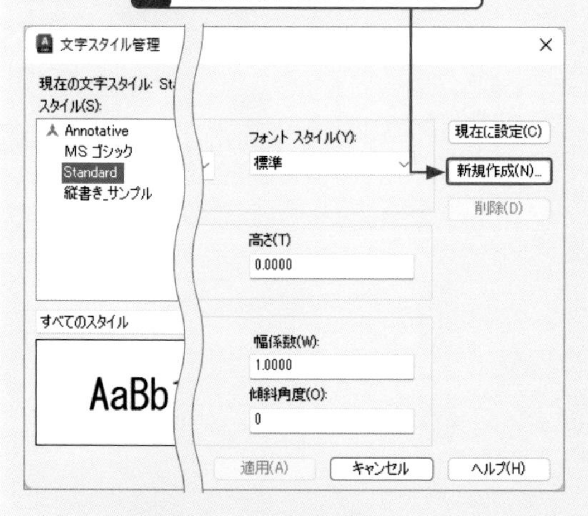

文字スタイル管理
現在の文字スタイル: St
スタイル(S):
Annotative
MS ゴシック
Standard
縦書き_サンプル
フォント スタイル(Y):
標準
現在に設定(C)
新規作成(N)...
削除(D)
高さ(T)
0.0000
すべてのスタイル
幅係数(W):
1.0000
傾斜角度(O):
0
AaBb
適用(A)
キャンセル
ヘルプ(H)


4 [スタイル名] を入力します（ここでは「縦書き」）。

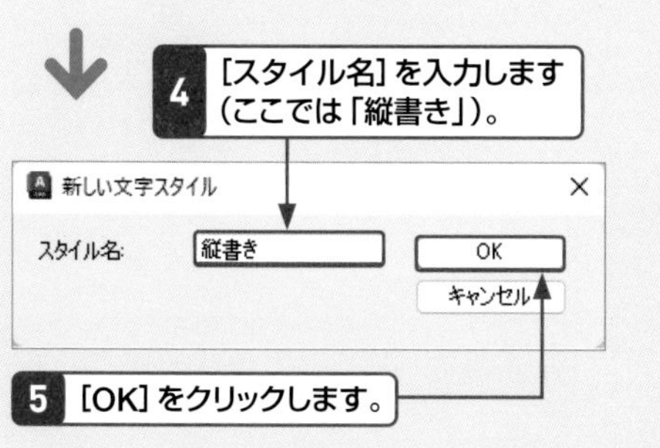

新しい文字スタイル
スタイル名:
縦書き
OK
キャンセル


5 [OK] をクリックします。

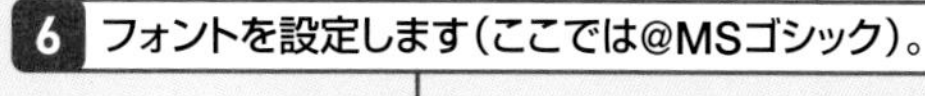

6 フォントを設定します（ここでは@MSゴシック）。


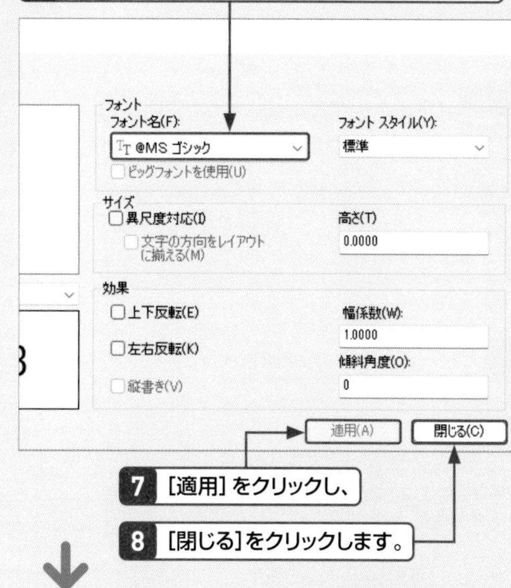

フォント
フォント名(F):
@MS ゴシック
フォント スタイル(Y):
標準
ビッグフォントを使用(U)
サイズ
異尺度対応(I)
文字の方向をレイアウトに揃える(M)
高さ(T)
0.0000
効果
上下反転(E)
左右反転(K)
縦書き(V)
幅係数(W):
1.0000
傾斜角度(O):
0
適用(A)
閉じる(C)


7 [適用] をクリックし、

8 [閉じる] をクリックします。

9 [文字スタイル] を選択します。

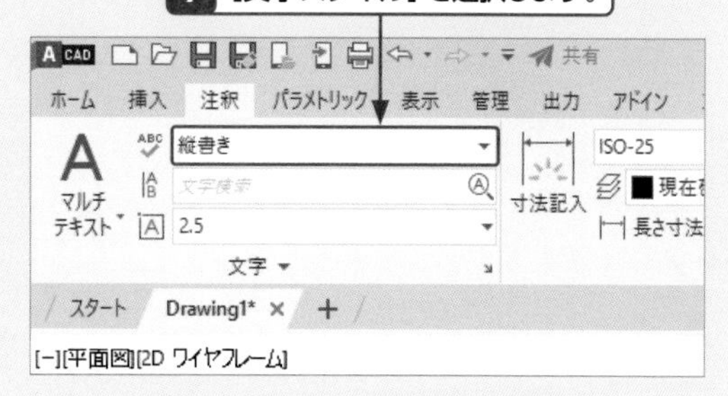

ホーム 挿入 注釈 パラメトリック 表示 管理 出力 アドイン
縦書き
文字検索
2.5
マルチ テキスト
寸法記入
ISO-25
長さ寸法
文字
スタート
Drawing1*
[−][平面図][2D ワイヤフレーム]


10 文字を作成します。その際、[文字列の角度を指定] で「270」を入力します。また、文字内容の入力時は横で表示されますが、コマンドを終了すると縦に回転されます。

縦書き

11 縦書きの文字が作成されます。

# Q 233 ほかの図面の文字スタイルをコピーしたい！

## A [DesignCenter]を使用します。

ほかの図面の文字スタイルをコピーするには、コピー元の図面を開き、[DesignCenter]を使用して文字スタイルを追加します。

サンプル ▶ 233a.dwg ／ 233b.dwg

**1** コピー元のファイルを開き、

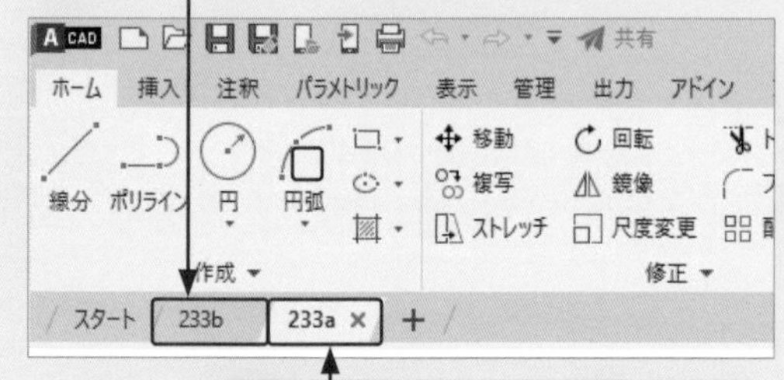

**2** コピー先のファイルを表示します。

**3** [表示] タブをクリックし、

**4** [DesignCenter] をクリックしてオンにします。

**5** [開いている図面] をクリックし、

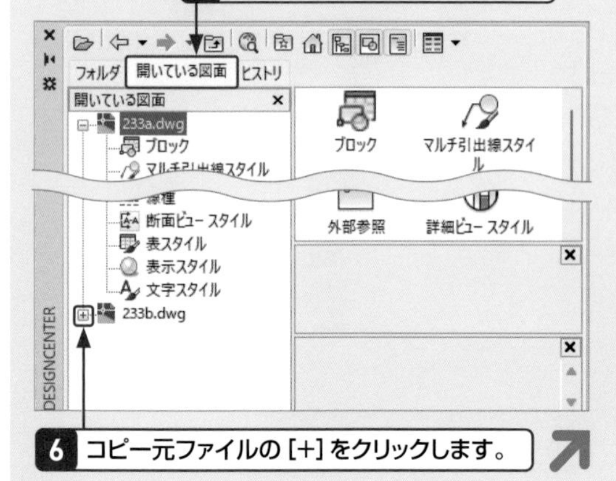

**6** コピー元ファイルの [+] をクリックします。

**7** [文字スタイル] をクリックし、

**8** 追加したい文字スタイルを選択します。

**9** 右クリックメニューから、[文字スタイルを追加] を選択し、

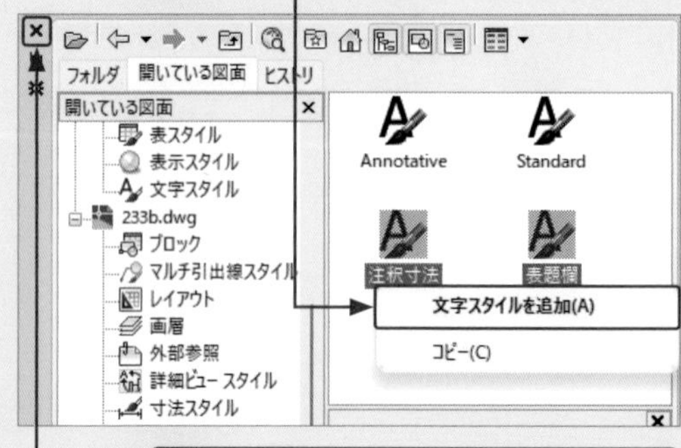

**10** [×] をクリックして、[DesignCenter] を閉じます。

**11** 文字スタイルが追加されます。

# Q234 日本語が文字化けしてしまう!

**A** ビッグフォントに日本語用のフォントを設定します。

日本語が「? ? ?」などと表示され、文字化けしてしまう場合は、ビッグフォントに日本語用のフォントを設定する必要があります。　サンプル▶234.dwg

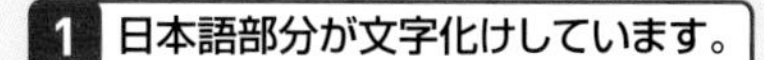
1 日本語部分が文字化けしています。

??100m

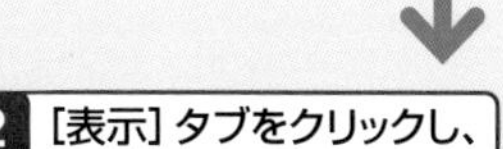
2 [表示] タブをクリックし、

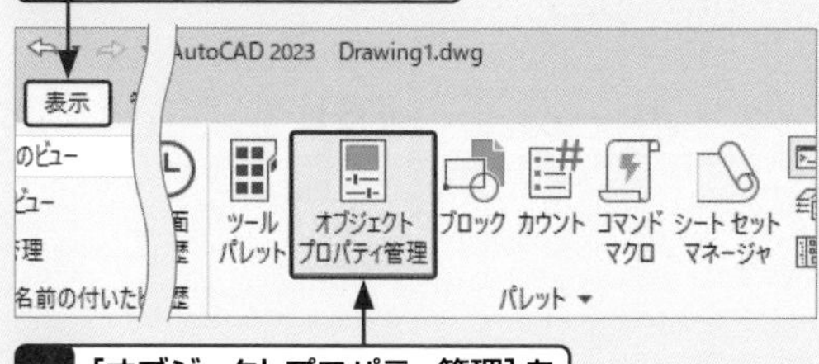
AutoCAD 2023　Drawing1.dwg
表示
ツール パレット
オブジェクト プロパティ管理
ブロック
カウント
コマンド マクロ
シート セット マネージャ
パレット
名前の付いた

3 [オブジェクトプロパティ管理] をクリックしてオンにします。

4 文字をクリックして選択し、[文字スタイル] を確認します。

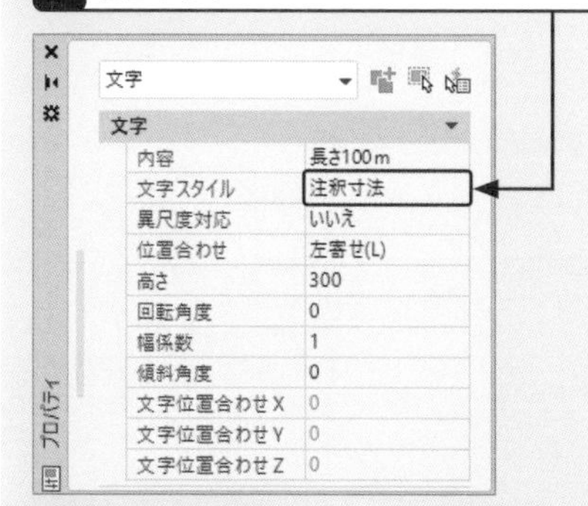
文字
文字
内容　長さ100m
文字スタイル　注釈寸法
異尺度対応　いいえ
位置合わせ　左寄せ(L)
高さ　300
回転角度　0
幅係数　1
傾斜角度　0
文字位置合わせX　0
文字位置合わせY　0
文字位置合わせZ　0
プロパティ

5 Escキーを押して、文字の選択を解除します。

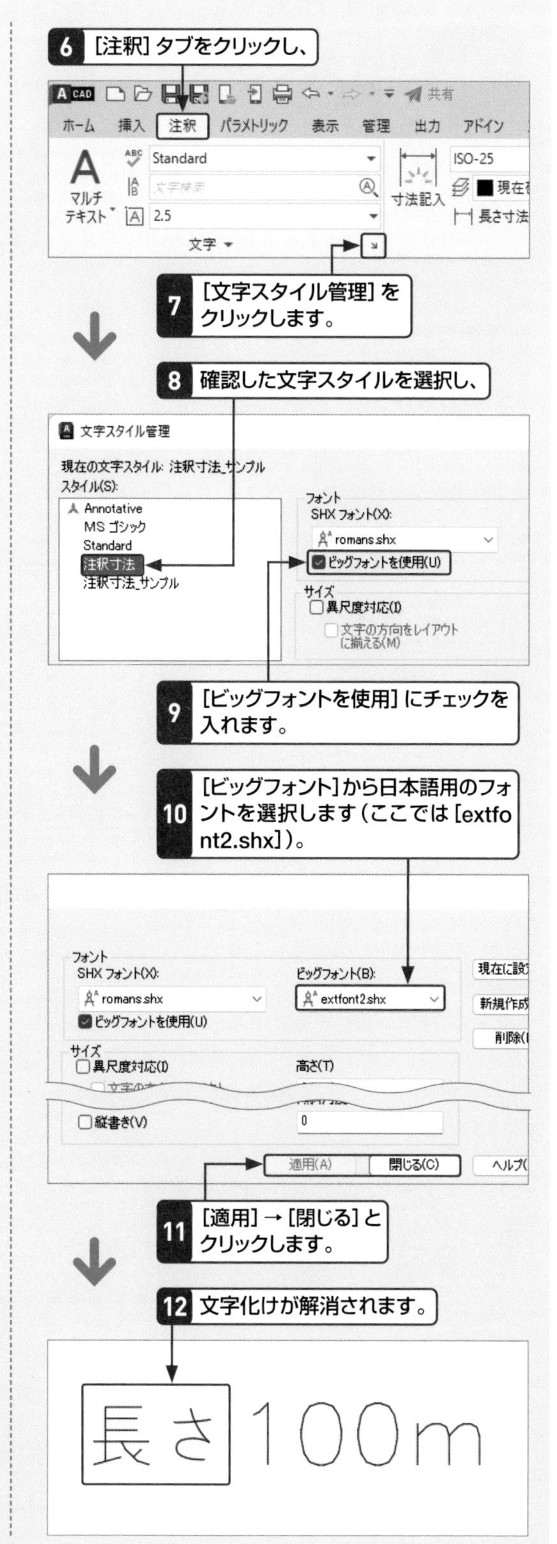
6 [注釈] タブをクリックし、
ホーム　挿入　注釈　パラメトリック　表示　管理　出力　アドイン
Standard
2.5
マルチ テキスト
寸法記入
ISO-25
長さ寸法
文字
7 [文字スタイル管理] をクリックします。
8 確認した文字スタイルを選択し、
文字スタイル管理
現在の文字スタイル: 注釈寸法_サンプル
スタイル(S):
Annotative
MS ゴシック
Standard
注釈寸法
注釈寸法_サンプル
フォント
SHX フォント(X):
romans.shx
ビッグフォントを使用(U)
サイズ
異尺度対応(I)
文字の方向をレイアウトに揃える(M)
9 [ビッグフォントを使用] にチェックを入れます。
10 [ビッグフォント] から日本語用のフォントを選択します(ここでは [extfont2.shx])。
ビッグフォント(B):
extfont2.shx
新規作成
高さ(T)
縦書き(V)
0
適用(A)
閉じる(C)
11 [適用] → [閉じる] とクリックします。
12 文字化けが解消されます。
長さ100m

AutoCAD の概要
基本操作
線の作図と編集
図形の作図と挿入
図形の変形と移動
図形の選択と削除
画層とプロパティ
文字の作成
寸法の作成
注釈の作成
数値計測とブロック図形
レイアウトと印刷

## Q235 SHXフォントとは？

**A** SHXフォントはAutoCAD専用のフォントです。

SHXフォントとは、AutoCAD専用のフォントです。フォントには以下の2種類があります。

### ● TrueTypeフォント

Windowsで標準的に使用されるフォントのことで、TrueTypeアウトラインを使用するOpenTypeフォントも使用可能です。代表的なものにMSゴシックやMS明朝があります。このフォントを使用する場合には、文字スタイルの［ビッグフォントを使用］のチェックを外す必要があります。

TrueTypeフォント

フォント
フォント名(F): MS ゴシック
フォント スタイル(Y): 標準
ビッグフォントを使用(U)

［ビッグフォントを使用］のチェックを外します。

123
あいうえお

### ● SHXフォント

AutoCAD専用の線画で作成されたフォント。文字スタイルの［ビッグフォントに使用］にチェックを入れ、半角英数字と全角の2種類のフォントを設定する必要があります。

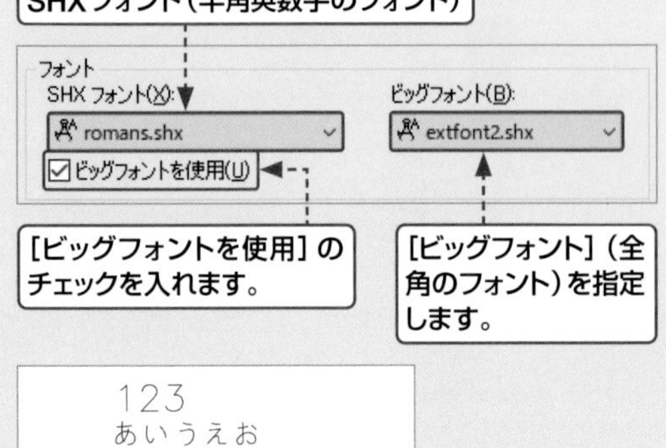
SHXフォント（半角英数字のフォント）
フォント
SHX フォント(X):
romans.shx
ビッグフォント(B):
extfont2.shx
ビッグフォントを使用(U)
［ビッグフォントを使用］のチェックを入れます。
［ビッグフォント］（全角のフォント）を指定します。

123
あいうえお

## Q236 ビッグフォントとは？

**A** SHXフォントを使用する場合に設定する全角のフォントです。

ビッグフォントとは、AutoCAD専用の線画で作成されたフォントであるSHXフォントを使用する場合に設定する全角のフォントです。日本語用のビッグフォントには、以下の種類があります。

**bigfont.shx**
JIS第一水準の漢字をサポートしています。

**extfont.shx**
JIS第二水準の漢字をサポートしています。
例：框、崗

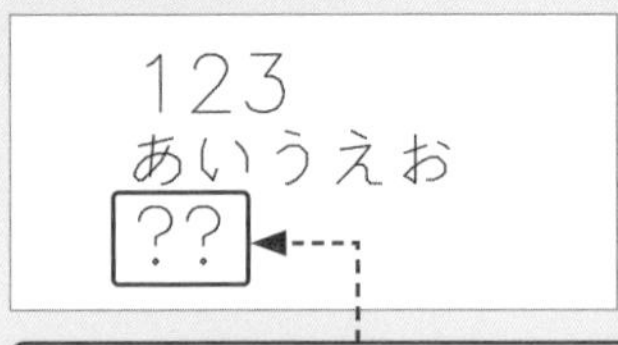
123
あいうえお
??

サポートされていない文字は「?」で表示されます。

**extfont2.shx**
extfont.shxの改良版
例：㈱、﨑

123
あいうえお
㈱﨑

**@extfont2.shx**
extfont2.shxの縦書き版

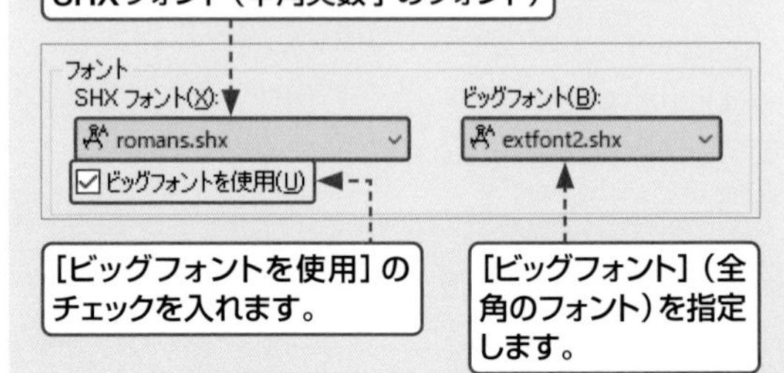
SHXフォント（半角英数字のフォント）
フォント
SHX フォント(X):
romans.shx
ビッグフォント(B):
extfont2.shx
ビッグフォントを使用(U)
［ビッグフォントを使用］のチェックを入れます。
［ビッグフォント］（全角のフォント）を指定します。

# Q 237 文字の内容を修正したい！

**A** ダブルクリックで修正が可能です。

文字の内容を修正するには、まず文字をダブルクリックして選択します。1行文字もマルチテキストもどちらも修正可能ですが、マルチテキストの場合には、テキストエディタが表示されます。

サンプル ▶ 237.dwg

## ● 文字の修正方法 その①

**1** 文字をダブルクリックします。

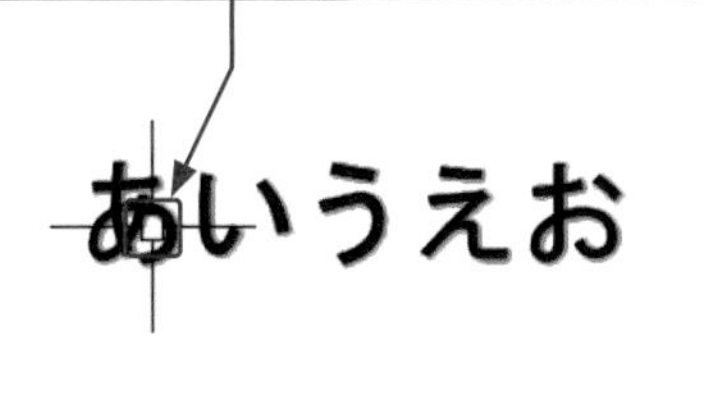
あいうえお

**2** 1行文字の場合、文字がすべて選択された状態になります。

**3** 文字内容を修正します。

**4** Enter キーを2回押して、文字の修正を終了します。

## ● 文字の修正方法 その②

**1** 文字をダブルクリックします。

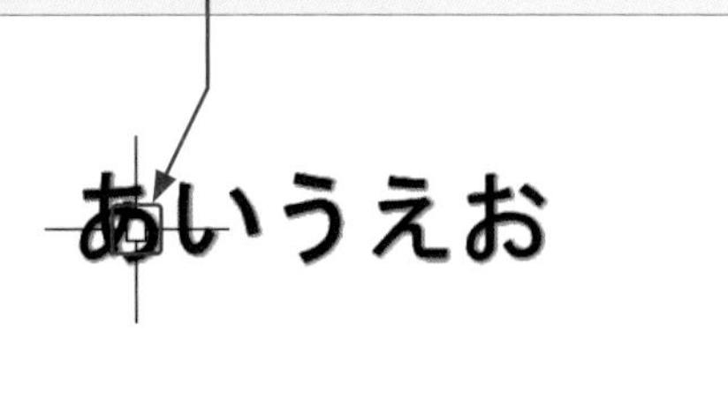
あいうえお

**2** マルチテキストの場合、テキストエディタが表示されます。

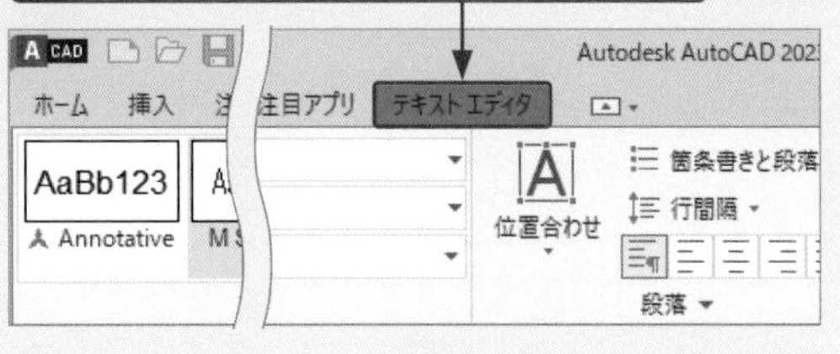
Autodesk AutoCAD 202
ホーム
挿入
注目アプリ
テキスト エディタ
AaBb123
Annotative
位置合わせ
箇条書きと段落
行間隔
段落

**3** 文字内容を修正します。

かきくけこ

**4** ［テキストエディタを閉じる］をクリックします。

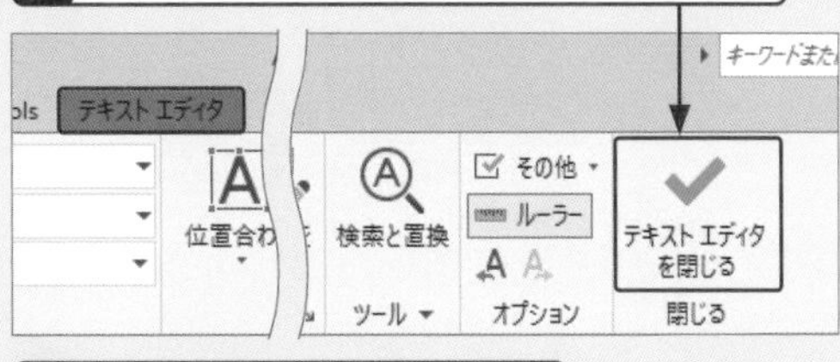
キーワードまた
テキスト エディタ
位置合わ
検索と置換
その他
ルーラー
テキスト エディタを閉じる
ツール
オプション
閉じる

**5** 文字内容の修正が終了します。

AutoCADの概要
基本操作
線の作図と編集
図形の作図と挿入
図形の変形と移動
図形の選択と削除
画層とプロパティ
文字の作成
寸法の作成
注釈の作成
数値計測とブロック図形
レイアウトと印刷

# Q 238 文字の大きさを変更したい！

**A** プロパティパレットの［高さ］を変更します。

文字の大きさを変更するには、プロパティパレットの［高さ］を変更します。マルチテキストの場合は、テキストエディタを使用して変更することも可能です。

参照▶Q 222 サンプル▶238.dwg

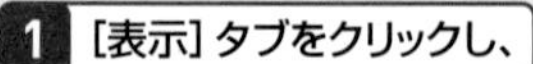

1 ［表示］タブをクリックし、

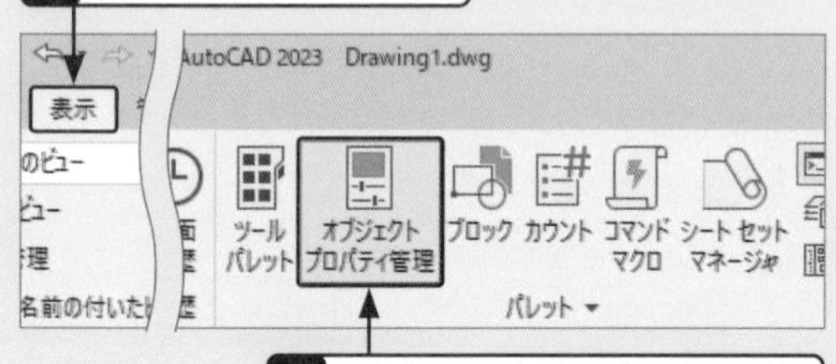

AutoCAD 2023 Drawing1.dwg
表示
ツール パレット
オブジェクト プロパティ管理
ブロック
カウント
コマンド マクロ
シート セット マネージャ
パレット


2 ［オブジェクトプロパティ管理］をクリックしてオンにします。

3 文字をクリックして選択します。

あいうえお

4 ［高さ］を変更します（ここでは「500」）。

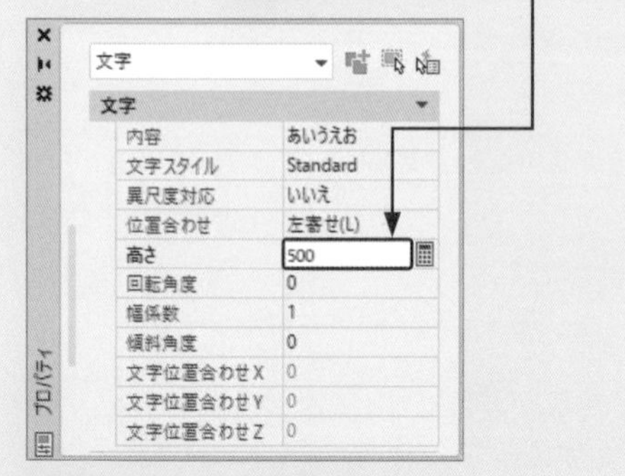

| 文字 | |
|---|---|
| 内容 | あいうえお |
| 文字スタイル | Standard |
| 異尺度対応 | いいえ |
| 位置合わせ | 左寄せ(L) |
| 高さ | 500 |
| 回転角度 | 0 |
| 幅係数 | 1 |
| 傾斜角度 | 0 |
| 文字位置合わせX | 0 |
| 文字位置合わせY | 0 |
| 文字位置合わせZ | 0 |

5 文字の大きさが変更されます。

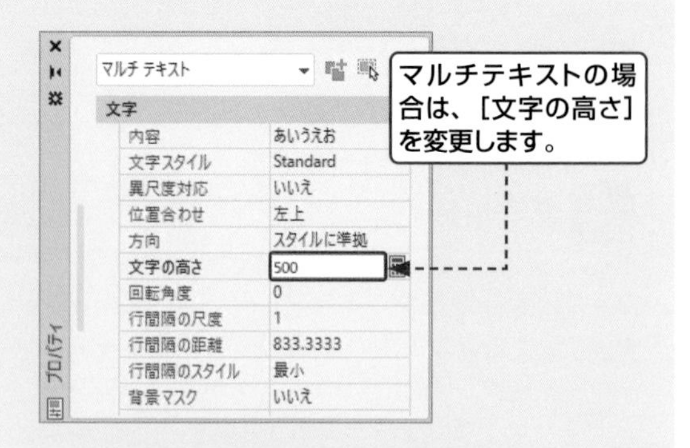

| マルチ テキスト | |
|---|---|
| 文字 | |
| 内容 | あいうえお |
| 文字スタイル | Standard |
| 異尺度対応 | いいえ |
| 位置合わせ | 左上 |
| 方向 | スタイルに準拠 |
| 文字の高さ | 500 |
| 回転角度 | 0 |
| 行間隔の尺度 | 1 |
| 行間隔の距離 | 833.3333 |
| 行間隔のスタイル | 最小 |
| 背景マスク | いいえ |

マルチテキストの場合は、［文字の高さ］を変更します。

## マルチテキストの場合

マルチテキストの場合は、カーソルを文字に重ねてダブルクリックし、テキストエディタで修正することも可能です。

1 大きさを変更する文字を選択します。

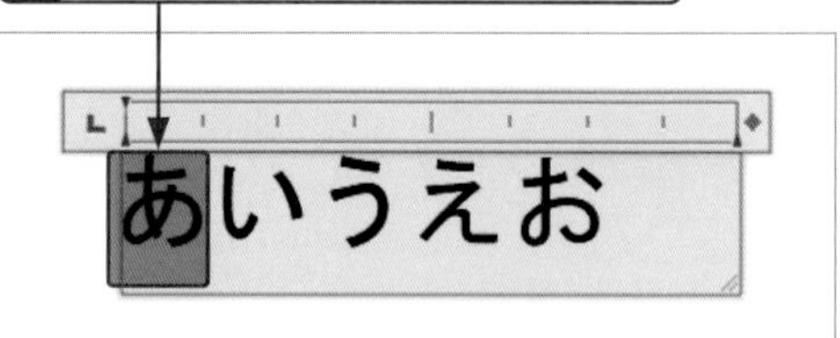

あいうえお


2 ［文字高さ］に変更する値を入力し、Enterキーを押します。

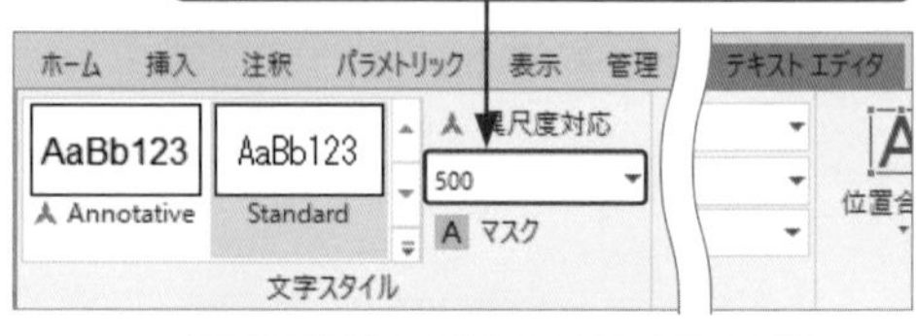

ホーム
挿入
注釈
パラメトリック
表示
管理
テキスト エディタ
AaBb123
Annotative
Standard
異尺度対応
500
マスク
文字スタイル


3 ［テキストエディタを閉じる］をクリックします。

シンボル
フィールド
スペル チェック
辞書を 編集
検索と置換
その他
ルーラー
テキスト エディタ を閉じる
挿入
スペルチェック
ツール
オプション
閉じる
あいうえお

# Q 239 文字の幅を狭くしたい!

## A プロパティパレットの[幅係数]を変更します。

文字の幅を変更するには、プロパティパレットの[幅係数]を変更します。マルチテキストの場合は、テキストエディタを使用して変更してください。

サンプル ▶ 239.dwg

1 [表示] タブをクリックし、

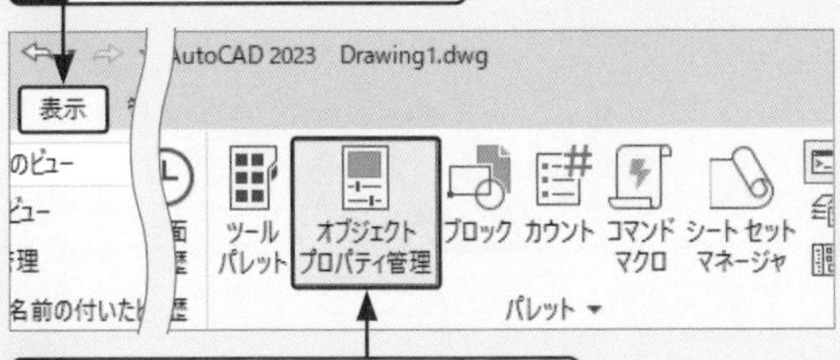
AutoCAD 2023　Drawing1.dwg
表示
ツール パレット
オブジェクト プロパティ管理
ブロック
カウント
コマンド マクロ
シート セット マネージャ
パレット

2 [オブジェクトプロパティ管理] をクリックしてオンにします。

3 文字をクリックして選択します。

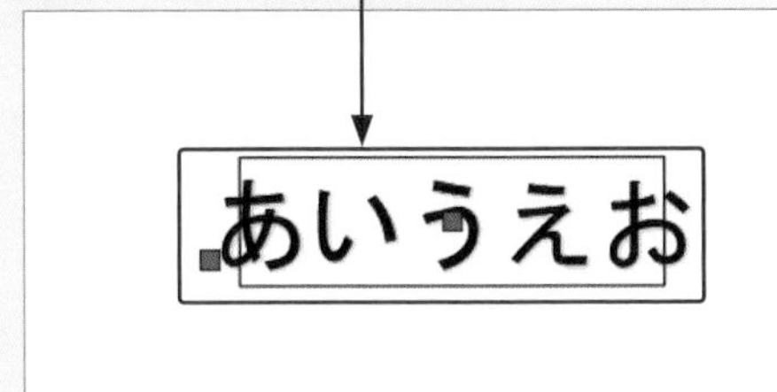
あいうえお

4 [幅係数] を変更します (ここでは「0.8」)。

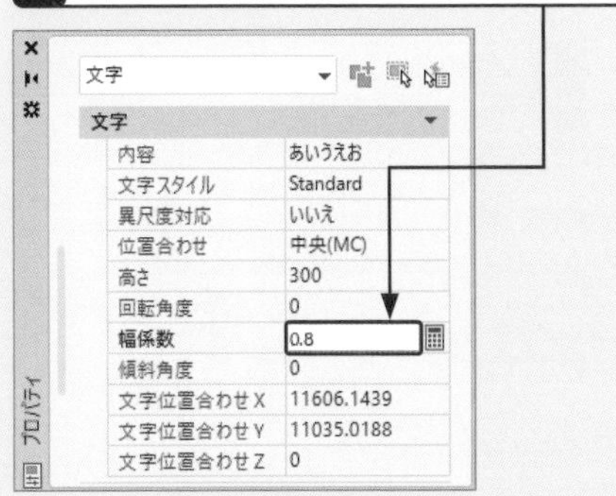
文字
内容　あいうえお
文字スタイル　Standard
異尺度対応　いいえ
位置合わせ　中央(MC)
高さ　300
回転角度　0
幅係数　0.8
傾斜角度　0
文字位置合わせX　11606.1439
文字位置合わせY　11035.0188
文字位置合わせZ　0
プロパティ

5 文字の幅が変更されます。

あいうえお

6 Esc キーを押して選択を解除します。

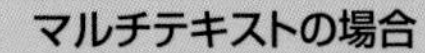

### マルチテキストの場合

マルチテキストの場合は、カーソルを文字に重ねてダブルクリックし、テキストエディタで修正します。

1 幅を変更する文字を選択します。

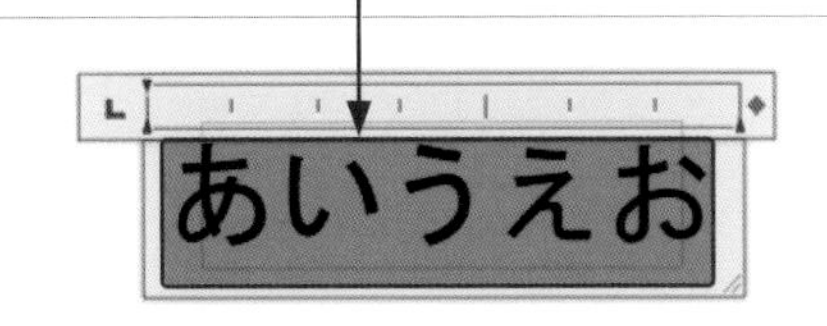
あいうえお

2 [幅係数] に変更する値を入力し、Enter キーを押します。

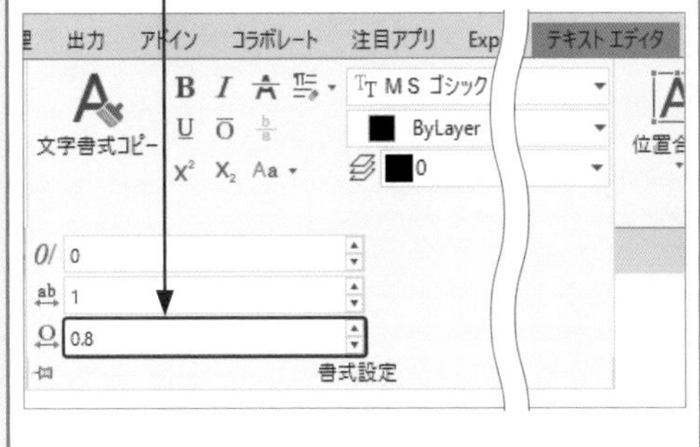
出力
アドイン
コラボレート
注目アプリ
テキスト エディタ
文字書式コピー
MS ゴシック
ByLayer
0
1
0.8
書式設定

3 [テキストエディタを閉じる] をクリックします。

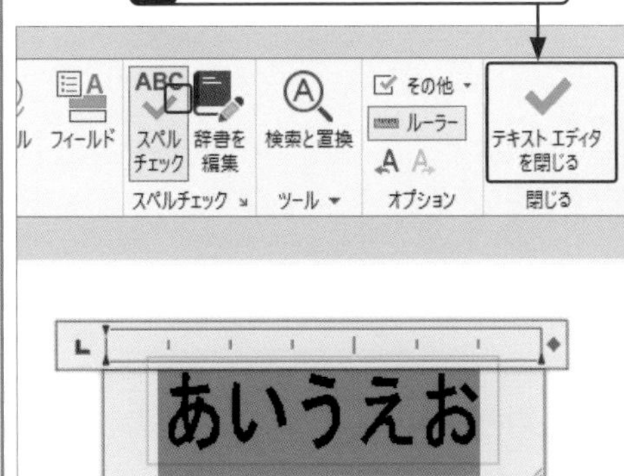
フィールド
スペル チェック
辞書を 編集
検索と置換
その他
ルーラー
テキスト エディタ を閉じる
スペルチェック
ツール
オプション
閉じる
あいうえお

AutoCAD の概要
基本操作
線の作図と編集
図形の作図と挿入
図形の変形と移動
図形の選択と削除
画層とプロパティ
文字の作成
寸法の作成
注釈の作成
数値計測とブロック図形
レイアウトと印刷

# Q240 文字の位置を変えずに基点を変更したい！

## A [位置合わせ]を実行します。

文字の位置を変えずに基点変更するには、[位置合わせ]を実行します。プロパティパレットの[位置合わせ]を変更すると、文字の位置が変更されてしまうので注意してください。

サンプル▶240.dwg

文字の基点が[左寄せ]になっています。

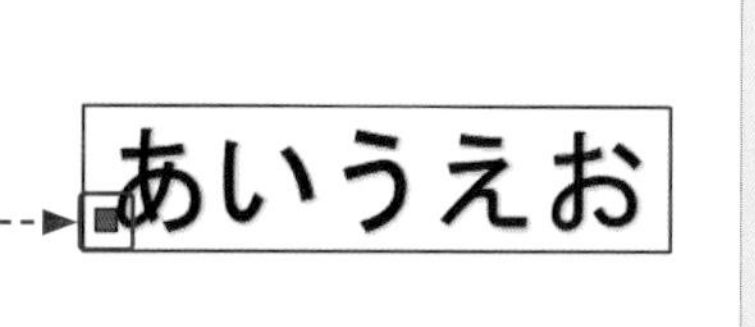
あいうえお

プロパティパレットで、[位置合わせ]を[左寄せ]から[中央]に変更します。

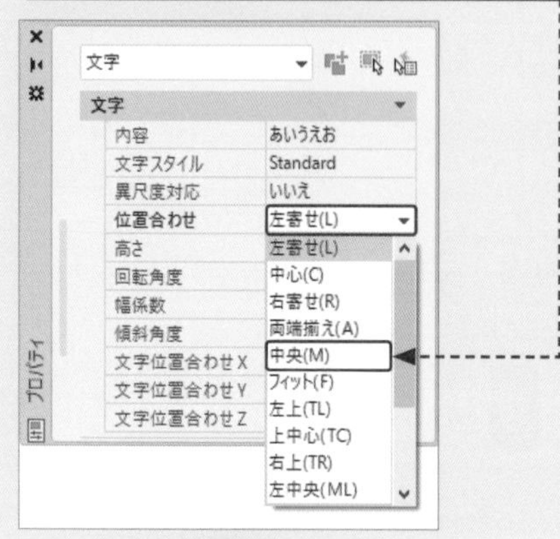
文字
文字
内容
あいうえお
文字スタイル
Standard
異尺度対応
いいえ
位置合わせ
左寄せ(L)
高さ
回転角度
幅係数
傾斜角度
文字位置合わせX
文字位置合わせY
文字位置合わせZ
左寄せ(L)
中心(C)
右寄せ(R)
両端揃え(A)
中央(M)
フィット(F)
左上(TL)
上中心(TC)
右上(TR)
左中央(ML)
プロパティ

文字の位置が変更されてしまいます。

あいうえお

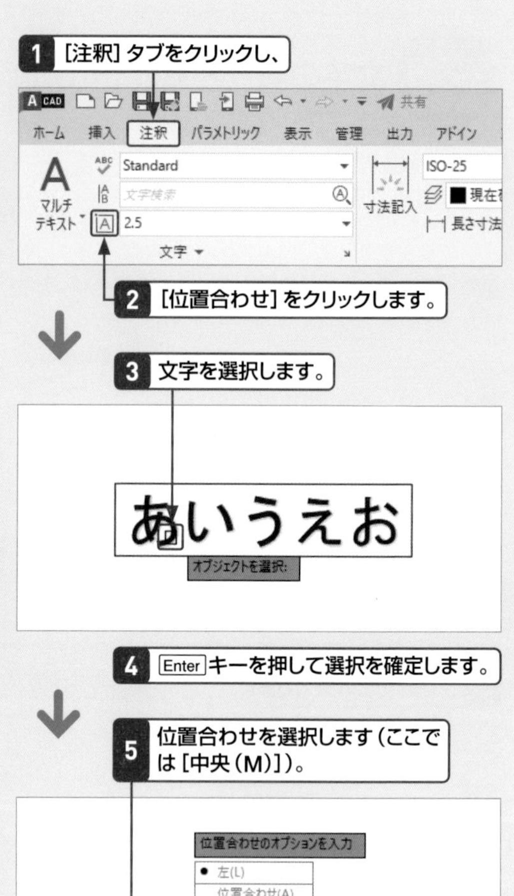
1 [注釈]タブをクリックし、
共有
ホーム
挿入
注釈
パラメトリック
表示
管理
出力
アドイン
Standard
文字検索
2.5
マルチテキスト
文字
寸法記入
ISO-25
現在
長さ寸法
2 [位置合わせ]をクリックします。
3 文字を選択します。
あいうえお
オブジェクトを選択:

4 Enter キーを押して選択を確定します。

5 位置合わせを選択します（ここでは[中央(M)]）。

位置合わせのオプションを入力
左(L)
位置合わせ(A)
フィット(F)
中心(C)
中央(M)
右(R)
左上(TL)
中心上(TC)
右上(TR)
左中央(ML)
中央(MC)
右中央(MR)
左下(BL)
中央下(BC)
右下(BR)

6 文字の位置は変更されずに、文字の基点が変更されます。

あいうえお

# Q 241 文字を結合したい!

## A [文字を結合]を実行します。

文字を結合するには、[文字を結合]を実行し、マルチテキストにすることにより結合できます。また、[設定]オプションを使用すると、文字を1行にするか複数行にするかなどを選択することが可能です。

サンプル▶241.dwg

1 文字がいくつかに分かれています(ここでは3つ)。

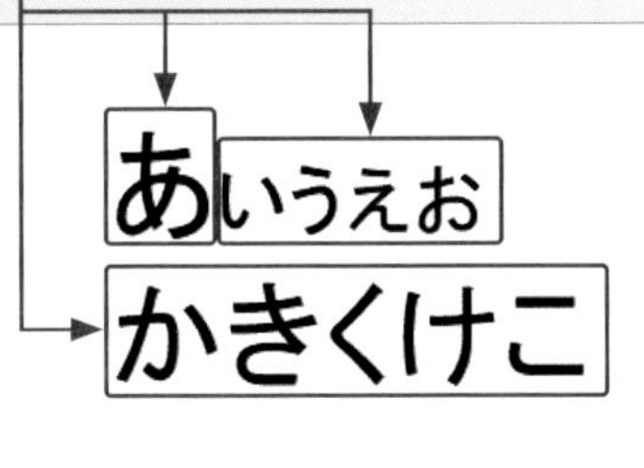

あいうえお
かきくけこ


2 [挿入]タブをクリックし、

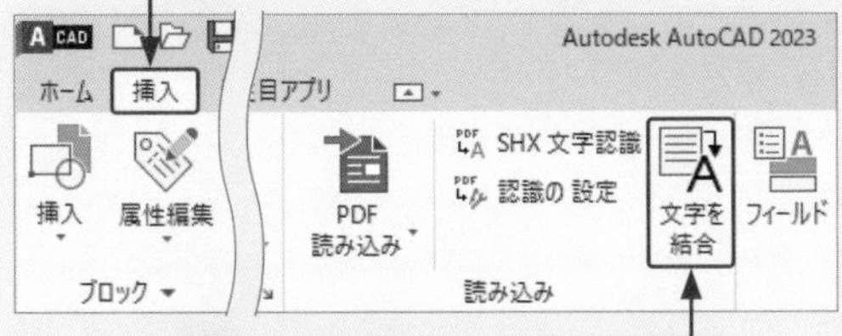

Autodesk AutoCAD 2023
ホーム
挿入
挿入
属性編集
PDF 読み込み
SHX 文字認識
認識の 設定
文字を結合
フィールド
ブロック
読み込み


3 [文字を結合]をクリックします。

4 作図領域を右クリックし、メニューから[設定]を選択します。

Enter(E)
キャンセル(C)
設定(SE)
画面移動(P)
ズーム(Z)
SteeringWheels
クイック計算


5 マルチテキストに変換する際の設定を選択します。

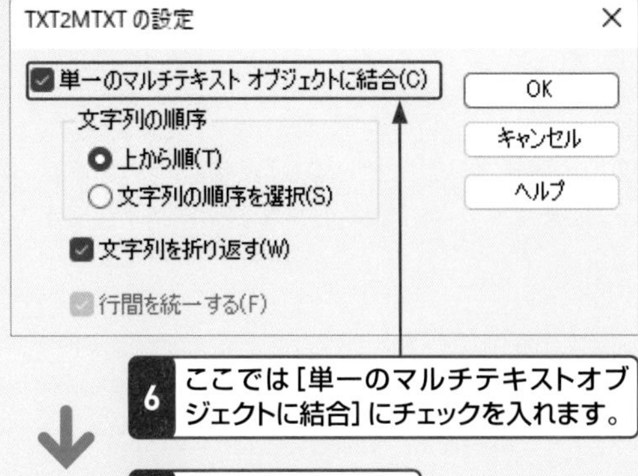

TXT2MTXT の設定
単一のマルチテキスト オブジェクトに結合(C)
文字列の順序
上から順(T)
文字列の順序を選択(S)
文字列を折り返す(W)
行間を統一する(F)
OK
キャンセル
ヘルプ


6 ここでは[単一のマルチテキストオブジェクトに結合]にチェックを入れます。

7 [OK]をクリックし、

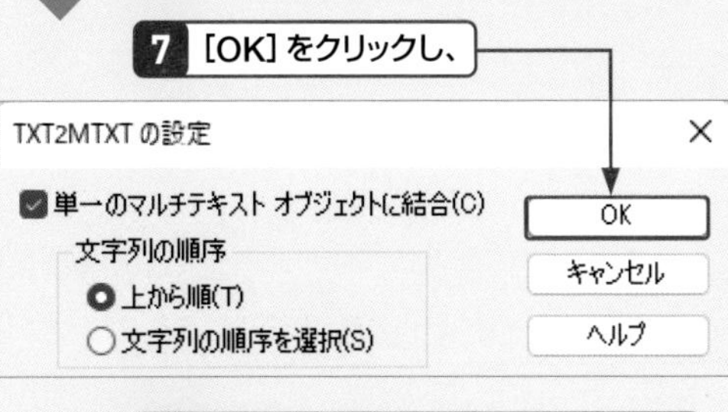

TXT2MTXT の設定
単一のマルチテキスト オブジェクトに結合(C)
文字列の順序
上から順(T)
文字列の順序を選択(S)
OK
キャンセル
ヘルプ


8 結合する文字を選択します(ここでは3つ)。

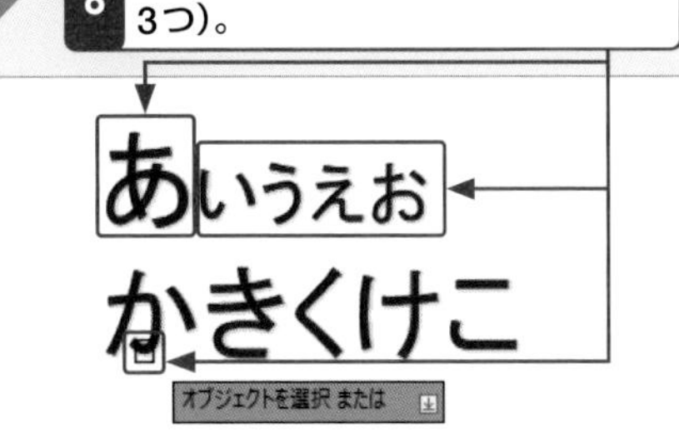

あいうえお
かきくけこ
オブジェクトを選択 または


9 Enterキーを押して、選択を確定します。

10 3つの文字が1つに結合され、マルチテキストに変換されます。

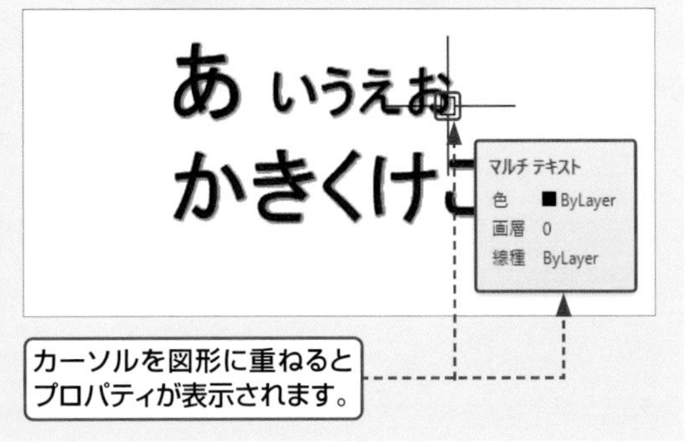

あ いうえお
かきくけこ
マルチ テキスト
色 ByLayer
画層 0
線種 ByLayer


カーソルを図形に重ねるとプロパティが表示されます。

# Q 242 背景マスクを付けたい！

**A** プロパティパレットの［背景マスク］を設定します。

文字に背景マスクを付けるには、プロパティパレットの［背景マスク］を設定します。ただし、1行文字の場合は、マルチテキストに変更してください。

参照▶Q 227 サンプル▶242.dwg

1 ［表示］タブをクリックし、

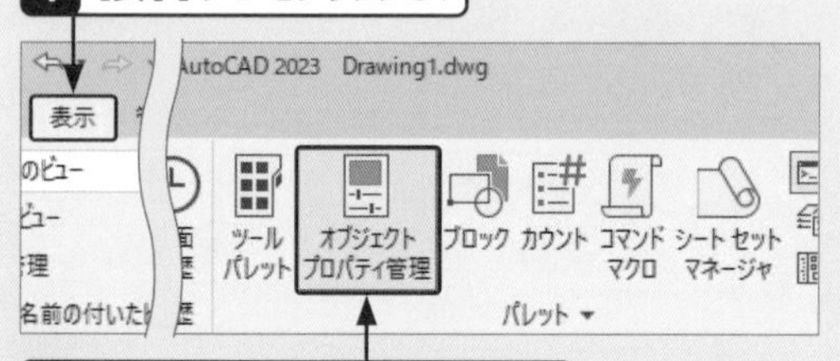
AutoCAD 2023 Drawing1.dwg
表示
ツール パレット
オブジェクト プロパティ管理
ブロック
カウント
コマンド マクロ
シート セット マネージャ
パレット

2 ［オブジェクトプロパティ管理］をクリックしてオンにします。

3 マルチテキストをクリックして選択します。

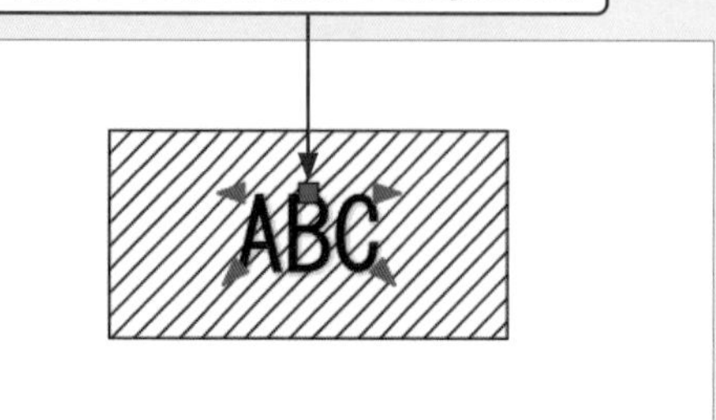
ABC

4 ［背景マスク］をクリックします。

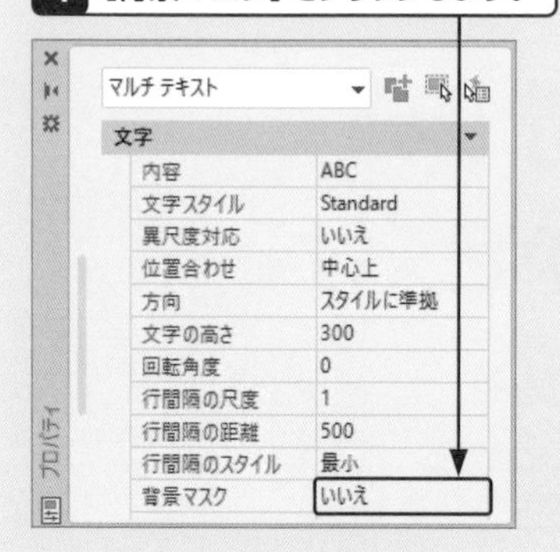
マルチ テキスト
文字
内容 ABC
文字スタイル Standard
異尺度対応 いいえ
位置合わせ 中心上
方向 スタイルに準拠
文字の高さ 300
回転角度 0
行間隔の尺度 1
行間隔の距離 500
行間隔のスタイル 最小
背景マスク いいえ
プロパティ

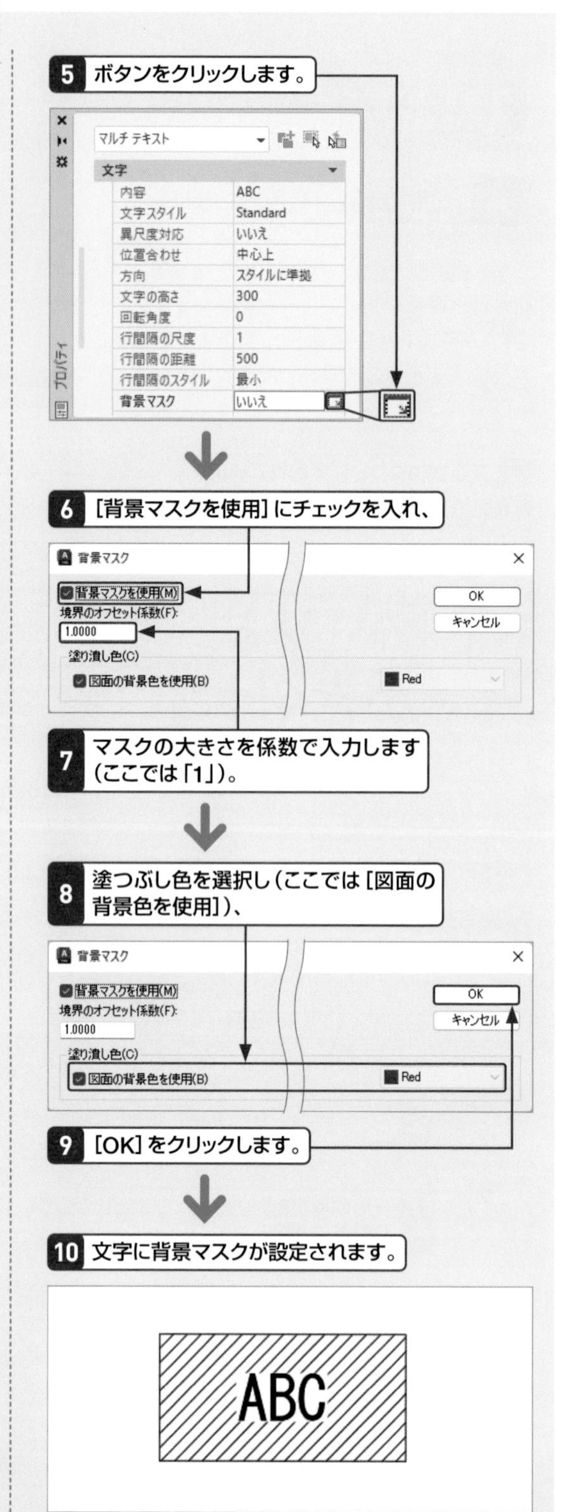
5 ボタンをクリックします。
マルチ テキスト
文字
内容 ABC
文字スタイル Standard
異尺度対応 いいえ
位置合わせ 中心上
方向 スタイルに準拠
文字の高さ 300
回転角度 0
行間隔の尺度 1
行間隔の距離 500
行間隔のスタイル 最小
背景マスク いいえ
6 ［背景マスクを使用］にチェックを入れ、
背景マスク
背景マスクを使用(M)
境界のオフセット係数(F):
1.0000
塗り潰し色(C)
図面の背景色を使用(B)
Red
OK
キャンセル
7 マスクの大きさを係数で入力します（ここでは「1」）。
8 塗つぶし色を選択し（ここでは［図面の背景色を使用］）、
9 ［OK］をクリックします。
10 文字に背景マスクが設定されます。
ABC
11 Escキーを押して選択を解除します。

重要度 ★★★

Q
243

# 文字の大きさやスタイルをコピーしたい！

## A [プロパティコピー]を実行します。

ほかの文字の大きさやスタイルをコピーするには、[プロパティコピー]を実行します。また、[設定]オプションを使用すると、コピーする内容を選択することができます。

サンプル ▶ 243.dwg

### コピー方法 その①

**1** [プロパティコピー]をクリックします。

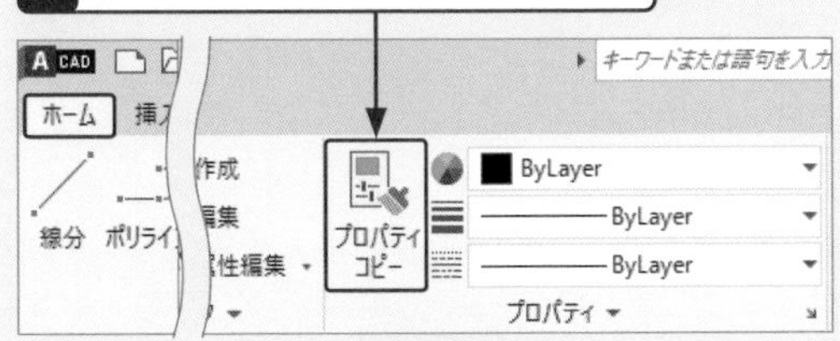
CAD
キーワードまたは語句を入力
ホーム
挿入
作成
線分
ポリライン
編集
属性編集
プロパティ
コピー
ByLayer
ByLayer
ByLayer
プロパティ

**2** コピー元の文字をクリックして選択し、

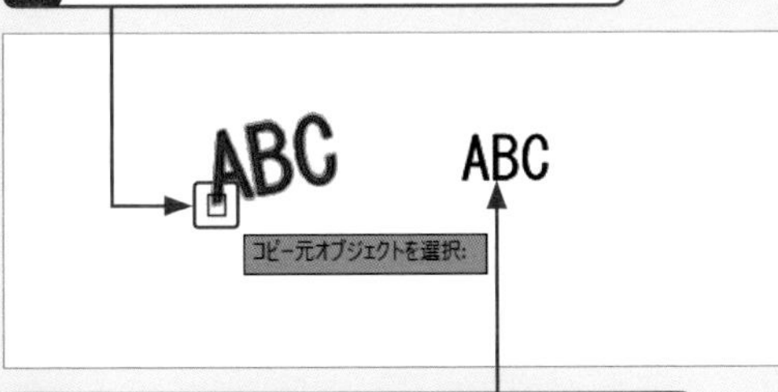
ABC
ABC
コピー元オブジェクトを選択:

**3** コピー先の文字をクリックして選択します。

**4** プロパティがコピーされます。

ABC　ABC

**5** Enter キーを押して、[プロパティコピー]を終了します。

### コピー方法 その②

**1** [プロパティコピー]をクリックします。

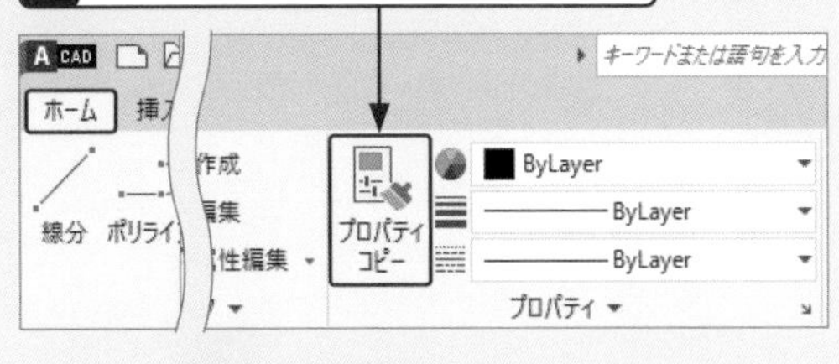
CAD
キーワードまたは語句を入力
ホーム
挿入
作成
線分
ポリライン
編集
属性編集
プロパティ
コピー
ByLayer
ByLayer
ByLayer
プロパティ

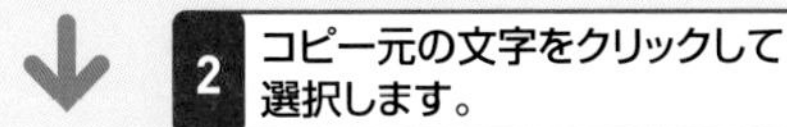

**2** コピー元の文字をクリックして選択します。

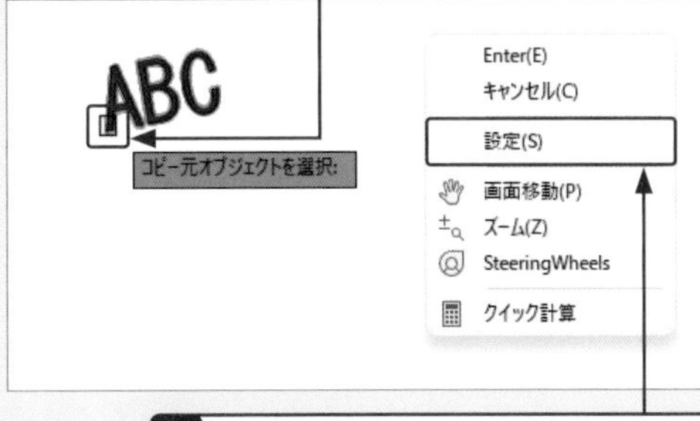
ABC
コピー元オブジェクトを選択:
Enter(E)
キャンセル(C)
設定(S)
画面移動(P)
ズーム(Z)
SteeringWheels
クイック計算

**3** 作図領域を右クリックし、メニューから[設定]を選択します。

**4** コピーをしたくないプロパティのチェックを外します（ここでは[色]）。

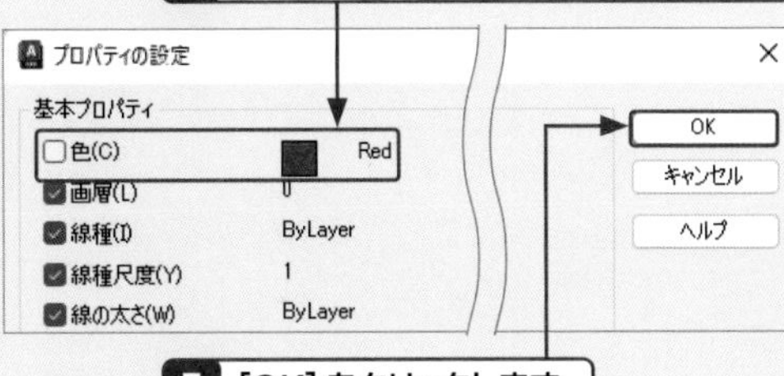
プロパティの設定
基本プロパティ
色(C)
Red
画層(L)
0
線種(I)
ByLayer
線種尺度(Y)
1
線の太さ(W)
ByLayer
OK
キャンセル
ヘルプ

**5** [OK]をクリックします。

**6** コピー先の文字をクリックして選択します。

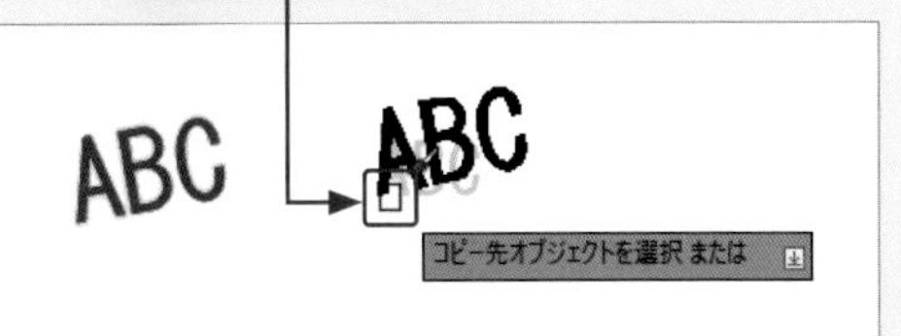
ABC
ABC
コピー先オブジェクトを選択 または

**7** 設定内容のプロパティがコピーされます（ここでは色以外）。

**8** Enter キーを押して、[プロパティコピー]を終了します。

# Q 244 文字を検索したい!

## A [文字検索]を実行します。

図面内の文字を検索するには、[文字検索]を実行します。検索には寸法の文字も含まれ、置換することもできます。 サンプル▶244.dwg

**1** 作図領域を右クリックし、メニューから[文字検索]をクリックします。

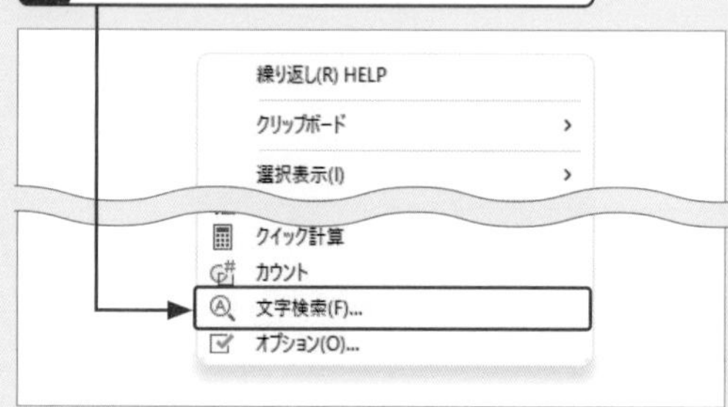
繰り返し(R) HELP
クリップボード
選択表示(I)
クイック計算
カウント
文字検索(F)...
オプション(O)...

**2** 検索する文字を入力し(ここでは「H」)、

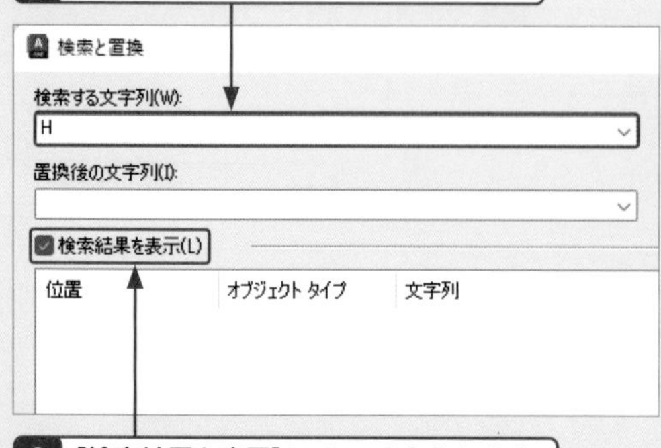
検索と置換
検索する文字列(W):
H
置換後の文字列(I):
検索結果を表示(L)
位置
オブジェクト タイプ
文字列

**3** [検索結果を表示]にチェックを入れます。

**4** [検索]をクリックします。

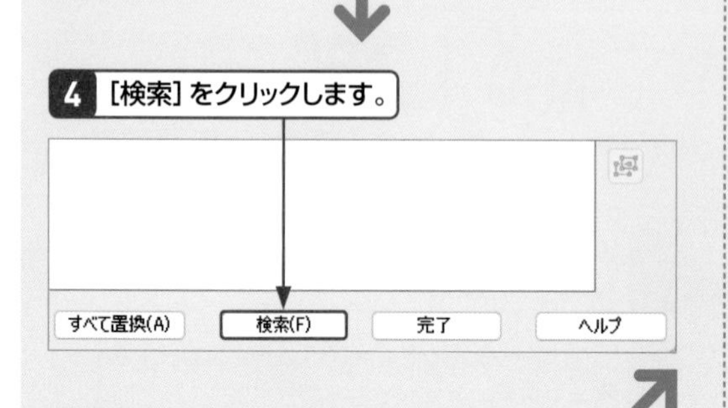
すべて置換(A)
検索(F)
完了
ヘルプ

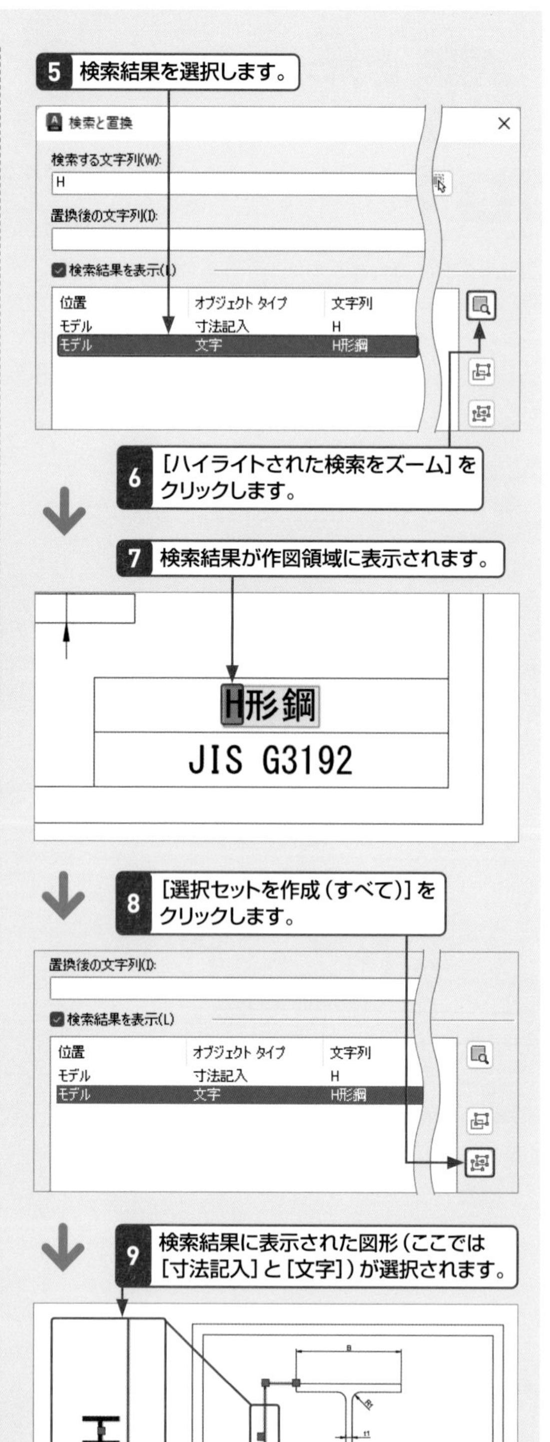
5 検索結果を選択します。
検索と置換
検索する文字列(W):
H
置換後の文字列(I):
検索結果を表示(L)
位置
オブジェクト タイプ
文字列
モデル
寸法記入
H
モデル
文字
H形鋼
6 [ハイライトされた検索をズーム]をクリックします。
7 検索結果が作図領域に表示されます。
H形鋼
JIS G3192
8 [選択セットを作成(すべて)]をクリックします。
9 検索結果に表示された図形(ここでは[寸法記入]と[文字])が選択されます。

AutoCADの概要
基本操作
線の作図と編集
図形の作図と挿入
図形の変形と移動
図形の選択と削除
画層とプロパティ
文字の作成
寸法の作成
注釈の作成
数値計測とブロック図形
レイアウトと印刷

# Q 245 文字の内容をExcelに出力したい！

## A [データ書き出し]を実行します。

文字の内容をExcelに出力するには、[データ書き出し]を実行します。文字の内容のほか、座標や画層など、さまざまな情報をExcelファイルに出力することができます。 サンプル ▶ 245.dwg

**1** [注釈] タブをクリックし、

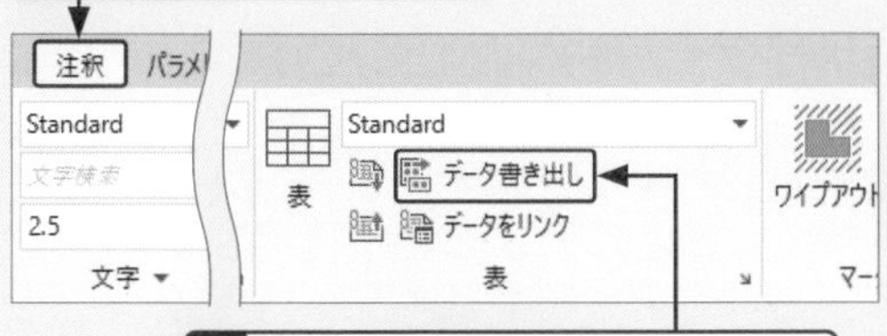

注釈
パラメ
Standard
Standard
表
データ書き出し
データをリンク
ワイプアウト
2.5
文字
表


**2** [データ書き出し] をクリックします。

**3** [データ書き出しを新規に行う] を選択し、[次へ] をクリックします。

**4** ファイル名を入力し、[保存] をクリックします。

**5** 開いているファイルが表示されていることを確認し、画面下部の [次へ] をクリックします。

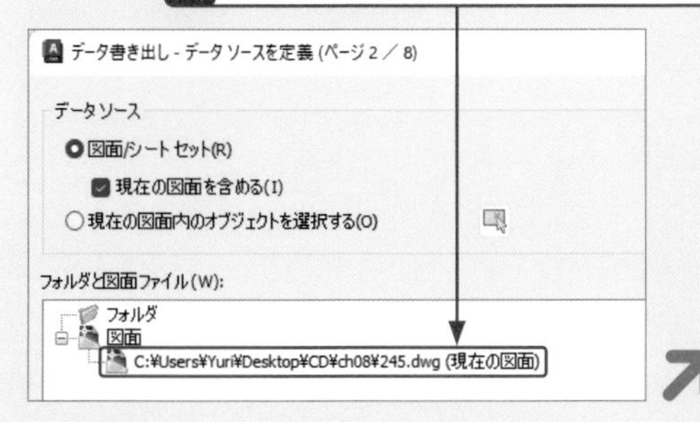

データ書き出し - データ ソースを定義 (ページ 2 ／ 8)
データソース
図面/シート セット(R)
現在の図面を含める(I)
現在の図面内のオブジェクトを選択する(O)
フォルダと図面ファイル(W):
フォルダ
図面
C:¥Users¥Yuri¥Desktop¥CD¥ch08¥245.dwg (現在の図面)


**6** [文字] にチェックを入れ、画面下部の [次へ] をクリックします。

**7** [ジオメトリ] と [テキスト] のみにチェックを入れます (ほかのチェックは外します)。

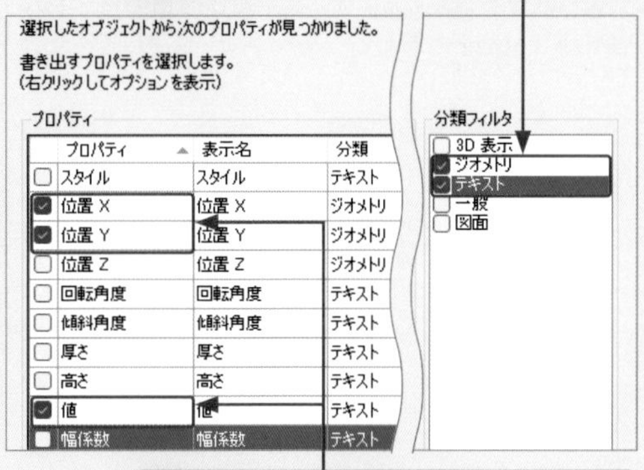

選択したオブジェクトから次のプロパティが見つかりました。
書き出すプロパティを選択します。
(右クリックしてオプションを表示)
プロパティ
分類フィルタ
3D 表示
ジオメトリ
テキスト
一般
図面
プロパティ
表示名
分類
スタイル
位置 X
位置 Y
位置 Z
回転角度
傾斜角度
厚さ
高さ
値
幅係数
テキスト
ジオメトリ


**8** [位置X]、[位置Y]、[値] のみにチェックを入れ (ほかのチェックは外します)、画面下部の [次へ] をクリックします。

**9** [数量列を表示] と [名前列を表示] のチェックを外し、画面下部の [次へ] をクリックします。

**10** [データを外部ファイルに書き出す] にチェックを入れ、ファイルの保存場所を指定します。

**11** 画面下部の [次へ] をクリックし、[完了] をクリックすると、Excelファイルが作成されます。

# Q 246 文字を図形に変換したい!

**A [Express Tools]の[Explode Text]を実行します。**

文字を図形に変換するには、[Express Tools]の [Explode Text] を実行します。 サンプル ▶ 246.dwg

**リボンタブに [Express Tools] がない場合**

リボンタブに [Express Tools] がない場合は、「Express Tools」と入力し、Enter キーを押してください。

EXPRESSTOOLS
EXPRESSTOOLS

**1** [Express Tools] タブをクリックします。

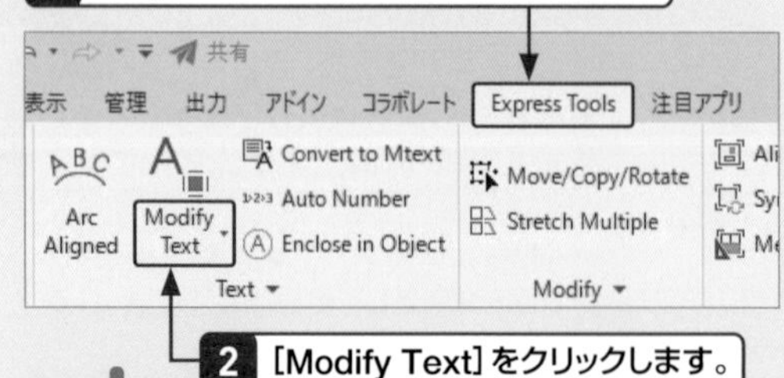
共有
表示 管理 出力 アドイン コラボレート Express Tools 注目アプリ
Arc Aligned
Modify Text
Convert to Mtext
Auto Number
Enclose in Object
Move/Copy/Rotate
Stretch Multiple
Text
Modify

**2** [Modify Text] をクリックします。

**3** [Explode] をクリックします。

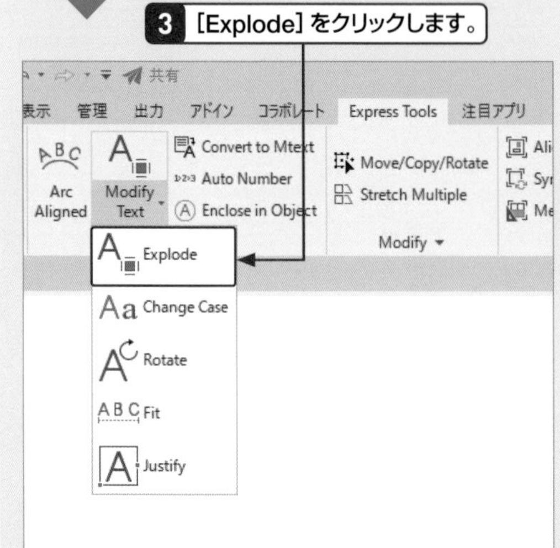
共有
表示 管理 出力 アドイン コラボレート Express Tools 注目アプリ
Arc Aligned
Modify Text
Convert to Mtext
Auto Number
Enclose in Object
Move/Copy/Rotate
Stretch Multiple
Modify
Explode
Change Case
Rotate
Fit
Justify

**4** 文字をクリックして選択し、Enter キーを押して確定します。

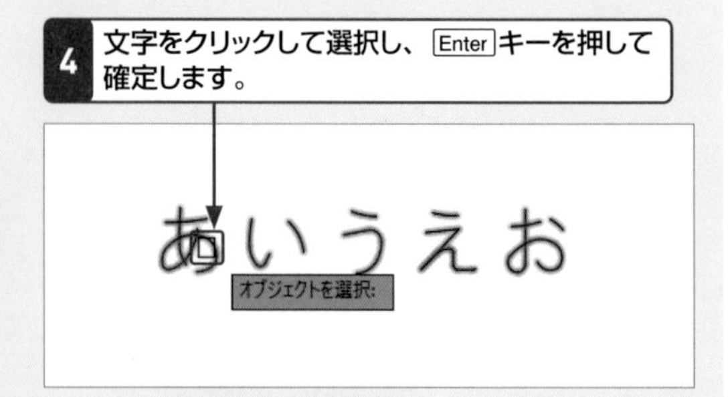
あいうえお
オブジェクトを選択:

**5** 文字が分解され、2Dポリラインに変換されます。

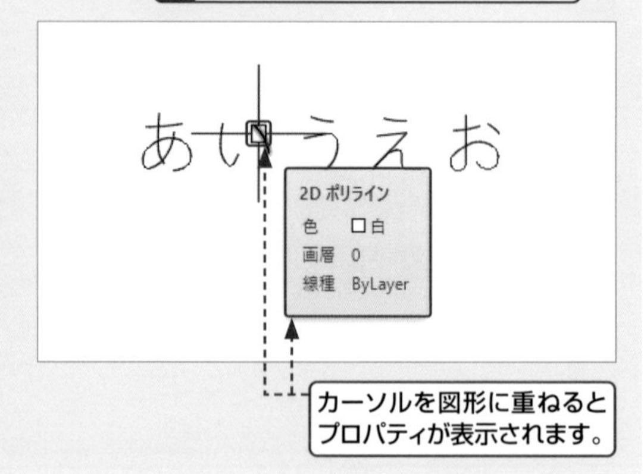
あいうえお
2D ポリライン
色 白
画層 0
線種 ByLayer

カーソルを図形に重ねるとプロパティが表示されます。

SHXフォントの場合は、見た目はほぼ変わりません。

あいうえお

TrueTypeフォントの場合、外形線が作成されるので、塗りつぶしはハッチングを作成します。

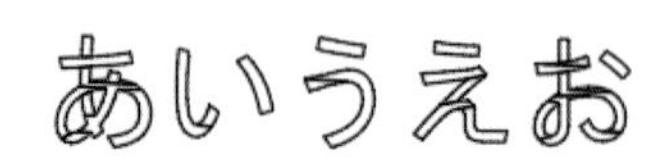
あいうえお

# 9

# 寸法の作成

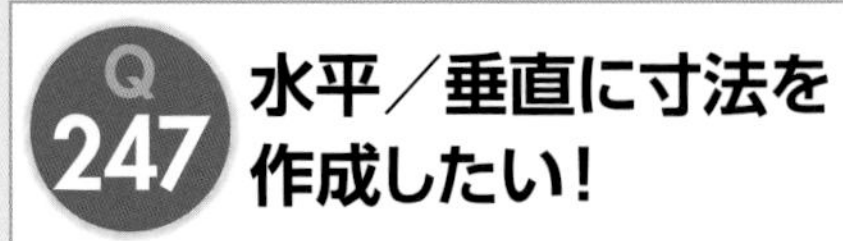

# Q 247 水平／垂直に寸法を作成したい！

## A ［長さ寸法記入］を実行します。

水平／垂直（X軸方向／Y軸方向）に寸法を作成するには、［長さ寸法記入］を実行します。水平／垂直は、カーソルの動きによって制御されます。

サンプル ▶ 247.dwg

1 ［▼］をクリックします。

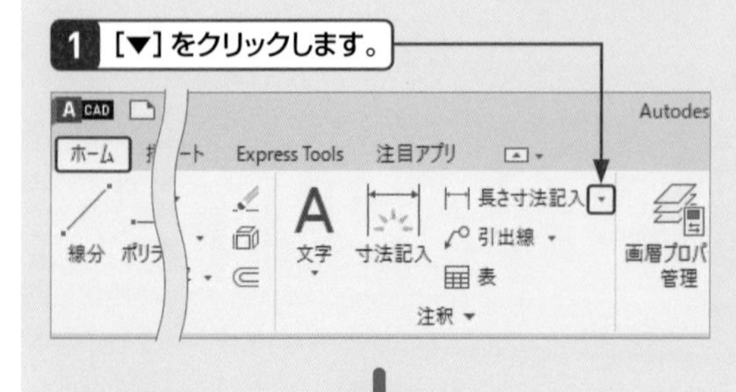
ホーム
Express Tools
注目アプリ
長さ寸法記入
引出線
表
線分
文字
寸法記入
画層プロパ
管理
注釈

2 ［長さ寸法記入］をクリックします。

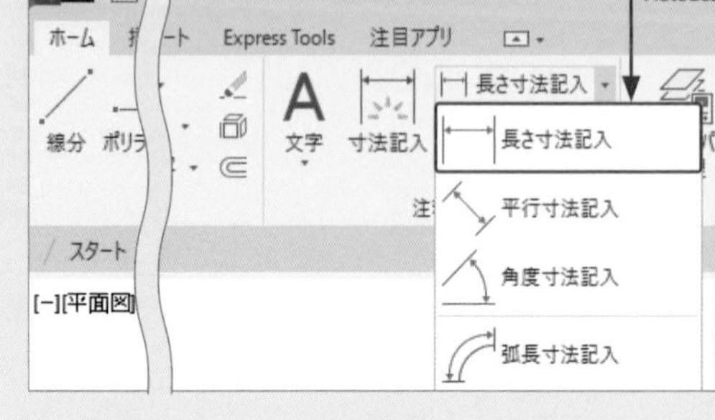
ホーム
Express Tools
注目アプリ
長さ寸法記入
平行寸法記入
角度寸法記入
弧長寸法記入
線分
文字
寸法記入
スタート
[–][平面図]

3 寸法を測定する2か所をクリックします。

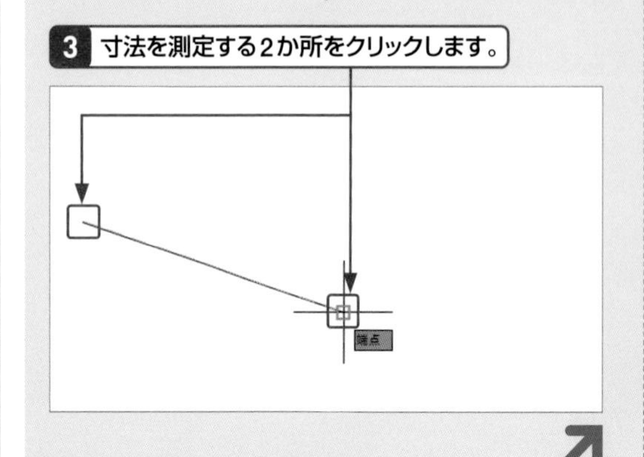
端点

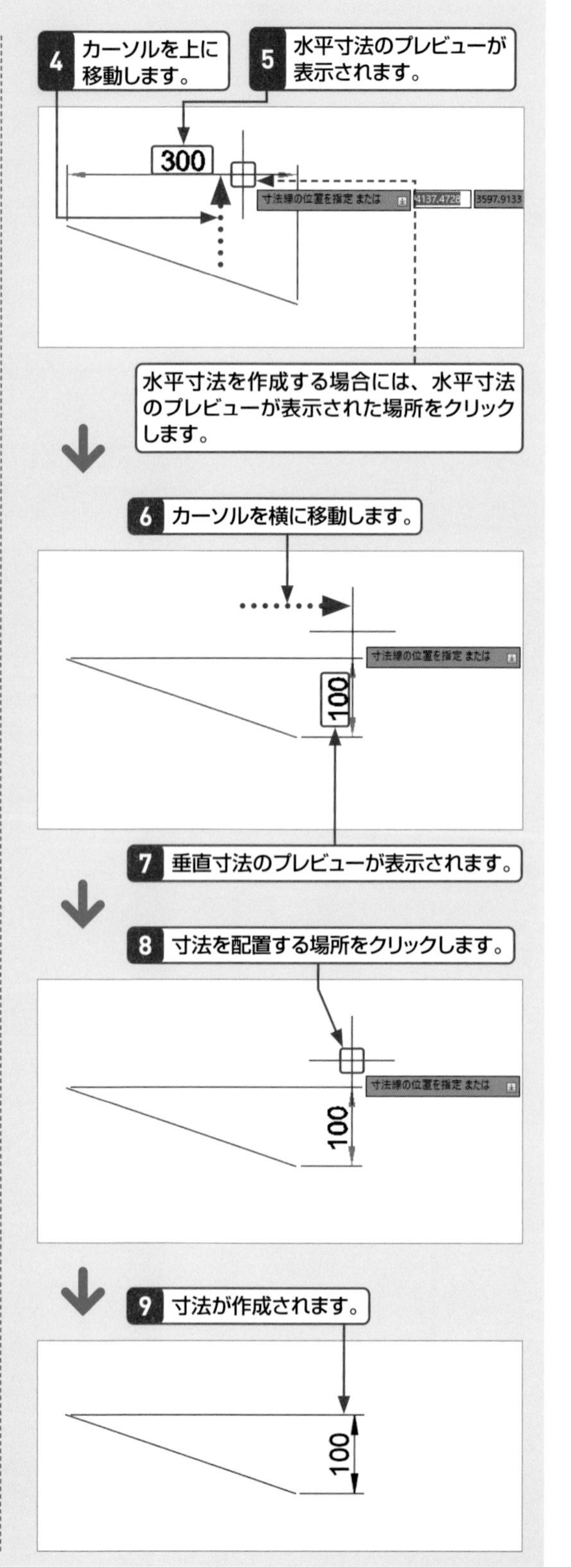
4 カーソルを上に移動します。
5 水平寸法のプレビューが表示されます。
300
寸法線の位置を指定 または
4137.4728
3597.9133
水平寸法を作成する場合には、水平寸法のプレビューが表示された場所をクリックします。
6 カーソルを横に移動します。
100
7 垂直寸法のプレビューが表示されます。
8 寸法を配置する場所をクリックします。
9 寸法が作成されます。

AutoCADの概要
基本操作
線の作図と編集
図形の作図と挿入
図形の変形と移動
図形の選択と削除
画層とプロパティ
文字の作成
寸法の作成
注釈の作成
数値計測とブロック図形
レイアウトと印刷

# Q 248 測定する2点に平行な寸法を作成したい！

**A** [平行寸法記入]を実行します。

測定する2点に平行な寸法を作成するには、[平行寸法記入]を実行します。また、測定する2点を指定するのではなく、図形を選択して寸法を作成する方法もあります。　サンプル▶248.dwg

## ● 測定する2点に平行な寸法を作成する

1 [▼]をクリックし、

Autodes
ホーム
Express Tools
注目アプリ
線分
ポリラ
文字
寸法記入
長さ寸法記入
長さ寸法記入
平行寸法記入
角度寸法記入
スタート
[−][平面図]


2 [平行寸法記入]をクリックします。

3 寸法を測定する2か所をクリックします。

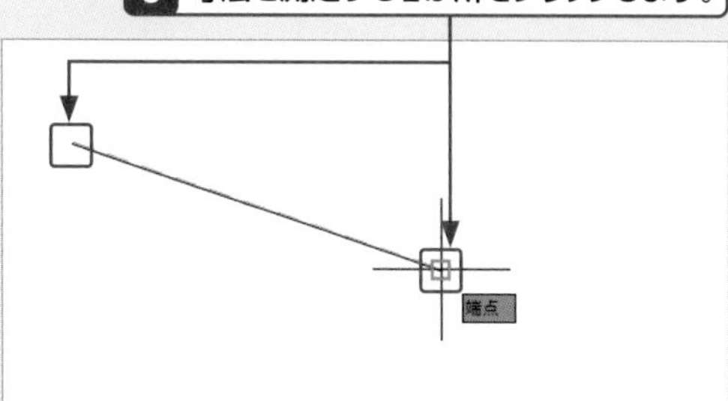

端点


4 寸法を配置する場所をクリックします。

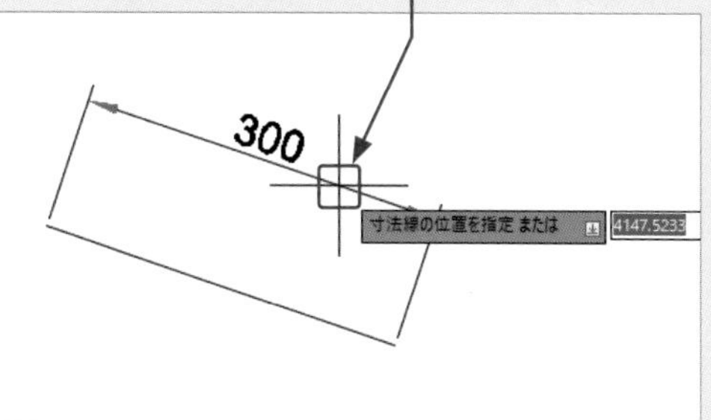

300
寸法線の位置を指定 または
4147.5233


5 寸法が作成されます。

## ● 図形を選択して寸法を作成する

1 [▼]をクリックし、

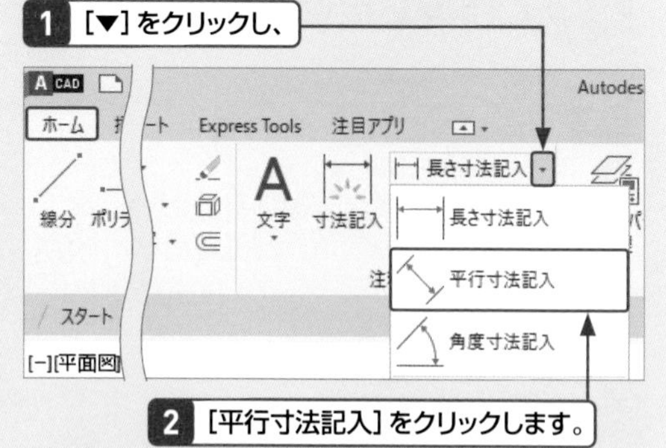

Autodes
ホーム
Express Tools
注目アプリ
線分
ポリラ
文字
寸法記入
長さ寸法記入
長さ寸法記入
平行寸法記入
角度寸法記入
スタート
[−][平面図]


2 [平行寸法記入]をクリックします。

3 [オブジェクトを選択]を指定するため、Enterキーを押します。

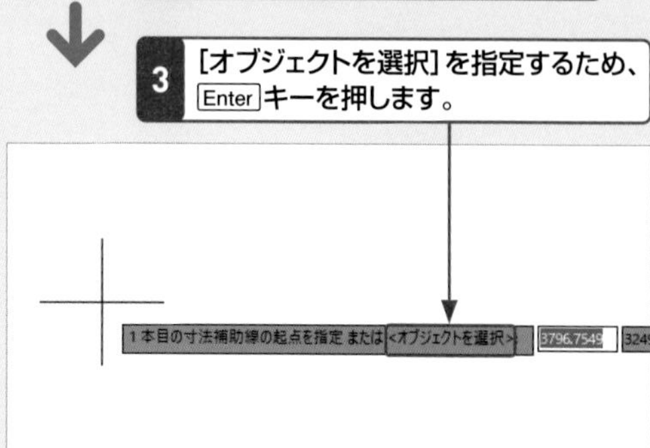

1本目の寸法補助線の起点を指定 または <オブジェクトを選択>
3796.7549


4 図形をクリックして選択します。

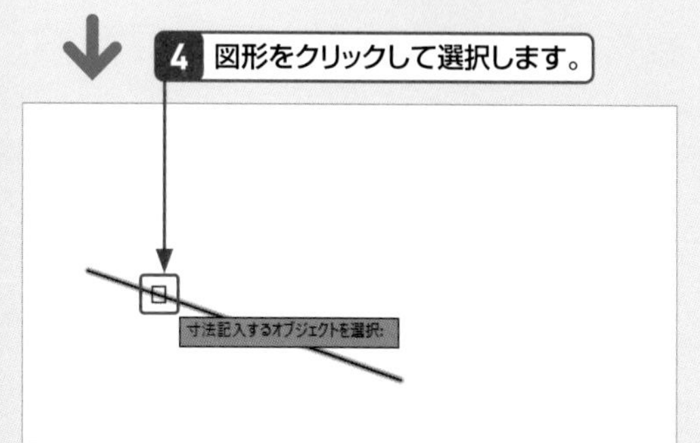

寸法記入するオブジェクトを選択:


5 寸法を配置する場所をクリックします。

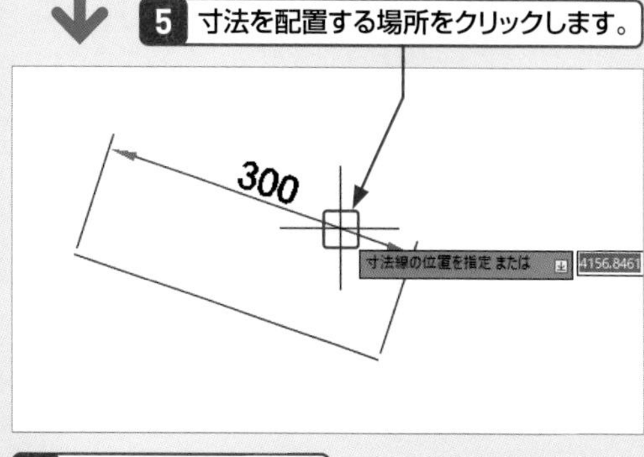

300
寸法線の位置を指定 または
4156.8461


6 寸法が作成されます。

# Q 249 図形に平行な寸法を作成したい!

## A [長さ寸法記入]の[回転オプション]を使用します。

図形に平行な寸法を作成するには、[長さ寸法記入]の[回転オプション]を使用し、寸法を回転する角度を指定します。 サンプル▶249.dwg

**1** [▼]をクリックします。

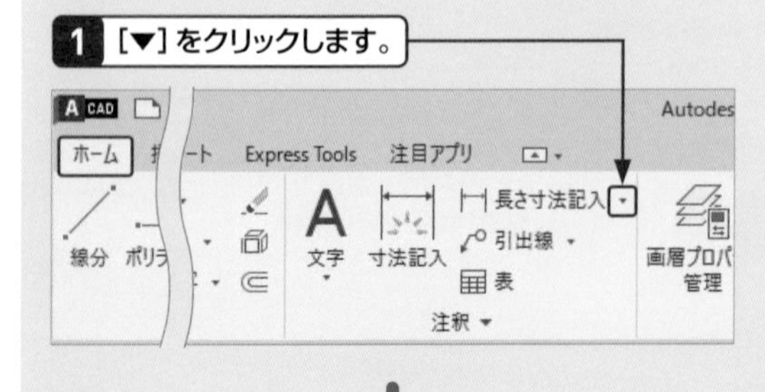
Autodes
ホーム
Express Tools
注目アプリ
長さ寸法記入
引出線
表
線分
ポリラ
文字
寸法記入
画層プロパ
管理
注釈

**2** [長さ寸法記入]をクリックします。

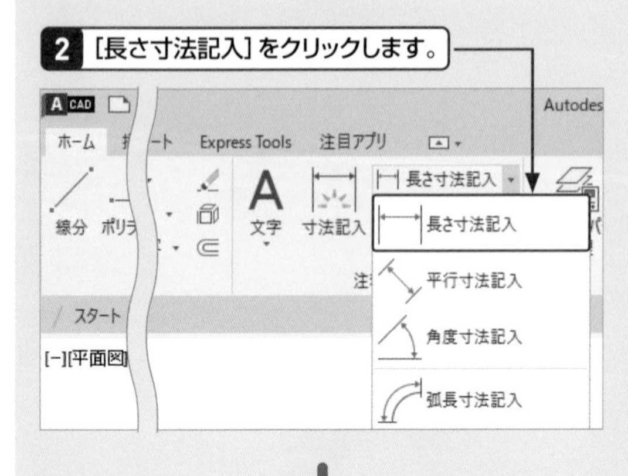
Autodes
ホーム
Express Tools
注目アプリ
長さ寸法記入
線分
ポリラ
文字
寸法記入
長さ寸法記入
平行寸法記入
角度寸法記入
弧長寸法記入
スタート
[-][平面図]

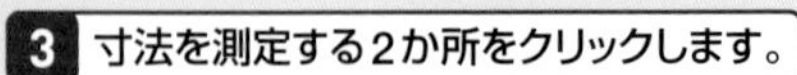
3 寸法を測定する2か所をクリックします。

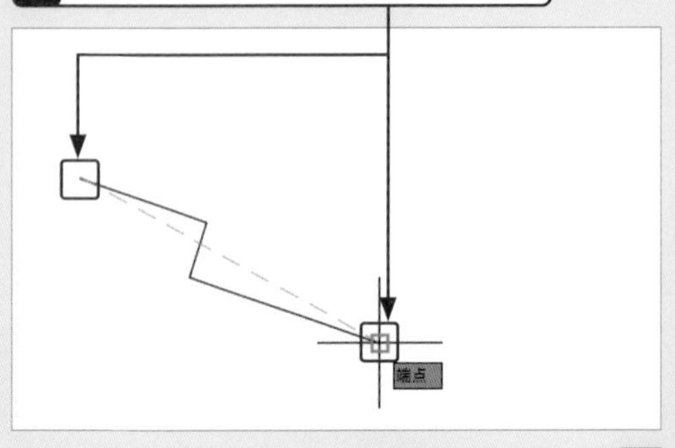
端点

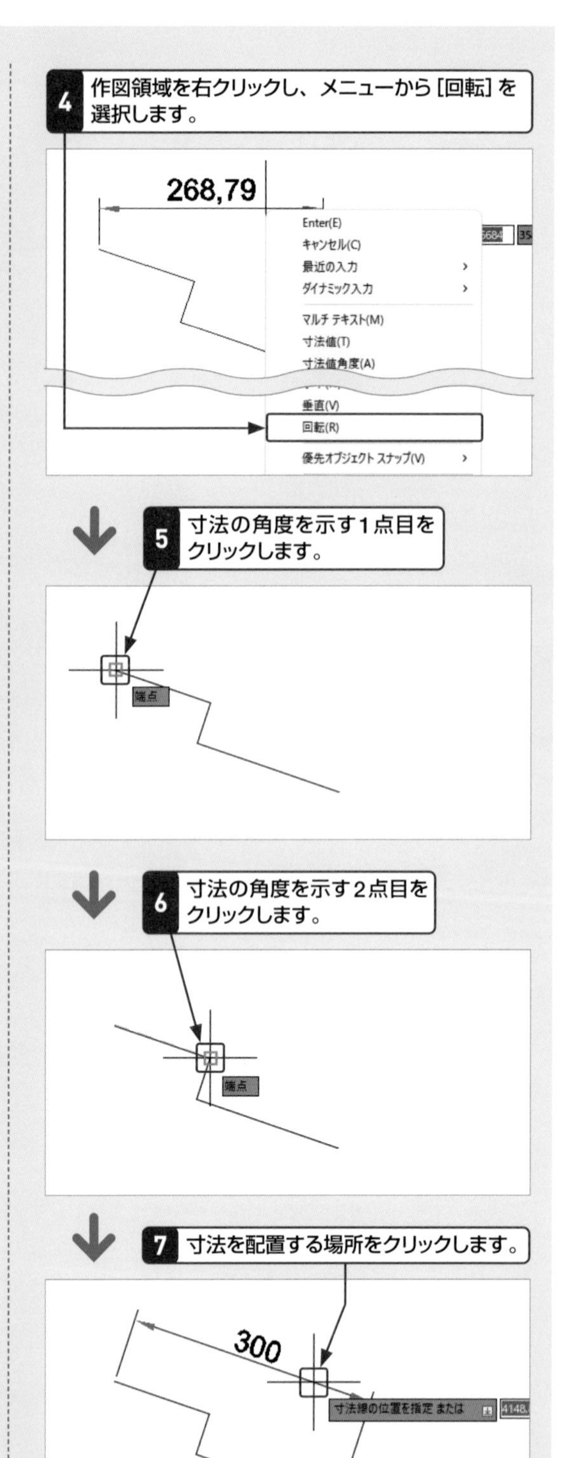
4 作図領域を右クリックし、メニューから[回転]を選択します。
268,79
Enter(E)
キャンセル(C)
最近の入力
ダイナミック入力
マルチ テキスト(M)
寸法値(T)
寸法値角度(A)
垂直(V)
回転(R)
優先オブジェクト スナップ(V)
5 寸法の角度を示す1点目をクリックします。
端点
6 寸法の角度を示す2点目をクリックします。
端点
7 寸法を配置する場所をクリックします。
300
寸法線の位置を指定 または

**8** 寸法が作成されます。

# Q 250 連続した寸法を作成したい！

## A ［直列寸法］を実行します。

連続した寸法を作成するには、基準とする寸法を作成したあとに［直列寸法］を実行します。基準とする寸法は［選択］オプションで指定することができます。

サンプル ▶ 250.dwg

1 基準とする寸法を作成します。

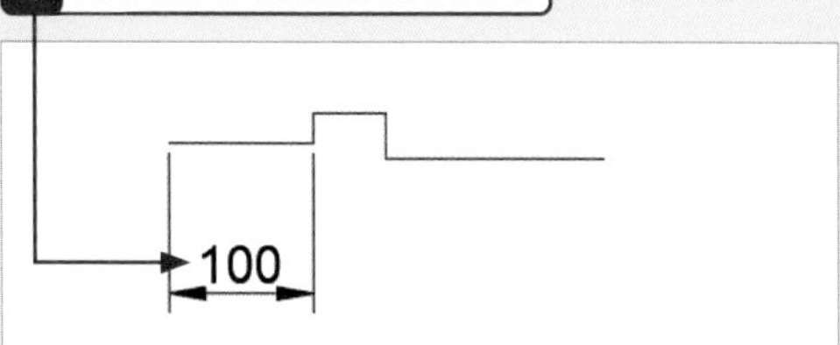
100

2 ［注釈］タブをクリックし、

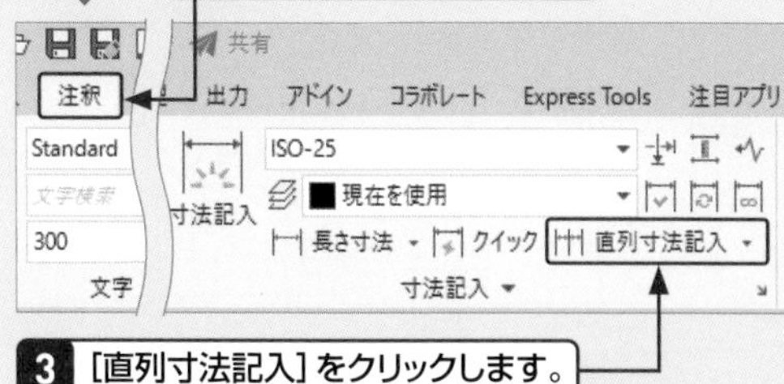
共有
注釈
出力
アドイン
コラボレート
Express Tools
注目アプリ
Standard
文字検索
300
文字
寸法記入
ISO-25
現在を使用
長さ寸法
クイック
直列寸法記入
寸法記入

3 ［直列寸法記入］をクリックします。

この手順以降、作成したい連続寸法が「プレビューされている場合」と「プレビューされていない場合」で、手順が変わります。

### ● 作成したい連続寸法がプレビューされている場合

1 測定位置をクリックします。

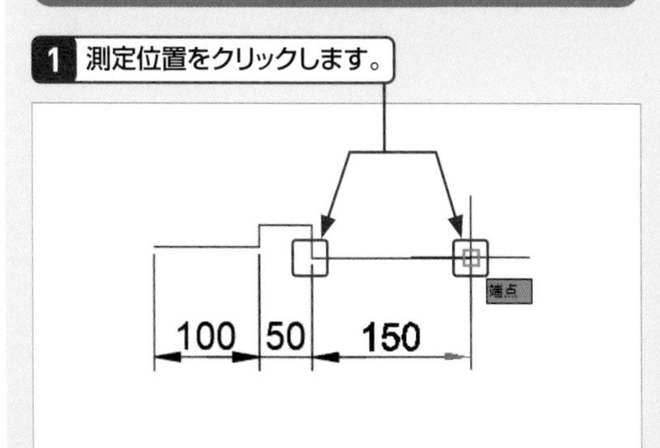
端点
100
50
150

2 Enter キーを2回押して、［直列寸法記入］を終了します。

### ● 作成したい連続寸法がプレビューされていない場合

1 右クリックメニューから［選択］をクリックします。

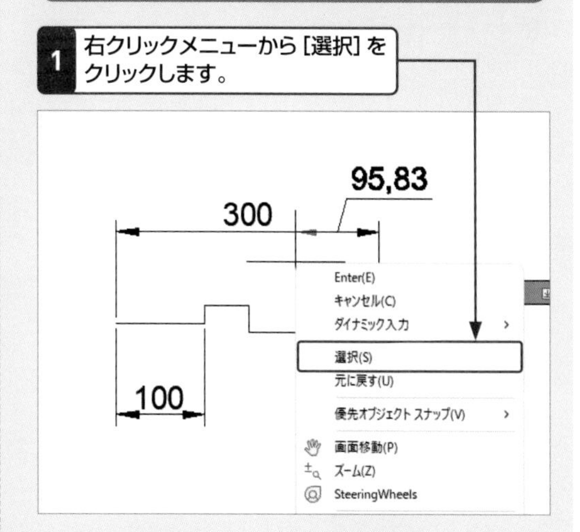
95,83
300
100
Enter(E)
キャンセル(C)
ダイナミック入力
選択(S)
元に戻す(U)
優先オブジェクト スナップ(V)
画面移動(P)
ズーム(Z)
SteeringWheels

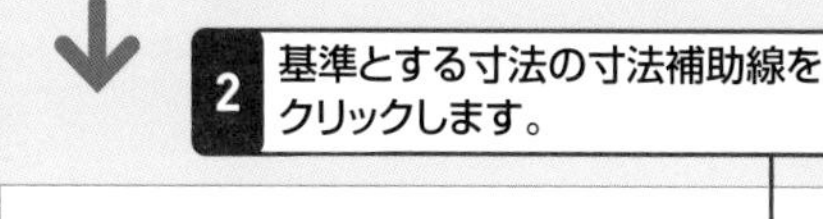

2 基準とする寸法の寸法補助線をクリックします。

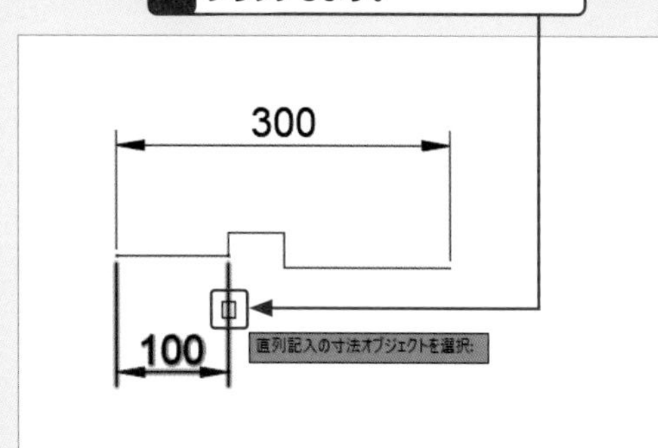
300
100
直列記入の寸法オブジェクトを選択:

3 測定位置をクリックします。

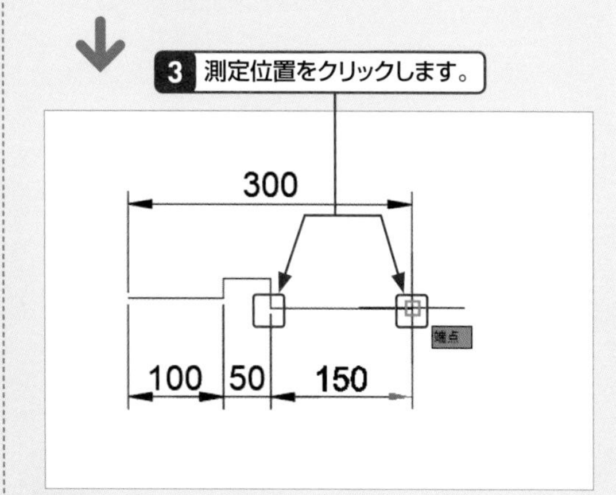
300
端点
100
50
150

4 Enter キーを2回押して、［直列寸法記入］を終了します。

# Q 251 180°以上の角度寸法を作成したい！

## A [角度寸法記入]の[頂点を指定]オプションを使用します。

180°以上の角度寸法を作成するには、[角度寸法記入]の[頂点を指定]オプションを使用し、角度の頂点と角度を構成する2点を指定します。

サンプル ▶ 251.dwg

1 [▼]をクリックし、

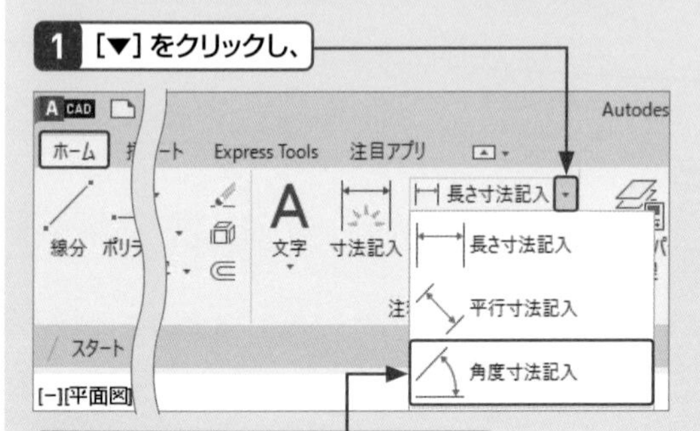
Autodes
ホーム
Express Tools
注目アプリ
線分
ポリラ
文字
寸法記入
長さ寸法記入
平行寸法記入
角度寸法記入
スタート
[−][平面図]

2 [角度寸法記入]をクリックします。

3 [頂点を指定]オプションを指定するため、Enterキーを押します。

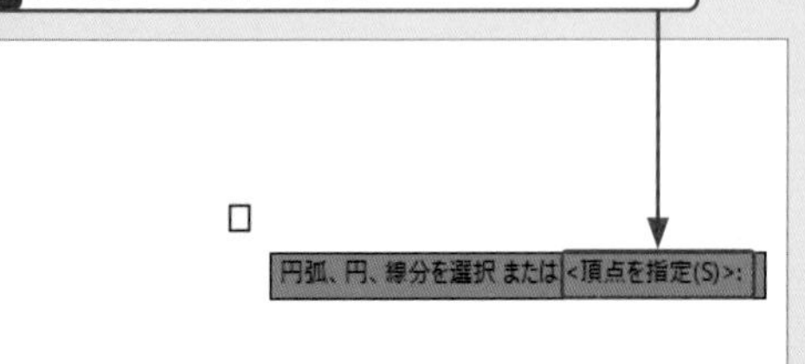
円弧、円、線分を選択 または <頂点を指定(S)>:

4 角度の頂点をクリックします。

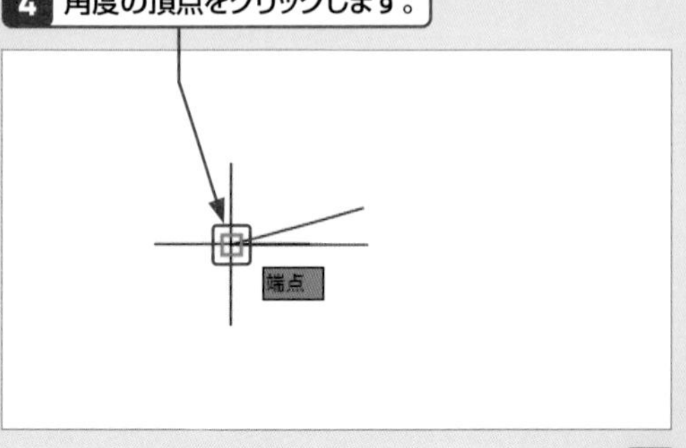
端点

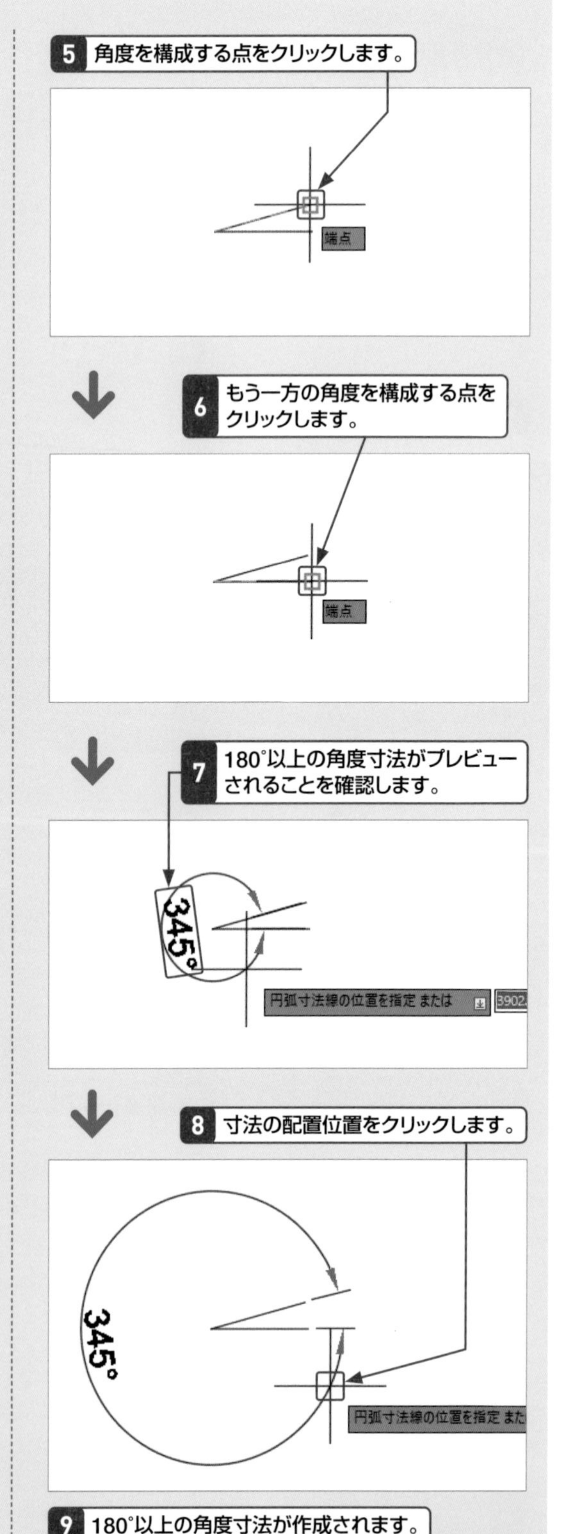
5 角度を構成する点をクリックします。
端点
6 もう一方の角度を構成する点をクリックします。
端点
7 180°以上の角度寸法がプレビューされることを確認します。
345°
円弧寸法線の位置を指定 または
8 寸法の配置位置をクリックします。
345°
円弧寸法線の位置を指定 また
9 180°以上の角度寸法が作成されます。



AutoCAD の概要
基本操作
線の作図と編集
図形の作図と挿入
図形の変形と移動
図形の選択と削除
画層とプロパティ
文字の作成
寸法の作成
注釈の作成
数値計測とブロック図形
レイアウトと印刷

# Q 252 寸法が作成される画層を設定したい！

## A [寸法画層の優先]を設定します。

寸法が作成される画層を設定するには、[寸法画層の優先]で画層を設定します。[寸法画層の優先]を設定すると、現在画層にかかわらず、かならず寸法はその画層に作成されます。 サンプル▶252.dwg

1 [注釈]タブをクリックします。

ホーム 挿入 注釈 パラメトリック 表示 管理 出力 アドイン
Standard
300
マルチテキスト
文字
ISO-25
寸法記入
長さ寸法

2 [寸法画層を優先]をクリックします。

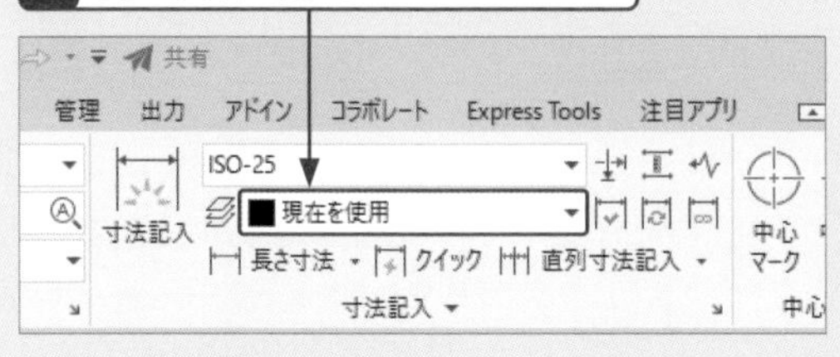

共有
管理 出力 アドイン コラボレート Express Tools 注目アプリ
ISO-25
現在を使用
寸法記入
長さ寸法 クイック 直列寸法記入
寸法記入
中心マーク

3 寸法を作成する画層を選択します（ここでは[寸法]）。

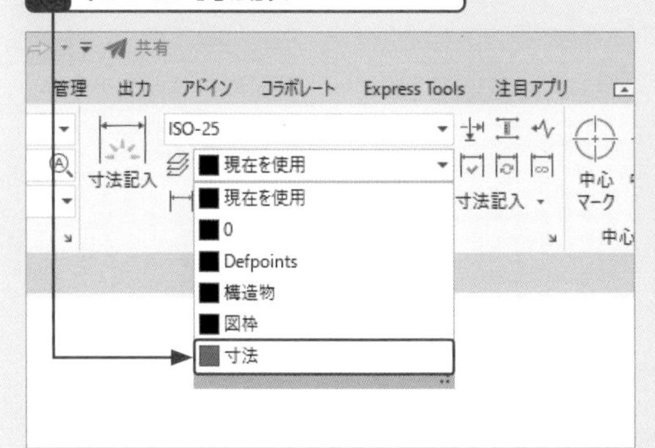

共有
管理 出力 アドイン コラボレート Express Tools 注目アプリ
ISO-25
現在を使用
現在を使用
0
Defpoints
構造物
図枠
寸法
寸法記入
中心マーク


4 [寸法画層を優先]が[寸法]に設定されます。

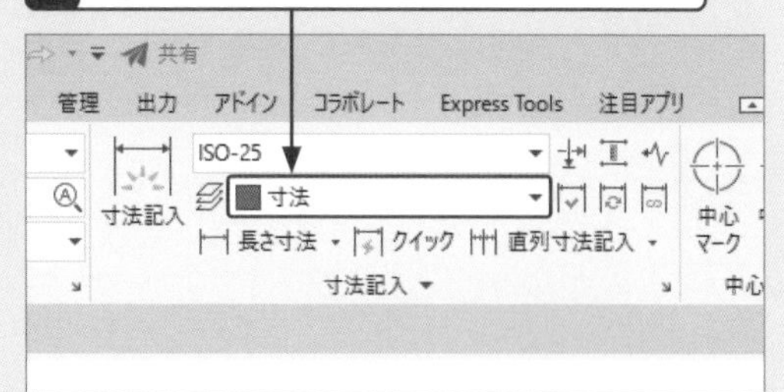

共有
管理 出力 アドイン コラボレート Express Tools 注目アプリ
ISO-25
寸法
寸法記入
長さ寸法 クイック 直列寸法記入
寸法記入
中心マーク

5 この時点での画層はほかの画層になっています（ここでは[構造物]）。

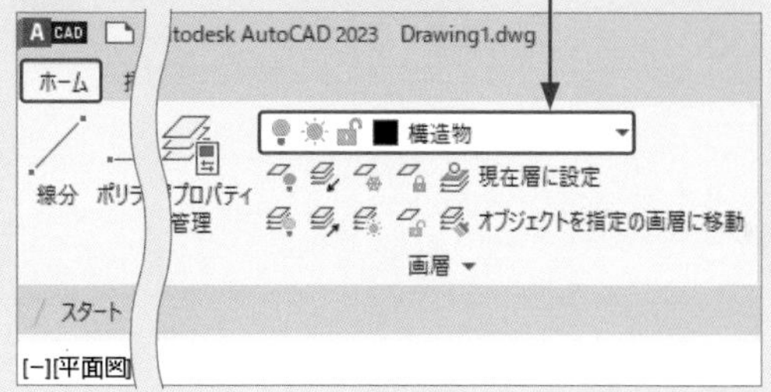

Autodesk AutoCAD 2023 Drawing1.dwg
ホーム
構造物
線分
プロパティ管理
現在層に設定
オブジェクトを指定の画層に移動
画層
スタート
[−][平面図]

6 寸法を作成するコマンドを実行します（ここでは[長さ寸法記入]）。

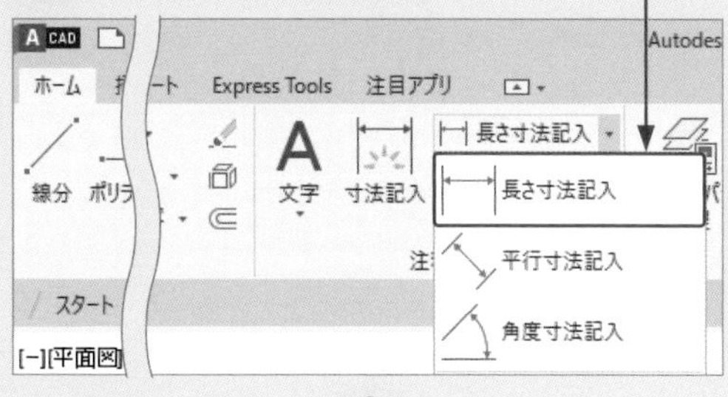

ホーム
Express Tools 注目アプリ
線分
文字
寸法記入
長さ寸法記入
長さ寸法記入
平行寸法記入
角度寸法記入
スタート
[−][平面図]

7 [寸法画層を優先]で設定した画層（ここでは[寸法]）で寸法が作成されます。

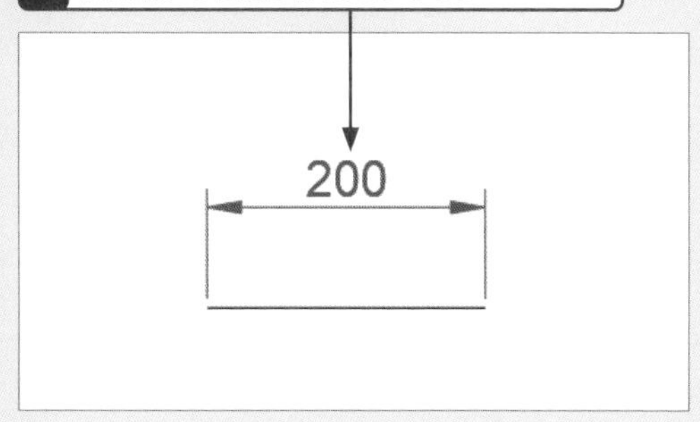

200


AutoCADの概要 基本操作 線の作図と編集 図形の作図と挿入 図形の変形と移動 図形の選択と削除 画層とプロパティ 文字の作成 寸法の作成 注釈の作成 数値計測とブロック図形 レイアウトと印刷

# Q253 寸法線／寸法補助線の位置を変更したい！

## A グリップを使用します。

寸法線／寸法補助線の位置を変更するには、グリップを使用します。グリップを表示するには、コマンドが実行されていない状態で寸法を選択します。

サンプル ▶ 253.dwg

1 コマンドが実行されていないことを確認します。

ここにコマンドを入力

2 寸法線をクリックして寸法を選択し、

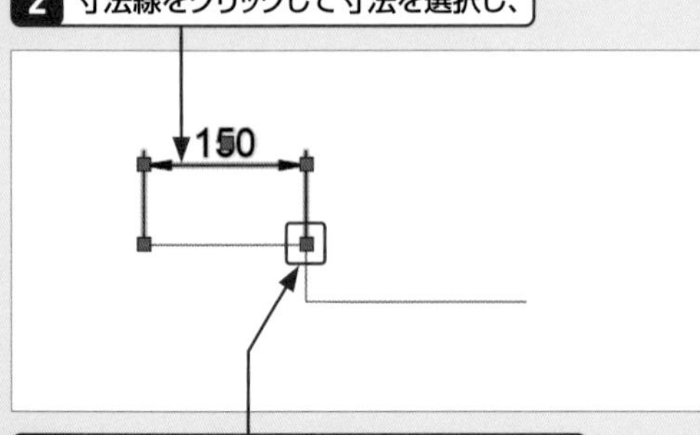
150

3 寸法補助線のグリップをクリックします。

4 グリップが赤く表示されます。

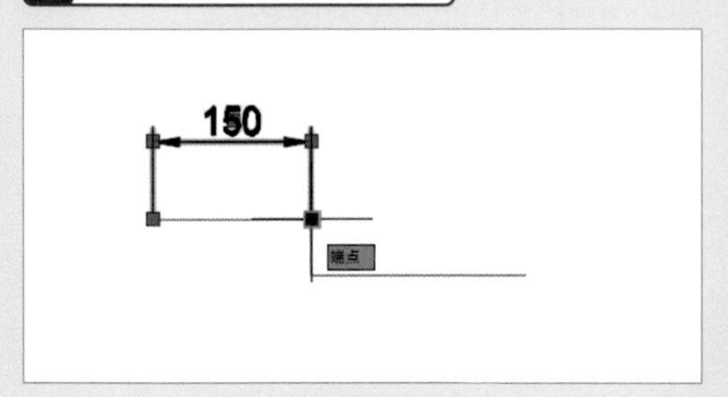
150
端点

5 変更する位置をクリックします。

6 寸法補助線の位置が変更されます。

7 寸法線のグリップをクリックします。

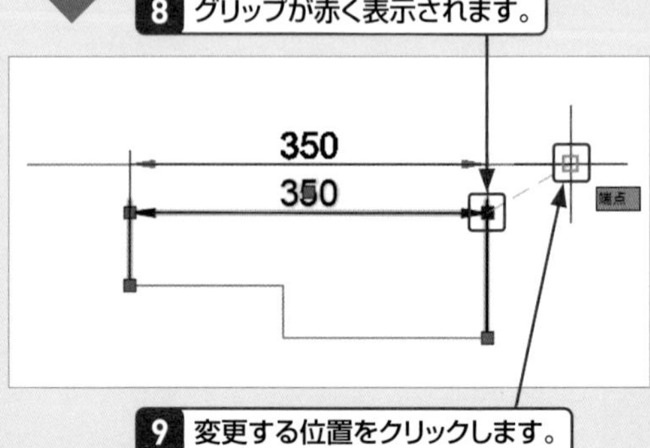
350

8 グリップが赤く表示されます。

9 変更する位置をクリックします。

10 寸法線の位置が変更されます。

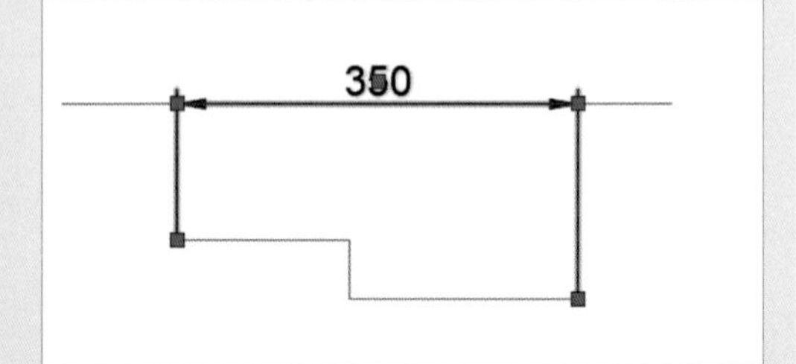
350

11 Escキーを押し、寸法の選択を解除します。

# Q 254 寸法補助線を非表示にしたい！

## A プロパティパレットの[寸法補助線]を[オフ]に変更します。

寸法補助線を非表示にするには、プロパティパレットの［寸法補助線1］または［寸法補助線2］を［オフ］に変更します。 サンプル ▶ 254.dwg

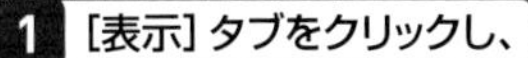

1 ［表示］タブをクリックし、

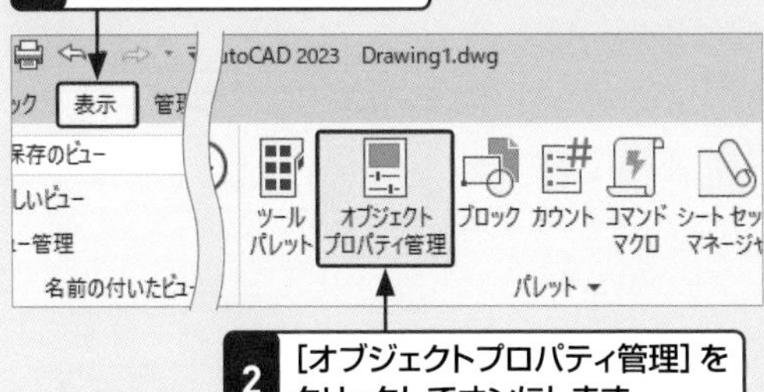

utoCAD 2023 Drawing1.dwg
表示
ツール パレット
オブジェクト プロパティ管理
ブロック
カウント
コマンド マクロ
パレット
名前の付いたビュー


2 ［オブジェクトプロパティ管理］をクリックしてオンにします。

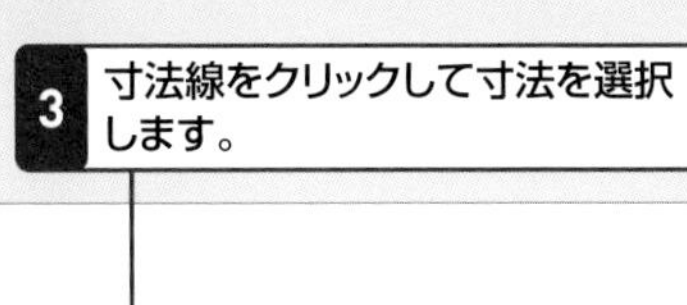

3 寸法線をクリックして寸法を選択します。

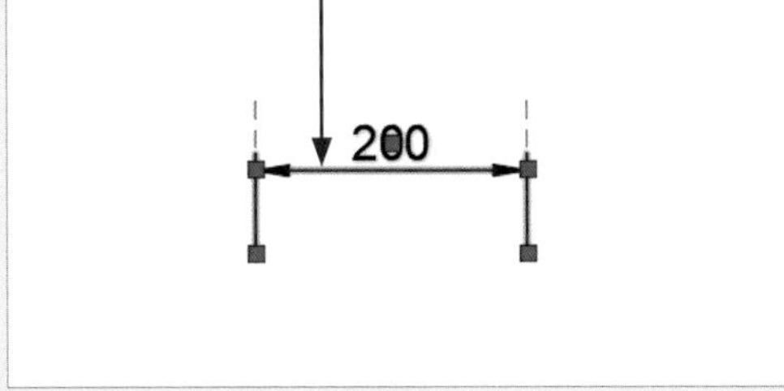

200

4 ［寸法補助線1］を［オフ］に変更します。

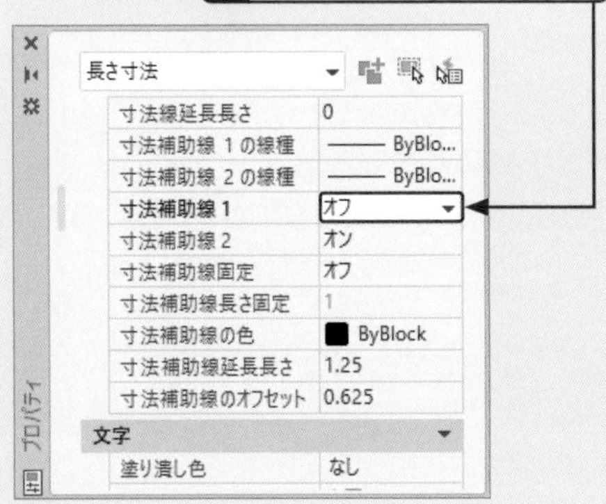

長さ寸法
寸法線延長長さ 0
寸法補助線 1 の線種 ByBlo...
寸法補助線 2 の線種 ByBlo...
寸法補助線 1 オフ
寸法補助線 2 オン
寸法補助線固定 オフ
寸法補助線長さ固定 1
寸法補助線の色 ByBlock
寸法補助線延長長さ 1.25
寸法補助線のオフセット 0.625
文字
塗り潰し色 なし
プロパティ


5 一方の寸法補助線が非表示になります。

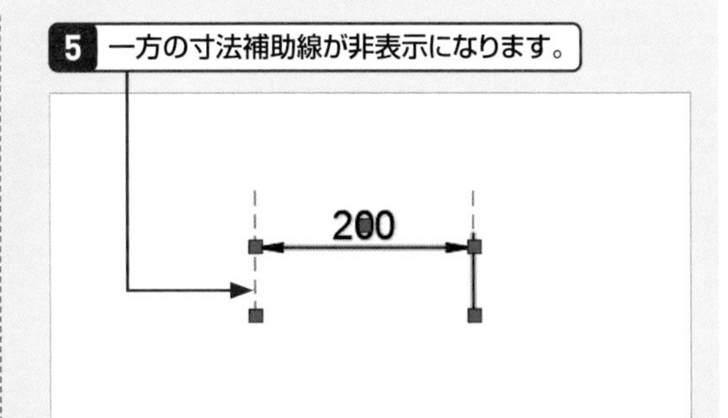

200


6 ［寸法補助線2］を［オフ］に変更します。

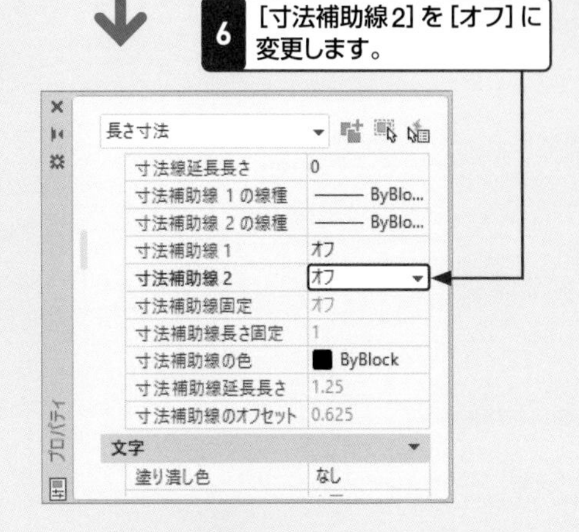

長さ寸法
寸法線延長長さ 0
寸法補助線 1 の線種 ByBlo...
寸法補助線 2 の線種 ByBlo...
寸法補助線 1 オフ
寸法補助線 2 オフ
寸法補助線固定 オフ
寸法補助線長さ固定 1
寸法補助線の色 ByBlock
寸法補助線延長長さ 1.25
寸法補助線のオフセット 0.625
文字
塗り潰し色 なし
プロパティ


7 もう一方の寸法補助線が非表示になります。

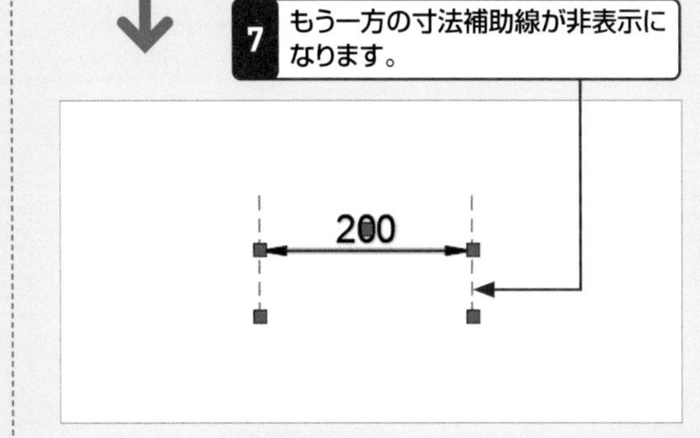

200


8 Escキーを押して、寸法の選択を解除します。

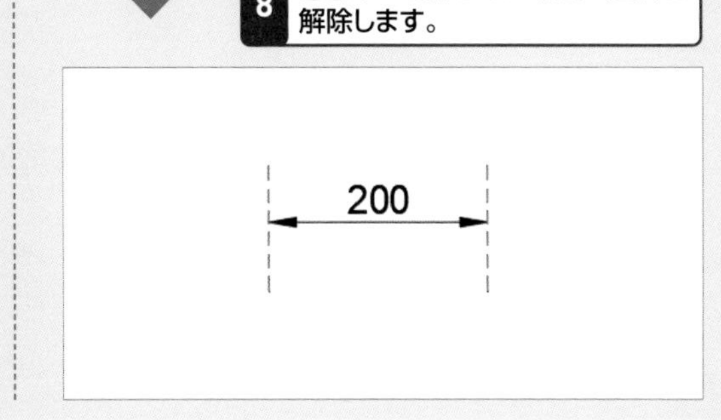

200

# Q 255 寸法補助線を斜めにしたい!

## A [スライド寸法]を実行します。

寸法補助線を斜めにするには、あらかじめ寸法を作成し、[スライド寸法]を実行して、角度を指定します。 サンプル▶255.dwg

**1** あらかじめ作成してある寸法を確認します。

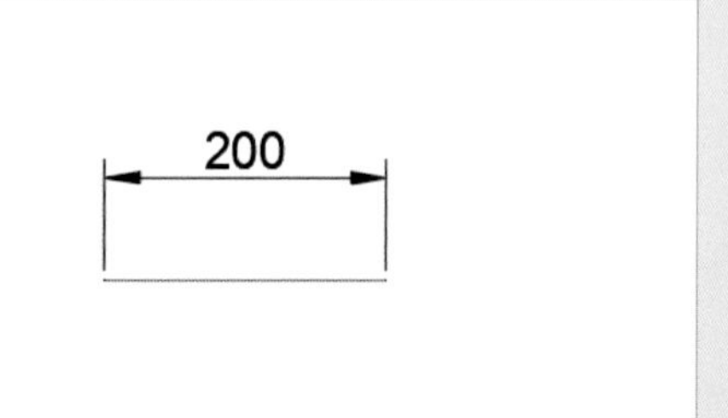
200

**2** [注釈]タブをクリックし、

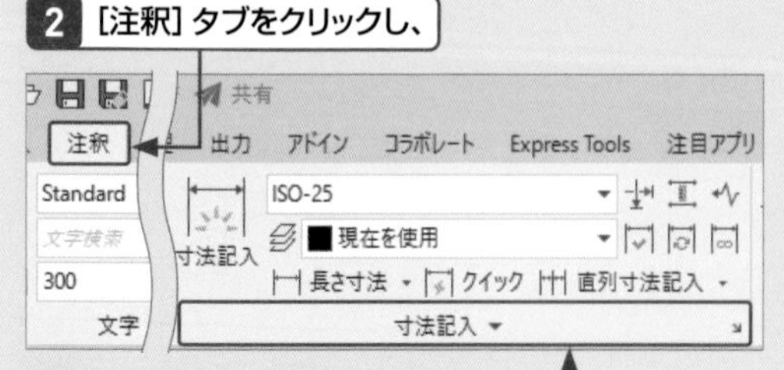
共有
注釈
出力
アドイン
コラボレート
Express Tools
注目アプリ
Standard
文字検索
300
文字
寸法記入
ISO-25
現在を使用
長さ寸法
クイック
直列寸法記入
寸法記入

**3** [寸法記入▼]をクリックします。

**4** [スライド寸法]をクリックします。

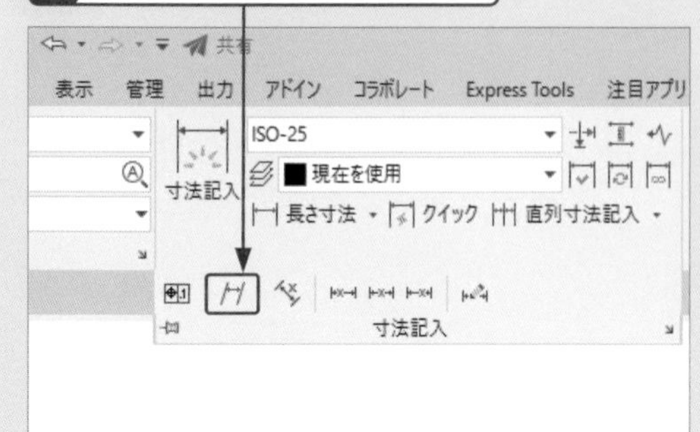
共有
表示
管理
出力
アドイン
コラボレート
Express Tools
注目アプリ
寸法記入
ISO-25
現在を使用
長さ寸法
クイック
直列寸法記入
寸法記入

**5** 寸法線を選択し、Enterキーを押して確定します。

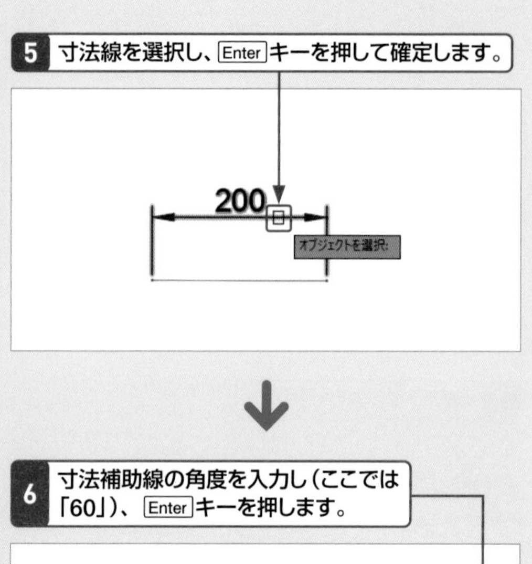
200
オブジェクトを選択:

**6** 寸法補助線の角度を入力し(ここでは「60」)、Enterキーを押します。

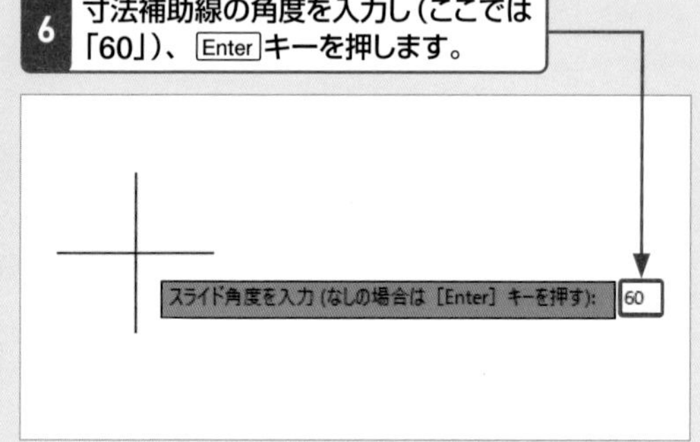
スライド角度を入力 (なしの場合は [Enter] キーを押す):
60

**7** 寸法補助線に角度が設定されます。

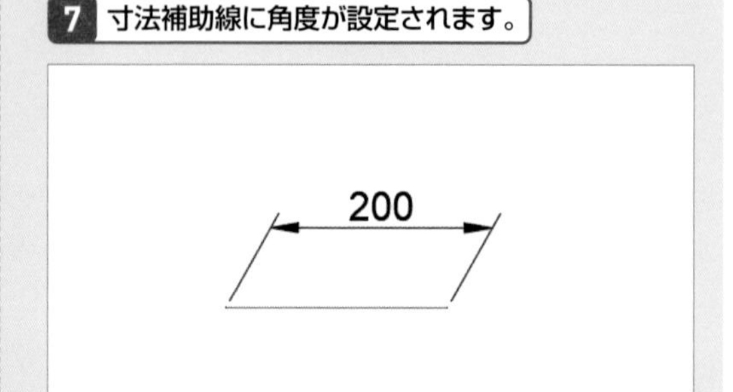
200

### 寸法補助線の角度の入力について

寸法補助線の角度は、東を基準に角度を入力します。

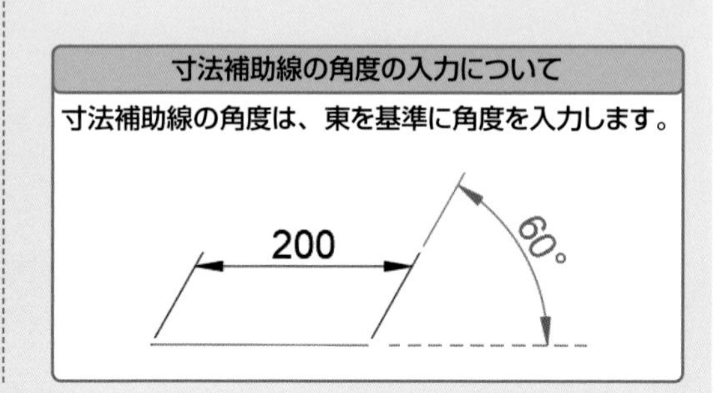
200
60°

AutoCADの概要 基本操作 線の作図と編集 図形の作図と挿入 図形の変形と移動 図形の選択と削除 画層とプロパティ 文字の作成 寸法の作成 注釈の作成 数値計測とブロック図形 レイアウトと印刷

# Q 256 寸法補助線の長さを固定したい！

**A** プロパティパレットの［寸法補助線固定］を設定します。

寸法補助線の長さを固定するには、プロパティパレットの［寸法補助線固定］を［オン］にし、［寸法補助線長さ固定］に長さを入力します。図面全体の寸法の設定を変更するには、寸法スタイルの［寸法補助線の長さを固定］を設定してください。

サンプル ▶ 256.dwg

**1** ［表示］タブをクリックし、

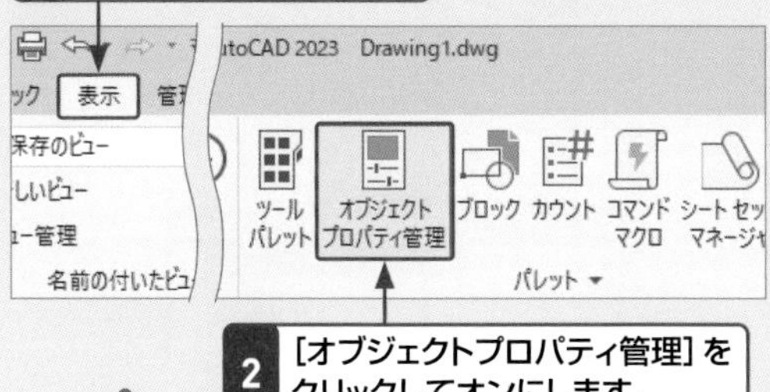

AutoCAD 2023 Drawing1.dwg
表示
保存のビュー
しいビュー
ュー管理
名前の付いたビュー
ツール パレット
オブジェクト プロパティ管理
ブロック
カウント
コマンド マクロ
シート セット マネージャ
パレット


**2** ［オブジェクトプロパティ管理］をクリックしてオンにします。

**3** 寸法線をクリックして選択します。

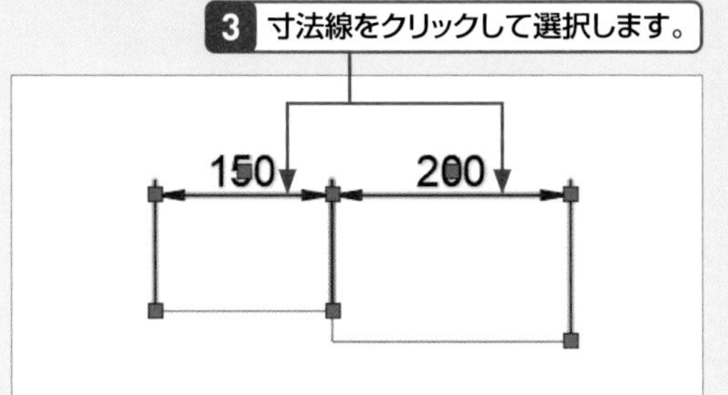

150
200


**4** ［寸法補助線固定］を［オン］に変更します。

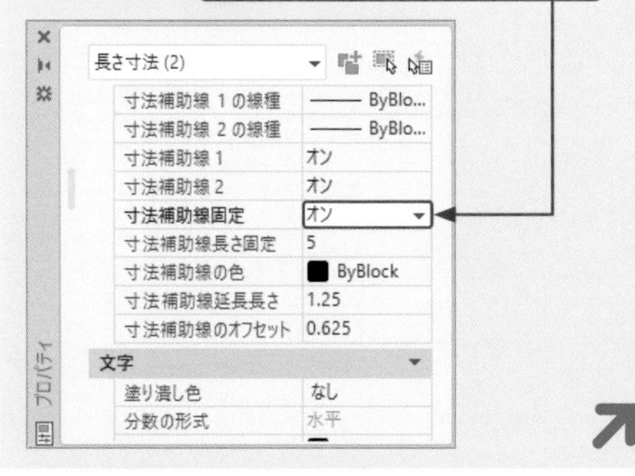

長さ寸法 (2)
寸法補助線 1 の線種 ByBlo...
寸法補助線 2 の線種 ByBlo...
寸法補助線 1 オン
寸法補助線 2 オン
寸法補助線固定 オン
寸法補助線長さ固定 5
寸法補助線の色 ByBlock
寸法補助線延長長さ 1.25
寸法補助線のオフセット 0.625
文字
塗り潰し色 なし
分数の形式 水平
プロパティ


**5** ［寸法補助線長さ固定］に印刷したときの補助線の長さを入力します（ここでは「5」）。

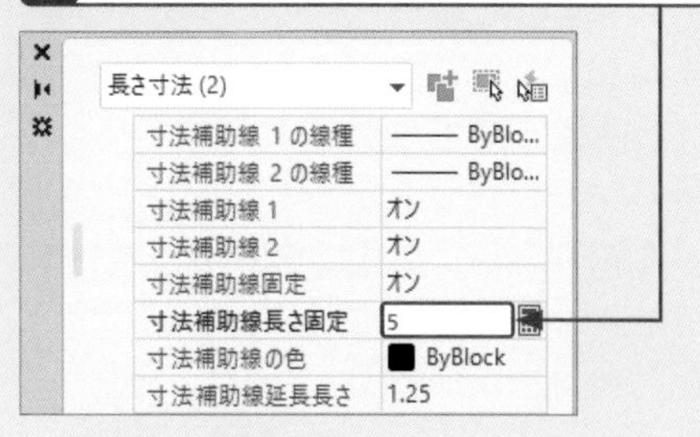

長さ寸法 (2)
寸法補助線 1 の線種 ByBlo...
寸法補助線 2 の線種 ByBlo...
寸法補助線 1 オン
寸法補助線 2 オン
寸法補助線固定 オン
寸法補助線長さ固定 5
寸法補助線の色 ByBlock
寸法補助線延長長さ 1.25


**6** 寸法補助線の長さが固定されます。

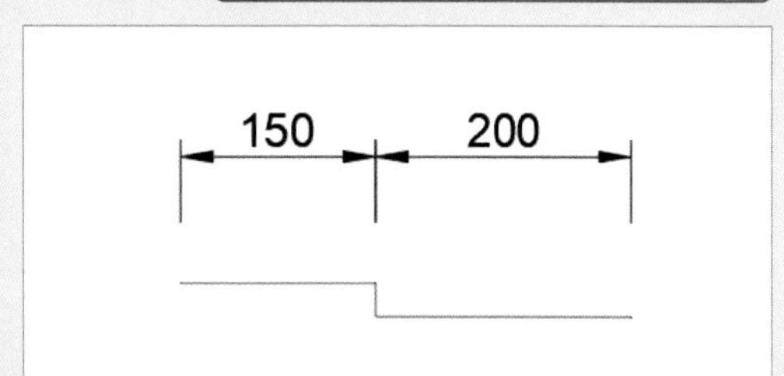

150
200


**7** Esc キーを押して、選択を解除します。

### 寸法補助線の長さ

寸法補助線の長さは、［寸法補助線長さ固定］×［全体の寸法尺度］となります。

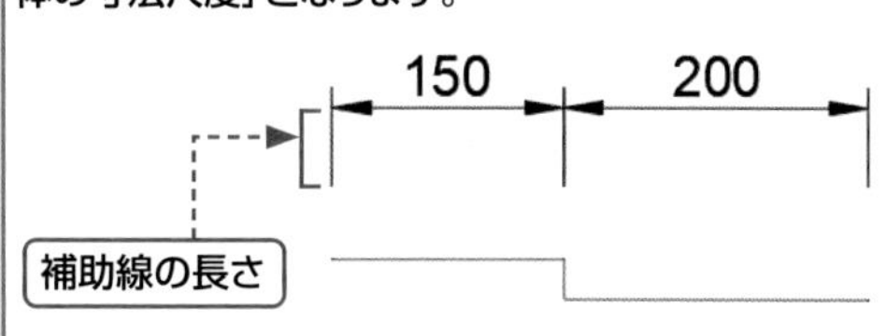

150
200
補助線の長さ


### 図面全体の寸法の設定を変更する

図面全体の寸法の設定を変更するには、寸法スタイルの［寸法線］タブにある［寸法補助線の長さを固定］を設定してください。

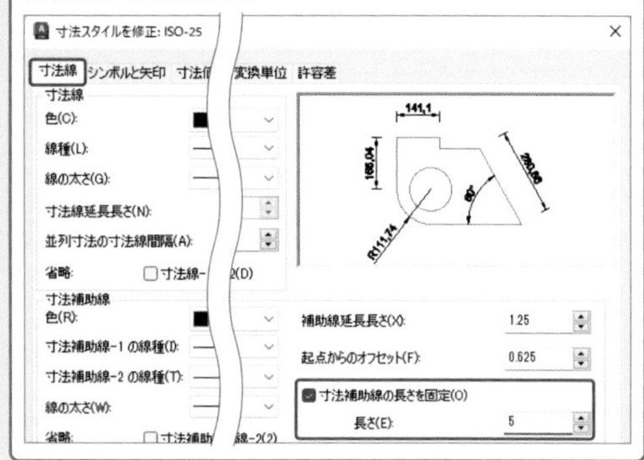

寸法スタイルを修正: ISO-25
寸法線
シンボルと矢印
許容差
寸法線
色(C):
線種(L):
線の太さ(G):
寸法線延長長さ(N):
並列寸法の寸法線間隔(A):
省略:
寸法補助線
色(R):
寸法補助線-1 の線種(I):
寸法補助線-2 の線種(T):
線の太さ(W):
補助線延長長さ(X): 1.25
起点からのオフセット(F): 0.625
寸法補助線の長さを固定(O)
長さ(E): 5

# Q 257 寸法線の位置を揃えたい!

## A ［寸法線間隔］を実行します。

寸法線の位置を揃えるには、［寸法線間隔］を実行し、基準の寸法と間隔を指定します。［自動］オプションを選択すると、間隔は寸法文字の高さの2倍となります。

サンプル ▶ 257.dwg

1 ［注釈］タブをクリックし、

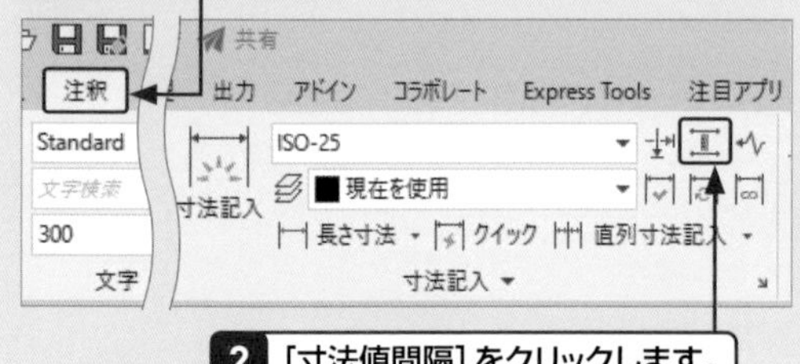

共有
注釈
出力
アドイン
コラボレート
Express Tools
注目アプリ
Standard
文字検索
300
文字
寸法記入
ISO-25
現在を使用
長さ寸法
クイック
直列寸法記入
寸法記入


2 ［寸法値間隔］をクリックします。

3 基準となる寸法線をクリックします。

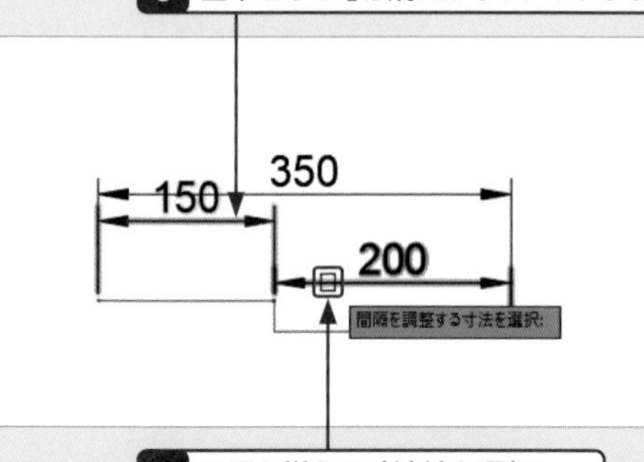

350
150
200
間隔を調整する寸法を選択:


4 間隔を揃える寸法線を選択し、Enterキーを押して確定します。

5 値を入力し（ここでは「0」）、Enterキーを押します。

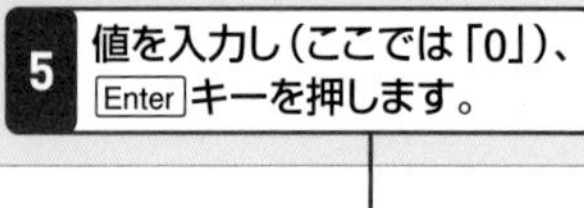

値を入力 または
0
自動(A)


6 寸法線の位置が変更されます。

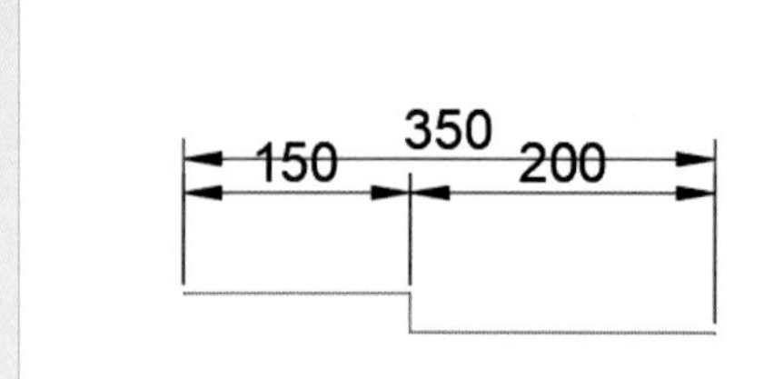

350
150
200


7 ［注釈］タブの［寸法線間隔］をクリックします。

8 基準となる寸法線をクリックします。

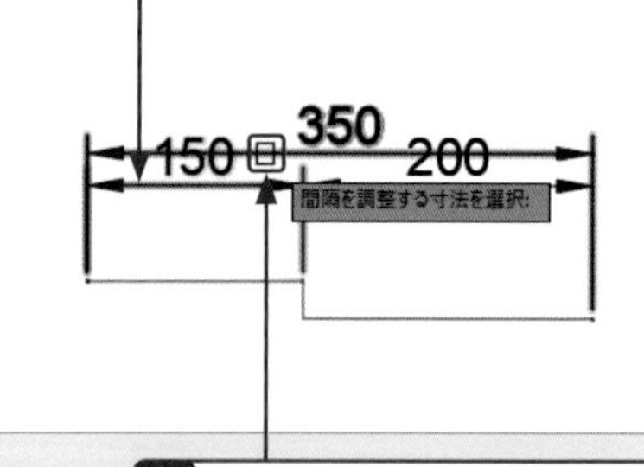

150
350
200
間隔を調整する寸法を選択:


9 間隔を揃える寸法線を選択し、Enterキーを押して確定します。

10 値を入力し（ここでは「50」）、Enterキーを押します。

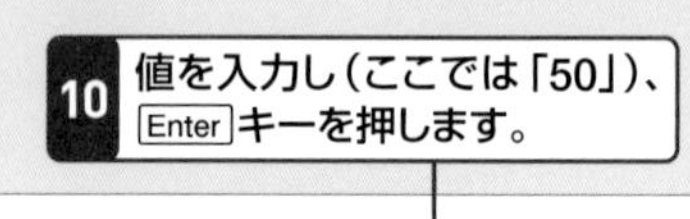

値を入力 または
50
自動(A)


11 寸法線の位置が変更されます。

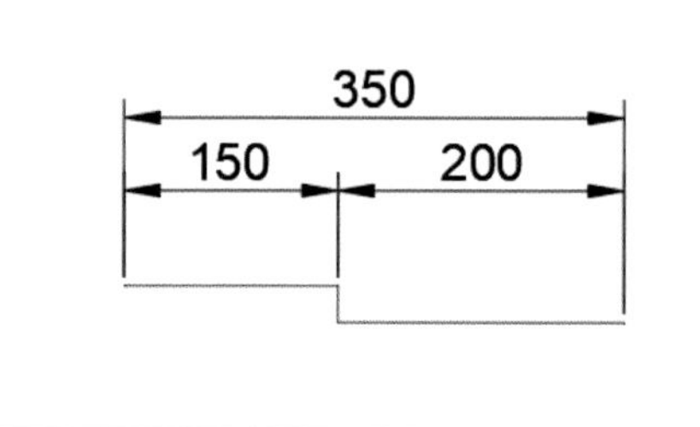

350
150
200


AutoCADの概要 基本操作 線の作図と編集 図形の作図と挿入 図形の変形と移動 図形の選択と削除 画層とプロパティ 文字の作成 寸法の作成 注釈の作成 数値計測とブロック図形 レイアウトと印刷

寸法線／寸法補助線　重要度★★★

# Q258 寸法の計測点をクリックして取得したい！

**A** オブジェクトスナップの［点］を使用します。

作成や修正のコマンドで寸法の計測点を取得したい場合は、オブジェクトスナップの［点］を使用します。Shiftキーを押しながら右クリックメニューを表示する、優先オブジェクトスナップを利用するとよいでしょう。 サンプル▶258.dwg

**1** 作成や修正コマンドで、点を指示するメッセージが表示されています（ここでは［円］）。

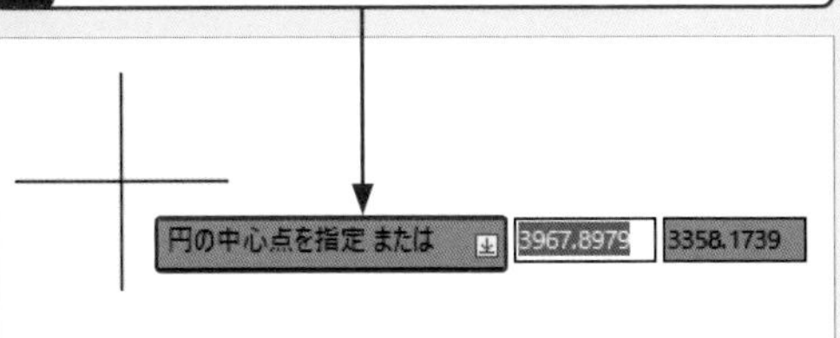

円の中心点を指定 または
3967.8979
3358.1739


**2** Shiftキーを押しながら右クリックすると、優先オブジェクトスナップのメニューが表示されます。

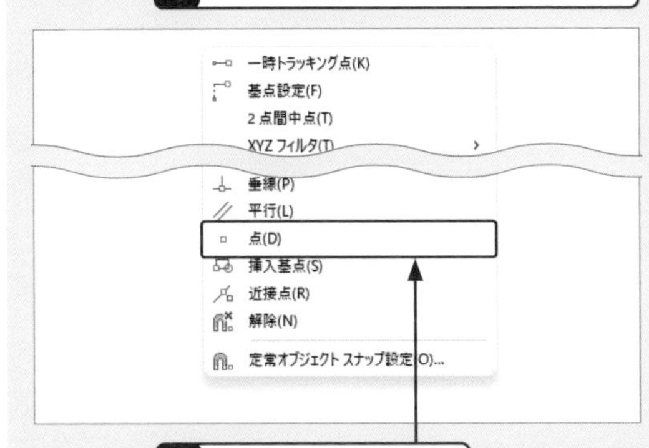

一時トラッキング点(K)
基点設定(F)
2 点間中点(T)
XYZ フィルタ(T)
垂線(P)
平行(L)
点(D)
挿入基点(S)
近接点(R)
解除(N)
定常オブジェクト スナップ設定(O)...


**3** ［点］をクリックします。

**4** ［点］のオブジェクトスナップをクリックすると、計測点が指定されます。

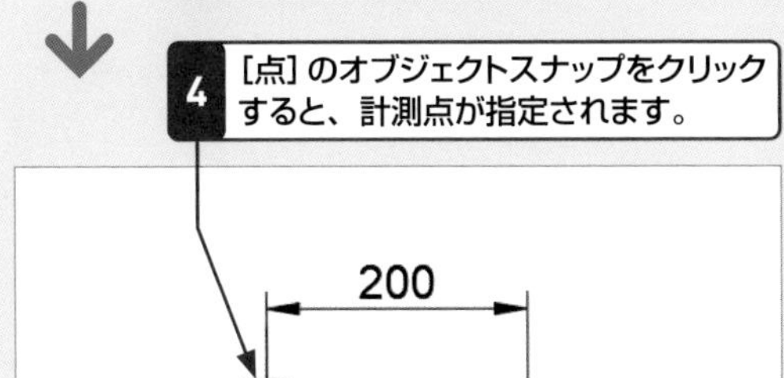

200
点


寸法線／寸法補助線　重要度★★★

# Q259 寸法矢印の向きを変更したい！

**A** グリップを選択して［矢印を反転］を使用します。

寸法矢印の向きを変更するには、寸法線のグリップをクリックし、右クリックメニューから［矢印を反転］を選択します。 サンプル▶259.dwg

**1** 寸法線をクリックして選択し、

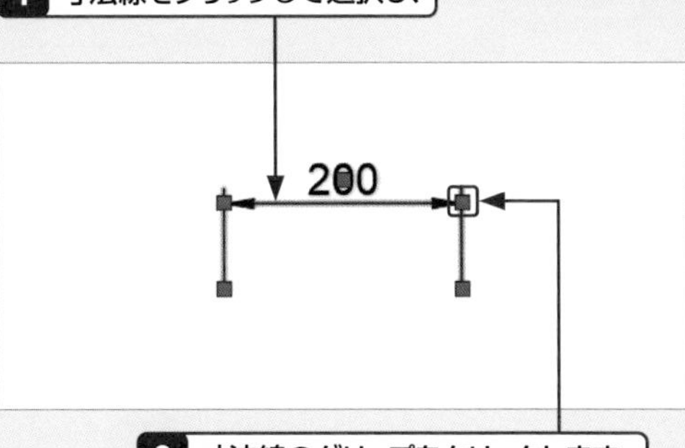

200


**2** 寸法線のグリップをクリックします。

**3** 右クリックメニューから、［矢印を反転］を選択します。

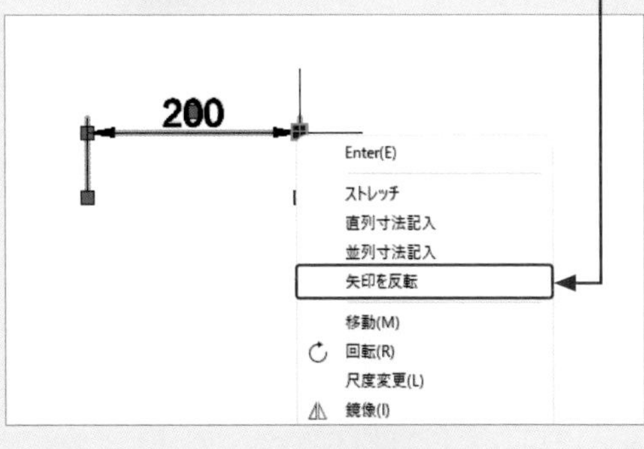

200
Enter(E)
ストレッチ
直列寸法記入
並列寸法記入
矢印を反転
移動(M)
回転(R)
尺度変更(L)
鏡像(I)


**4** 矢印の向きが変更されます。

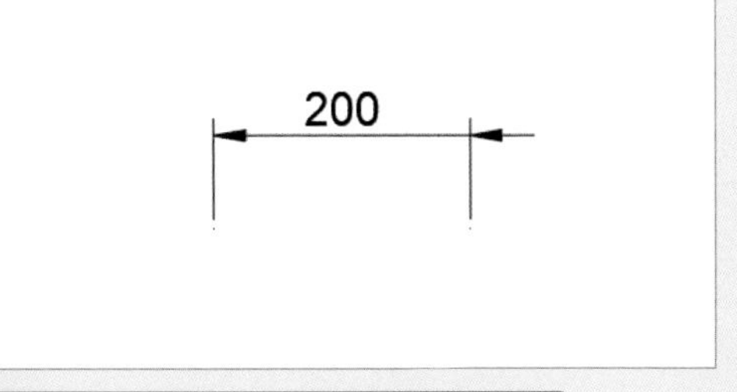

200


**5** Escキーを押して、選択を解除します。

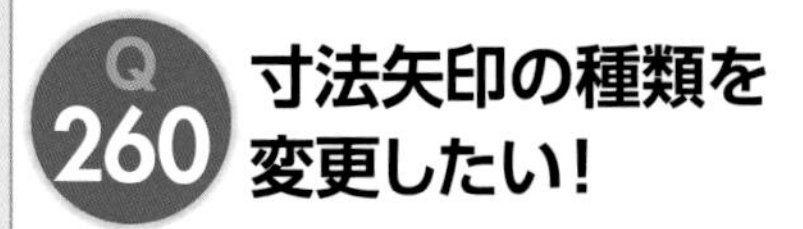

# Q 260 寸法矢印の種類を変更したい！

## A プロパティパレットの[矢印]を変更します。

寸法矢印の種類を変更するには、プロパティパレットの[矢印1]または[矢印2]を変更します。

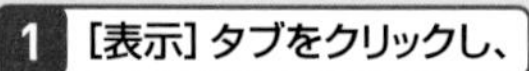
サンプル▶260.dwg

1 [表示]タブをクリックし、

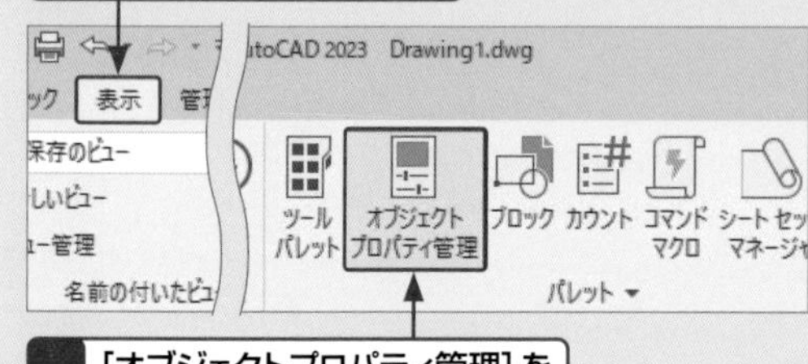
AutoCAD 2023　Drawing1.dwg
表示
保存のビュー
ツール パレット
オブジェクト プロパティ管理
ブロック
カウント
コマンド マクロ
シート セット マネージャ
名前の付いたビュー
パレット

2 [オブジェクトプロパティ管理]をクリックしてオンにします。

3 寸法線をクリックして選択します。

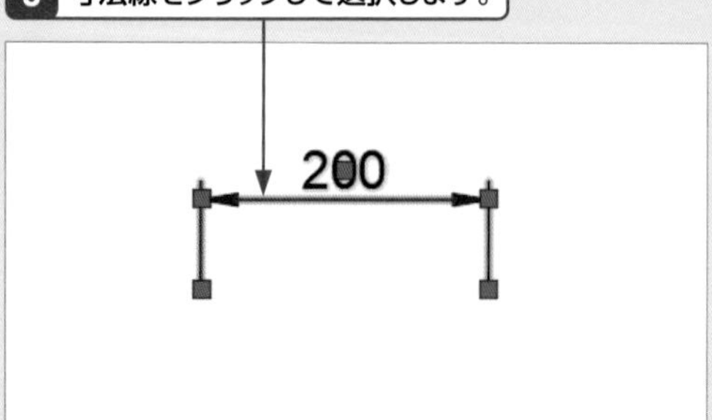
200

4 [矢印1]を[空白丸]に変更します。

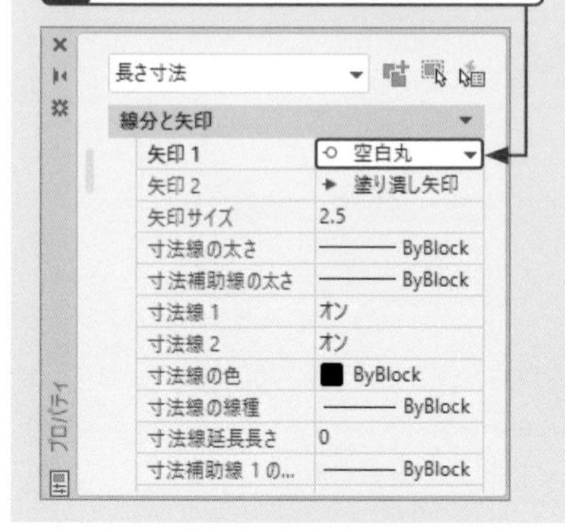
長さ寸法
線分と矢印
矢印 1　空白丸
矢印 2　塗り潰し矢印
矢印サイズ　2.5
寸法線の太さ　ByBlock
寸法補助線の太さ　ByBlock
寸法線 1　オン
寸法線 2　オン
寸法線の色　ByBlock
寸法線の線種　ByBlock
寸法線延長長さ　0
寸法補助線 1 の...　ByBlock
プロパティ

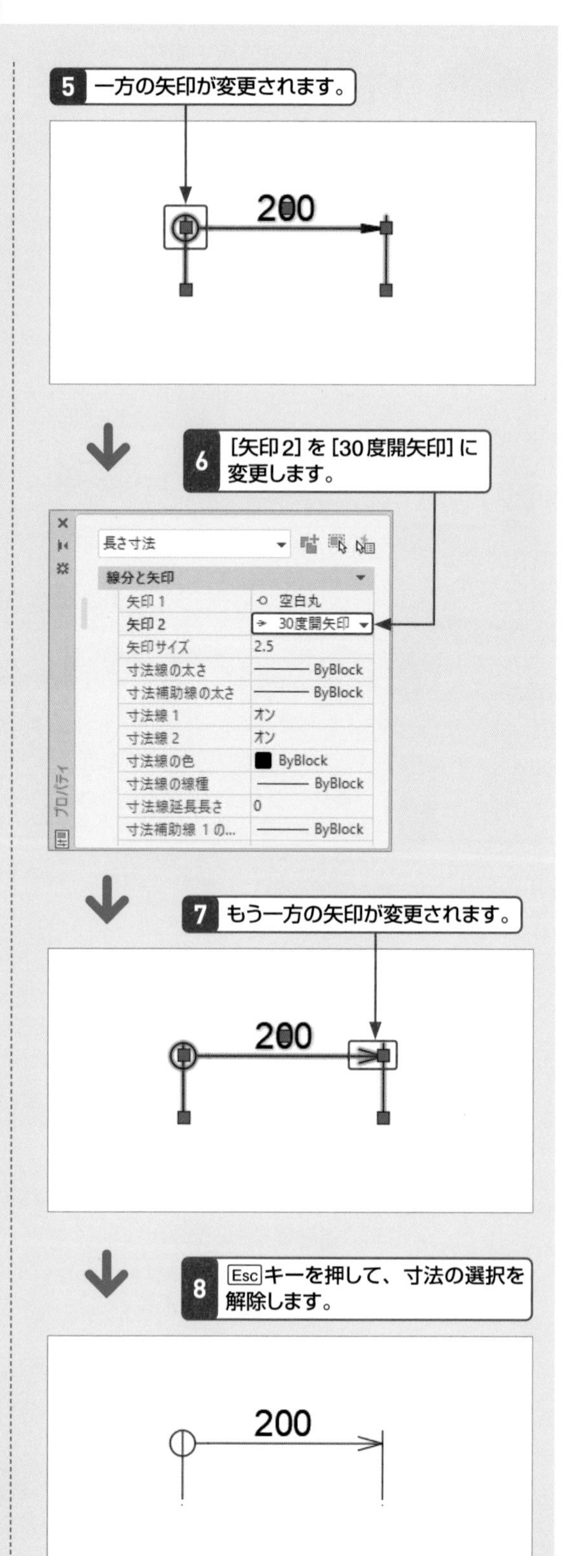
5 一方の矢印が変更されます。
200
6 [矢印2]を[30度開矢印]に変更します。
長さ寸法
線分と矢印
矢印 1　空白丸
矢印 2　30度開矢印
矢印サイズ　2.5
寸法線の太さ　ByBlock
寸法補助線の太さ　ByBlock
寸法線 1　オン
寸法線 2　オン
寸法線の色　ByBlock
寸法線の線種　ByBlock
寸法線延長長さ　0
寸法補助線 1 の...　ByBlock
プロパティ
7 もう一方の矢印が変更されます。
200
8 Escキーを押して、寸法の選択を解除します。
200

AutoCAD の概要
基本操作
線の作図と編集
図形の作図と挿入
図形の変形と移動
図形の選択と削除
画層とプロパティ
文字の作成
寸法の作成
注釈の作成
数値計測とブロック図形
レイアウトと印刷

# Q 261 ほかの寸法の設定をコピーしたい!

## A ［プロパティコピー］を実行します。

ほかの寸法の設定をコピーするには、[プロパティコピー]を実行します。また、[設定]オプションを使用すると、コピーする内容を選択することができます。

サンプル▶261.dwg

### ● コピー方法その①

1 [プロパティコピー]をクリックします。

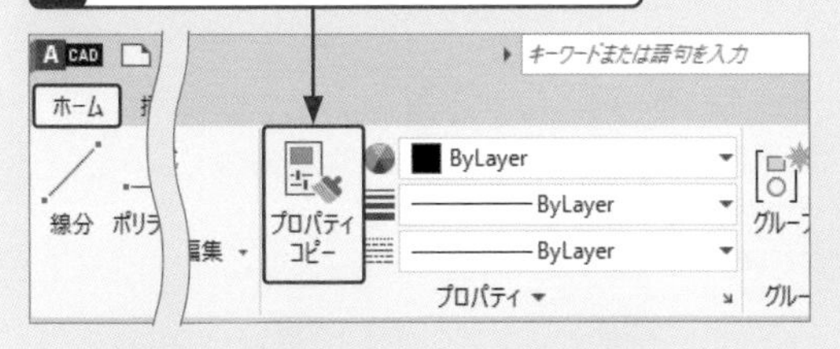
ホーム
キーワードまたは語句を入力
線分
ポリラ
編集
プロパティ
コピー
ByLayer
ByLayer
ByLayer
プロパティ
グループ

2 コピー元の寸法線を選択します。

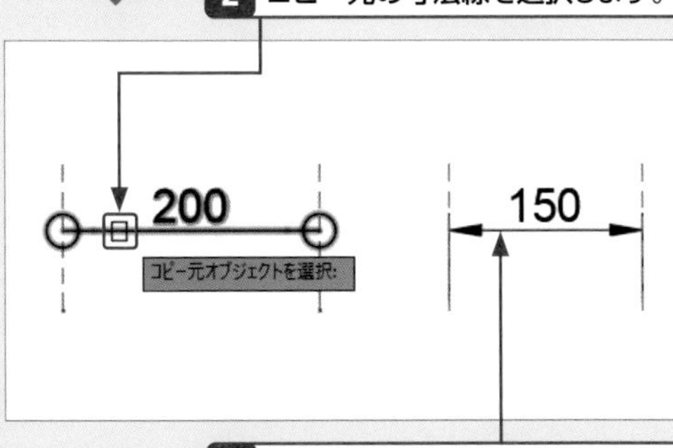
200
150
コピー元オブジェクトを選択:

3 コピー先の寸法線を選択します。

4 プロパティがコピーされます。

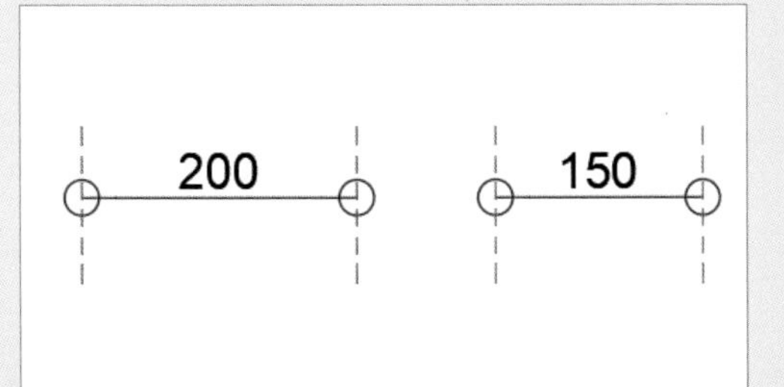
200
150

5 Enterキーを押して、[プロパティコピー]を終了します。

### ● コピー方法　その②

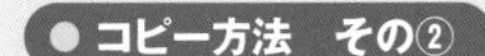

1 [プロパティコピー]をクリックします。

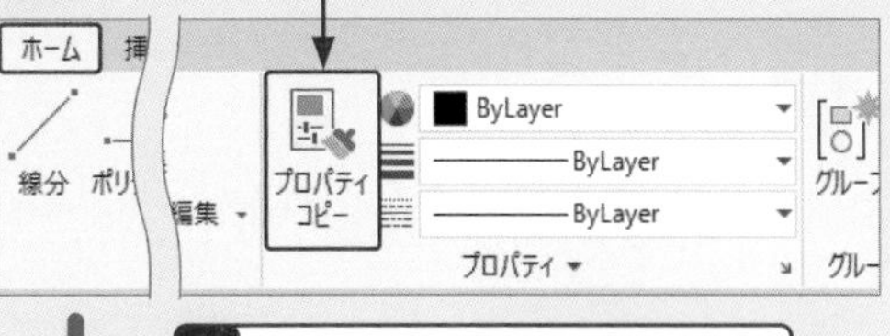
ホーム
線分
ポリ
編集
プロパティ
コピー
ByLayer
ByLayer
ByLayer
プロパティ
グループ

2 コピー元の寸法線を選択します。

200
コピー元オブジェクトを選択:
Enter(E)
キャンセル(C)
設定(S)
画面移動(P)
ズーム(Z)
SteeringWheels
クイック計算

3 作図領域を右クリックし、メニューから[設定]を選択します。

4 コピーをしたくないプロパティのチェックを外します（ここでは[色]）。

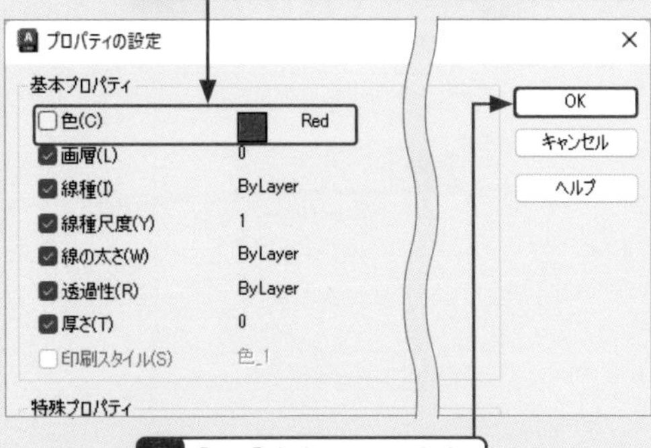
プロパティの設定
基本プロパティ
色(C)
Red
画層(L)
0
線種(I)
ByLayer
線種尺度(Y)
1
線の太さ(W)
ByLayer
透過性(R)
ByLayer
厚さ(T)
0
印刷スタイル(S)
色_1
特殊プロパティ
OK
キャンセル
ヘルプ

5 [OK]をクリックします。

6 コピー先の寸法線を選択します。

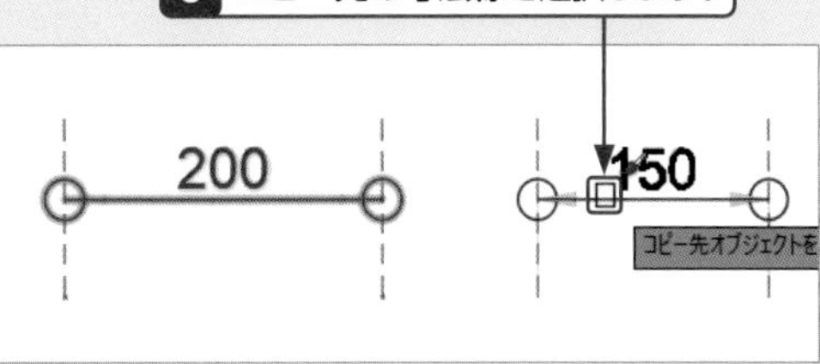
200
150
コピー先オブジェクトを

7 設定内容のプロパティがコピーされます（ここでは色以外）。

8 Enterキーを押して、[プロパティコピー]を終了します。

寸法文字　重要度 ★★★

## Q 262 寸法文字の位置を変更したい!

**A** グリップを選択して[文字のみを移動]を選択します。

寸法文字の位置を変更するには、寸法文字のグリップをクリックし、右クリックメニューから[文字のみを移動]を選択します。　サンプル▶262.dwg

1 寸法線をクリックして選択し、

2 寸法文字のグリップをクリックします。

3 右クリックメニューから、[文字のみを移動]を選択します。

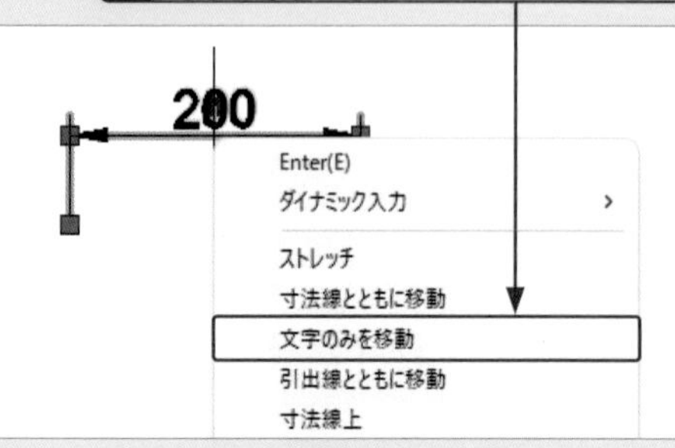
200
Enter(E)
ダイナミック入力
ストレッチ
寸法線とともに移動
文字のみを移動
引出線とともに移動
寸法線上

4 寸法文字の配置位置をクリックします。

200

5 Escキーを押して、選択を解除します。

寸法文字　重要度 ★★★

## Q 263 寸法文字の位置を戻したい!

**A** グリップを選択して[文字の位置をリセット]を選択します。

移動した寸法文字の位置を戻すには、寸法文字のグリップをクリックし、右クリックメニューから[文字の位置をリセット]を選択します。

サンプル▶263.dwg

1 寸法線をクリックして選択し、

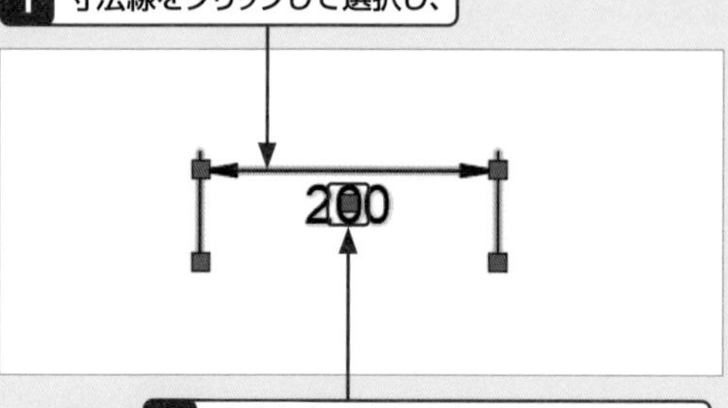
200

2 寸法文字のグリップをクリックします。

3 右クリックメニューから、[文字の位置をリセット]を選択します。

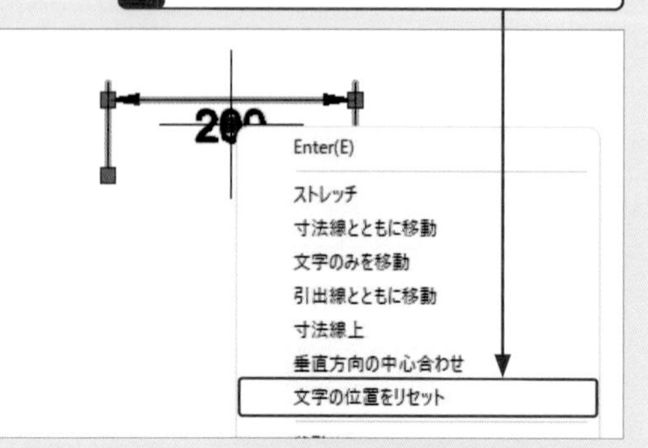
Enter(E)
ストレッチ
寸法線とともに移動
文字のみを移動
引出線とともに移動
寸法線上
垂直方向の中心合わせ
文字の位置をリセット

4 寸法文字が元の位置に戻ります。

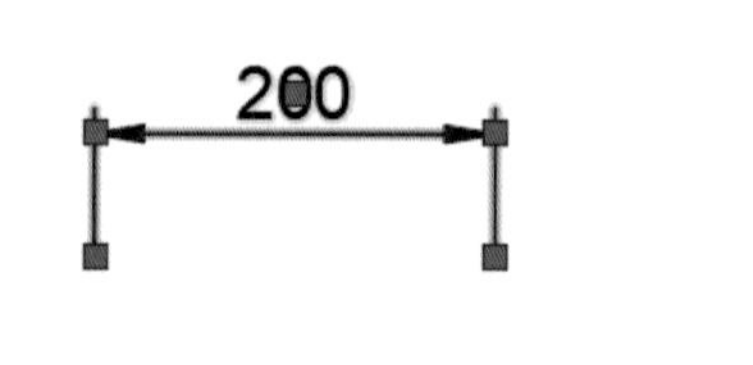
200

5 Escキーを押して、選択を解除します。

# Q264 寸法文字の内容を変更したい!

## A 寸法文字をダブルクリックします。

寸法文字の内容を修正するには、寸法文字をダブルクリックします。テキストエディタが表示されるので、終了するには［テキストエディタを閉じる］をクリックしてください。

サンプル▶264.dwg

**1** 寸法文字をダブルクリックします。

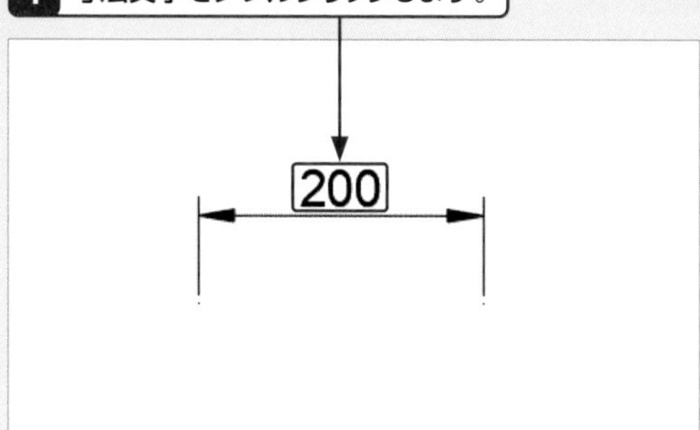
200

**2** テキストエディタが表示されます。

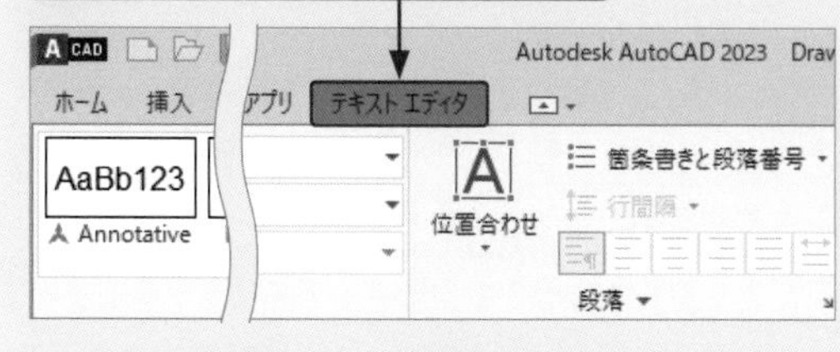
Autodesk AutoCAD 2023
ホーム
挿入
アプリ
テキスト エディタ
AaBb123
Annotative
位置合わせ
箇条書きと段落番号
行間隔
段落

**3** 計測値を削除します。

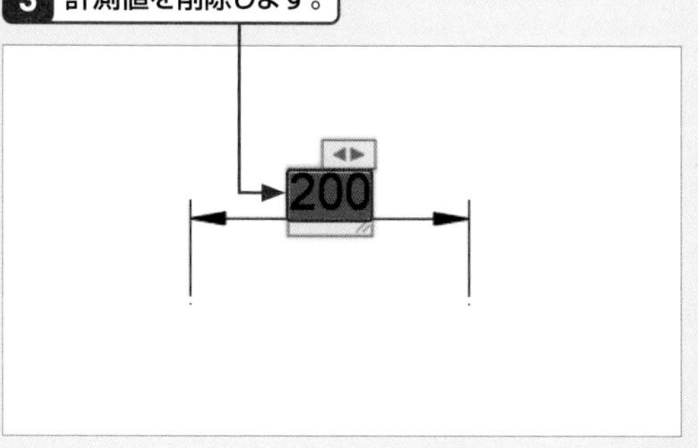
200

**4** 文字を入力します。

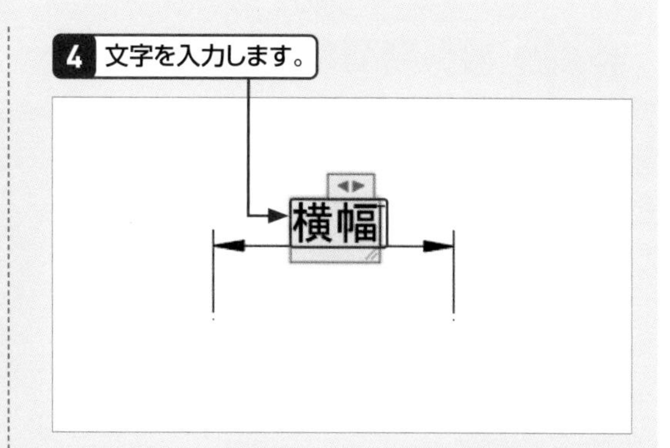
横幅

**5** ［テキストエディタを閉じる］をクリックします。

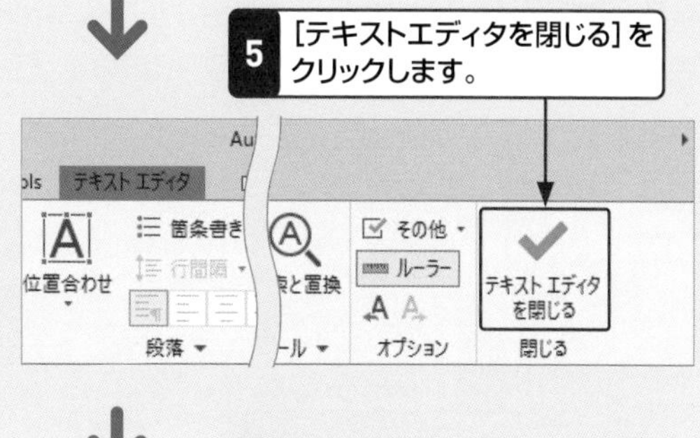
テキスト エディタ
位置合わせ
箇条書き
行間隔
段落
その他
ルーラー
オプション
テキスト エディタ を閉じる
閉じる

**6** 文字内容の修正が終了します。

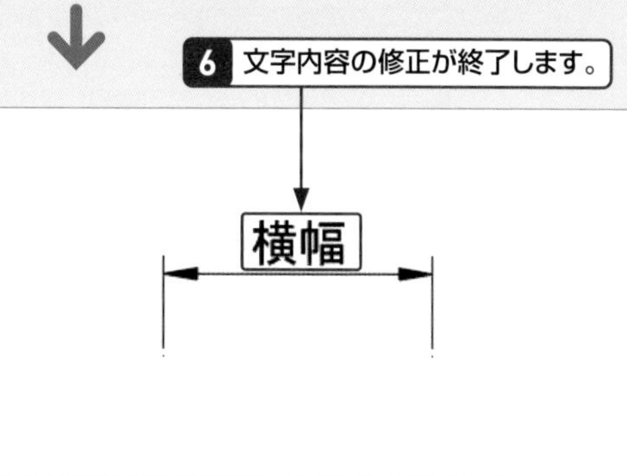
横幅

**7** Enter キーを押して、文字内容の修正コマンドを終了します。

計測値の前後に文字を記入することもできます。

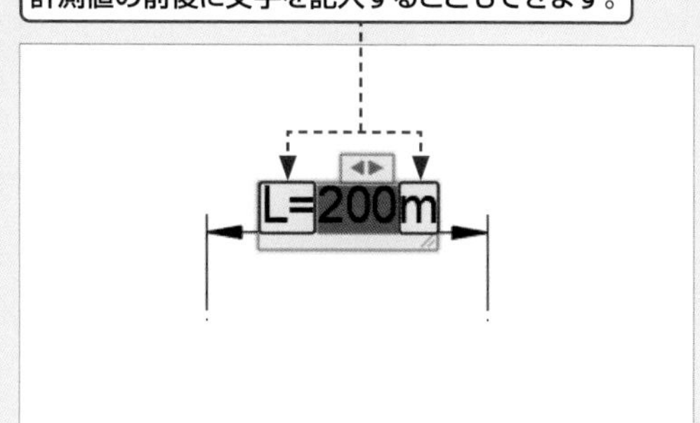
L=200m

AutoCADの概要
基本操作
線の作図と編集
図形の作図と挿入
図形の変形と移動
図形の選択と削除
画層とプロパティ
文字の作成
寸法の作成
注釈の作成
数値計測とブロック図形
レイアウトと印刷

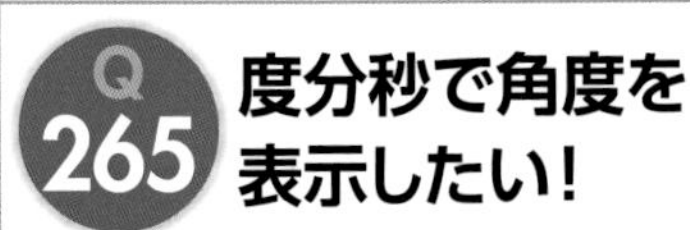

# Q265 度分秒で角度を表示したい！

## A プロパティパレットの［角度の形式］を変更します。

度分秒で角度を表示するには、プロパティパレットの［角度の形式］を［度／分／秒］に変更します。また、分秒は［角度の精度］を［0d00' 00.0"］に変更することにより、表示されます。 サンプル ▶ 265.dwg

**1** ［表示］タブをクリックし、

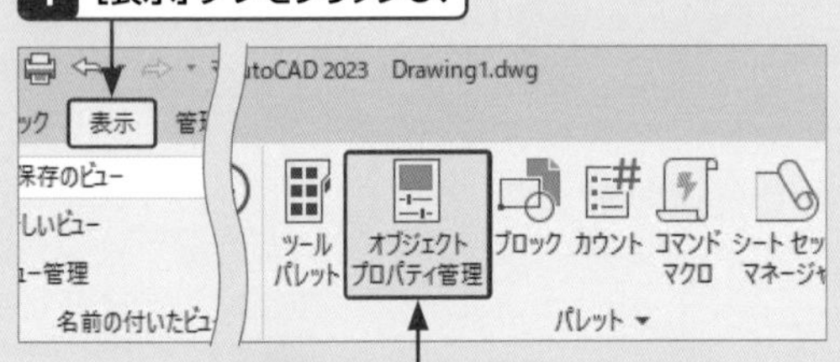
AutoCAD 2023 Drawing1.dwg
表示
保存のビュー
ツール パレット
オブジェクト プロパティ管理
ブロック
カウント
コマンド マクロ
名前の付いたビュー
パレット

**2** ［オブジェクトプロパティ管理］をクリックしてオンにします。

**3** 寸法線をクリックして選択します。

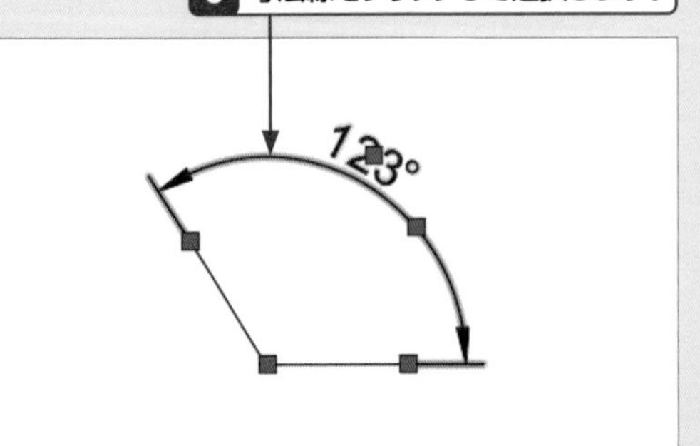
123°

**4** ［角度の形式］を［度／分／秒］に変更します。

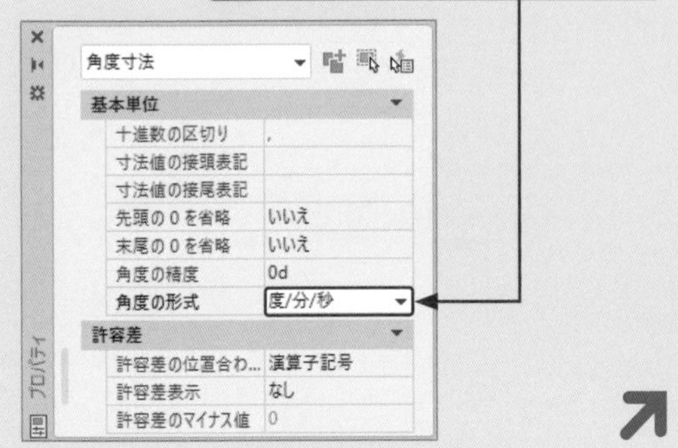
角度寸法
基本単位
十進数の区切り .
寸法値の接頭表記
寸法値の接尾表記
先頭の 0 を省略 いいえ
末尾の 0 を省略 いいえ
角度の精度 0d
角度の形式 度/分/秒
許容差
許容差の位置合わ... 演算子記号
許容差表示 なし
許容差のマイナス値 0
プロパティ

**5** ［角度の精度］を［0d00' 00.0"］に変更します。

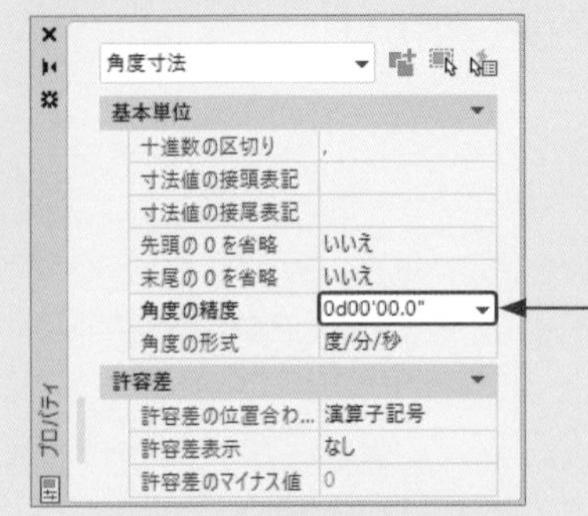
角度寸法
基本単位
十進数の区切り .
寸法値の接頭表記
寸法値の接尾表記
先頭の 0 を省略 いいえ
末尾の 0 を省略 いいえ
角度の精度 0d00'00.0"
角度の形式 度/分/秒
許容差
許容差の位置合わ... 演算子記号
許容差表示 なし
許容差のマイナス値 0
プロパティ

**6** 角度の表示が度分秒になります。

**7** Escキーを押して、寸法の選択を解除します。

### 角度寸法の寸法スタイルを事前に設定しておく

寸法スタイルを修正する場合は、［基本設定］タブを選択し、［角度寸法］欄を変更してください。

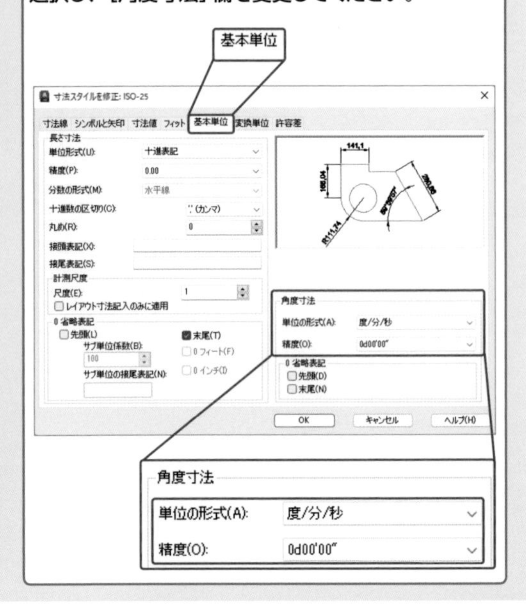
基本単位
寸法スタイルを修正: ISO-25
寸法線 シンボルと矢印 寸法値 フィット 基本単位 変換単位 許容差
角度寸法
単位の形式(A): 度/分/秒
精度(O): 0d00'00"
OK キャンセル ヘルプ(H)

# Q 266 メートルで長さを表示したい!

## A プロパティパレットの[長さの寸法尺度]を設定します。

ミリメートル単位の図面で、寸法をメートルで表示するには、プロパティパレットの[長さの寸法尺度]に「0.001」を入力します。また、[十進数の区切り]に「.」(ピリオド)を入力してください。

サンプル ▶ 266.dwg

1 [表示]タブをクリックします。

AutoCAD 2023 Drawing1.dwg
表示
ツール パレット
オブジェクト プロパティ管理
ブロック
カウント
コマンド マクロ
パレット

2 [オブジェクトプロパティ管理]をクリックしてオンにします。

3 寸法線をクリックして選択します。

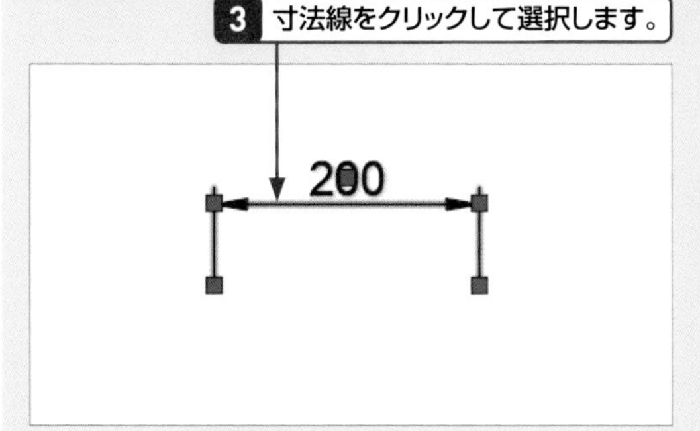
200

4 [長さの寸法尺度]に「0.001」を入力します。

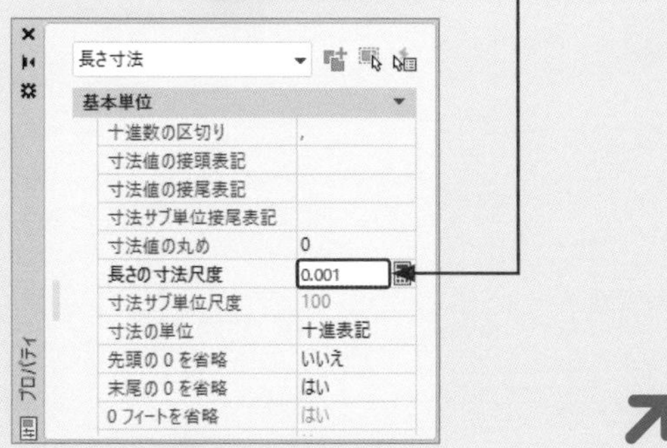
長さ寸法
基本単位
十進数の区切り
寸法値の接頭表記
寸法値の接尾表記
寸法サブ単位接尾表記
寸法値の丸め 0
長さの寸法尺度 0.001
寸法サブ単位尺度 100
寸法の単位 十進表記
先頭の 0 を省略 いいえ
末尾の 0 を省略 はい
0 フィートを省略 はい
プロパティ

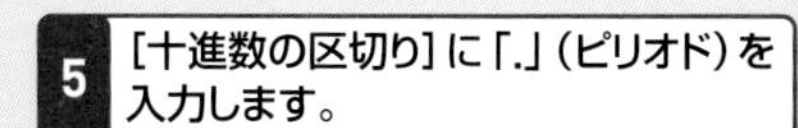

5 [十進数の区切り]に「.」(ピリオド)を入力します。

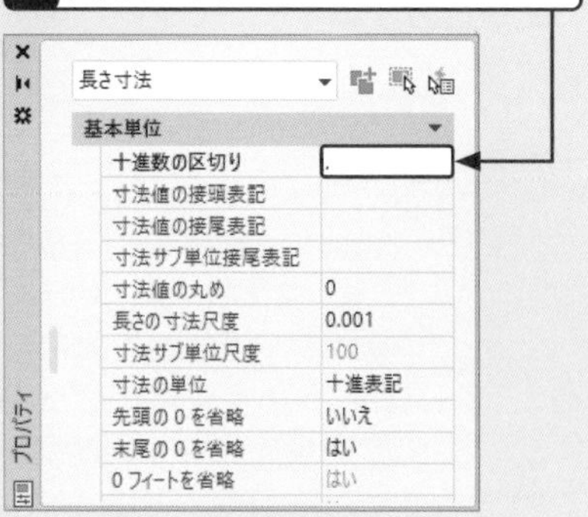
長さ寸法
基本単位
十進数の区切り
寸法値の接頭表記
寸法値の接尾表記
寸法サブ単位接尾表記
寸法値の丸め 0
長さの寸法尺度 0.001
寸法サブ単位尺度 100
寸法の単位 十進表記
先頭の 0 を省略 いいえ
末尾の 0 を省略 はい
0 フィートを省略 はい
プロパティ

6 長さがメートル表示になります。

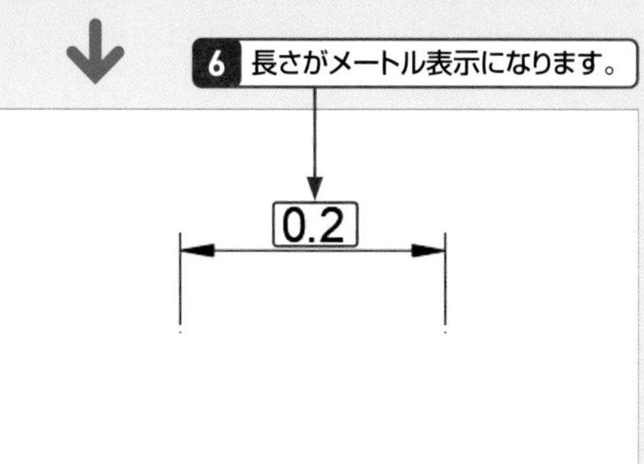
0.2

7 Escキーを押して、寸法の選択を解除します。

### 長さの寸法スタイルを事前に設定しておく

寸法スタイルを修正する場合は、[基本設定]タブを選択し、[十進数の区切り]と[尺度]を変更してください。

寸法スタイルを修正: ISO-25

寸法線 シンボルと矢印 寸法値 フィット 基本単位 変換単位 許容差

長さ寸法
- 単位形式(U): 十進表記
- 精度(P): 0.00
- 分数の形式(M): 水平線
- 十進数の区切り(C): '.'(ピリオド)
- 丸め(R): 0
- 接頭表記(X):
- 接尾表記(S):

計測尺度
- 尺度(E): 0.001
- □レイアウト寸法記入のみに適用

0 省略表記
- □先頭(L)
- サブ単位係数(B): 100
- サブ単位の接尾表記(N):
- ☑末尾(T)
- □0 フィート(F)
- □0 インチ(I)

角度寸法
- 単位の形式(A):
- 精度(O):
- 0 省略表記
- □先頭(D)
- □末尾(N)

OK

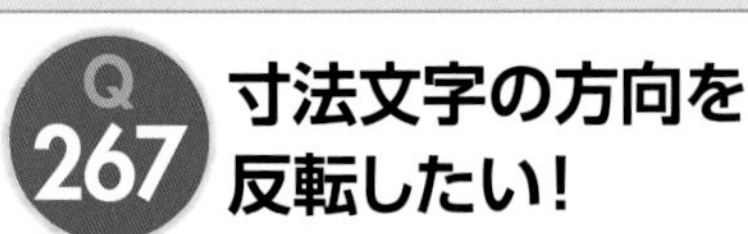

# Q 267 寸法文字の方向を反転したい!

**A** UCS(ユーザ座標系)でX軸を変更して寸法を作成します。

寸法文字の方向を反転するには、UCS(ユーザ座標系)で寸法文字の方向をX軸に変更してから寸法を作成します。なお、この操作を行う場合は、事前にUCSパネルをリボンに表示しておきます。

参照▶Q 053 サンプル▶267.dwg

左側のように作成される寸法を、右図のように反転して作成したい場合、UCSを変更してから寸法を作成します。

100
100

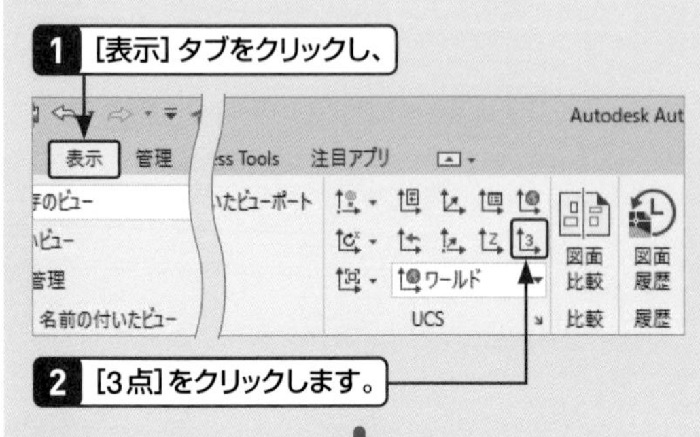
1 [表示] タブをクリックし、
Autodesk Aut
表示
管理
ss Tools
注目アプリ
UCS
図面比較
図面履歴
比較
履歴
名前の付いたビュー
ワールド
2 [3点] をクリックします。

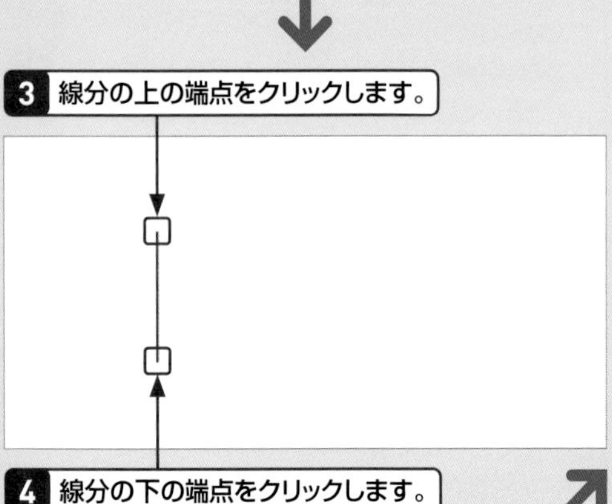
3 線分の上の端点をクリックします。
4 線分の下の端点をクリックします。

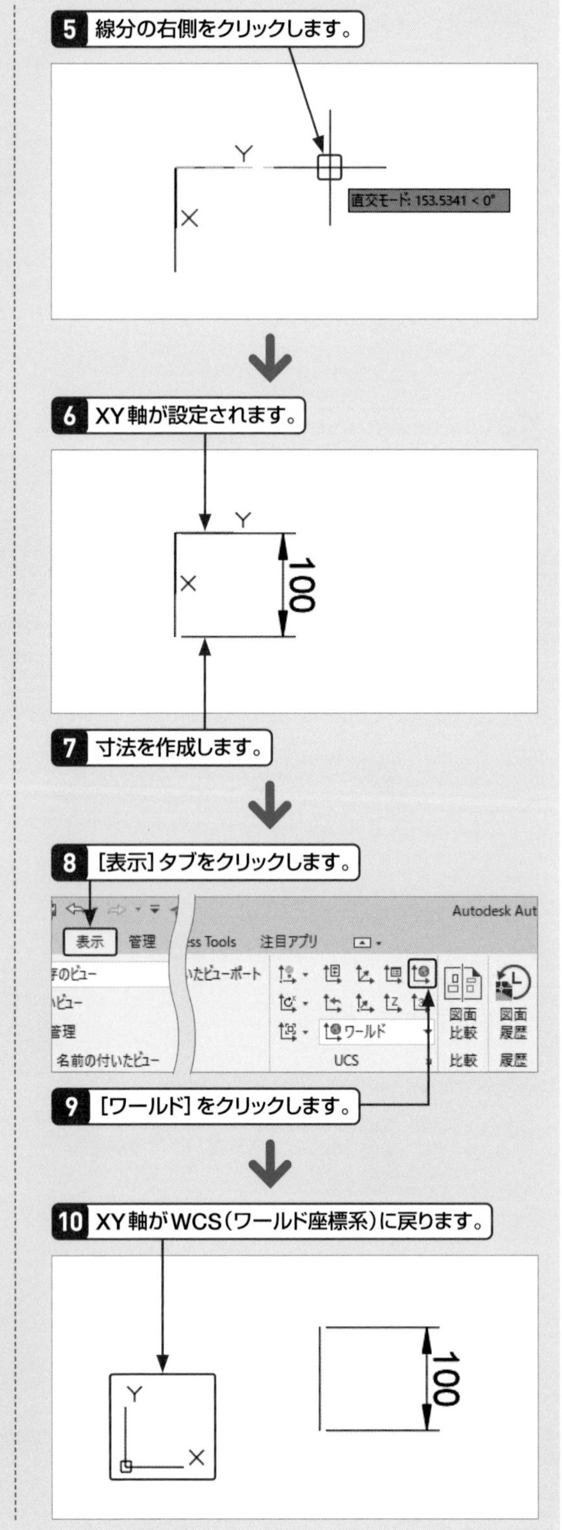
5 線分の右側をクリックします。
Y
X
直交モード: 153.5341 < 0°
6 XY 軸が設定されます。
Y
X
100
7 寸法を作成します。
8 [表示] タブをクリックします。
Autodesk Aut
表示
管理
ss Tools
注目アプリ
UCS
図面比較
図面履歴
比較
履歴
名前の付いたビュー
ワールド
9 [ワールド] をクリックします。
10 XY 軸がWCS(ワールド座標系)に戻ります。
Y
X
100

寸法スタイル　重要度 ★★★

## Q 268 作成する寸法のスタイルを設定したい！

**A** [寸法スタイル]を設定します。

寸法スタイルを設定するには、寸法を作成する前に、[寸法スタイル]から寸法スタイルを選択します。その際、寸法スタイルはあらかじめ作成しておく必要があります。　サンプル ▶ 268.dwg

**1** [注釈] タブをクリックし、

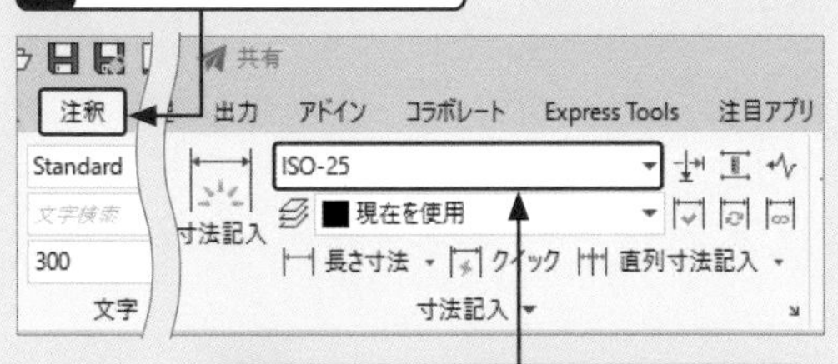

共有
注釈
出力
アドイン
コラボレート
Express Tools
注目アプリ
Standard
文字検索
300
文字
寸法記入
ISO-25
現在を使用
長さ寸法
クイック
直列寸法記入


**2** [寸法スタイル] をクリックします。

**3** 寸法スタイルを選択します。

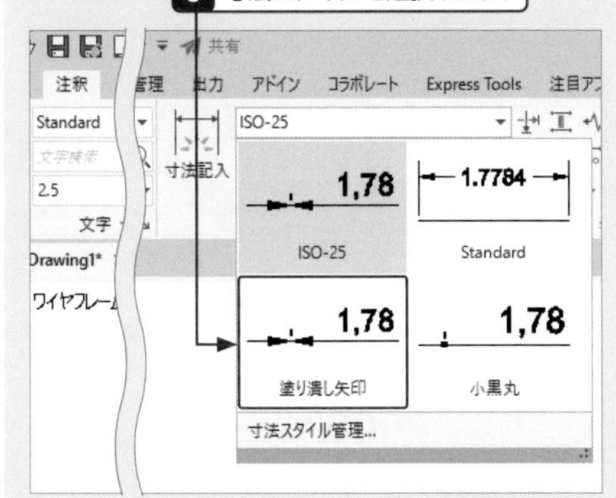

共有
注釈
管理
出力
アドイン
コラボレート
Express Tools
Standard
ISO-25
2.5
文字
寸法記入
Drawing1*
ワイヤフレーム
1,78
1.7784
ISO-25
Standard
1,78
1,78
塗り潰し矢印
小黒丸
寸法スタイル管理...


**4** 寸法スタイルが設定されます。

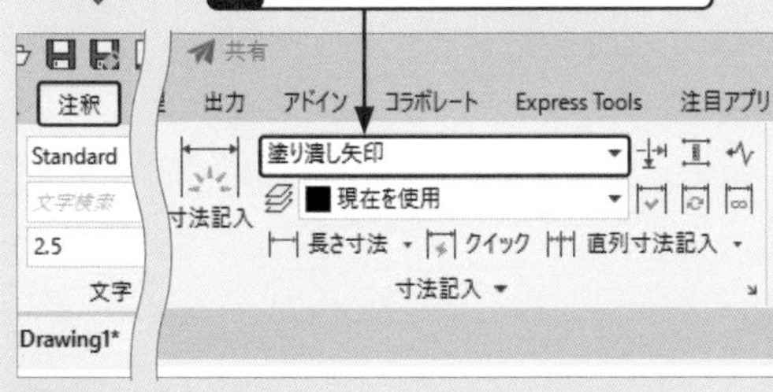

共有
注釈
出力
アドイン
コラボレート
Express Tools
注目アプリ
Standard
文字検索
2.5
文字
寸法記入
塗り潰し矢印
現在を使用
長さ寸法
クイック
直列寸法記入
Drawing1*


**5** [長さ寸法記入] などを実行し、寸法を作成します。

寸法スタイル　重要度 ★★★

## Q 269 作成した寸法のスタイルを変更したい！

**A** プロパティパレットの[寸法スタイル]を変更します。

寸法スタイルを変更するには、コマンドが実行されていない状態で寸法を選択し、プロパティパレットの[寸法スタイル]から寸法スタイルを選択します。　サンプル ▶ 269.dwg

**1** [表示] タブをクリックし、

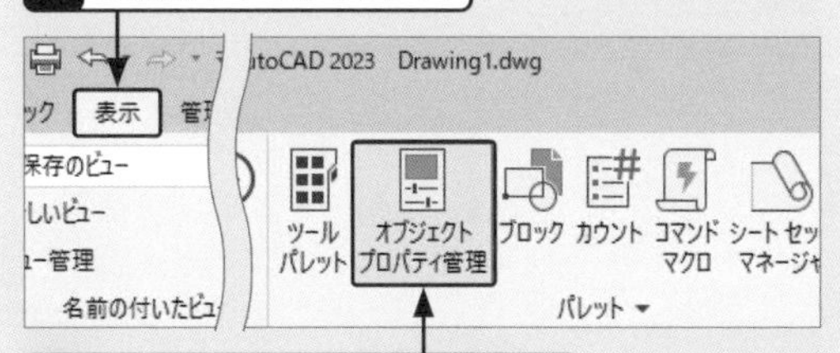

AutoCAD 2023 Drawing1.dwg
表示
保存のビュー
名前の付いたビュー
ツール パレット
オブジェクト プロパティ管理
ブロック
カウント
コマンド マクロ
パレット

**2** [オブジェクトプロパティ管理] をクリックしてオンにします。

**3** 寸法を選択し、[寸法スタイル] を変更します。

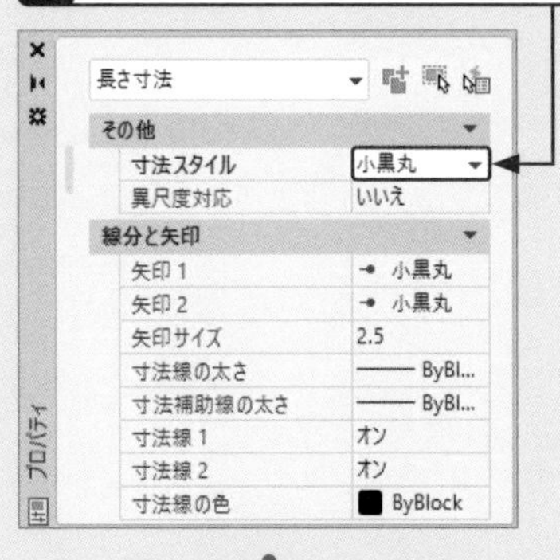

長さ寸法
その他
寸法スタイル
小黒丸
異尺度対応
いいえ
線分と矢印
矢印 1
小黒丸
矢印 2
小黒丸
矢印サイズ
2.5
寸法線の太さ
ByBl...
寸法補助線の太さ
ByBl...
寸法線 1
オン
寸法線 2
オン
寸法線の色
ByBlock
プロパティ


**4** Esc キーを押して、寸法の選択を解除します。

200


**5** 寸法スタイルが変更されます。

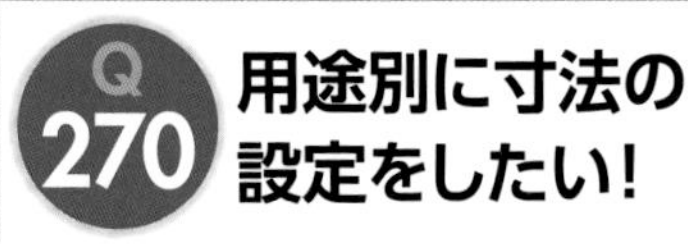

# Q 270 用途別に寸法の設定をしたい！

## A 用途別の寸法スタイルを作成します。

用途別に寸法の設定をしたい場合は、用途別の寸法スタイルを作成します。ここでは、図面の縮尺別に寸法スタイルを作成してみます。

参照▶Q 268,269 サンプル▶270.dwg

1 ［注釈］タブをクリックし、

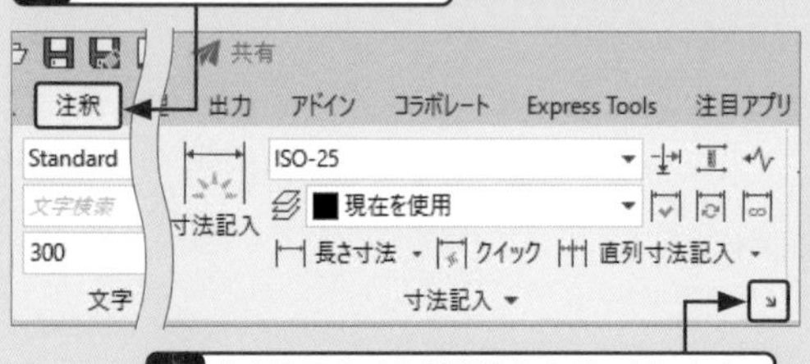

注釈
出力
アドイン
コラボレート
Express Tools
注目アプリ
Standard
300
文字
寸法記入
ISO-25
現在を使用
長さ寸法
クイック
直列寸法記入


2 ［寸法スタイル管理］をクリックします。

3 ［新規作成］をクリックします。

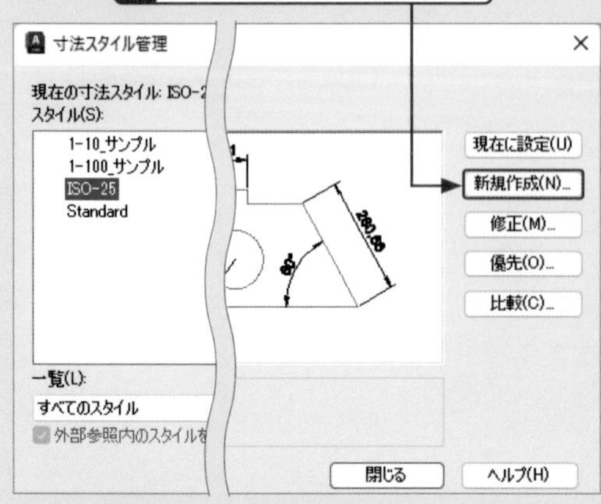

寸法スタイル管理
現在の寸法スタイル: ISO-2
スタイル(S):
1-10_サンプル
1-100_サンプル
ISO-25
Standard
現在に設定(U)
新規作成(N)...
修正(M)...
優先(O)...
比較(C)...
一覧(L):
すべてのスタイル
外部参照内のスタイルを
閉じる
ヘルプ(H)


4 ［新しいスタイル名］を入力します（ここでは「1-10」）。

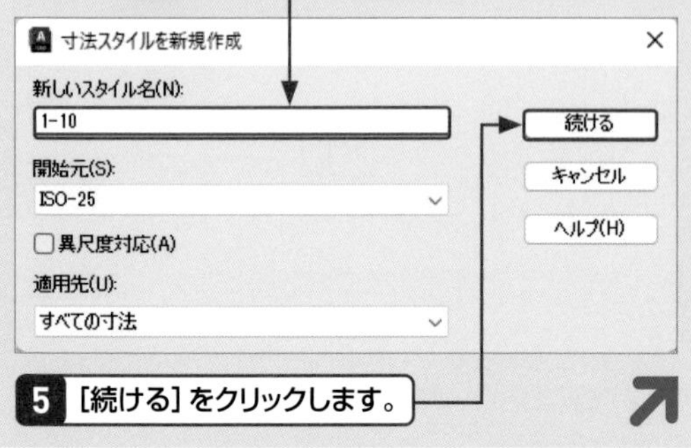

寸法スタイルを新規作成
新しいスタイル名(N):
1-10
開始元(S):
ISO-25
異尺度対応(A)
適用先(U):
すべての寸法
続ける
キャンセル
ヘルプ(H)


5 ［続ける］をクリックします。

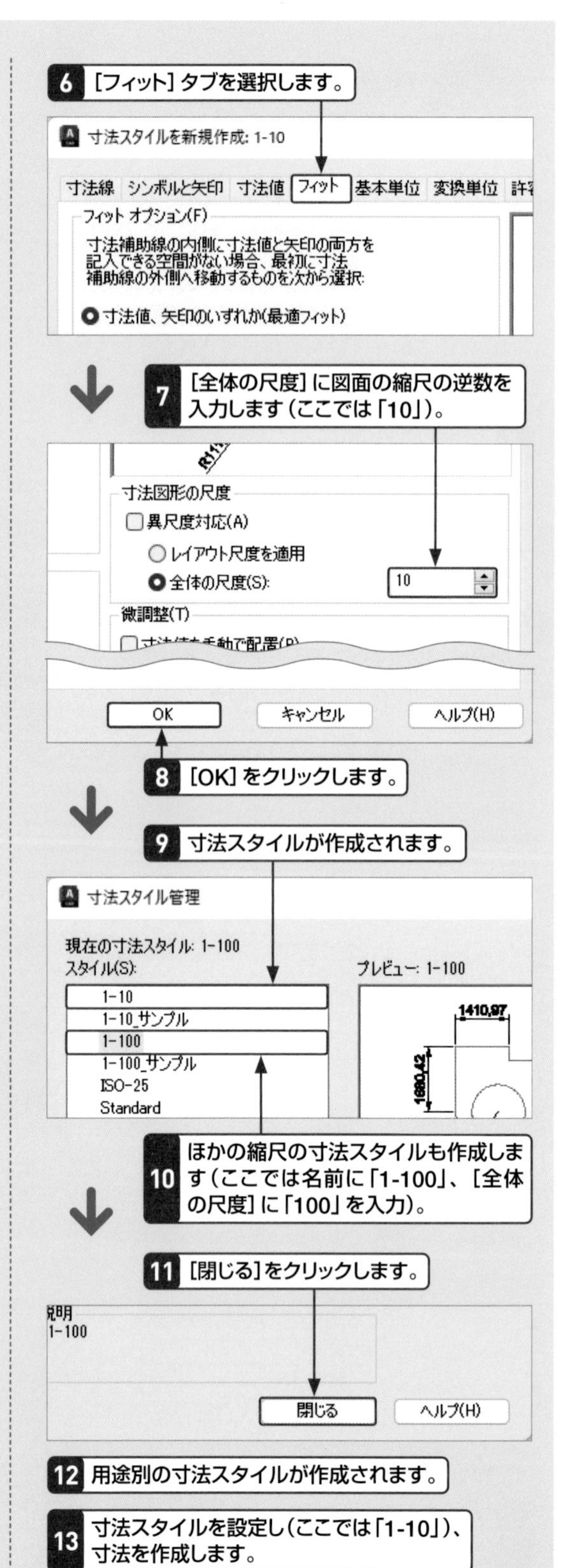

寸法スタイルを新規作成: 1-10
寸法線
シンボルと矢印
寸法値
フィット
基本単位
変換単位
フィット オプション(F)
寸法補助線の内側に寸法値と矢印の両方を記入できる空間がない場合、最初に寸法補助線の外側へ移動するものを次から選択:
寸法値、矢印のいずれか(最適フィット)
寸法図形の尺度
異尺度対応(A)
レイアウト尺度を適用
全体の尺度(S):
10
微調整(T)
OK
キャンセル
ヘルプ(H)
寸法スタイル管理
現在の寸法スタイル: 1-100
スタイル(S):
プレビュー: 1-100
1-10
1-10_サンプル
1-100
1-100_サンプル
ISO-25
Standard
閉じる
ヘルプ(H)


6 ［フィット］タブを選択します。

7 ［全体の尺度］に図面の縮尺の逆数を入力します（ここでは「10」）。

8 ［OK］をクリックします。

9 寸法スタイルが作成されます。

10 ほかの縮尺の寸法スタイルも作成します（ここでは名前に「1-100」、［全体の尺度］に「100」を入力）。

11 ［閉じる］をクリックします。

12 用途別の寸法スタイルが作成されます。

13 寸法スタイルを設定し（ここでは「1-10」）、寸法を作成します。

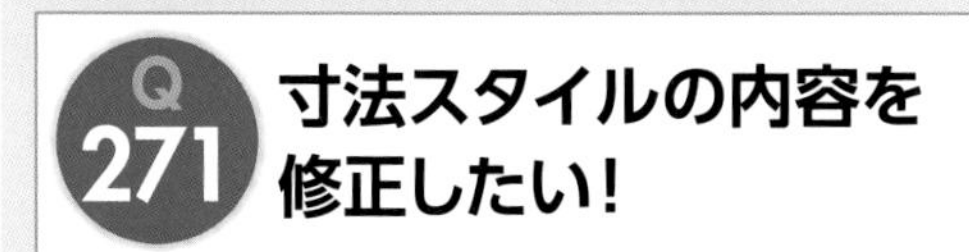

# Q 271 寸法スタイルの内容を修正したい!

## A [寸法スタイル管理]を実行します。

寸法スタイルの内容を修正するには、[寸法スタイル管理]を実行し、寸法スタイルの名前を選択して、その内容を修正します。　サンプル ▶ 271.dwg

1 [表示] タブの [オブジェクトプロパティ管理] をクリックします。

2 寸法をクリックして選択します。

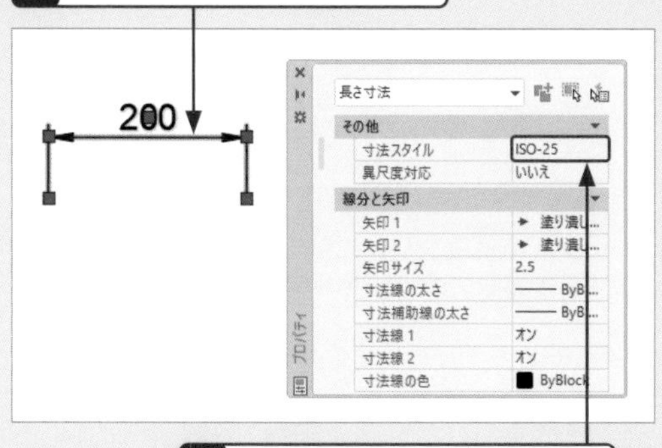

200
長さ寸法
その他
寸法スタイル　ISO-25
異尺度対応　いいえ
線分と矢印
矢印 1　塗り潰し...
矢印 2　塗り潰し...
矢印サイズ　2.5
寸法線の太さ　ByB...
寸法補助線の太さ　ByB...
寸法線 1　オン
寸法線 2　オン
寸法線の色　ByBlock
プロパティ


3 修正する寸法スタイルの名前を確認します。

4 [注釈] タブをクリックし、

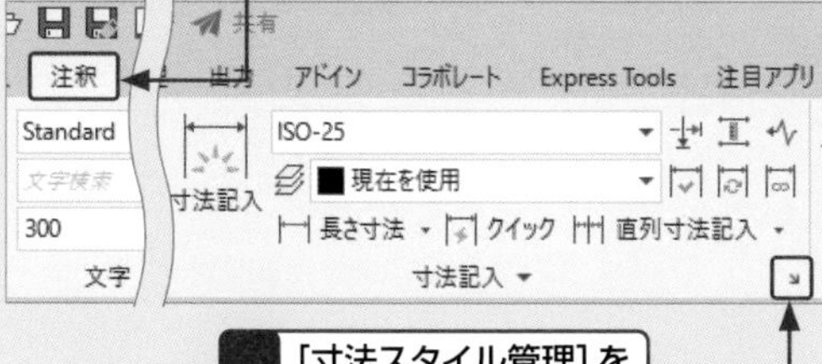

共有
注釈
出力
アドイン
コラボレート
Express Tools
注目アプリ
Standard
文字検索
300
文字
寸法記入
ISO-25
現在を使用
長さ寸法
クイック
直列寸法記入
寸法記入


5 [寸法スタイル管理] をクリックします。

6 修正する寸法スタイルの名前をクリックして選択します。

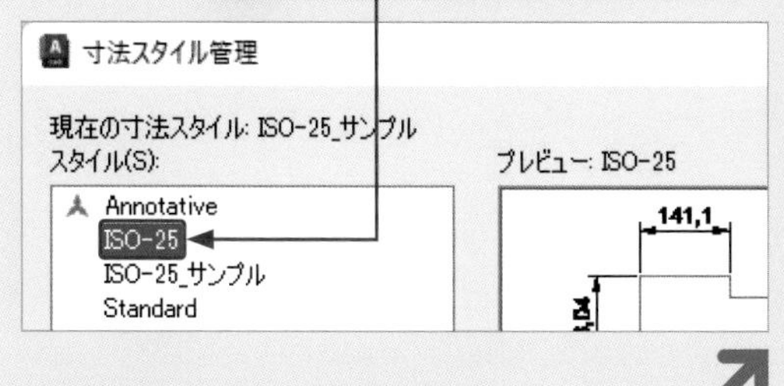

寸法スタイル管理
現在の寸法スタイル: ISO-25_サンプル
スタイル(S):
Annotative
ISO-25
ISO-25_サンプル
Standard
プレビュー: ISO-25
141,1

7 [修正] をクリックします。

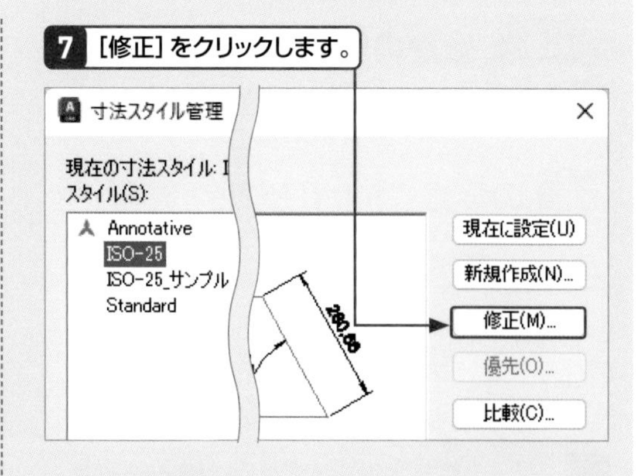

寸法スタイル管理
現在の寸法スタイル: I
スタイル(S):
Annotative
ISO-25
ISO-25_サンプル
Standard
現在に設定(U)
新規作成(N)...
修正(M)...
優先(O)...
比較(C)...

8 寸法スタイルの内容を修正し(ここでは矢印の種類を修正)、

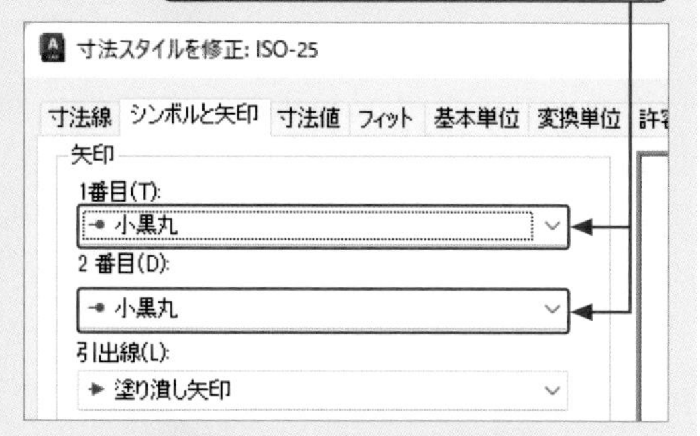

寸法スタイルを修正: ISO-25
寸法線
シンボルと矢印
寸法値
フィット
基本単位
変換単位
矢印
1番目(T):
小黒丸
2 番目(D):
小黒丸
引出線(L):
塗り潰し矢印


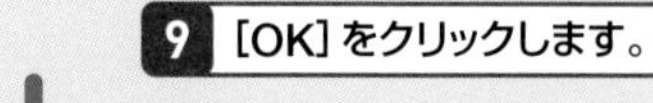

9 [OK] をクリックします。

10 [閉じる] をクリックします。

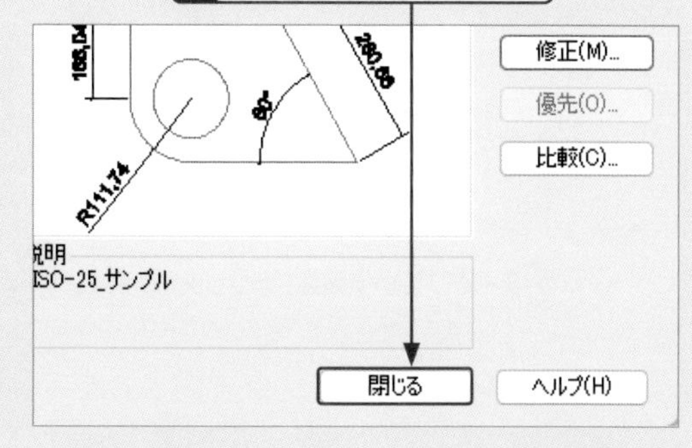

修正(M)...
優先(O)...
比較(C)...
R111,74
説明
ISO-25_サンプル
閉じる
ヘルプ(H)


11 寸法スタイルの内容が修正されます。

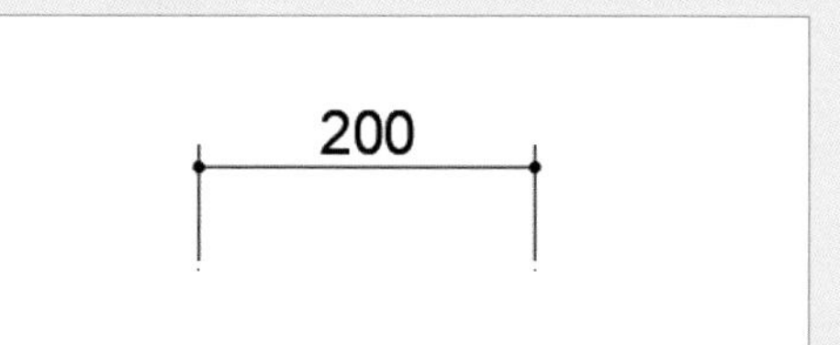

200




AutoCADの概要　基本操作　線の作図と編集　図形の作図と挿入　図形の変形と移動　図形の選択と削除　画層とプロパティ　文字の作成　寸法の作成　注釈の作成　数値計測とブロック図形　レイアウトと印刷

# Q 272 ほかの図面の寸法スタイルをコピーしたい!

## A [DesignCenter]を使用します。

ほかの図面の文字スタイルをコピーするには、コピー元の図面を開き、[DesignCenter]を使用して文字スタイルを追加します。

サンプル ▶ 272a.dwg/272b.dwg

1 コピー元のファイル(ここでは「272b.dwg」)を開きます。

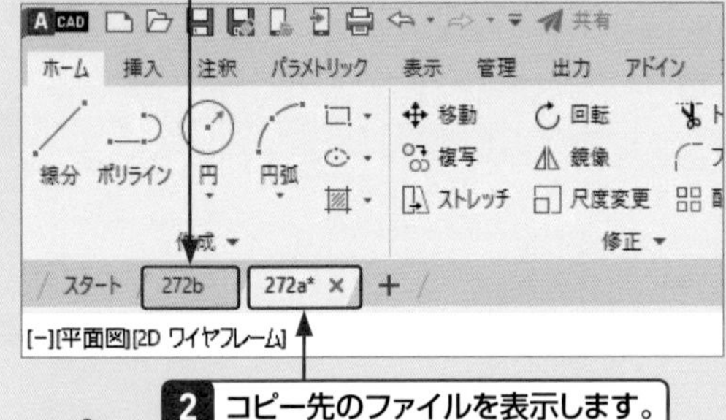

2 コピー先のファイルを表示します。

3 [表示] タブをクリックし、

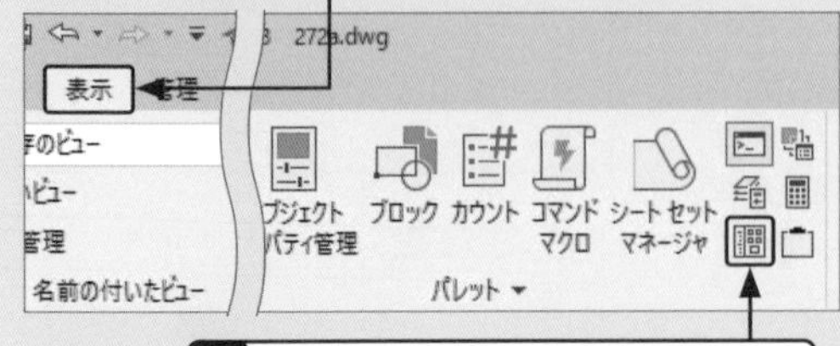

4 [DesignCenter] をクリックしてオンにします。

5 [開いている図面] をクリックします。

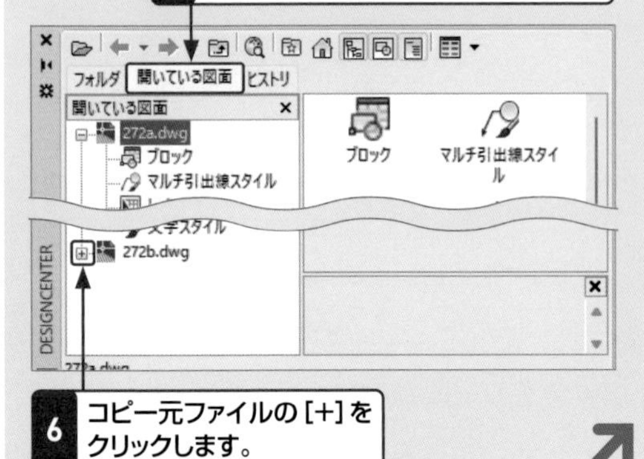

6 コピー元ファイルの [+] をクリックします。

7 [寸法スタイル]をクリックします。

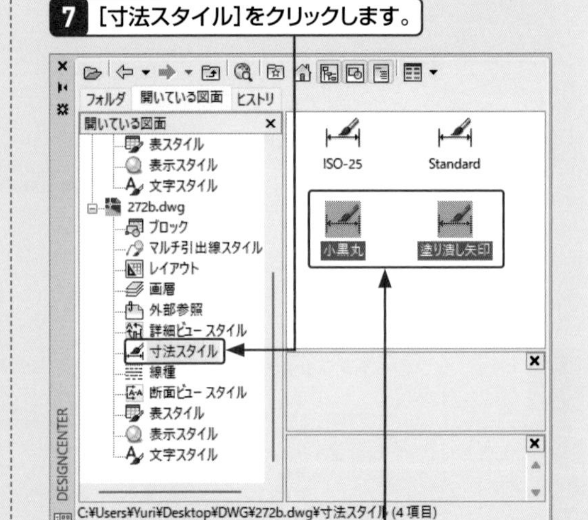

8 追加したい寸法スタイルを選択します。

9 右クリックメニューから、[寸法スタイルを追加] を選択します。

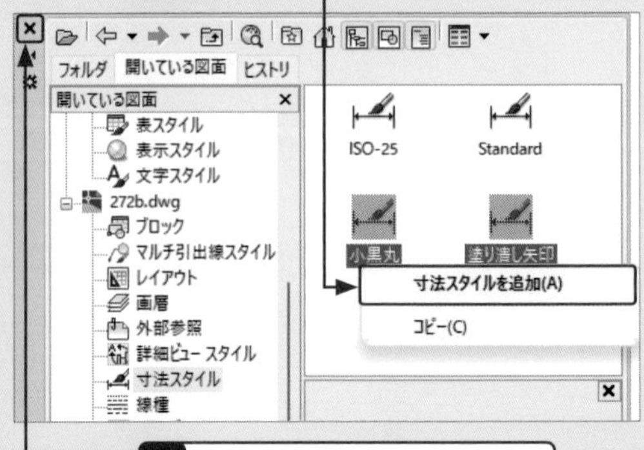

10 [×] をクリックして、[DesignCenter] を閉じます。

11 寸法スタイルが追加されます。

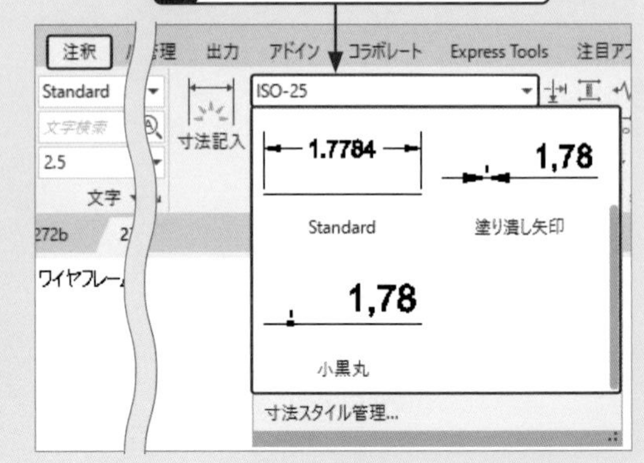

重要度 ★★★

# Q 273 寸法の文字や矢印が見えない!

## A 寸法スタイルの[全体の尺度]を設定します。

寸法を作成したときに、寸法の文字や矢印が見えない場合は、寸法スタイルの[全体の尺度]に図面の縮尺の逆数を入力します。 サンプル ▶ 273.dwg

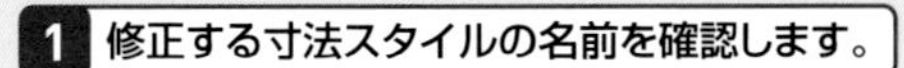
1 修正する寸法スタイルの名前を確認します。

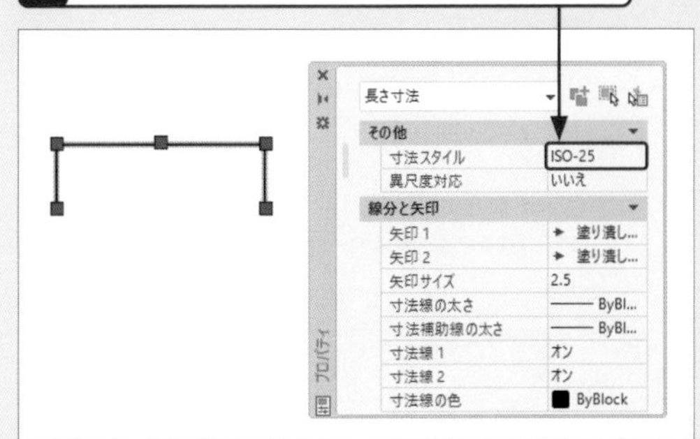

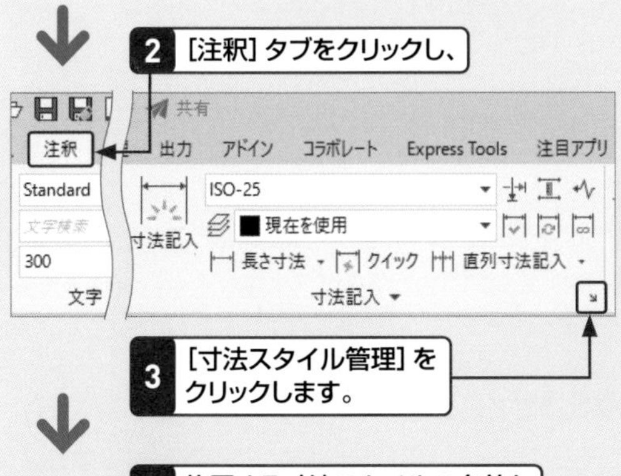
2 [注釈] タブをクリックし、
3 [寸法スタイル管理] をクリックします。

4 修正する寸法スタイルの名前をクリックして選択します。

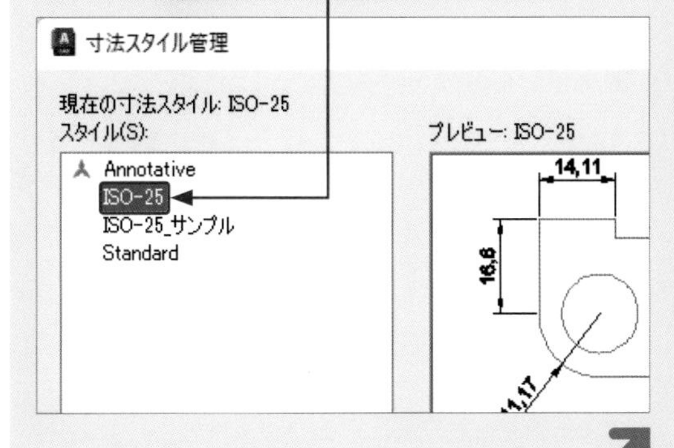

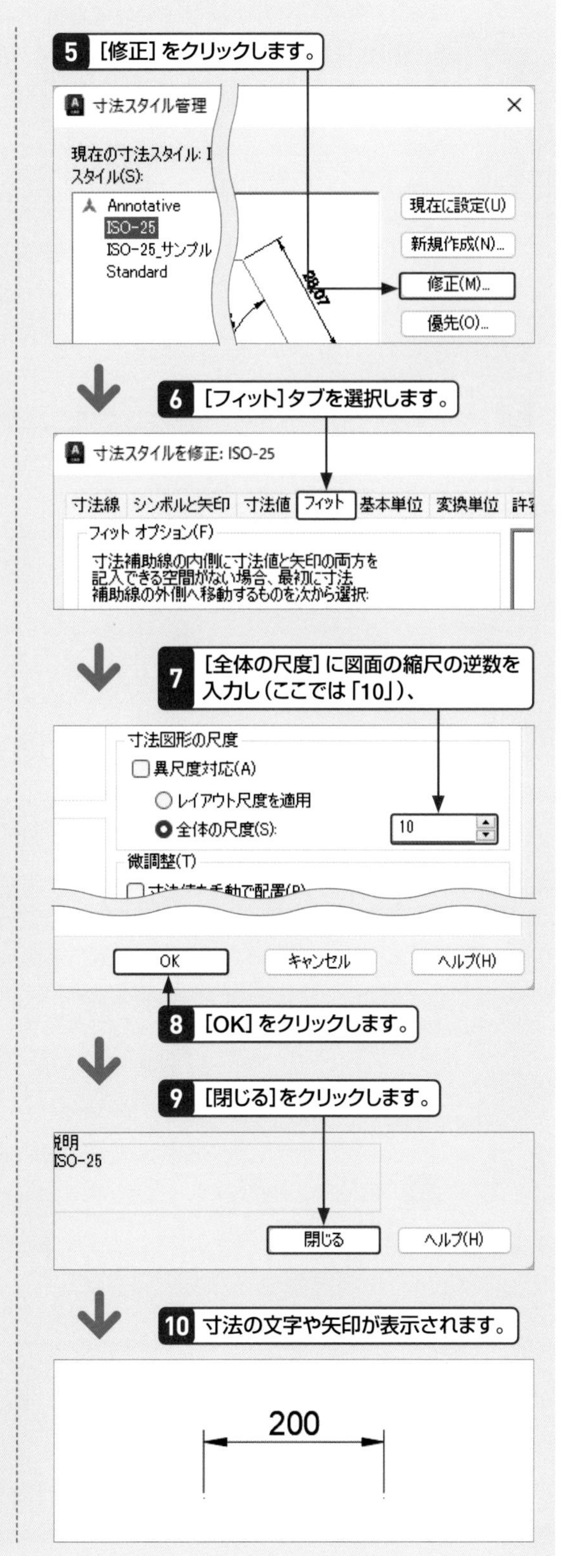
5 [修正] をクリックします。
6 [フィット] タブを選択します。
7 [全体の尺度] に図面の縮尺の逆数を入力し (ここでは「10」)、
8 [OK] をクリックします。
9 [閉じる] をクリックします。
10 寸法の文字や矢印が表示されます。

# Q 274 寸法の大きさの入力値を知りたい！

## A 図面の縮尺の逆数を寸法スタイルの[全体の尺度]に入力します。

寸法の文字や矢印の大きさは、寸法スタイルの[全体の尺度]に図面の縮尺の逆数を入力してコントロールします。また、それぞれの大きさには、印刷時の大きさを入力してください。 サンプル▶274.dwg

1 [注釈] タブをクリックし、

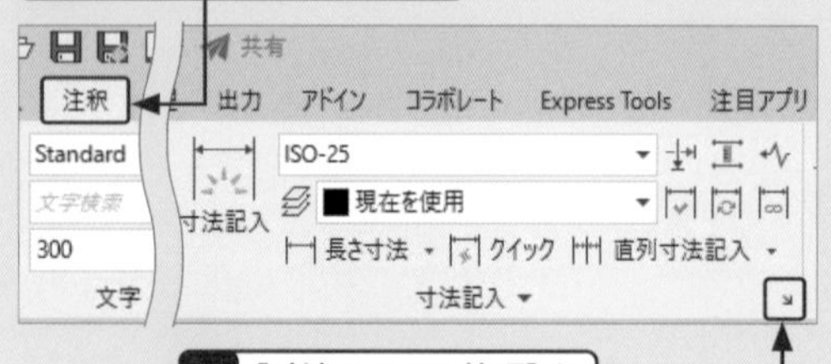

2 [寸法スタイル管理] をクリックします。

3 修正する寸法スタイルの名前をクリックして選択します。

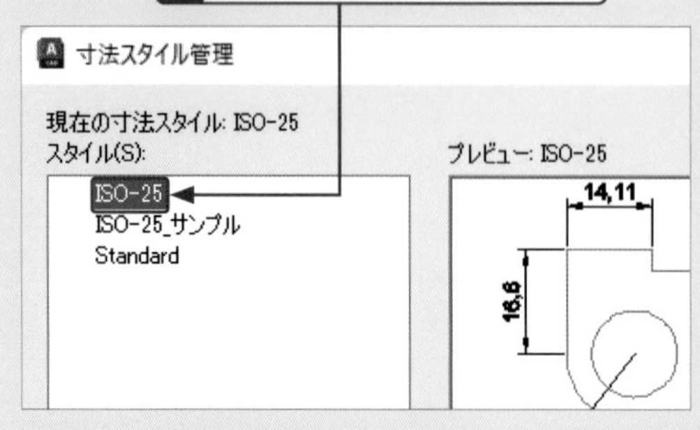

4 [修正] をクリックします。

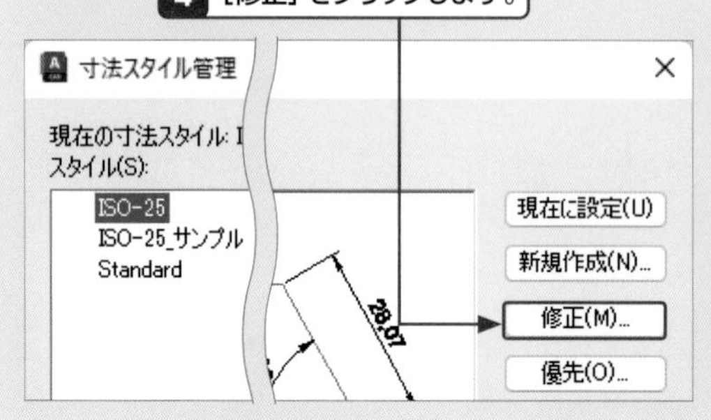

5 [フィット] タブを選択します。

6 [全体の尺度] に図面の縮尺の逆数を入力します (ここでは「10」)。

7 [OK] をクリックします。

8 [閉じる] をクリックします。

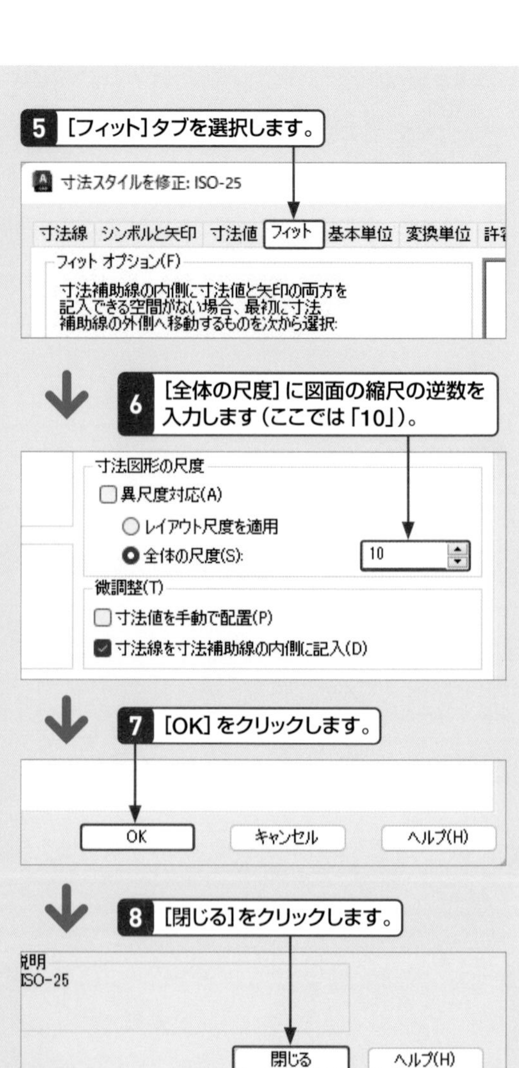

9 寸法の大きさが設定されます。

文字の高さや矢印の大きさなどの設定値には、印刷時の大きさを入力します (ここでは[文字の高さ]を「2.5」)。

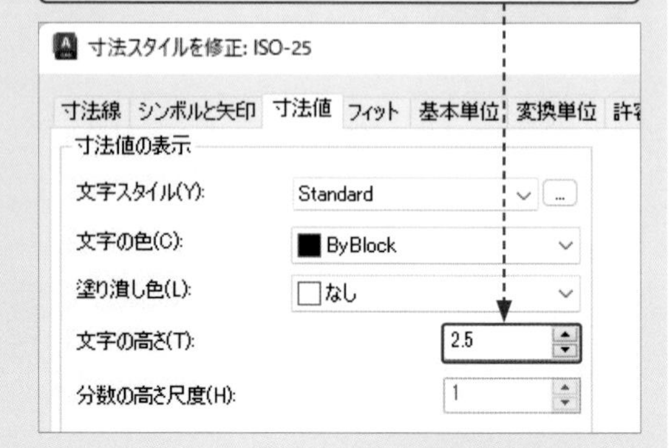

# 10

# 注釈の作成

# Q 275 引出線を作成したい！

## A [引出線]を実行します。

引出線を作成するには、[引出線]を実行します。既定値では矢印の位置を最初に指定しますが、オプションを変更することにより、参照線の位置を最初に指定することも可能です。　サンプル▶275.dwg

1 [▼]をクリックし、[引出線]をクリックします。

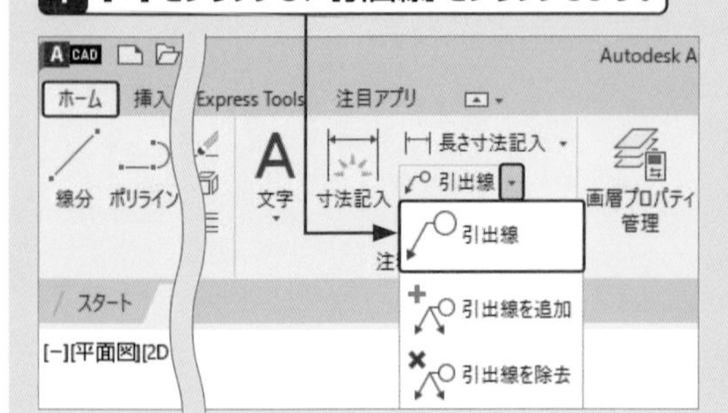
Autodesk A
ホーム
挿入
Express Tools
注目アプリ
線分
ポリライン
文字
寸法記入
長さ寸法記入
引出線
画層プロパティ管理
スタート
[−][平面図][2D
引出線を追加
引出線を除去

2 矢印の位置をクリックします。

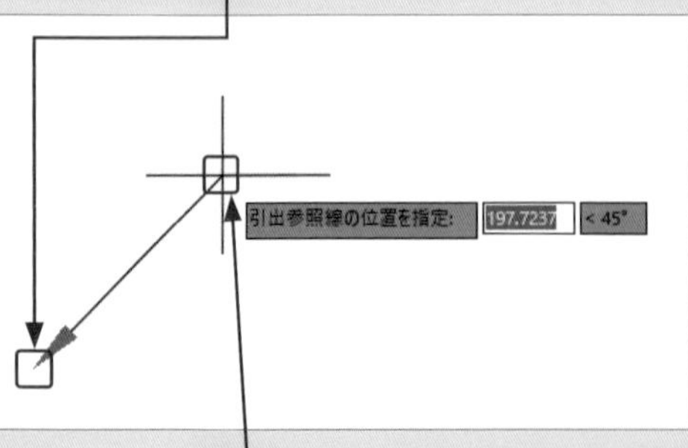
引出参照線の位置を指定:
197.7237
< 45°

3 参照線の位置をクリックします。

4 文字を入力します。

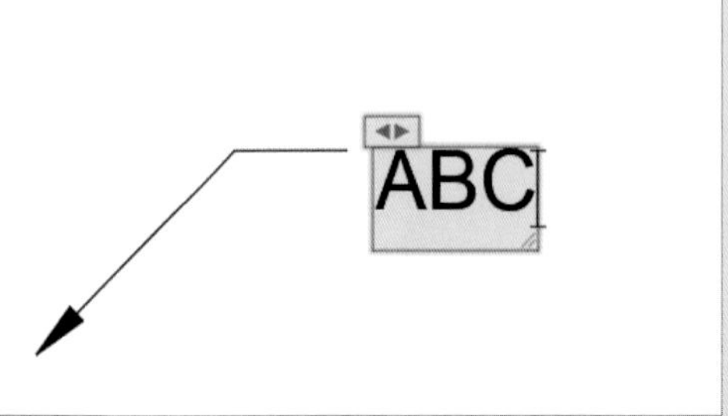
ABC

5 [テキストエディタを閉じる]をクリックします。

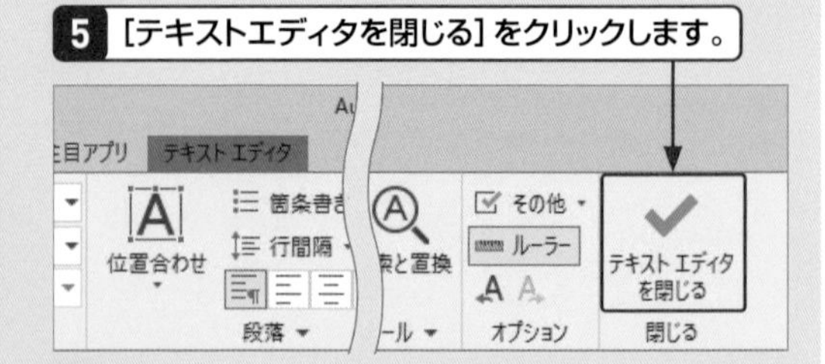
注目アプリ
テキスト エディタ
位置合わせ
箇条書き
行間隔
段落
検索と置換
その他
ルーラー
オプション
テキスト エディタを閉じる
閉じる

6 引出線が作成されます。

● 参照線の位置を最初に指定する場合

1 [▼]をクリックし、[引出線]をクリックします。

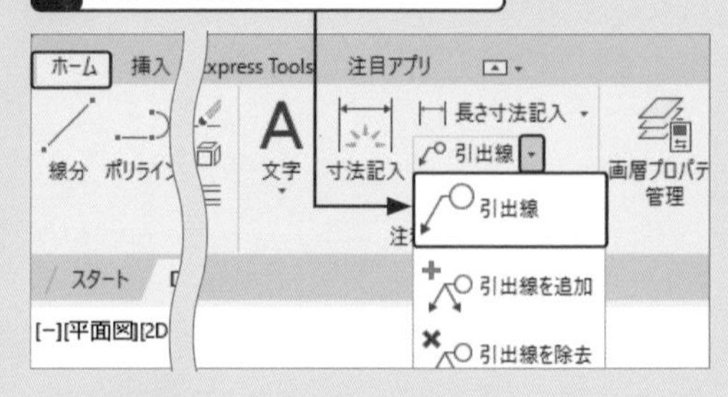
ホーム
挿入
Express Tools
注目アプリ
線分
ポリライン
文字
寸法記入
長さ寸法記入
引出線
画層プロパティ管理
スタート
[−][平面図][2D
引出線を追加
引出線を除去

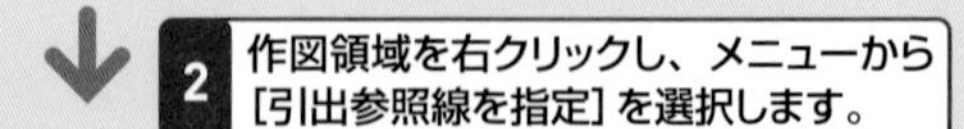
2 作図領域を右クリックし、メニューから[引出参照線を指定]を選択します。

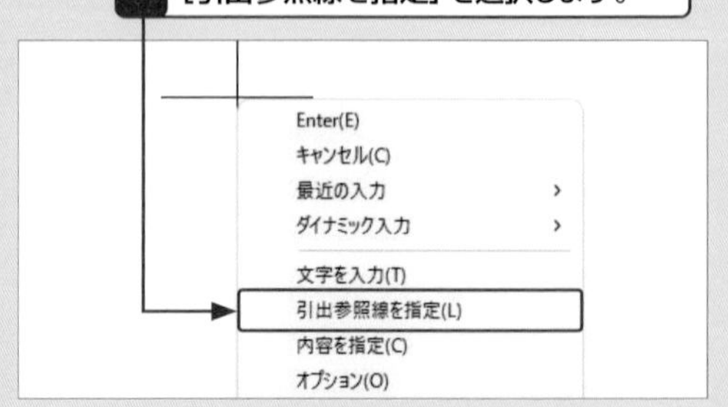
Enter(E)
キャンセル(C)
最近の入力
ダイナミック入力
文字を入力(T)
引出参照線を指定(L)
内容を指定(C)
オプション(O)

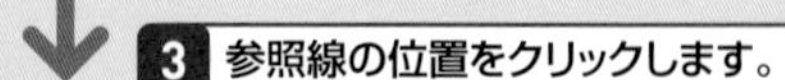
3 参照線の位置をクリックします。

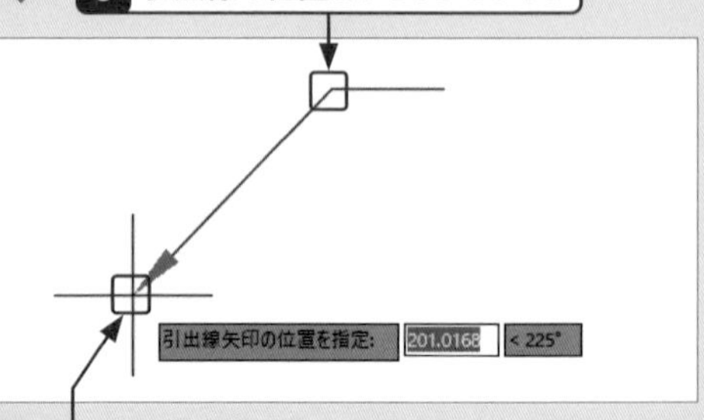
引出線矢印の位置を指定:
201.0168
< 225°

4 矢印の位置をクリックします。

5 文字を入力後、[テキストエディタを閉じる]をクリックします。

重要度

# Q 276 引出線の矢印を追加／削除したい！

**A** ［引出線を追加］または［引出線を除去］を実行します。

引出線の矢印を追加／削除するには、あらかじめ引出線を作成し、［引出線を追加］または［引出線を除去］を実行します。 サンプル▶276.dwg

## ● 追加方法

**1** ［▼］をクリックし、

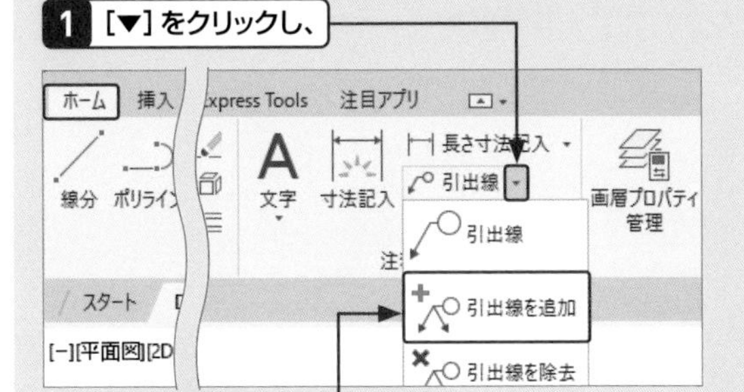
ホーム
挿入
xpress Tools
注目アプリ
線分
ポリライン
文字
寸法記入
長さ寸法記入
引出線
画層プロパティ
管理
引出線
引出線を追加
引出線を除去
スタート
[−][平面図][2D

**2** ［引出線を追加］をクリックします。

**3** 引出線をクリックして選択します。

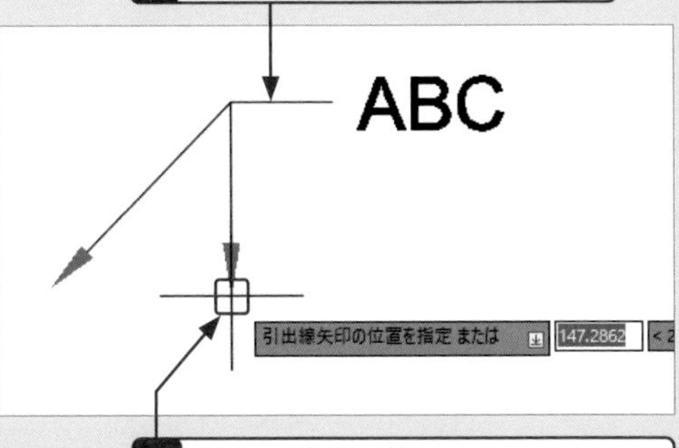
ABC
引出線矢印の位置を指定 または
147.2862

**4** 矢印を追加する位置をクリックします。

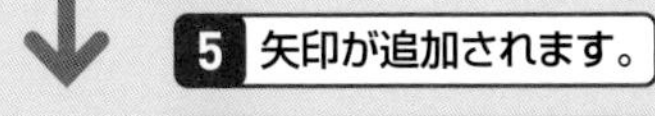

**5** 矢印が追加されます。

**6** Enter キーを押して終了します。

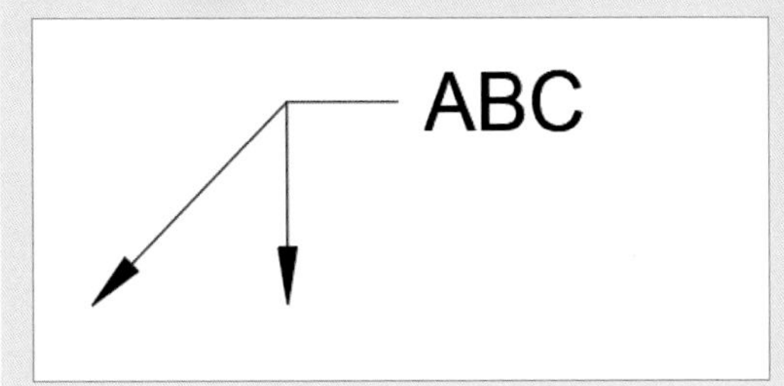
ABC

## ● 削除方法

**1** ［▼］をクリックし、

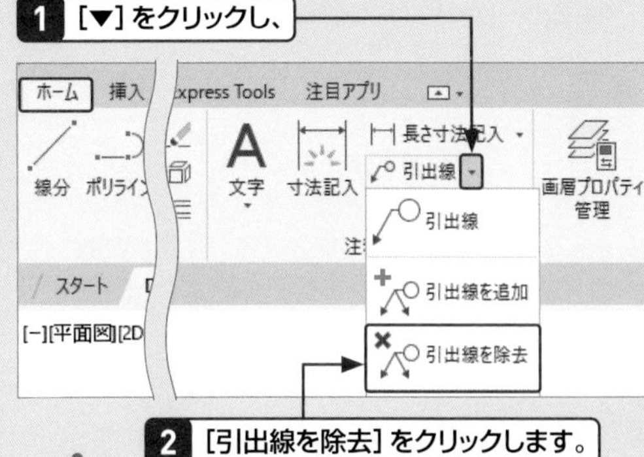
ホーム
挿入
xpress Tools
注目アプリ
線分
ポリライン
文字
寸法記入
長さ寸法記入
引出線
画層プロパティ
管理
引出線
引出線を追加
引出線を除去
スタート
[−][平面図][2D

**2** ［引出線を除去］をクリックします。

**3** 引出線をクリックして選択します。

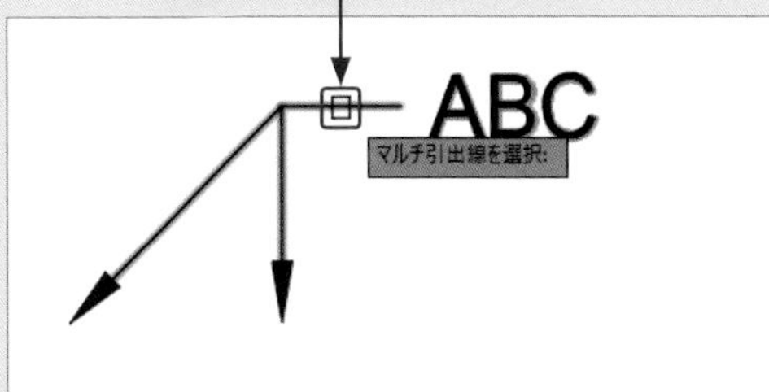
ABC
マルチ引出線を選択:

**4** 削除する矢印をクリックして選択します。

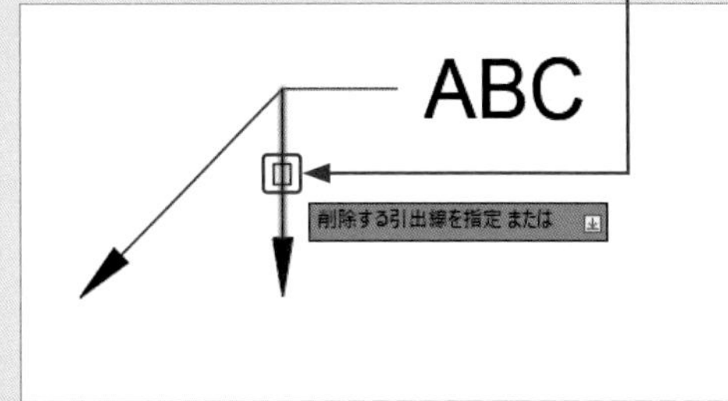
ABC
削除する引出線を指定 または

**5** Enter キーを押して終了します。

**6** 矢印が削除されます。

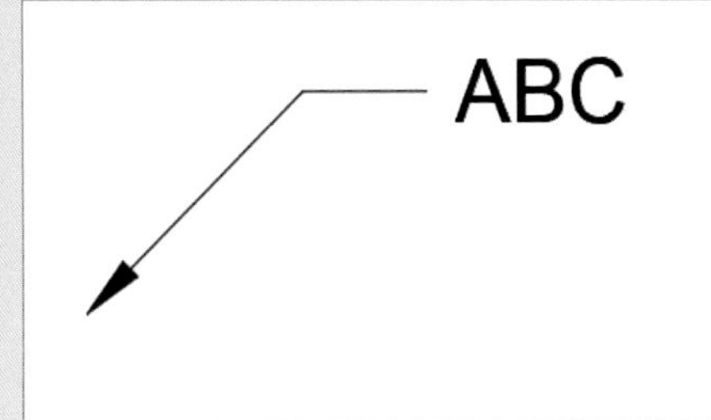
ABC

AutoCADの概要
基本操作
線の作図と編集
図形の作図と挿入
図形の変形と移動
図形の選択と削除
画層とプロパティ
文字の作成
寸法の作成
注釈の作成
数値計測とブロック図形
レイアウトと印刷

引出線　重要度 ★★★

## Q 277 作成する引出線のスタイルを設定したい！

**A** ［マルチ引出線スタイル］を設定します。

マルチ引出線スタイルを設定するには、引出線を作成する前に、［マルチ引出線スタイル］から選択します。その際、マルチ引出線スタイルはあらかじめ作成しておく必要があります。　サンプル ▶ 277.dwg

1 ［注釈］タブをクリックし、

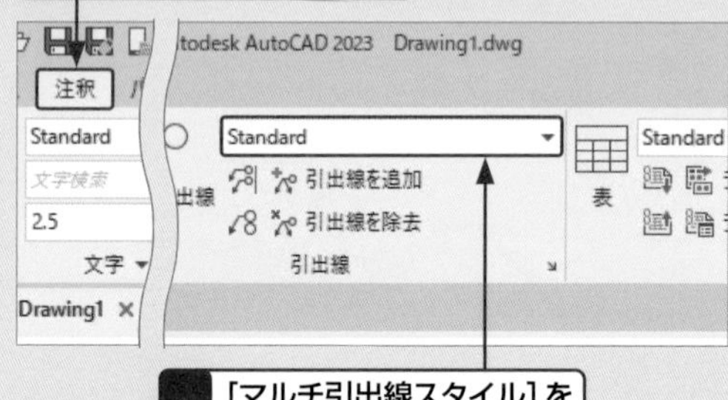
todesk AutoCAD 2023　Drawing1.dwg
注釈
Standard
Standard
Standard
文字検索
2.5
出線
引出線を追加
引出線を除去
表
文字
引出線
Drawing1

2 ［マルチ引出線スタイル］をクリックします。

3 マルチ引出線スタイルを選択します。

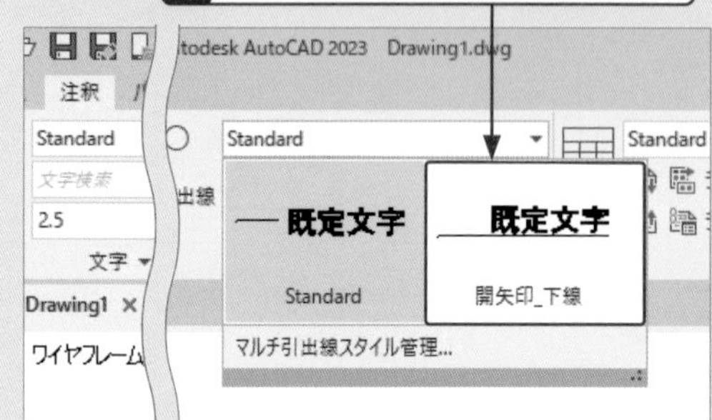
todesk AutoCAD 2023　Drawing1.dwg
注釈
Standard
Standard
Standard
文字検索
2.5
出線
既定文字
既定文字
Standard
開矢印_下線
文字
Drawing1
ワイヤフレーム
マルチ引出線スタイル管理...

4 マルチ引出線スタイルが設定されます。

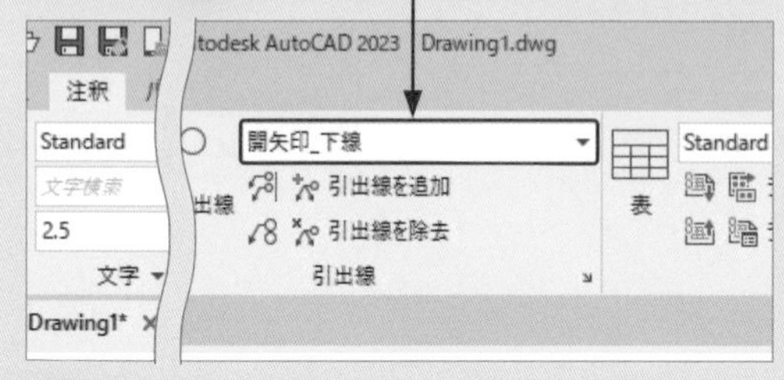
todesk AutoCAD 2023　Drawing1.dwg
注釈
Standard
開矢印_下線
Standard
文字検索
2.5
出線
引出線を追加
引出線を除去
表
文字
引出線
Drawing1*

5 ［引出線］を実行し、引出線を作成します。

引出線　重要度 ★★★

## Q 278 作成した引出線のスタイルを変更したい！

**A** プロパティパレットの［マルチ引出線スタイル］を変更します。

マルチ引出線スタイルを変更するには、コマンドが実行されていない状態で引出線を選択し、［マルチ引出線スタイル］から選択します。　サンプル ▶ 278.dwg

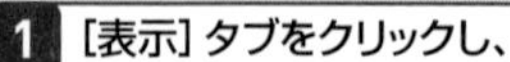

1 ［表示］タブをクリックし、

toCAD 2023　Drawing1.dwg
表示
存のビュー
いビュー
管理
名前の付いた
ツール パレット
オブジェクト プロパティ管理
ブロック
カウント
コマンド マクロ
シート セット マネージャ
パレット

2 ［オブジェクトプロパティ管理］をクリックしてオンにします。

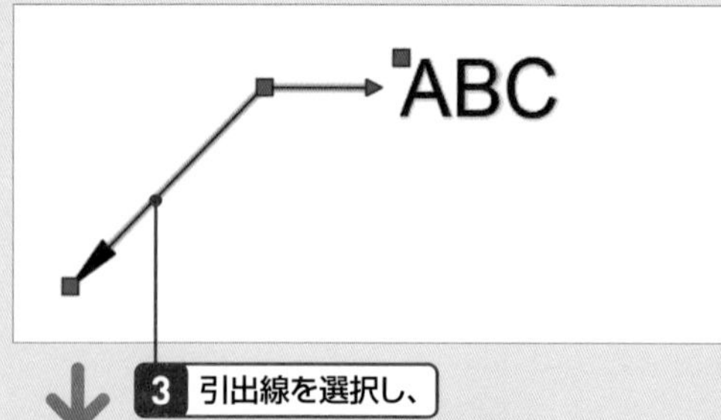
ABC

3 引出線を選択し、

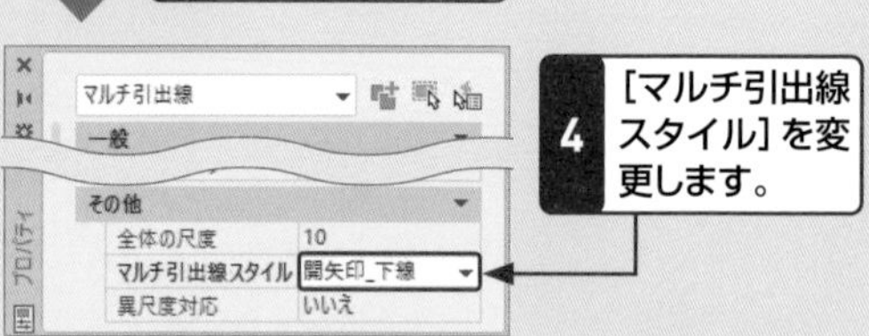
マルチ引出線
一般
その他
全体の尺度　10
マルチ引出線スタイル　開矢印_下線
異尺度対応　いいえ
プロパティ

4 ［マルチ引出線スタイル］を変更します。

5 Esc キーを押して、引出線の選択を解除します。

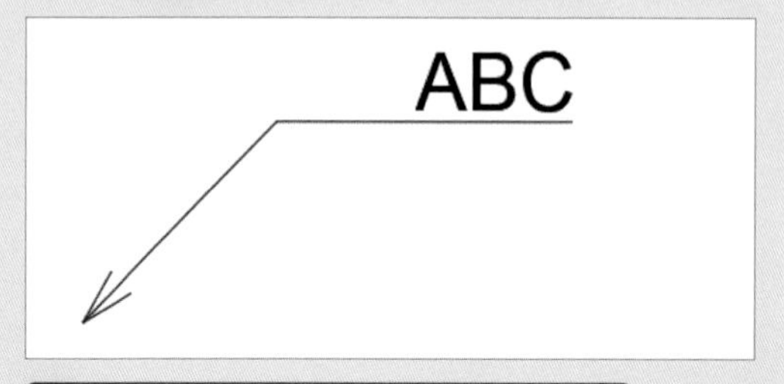
ABC

6 マルチ引出線スタイルが変更されます。

# Q 279 用途別に引出線の設定をしたい!

## A 用途別のマルチ引出線スタイルを作成します。

用途別に引出線の設定をしたい場合は、用途別のマルチ引出線スタイルを作成します。ここでは、矢印の種類別にマルチ引出線スタイルを作成してみます。

サンプル ▶ 279.dwg

1 [注釈] タブをクリックし、

2 [マルチ引出線スタイル管理] をクリックします。

3 [新規作成] をクリックします。

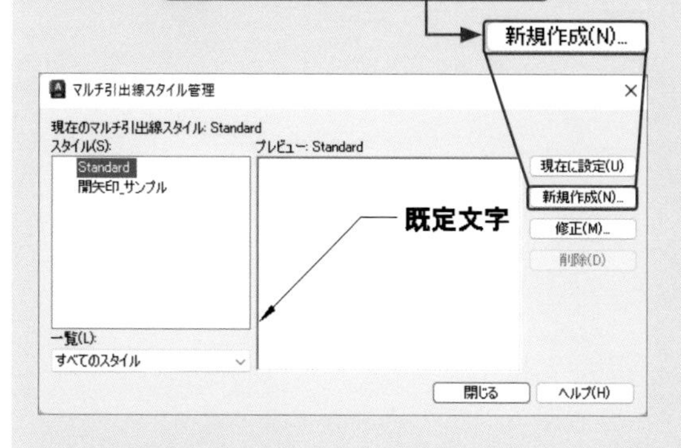

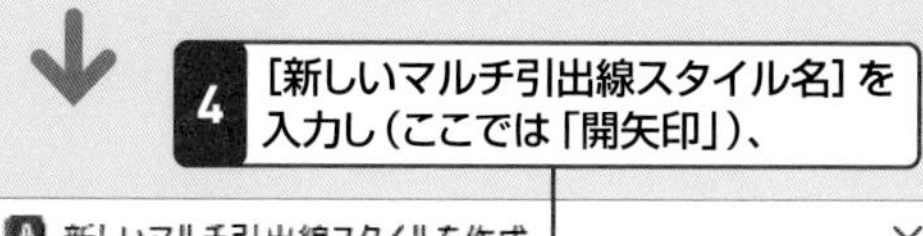

4 [新しいマルチ引出線スタイル名] を入力し(ここでは「開矢印」)、

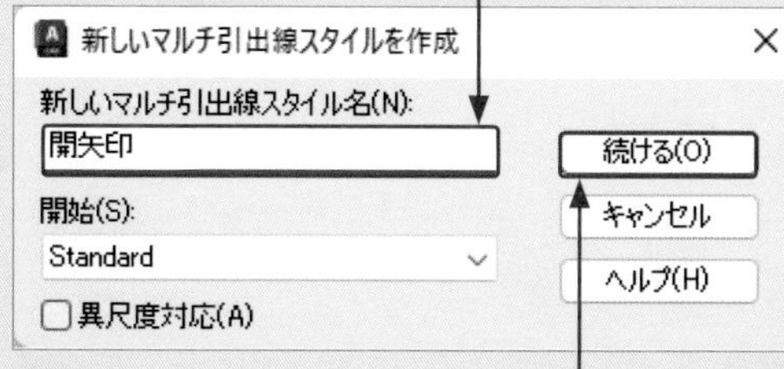

5 [続ける] をクリックします。

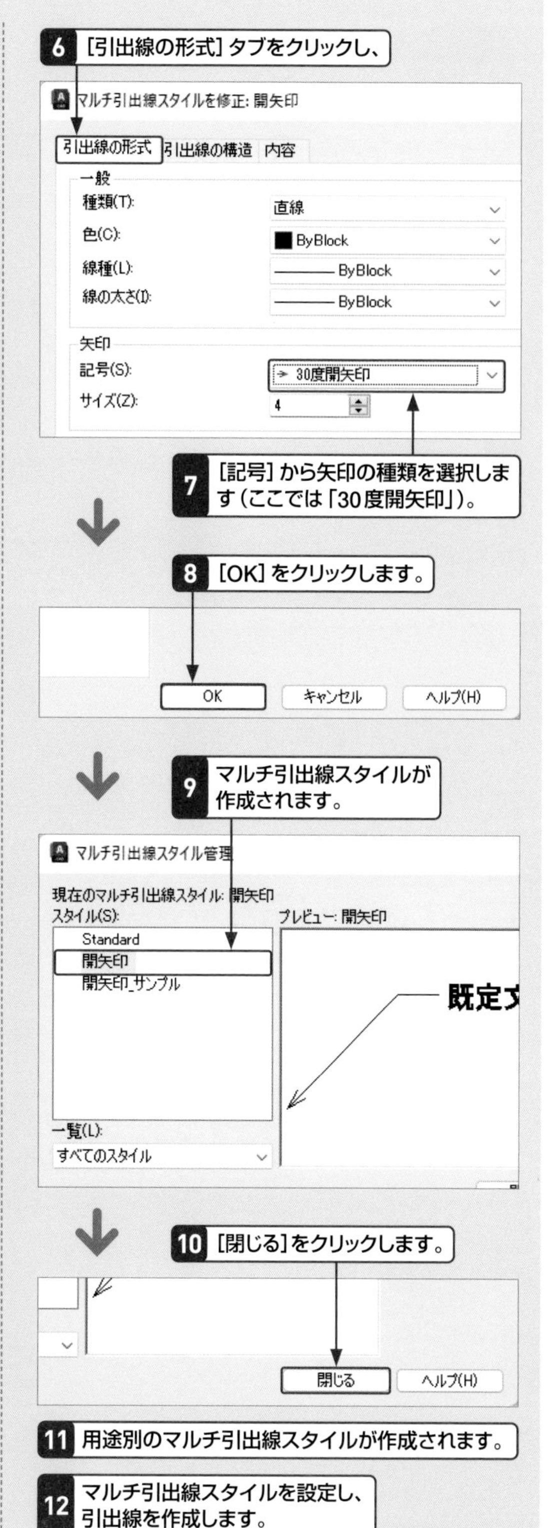

6 [引出線の形式] タブをクリックし、

7 [記号] から矢印の種類を選択します(ここでは「30度開矢印」)。

8 [OK] をクリックします。

9 マルチ引出線スタイルが作成されます。

10 [閉じる] をクリックします。

11 用途別のマルチ引出線スタイルが作成されます。

12 マルチ引出線スタイルを設定し、引出線を作成します。

# Q 280 マルチ引出線スタイルの内容を修正したい!

## A [マルチ引出線スタイル管理]を実行します。

マルチ引出線スタイルの内容を修正するには、[マルチ引出線スタイル管理]を実行し、マルチ引出線スタイルの名前を選択して、その内容を修正します。

サンプル ▶ 280.dwg

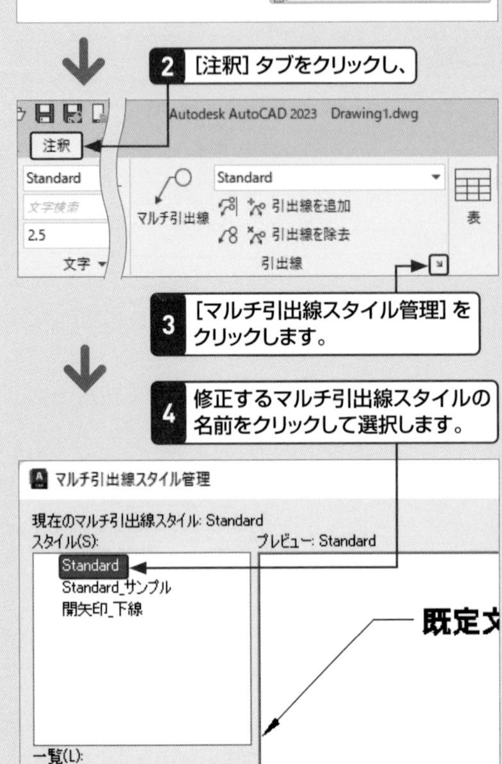

1 修正するマルチ引出線スタイルの名前を確認します。
ABC
マルチ引出線
一般
色 ByLayer
画層 0
線種 ByLayer
線種尺度 1
印刷スタイル ByColor
線の太さ ByLayer
透過性 ByLayer
ハイパーリンク
その他
全体の尺度 10
マルチ引出線スタイル Standard
異尺度対応 いいえ
2 [注釈] タブをクリックし、
Autodesk AutoCAD 2023 Drawing1.dwg
注釈
Standard
文字検索
2.5
文字
マルチ引出線
引出線を追加
引出線を除去
引出線
表
3 [マルチ引出線スタイル管理] をクリックします。
4 修正するマルチ引出線スタイルの名前をクリックして選択します。
マルチ引出線スタイル管理
現在のマルチ引出線スタイル: Standard
スタイル(S):
プレビュー: Standard
Standard
Standard_サンプル
開矢印_下線
既定文
一覧(L):


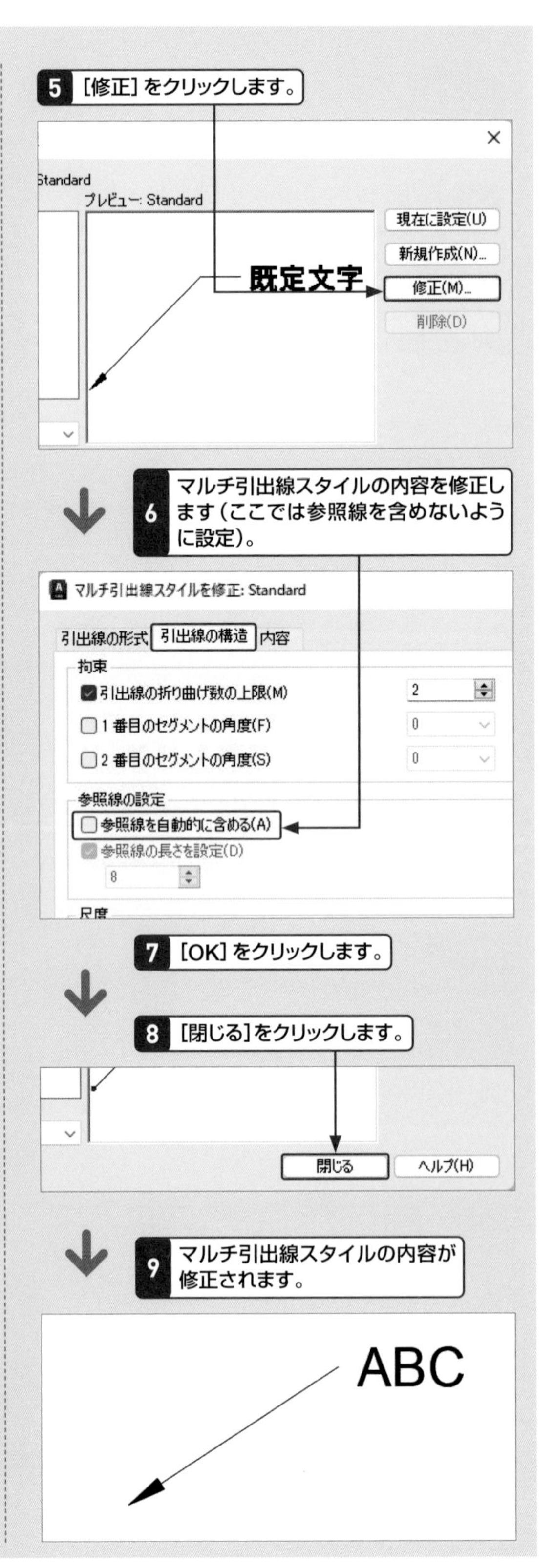

5 [修正] をクリックします。
Standard
プレビュー: Standard
現在に設定(U)
新規作成(N)...
修正(M)...
削除(D)
既定文字
6 マルチ引出線スタイルの内容を修正します(ここでは参照線を含めないように設定)。
マルチ引出線スタイルを修正: Standard
引出線の形式
引出線の構造
内容
拘束
引出線の折り曲げ数の上限(M) 2
1 番目のセグメントの角度(F) 0
2 番目のセグメントの角度(S) 0
参照線の設定
参照線を自動的に含める(A)
参照線の長さを設定(D)
8
尺度
7 [OK] をクリックします。
8 [閉じる] をクリックします。
閉じる
ヘルプ(H)
9 マルチ引出線スタイルの内容が修正されます。
ABC

# Q 281 引出線の矢印の種類を変更したい！

## A マルチ引出線スタイルの[矢印]を設定します。

引出線の矢印の種類を変更するには、マルチ引出線スタイルの[矢印]欄にある[記号]を変更します。あらかじめ開矢印や黒丸などが用意されているほか、ブロック図形を選択することも可能です。

サンプル ▶ 281.dwg

**1** 修正するマルチ引出線スタイルの名前を確認します。

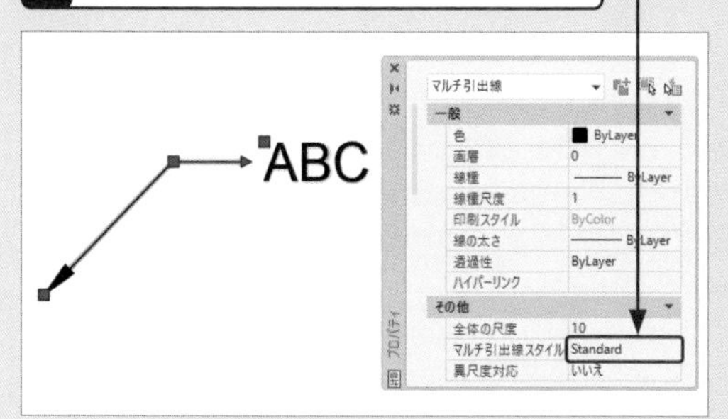

**2** [注釈] タブをクリックし、

**3** [マルチ引出線スタイル管理] をクリックします。

**4** 修正するマルチ引出線スタイルの名前をクリックして選択します。

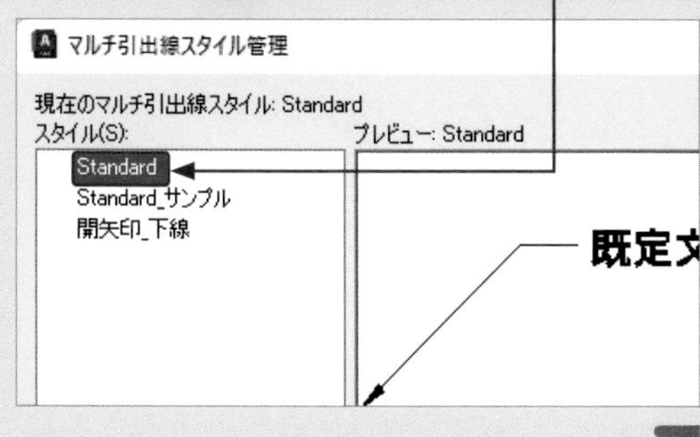

**5** [修正] をクリックします。

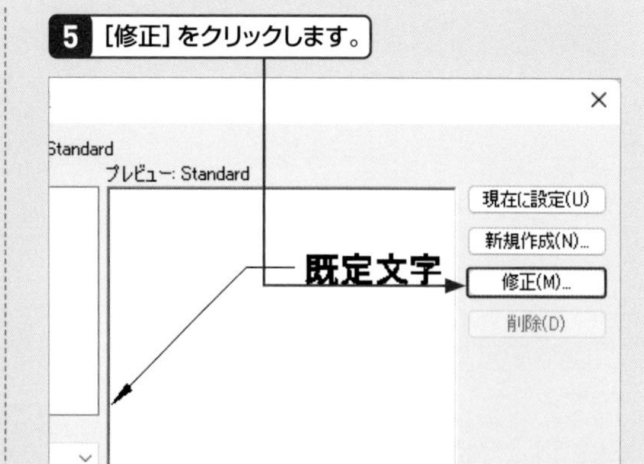

**6** [引出線の形式] タブにある [記号] を変更します（ここでは [小黒丸] を選択）。

**7** [OK] をクリックします。

**8** [閉じる] をクリックします。

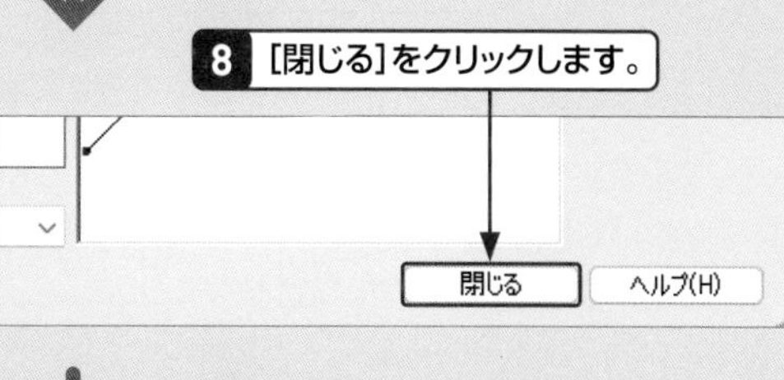

**9** 引出線の矢印が変更されます。

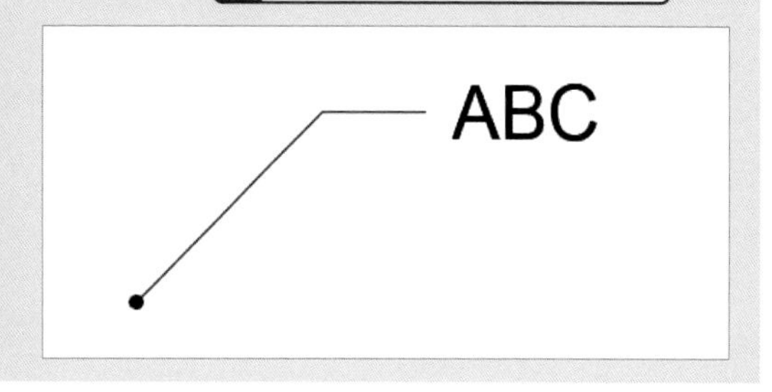

# Q 282 引出線を文字の下に作成したい！

## A マルチ引出線スタイルの［引出線の接続］を設定します。

文字の下に引出線を作成するには、マルチ引出線スタイルの［引出線の接続］欄にある［左側の接続］と［右側の接続］を［最終行に下線］に設定します。

サンプル ▶ 282.dwg

1 修正するマルチ引出線スタイルの名前を確認します。

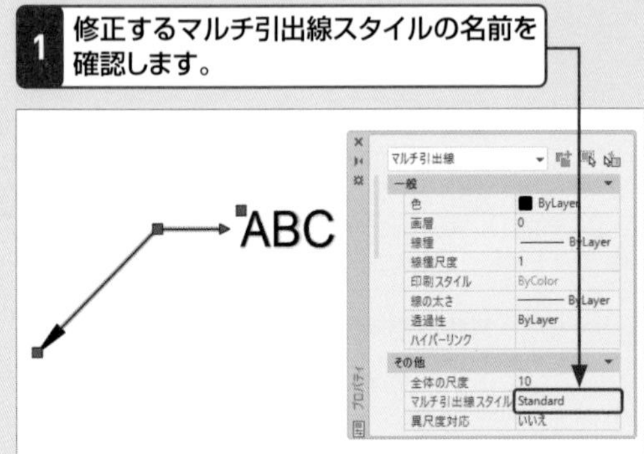

ABC
マルチ引出線
一般
色
ByLayer
画層
0
線種
ByLayer
線種尺度
1
印刷スタイル
ByColor
線の太さ
ByLayer
透過性
ByLayer
ハイパーリンク
その他
全体の尺度
10
マルチ引出線スタイル
Standard
異尺度対応
いいえ


2 ［注釈］タブをクリックし、

3 ［マルチ引出線スタイル管理］をクリックします。

4 修正するマルチ引出線スタイルの名前をクリックして選択し、［修正］をクリックします。します。

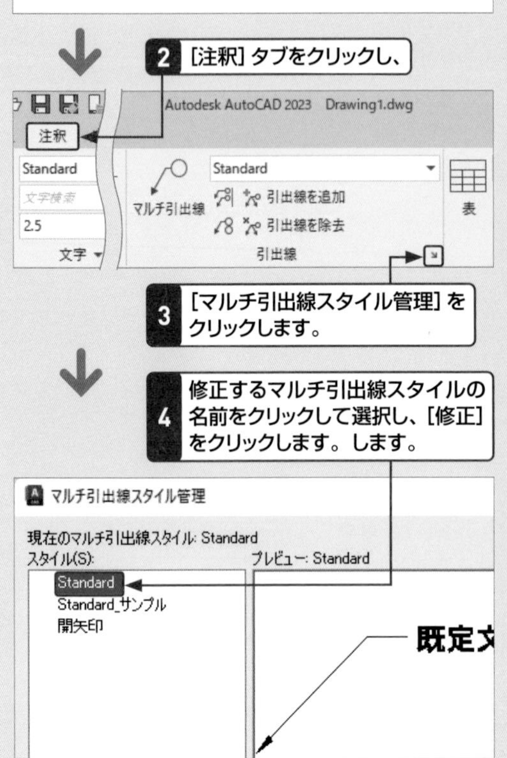

Autodesk AutoCAD 2023　Drawing1.dwg
注釈
Standard
文字検索
2.5
文字
マルチ引出線
Standard
引出線を追加
引出線を除去
引出線
表
マルチ引出線スタイル管理
現在のマルチ引出線スタイル: Standard
スタイル(S):
Standard
Standard_サンプル
開矢印
プレビュー: Standard
既定文


5 ［内容］タブをクリックし、

6 ［左側の接続］と［右側の接続］から［最終行に下線］を選択します。

7 ［OK］をクリックします。

8 ［閉じる］をクリックします。

9 引出線が文字の下に作成されます。

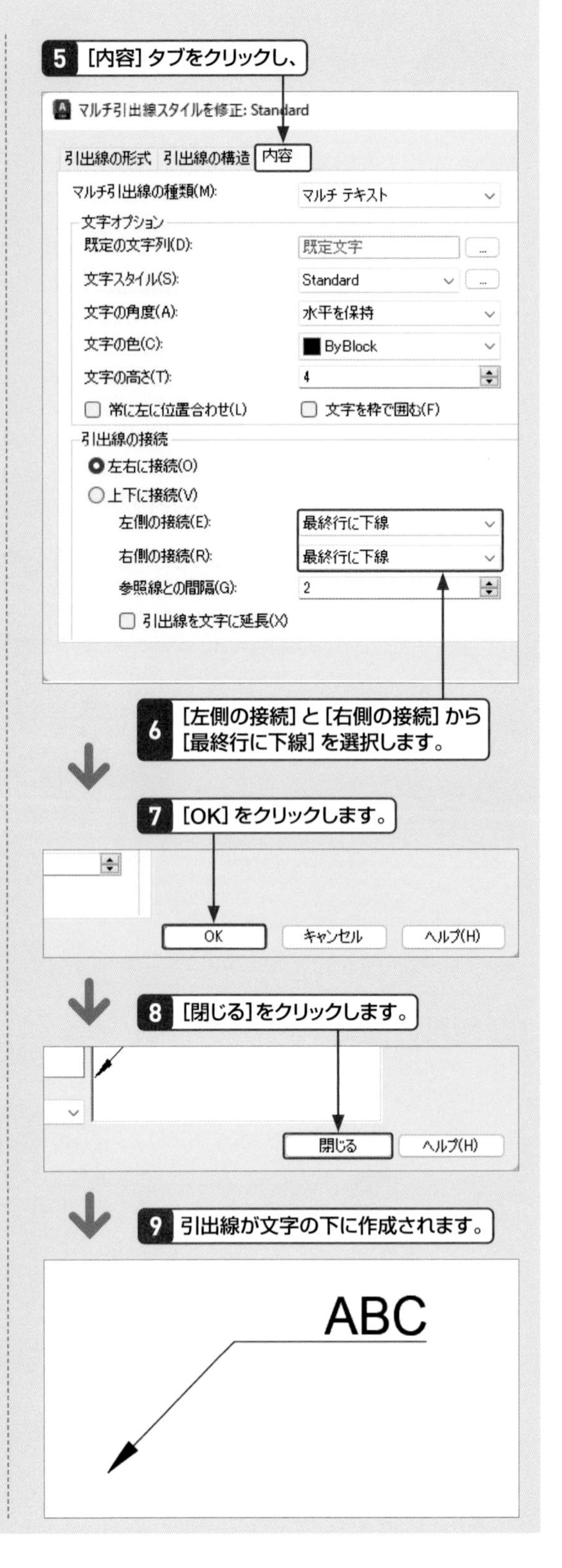

マルチ引出線スタイルを修正: Standard
引出線の形式
引出線の構造
内容
マルチ引出線の種類(M):
マルチ テキスト
文字オプション
既定の文字列(D):
既定文字
文字スタイル(S):
Standard
文字の角度(A):
水平を保持
文字の色(C):
ByBlock
文字の高さ(T):
4
常に左に位置合わせ(L)
文字を枠で囲む(F)
引出線の接続
左右に接続(O)
上下に接続(V)
左側の接続(E):
最終行に下線
右側の接続(R):
最終行に下線
参照線との間隔(G):
2
引出線を文字に延長(X)
OK
キャンセル
ヘルプ(H)
閉じる
ヘルプ(H)
ABC



AutoCAD の概要
基本操作
線の作図と編集
図形の作図と挿入
図形の変形と移動
図形の選択と削除
画層とプロパティ
文字の作成
寸法の作成
注釈の作成
数値計測とブロック図形
レイアウトと印刷

# Q 283 引出線の文字を丸付きにしたい！

**A マルチ引出線スタイルの［マルチ引出線の種類］を設定します。**

引出線の文字を丸付きにするには、マルチ引出線スタイルを作成し、［マルチ引出線の種類］を［ブロック］に設定します。あらかじめ円や四角形などが用意されているほか、ブロック図形を選択することも可能です。

サンプル▶283.dwg

1 ［注釈］タブをクリックし、

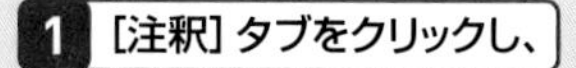

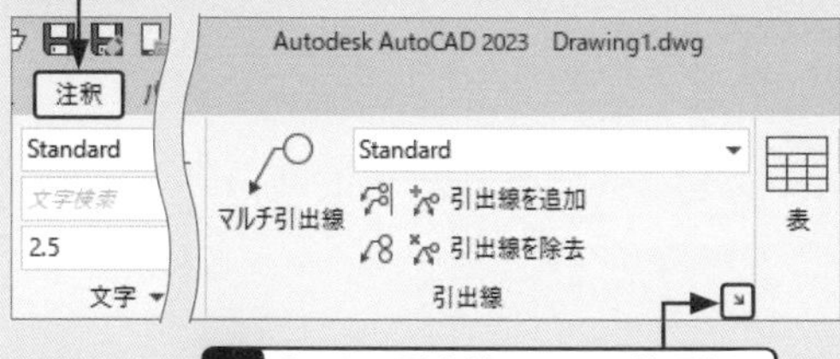

Autodesk AutoCAD 2023　Drawing1.dwg
注釈
Standard
文字検索
2.5
文字
マルチ引出線
Standard
引出線を追加
引出線を除去
引出線
表


2 ［マルチ引出線スタイル管理］をクリックします。

3 ［新規作成］をクリックします。

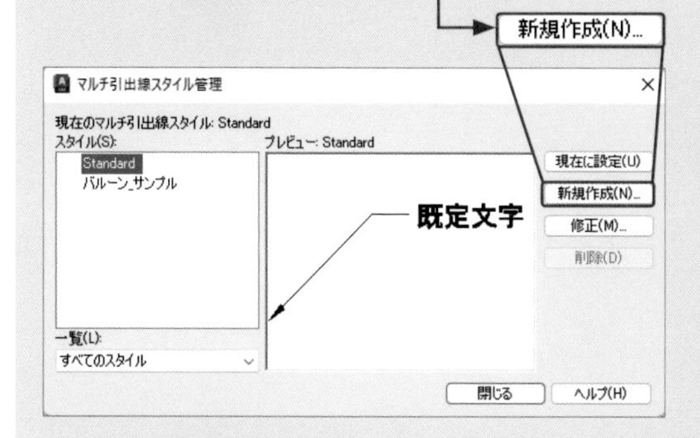

新規作成(N)...
マルチ引出線スタイル管理
現在のマルチ引出線スタイル: Standard
スタイル(S):
プレビュー: Standard
Standard
バルーン_サンプル
既定文字
現在に設定(U)
新規作成(N)...
修正(M)...
削除(D)
一覧(L):
すべてのスタイル
閉じる
ヘルプ(H)


4 ［新しいマルチ引出線スタイル名］を入力し（ここでは「バルーン」）、

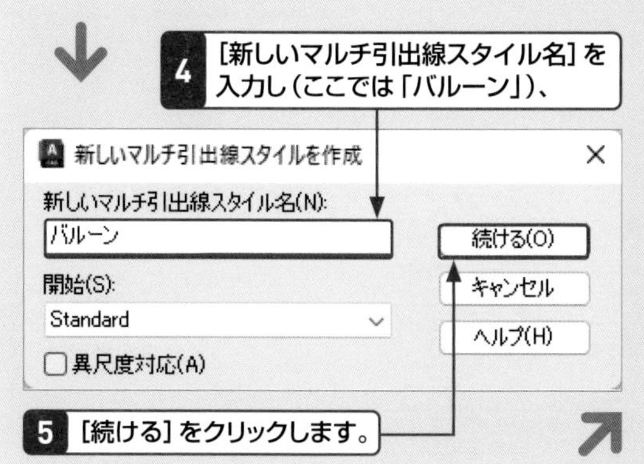

新しいマルチ引出線スタイルを作成
新しいマルチ引出線スタイル名(N):
バルーン
続ける(O)
開始(S):
キャンセル
Standard
ヘルプ(H)
異尺度対応(A)


5 ［続ける］をクリックします。

6 ［内容］タブをクリックし、

7 ［マルチ引出線の種類］から［ブロック］を選択します。

8 ［使用するブロック］から［円］を選択します。

9 ［OK］をクリックします。

10 ［閉じる］をクリックします。

11 作成したマルチ引出線スタイルで、引出線を作成します（最後に表示される［属性編集］ダイアログに文字を入力）。

12 丸付きの文字で引出線が作成されます。

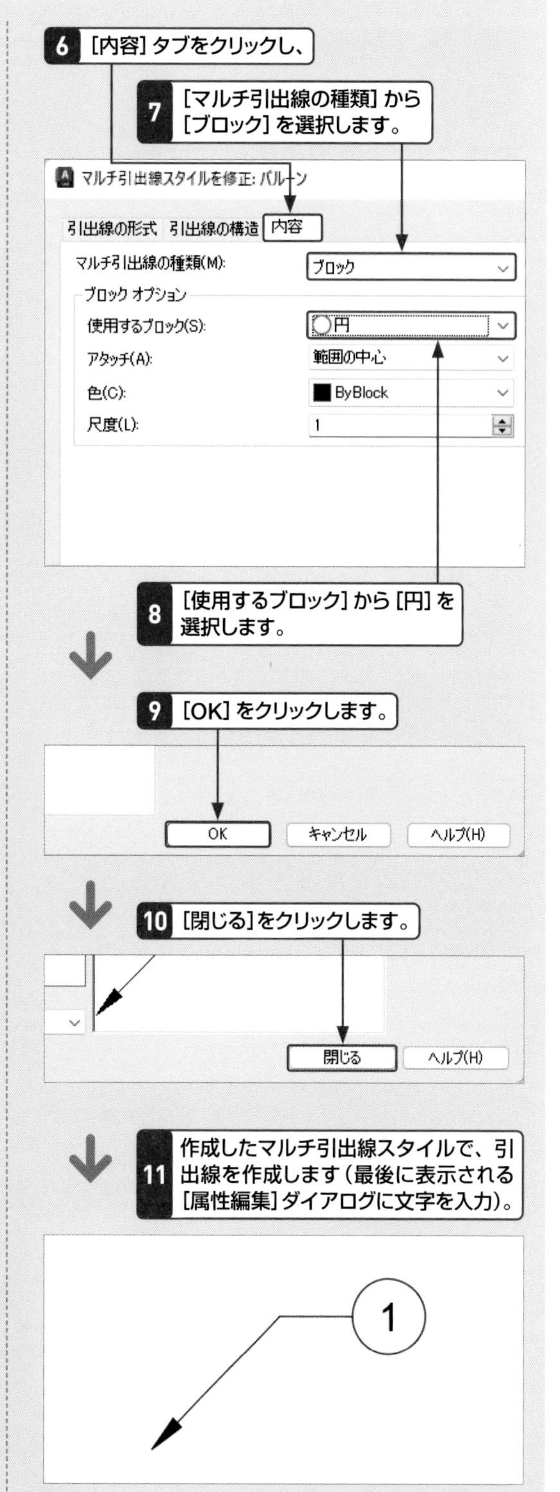

マルチ引出線スタイルを修正: バルーン
引出線の形式
引出線の構造
内容
マルチ引出線の種類(M):
ブロック
ブロック オプション
使用するブロック(S):
円
アタッチ(A):
範囲の中心
色(C):
ByBlock
尺度(L):
1
OK
キャンセル
ヘルプ(H)
閉じる
ヘルプ(H)
1

# Q 284 引出線の矢印のみ作成したい！

## A マルチ引出線スタイルの［マルチ引出線の種類］を設定します。

引出線の矢印のみを作成するには、マルチ引出線スタイルを作成し、［マルチ引出線の種類］を［なし］に設定します。また、参照線が必要ない場合は［参照線を自動的に含める］のチェックを外します。

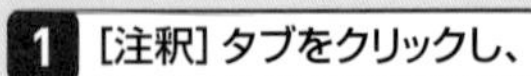
サンプル ▶ 284.dwg

1 ［注釈］タブをクリックし、

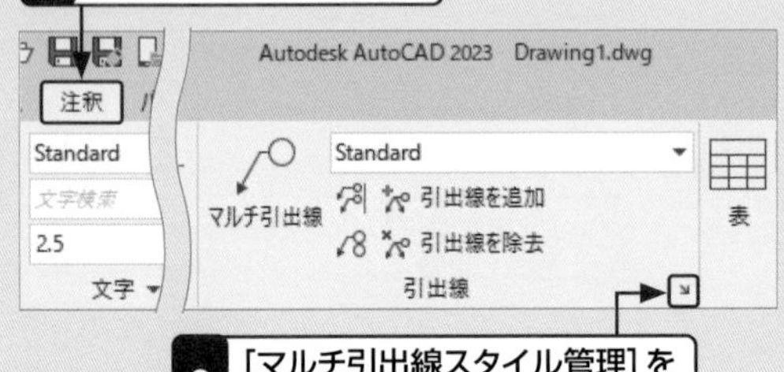
Autodesk AutoCAD 2023 Drawing1.dwg
注釈
Standard
文字検索
2.5
文字
マルチ引出線
Standard
引出線を追加
引出線を除去
引出線
表

2 ［マルチ引出線スタイル管理］をクリックします。

3 ［新規作成］をクリックします。

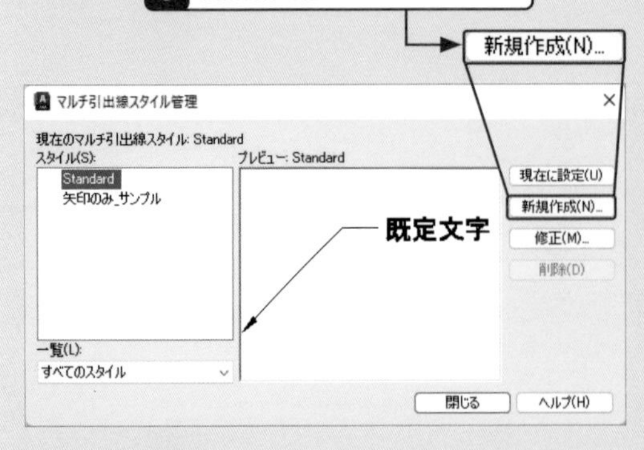
新規作成(N)...
マルチ引出線スタイル管理
現在のマルチ引出線スタイル: Standard
スタイル(S):
Standard
矢印のみ_サンプル
プレビュー: Standard
既定文字
現在に設定(U)
新規作成(N)...
修正(M)...
削除(D)
一覧(L):
すべてのスタイル
閉じる
ヘルプ(H)

4 ［新しいマルチ引出線スタイル名］を入力し（ここでは「矢印のみ」）、

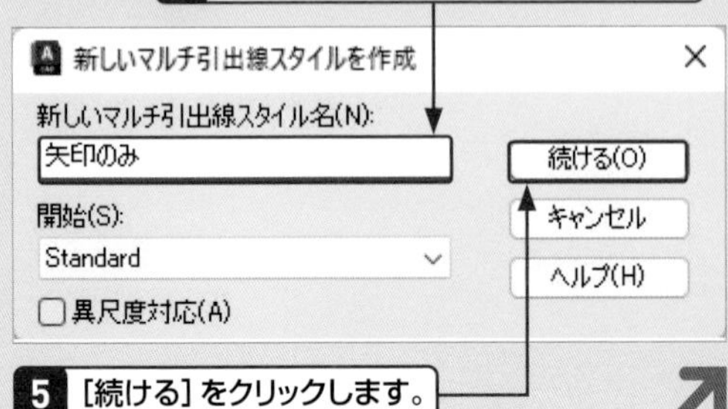
新しいマルチ引出線スタイルを作成
新しいマルチ引出線スタイル名(N):
矢印のみ
続ける(O)
開始(S):
Standard
キャンセル
ヘルプ(H)
異尺度対応(A)

5 ［続ける］をクリックします。

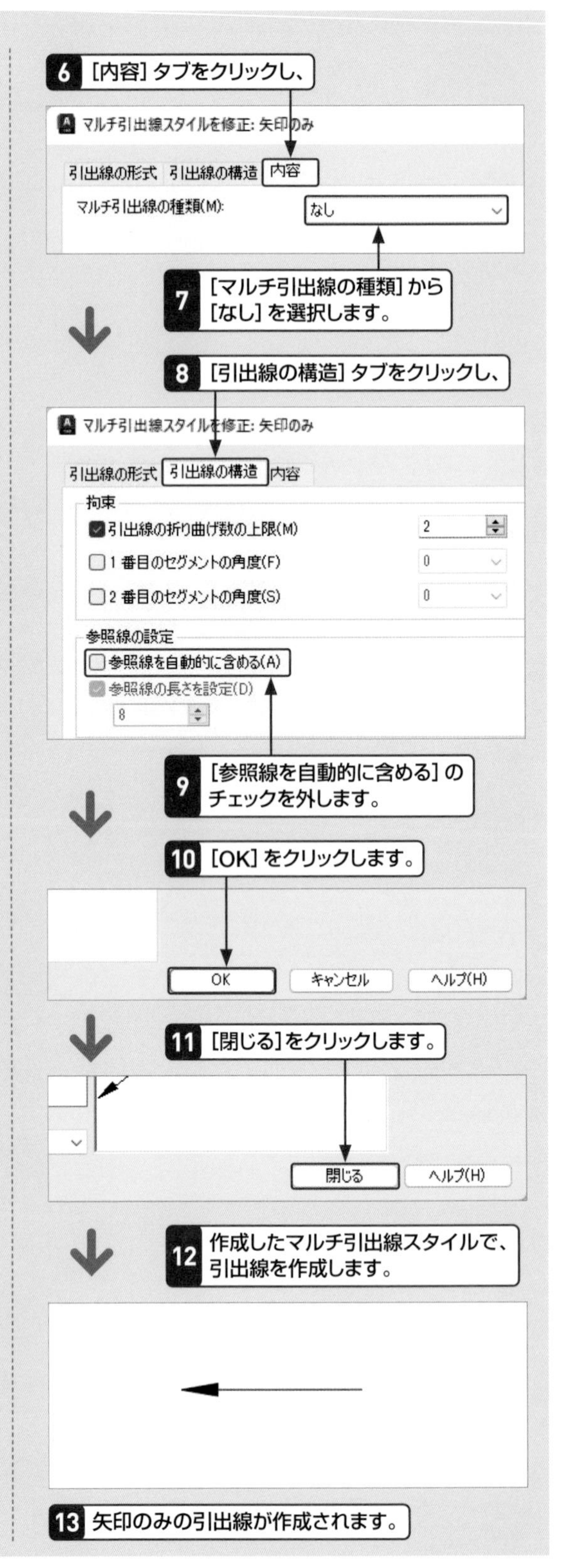
6 ［内容］タブをクリックし、
マルチ引出線スタイルを修正: 矢印のみ
引出線の形式
引出線の構造
内容
マルチ引出線の種類(M):
なし
7 ［マルチ引出線の種類］から［なし］を選択します。
8 ［引出線の構造］タブをクリックし、
拘束
引出線の折り曲げ数の上限(M)
2
1 番目のセグメントの角度(F)
2 番目のセグメントの角度(S)
参照線の設定
参照線を自動的に含める(A)
参照線の長さを設定(D)
8
9 ［参照線を自動的に含める］のチェックを外します。
10 ［OK］をクリックします。
OK
キャンセル
ヘルプ(H)
11 ［閉じる］をクリックします。
閉じる
ヘルプ(H)
12 作成したマルチ引出線スタイルで、引出線を作成します。
13 矢印のみの引出線が作成されます。

# Q 285 表を作成したい!

## A [表]を実行して列と行を設定します。

表を作成するには、[表]を実行し、列と行の数などを設定します。 サンプル▶285.dwg

**1** [表]をクリックします。

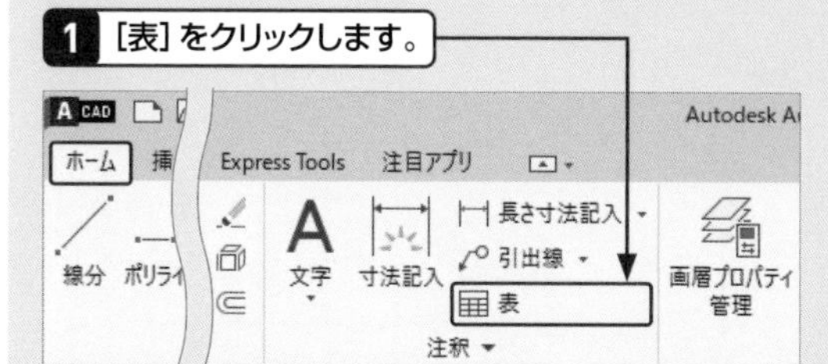

ホーム
Express Tools
注目アプリ
Autodesk A
線分
文字
寸法記入
長さ寸法記入
引出線
表
画層プロパティ管理
注釈


**2** [列と行の設定]に、列と行の数や幅を入力します。

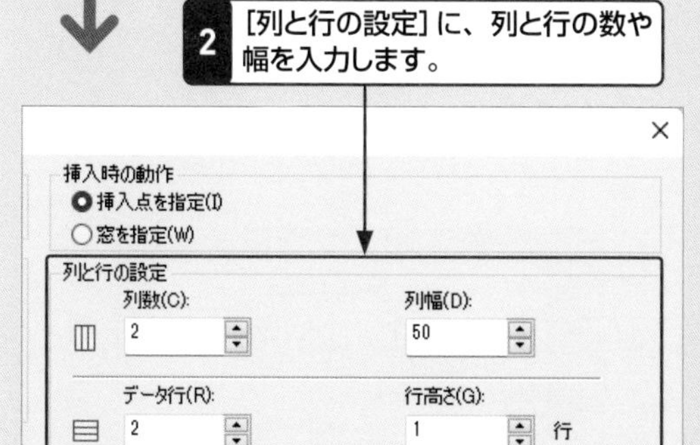

挿入時の動作
挿入点を指定(I)
窓を指定(W)
列と行の設定
列数(C):
2
列幅(D):
50
データ行(R):
2
行高さ(G):
1
行
セル スタイルを設定


**3** [OK]をクリックします。

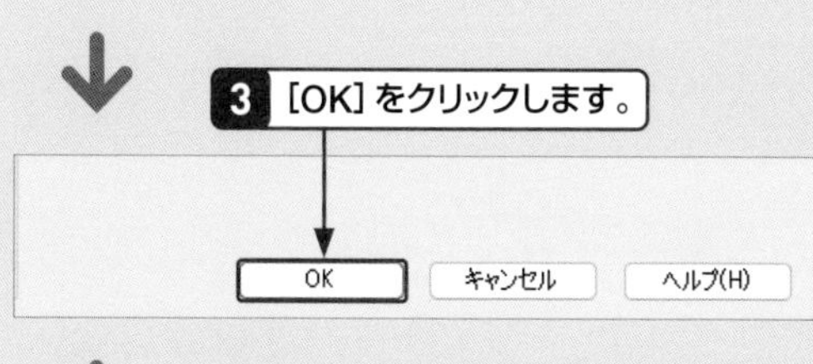

OK
キャンセル
ヘルプ(H)


**4** 表の挿入位置をクリックします。

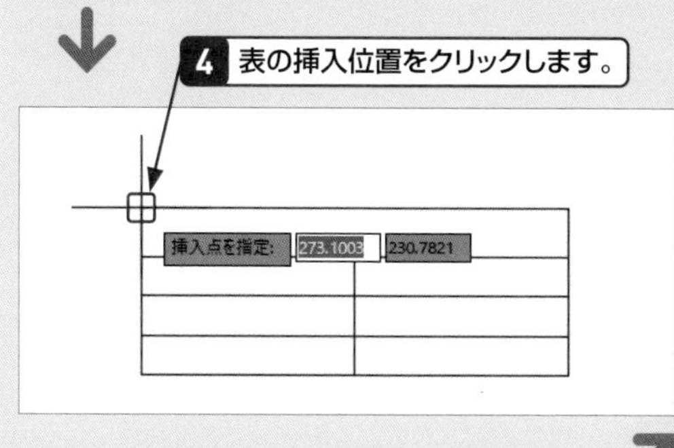

挿入点を指定:
273.1003
230.7821


**5** 文字を入力します。

**6** Tabキーを押して次のセルに移り、文字を入力します。

**7** 同様に、Tabキーを押して次のセルに移り、文字を入力します。

**8** 同様に、Tabキーを押して次のセルに移り、文字を入力していきます。

**9** [テキストエディタを閉じる]をクリックします。

**10** 表が作成されます。

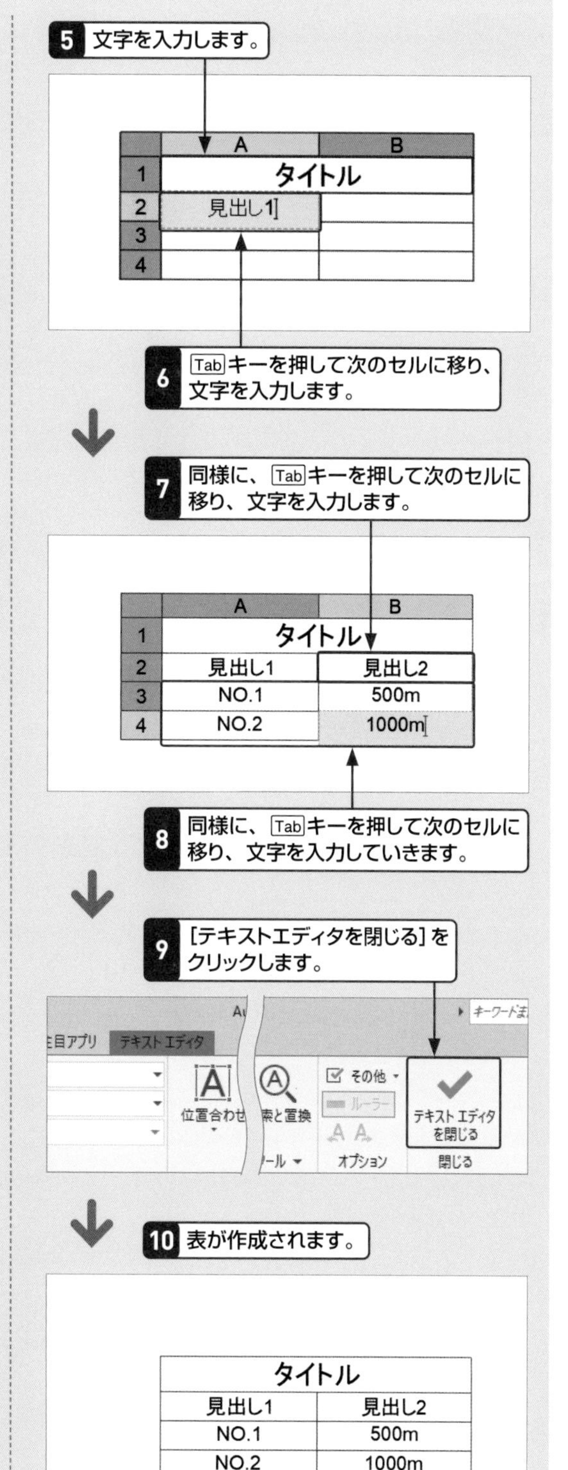

A
B
タイトル
見出し1
見出し2
NO.1
500m
NO.2
1000m
テキスト エディタ
位置合わせ
その他
ルーラー
オプション
テキスト エディタを閉じる
閉じる

表　重要度 ★★★

# Q286 作成した表が小さくて見えない!

**A** [尺度変更]を実行して図面の縮尺の逆数を入力します。

作成した表が小さくて見えない場合は、[尺度変更]を実行し、尺度に図面の縮尺の逆数を入力して大きくします。

サンプル ▶ 286.dwg

1 [尺度変更]をクリックし、

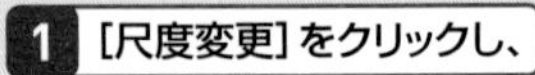

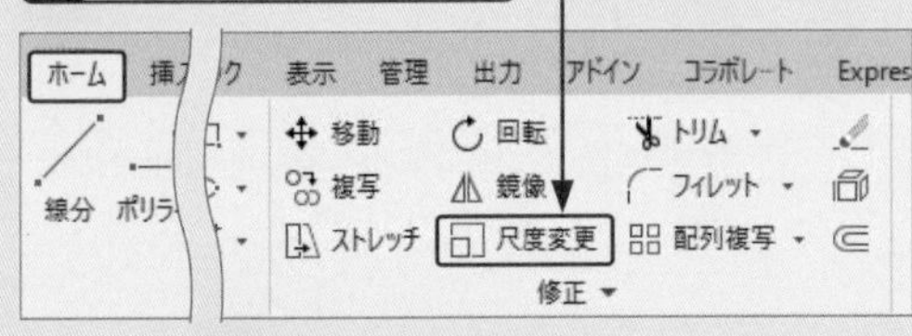

ホーム
表示
管理
出力
アドイン
コラボレート
移動
回転
トリム
複写
鏡像
フィレット
線分
ストレッチ
尺度変更
配列複写
修正


2 表をクリックし、Enterキーを押して選択を確定します。

3 表を拡大表示し（サンプルでは図面枠の右上）、

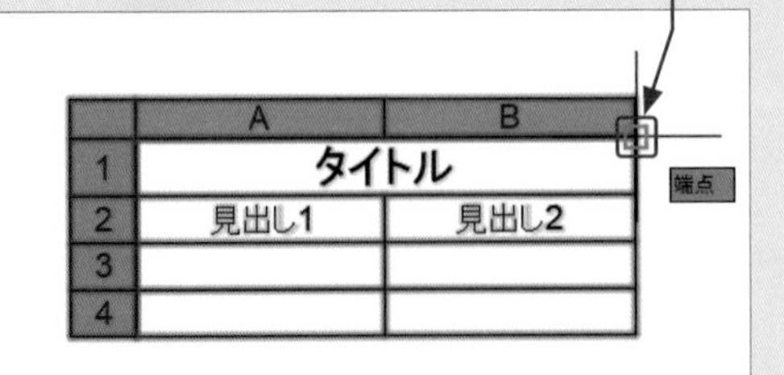

A
B
1
タイトル
2
見出し1
見出し2
3
4
端点

4 尺度に図面の縮尺の逆数を入力し（ここでは1:10の図面なので「10」）、Enterキーを押します。

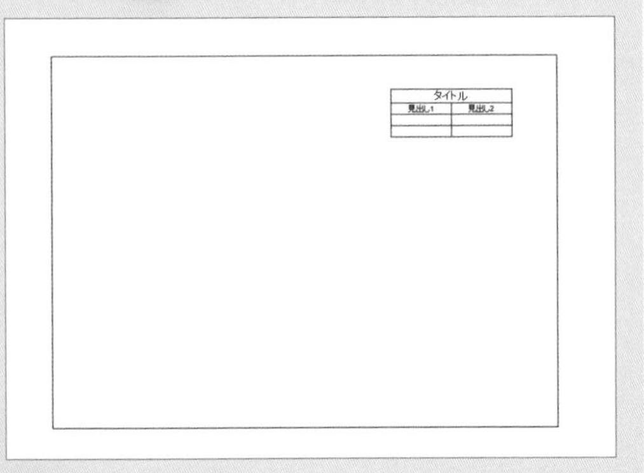

5 図面に対して表が大きくなり、見えるようになります。

表　重要度 ★★★

# Q287 表に文字を入力したい!

**A** セル内をダブルクリックします。

表に文字を入力するには、セル内をダブルクリックします。終了するには［テキストエディタを閉じる］をクリックしてください。

サンプル ▶ 287.dwg

1 セル内をダブルクリックします。

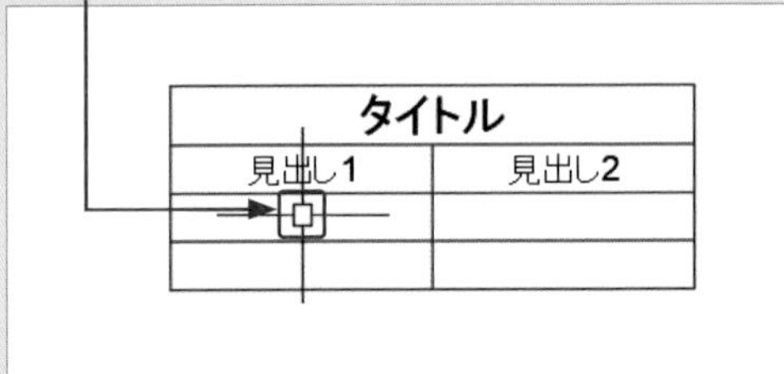

タイトル
見出し1
見出し2


2 文字を入力します。

| | A | B |
|---|---|---|
| 1 | タイトル | |
| 2 | 見出し1 | 見出し2 |
| 3 | NO.1 | |
| 4 | | |

3 [テキストエディタを閉じる]をクリックします。

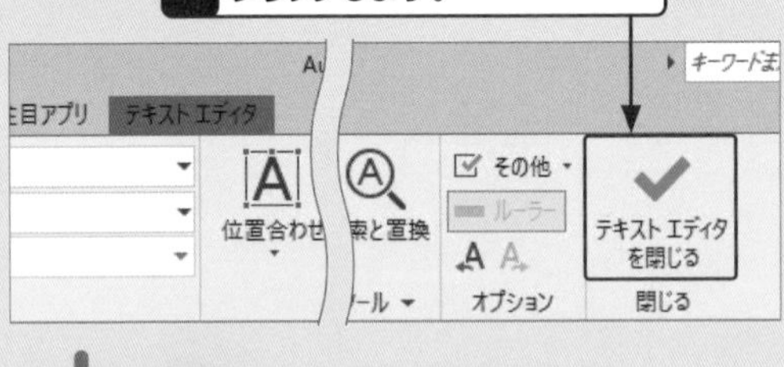

テキスト エディタ
位置合わせ
その他
ルーラー
オプション
テキスト エディタを閉じる
閉じる

4 表に文字が入力されます。

| タイトル | |
|---|---|
| 見出し1 | 見出し2 |
| NO.1 | |
| | |

表 重要度 ★★★

## Q 288 表のセルの大きさを変更したい！

**A** プロパティパレットの［セル幅］／［セル高さ］を変更します。

表のセルの大きさを変更するには、プロパティパレットの［セル幅］/［セル高さ］を変更します。

サンプル ▶ 288.dwg

1 ［表示］タブをクリックし、

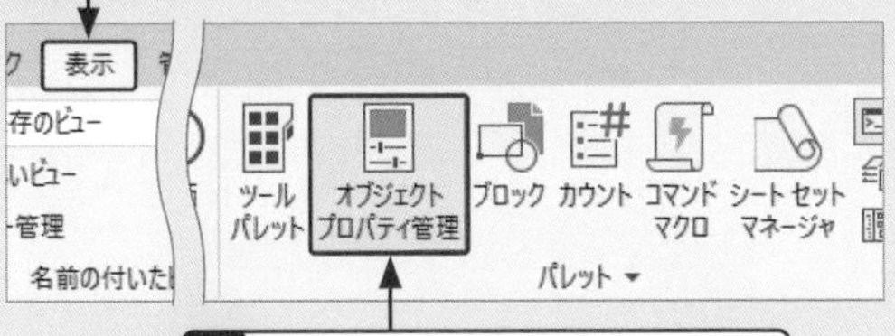

表示
存のビュー
いビュー
管理
名前の付いた
ツール パレット
オブジェクト プロパティ管理
ブロック
カウント
コマンド マクロ
シート セット マネージャ
パレット


2 ［オブジェクトプロパティ管理］をクリックしてオンにします。

3 大きさを変更したいセルをクリックして選択します。

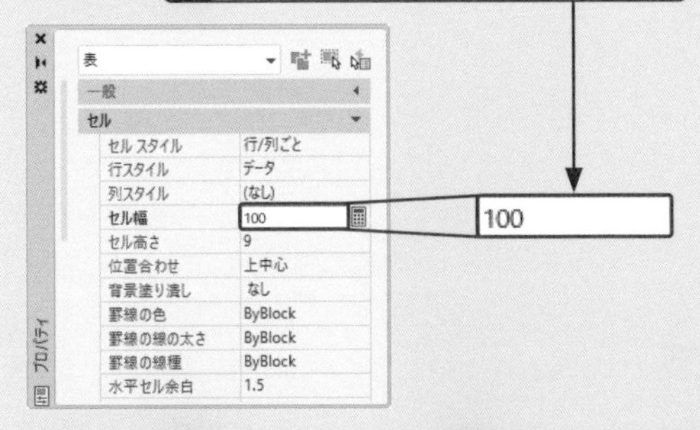

A
B
タイトル
見出し1
見出し2
NO.1
500m
NO.2
1000m


4 ［セル幅］や［セル高さ］を入力します（ここでは［セル幅］に「100」）。


表
一般
セル
セル スタイル 行/列ごと
行スタイル データ
列スタイル (なし)
セル幅 100
セル高さ 9
位置合わせ 上中心
背景塗り潰し なし
罫線の色 ByBlock
罫線の線の太さ ByBlock
罫線の線種 ByBlock
水平セル余白 1.5
プロパティ
100

5 Esc キーを押して表の選択を解除します。

6 選択したセルと同じ列の幅が変更されます。

| タイトル | |
|---|---|
| 見出し1 | 見出し2 |
| NO.1 | 500m |
| NO.2 | 1000m |

表 重要度 ★★★

## Q 289 表の文字の大きさを変更したい！

**A** プロパティパレットの［文字の高さ］を変更します。

表のセルの大きさを変更するには、プロパティパレットの［文字の高さ］を変更します。

サンプル ▶ 289.dwg

1 ［表示］タブをクリックし、

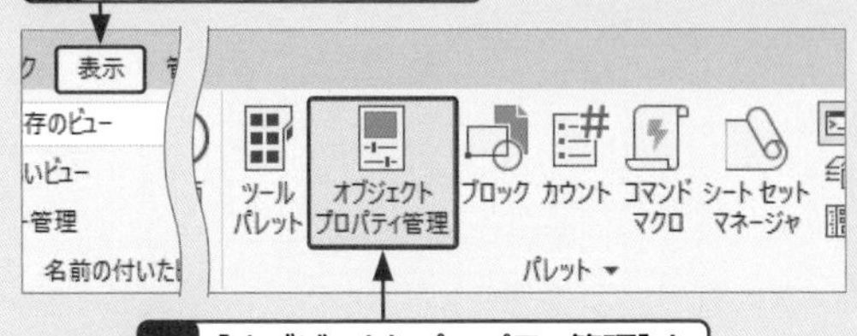

表示
存のビュー
いビュー
管理
名前の付いた
ツール パレット
オブジェクト プロパティ管理
ブロック
カウント
コマンド マクロ
シート セット マネージャ
パレット


2 ［オブジェクトプロパティ管理］をクリックしてオンにします。

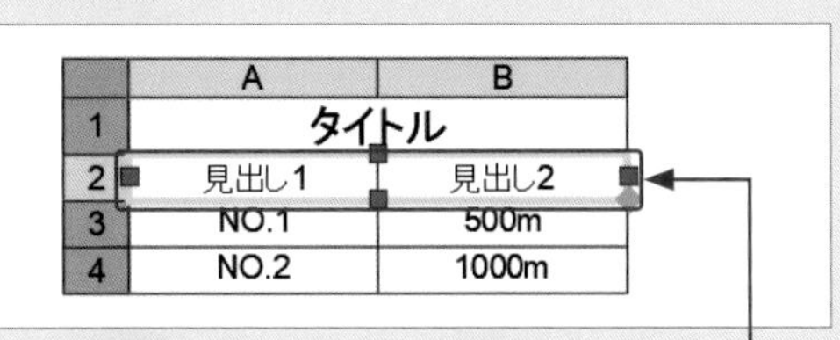

A
B
タイトル
見出し1
見出し2
NO.1
500m
NO.2
1000m

3 文字の大きさを変更したいセルをクリックして選択します。Shift キーを押しながらクリックすると、複数選択できます。

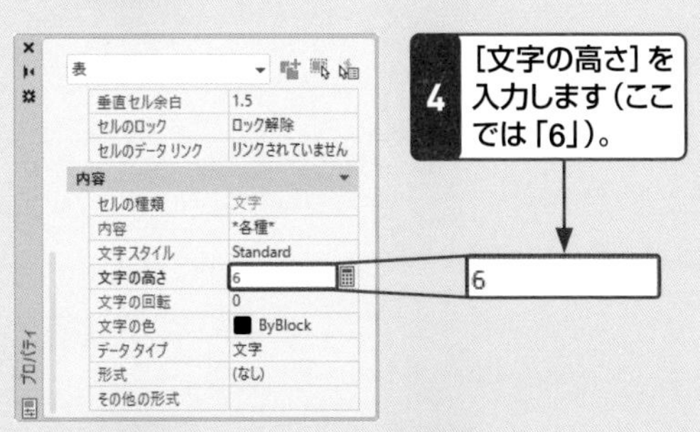

表
垂直セル余白 1.5
セルのロック ロック解除
セルのデータ リンク リンクされていません
内容
セルの種類 文字
内容 *名種*
文字スタイル Standard
文字の高さ 6
文字の回転 0
文字の色 ByBlock
データ タイプ 文字
形式 (なし)
その他の形式
プロパティ
6


4 ［文字の高さ］を入力します（ここでは「6」）。

5 Esc キーを押して表の選択を解除します。

6 選択したセル内の文字の大きさが変更されます。

| タイトル | |
|---|---|
| 見出し1 | 見出し2 |
| NO.1 | 500m |
| NO.2 | 1000m |

# Q 290 表で計算式を使用したい！

## A ［表セル］タブで計算式を挿入します。

表で計算式を使用するには、セルを選択し、［表セル］タブの［計算式］を挿入します。計算式には合計／平均／個数などがあります。

サンプル ▶ 290.dwg

**1** セルをクリックして選択します。

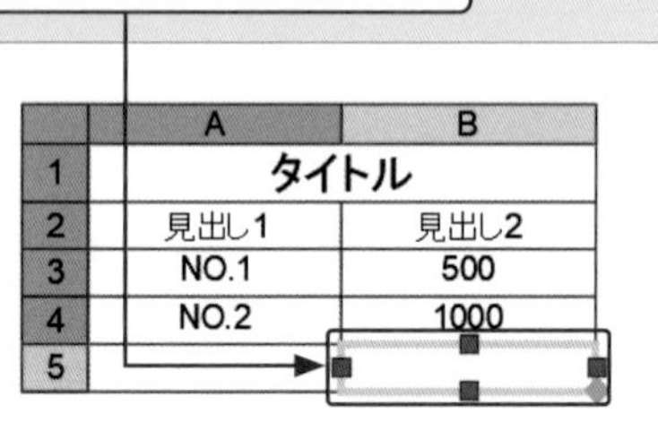
A
B
1
タイトル
2
見出し1
見出し2
3
NO.1
500
4
NO.2
1000
5

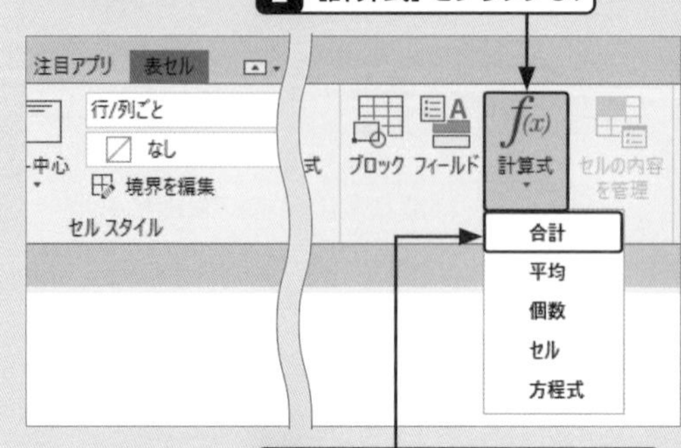
2 ［計算式］をクリックし、
注目アプリ
表セル
行/列ごと
なし
中心
境界を編集
セル スタイル
ブロック
フィールド
計算式
セルの内容を管理
合計
平均
個数
セル
方程式
3 計算式（ここでは［合計］）をクリックします。

**2** ［計算式］をクリックし、

**3** 計算式（ここでは［合計］）をクリックします。

**4** 合計する一番上のセルの内側をクリックします。

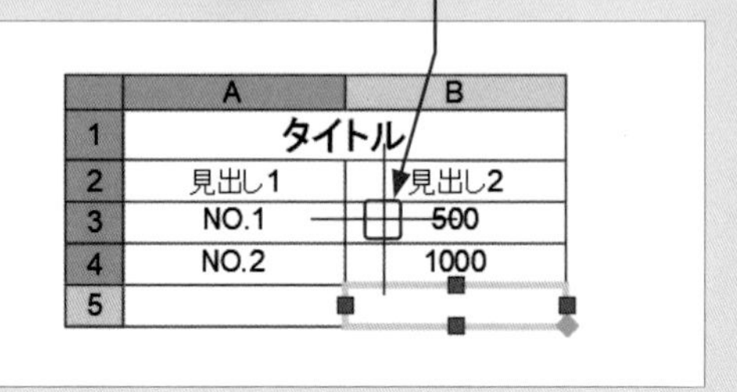
A
B
1
タイトル
2
見出し1
見出し2
3
NO.1
500
4
NO.2
1000
5

**5** 合計する一番下のセルの内側をクリックします。

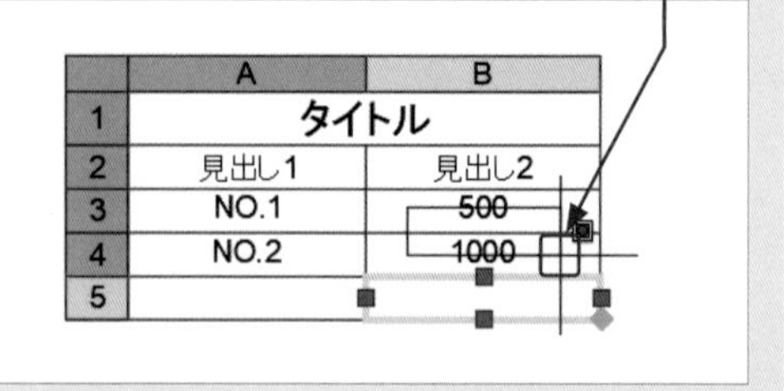
A
B
1
タイトル
2
見出し1
見出し2
3
NO.1
500
4
NO.2
1000
5

**6** 選択したセルに計算式が挿入されます。

A
B
1
タイトル
2
見出し1
見出し2
3
NO.1
500
4
NO.2
1000
5
=Sum(B3:B4)

**7** ［テキストエディタを閉じる］をクリックします。

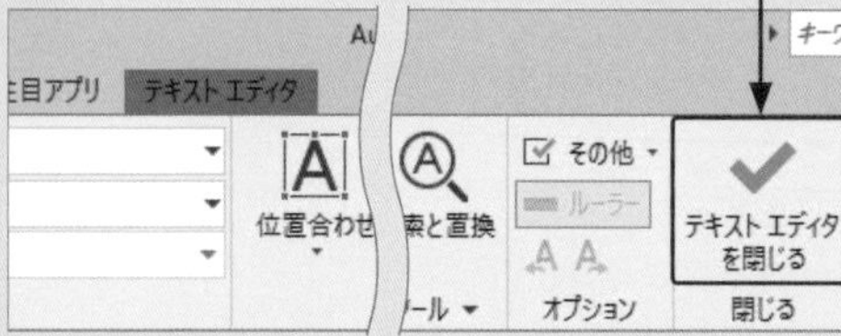
注目アプリ
テキスト エディタ
位置合わせ
置換
その他
ルーラー
オプション
テキスト エディタを閉じる
閉じる

**8** 計算（ここでは合計）された値が表の選択したセルに挿入されます。

タイトル
見出し1
見出し2
NO.1
500
NO.2
1000
1500

# Q 291 Excelの表を画像で貼り付けたい！

## A Excelのセルをコピーして[貼り付け]を実行します。

Excelの表を貼り付けるには、Excelのセルをコピーし、[貼り付け]を実行します。この手順では「OLE」と呼ばれるオブジェクトで画像のように貼り付けられ、文字の修正などをすることはできません。

サンプル ▶ 291.dwg／291.xlsx

1 Excelでコピーしたいセルを選択します。

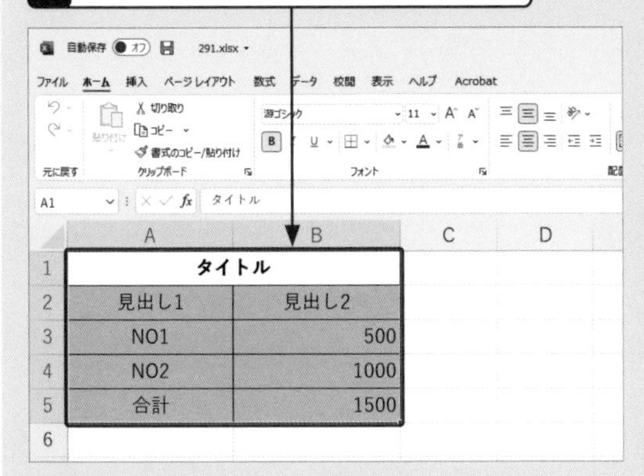

タイトル
見出し1
見出し2
NO1
500
NO2
1000
合計
1500


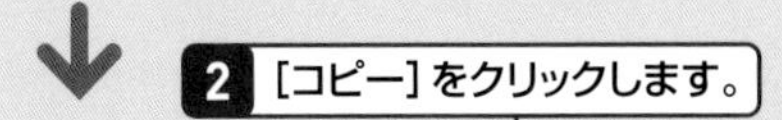

2 [コピー]をクリックします。

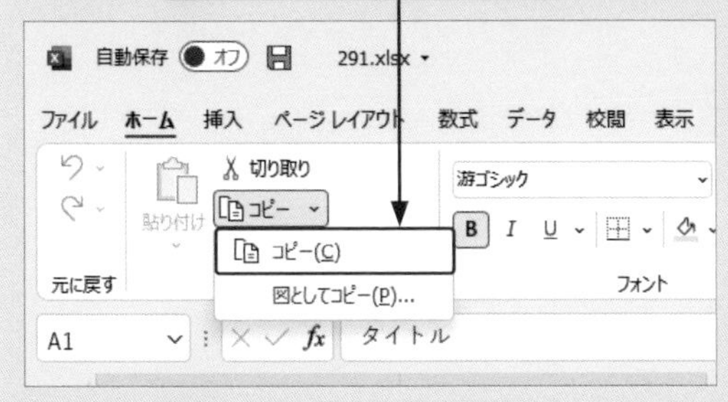

自動保存
291.xlsx
ファイル
ホーム
挿入
ページ レイアウト
数式
データ
校閲
表示
切り取り
コピー
コピー(C)
図としてコピー(P)...
元に戻す
游ゴシック
フォント
A1
タイトル

3 AutoCADで[貼り付け▼]をクリックします。

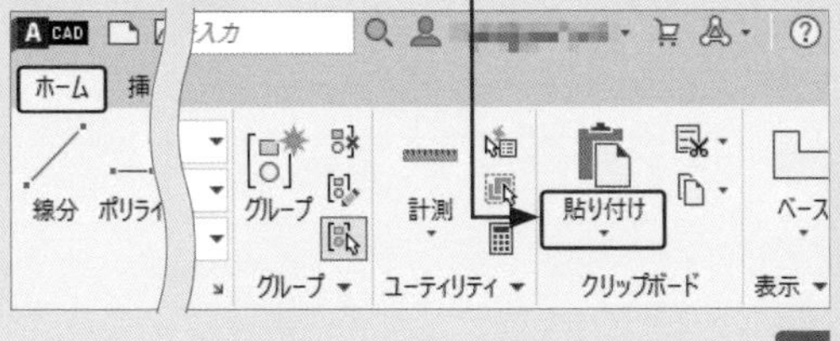

ホーム
線分
ポリライン
グループ
計測
貼り付け
ベース
ユーティリティ
クリップボード
表示


4 [貼り付け]をクリックします。

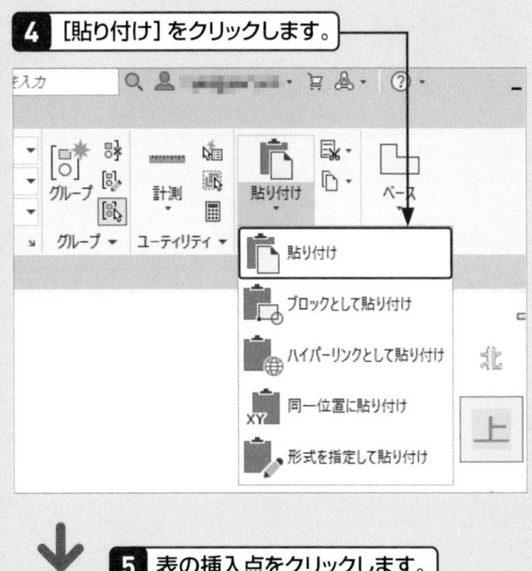

グループ
計測
貼り付け
ベース
ユーティリティ
貼り付け
ブロックとして貼り付け
ハイパーリンクとして貼り付け
同一位置に貼り付け
形式を指定して貼り付け


5 表の挿入点をクリックします。

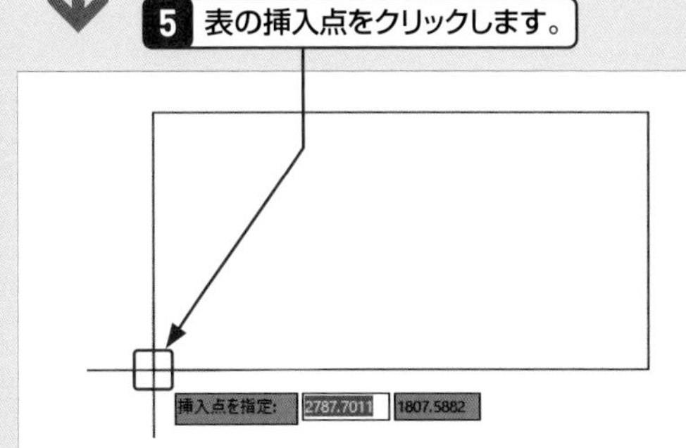

挿入点を指定:
2787.7011
1807.5882


6 文字の高さを入力し、

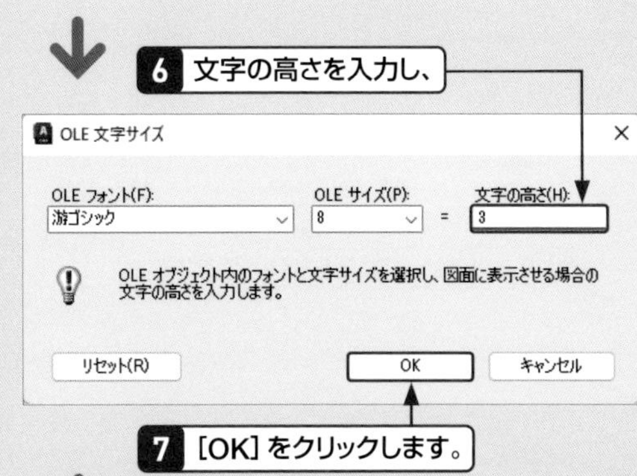

OLE 文字サイズ
OLE フォント(F):
游ゴシック
OLE サイズ(P):
8
文字の高さ(H):
3
OLE オブジェクト内のフォントと文字サイズを選択し、図面に表示させる場合の文字の高さを入力します。
リセット(R)
OK
キャンセル


7 [OK]をクリックします。

8 Excelの表が画像として挿入されます。

| タイトル | |
|---|---|
| 見出し1 | 見出し2 |
| NO1 | 500 |
| NO2 | 1000 |
| 合計 | 1500 |

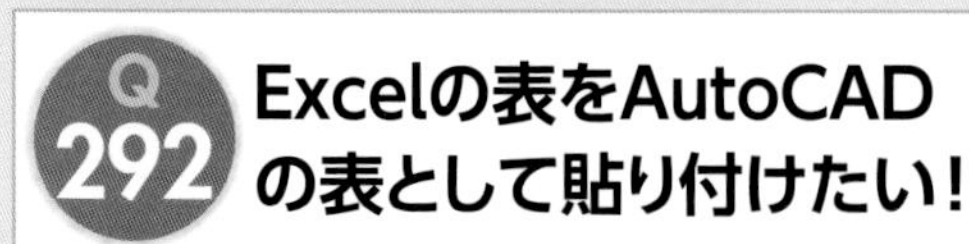

## Q 292 Excelの表をAutoCADの表として貼り付けたい!

**A** Excelのセルをコピーして[AutoCAD図形]形式で貼り付けます。

Excelの表をAutoCADの表で表として貼り付けるには、[形式を選択して貼り付け]を実行し、貼り付ける形式から[AutoCAD図形]を選択します。

サンプル ▶ 292.dwg／292.xlsx

**1** Excelでコピーしたいセルを選択します。

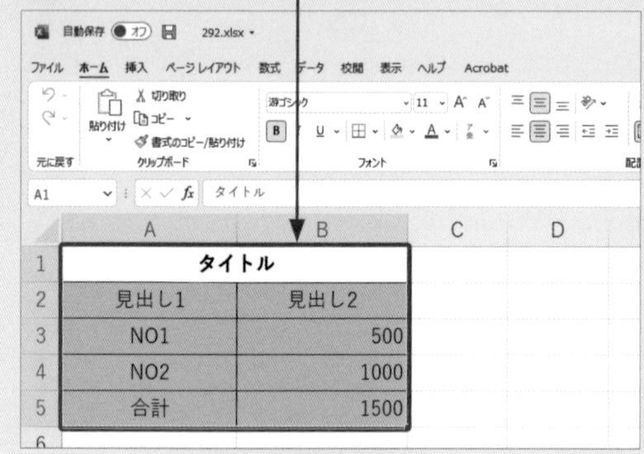

自動保存 オフ 292.xlsx
ファイル ホーム 挿入 ページレイアウト 数式 データ 校閲 表示 ヘルプ Acrobat
切り取り
コピー
書式のコピー/貼り付け
貼り付け
元に戻す
クリップボード
フォント
A1
タイトル
見出し1
見出し2
NO1
500
NO2
1000
合計
1500

**2** [コピー]をクリックします。

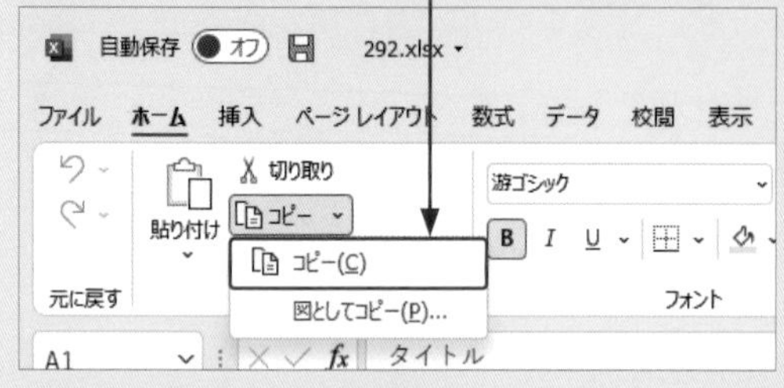

自動保存 オフ 292.xlsx
ファイル ホーム 挿入 ページレイアウト 数式 データ 校閲 表示
切り取り
コピー
貼り付け
元に戻す
游ゴシック
コピー(C)
図としてコピー(P)...
フォント
A1
タイトル

**3** AutoCADで[貼り付け▼]をクリックします。

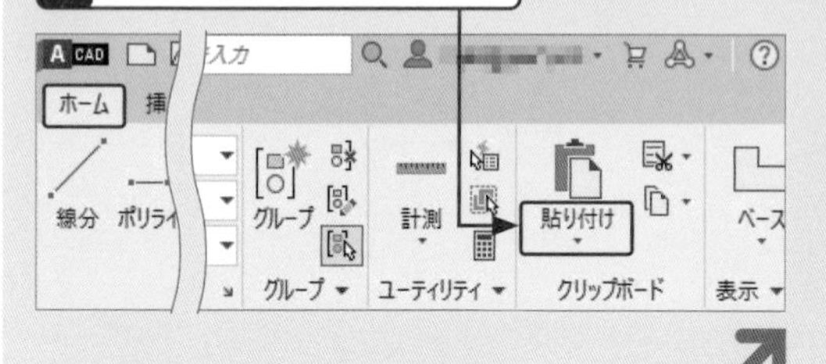

ホーム
線分
ポリライン
グループ
計測
貼り付け
ベース
グループ
ユーティリティ
クリップボード
表示


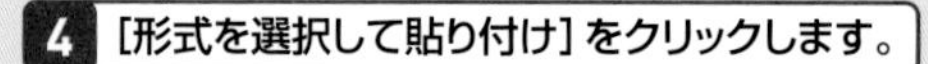

**4** [形式を選択して貼り付け]をクリックします。

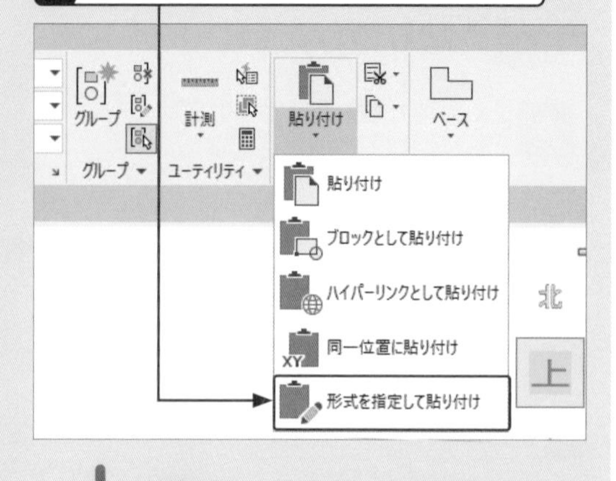

グループ
計測
貼り付け
ベース
ユーティリティ
貼り付け
ブロックとして貼り付け
ハイパーリンクとして貼り付け
同一位置に貼り付け
形式を指定して貼り付け
北
上


**5** [AutoCAD図形]をクリックし、

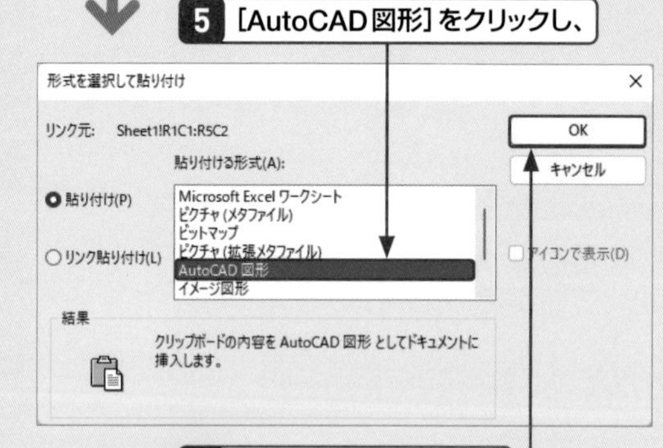

形式を選択して貼り付け
リンク元: Sheet1!R1C1:R5C2
貼り付ける形式(A):
OK
キャンセル
貼り付け(P)
リンク貼り付け(L)
Microsoft Excel ワークシート
ピクチャ(メタファイル)
ビットマップ
ピクチャ(拡張メタファイル)
AutoCAD 図形
イメージ図形
アイコンで表示(D)
結果
クリップボードの内容を AutoCAD 図形 としてドキュメントに挿入します。


**6** [OK]をクリックします。

**7** 表の挿入点をクリックします。

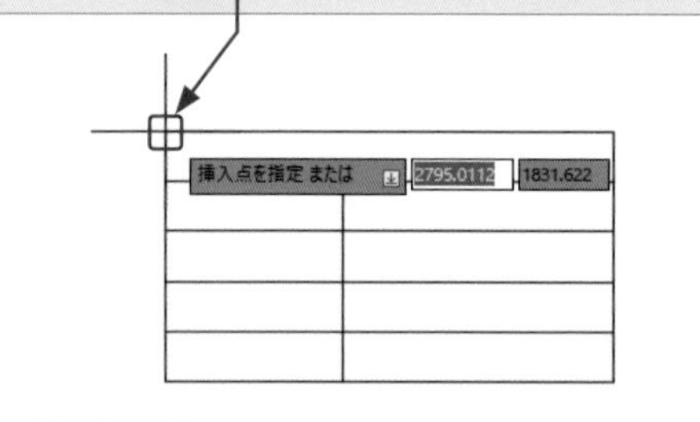

挿入点を指定 または
2795.0112
1831.622

**8** Excelの表が表として挿入されます。

| タイトル | |
|---|---|
| 見出し1 | 見出し2 |
| NO1 | 500.0000 |
| NO2 | 1000.0000 |
| 合計 | 1500.0000 |

表　重要度 ★★★

## Q 293 貼り付けた表の文字が黒くて見えない!

**A** 背景色を[Black]にしてから表を貼り付けます。

AutoCADの背景色が既定の色になっている場合、Excelの表をAutoCADの表として貼り付けると、文字と背景色が同じような色で見えないことがあります。その際はすでに作成した表を削除し、背景色を[Black]に変更してから、表を貼り付けます。

参照▶Q 040

1 表の文字色と背景色が同じような色になっていて、文字が見えません。

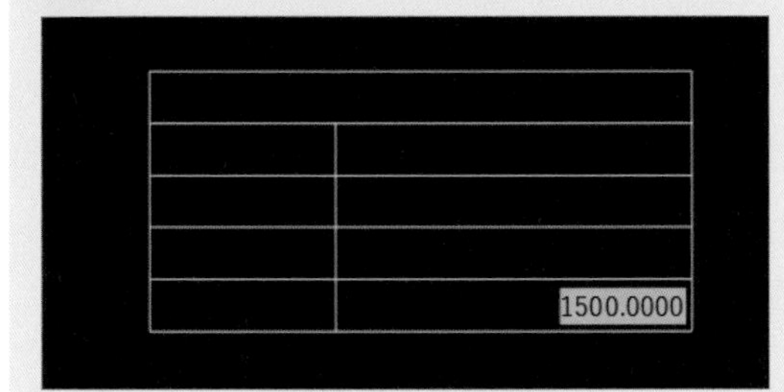
1500.0000

2 作成した表は削除します。

3 背景色を[Black]に変更します(Q 040参照)。

作図ウィンドウの色
コンテキスト(X):
2D モデル空間
シート/レイアウト
3D 平行投影
3D パース投影
ブロック エディタ
コマンド ライン
印刷プレビュー
色(C):
Black
X, Y, Z について明るくする(T)
現在の要素を復元(R)
現在のコンテキストを復元(U)
すべてのコンテキストを復元(O)

4 Excelから表を貼り付けます。

| タイトル | |
|---|---|
| 見出し1 | 見出し2 |
| NO1 | 500.0000 |
| NO2 | 1000.0000 |
| 合計 | 1500.0000 |

5 文字が見えるようになります。

表　重要度 ★★★

## Q 294 表をCSVで書き出したい!

**A** 右クリックメニューから[書き出し]を実行します。

表をCSVで書き出すには、表を選択して右クリックし、メニューから[書き出し]を実行します。CSVに書き出すことにより、Excelなどで開くことが可能です。

サンプル▶294.dwg

1 表の線(ここでは一番右の線)をクリックして選択します。

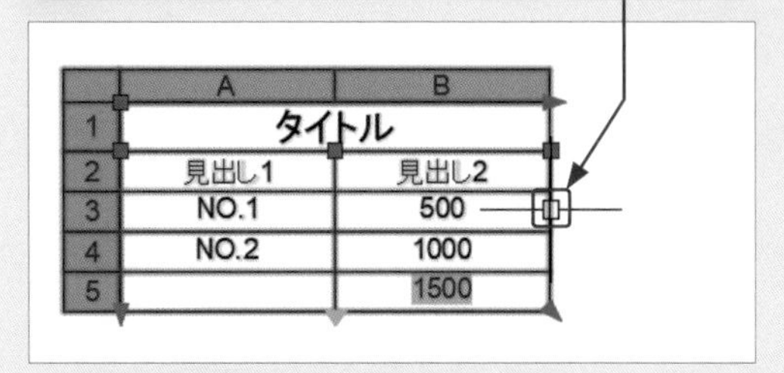

| | A | B |
|---|---|---|
| 1 | タイトル | |
| 2 | 見出し1 | 見出し2 |
| 3 | NO.1 | 500 |
| 4 | NO.2 | 1000 |
| 5 | | 1500 |

2 作図領域を右クリックし、メニューから[書き出し]を選択します。

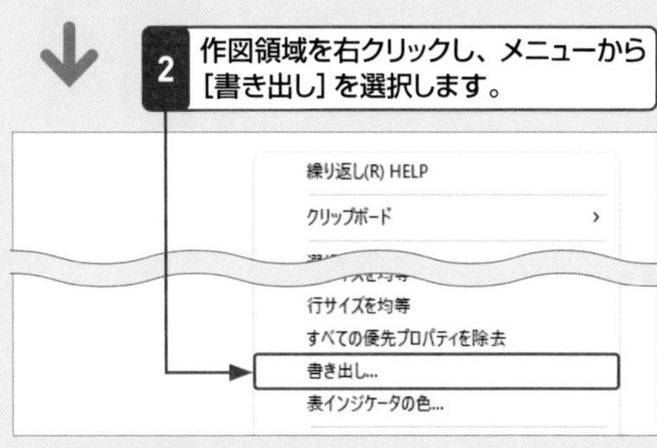
繰り返し(R) HELP
クリップボード
行サイズを均等
すべての優先プロパティを除去
書き出し...
表インジケータの色...

3 フォルダとファイル名を指定して保存します。

DWG
新規作成
並べ替え
Yuri › ドキュメント › DWG
Drawing1.csv

4 CSVファイルが書き出されます。

# Q 295 AutoCADの縮尺の考え方を知りたい!

## A 設計の対象物を実寸で作図し、注釈や図面枠に縮尺を設定します。

参照▶Q 296

AutoCADでは、設計対象物を実寸で作図します。「acadiso.dwt」のテンプレートを使用した場合、単位は「mm（ミリメートル）」に設定されているので、1mmは「1」、100mmは「100」と入力して作図を行います。たとえば、下図の設計対象物は、横の長さがおよそ80,000mm（80m）、縦の長さがおよそ50,000mm（50m）で作図されています。

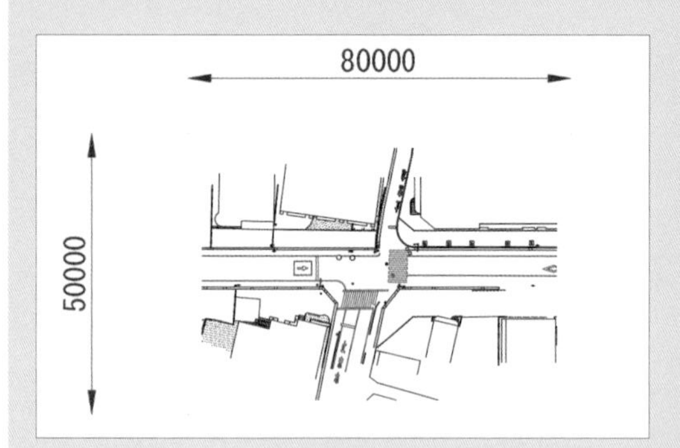
80000
50000

ここに縦横5mのエリアを作図する場合、5mは5,000mmなので、「5000」と入力して作図します。

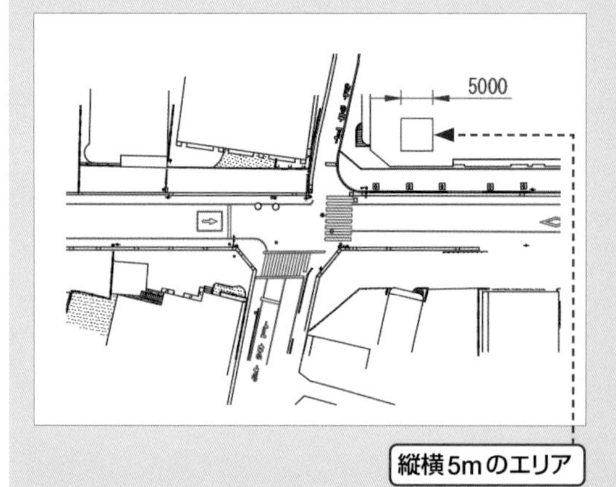
5000
縦横5mのエリア

設計対象物の作図は縮尺を考える必要はありません。ただし、注釈や図面枠を作図する場合に、元の大きさに縮尺の逆数をかけて設定する必要があります。

たとえば20mmの文字を1:100の縮尺で作図をする場合、文字の大きさは20mmを100倍し、「2000」となります。

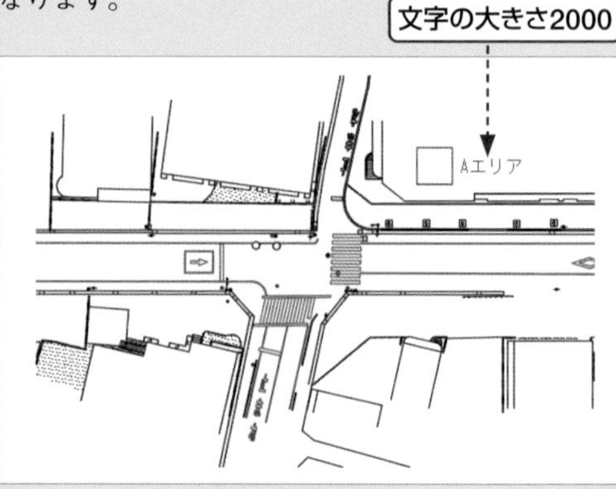
文字の大きさ2000
Aエリア

A1の図面枠（横841mm、縦594mm）を作図する場合も、図面枠の大きさに縮尺の逆数をかけます。841mmの100倍で「84100」、594mmの100倍で「59400」となります。

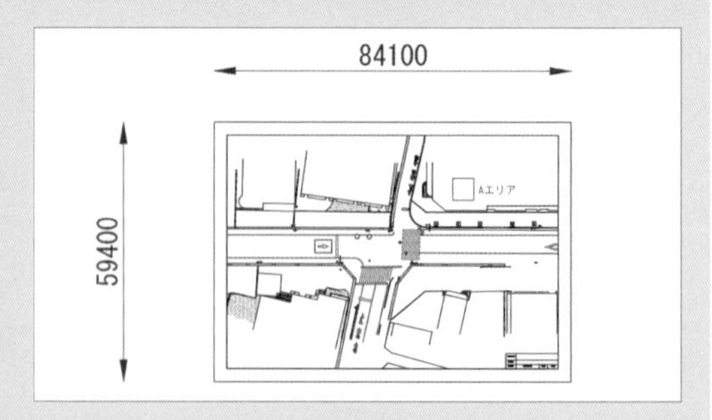
84100
59400
Aエリア

下図の右は同じ設計対象物ですが、縮尺が1:200です。つまり、文字や図面枠は200倍で作図されています。

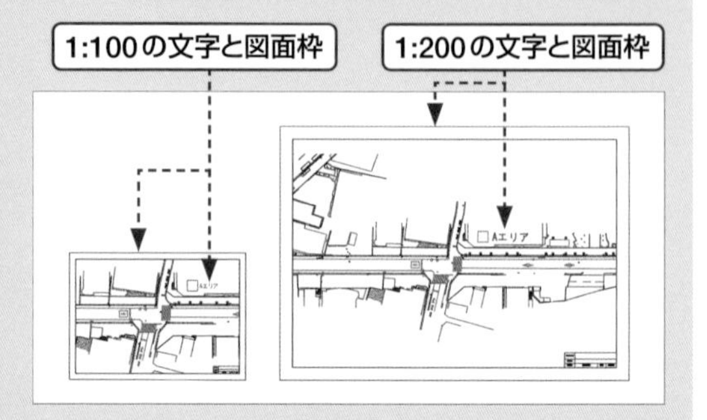
1:100の文字と図面枠
1:200の文字と図面枠
Aエリア

このように、AutoCADでは注釈や図面枠に縮尺を設定するので、縮尺ごとに注釈や図面枠を作図する必要があります。縮尺の設定が必要な作図要素については、Q296を参照してください。

# Q296 縮尺の設定が必要な作図要素が知りたい！

**A 注釈や図面枠の大きさ、線種やハッチングの間隔に縮尺を設定します。**

参照▶Q 211,222,274,295,297

縮尺を設定する作図要素は、設計対象物以外、つまり、図面枠や注釈の大きさ、線種やハッチングの間隔になります。ここでは、その大きさや間隔の考え方を解説します。

**【図面枠】**

図面枠は縮尺の逆数をかけた大きさで作図します。たとえばA1の図面枠（横841mm、縦594mm）で縮尺が1:100なら、図面枠はA1の100倍の大きさとなり、横84100（841×100）、縦59400（594×100）となります。1:200なら、200倍の大きさです。

1:100の図面枠　1:200の図面枠

**【文字】**

文字の作図も同様に、文字の大きさに縮尺の逆数をかけます。たとえば図面の縮尺が1:100で、20mmの文字を作図するには、20mmを100倍して、文字の高さに「2000」を入力します。1:200なら200倍で「4000」です。

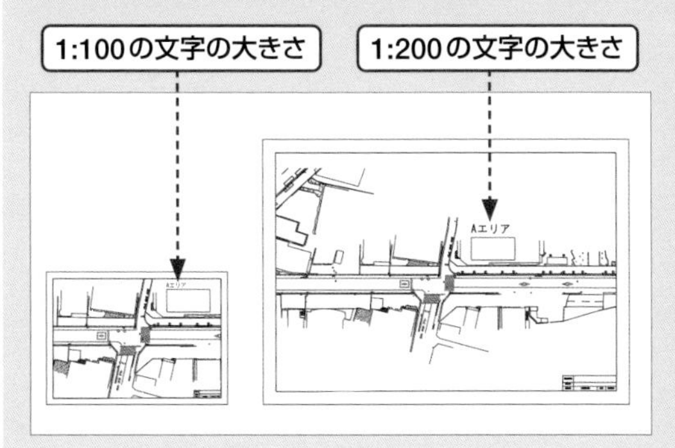
1:100の文字の大きさ
1:200の文字の大きさ
Aエリア

**【寸法】**

寸法の大きさは、寸法スタイルの[全体の尺度]に縮尺の逆数を入力します。1:100なら「100」を入力すると、寸法が100倍になります。

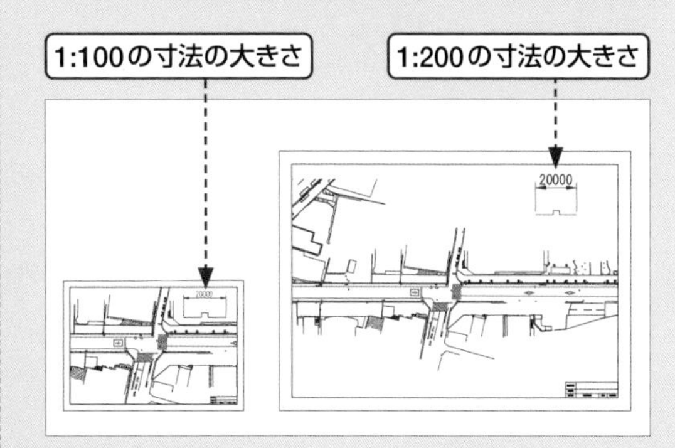
1:100の寸法の大きさ
1:200の寸法の大きさ
20000

**【線種】**

線種の間隔は、線種管理の[グローバル線種尺度]に図面の縮尺の逆数を入力します。1:100なら「100」を入力すると、線種の間隔が100倍になります。

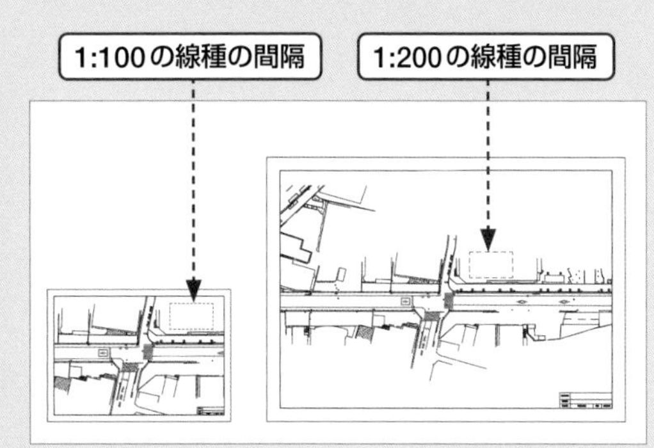
1:100の線種の間隔
1:200の線種の間隔

**【ハッチング】**

ハッチングの間隔は、リボンの[ハッチングパターンの尺度]に図面の縮尺の逆数を入力します。1:100なら「100」を入力すると、ハッチングの間隔が100倍になります。

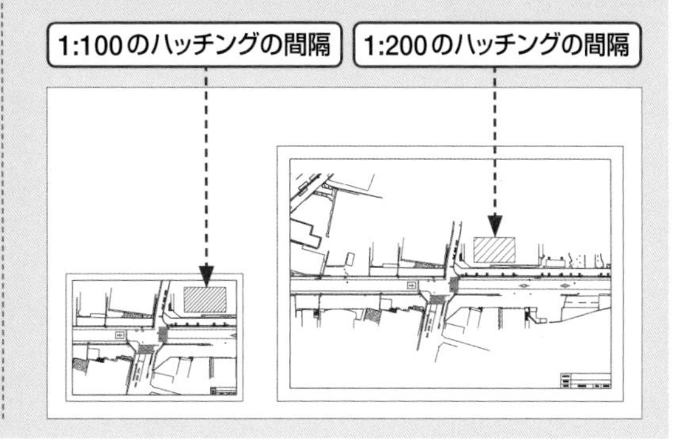
1:100のハッチングの間隔
1:200のハッチングの間隔

# Q 297 用紙枠や図面枠を作成したい!

**A 用紙サイズで長方形を作図して図面の縮尺の逆数をかけます。**

用紙枠や図面枠を作成するには、用紙サイズの長方形を作図し、[尺度変更] コマンドで図面の縮尺をかけます。モデル空間は無限に広がっているので、作図する範囲の目安として、用紙枠を作成するとよいでしょう。

参照 ▶ Q 074 サンプル ▶ 297.dwg

1 [▼] をクリックし、

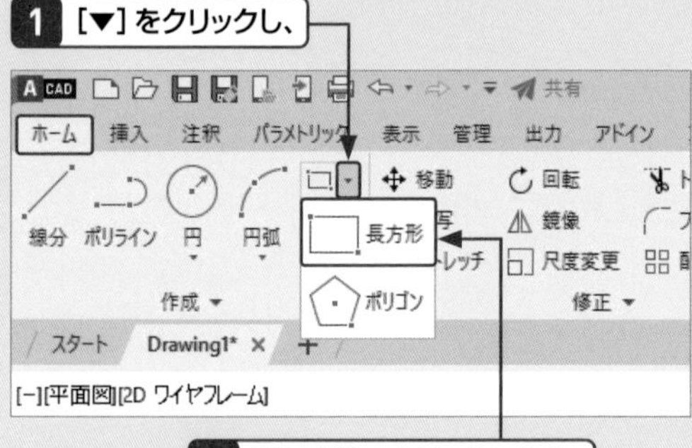
ホーム
挿入
注釈
パラメトリック
表示
管理
出力
アドイン
移動
回転
線分
ポリライン
円
円弧
長方形
ポリゴン
鏡像
尺度変更
作成
修正
スタート
Drawing1*
[-][平面図][2D ワイヤフレーム]

2 [長方形] をクリックします。

3 用紙枠の左下点を指定します(ここでは原点「#0,0」を入力)。

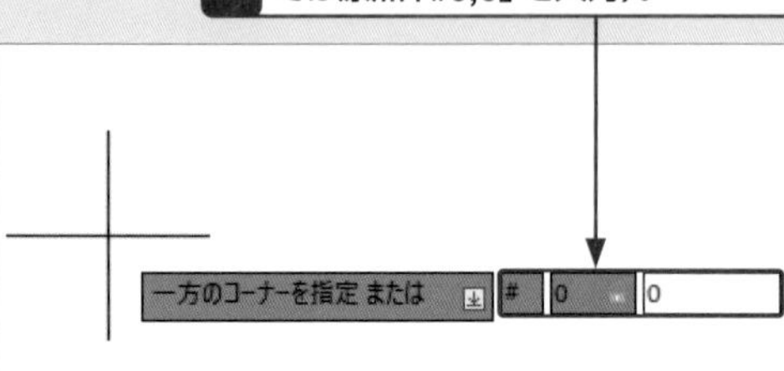
一方のコーナーを指定 または
#
0
0

4 用紙枠の大きさを相対座標で入力します(ここではA1サイズとして「841,594」)。

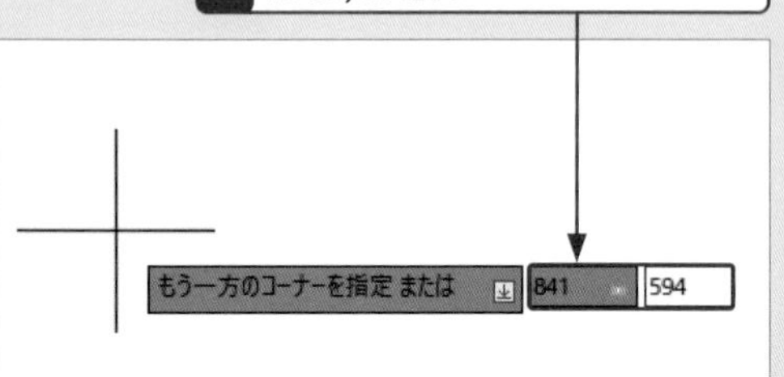
もう一方のコーナーを指定 または
841
594

5 [オフセット] コマンドなどで図面枠を作成します([オフセット] の場合、平行線を作成する側で、長方形の内側をクリックします)。

6 [尺度変更] をクリックします。

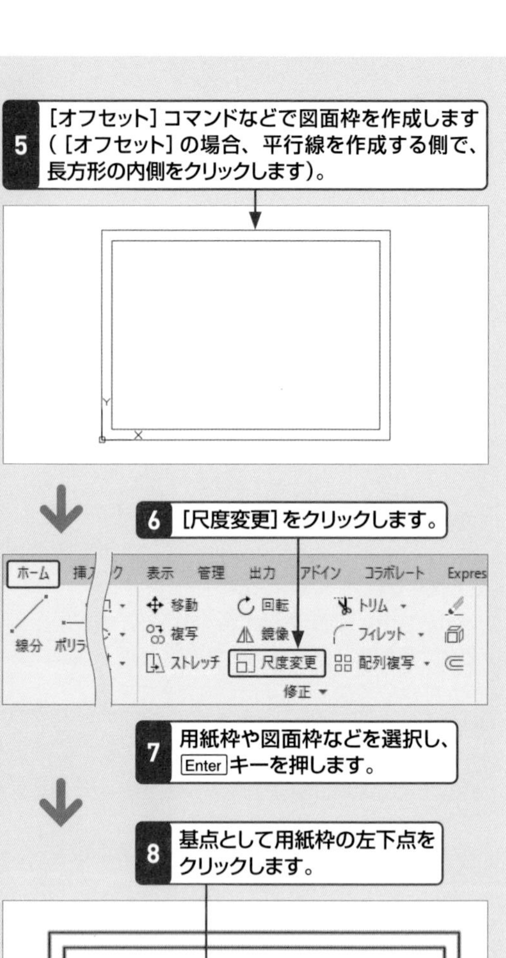
ホーム
表示
管理
出力
アドイン
コラボレート
移動
回転
トリム
複写
鏡像
フィレット
ストレッチ
尺度変更
配列複写
修正
線分
ポリライン

7 用紙枠や図面枠などを選択し、Enter キーを押します。

8 基点として用紙枠の左下点をクリックします。

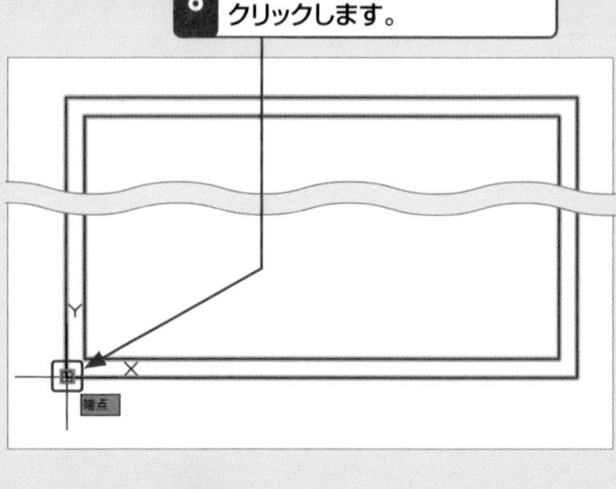
端点

9 尺度に図面の縮尺の逆数を入力し(ここでは1:100の縮尺として「100」)、Enter キーを押します。

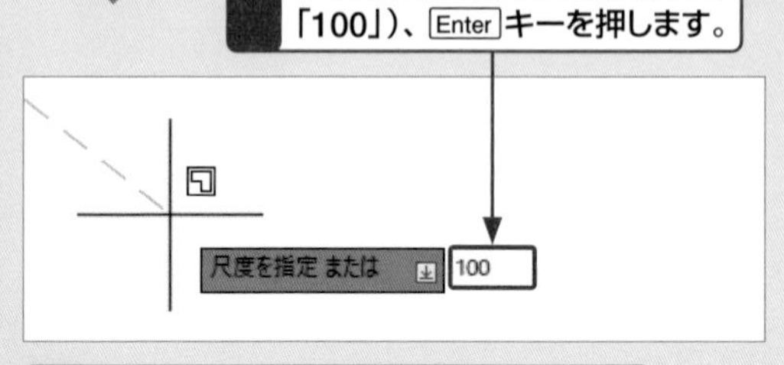
尺度を指定 または
100

10 用紙枠や図面枠が図面の縮尺の大きさに設定されます。

# Q 298 1つの図面に2つ以上の縮尺を使いたい！

**A それぞれの図で注釈に縮尺を設定し、レイアウトを使用します。**

参照▶Q 222,274

1つの図面に2つ以上の縮尺を使うには、それぞれの図で注釈（文字や寸法）に縮尺を設定し、レイアウトを使用して図面を作成します。

図面に1:200、1:50の縮尺を使う場合について説明します。

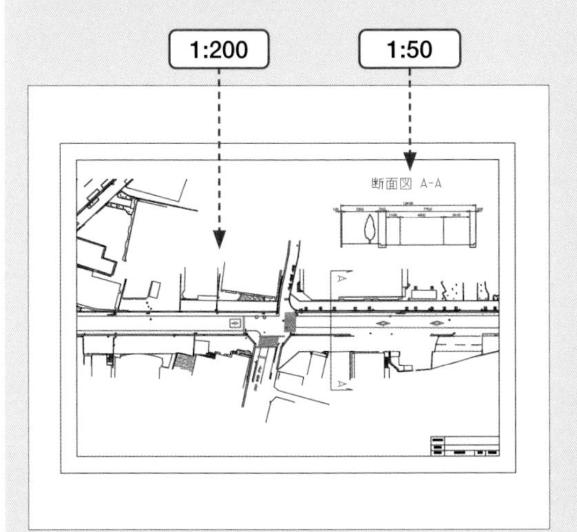
1:200
1:50
断面図 A-A

設計対象物は実寸で作図するので、実際には下図のような大きさで作図を行います。

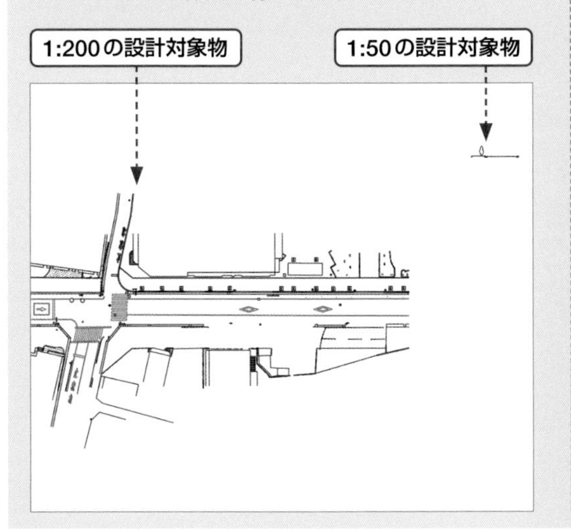
1:200の設計対象物
1:50の設計対象物

1:200の図は、注釈の大きさを200倍で作図し、1:50の図は、注釈の大きさを50倍で作図します。

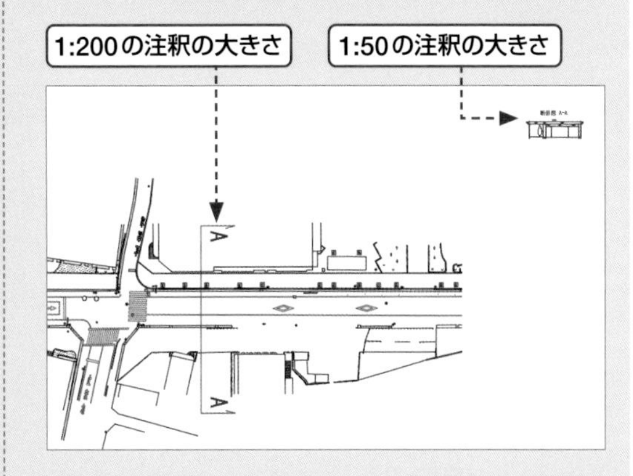
1:200の注釈の大きさ
1:50の注釈の大きさ

1:200の注釈にくらべて、1:50の注釈は小さくなっていますが、1:50の図をズームなどで拡大すると確認できます。

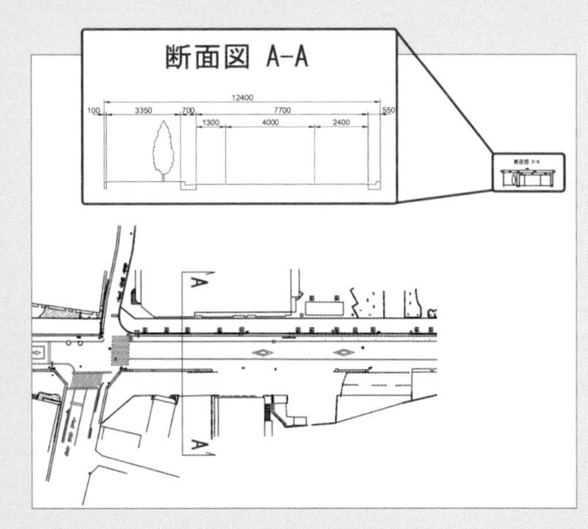
断面図 A-A
12400
100
3350
700
7700
550
1300
4000
2400

この2つの図（1:200と1:50）を、レイアウトのビューポートを使用して配置します。詳細については、「12章 レイアウトと印刷」を参照してください。

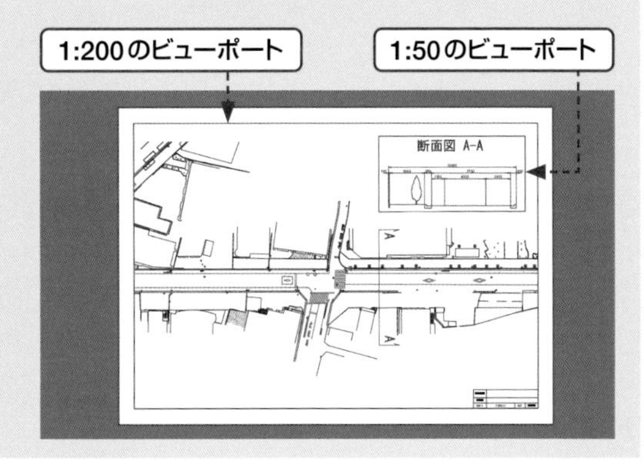
1:200のビューポート
1:50のビューポート
断面図 A-A

# Q 299 注釈尺度とは？

**A 注釈の大きさを[注釈尺度]を選択してコントロールする機能です。**

参照▶Q 300,301

[注釈尺度]とは、ステータスバーにある[注釈尺度]から図面の縮尺を選択することにより、注釈の大きさや線種やハッチングの間隔をコントロールする機能です。

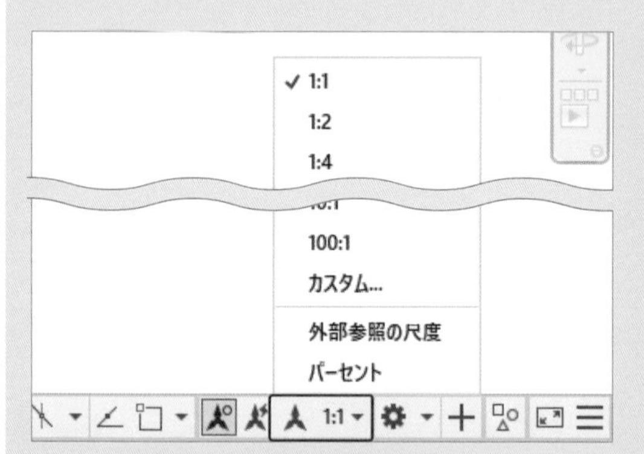

✓ 1:1
1:2
1:4
100:1
カスタム...
外部参照の尺度
パーセント
1:1


AutoCADでは、注釈の大きさや線種などに縮尺を設定します。たとえば文字を作図する場合、文字の大きさはユーザが計算して入力する必要があります。図面の縮尺が1:100で、20mmの文字を作図するには、20mmを100倍して、文字の高さに「2000」を入力します。1:200なら200倍で「4000」です。

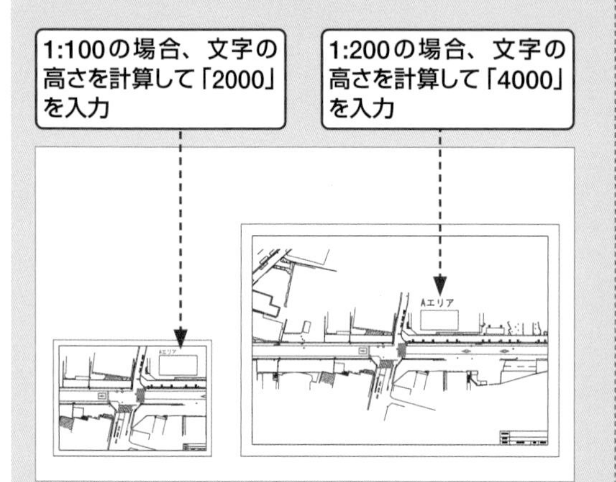

1:100の場合、文字の高さを計算して「2000」を入力
1:200の場合、文字の高さを計算して「4000」を入力
Aエリア


この「ユーザが注釈の大きさを計算する（設定する）」という作業を省略することができるのが、[注釈尺度]の機能です。

**【文字】**

文字の大きさは、印刷時の文字の大きさを入力します。20mmの文字を作図するには、そのまま「20」と入力します。ただし、[異尺度対応]の文字スタイルを使用する必要があります。

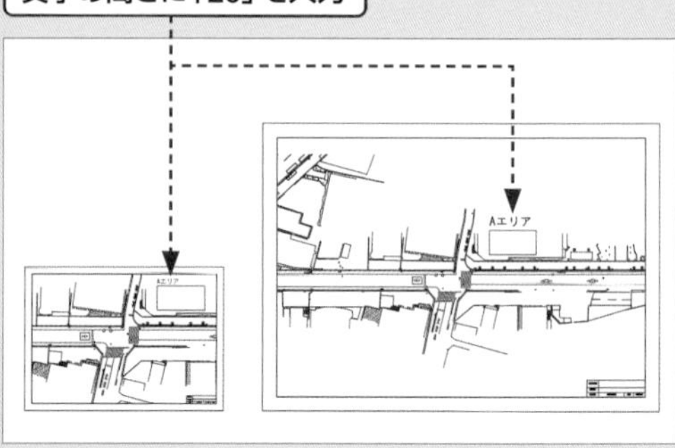

文字の高さに「20」を入力
Aエリア


**【寸法】**

[異尺度対応]の寸法スタイルを使用すれば、自動的に寸法の大きさが設定されます。

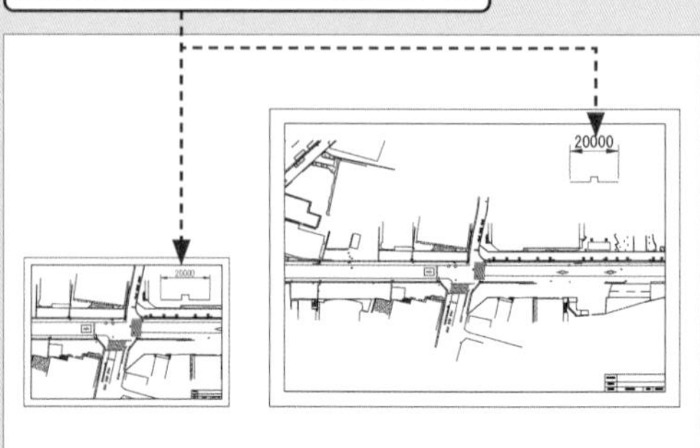

自動的に寸法の大きさが設定される
20000


**【ハッチング】**

ハッチングの作図時に[異尺度対応]をオンにすることで、自動的に間隔が設定されます。

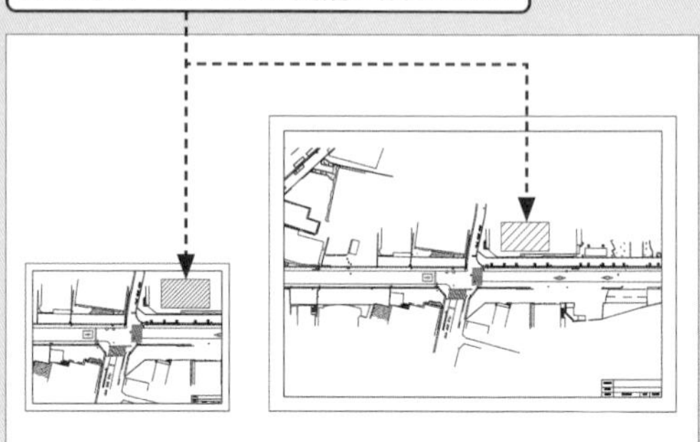

自動的にハッチングの間隔が設定される

# Q 300 注釈尺度で文字や寸法を作図したい!

## A スタイルの［異尺度対応］を設定します。

注釈尺度を使用して文字や寸法を作図するには、［異尺度対応］を設定した文字スタイルや寸法スタイルを使用します。文字の高さには印刷時の文字の大きさを入力してください。　サンプル▶300.dwg

1 ［注釈］タブをクリックし、

ホーム
挿入
注釈
パラメトリック
表示
管理
出力
アドイン
Standard
ISO-25
マルチテキスト
寸法記入
2.5
文字
長さ寸法


2 ［文字スタイル管理］をクリックします。

3 文字スタイルを選択し、

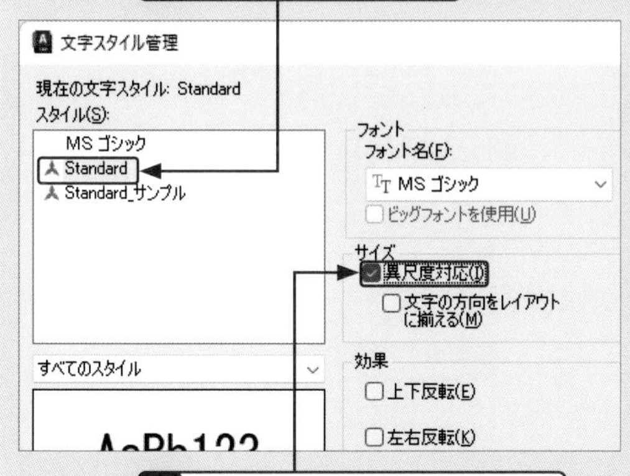

文字スタイル管理
現在の文字スタイル: Standard
スタイル(S):
MS ゴシック
Standard
Standard_サンプル
フォント
フォント名(F):
MS ゴシック
ビッグフォントを使用(U)
サイズ
異尺度対応(I)
文字の方向をレイアウトに揃える(M)
すべてのスタイル
効果
上下反転(E)
左右反転(K)

4 ［異尺度対応］にチェックを入れ、画面下部の［適用］ボタン、［閉じる］ボタンをクリックします。

5 ［注釈］タブをクリックし、

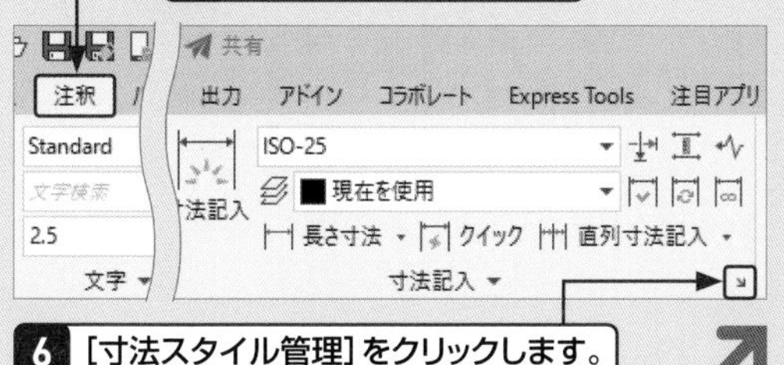

共有
注釈
出力
アドイン
コラボレート
Express Tools
注目アプリ
Standard
ISO-25
現在を使用
2.5
寸法記入
長さ寸法
クイック
直列寸法記入
文字


6 ［寸法スタイル管理］をクリックします。

7 寸法スタイルの名前を選択し、［修正］ボタンをクリックします。

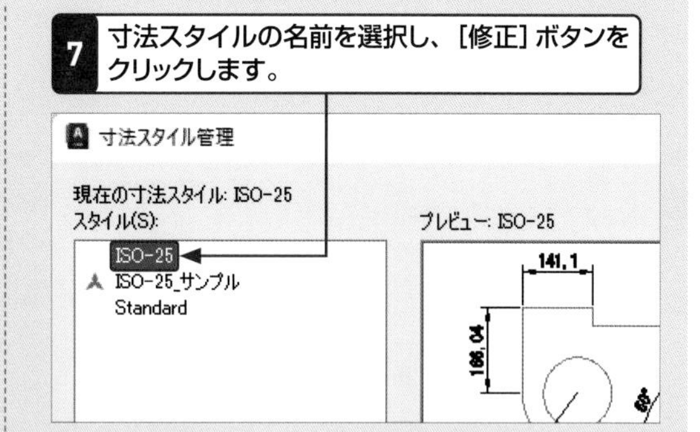

寸法スタイル管理
現在の寸法スタイル: ISO-25
スタイル(S):
プレビュー: ISO-25
ISO-25
ISO-25_サンプル
Standard


8 ［フィット］タブの［異尺度対応］にチェックを入れます。

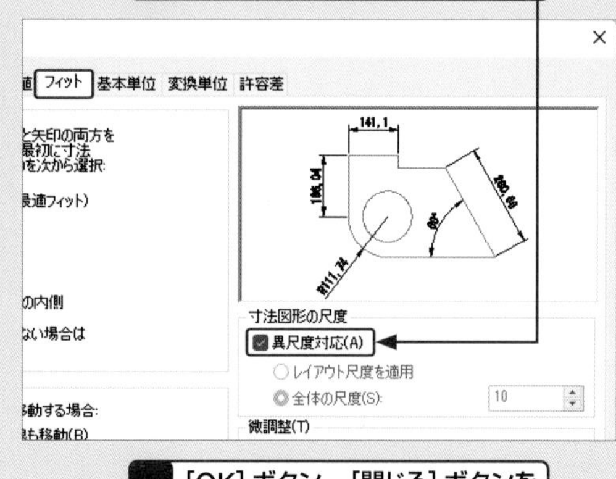

フィット
基本単位
変換単位
許容差
寸法図形の尺度
異尺度対応(A)
レイアウト尺度を適用
全体の尺度(S):
10
微調整(T)


9 ［OK］ボタン、［閉じる］ボタンをクリックします。

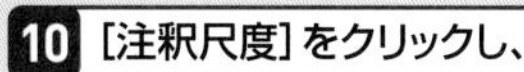

10 ［注釈尺度］をクリックし、

1:50
1:100
2:1
パーセント
1:1


11 図面の縮尺を選択します（ここでは［1:100］）。

12 ［異尺度対応］のスタイルを選択します。

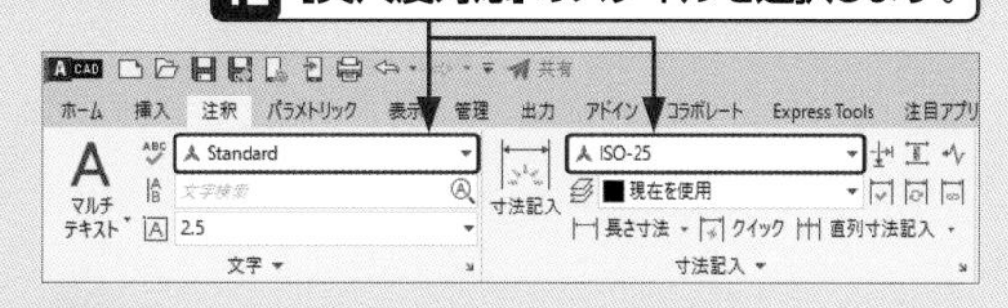

13 文字や寸法を作図します。

AutoCAD の概要
基本操作
線の作図と編集
図形の作図と挿入
図形の変形と移動
図形の選択と削除
画層とプロパティ
文字の作成
寸法の作成
注釈の作成
数値計測とブロック図形
レイアウトと印刷

# Q 301 文字や寸法に注釈尺度を設定したい！

**A** 注釈尺度を設定したスタイルに変更して注釈尺度を設定します。

既に作図された文字や寸法に注釈尺度を設定するには、プロパティパレットで注釈尺度を設定したスタイルに変更し、[異尺度対応の尺度] から注釈尺度を設定します。

サンプル▶301.dwg

1 [注釈尺度] をクリックし、

1:50
1:100
2:1
外部参照の尺度
パーセント
1:1

2 図面の縮尺を選択します（ここでは [1:100]）。

3 [表示] タブをクリックし、

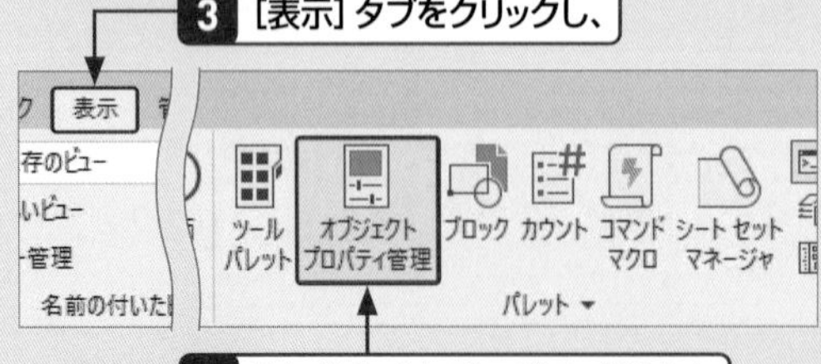
表示
ツール パレット
オブジェクト プロパティ管理
ブロック
カウント
コマンド マクロ
シート セット マネージャ
パレット

4 [オブジェクトプロパティ管理] をクリックしてオンにします。

5 文字をクリックして選択し、スタイルを異尺度対応のスタイル（ここでは [異尺度対応]）に変更します。

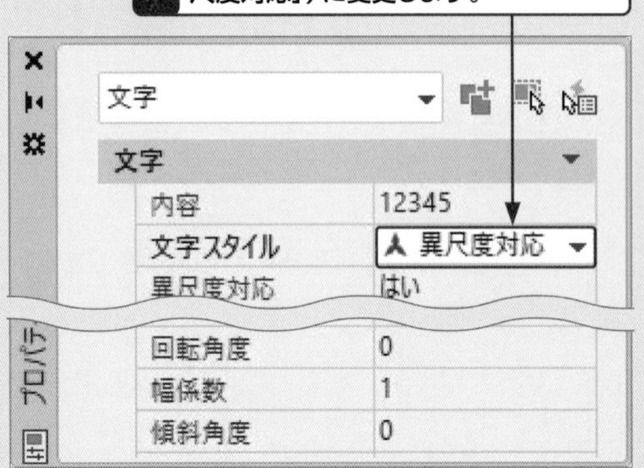
文字
文字
内容 12345
文字スタイル 異尺度対応
異尺度対応 はい
回転角度 0
幅係数 1
傾斜角度 0

6 [異尺度対応の尺度] が1:100になっていることを確認します。

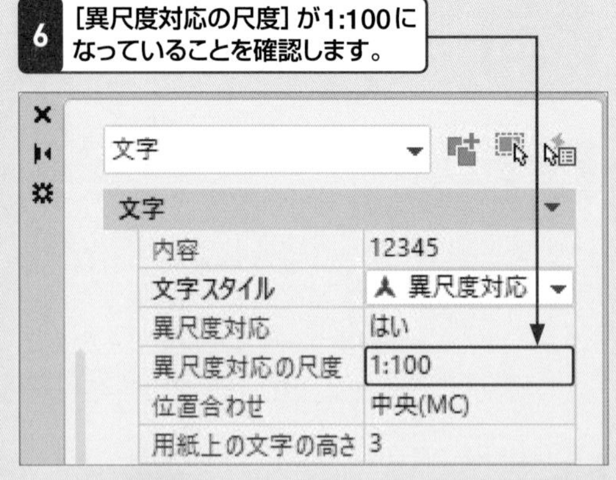
文字
文字
内容 12345
文字スタイル 異尺度対応
異尺度対応 はい
異尺度対応の尺度 1:100
位置合わせ 中央(MC)
用紙上の文字の高さ 3

7 Escキーを押して、文字の選択を解除します。

8 寸法をクリックして選択し、スタイルを異尺度対応のスタイル（ここでは [異尺度対応]）に変更します。

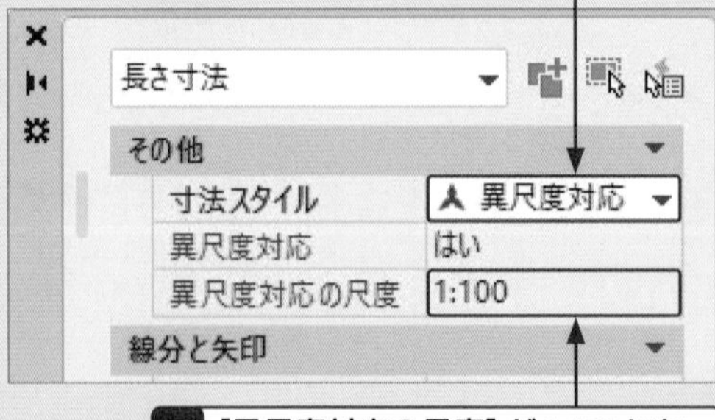
長さ寸法
その他
寸法スタイル 異尺度対応
異尺度対応 はい
異尺度対応の尺度 1:100
線分と矢印

9 [異尺度対応の尺度] が1:100になっていることを確認します。

10 Escキーを押して、寸法の選択を解除します。

11 文字や寸法に注釈尺度が設定されます。

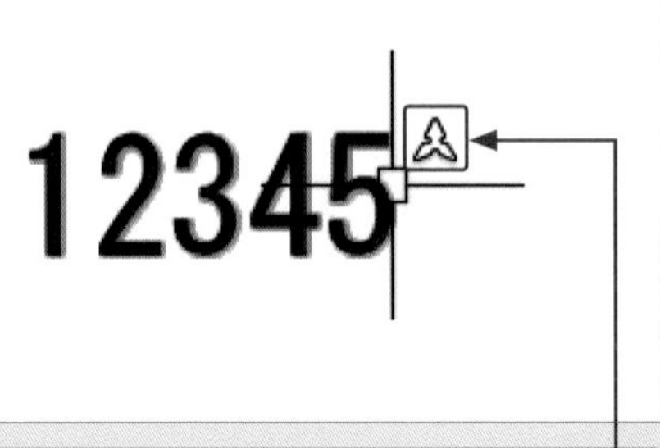
12345

12 カーソルを近づけると異尺度対応のマークが表示されます。

# 11

# 数値計測とブロック図形

# Q302 2点指示で長さを測りたい!

## A [計測]の[距離]を実行します。

2点指示で長さを測るには、[計測]の[距離]を実行します。2点間の長さのほか、X方向／Y方向の長さ、角度なども表示されます。 サンプル▶302.dwg

1 [計測▼]をクリックし、

2 [距離]をクリックします。

3 1点目をクリックし、

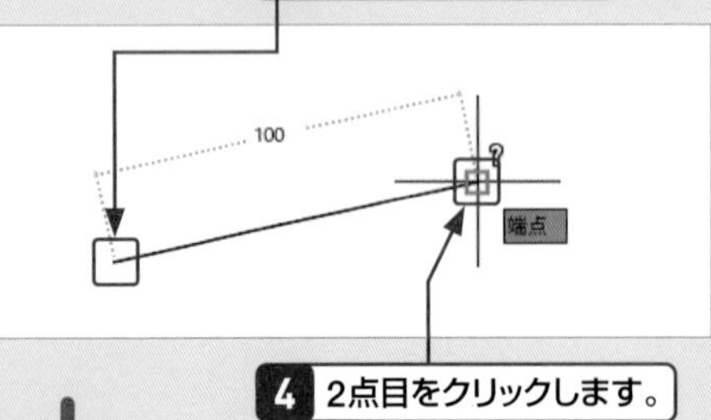

4 2点目をクリックします。

5 長さが表示されます。

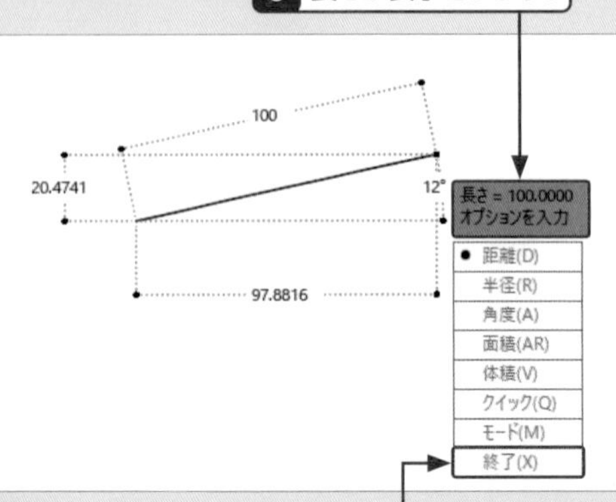

6 [終了]をクリックして、コマンドを終了します。



# Q303 図形の長さを測りたい!

## A プロパティパレットの[長さ]を確認します。

長さを測るには、プロパティパレットの[長さ]を確認します。長さは線分や円、円弧、ポリラインなどで確認することが可能です。 サンプル▶303.dwg

1 [表示]タブをクリックし、

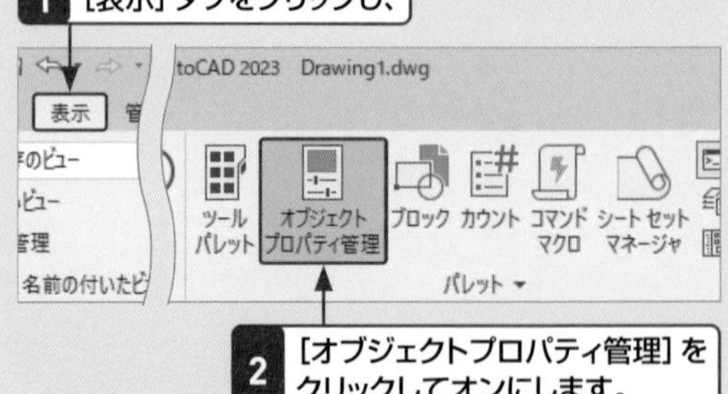

2 [オブジェクトプロパティ管理]をクリックしてオンにします。

3 長さを測る図形(ここではポリライン)をクリックして選択します。

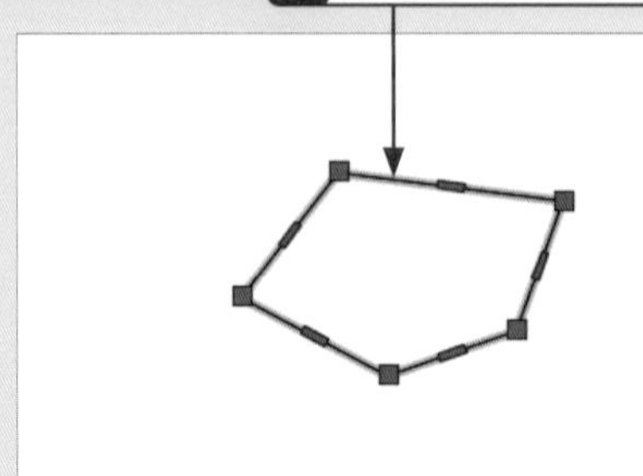

4 [長さ]を確認します。

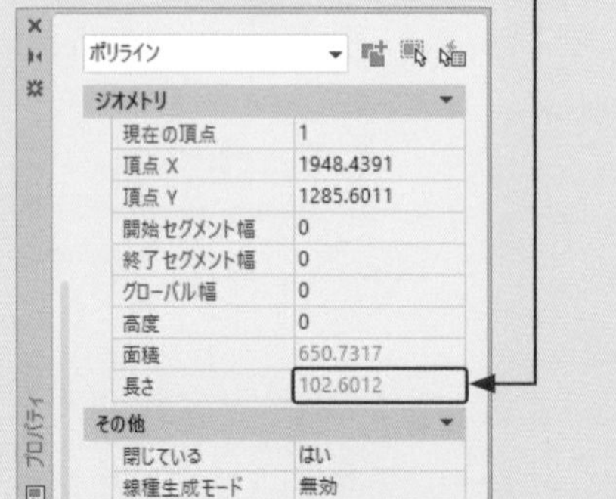

計測／確認　重要度 ★★★

## Q304 座標を測りたい！

**A** 座標系を確認して［位置表示］を実行します。

座標を測るには、計測に用いる座標系（WCS、UCS）を確認し、［位置表示］を実行します。設定されている座標系によって、計測される座標が違ってくるので注意をしてください。 サンプル▶304.dwg

**1** 計測に用いる座標系を確認します（ここではWCS）。

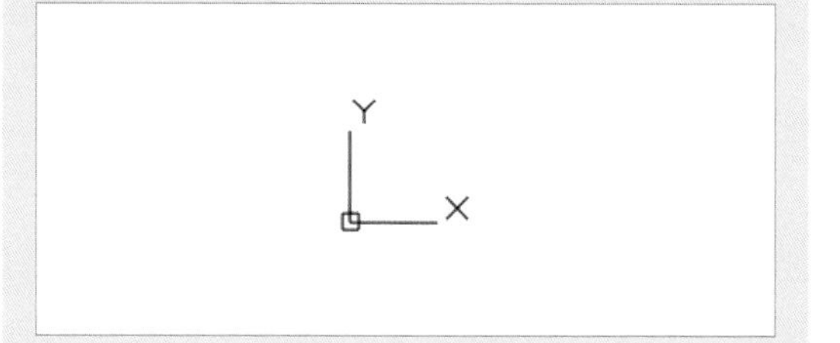

Y
X


**2** ［ユーティリティ▼］→［位置表示］をクリックします。

ホーム
線分
ポリライン
グループ
計測
貼り付け
クリップボード
スタート
位置表示
点スタイル管理...
ユーティリティ


**3** 計測する点をクリックします。

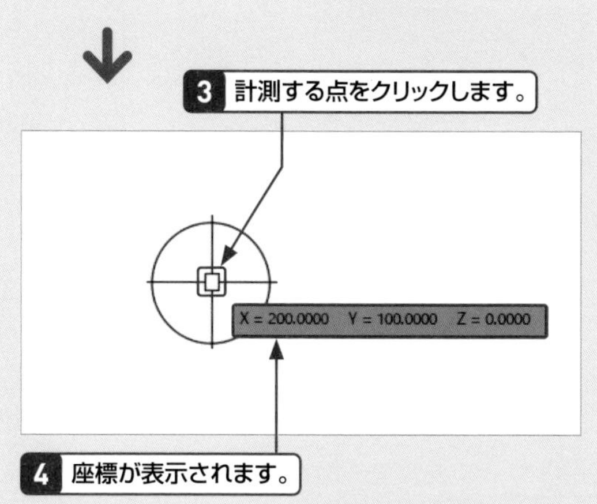

X = 200.0000 Y = 100.0000 Z = 0.0000


**4** 座標が表示されます。

計測／確認　重要度 ★★★

## Q305 面積を測りたい！

**A** ポリラインを作図してプロパティパレットの［面積］を確認します。

面積を測るには、その範囲にポリラインやリージョンを作図し、プロパティパレットの［面積］を確認します。また、ハッチングでも面積を確認することが可能です。 サンプル▶305.dwg

**1** ［ポリライン］や［境界作成］などで、ポリラインやリージョンを作図します。

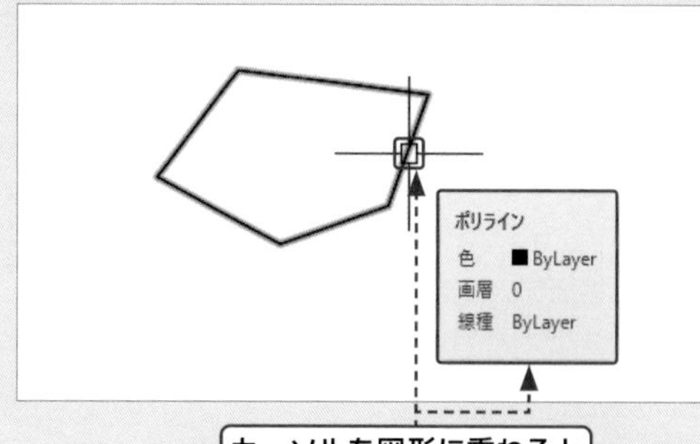

ポリライン
色 ByLayer
画層 0
線種 ByLayer


カーソルを図形に重ねるとプロパティが表示されます。

**2** ［表示］タブをクリックし、

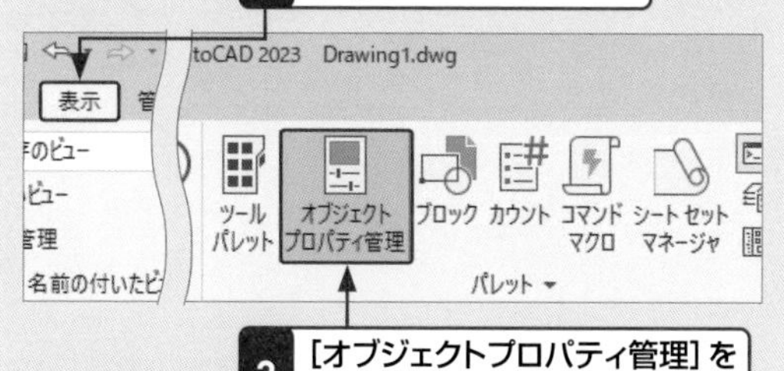

toCAD 2023 Drawing1.dwg
表示
ツール パレット
オブジェクト プロパティ管理
ブロック
カウント
コマンド マクロ
シート セット マネージャ
パレット


**3** ［オブジェクトプロパティ管理］をクリックしてオンにします。

**4** ポリラインやリージョンを選択し、［面積］を確認します。

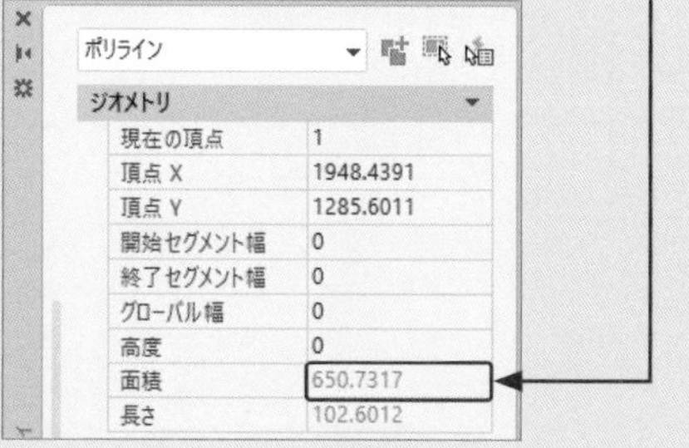

ポリライン
ジオメトリ
現在の頂点 1
頂点 X 1948.4391
頂点 Y 1285.6011
開始セグメント幅 0
終了セグメント幅 0
グローバル幅 0
高度 0
面積 650.7317
長さ 102.6012

# Q 306 面積の足し算／引き算をしたい！

## A [計測]から[面積]を実行してオプションを使用します。

面積の足し算/引き算をするには、[計測] から [面積] を実行し、[面積を加算] や [面積を減算]、[オブジェクト]のオプションを使用します。

サンプル ▶ 306.dwg

1 [計測▼] をクリックし、

2 [面積] をクリックします。

3 作図領域を右クリックし、メニューから[面積を加算] を選択します。

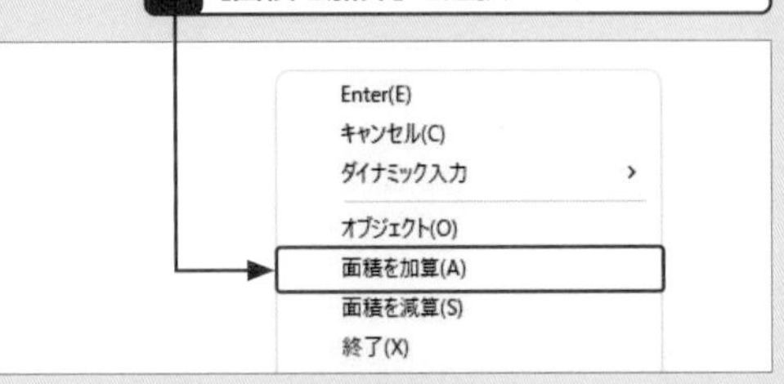

4 作図領域を右クリックし、メニューから[オブジェクト] を選択します。

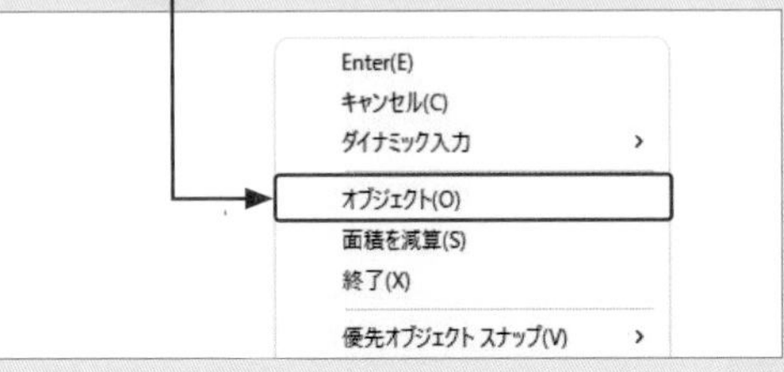

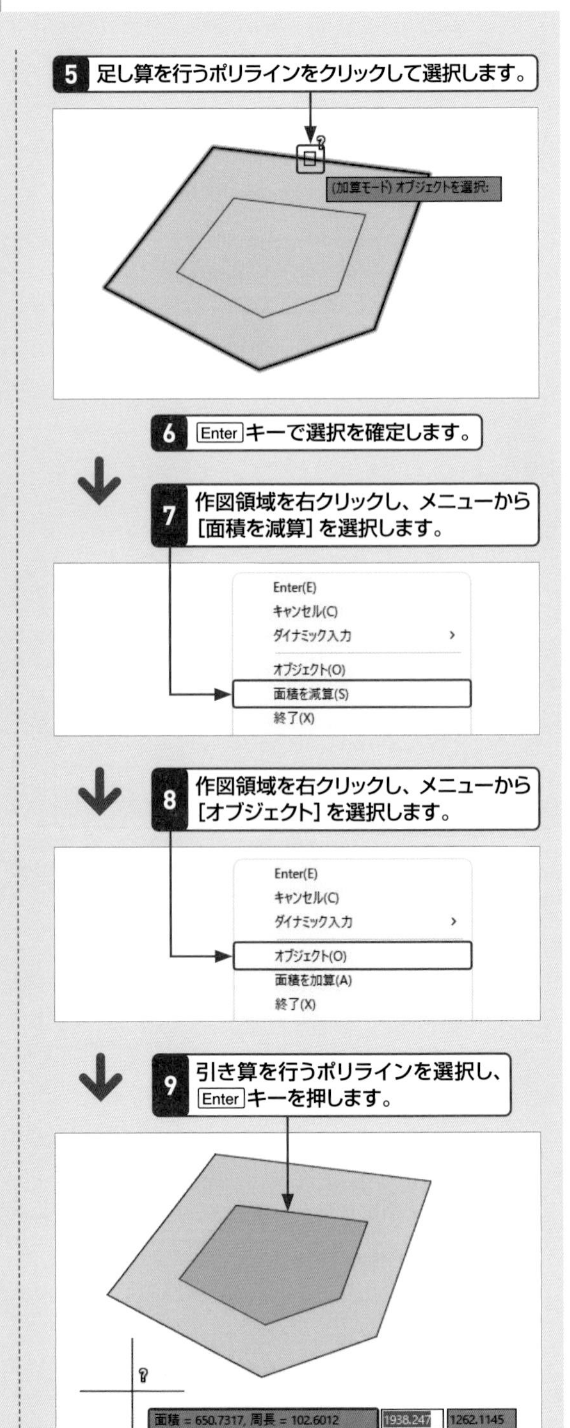

5 足し算を行うポリラインをクリックして選択します。

6 Enter キーで選択を確定します。

7 作図領域を右クリックし、メニューから[面積を減算] を選択します。

8 作図領域を右クリックし、メニューから[オブジェクト] を選択します。

9 引き算を行うポリラインを選択し、Enter キーを押します。

10 面積が表示されます。Enter キーを押し、オプションから [終了] を選択してコマンドを終了します。

AutoCADの概要 基本操作 線の作図と編集 図形の作図と挿入 図形の変形と移動 図形の選択と削除 画層とプロパティ 文字の作成 寸法の作成 注釈の作成 数値計測とブロック図形 レイアウトと印刷

# Q307 計測した値をコマンドに入力したい!

## A [クイック計算]を実行します。

計測した値をコマンドに入力するには、[クイック計算]を実行し、計測を行ったあと、コマンドウィンドウに値を貼り付けます。 サンプル ▶ 307.dwg

**1** [クイック計算]をクリックし、オンにします。

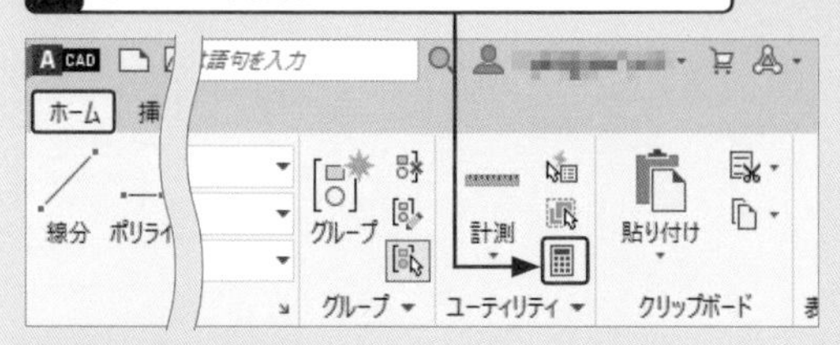

**2** 計算結果に値が入っている場合は、[クリア]をクリックします。

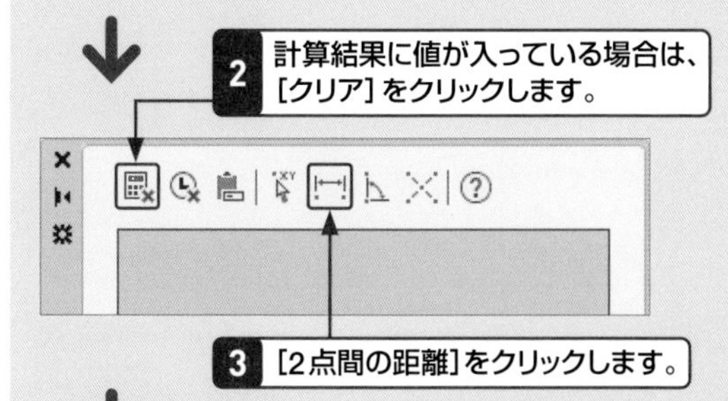

**3** [2点間の距離]をクリックします。

**4** 2点をクリックします。

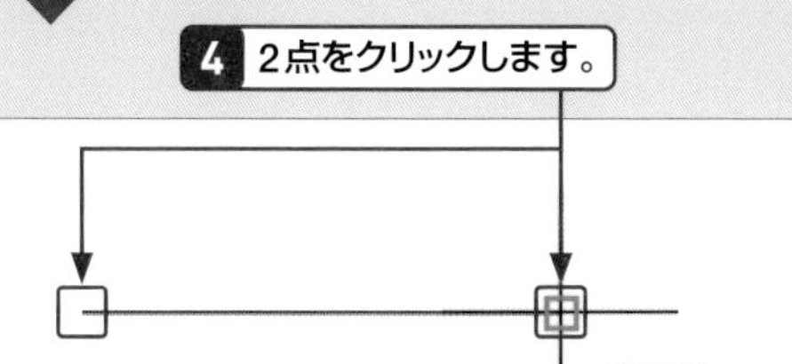
端点

**5** 計測された長さが表示されます。

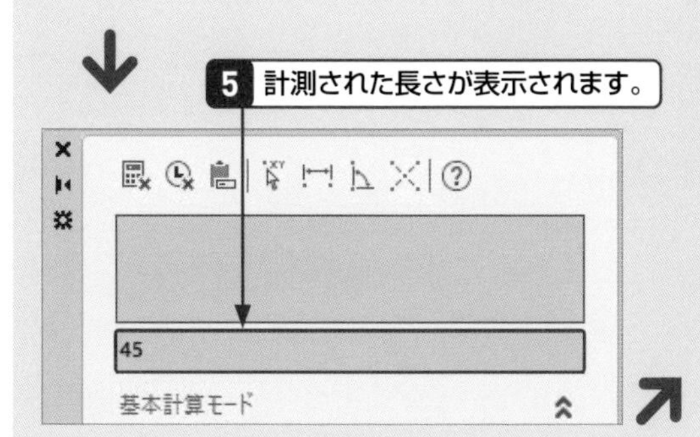
45
基本計算モード

**6** 使用したいコマンドを実行し、計測値を入力する操作まで進めます(ここでは[線分]を実行し、長さを入力する操作まで進めています)。

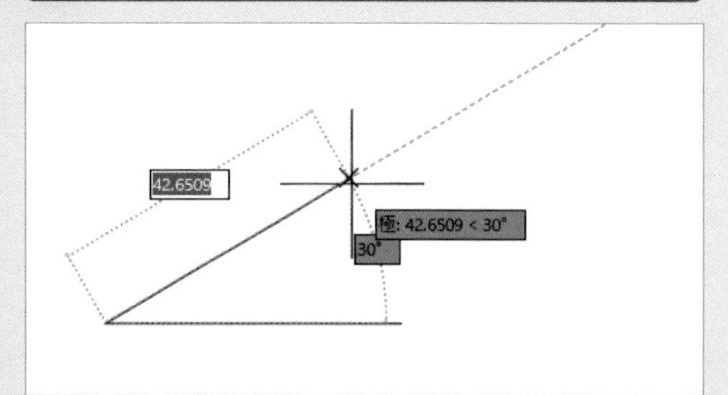
42.6509
極: 42.6509 < 30°
30°

**7** [コマンドラインに値を貼り付け]をクリックします。

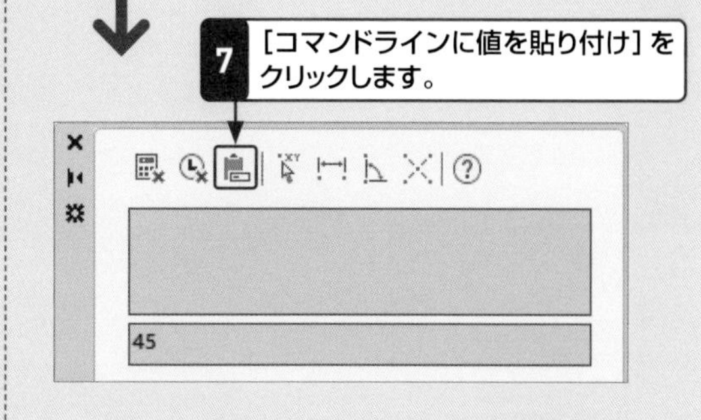
45

**8** コマンドウィンドウに値が入力されます。

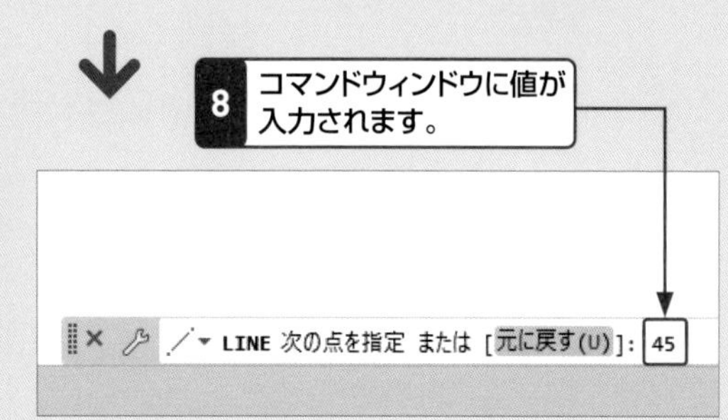
LINE 次の点を指定 または [元に戻す(U)]: 45

**9** Enter キーを押して、入力を確定します。

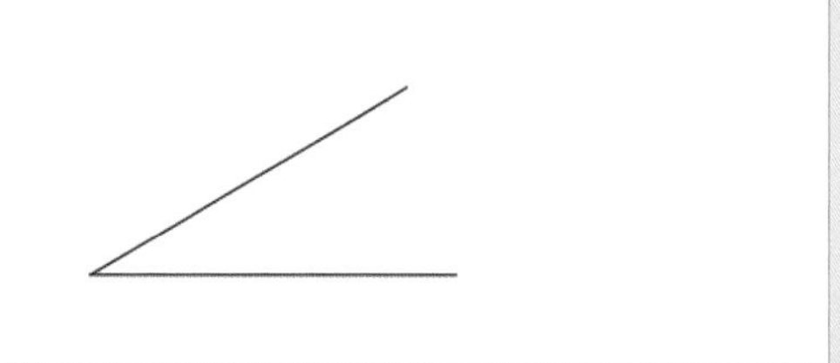

**10** 計測した値を使用した作図が行えます(ここでは、計測値の長さを使用し、指示した角度で線分が作図されます)。

# Q 308 図形の長さや面積を文字で記入したい！

**A** 文字にフィールドを作成して図形の長さや面積を取得します。

図形の長さや面積を文字で記入するには、文字にフィールドを作成します。フィールドで長さや面積を取得できるポリラインなどを指定することにより、計測値を自動的に文字に記入することができます。

参照▶Q 309 サンプル▶308.dwg

1 文字の作成や編集を実行し、文字を記入する操作まで進めます。

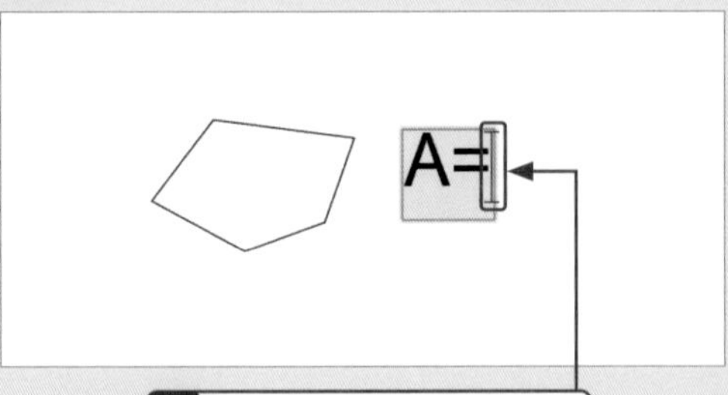
A=

2 カーソルが点滅しています。

3 右クリックし、［フィールドを挿入］を選択します。

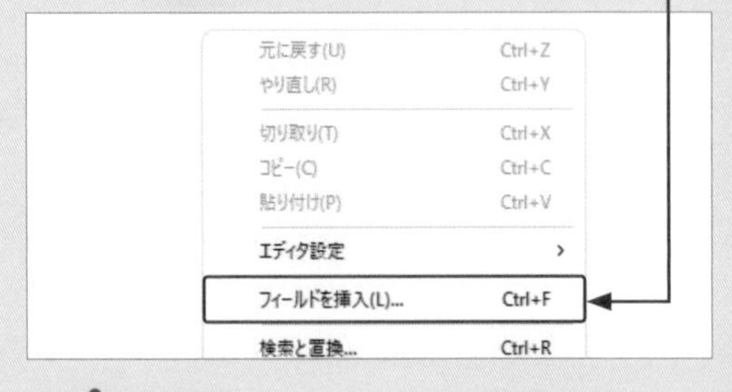
元に戻す(U) Ctrl+Z
やり直し(R) Ctrl+Y
切り取り(T) Ctrl+X
コピー(C) Ctrl+C
貼り付け(P) Ctrl+V
エディタ設定
フィールドを挿入(L)... Ctrl+F
検索と置換... Ctrl+R

4 ［オブジェクト］を選択し、

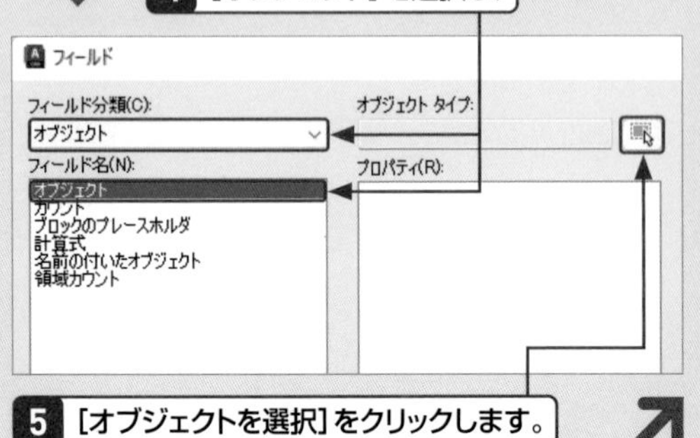
フィールド
フィールド分類(C):
オブジェクト
オブジェクト タイプ:
フィールド名(N):
プロパティ(R):
オブジェクト
カウント
ブロックのプレースホルダ
計算式
名前の付いたオブジェクト
領域カウント

5 ［オブジェクトを選択］をクリックします。

6 ポリラインなどをクリックして選択します。

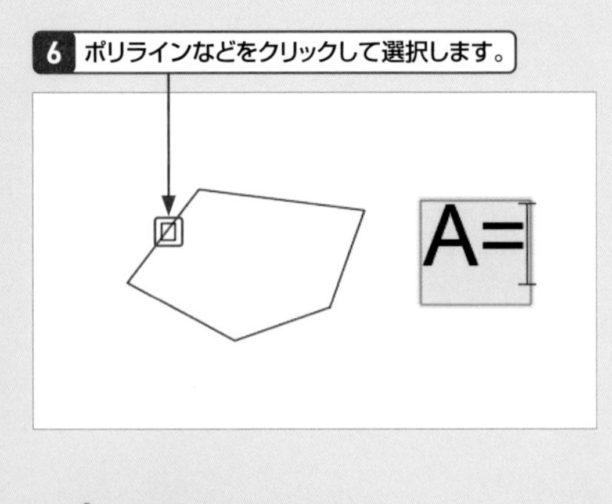
A=

7 ［面積］を選択し、

8 小数点の桁数を選択します。

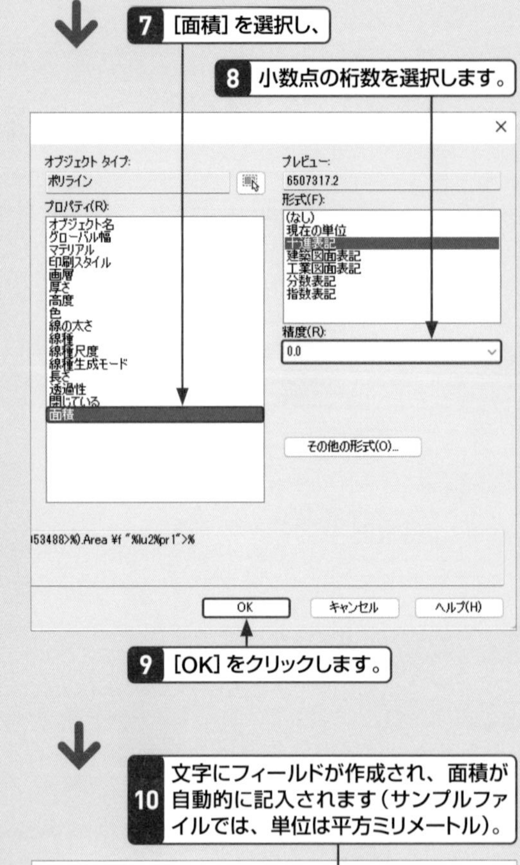
オブジェクト タイプ:
ポリライン
プレビュー:
6507317.2
プロパティ(R):
形式(F):
オブジェクト名
グローバル幅
マテリアル
印刷スタイル
画層
厚さ
高度
色
線の太さ
線種
線種尺度
線種生成モード
長さ
透過性
閉じている
面積
(なし)
現在の単位
十進表記
建築図面表記
工業図面表記
分数表記
指数表記
精度(R):
0.0
その他の形式(O)...
OK
キャンセル
ヘルプ(H)

9 ［OK］をクリックします。

10 文字にフィールドが作成され、面積が自動的に記入されます（サンプルファイルでは、単位は平方ミリメートル）。

A=6507317.2

計測／確認　重要度 ★★★

# Q309 フィールドの値をメートル単位にしたい！

**A** ［その他の形式］から［変換単位］を設定します。

ミリメートル単位で書かれている図形を、フィールドでメートル単位にしたい場合は、ダイアログで［その他の形式］から［変換単位］を設定します。

サンプル ▶ 309.dwg

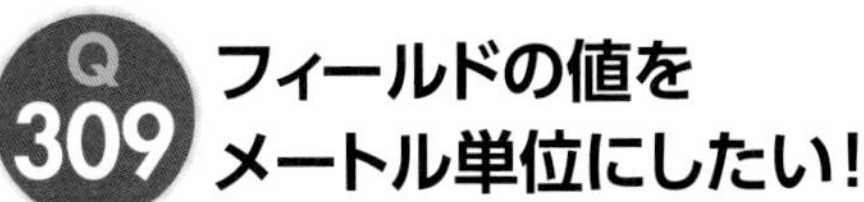

1 文字の編集を実行し、フィールドを右クリックして、

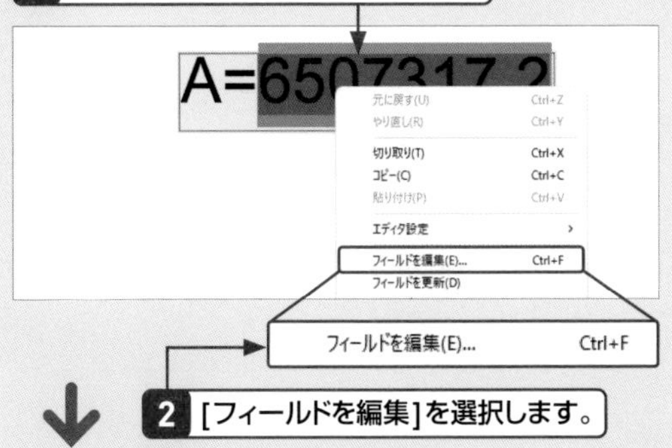

A=6507317.2
元に戻す(U) Ctrl+Z
やり直し(R) Ctrl+Y
切り取り(T) Ctrl+X
コピー(C) Ctrl+C
貼り付け(P) Ctrl+V
エディタ設定
フィールドを編集(E)... Ctrl+F
フィールドを更新(D)
フィールドを編集(E)... Ctrl+F


2 ［フィールドを編集］を選択します。

3 ［その他の形式］をクリックします。

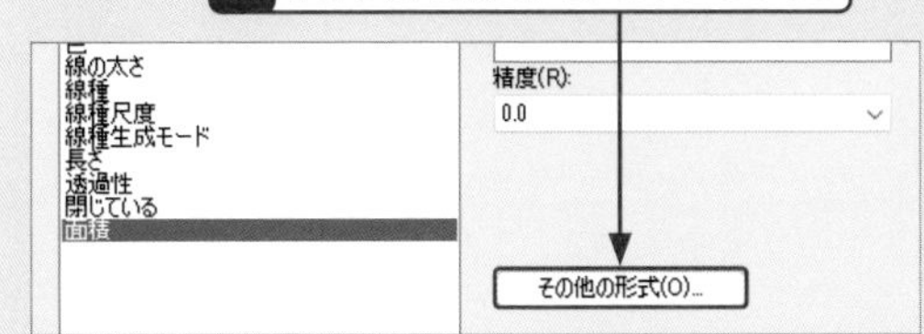

線の太さ
線種
線種尺度
線種生成モード
長さ
透過性
閉じている
面積
精度(R):
0.0
その他の形式(O)...


4 ［変換単位］に値を入力し（ここでは平方メートルにしたいので、「0.000001」）、［OK］をクリックします。

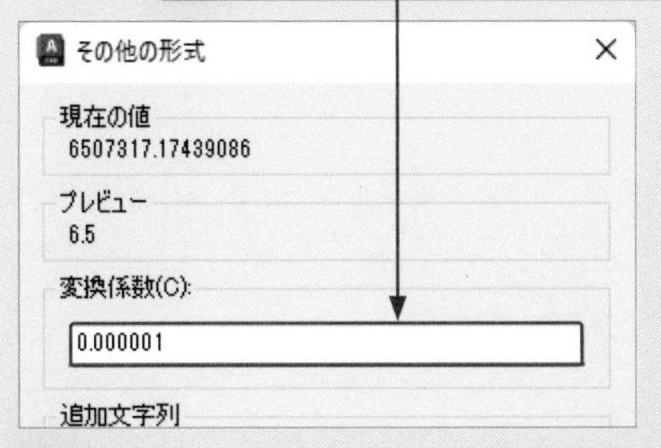

その他の形式
現在の値
6507317.17439086
プレビュー
6.5
変換係数(C):
0.000001
追加文字列


5 ［OK］をクリックし、［フィールド］のダイアログを閉じると、フィールドの値がメートル単位で表示されます。

計測／確認　重要度 ★★★

# Q310 図心を取得して作図したい！

**A** ポリラインを作図してオブジェクトスナップの［図心］を設定します。

図心を取得して作図を行うには、図心を取得する図形をポリラインで作図し、オブジェクトスナップの［図心］を設定します。

サンプル ▶ 310.dwg

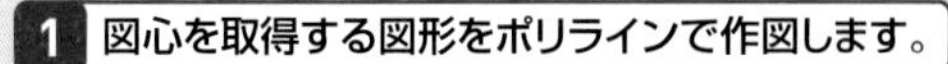

1 図心を取得する図形をポリラインで作図します。

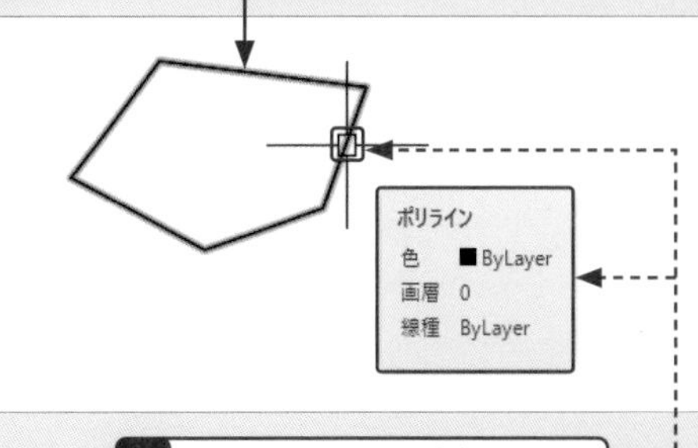

ポリライン
色 ByLayer
画層 0
線種 ByLayer


2 作図のコマンドを実行します。

カーソルを図形に重ねるとプロパティが表示されます。

3 Shift キーを押しながら右クリックし、優先オブジェクトスナップのメニューを表示します。

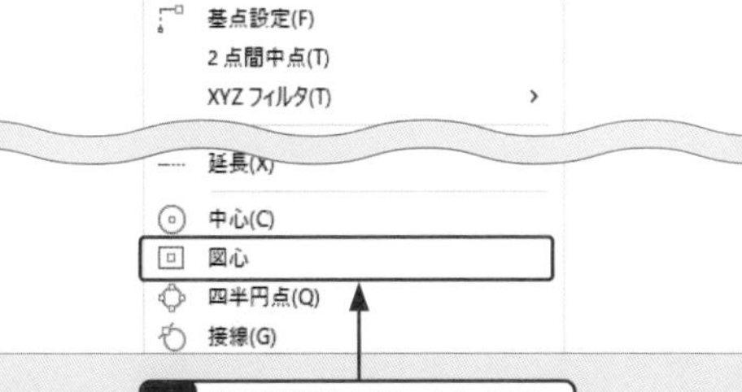

基点設定(F)
2点間中点(T)
XYZ フィルタ(T)
延長(X)
中心(C)
図心
四半円点(Q)
接線(G)


4 ［図心］をクリックします。

5 カーソルをポリラインに近づけると、［図心］のオブジェクトスナップが取得できます。

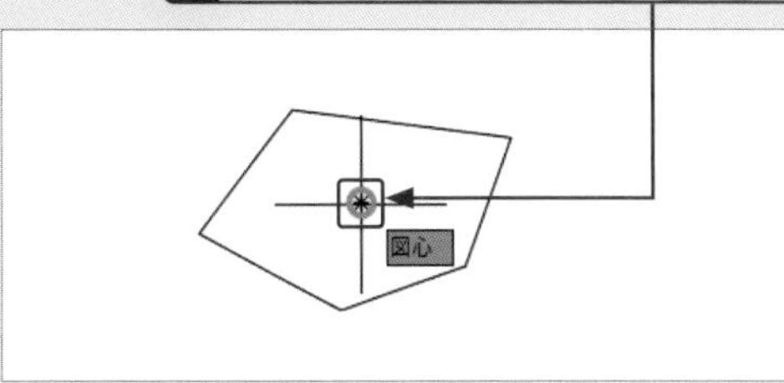

図心

# Q 311 断面性能を計測したい！

## A リージョンを作成して［マスプロパティ］を実行します。

断面性能を計測するには、ポリラインをリージョンに変換し、「MASSPROP」と入力して、［マスプロパティ］を実行します。 サンプル▶311.dwg

**1** ［作成▼］→［リージョン］をクリックします。

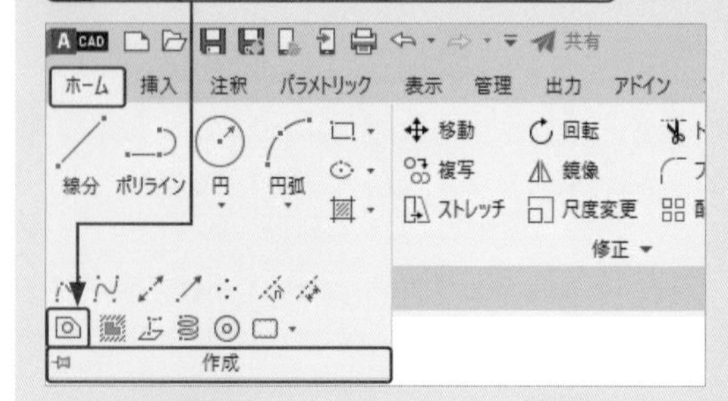
ホーム
挿入
注釈
パラメトリック
表示
管理
出力
アドイン
線分
ポリライン
円
円弧
移動
回転
複写
鏡像
ストレッチ
尺度変更
修正
作成

**2** ポリラインをクリックして選択し、Enterキーを押して確定します。

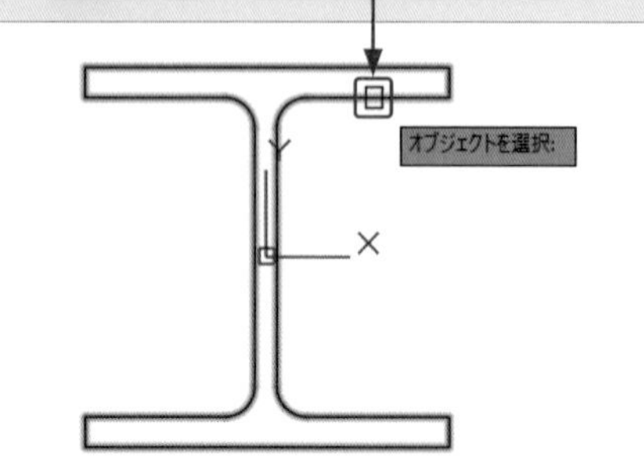
オブジェクトを選択:

**3** ポリラインが、リージョンに変換されます。

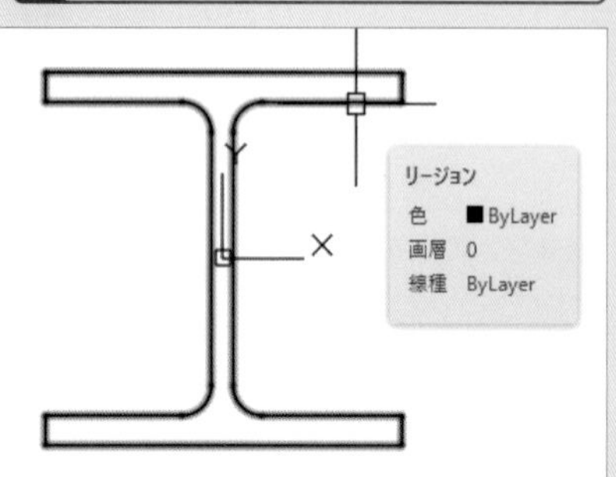
リージョン
色 ByLayer
画層 0
線種 ByLayer

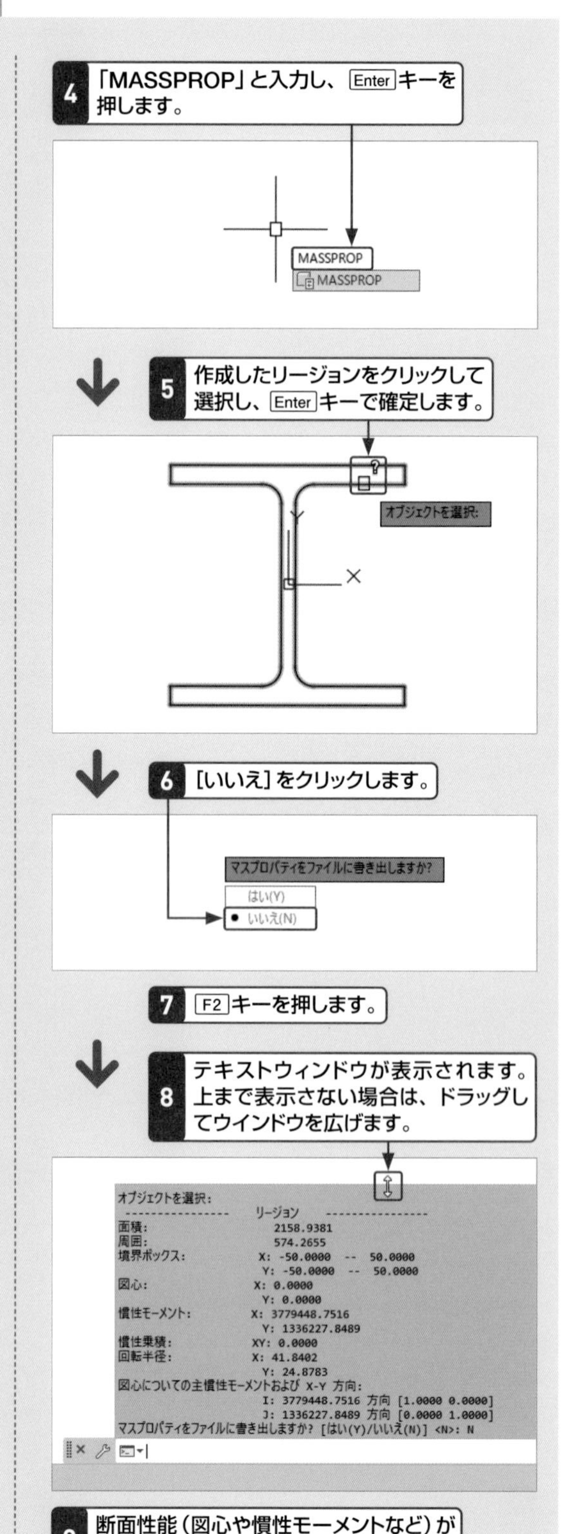

**4** 「MASSPROP」と入力し、Enterキーを押します。

MASSPROP
MASSPROP

**5** 作成したリージョンをクリックして選択し、Enterキーで確定します。

オブジェクトを選択:

**6** ［いいえ］をクリックします。

マスプロパティをファイルに書き出しますか?
はい(Y)
いいえ(N)

**7** F2キーを押します。

**8** テキストウィンドウが表示されます。上まで表示さない場合は、ドラッグしてウインドウを広げます。

オブジェクトを選択:
---------------- リージョン ----------------
面積: 2158.9381
周囲: 574.2655
境界ボックス: X: -50.0000 -- 50.0000
Y: -50.0000 -- 50.0000
図心: X: 0.0000
Y: 0.0000
慣性モーメント: X: 3779448.7516
Y: 1336227.8489
慣性乗積: XY: 0.0000
回転半径: X: 41.8402
Y: 24.8783
図心についての主慣性モーメントおよび X-Y 方向:
I: 3779448.7516 方向 [1.0000 0.0000]
J: 1336227.8489 方向 [0.0000 1.0000]
マスプロパティをファイルに書き出しますか? [はい(Y)/いいえ(N)] <N>: N

**9** 断面性能（図心や慣性モーメントなど）が表示されます。

# Q 312 2つの図面の変更場所を確認したい！

## A ［図面比較］を実行します。

2つの図面の変更場所を確認するには、［図面比較］を実行します。現在の図面から削除されたデータは赤く、追加されたデータは緑で表示されます。また、比較したデータは書き出すことも可能です。

サンプル ▶ 312a.dwg／312b.dwg

1 比較元のファイルを開きます（ここでは312a.dwg）。

2 ［表示］タブをクリックし、

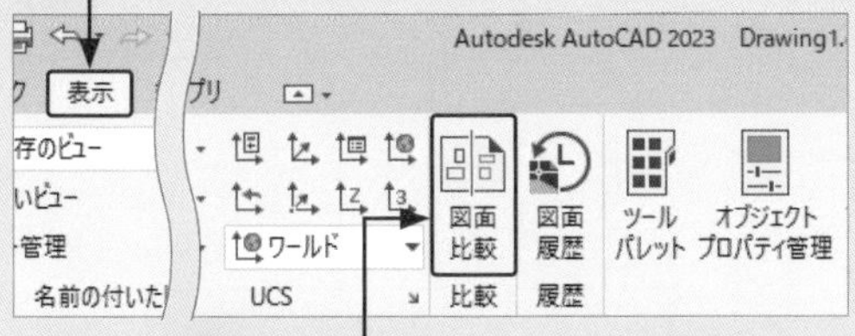

Autodesk AutoCAD 2023 Drawing1.
表示
図面比較
図面履歴
ツールパレット
オブジェクトプロパティ管理
ワールド
UCS
比較
履歴


3 ［図面比較］をクリックします。

4 比較するファイル（ここでは312b.dwg）を選択し、［開く］をクリックします。

5 ［設定］をクリックします。

図面比較
差異
現在の図面内になし
現在の図面内のみ
違いはありません
表示順序
雲マーク
雲マークの表示
矩形


6 差異の色について説明が表示されます。

7 ［スナップショットを書き出す］をクリックします。

8 保存先のフォルダやファイル名を指定し、［保存］をクリックします。

9 ［継続］をクリックします。

比較 - 比較スナップショットを書き出す

比較スナップショット図面のバックグラウンド処理を開始する準備が整いました。

開く準備が整ったら、通知が表示されます。

次回からこのメッセージを表示しない　継続

10 ［比較を終了］をクリックします。

11 ［図面を開く］をクリックします。

スナップショット処理完了
保存形式 比較(_C)312a vs 312b.dwg
図面を開く


12 保存された比較ファイルが表示されます。

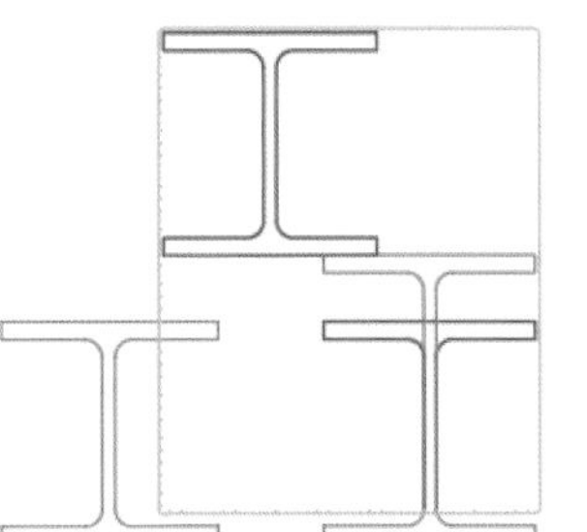

図面比較スナップショット

# Q 313 同じ図形を何度も使用したい!

## A 図形からブロックを作成します。

同じ図形を何度も使用するには、その図形からブロックを作成すると効率的です。ブロックを作成すると、そのブロックを編集することで形状を一括変換したり、ブロックの個数を数えたりすることができます。 サンプル▶313.dwg

1 [作成]をクリックします。

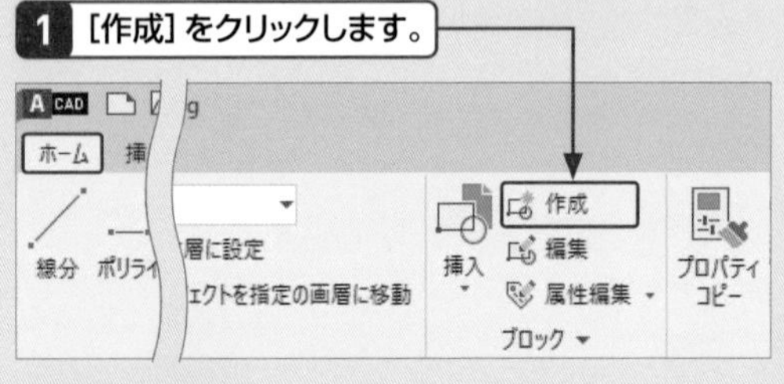

2 ブロックの名前を入力します(ここでは「H-100×100」)。

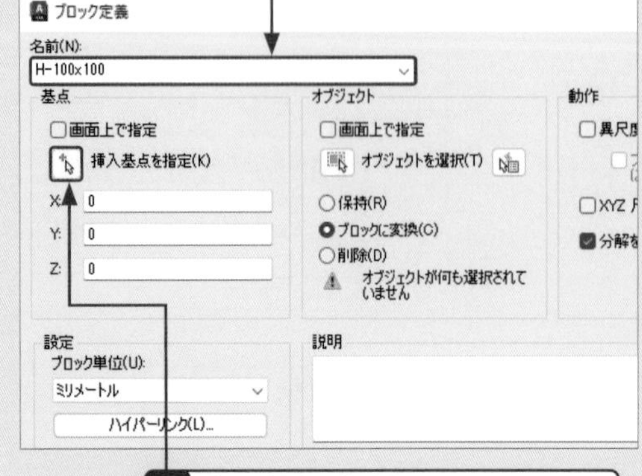

3 [挿入基点を指定]をクリックします。

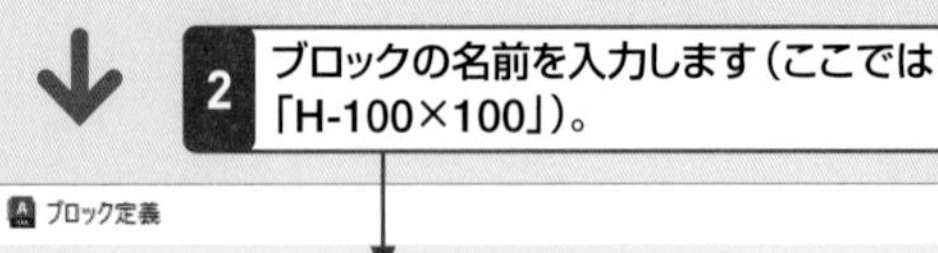

4 ブロックの基点をクリックします。

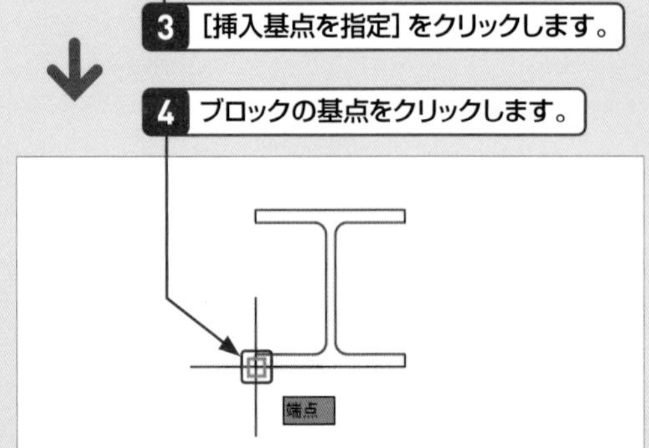

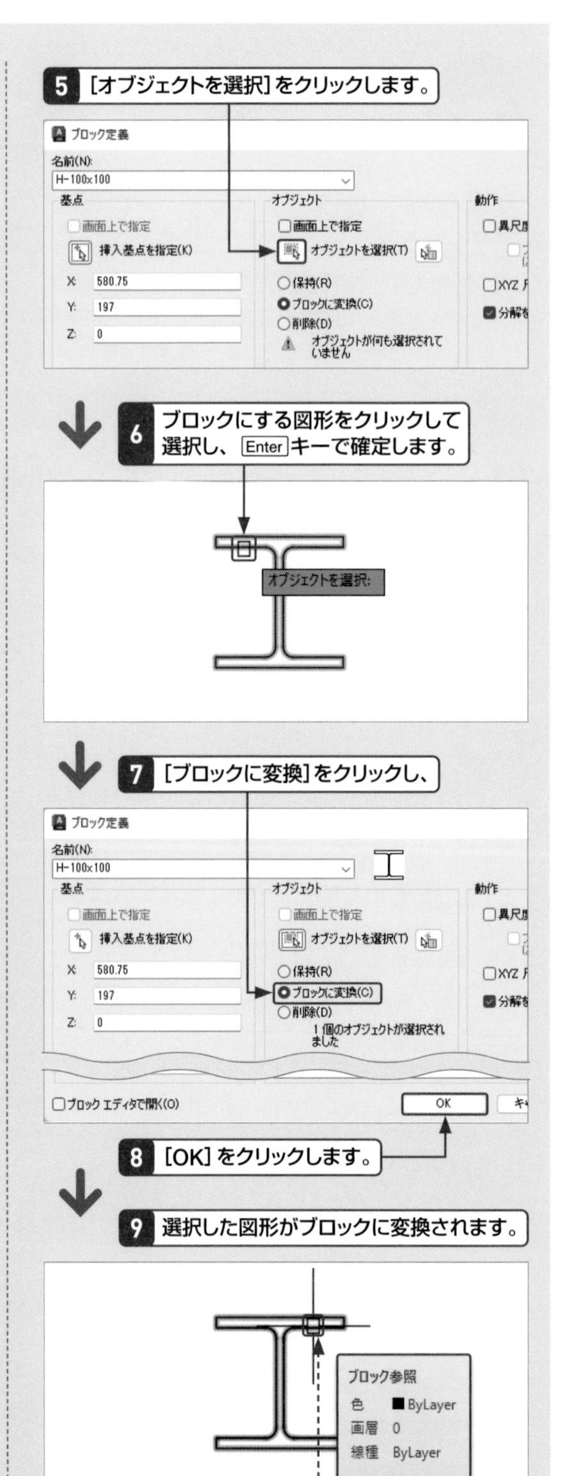

5 [オブジェクトを選択]をクリックします。

6 ブロックにする図形をクリックして選択し、Enterキーで確定します。

7 [ブロックに変換]をクリックし、

8 [OK]をクリックします。

9 選択した図形がブロックに変換されます。

カーソルを図形に重ねるとプロパティが表示されます。

ブロック　重要度 ★★★

# Q314 ブロックを図面に配置したい!

**A** [挿入]からブロックを選択します。

ブロックを図面に配置するには、[挿入]をクリックし、ブロックを選択します。[挿入]には、開いている図面ファイルに保存されたブロックのみが表示されます。

サンプル ▶ 314.dwg

1 [挿入]をクリックします。

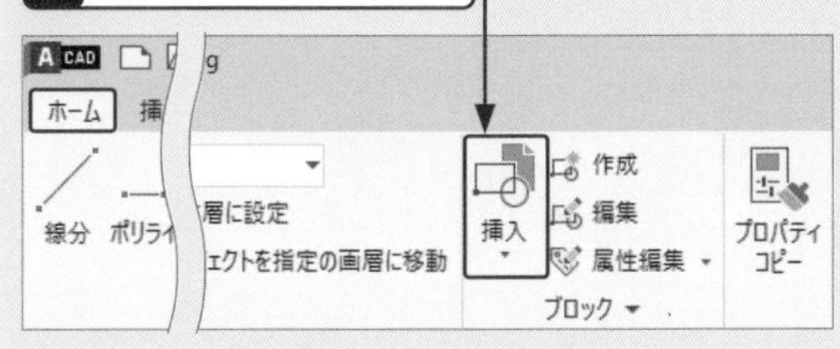

ホーム
線分
ポリライ
層に設定
ェクトを指定の画層に移動
挿入
作成
編集
属性編集
ブロック
プロパティ
コピー


2 ブロックをクリックします。

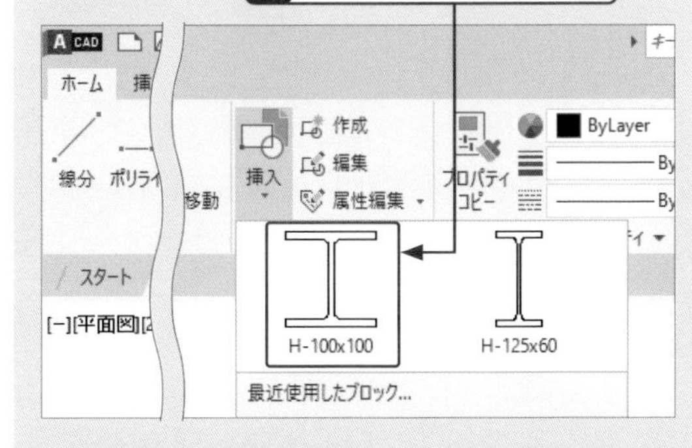

ホーム
線分
ポリライ
移動
挿入
作成
編集
属性編集
ByLayer
プロパティ
コピー
スタート
[−][平面図]
H-100x100
H-125x60
最近使用したブロック...


3 配置する位置をクリックします。

挿入位置を指定 または　874.8371　1569.7033

4 ブロックが配置されます。

ブロック　重要度 ★★★

# Q315 最近使ったブロックを配置したい!

**A** [最近使用したブロック]からブロックを選択します。

最近使ったブロックを配置するには、[挿入]をクリックし、[最近使用したブロック]からブロックを選択します。この一覧には、ほかの図面ファイルで使用したブロックも表示され、使用可能です。

1 [挿入]をクリックし、

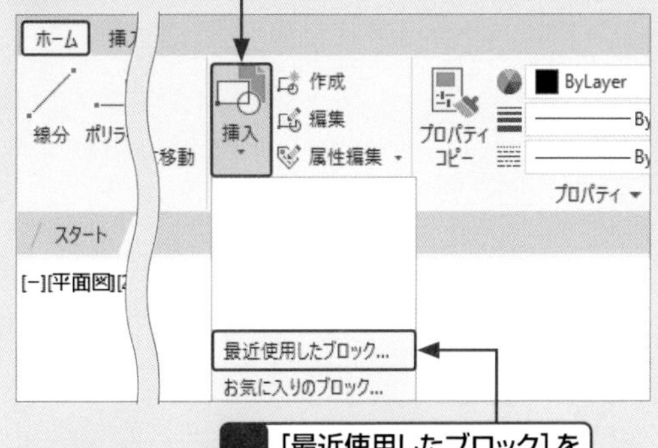

ホーム
線分
ポリラ
移動
挿入
作成
編集
属性編集
プロパティ
コピー
ByLayer
プロパティ
スタート
[−][平面図]
最近使用したブロック...
お気に入りのブロック...


2 [最近使用したブロック]をクリックします。

3 ブロックをクリックします。

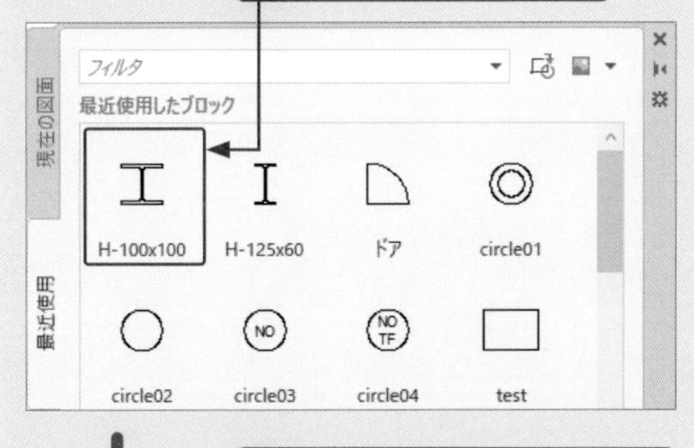

フィルタ
最近使用したブロック
現在の図面
最近使用
H-100x100
H-125x60
ドア
circle01
circle02
circle03
circle04
test


4 配置する位置をクリックします。

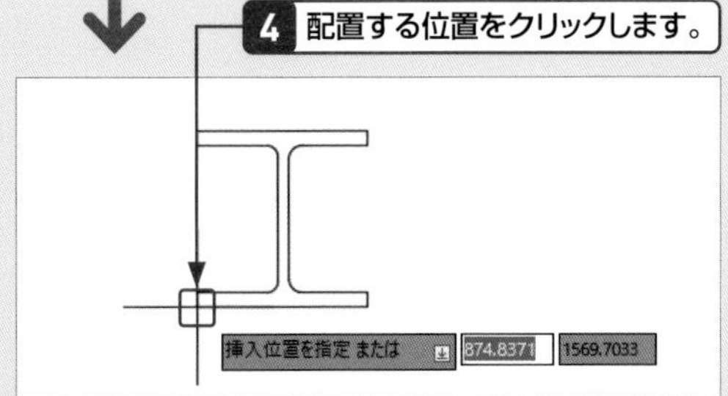

挿入位置を指定 または
874.8371
1569.7033


5 ブロックが配置されます。

# Q 316 ほかの図面のブロックを配置したい！

## A [DesginCenter]を使用します。

ほかの図面のブロックを配置するには、図面ファイルを開き、[DesignCenter]を使用して、ブロックを選択し、配置します。 サンプル▶316a.dwg／316b.dwg

1 ブロックが保存されているファイルを開きます。

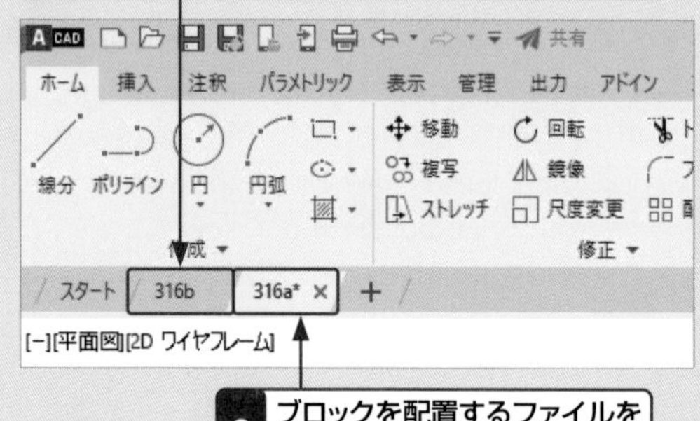
ホーム
挿入
注釈
パラメトリック
表示
管理
出力
アドイン
線分
ポリライン
円
円弧
移動
回転
複写
鏡像
ストレッチ
尺度変更
作成
修正
スタート
316b
316a*
[−][平面図][2D ワイヤフレーム]

2 ブロックを配置するファイルを開いて表示します。

3 [表示] タブをクリックし、

Drawing1.dwg
表示
オブジェクト
プロパティ管理
ブロック
カウント
コマンド
マクロ
シート セット
マネージャ
パレット

4 [DesignCenter] をクリックしてオンにします。

5 [開いている図面] をクリックし、

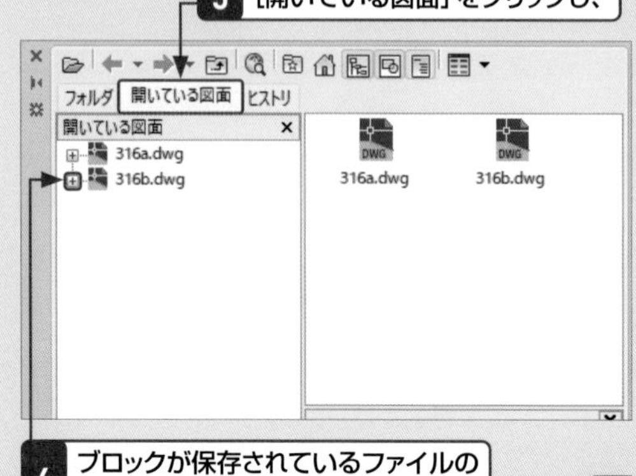
フォルダ
開いている図面
ヒストリ
316a.dwg
316b.dwg

6 ブロックが保存されているファイルの[+] をクリックします。

7 [ブロック] をクリックし、

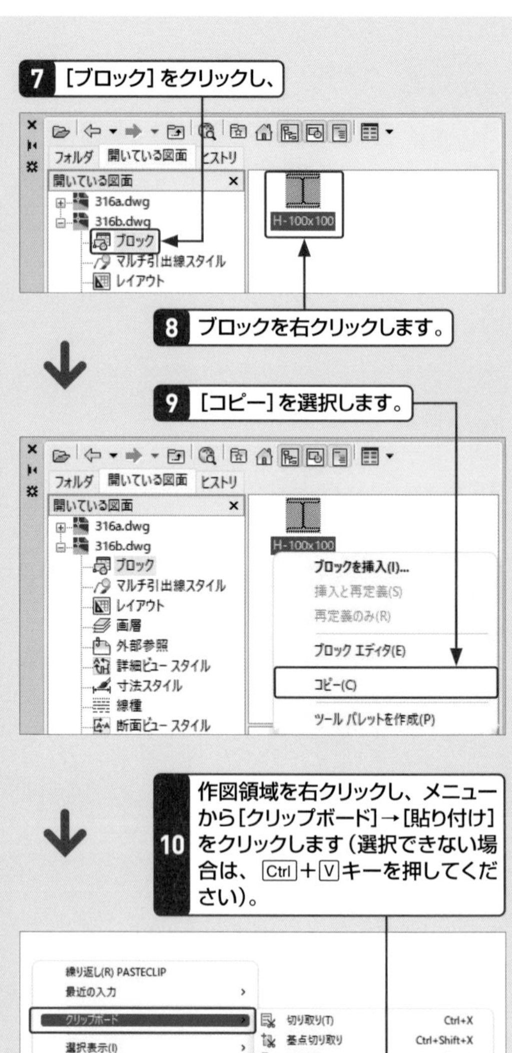
フォルダ
開いている図面
ヒストリ
316a.dwg
316b.dwg
ブロック
マルチ引出線スタイル
レイアウト
画層
外部参照
詳細ビュー スタイル
寸法スタイル
線種
断面ビュー スタイル
H-100x100
ブロックを挿入(I)...
挿入と再定義(S)
再定義のみ(R)
ブロック エディタ(E)
コピー(C)
ツール パレットを作成(P)

8 ブロックを右クリックします。

9 [コピー] を選択します。

10 作図領域を右クリックし、メニューから[クリップボード]→[貼り付け]をクリックします（選択できない場合は、Ctrl＋Vキーを押してください）。

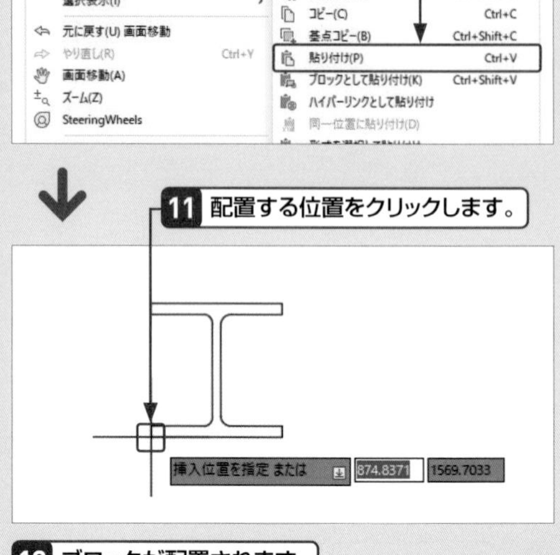
繰り返し(R) PASTECLIP
最近の入力
クリップボード
選択表示(I)
元に戻す(U) 画面移動
やり直し(R)
画面移動(A)
ズーム(Z)
SteeringWheels
切り取り(T)
基点切り取り
コピー(C)
基点コピー(B)
貼り付け(P)
ブロックとして貼り付け(K)
ハイパーリンクとして貼り付け
同一位置に貼り付け(D)
挿入位置を指定 または
874.8371
1569.7033

11 配置する位置をクリックします。

12 ブロックが配置されます。

# Q 317 ブロックの形状を修正したい！

## A [ブロックエディタ]を使用して図形を修正します。

ブロックの形状を修正するには、[ブロックエディタ]を使用します。[ブロックエディタ]が起動すると、作図領域の背景がグレーになり、[ブロックエディタ]タブが表示されます。

参照▶Q 131　サンプル▶317.dwg

**1** 修正するブロックの名前を確認します。

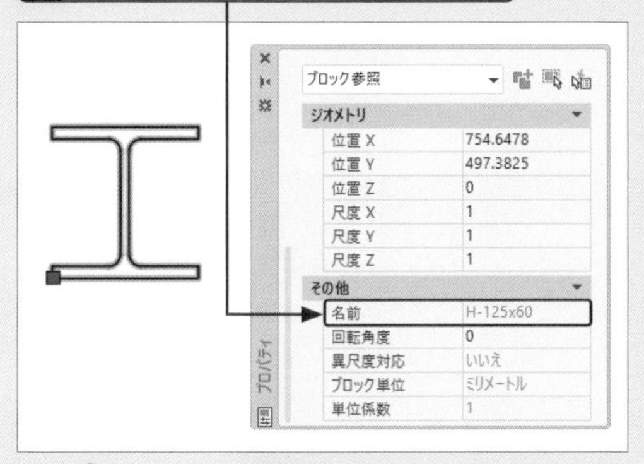
ブロック参照
ジオメトリ
位置 X 754.6478
位置 Y 497.3825
位置 Z 0
尺度 X 1
尺度 Y 1
尺度 Z 1
その他
名前 H-125x60
回転角度 0
異尺度対応 いいえ
ブロック単位 ミリメートル
単位係数 1
プロパティ

**2** [編集]をクリックします。

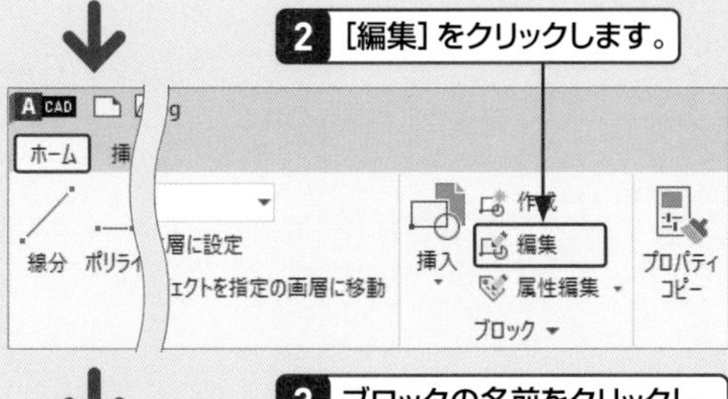
ホーム
線分
ポリライ
層に設定
ェクトを指定の画層に移動
挿入
作成
編集
属性編集
ブロック
プロパティコピー

**3** ブロックの名前をクリックし、

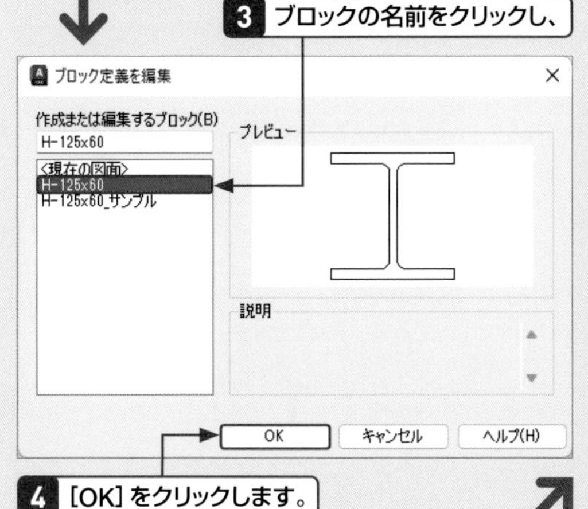
ブロック定義を編集
作成または編集するブロック(B)
H-125x60
<現在の図面>
H-125x60
H-125x60_サンプル
プレビュー
説明
OK
キャンセル
ヘルプ(H)

**4** [OK]をクリックします。

**5** ブロックエディタが起動するので、図形を修正します（ここでは[ストレッチ]などで修正しています）。

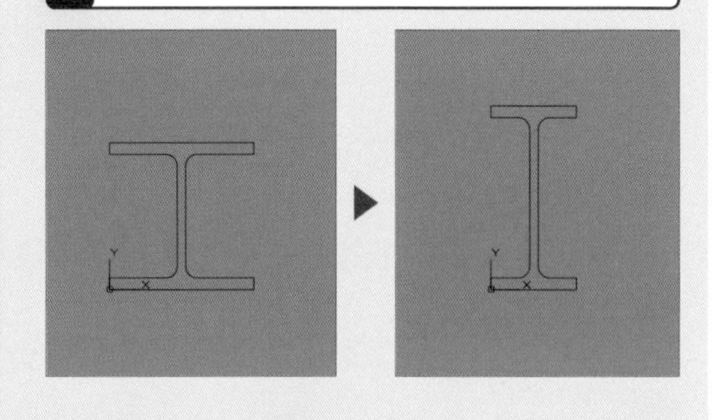

**6** [エディタを閉じる]をクリックします。

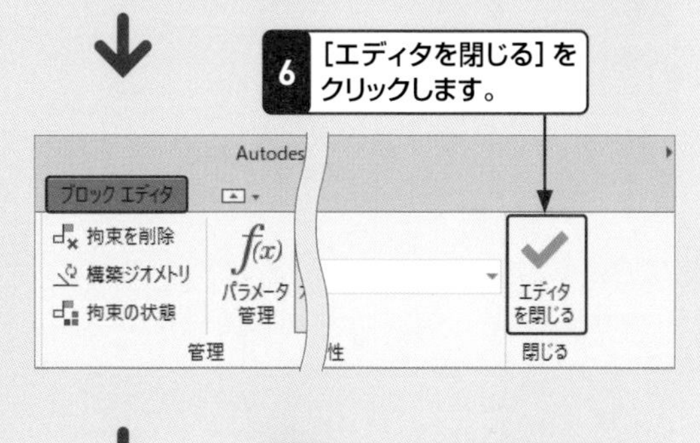
ブロック エディタ
拘束を削除
構築ジオメトリ
拘束の状態
パラメータ管理
管理
エディタを閉じる
閉じる

**7** [変更をブロック名に保存]をクリックします。

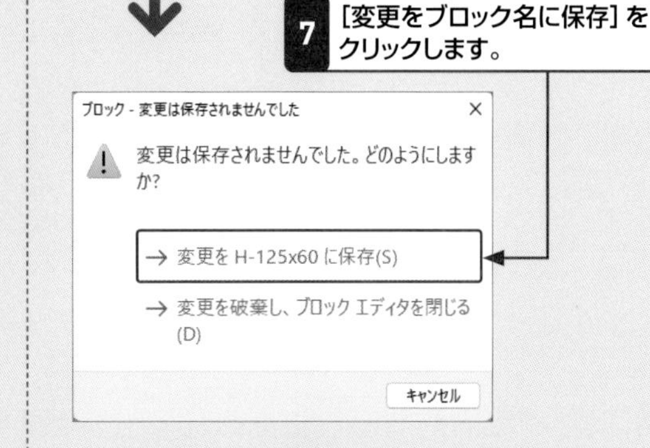
ブロック - 変更は保存されませんでした
変更は保存されませんでした。どのようにしますか?
→ 変更を H-125x60 に保存(S)
→ 変更を破棄し、ブロック エディタを閉じる (D)
キャンセル

**8** 図面内に配置されていた、同じ名前のブロックすべての形状が修正されます。

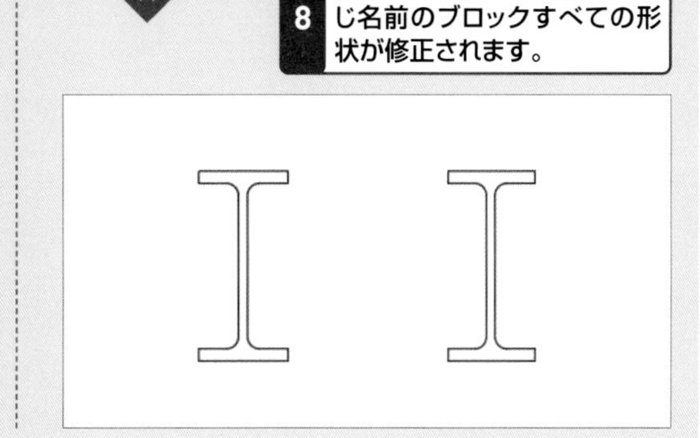

# Q 318 文字を入力できるブロックを作成したい！

## A ブロックに属性定義を作成します。

文字を入力できるブロックを作成するには、ブロックに属性定義を作成します。属性定義付きのブロックは、挿入時に内容を入力したり、配置後に修正したりすることができます。

参照▶Q 313 サンプル▶318.dwg

1 ［ブロック▼］→［属性定義］をクリックします。

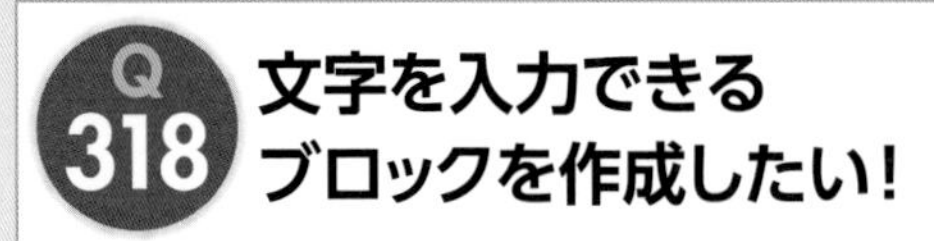
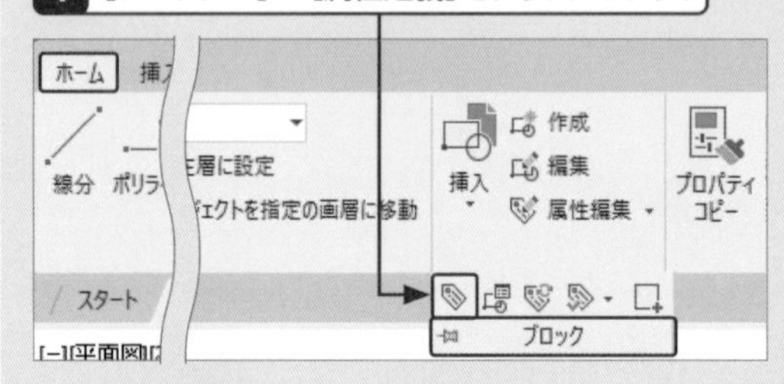

ホーム
線分
ポリラ
作成
編集
挿入
属性編集
プロパティコピー
スタート
ブロック


2 文字の名前を入力します（ここでは「NO」）。

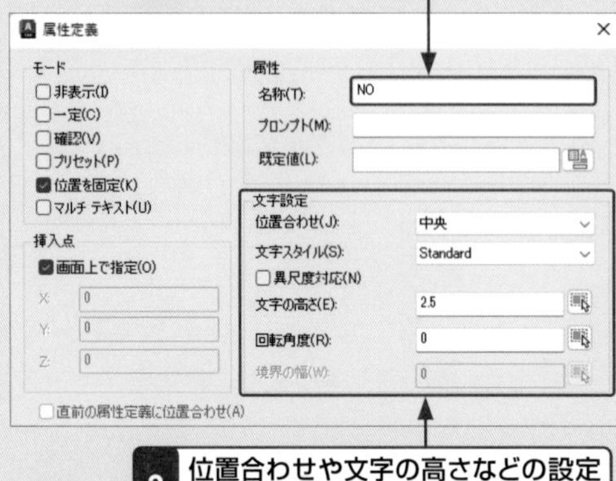

属性定義
モード
非表示(I)
一定(C)
確認(V)
プリセット(P)
位置を固定(K)
マルチ テキスト(U)
挿入点
画面上で指定(O)
属性
名称(T):
NO
プロンプト(M):
既定値(L):
文字設定
位置合わせ(J):
中央
文字スタイル(S):
Standard
異尺度対応(N)
文字の高さ(E):
2.5
回転角度(R):
0
境界の幅(W):
直前の属性定義に位置合わせ(A)


3 位置合わせや文字の高さなどの設定を行い、［OK］をクリックします。

4 文字を配置する位置をクリックします。

NO


5 属性定義が作成されます。

6 ［作成］をクリックします。

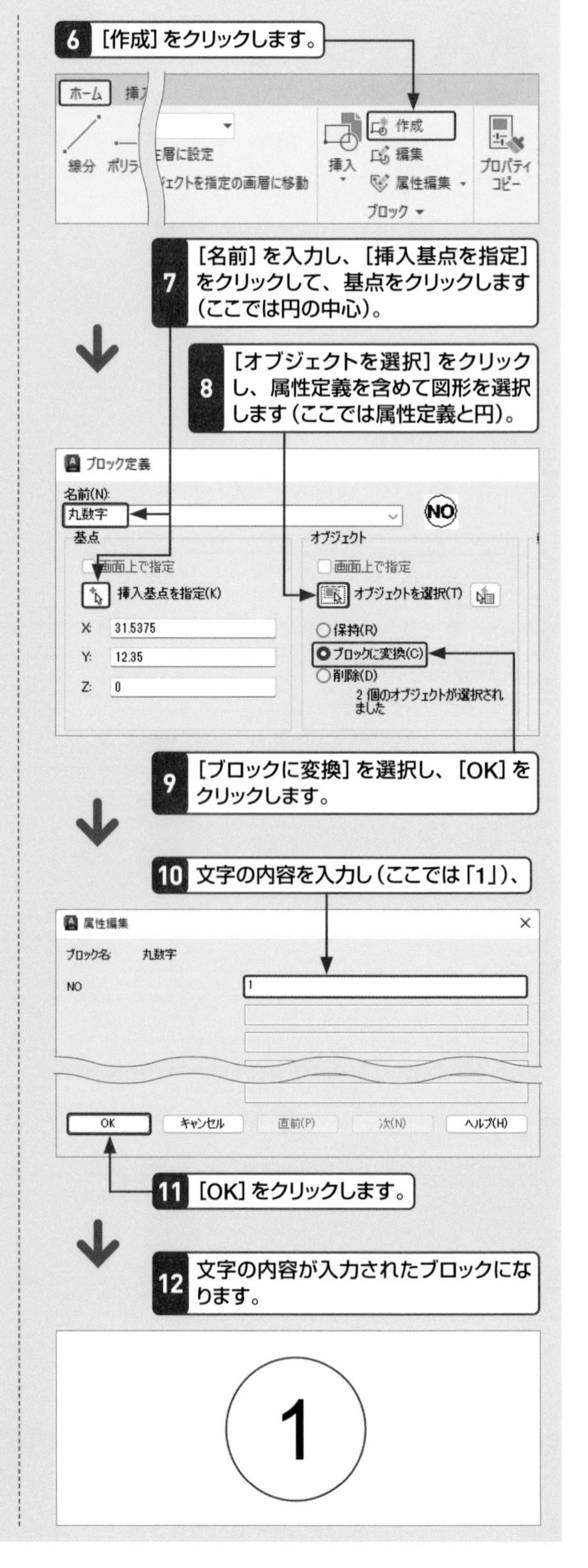

ホーム
作成
編集
挿入
属性編集
プロパティコピー
ブロック
ブロック定義
名前(N):
丸数字
基点
画面上で指定
挿入基点を指定(K)
31.5375
12.35
0
オブジェクト
画面上で指定
オブジェクトを選択(T)
保持(R)
ブロックに変換(C)
削除(D)
2 個のオブジェクトが選択されました
属性編集
ブロック名:
丸数字
NO
1
OK
キャンセル
直前(P)
次(N)
ヘルプ(H)
1


7 ［名前］を入力し、［挿入基点を指定］をクリックして、基点をクリックします（ここでは円の中心）。

8 ［オブジェクトを選択］をクリックし、属性定義を含めて図形を選択します（ここでは属性定義と円）。

9 ［ブロックに変換］を選択し、［OK］をクリックします。

10 文字の内容を入力し（ここでは「1」）、

11 ［OK］をクリックします。

12 文字の内容が入力されたブロックになります。

# Q 319 ブロックの文字の内容を修正したい!

**A** ブロックをダブルクリックします。

ブロックの文字(属性定義)の内容を修正するには、ブロックをダブルクリックします。

参照▶Q 318 サンプル▶319.dwg

**1** ブロックをダブルクリックします。

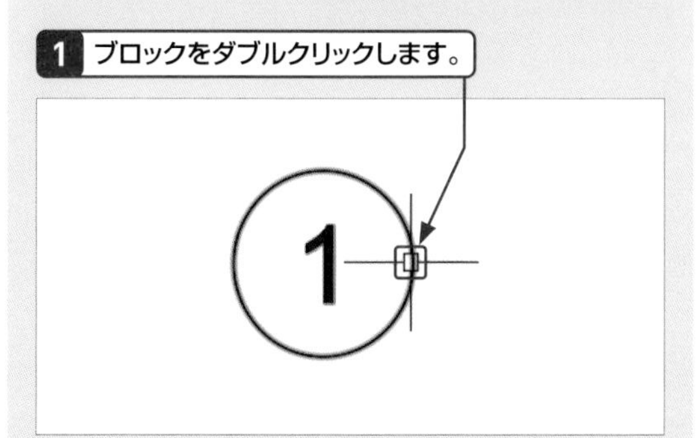

**2** 文字の内容を入力し(ここでは「2」)、

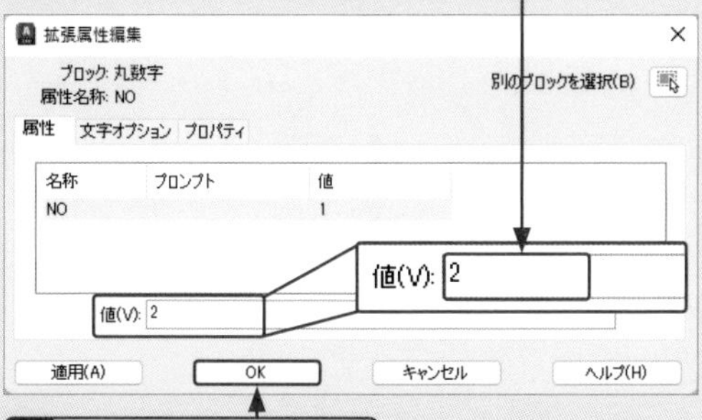
拡張属性編集
ブロック: 丸数字
属性名称: NO
別のブロックを選択(B)
属性
文字オプション
プロパティ
名称
プロンプト
値
NO
1
値(V): 2
適用(A)
OK
キャンセル
ヘルプ(H)

**3** [OK] をクリックします。

**4** ブロックの文字の内容が修正されます。

# Q 320 ブロックの名前を変更したい!

**A** 「RENAME」と入力して [名前変更] を実行します。

ブロックの名前を変更するには、「RENAME」と入力して、[名前変更] を実行します。このコマンドでは、画層や線種などの名前も変更できます。

サンプル▶320.dwg

**1** 「RENAME」と入力し、Enter キーを押します。

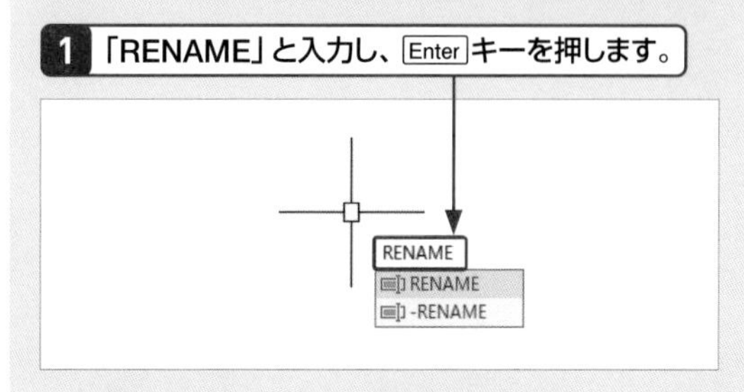
RENAME
RENAME
-RENAME

**2** ブロックを選択します。

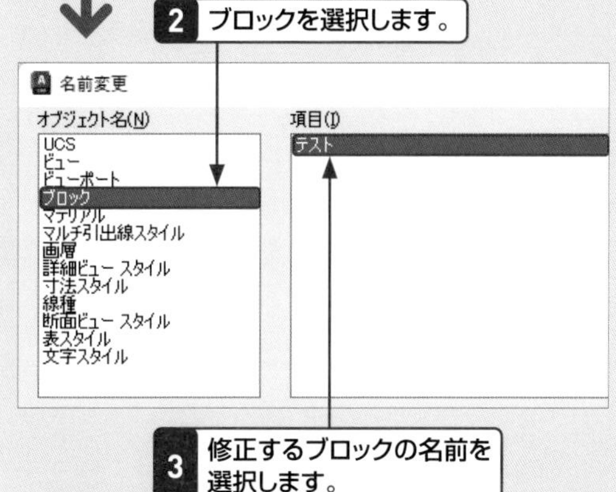
名前変更
オブジェクト名(N)
項目(I)
UCS
ビュー
ビューポート
ブロック
マテリアル
マルチ引出線スタイル
画層
詳細ビュー スタイル
寸法スタイル
線種
断面ビュー スタイル
表スタイル
文字スタイル
テスト

**3** 修正するブロックの名前を選択します。

**4** 新しいブロックの名前を入力し(ここでは「丸数字」)、

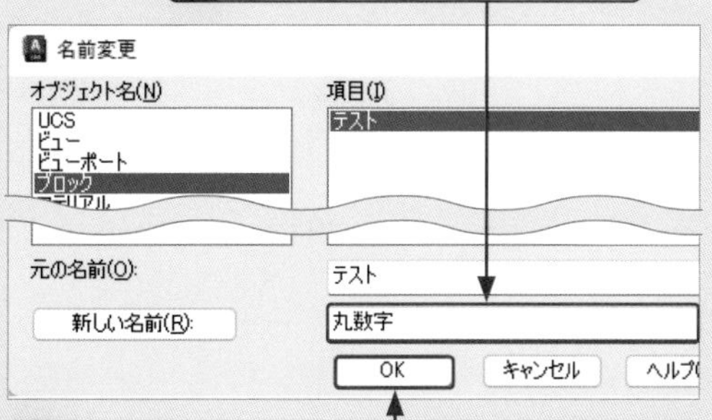
名前変更
オブジェクト名(N)
項目(I)
UCS
ビュー
ビューポート
ブロック
テスト
元の名前(O):
テスト
新しい名前(R):
丸数字
OK
キャンセル

**5** [OK] をクリックすると、ブロックの名前が変更されます。

ブロック 重要度 ★★★

# Q321 ブロックを線分などに変換したい!

**A** [分解]を実行します。

ブロックを線分などに変換したい場合は、[分解]を実行すると、ブロックを作成する前の図形に戻ります。ただし属性定義が作成されている場合は「Q322 属性定義の内容をそのまま分解したい!」を参照してください。 参照▶Q 322 サンプル▶321.dwg

**1** [分解]をクリックします。

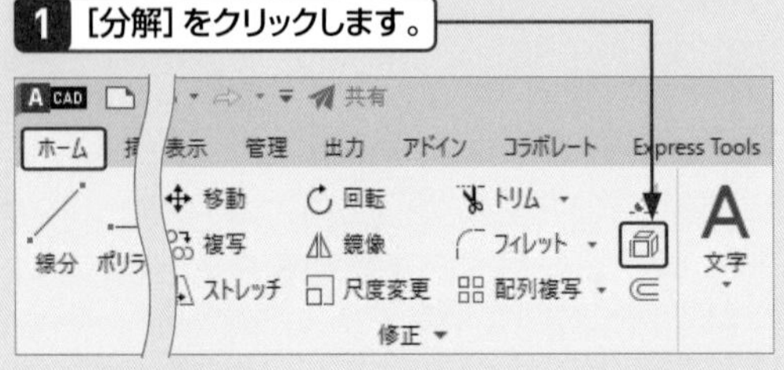

共有
ホーム
表示
管理
出力
アドイン
コラボレート
Express Tools
移動
回転
トリム
複写
鏡像
フィレット
線分
ストレッチ
尺度変更
配列複写
文字
修正


**2** ブロックをクリックして選択し、Enterキーで確定します。

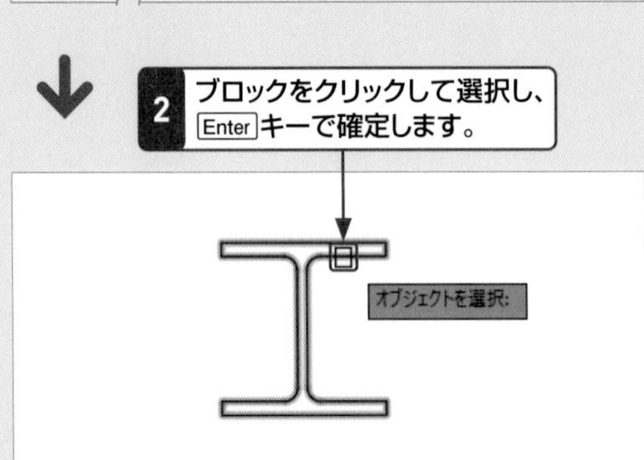

オブジェクトを選択:


**3** ブロックが分解され、線分などの元の図形に変換されます。

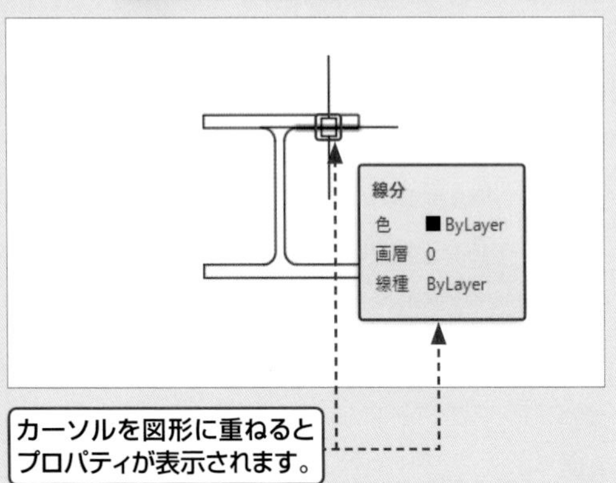

線分
色 ByLayer
画層 0
線種 ByLayer
カーソルを図形に重ねると
プロパティが表示されます。


ブロック 重要度 ★★★

# Q322 属性定義の内容をそのままで分解したい!

**A** [Express Tools]タブの[Explode Attributes]を実行します。

属性定義の内容をそのままで分解するには、[Express Tools]の[Explode Attributes]を実行します。[Express Tools]タブが表示されていない場合は、「EXPRESSTOOLS」と入力し、Enterキーを押してください。 サンプル▶322.dwg

**1** [Express Tools]タブをクリックし、

**2** [Explode Attributes]をクリックします。

**3** ブロックをクリックして選択し、Enterキーで確定します。

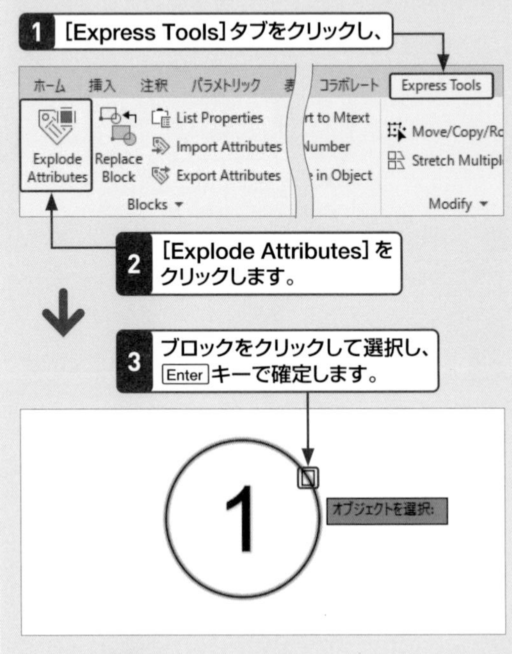

ホーム
挿入
注釈
パラメトリック
コラボレート
Express Tools
List Properties
Import Attributes
Export Attributes
Explode Attributes
Replace Block
Blocks
Move/Copy/Ro
Stretch Multipl
Modify
オブジェクトを選択:


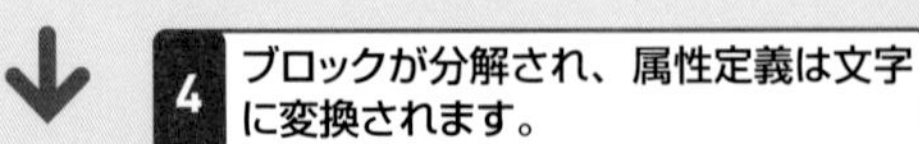

**4** ブロックが分解され、属性定義は文字に変換されます。

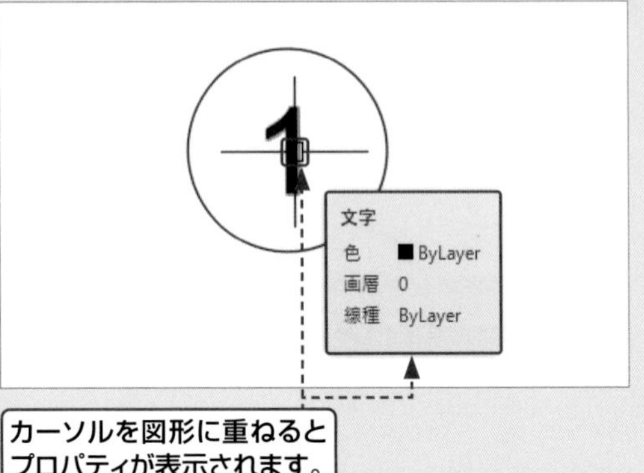

文字
色 ByLayer
画層 0
線種 ByLayer
カーソルを図形に重ねると
プロパティが表示されます。

# Q 323 長さを変更できるブロックを作成したい!

## A ダイナミックブロックを作成します。

ドアの開口部の長さなどを変更できるブロックを作成するには、ダイナミックブロックを作成します。ここでは、既存のブロックにパラメータとアクションを追加し、ダイナミックブロックにします。

サンプル ▶ 323.dwg

1 ブロックをクリックして選択し、

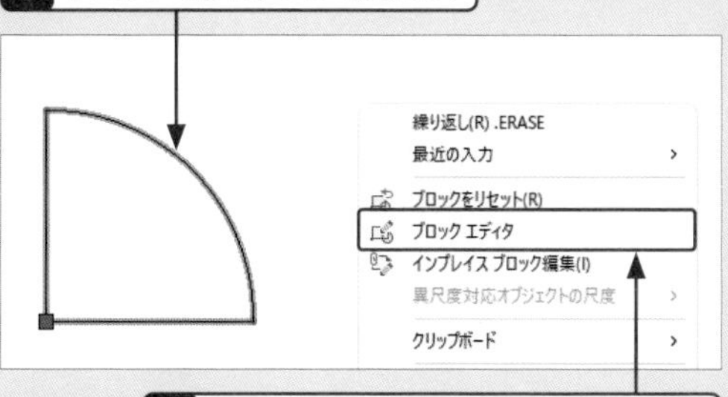
繰り返し(R) .ERASE
最近の入力
ブロックをリセット(R)
ブロック エディタ
インプレイス ブロック編集(I)
異尺度対応オブジェクトの尺度
クリップボード

2 右クリックして、メニューから[ブロックエディタ]を選択します。

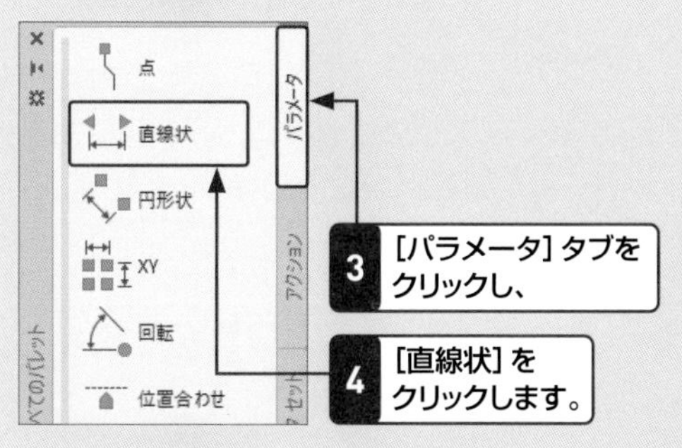
点
直線状
円形状
XY
回転
位置合わせ
パラメータ
アクション

3 [パラメータ]タブをクリックし、

4 [直線状]をクリックします。

5 大きさを変更する基準の1点目、2点目をクリックします。

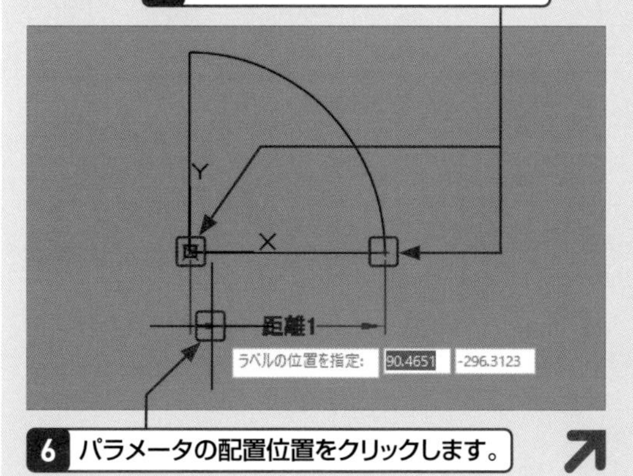
Y
X
距離1
ラベルの位置を指定:
90.4651
-296.3123

6 パラメータの配置位置をクリックします。

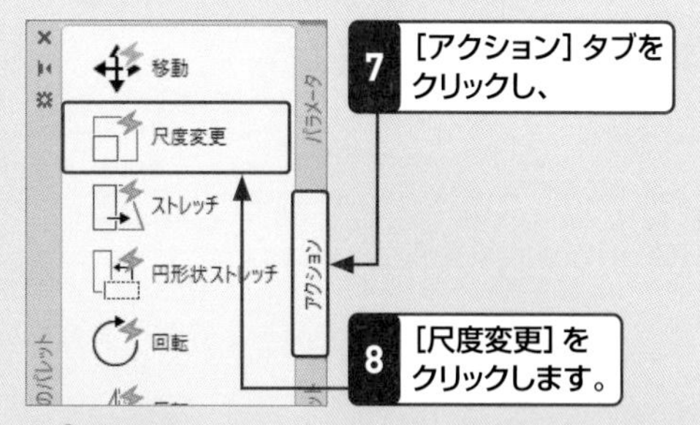
移動
尺度変更
ストレッチ
円形状ストレッチ
回転
パラメータ
アクション

7 [アクション]タブをクリックし、

8 [尺度変更]をクリックします。

9 パラメータをクリックします。

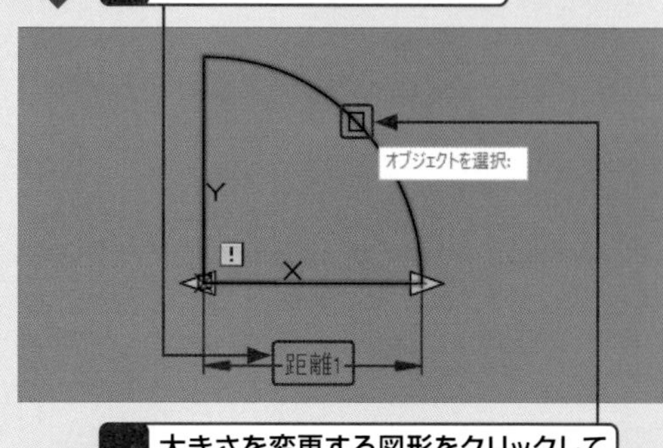
オブジェクトを選択:
Y
X
距離1

10 大きさを変更する図形をクリックして選択し、Enterキーを押します。

11 [エディタを閉じる]をクリックします。

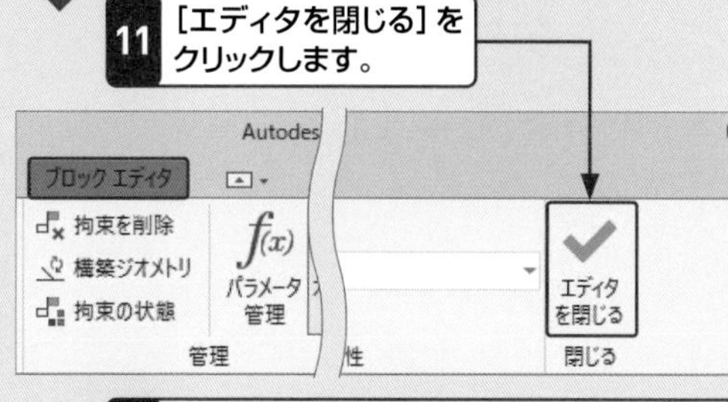
Autodes
ブロック エディタ
拘束を削除
構築ジオメトリ
拘束の状態
パラメータ管理
管理
エディタを閉じる
閉じる

12 ダイアログは[変更を<ブロック名>に保存]をクリックして閉じます(ここでは「<ブロック名>」は「ドア」と表示される)。

13 ブロックをクリックして選択します。

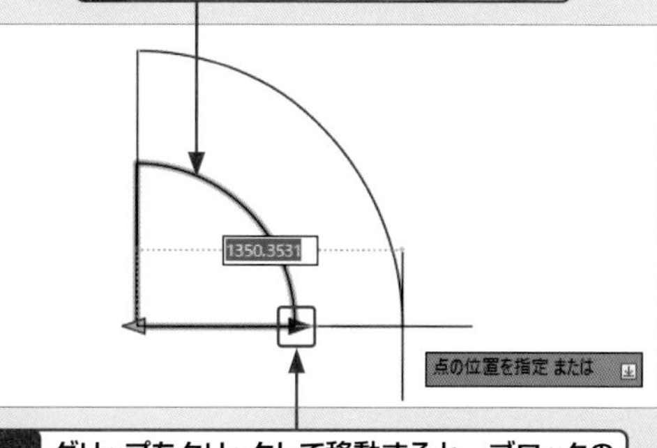
1350.3531
点の位置を指定 または

14 グリップをクリックして移動すると、ブロックの大きさが変更されます。

# Q 324 ByBlockとは?

## A ブロック専用の色や線種に関するプロパティの設定です。

「ByBlock」とは、ブロック専用の色や線種に関するプロパティの設定です。[0]画層に作図し、色や線種を[ByBlock]に設定した図形をブロックにすると、図形の色や線種を変更することが可能なブロックを作成することができます。

参照▶Q 216,325 サンプル▶324.dwg

### ● ByBlockに設定されている場合

1 [0]画層、色や線種が[ByBlock]で設定されている図形をブロックにします(サンプルファイルでは作成済)。

2 [表示]タブの[オブジェクトプロパティ管理]をクリックします。

3 ブロックをクリックします。

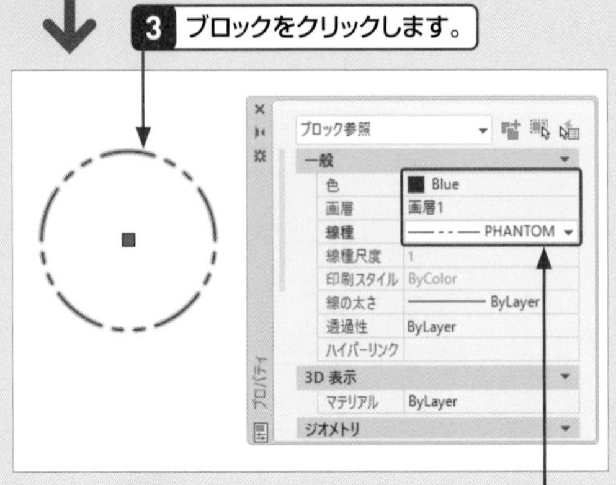
ブロック参照
一般
色
Blue
画層
画層1
線種
PHANTOM
線種尺度
1
印刷スタイル
ByColor
線の太さ
ByLayer
透過性
ByLayer
ハイパーリンク
3D 表示
マテリアル
ByLayer
ジオメトリ
プロパティ

4 画層や色・線種を変更します(ここでは[画層1]、[Blue]、[PHANTOM])。

5 Escキーを押して選択を解除します。

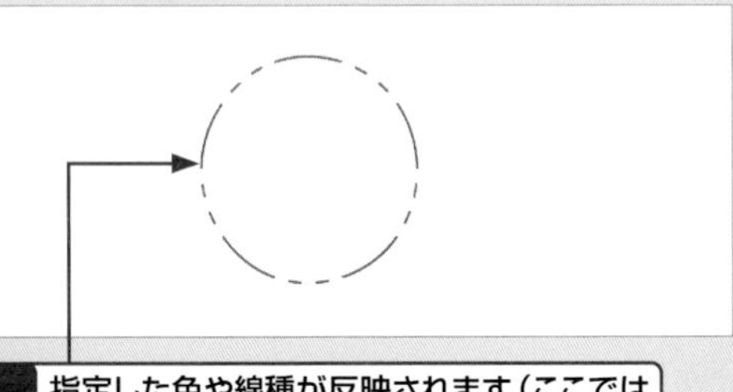

6 指定した色や線種が反映されます(ここでは[Blue]、[PHANTOM])。

### ● ByLayerに設定されている場合

[ByLayer]で作図した図形をブロックにした場合、色や線種を個別に変更しても、そのプロパティは変更されません。

1 [0]画層、色や線種が[ByLayer]で設定されている図形をブロックにします(サンプルファイルでは作成済)。

2 [表示]タブの[オブジェクトプロパティ管理]をクリックします。

3 ブロックをクリックします。

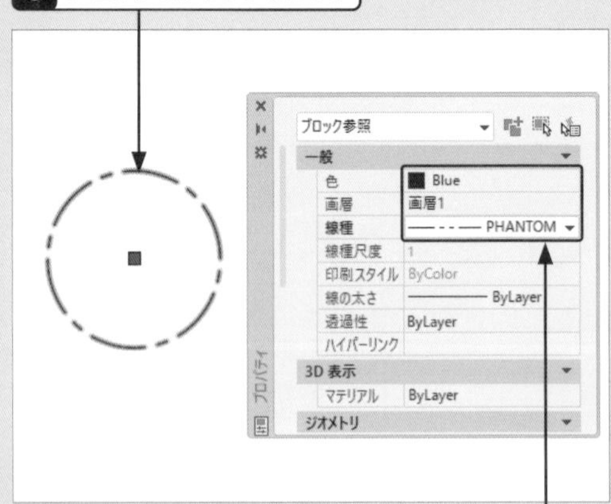
ブロック参照
一般
色
Blue
画層
画層1
線種
PHANTOM
線種尺度
1
印刷スタイル
ByColor
線の太さ
ByLayer
透過性
ByLayer
ハイパーリンク
3D 表示
マテリアル
ByLayer
ジオメトリ
プロパティ

4 画層や色・線種を変更します(ここでは[画層1]、[Blue]、[PHANTOM])。

5 Escキーを押して選択を解除します。

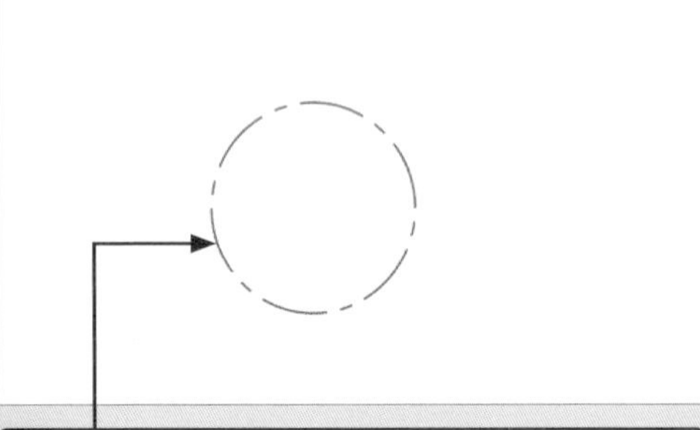

6 指定した色や線種は反映されません(ここでは[画層1]に設定された色や線種が反映される)。



AutoCADの概要 / 基本操作 / 線の作図と編集 / 図形の作図と挿入 / 図形の変形と移動 / 図形の選択と削除 / 画層とプロパティ / 文字の作成 / 寸法の作成 / 注釈の作成 / 数値計測とブロック図形 / レイアウトと印刷

# Q 325 色や線種が変わるブロックを作成したい！

**A** ブロックの元となる図形の色や線種を、[ByBlock]に設定します。

色や線種が変わるブロックを作成するには、ブロックにする図形の色や線種を、[ByBlock]に設定します。また、画層によって変更するには、[0]画層に図形を作図します。　サンプル▶325.dwg

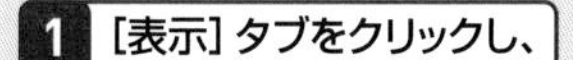

**1** [表示] タブをクリックし、

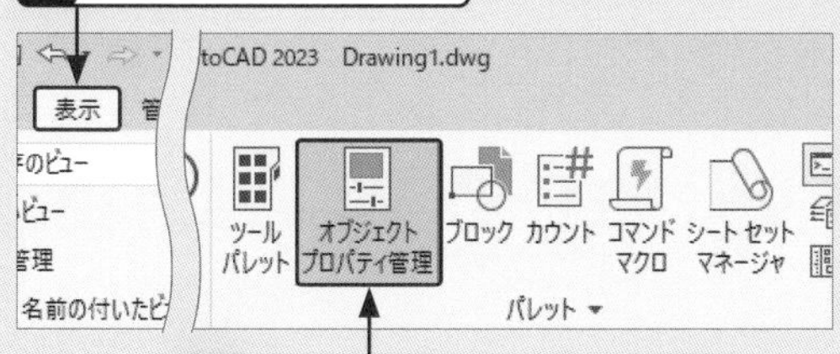

表示
ツール パレット
オブジェクト プロパティ管理
ブロック
カウント
コマンド マクロ
シート セット マネージャ
パレット


**2** [オブジェクトプロパティ管理] をクリックしてオンにします。

**3** ブロックにする図形をクリックして選択します。

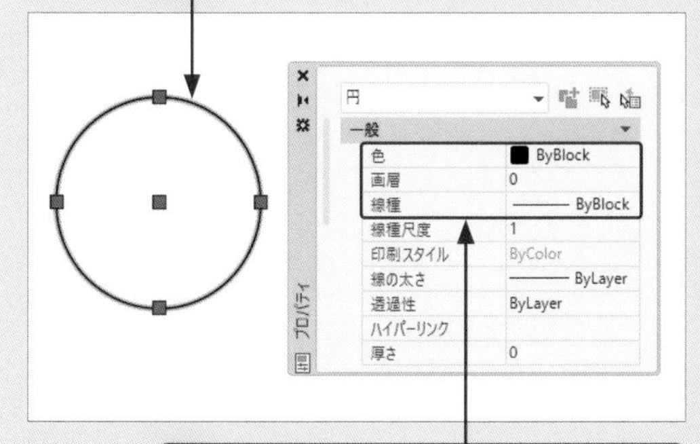

円
一般
色 ByBlock
画層 0
線種 ByBlock
線種尺度 1
印刷スタイル ByColor
線の太さ ByLayer
透過性 ByLayer
ハイパーリンク
厚さ 0
プロパティ


**4** 画層を [0]、色や線種を [ByBlock] に設定します。

**5** [作成] をクリックし、ブロックを作成します。

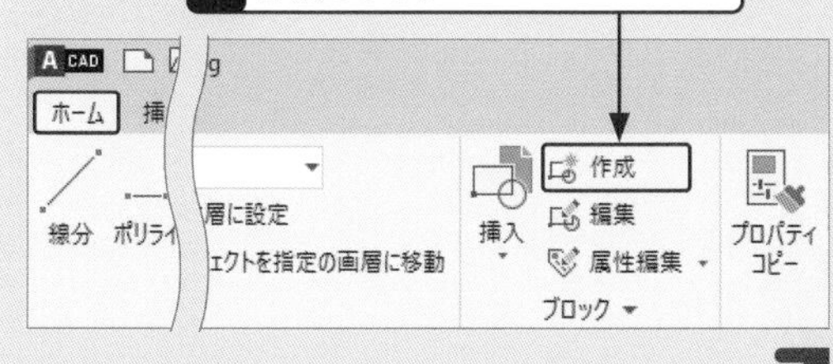

ホーム
線分
ポリライン
挿入
作成
編集
属性編集
プロパティ コピー
ブロック


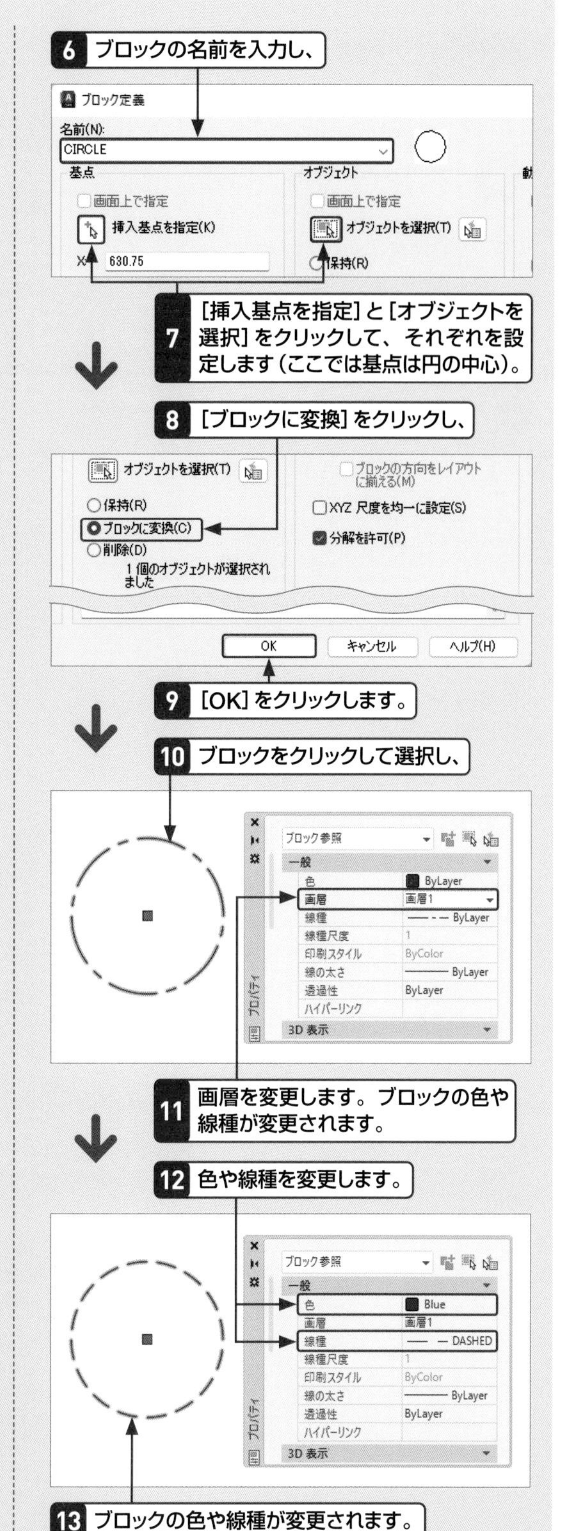

ブロック定義
名前(N):
CIRCLE
基点
画面上で指定
挿入基点を指定(K)
X: 630.75
オブジェクト
オブジェクトを選択(T)
保持(R)
ブロックに変換(C)
削除(D)
1 個のオブジェクトが選択されました
ブロックの方向をレイアウトに揃える(M)
XYZ 尺度を均一に設定(S)
分解を許可(P)
OK
キャンセル
ヘルプ(H)
ブロック参照
一般
色 ByLayer
画層 画層1
線種 ByLayer
線種尺度 1
印刷スタイル ByColor
線の太さ ByLayer
透過性 ByLayer
ハイパーリンク
3D 表示
色 Blue
線種 DASHED
プロパティ


**6** ブロックの名前を入力し、

**7** [挿入基点を指定] と [オブジェクトを選択] をクリックして、それぞれを設定します（ここでは基点は円の中心）。

**8** [ブロックに変換] をクリックし、

**9** [OK] をクリックします。

**10** ブロックをクリックして選択し、

**11** 画層を変更します。ブロックの色や線種が変更されます。

**12** 色や線種を変更します。

**13** ブロックの色や線種が変更されます。

# Q 326 ブロックの個数を確認したい！

**A [カウント]パレットで確認します。**

ブロックの個数は、[カウント]パレットを表示し、確認することができます。2023バージョンからは、カウント対象のブロックを選択する機能などがカウントツールバーに追加されています。サンプル▶326.dwg

1 [表示]タブをクリックし、

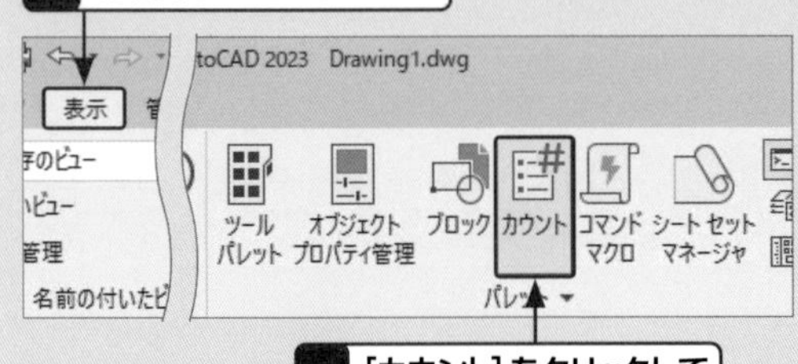
AutoCAD 2023 Drawing1.dwg
表示
ツール パレット
オブジェクト プロパティ管理
ブロック
カウント
コマンド マクロ
シート セット マネージャ
名前の付いたビ
パレット

2 [カウント]をクリックしてオンにします。

3 ブロック名とブロックの個数が表示されます。

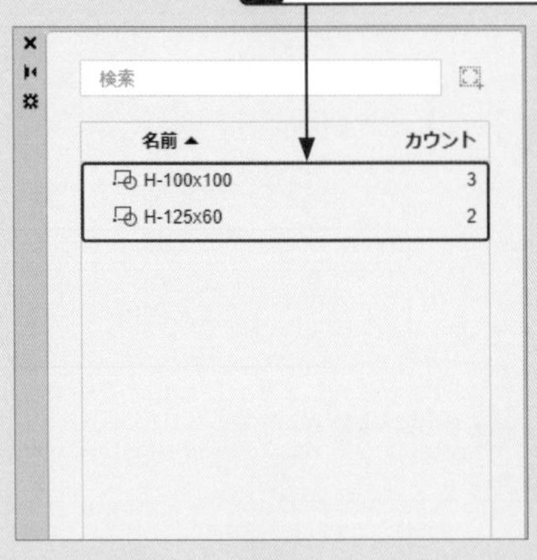
検索
名前
カウント
H-100x100 3
H-125x60 2

4 ブロック名をクリックします。

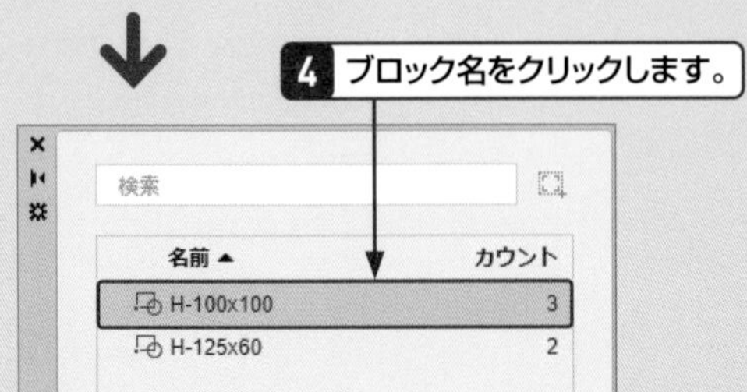
検索
名前
カウント
H-100x100 3
H-125x60 2

5 クリックした名前のブロックがすべて緑色で表示されます。

6 [カウントフィールドを挿入]をクリックします。

7 文字を配置する位置をクリックすると、ブロックの個数が文字で作成されます。

8 [カウントを終了]をクリックします。

9 作図領域の表示が元に戻ります。

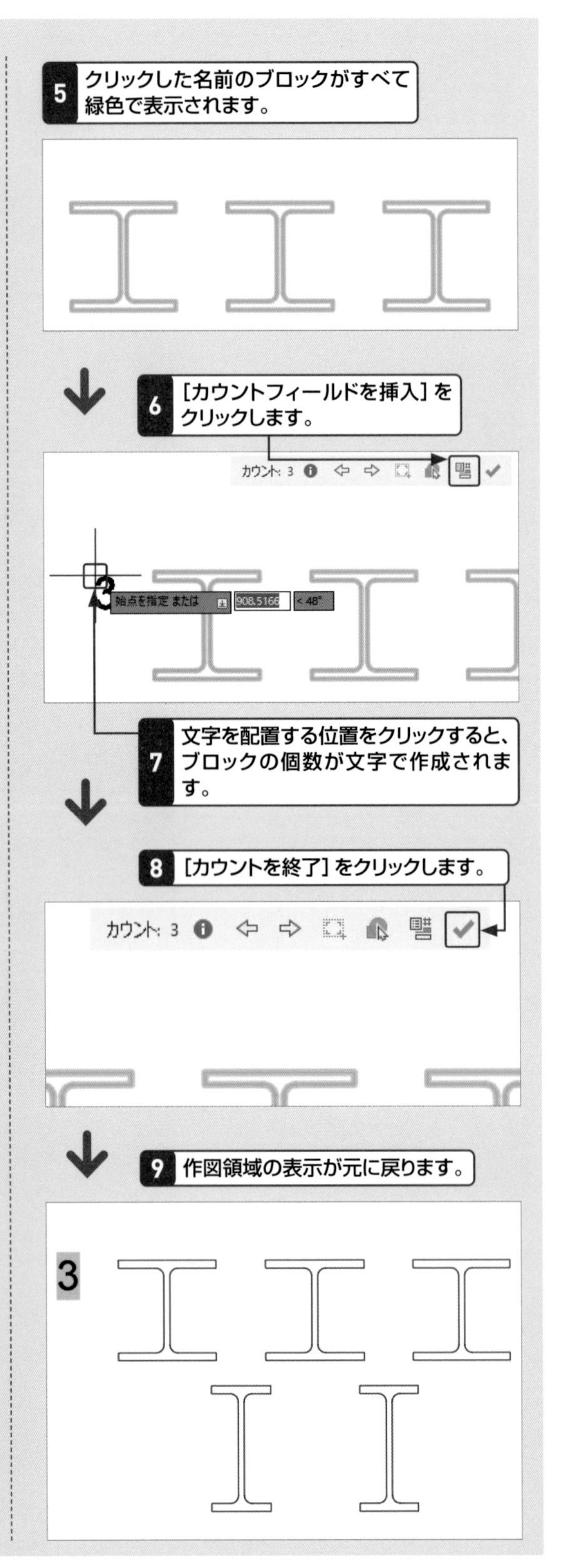
カウント: 3
始点を指定 または
908.5168
< 48°
3

AutoCAD の概要
基本操作
線の作図と編集
図形の作図と挿入
図形の変形と移動
図形の選択と削除
画層とプロパティ
文字の作成
寸法の作成
注釈の作成
数値計測とブロック図形
レイアウトと印刷

# Q 327 ブロックの集計表をExcelに出力したい！

## A [データ書き出し]を実行します。

ブロックの集計表をExcelに出力するには、[データ書き出し]を実行します。Excelファイルのほか、CSVファイル、MDBファイル、TXTファイルに出力することも可能です。

サンプル ▶ 327.dwg

**1** [注釈] タブをクリックし、

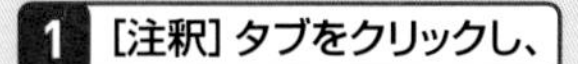

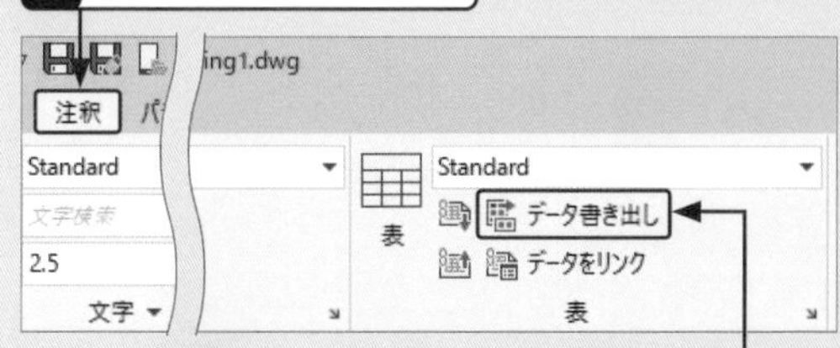

**2** [データ書き出し] をクリックします。

**3** [データ書き出しを新規に行う] を選択し、[次へ] をクリックします。

データ書き出し - 開始 (ページ 1 / 8)

このウィザードにより図面からオブジェクト データを抽出し、表に配置したり外部ファイルとして書

データ書き出しを新規に行うか、以前にテンプレートに保存した設定を使用するか、既存のデかを選択してください。

◉ データ書き出しを新規に行う(C)

☐ 以前に書き出したファイルをテンプレート(.dxe または .blk)として使用する(U)

○ 既存のデータ書き出し設定を編集する(E)

**4** これから行う設定を保存します。保存先のフォルダとファイル名を指定し、[保存] をクリックします。

**5** [現在の図面を含める] にチェックを入れ、[次へ] をクリックします。

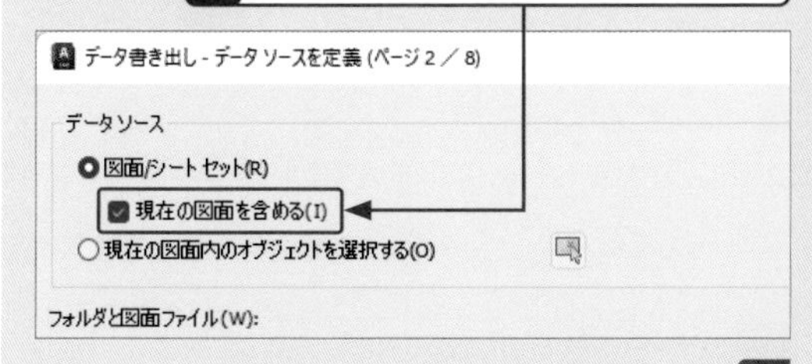

**6** Excelに出力するブロック名のみにチェックを入れ、[次へ] をクリックします。

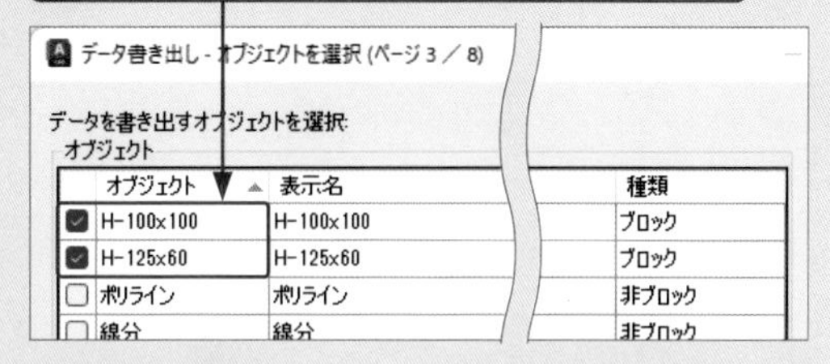

**7** 書き出したいデータの種類にチェックを入れます（ここでは [一般]）。

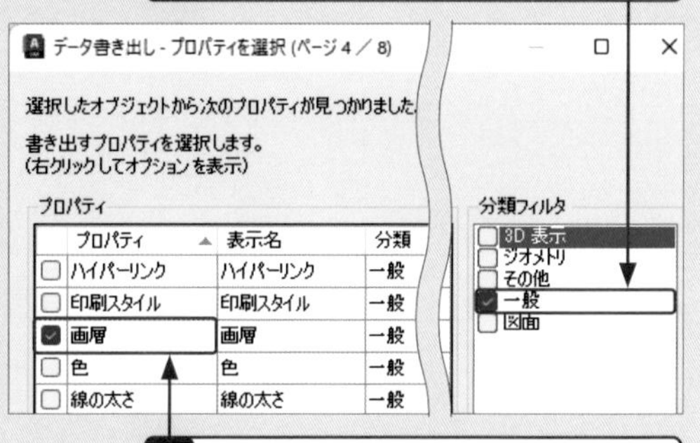

**8** 書き出したいプロパティにチェックを入れ（ここでは [画層]）、[次へ] をクリックします。

**9** 書き出すデータを確認し、[次へ] をクリックします。

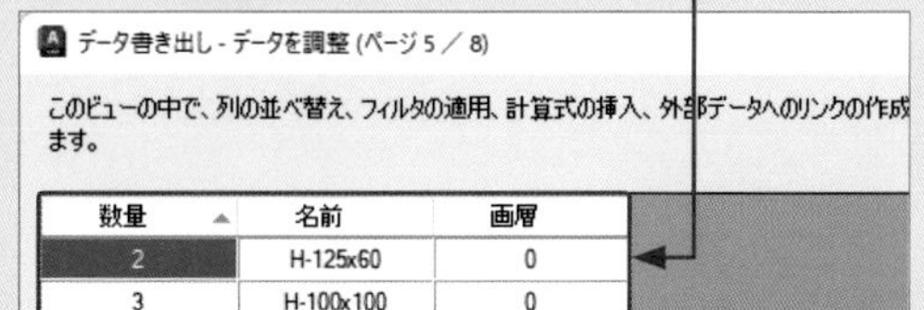

**10** [データを外部ファイルに書き出す] にチェックを入れます。

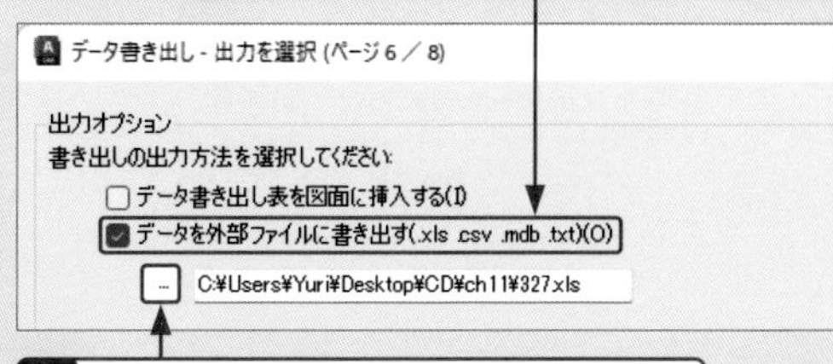

**11** [...] をクリックし、ファイルの保存先とファイル名を指定します。

**12** [次へ] と [完了] をクリックすると、データの書き出しが実行され、Excelファイルが作成されます。

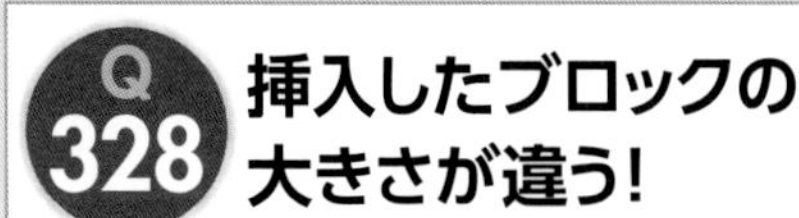

# Q 328 挿入したブロックの大きさが違う!

## A [ブロックエディタ]で単位を変更します。

挿入したブロックの大きさが違う場合、ブロックの単位がインチなどで作成されていることが多いので、[ブロックエディタ]でミリメートルに単位を変更します。

サンプル▶328.dwg

サンプルファイルはミリメートルで設定されていますが、このブロックはインチで設定されているため、25.4倍の大きさになっています。

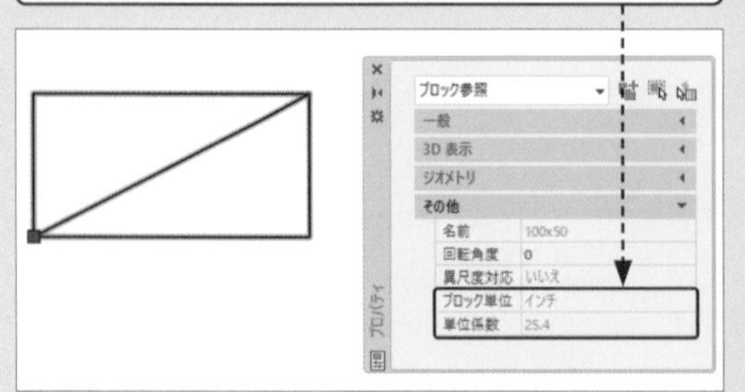

ブロック参照
一般
3D 表示
ジオメトリ
その他
名前　100x50
回転角度　0
異尺度対応　いいえ
ブロック単位　インチ
単位係数　25.4
プロパティ


1 ブロックをクリックして選択し、

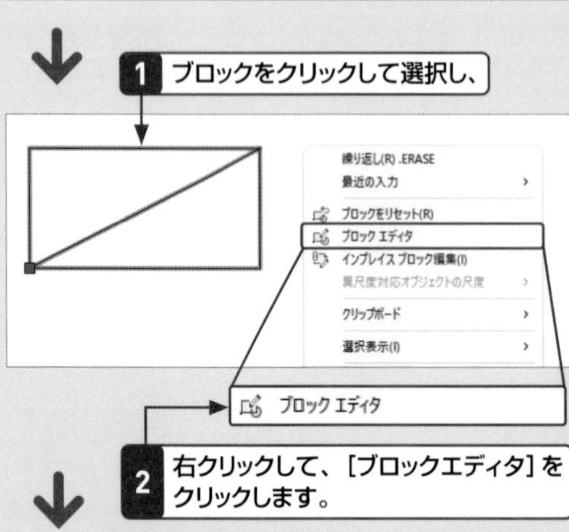

繰り返し(R) .ERASE
最近の入力
ブロックをリセット(R)
ブロック エディタ
インプレイス ブロック編集(I)
異尺度対応オブジェクトの尺度
クリップボード
選択表示(I)
ブロック エディタ


2 右クリックして、[ブロックエディタ]をクリックします。

3 [表示]タブをクリックし、

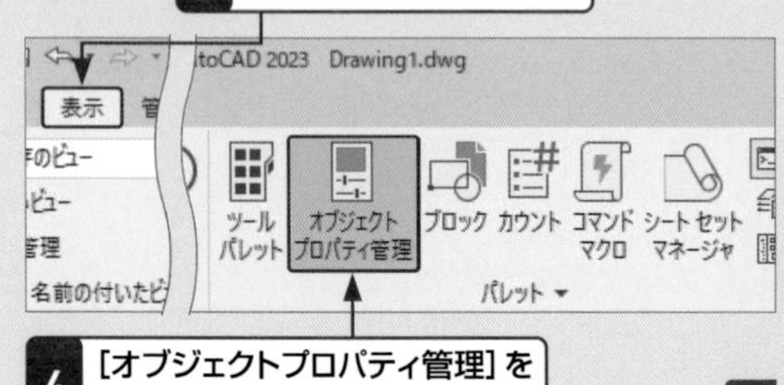

toCAD 2023　Drawing1.dwg
表示
ツール パレット
オブジェクト プロパティ管理
ブロック
カウント
コマンド マクロ
シート セット マネージャ
名前の付いたビ
パレット


4 [オブジェクトプロパティ管理]をクリックしてオンにします。

5 図形が何も選択されていない状態で、[プロパティ]パレットの[単位]で[ミリメートル]を選択します。

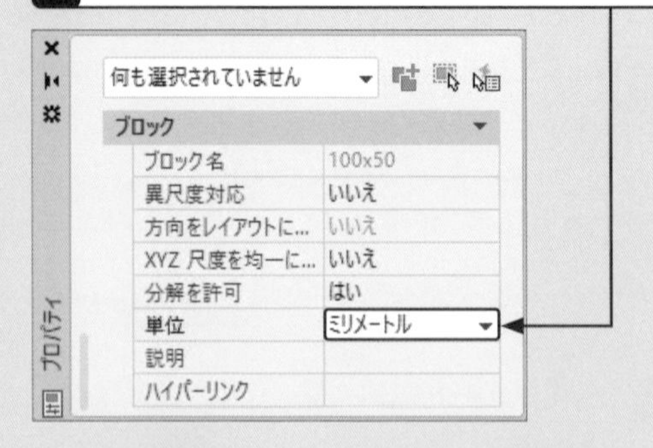

何も選択されていません
ブロック
ブロック名　100x50
異尺度対応　いいえ
方向をレイアウトに…　いいえ
XYZ 尺度を均一に…　いいえ
分解を許可　はい
単位　ミリメートル
説明
ハイパーリンク
プロパティ


6 [エディタを閉じる]をクリックします。

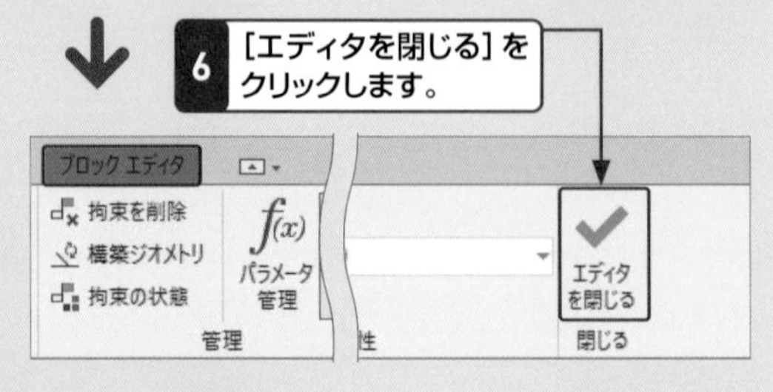

ブロック エディタ
拘束を削除
構築ジオメトリ
拘束の状態
パラメータ管理
管理
エディタを閉じる
閉じる


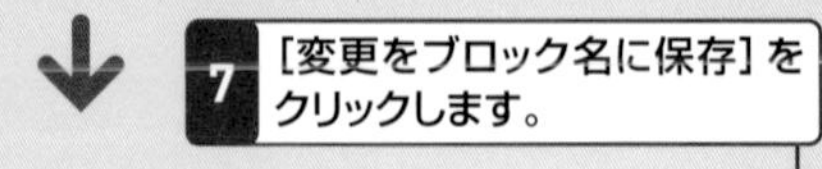

7 [変更をブロック名に保存]をクリックします。

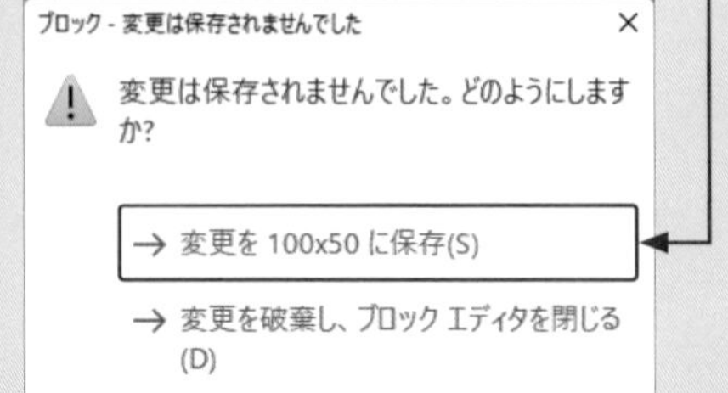

ブロック - 変更は保存されませんでした
変更は保存されませんでした。どのようにしますか?
→ 変更を 100x50 に保存(S)
→ 変更を破棄し、ブロック エディタを閉じる(D)


8 ブロックをクリックします。

9 [尺度X]、[尺度Y]、[尺度Z]に「1」を入力します。

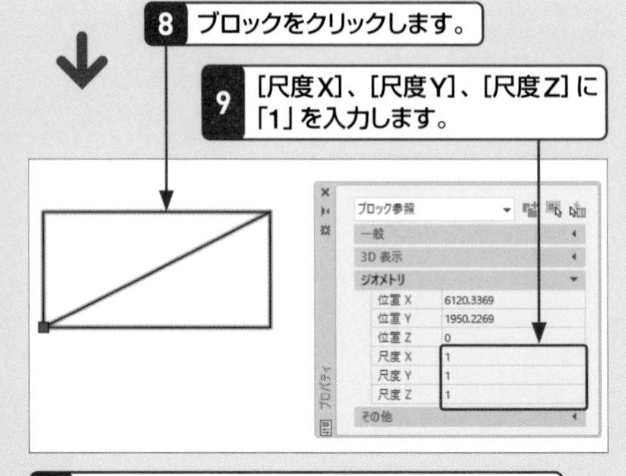

ブロック参照
一般
3D 表示
ジオメトリ
位置 X　6120.3369
位置 Y　1950.2269
位置 Z　0
尺度 X　1
尺度 Y　1
尺度 Z　1
その他
プロパティ


10 25.4倍されていたブロックが1倍に変更され、本来の大きさに変更されます。

# 12

# レイアウトと印刷

## Q 329 レイアウトとは？

**A [モデル]タブの一部を表示する印刷用のタブです。**

[レイアウト]とは、[モデル]タブの一部を表示する、印刷用のタブです。画面の下に、作図用の[モデル]タブと、印刷用の[レイアウト]タブが表示されます。[モデル]タブは1つの図面ファイルに1つのみですが、[レイアウト]タブは複数作成することが可能です。

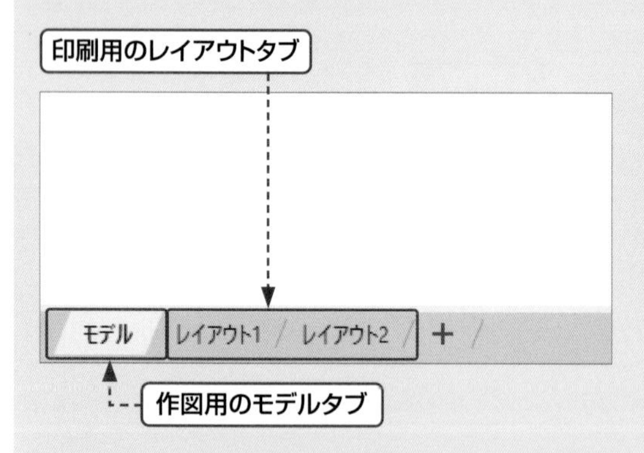
印刷用のレイアウトタブ
モデル
レイアウト1
レイアウト2
+
作図用のモデルタブ

下図のように設計対象物の範囲が大きい場合、1枚の図面に入りきらないので、何枚かの図面に分ける必要があります。

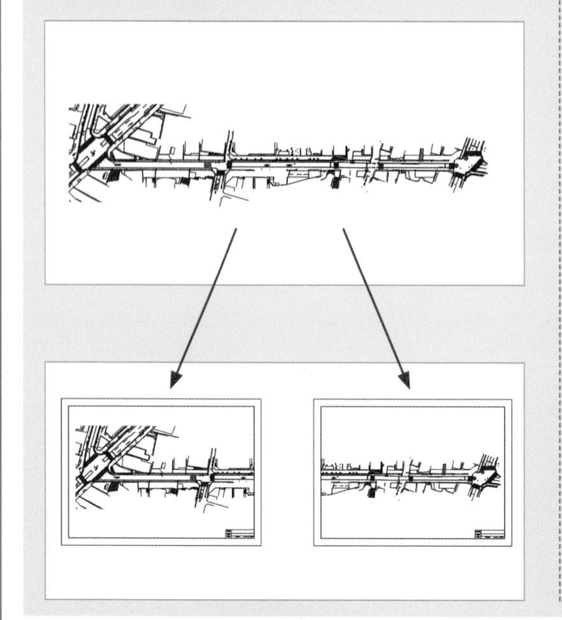

そこで、[レイアウト]タブを使用し、[モデル]タブの一部のみを表示します。1枚の図面に対して、[レイアウト]タブを1つ作成します。

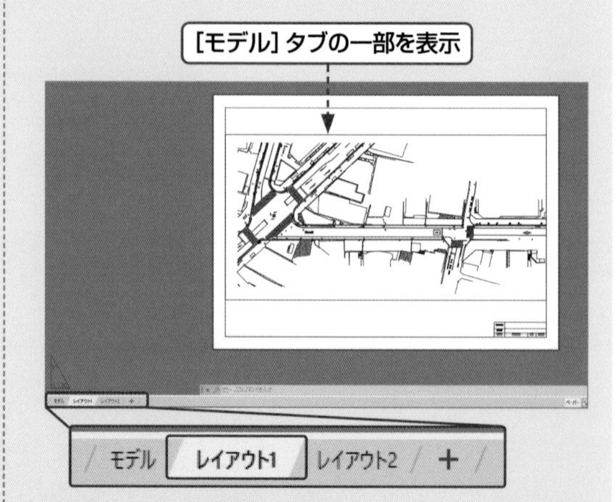
[モデル] タブの一部を表示
モデル
レイアウト1
レイアウト2
+

また、縮尺の違う設計対象物を[レイアウト]タブで表示することができます。下図の例では、[モデル]タブに、1:200と1:50の設計対象物があります。

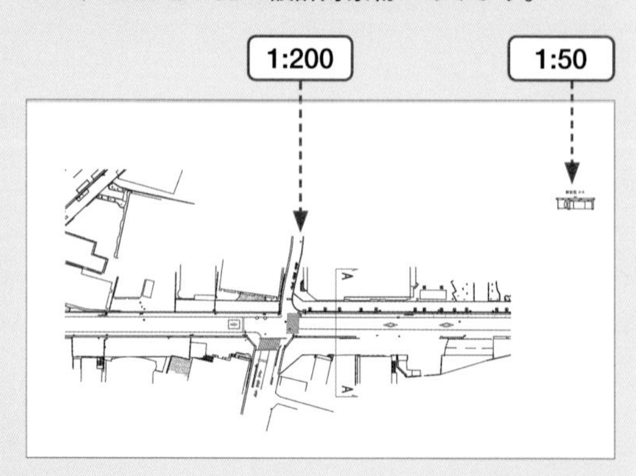
1:200
1:50

[レイアウト]タブで、[モデル]タブを表示する窓を[ビューポート]と呼び、[ビューポート]には縮尺を設定することが可能です。

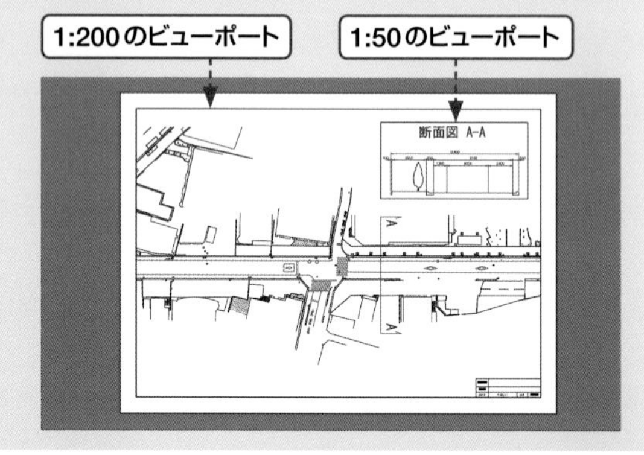
1:200のビューポート
1:50のビューポート
断面図 A-A

# Q 330 用紙の大きさを設定したい！

## A [ページ設定管理]を実行して[用紙サイズ]を設定します。

[レイアウト]タブに用紙の大きさを設定するには、[レイアウト]タブを選択し、[ページ設定管理]を実行して、用紙サイズを設定します。既存のページ設定を使用することもできます。

参照▶Q 360　サンプル▶330.dwg

1 [レイアウト1]タブをクリックして選択します。

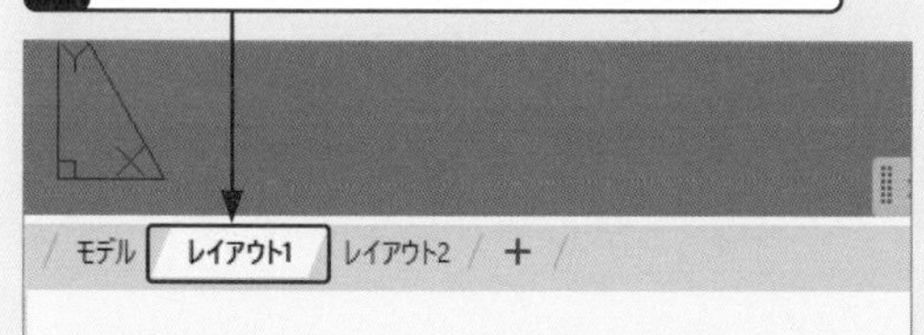
モデル
レイアウト1
レイアウト2
+

2 [出力]タブをクリックし、

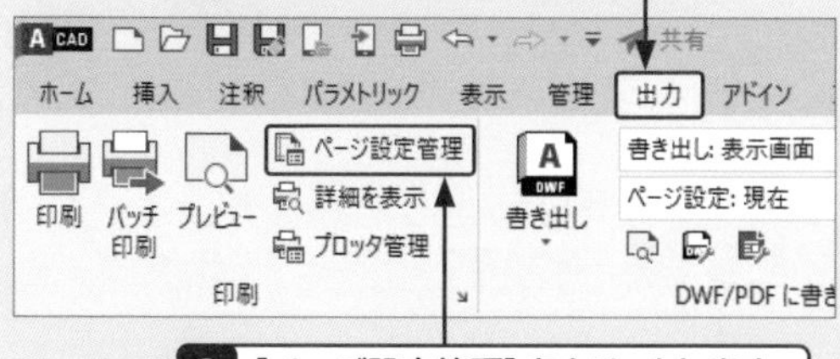
共有
ホーム
挿入
注釈
パラメトリック
表示
管理
出力
アドイン
ページ設定管理
詳細を表示
プロッタ管理
印刷
バッチ印刷
プレビュー
書き出し
書き出し: 表示画面
ページ設定: 現在
DWF/PDF に書き

3 [ページ設定管理]をクリックします。

4 レイアウトの名前を選択し、

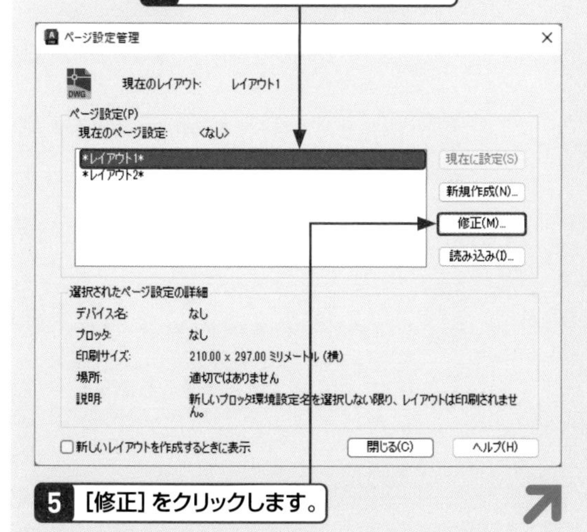
ページ設定管理
現在のレイアウト: レイアウト1
ページ設定(P)
現在のページ設定: <なし>
*レイアウト1*
*レイアウト2*
現在に設定(S)
新規作成(N)...
修正(M)...
読み込み(I)...
選択されたページ設定の詳細
デバイス名: なし
プロッタ: なし
印刷サイズ: 210.00 x 297.00 ミリメートル (横)
場所: 適切ではありません
説明: 新しいプロッタ環境設定名を選択しない限り、レイアウトは印刷されません。
新しいレイアウトを作成するときに表示
閉じる(C)
ヘルプ(H)

5 [修正]をクリックします。

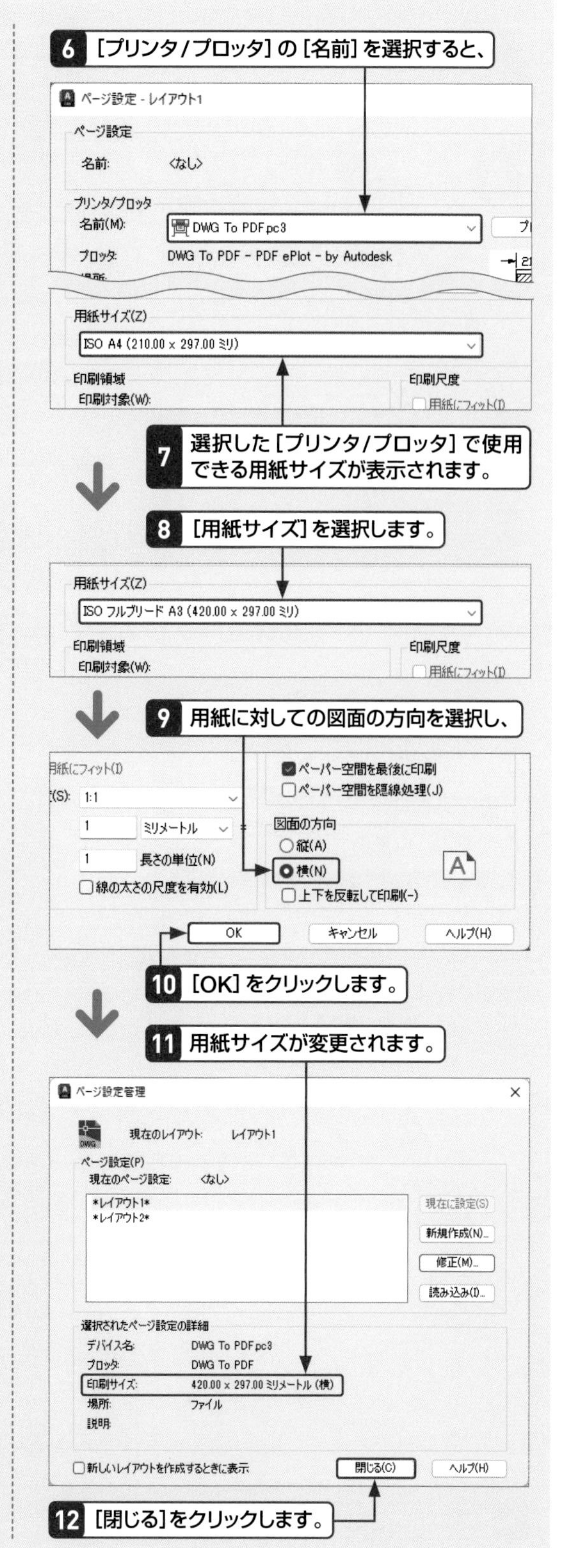
ページ設定 - レイアウト1
ページ設定
名前: <なし>
プリンタ/プロッタ
名前(M): DWG To PDF.pc3
プロッタ: DWG To PDF - PDF ePlot - by Autodesk
用紙サイズ(Z)
ISO A4 (210.00 x 297.00 ミリ)
印刷領域
印刷対象(W):
印刷尺度
用紙にフィット(I)
ISO フルブリード A3 (420.00 x 297.00 ミリ)
ペーパー空間を最後に印刷
ペーパー空間を隠線処理(J)
1:1
ミリメートル
長さの単位(N)
線の太さの尺度を有効(L)
図面の方向
縦(A)
横(N)
上下を反転して印刷(-)
OK
キャンセル
ヘルプ(H)
ページ設定管理
現在のレイアウト: レイアウト1
デバイス名: DWG To PDF.pc3
プロッタ: DWG To PDF
印刷サイズ: 420.00 x 297.00 ミリメートル (横)
場所: ファイル
閉じる(C)

6 [プリンタ/プロッタ]の[名前]を選択すると、

7 選択した[プリンタ/プロッタ]で使用できる用紙サイズが表示されます。

8 [用紙サイズ]を選択します。

9 用紙に対しての図面の方向を選択し、

10 [OK]をクリックします。

11 用紙サイズが変更されます。

12 [閉じる]をクリックします。

# Q 331 ロング版の用紙の大きさを設定したい!

## A [ページ設定管理]を実行して[カスタム用紙サイズ]を設定します。

ロング版の用紙の大きさを設定するには、[ページ設定管理]を実行し、[プリンタ/プロッタ]の[プロパティ]から[カスタム用紙サイズ]を設定します。

サンプル ▶ 331.dwg

1 [出力]タブをクリックし、

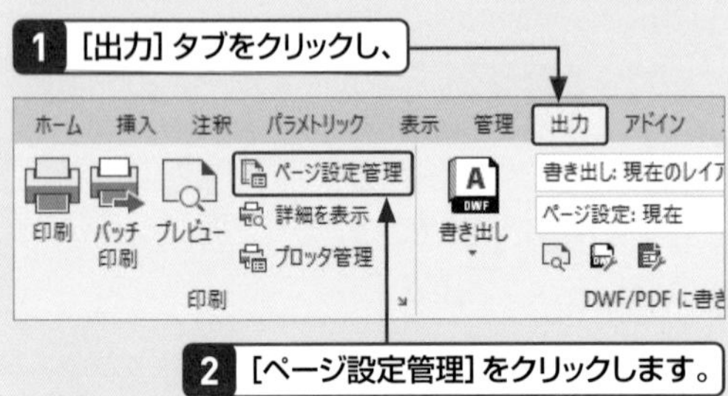
ホーム
挿入
注釈
パラメトリック
表示
管理
出力
アドイン
印刷
バッチ印刷
プレビュー
ページ設定管理
詳細を表示
プロッタ管理
書き出し
書き出し: 現在のレイア
ページ設定: 現在
DWF/PDF に書き

2 [ページ設定管理]をクリックします。

3 レイアウトの名前を選択し、

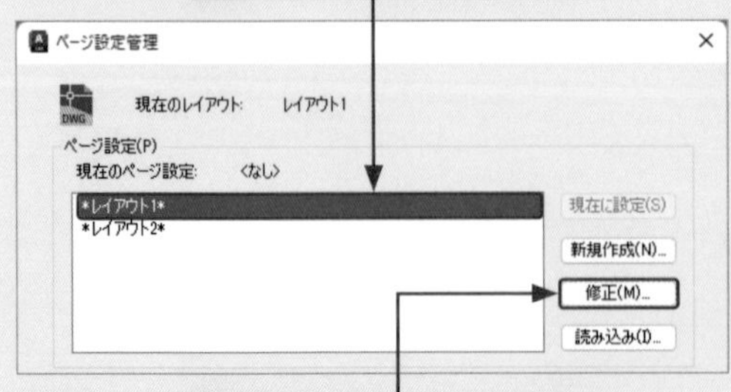
ページ設定管理
現在のレイアウト: レイアウト1
ページ設定(P)
現在のページ設定: <なし>
*レイアウト1*
*レイアウト2*
現在に設定(S)
新規作成(N)...
修正(M)...
読み込み(I)...

4 [修正]をクリックします。

5 [プリンタ/プロッタ]の[名前]を選択し、

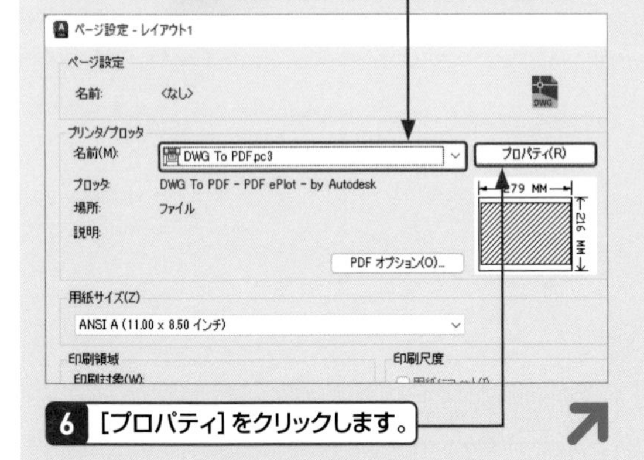
ページ設定 - レイアウト1
ページ設定
名前: <なし>
プリンタ/プロッタ
名前(M): DWG To PDF.pc3
プロパティ(R)
プロッタ: DWG To PDF - PDF ePlot - by Autodesk
場所: ファイル
説明:
PDF オプション(O)...
用紙サイズ(Z)
ANSI A (11.00 x 8.50 インチ)
印刷領域
印刷尺度

6 [プロパティ]をクリックします。

7 [カスタム用紙サイズ]をクリックし、

8 [追加]をクリックします。

9 [ゼロからスタート]を選択し、[次へ]をクリックします。

10 単位を[ミリメートル]に設定して、用紙サイズを入力し、[次へ]をクリックします。

11 用紙の余白サイズを入力し、[次へ]をクリックします。

12 [用紙サイズ名]はそのまま[次へ]をクリックします。

13 [PMPファイル名]が表示された場合は、そのまま[次へ]をクリックします。

14 [完了]をクリックし、表示されるダイアログは[OK]をクリックします。

15 設定した用紙サイズが選択できます。

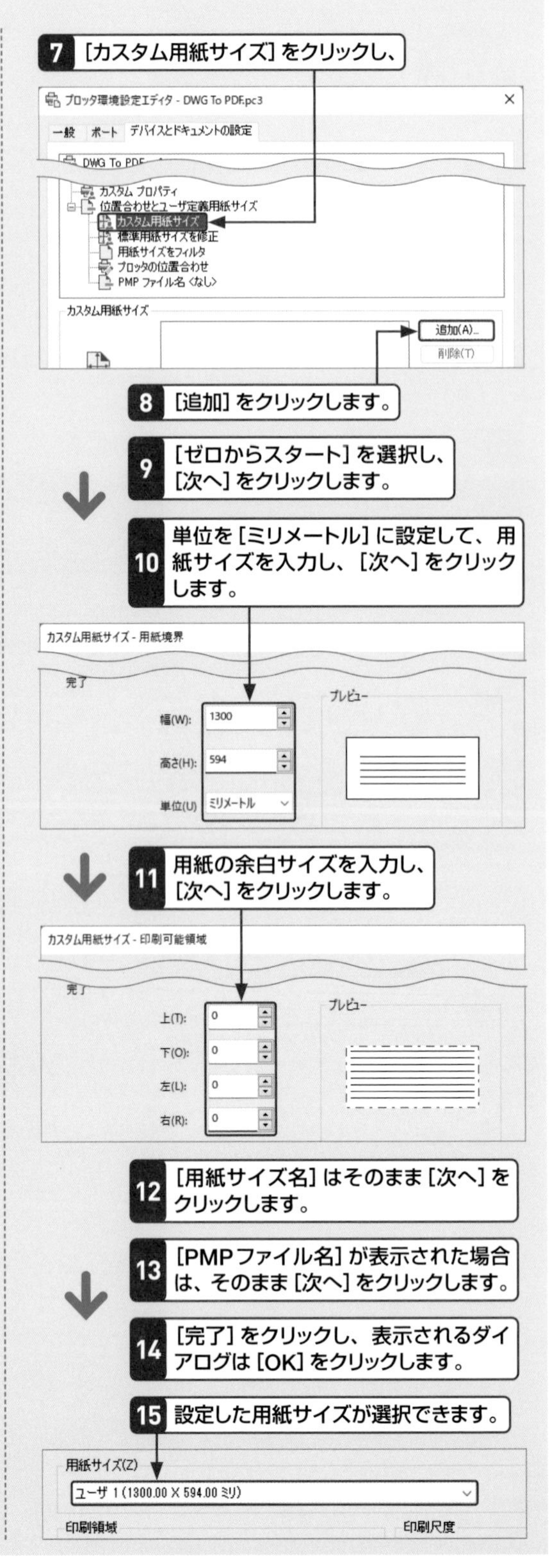
プロッタ環境設定エディタ - DWG To PDF.pc3
一般
ポート
デバイスとドキュメントの設定
カスタム プロパティ
位置合わせとユーザ定義用紙サイズ
カスタム用紙サイズ
標準用紙サイズを修正
用紙サイズをフィルタ
プロッタの位置合わせ
PMP ファイル名 <なし>
カスタム用紙サイズ
追加(A)...
削除(T)
カスタム用紙サイズ - 用紙境界
完了
幅(W): 1300
高さ(H): 594
単位(U) ミリメートル
プレビュー
カスタム用紙サイズ - 印刷可能領域
上(T): 0
下(O): 0
左(L): 0
右(R): 0
用紙サイズ(Z)
ユーザ 1 (1300.00 X 594.00 ミリ)
印刷領域
印刷尺度

# Q 332 レイアウトに図面枠を作成したい!

## A 原寸で作図した図面枠を配置します。

レイアウトに図面枠を作成するには、原寸で作図した図面枠を配置します。ここでは、[モデル] タブに作図した図面をレイアウトに貼り付けて利用します。

サンプル ▶ 332.dwg

**1** [モデル] タブに原寸で作図した図枠を用意します（サンプルは841x594）。

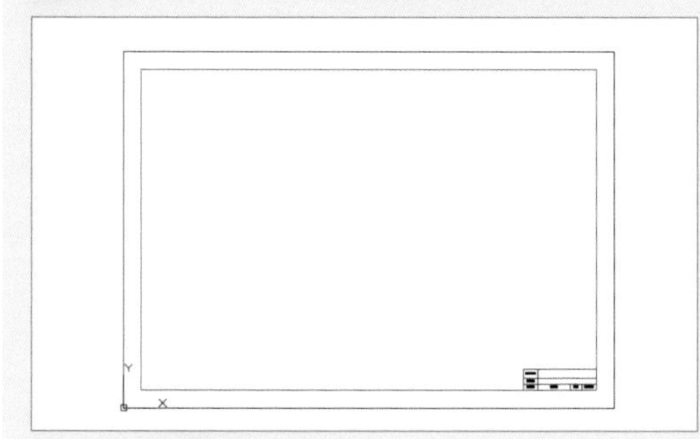

**2** 作図領域を右クリックし、メニューから [クリップボード] → [基点コピー] をクリックします。

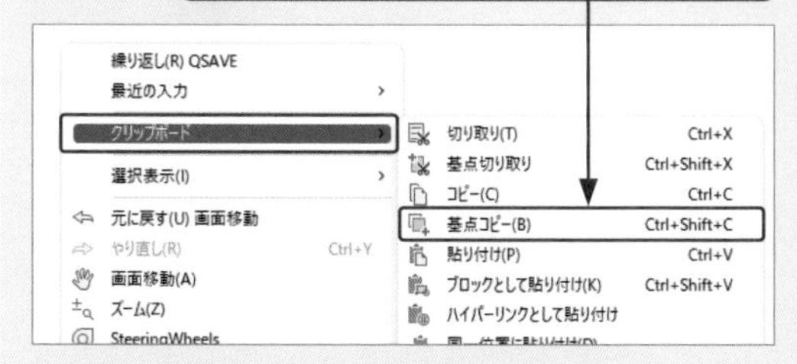
繰り返し(R) QSAVE
最近の入力
クリップボード
選択表示(I)
元に戻す(U) 画面移動
やり直し(R) Ctrl+Y
画面移動(A)
ズーム(Z)
SteeringWheels
切り取り(T) Ctrl+X
基点切り取り Ctrl+Shift+X
コピー(C) Ctrl+C
基点コピー(B) Ctrl+Shift+C
貼り付け(P) Ctrl+V
ブロックとして貼り付け(K) Ctrl+Shift+V
ハイパーリンクとして貼り付け

**3** 用紙枠の左下点をクリックし、

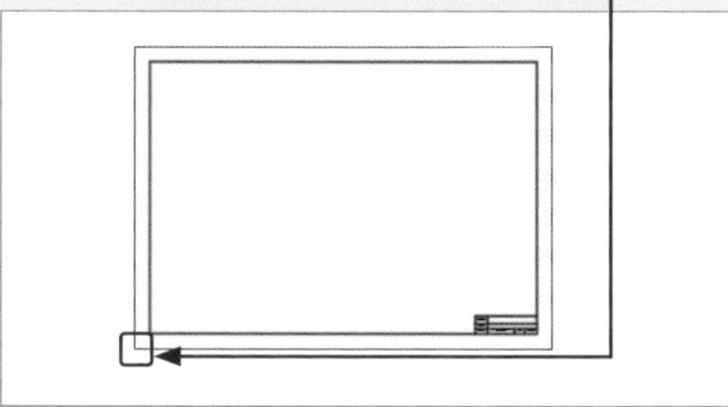

**4** 図面枠や表題欄などを選択し、Enter キーを押して確定します。

**5** [レイアウト1] タブを表示します。

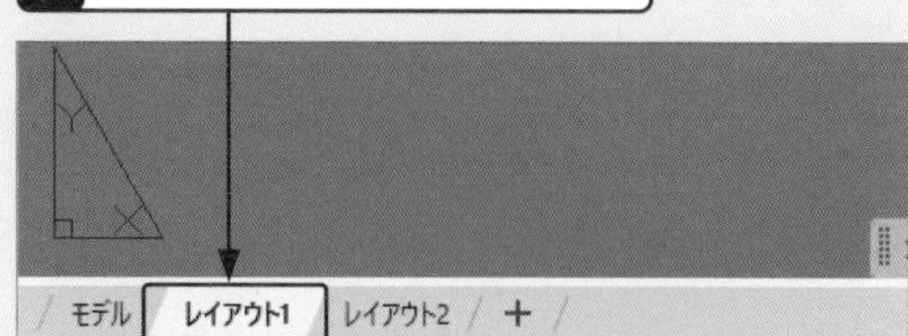
モデル
レイアウト1
レイアウト2

**6** 作図領域を右クリックし、メニューから [クリップボード] の [貼り付け] をクリックします。

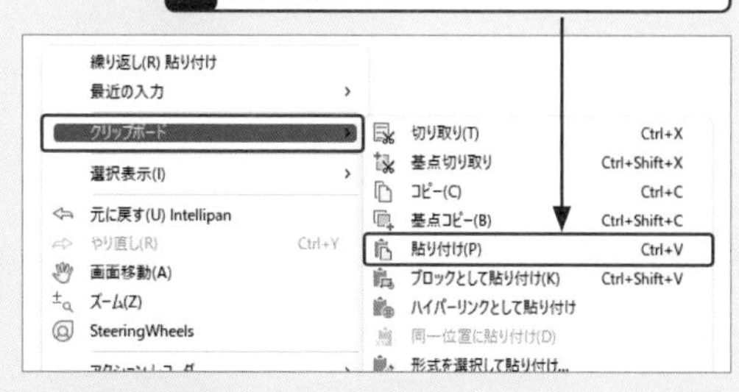
繰り返し(R) 貼り付け
最近の入力
クリップボード
選択表示(I)
元に戻す(U) Intellipan
やり直し(R) Ctrl+Y
画面移動(A)
ズーム(Z)
SteeringWheels
切り取り(T) Ctrl+X
基点切り取り Ctrl+Shift+X
コピー(C) Ctrl+C
基点コピー(B) Ctrl+Shift+C
貼り付け(P) Ctrl+V
ブロックとして貼り付け(K) Ctrl+Shift+V
ハイパーリンクとして貼り付け
同一位置に貼り付け(D)
形式を選択して貼り付け...

**7** 「#0,0」と入力し、Enter キーを押します。

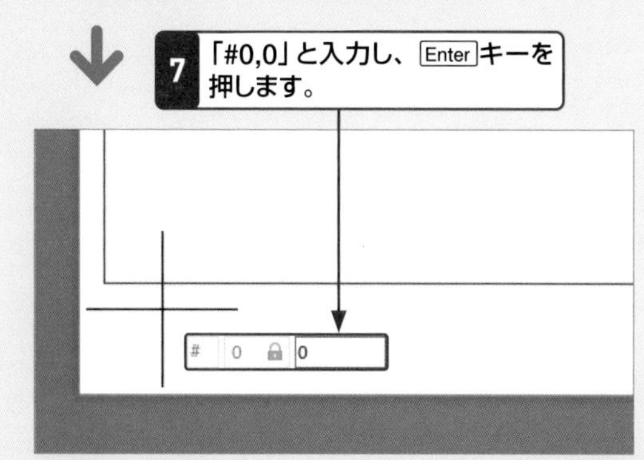

**8** レイアウトに図面枠が作成されます。

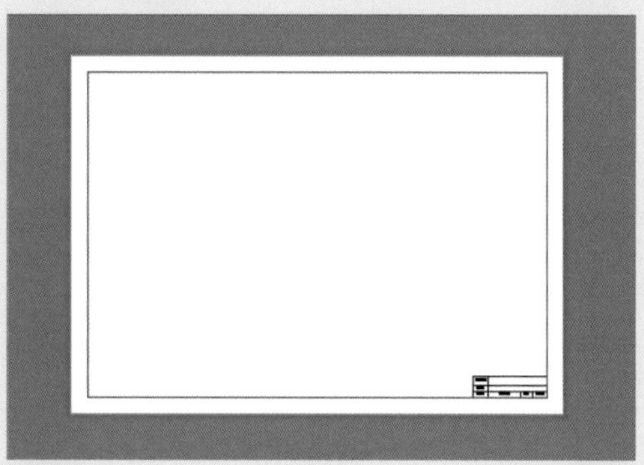

図枠の大きさと白い用紙範囲が合わない場合は「Q 330 用紙の大きさを設定したい！」を参照してください。

# Q 333 ビューポートを作成したい!

## A [レイアウト]タブの[矩形]を実行します。

レイアウトにビューポートを作成するには、[レイアウト]タブの[矩形]を実行し、範囲を2点で指定します。

サンプル▶333.dwg

1 [レイアウト]タブをクリックし、

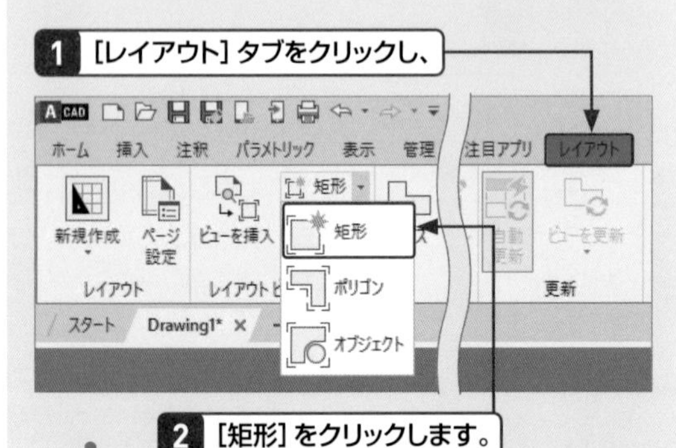
ホーム
挿入
注釈
パラメトリック
表示
管理
注目アプリ
レイアウト
矩形
ポリゴン
オブジェクト
新規作成
ページ設定
ビューを挿入
ビューを更新
レイアウト
更新
スタート
Drawing1*

2 [矩形]をクリックします。

3 範囲の1点目をクリックし、

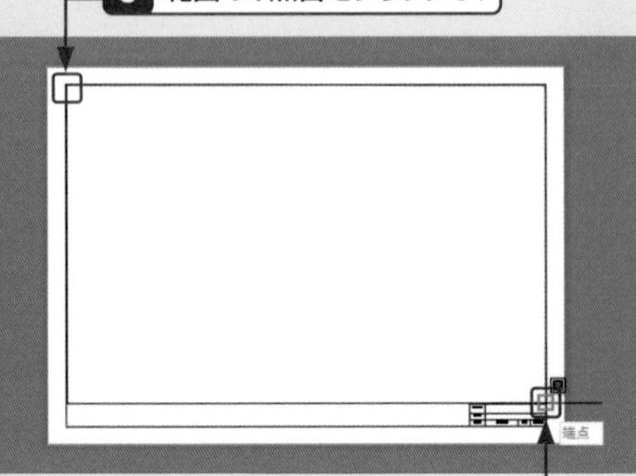
端点

4 2点目をクリックします。

5 ビューポートが作成され、[モデル]タブの図形が表示されます。

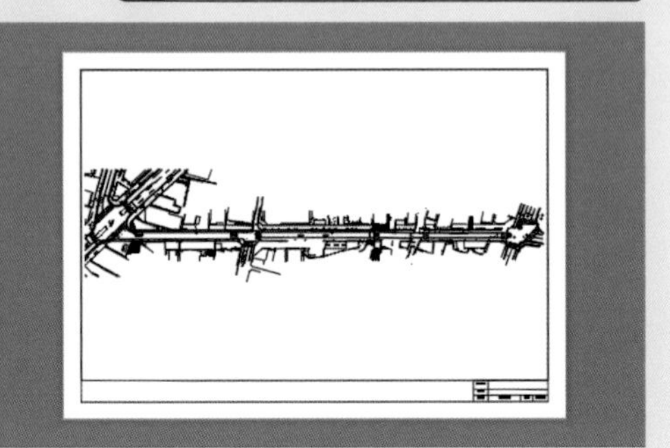



# Q 334 多角形のビューポートを作成したい!

## A [レイアウト]タブの[ポリゴン]を実行します。

多角形のビューポートを作成するには、[レイアウト]タブの[ポリゴン]を実行し、多角形の頂点を順に指定します。

サンプル▶334.dwg

1 [レイアウト]タブをクリックし、

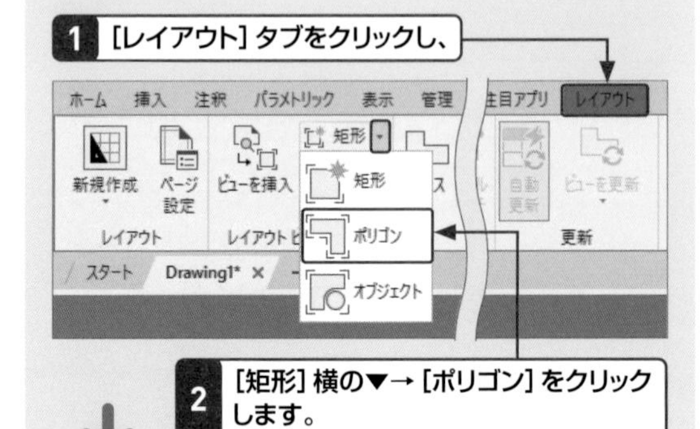
ホーム
挿入
注釈
パラメトリック
表示
管理
注目アプリ
レイアウト
矩形
ポリゴン
オブジェクト
新規作成
ページ設定
ビューを挿入
ビューを更新
レイアウト
更新
スタート
Drawing1*

2 [矩形]横の▼→[ポリゴン]をクリックします。

3 多角形の頂点を順にクリックし、

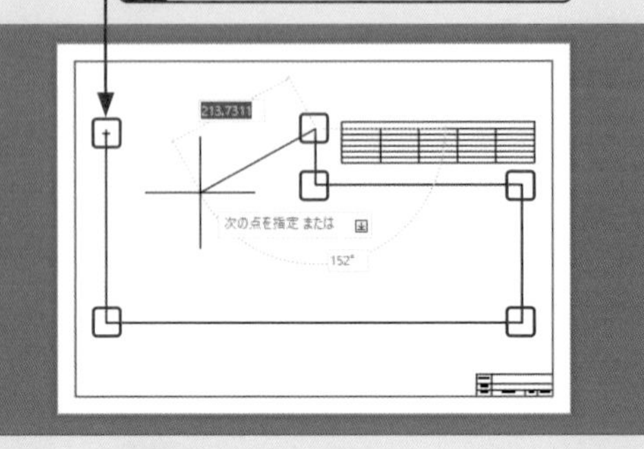
213.7311
次の点を指定 または
152°

4 Enterキーを押して、頂点の指定を確定します。

5 ビューポートが作成され、[モデル]タブの図形が表示されます。

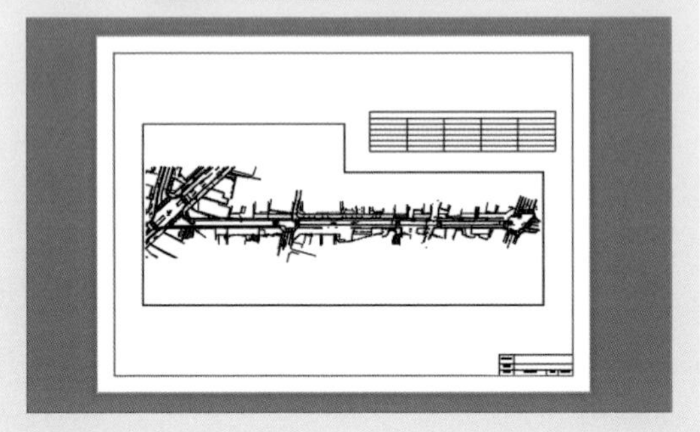

重要度 ★★★

## Q 335 ポリラインからビューポートを作成したい!

**A [オブジェクト]を実行します。**

ポリラインからビューポートを作成するには、[オブジェクト]を実行し、あらかじめ作図したポリラインを選択します。 サンプル ▶ 335.dwg

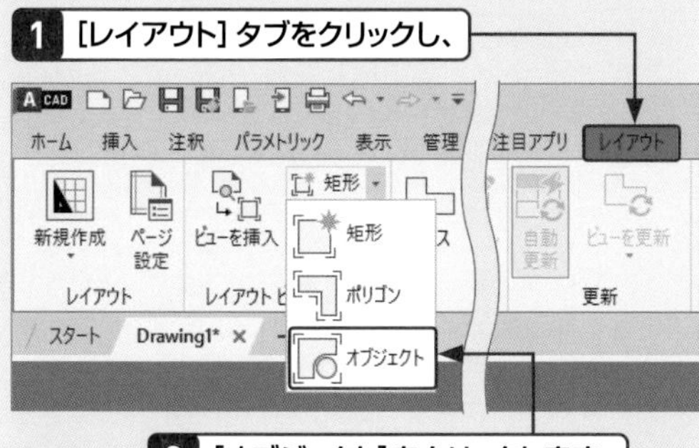
1 [レイアウト] タブをクリックし、
ホーム
挿入
注釈
パラメトリック
表示
管理
注目アプリ
レイアウト
新規作成
ページ設定
ビューを挿入
矩形
ポリゴン
オブジェクト
自動更新
ビューを更新
レイアウト
更新
スタート
Drawing1*
2 [オブジェクト] をクリックします。

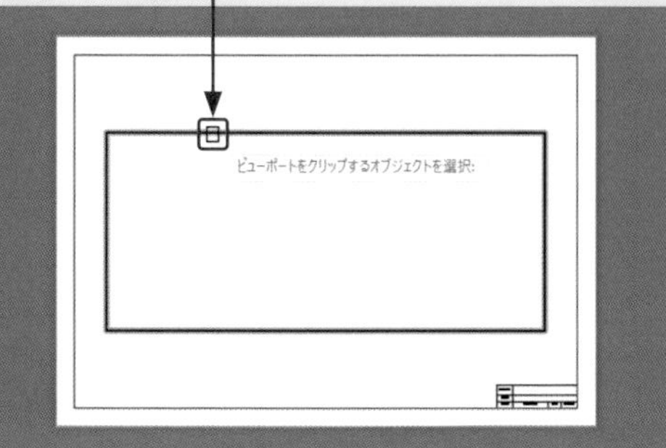
3 ポリラインをクリックして選択します。
ビューポートをクリップするオブジェクトを選択:

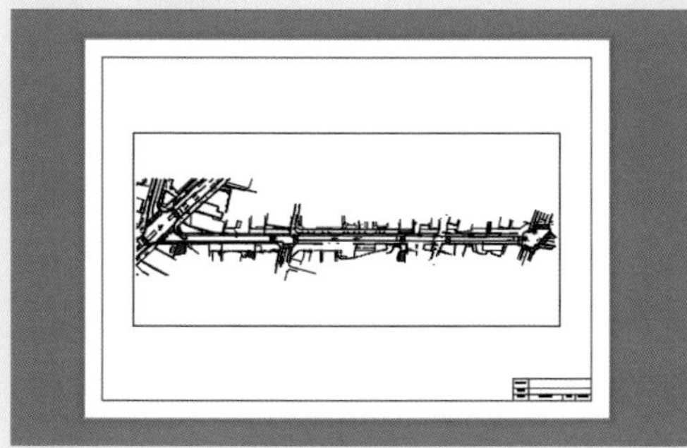
4 ビューポートが作成され、[モデル] タブの図形が表示されます。



重要度 ★★★

## Q 336 ビューポートの形状を変更したい!

**A [クリップ]を実行してポリラインを選択します。**

ビューポートの形状を変更するには、あらかじめ変更したい形のポリラインを用意し、[クリップ]を実行して、ポリラインを選択します。 サンプル ▶ 336.dwg

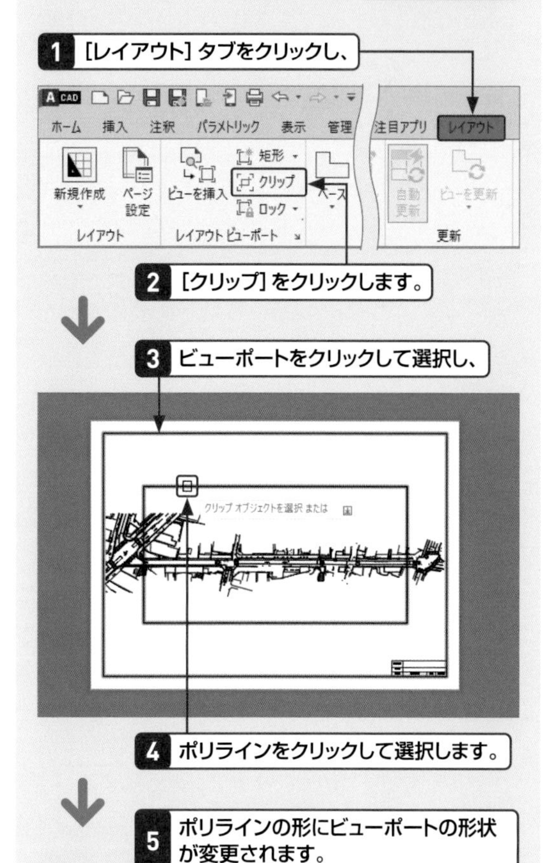
1 [レイアウト] タブをクリックし、
ホーム
挿入
注釈
パラメトリック
表示
管理
注目アプリ
レイアウト
新規作成
ページ設定
ビューを挿入
矩形
クリップ
ロック
自動更新
ビューを更新
レイアウト
レイアウト ビューポート
更新
2 [クリップ] をクリックします。
3 ビューポートをクリックして選択し、
クリップ オブジェクトを選択 または
4 ポリラインをクリックして選択します。
5 ポリラインの形にビューポートの形状が変更されます。

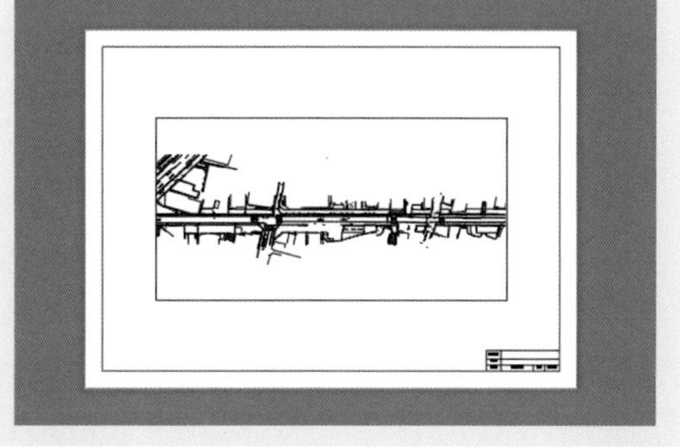

# Q 337 ビューポートの尺度を設定したい!

## A ［選択されたビューポートの尺度］を設定します。

ビューポートの尺度を設定にするには、ビューポートをアクティブにして、［選択されたビューポートの尺度］を設定します。ズーム操作をすると尺度が変更されてしまうので、尺度を設定したあとは行わないでください。

サンプル▶337.dwg

1 ［レイアウト1］タブをクリックして選択します。

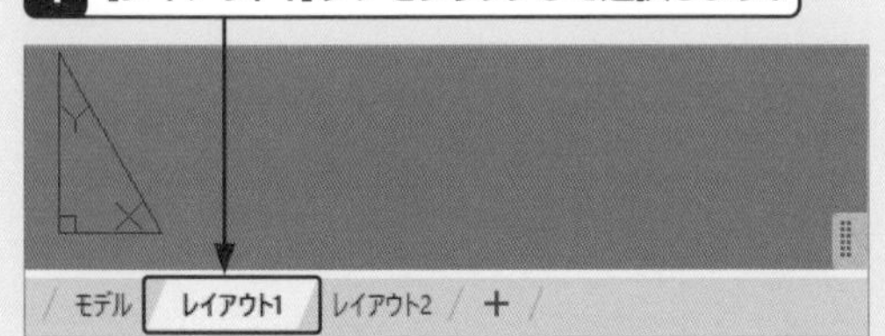

モデル
レイアウト1
レイアウト2


2 ビューポートの内側をダブルクリックし、

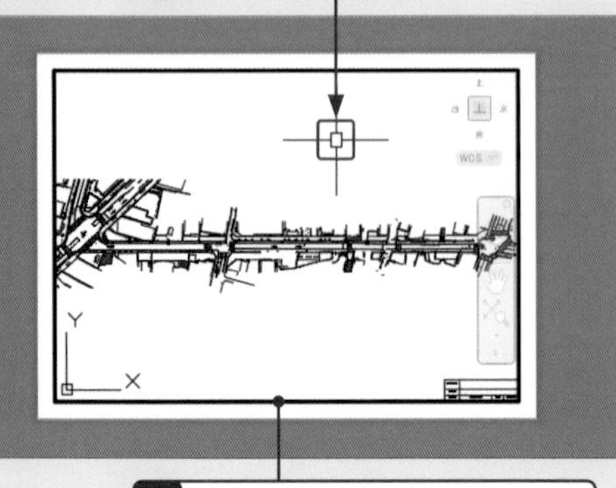

3 ビューポートがアクティブになり、太く表示されます。

4 ［モデル］と表示されます。

5 ビューポートのロックが解除されていることを確認し、

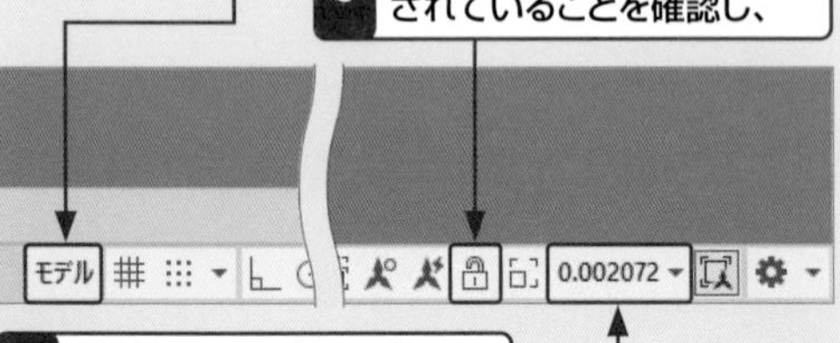

モデル
0.002072


6 ［選択されたビューポートの尺度］をクリックします。

7 尺度を選択します（ここでは「1:100」）。

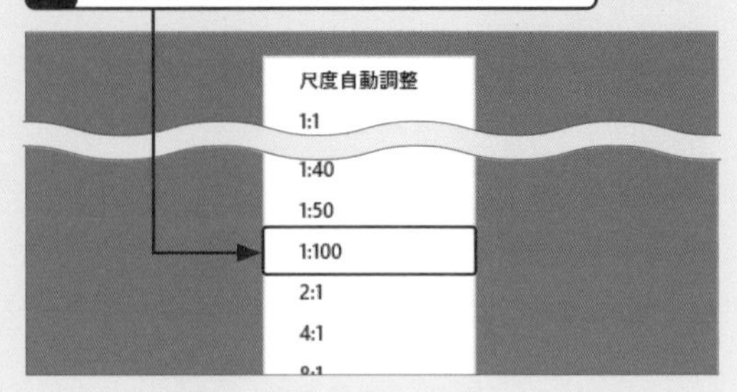

尺度自動調整
1:1
1:40
1:50
1:100
2:1
4:1


8 ビューポート内の表示が変更されるので、画面移動を行って、表示箇所の調整をします。

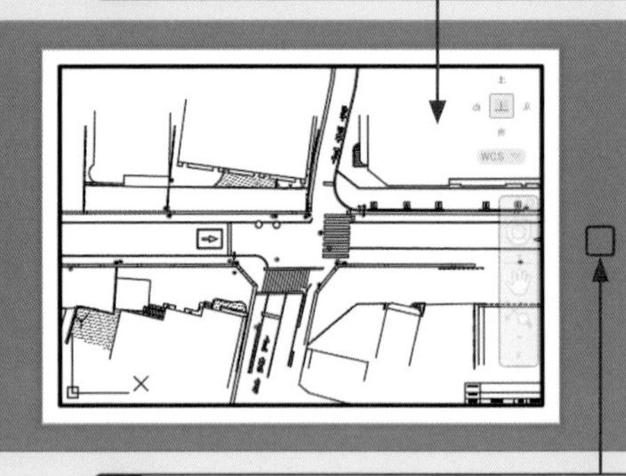

9 ビューポートの外側をダブルクリックします。

10 モデル空間からペーパー空間に戻ります。


ペーパー


11 ［ペーパー］と表示されます。

12 ズーム操作を行ってもビューポートの尺度は変更されません。

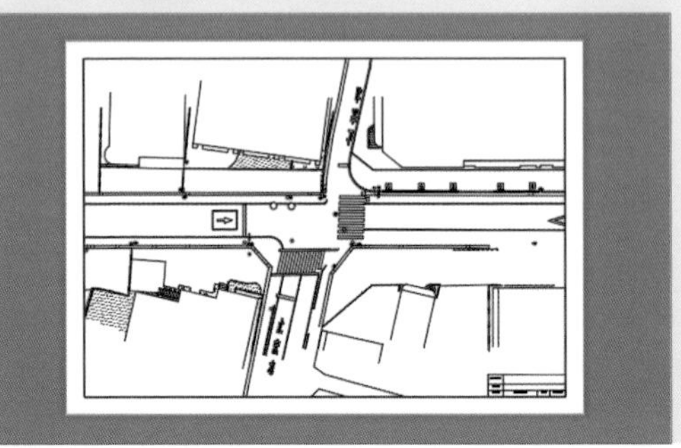

# Q 338 選択したい尺度がない!

## A 尺度リストを追加します。

既定で用意されている尺度リストに尺度がない場合は、尺度リストを追加します。その際、[作図単位]には図面の縮尺の分母(たとえば「1:200」なら「200」)を入力してください。 サンプル ▶ 338.dwg

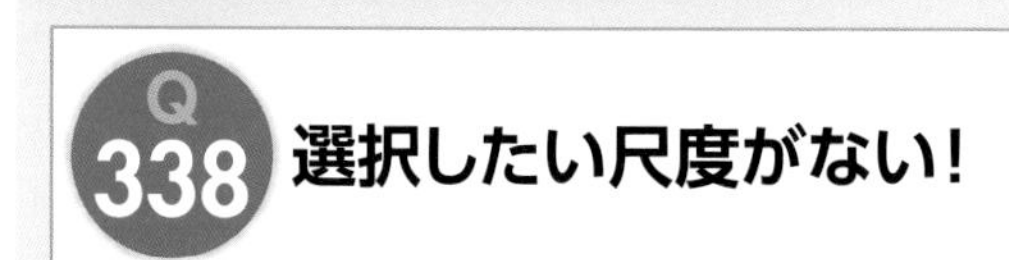
1 [注釈] タブをクリックし、
挿入
注釈
キーワードまたは語句を入力

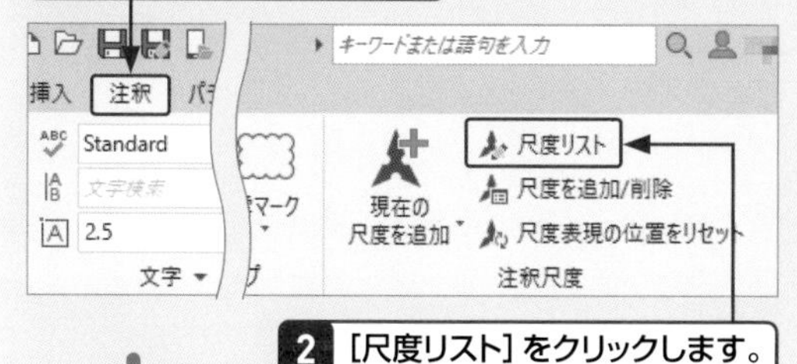
Standard
2.5
文字
現在の尺度を追加
尺度リスト
尺度を追加/削除
尺度表現の位置をリセット
注釈尺度
2 [尺度リスト] をクリックします。
3 [追加] をクリックします。

図面尺度を編集
尺度リスト
1:1
1:2
1:4
1:5
1:8
1:10
1:16
追加(A)...
編集(E)...
上へ移動(U)

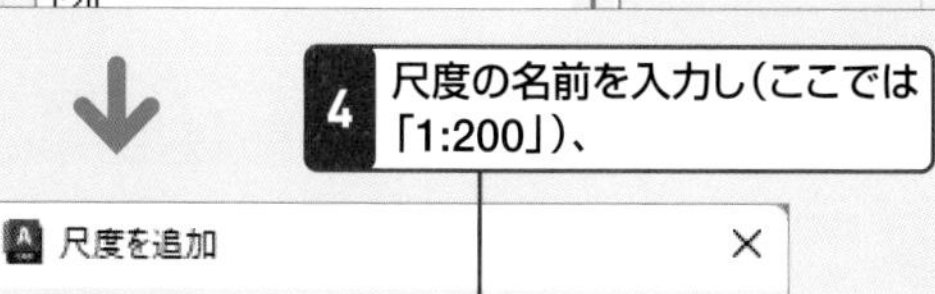
4 尺度の名前を入力し(ここでは「1:200」)、

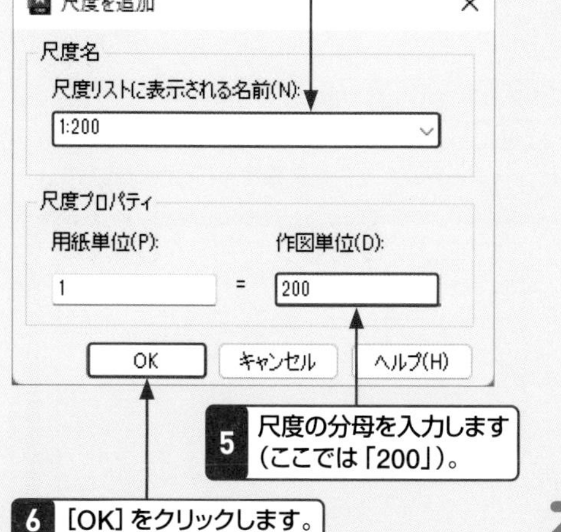
尺度を追加
尺度名
尺度リストに表示される名前(N):
1:200
尺度プロパティ
用紙単位(P):
作図単位(D):
1
=
200
OK
キャンセル
ヘルプ(H)
5 尺度の分母を入力します(ここでは「200」)。
6 [OK] をクリックします。

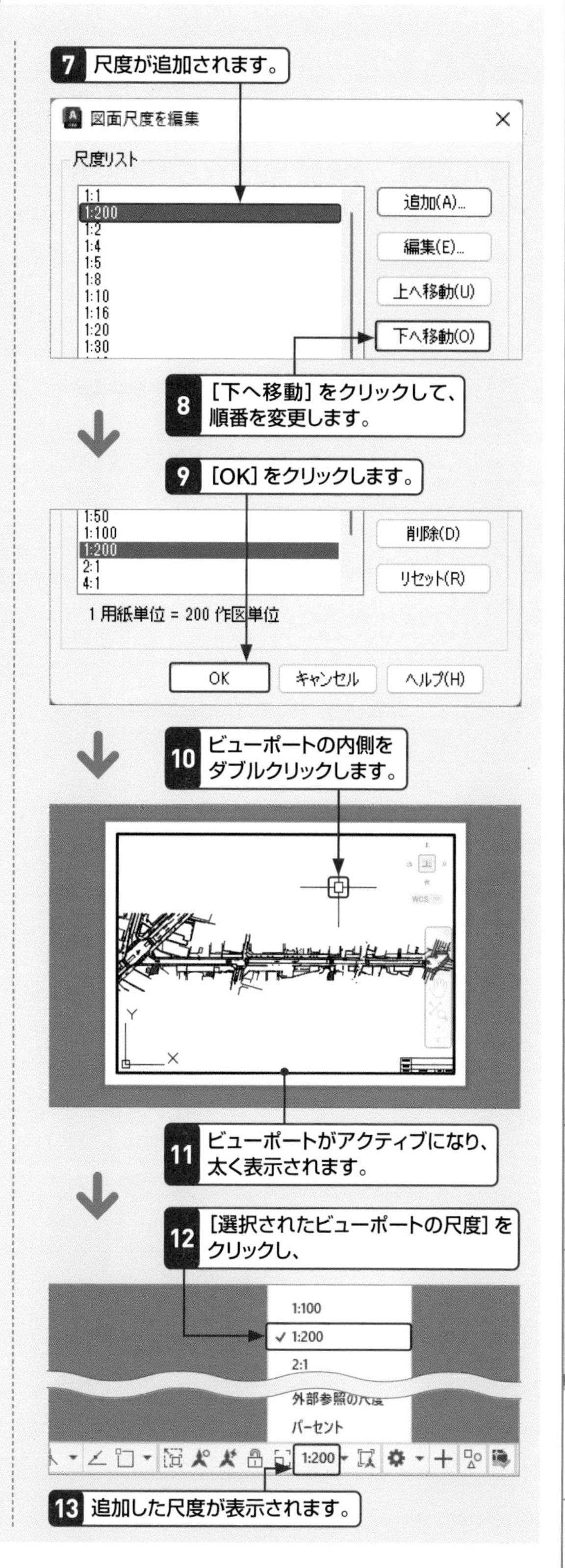
7 尺度が追加されます。
図面尺度を編集
尺度リスト
1:1
1:200
1:2
1:4
1:5
1:8
1:10
1:16
1:20
1:30
追加(A)...
編集(E)...
上へ移動(U)
下へ移動(O)
8 [下へ移動] をクリックして、順番を変更します。
9 [OK] をクリックします。
1:50
1:100
1:200
2:1
4:1
削除(D)
リセット(R)
1 用紙単位 = 200 作図単位
OK
キャンセル
ヘルプ(H)
10 ビューポートの内側をダブルクリックします。
11 ビューポートがアクティブになり、太く表示されます。
12 [選択されたビューポートの尺度] をクリックし、
1:100
1:200
2:1
外部参照の尺度
パーセント
1:200
13 追加した尺度が表示されます。

## Q 339 ビューポートの位置を合わせたい！

**A** オブジェクトスナップなどを使用してビューポートを移動します。

ビューポートの位置を合わせたい場合は、補助線の作図やオブジェクトスナップなどを使用して、ビューポートを移動します。　サンプル▶339.dwg

**1** 位置合わせのために、［構築線］などで補助線を作図します。

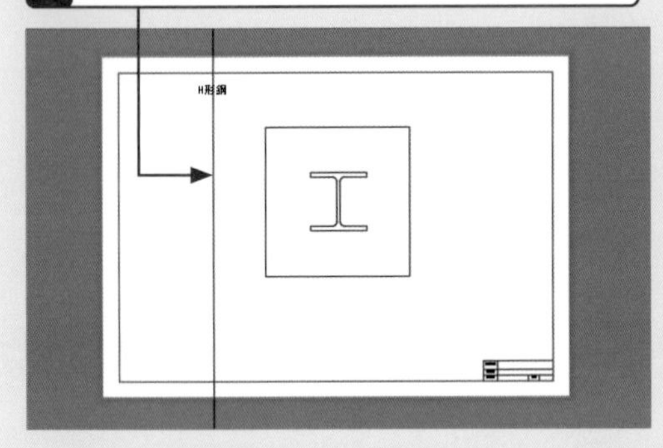
H形鋼

**2** ［移動］をクリックします。

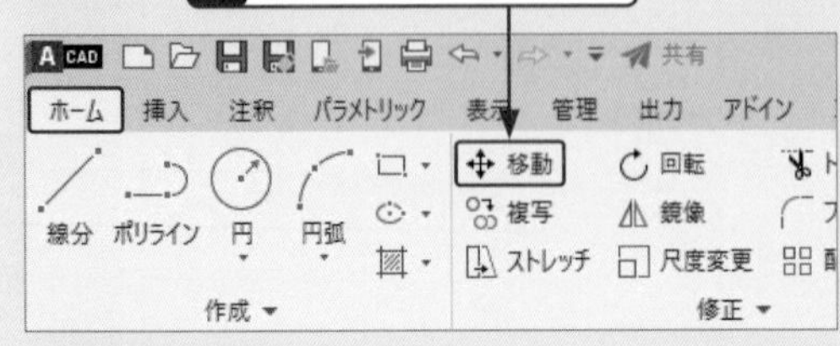
共有
ホーム
挿入
注釈
パラメトリック
管理
出力
アドイン
移動
回転
複写
鏡像
ストレッチ
尺度変更
線分
ポリライン
円
円弧
作成
修正

**3** ビューポートをクリックして選択し、Enterキーを押して確定します。

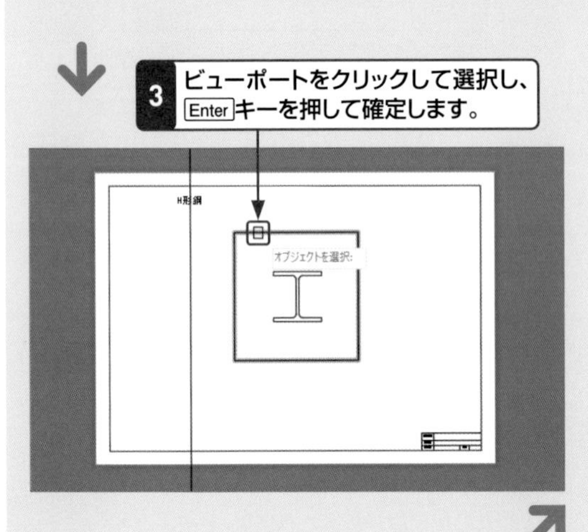
H形鋼
オブジェクトを選択:

**4** 基点をクリックします（ここでは［中点］）。

**5** 目的点をクリックします（ここでは［近接点］）。

**6** ビューポートが移動します。

**7** 使用した補助線は削除します。

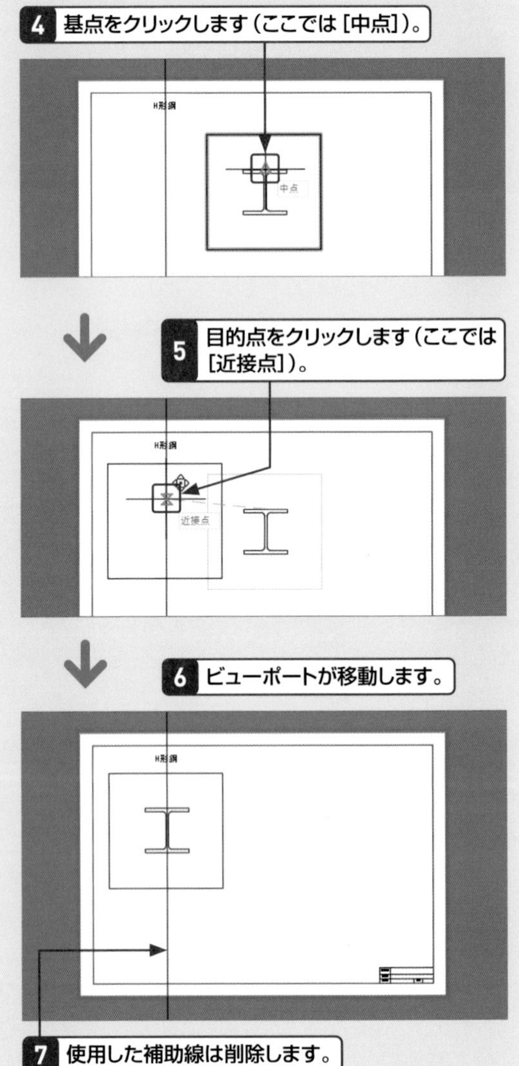
H形鋼
中点
近接点

### グリップを使用して変更する

ビューポートをクリックして選択し、グリップを使用してビューポートの大きさを変更することが可能です。

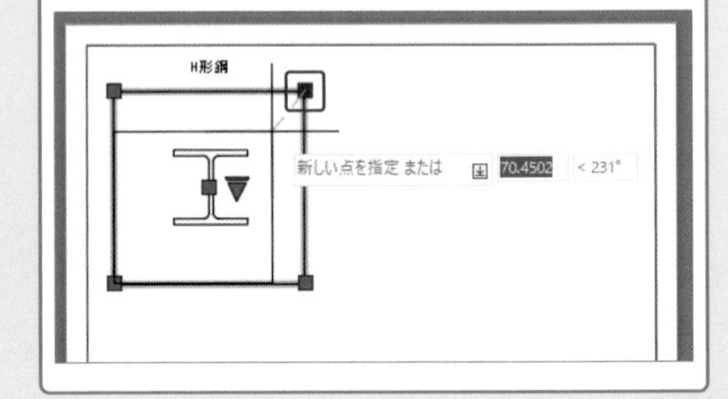
H形鋼
新しい点を指定 または
70.4502
< 231°

# Q340 モデルタブの枠の位置と合わせたい!

**A** [窓ズーム]を実行して優先オブジェクトスナップを使用します。

[モデル]タブの枠の位置とビューポートの枠の位置を合わせるには、[窓ズーム]を実行し、優先オブジェクトスナップを使ってください。[モデル]タブの枠はビューポートの形状に図面の縮尺の逆数をかけて大きさを変更してください。 サンプル▶340.dwg

1 [モデル]タブに、ビューポートの形状を作成し、図面の縮尺の逆数をかけて大きさを変更します(ここでは「1:100」なので100倍しています)。

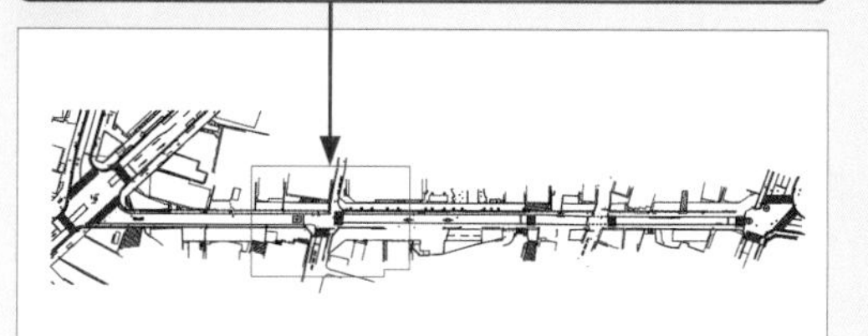

2 [レイアウト1]タブに移動し、ビューポートの内側をダブルクリックします。

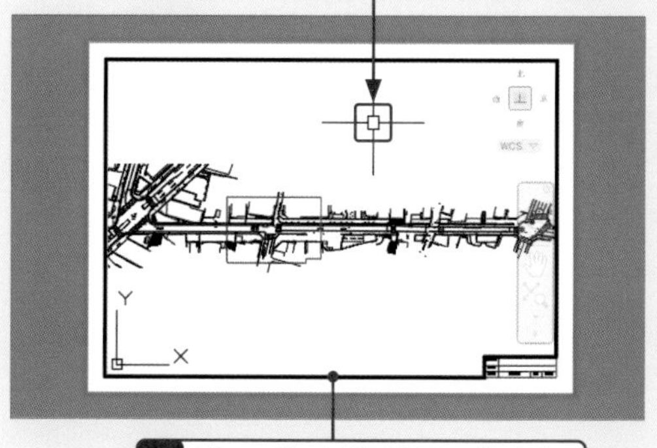

3 ビューポートがアクティブになり、太く表示されます。

4 [表示]タブをクリックし、

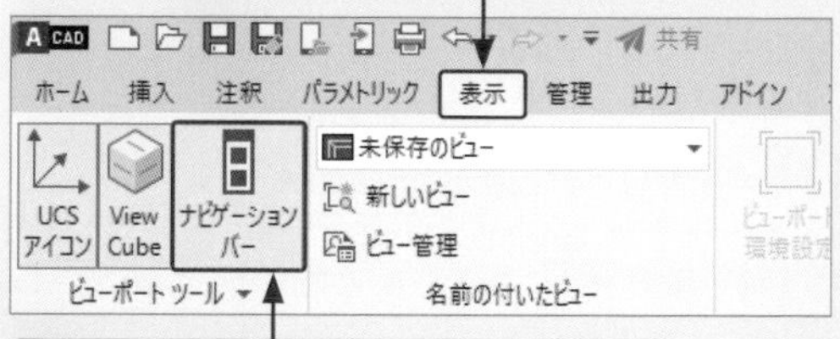

共有
ホーム
挿入
注釈
パラメトリック
表示
管理
出力
アドイン
UCS アイコン
View Cube
ナビゲーション バー
未保存のビュー
新しいビュー
ビュー管理
ビューポート ツール
名前の付いたビュー


5 [ナビゲーションバー]をクリックしてオンにします。

6 [▼]をクリックし、

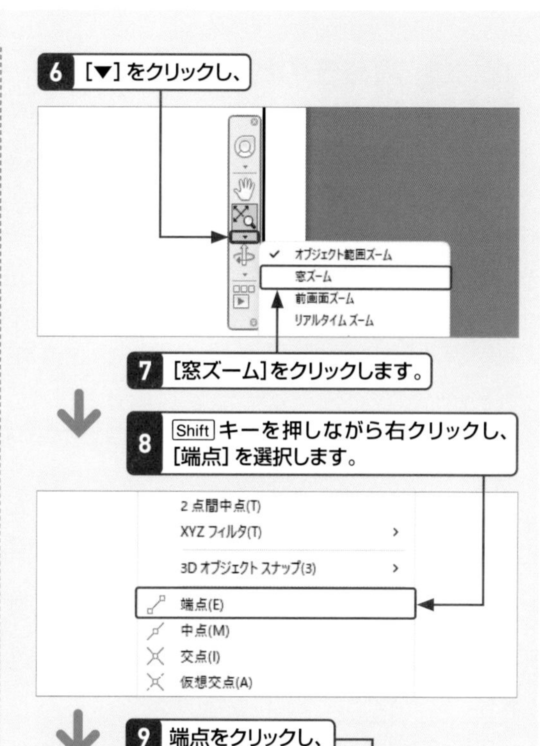

オブジェクト範囲ズーム
窓ズーム
前画面ズーム
リアルタイム ズーム


7 [窓ズーム]をクリックします。

8 Shift キーを押しながら右クリックし、[端点]を選択します。


2 点間中点(T)
XYZ フィルタ(T)
3D オブジェクト スナップ(3)
端点(E)
中点(M)
交点(I)
仮想交点(A)


9 端点をクリックし、

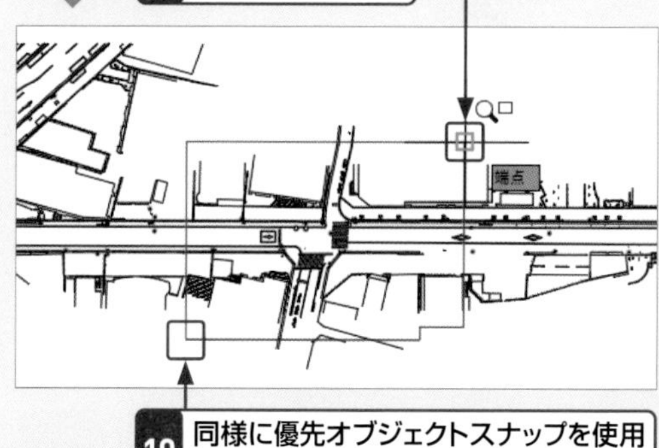

端点


10 同様に優先オブジェクトスナップを使用して、端点をクリックします。

11 ビューポートの枠の位置が一致します。

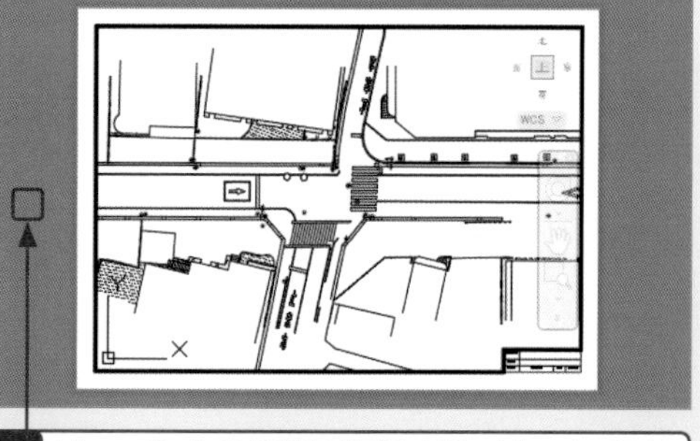

12 ビューポートの外側をダブルクリックし、レイアウト空間に戻ります。

# Q341 穴あきのビューポートを作成したい！

**A** [差]で穴をあけたリージョンをビューポートで使用します。

穴あきのビューポートを作成したい場合は、[差]で穴をあけたリージョンを、ビューポートのオブジェクトとして使用します。

参照▶Q 119,120,169 サンプル▶341.dwg

1 尺度を設定したビューポートを用意します。

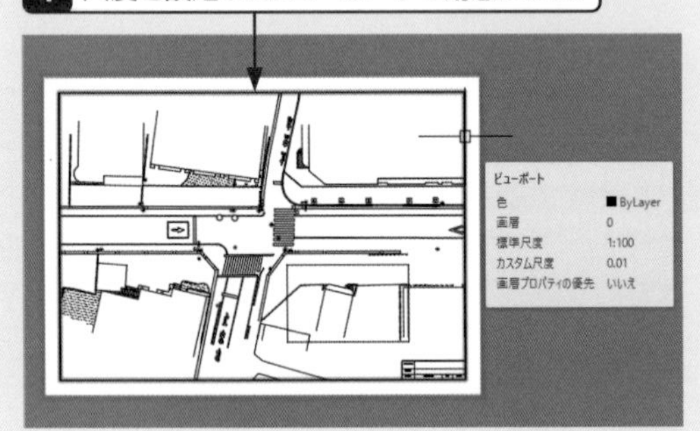

ビューポート
色 ByLayer
画層 0
標準尺度 1:100
カスタム尺度 0.01
画層プロパティの優先 いいえ


2 [差]を使用し、穴をあけたリージョンを用意します。

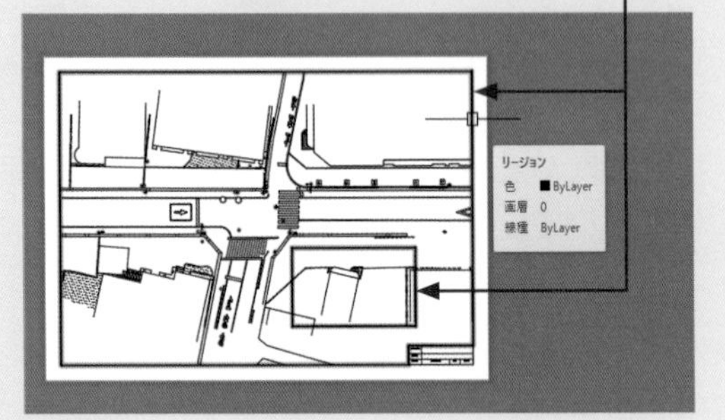

リージョン
色 ByLayer
画層 0
線種 ByLayer


3 [レイアウト]タブをクリックし、

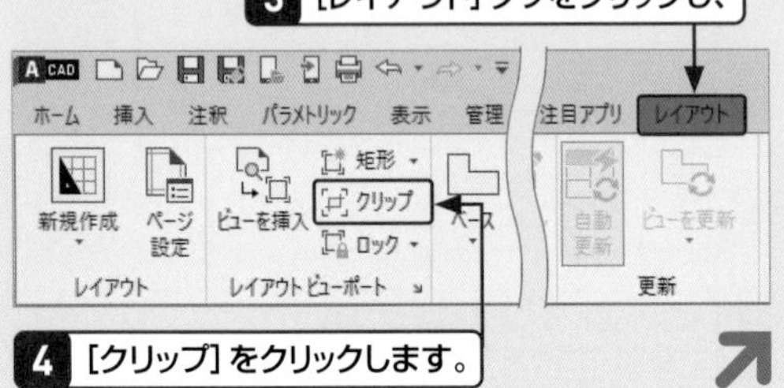

ホーム
挿入
注釈
パラメトリック
表示
管理
注目アプリ
レイアウト
新規作成
ページ設定
ビューを挿入
矩形
クリップ
ロック
自動更新
ビューを更新
レイアウト
レイアウト ビューポート
更新


4 [クリップ]をクリックします。

5 [選択の循環]をクリックしてオンにします。ボタンがない場合はQ169を参照してください。

6 ビューポートをクリックし、

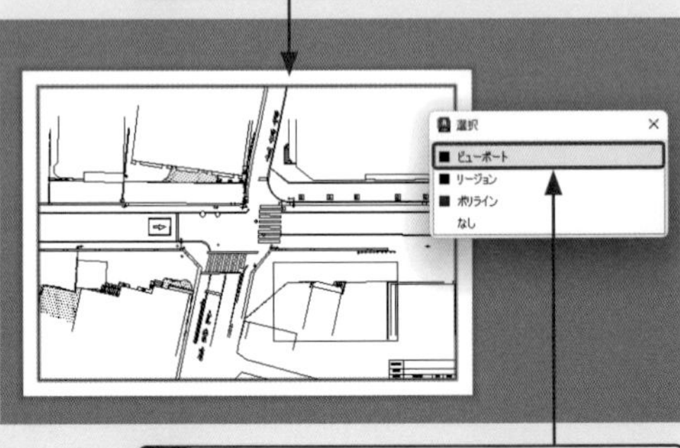

選択
ビューポート
リージョン
ポリライン
なし


7 [ビューポート]をクリックします。ただし、ポリラインからビューポートが作成されている場合は、[ポリライン]を選択してください。

8 リージョンをクリックして選択します。

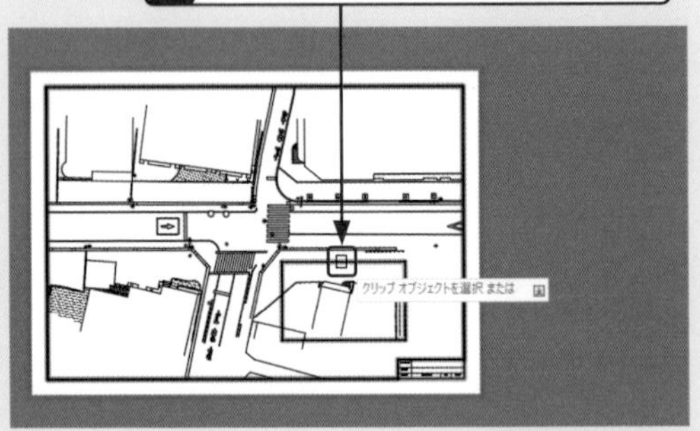
クリップ オブジェクトを選択 または

9 ビューポートの形状が変更されます。

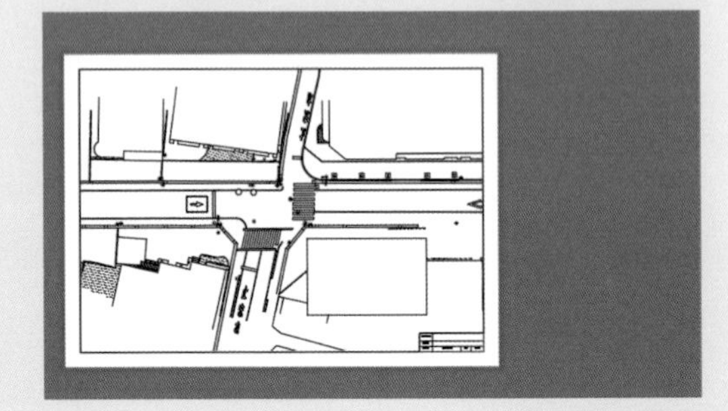



AutoCADの概要 基本操作 線の作図と編集 図形の作図と挿入 図形の変形と移動 図形の選択と削除 画層とプロパティ 文字の作成 寸法の作成 注釈の作成 数値計測とブロック図形 レイアウトと印刷

# Q 342 ビューポート内の図形を編集したい!

## A ビューポートの内側をダブルクリックします。

ビューポート内の図形を編集するには、ビューポートの内側をダブルクリックしてアクティブにします。ズーム操作をするとビューポートの尺度が変更されてしまうので、ロックしてから作業をしてください。

サンプル ▶ 342.dwg

### ● 編集方法 その①

1 ビューポートの内側をダブルクリックします。

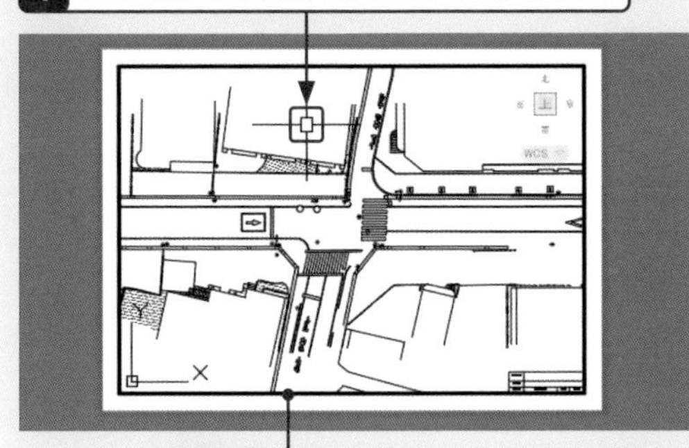

2 ビューポートがアクティブになり、太く表示されます。

3 [モデル] と表示されます。

4 クリックしてロックをオンにします。オンにすると青くなります。

5 ビューポート内の図形を修正します。

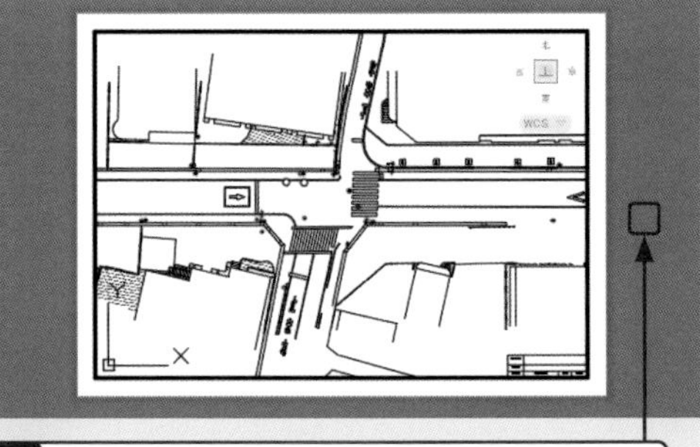

6 ビューポートの外側をダブルクリックすると、モデル空間からペーパー空間に戻ります。

### ● 編集方法 その②

1 ビューポートの外の図形を参照したい場合は、[ビューポートを最大化] をクリックします。

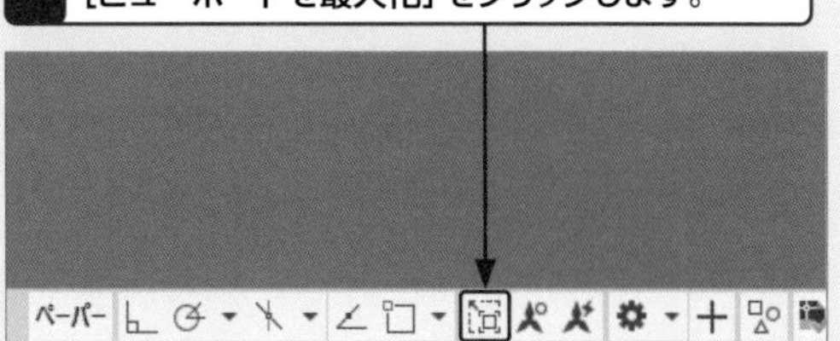
ペーパー

2 [レイアウト] タブでビューポートが最大化され、[モデル] タブのように表示されます。

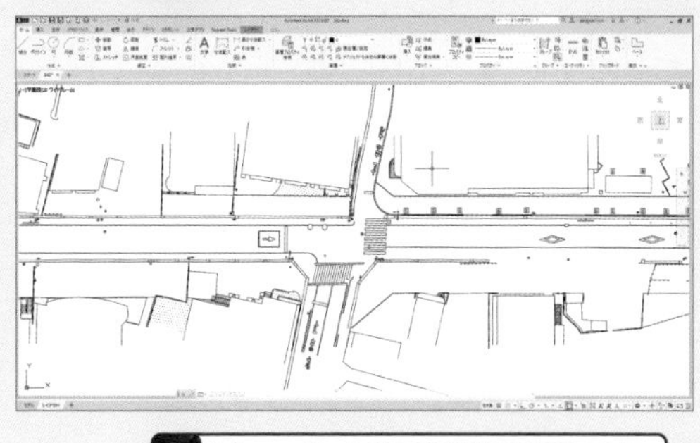

3 ビューポート内の図形を編集します。

4 [ビューポートを最小化] をクリックします。

モデル
1:1

5 [レイアウト] タブの表示が元に戻ります。

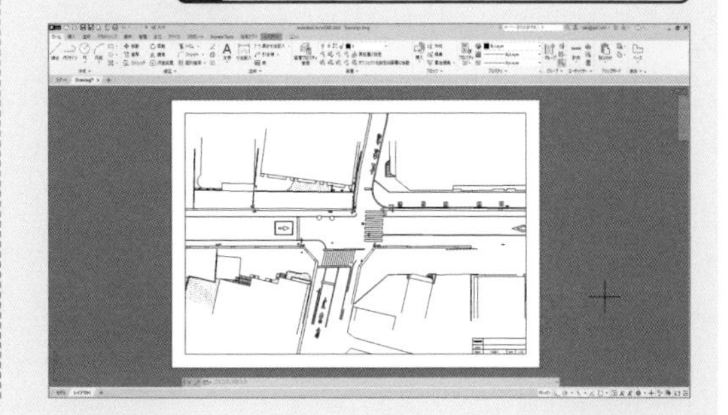

レイアウト　重要度 ★★★

## Q 343 ビューポートの尺度をロックしたい！

**A** ステータスバーのボタンでビューポートの尺度をロックします。

ビューポートの尺度が変更されないようにロックするには、ステータスバーのボタンをクリックします。ビューポートがロックされると青く表示されます。

サンプル ▶ 343.dwg

1 ビューポートをクリックして選択します。

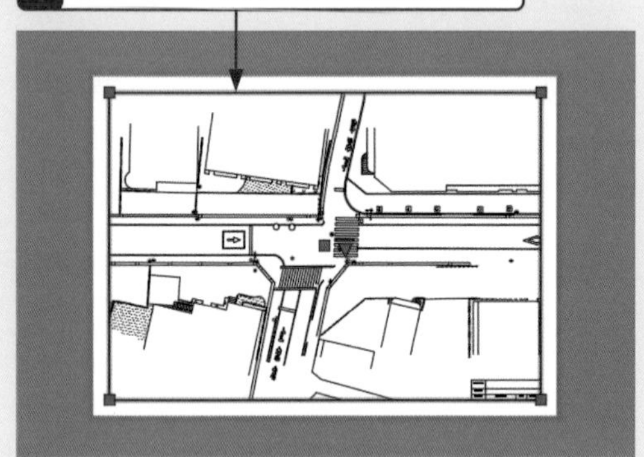

2 ［選択されたビューポートはロックされていません］をクリックします。

ペーパー
1:100

3 ビューポートがロックされると青くなります。

ペーパー
1:100

4 Escキーを押して、ビューポートの選択を解除します。

レイアウト　重要度 ★★★

## Q 344 ビューポートの外側の図形を確認したい！

**A** ［ビューポートを最大化］を実行します。

ビューポートの外側にある図形を確認したい場合は、［ビューポートを最大化］をクリックすると、［レイアウト］タブが［モデル］タブのように表示されます。

サンプル ▶ 344.dwg

1 ［ビューポートを最大化］をクリックします。

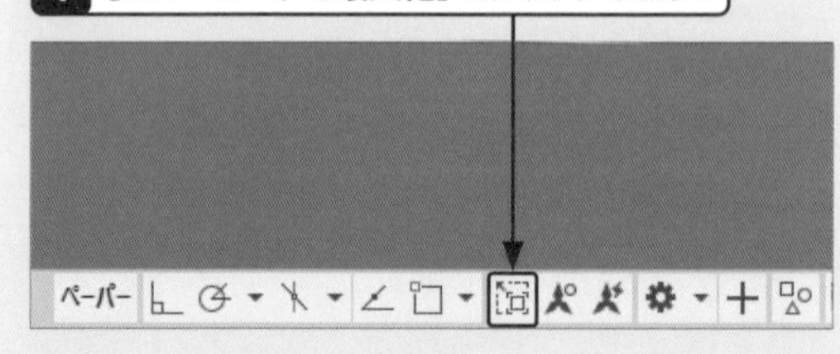
ペーパー

2 ［レイアウト］タブでビューポートが最大化され、［モデル］タブのように表示されます。

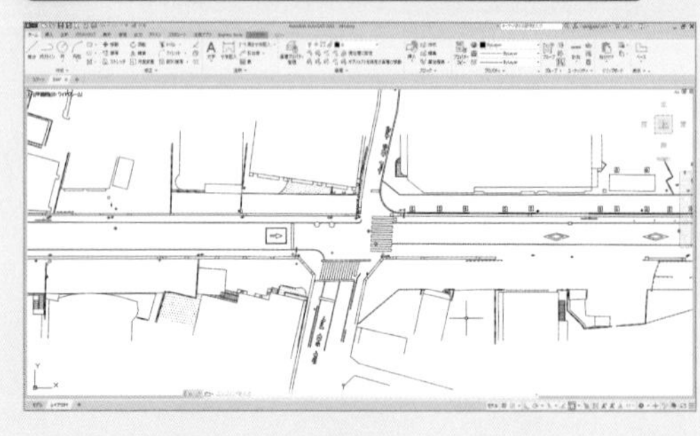

3 ［ビューポートを最小化］をクリックします。

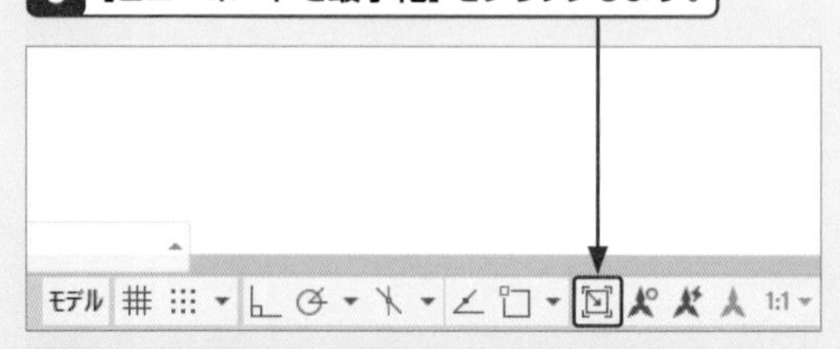
モデル
1:1

4 ［レイアウト］タブの表示が元に戻ります。

# Q 345 ビューポート内を回転したい！

## A UCSを設定して[プランビュー]を実行します。

ビューポート内を回転するには、回転後に上になる方向をY軸方向にUCSを設定し、「PLAN」と入力して、[プランビュー]を実行します。 サンプル▶345.dwg

回転後に上になる方向がY軸方向になるように、UCSを設定します。ここでは、北方向をY軸に設定します。

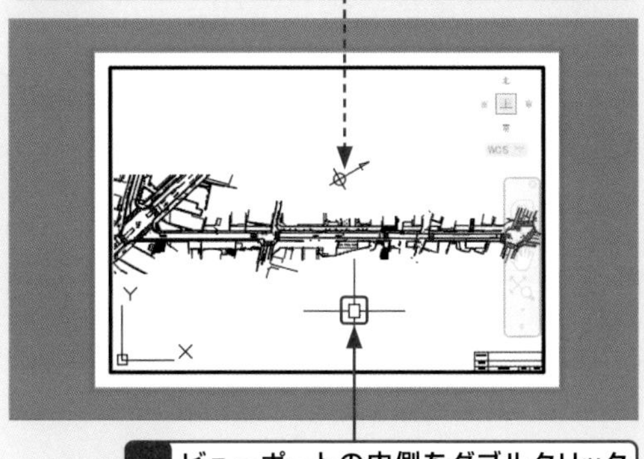

1 ビューポートの内側をダブルクリックし、ビューポートをアクティブにします。

2 [表示]タブをクリックし、

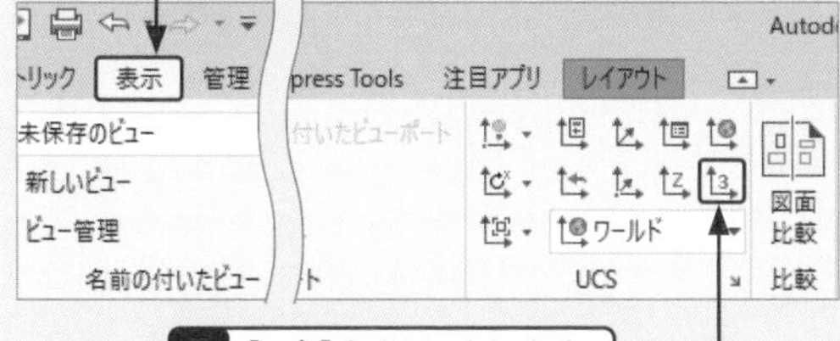

表示
管理
press Tools
注目アプリ
レイアウト
未保存のビュー
新しいビュー
ビュー管理
名前の付いたビュー
ワールド
UCS
図面比較
比較


3 [3点]をクリックします。

4 X方向の1点目をクリックし、

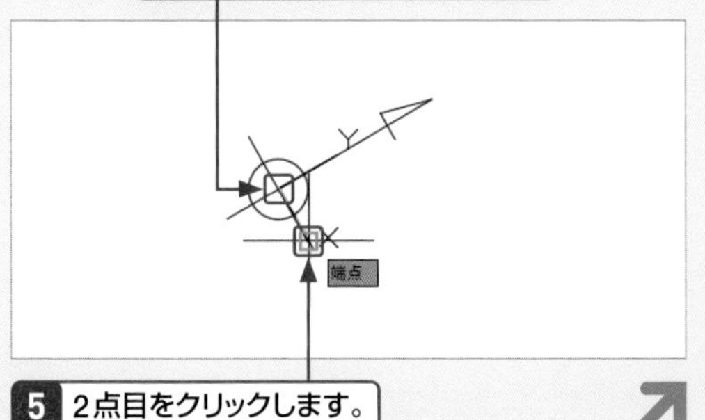

Y
端点


5 2点目をクリックします。

6 Y方向をクリックします。

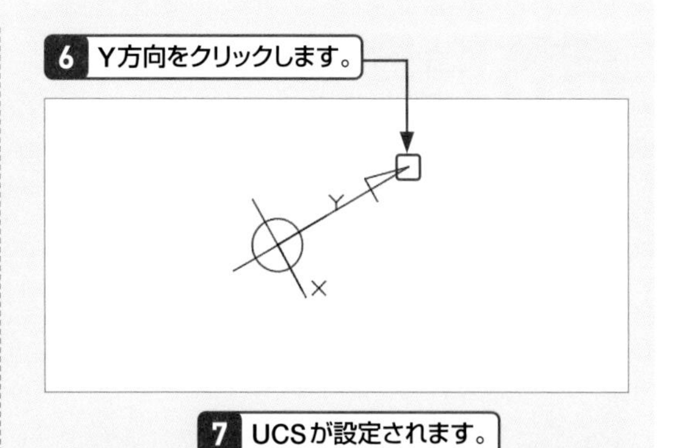

Y
X


7 UCSが設定されます。

8 「PLAN」と入力し、Enterキーを押します。

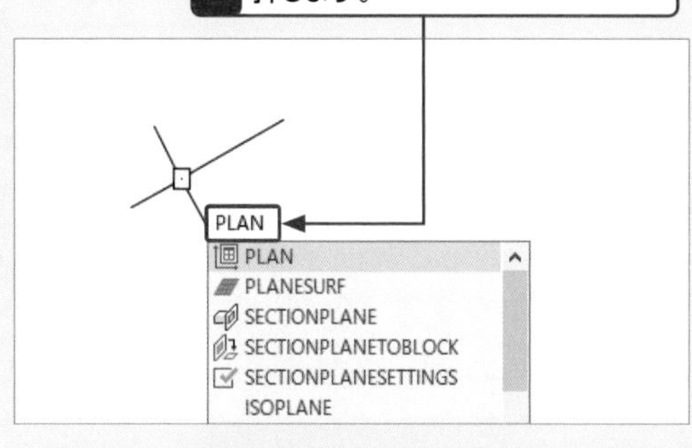

PLAN
PLAN
PLANESURF
SECTIONPLANE
SECTIONPLANETOBLOCK
SECTIONPLANESETTINGS
ISOPLANE


9 [現在のUCS]をクリックします。

オプションを入力
現在の UCS(C)
UCS 選択(U)
WCS(W)

10 ビューポートの表示が回転します。

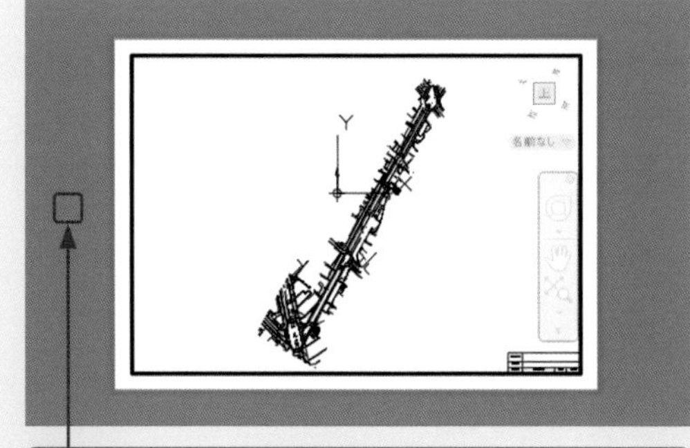

Y


11 ビューポートの外側をダブルクリックし、モデル空間からペーパー空間に戻ります。

# Q346 ビューポート内の線種が表示されない!

## A [尺度設定にペーパー空間の単位を使用]を設定します。

ビューポート内の線種が表示されない場合は、線種管理の［尺度設定にペーパー空間の単位を使用］のチェックを外し、「REGENALL」と入力して、［全再作図］を実行します。 サンプル▶346.dwg

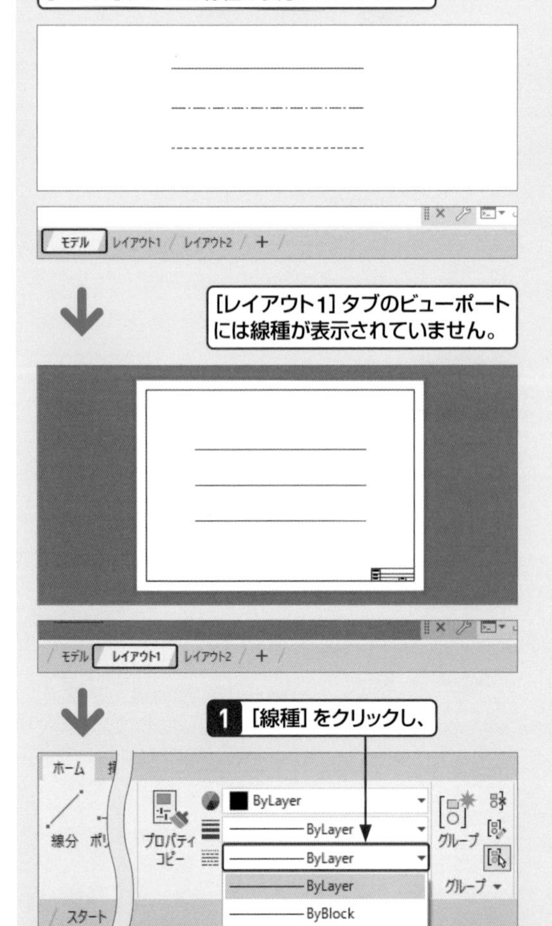

［モデル］タブには線種が表示されています。
モデル
レイアウト1
レイアウト2
［レイアウト1］タブのビューポートには線種が表示されていません。
1 ［線種］をクリックし、
ホーム
線分
プロパティコピー
ByLayer
ByBlock
CENTER
Continuous
DASHED
その他...
グループ
スタート
2 ［その他］をクリックします。


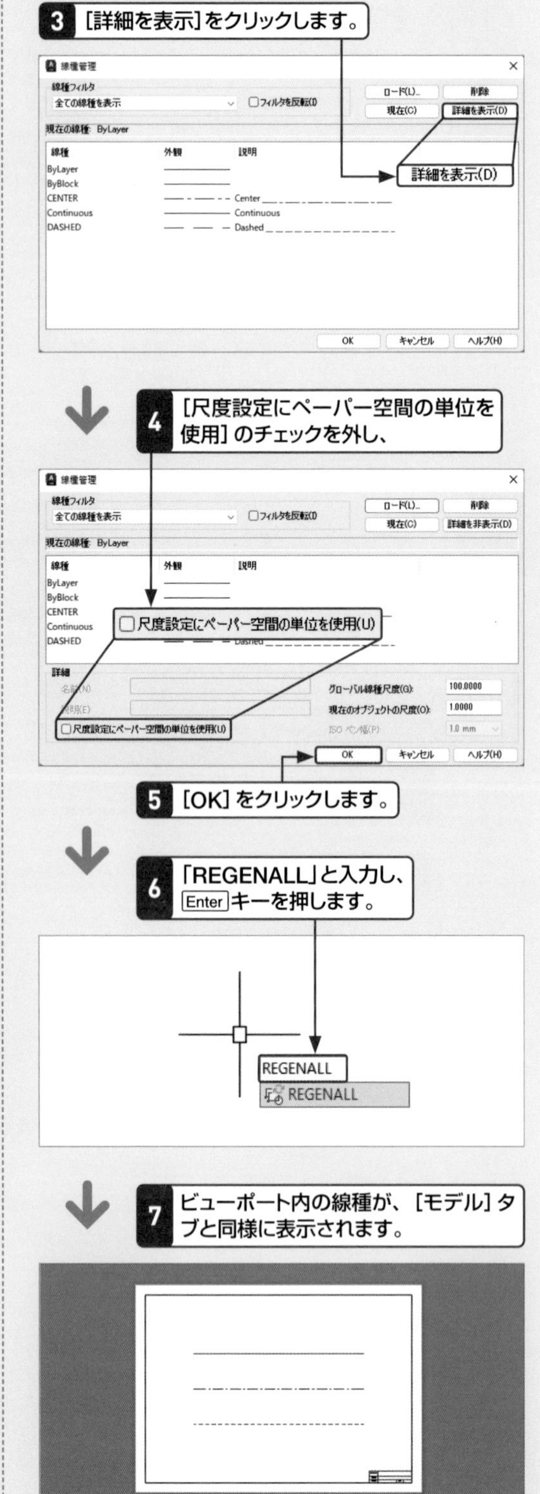

3 ［詳細を表示］をクリックします。
線種管理
線種フィルタ
全ての線種を表示
フィルタを反転
ロード(L)...
削除
現在(C)
詳細を表示(D)
現在の線種: ByLayer
線種
外観
説明
ByLayer
ByBlock
CENTER
Continuous
DASHED
OK
キャンセル
ヘルプ(H)
4 ［尺度設定にペーパー空間の単位を使用］のチェックを外し、
詳細を非表示(D)
尺度設定にペーパー空間の単位を使用(U)
詳細
グローバル線種尺度(G):
100.0000
現在のオブジェクトの尺度(O):
1.0000
5 ［OK］をクリックします。
6 「REGENALL」と入力し、Enterキーを押します。
REGENALL
7 ビューポート内の線種が、［モデル］タブと同様に表示されます。

# Q 347 ビューポートごとに線種の間隔が違う!

## A [尺度設定にペーパー空間の単位を使用]を設定します。

ビューポートごとに線種の間隔が違うのは、ビューポートの尺度がそれぞれ違うためです。同一間隔にするには、線種管理の[線種尺度]を「1」に設定し、[尺度設定にペーパー空間の単位を使用]にチェックを入れます。

サンプル▶347.dwg

ビューポートごとに線種の間隔が違います。

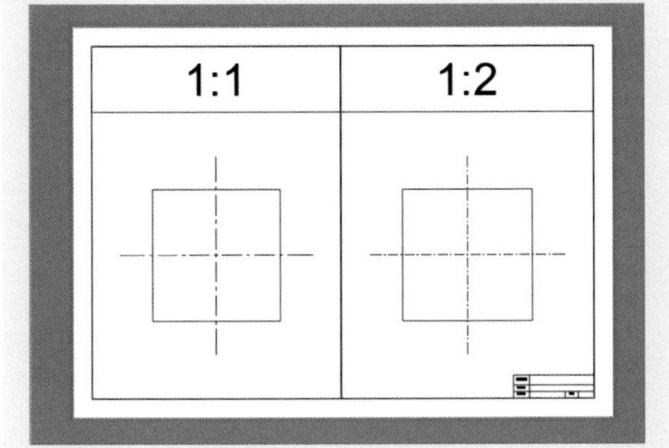

1:1
1:2


1 [線種]をクリックし、

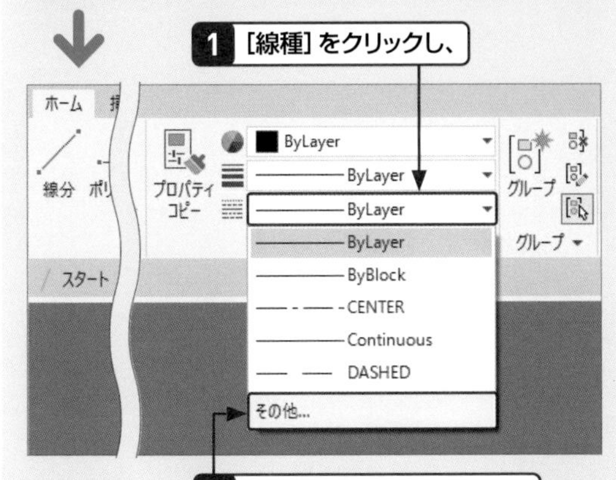

ホーム
線分
プロパティコピー
ByLayer
ByLayer
ByLayer
ByLayer
ByBlock
CENTER
Continuous
DASHED
その他...
グループ
スタート


2 [その他]をクリックします。

3 [詳細を表示]をクリックします。

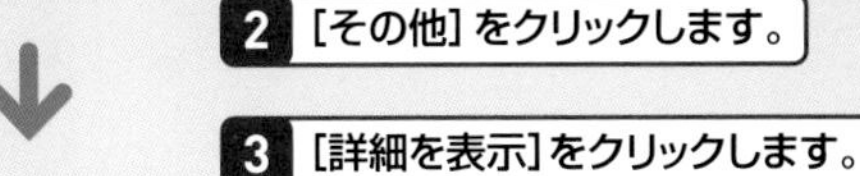

線種管理
線種フィルタ
全ての線種を表示
フィルタを反転(I)
ロード(L)...
削除
現在(C)
詳細を表示(D)
現在の線種: ByLayer
線種
外観
説明
ByLayer
ByBlock
CENTER
Center


4 [グローバル線種尺度]に「1」を入力します。

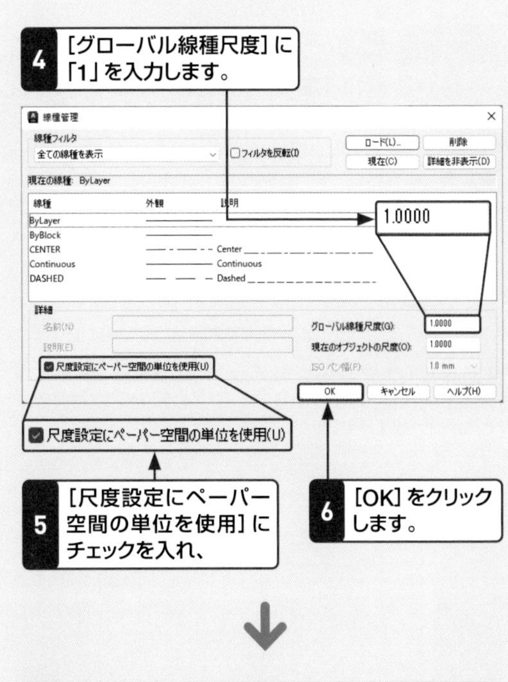

線種管理
線種フィルタ
全ての線種を表示
フィルタを反転(I)
ロード(L)...
削除
現在(C)
詳細を非表示(D)
現在の線種: ByLayer
線種
外観
説明
ByLayer
ByBlock
CENTER
Center
Continuous
Continuous
DASHED
Dashed
1.0000
詳細
名前(N):
説明(E):
グローバル線種尺度(G):
1.0000
現在のオブジェクトの尺度(O):
1.0000
尺度設定にペーパー空間の単位を使用(U)
ISO ペン幅(P):
1.0 mm
OK
キャンセル
ヘルプ(H)
尺度設定にペーパー空間の単位を使用(U)


5 [尺度設定にペーパー空間の単位を使用]にチェックを入れ、

6 [OK]をクリックします。

7 「REGENALL」と入力し、Enterキーを押します。

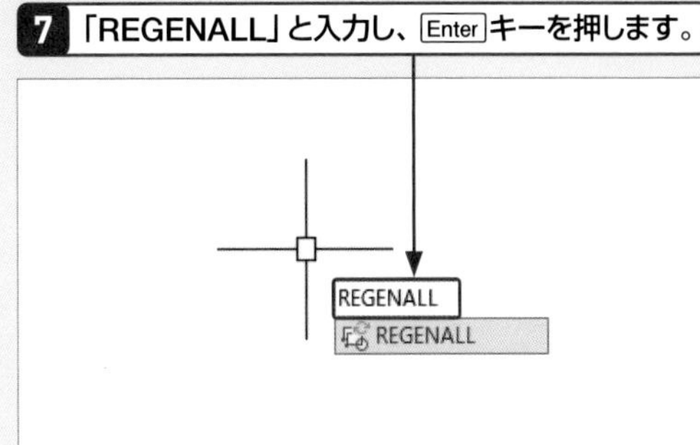

REGENALL
REGENALL


8 ビューポートの線種の間隔が同一になります。

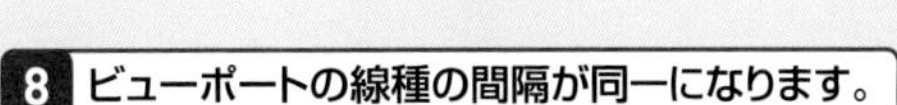

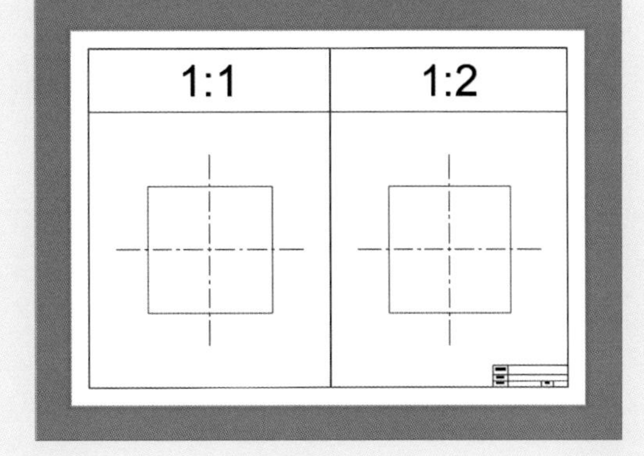

1:1
1:2

# Q 348 ビューポートごとに画層を非表示にしたい！

## A ビューポートをアクティブにして［VPでフリーズ］を設定します。

ビューポートごとに画層の表示／表示を設定するには、ビューポートをアクティブにし、[VPでフリーズ]を設定します。

サンプル▶348.dwg

［モデル］タブの同じ場所を表示している2つのビューポートがあります。

右のビューポートの中心線の画層を非表示に設定します。

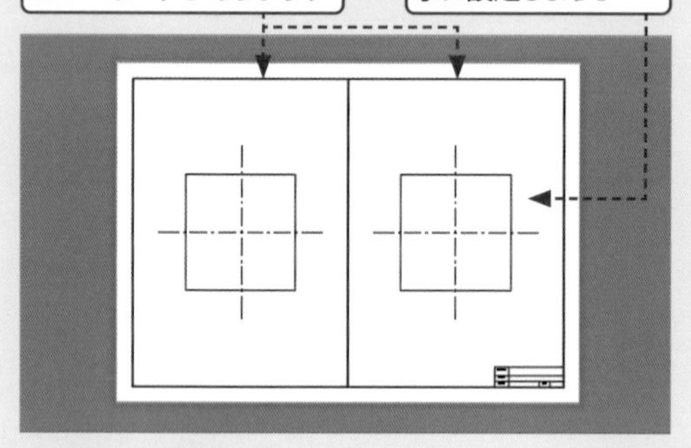

1 ビューポートの内側をダブルクリックします。

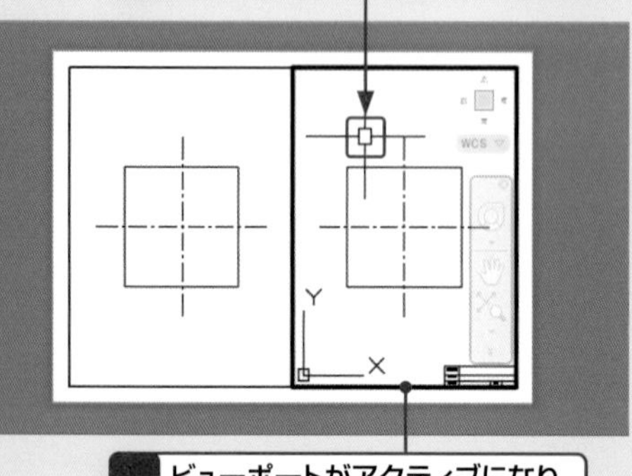

WCS
Y
X


2 ビューポートがアクティブになり、太く表示されます。

3 ［画層プロパティ管理］をクリックします。

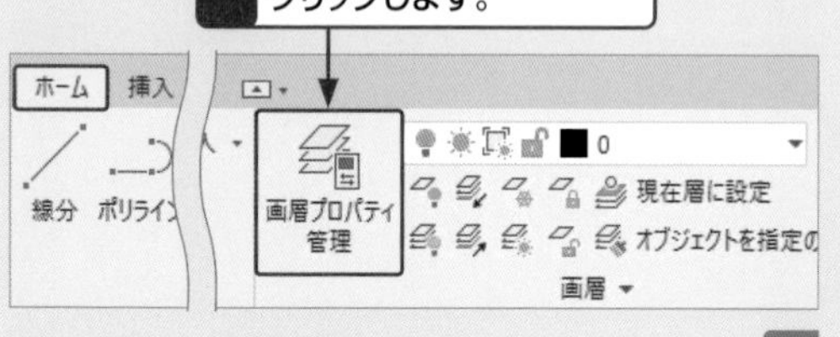

ホーム
挿入
線分
ポリライン
画層プロパティ管理
0
現在層に設定
オブジェクトを指定の
画層


4 非表示にする画層（ここでは［10_中心線］）の［VPでフリーズ］をクリックします。

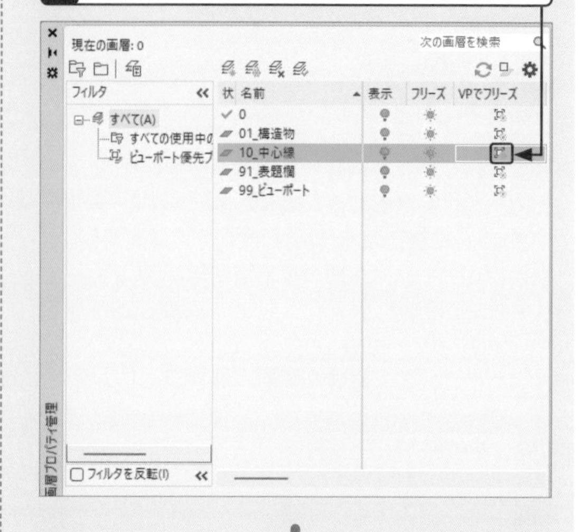

現在の画層：0
次の画層を検索
フィルタ
状
名前
表示
フリーズ
VPでフリーズ
すべて(A)
すべての使用中の
ビューポート優先フ
0
01_構造物
10_中心線
91_表題欄
99_ビューポート
フィルタを反転(I)
画層プロパティ管理


5 ［VPでフリーズ］が設定されます。

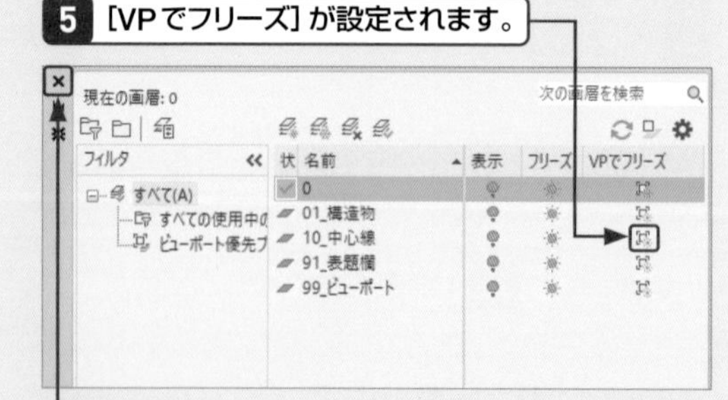

現在の画層：0
次の画層を検索
フィルタ
状
名前
表示
フリーズ
VPでフリーズ
すべて(A)
すべての使用中の
ビューポート優先フ
0
01_構造物
10_中心線
91_表題欄
99_ビューポート

6 ［×］をクリックします。

7 画層（ここでは［10_中心線］）がフリーズされ、非表示になります。

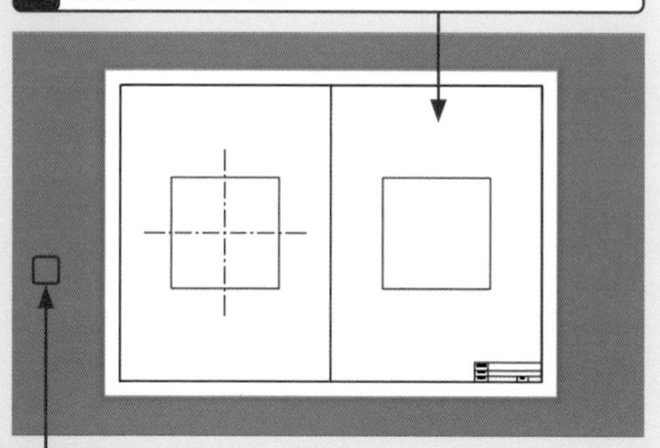

8 ビューポートの外側をダブルクリックし、モデル空間からペーパー空間に戻ります。

重要度 ★★★

# Q 349 ビューポートごとに画層の色を設定したい!

## A ビューポートをアクティブにして [VPの色] を設定します。

ビューポートごとに画層の色を設定するには、ビューポートをアクティブにし、[VPの色] を設定します。

サンプル ▶ 349.dwg

[モデル] タブの同じ場所を表示している2つのビューポートがあります。

右のビューポートの中心線の画層の色を変更します。

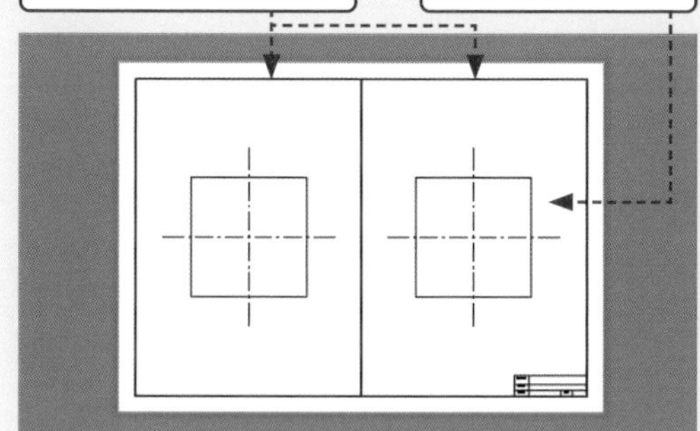

1 ビューポートの内側をダブルクリックします。

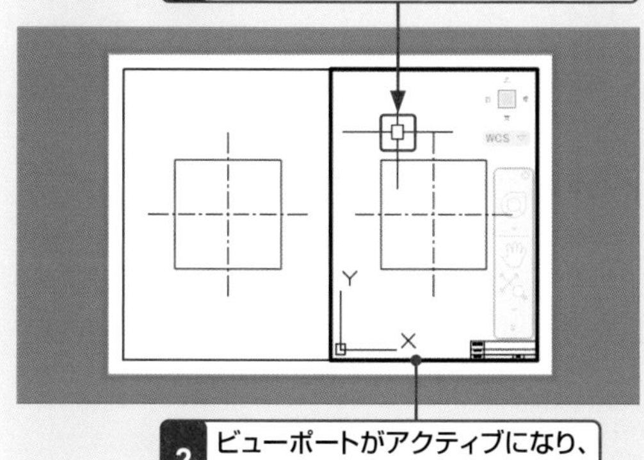

Y
X
WCS


2 ビューポートがアクティブになり、太く表示されます。

3 [画層プロパティ管理] をクリックします。

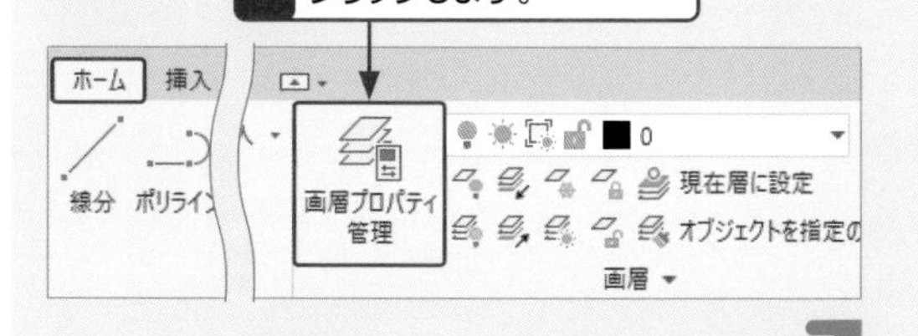

ホーム
挿入
線分
ポリライン
画層プロパティ管理
0
現在層に設定
オブジェクトを指定の
画層


4 色を変更する画層 (ここでは [10_中心線]) の [VPの色] をクリックします。

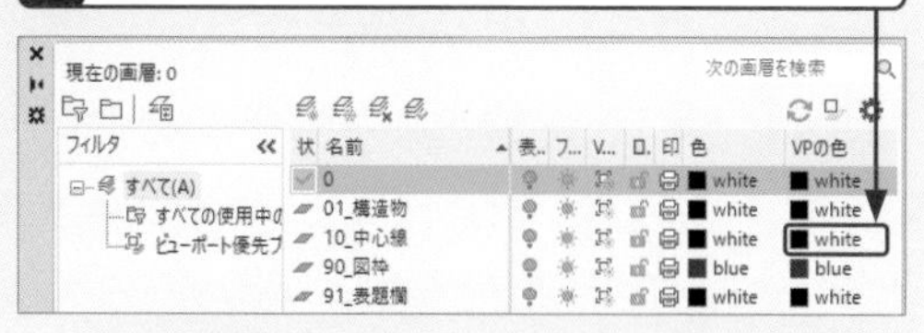

現在の画層: 0
次の画層を検索
フィルタ
すべて(A)
状
名前
色
VPの色
0
01_構造物
10_中心線
90_図枠
91_表題欄
white
blue


5 色を選択します (ここでは [red])。

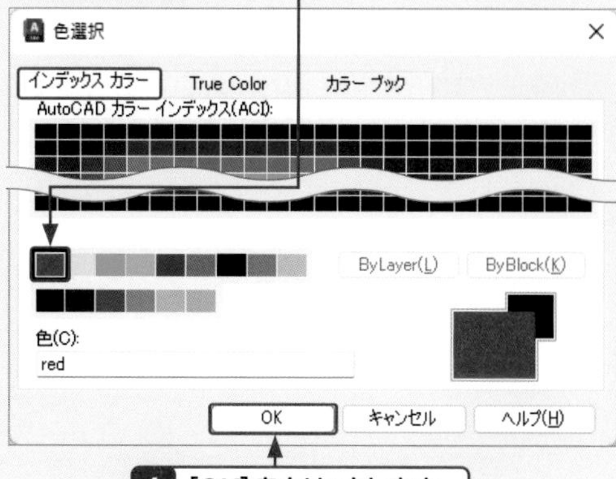

色選択
インデックス カラー
True Color
カラー ブック
AutoCAD カラー インデックス(ACI):
ByLayer(L)
ByBlock(K)
色(C):
red
OK
キャンセル
ヘルプ(H)


6 [OK] をクリックします。

7 色が変更されます。

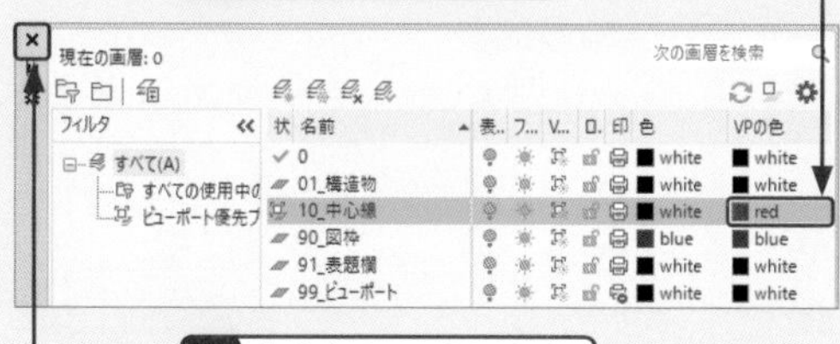

現在の画層: 0
次の画層を検索
フィルタ
すべて(A)
名前
色
VPの色
0
01_構造物
10_中心線
90_図枠
91_表題欄
99_ビューポート
white
blue
red

8 [×] をクリックします。

9 画層 (ここでは [10_中心線]) の色が変更されます。

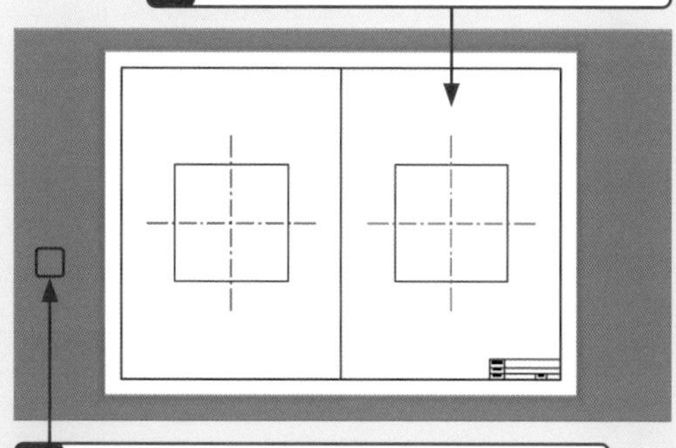

10 ビューポートの外側をダブルクリックし、モデル空間からペーパー空間に戻ります。

レイアウト　重要度★★★

## Q 350 ビューポートの枠を非表示にしたい!

**A** ビューポート専用の画層を作成して非表示にします。

ビューポートの枠を非表示にするには、ビューポート専用の画層を作成して非表示にし、ビューポートの画層を作成した画層に変更します。

サンプル▶350.dwg

**1** [画層プロパティ管理]をクリックし、ビューポート専用の画層を作成します（サンプルでは作成済）。

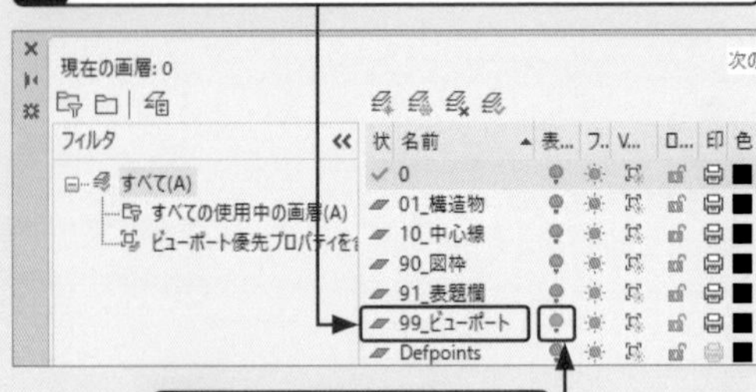
現在の画層: 0
フィルタ
すべて(A)
すべての使用中の画層(A)
状
名前
0
01_構造物
10_中心線
90_図枠
91_表題欄
99_ビューポート
Defpoints

**2** 画層を非表示にします。

**3** ビューポートを選択します。

ビューポート
一般
色
画層
線種
線種尺度
印刷スタイル
線の太さ
透過性
ハイパーリンク
ByLayer
01_構造物
10_中心線
90_図枠
91_表題欄
99_ビューポート
Defpoints
プロパティ

**4** [オブジェクトプロパティ管理]の[画層]をクリックして、ビューポート専用の画層に変更します。

**5** 注意のダイアログは[閉じる]をクリックします。

**6** ビューポートの枠が非表示になります。

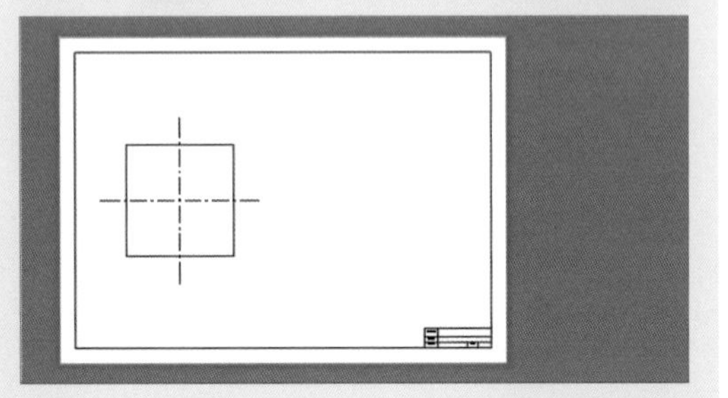

レイアウト　重要度★★★

## Q 351 ビューポートの設定をコピーしたい!

**A** [プロパティコピー]を実行してビューポートを選択します。

ビューポートの設定をほかのビューポートにコピーするには、[プロパティコピー]を実行し、ビューポートを選択します。

サンプル▶351.dwg

**1** [プロパティコピー]をクリックします。

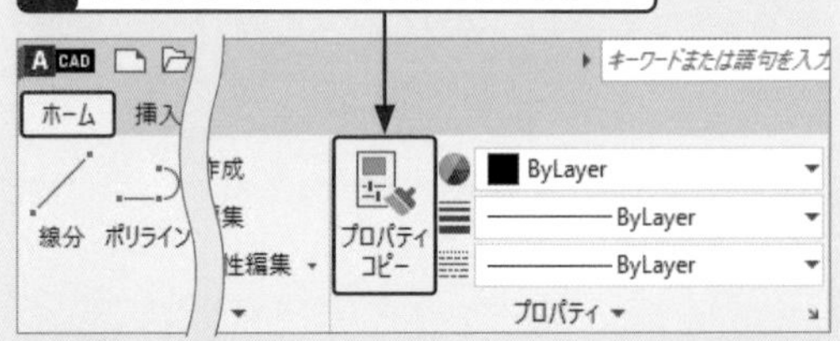
ホーム
挿入
線分
ポリライン
プロパティコピー
ByLayer
ByLayer
ByLayer
プロパティ

**2** コピー元のビューポートを選択します。

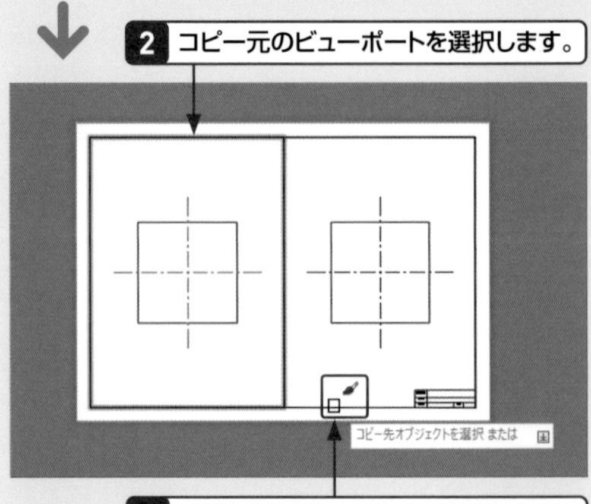
コピー先オブジェクトを選択 または

**3** コピー先のビューポートを選択します。

**4** ビューポートの設定がコピーされます。

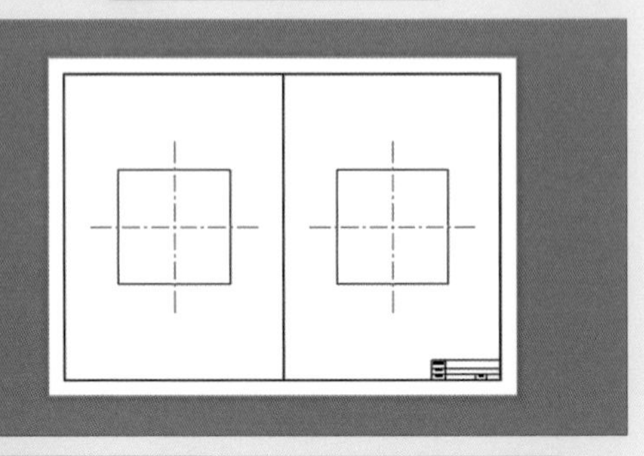

**5** Enterキーを押して、コマンドを終了します。

# Q 352 モデルの図形をレイアウトに移動したい!

**A** [空間変更]を実行します。

モデルの図形をレイアウトに移動するには、[空間変更]を実行します。[空間変更]は逆の操作、レイアウトの図形をモデルに移動することも可能です。

サンプル ▶ 352.dwg

1 ビューポートの内側をダブルクリックします。

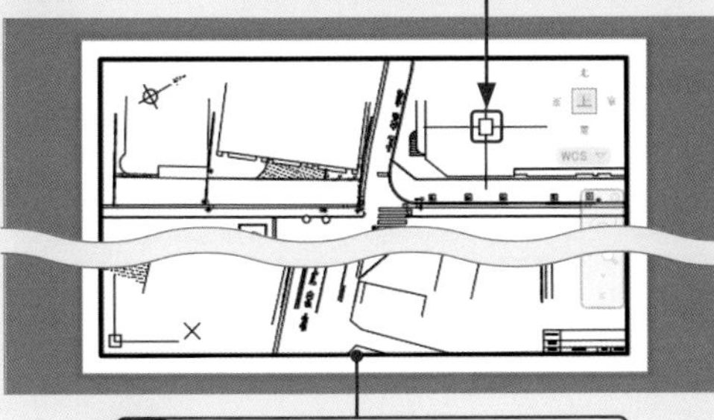

2 ビューポートがアクティブになり、太く表示されます。

3 [修正▼]→[空間変更]をクリックします。

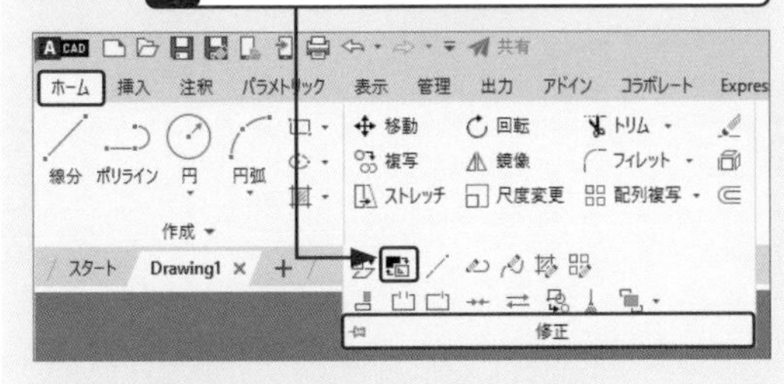
共有
ホーム
挿入
注釈
パラメトリック
表示
管理
出力
アドイン
コラボレート
Expres
移動
回転
トリム
複写
鏡像
フィレット
ストレッチ
尺度変更
配列複写
線分
ポリライン
円
円弧
作成
スタート
Drawing1
修正

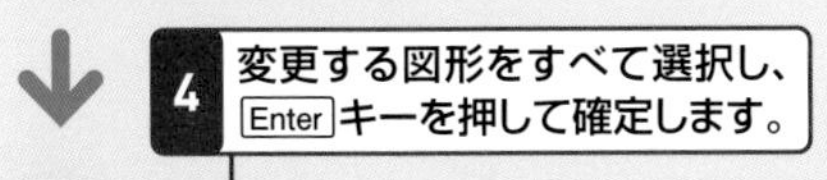

4 変更する図形をすべて選択し、Enterキーを押して確定します。

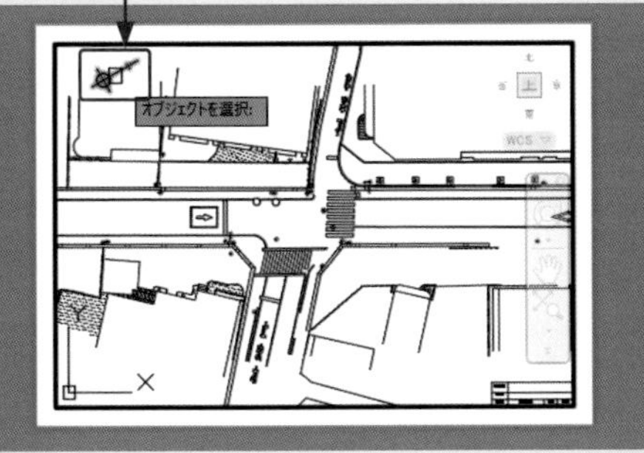
オブジェクトを選択:

5 図形がモデルからレイアウトに移動します。



# Q 353 レイアウトをモデルに変換したい!

**A** [レイアウトをモデルに書き出し]を実行します。

レイアウトをモデルに変換するには、[レイアウトをモデルに書き出し]を実行します。レイアウトを表示できないほかのCADソフトでDWGファイルを開く場合に有効です。

サンプル ▶ 353.dwg

1 [レイアウト1]タブを右クリックします。

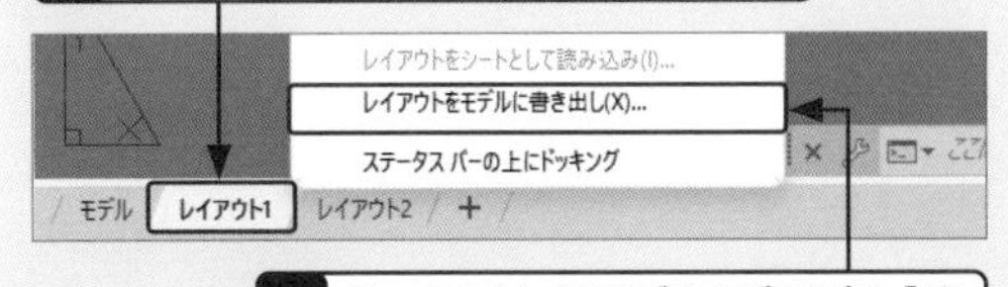
レイアウトをシートとして読み込み(I)...
レイアウトをモデルに書き出し(X)...
ステータス バーの上にドッキング
モデル
レイアウト1
レイアウト2

2 [レイアウトをモデルに書き出し]を選択します。

3 フォルダやファイル名を確認し、[保存]をクリックします。

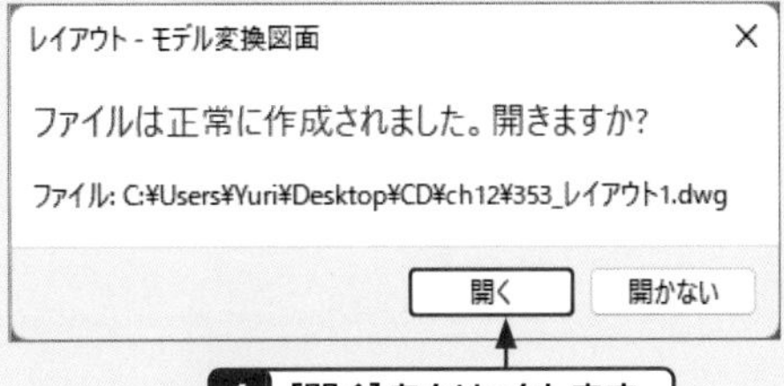
レイアウト - モデル変換図面
ファイルは正常に作成されました。開きますか?
ファイル: C:¥Users¥Yuri¥Desktop¥CD¥ch12¥353_レイアウト1.dwg
開く
開かない

4 [開く]をクリックします。

5 作成したファイルが開きます。

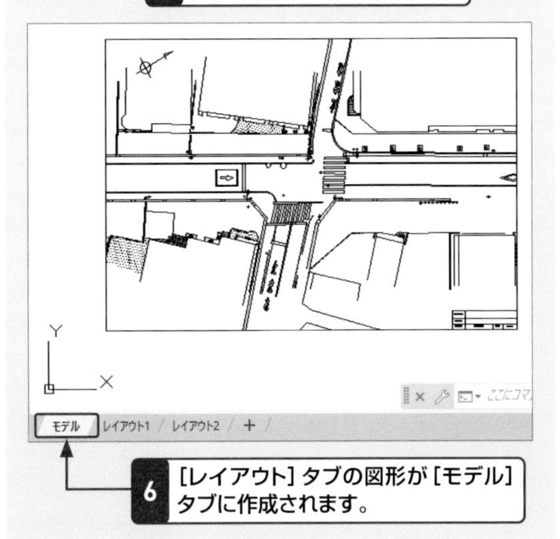
モデル
レイアウト1
レイアウト2

6 [レイアウト]タブの図形が[モデル]タブに作成されます。

レイアウト　重要度★★★

# Q354 ビューポートから戻れなくなった!

**A** ステータスバーの［モデル］をクリックします。

作図領域いっぱいにビューポートが表示されていると、ビューポートの外側をダブルクリックできず、ビューポートから戻れなくなります。その場合は、ステータスバーの［モデル］をクリックします。

作図領域いっぱいにビューポートが表示され、ビューポートの外側をダブルクリックすることができません。

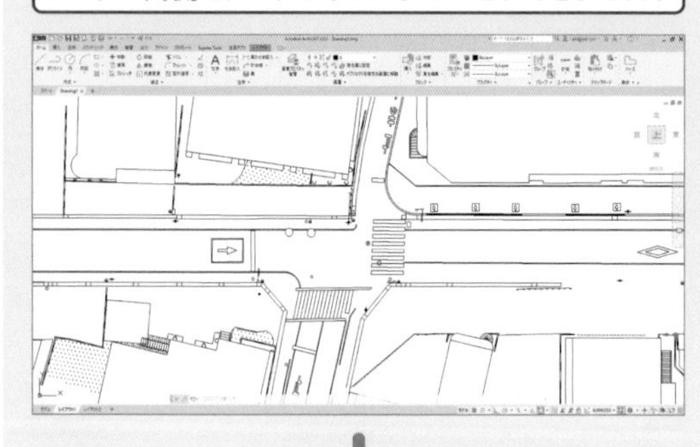

1 ［モデル］をクリックします。

モデル

2 ペーパー空間に戻ります。

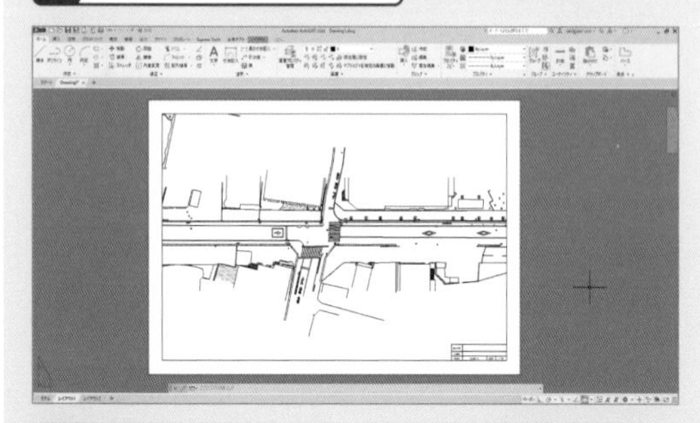

3 縮小表示すると、ビューポートが表示されます。

レイアウト　重要度★★★

# Q355 レイアウトがモデルのように表示される!

**A** ［ビューポートを最小化］をクリックします。

［レイアウト］タブが［モデル］タブのように表示されている場合は、［ビューポートを最小化］をクリックして、ビューポートの最大化表示を解除します。

［レイアウト］タブでビューポートが最大化され、［モデル］タブのように表示されています。

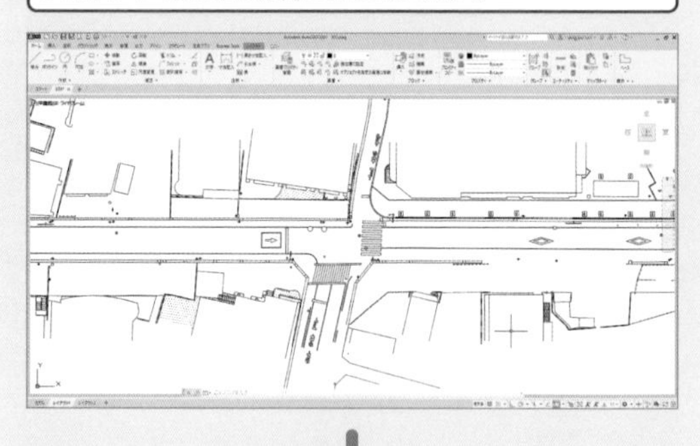

1 ［ビューポートを最小化］をクリックします。

モデル

2 ビューポートの表示が元に戻ります。

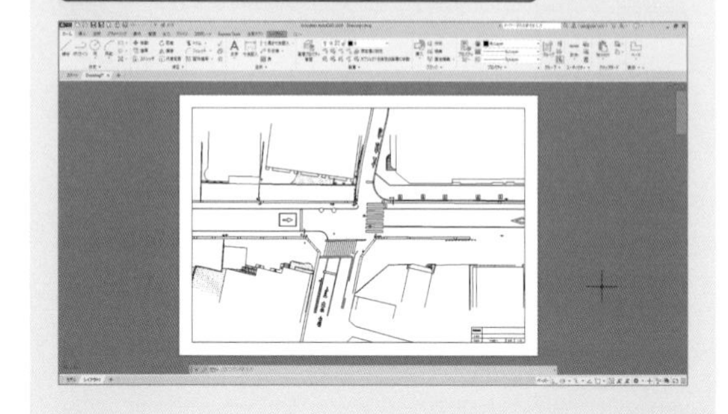

# Q 356 モデルタブで印刷をしたい！

**A [印刷]を実行して用紙や印刷範囲などを設定します。**

[モデル]タブで印刷をするには、[印刷]を実行し、用紙や印刷範囲、尺度、印刷スタイルなどを設定します。設定後は[レイアウトに適用]ボタンを押すと、設定した内容が保存されます。　サンプル ▶ 356.dwg

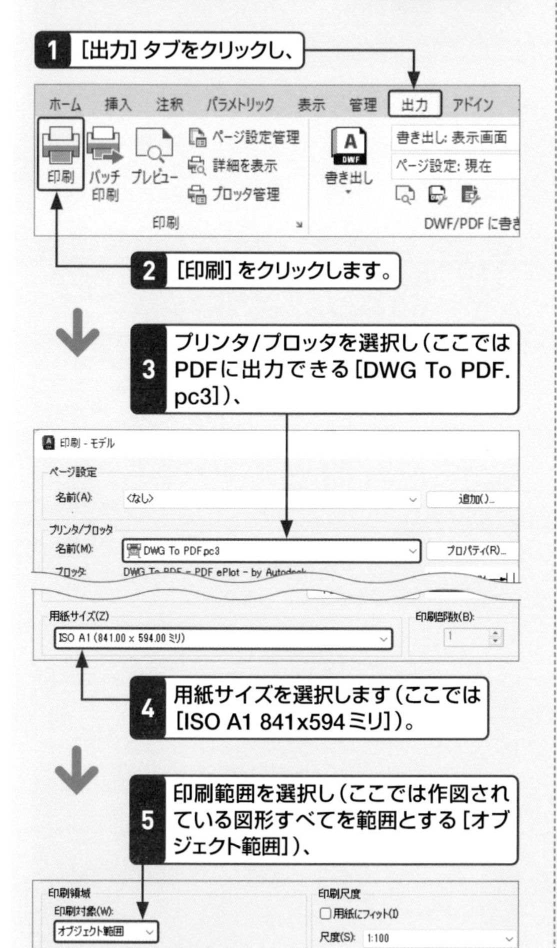

1 [出力]タブをクリックし、

2 [印刷]をクリックします。

3 プリンタ/プロッタを選択し（ここではPDFに出力できる[DWG To PDF.pc3]）、

4 用紙サイズを選択します（ここでは[ISO A1 841x594ミリ]）。

5 印刷範囲を選択し（ここでは作図されている図形すべてを範囲とする[オブジェクト範囲]）、

6 印刷の位置を指定します（ここでは用紙の真ん中に印刷する[印刷の中心]にチェック）。

7 [用紙にフィット]のチェックを外し、図面縮尺を設定します（ここでは[1:100]）。

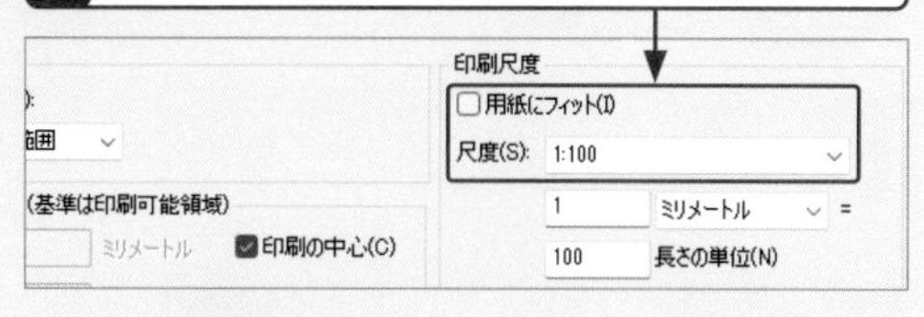

8 印刷スタイルを選択します（ここではすべて黒で印刷する[monochrome.ctb]）。

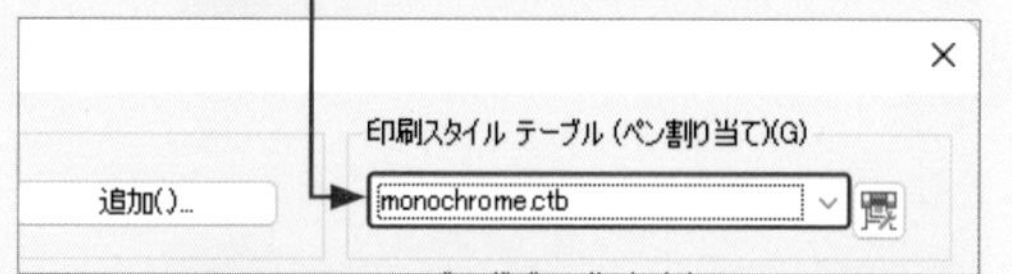

9 [この印刷スタイルテーブルをすべてのレイアウトに割り当てますか？]は[いいえ]をクリックします。

10 [レイアウトに適用]をクリックします。設定内容が保存されます。

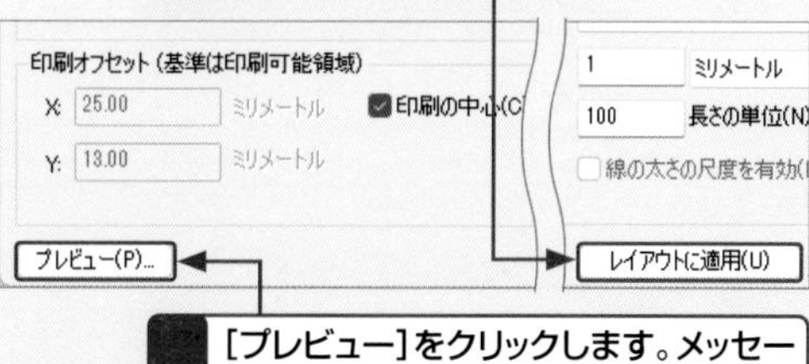

11 [プレビュー]をクリックします。メッセージが表示された場合は[継続]をクリックします。

12 プレビューを確認し、[印刷]をクリックすると、印刷が開始されます。

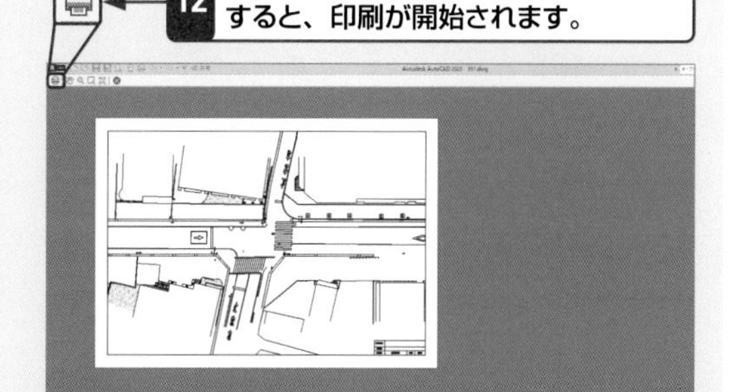

13 ファイルに出力する設定の場合（ここではPDF）、ファイルの保存場所を指定します。

14 印刷が完了すると画面右下に吹き出しが表示されます。確認後、[×]をクリックして閉じてください。

# Q 357 レイアウトタブで印刷をしたい！

**A [印刷]を実行して用紙や印刷範囲などを設定します。**

[レイアウト]タブで印刷をするには、[印刷]を実行し、用紙や印刷範囲、尺度、印刷スタイルなどを設定します。設定後は[レイアウトに適用]ボタンを押すと、設定した内容が保存されます。 サンプル▶357.dwg

1 [出力]タブをクリックし、

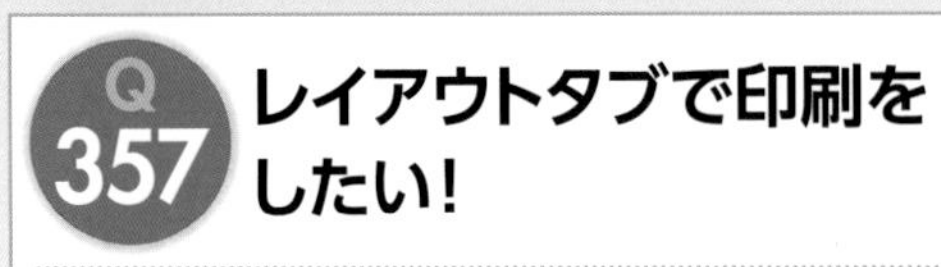

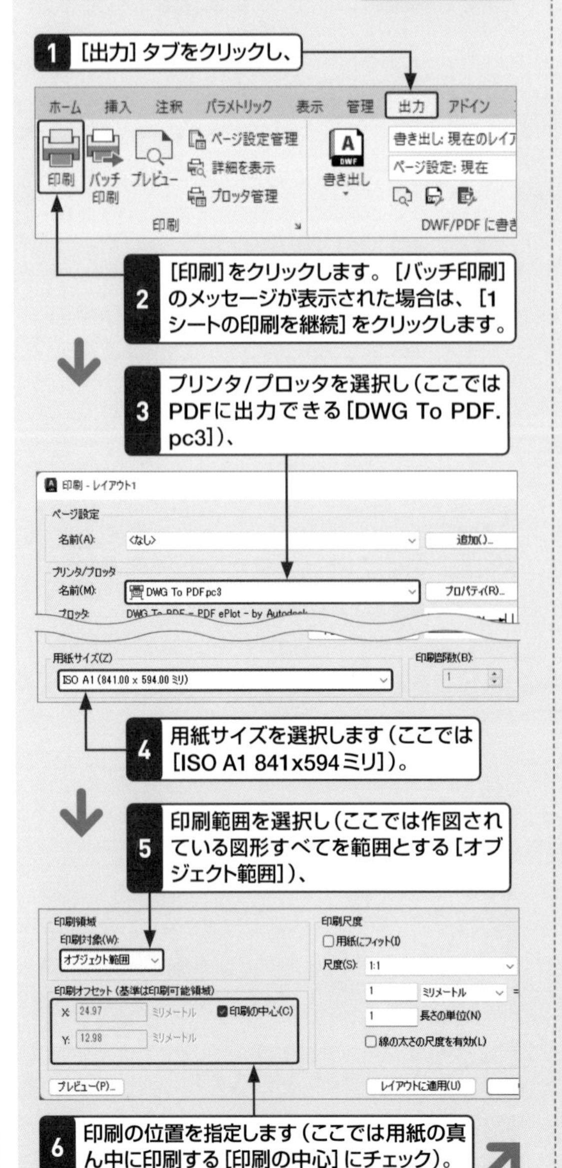

2 [印刷]をクリックします。[バッチ印刷]のメッセージが表示された場合は、[1シートの印刷を継続]をクリックします。

3 プリンタ/プロッタを選択し(ここではPDFに出力できる[DWG To PDF.pc3])、

4 用紙サイズを選択します(ここでは[ISO A1 841x594ミリ])。

5 印刷範囲を選択し(ここでは作図されている図形すべてを範囲とする[オブジェクト範囲])、

6 印刷の位置を指定します(ここでは用紙の真ん中に印刷する[印刷の中心]にチェック)。

7 [用紙にフィット]のチェックを外し、尺度を[1:1]に設定します。

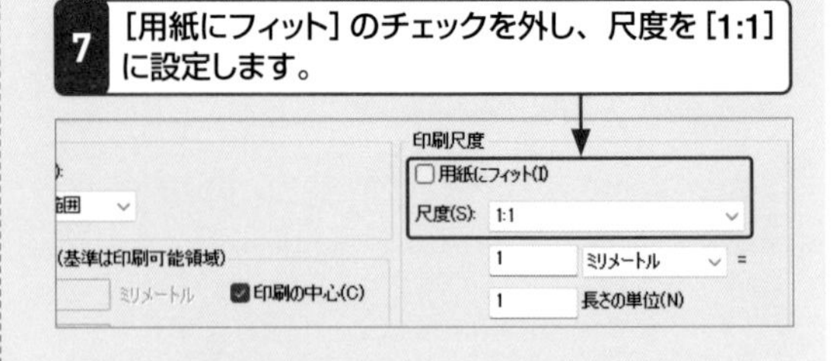

8 印刷スタイルを選択します(ここではすべて黒で印刷する[monochrome.ctb])。

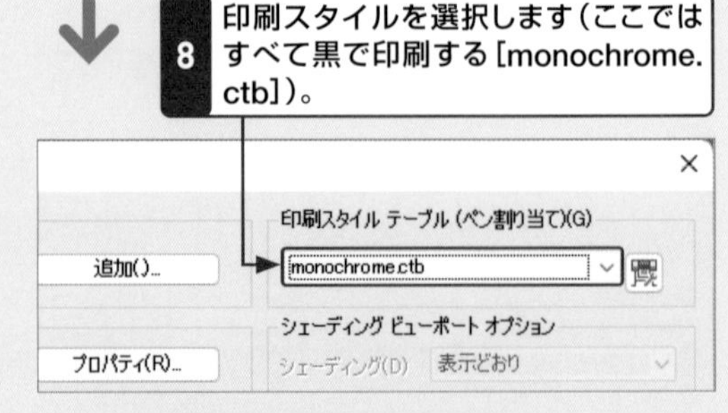

9 [レイアウトに適用]をクリックします。設定内容が保存されます。

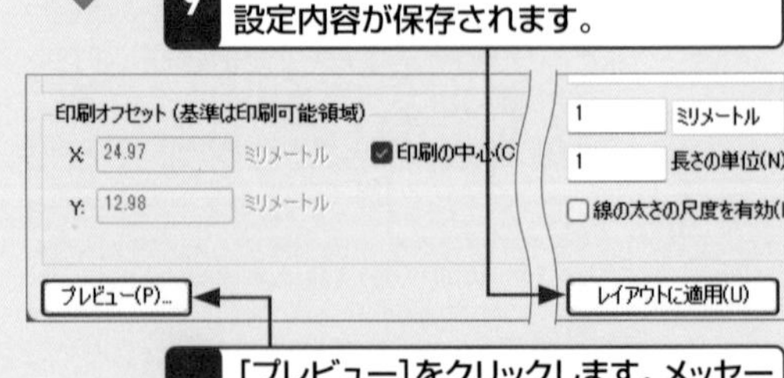

10 [プレビュー]をクリックします。メッセージが表示された場合は[継続]をクリックします。

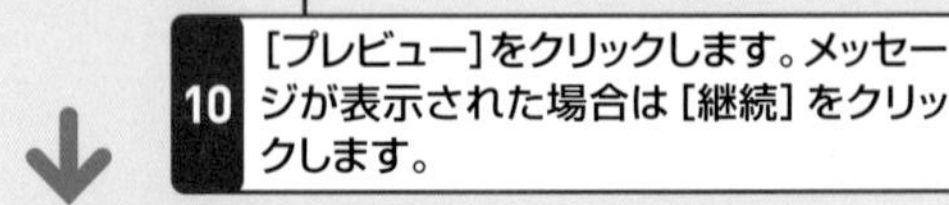

11 プレビューを確認し、[印刷]をクリックすると、印刷が開始されます。

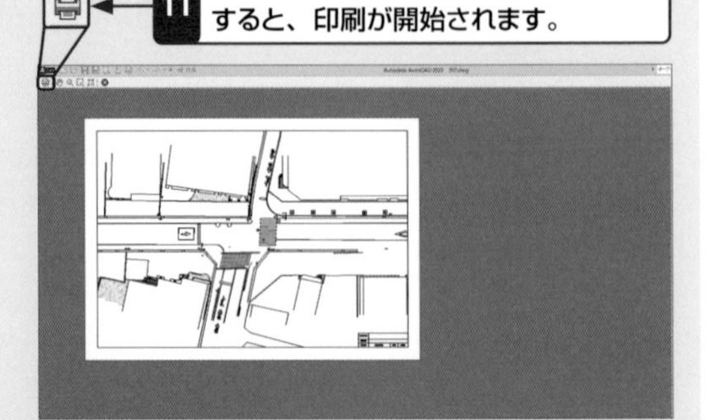

12 ファイルに出力する設定の場合(ここではPDF)、ファイルの保存場所を指定します。

13 印刷が完了すると画面右下に吹き出しが表示されます。確認後、[×]をクリックして閉じてください。

# Q 358 連続印刷をしたい!

## A [バッチ印刷]を実行してページ設定を選択します。

連続印刷をするには、[バッチ印刷]を実行し、ページ設定を選択します。[バッチ印刷]を実行する前に、ページ設定を作成しておいてください。

参照▶Q 359 サンプル▶358.dwg

1 [出力]タブをクリックし、

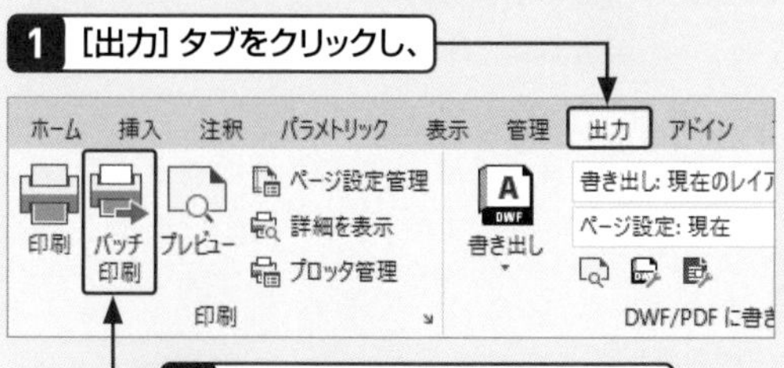
ホーム 挿入 注釈 パラメトリック 表示 管理 出力 アドイン
印刷
バッチ印刷
プレビュー
ページ設定管理
詳細を表示
プロッタ管理
書き出し
書き出し: 現在のレイア
ページ設定: 現在
印刷
DWF/PDF に書き

2 [バッチ印刷]をクリックします。

3 印刷しないシート名を選択し、

4 [シートを除去]をクリックします。

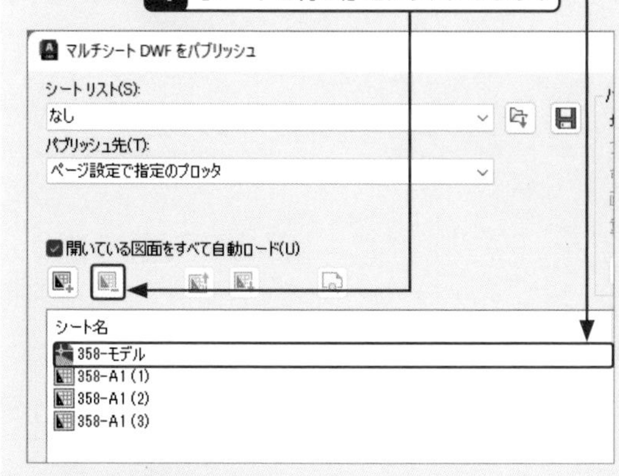
マルチシート DWF をパブリッシュ
シート リスト(S):
なし
パブリッシュ先(T):
ページ設定で指定のプロッタ
開いている図面をすべて自動ロード(U)
シート名
358-モデル
358-A1 (1)
358-A1 (2)
358-A1 (3)

5 ほかのファイルも印刷するには、[シートを追加]をクリックして、ファイルを追加します。

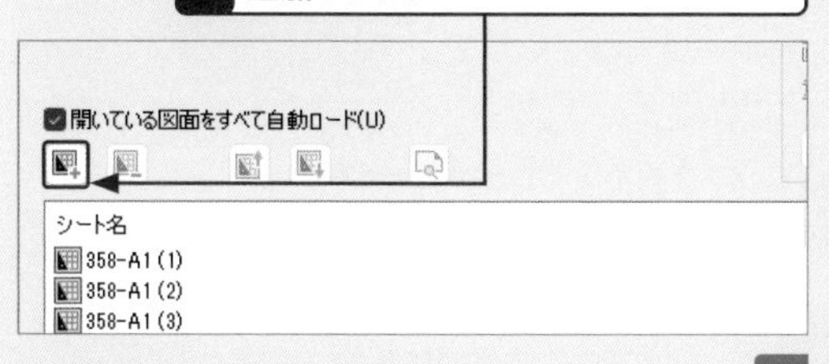
開いている図面をすべて自動ロード(U)
シート名
358-A1 (1)
358-A1 (2)
358-A1 (3)

6 [ページ設定]を選択します。

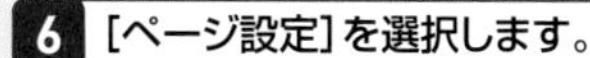

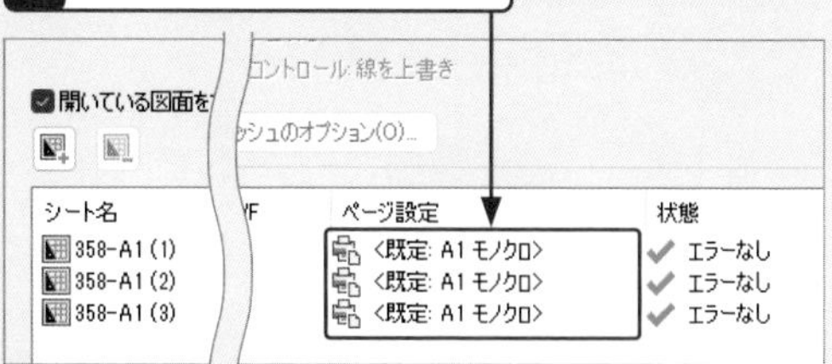
コントロール: 線を上書き
開いている図面を
ッシュのオプション(O)...
シート名
ページ設定
状態
358-A1 (1)
358-A1 (2)
358-A1 (3)
<既定: A1 モノクロ>
<既定: A1 モノクロ>
<既定: A1 モノクロ>
エラーなし
エラーなし
エラーなし

7 [パブリッシュ先]から[ページ設定で指定のプロッタ]を選択します。

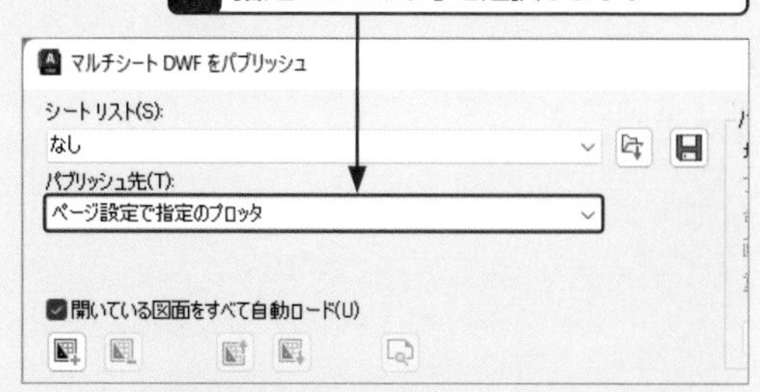
マルチシート DWF をパブリッシュ
シート リスト(S):
なし
パブリッシュ先(T):
ページ設定で指定のプロッタ
開いている図面をすべて自動ロード(U)

8 印刷中はAutoCADの操作をせず、印刷を優先する場合は[バックグラウンドでパブリッシュ]のチェックを外します。

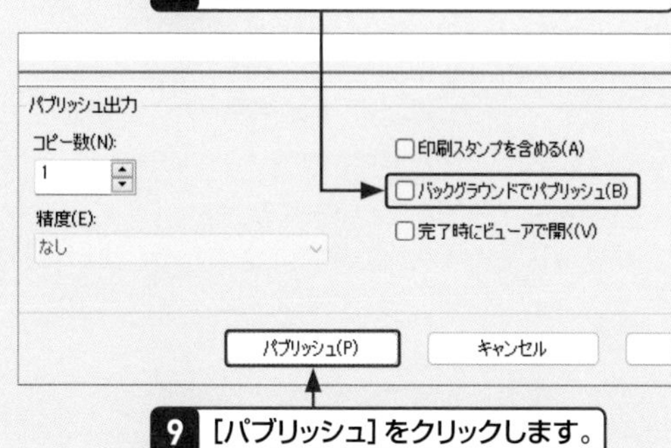
パブリッシュ出力
コピー数(N):
1
精度(E):
なし
印刷スタンプを含める(A)
バックグラウンドでパブリッシュ(B)
完了時にビューアで開く(V)
パブリッシュ(P)
キャンセル

9 [パブリッシュ]をクリックします。

10 メッセージが表示された場合、ここでは[いいえ]を選択します(設定を保存する場合は、[はい]をクリックし、ファイルの保存先を指定します)。

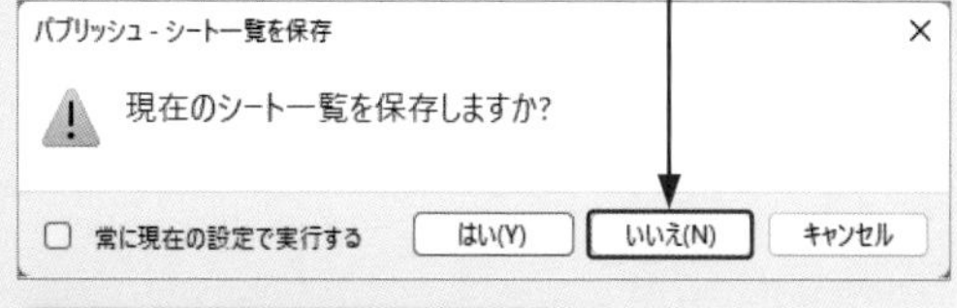
パブリッシュ - シート一覧を保存
現在のシート一覧を保存しますか?
常に現在の設定で実行する
はい(Y)
いいえ(N)
キャンセル

11 連続印刷が開始されます。

12 印刷が完了すると画面右下に吹き出しが表示されます。確認後、[×]をクリックして閉じてください。

# Q 359 印刷の設定(ページ設定)を保存したい!

**A [ページ設定管理]を実行してページ設定を保存します。**

印刷の設定を保存するには、[ページ設定管理]を実行し、ページ設定を作成します。ただし、モデルのページ設定とレイアウトのページ設定は共有することはできません。　サンプル▶359.dwg

**1** 印刷設定を保存するタブ(ここでは[A1(1)])を選択します。

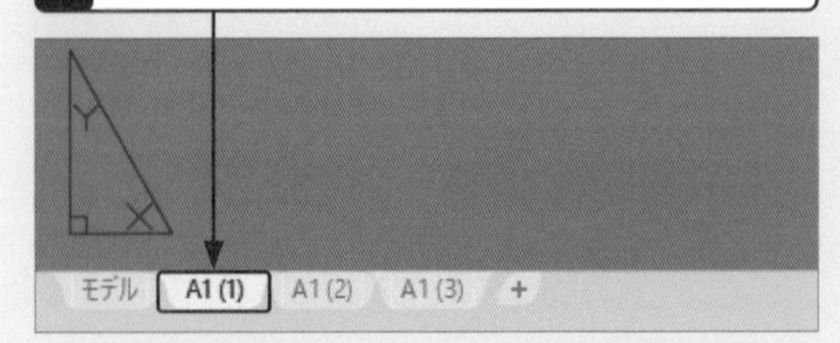
モデル
A1 (1)
A1 (2)
A1 (3)
+

**2** [出力]タブをクリックし、

ホーム　挿入　注釈　パラメトリック　表示　管理　出力　アドイン
印刷　バッチ印刷　プレビュー　ページ設定管理　詳細を表示　プロッタ管理　印刷
書き出し　書き出し: 現在のレイア　ページ設定: 現在　DWF/PDF に書き

**3** [ページ設定管理]をクリックします。

**4** [新規作成]をクリックします。

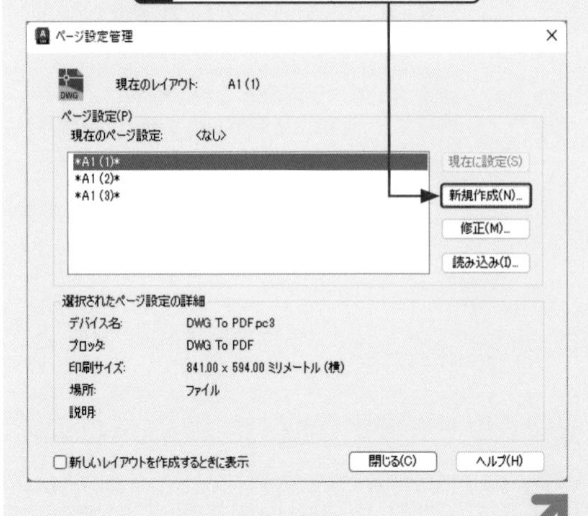
ページ設定管理
現在のレイアウト: A1 (1)
ページ設定(P)
現在のページ設定: <なし>
*A1 (1)*
*A1 (2)*
*A1 (3)*
現在に設定(S)
新規作成(N)...
修正(M)...
読み込み(I)...
選択されたページ設定の詳細
デバイス名: DWG To PDF.pc3
プロッタ: DWG To PDF
印刷サイズ: 841.00 x 594.00 ミリメートル (横)
場所: ファイル
説明:
新しいレイアウトを作成するときに表示
閉じる(C)
ヘルプ(H)

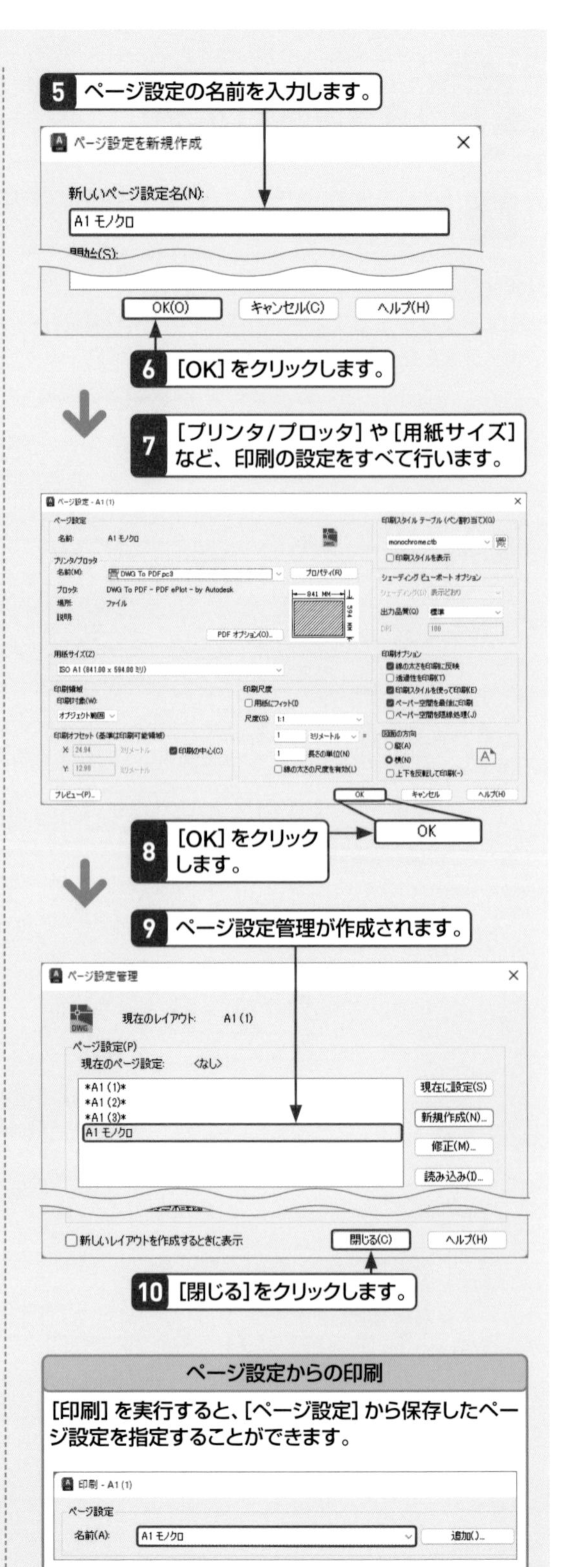
5 ページ設定の名前を入力します。
ページ設定を新規作成
新しいページ設定名(N):
A1 モノクロ
OK(O)
キャンセル(C)
ヘルプ(H)
6 [OK]をクリックします。
7 [プリンタ/プロッタ]や[用紙サイズ]など、印刷の設定をすべて行います。
ページ設定 - A1 (1)
名前: A1 モノクロ
DWG To PDF.pc3
ISO A1 (841.00 x 594.00 ミリ)
monochrome.ctb
OK
キャンセル
ヘルプ(H)
8 [OK]をクリックします。
9 ページ設定管理が作成されます。
ページ設定管理
現在のレイアウト: A1 (1)
ページ設定(P)
現在のページ設定: <なし>
*A1 (1)*
*A1 (2)*
*A1 (3)*
A1 モノクロ
現在に設定(S)
新規作成(N)...
修正(M)...
読み込み(I)...
新しいレイアウトを作成するときに表示
閉じる(C)
ヘルプ(H)
10 [閉じる]をクリックします。
ページ設定からの印刷
[印刷]を実行すると、[ページ設定]から保存したページ設定を指定することができます。
印刷 - A1 (1)
ページ設定
名前(A): A1 モノクロ
追加()...

# Q 360 ページ設定をレイアウトに適用したい！

## A [ページ設定管理] を実行してレイアウトにページ設定を適用します。

作成したページ設定を [レイアウト] タブに適用するには、[ページ設定管理] を実行し、レイアウトにページ設定を適用します。 サンプル ▶ 360.dwg

1 ページ設定を適用するタブを選択します。

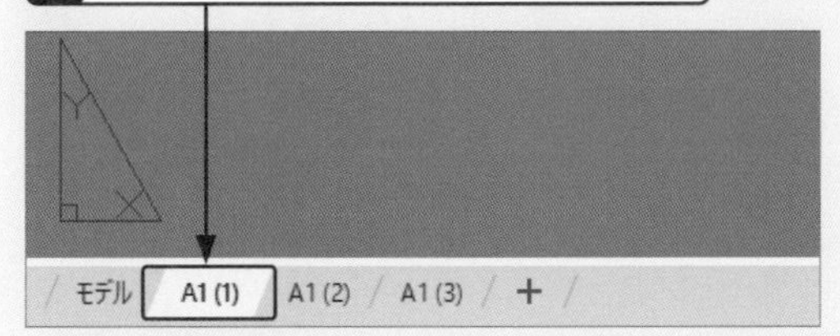
モデル
A1 (1)
A1 (2)
A1 (3)
+

2 用紙などの印刷の設定がされていない状態です。

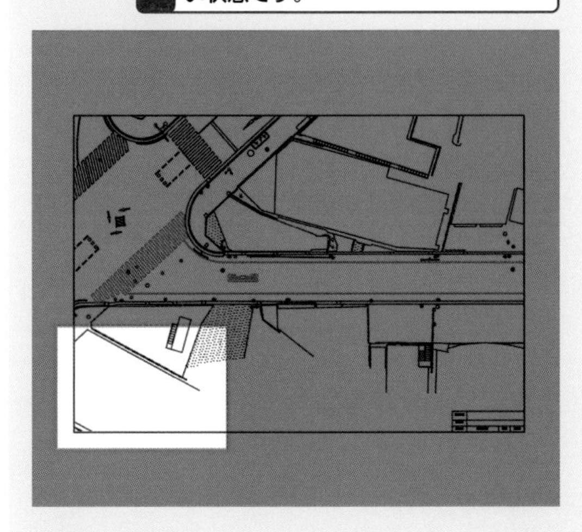

3 [出力] タブをクリックし、

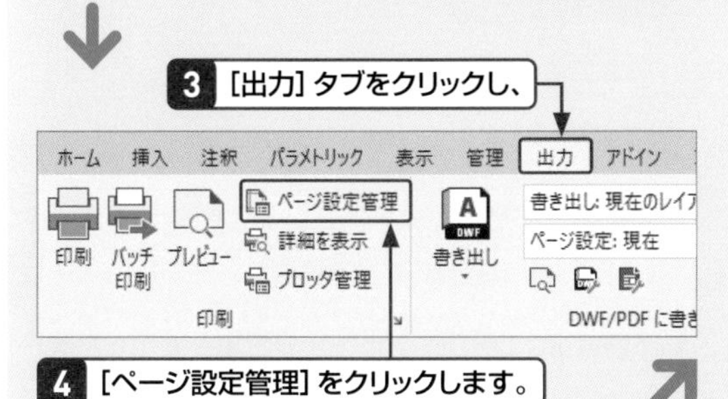
ホーム
挿入
注釈
パラメトリック
表示
管理
出力
アドイン
印刷
バッチ印刷
プレビュー
ページ設定管理
詳細を表示
プロッタ管理
書き出し
書き出し: 現在のレイア
ページ設定: 現在
DWF/PDF に書き

4 [ページ設定管理] をクリックします。

5 ページ設定を選択し、

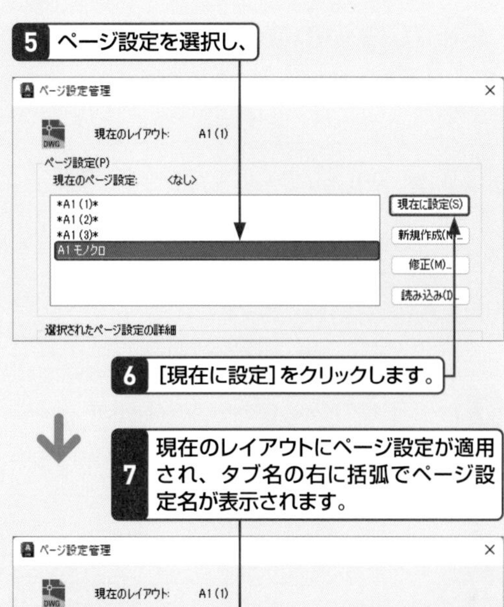
ページ設定管理
現在のレイアウト: A1 (1)
ページ設定(P)
現在のページ設定: <なし>
*A1 (1)*
*A1 (2)*
*A1 (3)*
A1 モノクロ
現在に設定(S)
新規作成(N)...
修正(M)...
読み込み(I)...
選択されたページ設定の詳細

6 [現在に設定] をクリックします。

7 現在のレイアウトにページ設定が適用され、タブ名の右に括弧でページ設定名が表示されます。

ページ設定管理
現在のレイアウト: A1 (1)
ページ設定(P)
現在のページ設定: A1 モノクロ
*A1 (1) (A1 モノクロ)*
*A1 (2)*
*A1 (3)*
A1 モノクロ
現在に設定(S)
新規作成(N)...
修正(M)...
新しいレイアウトを作成するときに表示
閉じる(C)
ヘルプ(H)

8 [閉じる] をクリックします。

9 ページ設定が適用されたので、レイアウトの用紙の範囲（白く表示されている範囲）も変更されます。

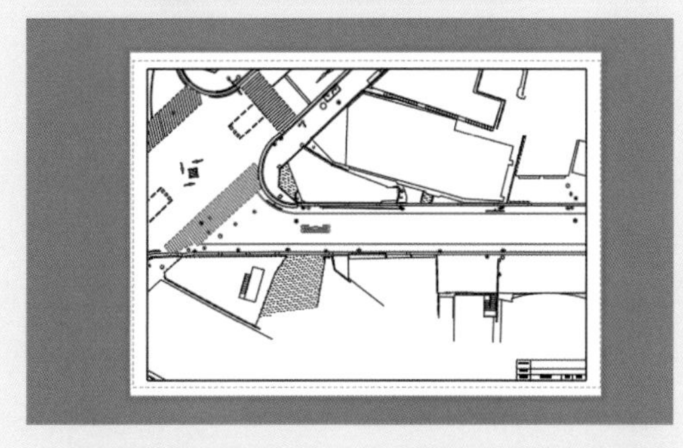

10 ほかのレイアウトを設定するには、タブを選択し、同様にページ設定を適用してください。

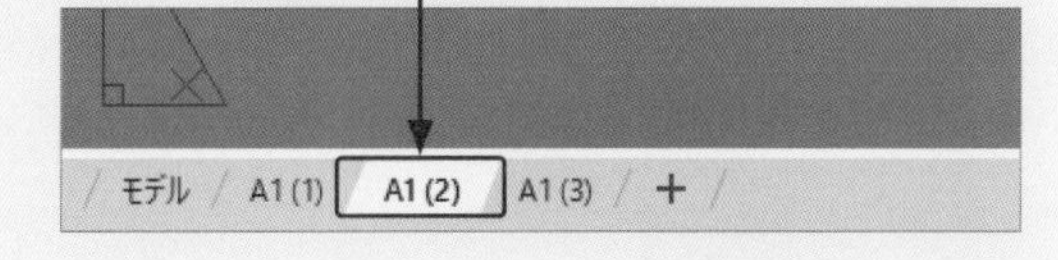
モデル
A1 (1)
A1 (2)
A1 (3)
+

# Q 361 ほかの図面のページ設定をコピーしたい!

## A [ページ設定管理]を実行して図面ファイルから読み込みます。

ほかの図面ファイルのページ設定をコピーするには、[ページ設定管理]を実行し、図面ファイルとページ設定を選択して、読み込みを行います。

サンプル▶361a.dwg／361b.dwg

1 ページ設定を読み込むファイルを開きます。

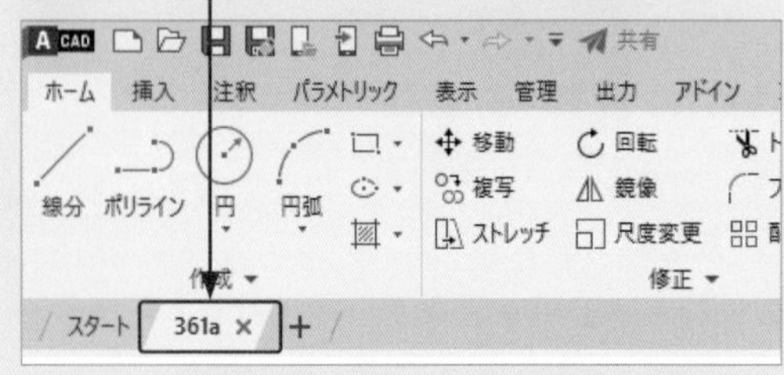

2 [出力]タブをクリックし、

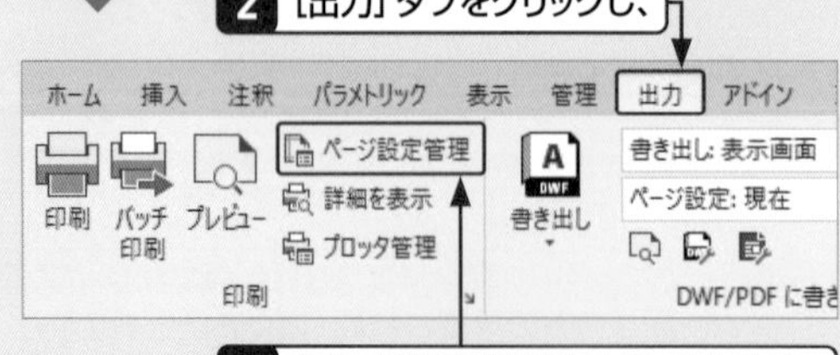

3 [ページ設定管理]をクリックします。

4 [読み込み]をクリックします。

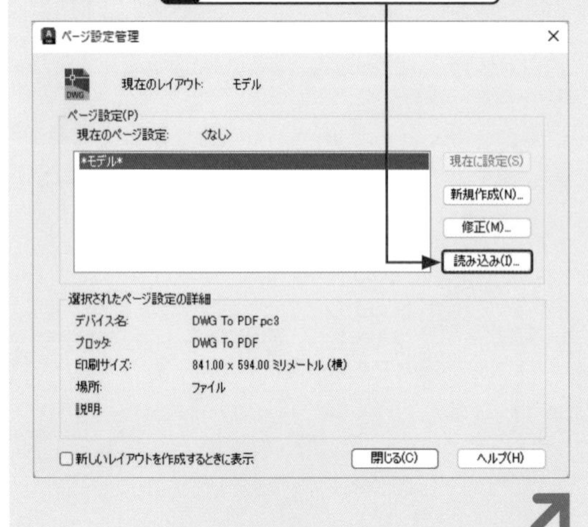

5 ページ設定が保存されているファイルを選択します。

6 [開く]をクリックします。

7 読み込むページ設定を選択します。

8 [OK]をクリックします。

9 ページ設定が読み込まれます。

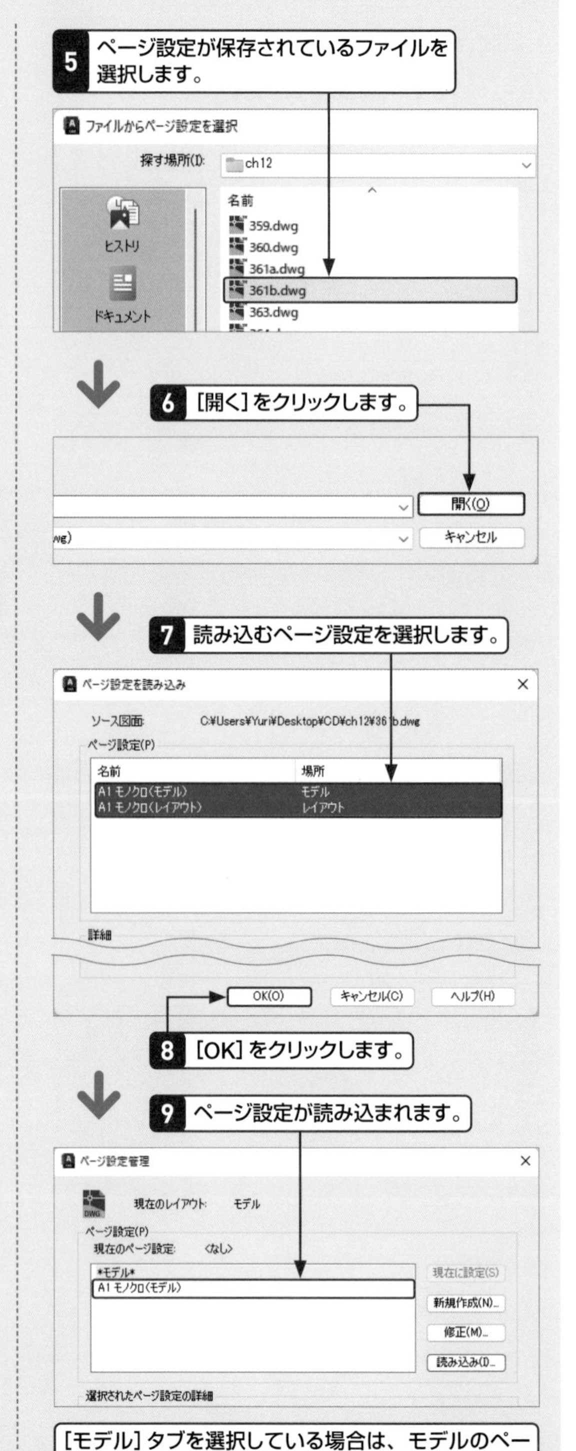

[モデル]タブを選択している場合は、モデルのページ設定が表示されます（[レイアウト]タブを選択している場合は、レイアウトのページ設定が表示されます。

# Q 362 印刷スタイルとは？

## A 印刷用の線の色や太さを設定したファイルです。

印刷スタイルとは、印刷用の線の色や太さを設定したファイルです。[色従属印刷スタイル]と[名前のついた印刷スタイル]の2種類のファイルがあり、1つの図面ファイルにつき、どちらか一方の印刷スタイルの種類を選択することになります。

### ● 色従属印刷スタイル

拡張子が「*.ctb」のファイルは、[色従属印刷スタイル]です。図形の色に対して印刷時の色や太さなどを設定します。
たとえば、下図の赤の図形を黒で太く印刷したいとします。

赤の図形を、黒で太く印刷する

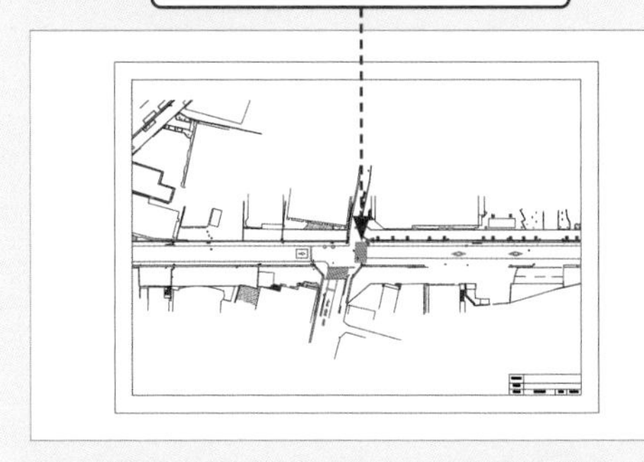

[色従属印刷スタイル]のファイルで「赤」の印刷設定を「黒で太く」印刷する設定を行い、印刷を実行します。

[色従属印刷スタイル]を使用した印刷の結果

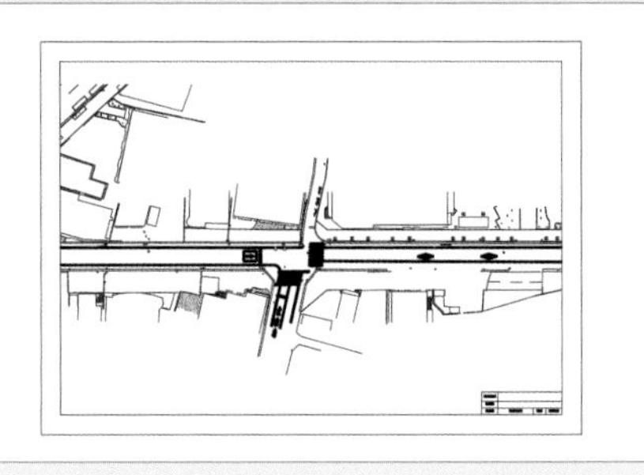

### ● 名前のついた印刷スタイル

拡張子が「*.stb」のファイルは、[名前の付いた印刷スタイル]です。画層や個々の図形に対して印刷時の色や太さなどを設定します。
たとえば、下図の[計画]画層の図形を黒で太く印刷したいとします。

[計画]画層の図形を、黒で太く印刷する

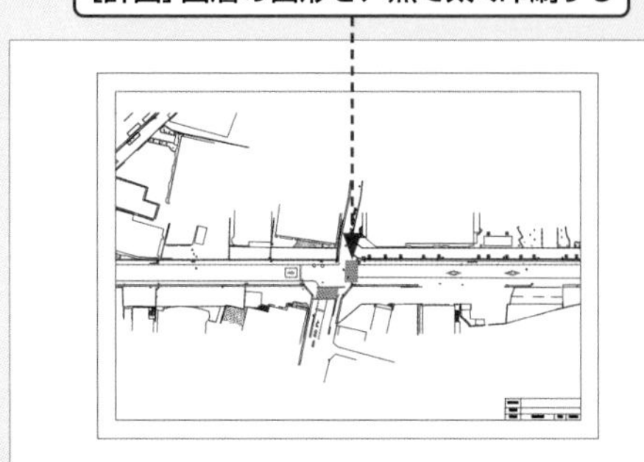

[名前のついた印刷スタイル]のファイルで、「黒で太く」印刷する設定を作成し、[計画]画層で[名前のついた印刷スタイル]を選択します。

「黒で太く印刷する」設定をした[名前のついた印刷スタイル]

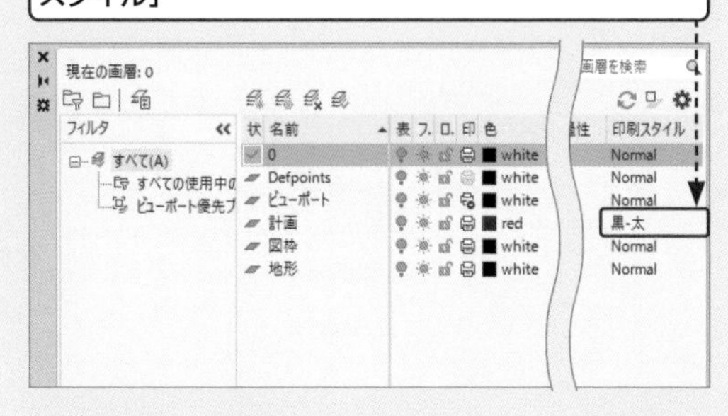
現在の画層: 0
画層を検索
フィルタ
すべて(A)
すべての使用中の
ビューポート優先フ
状
名前
表
フ.
ロ.
印
色
属性
印刷スタイル
0
Defpoints
ビューポート
計画
図枠
地形
white
white
white
red
white
white
Normal
Normal
Normal
黒-太
Normal
Normal

[名前のついた印刷スタイル]のファイルを使用し、印刷を実行します。

[名前のついた印刷スタイル]を使用した印刷の結果

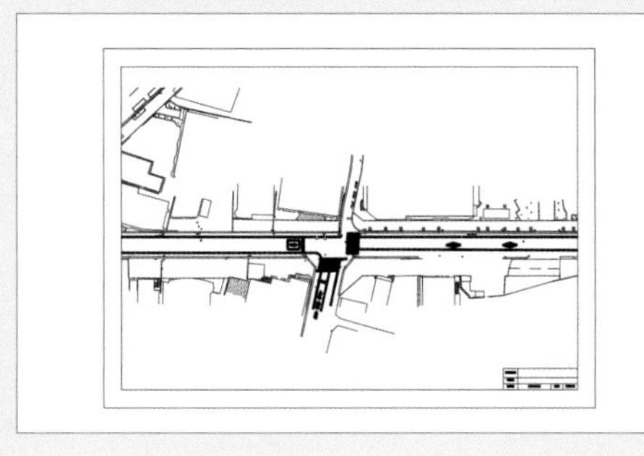

# Q 363 すべての図形をモノクロで印刷したい!

## A 印刷スタイルに[monochrome]を選択します。

すべての図形をモノクロで印刷するには、印刷スタイルに[monochrome]を選択します。線の太さは画層や個々の図形に設定するとよいでしょう。

サンプル▶363.dwg

図形に黒以外の色が設定されています。

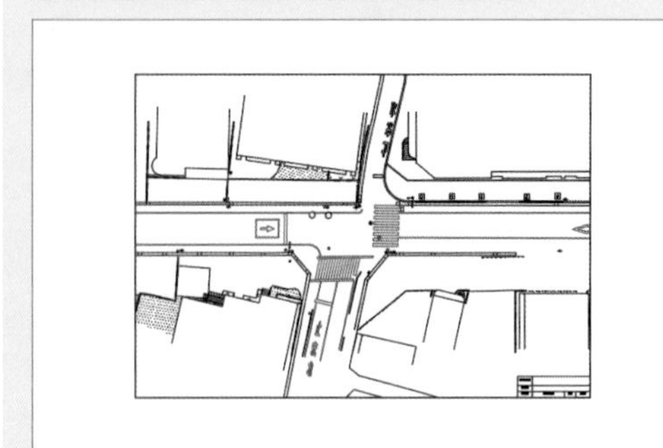

線の太さは画層に設定します。

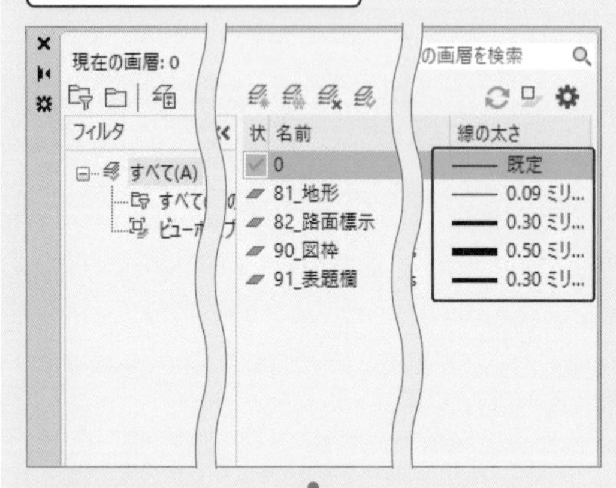
現在の画層: 0
フィルタ
すべて(A)
状
名前
線の太さ
0
81_地形
82_路面標示
90_図枠
91_表題欄
既定
0.09 ミリ...
0.30 ミリ...
0.50 ミリ...
0.30 ミリ...

1 [出力]タブをクリックし、

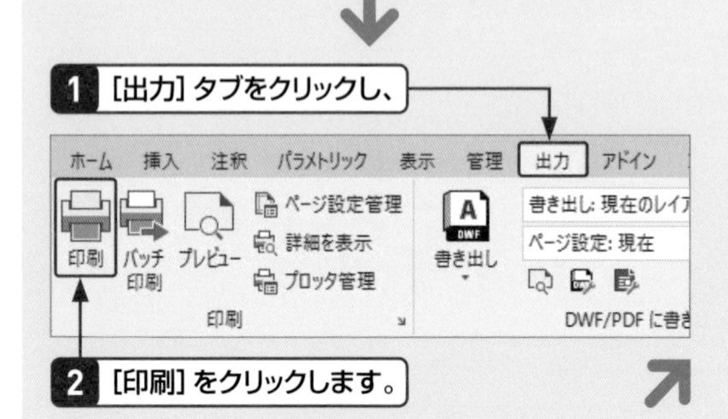
ホーム
挿入
注釈
パラメトリック
表示
管理
出力
アドイン
印刷
バッチ印刷
プレビュー
ページ設定管理
詳細を表示
プロッタ管理
書き出し
DWF/PDF に書き

2 [印刷]をクリックします。

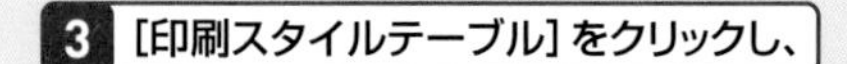

3 [印刷スタイルテーブル]をクリックし、

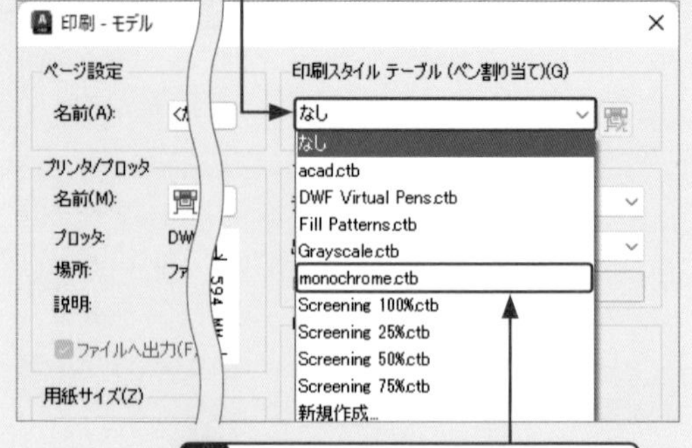

印刷 - モデル
ページ設定
印刷スタイル テーブル (ペン割り当て)(G)
なし
acad.ctb
DWF Virtual Pens.ctb
Fill Patterns.ctb
Grayscale.ctb
monochrome.ctb
Screening 100%.ctb
Screening 25%.ctb
Screening 50%.ctb
Screening 75%.ctb
新規作成...

4 [monochrome]を選択します。

5 メッセージが表示された場合は、[いいえ]を選択します。

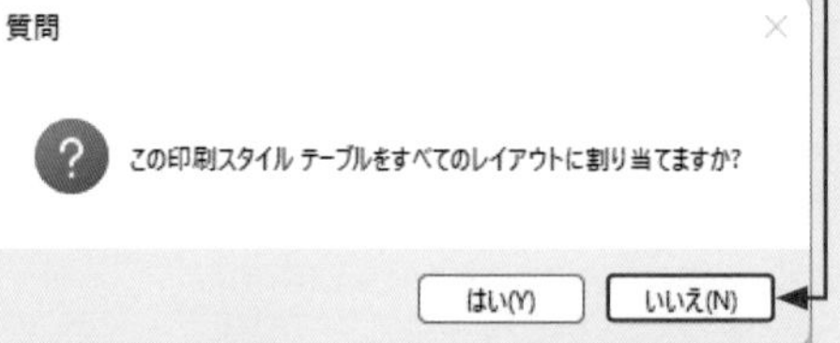
質問
この印刷スタイル テーブルをすべてのレイアウトに割り当てますか?
はい(Y)
いいえ(N)

6 そのほかの印刷設定を行います。

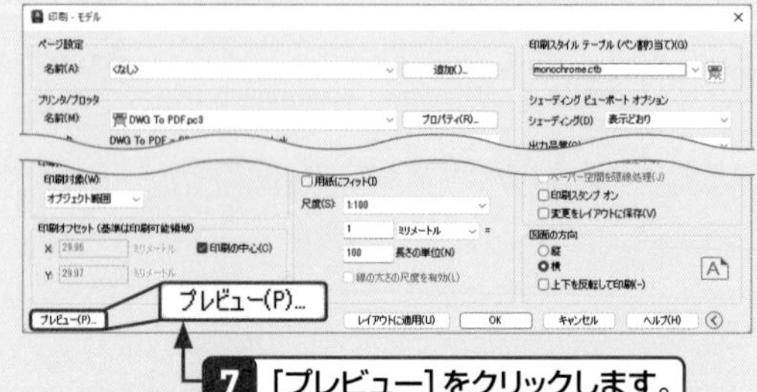

プレビュー(P)...

7 [プレビュー]をクリックします。

8 注意のダイアログが表示された場合は、[継続]をクリックします。

9 すべて黒で印刷されるプレビューが表示されます。

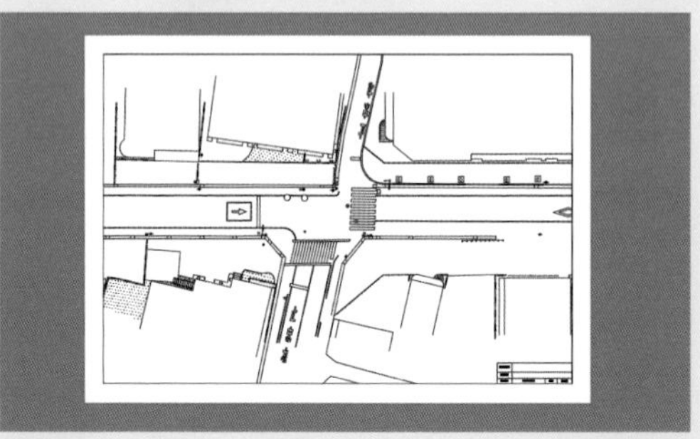

# Q 364 すべての図形をそのままの色で印刷したい!

## A 印刷スタイルに[acad]を選択します。

すべての図形を図形のそのままの色で印刷するには、印刷スタイルに[acad]を選択します。線の太さは画層や個々の図形に設定するとよいでしょう。

サンプル ▶ 364.dwg

図形に色が設定されています。

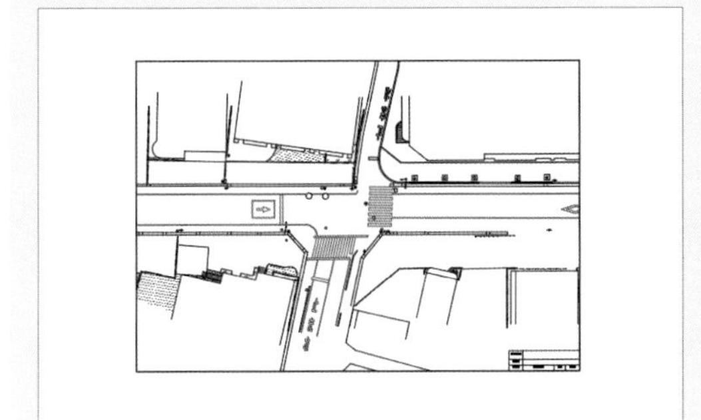

線の太さは画層に設定します。

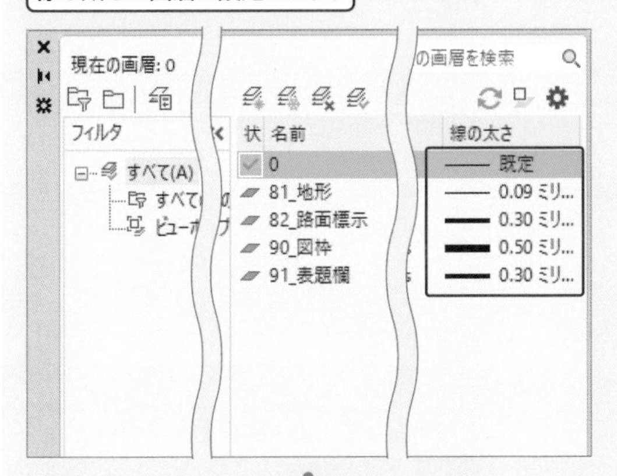

現在の画層: 0
の画層を検索
フィルタ
すべて(A)
状
名前
線の太さ
0
既定
81_地形
0.09 ミリ...
82_路面標示
0.30 ミリ...
90_図枠
0.50 ミリ...
91_表題欄
0.30 ミリ...


1 [出力]タブをクリックし、

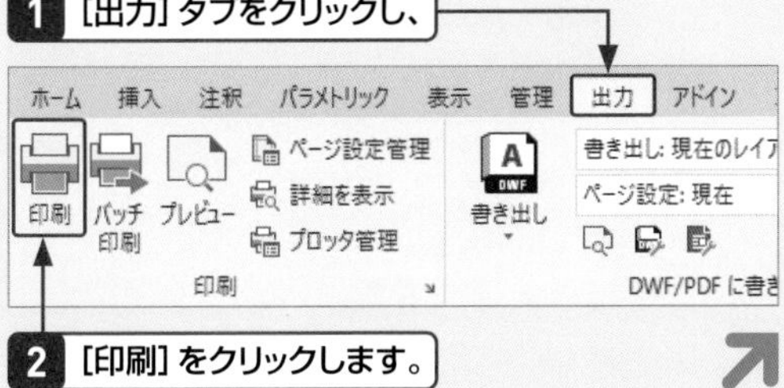

ホーム
挿入
注釈
パラメトリック
表示
管理
出力
アドイン
印刷
バッチ印刷
プレビュー
ページ設定管理
詳細を表示
プロッタ管理
書き出し
書き出し: 現在のレイア
ページ設定: 現在
DWF/PDF に書き


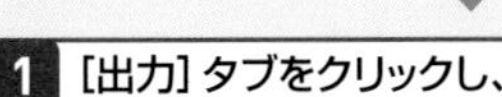

2 [印刷]をクリックします。

3 [印刷スタイルテーブル]をクリックし、

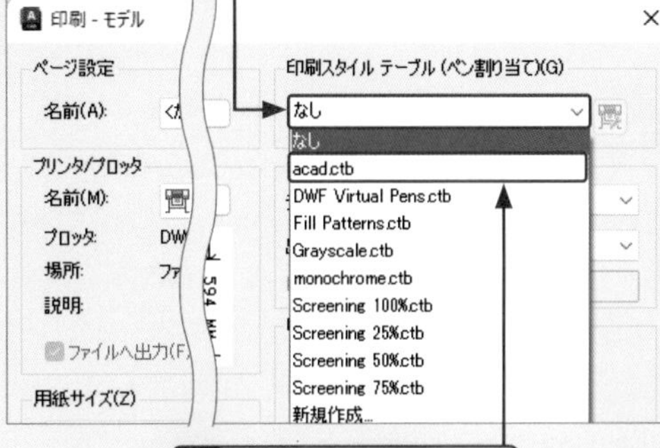

印刷 - モデル
ページ設定
名前(A):
プリンタ/プロッタ
名前(M):
プロッタ:
場所:
説明:
ファイルへ出力(F)
用紙サイズ(Z)
印刷スタイル テーブル (ペン割り当て)(G)
なし
acad.ctb
DWF Virtual Pens.ctb
Fill Patterns.ctb
Grayscale.ctb
monochrome.ctb
Screening 100%.ctb
Screening 25%.ctb
Screening 50%.ctb
Screening 75%.ctb
新規作成...


4 [acad]を選択します。

5 メッセージが表示された場合は、[いいえ]を選択します。

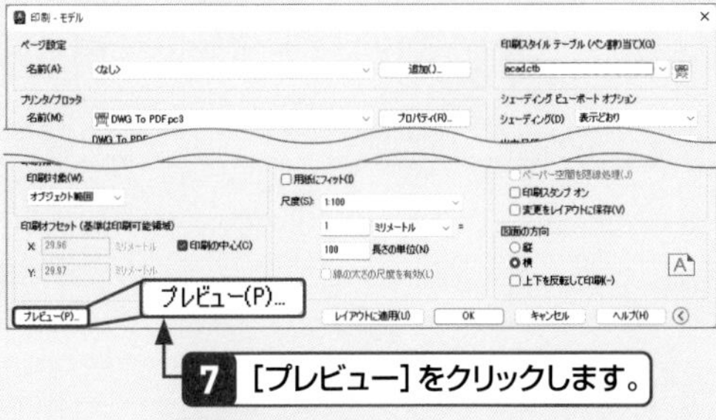

質問
この印刷スタイル テーブルをすべてのレイアウトに割り当てますか?
はい(Y)
いいえ(N)


6 そのほかの印刷設定を行います。

プレビュー(P)...


7 [プレビュー]をクリックします。

8 注意のダイアログが表示された場合は、[継続]をクリックします。

9 作図領域の表示と同じ色で印刷されるプレビューが表示されます。

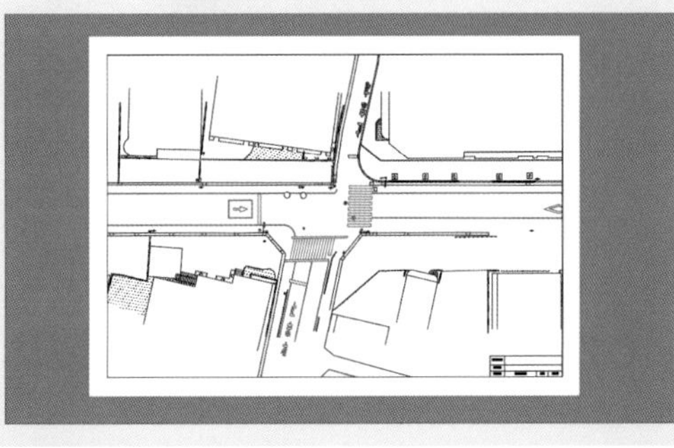

# Q 365 図形の色ごとに印刷の設定をしたい！

**A** 色従属印刷スタイルのファイルを作成します。

図形の色ごとに印刷の設定をするには、色従属印刷スタイルのファイルを作成します。たとえば、色番号の［色1］(red)で作図されている図形は、黒で太く印刷する、ということが可能となります。

サンプル▶365.dwg

［色1］(red)で作図されている図形を黒の0.3mmで出力する、色従属印刷スタイルを作成します。

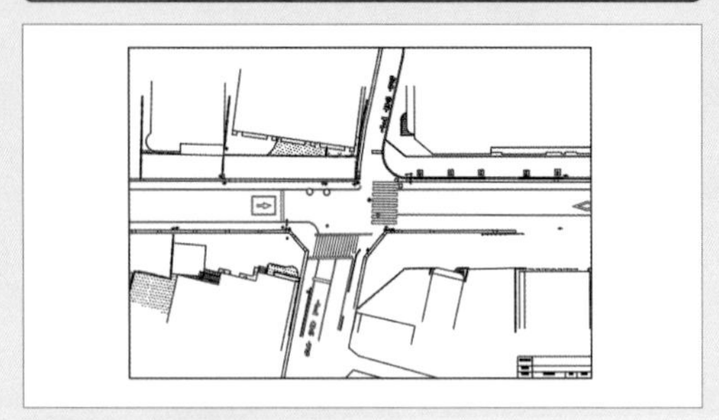

1 ［アプリケーションメニュー］をクリックし、

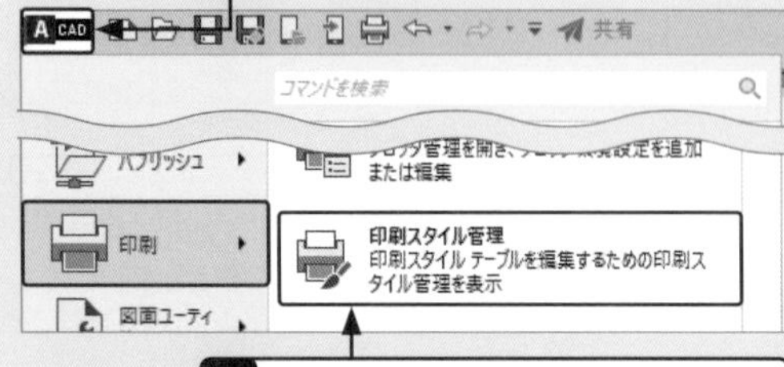

2 ［印刷］から［印刷スタイル管理］を選択します。

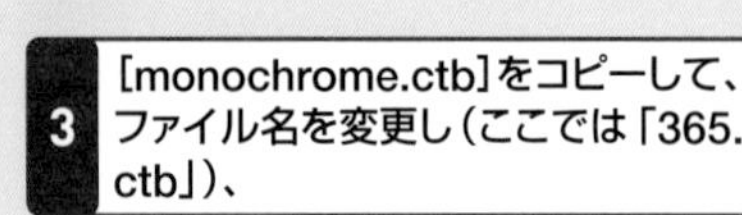

3 ［monochrome.ctb］をコピーして、ファイル名を変更し（ここでは「365.ctb」）、

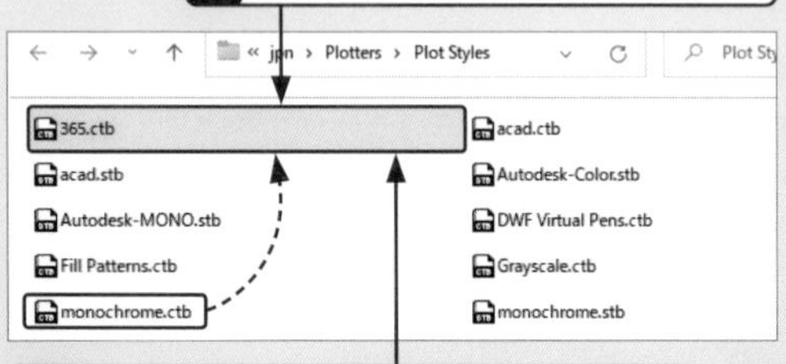

365.ctb
acad.ctb
acad.stb
Autodesk-Color.stb
Autodesk-MONO.stb
DWF Virtual Pens.ctb
Fill Patterns.ctb
Grayscale.ctb
monochrome.ctb
monochrome.stb


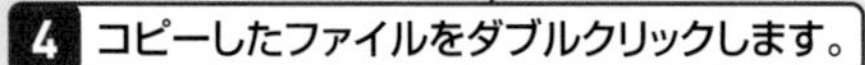

4 コピーしたファイルをダブルクリックします。

5 ［フォーム表示］タブをクリックし、

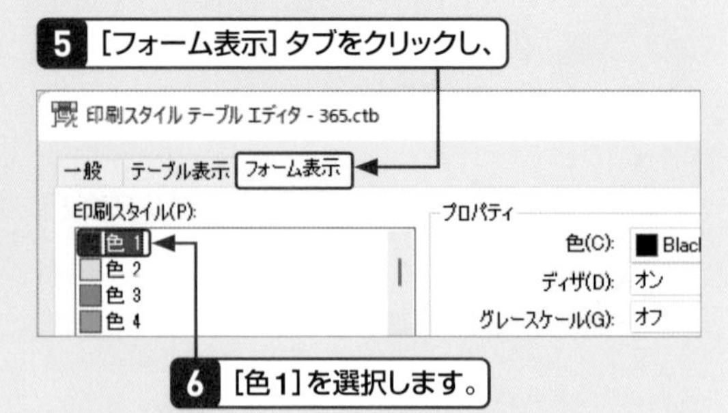

印刷スタイル テーブル エディタ - 365.ctb
一般
テーブル表示
フォーム表示


6 ［色1］を選択します。

7 ［色］から印刷時の色を選択し（ここでは［Black］）、

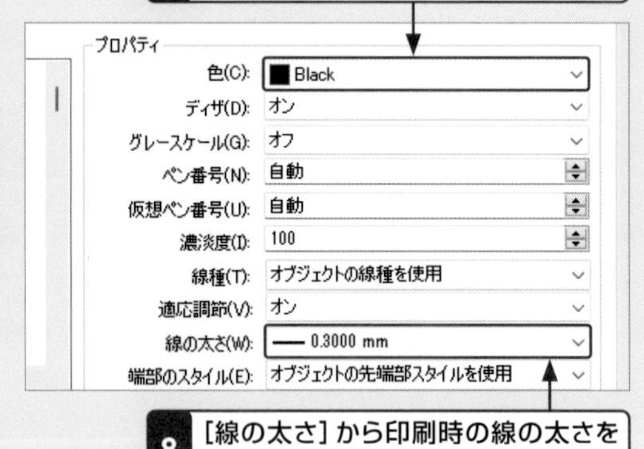

プロパティ
色(C): Black
ディザ(D): オン
グレースケール(G): オフ
ペン番号(N): 自動
仮想ペン番号(U): 自動
濃淡度(I): 100
線種(T): オブジェクトの線種を使用
適応調節(V): オン
線の太さ(W): 0.3000 mm
端部のスタイル(E): オブジェクトの先端部スタイルを使用


8 ［線の太さ］から印刷時の線の太さを選択します（ここでは0.3000mm）。

9 ［保存して閉じる］をクリックします。

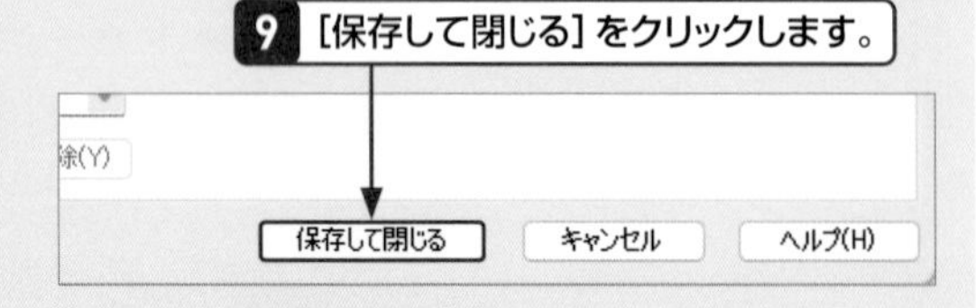

保存して閉じる
キャンセル
ヘルプ(H)


10 印刷を実行し、作成した印刷スタイルテーブルを選択します。印刷スタイルテーブルが表示されない場合は、図面ファイルを上書き保存してから、もう一度実行してください。

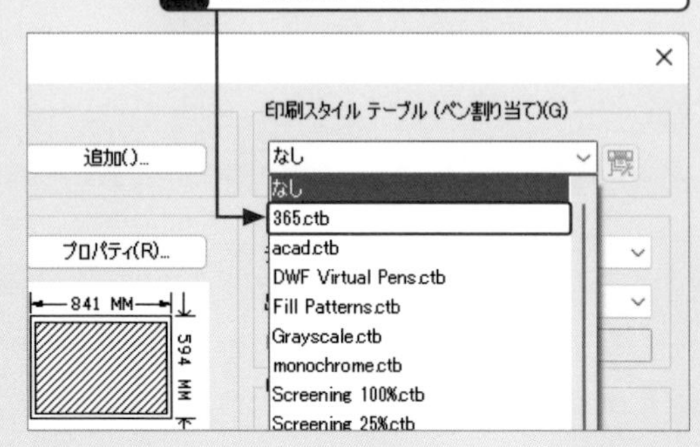

印刷スタイル テーブル (ペン割り当て)(G)
なし
365.ctb
acad.ctb
DWF Virtual Pens.ctb
Fill Patterns.ctb
Grayscale.ctb
monochrome.ctb
Screening 100%.ctb

# Q 366 画層ごとに印刷の設定をしたい!

## A 名前の付いた印刷スタイルのファイルを作成します。

画層ごとに印刷の設定をするには、名前の付いた印刷スタイルのファイルを作成します。たとえば、ある画層は、黒で太く印刷する、ある画層は赤で細く印刷する、ということが可能となります。

サンプル▶366.dwg

1 [アプリケーションメニュー] をクリックし、

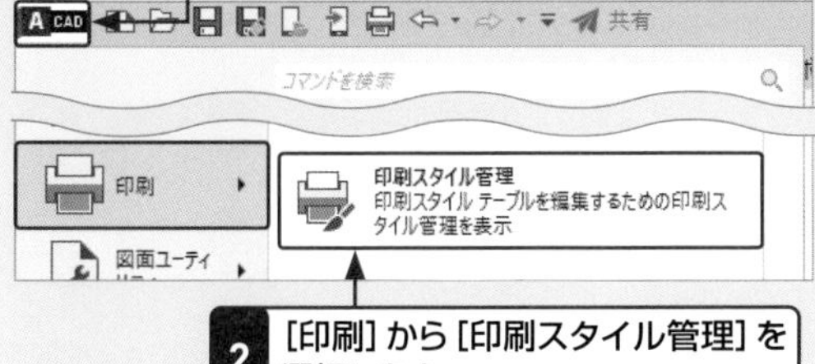

印刷
印刷スタイル管理
印刷スタイル テーブルを編集するための印刷スタイル管理を表示
図面ユーティ


2 [印刷] から [印刷スタイル管理] を選択します。

3 [monochrome.stb] をコピーし、ファイル名を変更し(ここでは「366.stb」)、

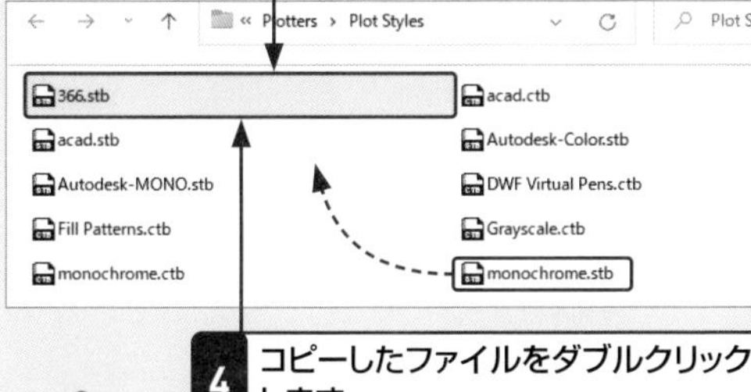

Plotters › Plot Styles
366.stb
acad.ctb
acad.stb
Autodesk-Color.stb
Autodesk-MONO.stb
DWF Virtual Pens.ctb
Fill Patterns.ctb
Grayscale.ctb
monochrome.ctb
monochrome.stb


4 コピーしたファイルをダブルクリックします。

5 [フォーム表示] タブをクリックし、

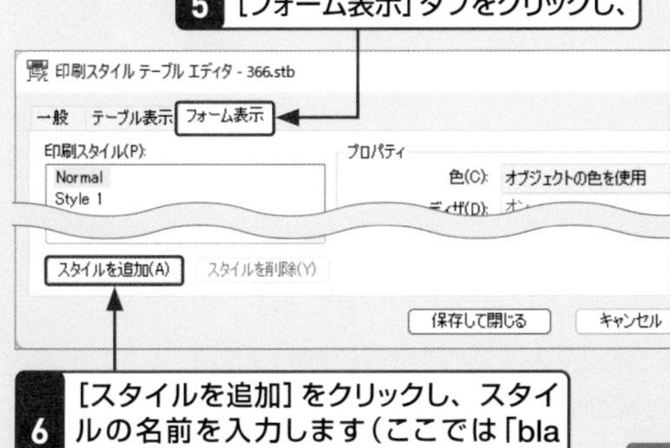

印刷スタイル テーブル エディタ - 366.stb
一般
テーブル表示
フォーム表示
印刷スタイル(P):
Normal
Style 1
プロパティ
色(C):
オブジェクトの色を使用
スタイルを追加(A)
スタイルを削除(Y)
保存して閉じる
キャンセル


6 [スタイルを追加] をクリックし、スタイルの名前を入力します(ここでは「black-0.30」)。

7 [色] から印刷時の色を選択し(ここでは [Black])、

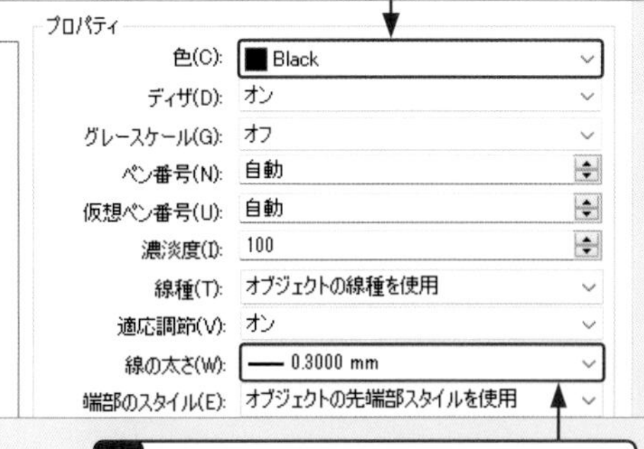

プロパティ
色(C): Black
ディザ(D): オン
グレースケール(G): オフ
ペン番号(N): 自動
仮想ペン番号(U): 自動
濃淡度(I): 100
線種(T): オブジェクトの線種を使用
適応調節(V): オン
線の太さ(W): 0.3000 mm
端部のスタイル(E): オブジェクトの先端部スタイルを使用


8 [線の太さ] から印刷時の線の太さを選択します(ここでは [0.3000mm])。

9 [保存して閉じる] をクリックします。

10 画層プロパティ管理で、印刷スタイルをクリックします。

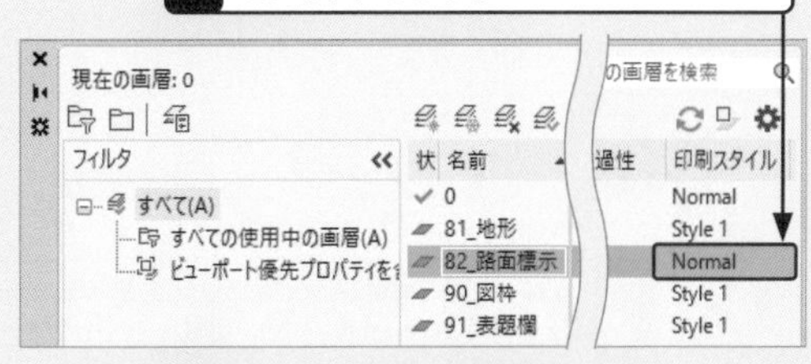

現在の画層: 0
の画層を検索
フィルタ
すべて(A)
すべての使用中の画層(A)
ビューポート優先プロパティを
状
名前
透過性
印刷スタイル
0
81_地形
82_路面標示
90_図枠
91_表題欄
Normal
Style 1
Normal
Style 1
Style 1


11 [アクティブな印刷スタイルテーブル] から作成した印刷スタイルのファイル名を選択し、

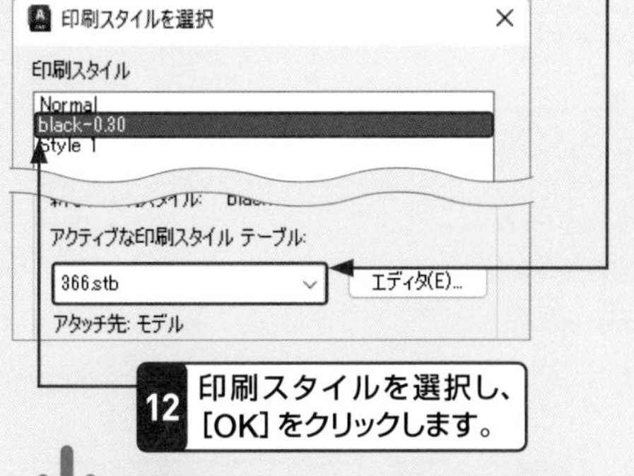

印刷スタイルを選択
印刷スタイル
Normal
black-0.30
Style 1
アクティブな印刷スタイル テーブル:
366.stb
エディタ(E)...
アタッチ先: モデル

12 印刷スタイルを選択し、[OK] をクリックします。

13 印刷を実行し、作成した印刷スタイルのファイル名を選択します。

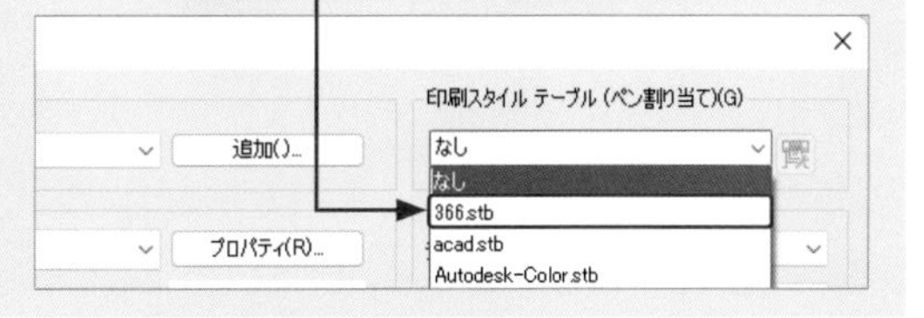

印刷スタイル テーブル (ペン割り当て)(G)
追加()...
なし
なし
366.stb
acad.stb
Autodesk-Color.stb
プロパティ(R)...

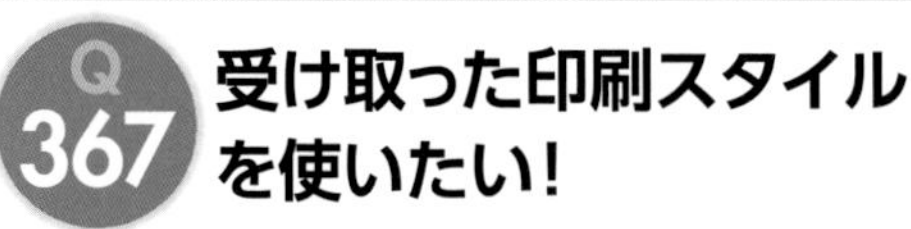

## Q 367 受け取った印刷スタイルを使いたい！

**A** 印刷スタイルを印刷スタイル管理のフォルダに保存します。

他社などから受け取った印刷スタイルのファイルは、印刷スタイル管理のフォルダに保存すると、印刷で使用できるようになります。 サンプル ▶ 367.ctb

1 ［アプリケーションメニュー］をクリックし、

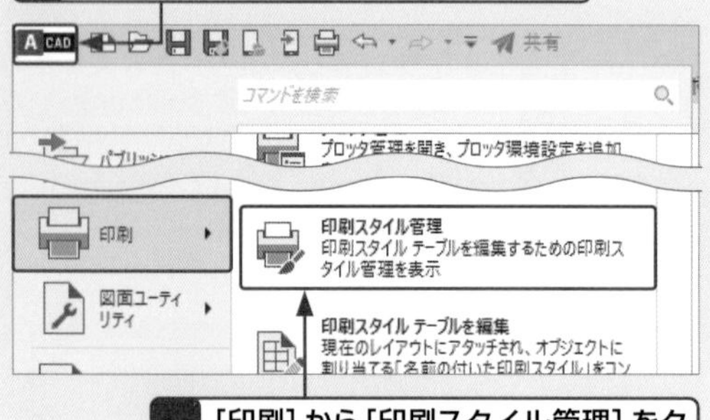

コマンドを検索
共有
パブリッシュ
プロッタ管理を開き、プロッタ環境設定を追加
印刷
印刷スタイル管理
印刷スタイル テーブルを編集するための印刷スタイル管理を表示
図面ユーティリティ
印刷スタイル テーブルを編集
現在のレイアウトにアタッチされ、オブジェクトに割り当てる「名前の付いた印刷スタイル」をコン


2 ［印刷］から［印刷スタイル管理］をクリックして選択します。

3 受け取った印刷スタイルのファイル（ここでは「367.ctb」）を、開いたフォルダに保存します。

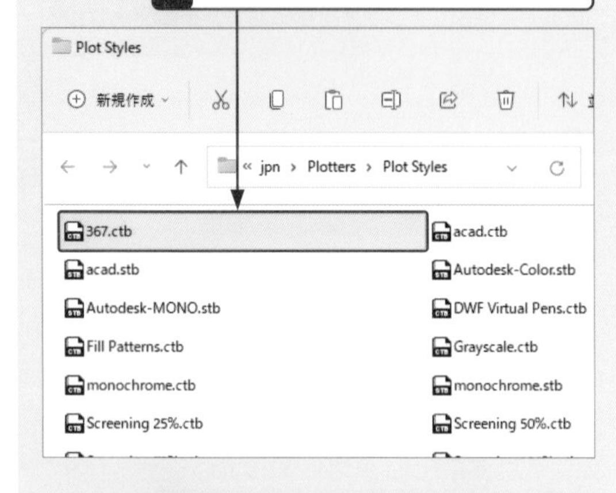

Plot Styles
新規作成
« jpn › Plotters › Plot Styles
367.ctb
acad.ctb
acad.stb
Autodesk-Color.stb
Autodesk-MONO.stb
DWF Virtual Pens.ctb
Fill Patterns.ctb
Grayscale.ctb
monochrome.ctb
monochrome.stb
Screening 25%.ctb
Screening 50%.ctb


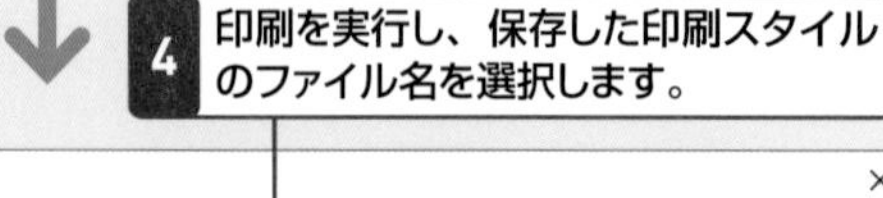

4 印刷を実行し、保存した印刷スタイルのファイル名を選択します。

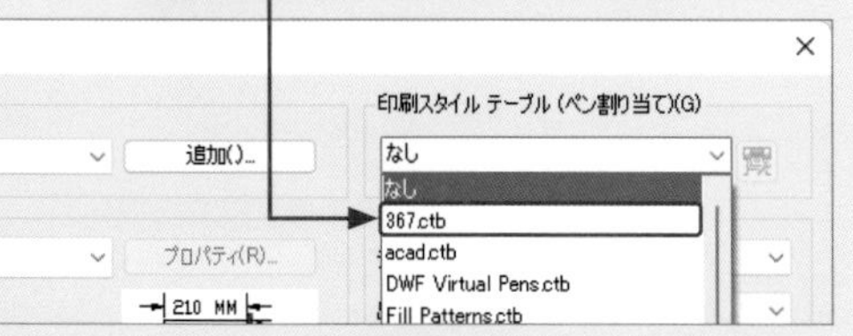

印刷スタイル テーブル（ペン割り当て）(G)
追加()...
プロパティ(R)...
なし
367.ctb
acad.ctb
DWF Virtual Pens.ctb
Fill Patterns.ctb
210 MM




## Q 368 色従属印刷スタイルが選択できない！

**A** 図面ファイルの印刷スタイルの設定を変更します。

色従属印刷スタイルが選択できない場合、そのファイルは名前の付いた印刷スタイルを使用するようになっています。設定を変更すれば選択できます。

サンプル ▶ 368.dwg

印刷スタイルのファイル名の選択で、拡張子が「*.stb」（名前の付いた印刷スタイル）となっています。

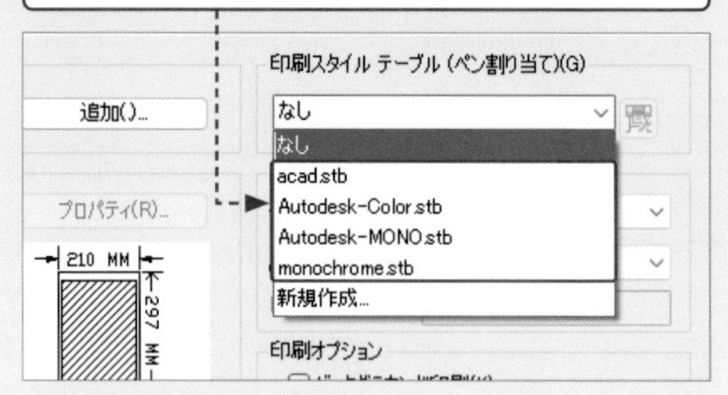

印刷スタイル テーブル（ペン割り当て）(G)
追加()...
プロパティ(R)...
なし
acad.stb
Autodesk-Color.stb
Autodesk-MONO.stb
monochrome.stb
新規作成...
210 MM
297 MM
印刷オプション


1 「CONVERTPSTYLES」と入力し、Enter キーを押します。

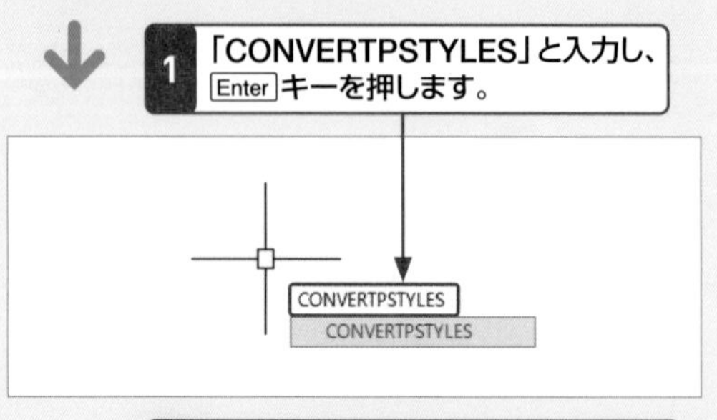

CONVERTPSTYLES
CONVERTPSTYLES


2 メッセージは［OK］をクリックします。

3 印刷を実行すると、印刷スタイルのファイル名の選択で、拡張子が「*.ctb」（色従属印刷スタイル）のファイルが表示されます。

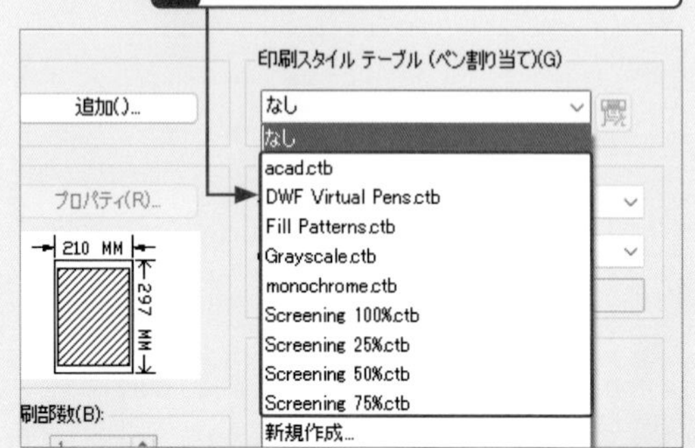

印刷スタイル テーブル（ペン割り当て）(G)
追加()...
プロパティ(R)...
なし
acad.ctb
DWF Virtual Pens.ctb
Fill Patterns.ctb
Grayscale.ctb
monochrome.ctb
Screening 100%.ctb
Screening 25%.ctb
Screening 50%.ctb
Screening 75%.ctb
新規作成...
210 MM
297 MM
刷部数(B):

# Q 369 名前の付いた印刷スタイルが選択できない!

## A 図面ファイルの印刷スタイルの設定を変更します。

名前の付いた印刷スタイルが選択できない場合、そのファイルは色従属印刷スタイルを使用するようになっています。設定を変更すれば選択できます。

サンプル ▶ 369.dwg

1 「CONVERTCTB」と入力し、Enter キーを押します。

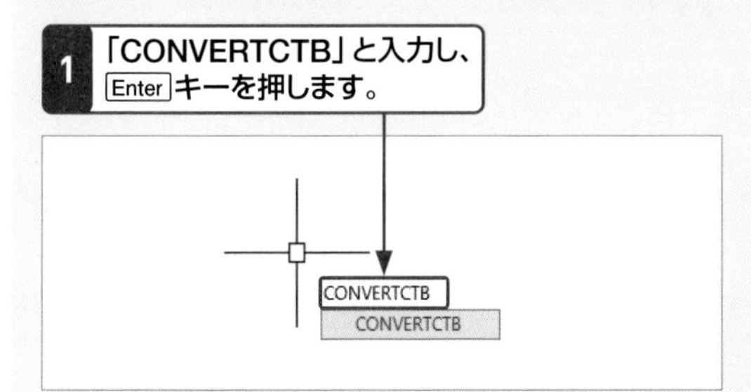

CONVERTCTB
CONVERTCTB


2 変換元のファイルを選択し（ここでは［monochrome.ctb］）、［開く］をクリックします。

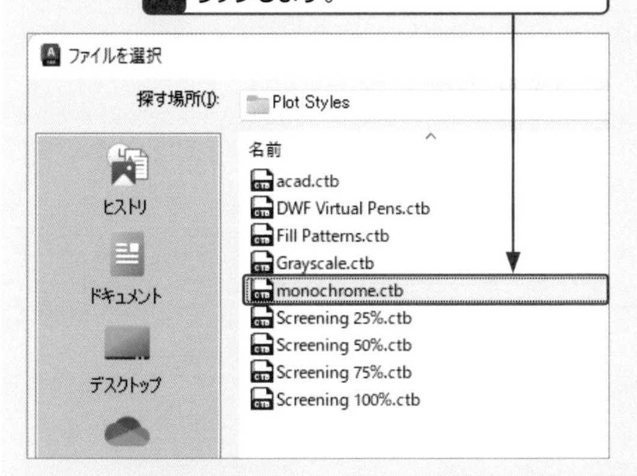

ファイルを選択
探す場所(I):
Plot Styles
名前
acad.ctb
DWF Virtual Pens.ctb
Fill Patterns.ctb
Grayscale.ctb
monochrome.ctb
Screening 25%.ctb
Screening 50%.ctb
Screening 75%.ctb
Screening 100%.ctb
ヒストリ
ドキュメント
デスクトップ


3 変換用のファイル名を入力し（ここでは「変換用」）、

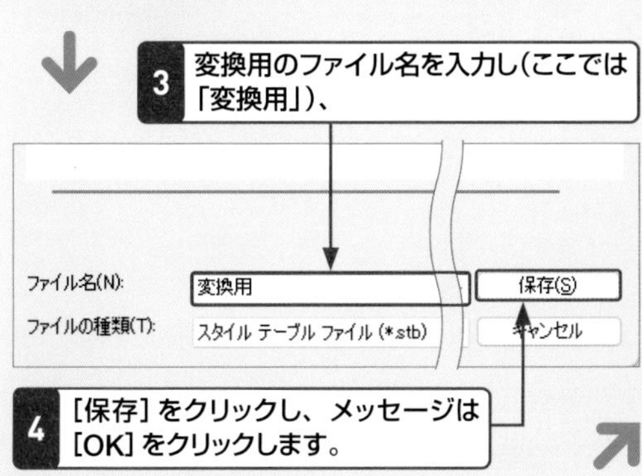

ファイル名(N):
変換用
保存(S)
ファイルの種類(T):
スタイル テーブル ファイル (*.stb)
キャンセル


4 ［保存］をクリックし、メッセージは［OK］をクリックします。

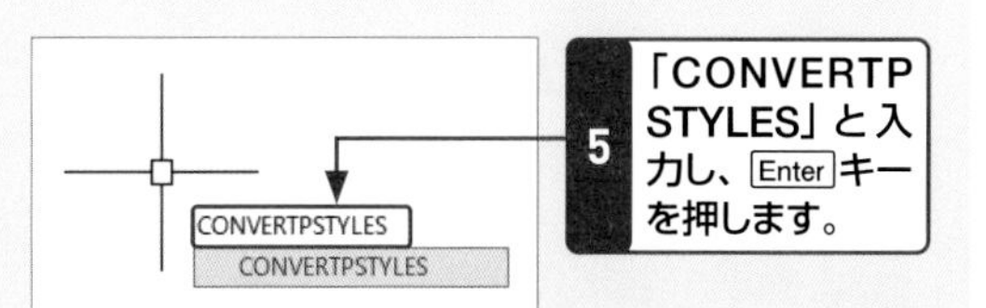

CONVERTPSTYLES
CONVERTPSTYLES


5 「CONVERTPSTYLES」と入力し、Enter キーを押します。

6 メッセージは［OK］をクリックします。

7 作成したファイル（ここでは［変換用.stb］）を選択し、［開く］をクリックします。

8 印刷を実行すると、印刷スタイルのファイル名の選択で、拡張子がstb（名前の付いた印刷スタイル）のファイルが表示されます。

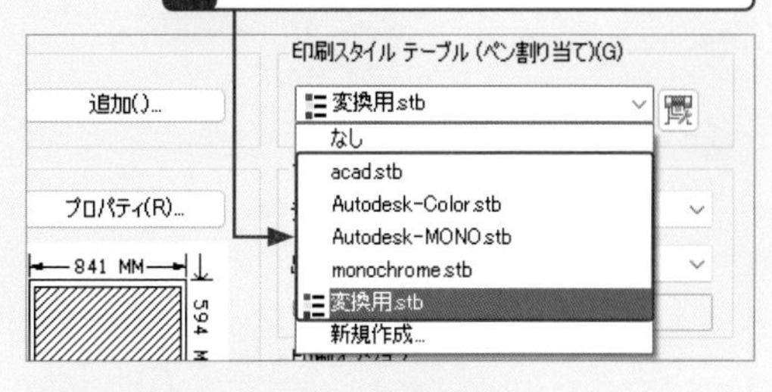

印刷スタイル テーブル (ペン割り当て)(G)
追加()...
変換用.stb
なし
acad.stb
Autodesk-Color.stb
Autodesk-MONO.stb
monochrome.stb
変換用.stb
新規作成...
プロパティ(R)...
841 MM
594


### ● 画層に印刷スタイルを設定する

1 画層プロパティ管理で、印刷スタイルをクリックします。

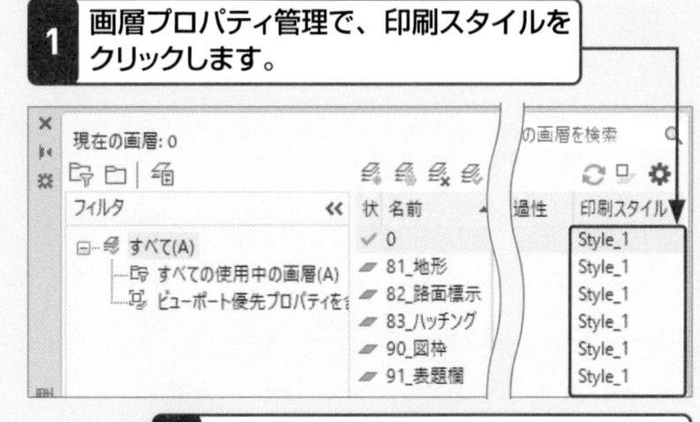

現在の画層: 0
の画層を検索
フィルタ
すべて(A)
すべての使用中の画層(A)
ビューポート優先プロパティを
状
名前
0
81_地形
82_路面標示
83_ハッチング
90_図枠
91_表題欄
透過性
印刷スタイル
Style_1
Style_1
Style_1
Style_1
Style_1
Style_1


2 ［アクティブな印刷スタイルテーブル］から印刷スタイルを選択します（ここではmonochrome.stb）。

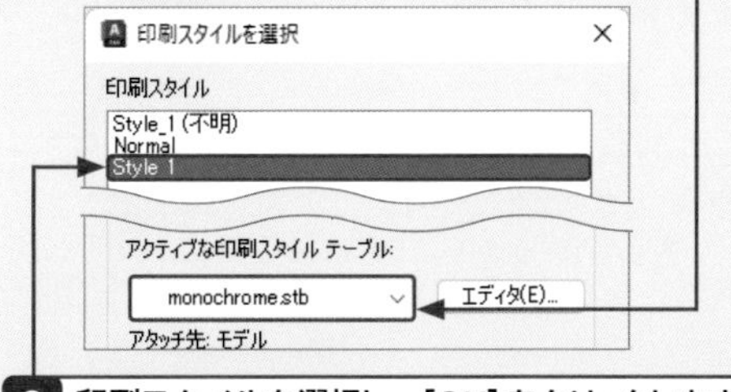

印刷スタイルを選択
印刷スタイル
Style_1 (不明)
Normal
Style 1
アクティブな印刷スタイル テーブル:
monochrome.stb
エディタ(E)...
アタッチ先: モデル

3 印刷スタイルを選択し、［OK］をクリックします。

印刷のプレビューが反映されない場合は、再度印刷スタイルを選択してください。

印刷　重要度 ★★★

# Q 370 一部の色だけカラーで印刷されてしまう!

**A 画層や図形の色をRGB色からインデックスカラーに変更します。**

[monochrome.ctb]を選択しているにもかかわらず、一部の色だけカラーで印刷されてしまう場合は、画層や図形の色を、RGB色からインデックスカラー(色番号1～255)に変更します。または、印刷スタイルを変更してください。

参照▶Q 369　サンプル▶370.dwg

[monochrome.ctb]を選択しているにもかかわらず、一部の図形に色が付いています。

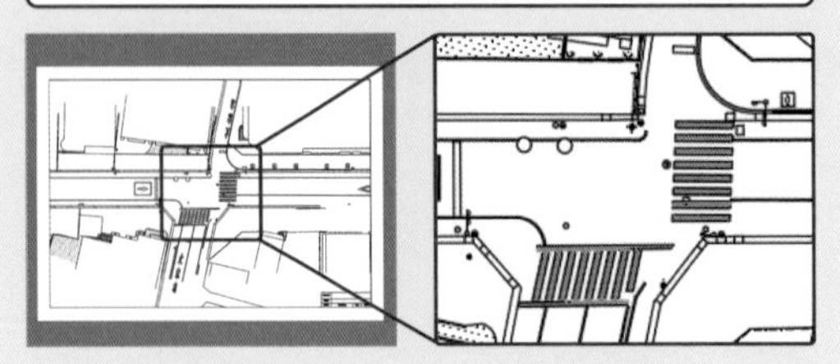

**1** 画層や図形の色にRGB色が使われています(ここでは画層)。

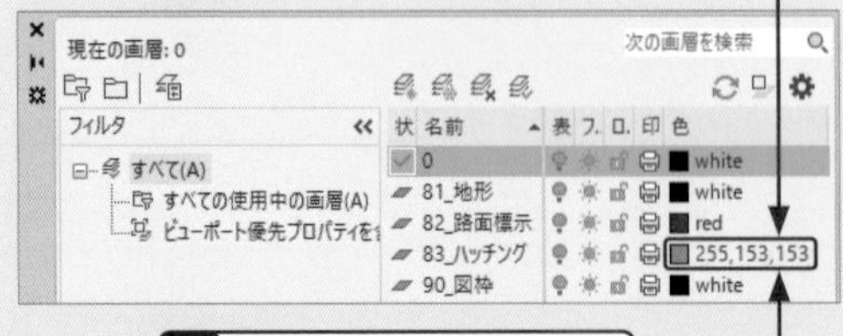
現在の画層: 0
次の画層を検索
フィルタ
すべて(A)
すべての使用中の画層(A)
ビューポート優先プロパティを
状 名前 表 フ. ロ. 印 色
0 white
81_地形 white
82_路面標示 red
83_ハッチング 255,153,153
90_図枠 white

**2** RGB色をクリックします。

**3** [インデックスカラー]タブをクリックし、このタブから任意の色を設定します。

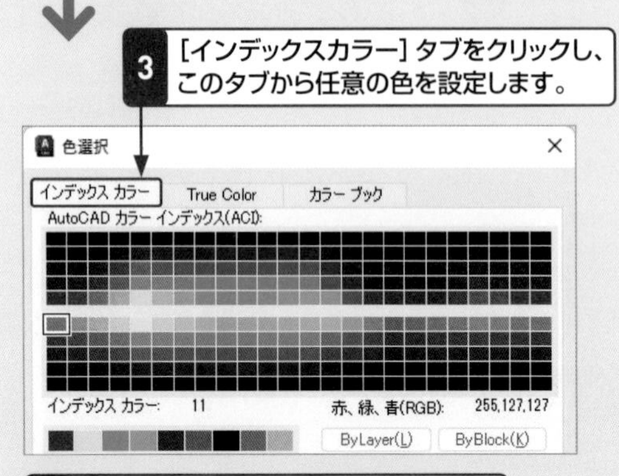
色選択
インデックス カラー
True Color
カラー ブック
AutoCAD カラー インデックス(ACI):
インデックス カラー: 11
赤、緑、青(RGB): 255,127,127
ByLayer(L)
ByBlock(K)

**4** 印刷を実行すると、黒で印刷されます。

印刷　重要度 ★★★

# Q 371 選択した印刷スタイルで印刷されない!

**A [印刷スタイルを使って印刷]にチェックを入れます。**

選択した印刷スタイルの設定が適用されずに印刷されてしまう場合は、印刷のダイアログで[印刷スタイルを使って印刷]にチェックを入れます。

サンプル▶371.dwg

**1** [出力]タブをクリックし、

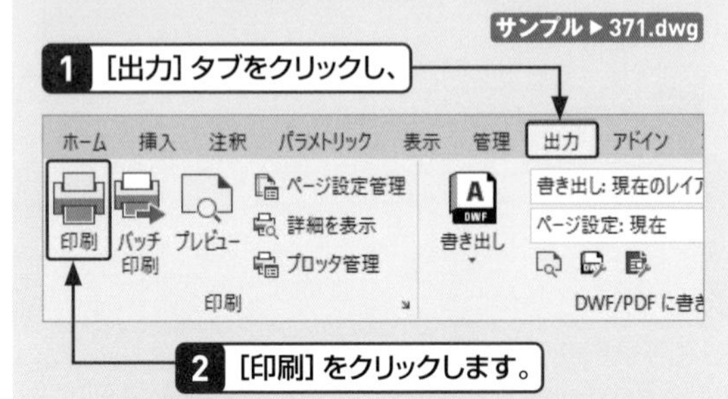
ホーム
挿入
注釈
パラメトリック
表示
管理
出力
アドイン
印刷
バッチ印刷
プレビュー
ページ設定管理
詳細を表示
プロッタ管理
書き出し
書き出し: 現在のレイア
ページ設定: 現在
DWF/PDF に書き

**2** [印刷]をクリックします。

**3** [印刷スタイルを使って印刷]にチェックを入れます。

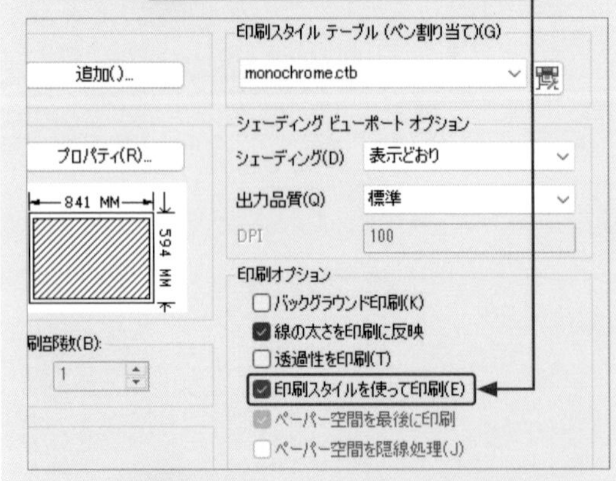
印刷スタイル テーブル(ペン割り当て)(G)
追加()...
monochrome.ctb
シェーディング ビューポート オプション
プロパティ(R)...
シェーディング(D) 表示どおり
841 MM
594 MM
出力品質(Q) 標準
DPI 100
刷部数(B):
1
印刷オプション
バックグラウンド印刷(K)
線の太さを印刷に反映
透過性を印刷(T)
印刷スタイルを使って印刷(E)
ペーパー空間を最後に印刷
ペーパー空間を隠線処理(J)

**4** [プレビュー]をクリックします。

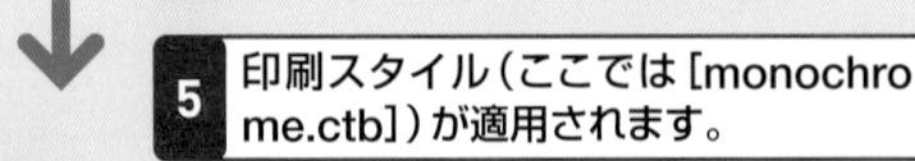

**5** 印刷スタイル(ここでは[monochrome.ctb])が適用されます。

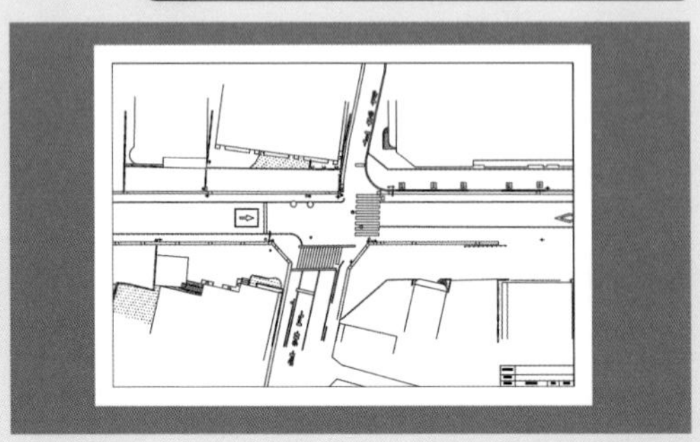

印刷　重要度★★★

# Q 372 透過で印刷されない！

## A [透過性を印刷]にチェックを入れます。

画層や図形に設定した透過性が適用されずに印刷されてしまう場合は、印刷のダイアログで[透過性を印刷]にチェックを入れます。　サンプル▶372.dwg

1 [出力]タブをクリックし、

2 [印刷]をクリックします。

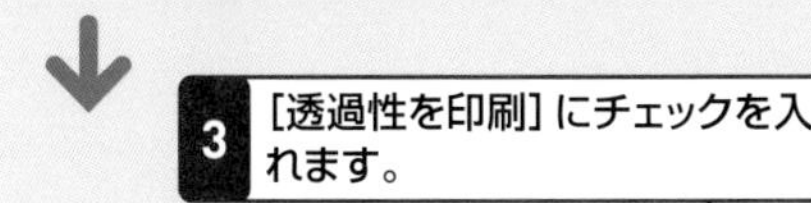

3 [透過性を印刷]にチェックを入れます。

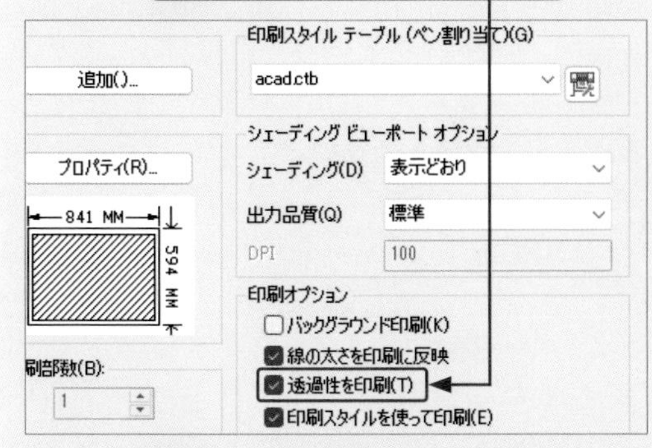

4 [プレビュー]をクリックします。

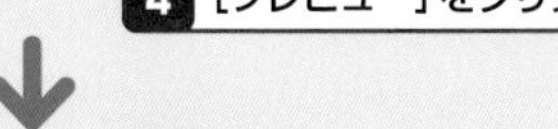

5 透過性が適用されます。

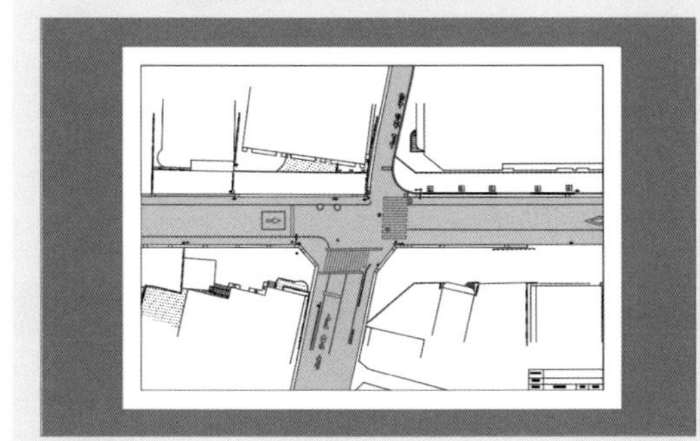

印刷　重要度★★★

# Q 373 設定した太さで印刷されない！

## A [線の太さを印刷に反映]にチェックを入れます。

画層や図形に設定した線の太さが適用されずに印刷されてしまう場合は、印刷のダイアログで[線の太さを印刷に反映]にチェックを入れます。

サンプル▶373.dwg

1 [出力]タブをクリックし、

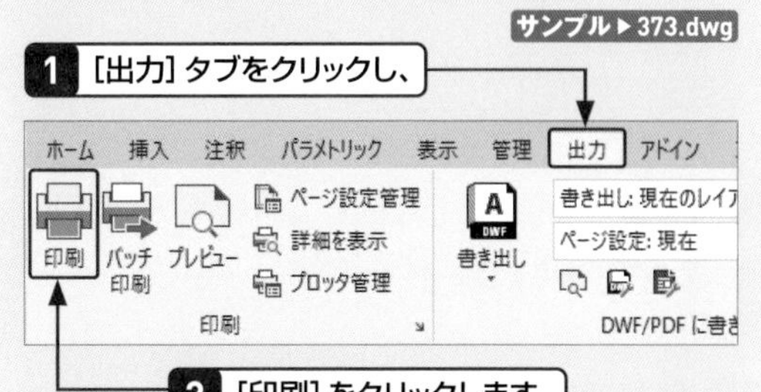

2 [印刷]をクリックします。

3 [線の太さを印刷に反映]にチェックを入れます。

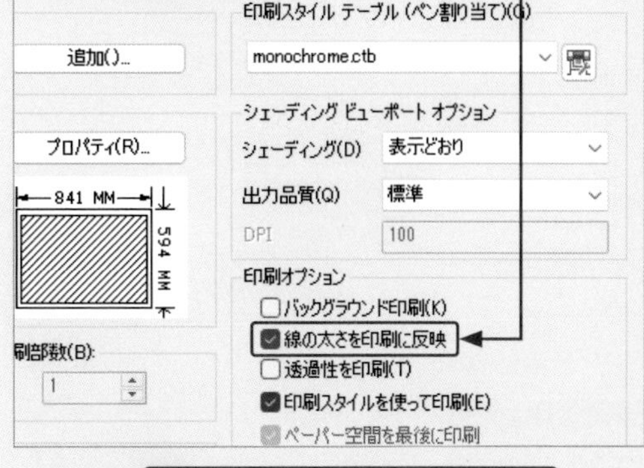

4 [プレビュー]をクリックします。

5 太さの違いが適用されます。プレビューを拡大表示すると、太さの違いが確認できます。

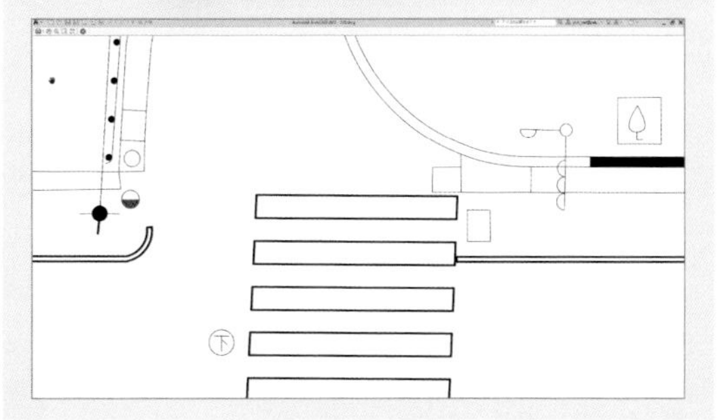

# 索引

## 記号・数字・アルファベット



## あ行



## か行

## さ行

## た～な行



## は行

## ま行



## や～わ行

## お問い合わせについて

本書に関するご質問については、本書に記載されている内容に関するもののみとさせていただきます。本書の内容と関係のないご質問につきましては、一切お答えできませんので、あらかじめご了承ください。また、電話でのご質問は受け付けておりませんので、必ずFAX か書面にて下記までお送りください。
なお、ご質問の際には、必ず以下の項目を明記していただきますよう、お願いいたします。

1 お名前
2 返信先の住所または FAX 番号
3 書名（今すぐ使えるかんたん AutoCAD 完全ガイドブック 困った解決＆便利技［2023/2022 対応版］）
4 本書の該当ページ
5 ご使用の OS とソフトウェアのバージョン
6 ご質問内容

なお、お送りいただいたご質問には、できる限り迅速にお答えできるよう努力いたしておりますが、場合によってはお答えするまでに時間がかかることがあります。また、回答の期日をご指定なさっても、ご希望にお応えできるとは限りません。あらかじめご了承くださいますよう、お願いいたします。

## 問い合わせ先

〒162-0846
東京都新宿区市谷左内町 21-13
株式会社技術評論社 書籍編集部
「今すぐ使えるかんたん AutoCAD 完全ガイドブック
困った解決＆便利技［2023/2022 対応版］」
質問係
FAX 番号 03-3513-6167

URL：https://book.gihyo.jp/116

■お問い合わせの例

**FAX**

1 お名前
技術 太郎
2 返信先の住所または FAX 番号
03-XXXX-XXXX
3 書名
今すぐ使えるかんたん
AutoCAD 完全ガイドブック
困った解決＆便利技
［2023/2022 対応版］
4 本書の該当ページ
212 ページ Q 251
5 ご使用の OS とソフトウェアのバージョン
Windows 11
AutoCAD 2023 バージョン
6 ご質問内容
手順 7 の画面が表示されない

※ご質問の際に記載いただきました個人情報は、回答後速やかに破棄させていただきます。


**今すぐ使えるかんたん AutoCAD 完全ガイドブック 困った解決＆便利技［2023/2022 対応版］**

2022 年 10 月 6 日 初版 第 1 刷発行
2023 年 8 月 10 日 初版 第 2 刷発行

著 者●芳賀百合
発行者●片岡 巌
発行所●株式会社技術評論社
東京都新宿区市谷左内町 21-13
電話 03-3513-6150 販売促進部
03-3513-6160 書籍編集部
装丁●岡崎善保（志岐デザイン事務所）
編集／ DTP ●オンサイト
担当●竹内仁志
製本／印刷●大日本印刷株式会社

定価はカバーに表示してあります。





ISBN978-4-297-13026-8 C3055
Printed in Japan

OK
館外貸出可